MATHING

고등 수학(상)

정답 및 풀이

동아출판

등업을 위한 강력한 한 권!

ㅇ 학습자 중심의 친절한 해설

- 대표문제 분석 및 단계별 풀이
- 내신 고득점 대비를 위한 Plus 문제 추가 제공
- 서술형 문항 정복을 위한 실제 답안 예시 / 오답 분석
- 다른 풀이, 개념 Check, 실수 Check 등 맞춤 정보 제시

ㅇ 수매씽 빠른 정답 안내

QR 코드를 찍으면 정답 및 풀이를 쉽고 빠르게 확인할 수 있습니다.

수 매씨

MATHING

고등 수학(상)
정답 및 풀이

I. 다항식

01 다항식의 연산 본책 8쪽~51쪽

0001 $3x^3+3x^2-x+4$ **0002** $6x^3-2x^2+9x+2$

0003 (1) $x^3-3x^2-3x+14$ (2) x^3-2x^2-x+2

0004 -11 **0005** -10 **0006** 0

0007 몫 : $4x+2$, 나머지 : $x-1$ **0008** x^2+x-1

0009 ③ **0010** ⑤ **0011** -9 **0012** ③ **0013** ⑤

0014 ③ **0015** ② **0016** 18 **0017** ② **0018** ④

0019 (1) 5 (2) 2 (3) $-4y+7$ **0020** ④

0021 $-y^3+(x+7)y^2+5x+1$, $x+7$

0022 (1) $2x^2y^4-xy^3-3x^3y^2+8x^5y+1$
    (2) $1+8x^5y-3x^3y^2-xy^3+2x^2y^4$

0023 ② **0024** $5a-8$ **0025** ② **0026** ③

0027 ① **0028** ④ **0029** $3x^2+2x-y^2$ **0030** ②

0031 $8x^2+y^2+4xy$ **0032** ① **0033** ①

0034 x^2-2x+2 **0035** ② **0036** ① **0037** ②

0038 ⑤ **0039** $x^3y^2+x^3-xy^2-x$ **0040** ③ **0041** ①

0042 ① **0043** ③ **0044** ③ **0045** ① **0046** 12

0047 $x^6-6x^4+12x^2-8$ **0048** ④ **0049** 2

0050 36 **0051** ⑤ **0052** ⑤

0053 $x^6+2x^5+3x^4+2x^3+x^2-4$ **0054** ① **0055** 7

0056 ⑤ **0057** 10 **0058** ④ **0059** ⑤ **0060** ①

0061 ⑤ **0062** ① **0063** 3 **0064** ④ **0065** ⑤

0066 ③ **0067** -10 **0068** ④ **0069** ③ **0070** ④

0071 10 **0072** 20 **0073** ④ **0074** ② **0075** 45

0076 ② **0077** 82 **0078** ② **0079** ① **0080** ③

0081 ⑤ **0082** ③ **0083** ② **0084** ① **0085** ⑤

0086 ③ **0087** ⑤ **0088** 1368 **0089** ④ **0090** ③

0091 14 **0092** ② **0093** 40 **0094** ① **0095** ④

0096 ② **0097** ⑤ **0098** ② **0099** 83 **0100** ②

0101 ④ **0102** 15 **0103** 14 **0104** ① **0105** ④

0106 ④ **0107** ② **0108** -24 **0109** ② **0110** ④

0111 ② **0112** ① **0113** ③ **0114** ④ **0115** ⑤

0116 12 **0117** ② **0118** ② **0119** ④ **0120** ②

0121 240 **0122** 16 **0123** ⑤ **0124** 108 **0125** ④

0126 ② **0127** 32 **0128** ⑤ **0129** ④

0130 몫 : $-4x+6$, 나머지 : $13x-5$ **0131** ② **0132** ④

0133 ③ **0134** ⑤ **0135** ③ **0136** ③ **0137** 9

0138 ④ **0139** ④ **0140** ③ **0141** ④ **0142** ①

0143 ④ **0144** ③ **0145** ① **0146** 8 **0147** ②

0148 ① **0149** ③ **0150** ① **0151** ② **0152** 2

0153 ⑤ **0154** $\dfrac{5}{3}$ **0155** ① **0156** ③ **0157** ⑤

0158 ④ **0159** 1 **0160** $\dfrac{15}{2}$ **0161** ③ **0162** ④

0163 (1) $4x^3$ (2) -24 (3) -24 (4) $-3x^2$ (5) $2x$ (6) 25
    (7) 25 (8) 1

0164 4 **0165** -18 **0166** 3

0167 (1) 2 (2) bc (3) 2 (4) ab (5) 11 (6) $3abc$ (7) 11 (8) 42

0168 5 **0169** 29 **0170** 7

0171 (1) $5x-2$ (2) R_1 (3) 5 (4) 5 (5) R_1 (6) 5 (7) 1 (8) 6

0172 $\dfrac{2}{3}$ **0173** 28 **0174** ① **0175** ④ **0176** ④

0177 ⑤ **0178** ⑤ **0179** ② **0180** ⑤ **0181** ②

0182 ③ **0183** ③ **0184** ② **0185** ① **0186** ①

0187 ② **0188** ① **0189** ④ **0190** ② **0191** ③

0192 (1) 10 (2) 7 (3) 790 **0193** 80 **0194** $2\sqrt{2}$

0195 8 **0196** ④ **0197** ② **0198** ② **0199** ①

0200 ⑤ **0201** ② **0202** ① **0203** ③ **0204** ①

0205 ④ **0206** ④ **0207** ④ **0208** ④ **0209** ②

0210 ② **0211** ② **0212** ③ **0213** ④

0214 $15\sqrt{3}$ **0215** 36 **0216** 9 **0217** 6

02 나머지정리와 인수분해 본책 56쪽~103쪽

0218 $a=1$, $b=-3$, $c=2$

0219 (1) $a=1$, $b=1$, $c=5$ (2) $a=2$, $b=1$, $c=-2$

0220 (1) -2 (2) $\dfrac{11}{27}$ **0221** -1

0222 (1) ○ (2) × (3) ○   **0223** 4

0224 몫 : x^2+3x+8, 나머지 : 20

0225 몫 : x^3-x+1, 나머지 : -1

0226 (1) $(x^2+x+3)(x^2+x-1)$
    (2) $(x^2+2x+6)(x+3)(x-1)$

0227 $(x-1)(x+1)(x-3)(x+3)$

0228 $(x+y-2)(x+y-3)$

0229 $(x+1)(x+2)(x+3)(x-3)$

0230 ②   0231 $(a-1)(b-1)$ 0232 ③   0233 ①

0234 16   0235 ④   0236 ③   0237 14   0238 ②

0239 ②   0240 ①   0241 ③   0242 ⑤   0243 -20

0244 ②   0245 ②   0246 ④   0247 ③   0248 24

0249 ②   0250 ③   0251 ②   0252 ③   0253 ①

0254 ④   0255 32   0256 -1 0257 0   0258 ②

0259 ⑤   0260 16   0261 ③   0262 ①   0263 0

0264 ④   0265 ①   0266 ②   0267 -9 0268 3

0269 46   0270 ⑤   0271 ④   0272 4   0273 ②

0274 ②   0275 25   0276 3   0277 2   0278 ⑤

0279 ①   0280 ③   0281 ④   0282 2   0283 ③

0284 ⑤   0285 $6x+4$ 0286 ①   0287 ③

0288 -20 0289 ②   0290 ③   0291 ⑤   0292 -15

0293 3   0294 80   0295 ①   0296 -3 0297 ③

0298 ④   0299 ⑤   0300 ③   0301 2   0302 ①

0303 ②   0304 ①   0305 33   0306 ②   0307 28

0308 ③   0309 2   0310 ③   0311 ③   0312 ③

0313 ⑤   0314 4   0315 ②   0316 106   0317 ⑤

0318 ⑤   0319 ④   0320 34   0321 ③   0322 5

0323 ①   0324 100   0325 ②   0326 ②   0327 3

0328 12   0329 ④   0330 ⑤   0331 ⑤   0332 ④

0333 7   0334 40   0335 ④   0336 ③

0337 $(x+7y)(x^2+2xy+13y^2)$ 0338 27   0339 ④

0340 ①   0341 ④   0342 ⑤   0343 ⑤

0344 $-6(x-y)(x-y+2)$ 0345 ③   0346 ④

0347 ③   0348 16   0349 ③   0350 10   0351 ②

0352 ③   0353 3

0354 $(x^2-3xy+3y^2)(x^2+3xy+3y^2)$ 0355 ⑤

0356 ⑤   0357 ④   0358 ①   0359 $(y-z)(x+y+z)$

0360 ②   0361 $(x-z)(x-y)^2$ 0362 ⑤   0363 ③

0364 ㄱ, ㄹ 0365 ③   0366 $(ac-d)(ab+c+d)$

0367 ⑤   0368 ③   0369 2   0370 ⑤

0371 $(x-1)^2(x+1)(x-6)$ 0372 ③   0373 ④

0374 ②   0375 ②   0376 ①   0377 ④   0378 ⑤

0379 24   0380 ③   0381 ③   0382 117   0383 ④

0384 ②   0385 140   0386 ⑤   0387 ③   0388 ②

0389 ⑤   0390 ①   0391 ③   0392 ④   0393 ④

0394 176   0395 ①   0396 ④   0397 정삼각형

0398 ④   0399 ③   0400 ④   0401 ①   0402 ③

0403 ④   0404 ②   0405 ④

0406 (1) $c-2$ (2) $c+3$ (3) -4 (4) 3 (5) -2 (6) 24

0407 2   0408 21   0409 12

0410 (1) -4 (2) -7 (3) $ax+b$ (4) $x+2$ (5) 3 (6) -1
(7) $3x-1$

0411 $12x-7$ 0412 -15 0413 x^2-2x

0414 (1) x^2+5x (2) 7 (3) 5 (4) 7 (5) 35

0415 161   0416 $(x^2-4x+2)(x^2-4x-4)$ 0417 72

0418 ①   0419 ④   0420 ②   0421 ③   0422 ⑤

0423 ④   0424 ②   0425 ④   0426 ④   0427 ③

0428 ②   0429 ④   0430 ②   0431 ④   0432 ④

0433 ③   0434 ②   0435 ④   0436 ④   0437 7

0438 $(x^2-x+2)(x^2-x-10)$ 0439 $2x^2-x+4$

0440 2   0441 ⑤   0442 ②   0443 ①   0444 ④

0445 ③   0446 ④   0447 ②   0448 ④   0449 ⑤

0450 ③   0451 ③   0452 ⑤   0453 ②   0454 ①

0455 ②   0456 ②   0457 ④   0458 ⑤   0459 ④

0460 7   0461 $-x-3$ 0462 64   0463 3

Ⅱ. 방정식

03 복소수

0464 실수: ㄱ, ㄷ, ㄹ, 허수: ㄴ, ㅁ, ㅂ, 순허수: ㅁ

0465 2   0466 $x=-1, y=2$ 0467 $x=3, y=-3$

0468 $-1+3i$ 0469 $4+i$

0470 (1) $-1+7i$ (2) $\dfrac{2}{5}-\dfrac{9}{5}i$

0471 $-2-4i$ 0472 -1 0473 i

0474 (1) $\sqrt{6}i$ (2) -4 (3) $\dfrac{1}{2}$ (4) $-3i$

0475 $a=-2$, $b=0$ **0476** ⑤ **0477** ④ **0478** ②

0479 ⑤ **0480** 3 **0481** ① **0482** $2-\sqrt{6}$

0483 ⑤ **0484** ② **0485** ① **0486** ⑤ **0487** ⑤

0488 ③ **0489** 2 **0490** ② **0491** ⑤ **0492** ②

0493 ① **0494** 3 **0495** ⑤ **0496** ④ **0497** ②

0498 ⑤ **0499** ⑤ **0500** $-6+8i$ **0501** ④

0502 15 **0503** ④ **0504** ② **0505** ③ **0506** ⑤

0507 ② **0508** ④ **0509** ④ **0510** 10 **0511** ③

0512 54 **0513** ④ **0514** ③ **0515** ④ **0516** -10

0517 ⑤ **0518** ③ **0519** ⑤ **0520** ② **0521** ②

0522 ④ **0523** $-6-8i$ **0524** ① **0525** ⑤

0526 ② **0527** ④ **0528** ② **0529** $-\dfrac{1}{3}$ **0530** 7

0531 ① **0532** ② **0533** ③ **0534** 2 **0535** -13

0536 ① **0537** ③ **0538** ④ **0539** ③ **0540** ①

0541 -900 **0542** i **0543** 1 **0544** ⑤

0545 ② **0546** ⑤ **0547** ③ **0548** ② **0549** ④

0550 15 **0551** 5 **0552** ③ **0553** 2 **0554** 38

0555 ① **0556** ② **0557** ① **0558** ③ **0559** ③

0560 ⑤ **0561** -20 **0562** $\dfrac{18}{7}$ **0563** ① **0564** ③

0565 ② **0566** ④ **0567** ④ **0568** 3 **0569** ②

0570 ④ **0571** ④ **0572** -1 **0573** $\dfrac{3}{4}$ **0574** ⑤

0575 ④ **0576** ② **0577** ⑤ **0578** ④ **0579** ②

0580 1 **0581** ④ **0582** -3 **0583** $-1+2i$

0584 1 **0585** ③ **0586** ③ **0587** ④ **0588** ④

0589 ④ **0590** ③ **0591** ⑤ **0592** ⑤ **0593** 13

0594 ② **0595** ① **0596** ④ **0597** ④

0598 $2+3i$, $2-3i$ **0599** $2+5i$

0600 $-5-3i$, $5-3i$ **0601** ⑤ **0602** ③ **0603** 0

0604 ① **0605** ⑤ **0606** $3-3i$ **0607** ⑤

0608 ③ **0609** 12 **0610** 150 **0611** ① **0612** ⑤

0613 ③ **0614** 1 **0615** ③ **0616** ④ **0617** ⑤

0618 ④ **0619** ③ **0620** ③ **0621** -1 **0622** 24

0623 24 **0624** ③ **0625** 6 **0626** ⑤ **0627** 6

0628 ⑤ **0629** ① **0630** ⑤ **0631** ③ **0632** ④

0633 $2i$ **0634** $-1+3i$ **0635** $3a+1$

0636 ② **0637** ④ **0638** ⑤ **0639** ③ **0640** ⑤

0641 ② **0642** ④ **0643** ③ **0644** ④ **0645** ⑤

0646 ④ **0647** ① **0648** 0 **0649** 6 **0650** ②

0651 ② **0652** ⑤ **0653** ③ **0654** ③

0655 (1) $2-i$ (2) $2-i$ (3) 2 (4) $2+i$ (5) $2+i$ (6) 2 (7) 4 (8) 5 (9) 4

0656 $-16\sqrt{2}$ **0657** -4 **0658** $4i$

0659 (1) $a-bi$ (2) $2abi$ (3) $-b$ (4) 0 (5) 1 (6) $\sqrt{3}$ (7) 1 (8) $-\dfrac{1}{2}$

0660 -2, $1\pm\sqrt{3}i$ **0661** 2 **0662** $-1-2i$

0663 (1) $1+i$ (2) $1+i$ (3) 2 (4) 2 (5) 25 (6) 50 (7) 50

0664 $50-50i$ **0665** 0 **0666** 42 **0667** ③

0668 ⑤ **0669** ⑤ **0670** ⑤ **0671** ④ **0672** ①

0673 ④ **0674** ⑤ **0675** ④ **0676** ④ **0677** ②

0678 ④ **0679** ① **0680** ① **0681** ② **0682** ①

0683 ⑤ **0684** ③ **0685** ⑤ **0686** ① **0687** ③

0688 3 **0689** $\sqrt{2}$ **0690** 24, 48, 72, 96

0691 $-3a-b+1$ **0692** ⑤ **0693** ③ **0694** ④

0695 ③ **0696** ③ **0697** ① **0698** ① **0699** ②

0700 ④ **0701** ④ **0702** ② **0703** ② **0704** ③

0705 ⑤ **0706** ③ **0707** ③ **0708** ⑤ **0709** ②

0710 ③ **0711** ② **0712** ⑤ **0713** $-2-16i$

0714 1 **0715** -1 **0716** 풀이 참조

04 이차방정식
본책 160쪽~211쪽

0717 (1) $x=-3$ 또는 $x=-1$ (2) $x=-3$ 또는 $x=3$ (3) $x=\dfrac{3}{4}$ 또는 $x=\dfrac{3}{2}$

0718 (1) $x=-2\pm\sqrt{3}$ (2) $x=\dfrac{1\pm\sqrt{11}i}{2}$ (3) $x=\dfrac{-1\pm\sqrt{13}}{6}$

0719 (1) ㄱ, ㄷ, ㅁ (2) ㄹ (3) ㄴ, ㅂ

0720 (1) $a<-\dfrac{3}{4}$ (2) $-\dfrac{3}{4}$ (3) $a>-\dfrac{3}{4}$

0721 (1) 합 : -3, 곱 : 2 (2) 합 : $\dfrac{10}{3}$, 곱 : 1 (3) 합 : 1, 곱 : -5

0722 (1) -2 (2) -4 (3) 12 (4) -3

0723 (1) $1-\sqrt{2}$ (2) -2 (3) -1

0724 (1) $1-i$ (2) -2 (3) 2 **0725** $x=4$ **0726** ⑤

0727 ④   **0728** ④   **0729** ②   **0730** 2

0731 $x=-1\pm2i$ **0732** ②   **0733** ②   **0734** ③

0735 ③   **0736** $x=-1$ 또는 $x=3$ **0737** ⑤

0738 1 **0739** ⑤   **0740** $x=-\dfrac{1}{2}$ 또는 $x=2$

0741 ②   **0742** ①   **0743** $2+\sqrt{2}$ **0744** -3

0745 ③   **0746** $k=\sqrt{3}$, $x=-2\sqrt{3}$

0747 $x=-5$ 또는 $x=2$ **0748** ④   **0749** ⑤

0750 ④   **0751** ①   **0752** 4 **0753** ④   **0754** ⑤

0755 ④   **0756** 2 **0757** $x=4$ **0758** 6 **0759** ②

0760 ③   **0761** ①   **0762** ③   **0763** ③   **0764** ④

0765 ④   **0766** -2 **0767** 5 **0768** ④   **0769** ⑤

0770 ③   **0771** ②   **0772** ①   **0773** ①   **0774** ④

0775 ①   **0776** ③   **0777** ③   **0778** 5

0779 $x=-\dfrac{1}{3}$ 또는 $x=1$ **0780** ①   **0781** ②

0782 서로 다른 두 허근을 가진다.   **0783** ①

0784 서로 다른 두 실근을 가진다.   **0785** ②

0786 서로 다른 두 실근을 가진다.   **0787** ②

0788 ③   **0789** ⑤   **0790** $\dfrac{1\pm\sqrt{17}}{2}$ **0791** -4

0792 ④   **0793** ①   **0794** 3 **0795** ②   **0796** ⑤

0797 빗변의 길이가 a인 직각삼각형   **0798** ⑤   **0799** ②

0800 ④   **0801** ③   **0802** 정삼각형   **0803** ②

0804 2 **0805** ④   **0806** ③   **0807** -9 **0808** ④

0809 9 **0810** ②   **0811** 27 **0812** ②   **0813** ⑤

0814 ④   **0815** ⑤   **0816** ④   **0817** 52 **0818** ①

0819 0 **0820** ⑤   **0821** 89 **0822** ①   **0823** 12

0824 ④   **0825** 43 **0826** ⑤   **0827** ④   **0828** ③

0829 ⑤   **0830** ②   **0831** 1 **0832** 1 **0833** ①

0834 ④   **0835** ③   **0836** 8 **0837** ④   **0838** -16

0839 20 **0840** -24 **0841** ⑤   **0842** ②   **0843** ⑤

0844 ③   **0845** -2 **0846** ②   **0847** ④   **0848** 5

0849 ②   **0850** ②   **0851** -3 **0852** ①   **0853** 1

0854 5 **0855** ④   **0856** ⑤   **0857** $3x^2-11x+12=0$

0858 ④   **0859** ③   **0860** ④   **0861** $x^2-2x-4=0$

0862 ②   **0863** $x^2+2x+1=0$ (또는 $(x+1)^2=0$)

0864 $x^2-8x+3=0$ **0865** ⑤   **0866** -8 **0867** 0

0868 -16 **0869** ②   **0870** $\dfrac{5}{4}$ **0871** ①   **0872** ③

0873 ①   **0874** ③   **0875** 17 **0876** ①   **0877** ④

0878 8 **0879** ①   **0880** ②   **0881** $2x^2-3x-2=0$

0882 ⑤   **0883** 4 **0884** ⑤   **0885** -2 **0886** ①

0887 ③   **0888** ③   **0889** 17 **0890** ①   **0891** ②

0892 -56 **0893** 1 **0894** ①   **0895** $-\dfrac{9}{4}$ **0896** ③

0897 7 **0898** $\dfrac{11}{3}$ **0899** ④   **0900** ②   **0901** 4

0902 ⑤   **0903** ①   **0904** ④   **0905** 503 **0906** ③

0907 ⑤   **0908** ④   **0909** ②   **0910** ③   **0911** 2

0912 ④   **0913** ②   **0914** ④   **0915** ④   **0916** ②

0917 ⑤   **0918** 17 **0919** ②   **0920** ④   **0921** ⑤

0922 ①

0923 (1) -4 (2) 1 (3) -4β (4) $-\dfrac{7}{2}$ (5) $\dfrac{1}{16}$

　　(6) $16x^2+56x+1$

0924 $2x^2+x-2=0$ **0925** $x^2+5x+6=0$

0926 $x^2-23x+120=0$ **0927** (1) β (2) $\dfrac{\beta+1}{3}$ (3) $\dfrac{5}{12}$

0928 26 **0929** $3\sqrt{13}$ **0930** -34

0931 (1) 4 (2) 7 (3) 1 (4) $x+1$ (5) 2 (6) $\dfrac{7}{2}$

0932 13 **0933** 1 **0934** $a=-2$, $b=1$ **0935** ③

0936 ⑤   **0937** ①   **0938** ②   **0939** ③   **0940** ②

0941 ①   **0942** ②   **0943** ③   **0944** ⑤   **0945** ④

0946 ③   **0947** ④   **0948** ④   **0949** ⑤   **0950** ①

0951 ④   **0952** ②   **0953** ③   **0954** ⑤   **0955** 25

0956 20 **0957** (1) -3 (2) -2 (3) $x=-1$ 또는 $x=3$

0958 $\dfrac{3}{4}$ **0959** ③   **0960** ①   **0961** ③   **0962** ④

0963 ①   **0964** ④   **0965** ①   **0966** ④   **0967** ④

0968 ④   **0969** ②   **0970** ⑤   **0971** ④   **0972** ②

0973 ⑤   **0974** ③   **0975** ④   **0976** ②   **0977** ②

0978 ③   **0979** (1) -9 (2) 서로 다른 두 실근을 가진다.

0980 12 **0981** $x^2-\dfrac{21}{5}x+\dfrac{9}{2}=0$

0982 $x=1+3i$ 또는 $x=1-3i$

05 이차방정식과 이차함수 본책 216쪽~259쪽

0983 (1) 0 (2) 2

0984 (1) $k>-4$ (2) -4 (3) $k<-4$

0985 (1) 서로 다른 두 점에서 만난다.
(2) 한 점에서 만난다.(접한다.)

0986 (1) $k>3$ (2) 3 (3) $k<3$

0987 (1) $x=3$일 때 최솟값은 1이고, 최댓값은 없다.
(2) $x=-5$일 때 최댓값은 -3이고, 최솟값은 없다.

0988 (1) $x=2$일 때 최솟값은 -1이고, 최댓값은 없다.
(2) $x=-2$일 때 최댓값은 5이고, 최솟값은 없다.

0989 (1) 최댓값 : 3, 최솟값 : -5
(2) 최댓값 : 1, 최솟값 : -15

0990 (1) 최댓값 : 5, 최솟값 : -3
(2) 최댓값 : 7, 최솟값 : -20

0991 ② **0992** ① **0993** ② **0994** ③ **0995** $\dfrac{1}{2}$

0996 ② **0997** ⑤ **0998** 20 **0999** ① **1000** 21

1001 ① **1002** $(-1, 7)$ **1003** ③ **1004** ④

1005 28 **1006** -15 **1007** 16 **1008** ② **1009** ⑤

1010 ① **1011** -6 **1012** -12 **1013** 5 **1014** ①

1015 ⑤ **1016** ② **1017** ③ **1018** 3 **1019** ⑤

1020 4 **1021** ① **1022** ④ **1023** $k<9$ **1024** ③

1025 ① **1026** ② **1027** -1 **1028** 8 **1029** ②

1030 ② **1031** 2 **1032** B$(1, 0)$ **1033** ①

1034 2 **1035** ③ **1036** ① **1037** ② **1038** ④

1039 ③ **1040** 3 **1041** 4 **1042** ⑤ **1043** ④

1044 6 **1045** ⑤ **1046** ① **1047** ② **1048** ⑤

1049 $k<1$ **1050** ① **1051** 6 **1052** 2 **1053** ①

1054 ④ **1055** ③ **1056** ③ **1057** ② **1058** ⑤

1059 ① **1060** $y=-2x-4$ **1061** ④ **1062** 11

1063 8 **1064** ① **1065** 3 **1066** ④ **1067** $\dfrac{1}{2}$

1068 64 **1069** 13 **1070** ④ **1071** ④ **1072** 25

1073 10 **1074** ④ **1075** ② **1076** ⑤ **1077** 17

1078 ⑤ **1079** ④ **1080** ④ **1081** ④ **1082** 12

1083 ② **1084** ④ **1085** 10 **1086** ④ **1087** ⑤

1088 ① **1089** $-\dfrac{1}{3}$ **1090** 4 **1091** ② **1092** 9

1093 ② **1094** ④ **1095** ④ **1096** ③ **1097** ①

1098 16 **1099** ④ **1100** ① **1101** $\dfrac{1}{8}$ **1102** 1

1103 ⑤ **1104** ⑤ **1105** ① **1106** ① **1107** ⑤

1108 ① **1109** ④ **1110** 4 **1111** ⑤ **1112** ④

1113 ⑤ **1114** 2 **1115** ④ **1116** 4 **1117** 0

1118 ③ **1119** 18 **1120** 3 **1121** ② **1122** 3

1123 0 **1124** 29 **1125** 117 **1126** ① **1127** 5

1128 ② **1129** ④ **1130** ③ **1131** -12 **1132** ①

1133 28 **1134** ① **1135** ② **1136** ⑤ **1137** ④

1138 8 **1139** ④ **1140** ③ **1141** ①

1142 1200만 원 **1143** 45 m **1144** ④ **1145** ③

1146 600원 **1147** 2500원 **1148** ① **1149** 10

1150 ④ **1151** ④ **1152** ① **1153** 117 **1154** ②

1155 ⑤ **1156** ③ **1157** ② **1158** 128 m²

1159 ③ **1160** ④ **1161** ③ **1162** 46 **1163** 21

1164 (1) = (2) $8-4a$ (3) 0 (4) 2 (5) 1 (6) 3

1165 3 **1166** 18 **1167** $y=0$, $y=2x$

1168 (1) 3 (2) $k-3$ (3) -3 (4) $k-3$ (5) $4\alpha\beta$ (6) -1

1169 5 **1170** -1 **1171** 1

1172 (1) 9 (2) 9 (3) -1 (4) 4 (5) -5

1173 7 **1174** 2 **1175** 8 **1176** ④ **1177** ①

1178 ④ **1179** ② **1180** ③ **1181** ⑤ **1182** ③

1183 ③ **1184** ② **1185** ③ **1186** ① **1187** ⑤

1188 ② **1189** ① **1190** ② **1191** ⑤ **1192** ②

1193 ④ **1194** ③ **1195** ⑤ **1196** ②

1197 $-1, 9$ **1198** 48 **1199** -3 **1200** -6

1201 ② **1202** ④ **1203** ④ **1204** ④ **1205** ②

1206 ② **1207** ① **1208** ② **1209** ⑤ **1210** ⑤

1211 ⑤ **1212** ① **1213** ② **1214** ⑤ **1215** ①

1216 ④ **1217** ① **1218** ③ **1219** ⑤ **1220** ③

1221 ① **1222** 3 **1223** 6 **1224** -2 **1225** 30

1226 (1) $x=-3$ 또는 $x=0$ 또는 $x=2$
    (2) $x=-2$ 또는 $x=-1$ 또는 $x=\dfrac{1}{2}$

1227 (1) $x=\pm3$ 또는 $x=\pm3i$
    (2) $x=-6$ 또는 $x=0$ 또는 $x=1$ 또는 $x=4$
    (3) $x=\pm3$ 또는 $x=\pm\sqrt{2}i$

1228 $x=\pm i$ 또는 $x=\pm\sqrt{5}$

1229 $x=1$(중근) 또는 $x=\dfrac{1\pm\sqrt{3}i}{2}$

1230 (1) $-\dfrac{1}{2}$ (2) -1 (3) $\dfrac{3}{2}$

1231 (1) -5 (2) $-\dfrac{3}{4}$ (3) -7

1232 (1) 0 (2) 1 (3) -1 **1233** (1) 0 (2) 1 (3) 1

1234 $\begin{cases} x=-6 \\ y=-2 \end{cases}$ 또는 $\begin{cases} x=6 \\ y=2 \end{cases}$

1235 $\begin{cases} x=-\sqrt{10} \\ y=\sqrt{10} \end{cases}$ 또는 $\begin{cases} x=\sqrt{10} \\ y=-\sqrt{10} \end{cases}$

1236 $(0,\,2),\,(1,\,1),\,(3,\,5),\,(4,\,4)$

1237 $x=-1,\,y=3$ **1238** ③   **1239** ①   **1240** ⑤

1241 ②   **1242** $x=4,\,y=2$ **1243** 2   **1244** ③, ⑤

1245 ⑤   **1246** ⑤   **1247** ①   **1248** ④   **1249** ③

1250 $\dfrac{3}{2}$ **1251** ③   **1252** ③   **1253** ②   **1254** ①

1255 ⑤   **1256** ④   **1257** ②   **1258** ②   **1259** ⑤

1260 1   **1261** ③   **1262** ③   **1263** ④   **1264** ①

1265 ①   **1266** ②   **1267** 13   **1268** ④   **1269** ⑤

1270 ②   **1271** ⑤   **1272** ②   **1273** ③   **1274** 14

1275 ③   **1276** ①   **1277** ①   **1278** ⑤   **1279** ⑤

1280 ④   **1281** ①   **1282** ⑤   **1283** 0   **1284** $2\sqrt{2}$

1285 ⑤   **1286** ⑤   **1287** ⑤   **1288** 1   **1289** ①

1290 ③   **1291** ②   **1292** ④   **1293** ⑤   **1294** ①

1295 ⑤   **1296** ②   **1297** ②   **1298** ③   **1299** ①

1300 ④   **1301** 4   **1302** ④   **1303** ⑤   **1304** 10

1305 ③   **1306** ④   **1307** $k\leq3$ **1308** ⑤   **1309** ①

1310 ⑤   **1311** ①   **1312** ①   **1313** $k>8$ **1314** ③

1315 7   **1316** ①   **1317** ②   **1318** ②   **1319** ②

1320 ②   **1321** ①   **1322** ④   **1323** 26   **1324** ①

1325 ②   **1326** ②   **1327** $x^3+x+4=0$ **1328** ⑤

1329 ③   **1330** 6   **1331** ⑤   **1332** ②   **1333** ①

1334 ③   **1335** 11   **1336** ①   **1337** ②   **1338** ⑤

1339 ③   **1340** ④   **1341** ③   **1342** ④   **1343** 31

1344 ④   **1345** ④   **1346** ⑤   **1347** 16   **1348** ②

1349 5   **1350** ②   **1351** ⑤   **1352** ②   **1353** ③

1354 ①   **1355** 0   **1356** ①   **1357** ④   **1358** ②

1359 ④   **1360** 3   **1361** 1   **1362** ①   **1363** ②

1364 ⑤   **1365** ①   **1366** -1 **1367** ①   **1368** ⑤

1369 -2 **1370** ④   **1371** ⑤   **1372** 7   **1373** ③

1374 8   **1375** ④   **1376** ①   **1377** ②   **1378** -16

1379 ③   **1380** ④   **1381** ④   **1382** -4 **1383** ②

1384 ③   **1385** ②   **1386** ④   **1387** ③   **1388** 160π

1389 ③   **1390** ①   **1391** ④   **1392** ①   **1393** ④

1394 1   **1395** ④   **1396** 17   **1397** ①   **1398** ②

1399 ③   **1400** ⑤   **1401** ②   **1402** ①   **1403** ④

1404 12   **1405** ④   **1406** ⑤   **1407** ②   **1408** ④

1409 ④   **1410** 5   **1411** ②   **1412** ②   **1413** ④

1414 ①   **1415** ③   **1416** ②

1417 $(2,\,3),\,(3,\,2),\,(1,\,5),\,(5,\,1)$ **1418** ②   **1419** ④

1420 ②   **1421** ①   **1422** ⑤   **1423** 3   **1424** 6

1425 -3 **1426** ④   **1427** 8   **1428** -4 **1429** ⑤

1430 ②   **1431** ④   **1432** ③   **1433** 23   **1434** ⑤

1435 $k=-\dfrac{5}{12},\,x=\dfrac{1}{2}$ **1436** ③   **1437** ③   **1438** ⑤

1439 ⑤   **1440** ②   **1441** ①   **1442** 29   **1443** ⑤

1444 ①   **1445** 25   **1446** 1   **1447** ①   **1448** ⑤

1449 ③   **1450** 60   **1451** ⑤   **1452** ②   **1453** ⑤

1454 -14 **1455** 4   **1456** ④   **1457** ③   **1458** ③

1459 ②   **1460** 36   **1461** ④   **1462** ③   **1463** 2

1464 ⑤   **1465** ④   **1466** ②

1467 (1) $2+i$ (2) 5 (3) 1 (4) -5 (5) 9

1468 $a=-4,\,b=6$ **1469** $a=1,\,b=3$

1470 (1) $x-5$ (2) 5 (3) 5 (4) k (5) 5 (6) $\dfrac{25}{4}$ (7) 4 (8) $\dfrac{41}{4}$

1471 6   **1472** $-\dfrac{1}{2},\,0,\,4$

1473 (1) $3x-y$ (2) $3x$ (3) $5x+6$ (4) $-\dfrac{6}{5}$ (5) $-\dfrac{18}{5}$
    (6) $-x$ (7) $\dfrac{24}{5}$ (8) 6

1474 2　**1475** 8　**1476** ②　**1477** ②　**1478** ①

1479 ③　**1480** ③　**1481** ③　**1482** ③　**1483** ②

1484 ②　**1485** ④　**1486** ③　**1487** ③　**1488** ③

1489 ①　**1490** ③　**1491** ③　**1492** ③　**1493** ③

1494 ③　**1495** ②　**1496** ②　**1497** -5

1498 $a=-5$, $b=14$　**1499** 12　**1500** 52　**1501** ①

1502 ②　**1503** ②　**1504** ②　**1505** ①　**1506** ④

1507 ①　**1508** ②　**1509** ⑤　**1510** ②　**1511** ③

1512 ④　**1513** ①　**1514** ⑤　**1515** ②　**1516** ①

1517 ③　**1518** ⑤　**1519** ②　**1520** ①　**1521** ②

1522 -2　**1523** $-\dfrac{3}{2}$, 3　　**1524** -6　**1525** -5

III. 부등식

07 일차부등식
본책 323쪽~353쪽

1526 $x\geq6$　**1527** $\begin{cases} a>2일\ 때,\ x\geq a+2 \\ a<2일\ 때,\ x\leq a+2 \\ a=2일\ 때,\ 해는\ 모든\ 실수 \end{cases}$

1528 $-1<x<3$　　**1529** $x=2$　**1530** $-2<x\leq6$

1531 $x>5$　**1532** $-1\leq x\leq5$　　**1533** $x<-\dfrac{5}{4}$

1534 ③, ④　**1535** ②　**1536** ④　**1537** 1, 2　**1538** ①

1539 ④　**1540** ③　**1541** ②　**1542** $-2\leq x-y\leq5$

1543 ③　**1544** ③　**1545** ⑤　**1546** $x>\dfrac{1}{a}$　**1547** $x\geq2$

1548 $x<-5$　　**1549** ①　**1550** ④　**1551** ③

1552 ①　**1553** ②　**1554** ⑤　**1555** ④　**1556** ③

1557 ⑤　**1558** ⑤　**1559** ①　**1560** ④　**1561** ②

1562 해는 없다.　　**1563** ②　**1564** 해는 없다.

1565 $x=1$　**1566** $x=3$　**1567** ③　　**1568** ④

1569 ㈎: $-4x+7$　㈏: 3　㈐: -3　**1570** ②　**1571** ②

1572 ①　**1573** 3　　**1574** $x\leq-4$　　**1575** ③

1576 ①　　**1577** $1<A\leq7$　　**1578** ⑤　**1579** ④

1580 ②　**1581** -32　**1582** 9　　**1583** ①　**1584** 0, 1

1585 $a<-2$　　**1586** 0　**1587** ③　**1588** $a\geq2$

1589 ②　　**1590** $a\leq3$　**1591** $a\leq-\dfrac{5}{2}$　　**1592** 11

1593 ⑤　**1594** $-4\leq a<-\dfrac{7}{2}$　**1595** ②　**1596** ③

1597 -5　**1598** $\dfrac{1}{2}\leq a<1$　　**1599** ⑤　　**1600** 11

1601 ④　**1602** ③　**1603** ②　**1604** 20 g 이상 80 g 이하

1605 ⑤　**1606** ②　**1607** ④　**1608** ②　**1609** ④

1610 18　**1611** ②　**1612** 8　**1613** ①　**1614** 7

1615 ③　**1616** ②　**1617** ④　**1618** ①　**1619** 4

1620 8　**1621** ⑤　**1622** ⑤　**1623** ③　**1624** ①

1625 $-4\leq x\leq6$　　**1626** ④　**1627** ②　**1628** ②

1629 ②　**1630** ⑤　**1631** 12　**1632** ③　**1633** $k>0$

1634 ①　**1635** ④　**1636** ②　**1637** $k\geq3$

1638 (1) $-\dfrac{a+2}{4}$　(2) $\dfrac{3b+4}{2}$　(3) -3　(4) 8　(5) 10　(6) 4
(7) 14

1639 16　**1640** $2\leq x<5$　　**1641** -4, 3

1642 (1) $5x+8$　(2) 1　(3) 6　(4) 19　(5) 14　(6) 14　(7) 19
(8) 19

1643 9, 10　**1644** 50 g 이상 100 g 이하

1645 200 g 이상 275 g 이하

1646 (1) -2　(2) -2　(3) 1　(4) 1　(5) 1　(6) -2　(7) 1　(8) 4

1647 2　**1648** -24　**1649** 4　**1650** ①　**1651** ①

1652 ③　**1653** ④　**1654** ③　**1655** ①　**1656** ④

1657 ③　**1658** ③　**1659** ④　**1660** ⑤　**1661** ②

1662 ⑤　**1663** ⑤　**1664** ④　**1665** ③　**1666** ①

1667 ④　**1668** -2　**1669** 4　**1670** 18일

1671 $-3<a\leq5$　　**1672** ②　**1673** ③　**1674** ⑤

1675 ①　**1676** ①　**1677** ②　**1678** ①　**1679** ⑤

1680 ③　**1681** ④　**1682** ②　**1683** ④　**1684** ③

1685 ⑤　**1686** ⑤　**1687** ②　**1688** ⑤　**1689** ④

1690 4　**1691** $5\leq a<7$　　**1692** 3　**1693** -3

08 이차부등식
본책 358쪽~399쪽

1694 (1) $x<-3$ 또는 $x>2$　(2) $-3\leq x\leq2$

1695 $-\dfrac{5}{2}\leq x\leq1$

1696 (1) $x<-3$ 또는 $x>1$　(2) $-3<x<1$

1697 $-2\leq x\leq3$

1698 (1) $x^2-6x+9>0$ (2) $x^2-10x+25\le0$

1699 $a=-1, b=-2$ **1700** $-3<k<5$

1701 $-\sqrt{7}\le k\le\sqrt{7}$ **1702** $-\dfrac{5}{2}<x\le-1$ 또는 $x\ge2$

1703 $-3<x<1$ 또는 $2<x<4$ **1704** $k<-1$

1705 $k\le-3$ **1706** $-3\le x\le4$

1707 $-1\le x\le4$ **1708** $-2<x<4$ **1709** ②

1710 ④   **1711** $-4<x<1$ 또는 $5<x<8$ **1712** 1

1713 ④   **1714** ③   **1715** ⑤   **1716** ②   **1717** ②

1718 -2 **1719** ④   **1720** ⑤   **1721** ④   **1722** ①

1723 ②   **1724** $x<1$ 또는 $x>3$ **1725** ⑤   **1726** ④

1727 ①   **1728** $-3\le x\le2$ **1729** 11

1730 $x^2-7x-18\le0$ **1731** $x^2-2x-35\ge0$ **1732** 2

1733 $a=-2, b=-12$ **1734** $x<-\dfrac{1}{2}$ 또는 $x>1$

1735 ④   **1736** ④   **1737** ①   **1738** ①

1739 $x\le-2$ 또는 $x\ge1$ **1740** ④   **1741** ②   **1742** ③

1743 $-3\le x\le-2$ **1744** ①   **1745** ③   **1746** 3

1747 ④   **1748** ⑤   **1749** 16   **1750** ⑤   **1751** -2

1752 ④   **1753** ②   **1754** ④   **1755** -6

1756 $-1-\sqrt{2}<a<0$ 또는 $a>0$ **1757** $k\le0$ 또는 $k\ge4$

1758 ④   **1759** ①   **1760** ③   **1761** $k\le\dfrac{8}{3}$ **1762** ⑤

1763 2   **1764** $-1<a<4$ **1765** $a<-9$

1766 ③   **1767** ③   **1768** $1\le k<2$ **1769** 21

1770 ②   **1771** ⑤   **1772** ①   **1773** ④

1774 $-1<a<\dfrac{1}{3}$ **1775** ①   **1776** $0\le k<2$

1777 $k>4$ **1778** 22   **1779** $k<-2$ 또는 $k>2$ **1780** 7

1781 ④   **1782** $a\ge-1$ **1783** ①

1784 $-3\le a\le0$ **1785** ③   **1786** ④   **1787** ①

1788 ②   **1789** ⑤   **1790** 2   **1791** ②   **1792** 20

1793 ②   **1794** $0<m<1$ **1795** ④   **1796** ③

1797 $-1<k<-\dfrac{1}{4}$ **1798** 2   **1799** ⑤

1800 20 m 이상 40 m 이하   **1801** 4   **1802** ④

1803 $4\le\overline{AB}\le8$ **1804** ④   **1805** 1500원

1806 ⑤   **1807** ①   **1808** 5   **1809** ③   **1810** ⑤

1811 8   **1812** ⑤   **1813** ⑤   **1814** ⑤   **1815** 13

1816 -2 **1817** ①   **1818** $a=-\dfrac{1}{3}, b=-\dfrac{20}{3}$

1819 11   **1820** -2 **1821** ⑤   **1822** $-1<a\le0$

1823 $1<a\le2$ **1824** ⑤   **1825** 15   **1826** 21

1827 5   **1828** 30   **1829** 4   **1830** 5

1831 $\dfrac{7}{2}\le x\le\dfrac{9}{2}$ **1832** 13   **1833** $4<\overline{BR}<8$

1834 50 km 초과 200 km 미만   **1835** ②   **1836** 15

1837 ④   **1838** $-6<a<1$ **1839** 5   **1840** 5

1841 ①   **1842** $a\le\dfrac{1}{3}$ 또는 $a\ge2$ **1843** ④

1844 $1\le k<2$ **1845** ①   **1846** ①   **1847** ⑤

1848 2   **1849** -10 **1850** ②   **1851** $-\dfrac{5}{2}<k\le-2$

1852 $\dfrac{9}{8}$ **1853** ⑤   **1854** $\dfrac{4}{3}<k\le\dfrac{3}{2}$ **1855** $a>7$

1856 44   **1857** ③   **1858** $3<k<5$ **1859** ②

1860 ①   **1861** ④   **1862** $k>2$ **1863** ③

1864 $-\dfrac{1}{2}<k<3$ **1865** ②   **1866** ⑤   **1867** ⑤

1868 (1) <   (2) $-\dfrac{7}{10}$ (3) $\dfrac{1}{10}$ (4) $\dfrac{1}{10}$ (5) $\dfrac{7}{10}$ (6) 2   (7) 5

1869 $x<-1$ 또는 $x>\dfrac{1}{3}$ **1870** -1

1871 (1) <   (2) <   (3) -4 (4) 0   (5) 4

1872 9   **1873** 1   **1874** 6

1875 (1) $k-3$ (2) $k+3$ (3) ≤   (4) ≤

1876 $0\le a<1$ 또는 $3<a\le4$ **1877** 2   **1878** 1

1879 ②   **1880** ①   **1881** ⑤   **1882** ①   **1883** ②

1884 ①   **1885** ⑤   **1886** ③   **1887** ①   **1888** ②

1889 ④   **1890** ④   **1891** ③   **1892** ①   **1893** ②

1894 ③   **1895** ⑤   **1896** ①   **1897** ①   **1898** ⑤

1899 ③   **1900** 8   **1901** 9

1902 $x\le-\dfrac{1}{2}$ 또는 $x\ge\dfrac{1}{3}$ **1903** 9   **1904** ④

1905 ④   **1906** ③   **1907** ④   **1908** ⑤   **1909** ③

1910 ③   **1911** ②   **1912** ①   **1913** ②   **1914** ⑤

1915 ④   **1916** ①   **1917** ⑤   **1918** ⑤   **1919** ②

1920 ③   **1921** ②   **1922** ①   **1923** ①   **1924** ①

1925 $3<x<12$ **1926** 1   **1927** 9

1928 $1\le a<2$ 또는 $a>4$

IV. 도형의 방정식

09 평면좌표
본책 404쪽~441쪽

1929 (1) 5　(2) 6　(3) 3　**1930** $\sqrt{2}$　**1931** (1) 4　(2) 7

1932 (1) P(5)　(2) Q(-3)　(3) M(6)

1933 (1) P(0, 5)　(2) Q(-3, 8)　(3) M(1, 4)

1934 B(2, 1)　　　**1935** G(2, 4)

1936 $a=-8$, $b=1$　**1937** 5　**1938** ②　**1939** ②

1940 ③　**1941** ④　**1942** 10　**1943** ②　**1944** ③

1945 5　**1946** ③　**1947** ⑤　**1948** ②　**1949** ④

1950 ④　**1951** $3\sqrt{5}$ km　　**1952** ③　**1953** 29

1954 ④　**1955** ③　**1956** P(6, 0)　　**1957** ④

1958 ②　**1959** P(-6, 7)　　**1960** ②　**1961** ④

1962 ②　**1963** ④　**1964** $\left(\dfrac{5}{2}, \dfrac{5}{2}\right)$　　**1965** ⑤

1966 ②　**1967** ∠A=90°인 직각이등변삼각형　**1968** ①

1969 1　**1970** ④　**1971** ②　**1972** C($2\sqrt{3}$, $-\sqrt{3}$)

1973 ②　**1974** $2\sqrt{2}$　**1975** ⑤　**1976** 17　**1977** ⑤

1978 ④　**1979** ④　**1980** ①　**1981** 20　**1982** ①

1983 6　**1984** ②　**1985** ④　**1986** ④　**1987** ⑤

1988 (가): $a^2+b^2+c^2$　(나): a^2+b^2　**1989** $\sqrt{33}$　**1990** ④

1991 ②　**1992** (가): y^2　(나): $(x-a)^2+(y-b)^2$

1993 38　**1994** ③　**1995** M(11)　　**1996** ④

1997 ⑤　**1998** ④　**1999** $-\dfrac{4}{5}$　**2000** ③

2001 (-4, -1)　**2002** ②　**2003** (0, 2)

2004 ②　**2005** ③　**2006** 17　**2007** ③　**2008** ④

2009 ③　**2010** 160　**2011** ④　**2012** ①　**2013** ③

2014 3　**2015** (4, 8), (0, 4)　**2016** ④　**2017** ②

2018 ⑤　**2019** $\dfrac{9}{2}$　**2020** ①　**2021** ④　**2022** ②

2023 C(3, 3)　　**2024** ⑤　**2025** 7

2026 (7, 3)　　**2027** ④　**2028** ①　**2029** ④

2030 ②　**2031** ③　**2032** ⑤　**2033** ⑤　**2034** ④

2035 ④　**2036** C(17, 2), D(23, 14)

2037 ③　**2038** B(-4, 3)　**2039** ②　**2040** ⑤

2041 ③　**2042** ②　**2043** ④　**2044** 19　**2045** ⑤

2046 ④　**2047** D$\left(\dfrac{10}{3}, 0\right)$　　**2048** ②

2049 $\dfrac{3\sqrt{10}}{4}$　　**2050** 14　**2051** ③　**2052** 32

2053 ③　**2054** ④　**2055** ⑤　**2056** 5　**2057** ⑤

2058 ①　**2059** ②

2060 (1) a　(2) 4　(3) 8　(4) 17　(5) -2　(6) -1　(7) -1

2061 P(-2, 2)　　**2062** 0　**2063** $2\sqrt{2}$

2064 (1) 1　(2) 2　(3) 4　(4) -1　(5) 2　(6) 10　(7) -5　(8) 4

2065 $3\sqrt{10}$　**2066** $\left(-\dfrac{14}{5}, -\dfrac{8}{5}\right)$

2067 $\dfrac{m_1}{n_1}=\dfrac{1}{2}$, $\dfrac{m_2}{n_2}=\dfrac{1}{4}$

2068 (1) $\overline{\text{BD}}$　(2) $2\sqrt{10}$　(3) $\sqrt{10}$　(4) 1　(5) 1　(6) -3

　　(7) 1　(8) -1　(9) 11　(10) 4

2069 $\dfrac{7}{5}$　**2070** 1 : 2　**2071** 3　**2072** ⑤　**2073** ②

2074 ④　**2075** ⑤　**2076** ④　**2077** ②　**2078** ③

2079 ②　**2080** ③　**2081** ③　**2082** ④　**2083** ⑤

2084 ②　**2085** ②　**2086** ②　**2087** ③　**2088** ②

2089 ③　**2090** ③　**2091** ④　**2092** ⑤

2093 풀이 참조　　**2094** 13　**2095** 2　**2096** 0, 8

2097 ②　**2098** ①　**2099** ②　**2100** ⑤　**2101** ④

2102 ③　**2103** ④　**2104** ④　**2105** ②　**2106** ⑤

2107 ②　**2108** ③　**2109** ②　**2110** ④　**2111** ②

2112 ②　**2113** ②　**2114** ①　**2115** ⑤　**2116** ②

2117 ④　**2118** 풀이 참조　　**2119** C(19, 7)

2120 -2　**2121** 33

10 직선의 방정식
본책 446쪽~493쪽

2122 $y=-2x+3$　　**2123** $y=\sqrt{3}x-2$

2124 $y=-3x+11$　**2125** $y=\dfrac{4}{3}x-4$

2126 (1) 2　(2) 0 또는 $-\dfrac{1}{2}$　　**2127** $3x+5y+4=0$

2128 $\sqrt{13}$　**2129** 6　**2130** -8　**2131** ④　**2132** ③

2133 ④　**2134** $\dfrac{7}{2}$　**2135** ②　**2136** 4　**2137** ⑤

2138 ①　**2139** ②　**2140** ②　**2141** ⑤　**2142** ②

2143 ③　**2144** ②　**2145** ⑤　**2146** $\dfrac{3}{2}$　**2147** 5

2148 ②　2149 ⑤　2150 $y=-x-1$　2151 -2

2152 ②　2153 $y=4$　2154 ④　2155 ③　2156 ⑤

2157 ⑤　2158 ⑤　2159 -12　2160 ④　2161 ①

2162 6　2163 $\dfrac{x}{3}+y=1$　2164 ④　2165 7

2166 ④　2167 $y=3x+2$　2168 ①　2169 ⑤

2170 ①　2171 ⑤　2172 ①　2173 ②　2174 ③

2175 ②　2176 ⑤　2177 -9　2178 ④　2179 ③

2180 ③　2181 $\sqrt{14}$　2182 ④　2183 ①　2184 ①

2185 ③　2186 ③　2187 ②　2188 ①　2189 5

2190 ⑤　2191 -8　2192 ④　2193 ①　2194 2

2195 $-1<a<-\dfrac{3}{4}$　2196 ②　2197 ④　2198 ⑤

2199 ②　2200 $4\sqrt{2}$　2201 ③　2202 ②　2203 ③

2204 5　2205 ①　2206 ④　2207 ④　2208 ①

2209 ③　2210 ④　2211 2　2212 ⑤　2213 3

2214 ③　2215 ②　2216 $\dfrac{3}{2},\ \dfrac{2}{3}$　2217 ④

2218 5　2219 ②　2220 1　2221 ①　2222 ①

2223 -1　2224 ④　2225 ①　2226 ①　2227 ③

2228 ④　2229 8　2230 ②　2231 ②　2232 ②

2233 ①　2234 ④　2235 ⑤　2236 ④　2237 -5

2238 ④　2239 8　2240 $(5,\ 9)$　2241 ④

2242 1　2243 ③　2244 ②　2245 ②　2246 $\dfrac{15}{2}$

2247 ④　2248 ⑤　2249 ③　2250 $\sqrt{17}$　2251 ④

2252 8　2253 $\dfrac{26}{5}$　2254 ①　2255 ③　2256 9

2257 ①　2258 ⑤　2259 ③　2260 ④　2261 1

2262 ⑤　2263 $3\sqrt{5}$　2264 ①　2265 $\sqrt{6}$

2266 $-\dfrac{3}{4},\ \dfrac{7}{4}$　2267 ⑤　2268 ③　2269 $\sqrt{2}$

2270 $\sqrt{5}$　2271 26　2272 ①　2273 ⑤　2274 ⑤

2275 ①　2276 ③　2277 $y=-x+4$　2278 ③

2279 ②　2280 ④　2281 $\dfrac{35}{2}$　2282 ④　2283 ⑤

2284 ④　2285 2　2286 ③　2287 ④　2288 ③

2289 ④　2290 ②　2291 ③　2292 3　2293 ③

2294 ③　2295 ③　2296 ③

2297 (1) $y-4$ (2) 4 (3) 1 (4) -2 (5) $-2x$　2298 $\dfrac{2}{3}$

2299 $y=x+\dfrac{1}{2}$

2300 (1) $\dfrac{1}{3}$ (2) -3 (3) 2 (4) 1 (5) $-\dfrac{1}{2}$ (6) $\dfrac{1}{2}$

2301 3　2302 5　2303 -6

2304 (1) -6 (2) 8 (3) 8 (4) 3 (5) 13 (6) 3 (7) $\dfrac{11}{10}$

2305 $5\sqrt{2}$　2306 $\dfrac{20}{3}$　2307 $\dfrac{\sqrt{3}}{5}$　2308 ⑤　2309 ④

2310 ②　2311 ④　2312 ③　2313 ⑤　2314 ②

2315 ①　2316 ②　2317 ④　2318 ⑤　2319 ③

2320 ②　2321 ⑤　2322 ①　2323 ④　2324 ②

2325 ②　2326 ④　2327 ③　2328 ④　2329 -48

2330 6　2331 $\dfrac{\sqrt{5}}{3}$　2332 72　2333 ⑤　2334 ①

2335 ②　2336 ①　2337 ②　2338 ⑤　2339 ③

2340 ②　2341 ⑤　2342 ④　2343 ②　2344 ④

2345 ③　2346 ②　2347 ①　2348 ④　2349 ④

2350 ③　2351 ⑤　2352 ④　2353 ①　2354 -4

2355 4　2356 $y=-2x+1$　2357 $\dfrac{24}{5}$

11 원의 방정식
본책 498쪽~545쪽

2358 중심의 좌표 : $(-1,\ -4)$, 반지름의 길이 : $\sqrt{2}$

2359 $k<25$　　2360 만나지 않는다.

2361 (1) $-\sqrt{5}<k<\sqrt{5}$ (2) $\pm\sqrt{5}$ (3) $k<-\sqrt{5}$ 또는 $k>\sqrt{5}$

2362 $y=-2x\pm3\sqrt{5}$　2363 $x+y=4$

2364 $x\pm\sqrt{2}y=3$　2365 $x+3y=-10,\ 3x-y=10$

2366 8 cm　2367 ④　2368 ④　2369 14 cm

2370 $\dfrac{26}{3}$ cm　2371 ③　2372 $30°$　2373 $64°$

2374 ⑤　2375 ⑤　2376 -2　2377 ③　2378 ④

2379 ④　2380 ④　2381 $x^2+(y-5)^2=34$

2382 $(x+3)^2+(y-2)^2=5$　2383 11

2384 $(x+2)^2+y^2=5$　2385 ⑤　2386 ②　2387 ③

2388 ④　2389 $(x-2)^2+(y-1)^2=25$　2390 ①

2391 ③　2392 3　2393 ④　2394 ④

2395 $(x-3)^2+(y-3)^2=18$

2396 ①　2397 ①　2398 ②　2399 ③　2400 ②

2401 $(x-2)^2+(y+4)^2=41$　2402 ③　2403 ④

2404 ③　　**2405** ④　　**2406** $k<23$　　**2407** ⑤

2408 ③　　**2409** ④　　**2410** ②　　**2411** ③　　**2412** ①

2413 $x^2+y^2+2x-6y=0$　　**2414** ③　　**2415** 1

2416 ②　　**2417** ③　　**2418** 10　　**2419** ③　　**2420** ⑤

2421 13π　　**2422** ②　　**2423** ①　　**2424** ②　　**2425** ④

2426 ④　　**2427** $(x+1)^2+(y-3)^2=25$　　**2428** ④

2429 ②　　**2430** ④　　**2431** ③　　**2432** ①　　**2433** ⑤

2434 ①　　**2435** ③　　**2436** 1　　**2437** $x^2+(y-\sqrt{3})^2=3$

2438 $8\sqrt{2}$　　**2439** $(x+2)^2+(y-2)^2-4$　　**2440** ③

2441 ②　　**2442** ①　　**2443** $\sqrt{5}$　　**2444** ⑤　　**2445** ④

2446 $\sqrt{10}$　　**2447** ③　　**2448** ③　　**2449** ②　　**2450** ④

2451 $7\sqrt{2}$　　**2452** ④　　**2453** ①　　**2454** ③　　**2455** $2\sqrt{6}\pi$

2456 ②　　**2457** ③　　**2458** ③　　**2459** 50　　**2460** ⑤

2461 ③　　**2462** ③　　**2463** ②　　**2464** ⑤　　**2465** ③

2466 ⑤　　**2467** 1　　**2468** -3　　**2469** ①　　**2470** ②

2471 ④　　**2472** ②　　**2473** $\sqrt{3}$　　**2474** ④　　**2475** $\dfrac{16}{5}\pi$

2476 ④　　**2477** ①　　**2478** $\left(-3,\dfrac{9}{2}\right)$　　**2479** -4

2480 ④　　**2481** 5　　**2482** ②　　**2483** 5π　　**2484** ②

2485 3　　**2486** ②　　**2487** 14

2488 $m<-\sqrt{3}$ 또는 $m>\sqrt{3}$　　**2489** ④　　**2490** ⑤

2491 ③　　**2492** -18　　**2493** 7　　**2494** ②　　**2495** ②

2496 1　　**2497** ②　　**2498** 50　　**2499** ①　　**2500** ④

2501 ⑤　　**2502** 74　　**2503** ③　　**2504** 3　　**2505** 6

2506 ④　　**2507** 6　　**2508** ④　　**2509** ①　　**2510** ①

2511 ④　　**2512** ②　　**2513** ①　　**2514** ⑤　　**2515** ①

2516 10　　**2517** 35　　**2518** ④　　**2519** ③　　**2520** ③

2521 ①　　**2522** ③　　**2523** 23　　**2524** ③

2525 $y=\dfrac{1}{3}x\pm\sqrt{10}$　　**2526** ④　　**2527** ⑤　　**2528** ③

2529 $y=x-1,\ y=x+7$　　**2530** $\dfrac{15}{2}(1+\sqrt{10})$

2531 ②　　**2532** $\dfrac{5}{2}$　　**2533** ②　　**2534** ②　　**2535** ①

2536 ④　　**2537** ②　　**2538** ①　　**2539** ⑤　　**2540** ④

2541 ②　　**2542** ⑤　　**2543** $x-y+1=0,\ 7x-y-11=0$

2544 ③　　**2545** ①　　**2546** $x-y+1=0$　　**2547** ②

2548 18　　**2549** ③　　**2550** ③　　**2551** $4\sqrt{3}$　　**2552** ③

2553 ⑤　　**2554** ②　　**2555** ②

2556 (1) $\dfrac{2}{3}$　(2) $\dfrac{2}{3}$　(3) -2　(4) 2　(5) $\dfrac{8}{3}$

2557 5π　　**2558** 24π　　**2559** 64π

2560 (1) 7　(2) 9　(3) -7　(4) 3　(5) -9

2561 32π　　**2562** $(x-1)^2+(y-3)^2=1$　　**2563** 5π

2564 (1) 3　(2) 3　(3) -3　(4) 3　(5) 3　(6) 4　(7) $\dfrac{80}{3}$

2565 $\dfrac{16\sqrt{3}}{3}$　**2566** $y=-3x+9$　　**2567** -4　　**2568** ⑤

2569 ①　　**2570** ④　　**2571** ②　　**2572** ③　　**2573** ④

2574 ③　　**2575** ③　　**2576** ④　　**2577** ②　　**2578** ②

2579 ①　　**2580** ③　　**2581** ①　　**2582** ①　　**2583** ①

2584 ⑤　　**2585** ⑤　　**2586** ①　　**2587** ④　　**2588** ③

2589 3　　**2590** 6　　**2591** $-\dfrac{4}{3}$　**2592** 3　　**2593** ④

2594 ③　　**2595** ①　　**2596** ③　　**2597** ③　　**2598** ④

2599 ⑤　　**2600** ①　　**2601** ⑤　　**2602** ①　　**2603** ③

2604 ②　　**2605** ④　　**2606** ④　　**2607** ③　　**2608** ①

2609 ③　　**2610** ③　　**2611** ②　　**2612** ⑤　　**2613** ②

2614 1　　**2615** $\dfrac{11}{4}$　**2616** 9π　　**2617** $4\sqrt{5}$

12 도형의 이동　　본책 550쪽~593쪽

2618 $(5,\ 1)$　　**2619** $(3,\ -1)$　　**2620** $y=x^2$

2621 $b=2a+4$　　**2622** $\mathrm{A}(3,\ -5),\ \mathrm{B}(-3,\ -5)$

2623 $(-3,\ -8)$　　**2624** $(x+2)^2+(y-3)^2=1$

2625 -4　**2626** $(7,\ -4)$　　**2627** $x^2+(y-10)^2=4$

2628 $(5,\ 4)$　　**2629** $(x+2)^2+(y+4)^2=16$

2630 1　　**2631** ②　　**2632** ⑤　　**2633** 10　　**2634** ④

2635 1　　**2636** ②　　**2637** ⑤　　**2638** ③

2639 $(5,\ -6)$　　**2640** ②　　**2641** ④　　**2642** 7

2643 ⑤　　**2644** ⑤　　**2645** -3　　**2646** ②　　**2647** ①

2648 ③　　**2649** ③　　**2650** 9　　**2651** 14　　**2652** ④

2653 ①　　**2654** ③　　**2655** ⑤　　**2656** ②　　**2657** ③

2658 ①　　**2659** ⑤　　**2660** ⑤　　**2661** ⑤　　**2662** 9

2663 6　　**2664** ⑤　　**2665** ①　　**2666** $\dfrac{3}{4}$

2667 $\left(-\dfrac{1}{3},\,1\right)$　**2668** ①　**2669** ③

2670 제4사분면　**2671** ⑤　**2672** ①　**2673** ⑤

2674 ④　**2675** $-\dfrac{3}{2}$　**2676** ②　**2677** ②　**2678** ①

2679 30　**2680** ①　**2681** 3　**2682** ③　**2683** ①

2684 ③　**2685** ①　**2686** ①　**2687** ②　**2688** 4

2689 ①　**2690** ①　**2691** ②　**2692** ③　**2693** ④

2694 56　**2695** P$(-4,\,-4)$　**2696** ⑤　**2697** ③

2698 ⑤　**2699** P$(1,\,3)$　**2700** ②　**2701** -6

2702 ②　**2703** ②　**2704** ③　**2705** ⑤　**2706** ④

2707 ③　**2708** -4　**2709** ②　**2710** ⑤　**2711** ②

2712 ①　**2713** -16　**2714** ③　**2715** ④　**2716** ②

2717 -4　**2718** 3　**2719** ②　**2720** ④　**2721** ④

2722 ①　**2723** ⑤　**2724** ④　**2725** ⑤　**2726** ④

2727 ④　**2728** ②　**2729** ⑤　**2730** ④　**2731** ④

2732 ①　**2733** ⑤　**2734** ⑤　**2735** ②　**2736** 8

2737 ③　**2738** ⑤　**2739** ⑤　**2740** $y=-x^2-1$

2741 10　**2742** $y=2x-13$　**2743** ①　**2744** ④

2745 ⑤　**2746** $y=\dfrac{3}{4}x+2$ (또는 $3x-4y+8=0$)

2747 ②　**2748** $(x+3)^2+(y+1)^2=4$　**2749** ③

2750 ②　**2751** ⑤　**2752** ②　**2753** ④　**2754** $2\sqrt{17}$

2755 ④　**2756** ⑤　**2757** ⑤　**2758** ②　**2759** ④

2760 ③　**2761** ②　**2762** ⑤　**2763** ⑤　**2764** ④

2765 ②　**2766** ⑤　**2767** ①

2768 (1) $3-a$　(2) $b-2$　(3) 4　(4) $\sqrt{17}$　(5) 2　(6) 17　(7) 2　
(8) -2　(9) 4

2769 13　**2770** $(4,\,2)$　**2771** $(4,\,3)$

2772 (1) 3　(2) 1　(3) $\dfrac{7}{3}$　(4) $-\dfrac{1}{3}$　(5) $\dfrac{5}{3}$　(6) $\dfrac{7}{3}$　(7) $\dfrac{5}{3}$　(8) $\dfrac{1}{3}$

2773 $\left(-\dfrac{2}{3},\,\dfrac{4}{3}\right)$　**2774** $\dfrac{5}{2}$　**2775** 2

2776 (1) -4　(2) 5　(3) 20　**2777** $\sqrt{130}$

2778 15　**2779** Q$\left(\dfrac{15}{2},\,\dfrac{15}{2}\right)$　**2780** ④　**2781** ③

2782 ⑤　**2783** ③　**2784** ②　**2785** ②　**2786** ⑤

2787 ③　**2788** ①　**2789** ②　**2790** ④　**2791** ④

2792 ⑤　**2793** ④　**2794** ①　**2795** ①　**2796** ④

2797 ②　**2798** ④　**2799** ⑤　**2800** 16　**2801** -10

2802 $(7,\,-6)$

2803 (1) A$'(7,\,-3)$, B$'(7,\,-5)$, C$'(1,\,-5)$　(2) $\sqrt{157}$

2804 ③　**2805** ④　**2806** ③　**2807** ①　**2808** ①

2809 ①　**2810** ②　**2811** ④　**2812** ②　**2813** ③

2814 ①　**2815** ③　**2816** ③　**2817** ③　**2818** ④

2819 ②　**2820** ①　**2821** ③　**2822** ②　**2823** ②

2824 1　**2825** $\dfrac{5}{2}$　**2826** A$(1,\,4)$

2827 (1) C$(3,\,9)$　(2) $y=-\dfrac{1}{2}x+\dfrac{15}{2}$

(3) P$\left(0,\,\dfrac{15}{2}\right)$, Q$(5,\,5)$　(4) $\dfrac{5\sqrt{5}}{2}$ km

I. 다항식

01 다항식의 연산

0001 답 $3x^3+3x^2-x+4$

두 다항식 $A=2x^3+3x^2-4x+5$, $B=x^3+3x-1$에 대하여
$$\begin{aligned}A+B&=(2x^3+3x^2-4x+5)+(x^3+3x-1)\\&=2x^3+x^3+3x^2-4x+3x+5-1\\&=(2+1)x^3+3x^2+(-4+3)x+(5-1)\\&=3x^3+3x^2-x+4\end{aligned}$$

0002 답 $6x^3-2x^2+9x+2$

세 다항식 $A=x^3-3x^2+4x+1$, $B=2x^2-4x-1$,
$C=5x^3+3x^2+x$에 대하여
$A-B+C$
$$\begin{aligned}&=(x^3-3x^2+4x+1)-(2x^2-4x-1)+(5x^3+3x^2+x)\\&=x^3-3x^2+4x+1-2x^2+4x+1+5x^3+3x^2+x\\&=x^3+5x^3-3x^2-2x^2+3x^2+4x+4x+x+1+1\\&=(1+5)x^3+(-3-2+3)x^2+(4+4+1)x+(1+1)\\&=6x^3-2x^2+9x+2\end{aligned}$$

0003 답 (1) $x^3-3x^2-3x+14$ (2) x^3-2x^2-x+2

(1) $(x+2)(x^2-5x+7)=x^3-5x^2+7x+2x^2-10x+14$
$$\begin{aligned}&=x^3-5x^2+2x^2+7x-10x+14\\&=x^3+(-5+2)x^2+(7-10)x+14\\&=x^3-3x^2-3x+14\end{aligned}$$
(2) $(x-1)(x-2)(x+1)=(x^2-2x-x+2)(x+1)$
$$\begin{aligned}&=(x^2-3x+2)(x+1)\\&=x^3+x^2-3x^2-3x+2x+2\\&=x^3+(1-3)x^2+(-3+2)x+2\\&=x^3-2x^2-x+2\end{aligned}$$

0004 답 -11

$(-2x^2+x-3)(x^2+2x+5)$
$$\begin{aligned}&=-2x^4-4x^3-10x^2+x^3+2x^2+5x-3x^2-6x-15\\&=-2x^4-4x^3+x^3-10x^2+2x^2-3x^2+5x-6x-15\\&=-2x^4+(-4+1)x^3+(-10+2-3)x^2+(5-6)x-15\\&=-2x^4-3x^3-11x^2-x-15\end{aligned}$$
이므로 x^2의 계수는 -11이다.

0005 답 -10

$$\begin{aligned}\frac{x^2}{y}+\frac{y^2}{x}&=\frac{x^3+y^3}{xy}=\frac{(x+y)^3-3xy(x+y)}{xy}\\&=\frac{2^3-3\times(-2)\times2}{-2}\\&=\frac{8+12}{-2}=\frac{20}{-2}=-10\end{aligned}$$

0006 답 0

$a^2+b^2+c^2=(a+b+c)^2-2(ab+bc+ca)$에서
$9=3^2-2(ab+bc+ca)$, $9=9-2(ab+bc+ca)$
$\therefore ab+bc+ca=0$

0007 답 몫 : $4x+2$, 나머지 : $x-1$

$$\begin{array}{r}4x+2\\x^2-x+1\overline{)\,4x^3-2x^2+3x+1}\\\underline{4x^3-4x^2+4x}\\2x^2-x+1\\\underline{2x^2-2x+2}\\x-1\end{array}$$

0008 답 x^2+x-1

$2x^3-3x^2+x-5=A(2x-5)+8x-10$이므로
$$\begin{aligned}A(2x-5)&=(2x^3-3x^2+x-5)-(8x-10)\\&=2x^3-3x^2+x-5-8x+10\\&=2x^3-3x^2+x-8x-5+10\\&=2x^3-3x^2-7x+5\end{aligned}$$
따라서 다항식 A는 $2x^3-3x^2-7x+5$를 $2x-5$로 나누었을 때의
몫이다.

$$\begin{array}{r}x^2+x-1\\2x-5\overline{)\,2x^3-3x^2-7x+5}\\\underline{2x^3-5x^2}\\2x^2-7x\\\underline{2x^2-5x}\\-2x+5\\\underline{-2x+5}\\0\end{array}$$
$\therefore A=x^2+x-1$

0009 답 ③

③ $(a^2b^3)^2=(a^2)^2(b^3)^2=a^4b^6$

0010 답 ⑤

$27=3^3$이므로 $27^4=(3^3)^4=3^{12}$
따라서 $a=3$, $b=12$이므로 $a+b=15$

0011 답 -9

$(-2x^2y)^3\times(xy^3)^2=-8x^6y^3\times x^2y^6=-8x^8y^9$
이므로 $A=-8$, $B=8$, $C=9$
$\therefore A+B-C=-8+8-9=-9$

0012 답 ③

$(4^2)^a \div 2^{3b} = 4^{2a} \div 2^{3b} = (2^2)^{2a} \div 2^{3b}$
$\qquad = 2^{4a} \div 2^{3b} = 2^{4a-3b}$

$16^c = (2^4)^c = 2^{4c}$

따라서 $2^{4a-3b} = 2^{4c}$이므로 $4a - 3b = 4c$

0013 답 ⑤

$(x^2 y)^3 \times \left(\dfrac{x}{y^2}\right)^2 \div (x^3 y^2)^4 = x^6 y^3 \times \dfrac{x^2}{y^4} \div x^{12} y^8$
$\qquad\qquad = x^6 y^3 \times \dfrac{x^2}{y^4} \times \dfrac{1}{x^{12} y^8}$
$\qquad\qquad = \dfrac{1}{x^4 y^9}$

0014 답 ③

① $(a+b)^2 = (a-b)^2 + 4ab$
② $(a-b)^2 = a^2 - 2ab + b^2$
③ $(a-b)^2 = \{-(b-a)\}^2 = (b-a)^2$
④ $(-a+b)^2 = a^2 - 2ab + b^2$
$\quad -(a+b)^2 = -(a^2 + 2ab + b^2) = -a^2 - 2ab - b^2$
⑤ $(2a+b)^2 = 4a^2 + 4ab + b^2$
$\quad 4(a+b)^2 = 4a^2 + 8ab + 4b^2$

따라서 옳은 것은 ③이다.

0015 답 ②

$(a+b)(a-b) = a^2 - b^2 = 1$
$\therefore b^2 - a^2 = -(a^2 - b^2) = -1$

0016 답 18

$(x-a)(x-4) = x^2 - (a+4)x + 4a$이므로
$x^2 - (a+4)x + 4a = x^2 + bx + 28$
$4a = 28$에서 $a = 7$
$-(a+4) = b$에서 $-(7+4) = b$ $\qquad \therefore b = -11$
$\therefore a - b = 7 - (-11) = 18$

0017 답 ②

$(a-b)^2 = (a+b)^2 - 4ab$
$\qquad\quad = 14 - 4 \times 2 = 6$

0018 답 ④

$\left(x - \dfrac{1}{x}\right)^2 = \left(x + \dfrac{1}{x}\right)^2 - 4$
$\qquad\qquad = 5^2 - 4 = 21$

0019 답 (1) 5 (2) 2 (3) $-4y+7$　　　　　|유형1

> 다항식 $8x^2 + y^4 x - 4y + 7$에 대하여 □ 안에 알맞은 수 또는 식을 써 넣으시오.
>
> (1) x, y에 대한 이 다항식의 차수는 □이다.
> 　　　　단서1
> (2) x에 대한 이 다항식의 차수는 □이다.
> (3) x에 대한 상수항은 □이다.
> 　　　　단서2
> 단서1 다항식의 차수 : 다항식에서 차수가 가장 높은 항의 차수
> 단서2 상수항 : 특정한 문자를 포함하지 않는 항

STEP1 어떤 문자에 대한 차수인지 구하기

다항식 $8x^2 + y^4 x - 4y + 7$에서
(1) x, y에 대하여 차수가 가장 높은 항은 $y^4 x$이므로 이 다항식의 차수는 5이다.
(2) x에 대하여 차수가 가장 높은 항은 $8x^2$이므로 이 다항식의 차수는 2이다.

STEP2 x에 대한 상수항 구하기

(3) x를 포함하지 않는 항은 $-4y+7$이므로 상수항은 $-4y+7$이다.

참고 이 다항식은 y에 대한 4차식이고, y에 대한 상수항은 $8x^2 + 7$이다.

0020 답 ④

xy^2의 계수는 다항식 A에서 $z-2$, 다항식 B에서 4, 다항식 C에서 -7이므로 세 다항식 A, B, C의 xy^2의 계수를 모두 곱하면
$(z-2) \times 4 \times (-7) = -28(z-2)$

0021 답 $-y^3 + (x+7)y^2 + 5x + 1$, $x+7$　　　|유형2

> 다항식 $xy^2 - y^3 + 5x + 7y^2 + 1$을 y에 대하여 내림차순으로 정리한 식
> 　　　　　　　　　　　　　　단서1
> 과 y^2의 계수를 구하시오.
> 단서1 y를 제외한 나머지 문자는 모두 상수로 보고 차수가 높은 항부터 낮은 항의 순서로 정리

STEP1 주어진 다항식을 y에 대하여 내림차순으로 정리하기

$xy^2 - y^3 + 5x + 7y^2 + 1$
$= -y^3 + (x+7)y^2 + 5x + 1$

STEP2 y^2의 계수 찾기

y^2의 계수는 $x+7$이다.

0022 답 (1) $2x^2 y^4 - xy^3 - 3x^3 y^2 + 8x^5 y + 1$
　　　　(2) $1 + 8x^5 y - 3x^3 y^2 - xy^3 + 2x^2 y^4$

다항식 $8x^5 y - 3x^3 y^2 + 2x^2 y^4 - xy^3 + 1$에 대하여
(1) y에 대한 내림차순으로 정리하면
$\quad 2x^2 y^4 - xy^3 - 3x^3 y^2 + 8x^5 y + 1$
(2) y에 대한 오름차순으로 정리하면
$\quad 1 + 8x^5 y - 3x^3 y^2 - xy^3 + 2x^2 y^4$

0023 답 ②

x에 대하여 오름차순으로 정리하면

ㄱ. $6-5x+x^2$　　　　　ㄴ. $y^2+8x^3-6x^4$

ㄷ. $-y^4+3xy^3+7x^2y^2$　　ㄹ. $9y^3+8xy-2x^2y+x^6$

따라서 x에 대하여 오름차순인 다항식은 ㄴ, ㄹ이다.

0024 답 $5a-8$

주어진 다항식을 b에 대하여 내림차순으로 정리하면

$a^3b^2+ab-7b^2+ab^3-8b+4ab$

$=ab^3+(a^3-7)b^2+(a-8+4a)b$

$=ab^3+(a^3-7)b^2+(5a-8)b$

따라서 b에 대한 일차항의 계수는 $5a-8$이다.

실수 Check

주어진 다항식을 b에 대하여 내림차순으로 정리할 때, b를 제외한 나머지 문자는 모두 상수로 생각한다. 즉, a^3b^2은 b에 대한 이차항이고 ab^3은 b에 대한 삼차항이므로 a의 차수와 관계없이 b의 차수를 보고 다항식을 정리하도록 한다.

0025 답 ②

② 주어진 다항식의 항은 a^5b^2, $-4ab$, $3a^2b^2$, a^2b, $-7b$, 2이므로 모두 6개이다.

개념 Check

항은 수 또는 문자의 곱으로만 이루어진 식이고, 그중 동류항은 문자와 차수가 각각 같은 항이다.

0026 답 ③

다항식 $8a^2b^3-3a^3b+4b+5ab^4+1$을

$\boxed{a}$ 에 대하여 $\boxed{내림차순}$으로 정리하면

$-3ba^3+8b^3a^2+5b^4a+4b+1$이고,

$\boxed{b}$ 에 대하여 $\boxed{오름차순}$으로 정리하면

$1+(-3a^3+4)b+8a^2b^3+5ab^4$이다.

∴ (개) : a　(내) : 내림차순　(대) : b　(래) : 오름차순

0027 답 ①　　　　　　　　　　　　　　| 유형 3

> 두 다항식 $A=x^2+5xy-4y^2$, $B=2x^2-xy+y^2$에 대하여
> $(2A-B)-(A+B)$를 계산하면?
> **단서1**
> ① $-3x^2+7xy-6y^2$　　　② $-3x^2-7xy-6y^2$
> ③ $-3x^2-7xy+6y^2$　　　④ $3x^2+7xy-6y^2$
> ⑤ $3x^2-7xy+6y^2$
> **단서1** $(2A-B)-(A+B)=A-2B$

STEP1 $(2A-B)-(A+B)$를 정리하기

$(2A-B)-(A+B)=2A-B-A-B$

$\qquad\qquad\qquad\qquad=A-2B$

STEP2 $A=x^2+5xy-4y^2$, $B=2x^2-xy+y^2$을 대입하여 $A-2B$ 계산하기

$A-2B=(x^2+5xy-4y^2)-2(2x^2-xy+y^2)$

$\qquad=x^2+5xy-4y^2-4x^2+2xy-2y^2$

$\qquad=x^2-4x^2+5xy+2xy-4y^2-2y^2$

$\qquad=(1-4)x^2+(5+2)xy+(-4-2)y^2$

$\qquad=-3x^2+7xy-6y^2$

0028 답 ④

$x^2+2xy+2y^2-(2x^2+xy-y^2)$　→ 빼는 식의 각 항의 부호가 바뀐다.

$=x^2+2xy+2y^2-2x^2-xy+y^2$

$=x^2-2x^2+2xy-xy+2y^2+y^2$

$=(1-2)x^2+(2-1)xy+(2+1)y^2$

$=-x^2+xy+3y^2$

0029 답 $3x^2+2x-y^2$

$A+B=(x^2+2x-y)+(2x^2-y^2+y)$

$\qquad=x^2+2x-y+2x^2-y^2+y$

$\qquad=(1+2)x^2+2x-y^2+(-1+1)y$

$\qquad=3x^2+2x-y^2$

0030 답 ②

$(A+2B)-(C-3B)$

$=A+2B-C+3B$

$=A+5B-C$

$=(x^3-2x^2+7x)+5(2x^3+3x-4)-(3x^3-5)$

$=x^3-2x^2+7x+10x^3+15x-20-3x^3+5$

$=(1+10-3)x^3-2x^2+(7+15)x+(-20+5)$

$=8x^3-2x^2+22x-15$

0031 답 $8x^2+y^2+4xy$

$2X-3A=2B+X$에서 $X=3A+2B$이므로

$X=3A+2B$

$\quad=3(2x^2-3y^2+2xy)+2(x^2+5y^2-xy)$

$\quad=6x^2-9y^2+6xy+2x^2+10y^2-2xy$

$\quad=(6+2)x^2+(-9+10)y^2+(6-2)xy$

$\quad=8x^2+y^2+4xy$

0032 답 ①

$4(X+A)=2B+3C$에서

$4X=-4A+2B+3C$, $X=\dfrac{1}{4}(-4A+2B+3C)$이므로

$X=\dfrac{1}{4}(-4A+2B+3C)$

$\quad=\dfrac{1}{4}\{-4(x^3-x^2+x+1)+2(x^2+2x+1)+3(x^3-2)\}$

$\quad=\dfrac{1}{4}(\underline{-4x^3+4x^2-4x-4+2x^2+4x+2+3x^3-6})$

$\qquad\qquad\qquad → -4x^3+3x^3+4x^2+2x^2-4x+4x+2-6$

$\quad=\dfrac{1}{4}(-x^3+6x^2-8)$　　$=(-4+3)x^3+(4+2)x^2$

$\qquad\qquad\qquad\qquad\qquad\qquad\quad +(-4+4)x+(-4+2-6)$

$\quad=-\dfrac{1}{4}x^3+\dfrac{3}{2}x^2-2$　$=-x^3+6x^2-8$

0033 답 ①

$A-B=-x^2+2xy+4y^2$ ·· ㉠

$A+3B=3x^2-2xy$ ··· ㉡

㉠-㉡을 하면

$-4B=-4x^2+4xy+4y^2$이므로

$B=x^2-xy-y^2$ ··· ㉢

㉢을 ㉠에 대입하면

$A-(x^2-xy-y^2)=-x^2+2xy+4y^2$

$\therefore A=(-x^2+2xy+4y^2)+(x^2-xy-y^2)$

$\quad =xy+3y^2$

$\therefore 2A+B=2(xy+3y^2)+(x^2-xy-y^2)$

$\quad =2xy+6y^2+x^2-xy-y^2$

$\quad =x^2+xy+5y^2$

Tip 두 다항식 A, B에 대한 식이 주어진 경우 연립방정식의 해를 구하는 방법과 같은 방법으로 식끼리 더하거나 빼서 두 다항식 A, B를 구한다.

0034 답 x^2-2x+2

$A+B=2x^2+x+1$ ·· ㉠

$B+C=2x+3$ ·· ㉡

$C+A=-x+2$ ·· ㉢

㉠+㉡+㉢을 하면

$2(A+B+C)=(2x^2+x+1)+(2x+3)+(-x+2)$

$\quad =2x^2+2x+6$

$\therefore A+B+C=x^2+x+3$ ··· ㉣

㉣에 ㉡을 대입하면

$A+B+C=A+(2x+3)=x^2+x+3$이므로

$A=(x^2+x+3)-(2x+3)=x^2-x$

$\therefore 2A+C=A+(A+C)$

$\quad =(x^2-x)+(-x+2)$

$\quad =x^2-2x+2$

Tip 다항식 A, B, C에 대하여 ㉠, ㉡, ㉢과 같이 순환하는 형태의 연립방정식은 각각의 식을 모두 더하여 간단히 풀 수 있다.

0035 답 ②

$A+2B=(3x^2+2xy)+2(-x^2+xy)$

$\quad =3x^2+2xy-2x^2+2xy$

$\quad =x^2+4xy$

0036 답 ①

$A-B=(3x^2+4x-2)-(x^2+x+3)$

$\quad =3x^2+4x-2-x^2-x-3$

$\quad =2x^2+3x-5$

0037 답 ②

$D=(-2x^2)+(2x+1)+(x^3+x^2)=x^3-x^2+2x+1$

이므로 각 변에 배열된 3개의 다항식의 합은 x^3-x^2+2x+1이다.

$C=(x^3+x^2)+P(x)+(x^2+1)=x^3-x^2+2x+1$이므로

$P(x)=(x^3-x^2+2x+1)-(x^3+x^2)-(x^2+1)$

$\quad =x^3-x^2+2x+1-x^3-x^2-x^2-1$

$\quad =-3x^2+2x$

$B=Q(x)+(x^3-3x^2)+(x^2+1)=x^3-x^2+2x+1$이므로

$Q(x)=(x^3-x^2+2x+1)-(x^3-3x^2)-(x^2+1)$

$\quad =x^3-x^2+2x+1-x^3+3x^2-x^2-1$

$\quad =x^2+2x$

$\therefore P(x)+Q(x)=(-3x^2+2x)+(x^2+2x)=-2x^2+4x$

0038 답 ⑤ | 유형 **4**

다음 중 옳지 **않은** 것은?

① $(2x-3)^3=8x^3-36x^2+54x-27$
   단서1

② $(x-2y)(x^2+2xy+4y^2)=x^3-8y^3$
   단서2

③ $(2x+y+z)^2=4x^2+y^2+z^2+4xy+2yz+4zx$
   단서3

④ $(x^2-x+5)(3x-4)=3x^3-7x^2+19x-20$

⑤ $(4x^2+2xy+y^2)(4x^2-2xy+y^2)=16x^4+8x^2y^2+y^4$
   단서4

단서1 $(a-b)^3=a^3-3a^2b+3ab^2-b^3$임을 이용

단서2 $(a-b)(a^2+ab+b^2)=a^3-b^3$임을 이용

단서3 $(a+b+c)^2=a^2+b^2+c^2+2ab+2bc+2ca$임을 이용

단서4 $(a^2+ab+b^2)(a^2-ab+b^2)=a^4+a^2b^2+b^4$임을 이용

STEP 1 곱셈 공식 또는 분배법칙을 이용하여 전개하고 옳지 않은 것 찾기

① $(2x-3)^3=(2x)^3-3\times(2x)^2\times3+3\times2x\times3^2-3^3$

$\quad =8x^3-36x^2+54x-27$ (참)

② $(x-2y)(x^2+2xy+4y^2)=(x-2y)\{x^2+x\times2y+(2y)^2\}$

$\quad =x^3-(2y)^3$

$\quad =x^3-8y^3$ (참)

③ $(2x+y+z)^2$

$\quad =(2x)^2+y^2+z^2+2\times2x\times y+2\times y\times z+2\times z\times2x$

$\quad =4x^2+y^2+z^2+4xy+2yz+4zx$ (참)

④ $(x^2-x+5)(3x-4)=3x^3-4x^2-3x^2+4x+15x-20$

$\quad =3x^3-7x^2+19x-20$ (참)

⑤ $(4x^2+2xy+y^2)(4x^2-2xy+y^2)$

$\quad =\{(2x)^2+2x\times y+y^2\}\{(2x)^2-2x\times y+y^2\}$

$\quad =(2x)^4+(2x)^2\times y^2+y^4$

$\quad =16x^4+4x^2y^2+y^4$ (거짓)

따라서 옳지 않은 것은 ⑤이다.

0039 답 $x^3y^2+x^3-xy^2-x$

$AB=(x^3-x)(y^2+1)=x^3y^2+x^3-xy^2-x$

0040 답 ③

$(x-1)(x+1)(x^2+1)(x^4+1)$

$=(x^2-1)(x^2+1)(x^4+1)$

$=(x^4-1)(x^4+1)$

$=x^8-1$

0041 답 ①

$A+B=(x^3-3x^2-3)+(x^2+4x-5)=x^3-2x^2+4x-8$
$B-C=(x^2+4x-5)-(x^2+3x-7)=x+2$
$\therefore (A+B)(B-C)=(x^3-2x^2+4x-8)(x+2)$
$\qquad\qquad\qquad = x^4+2x^3-2x^3-4x^2+4x^2+8x-8x-16$
$\qquad\qquad\qquad = x^4-16$

0042 답 ①

$A=(x-1)(x-2)=x^2-3x+2$
$B=(x+1)(x-2)=x^2-x-2$
$C=(x-2)(x+3)=x^2+x-6$
$\therefore A+B+C=(x^2-3x+2)+(x^2-x-2)+(x^2+x-6)$
$\qquad\qquad\quad =3x^2-3x-6$

0043 답 ③

$(x+a)(x-b)(x+2)$
$=x^3+(a-b+2)x^2+(-ab+2a-2b)x-2ab$이므로
$x^3+(a-b+2)x^2+(-ab+2a-2b)x-2ab=x^3+3x^2+cx-24$
$a-b+2=3$에서 $a-b=1$
$-2ab=-24$에서 $ab=12$
$\therefore c=-ab+2a-2b$
$\qquad =-ab+2(a-b)$
$\qquad =-12+2\times1=-10$

0044 답 ③

ㄱ. $(3x+5y)^3=(3x)^3+3\times(3x)^2\times5y+3\times3x\times(5y)^2+(5y)^3$
$\qquad\qquad\qquad =27x^3+135x^2y+225xy^2+125y^3$ (참)
ㄴ. $(2x+7y)(4x^2-14xy+49y^2)=(2x)^3+(7y)^3$
$\qquad\qquad\qquad\qquad\qquad\qquad =8x^3+343y^3$ (거짓)
ㄷ. $(9x^2-15xy+25y^2)(9x^2+15xy+25y^2)$
$\qquad =(3x)^4+(3x)^2\times(5y)^2+(5y)^4$
$\qquad =81x^4+225x^2y^2+625y^4$ (참)
따라서 옳은 것은 ㄱ, ㄷ이다.

0045 답 ①

$(a+b+c)^2+(-a+b+c)^2+(a-b+c)^2+(a+b-c)^2$
$=a^2+b^2+c^2+2ab+2bc+2ca+a^2+b^2+c^2-2ab+2bc-2ca$
$\quad +a^2+b^2+c^2-2ab-2bc+2ca+a^2+b^2+c^2+2ab-2bc-2ca$
$=4a^2+4b^2+4c^2$

0046 답 12

$(ax+2y)^3=a^3x^3+6a^2x^2y+12axy^2+8y^3$이므로
$a^3x^3+6a^2x^2y+12axy^2+8y^3=64x^3+2bx^2y+bxy^2+8y^3$
$a^3=64$에서 $a=4$
$6a^2=2b$에서 $6\times4^2=2b$ $\therefore b=48$
$\therefore \dfrac{b}{a}=\dfrac{48}{4}=12$

0047 답 $x^6-6x^4+12x^2-8$

$A^3B^3=(AB)^3=\{(x+\sqrt2)(x-\sqrt2)\}^3$
$\qquad\quad =(x^2-2)^3=x^6-6x^4+12x^2-8$

0048 답 ④

$X+2A=4AB-X$에서
$2X=4AB-2A$, $X=2AB-A$이므로
$X=2(x+1)(x+2)(x+3)-(x+1)(x+2)$
$\quad =2\{x^3+(1+2+3)x^2+(2+6+3)x+6\}-(x^2+3x+2)$
$\quad =2(x^3+6x^2+11x+6)-(x^2+3x+2)$
$\quad =2x^3+12x^2+22x+12-x^2-3x-2$
$\quad =2x^3+11x^2+19x+10$

다른 풀이

$X=2(x+1)(x+2)(x+3)-(x+1)(x+2)$
$\quad =(x+1)(x+2)\{2(x+3)-1\}$
$\quad =(x+1)(x+2)(2x+5)$
$\quad =(x^2+3x+2)(2x+5)$
$\quad =2x^3+11x^2+19x+10$

0049 답 2

$(3x+ay)^3=(3x)^3+3\times(3x)^2\times ay+3\times3x\times(ay)^2+(ay)^3$
$\qquad\qquad =27x^3+27ax^2y+9a^2xy^2+a^3y^3$
이므로 $27a=54$ $\therefore a=2$

0050 답 36

$(x-y-2z)^2=\{x+(-y)+(-2z)\}^2$
$\qquad\qquad\quad =x^2+y^2+4z^2-2xy+4yz-4zx$
$\qquad\qquad\quad =x^2+y^2+4z^2-2(xy-2yz+2zx)$
$\qquad\qquad\quad =62-2\times13=36$

0051 답 ⑤　　　　　　　　　| 유형 5

다항식 $\underline{(x^2+2x+4)(x^2+2x-5)}$를 전개한 식이
　단서1
$x^4+ax^3+bx^2+cx-20$일 때, $a+b-c$의 값은?
　　　　　　　　　　　　　　　　　(단, a, b, c는 상수이다.)

① 5　　　　　　② 6　　　　　　③ 7
④ 8　　　　　　⑤ 9
단서1 공통부분 x^2+2x를 치환

STEP1 주어진 식에서 공통부분을 한 문자로 치환하여 정리하기
$x^2+2x=X$라 하면
$(x^2+2x+4)(x^2+2x-5)=(X+4)(X-5)$
$\qquad\qquad\qquad\qquad\qquad\quad =X^2-X-20$

STEP2 정리한 식에 치환한 식 대입하기
X에 x^2+2x를 대입하면
$X^2-X-20=(x^2+2x)^2-(x^2+2x)-20$
$\qquad\qquad =x^4+4x^3+4x^2-x^2-2x-20$
$\qquad\qquad =x^4+4x^3+3x^2-2x-20$

STEP 3 $a+b-c$의 값 구하기

$a=4$, $b=3$, $c=-2$이므로

$a+b-c=4+3-(-2)=9$

0052 답 ⑤

$x^2+x=X$라 하면

$(x^2+x+1)(x^2+x+2)=(X+1)(X+2)=X^2+3X+2$
$\qquad\qquad\qquad\qquad\quad=(x^2+x)^2+3(x^2+x)+2$
$\qquad\qquad\qquad\qquad\quad=x^4+2x^3+4x^2+3x+2$

0053 답 $x^6+2x^5+3x^4+2x^3+x^2-4$

$x^3+x^2+x=X$라 하면

$(x^3+x^2+x+2)(x^3+x^2+x-2)$
$=(X+2)(X-2)=X^2-4$
$=(x^3+x^2+x)^2-4$
$=x^6+x^4+x^2+2x^5+2x^3+2x^4-4$
$=x^6+2x^5+3x^4+2x^3+x^2-4$

0054 답 ①

$(x-6)(x-4)(x-1)(x+1)=\underline{\{(x-4)(x-1)\}\{(x-6)(x+1)\}}$
$\qquad\qquad\qquad$ 공통부분이 생기도록 2개씩 짝을 짓는다. ←
$\qquad\qquad\qquad\qquad=(x^2-5x+4)(x^2-5x-6)$

$x^2-5x=X$라 하면

$(x^2-5x+4)(x^2-5x-6)=(X+4)(X-6)=X^2-2X-24$
$\qquad\qquad\qquad\qquad\qquad=(x^2-5x)^2-2(x^2-5x)-24$
$\qquad\qquad\qquad\qquad\qquad=x^4-10x^3+25x^2-2x^2+10x-24$
$\qquad\qquad\qquad\qquad\qquad=x^4-10x^3+23x^2+10x-24$

0055 답 7

$x(x-1)(x+1)(x+2)=\{x(x+1)\}\{(x-1)(x+2)\}$
$\qquad\qquad\qquad\qquad=(x^2+x)(x^2+x-2)$

$x^2+x=X$라 하면

$(x^2+x)(x^2+x-2)=X(X-2)=X^2-2X$
$\qquad\qquad\qquad\quad=(x^2+x)^2-2(x^2+x)$
$\qquad\qquad\qquad\quad=x^4+2x^3+x^2-2x^2-2x$
$\qquad\qquad\qquad\quad=x^4+2x^3-x^2-2x$

따라서 $a=2$, $b=-1$, $c=-2$이므로

$a^3+b^2+c=2^3+(-1)^2+(-2)=7$

0056 답 ⑤

$x+y=X$라 하면

$(x+y)(x+y-1)(x+y+1)=X(X-1)(X+1)$
$\qquad\qquad\qquad\qquad\qquad=X(X^2-1)=X^3-X$
$\qquad\qquad\qquad\qquad\qquad=(x+y)^3-(x+y)$
$\qquad\qquad\qquad\qquad\qquad=x^3+3x^2y+3xy^2+y^3-x-y$
$\qquad\qquad\qquad\qquad\qquad=x^3+3yx^2+(3y^2-1)x+y^3-y$

따라서 x^3의 계수는 1, x^2의 계수는 $3y$, x의 계수는 $3y^2-1$이므로

$1\times3y\times(3y^2-1)=9y^3-3y$

0057 답 10

$a-b=X$라 하면

$(a-b-2)(a-b+2)=(X-2)(X+2)=X^2-4$
$\qquad\qquad\qquad\qquad\qquad=(a-b)^2-4$

따라서 $(a-b)^2-4=6$이므로 $(a-b)^2=10$

0058 답 ④

$(a+b+c)(a-b+c)=\{(a+c)+b\}\{(a+c)-b\}$

$a+c=X$라 하면

$\{(a+c)+b\}\{(a+c)-b\}=(X+b)(X-b)$
$\qquad\qquad\qquad\qquad=X^2-b^2$
$\qquad\qquad\qquad\qquad=(a+c)^2-b^2$
$\qquad\qquad\qquad\qquad=a^2+2ac+c^2-b^2$

$(a+b-c)(-a+b+c)=\{b+(a-c)\}\{b-(a-c)\}$

$a-c=Y$라 하면

$\{b+(a-c)\}\{b-(a-c)\}=(b+Y)(b-Y)$
$\qquad\qquad\qquad\qquad=b^2-Y^2$
$\qquad\qquad\qquad\qquad=b^2-(a-c)^2$
$\qquad\qquad\qquad\qquad=b^2-a^2+2ac-c^2$

즉, $a^2+2ac+c^2-b^2=b^2-a^2+2ac-c^2$이므로

$2a^2+2c^2=2b^2$ $\quad\therefore a^2+c^2=b^2$

0059 답 ⑤

$a+b=X$라 하면

$(a+b-c)(a+b+c)=(X-c)(X+c)$
$\qquad\qquad\qquad\qquad=X^2-c^2$
$\qquad\qquad\qquad\qquad=(a+b)^2-c^2$

$(a+b)^2-c^2=2ab$이므로 $a^2+2ab+b^2-c^2=2ab$

$a^2+b^2-c^2=0$ $\quad\therefore a^2+b^2=c^2$

따라서 삼각형 ABC는 $\angle\text{C}=90°$인 직각삼각형이다.

> **개념 Check**
>
> 세 변의 길이가 각각 a, b, c인 삼각형 ABC에서 $a^2+b^2=c^2$이면 삼각형 ABC는 빗변의 길이가 c인 직각삼각형이다.
>
>

0060 답 ①

$(2a+3)^3=A$, $(2a-3)^3=B$라 하면

$\{(2a+3)^3+(2a-3)^3\}^2-\{(2a+3)^3-(2a-3)^3\}^2$
$=(A+B)^2-(A-B)^2$ $\quad\rightarrow A+B=X,\ A-B=Y$라 하고
$\qquad\qquad\qquad\qquad\qquad$ 인수분해한다고 생각한다.
$=\{(A+B)+(A-B)\}\{(A+B)-(A-B)\}$
$=4AB$
$=4(2a+3)^3(2a-3)^3$
$=4\{(2a+3)(2a-3)\}^3$
$=4(4a^2-9)^3$

$a=\sqrt{2}$를 대입하면

$4(4a^2-9)^3=4\times(8-9)^3=-4$

다른 풀이

$2a+3=A$, $2a-3=B$라 하면

$\{(2a+3)^3+(2a-3)^3\}^2-\{(2a+3)^3-(2a-3)^3\}^2$

$=(A^3+B^3)^2-(A^3-B^3)^2$

$=\{(A^3+B^3)+(A^3-B^3)\}\{(A^3+B^3)-(A^3-B^3)\}$

$=4A^3B^3$

$=4(2a+3)^3(2a-3)^3$

$=4\{(2a+3)(2a-3)\}^3$

$=4(4a^2-9)^3$

$a=\sqrt{2}$를 대입하면

$4(4a^2-9)^3=4\times(8-9)^3=-4$

실수 Check

공통부분이 두 부분이면 각각을 한 문자로 치환하여 식을 전개한다.

Plus 문제

0060-1

$a=\sqrt{3}$일 때,

$\{(3a+5)^3+(3a-5)^3\}^2-\{(3a+5)^3-(3a-5)^3\}^2$

의 값을 구하시오.

$(3a+5)^3=A$, $(3a-5)^3=B$라 하면

$\{(3a+5)^3+(3a-5)^3\}^2-\{(3a+5)^3-(3a-5)^3\}^2$

$=(A+B)^2-(A-B)^2$

$=\{(A+B)+(A-B)\}\{(A+B)-(A-B)\}$

$=4AB$

$=4(3a+5)^3(3a-5)^3$

$=4\{(3a+5)(3a-5)\}^3$

$=4(9a^2-25)^3$

$a=\sqrt{3}$을 대입하면

$4(9a^2-25)^3=4\times(27-25)^3=32$

답 32

0061 **답** ⑤

$a+b=X$라 하면

$(a+b-1)\{(a+b)^2+a+b+1\}=(X-1)(X^2+X+1)$

$\qquad\qquad\qquad\qquad\qquad=X^3-1=(a+b)^3-1$

따라서 $(a+b)^3-1=8$이므로 $(a+b)^3=9$

0062 **답** ① |유형 6

> 다항식 $(x-y+2)(3x+y-4)$의 전개식에서 $\underline{xy\text{의 계수}}$를 a, y의
> **단서1**
> 계수를 b라 할 때, ab의 값은?
> **단서2**
> ① -12 ② -6 ③ 1
> ④ 6 ⑤ 12
> **단서1** $(xy\text{의 계수})=(x\text{의 계수})\times(y\text{의 계수})$
> **단서2** $(y\text{의 계수})=(y\text{의 계수})\times(\text{상수항})$

STEP1 xy의 계수 구하기

$(x-y+2)(3x+y-4)$의 전개식에서

xy항은 $x\times y+(-y)\times 3x=xy-3xy=-2xy$

즉, xy의 계수는 -2이다.

STEP2 y의 계수 구하기

$(x-y+2)(3x+y-4)$의 전개식에서

y항은 $(-y)\times(-4)+2\times y=4y+2y=6y$

즉, y의 계수는 6이다.

STEP3 ab의 값 구하기

$a=-2$, $b=6$이므로 $ab=-12$

0063 **답** 3

$AB=(x^2-2x+2)(x^3+3x^2+3)$의 전개식에서

x^2항은 $x^2\times 3+2\times 3x^2=9x^2$이므로 x^2의 계수는 9이고

x항은 $(-2x)\times 3=-6x$이므로 x의 계수는 -6이다.

따라서 x^2의 계수와 x의 계수의 합은 $9+(-6)=3$

0064 **답** ④

$(x-1)(x^3+x^2+ax+1)$의 전개식에서

x^2항은 $x\times ax+(-1)\times x^2=(a-1)x^2$이므로

x^2의 계수는 $a-1$이고

x항은 $x\times 1+(-1)\times ax=(1-a)x$이므로

x의 계수는 $1-a$이다.

x^2의 계수 $a-1$과 x의 계수 $1-a$가 같으므로

$a-1=1-a$, $2a=2$ $\quad\therefore a=1$

0065 **답** ③

$(a-2)(a+2)(a^2-2a+4)(a^2+2a+4)$

$=\{(a-2)(a+2)\}\{(a^2-2a+4)(a^2+2a+4)\}$

$=(a^2-4)(a^4+4a^2+16)$

의 전개식에서 a^3의 계수는 0이다.

참고 a^3항은 $(a^3\text{항})\times(\text{상수항})$, $(a^2\text{항})\times(a\text{항})$, $(a\text{항})\times(a^2\text{항})$, $(\text{상수항})\times(a^3\text{항})$의 합으로 구할 수 있으나 $(a^2-4)(a^4+4a^2+16)$의 전개식에는 해당하는 경우가 없으므로 a^3의 계수는 0이다.

다른 풀이

$(a-2)(a+2)(a^2-2a+4)(a^2+2a+4)$

$=\{(a-2)(a^2+2a+4)\}\{(a+2)(a^2-2a+4)\}$

$=(a^3-8)(a^3+8)$ → 곱셈 공식을 이용하면 식이 간단해진다.

$=a^6-64$

따라서 a^3의 계수는 0이다.

0066 **답** ③

$(ax^2-2x)^3+x^4-3ax^3$의 전개식에서

x^4항은 $3\times(ax^2)\times(-2x)^2+x^4=(12a+1)x^4$이므로

$12a+1=25$, $12a=24$ $\quad\therefore a=2$

즉, x^3항은 $(-2x)^3-3ax^3=(-8-3a)x^3=-14x^3$이므로
x^3의 계수는 -14이다.
따라서 a의 값과 x^3의 계수의 합은 $2+(-14)=-12$

다른 풀이
$(ax^2-2x)^3+x^4-3ax^3$
$=a^3x^6-6a^2x^5+12ax^4-8x^3+x^4-3ax^3$
$=a^3x^6-6a^2x^5+(12a+1)x^4+(-8-3a)x^3$
x^4의 계수가 $12a+1$이므로
$12a+1=25$, $12a=24$ $\therefore a=2$
x^3의 계수는 $-8-3a=-8-3\times2=-14$
따라서 a의 값과 x^3의 계수의 합은 $2+(-14)=-12$

0067 답 -10
$(2x-3)^3(x+1)^2=(8x^3-36x^2+54x-27)(x^2+2x+1)$
의 전개식에서 x^3항은
$8x^3\times1+(-36x^2)\times2x+54x\times x^2$
$=8x^3-72x^3+54x^3=-10x^3$
이므로 x^3의 계수는 -10이다.

0068 답 ④
$\langle x^2-2x-1, x+3\rangle$
$=(x^2-2x-1)^2+(x^2-2x-1)(x+3)-(x+3)^2$
의 전개식에서 x^2항은
$(-2x)^2+2\times x^2\times(-1)+x^2\times3+(-2x)\times x-x^2$
$=4x^2-2x^2+3x^2-2x^2-x^2=2x^2$
이므로 x^2의 계수는 2이다.

0069 답 ③
두 다항식 $(x^2-x-1)^3$, $(x^3+x^2-x-1)^3$의 전개식에서 x^2의 계수는 이차 이하의 항의 곱을 계산하여 구할 수 있다.
x^2-x-1과 x^3+x^2-x-1의 이차 이하의 항이 모두 같으므로
두 다항식 $(x^2-x-1)^3$과 $(x^3+x^2-x-1)^3$의 전개식에서 x^2의 계수가 같다.
즉, $a=b$이므로 $a-b=0$이다.

0070 답 ④
$(1+2x+3x^2+4x^3+\cdots+50x^{49})^2$
$=(1+2x+3x^2+4x^3+\cdots+50x^{49})$
$\qquad\qquad\qquad\qquad(1+2x+3x^2+4x^3+\cdots+50x^{49})$
에서 x^5의 계수는 5차 이하의 항의 곱을 계산하여 구할 수 있다.
따라서 x^5항은 ──→ 6차 이상의 항의 계수와 관계없다.
$1\times6x^5+2x\times5x^4+3x^2\times4x^3+4x^3\times3x^2+5x^4\times2x+6x^5\times1$
$=2(1\times6x^5+2x\times5x^4+3x^2\times4x^3)=56x^5$
이므로 x^5의 계수는 56이다.

실수 Check
$(1+2x+3x^2+4x^3+\cdots+50x^{49})^2$의 전개식에서 x^5의 계수는 6차 이상의 항의 계수와 관계없으므로 $(1+2x+3x^2+4x^3+5x^4+6x^5)^2$의 전개식에서 x^5의 계수와 같음을 이용한다.

0071 답 10
$(x+3)(x^2+2x+4)$의 전개식에서
x항은 $x\times4+3\times2x=4x+6x=10x$이므로
x의 계수는 10이다.

0072 답 20
$(x^2+2x+5)^2=(x^2+2x+5)(x^2+2x+5)$의 전개식에서
x항은 $2x\times5+5\times2x=10x+10x=20x$이므로
x의 계수는 20이다.

0073 답 ④
$(2x+3y)(4x-y)$의 전개식에서
xy항은 $2x\times(-y)+3y\times4x=-2xy+12xy=10xy$이므로
xy의 계수는 10이다.

0074 답 ② | 유형 7

$x+y=1$, $x^2+y^2=3$일 때, x^3-y^3의 값은? (단, $x-y>0$)
단서1 **단서2**
① $\sqrt{5}$　　　② $2\sqrt{5}$　　　③ $3\sqrt{5}$
④ $4\sqrt{5}$　　　⑤ $5\sqrt{5}$
단서1 $x^2+y^2=(x+y)^2-2xy$임을 이용
단서2 $x^3-y^3=(x-y)^3+3xy(x-y)$임을 이용

STEP 1 xy의 값 구하기
$x^2+y^2=(x+y)^2-2xy$이므로 $3=1^2-2xy$
$2xy=-2$ $\therefore xy=-1$
STEP 2 $x-y$의 값 구하기
$(x-y)^2=(x+y)^2-4xy$이므로
$(x-y)^2=1^2-4\times(-1)=5$
이때 $x-y>0$이므로 $x-y=\sqrt{5}$
STEP 3 x^3-y^3의 값 구하기
$x^3-y^3=(x-y)^3+3xy(x-y)$
$\qquad\quad=(\sqrt{5})^3+3\times(-1)\times\sqrt{5}$
$\qquad\quad=5\sqrt{5}-3\sqrt{5}$
$\qquad\quad=2\sqrt{5}$

0075 답 45
$a+b=3$, $ab=-2$이므로
$a^3+b^3=(a+b)^3-3ab(a+b)$
$\qquad\quad=3^3-3\times(-2)\times3$
$\qquad\quad=45$

0076 답 ②
$x-y=(2+\sqrt{6})-(-2+\sqrt{6})=4$
$xy=(2+\sqrt{6})(-2+\sqrt{6})=(\sqrt{6})^2-2^2=2$

$$\therefore x^3-y^3=(x-y)^3+3xy(x-y)$$
$$=4^3+3\times2\times4$$
$$=88$$

0077 답 82

$x^3-y^3=(x-y)^3+3xy(x-y)$이므로

$28=4^3+3xy\times4$, $12xy=-36$ $\therefore xy=-3$

$$\therefore x^4+y^4=(x^2+y^2)^2-2x^2y^2$$
$$=\{(x-y)^2+2xy\}^2-2(xy)^2$$
$$=\{4^2+2\times(-3)\}^2-2\times(-3)^2$$
$$=10^2-18$$
$$=82$$

0078 답 ②

$x^3+y^3=(x+y)^3-3xy(x+y)$이므로

$20=2^3-3xy\times2$, $6xy=-12$ $\therefore xy=-2$

이때 $\dfrac{y^3}{x}+\dfrac{x^3}{y}=\dfrac{x^4+y^4}{xy}$이므로

$$x^4+y^4=(x^2+y^2)^2-2x^2y^2$$
$$=\{(x+y)^2-2xy\}^2-2(xy)^2$$
$$=\{2^2-2\times(-2)\}^2-2\times(-2)^2$$
$$=8^2-8=56$$
$$\therefore \dfrac{y^3}{x}+\dfrac{x^3}{y}=\dfrac{x^4+y^4}{xy}=\dfrac{56}{-2}=-28$$

0079 답 ①

$a^2+ab+b^2=10$ ……………………………………… ㉠

$a^2-ab+b^2=4$ ……………………………………… ㉡

㉠-㉡을 하면 $2ab=6$ $\therefore ab=3$

㉠+㉡을 하면 $2a^2+2b^2=14$ $\therefore a^2+b^2=7$

$$(a+b)^2=a^2+b^2+2ab$$
$$=7+2\times3=13$$
$$\therefore a+b=\sqrt{13}\ (\because a,\ b\text{는 양수})$$
$$\therefore a^3+b^3=(a+b)^3-3ab(a+b)$$
$$=(\sqrt{13})^3-3\times3\times\sqrt{13}$$
$$=13\sqrt{13}-9\sqrt{13}$$
$$=4\sqrt{13}$$

0080 답 ③

$a^3+b^3=(a+b)^3-3ab(a+b)$이므로

$28=4^3-3ab\times4$, $12ab=36$ $\therefore ab=3$

$a^2+b^2=(a+b)^2-2ab=4^2-2\times3=10$

$$\therefore a^5+b^5=\underline{(a^3+b^3)(a^2+b^2)}-a^2b^2(a+b) \quad\longrightarrow a^5+a^3b^2+a^2b^3+b^5$$
$$=(a^3+b^3)(a^2+b^2)-(ab)^2(a+b)$$
$$=28\times10-3^2\times4$$
$$=244$$

Plus 문제

0080-1

$a-b=5$, $a^3-b^3=35$일 때, a^5-b^5의 값을 구하시오.

$a^3-b^3=(a-b)^3+3ab(a-b)$이므로

$35=5^3+3ab\times5$

$15ab=-90$ $\therefore ab=-6$

$a^2+b^2=(a-b)^2+2ab=5^2+2\times(-6)=13$

$$\therefore a^5-b^5=(a^3-b^3)(a^2+b^2)-a^2b^2(a-b)$$
$$=(a^3-b^3)(a^2+b^2)-(ab)^2(a-b)$$
$$=35\times13-(-6)^2\times5$$
$$=455-180$$
$$=275$$

답 275

0081 답 ⑤

ㄱ. $a^3+b^3=(a+b)^3-3ab(a+b)$
$$=2^3-3\times(-1)\times2=14\ (\text{참})$$

ㄴ. $a^2+b^2=(a+b)^2-2ab=2^2-2\times(-1)=6$이므로
$$a^5+b^5=(a^2+b^2)(a^3+b^3)-a^2b^2(a+b)$$
$$=(a^2+b^2)(a^3+b^3)-(ab)^2(a+b)$$
$$=6\times14-(-1)^2\times2=82\ (\text{참})$$

ㄷ. $a^7+b^7=\underline{(a^2+b^2)(a^5+b^5)}-a^2b^2(a^3+b^3) \quad\longrightarrow a^7+a^2b^5+a^5b^2+b^7$
$$=(a^2+b^2)(a^5+b^5)-(ab)^2(a^3+b^3)$$
$$=6\times82-(-1)^2\times14$$
$$=492-14=478\ (\text{참})$$

따라서 옳은 것은 ㄱ, ㄴ, ㄷ이다.

다른 풀이

ㄷ. $a^4+b^4=(a^2+b^2)^2-2a^2b^2$
$$=(a^2+b^2)^2-2(ab)^2$$
$$=6^2-2\times(-1)^2$$
$$=36-2=34$$

이므로
$$a^7+b^7=\underline{(a^3+b^3)(a^4+b^4)}-a^3b^3(a+b) \quad\longrightarrow a^7+a^3b^4+a^4b^3+b^7$$
$$=(a^3+b^3)(a^4+b^4)-(ab)^3(a+b)$$
$$=14\times34-(-1)^3\times2$$
$$=476+2=478\ (\text{참})$$

0082 답 ③

$a^3-b^3=(a-b)^3+3ab(a-b)$
$\qquad=2^3+3\times\dfrac{1}{3}\times 2$
$\qquad=8+2$
$\qquad=10$

0083 답 ②

$x^3-y^3=(x-y)^3+3xy(x-y)$이므로
$12=2^3+3xy\times 2,\ 6xy=4$
$\therefore\ xy=\dfrac{2}{3}$

0084 답 ①

$x^3-y^3=(x-y)^3+3xy(x-y)$이므로
$18=3^3+3xy\times 3,\ 9xy=-9$
$\therefore\ xy=-1$
$\therefore\ x^2+y^2=(x-y)^2+2xy$
$\qquad\qquad=3^2+2\times(-1)$
$\qquad\qquad=7$

0085 답 ⑤

$(a+b)^2=a^2+b^2+2ab$이므로
$3^2=7+2ab,\ 2ab=2\quad\therefore\ ab=1$
$\therefore\ a^4+b^4=(a^2+b^2)^2-2a^2b^2$
$\qquad\qquad=7^2-2\times 1^2$
$\qquad\qquad=49-2$
$\qquad\qquad=47$

0086 답 ③　　　　　　　　　　　　　　　| 유형 8

> $x^2+x-1=0$일 때, $x^2+\dfrac{1}{x^2}$의 값은?
> 　단서1　　　　　　　　　단서2
> ① 1　　　　　② 2　　　　　③ 3
> ④ 4　　　　　⑤ 5
> 단서1 $x^2+x-1=0$의 양변을 $x(x\neq 0)$로 나누어 정리하면 $x-\dfrac{1}{x}=-1$
> 단서2 $x^2+\dfrac{1}{x^2}=\left(x-\dfrac{1}{x}\right)^2+2$

STEP1 $x-\dfrac{1}{x}$의 값 구하기

$x\neq 0$이므로 $x^2+x-1=0$의 양변을 x로 나누면

$x+1-\dfrac{1}{x}=0\qquad\therefore\ x-\dfrac{1}{x}=-1$

STEP2 $x^2+\dfrac{1}{x^2}$의 값 구하기

$x^2+\dfrac{1}{x^2}=\left(x-\dfrac{1}{x}\right)^2+2=(-1)^2+2=3$

참고 $x^2+x-1=0$에 $x=0$을 대입하면 $-1\neq 0$이므로 $x\neq 0$이다.

0087 답 ⑤

$\left(x+\dfrac{1}{x}\right)^2=x^2+\dfrac{1}{x^2}+2=5+2=7$
이때 $x>0$이므로 $x+\dfrac{1}{x}>0$에서 $x+\dfrac{1}{x}=\sqrt{7}$
$\therefore\ x^3+\dfrac{1}{x^3}=\left(x+\dfrac{1}{x}\right)^3-3\left(x+\dfrac{1}{x}\right)$
$\qquad\qquad=(\sqrt{7})^3-3\times\sqrt{7}=7\sqrt{7}-3\sqrt{7}=4\sqrt{7}$

0088 답 1368

$x^3+\dfrac{1}{x^3}=\left(x+\dfrac{1}{x}\right)^3-3\left(x+\dfrac{1}{x}\right)$
$\qquad\qquad=3^3-3\times 3=27-9=18$
$y^3-\dfrac{1}{y^3}=\left(y-\dfrac{1}{y}\right)^3+3\left(y-\dfrac{1}{y}\right)$
$\qquad\qquad=4^3+3\times 4=64+12=76$
$\therefore\ \left(x^3+\dfrac{1}{x^3}\right)\left(y^3-\dfrac{1}{y^3}\right)=18\times 76=1368$

0089 답 ④

$\underline{x\neq 0}$이므로 $x^2-2x-1=0$의 양변을 x로 나누면
$x-2-\dfrac{1}{x}=0\qquad\therefore\ x-\dfrac{1}{x}=2$　$\xrightarrow{x^2-2x-1=0$에 $x=0$을 대입하면 $-1\neq 0$이므로 $x\neq 0$이다.}$
$\therefore\ x^3-\dfrac{1}{x^3}=\left(x-\dfrac{1}{x}\right)^3+3\left(x-\dfrac{1}{x}\right)$
$\qquad\qquad=2^3+3\times 2=8+6=14$

0090 답 ③

$\underline{x\neq 0}$이므로 $x^2-4x+1=0$의 양변을 x로 나누면
$x-4+\dfrac{1}{x}=0\qquad\therefore\ x+\dfrac{1}{x}=4$　$\xrightarrow{x^2-4x+1=0$에 $x=0$을 대입하면 $1\neq 0$이므로 $x\neq 0$이다.}$
이때 $\left(x-\dfrac{1}{x}\right)^2=\left(x+\dfrac{1}{x}\right)^2-4=4^2-4=12$이므로
$\left(x^2-\dfrac{1}{x^2}\right)^2=\left\{\left(x+\dfrac{1}{x}\right)\left(x-\dfrac{1}{x}\right)\right\}^2=\left(x+\dfrac{1}{x}\right)^2\left(x-\dfrac{1}{x}\right)^2$
$\qquad\qquad=4^2\times 12=16\times 12=192$

0091 답 14

$\left(x-\dfrac{1}{x}\right)^2=\left(x+\dfrac{1}{x}\right)^2-4=(2\sqrt{2})^2-4=4$이므로
$x-\dfrac{1}{x}=2\ (\because\ x>1)$　$\xrightarrow{x>1$이면 $\dfrac{1}{x}<1$이므로 $x-\dfrac{1}{x}>0}$
$\therefore\ x^3-\dfrac{1}{x^3}=\left(x-\dfrac{1}{x}\right)^3+3\left(x-\dfrac{1}{x}\right)$
$\qquad\qquad=2^3+3\times 2=8+6=14$

0092 답 ②

$x\neq 0$이므로 $x^4-7x^2+1=0$의 양변을 x^2으로 나누면
$x^2-7+\dfrac{1}{x^2}=0\qquad\therefore\ x^2+\dfrac{1}{x^2}=7$
$\left(x+\dfrac{1}{x}\right)^2=x^2+\dfrac{1}{x^2}+2=7+2=9$
이때 $x>0$에서 $x+\dfrac{1}{x}>0$이므로 $x+\dfrac{1}{x}=3$

0093 답 40

$x\neq0$이므로 $x^2-4x+2=0$의 양변을 x로 나누면

$x-4+\dfrac{2}{x}=0$ $\therefore x+\dfrac{2}{x}=4$

$\therefore x^3+\dfrac{8}{x^3}=\left(x+\dfrac{2}{x}\right)^3-3\times x\times\dfrac{2}{x}\left(x+\dfrac{2}{x}\right)$

$\qquad\qquad =4^3-3\times2\times4=64-24=40$

0094 답 ①

$x\neq0$이므로 $x^2-3x-1=0$의 양변을 x로 나누면

$x-3-\dfrac{1}{x}=0$ $\therefore x-\dfrac{1}{x}=3$

$\dfrac{1-x^2}{x}=\dfrac{1}{x}-x=-\left(x-\dfrac{1}{x}\right)=-3$

$\dfrac{x^4+1}{x^2}=x^2+\dfrac{1}{x^2}=\left(x-\dfrac{1}{x}\right)^2+2=3^2+2=11$

$\therefore \dfrac{1-x^2}{x}-\dfrac{x^4+1}{x^2}=-3-11=-14$

0095 답 ④

$x\neq0$이므로 $x^2-5x+1=0$의 양변을 x로 나누면

$x-5+\dfrac{1}{x}=0$ $\therefore x+\dfrac{1}{x}=5$

$\therefore x^3+x^2+x+\dfrac{1}{x}+\dfrac{1}{x^2}+\dfrac{1}{x^3}$ $x+\dfrac{1}{x}$의 값을 이용할 수 있는 형태로 정리한다.

$=\left(x^3+\dfrac{1}{x^3}\right)+\left(x^2+\dfrac{1}{x^2}\right)+\left(x+\dfrac{1}{x}\right)$

$=\left\{\left(x+\dfrac{1}{x}\right)^3-3\left(x+\dfrac{1}{x}\right)\right\}+\left\{\left(x+\dfrac{1}{x}\right)^2-2\right\}+\left(x+\dfrac{1}{x}\right)$

$=(5^3-3\times5)+(5^2-2)+5$

$=110+23+5=138$

0096 답 ②

$x\neq0$이므로 $x^4+x^3-2x^2-x+1=0$의 양변을 x^2으로 나누면

$x^2+x-2-\dfrac{1}{x}+\dfrac{1}{x^2}=0,\ \left(x^2+\dfrac{1}{x^2}\right)+\left(x-\dfrac{1}{x}\right)-2=0$

이때 $x^2+\dfrac{1}{x^2}=\left(x-\dfrac{1}{x}\right)^2+2$이므로

$\left(x-\dfrac{1}{x}\right)^2+\left(x-\dfrac{1}{x}\right)=0$

$x-\dfrac{1}{x}=X$라 하면

$X^2+X=0,\ X(X+1)=0,\ X=0$ 또는 $X=-1$

$\therefore x-\dfrac{1}{x}=0$ 또는 $x-\dfrac{1}{x}=-1$

따라서 $x^4+x^3-2x^2-x+1=0$을 만족시키는 모든 $x-\dfrac{1}{x}$의 값의 합은

$0+(-1)=-1$

실수 Check

$\left(x-\dfrac{1}{x}\right)^2+\left(x-\dfrac{1}{x}\right)=0$과 같이 복잡한 식은 공통부분을 치환하여 식을 간단하게 정리하면 계산 실수를 줄일 수 있다.

0097 답 ⑤

$x\neq0$이므로 $x^2-6x-2=0$의 양변을 x로 나누면

$x-6-\dfrac{2}{x}=0$ $\therefore x-\dfrac{2}{x}=6$

$x^2+\dfrac{4}{x^2}=\left(x-\dfrac{2}{x}\right)^2+2\times x\times\dfrac{2}{x}=6^2+4=40$

$\left(x+\dfrac{2}{x}\right)^2=\left(x-\dfrac{2}{x}\right)^2+4\times x\times\dfrac{2}{x}=6^2+8=44$

$\therefore \left(x^4-\dfrac{16}{x^4}\right)^2=\left\{\left(x^2+\dfrac{4}{x^2}\right)\left(x^2-\dfrac{4}{x^2}\right)\right\}^2$

$\qquad\qquad =\left(x^2+\dfrac{4}{x^2}\right)^2\left(x^2-\dfrac{4}{x^2}\right)^2$

$\qquad\qquad =\left(x^2+\dfrac{4}{x^2}\right)^2\left\{\left(x+\dfrac{2}{x}\right)\left(x-\dfrac{2}{x}\right)\right\}^2$

$\qquad\qquad =\left(x^2+\dfrac{4}{x^2}\right)^2\left(x+\dfrac{2}{x}\right)^2\left(x-\dfrac{2}{x}\right)^2$

$\qquad\qquad =40^2\times44\times6^2$

$\qquad\qquad =(2^3\times5)^2\times(2^2\times11)\times(2\times3)^2$

$\qquad\qquad =2^6\times5^2\times2^2\times11\times2^2\times3^2$

$\qquad\qquad =2^{10}\times3^2\times5^2\times11$

따라서 $a=10,\ b=2,\ c=2,\ d=1$이므로

$a+b+c+d=10+2+2+1=15$

실수 Check

$x-\dfrac{2}{x}$의 값을 구한 후 $x^4-\dfrac{16}{x^4}$에서 $\dfrac{16}{x^4}=\left(\dfrac{2}{x}\right)^4$임을 알고 곱셈 공식의 변형을 이용할 수 있다.

Plus 문제

0097-1

$x^2-5x+3=0$일 때, $\left(x^4-\dfrac{81}{x^4}\right)^2=a^2\times b\times c^2$이다. 자연수 $a,\ b,\ c$가 서로소일 때, $a-b+c$의 값을 구하시오.

(단, $a<b<c$)

$x\neq0$이므로 $x^2-5x+3=0$의 양변을 x로 나누면

$x-5+\dfrac{3}{x}=0$ $\therefore x+\dfrac{3}{x}=5$

$x^2+\dfrac{9}{x^2}=\left(x+\dfrac{3}{x}\right)^2-2\times x\times\dfrac{3}{x}=5^2-6=19$

$\left(x-\dfrac{3}{x}\right)^2=\left(x+\dfrac{3}{x}\right)^2-4\times x\times\dfrac{3}{x}=5^2-12=13$

$\therefore \left(x^4-\dfrac{81}{x^4}\right)^2=\left\{\left(x^2+\dfrac{9}{x^2}\right)\left(x^2-\dfrac{9}{x^2}\right)\right\}^2$

$\qquad\qquad =\left(x^2+\dfrac{9}{x^2}\right)^2\left(x^2-\dfrac{9}{x^2}\right)^2$

$\qquad\qquad =\left(x^2+\dfrac{9}{x^2}\right)^2\left\{\left(x+\dfrac{3}{x}\right)\left(x-\dfrac{3}{x}\right)\right\}^2$

$\qquad\qquad =\left(x^2+\dfrac{9}{x^2}\right)^2\left(x+\dfrac{3}{x}\right)^2\left(x-\dfrac{3}{x}\right)^2$

$\qquad\qquad =19^2\times5^2\times13$

$\qquad\qquad =5^2\times13\times19^2$

따라서 $a=5,\ b=13,\ c=19$이므로

$a-b+c=5-13+19=11$

답 11

0098 답 ②

$a^2+b^2+c^2=15$, $ab+bc+ca=-1$, $abc=-1$일 때,

$\left(\dfrac{1}{ab}+\dfrac{1}{bc}+\dfrac{1}{ca}\right)^2$의 값은?

단서1

① 11　　　　② 13　　　　③ 15

④ 17　　　　⑤ 19

단서1 $(a+b+c)^2=a^2+b^2+c^2+2(ab+bc+ca)$임을 이용

STEP 1 곱셈 공식을 이용하여 주어진 식을 변형하기

$$\left(\frac{1}{ab}+\frac{1}{bc}+\frac{1}{ca}\right)^2=\left(\frac{a+b+c}{abc}\right)^2$$
$$=\frac{(a+b+c)^2}{(abc)^2}$$
$$=\frac{a^2+b^2+c^2+2(ab+bc+ca)}{(abc)^2}$$

STEP 2 식의 값 구하기

$$\frac{a^2+b^2+c^2+2(ab+bc+ca)}{(abc)^2}=\frac{15+2\times(-1)}{(-1)^2}=13$$

0099 답 83

$(x+y+z)^2=x^2+y^2+z^2+2(xy+yz+zx)$에서

$$xy+yz+zx=\frac{1}{2}\{(x+y+z)^2-(x^2+y^2+z^2)\}$$
$$=\frac{1}{2}\times(5^2-29)$$
$$=\frac{1}{2}\times(-4)=-2$$

$\therefore x^3+y^3+z^3=(x+y+z)(x^2+y^2+z^2-xy-yz-zx)+3xyz$
$$=5\times\{29-(-2)\}+3\times(-24)$$
$$=5\times31-72$$
$$=83$$

0100 답 ②

$a^3+b^3+c^3=(a+b+c)(a^2+b^2+c^2-ab-bc-ca)+3abc$에서

$3abc=(a^3+b^3+c^3)-(a+b+c)(a^2+b^2+c^2-ab-bc-ca)$
$$=(a^3+b^3+c^3)-(a+b+c)\{(a+b+c)^2-3(ab+bc+ca)\}$$
$$=27-3\times\{3^2-3\times(-1)\}$$
$$=27-36=-9$$

$\therefore abc=-3$

0101 답 ④

$(a+b+c)^2=a^2+b^2+c^2+2(ab+bc+ca)$에서

$(-4)^2=24+2(ab+bc+ca)$

$\therefore ab+bc+ca=-4$

$\dfrac{1}{a}+\dfrac{1}{b}+\dfrac{1}{c}=-1$에서 $\dfrac{ab+bc+ca}{abc}=-1$이므로

$\dfrac{-4}{abc}=-1$　　$\therefore abc=4$

0102 답 15

$a-c=(a-b)+(b-c)=(2+\sqrt{3})+(2-\sqrt{3})=4$이므로

$a^2+b^2+c^2-ab-bc-ca$
$$=\frac{1}{2}(2a^2+2b^2+2c^2-2ab-2bc-2ca)$$
$$=\frac{1}{2}\{(a-b)^2+(b-c)^2+(c-a)^2\}$$
$$=\frac{1}{2}\times\{(2+\sqrt{3})^2+(2-\sqrt{3})^2+(-4)^2\}$$
$$=\frac{1}{2}\times(4+4\sqrt{3}+3+4-4\sqrt{3}+3+16)$$
$$=\frac{1}{2}\times30$$
$$=15$$

0103 답 14

$(a+b+c)^2=a^2+b^2+c^2+2(ab+bc+ca)$에서

$ab+bc+ca=\dfrac{1}{2}\{(a+b+c)^2-(a^2+b^2+c^2)\}$
$$=\frac{1}{2}\times(1^2-5)$$
$$=-2$$

$\therefore (a-b)^2+(b-c)^2+(c-a)^2$
$$=2(a^2+b^2+c^2-ab-bc-ca)$$
$$=2\times\{5-(-2)\}$$
$$=14$$

0104 답 ②

$(a+b+c)^2=a^2+b^2+c^2+2(ab+bc+ca)$에서

$3^2=13+2(ab+bc+ca)$　　$\therefore ab+bc+ca=-2$

$a^3+b^3+c^3=(a+b+c)(a^2+b^2+c^2-ab-bc-ca)+3abc$에서

$27=3\times\{13-(-2)\}+3abc$

$3abc=-18$　　$\therefore abc=-6$

0105 답 ②

$(ab+bc+ca)^2=a^2b^2+b^2c^2+c^2a^2+2(ab^2c+abc^2+a^2bc)$
$$=a^2b^2+b^2c^2+c^2a^2+2abc(a+b+c)$$

이므로 $9=9+2abc(a+b+c)$

$\therefore abc(a+b+c)=0$

따라서 $abc\neq0$이므로 $a+b+c=0$이다.

0106 답 ③

$(x+y+z)^2=x^2+y^2+z^2+2(xy+yz+zx)$에서

$5^2=15+2(xy+yz+zx)$　　$\therefore xy+yz+zx=5$

$\therefore (x+y)(y+z)+(y+z)(z+x)+(z+x)(x+y)$
$$=x^2+y^2+z^2+3(xy+yz+zx)$$
$$=15+3\times5$$
$$=30$$

0107 답 ②

$(a+b+c)^2=a^2+b^2+c^2+2(ab+bc+ca)$에서

$1^2=3+2(ab+bc+ca)$ ∴ $ab+bc+ca=-1$

∴ $(a+b)^3+(b+c)^3+(c+a)^3-3(a+b)(b+c)(c+a)$

$=\{(a+b)+(b+c)+(c+a)\}\{(a+b)^2+(b+c)^2+(c+a)^2$

$\qquad -(a+b)(b+c)-(b+c)(c+a)-(c+a)(a+b)\}$

$=2(a+b+c)(a^2+b^2+c^2-ab-bc-ca)$

$=2\times1\times\{3-(-1)\}$

$=8$

0108 답 -24

$x+y+z=5$에서

$x+y=5-z,\ y+z=5-x,\ z+x=5-y$이므로

$(x+y)(y+z)(z+x)$

$=(5-z)(5-x)(5-y)$

$=125-25(x+y+z)+5(xy+yz+zx)-xyz$

$=125-25\times5+5\times(-4)-4$

$=-24$

0109 답 ②

$a^2+b^2+c^2=a^2+b^2+(-c)^2$

$\qquad=(a+b-c)^2-2(ab-bc-ca)$

$\qquad=25-2\times(-2)$

$\qquad=29$

0110 답 ④ | 유형**10**

$x=2$일 때, $\underline{(x+1)(x^2+1)(x^4+1)}$의 값은?
              단서1

① 31   ② 63   ③ 127

④ 255   ⑤ 511

단서1 $(a+b)(a-b)=a^2-b^2$임을 이용

STEP1 곱셈 공식을 이용하여 주어진 식을 간단히 정리하기

$x=2$이므로 $x-1=2-1=1$

∴ $(x+1)(x^2+1)(x^4+1)$

$=\underline{(x-1)}(x+1)(x^2+1)(x^4+1)$ ← $x-1=1$이므로 곱해도 식의

$=(x^2-1)(x^2+1)(x^4+1)$ 값이 변하지 않는다.

$=(x^4-1)(x^4+1)$

$=x^8-1$

STEP2 $x=2$를 대입하여 식의 값 구하기

$x=2$를 대입하면

$x^8-1=2^8-1=256-1=255$

0111 답 ③

$(5-1)(5+1)(5^2+1)(5^4+1)=(5^2-1)(5^2+1)(5^4+1)$

$\qquad\qquad\qquad\qquad\qquad=(5^4-1)(5^4+1)$

$\qquad\qquad\qquad\qquad\qquad=5^8-1$

0112 답 ⑤

$(a^2-1)(a^2-a+1)(a^2+a+1)$

$=(a-1)(a+1)(a^2-a+1)(a^2+a+1)$

$=\{(a-1)(a^2+a+1)\}\{(a+1)(a^2-a+1)\}$

$=(a^3-1)(a^3+1)$

$=a^6-1$

$a=2$를 대입하면

$a^6-1=2^6-1=64-1=63$

0113 답 ③

$(1+9)(1+9^2)(1+9^4)(1+9^8)$

$=-\dfrac{1}{8}(1-9)(1+9)(1+9^2)(1+9^4)(1+9^8)$ → $(1-9)(1+9)$를 이용할 수 있도록

$=-\dfrac{1}{8}\underset{=1-9^4}{\underline{(1-9^2)(1+9^2)}}(1+9^4)(1+9^8)$ $-\dfrac{1}{8}(1-9)$를 곱한다.

$=-\dfrac{1}{8}\underset{=1-9^8}{\underline{(1-9^4)(1+9^4)}}(1+9^8)$

$=-\dfrac{1}{8}(1-9^8)(1+9^8)$

$=-\dfrac{1}{8}(1-9^{16})$

$=\dfrac{3^{32}-1}{8}$

Tip 주어진 식에 적당한 값을 곱하여 $(a+b)(a-b)=a^2-b^2$을 이용할 수 있다. 이때 등식이 성립하도록 곱한 값만큼 반드시 나누어야 한다.

0114 답 ③

$P=(2^2+1)(2^4+1)(2^8+1)(2^{16}+1)(2^{32}+1)$의 양변에

$2^2-1=3$을 곱하면

$3P=(2^2-1)(2^2+1)(2^4+1)(2^8+1)(2^{16}+1)(2^{32}+1)$

$\quad=(2^4-1)(2^4+1)(2^8+1)(2^{16}+1)(2^{32}+1)$

$\quad=(2^8-1)(2^8+1)(2^{16}+1)(2^{32}+1)$

$\quad=(2^{16}-1)(2^{16}+1)(2^{32}+1)$

$\quad=(2^{32}-1)(2^{32}+1)$

$\quad=2^{64}-1$

∴ $P=\dfrac{1}{3}(2^{64}-1)$

따라서 $m=3,\ n=64$이므로 $m+n=3+64=67$

0115 답 ④

$\dfrac{(\sqrt{x}+1)(\sqrt{x}-1)(x+1)}{x}=\dfrac{\{(\sqrt{x})^2-1\}(x+1)}{x}$

$\qquad\qquad\qquad\qquad=\dfrac{(x-1)(x+1)}{x}$

$\qquad\qquad\qquad\qquad=\dfrac{x^2-1}{x}$

$\qquad\qquad\qquad\qquad=x-\dfrac{1}{x}$

$x=2$를 대입하면 $x-\dfrac{1}{x}=2-\dfrac{1}{2}=\dfrac{3}{2}$

따라서 $k=\dfrac{3}{2}$이므로 $4k=4\times\dfrac{3}{2}=6$

0116　답 12

$(7+1)(7^4+7^2+1)=\dfrac{1}{6}(7-1)(7+1)(7^4+7^2+1)$

$\qquad\qquad\qquad\qquad=\dfrac{1}{6}\underbrace{(7^2-1)(7^4+7^2+1)}_{\rightarrow\,(7^2)^3-1^3}$

$\qquad\qquad\qquad\qquad=\dfrac{1}{6}(7^6-1)$

따라서 $a=6$, $b=6$이므로 $a+b=6+6=12$

0117　답 ③

$100=x$라 하면

$101\times9901-99\times10101$

$=(100+1)(100^2-100+1)-(100-1)(100^2+100+1)$

$=(x+1)(x^2-x+1)-(x-1)(x^2+x+1)$

$=x^3+1-(x^3-1)=2$

0118　답 ②

$2019=x$라 하면

$2016\times2019\times2022=(x-3)x(x+3)$

$\qquad\qquad\qquad\qquad=(x+3)(x-3)x$

$\qquad\qquad\qquad\qquad=(x^2-9)x$

$\qquad\qquad\qquad\qquad=x^3-9x$

$\qquad\qquad\qquad\qquad=2019^3-9\times2019$

$\therefore a=2019$

실수 Check

복잡한 수의 계산은 수를 문자로 보고 간단히 정리하여 계산한다.

0119　답 ③　　　　　　　　　　　|유형 11

> 그림과 같은 직육면체가 있다.
> 이 직육면체의 겉넓이가 94이고,
> $\overline{BG}^2+\overline{GD}^2+\overline{DB}^2=100$ (단서2) 일 때,
> 모든 모서리의 길이의 합은? (단서3)
> ① 24　　② 36　　③ 48
> ④ 60　　⑤ 72
> (단서1)
> 단서1 직육면체의 각 모서리 길이를 $\overline{AB}=a$, $\overline{AD}=b$, $\overline{AE}=c$로 놓기
> 단서2 $2(ab+bc+ca)=94$
> 단서3 $\overline{BG}^2=b^2+c^2$, $\overline{GD}^2=a^2+c^2$, $\overline{DB}^2=a^2+b^2$을 이용

STEP1 도형의 길이를 문자로 표현하고 주어진 조건에 알맞게 식 세우기

$\overline{AB}=a$, $\overline{AD}=b$, $\overline{AE}=c$라 하자.

직육면체의 겉넓이가 94이므로 $2(ab+bc+ca)=94$

$\overline{BG}^2+\overline{GD}^2+\overline{DB}^2=(b^2+c^2)+(c^2+a^2)+(a^2+b^2)$

$\qquad\qquad\qquad\qquad\quad=2(a^2+b^2+c^2)=100$

이므로 $a^2+b^2+c^2=50$

STEP2 곱셈 공식을 이용하여 모든 모서리의 길이의 합 구하기

$(a+b+c)^2=a^2+b^2+c^2+2(ab+bc+ca)$

$\qquad\qquad\quad=50+94=144$

이때 $a+b+c>0$이므로 $a+b+c=12$

따라서 모든 모서리의 길이의 합은

$4(a+b+c)=4\times12=48$

개념 Check

가로의 길이, 세로의 길이, 높이가 각각 a, b, c인
직육면체에서 모든 모서리의 길이의 합은
$4(a+b+c)$, 겉넓이는 $2(ab+bc+ca)$이다.

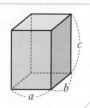

0120　답 ②

가로의 길이, 세로의 길이, 높이가 각각 $x-1$, $x+1$, x인 직육면체의 부피 A는

$A=(x-1)(x+1)x=(x^2-1)x=x^3-x$

한 모서리의 길이가 x인 정육면체의 부피 B는

$B=x^3$

$\therefore A-B=(x^3-x)-x^3=-x$

개념 Check

가로의 길이, 세로의 길이, 높이가 각각 a, b, c인
직육면체의 부피는 abc이다.

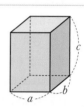

0121　답 240

직사각형의 가로의 길이를 a, 세로의 길이를 b라 하면 둘레의 길이가 68이므로

$2(a+b)=68$　$\therefore a+b=34$

직사각형이 원에 내접하므로 직사각형의 대각선의 길이는 원의 지름의 길이와 같다.

즉, (직사각형의 대각선의 길이)$=2\times13=26$

피타고라스 정리에 의하여

$a^2+b^2=26^2=676$

$\therefore$ (직사각형의 넓이)$=ab$

$\qquad\qquad\qquad\quad=\dfrac{1}{2}\{(a+b)^2-(a^2+b^2)\}$

$\qquad\qquad\qquad\quad=\dfrac{1}{2}(34^2-676)$

$\qquad\qquad\qquad\quad=\dfrac{1}{2}\times480=240$

참고 $a+b$, a^2+b^2의 값을 알고 있으므로 $a^2+b^2=(a+b)^2-2ab$에서
$ab=\dfrac{1}{2}\{(a+b)^2-(a^2+b^2)\}$임을 이용한다.

0122　답 16

[그림 1]의 직육면체의 부피는

$(a+b)^2(a+2b)=(a^2+2ab+b^2)(a+2b)$

$\qquad\qquad\qquad\quad=a^3+2a^2b+2a^2b+4ab^2+ab^2+2b^3$

$\qquad\qquad\qquad\quad=a^3+4a^2b+5ab^2+2b^3$

[그림 1]의 직육면체를 [그림 2]와 같이 각 모서리의 길이가 a 또는 b가 되도록 12개의 작은 직육면체로 나누었으므로 [그림 2]에서
부피가 a^3인 직육면체의 개수는 1
부피가 a^2b인 직육면체의 개수는 4
부피가 ab^2인 직육면체의 개수는 5
부피가 b^3인 직육면체의 개수는 2
이때 부피가 150인 직육면체가 5개이므로
$ab^2=150=6\times5^2$
a와 b는 서로소이므로 $a=6$, $b=5$
$\therefore a+2b=6+2\times5=16$

0123 답 ⑤

직사각형의 넓이가 4이므로 $ab=4$
두 정사각형의 넓이의 합은 $a^2+(2b)^2=a^2+4b^2$이고 직사각형의 넓이의 5배이므로
$a^2+4b^2=5ab$
따라서 한 변의 길이가 $a+2b$인 정사각형의 넓이는
$(a+2b)^2=a^2+4ab+4b^2$
$\qquad\qquad =(a^2+4b^2)+4ab$
$\qquad\qquad =5ab+4ab$
$\qquad\qquad =9ab$
$\qquad\qquad =9\times4=36$

0124 답 108

직각삼각형 ABC에서
$\overline{BC}=a$, $\overline{AC}=b$라 하면
피타고라스 정리에 의하여
$\overline{AB}^2=a^2+b^2$이므로
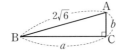
$(2\sqrt6)^2=a^2+b^2$ $\therefore a^2+b^2=24$
삼각형 ABC의 넓이가 3이므로
$3=\dfrac{1}{2}\times a\times b$ $\therefore ab=6$
$(a+b)^2=a^2+2ab+b^2=a^2+b^2+2ab=24+2\times6=36$
이때 $a+b>0$이므로 $a+b=6$
$\therefore \overline{AC}^3+\overline{BC}^3=a^3+b^3$
$\qquad\qquad =(a+b)^3-3ab(a+b)$
$\qquad\qquad =6^3-3\times6\times6$
$\qquad\qquad =216-108=108$

0125 답 ④

$\overline{AB}=a$, $\overline{AD}=b$, $\overline{AE}=c$라 하자.
직육면체의 겉넓이가 148이므로
$2(ab+bc+ca)=148$
모든 모서리의 길이의 합이 60이므로
$4(a+b+c)=60$ $\therefore a+b+c=15$
$\overline{BG}^2=b^2+c^2$, $\overline{GD}^2=a^2+c^2$, $\overline{DB}^2=a^2+b^2$이므로

$\overline{BG}^2+\overline{GD}^2+\overline{DB}^2=(b^2+c^2)+(a^2+c^2)+(a^2+b^2)$
$\qquad\qquad =2(a^2+b^2+c^2)$
$\qquad\qquad =2\{(a+b+c)^2-2(ab+bc+ca)\}$
$\qquad\qquad =2(15^2-148)=2\times77=154$

0126 답 ②

직육면체의 가로의 길이를 a, 세로의 길이를 b, 높이를 c라 하자.
입체도형의 겉넓이가 236이므로 직육면체의 겉넓이도 236이다.
$\therefore 2(ab+bc+ca)=236$ ← 겉넓이는 변하지 않는다.
입체도형의 모든 모서리의 길이의 합이 82이므로
$4(a+b+c)+6=82$ $\therefore a+b+c=19$ — 직육면체의 모서리의 길이의 합에 6을 더한 것과 같다.
직육면체의 대각선의 길이를 l이라 하면
$l=\sqrt{a^2+b^2+c^2}$
$\;=\sqrt{(a+b+c)^2-2(ab+bc+ca)}$
$\;=\sqrt{19^2-236}=\sqrt{125}=5\sqrt5$

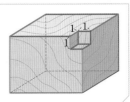

0127 답 32 ┃ 유형 12

다항식 $2x^3+5x^2-x-5$를 x^2+2로 나누었을 때의 몫을 $Q(x)$, 나머지 ──단서1── 를 $R(x)$라 할 때, $Q(1)-R(2)$의 값을 구하시오.

단서1 삼차식을 이차식으로 나누었을 때 ➡ 몫은 일차식이고 나머지는 일차식이거나 상수

STEP 1 다항식의 나눗셈을 계산하여 $Q(x)$, $R(x)$ 구하기

$$
\require{enclose}
\begin{array}{r}
2x+5 \\
x^2+2 \enclose{longdiv}{2x^3+5x^2-\ x-5} \\
\underline{2x^3+4x} \\
5x^2-5x-\ 5 \\
\underline{5x^2+10} \\
-5x-15
\end{array}
$$

따라서 다항식 $2x^3+5x^2-x-5$를 x^2+2로 나누었을 때의 몫 $Q(x)$는 $Q(x)=2x+5$, 나머지 $R(x)$는 $R(x)=-5x-15$

STEP 2 $Q(1)-R(2)$의 값 구하기
$Q(1)=2\times1+5=7$, $R(2)=-5\times2-15=-25$
$\therefore Q(1)-R(2)=7-(-25)=32$

0128 답 ⑤

$$
\require{enclose}
\begin{array}{r}
x-2 \\
x^2+x+1 \enclose{longdiv}{x^3-\ x^2+\ x+1} \\
\underline{x^3+\ x^2+\ x} \\
-2x^2+1 \\
\underline{-2x^2-2x-2} \\
2x+3
\end{array}
$$

따라서 $a=1$, $b=0$, $c=2$, $d=3$이므로
$a+b+c+d=1+0+2+3=6$

0129 답 ④

$$
\begin{array}{r}
\boxed{4x}+2 \\
x^2-x+2\ )\ \overline{4x^3-2x^2+\ x+3} \\
\underline{4x^3-4x^2+8x} \\
\boxed{2x^2-7x+3} \\
\underline{2x^2-2x+4} \\
\boxed{-5x-1}
\end{array}
$$

$\therefore$ ㈎ : $4x$ ㈏ : $2x^2-7x+3$ ㈐ : $-5x-1$

0130 답 몫 : $-4x+6$, 나머지 : $13x-5$

$$
\begin{array}{r}
-4x+6 \\
-x^2-x+1\ )\ \overline{4x^3-2x^2+\ 3x+1} \\
\underline{4x^3+4x^2-\ 4x} \\
-6x^2+\ 7x+1 \\
\underline{-6x^2-\ 6x+6} \\
13x-5
\end{array}
$$

이므로 다항식 $4x^3-2x^2+3x+1$을 $-x^2-x+1$로 나누었을 때의 몫은 $-4x+6$, 나머지는 $13x-5$이다.

0131 답 ②

ㄱ.
$$
\begin{array}{r}
2x+2 \\
x^2-x\ )\ \overline{2x^3-3x+1} \\
\underline{2x^3-2x^2} \\
2x^2-3x \\
\underline{2x^2-2x} \\
-\ x+1
\end{array}
$$
이차항이 없을 때 이차항 자리를 비워 두고 줄을 맞추어 계산한다.

➜ 몫 : $2x+2$, 나머지 : $-x+1$ (참)

ㄴ.
$$
\begin{array}{r}
3x^2-2x+1 \\
x+1\ )\ \overline{3x^3+\ x^2-\ x-4} \\
\underline{3x^3+3x^2} \\
-2x^2-\ x \\
\underline{-2x^2-2x} \\
x-4 \\
\underline{x+1} \\
-5
\end{array}
$$

➜ 몫 : $3x^2-2x+1$, 나머지 : -5 (참)

ㄷ.
$$
\begin{array}{r}
x^2+1 \\
-x^2+2\ )\ \overline{-x^4+\ x^2-2x} \\
\underline{-x^4+2x^2} \\
-\ x^2-2x \\
\underline{-\ x^2+2} \\
-2x-2
\end{array}
$$

➜ 몫 : x^2+1, 나머지 : $-2x-2$ (거짓)

따라서 옳은 것은 ㄱ, ㄴ이다.

0132 답 ④

$$
\begin{array}{r}
3x+1 \\
x^2-x+2\ )\ \overline{3x^3-2x^2+3x+7} \\
\underline{3x^3-3x^2+6x} \\
x^2-3x+7 \\
\underline{x^2-\ x+2} \\
-2x+5
\end{array}
$$

이므로 다항식 $3x^3-2x^2+3x+7$을 x^2-x+2로 나누었을 때의 몫은 $3x+1$, 나머지는 $-2x+5$이다.

따라서 $a=3$, $b=1$, $c=-2$, $d=5$이므로

$ad-bc=3\times5-1\times(-2)=17$

0133 답 ③

$$
\begin{array}{r}
x^2+x+3 \\
x-2\ )\ \overline{x^3-\ x^2+\ x-1} \\
\underline{x^3-2x^2} \\
x^2+\ x \\
\underline{x^2-2x} \\
3x-1 \\
\underline{3x-6} \\
5
\end{array}
$$

이므로 다항식 x^3-x^2+x-1을 $x-2$로 나누었을 때의 몫 $Q(x)$는 $Q(x)=x^2+x+3$, 나머지 $R(x)$는 $R(x)=5$

$$
\begin{aligned}
\therefore\ 2Q(x)-3R(x)&=2(x^2+x+3)-3\times5 \\
&=2x^2+2x+6-15 \\
&=2x^2+2x-9
\end{aligned}
$$

> **실수 Check**
>
> 일차식 $x-2$로 나누었을 때의 나머지 $R(x)$는 항상 상수이다. 나머지 $R(x)$에 x항이 없다고 당황하지 않도록 한다.

0134 답 ⑤

$P(x)+4x=(3x^3+x+13)+4x=3x^3+5x+13$

$$
\begin{array}{r}
3x+3 \\
x^2-x+1\ )\ \overline{3x^3+5x+13} \\
\underline{3x^3-3x^2+3x} \\
3x^2+2x+13 \\
\underline{3x^2-3x+\ 3} \\
5x+10
\end{array}
$$

이므로 다항식 $P(x)+4x$를 다항식 $Q(x)$로 나누었을 때의 나머지는 $5x+10$이다.

$\therefore a=10$

0135 답 ③

$$
\begin{array}{r}
x^2-x-2 \\
x^2+5\ )\ \overline{x^4-x^3+3x^2-5x-\ 8} \\
\underline{x^4+5x^2} \\
-x^3-2x^2-5x \\
\underline{-x^3-5x} \\
-2x^2-\ 8 \\
\underline{-2x^2-10} \\
2
\end{array}
$$

이므로 다항식 $x^4-x^3+3x^2-5x-8$을 x^2+5로 나누었을 때의 몫 $Q(x)$는 $Q(x)=x^2-x-2$, 나머지 a는 $a=2$

이때 $Q(a)=b$이므로

$Q(a)=Q(2)=2^2-2-2=0$에서 $b=0$

$\therefore ab=0$

0136 답 ③

$\dfrac{1}{2}(a^3+5a^2+5a-3)=\dfrac{1}{2}\times(a+3)\times Q(a)$이므로

$Q(a)$는 다항식 a^3+5a^2+5a-3을 $a+3$으로 나누었을 때의 몫이다.

$$
\begin{array}{r}
a^2+2a-1 \\
a+3\overline{)a^3+5a^2+5a-3} \\
\underline{a^3+3a^2} \\
2a^2+5a \\
\underline{2a^2+6a} \\
-a-3 \\
\underline{-a-3} \\
0
\end{array}
$$

$\therefore Q(a)=a^2+2a-1$

0137 답 9

$$
\begin{array}{r}
2x^2-3x+4 \\
x+1\overline{)2x^3-\ x^2+\ x+3} \\
\underline{2x^3+2x^2} \\
-3x^2+\ x \\
\underline{-3x^2-3x} \\
4x+3 \\
\underline{4x+4} \\
-1
\end{array}
$$

이므로 다항식 $2x^3-x^2+x+3$을 $x+1$로 나누었을 때의 몫 $Q(x)$는

$Q(x)=2x^2-3x+4$

$\therefore Q(-1)=2\times(-1)^2-3\times(-1)+4$

$=2+3+4=9$

0138 답 ④ | 유형 13

> 다항식 $x^3+5x^2+11x+2$를 다항식 $P(x)$로 나누었을 때의 몫이
> 【단서1】
> x^2+2x+5이고 나머지가 -13일 때, 다항식 $P(x)$는?
>
> ① x ② $x+1$ ③ $x+2$
>
> ④ $x+3$ ⑤ $x+4$
>
> 【단서1】 $x^3+5x^2+11x+2=P(x)(x^2+2x+5)-13$

STEP1 $A=BQ+R$ 꼴로 나타내기

$x^3+5x^2+11x+2=P(x)(x^2+2x+5)-13$

STEP2 식을 변형하여 $P(x)$ 구하기

$x^3+5x^2+11x+15=P(x)(x^2+2x+5)$이므로

$x^3+5x^2+11x+15$는 x^2+2x+5로 나누어떨어지고 이때의 몫이 $P(x)$이다.

$$
\begin{array}{r}
x+3 \\
x^2+2x+5\overline{)x^3+5x^2+11x+15} \\
\underline{x^3+2x^2+\ 5x} \\
3x^2+\ 6x+15 \\
\underline{3x^2+\ 6x+15} \\
0
\end{array}
$$

이므로 $P(x)=x+3$

0139 답 ④

$A=(x+1)(x-1)+1$

$=x^2-1+1$

$=x^2$

0140 답 ③

ㄱ. $f(x)=(x^2+x+1)(x-1)+1$

$=(x^3-1)+1=x^3$ (참)

ㄴ.

$$
\begin{array}{r}
x-2 \\
x^2+2x\overline{)x^3} \\
\underline{x^3+2x^2} \\
-2x^2 \\
\underline{-2x^2-4x} \\
4x
\end{array}
$$

즉, $f(x)$를 x^2+2x로 나누었을 때의 몫은 $x-2$이다. (거짓)

ㄷ. $f(x)$를 x^2+2x로 나누었을 때의 나머지를 $R(x)$라 하면

$R(x)=4x$이므로 $R(2)=4\times2=8$ (참)

따라서 옳은 것은 ㄱ, ㄷ이다.

0141 답 ④

$4x^3-2x^2+8x=\underset{몫}{A(x)}\underset{}{(2x^2+4)}+\underset{나머지}{4}$에서

$4x^3-2x^2+8x-4=A(x)(2x^2+4)$이므로

$4x^3-2x^2+8x-4$는 $2x^2+4$로 나누어떨어지고 이때의 몫이 $A(x)$이다.

$$
\begin{array}{r}
2x-1 \\
2x^2+4\overline{)4x^3-2x^2+8x-4} \\
\underline{4x^3+8x} \\
-2x^2-4 \\
\underline{-2x^2-4} \\
0
\end{array}
$$

이므로 $A(x)=2x-1$

$\therefore A(1)=2\times1-1=1$

0142 답 ①

두 다항식 A, B를 $x+1$로 나누었을 때의 나머지가 같으므로

그 나머지를 r라 하면

$A=(x+1)\underset{몫}{(2x+1)}+\underset{나머지}{r}=2x^2+3x+1+r$

$B=(x+1)\underset{몫}{(x-1)}+\underset{나머지}{r}=x^2-1+r$

$\therefore A-B=(2x^2+3x+1+r)-(x^2-1+r)$

$=x^2+3x+2$

다항식 $A-B$를 $x+2$로 나누면

$$
\begin{array}{r}
x+1 \\
x+2\overline{)x^2+3x+2} \\
\underline{x^2+2x} \\
x+2 \\
\underline{x+2} \\
0
\end{array}
$$

따라서 다항식 $A-B$를 $x+2$로 나누었을 때의 나머지는 0이다.

0143 답 ④

$$\begin{array}{r}
2x-1 \\
x^2-x+b\overline{\smash{\big)}\,2x^3-3x^2+ax-2} \\
\underline{2x^3-2x^2+2bx} \\
-x^2+(a-2b)x-2 \\
\underline{-x^2+x-b} \\
(a-2b-1)x-2+b
\end{array}$$

에서 $2x^3-3x^2+ax-2$가 x^2-x+b로 나누어떨어지므로
$(a-2b-1)x-2+b=0$이다.
따라서 $a-2b-1=0$, $-2+b=0$에서
$b=2$이고 $a=2b+1=2\times2+1=5$이므로
$a+b=5+2=7$

0144 답 ③

$3x^3+2x^2-6$을 ax^2+bx로 나누었을 때의 몫이 $3x+5$이고
나머지가 $R(x)$이므로
$$3x^3+2x^2-6=\underset{\text{몫}}{(ax^2+bx)(3x+5)}+\underset{\text{나머지}}{R(x)}$$

$$\begin{array}{r}
x^2-x \\
3x+5\overline{\smash{\big)}\,3x^3+2x^2-6} \\
\underline{3x^3+5x^2} \\
-3x^2 \\
\underline{-3x^2-5x} \\
5x-6
\end{array}$$

이므로 $3x^3+2x^2-6=(x^2-x)(3x+5)+5x-6$
따라서 $a=1$, $b=-1$, $R(x)=5x-6$이므로
$a-bR(a)=1+R(1)=1+5\times1-6=0$

참고 원래 $3x^3+2x^2-6$을 ax^2+bx로 나누어야 하지만 이 경우 계산이 복
잡하므로 $3x+5$로 나눈 몫을 구하는 것이 편리하다. 이때 몫이 ax^2+bx 꼴
이 될 때까지만 나누어야 함에 주의한다. 여기서 나머지 $5x-6$을 한 번 더
나누면 몫의 형태가 문제에서 제시한 것과 맞지 않게 된다.

0145 답 ①

$$f(x)=A\underset{\text{몫}}{(B+3)}\underset{\text{나머지}}{-2}$$
$$=(-x+1)(2x-1+3)-2$$
$$=(-x+1)(2x+2)-2$$
$$=-2x^2$$

다항식 $f(x)$를 B로 나누면

$$\begin{array}{r}
-x-\dfrac{1}{2} \\
2x-1\overline{\smash{\big)}\,-2x^2} \\
\underline{-2x^2+x} \\
-x \\
\underline{-x+\dfrac{1}{2}} \\
-\dfrac{1}{2}
\end{array}$$

따라서 다항식 $f(x)$를 B로 나누었을 때의 몫은 $-x-\dfrac{1}{2}$이므로
$$-x-\dfrac{1}{2}=(-x+1)-\dfrac{3}{2}=A-\dfrac{3}{2}$$

0146 답 8

$$\begin{array}{r}
3x^2-x \\
x^2-4x+1\overline{\smash{\big)}\,3x^4-13x^3+7x^2-x+8} \\
\underline{3x^4-12x^3+3x^2} \\
-x^3+4x^2-x \\
\underline{-x^3+4x^2-x} \\
8
\end{array}$$

이므로 다항식 $3x^4-13x^3+7x^2-x+8$을 x^2-4x+1로 나누었을
때의 몫은 $3x^2-x$이고 나머지는 8이다. 즉,
$$3x^4-13x^3+7x^2-x+8=\underset{=0}{(x^2-4x+1)}(3x^2-x)+8$$
이때 $x^2-4x+1=0$이므로
$3x^4-13x^3+7x^2-x+8$의 값은 8이다.

0147 답 ②

ㄱ. $f(x)=g(x)Q(x)+R(x)$에서
　　$f(x)-R(x)=g(x)Q(x)$이므로
　　$f(x)-R(x)$는 $g(x)$로 나누어떨어진다. (참)

ㄴ. $f(x)+g(x)=g(x)Q(x)+R(x)+g(x)$
　　　　　　　　$=g(x)\{Q(x)+1\}+R(x)$
　　이므로 $f(x)+g(x)$를 $g(x)$로 나눈 나머지는 $R(x)$이다. (참)

ㄷ. $f(x)=x^3+2$, $g(x)=x^2-2$라 하면

$$\begin{array}{r}
x \\
x^2-2\overline{\smash{\big)}\,x^3+2} \\
\underline{x^3-2x} \\
2x+2
\end{array}$$

이므로 $Q(x)=x$, $R(x)=2x+2$

$$\begin{array}{r}
x^2 \\
x\overline{\smash{\big)}\,x^3+2} \\
\underline{x^3} \\
2
\end{array}$$

이므로 $f(x)$를 $Q(x)$로 나눈 나머지는 2이다.
즉, $R(x)$가 아니다. (거짓)

따라서 옳은 것은 ㄱ, ㄴ이다.

0148 답 ①

다항식 $f(x)$를 x^2+1로 나누었을 때의 몫을 $Q(x)$라 하면
나머지가 $x+1$이므로
$f(x)=(x^2+1)Q(x)+x+1$
$\{f(x)\}^2=\{(x^2+1)Q(x)+x+1\}^2$
　　　　$=(x^2+1)^2\{Q(x)\}^2+2(x^2+1)Q(x)(x+1)+(x+1)^2$
　　　　$=(x^2+1)[(x^2+1)\{Q(x)\}^2+2(x+1)Q(x)+1]+2x$
이므로 $R(x)=2x$
$\therefore R(3)=2\times3=6$

실수 Check

$(x+1)^2$은 x^2+1과 차수가 같으므로 $\{f(x)\}^2$을 x^2+1로 나누었을 때
의 나머지가 될 수 없다. 따라서 $(x+1)^2$을 x^2+1로 한 번 더 나누어 주
어야 한다.

0149 답 ⑤

다항식 $f(x)$를 $3x-2$로 나누었을 때의 몫을 $Q(x)$, 나머지를 R라 단서1

할 때, 다항식 $f(x)$를 $x-\dfrac{2}{3}$로 나누었을 때의 몫과 나머지는? 단서2

	몫	나머지		몫	나머지
①	$\dfrac{1}{3}Q(x)$	$\dfrac{1}{3}R$	②	$\dfrac{1}{3}Q(x)$	R
③	$Q(x)$	R	④	$3Q(x)$	$\dfrac{1}{3}R$
⑤	$3Q(x)$	R			

단서1 $f(x)=(3x-2)Q(x)+R$

단서2 $x-\dfrac{2}{3}=\dfrac{1}{3}(3x-2)$

STEP1 $A=BQ+R$ 꼴로 나타내기

다항식 $f(x)$를 $3x-2$로 나누었을 때의 몫이 $Q(x)$, 나머지가 R이므로

$f(x)=(3x-2)Q(x)+R$

STEP2 식을 변형하여 $x-\dfrac{2}{3}$로 나누었을 때의 몫과 나머지 구하기

$f(x)=(3x-2)Q(x)+R$

$\qquad=3\left(x-\dfrac{2}{3}\right)Q(x)+R$

$\qquad=\left(x-\dfrac{2}{3}\right)\{3Q(x)\}+R$ $\underrightarrow{\quad}$ $f(x)$를 $x-\dfrac{2}{3}$로 나누었을 때의 몫

따라서 다항식 $f(x)$를 $x-\dfrac{2}{3}$로 나누었을 때의 몫은 $3Q(x)$이고

나머지는 R이다.

0150 답 ①

다항식 $f(x)$를 $x-\dfrac{1}{4}$로 나누었을 때의 몫이 $4x^2-8x+12$이고

나머지가 3이므로

$f(x)=\left(x-\dfrac{1}{4}\right)(4x^2-8x+12)+3$

$\qquad=\dfrac{1}{4}(4x-1)(4x^2-8x+12)+3$

$\qquad=(4x-1)(x^2-2x+3)+3$

따라서 다항식 $f(x)$를 $4x-1$로 나누었을 때의 몫은 x^2-2x+3
이다.

0151 답 ②

다항식 $f(x)$를 $4x-2$로 나누었을 때의 몫이 $A(x)$, 나머지가 R_1
이므로

$f(x)=(4x-2)A(x)+R_1$

$\qquad=4\left(x-\dfrac{1}{2}\right)A(x)+R_1$

$\qquad=\left(x-\dfrac{1}{2}\right)\{4A(x)\}+R_1$

따라서 다항식 $f(x)$를 $x-\dfrac{1}{2}$로 나누었을 때의 몫 $B(x)$는

$B(x)=4A(x)$, 나머지 R_2는 $R_2=R_1$

$\therefore \dfrac{A(x)}{B(x)}+\dfrac{R_2}{R_1}=\dfrac{A(x)}{4A(x)}+\dfrac{R_1}{R_1}=\dfrac{1}{4}+1=\dfrac{5}{4}$

0152 답 2

다항식 $f(x)$를 $x-\dfrac{1}{3}$로 나누었을 때의 몫이 $3x^2-6x+9$, 나머지
가 3이므로

$f(x)=\left(x-\dfrac{1}{3}\right)(3x^2-6x+9)+3$

$\qquad=\dfrac{1}{3}(3x-1)(3x^2-6x+9)+3$

$\qquad=(3x-1)(x^2-2x+3)+3$

따라서 다항식 $f(x)$를 $3x-1$로 나누었을 때의 몫 $Q(x)$는

$Q(x)=x^2-2x+3$

$Q(x)$를 $x-1$로 나누면

$$
\begin{array}{r}
x-1 \\
x-1{\overline{\smash{\big)}\,x^2-2x+3}} \\
\underline{x^2-x} \\
-x+3 \\
\underline{-x+1} \\
2
\end{array}
$$

따라서 $Q(x)$를 $x-1$로 나누었을 때의 나머지는 2이다.

다른 풀이

나머지정리를 배운 이후에는 다음과 같은 풀이를 적용할 수 있다.

$Q(x)=x^2-2x+3$을 $x-1$로 나누었을 때의 나머지는

$Q(1)=1^2-2\times1+3=2$

0153 답 ⑤

ㄱ. 다항식 $f(x)$를 일차식 $px+q$로 나누었을 때의 나머지 R의
차수는 $px+q$의 차수보다 낮으므로 R는 상수이다. (참)

ㄴ. 다항식 $f(x)$를 $px+q$로 나누었을 때의 몫이 $Q(x)$, 나머지가
R이므로

$f(x)=(px+q)Q(x)+R=p\left(x+\dfrac{q}{p}\right)Q(x)+R$

$\qquad=\left(x+\dfrac{q}{p}\right)\{pQ(x)\}+R$ ············· ㉠

즉, 다항식 $f(x)$를 $x+\dfrac{q}{p}$로 나누었을 때의 몫 $Q_1(x)$는

$Q_1(x)=pQ(x)$

$f(x)=(px+q)Q(x)+R=\dfrac{1}{p}(p^2x+pq)Q(x)+R$

$\qquad=(p^2x+pq)\left\{\dfrac{1}{p}Q(x)\right\}+R$ ············· ㉡

이므로 다항식 $f(x)$를 p^2x+pq로 나누었을 때의 몫 $Q_2(x)$는

$Q_2(x)=\dfrac{1}{p}Q(x)$

$\therefore \dfrac{Q_1(x)-Q_2(x)}{Q(x)}=\dfrac{pQ(x)-\dfrac{1}{p}Q(x)}{Q(x)}=p-\dfrac{1}{p}$ (참)

ㄷ. 다항식 $f(x)$를 $x+\dfrac{q}{p}$로 나누었을 때의 나머지가 R_1이므로

㉠에서 $R_1=R$

다항식 $f(x)$를 p^2x+pq로 나누었을 때의 나머지가 R_2이므로

㉡에서 $R_2=R$

$\therefore R_1-R_2=R-R=0$ (참)

따라서 옳은 것은 ㄱ, ㄴ, ㄷ이다.

0154 답 $\dfrac{5}{3}$

다항식 $f(x)$를 $(2x-3)^2$으로 나누었을 때의 몫이 $Q(x)$, 나머지가 $R(x)$이므로

$$f(x)=(2x-3)^2 Q(x)+R(x)$$
$$=\left\{2\left(x-\dfrac{3}{2}\right)\right\}^2 Q(x)+R(x)$$
$$=4\left(x-\dfrac{3}{2}\right)^2 Q(x)+R(x)$$
$$=6\left(x-\dfrac{3}{2}\right)^2\left\{\dfrac{2}{3}Q(x)\right\}+R(x)$$

즉, 다항식 $f(x)$를 $6\left(x-\dfrac{3}{2}\right)^2$으로 나누었을 때의 몫은

$\dfrac{2}{3}Q(x)$, 나머지는 $R(x)$이다.

따라서 $m=\dfrac{2}{3}$, $n=1$이므로 $m+n=\dfrac{2}{3}+1=\dfrac{5}{3}$

0155 답 ①

다항식 $P(x)$를 $x-1$로 나누었을 때의 몫이 $Q(x)$, 나머지가 r이므로 $P(x)=(x-1)Q(x)+r$

양변에 x를 곱하면

$$xP(x)=x(x-1)Q(x)+rx$$

이때 $rx=r\{(\boxed{x-1})+1\}$이므로

$$xP(x)=x(x-1)Q(x)+rx$$
$$=x(x-1)Q(x)+r\{(\boxed{x-1})+1\}$$
$$=x(x-1)Q(x)+r(\boxed{x-1})+r$$
$$=(x-1)\{\boxed{xQ(x)+r}\}+r$$

이다.

따라서 다항식 $xP(x)$를 $x-1$로 나누었을 때의 몫은 $\boxed{xQ(x)+r}$이고 나머지는 r이다.

∴ (가) : $x-1$ (나) : $xQ(x)+r$

0156 답 ③

다항식 $P(x)$를 $x-1$로 나누었을 때의 몫이 $Q(x)$, 나머지가 r이므로 $P(x)=(x-1)Q(x)+r$

양변에 $(x+1)$을 곱하면

$$(x+1)P(x)=(x+1)(x-1)Q(x)+r(x+1)$$
$$=(x^2-1)Q(x)+r(x+1)$$

이므로 다항식 $(x+1)P(x)$를 x^2-1로 나누었을 때의 몫은 $Q(x)$이고 나머지는 $r(x+1)$이다.

0157 답 ⑤

다항식 $P(x)$를 일차식 $ax-2a$로 나누었을 때의 몫이 $Q(x)$, 나머지가 r이므로

$$P(x)=(ax-2a)Q(x)+r$$
$$\therefore P(x)=a(x-2)Q(x)+r$$

양변에 x를 곱하면

$$xP(x)=ax(x-2)Q(x)+rx$$

이때 $rx=r\{(x-2)+2\}=r(x-2)+2r$이므로

$$xP(x)=ax(x-2)Q(x)+rx$$
$$=ax(x-2)Q(x)+r(x-2)+2r$$
$$=(x-2)\{axQ(x)+r\}+2r$$

따라서 다항식 $xP(x)$를 $x-2$로 나누었을 때의 몫은 $axQ(x)+r$이고 나머지는 $2r$이므로 몫과 나머지의 합은

$$axQ(x)+r+2r=axQ(x)+3r$$

0158 답 ④

다항식 $P(x)$를 $x+1$로 나누었을 때의 몫이 $Q(x)$, 나머지가 r이므로

$$P(x)=(x+1)Q(x)+r$$

양변에 x^n을 곱하면

$$x^n P(x)=x^n(x+1)Q(x)+rx^n$$

이때

$$rx^n=rx^{n-1}\{(x+1)-1\}$$
$$=rx^{n-1}(x+1)-rx^{n-1}$$
$$\therefore x^n P(x)=x^n(x+1)Q(x)+rx^n$$
$$=x^n(x+1)Q(x)+rx^{n-1}(x+1)-rx^{n-1}$$
$$=x^{n-1}(x+1)\underset{\text{몫}}{\{xQ(x)+r\}}\underset{\text{나머지}}{-rx^{n-1}}$$

따라서 다항식 $x^n P(x)$를 $x^{n-1}(x+1)$로 나누었을 때의 나머지는 $-rx^{n-1}$이다.

Plus 문제

0158-1

다항식 $P(x)$를 $x-2$로 나누었을 때의 몫이 $Q(x)$, 나머지가 3일 때, 다항식 $x^{18}P(x)$를 $x^{17}(x-2)$로 나누었을 때의 나머지를 구하시오.

다항식 $P(x)$를 $x-2$로 나누었을 때의 몫이 $Q(x)$, 나머지가 3이므로 $P(x)=(x-2)Q(x)+3$

양변에 x^{18}을 곱하면

$$x^{18}P(x)=x^{18}(x-2)Q(x)+3x^{18}$$

이때

$$3x^{18}=3x^{17}\{(x-2)+2\}=3x^{17}(x-2)+6x^{17}$$
$$\therefore x^{18}P(x)=x^{18}(x-2)Q(x)+3x^{18}$$
$$=x^{18}(x-2)Q(x)+3x^{17}(x-2)+6x^{17}$$
$$=x^{17}(x-2)\{xQ(x)+3\}+6x^{17}$$

따라서 다항식 $x^{18}P(x)$를 $x^{17}(x-2)$로 나누었을 때의 나머지는 $6x^{17}$이다.

답 $6x^{17}$

0159 답 1 | 유형 15

별의 표면에서 단위 시간당 방출하는 총 에너지를 광도라고 한다. 별의 반지름의 길이를 $R(\text{km})$, 표면 온도를 $T(\text{K})$, 광도를 $L(\text{W})$이라 할 때, 다음과 같은 관계식이 성립한다.

$L=4\pi R^2 \times \sigma T^4$ (단, σ는 슈테판-볼츠만 상수이다.) **단서1**

광도가 L_A인 별 A와 광도가 L_B인 별 B가 다음 조건을 만족시킬 때, **단서2**

$\dfrac{L_B}{L_A}$의 값을 구하시오.

> (가) 별 A의 반지름은 별 B의 반지름의 4배이다. **단서3**
> (나) 별 A의 표면 온도는 별 B의 표면 온도의 절반이다. **단서4**

단서1 별의 반지름의 길이, 표면 온도, 광도 사이의 관계식
단서2 별 A의 광도는 L_A, 별 B의 광도는 L_B
단서3 별 A의 반지름의 길이를 R_A, 별 B의 반지름의 길이를 R_B라 하면 $R_A=4R_B$
단서4 별 A의 표면 온도를 T_A, 별 B의 표면 온도를 T_B라 하면 $T_A=\dfrac{1}{2}T_B$

STEP1 관계식에 필요한 변수를 문자로 나타내기

별 A의 반지름의 길이를 R_A, 별 B의 반지름의 길이를 R_B라 하고 별 A의 표면 온도를 T_A, 별 B의 표면 온도를 T_B라 하자.

STEP2 조건에 알맞게 관계식 세우기

(가)에서 $R_A=4R_B$

(나)에서 $T_A=\dfrac{1}{2}T_B$

STEP3 관계식을 이용하여 $\dfrac{L_B}{L_A}$의 값 구하기

$$\frac{L_B}{L_A}=\frac{4\pi {R_B}^2 \times \sigma {T_B}^4}{4\pi {R_A}^2 \times \sigma {T_A}^4}=\frac{{R_B}^2 \times {T_B}^4}{{R_A}^2 \times {T_A}^4}$$
$$=\frac{{R_B}^2 \times {T_B}^4}{(4R_B)^2 \times \left(\dfrac{1}{2}T_B\right)^4}=\frac{1}{4^2 \times \left(\dfrac{1}{2}\right)^4}$$
$$=1$$

0160 답 $\dfrac{15}{2}$

실린더 A에 담긴 액체의 밀도를 ρ_A, 실린더 B에 담긴 액체의 밀도를 ρ_B라 하면

$\rho_A=\dfrac{3}{2}\rho_B$이므로

$P_A=\rho_A g \times 0.5$, $P_B=\rho_B g \times 0.1$에서

$P_A=\left(\dfrac{3}{2}\rho_B\right)\times g \times 0.5=\dfrac{3}{4}\rho_B g$

$\therefore \dfrac{P_A}{P_B}=\dfrac{\dfrac{3}{4}\rho_B g}{\rho_B g \times 0.1}=\dfrac{\dfrac{3}{4}}{\dfrac{1}{10}}=\dfrac{3}{4}\times 10=\dfrac{15}{2}$

실수 Check

조건을 정확하게 파악하여 식으로 알맞게 나타낸다.

이때 $\rho_A=\dfrac{3}{2}\rho_B$를 $\rho_B=\dfrac{3}{2}\rho_A$로 나타내는 등의 실수에 주의한다.

0161 답 ③

퇴적물 입자 A의 직경을 D_A, 퇴적물 입자 B의 직경을 D_B라 하면

$D_A : D_B=8 : 3$이므로

양수 a에 대하여 $D_A=8a$, $D_B=3a$라 하자.

$V_A=\dfrac{(4c-c)g}{18k}\times {D_A}^2=\dfrac{3cg}{18k}\times (8a)^2=\dfrac{32cg}{3k}\times a^2$

$V_B=\dfrac{(5c-c)g}{18k}\times {D_B}^2=\dfrac{4cg}{18k}\times (3a)^2=\dfrac{2cg}{k}\times a^2$

$\therefore \dfrac{V_A}{V_B}=\dfrac{\dfrac{32cg}{3k}\times a^2}{\dfrac{2cg}{k}\times a^2}=\dfrac{\dfrac{32}{3}}{2}=\dfrac{16}{3}$

0162 답 ④

물체 A와 물체 B의 질량을 각각 m_A, m_B라 하고 물체 A와 물체 B의 속력을 각각 v_A, v_B라 하면

$m_A=3m_B$, $v_A=\dfrac{1}{2}v_B$

물체 A와 물체 B의 구심력의 크기가 같으므로

$m_A \times \dfrac{{v_A}^2}{r_A}=m_B \times \dfrac{{v_B}^2}{r_B}$

$\therefore \dfrac{r_A}{r_B}=\dfrac{m_A {v_A}^2}{m_B {v_B}^2}=\dfrac{(3m_B)\times \left(\dfrac{1}{2}v_B\right)^2}{m_B {v_B}^2}=\dfrac{3}{4}$

다른 풀이

$F=m\dfrac{v^2}{r}$에서 $r=\dfrac{mv^2}{F}$이다.

물체 A와 물체 B의 구심력을 F_0이라 하면

$\dfrac{r_A}{r_B}=\dfrac{\dfrac{m_A {v_A}^2}{F_0}}{\dfrac{m_B {v_B}^2}{F_0}}=\dfrac{m_A {v_A}^2}{m_B {v_B}^2}=\dfrac{(3m_B)\times \left(\dfrac{1}{2}v_B\right)^2}{m_B {v_B}^2}=\dfrac{3}{4}$

서술형 유형 익히기 40쪽~43쪽

0163 답 (1) $4x^3$ (2) -24 (3) -24 (4) $-3x^2$ (5) $2x$ (6) 25 (7) 25 (8) 1

STEP1 x^5의 계수 구하기 [2점]

다항식 $(4x^3-3x^2+2x+1)^2$, 즉 $(4x^3-3x^2+2x+1)(4x^3-3x^2+2x+1)$의 전개식에서 x^5항은

$4x^3 \times (-3x^2)+(-3x^2)\times \boxed{4x^3}=\boxed{-24}x^5$

이므로 x^5의 계수는 $\boxed{-24}$이다.

STEP2 x^4의 계수 구하기 [2점]

$(4x^3-3x^2+2x+1)(4x^3-3x^2+2x+1)$의 전개식에서 x^4항은

$4x^3 \times 2x+(-3x^2)\times (\boxed{-3x^2})+\boxed{2x}\times 4x^3$
$=\boxed{25}x^4$

이므로 x^4의 계수는 $\boxed{25}$이다.

STEP3 x^5의 계수와 x^4의 계수의 합 구하기 [2점]

x^5의 계수와 x^4의 계수의 합은 $-24+25=1$에서 $\boxed{1}$이다.

실제 답안 예시

$(4x^3-3x^2+2x+1)^2=(4x^3-3x^2+2x+1)(4x^3-3x^2+2x+1)$

x^5이 나오는 경우

$4x^3\times(-3x^2)=-12x^5$

$\qquad\qquad\qquad\qquad +$

$(-3x^2)\times4x^3=-12x^5$

$\qquad\qquad\qquad\qquad\overline{\qquad\qquad}$

$\qquad\qquad\qquad\quad -24x^5\rightarrow-24$

x^4이 나오는 경우

$\quad4x^3\ \times\ 2x\ =8x^4$

$\qquad\qquad\qquad\quad +$

$(-3x^2)\times(-3x^2)=9x^4$

$\qquad\qquad\qquad\quad +$

$\quad2x\ \times\ 4x^3\ =8x^4$

$\qquad\qquad\qquad\overline{\qquad\qquad}$

$\qquad\qquad\qquad\ 25x^4\rightarrow25$

$\therefore$ 합은 1

0164 답 4

STEP1 x^2의 계수 구하기 [2점]

다항식 $(x^3-2x^2+2x+1)^2$, 즉

$(x^3-2x^2+2x+1)(x^3-2x^2+2x+1)$의 전개식에서 x^2항은

$(-2x^2)\times1+2x\times2x+1\times(-2x^2)$

$=-2x^2+4x^2-2x^2$

$=0$

이므로 x^2의 계수는 0이다.

STEP2 x의 계수 구하기 [2점]

$(x^3-2x^2+2x+1)(x^3-2x^2+2x+1)$의 전개식에서 x항은

$2x\times1+1\times2x=2x+2x=4x$

이므로 x의 계수는 4이다.

STEP3 x^2의 계수와 x의 계수의 합 구하기 [2점]

x^2의 계수와 x의 계수의 합은

$0+4=4$

오답 분석

$(x^3-2x^2+2x+1)^2$

$=x^6+4x^4+4x^2+1-2x^5+2x^4+x^3-4x^3-2x^2+2x$ ⟶

$=x^6-2x^5+6x^4-3x^3+2x^2+2x+1$ (다항식을 잘못 전개하였음)

x^2의 계수 : 2

x의 계수 : 2

$\therefore$ 합은 4

▶ 6점 중 0점 얻음.

주어진 식이 복잡한 경우에는 모든 항을 전개하면 중간에 계산 실수
가 있을 수 있으므로, 식을 전개하지 않고 특정한 항의 계수가 나오
는 경우만 생각하는 것이 간편하다.

위 문제에서 곱셈 공식을 사용하여 바르게 전개하면

$(x^3-2x^2+2x+1)^2$

$=x^6+4x^4+4x^2+1+2(-2x^5+2x^4+x^3-4x^3-2x^2+2x)$

$=x^6-4x^5+8x^4-6x^3+4x+1$

이므로 x^2의 계수는 0, x의 계수는 4이다.

0165 답 -18

STEP1 x^3의 계수 구하기 [4점]

$A\blacktriangle B=A^2-AB-B^2$이므로

$(x^4+x+2)\blacktriangle(x^3+2x^2+3x)$

$=(x^4+x+2)^2-(x^4+x+2)(x^3+2x^2+3x)-(x^3+2x^2+3x)^2$

$=(x^4+x+2)(x^4+x+2)-(x^4+x+2)(x^3+2x^2+3x)$

$\qquad\qquad\qquad\qquad -(x^3+2x^2+3x)(x^3+2x^2+3x)$

⋯⋯ ⓐ

즉, 주어진 다항식의 전개식에서 x^3항은

$-x\times2x^2-2\times x^3-2x^2\times3x-3x\times2x^2$

$=-2x^3-2x^3-6x^3-6x^3$

$=-16x^3$

이므로 x^3의 계수는 -16이다.

STEP2 x의 계수 구하기 [2점]

주어진 다항식의 전개식에서 x항은

$x\times2+2\times x-2\times3x$

$=2x+2x-6x$

$=-2x$

이므로 x의 계수는 -2이다.

STEP3 x^3의 계수와 x의 계수의 합 구하기 [2점]

x^3의 계수와 x의 계수의 합은

$-16+(-2)=-18$

부분점수표	
ⓐ $(x^4+x+2)\blacktriangle(x^3+2x^2+3x)$를 기호 ▲의 정의에 따라 나타낸 경우	2점

0166 답 3

STEP1 x^4의 계수를 a와 b에 대한 식으로 나타내기 [2점]

$(x^3+ax^2+b)(3x^2-2bx+5)$의 전개식에서 x^4항은

$x^3\times(-2bx)+ax^2\times3x^2$

$=-2bx^4+3ax^4$

$=(3a-2b)x^4$

이므로 x^4의 계수는 $3a-2b$이다.

STEP2 x^2의 계수를 a와 b에 대한 식으로 나타내기 [2점]

$(x^3+ax^2+b)(3x^2-2bx+5)$의 전개식에서 x^2항은

$ax^2\times5+b\times3x^2$

$=5ax^2+3bx^2$

$=(5a+3b)x^2$

이므로 x^2의 계수는 $5a+3b$이다.

STEP3 a, b의 값 구하기 [3점]

x^4의 계수와 x^2의 계수가 각각 19이므로

$\begin{cases}3a-2b=19 & \cdots\cdots ㉠\\5a+3b=19 & \cdots\cdots ㉡\end{cases}$

㉠$\times3+$㉡$\times2$를 하면

$19a=95$ $\quad\therefore a=5$ ⋯⋯ ⓐ

㉠에 $a=5$를 대입하면

$15-2b=19$ $\quad\therefore b=-2$ ⋯⋯ ⓐ

STEP4 $a+b$의 값 구하기 [1점]

$a+b=5+(-2)=3$

0167 🖉 (1) 2 (2) bc (3) 2 (4) ab (5) 11 (6) $3abc$
(7) 11 (8) 42

STEP 1 곱셈 공식을 변형하여 $a^2+b^2+c^2$의 값 구하기 [3점]

$(a+b+c)^2=a^2+b^2+c^2+\boxed{2}(ab+\boxed{bc}+ca)$에서

$a^2+b^2+c^2=(a+b+c)^2-\boxed{2}(\boxed{ab}+bc+ca)$

$a+b+c=3$, $ab+bc+ca=-1$이므로

$a^2+b^2+c^2=3^2-2\times(-1)=\boxed{11}$

STEP 2 곱셈 공식을 변형하여 $a^3+b^3+c^3$의 값 구하기 [3점]

$(a+b+c)(a^2+b^2+c^2-ab-bc-ca)=a^3+b^3+c^3-3abc$
에서

$a^3+b^3+c^3=(a+b+c)(a^2+b^2+c^2-ab-bc-ca)+\boxed{3abc}$

$a+b+c=3$, $a^2+b^2+c^2=\boxed{11}$, $ab+bc+ca=-1$,

$abc=2$이므로

$a^3+b^3+c^3=3\times\{11-(-1)\}+3\times2=\boxed{42}$

실제 답안 예시

$a^3+b^3+c^3=\underset{3}{(a+b+c)}\underset{-(-1)}{(a^2+b^2+c^2-ab-bc-ca)}+\underset{3\times2}{3abc}$

$(a+b+c)^2=a^2+b^2+c^2+2(ab+bc+ca)$에서

$a^2+b^2+c^2=(a+b+c)^2-2(ab+bc+ca)$

$\therefore a^2+b^2+c^2=9+2=11$

$\therefore a^3+b^3+c^3=3\times(11+1)+3\times2=42$

0168 🖉 5

STEP 1 곱셈 공식을 변형하여 $ab+bc+ca$의 값 구하기 [3점]

$(a+b+c)^2=a^2+b^2+c^2+2(ab+bc+ca)$에서

$ab+bc+ca=\dfrac{1}{2}\{(a+b+c)^2-(a^2+b^2+c^2)\}$

$a+b+c=4$, $a^2+b^2+c^2=20$이므로

$ab+bc+ca=\dfrac{1}{2}\times(4^2-20)=-2$

STEP 2 곱셈 공식을 변형하여 abc의 값 구하기 [3점]

$(a+b+c)(a^2+b^2+c^2-ab-bc-ca)=a^3+b^3+c^3-3abc$에서

$abc=\dfrac{1}{3}\{(a^3+b^3+c^3)-(a+b+c)(a^2+b^2+c^2-ab-bc-ca)\}$

$a+b+c=4$, $a^2+b^2+c^2=20$, $ab+bc+ca=-2$,

$a^3+b^3+c^3=103$이므로

$abc=\dfrac{1}{3}\times[103-4\times\{20-(-2)\}]=\dfrac{1}{3}\times(103-88)=5$

0169 🖉 29

STEP 1 $a-c$의 값 구하기 [2점]

$a-b=3-\sqrt{2}$, $b-c=3+\sqrt{2}$이고

$(a-b)+(b-c)=a-c$이므로

$a-c=(a-b)+(b-c)=(3-\sqrt{2})+(3+\sqrt{2})=6$

STEP 2 곱셈 공식을 변형하여 $a^2+b^2+c^2-ab-bc-ca$의 값 구하기 [5점]

$a^2+b^2+c^2-ab-bc-ca$

$=\dfrac{1}{2}(2a^2+2b^2+2c^2-2ab-2bc-2ca)$

$=\dfrac{1}{2}\{(a^2-2ab+b^2)+(b^2-2bc+c^2)+(a^2-2ac+c^2)\}$

$=\dfrac{1}{2}\{(a-b)^2+(b-c)^2+(a-c)^2\}$ ⋯⋯ ⓐ

$=\dfrac{1}{2}\{(3-\sqrt{2})^2+(3+\sqrt{2})^2+6^2\}$

$=\dfrac{1}{2}\times58=29$

0170 🖉 7

STEP 1 $xy+yz+zx$의 값 구하기 [2점]

가로의 길이, 세로의 길이, 높이가 각각 x, y, z인 직육면체의 겉넓이가 72이므로

$2(xy+yz+zx)=72$

$\therefore xy+yz+zx=36$

STEP 2 $x+y+z$의 값 구하기 [2점]

직육면체의 모든 모서리의 길이의 합이 44이므로

$4(x+y+z)=44$

$\therefore x+y+z=11$

STEP 3 곱셈 공식을 변형하여 $x^2+y^2+z^2$의 값 구하기 [2점]

$x^2+y^2+z^2=(x+y+z)^2-2(xy+yz+zx)$

$=11^2-2\times36=49$

STEP 4 직육면체의 대각선의 길이 구하기 [2점]

직육면체의 대각선의 길이는 $\sqrt{x^2+y^2+z^2}$이므로

$\sqrt{x^2+y^2+z^2}=\sqrt{49}=7$

따라서 직육면체의 대각선의 길이는 7이다.

0171 🖉 (1) $5x-2$ (2) R_1 (3) 5 (4) 5 (5) R_1 (6) 5
(7) 1 (8) 6

STEP 1 다항식의 나눗셈을 $A=BQ+R$ 꼴로 나타내기 [2점]

다항식 $2x^3+4x^2+5x-10$을 $5x-2$로 나누었을 때의 몫이 $Q_1(x)$, 나머지가 R_1이므로

$2x^3+4x^2+5x-10=(\boxed{5x-2})Q_1(x)+\boxed{R_1}$

STEP 2 $A=BQ+R$ 꼴에서 몫을 변형하여 $Q_1(x)$와 $Q_2(x)$ 사이의 관계식 구하기 [2점]

$2x^3+4x^2+5x-10=\boxed{5}\left(x-\dfrac{2}{5}\right)Q_1(x)+R_1$

이므로 다항식 $2x^3+4x^2+5x-10$을 $x-\dfrac{2}{5}$로 나누었을 때의 몫 $Q_2(x)$는

$Q_2(x)=\boxed{5}Q_1(x)$

STEP3 $A=BQ+R$ 꼴에서 몫을 변형하여 R_1과 R_2 사이의 관계식 구하기 [1점]

$$2x^3+4x^2+5x-10=\left(x-\frac{2}{5}\right)5Q_1(x)+R_1$$

이므로 다항식 $2x^3+4x^2+5x-10$을 $x-\dfrac{2}{5}$로 나누었을 때의 나머지 R_2는

$$R_2=\boxed{R_1}$$

STEP4 $\dfrac{Q_2(x)}{Q_1(x)}+\dfrac{R_2}{R_1}$의 값 구하기 [2점]

$\dfrac{Q_2(x)}{Q_1(x)}=\boxed{5}$, $\dfrac{R_2}{R_1}=\boxed{1}$이므로

$$\frac{Q_2(x)}{Q_1(x)}+\frac{R_2}{R_1}=\boxed{6}$$

실제 답안 예시

$$2x^3+4x^2+5x-10=(5x-2)Q_1(x)+R_1$$
$$=\left(x-\frac{2}{5}\right)Q_2(x)+R_2$$
$$\therefore (5x-2)Q_1(x)+R_1=\left(x-\frac{2}{5}\right)Q_2(x)+R_2$$
$$(5x-2)Q_1(x)+R_1=\left(x-\frac{2}{5}\right)5Q_1(x)+R_1 \quad\longrightarrow \text{항등식}$$
$$=\left(x-\frac{2}{5}\right)Q_2(x)+R_2$$
$$\therefore 5Q_1(x)=Q_2(x), R_1=R_2$$
$$\frac{Q_2(x)}{Q_1(x)}=5, \frac{R_2}{R_1}=1$$
$$\therefore \frac{Q_2(x)}{Q_1(x)}+\frac{R_2}{R_1}=6$$

0172 답 $\dfrac{2}{3}$

STEP1 다항식의 나눗셈을 $A=BQ+R$ 꼴로 나타내기 [2점]

다항식 x^3+2x^2+7x-9를 $-x+7$로 나누었을 때의 몫이 $Q_1(x)$, 나머지가 R_1이므로

$$x^3+2x^2+7x-9=(-x+7)Q_1(x)+R_1$$

STEP2 $A=BQ+R$ 꼴에서 몫을 변형하여 $Q_1(x)$와 $Q_2(x)$ 사이의 관계식 구하기 [2점]

$$x^3+2x^2+7x-9=(-x+7)Q_1(x)+R_1$$
$$=-\frac{1}{3}(3x-21)Q_1(x)+R_1$$
$$=(3x-21)\left\{-\frac{1}{3}Q_1(x)\right\}+R_1$$

이므로 다항식 x^3+2x^2+7x-9를 $3x-21$로 나누었을 때의 몫 $Q_2(x)$는

$$Q_2(x)=-\frac{1}{3}Q_1(x)$$

STEP3 $A=BQ+R$ 꼴에서 몫을 변형하여 R_1과 R_2 사이의 관계식 구하기 [1점]

$$x^3+2x^2+7x-9=(3x-21)\left\{-\frac{1}{3}Q_1(x)\right\}+R_1$$

이므로 다항식 x^3+2x^2+7x-9를 $3x-21$로 나누었을 때의 나머지 R_2는

$$R_2=R_1$$

STEP4 $\dfrac{Q_2(x)}{Q_1(x)}+\dfrac{R_2}{R_1}$의 값 구하기 [2점]

$\dfrac{Q_2(x)}{Q_1(x)}=\dfrac{-\frac{1}{3}Q_1(x)}{Q_1(x)}=-\dfrac{1}{3}$, $\dfrac{R_2}{R_1}=\dfrac{R_1}{R_1}=1$이므로

$$\frac{Q_2(x)}{Q_1(x)}+\frac{R_2}{R_1}=-\frac{1}{3}+1=\frac{2}{3}$$

다른 풀이

STEP1 다항식의 나눗셈을 $A=BQ+R$ 꼴로 나타내기 [2점]

다항식 x^3+2x^2+7x-9를 $3x-21$로 나누었을 때의 몫이 $Q_2(x)$, 나머지가 R_2이므로

$$x^3+2x^2+7x-9=(3x-21)Q_2(x)+R_2$$

STEP2 $A=BQ+R$ 꼴에서 몫을 변형하여 $Q_1(x)$와 $Q_2(x)$ 사이의 관계식 구하기 [2점]

$$x^3+2x^2+7x-9=(3x-21)Q_2(x)+R_2$$
$$=-3(-x+7)Q_2(x)+R_2$$
$$=(-x+7)\{-3Q_2(x)\}+R_2$$

이므로 다항식 x^3+2x^2+7x-9를 $-x+7$로 나누었을 때의 몫 $Q_1(x)$는

$$Q_1(x)=-3Q_2(x)$$

STEP3 $A=BQ+R$ 꼴에서 몫을 변형하여 R_1과 R_2 사이의 관계식 구하기 [1점]

$$x^3+2x^2+7x-9=(-x+7)\{-3Q_2(x)\}+R_2$$

이므로 다항식 x^3+2x^2+7x-9를 $-x+7$로 나누었을 때의 나머지 R_1은

$$R_1=R_2$$

STEP4 $\dfrac{Q_2(x)}{Q_1(x)}+\dfrac{R_2}{R_1}$의 값 구하기 [2점]

$\dfrac{Q_2(x)}{Q_1(x)}=\dfrac{Q_2(x)}{-3Q_2(x)}=-\dfrac{1}{3}$, $\dfrac{R_2}{R_1}=\dfrac{R_2}{R_2}=1$이므로

$$\frac{Q_2(x)}{Q_1(x)}+\frac{R_2}{R_1}=-\frac{1}{3}+1=\frac{2}{3}$$

0173 답 28

STEP1 다항식의 나눗셈을 $A=BQ+R$ 꼴로 나타내기 [2점]

다항식 $6x^3-ax^2+2x+9$를 $6x^2-x-2$로 나누었을 때의 몫이 $Q_1(x)$, 나머지가 $3x+7$이므로

$$6x^3-ax^2+2x+9=(6x^2-x-2)Q_1(x)+3x+7$$

STEP2 $A=BQ+R$ 꼴에서 몫을 변형하여 $Q_2(x)$와 $R_2(x)$ 구하기 [3점]

$$6x^3-ax^2+2x+9=(6x^2-x-2)Q_1(x)+3x+7$$
$$=(3x-2)(2x+1)Q_1(x)+3x+7$$
$$=\{(3x-2)Q_1(x)\}(2x+1)+3x+7$$

이므로 다항식 $6x^3-ax^2+2x+9$를 $(3x-2)Q_1(x)$로 나누었을 때의 몫 $Q_2(x)$는

$$Q_2(x)=2x+1 \qquad\qquad \cdots\cdots \text{ⓐ}$$

나머지 $R_2(x)$는

$$R_2(x)=3x+7 \qquad\qquad \cdots\cdots \text{ⓑ}$$

STEP3 $Q_2(4)+R_2(4)$의 값 구하기 [2점]

$Q_2(4)=2\times4+1=9$, $R_2(4)=3\times4+7=19$이므로 $\qquad \cdots\cdots \text{ⓒ}$

$$Q_2(4)+R_2(4)=9+19=28$$

부분점수표	
ⓐ $Q_2(x)$를 구한 경우	1점
ⓑ $R_2(x)$를 구한 경우	1점
ⓒ $Q_2(4)$, $R_2(4)$ 중 하나만 바르게 구한 경우	각 1점

실력 check **실전 마무리하기** **1**회   **44쪽~47쪽**

1 0174 답 ①   유형 3

출제의도 | 다항식의 뺄셈을 할 수 있는지 확인한다.

> 다항식의 뺄셈에서 괄호를 풀 때, 괄호 앞의 부호가 $-$이면 괄호 안의 부호를 반대로 바꾸고 더해.

$A = 4x^2 + x - 7$, $B = x^2 - 5x + 2$이므로
$$3A - B = 3(4x^2 + x - 7) - (x^2 - 5x + 2)$$
$$= 12x^2 + 3x - 21 - x^2 + 5x - 2$$
$$= 11x^2 + 8x - 23$$

2 0175 답 ④   유형 3

출제의도 | 다항식의 연산을 할 수 있는지 확인한다.

> $A + B$, $A - 2B$를 연립하여 A를 구해 보자.

$A + B = 3x^2 - xy + 3y^2$ ⋯⋯⋯⋯⋯ ㉠
$A - 2B = 3x^2 - 4xy - 6y^2$ ⋯⋯⋯⋯⋯ ㉡
㉠×2+㉡을 하면
$3A = 9x^2 - 6xy$ $\therefore A = 3x^2 - 2xy$

3 0176 답 ④   유형 5

출제의도 | 공통부분이 있는 다항식을 전개할 수 있는지 확인한다.

> 다항식에서 공통부분 $x^2 - x$를 문자 X로 치환해 보자.

$x^2 - x = X$라 하면
$(x^2 - x + 2)(x^2 - x - 5) + 7$
$= (X + 2)(X - 5) + 7$
$= X^2 - 3X - 10 + 7$
$= X^2 - 3X - 3$
$= (x^2 - x)^2 - 3(x^2 - x) - 3$
$= x^4 - 2x^3 + x^2 - 3x^2 + 3x - 3$
$= x^4 - 2x^3 - 2x^2 + 3x - 3$

4 0177 답 ⑤   유형 7

출제의도 | 문자가 두 개인 곱셈 공식을 변형할 수 있는지 확인한다.

> $a^4 + b^4$은 곱셈 공식의 변형 $a^2 + b^2 = (a+b)^2 - 2ab$를 이용하면 구할 수 있어.

$a^2 + b^2 = (a+b)^2 - 2ab$이고
$a + b = 2$, $a^2 + b^2 = 8$이므로
$8 = 2^2 - 2ab$, $2ab = -4$
$\therefore ab = -2$
$\therefore a^4 + b^4 = (a^2 + b^2)^2 - 2a^2b^2$
$= (a^2 + b^2)^2 - 2(ab)^2$
$= 8^2 - 2 \times (-2)^2$
$= 64 - 8$
$= 56$

5 0178 답 ⑤   유형 8

출제의도 | 곱셈 공식을 변형하여 $x \pm \dfrac{1}{x}$ 꼴을 이용한 계산을 할 수 있는지 확인한다.

> $x > 1$이면 $x - \dfrac{1}{x} > 0$임을 알 수 있어.

$x^2 + \dfrac{1}{x^2} = \left(x - \dfrac{1}{x}\right)^2 + 2$이고 $x^2 + \dfrac{1}{x^2} = 7$이므로
$7 = \left(x - \dfrac{1}{x}\right)^2 + 2$ $\therefore \left(x - \dfrac{1}{x}\right)^2 = 5$
이때 $x > 1$에서 $x - \dfrac{1}{x} > 0$이므로
$x - \dfrac{1}{x} = \sqrt{5}$
$\therefore x^3 - \dfrac{1}{x^3} = \left(x - \dfrac{1}{x}\right)^3 + 3\left(x - \dfrac{1}{x}\right)$
$= (\sqrt{5})^3 + 3 \times \sqrt{5}$
$= 5\sqrt{5} + 3\sqrt{5}$
$= 8\sqrt{5}$

6 0179 답 ②   유형 5

출제의도 | 공통부분이 있는 다항식을 전개할 수 있는지 확인한다.

> $x^2 - xy + 2y^2$과 $x^2 + xy - 2y^2$의 공통부분 $xy - 2y^2$을 치환해서 전개해 보자.

$xy - 2y^2 = X$라 하면
$(x^2 - xy + 2y^2)(x^2 + xy - 2y^2) = (x^2 - X)(x^2 + X)$
$= (x^2)^2 - X^2$
$= x^4 - X^2$
X에 $xy - 2y^2$을 대입하면
$x^4 - X^2 = x^4 - (xy - 2y^2)^2$
$= x^4 - (x^2y^2 - 4xy^3 + 4y^4)$
$= x^4 - x^2y^2 + 4xy^3 - 4y^4$

7 0180 답 ⑤   유형 3 + 유형 6

출제의도 | 곱셈 공식을 이용하여 다항식을 정리하고 다항식의 전개식에서 특정한 항의 계수를 구할 수 있는지 확인한다.

> 두 다항식 A, B를 대입하기 전에 주어진 식을 곱셈 공식을 이용해서 간단히 정리해 보자.

$$(A-B)^3-(A-B)(A^2+AB+B^2)$$
$$=(A^3-3A^2B+3AB^2-B^3)-(A^3-B^3)$$
$$=-3A^2B+3AB^2$$
$$=-3AB(A-B)$$
$$=-3(-x^3+x+4)(-x-1)\{(-x^3+x+4)-(-x-1)\}$$
$$=-3(-x^3+x+4)(-x-1)(-x^3+2x+5)$$
$$=3(-x^3+x+4)(x+1)(-x^3+2x+5)$$
이 전개식에서 x^4항은
$$3\times\{(-x^3)\times x\times5+(-x^3)\times1\times2x+x\times1\times(-x^3)$$
$$+4\times x\times(-x^3)\}$$
$$=3\times(-5x^4-2x^4-x^4-4x^4)$$
$$=3\times(-12x^4)=-36x^4$$
따라서 x^4의 계수는 -36이다.

8 0181 답 ②

출제의도 | 문자가 세 개인 곱셈 공식을 변형할 수 있는지 확인한다.

> $x+y+z=2$에서 $x+y=2-z$, $y+z=2-x$, $z+x=2-y$로 나타낼 수 있어.

$x+y+z=2$에서
$$x+y=2-z,\ y+z=2-x,\ z+x=2-y$$
$x+y+z=2,\ xy+yz+zx=4,\ xyz=7$이므로
$$(x+y)(y+z)(z+x)$$
$$=(2-z)(2-x)(2-y)$$
$$=2^3-(x+y+z)\times2^2+(xy+yz+zx)\times2-xyz$$
$$=8-2\times4+4\times2-7$$
$$=8-8+8-7=1$$
$$\therefore (x+y)(y+z)(z+x)-2=1-2=-1$$

9 0182 답 ③
유형 10

출제의도 | 곱셈 공식을 이용하여 수의 계산을 할 수 있는지 확인한다.

> $9=10-1$로 쓰면 $9(10+1)=(10-1)(10+1)$로 나타낼 수 있고, 곱셈 공식 $(a+b)(a-b)=a^2-b^2$을 이용할 수 있어.

$$9(10+1)(10^4+10^2+1)(10^6+1)$$
$$=(10-1)(10+1)(10^4+10^2+1)(10^6+1)$$
$$=(10^2-1)(10^4+10^2+1)(10^6+1)$$
$$=(10^2-1)\{(10^2)^2+10^2+1\}(10^6+1)$$
$$=\{(10^2)^3-1\}(10^6+1)$$
$$=(10^6-1)(10^6+1)$$
$$=10^{12}-1$$

10 0183 답 ③
유형 14

출제의도 | 다항식의 나눗셈을 $A=BQ+R$ 꼴로 나타내고 식을 변형하여 문제를 해결할 수 있는지 확인한다.

> 다항식을 일차식으로 나누었을 때의 나머지는 상수야.

다항식 $f(x)$를 $4x-2$로 나누었을 때의 몫이 $Q(x)$, 나머지가 -2이므로
$$f(x)=(4x-2)Q(x)-2$$
양변에 $x-2$를 곱하면
$$(x-2)f(x)=(x-2)(4x-2)Q(x)-2(x-2)$$
$$=4(x-2)\left(x-\frac{1}{2}\right)Q(x)-2\left(x-\frac{1}{2}\right)+3$$
$$=\left(x-\frac{1}{2}\right)\{4(x-2)Q(x)-2\}+3$$
따라서 $(x-2)f(x)$를 $x-\frac{1}{2}$로 나누었을 때의 몫은 $4(x-2)Q(x)-2$이고 나머지는 3이다.

11 0184 답 ②
유형 4

출제의도 | 곱셈 공식을 이용하여 문자가 세 개인 식을 전개할 수 있는지 확인한다.

> $a^2+4b^2+c^2=a^2+(2b)^2+(-c)^2$,
> $2ab-2bc-ac=a\times2b+2b\times(-c)+(-c)\times a$와 같이 곱셈 공식의 항이 드러나게 주어진 조건을 정리해서 이용해 보자.

$$|a+2b-c|^2$$
$$=(a+2b-c)^2$$
$$=a^2+(2b)^2+(-c)^2+2\times a\times2b+2\times2b\times(-c)$$
$$+2\times(-c)\times a$$
$$=a^2+4b^2+c^2+4ab-4bc-2ac$$
$$=a^2+4b^2+c^2+2(2ab-2bc-ac)$$
$$=17+2\times4$$
$$=25$$
이때 $|a+2b-c|\geq0$이므로
$$|a+2b-c|=\sqrt{25}=5$$

12 0185 답 ①
유형 6

출제의도 | 다항식의 전개식에서 특정한 항의 계수를 구할 수 있는지 확인한다.

> x^2항은 (x^2항)×(상수항), (x항)×(x항), (상수항)×(x^2항)의 합으로 구할 수 있고, x항은 (x항)×(상수항), (상수항)×(x항)의 합으로 구할 수 있어.

$$(3x^4+4x-7)\bigstar(-x^3+6x-3)$$
$$=(3x^4+4x-7)^2+(3x^4+4x-7)(-x^3+6x-3)$$
$$+(-x^3+6x-3)^2$$
이므로 주어진 다항식의 전개식에서 x^2의 계수와 x의 계수는 각각 다항식 $(4x-7)^2+(4x-7)(6x-3)+(6x-3)^2$의 전개식에서 x^2의 계수와 x의 계수와 같다.
$$(4x-7)^2+(4x-7)(6x-3)+(6x-3)^2$$
$$=(16x^2-56x+49)+(24x^2-54x+21)+(36x^2-36x+9)$$
$$=76x^2-146x+79$$
따라서 x^2의 계수는 76, x의 계수는 -146이므로 그 합은
$$76+(-146)=-70$$

01 다항식의 연산　**39**

13 0186 답 ①

유형8

출제의도 | 곱셈 공식을 변형하여 $x\pm\dfrac{1}{x}$ 꼴을 이용한 계산을 할 수 있는지 확인한다.

$x^2+3x+1=0$의 양변을 x로 나누어 $x+\dfrac{1}{x}$의 값을 구해 보자.

$x\neq0$이므로 $x^2+3x+1=0$의 양변을 x로 나누면

$x+3+\dfrac{1}{x}=0$ $\therefore x+\dfrac{1}{x}=-3$

$x^2+\dfrac{1}{x^2}=\left(x+\dfrac{1}{x}\right)^2-2=(-3)^2-2=7$

$x^3+\dfrac{1}{x^3}=\left(x+\dfrac{1}{x}\right)^3-3\left(x+\dfrac{1}{x}\right)=(-3)^3-3\times(-3)=-18$

$\therefore 2x^3-4x^2+70-\dfrac{4}{x^2}+\dfrac{2}{x^3}=2\left(x^3+\dfrac{1}{x^3}\right)-4\left(x^2+\dfrac{1}{x^2}\right)+70$

$\qquad\qquad\qquad\qquad=2\times(-18)-4\times7+70$

$\qquad\qquad\qquad\qquad=-36-28+70=6$

14 0187 답 ②

유형10

출제의도 | 곱셈 공식을 이용하여 수의 계산을 할 수 있는지 확인한다.

분모와 분자에 $9+1$을 곱하면 분모에서 곱셈 공식 $(a+1)(a^2-a+1)=a^3+1$을 이용할 수 있어.

$\dfrac{8(9^2+1)}{9^2-9+1}=\dfrac{(9-1)(9^2+1)}{9^2-9+1}=\dfrac{(9+1)(9-1)(9^2+1)}{(9+1)(9^2-9+1)}$

$\qquad\qquad=\dfrac{(9^2-1)(9^2+1)}{(9+1)(9^2-9+1)}=\dfrac{9^4-1}{9^3+1}$

15 0188 답 ①

유형6 + 유형11

출제의도 | 곱셈 공식을 이용하여 도형에 대한 문제를 해결할 수 있는지 확인한다.

직육면체의 부피는 가로의 길이, 세로의 길이, 높이를 곱해서 구할 수 있어.

$A=(x-2)(x^2+2x+4)x$

$\quad=(x^3-8)x$

$\quad=x^4-8x$

$B=(x-3)^3$

$\quad=x^3-9x^2+27x-27$

따라서 $A-B$의 전개식에서 x항은 $-8x-27x=-35x$이므로 x의 계수는 -35이다.

16 0189 답 ①

유형12

출제의도 | 다항식의 나눗셈을 할 수 있는지 확인한다.

다항식의 나눗셈을 하여 몫과 나머지를 구해 보자.

$$
\begin{array}{r}
x+2 \\
x^2-5x+2\overline{)x^3-3x^2+5} \\
\underline{x^3-5x^2+2x} \\
2x^2-2x+5 \\
\underline{2x^2-10x+4} \\
8x+1
\end{array}
$$

이므로 다항식 x^3-3x^2+5를 x^2-5x+2로 나누었을 때의 몫 $Q(x)$는 $Q(x)=x+2$, 나머지 $R(x)$는 $R(x)=8x+1$이다.

$$
\begin{array}{r}
8 \\
x+2\overline{)8x+1} \\
\underline{8x+16} \\
-15
\end{array}
$$

이므로 다항식 $R(x)$를 다항식 $Q(x)$로 나누었을 때의 몫은 8, 나머지는 -15이고 그 합은

$8+(-15)=-7$

17 0190 답 ②

유형12 + 유형13

출제의도 | 다항식의 나눗셈을 $A=BQ+R$ 꼴로 나타내고 몫과 나머지의 차수를 비교할 수 있는지 확인한다.

다항식의 나눗셈을 $A=BQ+R$ 꼴로 나타냈을 때, 나머지 R의 차수는 다항식 B의 차수보다 낮아.

다항식 $A(x)$를 $B(x)$로 나누었을 때의 몫이 $Q(x)$, 나머지가 $R(x)$이므로

$A(x)=B(x)Q(x)+R(x)$

ㄱ. $\{A(x)$의 차수$\}=\{B(x)$의 차수$\}+\{Q(x)$의 차수$\}$
$\quad\therefore\{Q(x)$의 차수$\}=\{A(x)$의 차수$\}-\{B(x)$의 차수$\}$
$\qquad\qquad\qquad\quad=a-b$ (거짓)

ㄴ. $A(x)=x^3+x^2+x$, $B(x)=x^2+x$일 때,
$\quad x^3+x^2+x=(x^2+x)x+x$이므로
$\quad Q(x)=x$, $R(x)=x$이다.
$\quad$ 즉, $Q(x)$의 차수와 $R(x)$의 차수는 같다. (거짓)

ㄷ. $R(x)$의 차수는 $B(x)$의 차수보다 낮으므로 $B(x)$의 차수가 4이면 $R(x)$의 차수는 3 이하이다. (참)

따라서 옳은 것은 ㄷ이다.

18 0191 답 ③

유형14

출제의도 | 다항식의 나눗셈을 $A=BQ+R$ 꼴로 나타내고 식을 변형하여 문제를 해결할 수 있는지 확인한다.

$A=BQ+R$ 꼴의 식을 변형해서 다항식을 이차식으로 나누었을 때의 나머지와 주어진 나머지를 비교해.

다항식 $P(x)$를 $(3x-1)^3$으로 나누었을 때의 몫을 $Q(x)$라 하면 나머지가 $9x^2+ax$이므로

$P(x)=(3x-1)^3Q(x)+9x^2+ax$

이때 $9x^2+ax=(3x-1)^2+(a+6)x-1$이므로

$P(x)=(3x-1)^3Q(x)+9x^2+ax$

$\quad=(3x-1)^2(3x-1)Q(x)+(3x-1)^2+(a+6)x-1$

$\quad=(3x-1)^2\{(3x-1)Q(x)+1\}+(a+6)x-1$

따라서 다항식 $P(x)$를 $(3x-1)^2$으로 나누었을 때의 나머지는 $(a+6)x-1$이므로 $(a+6)x-1=7x+b$에서

$a+6=7$, $b=-1$ $\therefore a=1$, $b=-1$

$\therefore a+b=1+(-1)=0$

19 0192   目 (1) 10   (2) 7   (3) 790   유형4 + 유형7

출제의도 | 문자가 두 개인 곱셈 공식을 변형할 수 있는지 확인한다.

(1) **STEP 1** $m+n$을 a, b, x, y에 대한 식으로 나타내기 [1점]

$$m+n=(ax+by)+(bx+ay)$$
$$=a(x+y)+b(y+x)$$
$$=(x+y)(a+b)$$

STEP 2 $m+n$의 값 구하기 [1점]

$$m+n=5\times2$$
$$=10$$

(2) **STEP 1** mn을 a, b, x, y에 대한 식으로 나타내기 [2점]

$$a^2+b^2=(a+b)^2-2ab=2^2-2\times(-1)=4+2=6$$
$$x^2+y^2=(x+y)^2-2xy=5^2-2\times4=25-8=17$$
$$\therefore mn=(ax+by)(bx+ay)$$
$$=abx^2+a^2xy+b^2xy+aby^2$$
$$=ab(x^2+y^2)+(a^2+b^2)xy$$

STEP 2 mn의 값 구하기 [1점]

$$mn=ab(x^2+y^2)+(a^2+b^2)xy$$
$$=(-1)\times17+6\times4$$
$$=-17+24$$
$$=7$$

(3) **STEP 1** 곱셈 공식을 변형하여 m^3+n^3을 식으로 나타내기 [1점]

$$m^3+n^3=(m+n)^3-3mn(m+n)$$

STEP 2 m^3+n^3의 값 구하기 [1점]

$$m^3+n^3=(m+n)^3-3mn(m+n)$$
$$=10^3-3\times7\times10$$
$$=1000-210$$
$$=790$$

20 0193   目 80   유형11

출제의도 | 곱셈 공식의 변형을 이용하여 도형 문제를 해결할 수 있는지 확인한다.

STEP 1 직육면체의 모든 모서리의 길이의 합을 세 모서리의 길이로 나타내기 [2점]

직육면체에서 $\overline{AB}=a$, $\overline{BC}=b$, $\overline{AE}=c$라 하자.
모든 모서리의 길이의 합이 $32\sqrt{2}$이므로
$$4(a+b+c)=32\sqrt{2}$$
$$\therefore a+b+c=8\sqrt{2}$$

STEP 2 $\overline{AG}$를 세 모서리의 길이로 나타내기 [2점]

$\overline{AG}=\sqrt{a^2+b^2+c^2}$이고, $\overline{AG}=4\sqrt{3}$이므로
$$\sqrt{a^2+b^2+c^2}=4\sqrt{3}$$
$$\therefore a^2+b^2+c^2=48$$

STEP 3 직육면체의 겉넓이 구하기 [4점]

직육면체의 겉넓이는 $2(ab+bc+ca)$이고,
$(a+b+c)^2=a^2+b^2+c^2+2ab+2bc+2ca$에서
$$2(ab+bc+ca)=(a+b+c)^2-(a^2+b^2+c^2)$$
$$=(8\sqrt{2})^2-48$$
$$=128-48$$
$$=80$$

21 0194   目 $2\sqrt{2}$ 유형9

출제의도 | 문자가 세 개인 곱셈 공식을 변형할 수 있는지 확인한다.

STEP 1 $xy+yz+zx$의 값 구하기 [3점]

$x+y+z=3\sqrt{2}$, $x^2+y^2+z^2=6$이고,
$(x+y+z)^2=x^2+y^2+z^2+2(xy+yz+zx)$이므로
$$xy+yz+zx=\frac{1}{2}\{(x+y+z)^2-(x^2+y^2+z^2)\}$$
$$=\frac{1}{2}\{(3\sqrt{2})^2-6\}$$
$$=\frac{1}{2}\times12=6$$

STEP 2 x, y, z의 값 구하기 [5점]

$x^2+y^2+z^2-xy-yz-zx=6-6=0$이고,
$x^2+y^2+z^2-xy-yz-zx$
$$=\frac{1}{2}\{(x-y)^2+(y-z)^2+(z-x)^2\}$$
이므로
$$\frac{1}{2}\{(x-y)^2+(y-z)^2+(z-x)^2\}=0$$에서
$x=y$, $y=z$, $z=x$, 즉 $x=y=z$
$x+y+z=3\sqrt{2}$이므로 $x=y=z=\sqrt{2}$

STEP 3 xyz의 값 구하기 [1점]

$$xyz=(\sqrt{2})^3=2\sqrt{2}$$

22 0195   目 8   유형13 + 유형14

출제의도 | 다항식의 나눗셈을 $A=BQ+R$ 꼴로 나타내고 식을 변형하여 문제를 해결할 수 있는지 확인한다.

STEP 1 다항식의 나눗셈을 $A=BQ+R$ 꼴로 나타내기 [2점]

다항식 $2x^3+ax^2-23x+19$를 $2x^2+7x-15$로 나누었을 때의 몫이 $Q_1(x)$, 나머지가 $-x+4$이므로
$$2x^3+ax^2-23x+19=(2x^2+7x-15)Q_1(x)-x+4$$

STEP 2 $A=BQ+R$ 꼴에서 몫을 변형하여 $Q(x)$와 R 구하기 [6점]

$$2x^3+ax^2-23x+19=(2x^2+7x-15)Q_1(x)-x+4$$
$$=(2x-3)(x+5)Q_1(x)-x+4$$
$$=(2x-3)(x+5)Q_1(x)-(x+5)+9$$
$$=(x+5)\{(2x-3)Q_1(x)-1\}+9$$

이므로 다항식 $2x^3+ax^2-23x+19$를 $x+5$로 나누었을 때의 몫 $Q(x)$는 $Q(x)=(2x-3)Q_1(x)-1$, 나머지 R는 9이다.

STEP 3 $Q\left(\frac{3}{2}\right)+R$의 값 구하기 [2점]

$$Q\left(\frac{3}{2}\right)+R=-1+9=8$$

실력 ^{check} 실전 마무리하기 **2**회   48쪽~51쪽

1 0196   目 ④   유형3

출제의도 | 다항식의 연산을 할 수 있는지 확인한다.

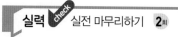
다항식 $2(A+B)-4(B-C)$를 간단히 하고 다항식 A, B, C를 대입해 보자.

$$2(A+B)-4(B-C)$$
$$=2A+2B-4B+4C$$
$$=2A-2B+4C$$
$$=2(2x^2+3x-5)-2(-6x^2+2)+4(4x^2-7x+1)$$
$$=4x^2+6x-10+12x^2-4+16x^2-28x+4$$
$$=32x^2-22x-10$$

2 0197 답 ②
유형 6

출제의도 | 다항식의 전개식에서 특정한 항의 계수를 구할 수 있는지 확인한다.

> x^2항은 $(x^2$항$)\times($상수항$)$, $(x$항$)\times(x$항$)$, $($상수항$)\times(x^2$항$)$의 합으로 구할 수 있어.

$(3x^2-2x+1)(x^3-5x^2+2x+3)$의 전개식에서 x^2항은
$$3x^2\times3+(-2x)\times2x+1\times(-5x^2)$$
$$=9x^2-4x^2-5x^2$$
$$=0$$
이므로 x^2의 계수는 0이다.

3 0198 답 ②
유형 7

출제의도 | 문자가 두 개인 곱셈 공식을 변형할 수 있는지 확인한다.

> $\dfrac{1}{a}+\dfrac{1}{b}=\dfrac{a+b}{ab}$ 로 나타내어 해결해 보자.

$\dfrac{1}{a}+\dfrac{1}{b}=5$에서 $\dfrac{a+b}{ab}=5$이고

$ab=-3$이므로

$\dfrac{a+b}{-3}=5$ $\quad\therefore a+b=-15$

$\therefore (a-b)^2=(a+b)^2-4ab$
$$=(-15)^2-4\times(-3)$$
$$=225+12$$
$$=237$$

4 0199 답 ①
유형 12

출제의도 | 다항식의 나눗셈을 할 수 있는지 확인한다.

> 다항식의 나눗셈을 하여 몫과 나머지를 구해 보자.

$$\begin{array}{r}
4x+5 \\
x^2-2x+1\overline{\smash{\big)}\,4x^3-3x^2+2x-7} \\
\underline{4x^3-8x^2+4x} \\
5x^2-2x-7 \\
\underline{5x^2-10x+5} \\
8x-12
\end{array}$$

이므로 다항식 $4x^3-3x^2+2x-7$을 x^2-2x+1로 나누었을 때의
몫 $Q(x)$는 $Q(x)=4x+5$
나머지 $R(x)$는 $R(x)=8x-12$
따라서 $Q(2)=4\times2+5=13$, $R(0)=8\times0-12=-12$이므로
$Q(2)+R(0)=13+(-12)=1$

5 0200 답 ⑤
유형 3

출제의도 | 다항식의 연산을 할 수 있는지 확인한다.

> 주어진 두 등식을 연립하여 두 다항식 A, B를 구해 보자.

$A+B=-x^2+4xy+5y^2$ ·················· ㉠
$3B-2A=7x^2+2xy+5y^2$ ·················· ㉡
㉠$\times2+$㉡을 하면
$$5B=2(-x^2+4xy+5y^2)+(7x^2+2xy+5y^2)$$
$$=-2x^2+8xy+10y^2+7x^2+2xy+5y^2$$
$$=5x^2+10xy+15y^2$$
$\therefore B=x^2+2xy+3y^2$
따라서 $X-A=2B$에서
$$X=A+2B=(A+B)+B$$
$$=(-x^2+4xy+5y^2)+(x^2+2xy+3y^2)$$
$$=6xy+8y^2$$

6 0201 답 ②
유형 6 + 유형 7

출제의도 | 다항식의 전개식에서 특정한 항의 계수를 구할 수 있는지 확인한다.

> 두 다항식 A, B를 대입하기 전에 곱셈 공식의 변형을 이용할 수 있는지 생각해 보자.

$$A+B=(x^2+2x+3)+(x^2-2x+3)$$
$$=2x^2+6$$
$$AB=(x^2+2x+3)(x^2-2x+3)$$
$$=\{(x^2+3)+2x\}\{(x^2+3)-2x\}$$
$$=(x^2+3)^2-4x^2$$
$$=x^4+6x^2+9-4x^2$$
$$=x^4+2x^2+9$$
$\therefore A^3+B^3=(A+B)^3-3AB(A+B)$
$$=(2x^2+6)^3-3(x^4+2x^2+9)(2x^2+6) \cdots\cdots\cdots ㉠$$
㉠의 전개식에서 x^2항은
$$3\times2x^2\times6^2-3\times2x^2\times6-3\times9\times2x^2=216x^2-36x^2-54x^2$$
$$=126x^2$$
따라서 x^2의 계수는 126이다.

7 0202 답 ①
유형 8

출제의도 | 곱셈 공식을 변형하여 $x\pm\dfrac{1}{x}$ 꼴을 이용한 계산을 할 수 있는지 확인한다.

> $x+\dfrac{1}{x}$의 값을 구하면 $x^3+\dfrac{1}{x^3}$의 값을 구할 수 있어.

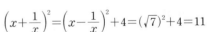

$$\left(x+\dfrac{1}{x}\right)^2=\left(x-\dfrac{1}{x}\right)^2+4=(\sqrt{7})^2+4=11$$

이때 $x>0$에서 $x+\dfrac{1}{x}>0$이므로 $x+\dfrac{1}{x}=\sqrt{11}$

$\therefore x^3+\dfrac{1}{x^3}=\left(x+\dfrac{1}{x}\right)^3-3\left(x+\dfrac{1}{x}\right)$
$$=(\sqrt{11})^3-3\times\sqrt{11}$$
$$=11\sqrt{11}-3\sqrt{11}=8\sqrt{11}$$

8 0203 답 ③
유형 10

출제의도 | 곱셈 공식을 이용하여 수의 계산을 할 수 있는지 확인한다.

> 1000을 한 문자로 나타내고 곱셈 공식을 이용하여 식을 간단히 해 보자.

$1000 = k$라 하면

$$999 \times (1000^2 + 1000 + 1) = (k-1)(k^2+k+1)$$
$$= k^3 - 1$$
$$= 1000^3 - 1$$
$$= (10^3)^3 - 1$$
$$= 10^9 - 1$$

따라서 $A=9$, $B=1$이므로 $A+B=10$

9 0204 답 ①
유형 11

출제의도 | 곱셈 공식의 변형을 이용하여 도형 문제를 해결할 수 있는지 확인한다.

> $\overline{AB}=a$, $\overline{BC}=b$, $\overline{BF}=c$라 하면 직육면체의 겉넓이는 $2(ab+bc+ca)$, 모든 모서리의 길이의 합은 $4(a+b+c)$야.

$\overline{AB}=a$, $\overline{BC}=b$, $\overline{BF}=c$라 하자.

직육면체의 겉넓이가 122이므로

$$2(ab+bc+ca)=122$$

$\overline{BG}^2 + \overline{GD}^2 + \overline{DB}^2 = 148$이므로

$(b^2+c^2) + (c^2+a^2) + (a^2+b^2) = 148$에서

$$2(a^2+b^2+c^2)=148 \qquad \therefore a^2+b^2+c^2=74$$

$$\therefore (a+b+c)^2 = a^2+b^2+c^2+2(ab+bc+ca)$$
$$= 74+122$$
$$= 196$$

이때 $a+b+c>0$이므로 $a+b+c=14$

따라서 직육면체의 모든 모서리의 길이의 합은

$$4(a+b+c)=4 \times 14 = 56$$

10 0205 답 ④
유형 13

출제의도 | 다항식의 나눗셈을 $A=BQ+R$ 꼴로 나타내고 다항식의 나눗셈을 이용하여 문제를 해결할 수 있는지 확인한다.

> $6x^3+5x^2-5x+11$을 $2x-1$로 나누는 과정에서 ax^2+bx와 $R(x)$를 구해 보자.

다항식 $6x^3+5x^2-5x+11$을 ax^2+bx로 나누었을 때의 몫이 $2x-1$이고 나머지가 $R(x)$이므로

$$6x^3+5x^2-5x+11 = (ax^2+bx)(2x-1)+R(x)$$

$$\begin{array}{r} 3x^2+4x \\ 2x-1 \overline{) 6x^3+5x^2-5x+11} \\ \underline{6x^3-3x^2} \\ 8x^2-5x \\ \underline{8x^2-4x} \\ -x+11 \end{array}$$

→ 몫이 ax^2+bx 꼴이 될 때까지만 나눈다.

이므로 $6x^3+5x^2-5x+11=(2x-1)(3x^2+4x)-x+11$

따라서 $a=3$, $b=4$, $R(x)=-x+11$이므로

$$b+R(a)=4+R(3)=4+(-3+11)=12$$

11 0206 답 ④
유형 4 + 유형 5

출제의도 | 다항식의 곱셈을 할 수 있는지 확인한다.

> 공통부분을 문자로 치환한 후 곱셈 공식을 이용할 수 있는지 생각해 보자.

① $(x-y+z)(x+y-z)=\{x-(y-z)\}\{x+(y-z)\}$

$y-z=t$라 하면

$$\{x-(y-z)\}\{x+(y-z)\}=(x-t)(x+t)$$
$$= x^2-t^2$$
$$= x^2-(y-z)^2$$
$$= x^2-(y^2-2yz+z^2)$$
$$= x^2-y^2-z^2+2yz$$

② $(x-3)(x-2)(x-1)x = \{(x-3)x\}\{(x-2)(x-1)\}$
$$= (x^2-3x)(x^2-3x+2)$$

$x^2-3x=X$라 하면

$$(x^2-3x)(x^2-3x+2)=X(X+2)$$
$$= X^2+2X$$
$$= (x^2-3x)^2+2(x^2-3x)$$
$$= x^4-6x^3+9x^2+2x^2-6x$$
$$= x^4-6x^3+11x^2-6x$$

③ $(3x-2)^3=(3x)^3-3\times(3x)^2\times 2+3\times 3x\times 2^2-2^3$
$$= 27x^3-54x^2+36x-8$$

④ $(x+2y)(x^2-xy+1)=x^3-x^2y+x+2x^2y-2xy^2+2y$
$$= x^3+x^2y-2xy^2+x+2y$$

⑤ $(4x^2+6x+9)(4x^2-6x+9)$
$$= \{(2x)^2+2x\times 3+3^2\}\{(2x)^2-2x\times 3+3^2\}$$
$$= (2x)^4+(2x)^2\times 3^2+3^4$$
$$= 16x^4+36x^2+81$$

따라서 옳지 않은 것은 ④이다.

12 0207 답 ④
유형 5

출제의도 | 공통부분이 있는 다항식을 전개할 수 있는지 확인한다.

> $(x-1)(x+2)=x^2+x-2$, $(x-3)(x+4)=x^2+x-12$의 공통부분이 x^2+x인 것을 이용해 보자.

$$(x-1)(x+4)(x-3)(x+2)+21$$
$$= \{(x-1)(x+2)\}\{(x-3)(x+4)\}+21$$
$$= (x^2+x-2)(x^2+x-12)+21$$

$x^2+x=t$라 하면

$$(x^2+x-2)(x^2+x-12)+21$$
$$= (t-2)(t-12)+21$$
$$= t^2-14t+24+21$$
$$= t^2-14t+45$$
$$= (x^2+x)^2-14(x^2+x)+45$$
$$= x^4+2x^3+x^2-14x^2-14x+45$$
$$= x^4+2x^3-13x^2-14x+45$$

따라서 x^2의 계수는 -13, 상수항은 45이므로

$$a=-13, \ b=45$$

$$\therefore a+b=-13+45=32$$

13 0208 답 ④ 유형 5

출제의도 | 공통부분이 있는 다항식을 전개할 수 있는지 확인한다.

> $(a+b+c)(-a+b-c)$에서 공통부분 $a+c$를 묶어서 나타내고, $(a+b-c)(-a+b+c)$에서 공통부분 $a-c$를 묶어서 나타낸 후 전개해 보자.

$(a+b+c)(-a+b-c)+(a+b-c)(-a+b+c)$
$=\{b+(a+c)\}\{b-(a+c)\}+\{b+(a-c)\}\{b-(a-c)\}$
$=b^2-(a+c)^2+b^2-(a-c)^2$
$=b^2-a^2-2ac-c^2+b^2-a^2+2ac-c^2$
$=2(-a^2+b^2-c^2)$
$(a+b+c)(-a+b-c)+(a+b-c)(-a+b+c)=0$이므로
$2(-a^2+b^2-c^2)=0$에서 $-a^2+b^2-c^2=0$
$\therefore b^2=a^2+c^2$
따라서 주어진 삼각형은 빗변의 길이가 b인 직각삼각형이다.

14 0209 답 ② 유형 8

출제의도 | 곱셈 공식을 변형하여 $x\pm\dfrac{1}{x}$ 꼴을 이용한 계산을 할 수 있는지 확인한다.

> $x^2-5x+1=0$의 양변을 x로 나누면 $x+\dfrac{1}{x}$의 값을 구할 수 있어.

$x\neq0$이므로 $x^2-5x+1=0$의 양변을 x로 나누면
$x-5+\dfrac{1}{x}=0$ $\therefore x+\dfrac{1}{x}=5$
$\therefore \left(x-\dfrac{1}{x}\right)^2=\left(x+\dfrac{1}{x}\right)^2-4=5^2-4=25-4=21$
이때 $x>1$에서 $x-\dfrac{1}{x}>0$이므로 $x-\dfrac{1}{x}=\sqrt{21}$

15 0210 답 ② 유형 9

출제의도 | 문자가 세 개인 곱셈 공식을 변형할 수 있는지 확인한다.

> $\dfrac{1}{a^2}+\dfrac{1}{b^2}+\dfrac{1}{c^2}=\left(\dfrac{1}{a}\right)^2+\left(\dfrac{1}{b}\right)^2+\left(\dfrac{1}{c}\right)^2$에서 $\dfrac{1}{a}$, $\dfrac{1}{b}$, $\dfrac{1}{c}$을 각각 한 문자로 보고 곱셈 공식을 이용해 보자.

$a+b+c=2$, $a^2+b^2+c^2=8$이고
$a^2+b^2+c^2=(a+b+c)^2-2(ab+bc+ca)$이므로
$8=2^2-2(ab+bc+ca)$ $\therefore ab+bc+ca=-2$
$\dfrac{1}{a}+\dfrac{1}{b}+\dfrac{1}{c}=1$에서 $\dfrac{ab+bc+ca}{abc}=1$
$abc=ab+bc+ca$ $\therefore abc=-2$
$\therefore \dfrac{1}{a^2}+\dfrac{1}{b^2}+\dfrac{1}{c^2}=\left(\dfrac{1}{a}\right)^2+\left(\dfrac{1}{b}\right)^2+\left(\dfrac{1}{c}\right)^2$
$=\left(\dfrac{1}{a}+\dfrac{1}{b}+\dfrac{1}{c}\right)^2-2\left(\dfrac{1}{ab}+\dfrac{1}{bc}+\dfrac{1}{ca}\right)$
$=\left(\dfrac{1}{a}+\dfrac{1}{b}+\dfrac{1}{c}\right)^2-2\times\dfrac{a+b+c}{abc}$
$=1^2-2\times\left(\dfrac{2}{-2}\right)$
$=1-2\times(-1)=3$

16 0211 답 ③ 유형 11

출제의도 | 곱셈 공식의 변형을 이용하여 도형 문제를 해결할 수 있는지 확인한다.

> 직사각형의 두 변의 길이를 각각 x, y라 하고 식으로 나타내어 보자.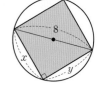

그림과 같이 직사각형의 한 변의 길이를 x, 다른 한 변의 길이를 y라 하면 넓이가 32이므로
$xy=32$
직사각형의 대각선의 길이는 원의 지름의 길이와 같으므로
$x^2+y^2=8^2$ $\therefore x^2+y^2=64$
$(x+y)^2=x^2+y^2+2xy$
$=64+2\times32=128$
이때 $x+y>0$이므로 $x+y=\sqrt{128}=8\sqrt{2}$
따라서 직사각형의 둘레의 길이는
$2(x+y)=2\times8\sqrt{2}=16\sqrt{2}$

17 0212 답 ③ 유형 6

출제의도 | 다항식의 전개식에서 특정한 항의 계수를 구할 수 있는지 확인한다.

> $(x^6+x^4+x^3+x)^3$
> $=\underbrace{(x^6+x^4+x^3+x)}_{㉠}\underbrace{(x^6+x^4+x^3+x)}_{㉡}\underbrace{(x^6+x^4+x^3+x)}_{㉢}$
> ㉠, ㉡, ㉢에서 항을 하나씩 선택하여 곱하면 전개식에서
> (x^6항)$\times$(x^6항)$\times$(x항), (x^6항)$\times$(x^4항)$\times$(x^3항)으로 x^{13}항을 구할 수 있어.

$(x^6+x^4+x^3+x)^3$
$=\underbrace{(x^6+x^4+x^3+x)}_{㉠}\underbrace{(x^6+x^4+x^3+x)}_{㉡}\underbrace{(x^6+x^4+x^3+x)}_{㉢}$
다항식 $(x^6+x^4+x^3+x)^3$을 전개할 때, 세 다항식 ㉠, ㉡, ㉢에서 선택하여 곱하는 세 개의 항을 순서대로 x^a, x^b, x^c이라 하면 상수 a, b, c는 1 또는 3 또는 4 또는 6이다.
x^{13}항이 나오는 경우는 $a+b+c=13$일 때이고,
이를 만족시키는 상수 a, b, c의 순서쌍 (a, b, c)는
$(6, 6, 1)$, $(6, 1, 6)$, $(1, 6, 6)$, $(6, 4, 3)$, $(6, 3, 4)$, $(4, 6, 3)$, $(4, 3, 6)$, $(3, 6, 4)$, $(3, 4, 6)$의 9개이다.
각 경우의 계수는 모두 1이므로 x^{13}의 계수는 9이다.

18 0213 답 ④ 유형 14

출제의도 | 다항식의 나눗셈을 $A=BQ+R$ 꼴로 나타내고 식을 변형하여 문제를 해결할 수 있는지 확인한다.

> $A=BQ+R$ 꼴의 식을 변형해서 다항식을 일차식으로 나누었을 때의 나머지가 상수인지 확인해야 해.

다항식 $f(x)-x+1$을 $14x^2+3x-2$로 나누었을 때의 몫이 $Q(x)$, 나머지가 $x+3$이므로
$f(x)-x+1=(14x^2+3x-2)Q(x)+x+3$에서
$f(x)=(14x^2+3x-2)Q(x)+2x+2$
$=(2x+1)(7x-2)Q(x)+(2x+1)+1$
$=(2x+1)\{(7x-2)Q(x)+1\}+1$

이므로 다항식 $f(x)$를 $2x+1$로 나누었을 때의 나머지는 1, 즉 $a=1$이다.

$$
\begin{aligned}
f(x) &= (14x^2+3x-2)Q(x)+2x+2 \\
&= (7x-2)(2x+1)Q(x)+\frac{2}{7}(7x-2)+\frac{18}{7} \\
&= (7x-2)\left\{(2x+1)Q(x)+\frac{2}{7}\right\}+\frac{18}{7}
\end{aligned}
$$

이므로 다항식 $f(x)$를 $7x-2$로 나누었을 때의 나머지는 $\frac{18}{7}$, 즉 $b=\frac{18}{7}$이다.

$$\therefore a+7b=1+7\times\frac{18}{7}=19$$

19 0214 답 $15\sqrt{3}$ 유형 7

출제의도 | 문자가 두 개인 곱셈 공식을 변형할 수 있는지 확인한다.

STEP1 주어진 식을 곱셈 공식을 이용하여 변형하기 [3점]

$$
\begin{aligned}
4x^6-4y^6 &= 4(x^6-y^6) \\
&= 4(x^3+y^3)(x^3-y^3) \\
&= 4\{(x+y)^3-3xy(x+y)\}\{(x-y)^3+3xy(x-y)\}
\end{aligned}
$$

STEP2 $x+y$, $x-y$, xy의 값 구하기 [2점]

$$x+y=\frac{1+\sqrt{3}}{2}+\frac{1-\sqrt{3}}{2}=1$$

$$x-y=\frac{1+\sqrt{3}}{2}-\frac{1-\sqrt{3}}{2}=\sqrt{3}$$

$$xy=\frac{1+\sqrt{3}}{2}\times\frac{1-\sqrt{3}}{2}=\frac{1-3}{4}=-\frac{1}{2}$$

STEP3 $4x^6-4y^6$의 값 구하기 [2점]

$$
\begin{aligned}
&4x^6-4y^6 \\
&=4\{(x+y)^3-3xy(x+y)\}\{(x-y)^3+3xy(x-y)\} \\
&=4\times\left\{1^3-3\times\left(-\frac{1}{2}\right)\times1\right\}\times\left\{(\sqrt{3})^3+3\times\left(-\frac{1}{2}\right)\times\sqrt{3}\right\} \\
&=4\times\left(1+\frac{3}{2}\right)\times\left(3\sqrt{3}-\frac{3\sqrt{3}}{2}\right) \\
&=4\times\frac{5}{2}\times\frac{3\sqrt{3}}{2} \\
&=15\sqrt{3}
\end{aligned}
$$

20 0215 답 36 유형 9

출제의도 | 문자가 세 개인 곱셈 공식을 변형할 수 있는지 확인한다.

STEP1 주어진 식 변형하기 [4점]

$a+b+c=5$에서

$a+b=5-c$, $b+c=5-a$, $c+a=5-b$이므로

$(a+b)(b+c)(c+a)=(5-c)(5-a)(5-b)$

STEP2 $(a+b)(b+c)(c+a)$의 값 구하기 [3점]

$$
\begin{aligned}
&(5-c)(5-a)(5-b) \\
&=5^3-(a+b+c)\times5^2+(ab+bc+ca)\times5-abc \\
&=125-5\times25+8\times5-4 \\
&=125-125+40-4 \\
&=36
\end{aligned}
$$

21 0216 답 9 유형 6

출제의도 | 다항식의 전개식에서 특정한 항의 계수를 구할 수 있는지 확인한다.

STEP1 x^4의 계수를 식으로 나타내기 [2점]

$(x^3+ax^2+4)(2x^2+bx+c)$의 전개식에서 x^4항은

$x^3\times bx+ax^2\times2x^2=bx^4+2ax^4=(2a+b)x^4$

이므로 x^4의 계수는 $2a+b$이다.

$$\therefore 2a+b=7 \quad\cdots\cdots\cdots\cdots\cdots\text{㉠}$$

STEP2 x^2의 계수를 식으로 나타내기 [2점]

$(x^3+ax^2+4)(2x^2+bx+c)$의 전개식에서 x^2항은

$ax^2\times c+4\times2x^2=acx^2+8x^2=(ac+8)x^2$

이므로 x^2의 계수는 $ac+8$이다.

$ac+8=11 \quad\therefore ac=3 \quad\cdots\cdots\cdots\cdots\text{㉡}$

STEP3 상수항을 식으로 나타내기 [2점]

$(x^3+ax^2+4)(2x^2+bx+c)$의 전개식에서 상수항은 $4c$이므로

$$4c=12 \quad\cdots\cdots\cdots\cdots\cdots\cdots\cdots\text{㉢}$$

STEP4 a, b, c의 값 구하기 [3점]

㉢에서 $4c=12 \quad\therefore c=3$

㉡에 $c=3$을 대입하면 $3a=3 \quad\therefore a=1$

㉠에 $a=1$을 대입하면 $2+b=7 \quad\therefore b=5$

STEP5 $a+b+c$의 값 구하기 [1점]

$a+b+c=1+5+3=9$

22 0217 답 6 유형 14

출제의도 | 다항식의 나눗셈을 $A=BQ+R$ 꼴로 나타내고 식을 변형하여 문제를 해결할 수 있는지 확인한다.

STEP1 다항식의 나눗셈을 $A=BQ+R$ 꼴로 나타내기 [3점]

다항식 $P(x)$를 $x-2$로 나누었을 때의 몫이 $Q(x)$, 나머지는 -1이므로

$$P(x)=(x-2)Q(x)-1 \quad\cdots\cdots\cdots\cdots\text{㉠}$$

다항식 $Q(x)$를 $x+1$로 나누었을 때의 몫을 $Q'(x)$라 하면 나머지는 3이므로

$$Q(x)=(x+1)Q'(x)+3 \quad\cdots\cdots\cdots\cdots\text{㉡}$$

STEP2 $R_1(1)$의 값 구하기 [3점]

㉡을 ㉠에 대입하면

$$
\begin{aligned}
P(x) &= (x-2)\{(x+1)Q'(x)+3\}-1 \\
&= (x+1)(x-2)Q'(x)+3(x-2)-1 \\
&= (x+1)(x-2)Q'(x)+3x-7 \quad\cdots\text{㉢}
\end{aligned}
$$

이므로 다항식 $P(x)$를 $(x+1)(x-2)$로 나누었을 때의 나머지 $R_1(x)$는 $R_1(x)=3x-7 \quad\therefore R_1(1)=3-7=-4$

STEP3 R_2의 값 구하기 [3점]

㉢에서

$$
\begin{aligned}
P(x) &= (x+1)(x-2)Q'(x)+3x-7 \\
&= (x+1)\{(x-2)Q'(x)\}+3(x+1)-10 \\
&= (x+1)\{(x-2)Q'(x)+3\}-10
\end{aligned}
$$

이므로

다항식 $P(x)$를 $x+1$로 나누었을 때의 나머지 R_2는 -10이다.

STEP4 $R_1(1)-R_2$의 값 구하기 [1점]

$R_1(1)-R_2=-4-(-10)=6$

02 나머지정리와 인수분해

0218 답 $a=1$, $b=-3$, $c=2$

등식 $(a-1)x^2+(b+3)x+2-c=0$이 x에 대한 항등식이므로
양변의 동류항의 계수를 비교하면
$a-1=0$, $b+3=0$, $2-c=0$
$\therefore a=1$, $b=-3$, $c=2$

0219 답 (1) $a=1$, $b=1$, $c=5$ (2) $a=2$, $b=1$, $c=-2$

(1) 등식 $a(x+1)^2+b(x-2)+c=x^2+3x+4$에서 좌변을 전개
하여 x에 대하여 정리하면
$a(x^2+2x+1)+b(x-2)+c=x^2+3x+4$
$ax^2+(2a+b)x+a-2b+c=x^2+3x+4$
이 등식이 x에 대한 항등식이므로 양변의 동류항의 계수를 비
교하면
$a=1$, $2a+b=3$, $a-2b+c=4$
$\therefore a=1$, $b=1$, $c=5$

(2) 등식 $ax+bx(x-1)+c(x-1)=x^2-x+2$의 양변에 $x=0$,
$x=1$, $x=2$를 각각 대입하면
$-c=2$, $a=2$, $2a+2b+c=4$
$\therefore a=2$, $b=1$, $c=-2$

다른 풀이

등식 $ax+bx(x-1)+c(x-1)=x^2-x+2$에서 좌변을 전개
하여 x에 대하여 정리하면
$bx^2+(a-b+c)x-c=x^2-x+2$
이 등식이 x에 대한 항등식이므로 양변의 동류항의 계수를 비교
하면
$b=1$, $a-b+c=-1$, $-c=2$
$\therefore a=2$, $b=1$, $c=-2$

0220 답 (1) -2 (2) $\dfrac{11}{27}$

(1) $P(x)=x^3-2x^2+1$을 $x+1$로 나누었을 때의 나머지는 나머지
정리에 의하여
$P(-1)=(-1)^3-2\times(-1)^2+1=-2$

(2) $P(x)=x^3-2x^2+1$을 $3x-2$로 나누었을 때의 나머지는 나머
지정리에 의하여
$P\left(\dfrac{2}{3}\right)=\left(\dfrac{2}{3}\right)^3-2\times\left(\dfrac{2}{3}\right)^2+1=\dfrac{11}{27}$

0221 답 -1

$P(x)=x^3+ax^2-5x+6$을 $x-1$로 나누었을 때의 나머지가 1이
므로 나머지정리에 의하여
$P(1)=1$
$1+a-5+6=1$ $\therefore a=-1$

0222 답 (1) ○ (2) × (3) ○

(1) $P(1)=1^3-2\times1^2-5\times1+6=0$
이므로 인수정리에 의하여 $x-1$은 $P(x)$의 인수이다.

(2) $P(-2)=(-2)^3+(-2)-5=-15\neq0$
이므로 인수정리에 의하여 $x+2$는 $P(x)$의 인수가 아니다.

(3) $P\left(\dfrac{1}{3}\right)=-6\times\left(\dfrac{1}{3}\right)^3+2\times\left(\dfrac{1}{3}\right)^2=-\dfrac{2}{9}+\dfrac{2}{9}=0$
이므로 인수정리에 의하여 $3x-1$은 $P(x)$의 인수이다.

0223 답 4

$P(x)$가 $x+3$으로 나누어떨어지므로 인수정리에 의하여
$P(-3)=0$
$(-3)^3+a\times(-3)^2-9=0$
$-36+9a=0$
$\therefore a=4$

0224 답 몫 : x^2+3x+8, 나머지 : 20

조립제법을 이용하면

$$
\begin{array}{r|rrrr}
3 & 1 & 0 & -1 & -4 \\
  &   & 3 & 9 & 24 \\
\hline
  & 1 & 3 & 8 & 20 \\
\end{array}
$$

따라서 x^3-x-4를 $x-3$으로 나누었을 때의 몫은 x^2+3x+8,
나머지는 20이다.

0225 답 몫 : x^3-x+1, 나머지 : -1

조립제법을 이용하면

$$
\begin{array}{r|rrrrr}
-2 & 1 & 2 & -1 & -1 & 1 \\
   &   & -2 & 0 & 2 & -2 \\
\hline
   & 1 & 0 & -1 & 1 & -1 \\
\end{array}
$$

따라서 $x^4+2x^3-x^2-x+1$을 $x+2$로 나누었을 때의 몫은
x^3-x+1, 나머지는 -1이다.

0226 답 (1) $(x^2+x+3)(x^2+x-1)$
         (2) $(x^2+2x+6)(x+3)(x-1)$

(1) $x^2+x=X$로 치환하면
$(x^2+x)^2+2(x^2+x)-3=X^2+2X-3$
$\qquad\qquad\qquad\qquad\quad =(X+3)(X-1)$
$\qquad\qquad\qquad\qquad\quad =(x^2+x+3)(x^2+x-1)$

(2) $(x+1)^2=X$로 치환하면
$(x+1)^4+(x+1)^2-20=X^2+X-20$
$\qquad\qquad\qquad\qquad\quad =(X+5)(X-4)$
$\qquad\qquad\qquad\qquad\quad =\{(x+1)^2+5\}\{(x+1)^2-4\}$
$\qquad\qquad\qquad\qquad\quad =(x^2+2x+6)(x^2+2x-3)$
$\qquad\qquad\qquad\qquad\quad =(x^2+2x+6)(x+3)(x-1)$

0227 답 $(x-1)(x+1)(x-3)(x+3)$

$x^2=X$로 치환하면

$x^4-10x^2+9=X^2-10X+9$
$\qquad\qquad\quad=(X-1)(X-9)$
$\qquad\qquad\quad=(x^2-1)(x^2-9)$
$\qquad\qquad\quad=(x-1)(x+1)(x-3)(x+3)$

다른 풀이

$x^4-10x^2+9=x^4-6x^2+9-4x^2$
$\qquad\qquad\quad=(x^2-3)^2-(2x)^2$
$\qquad\qquad\quad=(x^2+2x-3)(x^2-2x-3)$
$\qquad\qquad\quad=(x+3)(x-1)(x+1)(x-3)$

0228 답 $(x+y-2)(x+y-3)$

$x^2+y^2+2xy-5x-5y+6$을 x에 대하여 내림차순으로 정리하면

$x^2+(2y-5)x+y^2-5y+6$
$=x^2+(2y-5)x+(y-2)(y-3)$
$=(x+y-2)(x+y-3)$

다른 풀이

$x^2+y^2+2xy-5x-5y+6=(x+y)^2-5(x+y)+6$

$x+y=X$로 치환하면

$(x+y)^2-5(x+y)+6=X^2-5X+6$
$\qquad\qquad\qquad\qquad\quad=(X-2)(X-3)$
$\qquad\qquad\qquad\qquad\quad=(x+y-2)(x+y-3)$

0229 답 $(x+1)(x+2)(x+3)(x-3)$

$P(x)=x^4+3x^3-7x^2-27x-18$이라 하면

$P(-1)=1-3-7+27-18=0,$ → 사차식의 인수분해는 $P(a_1)=P(a_2)=0$을 만족시키는 a_1, a_2를 찾아 조립제법을 두 번 한다.

$P(-2)=16-24-28+54-18=0$

이므로 인수정리에 의하여 $P(x)$는 $x+1$, $x+2$를 인수로 가진다. → $P(-3)=0$ 또는 $P(3)=0$임을 이용해도 된다.

조립제법을 이용하여 인수분해하면

$$
\begin{array}{r|rrrrr}
-1 & 1 & 3 & -7 & -27 & -18 \\
   &   & -1 & -2 & 9 & 18 \\ \hline
-2 & 1 & 2 & -9 & -18 & 0 \\
   &   & -2 & 0 & 18 & \\ \hline
   & 1 & 0 & -9 & 0 &
\end{array}
$$

$\therefore P(x)=(x+1)(x+2)(x^2-9)$
$\qquad\qquad=(x+1)(x+2)(x+3)(x-3)$

기출 유형 check 실전 준비하기　　　59쪽~89쪽

0230 답 ②

$10m^2+13m-3=(5m-1)(2m+3)$

따라서 $10m^2+13m-3$의 인수인 것은 ②이다.

0231 답 $(a-1)(b-1)$

$a(b-1)-b+1=a(b-1)-(b-1)=(a-1)(b-1)$

0232 답 ③

$3x^2-12y^2=3(x^2-4y^2)$
$\qquad\qquad=3\{x^2-(2y)^2\}$
$\qquad\qquad=3(x+2y)(x-2y)$

따라서 $a=3$, $b=1$, $c=2$이므로

$a+b+c=3+1+2=6$

0233 답 ①

$x-3$이 x^2-ax-6의 인수이므로

$x^2-ax-6=(x-3)(x+k)$ (k는 상수)라 하자.

우변을 전개하면

$x^2-ax-6=x^2+(-3+k)x-3k$

이므로 $-a=-3+k$ ·················· ㉠

$-6=-3k$　∴ $k=2$

$k=2$를 ㉠에 대입하면 $a=1$

0234 답 16

$9x^2+24x+a=(3x)^2+2\times3x\times4+a$

이므로 $a=4^2=16$

0235 답 ④

$3x+y=X$로 치환하면

$(3x+y)^2-5(3x+y+2)-4=X^2-5(X+2)-4$
$\qquad\qquad\qquad\qquad\qquad\qquad=X^2-5X-14$
$\qquad\qquad\qquad\qquad\qquad\qquad=(X+2)(X-7)$
$\qquad\qquad\qquad\qquad\qquad\qquad=(3x+y+2)(3x+y-7)$

$\therefore (3x+y+2)+(3x+y-7)=6x+2y-5$

0236 답 ③　　　　　　　　　　　　　유형 1

x의 값에 관계없이 등식 $(4a-3)x+3=2x+(3-x)b$가 항상 성립 **단서1**

할 때, 상수 a, b에 대하여 ab의 값은?

① -3　　　　② -1　　　　③ 1

④ 3　　　　　⑤ 5

단서1 x에 대한 항등식

STEP1 양변을 x에 대하여 정리하기

등식 $(4a-3)x+3=2x+(3-x)b$의 양변을 x에 대하여 정리하면

$(4a-3)x+3=(2-b)x+3b$

STEP2 양변의 동류항의 계수를 비교하여 a, b의 값 구하기

이 등식이 x에 대한 항등식이므로

$4a-3=2-b$, $3=3b$

$\therefore a=1$, $b=1$

STEP3 ab의 값 구하기

$ab=1\times1=1$

0237 답 14

등식 $x^3+ax^2-36=(x+c)(x^2+bx-12)$의 양변을 x에 대하여 정리하면

$x^3+ax^2-36=x^3+(b+c)x^2+(bc-12)x-12c$

이 등식이 x에 대한 항등식이므로

$a=b+c$, $0=bc-12$, $-36=-12c$

$\therefore a=7$, $b=4$, $c=3$

$\therefore a+b+c=7+4+3=14$

0238 답 ②

등식 $(k-2)x-4ky-(6+k)=0$의 좌변을 k에 대하여 정리하면

$kx-2x-4ky-6-k=0$

$(x-4y-1)k-2x-6=0$

이 등식이 k에 대한 항등식이므로

$x-4y-1=0$, $-2x-6=0$

$\therefore x=-3$, $y=-1$

$\therefore x+y=-3+(-1)=-4$

0239 답 ②

등식 $a(x-2y)+b(x+y)-1=5x-y+2c$의 양변을 x, y에 대하여 정리하면

$(a+b)x+(-2a+b)y-1=5x-y+2c$

이 등식이 x, y에 대한 항등식이므로

$a+b=5$, $-2a+b=-1$, $-1=2c$

$\therefore a=2$, $b=3$, $c=-\dfrac{1}{2}$

$\therefore abc=2\times3\times\left(-\dfrac{1}{2}\right)=-3$

0240 답 ①

상수항이 1인 이차식 $P(x)$를

$P(x)=ax^2+bx+1$ (a, b는 상수, $a\neq0$)이라 하면

$\begin{aligned}\{P(x)\}^2&=(ax^2+bx+1)^2\\&=a^2x^4+b^2x^2+1+2abx^3+2bx+2ax^2\\&=a^2x^4+2abx^3+(b^2+2a)x^2+2bx+1\end{aligned}$

$\begin{aligned}P(x^2)+2x^2&=a(x^2)^2+bx^2+1+2x^2\\&=ax^4+(b+2)x^2+1\end{aligned}$

$\{P(x)\}^2=P(x^2)+2x^2$이 x에 대한 항등식이므로

$\underline{a^2=a}$, $2ab=0$, $b^2+2a=b+2$, $2b=0$

⌐→ $a^2=a$에서 $a^2-a=0$, $a(a-1)=0$

$\qquad \therefore a=1$ ($\because a\neq0$)

$\therefore a=1$, $b=0$

$\therefore P(x)=x^2+1$

따라서 $P(x)$의 x^2의 계수는 1이다.

0241 답 ③

$\dfrac{ax-by+5}{3x+2y-1}=k$ (k는 상수)라 하면

$ax-by+5=k(3x+2y-1)$, $ax-by+5=3kx+2ky-k$

이 등식이 x, y에 대한 항등식이므로

$a=3k$, $-b=2k$, $5=-k$ $\quad\therefore k=-5$, $a=-15$, $b=10$

$\therefore a+b=-15+10=-5$

실수 Check

모든 x, y의 값에 대하여 $\dfrac{ax-by+5}{3x+2y-1}$의 값이 항상 일정할 때, 식의 값을 k라 하면 $\dfrac{ax-by+5}{3x+2y-1}=k$, 즉 $ax-by+5=k(3x+2y-1)$은 x, y에 대한 항등식이다.

Plus 문제

0241-1

x의 값에 관계없이 $\dfrac{6x+a}{2x-1}$의 값이 항상 일정할 때, 상수 a의 값을 구하시오. $\left(\text{단, } x\neq\dfrac{1}{2}\right)$

$\dfrac{6x+a}{2x-1}=k$ (k는 상수)라 하면

$6x+a=k(2x-1)$, $6x+a=2kx-k$

이 등식이 x에 대한 항등식이므로

$6=2k$, $a=-k$ $\quad\therefore k=3$, $a=-3$

답 -3

0242 답 ⑤ | 유형2

등식 $\underline{x^2-ax+4=bx(x-2)+c(x+2)(x-1)}$이 $\underline{x\text{에 대한 항등식}}$ 〔단서2〕 〔단서1〕

일 때, 상수 a, b, c에 대하여 $a+b+c$의 값은?

① 1 　　　② 3 　　　③ 5
④ 7 　　　⑤ 9

〔단서1〕 미정계수가 3개인 x에 대한 항등식

〔단서2〕 곱으로 이루어진 항에서 인수를 0으로 만드는 x의 값은

$bx(x-2)=0$에서 $x=0$, $x=2$

$c(x+2)(x-1)=0$에서 $x=-2$, $x=1$

STEP1 x에 적당한 수를 대입하여 a, b, c의 값 구하기

등식 $x^2-ax+4=bx(x-2)+c(x+2)(x-1)$의

양변에 $x=0$을 대입하면

$4=-2c$ $\quad\therefore c=-2$

양변에 $x=2$를 대입하면

$4-2a+4=4c$ $\quad\therefore a=8$

양변에 $x=1$을 대입하면

$1-a+4=-b$ $\quad\therefore b=3$

STEP2 $a+b+c$의 값 구하기

$a+b+c=8+3+(-2)=9$

0243 답 -20

등식 $5x^2-7x+4=ax(x-1)+b(x-1)(x-2)+cx(x-2)$의

양변에 $x=0$을 대입하면

$4=2b$ $\quad\therefore b=2$

양변에 $x=1$을 대입하면

$5-7+4=-c$ $\therefore c=-2$

양변에 $x=2$를 대입하면

$20-14+4=2a$ $\therefore a=5$

$\therefore abc=5\times2\times(-2)=-20$

0244 답 ②

등식 $2x^2-x+3=ab(x+1)^2+(a+b)(x-1)-4$의

양변에 $x=1$을 대입하면

$2-1+3=4ab-4$, $8=4ab$ $\therefore ab=2$

양변에 $x=-1$을 대입하면

$2+1+3=-2(a+b)-4$

$10=-2(a+b)$ $\therefore a+b=-5$

$\therefore a^2+b^2=(a+b)^2-2ab$

$\qquad\qquad =(-5)^2-2\times2=21$

0245 답 ②

$f(x)=x^2-x+3$에서 $f(x+a)=(x+a)^2-(x+a)+3$이므로

$(x+a)^2-(x+a)+3=x^2+bx+9$ ·········· ㉠

㉠의 양변에 $x=0$을 대입하면

$a^2-a+3=9$, $a^2-a-6=0$

$(a-3)(a+2)=0$ $\therefore a=3 \ (\because a>0)$

㉠의 양변에 $x=-a$를 대입하면

$3=a^2-ab+9$

$a=3$이므로 $3=3^2-3b+9$

$\therefore b=5$

$\therefore a+b=3+5=8$

0246 답 ④

등식 $(x-1)(x^2-3)P(x)=x^4+ax^2+b$의

양변에 $x=1$을 대입하면

$0=1+a+b$ ·········· ㉠

양변에 $x^2=3$을 대입하면

$0=9+3a+b$ ·········· ㉡

㉠, ㉡을 연립하여 풀면

$a=-4$, $b=3$

따라서 주어진 등식은

$(x-1)(x^2-3)P(x)=x^4-4x^2+3$

이 등식의 양변에 $x=3$을 대입하면

$12P(3)=48$ $\therefore P(3)=4$

$\therefore a-b+P(3)=-4-3+4=-3$

0247 답 ③

등식 $x(x-2)P(x)+a(x-1)=(x+1)b+4$의

양변에 $x=0$을 대입하면

$-a=b+4$ ·········· ㉠

양변에 $x=2$를 대입하면

$a=3b+4$ ·········· ㉡

㉠, ㉡을 연립하여 풀면

$a=-2$, $b=-2$

따라서 주어진 등식은

$x(x-2)P(x)-2(x-1)=-2(x+1)+4$

이 등식의 양변에 $x=1$을 대입하면

$-P(1)=-4+4$ $\therefore P(1)=0$

0248 답 24

㈏에 ㈎를 대입하면

$x^2 f(x)+(3x^2+4x)f(x)=x^3+ax^2+2x+b$

$4x(x+1)f(x)=x^3+ax^2+2x+b$

이 등식이 x에 대한 항등식이므로

양변에 $x=0$을 대입하면

$b=0$

양변에 $x=-1$을 대입하면

$-1+a-2+b=0$ $\therefore a=3$

$\therefore 4x(x+1)f(x)=x^3+3x^2+2x$

양변에 $x=4$를 대입하면

$80 f(4)=120$ $\therefore f(4)=\dfrac{3}{2}$

$\therefore g(4)=4^2\times f(4)=24$

실수 Check

㈎를 이용하여 ㈏의 좌변을 간단히 한 후 좌변이 0이 되도록 하는 x의 값을 찾을 수 있어야 한다.

0249 답 ②

등식 $x^3-x^2+x+3=(x-1)(x^2+1)+a$의

양변에 $\underline{x=0}$을 대입하면
$\quad\hookrightarrow x=1$을 대입해도 성립한다.

$3=-1+a$ $\therefore a=4$

다른 풀이

등식 $x^3-x^2+x+3=(x-1)(x^2+1)+a$의 우변을 정리하면

$x^3-x^2+x+3=x^3-x^2+x-1+a$

이 등식이 x에 대한 항등식이므로

$3=-1+a$ $\therefore a=4$

0250 답 ③

등식 $x(x+1)(x+2)=(x+1)(x-1)P(x)+ax+b$의

양변에 $x=-1$을 대입하면

$0=-a+b$ ·········· ㉠

양변에 $x=1$을 대입하면

$6=a+b$ ·········· ㉡

㉠, ㉡을 연립하여 풀면

$a=3$, $b=3$

따라서 주어진 등식은

$x(x+1)(x+2)=(x+1)(x-1)P(x)+3x+3$

이때 $a-b=0$이므로 이 등식의 양변에 $x=0$을 대입하면

$0=-P(0)+3$　∴ $P(0)=3$

∴ $P(a-b)=P(0)=3$

0251　답 ②　　　　　　　　　　　　|유형3

$x+y=2$를 만족시키는 모든 실수 x, y에 대하여 등식

　단서2

$ax+3y+b-4=0$

이 성립할 때, 상수 a, b에 대하여 ab의 값은?

　단서1

① -12　　　　② -6　　　　③ -3

④ 2　　　　　⑤ 8

단서1 x, y에 대한 항등식
단서2 $y=2-x$

STEP1 주어진 조건을 이용하여 식 정리하기

$x+y=2$에서 $y=2-x$

$y=2-x$를 등식 $ax+3y+b-4=0$에 대입하면

$ax+3(2-x)+b-4=0$

이 등식의 좌변을 x에 대하여 정리하면

$(a-3)x+b+2=0$

STEP2 a, b의 값 구하기

이 등식이 x에 대한 항등식이므로

$a-3=0$, $b+2=0$　∴ $a=3$, $b=-2$

STEP3 ab의 값 구하기

$ab=3\times(-2)=-6$

0252　답 ③

$\dfrac{x+1}{2}=y+1$에서 $x=2y+1$

$x=2y+1$을 등식 $ax^2+bx-6y^2+(x+1)y+2c=0$에 대입하면

$a(2y+1)^2+b(2y+1)-6y^2+(2y+2)y+2c=0$

이 등식의 좌변을 y에 대하여 정리하면

$(4a-4)y^2+(4a+2b+2)y+(a+b+2c)=0$

이 등식이 y에 대한 항등식이므로

$4a-4=0$, $4a+2b+2=0$, $a+b+2c=0$

∴ $a=1$, $b=-3$, $c=1$

∴ $a+b+c=1+(-3)+1=-1$

0253　답 ①

이차방정식 $x^2+(k-2)x+(k+3)m+n+1=0$의 근이 $x=1$이므로

$1+(k-2)+(k+3)m+n+1=0$

이 등식의 좌변을 k에 대하여 정리하면

$(1+m)k+(3m+n)=0$

이 등식이 k에 대한 항등식이므로

$1+m=0$, $3m+n=0$

∴ $m=-1$, $n=3$

∴ $mn=(-1)\times3=-3$

0254　답 ④　　　　　　　　　　　　|유형4

등식

$(x^2-2x-1)^6=a_0+a_1x+a_2x^2+\cdots+a_{12}x^{12}$

　단서1

이 x에 대한 항등식일 때, $a_0+a_2+a_4+a_6+a_8+a_{10}+a_{12}$의 값은?

　단서2

(단, a_0, a_1, a_2, $\cdots$, a_{12}는 상수이다.)

① -64　　　　② -32　　　　③ 32

④ 64　　　　　⑤ 128

단서1 x에 대한 항등식
단서2 상수항, x^2, x^4, $\cdots$, x^{12}의 계수의 합

STEP1 구하려는 계수의 합을 얻을 수 있는 적절한 수를 등식에 대입하기

등식 $(x^2-2x-1)^6=a_0+a_1x+a_2x^2+\cdots+a_{12}x^{12}$의

양변에 $x=1$을 대입하면

$(-2)^6=a_0+a_1+a_2+\cdots+a_{12}$　………… ㉠

양변에 $x=-1$을 대입하면

$2^6=a_0-a_1+a_2-\cdots+a_{12}$　………… ㉡

STEP2 얻은 식을 연립하여 계수의 합 구하기

㉠+㉡을 하면

$128=2(a_0+a_2+a_4+a_6+a_8+a_{10}+a_{12})$

∴ $a_0+a_2+a_4+a_6+a_8+a_{10}+a_{12}=64$

0255　답 32

등식 $p_5x^5+p_4x^4+p_3x^3+p_2x^2+p_1x+p_0=(3x-1)^5$의

양변에 $x=1$을 대입하면

$p_5+p_4+p_3+p_2+p_1+p_0=(3-1)^5$

∴ $p_0+p_1+p_2+p_3+p_4+p_5=32$

0256　답 -1

등식 $(x^2+x-1)^9=a_0+a_1x+a_2x^2+\cdots+a_{18}x^{18}$의

양변에 $x=-1$을 대입하면

$(1-1-1)^9=a_0-a_1+a_2-a_3+\cdots+a_{18}$

∴ $a_0-a_1+a_2-a_3+\cdots+a_{18}=-1$

0257　답 0

등식 $(x^2-x+2)^5=a_0+a_1x+a_2x^2+\cdots+a_{10}x^{10}$의

양변에 $x=0$을 대입하면

$2^5=a_0$　∴ $a_0=32$　………… ㉠

양변에 $x=1$을 대입하면

$(1-1+2)^5=a_0+a_1+a_2+\cdots+a_{10}$

∴ $a_0+a_1+a_2+\cdots+a_{10}=2^5=32$　………… ㉡

㉠을 ㉡에 대입하면

$32+a_1+a_2+\cdots+a_{10}=32$

∴ $a_1+a_2+\cdots+a_{10}=0$

0258 답 ②

등식 $(x^2+px+1)^4=a_0+a_1x+a_2x^2+\cdots+a_8x^8$의

양변에 $x=0$을 대입하면

$a_0=1$

양변에 $x=-1$을 대입하면

$(1-p+1)^4=a_0-a_1+a_2-a_3+\cdots-a_7+a_8$

$(2-p)^4=1+80=81$

$2-p=\pm3$

$\therefore p=5\ (\because p>0)$

0259 답 ⑤

등식 $x^{10}+1=a_{10}(x-2)^{10}+a_9(x-2)^9+\cdots+a_1(x-2)+a_0$의

양변에 $x=3$을 대입하면

$3^{10}+1=a_{10}+a_9+\cdots+a_1+a_0$ ·················· ㉠

양변에 $x=1$을 대입하면

$1^{10}+1=a_{10}-a_9+\cdots-a_1+a_0$ ·················· ㉡

㉠$+$㉡을 하면

$3^{10}+3=2(a_{10}+a_8+a_6+a_4+a_2+a_0)$

$\therefore a_{10}+a_8+a_6+a_4+a_2+a_0=\dfrac{3^{10}+3}{2}=\dfrac{3(3^9+1)}{2}$

0260 답 16

등식

$(x-3)^4(x^4-2x+2)^8=a_0+a_1x+a_2x^2+\cdots+a_{36}x^{36}$

$\qquad\qquad\qquad\qquad\qquad (a_0,\ a_1,\ \cdots,\ a_{36}$은 상수$)$

이라 하자.

양변에 $x=1$을 대입하면

$(-2)^4\times1^8=a_0+a_1+a_2+\cdots+a_{36}$

$\therefore a_0+a_1+\cdots+a_{36}=16$

따라서 $(x-3)^4(x^4-2x+2)^8$을 전개하였을 때, 상수항을 포함한

모든 계수의 합은 16이다.

개념 Check

a, b가 자연수일 때, $x^a\times x^b=x^{a+b}$이므로

다항식 $(x-3)^4(x^4-2x+2)^8$의 차수는 36이고,

다항식 $(x-3)^4(x^4-2x+2)^8$은 상수 $a_0,\ a_1,\ \cdots,\ a_{36}$을 이용하여

$a_0+a_1x+a_2x^2+\cdots+a_{36}x^{36}$으로 나타낼 수 있다.

실수 Check

x에 대한 다항식을 전개하였을 때, 상수항을 포함한 모든 계수의 합은 다항식을 직접 전개해 보지 않고 다항식에 $x=1$을 대입하여 구할 수 있다.

Plus 문제

0260-1

다항식 $(2x+1)^4(x^3-6x+2)^3$을 전개하였을 때, 상수항을 포함한 모든 계수의 합을 구하시오.

등식

$(2x+1)^4(x^3-6x+2)^3=a_0+a_1x+a_2x^2+\cdots+a_{13}x^{13}$

$\qquad\qquad\qquad\qquad\qquad (a_0,\ a_1,\ \cdots,\ a_{13}$은 상수$)$

이라 하자.

양변에 $x=1$을 대입하면

$3^4\times(-3)^3=a_0+a_1+\cdots+a_{13}$

$\therefore a_0+a_1+\cdots+a_{13}=-2187$

따라서 $(2x+1)^4(x^3-6x+2)^3$을 전개하였을 때, 상수항을 포함한 모든 계수의 합은 -2187이다.

답 -2187

0261 답 ③

등식 $(x+2)^3=ax^3+bx^2+cx+d$의

양변에 $x=1$을 대입하면

$(1+2)^3=a+b+c+d$

$\therefore a+b+c+d=3^3=27$

0262 답 ①

| 유형 5

다항식 x^3+ax^2+b를 x^2-x-1로 나누었을 때의 나머지가 $4x-1$일

단서1

때, 상수 a, b에 대하여 $\dfrac{b}{a}$의 값은?

① -2 　　　② -1 　　　③ 1

④ 2 　　　⑤ 3

단서1 삼차식을 이차식으로 나누었을 때의 몫은 일차식

STEP 1 나눗셈에 대한 등식을 $A=BQ+R$ 꼴로 나타내기

x^3+ax^2+b를 x^2-x-1로 나누었을 때의 몫을

$x+k$ (k는 상수)라 하면 이때의 나머지가 $4x-1$이므로

$x^3+ax^2+b=(x^2-x-1)(x+k)+4x-1$

$\qquad\qquad\quad=x^3+(k-1)x^2+(-k-1)x-k+4x-1$

$\qquad\qquad\quad=x^3+(k-1)x^2+(3-k)x-k-1$

STEP 2 항등식의 성질을 이용하여 a, b의 값 구하기

이 등식이 x에 대한 항등식이므로

$a=k-1$, $0=3-k$, $b=-k-1$

$\therefore k=3$, $a=2$, $b=-4$

STEP 3 $\dfrac{b}{a}$의 값 구하기

$\dfrac{b}{a}=\dfrac{-4}{2}=-2$

0263 답 0

x^3-ax^2+bx+3을 x^2-2x-1로 나누었을 때의 몫을

$x+k$ (k는 상수)라 하면 이때의 나머지가 0이므로

$x^3-ax^2+bx+3=(x^2-2x-1)(x+k)$

$\qquad\qquad\qquad\quad=x^3+(k-2)x^2-(2k+1)x-k$

이 등식이 x에 대한 항등식이므로

$-a=k-2$, $b=-2k-1$, $3=-k$

$\therefore k=-3$, $a=5$, $b=5$

$\therefore a-b=5-5=0$

0264 답 ④

x^4-ax^2+bx-9를 x^2+x-3으로 나누었을 때의 몫을
$Q(x)=x^2+cx+d$ (c, d는 상수)라 하면 이때의 나머지가 $2x-3$
이므로
$$x^4-ax^2+bx-9=(x^2+x-3)Q(x)+2x-3$$
$$=(x^2+x-3)(x^2+cx+d)+2x-3$$
양변에 $x=0$을 대입하면
$$-9=-3d-3 \quad \therefore d=2$$
$$\therefore x^4-ax^2+bx-9=(x^2+x-3)(x^2+cx+2)+2x-3$$
$$=x^4+(c+1)x^3+(c-1)x^2+(4-3c)x-9$$
이 등식이 x에 대한 항등식이므로
$$0=c+1, \ -a=c-1, \ b=4-3c$$
$$\therefore c=-1, \ a=2, \ b=7$$
따라서 $Q(x)=x^2-x+2$이므로
$$Q(a+b)=Q(9)=9^2-9+2=74$$

0265 답 ①

$P(x)=x^3+ax^2+bx+c$를 $(x+1)^2$으로 나누었을 때의 몫을
$x+p$ (p는 상수)라 하면 이때의 나머지가 $-11x-13$이므로
$$P(x)=(x+1)^2(x+p)-11x-13 \quad\cdots\cdots ㉠$$
$P(x)$를 $(x+2)^2$으로 나누었을 때의 몫을 $x+q$ (q는 상수)라 하면
이때의 나머지가 4이므로
$$P(x)=(x+2)^2(x+q)+4 \quad\cdots\cdots ㉡$$
㉠, ㉡에서
$$(x+1)^2(x+p)-11x-13=(x+2)^2(x+q)+4$$
이 등식이 x에 대한 항등식이므로 양변에 $x=-1$을 대입하면
$$11-13=(-1+q)+4 \quad \therefore q=-5$$
따라서 ㉡에서 $P(x)=(x+2)^2(x-5)+4$이므로
$$P(-3)=(-1)^2\times(-8)+4=-4$$

0266 답 ②

$x^{10}+1$을 x^2-1로 나누었을 때의 몫을 $Q(x)$, 나머지를
$R(x)=ax+b$ (a, b는 상수)라 하면
$$x^{10}+1=(x^2-1)Q(x)+R(x)$$
$$=(x-1)(x+1)Q(x)+ax+b \quad\cdots\cdots ㉠$$
㉠의 양변에 $x=-1$을 대입하면
$$2=-a+b \quad\cdots\cdots ㉡$$
㉠의 양변에 $x=1$을 대입하면
$$2=a+b \quad\cdots\cdots ㉢$$
㉡, ㉢을 연립하여 풀면
$$a=0, \ b=2$$
따라서 $R(x)=2$이므로 $R(3)=2$

0267 답 -9

$x^{15}-x^{10}+x^5-1$을 x^3-x로 나누었을 때의 몫을 $Q(x)$,
나머지를 $R(x)=ax^2+bx+c$ (a, b, c는 상수)라 하면
　　　↳ 삼차식으로 나누었을 때의 나머지는
　　　　　이차 이하의 다항식이다.

$$x^{15}-x^{10}+x^5-1=(x^3-x)Q(x)+ax^2+bx+c$$
$$=x(x+1)(x-1)Q(x)+ax^2+bx+c$$
이 등식이 x에 대한 항등식이므로
양변에 $x=0$을 대입하면
$$-1=c$$
양변에 $x=-1$을 대입하면
$$-4=a-b+c \quad \therefore a-b=-3 \quad\cdots\cdots ㉠$$
양변에 $x=1$을 대입하면
$$0=a+b+c \quad \therefore a+b=1 \quad\cdots\cdots ㉡$$
㉠, ㉡을 연립하여 풀면
$$a=-1, \ b=2$$
따라서 $R(x)=-x^2+2x-1$이므로
$$R(-2)=-(-2)^2+2\times(-2)-1=-9$$

0268 답 3

$(x+2)(x-1)(x+a)+b(x-1)$을 x^2+4x+5로 나누었을 때의
몫을 $x+k$ (k는 상수)라 하면 이때의 나머지가 0이므로
$$(x+2)(x-1)(x+a)+b(x-1)=(x^2+4x+5)(x+k)$$
양변에 $x=1$을 대입하면
$$0=10(1+k), \ 1+k=0 \quad \therefore k=-1$$
즉, $(x+2)(x-1)(x+a)+b(x-1)=(x^2+4x+5)(x-1)$에서
$$(x-1)\{(x+2)(x+a)+b\}=(x^2+4x+5)(x-1)$$
$$(x+2)(x+a)+b=x^2+4x+5$$
$$x^2+(a+2)x+2a+b=x^2+4x+5$$
이 등식이 x에 대한 항등식이므로
$$a+2=4, \ 2a+b=5$$
$$\therefore a=2, \ b=1$$
$$\therefore a+b=2+1=3$$

0269 답 46

$P(x+1)$을 x^2-4로 나누었을 때의 몫을 $Q(x)$라 하면 나머지가
-3이므로
$$P(x+1)=(x^2-4)Q(x)-3$$
$$=(x+2)(x-2)Q(x)-3 \quad\cdots\cdots ㉠$$
㉠의 양변에 $x=2$를 대입하면
$$P(3)=-3$$
이때 $P(3)=(9-3-1)(3a+b)+2=5(3a+b)+2$이므로
$$5(3a+b)+2=-3$$
$$\therefore 3a+b=-1 \quad\cdots\cdots ㉡$$
㉠의 양변에 $x=-2$를 대입하면
$$P(-1)=-3$$
이때 $P(-1)=(1+1-1)(-a+b)+2=-a+b+2$이므로
$$-a+b+2=-3$$
$$\therefore a-b=5 \quad\cdots\cdots ㉢$$
㉡, ㉢을 연립하여 풀면
$$a=1, \ b=-4$$
$$\therefore 50a+b=50\times1-4=46$$

0270 답 ⑤

㈏에서 $f(x)$를 $(x-2)^2$으로 나누었을 때의 몫을 $x+k$ (k는 상수) 라 하면

$f(x)=(x-2)^2(x+k)+2(x-2)$

㈎에서 $f(0)=0$이므로

$(-2)^2 \times k + 2 \times (-2) = 0$

$4k-4=0$ ∴ $k=1$

$\begin{aligned} ∴ f(x) &= (x-2)^2(x+1)+2(x-2) \\ &= (x-2)\{(x-2)(x+1)+2\} \\ &= (x-2)(x^2-x) \\ &= x(x-1)(x-2) \end{aligned}$

따라서 $f(x)$를 $x-1$로 나누었을 때의 몫 $Q(x)$는

$Q(x)=x(x-2)$이므로

$Q(5)=5 \times 3=15$

> **실수 Check**
>
> $f(x)$를 $x-1$로 나누었을 때의 몫을 구할 때, 직접 나눗셈을 해서 구할 수도 있지만 공통인수인 $x-2$로 묶어낸 후 $A=BQ+R$ 꼴로 나타내어 구하면 계산 실수를 줄일 수 있다.

0271 답 ④ | 유형 6

> 다항식 $P(x)$를 $x-1$로 나누었을 때의 나머지가 -4이고,
> **단서1**
> 다항식 $Q(x)$를 $x-1$로 나누었을 때의 나머지가 3일 때,
> **단서2**
> 다항식 $P(x)+5Q(x)$를 $x-1$로 나누었을 때의 나머지는?
> **단서3**
>
> ① 8　　　　② 9　　　　③ 10
> ④ 11　　　　⑤ 12
>
> **단서1** 나머지정리에 의하여 $P(1)=-4$
> **단서2** 나머지정리에 의하여 $Q(1)=3$
> **단서3** 나머지정리에 의하여 $P(1)+5Q(1)$

STEP 1 나머지정리를 이용하여 $P(1)$, $Q(1)$의 값 구하기

$P(x)$를 $x-1$로 나누었을 때의 나머지는 -4이므로 나머지정리에 의하여

$P(1)=-4$

$Q(x)$를 $x-1$로 나누었을 때의 나머지는 3이므로 나머지정리에 의하여

$Q(1)=3$

STEP 2 나머지정리를 이용하여 $P(1)+5Q(1)$의 값 구하기

$P(x)+5Q(x)$를 $x-1$로 나누었을 때의 나머지는 나머지정리에 의하여

$P(1)+5Q(1)=-4+5 \times 3=11$

0272 답 4

$P(x)$를 $2x-1$로 나누었을 때의 나머지가 -2이므로 나머지정리에 의하여

$P\left(\dfrac{1}{2}\right)=-2$

따라서 $\{P(x)\}^2$을 $2x-1$로 나누었을 때의 나머지는 나머지정리에 의하여 ↳ $\{P(x)\}^2$을 $x-\dfrac{1}{2}$로 나누었을 때의 나머지와 같다.

$\left\{P\left(\dfrac{1}{2}\right)\right\}^2=(-2)^2=4$

0273 답 ②

$P(x)$를 $x+3$으로 나누었을 때의 나머지가 7이므로 나머지정리에 의하여

$P(-3)=7$

따라서 $(x+5)P(x)$를 $x+3$으로 나누었을 때의 나머지는 나머지정리에 의하여

$2P(-3)=2 \times 7=14$

0274 답 ②

$P(x)$를 일차식 $ax+b$로 나누었을 때의 나머지가 R이므로 나머지정리에 의하여

$P\left(-\dfrac{b}{a}\right)=R$

따라서 $\left(ax+\dfrac{1}{R}\right)P(x)$를 $ax+b$로 나누었을 때의 나머지는 나머지정리에 의하여

$\begin{aligned} \left\{a \times \left(-\dfrac{b}{a}\right)+\dfrac{1}{R}\right\}P\left(-\dfrac{b}{a}\right) &= \left(-b+\dfrac{1}{R}\right) \times R \\ &= 1-bR \end{aligned}$

0275 답 25

$P(x)=3x^2+x+1$을 $3x+n$으로 나누었을 때의 나머지가 5이므로 나머지정리에 의하여

$P\left(-\dfrac{n}{3}\right)=5$

$3 \times \dfrac{n^2}{9}-\dfrac{n}{3}+1=5$

$n^2-n-12=0$, $(n-4)(n+3)=0$

∴ $n=4$ 또는 $n=-3$

n은 자연수이므로 4이다.

따라서 $P(x)$를 $3x-2n$, 즉 $3x-8$로 나누었을 때의 나머지는 나머지정리에 의하여 ↳ $P(x)$를 $x-\dfrac{8}{3}$로 나누었을 때의 나머지와 같다.

$P\left(\dfrac{8}{3}\right)=3 \times \left(\dfrac{8}{3}\right)^2+\dfrac{8}{3}+1=25$

0276 답 3

$2P(x)+Q(x)$, $P(x)-2Q(x)$를 $x-2$로 나누었을 때의 나머지가 각각 2, -9이므로 나머지정리에 의하여

$2P(2)+Q(2)=2$ ·· ㉠

$P(2)-2Q(2)=-9$ ·· ㉡

㉠, ㉡을 연립하여 풀면

$P(2)=-1$, $Q(2)=4$

따라서 $P(x)+Q(x)$를 $x-2$로 나누었을 때의 나머지는 나머지정리에 의하여

$P(2)+Q(2)=-1+4=3$

0277 답 2

$x^{10}+1$을 $x+1$로 나누었을 때의 나머지는 나머지정리에 의하여

$(-1)^{10}+1=R$

$\therefore R=2$

$x^{10}+1$을 $x+1$로 나누었을 때의 몫이 $Q(x)$이므로

$x^{10}+1=(x+1)Q(x)+2$

이 등식의 양변에 $x=1$을 대입하면

$1^{10}+1=(1+1)Q(1)+2$

$\therefore Q(1)=0$

$\therefore Q(1)+R=0+2=2$

0278 답 ⑤ | 유형7

다항식 $P(x)=x^3+ax^2+2x-5$를 $x+1$로 나누었을 때의 나머지가 1

단서1

일 때, $P(x)$를 $x-1$로 나누었을 때의 나머지는? (단, a는 상수이다.)

단서2

① 3   ② 4   ③ 5

④ 6   ⑤ 7

단서1 나머지정리에 의하여 $P(-1)=1$
단서2 나머지정리에 의하여 $P(1)$

STEP1 나머지정리를 이용하여 a의 값 구하기

$P(x)=x^3+ax^2+2x-5$를 $x+1$로 나누었을 때의 나머지가 1이므로 나머지정리에 의하여

$P(-1)=1$

$-1+a-2-5=1$ $\therefore a=9$

STEP2 나머지정리를 이용하여 나머지 구하기

$P(x)=x^3+9x^2+2x-5$를 $x-1$로 나누었을 때의 나머지는 나머지정리에 의하여

$P(1)=1+9+2-5=7$

0279 답 ①

$P(x)=x^3+ax^2-x+2$라 하자.

$P(x)$를 $x+2$로 나누었을 때의 나머지와 $x-3$으로 나누었을 때의 나머지가 같으므로 나머지정리에 의하여

$P(-2)=P(3)$

$-8+4a+2+2=27+9a-3+2$

$-5a=30$ $\therefore a=-6$

0280 답 ③

$P(x)=x^3+ax^2+bx+3$이라 하자.

$P(x)$를 $x-1$로 나누었을 때의 나머지가 6이고, $x+1$로 나누었을 때의 나머지가 -6이므로 나머지정리에 의하여

$P(1)=6$, $P(-1)=-6$

$P(1)=4+a+b=6$ $\therefore a+b=2$ $\cdots\cdots\cdots\cdots\cdots$ ㉠

$P(-1)=2+a-b=-6$ $\therefore a-b=-8$ $\cdots\cdots$ ㉡

㉠, ㉡을 연립하여 풀면

$a=-3$, $b=5$

따라서 $P(x)=x^3-3x^2+5x+3$을 $x-3$으로 나누었을 때의 나머지는 나머지정리에 의하여

$P(3)=3^3-3\times3^2+5\times3+3=18$

0281 답 ④

$P(x)=3x^2+kx-2$라 하자.

$P(x)$를 $x+2$로 나누었을 때의 나머지가 R_1, $x-2$로 나누었을 때의 나머지가 R_2이므로 나머지정리에 의하여

$R_1=P(-2)=-2k+10$, $R_2=P(2)=2k+10$

$R_1R_2=36$이므로

$(-2k+10)(2k+10)=36$

$100-4k^2=36$, $k^2=16$

$\therefore k=4 \ (\because k>0)$

0282 답 2

$P(x)=x^2-ax+b$를 $x+5$로 나누었을 때의 나머지가 R_1, $x-a$로 나누었을 때의 나머지가 R_2이므로 나머지정리에 의하여

$R_1=P(-5)=5a+b+25$, $R_2=P(a)=b$

$R_1-R_2=10$이므로

$5a+b+25-b=10$

$\therefore a=-3$

$P(x)$를 $x-b$로 나누었을 때의 나머지가 -4이므로 나머지정리에 의하여

$P(b)=-4$

$b^2+3b+b=-4$, $b^2+4b+4=0$

$(b+2)^2=0$ $\therefore b=-2$

따라서 $P(x)=x^2+3x-2$이므로

$P(1)=1+3-2=2$

0283 답 ③

x^3-3x^2+ax+3을 $x-2$로 나누었을 때의 몫이 $Q(x)$, 나머지가 R이므로 나머지정리에 의하여

$R=8-12+2a+3=2a-1$

$\therefore x^3-3x^2+ax+3=(x-2)Q(x)+2a-1$ $\cdots\cdots$ ㉠

몫 $Q(x)$의 상수항을 포함한 모든 계수의 합이 -3이므로

$Q(1)=-3$ $\rightarrow Q(1)$

㉠의 양변에 $x=1$을 대입하면

$1-3+a+3=-Q(1)+2a-1$

$a+1=3+2a-1$

$\therefore a=-1$

따라서 나머지 R의 값은

$R=2a-1=2\times(-1)-1=-3$

실수 Check

나머지정리를 이용하여 R를 a로 나타내고, 다항식의 나눗셈을 $A=BQ+R$ 꼴로 나타내면 몫 $Q(x)$의 상수항을 포함한 모든 계수의 합인 $Q(1)$의 값을 구하여 문제를 해결할 수 있다.

0284 답 ⑤ | 유형8

다항식 $P(x)$를 $x-1$로 나누었을 때의 나머지가 3이고, $x-2$로 나누 ᐊ단서1ᐅ 었을 때의 나머지가 4이다. $P(x)$를 x^2-3x+2로 나누었을 때의 나 ᐊ단서2ᐅ 머지를 $R(x)$라 할 때, $R(3)$의 값은? ᐊ단서3ᐅ

① 1 　　　　② 2 　　　　③ 3
④ 4 　　　　⑤ 5

단서1 나머지정리에 의하여 $P(1)=3$
단서2 나머지정리에 의하여 $P(2)=4$
단서3 $R(x)$는 일차식 또는 상수

STEP 1 나머지정리 이용하기

$P(x)$를 $x-1$로 나누었을 때의 나머지가 3이고, $x-2$로 나누었을 때의 나머지가 4이므로 나머지정리에 의하여

$P(1)=3$, $P(2)=4$

STEP 2 다항식 $P(x)$를 $A=BQ+R$ 꼴로 나타내기

$P(x)$를 x^2-3x+2로 나누었을 때의 나머지 $R(x)$를
$R(x)=ax+b$ (a, b는 상수)라 하면

$P(x)=(x^2-3x+2)Q(x)+ax+b$

$P(x)=(x-1)(x-2)Q(x)+ax+b$ ⋯⋯⋯ ㉠

STEP 3 나머지 $R(x)$ 구하기

㉠의 양변에 $x=1$을 대입하면

$P(1)=a+b=3$ ⋯⋯⋯ ㉡

㉠의 양변에 $x=2$를 대입하면

$P(2)=2a+b=4$ ⋯⋯⋯ ㉢

㉡, ㉢을 연립하여 풀면 $a=1$, $b=2$

$\therefore R(x)=x+2$

STEP 4 $R(3)$의 값 구하기

$R(3)=3+2=5$

0285 답 $6x+4$

$P(x)$를 $x-2$로 나누었을 때의 나머지가 4이고, $x+1$로 나누었을 때의 나머지가 -2이므로 나머지정리에 의하여

$P(2)=4$, $P(-1)=-2$

$x^2P(x)$를 $(x-2)(x+1)$로 나누었을 때의 몫을 $Q(x)$,
나머지를 $ax+b$ (a, b는 상수)라 하면

$x^2P(x)=(x-2)(x+1)Q(x)+ax+b$ ⋯⋯⋯ ㉠

㉠의 양변에 $x=2$를 대입하면

$4P(2)=2a+b=16$ ⋯⋯⋯ ㉡

㉠의 양변에 $x=-1$을 대입하면

$P(-1)=-a+b=-2$ ⋯⋯⋯ ㉢

㉡, ㉢을 연립하여 풀면 $a=6$, $b=4$

따라서 $x^2P(x)$를 $(x-2)(x+1)$로 나누었을 때의 나머지는
$6x+4$이다.

0286 답 ①

$P(x)$를 $x(x-1)$로 나누었을 때의 몫을 $Q_1(x)$라 하면 이때의 나머지가 $2x-1$이므로

$P(x)=x(x-1)Q_1(x)+2x-1$

양변에 $x=0$을 대입하면

$P(0)=-1$

양변에 $x=1$을 대입하면

$P(1)=1$

$P(x)$를 $(x-1)(x-2)$로 나누었을 때의 몫을 $Q_2(x)$라 하면 이 때의 나머지가 $4x-3$이므로

$P(x)=(x-1)(x-2)Q_2(x)+4x-3$

양변에 $x=2$를 대입하면

$P(2)=5$

$P(x)$를 $x(x-1)(x-2)$로 나누었을 때의 몫을 $Q(x)$,
나머지를 $R(x)=ax^2+bx+c$ (a, b, c는 상수)라 하면

$P(x)=x(x-1)(x-2)Q(x)+ax^2+bx+c$

양변에 $x=0$을 대입하면

$P(0)=c$ 　$\therefore c=-1$ ($\because P(0)=-1$)

양변에 $x=1$을 대입하면

$P(1)=a+b+c$ 　$\therefore a+b=2$ ($\because P(1)=1$) ⋯⋯⋯⋯ ㉠

양변에 $x=2$를 대입하면

$P(2)=4a+2b+c$ 　$\therefore 2a+b=3$ ($\because P(2)=5$) ⋯⋯⋯⋯ ㉡

㉠, ㉡을 연립하여 풀면 $a=1$, $b=1$

따라서 $R(x)=x^2+x-1$이므로

$R(-1)=(-1)^2+(-1)-1=-1$

0287 답 ③

$P(x)$를 $x-5$로 나누었을 때의 나머지가 1이므로 나머지정리에 의하여

$P(5)=1$

$Q(x)$를 $2x^2-9x-5$로 나누었을 때의 몫을 $Q'(x)$라 하면 나머지가 11이므로

$Q(x)=(2x^2-9x-5)Q'(x)+11$
　　　$=(2x+1)(x-5)Q'(x)+11$

이 등식의 양변에 $x=5$를 대입하면

$Q(5)=11$

따라서 $2P(x)+3Q(x)$를 $x-5$로 나누었을 때의 나머지는 나머지정리에 의하여

$2P(5)+3Q(5)=2\times1+3\times11=35$

0288 답 -20

$P(x)$를 $x-3$으로 나누었을 때의 나머지가 8이고, $x+2$로 나누었을 때의 나머지가 -2이므로 나머지정리에 의하여

$P(3)=8$, $P(-2)=-2$

$P(x)$를 $(x-3)(x+2)$로 나누었을 때의 몫과 나머지를 각각
$ax+b$, $ax+b$ (a, b는 상수)라 하면

$P(x)=(x-3)(x+2)(ax+b)+ax+b$ ⋯⋯⋯ ㉠

㉠의 양변에 $x=3$을 대입하면

$P(3)=3a+b=8$ ⋯⋯⋯ ㉡

㉠의 양변에 $x=-2$를 대입하면

$P(-2)=-2a+b=-2$ ⋯⋯⋯ ㉢

ⓛ, ⓒ을 연립하여 풀면
$a=2$, $b=2$
따라서 $P(x)=(x-3)(x+2)(2x+2)+2x+2$이므로
$P(1)=(-2)\times 3\times 4+2+2=-20$

0289 답 ②

$P(x)$를 x^2-9로 나누었을 때의 몫을 $Q_1(x)$라 하면 나머지가
$-x+1$이므로
$P(x)=(x^2-9)Q_1(x)-x+1$
$\qquad =(x+3)(x-3)Q_1(x)-x+1$ ············· ㉠
㉠의 양변에 $x=3$을 대입하면
$P(3)=-2$
$P(x)$를 x^2+3x+2로 나누었을 때의 몫을 $Q_2(x)$라 하면 나머지가 $x+3$이므로
$P(x)=(x^2+3x+2)Q_2(x)+x+3$
$\qquad =(x+1)(x+2)Q_2(x)+x+3$ ············· ㉡
㉡의 양변에 $x=-1$을 대입하면
$P(-1)=2$
$P(x)$를 x^2-2x-3으로 나누었을 때의 몫을 $Q(x)$, 나머지를 $ax+b$ (a, b는 상수)라 하면
$P(x)=(x^2-2x-3)Q(x)+ax+b$
$\qquad =(x+1)(x-3)Q(x)+ax+b$ ············· ㉢
㉢의 양변에 $x=3$, $x=-1$을 각각 대입하면
$P(3)=3a+b$, $P(-1)=-a+b$
$\therefore 3a+b=-2$, $-a+b=2$
위의 두 식을 연립하여 풀면
$a=-1$, $b=1$
따라서 $P(x)$를 x^2-2x-3으로 나누었을 때의 나머지는 $-x+1$
이다.

0290 답 ③

$P(x)$를 x^2+3x-4, 즉 $(x+4)(x-1)$로 나누었을 때의 몫을
$Q(x)$라 하면 나머지가 $-x+2$이므로
$P(x)=(x^2+3x-4)Q(x)-x+2$
$\qquad =(x+4)(x-1)Q(x)-x+2$ ············· ㉠
㉠의 양변에 $x=1$을 대입하면
$P(1)=-1+2=1$
$P(x)$를 x^2-3x+2, 즉 $(x-1)(x-2)$로 나누었을 때의 몫을
$Q'(x)$, 나머지를 $R(x)=ax+b$ (a, b는 상수)라 하면
$P(x)=(x^2-3x+2)Q'(x)+ax+b$
$\qquad =(x-1)(x-2)Q'(x)+ax+b$ ············· ㉡
㉡의 양변에 $x=1$을 대입하면
$P(1)=a+b$ $\quad \therefore a+b=1$ ············· ㉢
$P(x)$를 $x-2$로 나누었을 때의 나머지가 -3이므로 나머지정리
에 의하여
$P(2)=-3$
㉡의 양변에 $x=2$를 대입하면
$P(2)=2a+b$ $\quad \therefore 2a+b=-3$ ············· ㉣

ㄷ, ㄹ을 연립하여 풀면
$a=-4$, $b=5$
따라서 $R(x)=-4x+5$이므로
$R(-1)=4+5=9$

0291 답 ⑤

다항식 $P(x)$를 $(x-1)^2(x-3)$으로 나누었을 때의 몫을 $Q(x)$,
나머지를 $R(x)=ax^2+bx+c$ (a, b, c는 상수)라 하면
$P(x)=(x-1)^2(x-3)Q(x)+ax^2+bx+c$
$P(x)$를 $(x-1)^2$으로 나누었을 때의 나머지가 $2x+1$이므로
ax^2+bx+c를 $(x-1)^2$으로 나누었을 때의 몫은 a이고 나머지는
$2x+1$이다. 즉,
$ax^2+bx+c=a(x-1)^2+2x+1$
$\therefore P(x)=(x-1)^2(x-3)Q(x)+a(x-1)^2+2x+1$ ·········· ㉠
또, $P(x)$를 $x-3$으로 나누었을 때의 나머지가 3이므로 나머지정
리에 의하여
$P(3)=3$
㉠의 양변에 $x=3$을 대입하면
$P(3)=4a+7$
$4a+7=3$이므로 $a=-1$
따라서 $R(x)=-(x-1)^2+2x+1$이므로
$R(2)=-1+4+1=4$

실수 Check

다항식 $P(x)=(x-1)^2(x-3)Q(x)+ax^2+bx+c$를 $(x-1)^2$으로
나누었을 때, $(x-1)^2(x-3)Q(x)$는 $(x-1)^2$으로 나누어떨어지므로
ax^2+bx+c를 $(x-1)^2$으로 나누었을 때의 나머지가 $2x+1$이다.

0292 답 -15

$P(x)$를 x^2-x로 나누었을 때의 몫을 $Q(x)$, 나머지를
$R(x)=ax+b$ (a, b는 상수)라 하면
$P(x)=(x^2-x)Q(x)+ax+b$
$\qquad =x(x-1)Q(x)+ax+b$ ············· ㉠
㉮의 등식 $P(x)+P(2-x)=2$의 양변에 $x=1$을 대입하면
$P(1)+P(1)=2$
$2P(1)=2$ $\quad \therefore P(1)=1$
㉮의 등식 $P(x)+P(2-x)=2$의 양변에 $x=0$을 대입하면
$P(0)+P(2)=2$
㉯에서 $P(2)=-7$이므로
$P(0)-7=2$
$\therefore P(0)=9$
㉠의 양변에 $x=1$을 대입하면
$P(1)=a+b$
$P(1)=1$이므로 $a+b=1$ ············· ㉡
㉠의 양변에 $x=0$을 대입하면
$P(0)=b$
$P(0)=9$이므로 $b=9$
$b=9$를 ㉡에 대입하여 풀면 $a=-8$

따라서 $R(x)=-8x+9$이므로
$R(3)=-8\times3+9=-15$

실수 Check

(나)에 $P(2)$의 값이 주어져 있고, (가)의 등식으로부터 $P(1)$의 값을 구할 수 있으므로 (가)의 등식 $P(x)+P(2-x)=2$에 $x=0$을 대입한 식 $P(0)+P(2)=2$를 이용하여 문제를 해결할 수 있다.

Plus 문제

0292-1

삼차식 $P(x)$가

$$P(-1)=-2,\ P(2)=-8,\ P(-2-x)+P(2x)=6$$

을 만족시킨다. $P(x)$를 x^2+5x+6으로 나누었을 때의 나머지를 $R(x)$라 할 때, $R(-1)$의 값을 구하시오.

$P(x)$를 x^2+5x+6으로 나누었을 때의 몫을 $Q(x)$, 나머지를 $R(x)=ax+b$ (a, b는 상수)라 하면

$P(x)=(x^2+5x+6)Q(x)+ax+b$
$\quad\ \ =(x+2)(x+3)Q(x)+ax+b$ ········· ㉠

$P(-2-x)+P(2x)=6$의 양변에 $x=-1$을 대입하면

$P(-1)+P(-2)=6$

$P(-1)=-2$이므로

$P(-2)=8$

$P(-2-x)+P(2x)=6$의 양변에 $x=1$을 대입하면

$P(-3)+P(2)=6$

$P(2)=-8$이므로

$P(-3)=14$

㉠의 양변에 $x=-2$를 대입하면

$P(-2)=-2a+b$

$P(-2)=8$이므로

$-2a+b=8$ ········· ㉡

㉠의 양변에 $x=-3$을 대입하면

$P(-3)=-3a+b$

$P(-3)=14$이므로

$-3a+b=14$ ········· ㉢

㉡, ㉢을 연립하여 풀면

$a=-6,\ b=-4$

따라서 $R(x)=-6x-4$이므로

$R(-1)=6-4=2$

답 2

0293 **답** 3 ｜유형9

다항식 $P(x)$를 x^2-3x+2로 나누었을 때의 나머지가 $x+1$일 때, **단서1**

다항식 $P(x-6)$을 $x-8$로 나누었을 때의 나머지를 구하시오. **단서2**

단서1 $P(x)$를 x^2-3x+2로 나누었을 때의 몫을 $Q(x)$라 하면
$P(x)=(x^2-3x+2)Q(x)+x+1$
단서2 나머지정리에 의하여 $P(8-6)=P(2)$

STEP1 다항식 $P(x)$를 $A=BQ+R$ 꼴로 나타내기

$P(x)$를 x^2-3x+2로 나누었을 때의 몫을 $Q(x)$라 하면 나머지가 $x+1$이므로

$P(x)=(x^2-3x+2)Q(x)+x+1$
$\quad\ \ =(x-1)(x-2)Q(x)+x+1$ ········· ㉠

STEP2 나머지정리를 이용하여 나머지 구하기

다항식 $P(x-6)$을 $x-8$로 나누었을 때의 나머지는 나머지정리에 의하여

$P(8-6)=P(2)$

이므로 ㉠의 양변에 $x=2$를 대입하면

$P(2)=3$

0294 **답** 80

$P(x)$를 x^2-5x+4로 나누었을 때의 몫을 $Q(x)$라 하면 나머지가 $5x$이므로

$P(x)=(x^2-5x+4)Q(x)+5x$
$\quad\ \ =(x-1)(x-4)Q(x)+5x$ ········· ㉠

$\underline{(2x^2-x+1)P(2x+1)}$을 $2x-3$으로 나누었을 때의 나머지는

나머지정리에 의하여 $\ \hookrightarrow$ $(2x^2-x+1)P(2x+1)$에 $x=\frac{3}{2}$을 대입

$\left\{2\times\left(\frac{3}{2}\right)^2-\frac{3}{2}+1\right\}P\left(2\times\frac{3}{2}+1\right)=4P(4)$

이때 ㉠의 양변에 $x=4$를 대입하면

$P(4)=20$

따라서 구하는 나머지는

$4P(4)=4\times20=80$

0295 **답** ①

$f(x)-g(x)$를 $x-3$으로 나누었을 때의 나머지가 7이므로 나머지정리에 의하여

$f(3)-g(3)=7$ ········· ㉠

$2f(x)+3g(x)$를 $x-3$으로 나누었을 때의 나머지가 4이므로 나머지정리에 의하여

$2f(3)+3g(3)=4$ ········· ㉡

㉠, ㉡을 연립하여 풀면

$f(3)=5,\ g(3)=-2$

따라서 $g(4x-1)$을 $x-1$로 나누었을 때의 나머지는 나머지정리에 의하여

$g(4\times1-1)=g(3)=-2$

0296 **답** -3

$P(x-10)$을 $x-11$로 나누었을 때의 나머지가 4이므로 나머지정리에 의하여

$P(11-10)=P(1)=4$

$1-a+b=4$ ∴ $a-b=-3$ ········· ㉠

$P(x+13)$을 $x+15$로 나누었을 때의 나머지가 -2이므로 나머지정리에 의하여

$P(-15+13)=P(-2)=-2$

$4+2a+b=-2$ $\therefore 2a+b=-6$ ·········· ⓛ

㉠, ⓛ을 연립하여 풀면

$a=-3$, $b=0$

$\therefore a+b=-3+0=-3$

0297 답 ③ | 유형 10

> 다항식 $P(x)$를 $x+1$로 나누었을 때의 몫이 $Q(x)$, 나머지가 2이고,
> _{단서1}
>
> $Q(x)$를 $x-3$으로 나누었을 때의 나머지가 1일 때, $P(x)$를 $x-3$으
> _{단서2}
>
> 로 나누었을 때의 나머지는?
> _{단서3}
>
> ① 2   ② 4   ③ 6
>
> ④ 8   ⑤ 10
>
> 단서1 $P(x)=(x+1)Q(x)+2$
> 단서2 나머지정리에 의해 $Q(3)=1$
> 단서3 나머지정리에 의해 $P(3)$

STEP1 다항식 $P(x)$를 $A=BQ+R$ 꼴로 나타내기

$P(x)$를 $x+1$로 나누었을 때의 몫이 $Q(x)$, 나머지가 2이므로

$P(x)=(x+1)Q(x)+2$ ·········· ㉠

STEP2 나머지정리를 이용하여 나머지 구하기

$Q(x)$를 $x-3$으로 나누었을 때의 나머지가 1이므로 나머지정리에 의하여

$Q(3)=1$

따라서 $P(x)$를 $x-3$으로 나누었을 때의 나머지는 나머지정리에 의하여 $P(3)$이므로 ㉠의 양변에 $x=3$을 대입하면

$P(3)=4Q(3)+2$

$\qquad =4\times1+2=6$

0298 답 ④

$P(x)=x^3-ax+9$라 하면 $P(x)$를 $x-2$로 나누었을 때의 나머지가 3이므로 나머지정리에 의하여

$P(2)=3$

$2^3-2a+9=3$ $\therefore a=7$

$P(x)$를 $x-2$로 나누었을 때의 몫이 $Q(x)$, 나머지가 3이므로

$P(x)=(x-2)Q(x)+3$

양변에 $x=10$을 대입하면

$P(10)=8Q(10)+3$

이때 $P(10)=1000-70+9=939$이므로

$939=8Q(10)+3$ $\therefore Q(10)=117$

따라서 $Q(x)$를 $x-10$으로 나누었을 때의 나머지는 나머지정리에 의하여

$Q(10)=117$

다른 풀이

$P(x)=x^3-ax+9$라 하면 $P(x)$를 $x-2$로 나누었을 때의 나머지가 3이므로 나머지정리에 의하여

$P(2)=2^3-2a+9=3$ $\therefore a=7$

$$
\begin{array}{r}
x^2+2x-3 \\
x-2\overline{\smash{)}\,x^3-7x+9} \\
\underline{x^3-2x^2} \\
2x^2-7x \\
\underline{2x^2-4x} \\
-3x+9 \\
\underline{-3x+6} \\
3
\end{array}
$$

$\therefore Q(x)=x^2+2x-3$

따라서 $Q(x)$를 $x-10$으로 나누었을 때의 나머지는 나머지정리에 의하여

$Q(10)=10^2+2\times10-3=117$

0299 답 ⑤

$P(x)=x^{23}+x^{22}+x$라 하면 $P(x)$를 $x+1$로 나누었을 때의 나머지는 나머지정리에 의하여

$P(-1)=-1+1-1=-1$

$P(x)$를 $x+1$로 나누었을 때의 몫이 $Q(x)$이므로

$P(x)=(x+1)Q(x)-1$ ·········· ㉠

따라서 $Q(x)$를 $x-1$로 나누었을 때의 나머지는 나머지정리에 의하여 $Q(1)$이므로

㉠의 양변에 $x=1$을 대입하면

$P(1)=2Q(1)-1$

$1+1+1=2Q(1)-1$ $\therefore Q(1)=2$

0300 답 ③

다항식 $(x-2)^2P(x)$를 $3x+2$로 나누었을 때의 몫이 $Q(x)$, 나머지를 R라 하면

$(x-2)^2P(x)=(3x+2)Q(x)+R$

이때 $P\left(-\dfrac{2}{3}\right)=9$이므로 양변에 $x=-\dfrac{2}{3}$를 대입하면

$\left(-\dfrac{8}{3}\right)^2\times P\left(-\dfrac{2}{3}\right)=R$, $\dfrac{64}{9}\times9=R$ $\therefore R=64$

$\therefore (x-2)^2P(x)=(3x+2)Q(x)+64$ ·········· ㉠

따라서 $Q(x)$를 $x-2$로 나누었을 때의 나머지는 나머지정리에 의하여 $Q(2)$이므로 ㉠의 양변에 $x=2$를 대입하면

$0=8Q(2)+64$ $\therefore Q(2)=-8$

0301 답 2

$P(x)$를 x^2+x+1로 나누었을 때의 몫을 $Q_1(x)$라 하면 나머지가 $3x+2$이므로

$P(x)=(x^2+x+1)Q_1(x)+3x+2$ ·········· ㉠

$Q_1(x)$를 $x-1$로 나누었을 때의 몫을 $Q_2(x)$라 하면 나머지가 2이므로

$Q_1(x)=(x-1)Q_2(x)+2$ ·········· ⓛ

ⓛ을 ㉠에 대입하면

$P(x)=(x^2+x+1)\{(x-1)Q_2(x)+2\}+3x+2$

$\qquad =(x-1)(x^2+x+1)Q_2(x)+2(x^2+x+1)+3x+2$

$\qquad =(x^3-1)Q_2(x)+2x^2+5x+4$

따라서 $P(x)$를 x^3-1로 나누었을 때의 나머지 $R(x)$는
$R(x)=2x^2+5x+4$이므로
$R(-2)=8-10+4=2$

0302 답 ①

$P(x)$를 x^3+2x^2+4x+8로 나누었을 때의 몫이 $Q(x)$, 나머지가
$x-12$이므로
$P(x)=(x^3+2x^2+4x+8)Q(x)+x-12$ ·········· ㉠
$Q(x)$를 $x-2$로 나누었을 때의 몫을 $Q'(x)$라 하면 나머지가 1이
므로
$Q(x)=(x-2)Q'(x)+1$ ·········· ㉡
㉡을 ㉠에 대입하면
$P(x)=(x^3+2x^2+4x+8)\{(x-2)Q'(x)+1\}+x-12$
$\quad=(x^3+2x^2+4x+8)(x-2)Q'(x)$
$\qquad\qquad +(x^3+2x^2+4x+8)+x-12$
$\quad=(x^4-16)Q'(x)+x^3+2x^2+5x-4$
따라서 $P(x)$를 x^4-16으로 나누었을 때의 나머지 $R(x)$는
$R(x)=x^3+2x^2+5x-4$이므로
$R(-1)=-1+2-5-4=-8$

0303 답 ② ｜유형 11

> 50^{100}을 49로 나누었을 때의 나머지는?
>
> **단서1**
>
> ① 0 　　　② 1 　　　③ 2
> ④ 2^2 　　　⑤ 2^3
>
> **단서1** $x=50$이라 하면 x^{100}을 $x-1$로 나누었을 때의 나머지

STEP 1 수를 적절한 문자로 나타내기

$x=50$이라 하면 ┌ $x=49$라 하고 $50^{100}=(x+1)^{100}$,
$50^{100}=x^{100}$, $49=x-1$ └ $49=x$로 나타낼 수도 있다.

STEP 2 나머지정리를 이용하여 나머지 구하기

x^{100}을 $x-1$로 나누었을 때의 몫을 $Q(x)$, 나머지를 R라 하면
나머지정리에 의하여 ┌ $x^{100}=(x-1)Q(x)+R$
$R=1^{100}=1$
$\therefore x^{100}=(x-1)Q(x)+1$ ·········· ㉠
㉠의 양변에 $x=50$을 대입하면
$50^{100}=49\times Q(50)+1$
따라서 50^{100}을 49로 나누었을 때의 나머지는 1이다.

0304 답 ①

$x=417$이라 하면 $417^{10}+417^9+2=x^{10}+x^9+2$, $416=x-1$
$x^{10}+x^9+2$를 $x-1$로 나누었을 때의 몫을 $Q(x)$, 나머지를 R라
하면 나머지정리에 의하여 ┌ $x^{10}+x^9+2=(x-1)Q(x)+R$
$R=1^{10}+1^9+2=4$
$\therefore x^{10}+x^9+2=(x-1)Q(x)+4$
양변에 $x=417$을 대입하면
$417^{10}+417^9+2=416\times Q(417)+4$
따라서 $417^{10}+417^9+2$를 416으로 나누었을 때의 나머지는 4이다.

0305 답 33

$x=31$이라 하면 $31^{13}=x^{13}$, $30=x-1$
x^{13}을 $x-1$로 나누었을 때의 몫을 $Q_1(x)$, 나머지를 R_1이라 하면
나머지정리에 의하여 ┌ $x^{13}=(x-1)Q_1(x)+R_1$
$R_1=1^{13}=1$
$\therefore x^{13}=(x-1)Q_1(x)+1$ ·········· ㉠
㉠의 양변에 $x=31$을 대입하면
$31^{13}=30\times Q_1(31)+1$
이므로 31^{13}을 30으로 나누었을 때의 나머지는 1이다.
$y=32$라 하면 $32^{21}=y^{21}$, $33=y+1$
y^{21}을 $y+1$로 나누었을 때의 몫을 $Q_2(y)$, 나머지를 R_2라 하면
나머지정리에 의하여 ┌ $y^{21}=(y+1)Q_2(y)+R_2$
$R_2=(-1)^{21}=-1$
$\therefore y^{21}=(y+1)Q_2(y)-1$ ·········· ㉡
㉡의 양변에 $y=32$를 대입하면
$32^{21}=33\times Q_2(32)-1=33\{Q_2(32)-1\}+32$
이므로 32^{21}을 33으로 나누었을 때의 나머지는 32이다.
따라서 31^{13}을 30으로 나누었을 때의 나머지와 32^{21}을 33으로 나누
었을 때의 나머지의 합은
$1+32=33$

실수 Check

자연수의 나눗셈에서는 나머지가 0 또는 자연수임에 주의한다.

0306 답 ②

$x=505$라 하면 $2022^{10}=(4x+2)^{10}$
다항식 $(4x+2)^{10}$을 x로 나누었을 때의 몫을 $Q(x)$, 나머지를 R라
하면
$(4x+2)^{10}=xQ(x)+R$
양변에 $x=0$을 대입하면
$R=2^{10}=\boxed{1024}$
등식 $(4x+2)^{10}=xQ(x)+\boxed{1024}$에 $x=505$를 대입하면
$2022^{10}=505\times Q(505)+\boxed{1024}$
$\qquad=505\times Q(505)+505\times 2+14$
$\qquad=505\{Q(505)+\boxed{2}\}+\boxed{14}$
따라서 2022^{10}을 505로 나누었을 때의 나머지는 $\boxed{14}$이다.
즉, $a=1024$, $b=2$, $c=14$이므로
$a+b+c=1024+2+14=1040$

0307 답 28

$x=2020$이라 하면
$(2020+1)(2020^2-2020+1)=(x+1)(x^2-x+1)$,
$2017=x-3$
$(x+1)(x^2-x+1)$을 $x-3$으로 나누었을 때의 몫을 $Q(x)$, 나머
지를 R라 하면 나머지정리에 의하여 ┌ $(x+1)(x^2-x+1)$
$R=(3+1)(9-3+1)=28$ └ $=(x-3)Q(x)+R$
$\therefore (x+1)(x^2-x+1)=(x-3)Q(x)+28$

양변에 $x=2020$을 대입하면
$(2020+1)(2020^2-2020+1)=(2020-3)Q(2020)+28$
$=2017 \times Q(2020)+28$
따라서 $(2020+1)(2020^2-2020+1)$을 2017로 나누었을 때의 나머지는 28이다.

0308 답 ③ | 유형12

다항식 $P(x)=x^3-kx^2-x+2$가 $x+2$로 나누어떨어질 때, $P(x)$를 __단서1__ $x-1$로 나누었을 때의 나머지는? (단, k는 상수이다.)
__단서2__

① 1   ② 2   ③ 3
④ 4   ⑤ 5

__단서1__ 인수정리에 의하여 $P(-2)=0$
__단서2__ 나머지정리에 의하여 $P(1)$

STEP1 **인수정리를 이용하여 k의 값 구하기**
$P(x)$가 $x+2$로 나누어떨어지므로 인수정리에 의하여
$P(-2)=0$
$-8-4k+2+2=0$ ∴ $k=-1$

STEP2 **나머지정리를 이용하여 나머지 구하기**
$P(x)=x^3+x^2-x+2$이므로 $P(x)$를 $x-1$로 나누었을 때의 나머지는 나머지정리에 의하여
$P(1)=1+1-1+2=3$

0309 답 2
$P(x)=8x^4+4x^3-6x+k$라 하면
$P(x)$가 $2x-1$로 나누어떨어지므로 인수정리에 의하여
$P\left(\dfrac{1}{2}\right)=0$ → $P(x)$는 $2\left(x-\dfrac{1}{2}\right)$로 나누어떨어진다.
$\dfrac{1}{2}+\dfrac{1}{2}-3+k=0$
∴ $k=2$

0310 답 ③
$P(x)$가 $x+3$, $x-2$로 각각 나누어떨어지므로 인수정리에 의하여
$P(-3)=0$, $P(2)=0$
$-27a-3b-6=0$, $8a+2b-6=0$
위의 두 식을 연립하여 풀면
$a=-1$, $b=7$
따라서 $P(x)=-x^3+7x-6$이므로 $P(x)$를 $x+1$로 나누었을 때의 나머지는 나머지정리에 의하여
$P(-1)=-(-1)-7-6=-12$

0311 답 ③
$P(x)=(kx^3+2)(kx^2-6)-5kx$라 하자.
$P(x)$가 $x+1$을 인수로 가지려면 $P(x)$는 $x+1$로 나누어떨어져야 하므로 인수정리에 의하여
$P(-1)=0$

$(-k+2)(k-6)+5k=0$, $k^2-13k+12=0$
$(k-1)(k-12)=0$ ∴ $k=1$ 또는 $k=12$
따라서 모든 상수 k의 값의 합은 $1+12=13$

0312 답 ③
$P(x)-3$이 $x+1$로 나누어떨어지므로 인수정리에 의하여
$P(-1)-3=0$ ∴ $P(-1)=3$
$-1-a+b=3$ ∴ $a-b=-4$ ·········· ㉠
$P(x)+1$이 $x-1$로 나누어떨어지므로 인수정리에 의하여
$P(1)+1=0$ ∴ $P(1)=-1$
$1+a+b=-1$ ∴ $a+b=-2$ ·········· ㉡
㉠, ㉡을 연립하여 풀면
$a=-3$, $b=1$
따라서 $P(x)=x^3-3x+1$이므로
$P(2)=8-6+1=3$

0313 답 ⑤
$f(x)+g(x)-4x$는 $x-1$로 나누어떨어지므로 인수정리에 의하여
$f(1)+g(1)-4=0$
∴ $f(1)+g(1)=4$ ·········· ㉠
$f(3x)-g(3x)+6x$는 $3x-1$로 나누어떨어지므로 인수정리에 의하여
$f\left(3 \times \dfrac{1}{3}\right)-g\left(3 \times \dfrac{1}{3}\right)+6 \times \dfrac{1}{3}=0$
∴ $f(1)-g(1)=-2$ ·········· ㉡
㉠, ㉡을 연립하여 풀면
$f(1)=1$, $g(1)=3$
따라서 $f(2x)+2g(2x)$를 $2x-1$로 나누었을 때의 나머지는 나머지정리에 의하여
$f\left(2 \times \dfrac{1}{2}\right)+2g\left(2 \times \dfrac{1}{2}\right)=f(1)+2g(1)$
$=1+2 \times 3=7$

실수 Check
여러 개의 다항식의 합과 곱으로 이루어진 다항식을 다음과 같이 생각하여 나머지정리나 인수정리를 적용할 수 있다.
$h(x)=f(x)+g(x)-4x$라 하면 $h(x)$가 $x-1$로 나누어떨어지므로 인수정리에 의하여 $h(1)=0$, 즉 $f(1)+g(1)-4 \times 1=0$이다.

Plus 문제

0313-1
두 다항식 $f(x)$, $g(x)$에 대하여 $f(x)+g(x)+x$는 $x+1$로 나누어떨어지고, $f(2x)-g(2x)-6x$는 $2x+1$로 나누어떨어질 때, $f(3x)g(3x)-9x$를 $3x+1$로 나누었을 때의 나머지를 구하시오.

$f(x)+g(x)+x$는 $x+1$로 나누어떨어지므로 인수정리에 의하여
$f(-1)+g(-1)-1=0$
∴ $f(-1)+g(-1)=1$ ·········· ㉠

$f(2x)-g(2x)-6x$는 $2x+1$로 나누어떨어지므로 인수정리에 의하여

$$f\left(2\times\left(-\frac{1}{2}\right)\right)-g\left(2\times\left(-\frac{1}{2}\right)\right)-6\times\left(-\frac{1}{2}\right)=0$$

$$f(-1)-g(-1)+3=0$$

$$\therefore f(-1)-g(-1)=-3 \cdots\cdots\cdots\cdots\cdots ⓒ$$

㉠, ㉡을 연립하여 풀면

$$f(-1)=-1,\ g(-1)=2$$

따라서 $f(3x)g(3x)-9x$를 $3x+1$로 나누었을 때의 나머지는 나머지정리에 의하여

$$f\left(3\times\left(-\frac{1}{3}\right)\right)g\left(3\times\left(-\frac{1}{3}\right)\right)-9\times\left(-\frac{1}{3}\right)$$

$$=f(-1)g(-1)+3$$

$$=(-1)\times 2+3$$

$$=1$$

답 1

0314 답 4

다항식 x^3-2x-a가 $x-2$로 나누어떨어지므로 인수정리에 의하여

$$8-4-a=0$$

$$\therefore a=4$$

0315 답 ②

$f(x)=x^3+ax^2+bx+6$을 $x-1$로 나누었을 때의 나머지가 4이므로 나머지정리에 의하여

$$f(1)=4$$

$$1+a+b+6=4 \quad \therefore a+b=-3 \cdots\cdots\cdots ㉠$$

$f(x+2)$가 $x-1$로 나누어떨어지므로 인수정리에 의하여

$$f(1+2)=0 \quad \therefore f(3)=0$$

$$27+9a+3b+6=0 \quad \therefore 3a+b=-11 \cdots\cdots ㉡$$

㉠, ㉡을 연립하여 풀면

$$a=-4,\ b=1$$

$$\therefore b-a=1-(-4)=5$$

0316 답 106

$f(x)=x^2+ax+b\ (a,\ b$는 상수)라 하자.

$f(x)+2$는 $x+2$로 나누어떨어지므로 인수정리에 의하여

$$f(-2)+2=0 \quad \therefore f(-2)=-2$$

$$4-2a+b=-2 \quad \therefore -2a+b=-6 \cdots\cdots\cdots ㉠$$

$f(x)-2$는 $x-2$로 나누어떨어지므로 인수정리에 의하여

$$f(2)-2=0 \quad \therefore f(2)=2$$

$$4+2a+b=2 \quad \therefore 2a+b=-2 \cdots\cdots\cdots ㉡$$

㉠, ㉡을 연립하여 풀면

$$a=1,\ b=-4$$

따라서 $f(x)=x^2+x-4$이므로

$$f(10)=100+10-4=106$$

0317 답 ⑤

다항식 x^3+ax^2-2x+b가 $\underline{x^2-x-6}$을 인수로 가질 때, 상수 $a,\ b$에

단서1

대하여 $a+b$의 값은?

① 15   ② 16   ③ 17

④ 18   ⑤ 19

단서1 주어진 다항식을 $P(x)$라 하면 $x^2-x-6=(x+2)(x-3)$이므로 인수정리에 의하여 $P(-2)=0,\ P(3)=0$

STEP 1 일차식인 인수 찾기

$P(x)=x^3+ax^2-2x+b$라 하면 $P(x)$가 x^2-x-6, 즉 $(x+2)(x-3)$을 인수로 가지므로 $P(x)$는 $x+2$, $x-3$으로 각각 나누어떨어진다.

STEP 2 인수정리를 이용하여 $a,\ b$의 값 구하기

인수정리에 의하여

$$P(-2)=0,\ P(3)=0$$

$$-8+4a+4+b=0,\ 27+9a-6+b=0$$

$$\therefore 4a+b=4,\ 9a+b=-21$$

위의 두 식을 연립하여 풀면

$$a=-5,\ b=24$$

STEP 3 $a+b$의 값 구하기

$$a+b=-5+24=19$$

0318 답 ⑤

$P(x)$가 $2x^2+x-1$, 즉 $(2x-1)(x+1)$로 나누어떨어지므로 $P(x)$는 $2x-1$, $x+1$로 각각 나누어떨어진다.

인수정리에 의하여

$$P\left(\frac{1}{2}\right)=0,\ P(-1)=0$$

$$\frac{1}{4}-\frac{1}{4}+\frac{1}{2}a+b=0,\ -2-1-a+b=0$$

$$\therefore a+2b=0,\ -a+b=3$$

위의 두 식을 연립하여 풀면

$$a=-2,\ b=1$$

따라서 $P(x)=2x^3-x^2-2x+1$이므로

$$P(2)=16-4-4+1=9$$

0319 답 ④

$P(x)$가 $(x+1)(x-1)$로 나누어떨어지므로 $P(x)$는 $x+1$, $x-1$로 각각 나누어떨어진다.

인수정리에 의하여

$$P(-1)=0,\ P(1)=0$$

$$2-a+b-1-6=0,\ 2+a+b+1-6=0$$

$$\therefore -a+b=5,\ a+b=3$$

위의 두 식을 연립하여 풀면

$$a=-1,\ b=4$$

따라서 $P(x)=2x^4-x^3+4x^2+x-6$이므로 $P(x)$를 $x-2$로 나누었을 때의 나머지는 나머지정리에 의하여

$$P(2)=32-8+16+2-6=36$$

0320 🔑 34

$P(x-2)$가 $x^2-7x+12$, 즉 $(x-3)(x-4)$로 나누어떨어지므로
$P(x-2)$는 $x-3$, $x-4$로 각각 나누어떨어진다.
인수정리에 의하여
$P(3-2)=P(1)=0$, $P(4-2)=P(2)=0$
$3-1+a+b=0$, $24-4+2a+b=0$
$\therefore a+b=-2$, $2a+b=-20$
위의 두 식을 연립하여 풀면
$a=-18$, $b=16$
$\therefore b-a=16-(-18)=34$

0321 🔑 ③

삼차식 $P(x)$가 $(x+1)^2$으로 나누어떨어지므로 이때의 몫을
$ax+b$ $(a, b$는 상수$)$라 하면
$P(x)=(x+1)^2(ax+b)$
이때 $6-P(x)$가 $(x+2)(x-1)$로 나누어떨어지므로 $6-P(x)$
는 $x+2$, $x-1$로 각각 나누어떨어진다.
인수정리에 의하여
$6-P(-2)=0$, $6-P(1)=0$
$P(-2)=6$, $P(1)=6$
$-2a+b=6$, $4(a+b)=6$
$\therefore -2a+b=6$, $2a+2b=3$
위의 두 식을 연립하여 풀면
$a=-\dfrac{3}{2}$, $b=3$
따라서 $P(x)=(x+1)^2\left(-\dfrac{3}{2}x+3\right)$이므로 $P(x)$를 $x+4$로 나누
었을 때의 나머지는 나머지정리에 의하여
$P(-4)=9\times9=81$

0322 🔑 5

$P(x)-5$가 x^2-4, 즉 $(x+2)(x-2)$로 나누어떨어지므로
$P(x)-5$는 $x+2$, $x-2$로 각각 나누어떨어진다.
인수정리에 의하여
$P(-2)-5=0$, $P(2)-5=0$
$\therefore P(-2)=5$, $P(2)=5$
$P(x+1)$을 x^2+2x-3으로 나누었을 때의 몫을 $Q(x)$, 나머지를
$ax+b$ $(a, b$는 상수$)$라 하면
$P(x+1)=(x^2+2x-3)Q(x)+ax+b$
$\qquad\quad =(x+3)(x-1)Q(x)+ax+b$
양변에 $x=-3$, $x=1$을 각각 대입하면
$P(-2)=-3a+b$, $P(2)=a+b$
$\therefore -3a+b=5$, $a+b=5$
위의 두 식을 연립하여 풀면
$a=0$, $b=5$
따라서 $P(x+1)$을 x^2+2x-3으로 나누었을 때의 나머지는 5
이다.

0323 🔑 ①

최고차항의 계수가 1인 삼차식 $P(x)$에 대하여

$$P(0)=P(2)=P(3)=6$$
단서1
일 때, $\underline{P(x)$를 $x+1$로 나누었을 때의 나머지는?}
단서2

① -6 　　　② -5 　　　③ -4
④ -3 　　　⑤ -2

단서1 $P(0)-6=0$, $P(2)-6=0$, $P(3)-6=0$이므로
인수정리에 의하여 x, $x-2$, $x-3$은 $P(x)-6$의 인수
단서2 나머지정리에 의하여 $P(-1)$

STEP1 주어진 조건 정리하기
$P(0)=6$, $P(2)=6$, $P(3)=6$이므로
$P(0)-6=0$, $P(2)-6=0$, $P(3)-6=0$

STEP2 인수정리를 이용하여 $P(x)$ 구하기
$x=0$, $x=2$, $x=3$일 때, $P(x)-6=0$이므로 인수정리에 의하여
$P(x)-6$은 x, $x-2$, $x-3$을 인수로 가진다.
$P(x)$는 최고차항의 계수가 1인 삼차식이므로
$P(x)-6=x(x-2)(x-3)$
$\therefore P(x)=x(x-2)(x-3)+6$

STEP3 나머지정리를 이용하여 나머지 구하기
$P(x)$를 $x+1$로 나누었을 때의 나머지는 나머지정리에 의하여
$P(-1)=(-1)\times(-3)\times(-4)+6=-6$

0324 🔑 100

㈎에서 $P(-4)=P(1)=P(2)=k$ $(k$는 상수$)$라 하면
$P(-4)=k$, $P(1)=k$, $P(2)=k$
$P(-4)-k=0$, $P(1)-k=0$, $P(2)-k=0$
$x=-4$, $x=1$, $x=2$일 때, $P(x)-k=0$이므로 인수정리에 의하여
$P(x)-k$는 $x+4$, $x-1$, $x-2$를 인수로 가진다.
$P(x)$는 최고차항의 계수가 2인 삼차식이므로
$P(x)-k=2(x+4)(x-1)(x-2)$ ⋯⋯⋯⋯⋯⋯⋯ ㉠
㈏에서 $P(x)$는 $x+5$로 나누어떨어지므로 인수정리에 의하여
$P(-5)=0$
㉠의 양변에 $x=-5$를 대입하면
$P(-5)-k=-84$, $-k=-84$
$\therefore k=84$
따라서 $P(x)=2(x+4)(x-1)(x-2)+84$이므로
$P(0)=2\times4\times(-1)\times(-2)+84=100$

0325 🔑 ②

$P(1)=1$, $P(2)=\dfrac{1}{2}$, $P(3)=\dfrac{1}{3}$, $P(4)=\dfrac{1}{4}$에서
$P(1)=1$, $2P(2)=1$, $3P(3)=1$, $4P(4)=1$
$P(1)-1=0$, $2P(2)-1=0$, $3P(3)-1=0$, $4P(4)-1=0$
$x=1$, $x=2$, $x=3$, $x=4$일 때, $xP(x)-1=0$이므로 인수정리에
의하여 $xP(x)-1$은 $x-1$, $x-2$, $x-3$, $x-4$를 인수로 가진다.
$P(x)$는 삼차식이므로 $xP(x)-1$은 사차식이다.

즉, $xP(x)-1=a(x-1)(x-2)(x-3)(x-4)$ $(a\neq0)$라 하자.

양변에 $x=0$을 대입하면

$-1=24a$ $\quad\therefore a=-\dfrac{1}{24}$

$\therefore xP(x)-1=-\dfrac{1}{24}(x-1)(x-2)(x-3)(x-4)$ ············· ㉠

$P(x)$를 $x-5$로 나누었을 때의 나머지는 나머지정리에 의하여 $P(5)$이다.

㉠의 양변에 $x=5$를 대입하면

$5P(5)-1=-\dfrac{1}{24}\times 4\times 3\times 2\times 1$

$\therefore P(5)=0$

실수 Check

$P(x)$가 삼차식이므로 $P(x)=\dfrac{1}{x}$이 아니라 $xP(x)=1$을 만족시키는 $x=1$, $x=2$, $x=3$, $x=4$를 이용하여 문제를 해결한다.

Plus 문제

0325-1

삼차식 $P(x)$에 대하여

$P(1)=\dfrac{1}{2}$, $P(2)=\dfrac{1}{3}$, $P(3)=\dfrac{1}{4}$, $P(4)=\dfrac{1}{5}$

일 때, $P(x)$를 $x-5$로 나누었을 때의 나머지를 구하시오.

$P(1)=\dfrac{1}{2}$, $P(2)=\dfrac{1}{3}$, $P(3)=\dfrac{1}{4}$, $P(4)=\dfrac{1}{5}$에서

$2P(1)=1$, $3P(2)=1$, $4P(3)=1$, $5P(4)=1$

$2P(1)-1=0$, $3P(2)-1=0$, $4P(3)-1=0$,

$5P(4)-1=0$

$x=1$, $x=2$, $x=3$, $x=4$일 때, $(x+1)P(x)-1=0$이므로

인수정리에 의하여 $(x+1)P(x)-1$은 $x-1$, $x-2$, $x-3$, $x-4$를 인수로 가진다.

$P(x)$는 삼차식이므로 $(x+1)P(x)-1$은 사차식이다.

즉,

$(x+1)P(x)-1=a(x-1)(x-2)(x-3)(x-4)$ $(a\neq0)$

라 하자.

양변에 $x=-1$을 대입하면

$-1=120a$ $\quad\therefore a=-\dfrac{1}{120}$

$\therefore (x+1)P(x)-1=-\dfrac{1}{120}(x-1)(x-2)(x-3)(x-4)$

······························· ㉠

$P(x)$를 $x-5$로 나누었을 때의 나머지는 나머지정리에 의하여 $P(5)$이다.

㉠의 양변에 $x=5$를 대입하면

$6P(5)-1=-\dfrac{1}{120}\times 4\times 3\times 2\times 1$

$\therefore P(5)=\dfrac{2}{15}$

답 $\dfrac{2}{15}$

0326 답 ②
│ 유형 15

오른쪽과 같이 조립제법을 이용하여 다항식 x^3+ax^2-x+b를 $x-1$로 나누었을 때의 몫과 나머지를 **단서1** 구하는 과정에서 a, b, c, d, e의 값으로 옳지 **않은** 것은?

e	1	a	-1	b
		c	d	-2
	1	-1	-2	$\underline{3}$

단서2

① $a=-2$ ② $b=4$ ③ $c=1$

④ $d=-1$ ⑤ $e=1$

단서1 $e=1$
단서2 $e\times 1=c$, $a+c=-1$, $e\times(-1)=d$, $-1+d=-2$, $e\times(-2)=-2$, $b+(-2)=3$

STEP 1 조립제법 이용하기

조립제법을 이용하여 x^3+ax^2-x+b를 $x-1$로 나누었을 때의 몫과 나머지를 구하는 과정은 다음과 같다.

1	1	a	-1	b
		1	$a+1$	a
	1	$a+1$	a	$\underline{a+b}$

STEP 2 a, b, c, d, e의 값을 구하여 옳지 않은 것 찾기

$e=1$, $c=1$, $a+1=d$, $a=-2$, $a+b=3$이므로

$a=-2$, $b=5$, $c=1$, $d=-1$, $e=1$

따라서 옳지 않은 것은 ②이다.

0327 답 3

조립제법을 이용하여 $P(x)=x^2+1$을 $x+2$로 나누었을 때의 몫과 나머지를 구하는 과정은 다음과 같다.

-2	1	0	1
		-2	4
	1	-2	$\underline{5}$

$\therefore a=-2$, $b=0$, $c=-2$, $d=4$, $e=-2$, $f=5$

따라서 다항식 $P(x)$를 $x+2$로 나누었을 때의 몫은

$Q(x)=x-2$, 나머지는 $R=5$이므로

$Q(b)+R=Q(0)+5=-2+5=3$

0328 답 12

조립제법을 이용하여 $P(x)=2x^3-3x^2-x+2$를 $x+\dfrac{3}{2}$으로 나누었을 때의 몫과 나머지를 구하면

$-\dfrac{3}{2}$	2	-3	-1	2
		-3	9	-12
	2	-6	8	$\underline{-10}$

이므로 몫은 $2x^2-6x+8$, 나머지는 -10이다.

$\therefore P(x)=2x^3-3x^2-x+2$

$\qquad =\left(x+\dfrac{3}{2}\right)(2x^2-6x+8)-10$

$\qquad =(2x+3)(x^2-3x+4)-10$

따라서 $P(x)$를 $2x+3$으로 나누었을 때의 몫은

$Q(x)=x^2-3x+4$, 나머지는 $R=-10$이므로

$Q(1)-R=1-3+4-(-10)=12$

0329 답 ④

조립제법을 이용하면

$$
\begin{array}{r|rrrr}
\frac{1}{3} & 3 & -7 & 5 & 1 \\
  &   & 1 & -2 & 1 \\
\hline
  & 3 & -6 & 3 & \boxed{2}
\end{array}
$$

이므로

$$
\begin{aligned}
3x^3-7x^2+5x+1 &= \left(x-\frac{1}{3}\right)(\boxed{3x^2-6x+3})+2 \\
&= (3x-1)(\boxed{x^2-2x+1})+2
\end{aligned}
$$

이다.

따라서 몫은 $\boxed{x^2-2x+1}$이고, 나머지는 2이다.

$f(x)=3x^2-6x+3$, $g(x)=x^2-2x+1$이므로

$f(2)+g(2)=3+1=4$

0330 답 ⑤ | 유형 16

> x의 값에 관계없이 등식
> $$\underline{x^3-2x^2-3=a(x+1)^3+b(x+1)^2+c(x+1)+d}$$
> **단서1**
> 가 성립할 때, 상수 a, b, c, d에 대하여 $a-b+c-d$의 값은?
>
> ① 15 ② 16 ③ 17
> ④ 18 ⑤ 19
>
> **단서1** $x^3-2x^2+3=(x+1)\{a(x+1)^2+b(x+1)+c\}+d$이므로 d는 x^3-2x^2+3을 $x+1$로 나누었을 때의 나머지

STEP 1 조립제법 이용하기

조립제법을 이용하면

$$
\begin{array}{r|rrrr}
-1 & 1 & -2 & 0 & -3 \\
   &   & -1 & 3 & -3 \\
\hline
-1 & 1 & -3 & 3 & \boxed{-6=d} \\
   &   & -1 & 4 & \\
\hline
-1 & 1 & -4 & \boxed{7=c} & \\
   &   & -1 & & \\
\hline
   & 1 & \boxed{-5=b} & & \\
   & \| & & & \\
   & a & & &
\end{array}
$$

STEP 2 조립제법을 식으로 나타내고 a, b, c, d의 값 구하기

위의 조립제법에서

$$
\begin{aligned}
x^3-2x^2-3 &= (x+1)(x^2-3x+3)-6 \\
&= (x+1)\{(x+1)(x-4)+7\}-6 \\
&= (x+1)[(x+1)\{(x+1)-5\}+7]-6 \\
&= (x+1)\{(x+1)^2-5(x+1)+7\}-6 \\
&= (x+1)^3-5(x+1)^2+7(x+1)-6
\end{aligned}
$$

$\therefore a=1$, $b=-5$, $c=7$, $d=-6$

STEP 3 $a-b+c-d$의 값 구하기

$a-b+c-d=1-(-5)+7-(-6)=19$

0331 답 ⑤

$P(x)=x^4+ax+b$가 $(x-1)^2$을 인수로 가지므로 $P(x)$는 $(x-1)^2$으로 나누어떨어진다.

조립제법을 이용하면

$$
\begin{array}{r|rrrrr}
1 & 1 & 0 & 0 & a & b \\
  &   & 1 & 1 & 1 & a+1 \\
\hline
1 & 1 & 1 & 1 & a+1 & \boxed{a+b+1} \\
  &   & 1 & 2 & 3 & \\
\hline
  & 1 & 2 & 3 & a+4 &
\end{array}
$$

$P(x)$를 $x-1$로 나누었을 때의 나머지가 0이므로

$a+b+1=0$ ········· ㉠

이때의 몫 $x^3+x^2+x+a+1$을 $x-1$로 나누었을 때의 나머지도 0이므로

$a+4=0$ $\therefore a=-4$

$a=-4$를 ㉠에 대입하면

$-4+b+1=0$ $\therefore b=3$

따라서 $P(x)=x^4-4x+3$이므로 $P(x)$를 $x+2$로 나누었을 때의 나머지는 나머지정리에 의하여

$P(-2)=(-2)^4-4\times(-2)+3=27$

다른 풀이

조립제법을 이용하면

$$
\begin{array}{r|rrrrr}
1 & 1 & 0 & 0 & a & b \\
  &   & 1 & 1 & 1 & a+1 \\
\hline
1 & 1 & 1 & 1 & a+1 & \boxed{a+b+1} \\
  &   & 1 & 2 & 3 & \\
\hline
  & 1 & 2 & 3 & a+4 &
\end{array}
$$

$$
\begin{aligned}
&x^4+ax+b \\
&= (x-1)(x^3+x^2+x+a+1)+a+b+1 \\
&= (x-1)\{(x-1)(x^2+2x+3)+a+4\}+a+b+1 \\
&= (x-1)^2(x^2+2x+3)+(x-1)(a+4)+a+b+1
\end{aligned}
$$

$P(x)=x^4+ax+b$가 $(x-1)^2$을 인수로 가지므로 $P(x)$는 $(x-1)^2$으로 나누어떨어진다.

즉, $P(x)$를 $(x-1)^2$으로 나누었을 때의 나머지가 0이므로

$(x-1)(a+4)+a+b+1=0$

이 등식의 좌변을 x에 대하여 정리하면

$(a+4)x+b-3=0$

이 등식이 x에 대한 항등식이므로

$a+4=0$, $b-3=0$ $\therefore a=-4$, $b=3$

따라서 $P(x)=x^4-4x+3$이므로 $P(x)$를 $x+2$로 나누었을 때의 나머지는 나머지정리에 의하여

$P(-2)=(-2)^4-4\times(-2)+3=27$

0332 답 ④

$P(x)$를 $x-2$로 나누었을 때의 몫을 $Q_1(x)$라 하면 나머지가 a이므로

$P(x)=(x-2)Q_1(x)+a$ ········· ㉠

$Q_1(x)$를 $x-2$로 나누었을 때의 몫이 b이고 나머지가 c이므로

$Q_1(x)=b(x-2)+c$ ········· ㉡

㉡을 ㉠에 대입하면

$P(x)=(x-2)\{b(x-2)+c\}+a=b(x-2)^2+c(x-2)+a$

$\therefore a=7$, $b=3$, $c=6$

0333 답 7

조립제법을 이용하면

$$
\begin{array}{c|cccc}
\frac{1}{2} & 8 & -4 & 2 & 1 \\
 & & 4 & 0 & 1 \\
\hline
\frac{1}{2} & 8 & 0 & 2 & \boxed{2} \\
 & & 4 & 2 & \\
\hline
\frac{1}{2} & 8 & 4 & \boxed{4} & \\
 & & 4 & & \\
\hline
 & 8 & \boxed{8} & &
\end{array}
$$

$8x^3-4x^2+2x+1$

$=\left(x-\dfrac{1}{2}\right)(8x^2+2)+2$

$=\left(x-\dfrac{1}{2}\right)\left\{\left(x-\dfrac{1}{2}\right)(8x+4)+4\right\}+2$

$=\left(x-\dfrac{1}{2}\right)\left[\left(x-\dfrac{1}{2}\right)\left\{\left(x-\dfrac{1}{2}\right)\times 8+8\right\}+4\right]+2$

$=\left(x-\dfrac{1}{2}\right)\left\{8\left(x-\dfrac{1}{2}\right)^2+8\left(x-\dfrac{1}{2}\right)+4\right\}+2$

$=\underset{=2^3}{8\left(x-\dfrac{1}{2}\right)^3}+\underset{=2\times 2^2}{8\left(x-\dfrac{1}{2}\right)^2}+\underset{=2\times 2}{4\left(x-\dfrac{1}{2}\right)}+2$

$=(2x-1)^3+2(2x-1)^2+2(2x-1)+2$

따라서 $a=1$, $b=2$, $c=2$, $d=2$이므로

$a+b+c+d=1+2+2+2=7$

실수 Check

다항식을 $2x-1$에 대하여 내림차순으로 정리한 꼴이므로 조립제법을 반복하여 이용하면 미정계수를 구할 수 있다. 이때 $2x-1=0$인 x의 값 $\dfrac{1}{2}$로 조립제법을 이용하면 나누는 식이 $x-\dfrac{1}{2}$임에 주의하여 식을 정리해야 한다.

0334 답 40

조립제법을 이용하면

$$
\begin{array}{c|ccccc}
2 & 1 & 0 & 0 & a & b \\
 & & 2 & 4 & 8 & 2a+16 \\
\hline
2 & 1 & 2 & 4 & a+8 & \boxed{2a+b+16} \\
 & & 2 & 8 & 24 & \\
\hline
 & 1 & 4 & 12 & \boxed{a+32} &
\end{array}
$$

x^4+ax+b를 $x-2$로 나누었을 때의 나머지가 0이므로

$2a+b+16=0$ ┄┄┄┄┄┄┄┄┄┄┄┄┄┄┄┄┄┄┄┄┄ ㉠

이때의 몫 $x^3+2x^2+4x+a+8$을 $x-2$로 나누었을 때의 나머지도 0이므로

$a+32=0$ $\therefore a=-32$

$a=-32$를 ㉠에 대입하면

$-64+b+16=0$ $\therefore b=48$

한편, x^4+ax+b, 즉 $x^4-32x+48$을 $(x-2)^2$으로 나누었을 때의 몫은 $Q(x)=x^2+4x+12$이므로

$a+b+Q(2)=-32+48+(2^2+4\times 2+12)=40$

다른 풀이

조립제법을 이용하면

$$
\begin{array}{c|ccccc}
2 & 1 & 0 & 0 & a & b \\
 & & 2 & 4 & 8 & 2a+16 \\
\hline
2 & 1 & 2 & 4 & a+8 & \boxed{2a+b+16} \\
 & & 2 & 8 & 24 & \\
\hline
 & 1 & 4 & 12 & \boxed{a+32} &
\end{array}
$$

x^4+ax+b

$=(x-2)(x^3+2x^2+4x+a+8)+2a+b+16$

$=(x-2)\{(x-2)(x^2+4x+12)+a+32\}+2a+b+16$

$=(x-2)^2(x^2+4x+12)+(x-2)(a+32)+2a+b+16$

x^4+ax+b를 $(x-2)^2$으로 나누었을 때의 나머지가 0이므로

$(x-2)(a+32)+2a+b+16=0$

이 등식의 좌변을 x에 대하여 정리하면

$(a+32)x+b-48=0$

이 등식이 x에 대한 항등식이므로

$a+32=0$, $b-48=0$

$\therefore a=-32$, $b=48$

한편, x^4+ax+b, 즉 $x^4-32x+48$을 $(x-2)^2$으로 나누었을 때의 몫은 $Q(x)=x^2+4x+12$이므로

$a+b+Q(2)=-32+48+(2^2+4\times 2+12)=40$

0335 답 ④ | 유형 **17**

다음 중 옳지 않은 것은?

① $8x^3+12x^2+6x+1=(2x+1)^3$

② $x^3-9x^2+27x-27=(x-3)^3$

③ $8x^3+27=(2x+3)(4x^2-6x+9)$

④ $\underline{x^6-y^6=(x^2+y^2)(x^2-xy+y^2)(x^2+xy+y^2)}$
   단서1

⑤ $x^3-y^3+8z^3+6xyz$
   $=(x-y+2z)(x^2+y^2+4z^2+xy+2yz-2zx)$

단서1 $(x^3)^2-(y^3)^2$ (또는 $(x^2)^3-(y^2)^3$)이라 하고 인수분해 공식 이용

STEP 1 인수분해 공식 이용하기

① $8x^3+12x^2+6x+1=(2x)^3+3\times(2x)^2\times 1+3\times 2x\times 1^2+1^3$
   $=(2x+1)^3$

② $x^3-9x^2+27x-27=x^3-3\times x^2\times 3+3\times x\times 3^2-3^3$
   $=(x-3)^3$

③ $8x^3+27=(2x)^3+3^3=(2x+3)(4x^2-6x+9)$

④ $x^6-y^6=(x^3+y^3)(x^3-y^3)$
   $=(x+y)(x^2-xy+y^2)(x-y)(x^2+xy+y^2)$

⑤ $x^3-y^3+8z^3+6xyz$
   $=x^3+(-y)^3+(2z)^3-3\times x\times(-y)\times 2z$
   $=(x-y+2z)(x^2+y^2+4z^2+xy+2yz-2zx)$

다른 풀이

④ $x^6-y^6=(x^2)^3-(y^2)^3$
   $=(x^2-y^2)\{(x^2)^2+x^2y^2+(y^2)^2\}$
   $=(x+y)(x-y)(x^4+x^2y^2+y^4)$
   $=(x+y)(x-y)(x^2+xy+y^2)(x^2-xy+y^2)$

0336 답 ③

$x^3-3x^2+3x-1=(x-1)^3$
$\qquad\qquad\qquad\quad=(x-1)(x-1)^2$
$\qquad\qquad\qquad\quad=(x-1)(x^2-2x+1)$

따라서 x^3-3x^2+3x-1의 인수인 것은 ③이다.

0337 답 $(x+7y)(x^2+2xy+13y^2)$

$x+3y=X$, $4y=Y$라 하면
$(x+3y)^3+64y^3$
$=(x+3y)^3+(4y)^3$
$=X^3+Y^3$
$=(X+Y)(X^2-XY+Y^2)$
$=(x+3y+4y)(x^2+6xy+9y^2-4xy-12y^2+16y^2)$
$=(x+7y)(x^2+2xy+13y^2)$

0338 답 27

$a^4+9a^2b^2+81b^4=(a^2+3ab+9b^2)(a^2-3ab+9b^2)$
이때 p, q는 자연수이므로
$a^2-pab+qb^2=a^2-3ab+9b^2$ $\quad\therefore p=3$, $q=9$
$\therefore pq=3\times9=27$

0339 답 ④

$27x^3+64y^6=(3x)^3+(4y^2)^3=(3x+4y^2)(9x^2-12xy^2+16y^4)$
$9x^2+pxy^2+qy^4=9x^2-12xy^2+16y^4$이므로
$p=-12$, $q=16$
$\therefore p+q=-12+16=4$

0340 답 ①

ㄱ. $4x^2+9y^2+z^2-12xy+6yz-4zx$
$\quad=(-2x)^2+(3y)^2+z^2+2\times(-2x)\times3y+2\times3y\times z$
$\qquad\qquad\qquad\qquad\qquad\qquad\qquad\qquad+2\times z\times(-2x)$
$\quad=(-2x+3y+z)^2$
$\quad=(2x-3y-z)^2$ (참)

ㄴ. $8x^3-12x^2+6x-1$
$\quad=(2x)^3-3\times(2x)^2\times1+3\times2x\times1^2-1^3$
$\quad=(2x-1)^3$ (참)

ㄷ. x^4+9x^2+81
$\quad=x^4+3^2x^2+3^4$
$\quad=(x^2+3x+3^2)(x^2-3x+3^2)$
$\quad=(x^2+3x+9)(x^2-3x+9)$ (거짓)

ㄹ. $x^3-27y^3+8z^3+18xyz$
$\quad=x^3+(-3y)^3+(2z)^3-3\times x\times(-3y)\times2z$
$\quad=(x-3y+2z)(x^2+9y^2+4z^2+3xy+6yz-2zx)$ (거짓)

따라서 옳은 것은 ㄱ, ㄴ이다.

0341 답 ④

> 다음 중 $\underbrace{(x^2+5x+4)(x^2+5x+6)}-8$의 인수인 것은?
> 　　　　　　　단서1
>
> ① $x+2$ 　　　 ② $x+3$ 　　　 ③ x^2+5x
>
> ④ x^2+5x+2 　　 ⑤ x^2+5x+3
>
> 단서1 공통부분 x^2+5x

STEP1 공통부분을 문자로 치환하여 식 전개하기

$x^2+5x=A$라 하면
$(x^2+5x+4)(x^2+5x+6)-8=(A+4)(A+6)-8$
$\qquad\qquad\qquad\qquad\qquad\qquad=A^2+10A+24-8$
$\qquad\qquad\qquad\qquad\qquad\qquad=A^2+10A+16$

STEP2 전개한 식을 인수분해한 후 치환한 문자에 원래 식을 대입하여 정리하기

$A^2+10A+16=(A+2)(A+8)$
$\qquad\qquad\qquad=(x^2+5x+2)(x^2+5x+8)$

따라서 $(x^2+5x+4)(x^2+5x+6)-8$의 인수인 것은 ④이다.

0342 답 ⑤

$(x+1)(x+3)(x+5)(x+7)+7$
$=(x+1)(x+7)(x+3)(x+5)+7$
$=(x^2+8x+7)(x^2+8x+\boxed{15})+7$
$x^2+8x=X$로 치환하면
$(x^2+8x+7)(x^2+8x+\boxed{15})+7$
$=(X+7)(X+\boxed{15})+7$
$=X^2+\boxed{22}X+112$
$=(X+\boxed{8})(X+14)$
$=(x^2+8x+\boxed{8})(x^2+8x+14)$

따라서 $p=15$, $q=22$, $r=8$이므로
$p+q+r=15+22+8=45$

0343 답 ⑤

$x-1=X$라 하면
$(x-y+z-1)(x-1)-yz=(x-1-y+z)(x-1)-yz$
$\qquad\qquad\qquad\qquad\qquad\quad=(X-y+z)X-yz$
$\qquad\qquad\qquad\qquad\qquad\quad=X^2+(z-y)X-yz$
$\qquad\qquad\qquad\qquad\qquad\quad=(X-y)(X+z)$
$\qquad\qquad\qquad\qquad\qquad\quad=(x-1-y)(x-1+z)$
$\qquad\qquad\qquad\qquad\qquad\quad=(x-y-1)(x+z-1)$

따라서 $(x-y+z-1)(x-1)-yz$의 인수인 것은 ⑤이다.

0344 답 $-6(x-y)(x-y+2)$

$x-y=X$라 하면
$(x-y)^3+(y-x-2)^3+8=X^3+(-X-2)^3+8$
$\qquad\qquad\qquad\qquad\qquad\qquad=X^3+(-X^3-6X^2-12X-8)+8$
$\qquad\qquad\qquad\qquad\qquad\qquad=-6X^2-12X$
$\qquad\qquad\qquad\qquad\qquad\qquad=-6X(X+2)$
$\qquad\qquad\qquad\qquad\qquad\qquad=-6(x-y)(x-y+2)$

0345 답 ③

$(x^2+2x)^2-3x^2-6x-40=(x^2+2x)^2-3(x^2+2x)-40$

$x^2+2x=X$라 하면

$(x^2+2x)^2-3(x^2+2x)-40=X^2-3X-40$
$\qquad\qquad\qquad\qquad\quad=(X-8)(X+5)$
$\qquad\qquad\qquad\qquad\quad=(x^2+2x-8)(x^2+2x+5)$
$\qquad\qquad\qquad\qquad\quad=(x-2)(x+4)(x^2+2x+5)$

따라서 $a=2$, $b=4$, $c=2$, $d=5$이므로

$a+b+c+d=2+4+2+5=13$

0346 답 ④

$(x+1)(x-2)(x+3)(x+6)-100$
$=(x+1)(x+3)(x-2)(x+6)-100$
$=(x^2+4x+3)(x^2+4x-12)-100$

$x^2+4x=X$라 하면

$(x^2+4x+3)(x^2+4x-12)-100$
$=(X+3)(X-12)-100$
$=X^2-9X-136$
$=(X-17)(X+8)$
$=(x^2+4x-17)(x^2+4x+8)$

따라서 $a=4$, $b=4$, $c=8$이므로

$abc=4\times4\times8=128$

0347 답 ③

$x+2=X$, $x-y=Y$라 하면

$(x+2)^3-6(x+2)^2(x-y)+12(x+2)(x-y)^2-8(x-y)^3$
$=X^3-6X^2Y+12XY^2-8Y^3$
$=(X-2Y)^3$
$=\{(x+2)-2(x-y)\}^3$
$=(x+2-2x+2y)^3$
$=(-x+2y+2)^3$

0348 답 16

$(x^2-2x)(x^2-10x+24)+k=x(x-2)(x-4)(x-6)+k$
$\qquad\qquad\qquad\qquad\qquad\quad=x(x-6)(x-2)(x-4)+k$
$\qquad\qquad\qquad\qquad\qquad\quad=(x^2-6x)(x^2-6x+8)+k$

$x^2-6x=X$라 하면

$(x^2-6x)(x^2-6x+8)+k=X(X+8)+k$
$\qquad\qquad\qquad\qquad\qquad=X^2+8X+k$
$\qquad\qquad\qquad\qquad\qquad=(X+4)^2+k-16$

$(x^2-2x)(x^2-10x+24)+k$가 이차식의 완전제곱식으로 인수분해되려면 $k-16=0$이어야 하므로

$k=16$

0349 답 ③ | 유형 **19**

> 다항식 x^4-13x^2+36을 인수분해하면
>
> $(x+a)(x+b)(x+c)(x+d)$이다. 상수 a, b, c, d에 대하여 $a<b<c<d$일 때, $ab+cd$의 값은?
>
> ① 8   ② 10   ③ 12
> ④ 14   ⑤ 16
>
> **단서1** $x^2=X$로 치환하면 $x^4-13x^2+36=X^2-13X+36=(X-4)(X-9)$

STEP1 $x^2=X$로 치환하여 인수분해하기

$x^2=X$라 하면

$x^4-13x^2+36=X^2-13X+36$
$\qquad\qquad\qquad=(X-4)(X-9)$
$\qquad\qquad\qquad=(x^2-4)(x^2-9)$
$\qquad\qquad\qquad=(x+2)(x-2)(x+3)(x-3)$

STEP2 $ab+cd$의 값 구하기

$a<b<c<d$이므로 $a=-3$, $b=-2$, $c=2$, $d=3$

$\therefore ab+cd=(-3)\times(-2)+2\times3=12$

다른 풀이

$x^4-13x^2+36=x^4-12x^2-x^2+36$
$\qquad\qquad\qquad=x^4-12x^2+36-x^2$
$\qquad\qquad\qquad=(x^2-6)^2-x^2$
$\qquad\qquad\qquad=(x^2-6+x)(x^2-6-x)$
$\qquad\qquad\qquad=(x^2+x-6)(x^2-x-6)$
$\qquad\qquad\qquad=(x+3)(x-2)(x+2)(x-3)$

이때 $a<b<c<d$이므로 $a=-3$, $b=-2$, $c=2$, $d=3$

$\therefore ab+cd=(-3)\times(-2)+2\times3=12$

0350 답 10

$x^2=X$라 하면

$x^4-50x^2+625=X^2-50X+625$
$\qquad\qquad\qquad=(X-25)^2$
$\qquad\qquad\qquad=(x^2-25)^2$
$\qquad\qquad\qquad=\{(x+5)(x-5)\}^2$
$\qquad\qquad\qquad=(x+5)^2(x-5)^2$

이때 $a<b$이므로 $a=-5$, $b=5$

$\therefore b-a=5-(-5)=10$

0351 답 ②

$x^4+2x^2+9=x^4+2x^2+9+4x^2-4x^2$
$\qquad\qquad\quad=(x^4+6x^2+9)-4x^2$
$\qquad\qquad\quad=(x^2+3)^2-(2x)^2$
$\qquad\qquad\quad=(x^2+3+2x)(x^2+3-2x)$
$\qquad\qquad\quad=(x^2+2x+3)(x^2-2x+3)$

따라서 $a=2$, $b=3$이므로

$a+b=2+3=5$

0352 답 ③

$(x+1)^2=X$라 하면

$$\begin{aligned}(x+1)^4-10(x+1)^2+24&=\{(x+1)^2\}^2-10(x+1)^2+24\\&=X^2-10X+24\\&=(X-4)(X-6)\\&=\{(x+1)^2-4\}\{(x+1)^2-6\}\\&=(x^2+2x-3)(x^2+2x-5)\\&=(x-1)(x+3)(x^2+2x-5)\end{aligned}$$

따라서 $(x+1)^4-10(x+1)^2+24$의 인수인 것은 ③이다.

0353 답 3

$x^2=X$, $y^2=Y$라 하면

$$\begin{aligned}3x^4-11x^2y^2-4y^4&=3X^2-11XY-4Y^2\\&=(3X+Y)(X-4Y)\\&=(3x^2+y^2)(x^2-4y^2)\\&=(3x^2+y^2)(x-2y)(x+2y)\end{aligned}$$

따라서 $a=1$, $b=2$이므로

$a+b=1+2=3$

0354 답 $(x^2-3xy+3y^2)(x^2+3xy+3y^2)$

$$\begin{aligned}x^4-3x^2y^2+9y^4&=x^4-3x^2y^2+9y^4+9x^2y^2-9x^2y^2\\&=(x^4+6x^2y^2+9y^4)-9x^2y^2\\&=(x^2+3y^2)^2-(3xy)^2\\&=(x^2-3xy+3y^2)(x^2+3xy+3y^2)\end{aligned}$$

0355 답 ⑤

ㄱ. $x^2=X$라 하면

$$\begin{aligned}x^4+x^2-20&=X^2+X-20\\&=(X+5)(X-4)\\&=(x^2+5)(x^2-4)\\&=(x^2+5)(x+2)(x-2) \text{ (참)}\end{aligned}$$

ㄴ. $$\begin{aligned}x^4-13x^2+4&=x^4-13x^2+4+9x^2-9x^2\\&=(x^4-4x^2+4)-9x^2\\&=(x^2-2)^2-(3x)^2\\&=(x^2-2+3x)(x^2-2-3x)\\&=(x^2+3x-2)(x^2-3x-2) \text{ (참)}\end{aligned}$$

ㄷ. $$\begin{aligned}8x^2y^2-x^4-4y^4&=8x^2y^2-4x^2y^2+4x^2y^2-x^4-4y^4\\&=4x^2y^2-(x^4-4x^2y^2+4y^4)\\&=(2xy)^2-(x^2-2y^2)^2\\&=(2xy+x^2-2y^2)(2xy-x^2+2y^2)\\&=-(x^2+2xy-2y^2)(x^2-2xy-2y^2) \text{ (참)}\end{aligned}$$

따라서 옳은 것은 ㄱ, ㄴ, ㄷ이다.

0356 답 ⑤

$x^4-6x^2+a=(x^2+bx-1)(x^2+cx-1)$이므로

$a=1$

$$\begin{aligned}x^4-6x^2+1&=x^4-6x^2+1+4x^2-4x^2\\&=(x^4-2x^2+1)-4x^2\\&=(x^2-1)^2-(2x)^2\\&=(x^2-1+2x)(x^2-1-2x)\\&=(x^2+2x-1)(x^2-2x-1)\end{aligned}$$

따라서 $a=1$, $b=2$, $c=-2$ 또는 $a=1$, $b=-2$, $c=2$이므로

$a^2+b^2+c^2=1^2+2^2+(-2)^2=9$

0357 답 ④

$(x-1)^2=X$라 하면

$$\begin{aligned}(x-1)^4+3(x-1)^2-4&=\{(x-1)^2\}^2+3(x-1)^2-4\\&=X^2+3X-4\\&=(X+4)(X-1)\\&=\{(x-1)^2+4\}\{(x-1)^2-1\}\\&=(x^2-2x+5)(x^2-2x)\\&=x(x-2)(x^2-2x+5)\end{aligned}$$

따라서 $f(x)=x$, $g(x)=x-2$, $h(x)=x^2-2x+5$ 또는

$f(x)=x-2$, $g(x)=x$, $h(x)=x^2-2x+5$이므로

$f(3)+g(3)+h(3)=3+(3-2)+(3^2-2\times3+5)=12$

0358 답 ① | 유형 20

다음 중 다항식 $4a^2-4ab+b^2-2a+b-6$의 인수인 것은?
단서1

① $2a-b-3$ ② $2a-b-2$ ③ $2a+b-3$

④ $2a+b-2$ ⑤ $2a+b+2$

단서1 a에 대하여 내림차순으로 정리하면 $4a^2-(4b+2)a+b^2+b-6$

STEP1 주어진 다항식을 한 문자에 대하여 정리하기

주어진 식을 a에 대한 내림차순으로 정리하면

$4a^2-4ab+b^2-2a+b-6$

$=4a^2-(4b+2)a+b^2+b-6$

$=4a^2-(4b+2)a+(b+3)(b-2)$

STEP2 인수분해하여 인수 찾기

$4a^2-(4b+2)a+(b+3)(b-2)=(2a-b+2)(2a-b-3)$

따라서 $4a^2-4ab+b^2-2a+b-6$의 인수인 것은 ①이다.

다른 풀이 1

주어진 식을 b에 대한 내림차순으로 정리하여 인수분해하면

$4a^2-4ab+b^2-2a+b-6$

$=b^2-(4a-1)b+4a^2-2a-6$

$=b^2-(4a-1)b+2(2a^2-a-3)$

$=b^2-(4a-1)b+2(a+1)(2a-3)$

$=(b-2a-2)(b-2a+3)$

$=(2a-b+2)(2a-b-3)$

다른 풀이 2

$4a^2-4ab+b^2-2a+b-6=(2a-b)^2-(2a-b)-6$

$2a-b=X$라 하면

$$(2a-b)^2-(2a-b)-6=X^2-X-6$$
$$=(X-3)(X+2)$$
$$=(2a-b-3)(2a-b+2)$$

0359 답 $(y-z)(x+y+z)$

주어진 식을 x에 대하여 내림차순으로 정리하여 인수분해하면
→ 차수가 가장 낮은 문자
$$y^2+xy-z^2-zx=(y-z)x+y^2-z^2$$
$$=(y-z)x+(y+z)(y-z)$$
$$=(y-z)(x+y+z)$$

0360 답 ②

주어진 식을 x에 대하여 내림차순으로 정리하여 인수분해하면
$$-2x^2+2y^2-3xy+5x-5y+3$$
$$=-2x^2+(-3y+5)x+(2y^2-5y+3)$$
$$=-2x^2+(-3y+5)x+(2y-3)(y-1)$$
$$=(-2x+y-1)(x+2y-3)$$
따라서 $a=-2$, $b=1$, $c=-1$, $d=2$, $e=-3$이므로
$$a+b+c+d+e=-2+1+(-1)+2+(-3)=-3$$

0361 답 $(x-z)(x-y)^2$

주어진 식을 z에 대하여 내림차순으로 정리하여 인수분해하면
→ 차수가 가장 낮은 문자
$$x^3-2x^2y+xy^2-x^2z+2xyz-y^2z$$
$$=(-x^2+2xy-y^2)z+x^3-2x^2y+xy^2$$
$$=(x^2-2xy+y^2)(-z)+x(x^2-2xy+y^2)$$
$$=(x-z)(x^2-2xy+y^2)$$
$$=(x-z)(x-y)^2$$

0362 답 ⑤

ㄱ. 주어진 식을 z에 대하여 내림차순으로 정리하여 인수분해하면
$$x^3-y^3+x^2z-y^2z+xz^2-yz^2$$
$$=(x-y)z^2+(x^2-y^2)z+x^3-y^3$$
$$=(x-y)z^2+(x+y)(x-y)z+(x-y)(x^2+xy+y^2)$$
$$=(x-y)\{z^2+(x+y)z+x^2+xy+y^2\}$$
$$=(x-y)(x^2+y^2+z^2+xy+yz+zx) \text{ (참)}$$

ㄴ. 주어진 식을 x에 대하여 내림차순으로 정리하여 인수분해하면
$$2x^2-y^2+xy+11x+2y+15$$
$$=2x^2+(y+11)x-(y^2-2y-15)$$
$$=2x^2+(y+11)x-(y+3)(y-5)$$
$$=\{x+(y+3)\}\{2x-(y-5)\}$$
$$=(x+y+3)(2x-y+5) \text{ (참)}$$

ㄷ. 주어진 식을 x에 대하여 내림차순으로 정리하여 인수분해하면
$$x^2-2y^2+z^2+xy-yz-2zx$$
$$=x^2+(y-2z)x-2y^2-yz+z^2$$
$$=x^2+(y-2z)x-(y+z)(2y-z)$$
$$=(x-y-z)(x+2y-z) \text{ (참)}$$

따라서 옳은 것은 ㄱ, ㄴ, ㄷ이다.

0363 답 ③

주어진 식을 a에 대하여 내림차순으로 정리하여 인수분해하면
$$ab(a-b)+bc(b-c)+ca(c-a)$$
$$=a^2b-ab^2+b^2c-bc^2+c^2a-ca^2$$
$$=(b-c)a^2-(b^2-c^2)a+b^2c-bc^2$$
$$=(b-c)a^2-(b+c)(b-c)a+bc(b-c)$$
$$=(b-c)\{a^2-(b+c)a+bc\}$$
$$=(b-c)(a-b)(a-c)$$
$$=-(a-b)(b-c)(c-a)$$

0364 답 ㄱ, ㄹ

주어진 식을 a에 대하여 내림차순으로 정리하여 인수분해하면
$$(a+b+c)(bc+ca+ab)-abc$$
$$=(a+b+c)\{bc+a(c+b)\}-abc$$
$$=\{a+(b+c)\}\{bc+a(b+c)\}-abc$$
$$=abc+(b+c)a^2+(b+c)bc+(b+c)^2a-abc$$
$$=(b+c)a^2+(b+c)^2a+bc(b+c)$$
$$=(b+c)\{a^2+(b+c)a+bc\}$$
$$=(b+c)(a+b)(a+c)$$
$$=(a+b)(b+c)(c+a)$$
따라서 주어진 식의 인수인 것은 ㄱ, ㄹ이다.

0365 답 ③

주어진 식을 a에 대하여 내림차순으로 정리하여 인수분해하면
$$(a+b)(b+c)(c+a)+abc$$
$$=(ab+ac+b^2+bc)(c+a)+abc$$
$$=abc+ac^2+b^2c+bc^2+a^2b+a^2c+ab^2+abc+abc$$
$$=(b+c)a^2+(b^2+3bc+c^2)a+bc(b+c)$$
$$=\{a+(b+c)\}\{(b+c)a+bc\}$$
$$=(a+b+c)(ab+bc+ca)$$
$$\therefore A=ab+bc+ca$$

다른 풀이

주어진 식을 a에 대하여 내림차순으로 정리하여 인수분해하면
$$(a+b)(b+c)(c+a)+abc$$
$$=(b+c)(a+b)(c+a)+abc$$
$$=(b+c)\{a^2+(b+c)a+bc\}+abc$$
$$=(b+c)a^2+(b+c)^2a+(b+c)bc+abc$$
$$=(b+c)a^2+(b^2+3bc+c^2)a+bc(b+c)$$
$$=\{a+(b+c)\}\{(b+c)a+bc\}$$
$$=(a+b+c)(ab+bc+ca)$$
$$\therefore A=ab+bc+ca$$

0366 답 $(ac-d)(ab+c+d)$

주어진 식을 b에 대하여 내림차순으로 정리하여 인수분해하면
→ 차수가 가장 낮은 문자
$$a^2bc+ac^2+acd-abd-cd-d^2$$
$$=(a^2c-ad)b+ac^2+acd-cd-d^2$$
$$=a(ac-d)b+c(c+d)a-d(c+d)$$
$$=a(ac-d)b+(c+d)(ac-d)$$
$$=(ac-d)(ab+c+d)$$

b에 대한 식으로 볼 때의 상수항 역시 차수가 가장 낮은 문자 a에 대하여 내림차순으로 정리한다.

0367 답 ⑤

주어진 식을 a에 대하여 내림차순으로 정리하여 인수분해하면
$ab^2 - 2a^2b + 4a^2c - 4ac^2 - b^2c + 2bc^2$
$= (-2b+4c)a^2 + (b^2-4c^2)a - bc(b-2c)$
$= -2(b-2c)a^2 + (b+2c)(b-2c)a - bc(b-2c)$
$= -(b-2c)\{2a^2 - (b+2c)a + bc\}$
$= -(b-2c)(2a-b)(a-c)$
$= -(2a-b)(b-2c)(a-c)$
따라서 $p=2$, $q=2$이므로
$pq = 2 \times 2 = 4$

0368 답 ③

주어진 식을 x에 대하여 내림차순으로 정리하여 인수분해하면
$x^2 + xy - 2y^2 + ax + x - y + 3$
$= x^2 + (y+a+1)x - (2y^2+y-3)$
$= x^2 + (y+a+1)x - (2y+3)(y-1)$
이 식이 x, y에 대한 두 일차식의 곱으로 인수분해되려면 x의 계수가 $y+a+1$이므로

$$
\begin{array}{ccc}
x & \times & 2y+3 \qquad (2y+3)x \\
x & \diagdown & -(y-1) \rightarrow +\underline{)-(y-1)x} \\
& & (y+4)x
\end{array}
$$

즉, $y+a+1 = y+4$에서 $a=3$

0369 답 2

주어진 식을 x에 대하여 내림차순으로 정리하여 인수분해하면
$x^2 + kxy - 3y^2 + x + 11y - 6$
$= x^2 + (ky+1)x - (3y^2-11y+6)$
$= x^2 + (ky+1)x - (3y-2)(y-3)$
이 식이 x, y에 대한 두 일차식의 곱으로 인수분해되려면 x의 계수가 $ky+1$이므로

$$
\begin{array}{ccc}
x & \times & 3y-2 \qquad (3y-2)x \\
x & \diagdown & -(y-3) \rightarrow +\underline{)-(y-3)x} \\
& & (2y+1)x
\end{array}
$$

즉, $ky+1 = 2y+1$에서 $k=2$

0370 답 ⑤ | 유형 21

다항식 $2x^3 - 7x^2 - 12x + 45$를 인수분해하면 $(x-a)^2(bx+c)$일 때, **단서1**
상수 a, b, c에 대하여 $a+b+c$의 값은?
① 2 　　　 ② 4 　　　 ③ 6
④ 8 　　　 ⑤ 10
단서1 $P(x) = 2x^3 - 7x^2 - 12x + 45$라 하면 $P(3)=0$이므로 $x-3$은 $P(x)$의 인수

STEP1 인수정리를 이용하여 다항식 $P(x)$의 인수 찾기
$P(x) = 2x^3 - 7x^2 - 12x + 45$라 하면
$P(3) = 54 - 63 - 36 + 45 = 0$
이므로 인수정리에 의하여 $P(x)$는 $x-3$을 인수로 가진다.

STEP2 조립제법을 이용하여 인수분해하기
$P(x)$를 조립제법을 이용하여 인수분해하면

$$
\begin{array}{r|rrrr}
3 & 2 & -7 & -12 & 45 \\
  &   & 6 & -3 & -45 \\
\hline
3 & 2 & -1 & -15 & 0 \\
  &   & 6 & 15 & \\
\hline
  & 2 & 5 & 0 &
\end{array}
$$

$\therefore P(x) = (x-3)^2(2x+5)$

STEP3 $a+b+c$의 값 구하기
$a=3$, $b=2$, $c=5$이므로
$a+b+c = 3+2+5 = 10$

0371 답 $(x-1)^2(x+1)(x-6)$

$P(x) = x^4 - 7x^3 + 5x^2 + 7x - 6$이라 하면
$P(1) = 1 - 7 + 5 + 7 - 6 = 0$
$P(-1) = 1 + 7 + 5 - 7 - 6 = 0$
이므로 인수정리에 의하여 $P(x)$는 $x-1$, $x+1$을 인수로 가진다.
$P(x)$를 조립제법을 이용하여 인수분해하면

$$
\begin{array}{r|rrrrr}
1 & 1 & -7 & 5 & 7 & -6 \\
  &   & 1 & -6 & -1 & 6 \\
\hline
-1 & 1 & -6 & -1 & 6 & 0 \\
  &   & -1 & 7 & -6 & \\
\hline
  & 1 & -7 & 6 & 0 &
\end{array}
$$

$\therefore P(x) = (x-1)(x+1)(x^2-7x+6)$
$\qquad = (x-1)(x+1)(x-1)(x-6)$
$\qquad = (x-1)^2(x+1)(x-6)$

0372 답 ③

$P(x) = 3x^3 - 7x^2 - 4x + 2$라 하면
$P\left(\dfrac{1}{3}\right) = \dfrac{1}{9} - \dfrac{7}{9} - \dfrac{4}{3} + 2 = 0$
이므로 인수정리에 의하여 $P(x)$는 $x-\dfrac{1}{3}$을 인수로 가진다.
$P(x)$를 조립제법을 이용하여 인수분해하면

$$
\begin{array}{r|rrrr}
\frac{1}{3} & 3 & -7 & -4 & 2 \\
  &   & 1 & -2 & -2 \\
\hline
  & 3 & -6 & -6 & 0
\end{array}
$$

$\therefore P(x) = \left(x-\dfrac{1}{3}\right)(3x^2-6x-6)$
$\qquad = (3x-1)(x^2-2x-2)$
$x^4 - 8x^2 + 4 = x^4 - 4x^2 + 4 - 4x^2$
$\qquad = (x^2-2)^2 - (2x)^2$
$\qquad = (x^2-2+2x)(x^2-2-2x)$
$\qquad = (x^2+2x-2)(x^2-2x-2)$
따라서 두 다항식의 공통인수는 x^2-2x-2이다.

0373 답 ④

$P(x)=x^4+x^3-ax^2-x+6$이 $x-2$로 나누어떨어지므로 인수정리에 의하여

$P(2)=16+8-4a-2+6=0$

$28-4a=0$

$\therefore a=7$

$\therefore P(x)=x^4+x^3-7x^2-x+6$

$P(x)$를 조립제법을 이용하여 인수분해하면

```
  2 | 1    1    -7    -1     6
    |      2     6    -2    -6
 ───┼──────────────────────────
  1 | 1    3    -1    -3  |  0
    |      1     4     3
 ───┼──────────────────────
 -1 | 1    4     3  |  0
    |     -1    -3
 ───┼─────────────────
      1    3     0
```

$\therefore P(x)=(x-2)(x-1)(x+1)(x+3)$

0374 답 ②

$x^4+ax^2+2ax+b$가 $(x-1)^2$을 인수로 가지므로

$x^4+ax^2+2ax+b$를 조립제법을 이용하여 인수분해하면

```
 1 | 1    0     a      2a        b
   |      1     1      a+1      3a+1
───┼────────────────────────────────
 1 | 1    1    a+1    3a+1  |  3a+b+1
   |      1     2     a+3
───┼──────────────────────
     1    2    a+3  |  4a+4
```

즉, $4a+4=0$, $3a+b+1=0$이므로

$a=-1$, $b=2$

$\therefore x^4-x^2-2x+2=(x-1)^2(x^2+2x+2)$

따라서 $a=-1$, $b=2$, $c=2$, $d=2$이므로

$a+b+c+d=-1+2+2+2=5$

0375 답 ②

$P(x)$가 $x+a$를 인수로 가지므로 인수정리에 의하여

$P(-a)=0$

$a^2+4a+4=0$, $(a+2)^2=0$

$\therefore a=-2$

즉, $P(x)=x^3-x^2-5x+6$이고 $P(2)=0$이므로

$P(x)$를 조립제법을 이용하여 인수분해하면

```
 2 | 1   -1    -5     6
   |      2     2    -6
───┼────────────────────
     1    1    -3  |  0
```

$\therefore P(x)=(x-2)(x^2+x-3)$

따라서 $f(x)=x^2+x-3$이므로

$f(a)=f(-2)=(-2)^2+(-2)-3=-1$

0376 답 ①

다음 중 다항식 $x^4-3x^3+4x^2-3x+1$의 인수인 것은?
단서1

① x^2-x+1 ② x^2+x+1 ③ x^2+x-1

④ x^2+3x-1 ⑤ x^2-3x-1

단서1 $ax^4+bx^3+cx^2+bx+a$ 꼴의 사차식

STEP 1 각 항을 x^2으로 묶어서 정리하기

$x^4-3x^3+4x^2-3x+1$

$=x^2\left(x^2-3x+4-\dfrac{3}{x}+\dfrac{1}{x^2}\right)$

STEP 2 $x+\dfrac{1}{x}$에 대한 식으로 변형하여 인수분해하기

$x^2\left(x^2-3x+4-\dfrac{3}{x}+\dfrac{1}{x^2}\right)$

$=x^2\left(x^2+\dfrac{1}{x^2}-3x-\dfrac{3}{x}+4\right)$

$=x^2\left\{\left(x+\dfrac{1}{x}\right)^2-2-3\left(x+\dfrac{1}{x}\right)+4\right\}$

$=x^2\left\{\left(x+\dfrac{1}{x}\right)^2-3\left(x+\dfrac{1}{x}\right)+2\right\}$

$=x^2\left(x+\dfrac{1}{x}-1\right)\left(x+\dfrac{1}{x}-2\right)$

$=(x^2-x+1)(x^2-2x+1)$

$=(x^2-x+1)(x-1)^2$

따라서 다항식 $x^4-3x^3+4x^2-3x+1$의 인수인 것은 ①이다.

다른 풀이

$P(x)=x^4-3x^3+4x^2-3x+1$이라 하면

$P(1)=1-3+4-3+1=0$

이므로 인수정리에 의하여 $P(x)$는 $x-1$을 인수로 가진다.

$P(x)$를 조립제법을 이용하여 인수분해하면

```
 1 | 1   -3     4    -3     1
   |      1    -2     2    -1
───┼────────────────────────
 1 | 1   -2     2    -1  |  0
   |      1    -1     1
───┼────────────────────
     1   -1     1  |  0
```

$\therefore P(x)=(x-1)^2(x^2-x+1)$

0377 답 ④

$x^4+2x^3-6x^2+2x+1$

$=x^2\left(x^2+2x-6+\dfrac{2}{x}+\dfrac{1}{x^2}\right)$

$=x^2\left(x^2+\dfrac{1}{x^2}+2x+\dfrac{2}{x}-6\right)$

$=x^2\left\{\left(x+\dfrac{1}{x}\right)^2-2+2\left(x+\dfrac{1}{x}\right)-6\right\}$

$=x^2\left\{\left(x+\dfrac{1}{x}\right)^2+2\left(x+\dfrac{1}{x}\right)-8\right\}$

$=x^2\left(x+\dfrac{1}{x}+4\right)\left(x+\dfrac{1}{x}-2\right)$

$=(x^2+4x+1)(x^2-2x+1)$

$=(x^2+4x+1)(x-1)^2$

따라서 주어진 식의 인수인 것은 ㄱ, ㄷ이다.

0378 답 ⑤

$$x^4+4x^3-7x^2-4x+1=x^2\left(x^2+4x-7-\frac{4}{x}+\frac{1}{x^2}\right)$$
$$=x^2\left(x^2+\frac{1}{x^2}+4x-\frac{4}{x}-7\right)$$
$$=x^2\left\{\left(x-\frac{1}{x}\right)^2+2+4\left(x-\frac{1}{x}\right)-7\right\}$$
$$=x^2\left\{\left(x-\frac{1}{x}\right)^2+4\left(x-\frac{1}{x}\right)-5\right\}$$
$$=x^2\left(x-\frac{1}{x}-1\right)\left(x-\frac{1}{x}+5\right)$$
$$=(x^2-x-1)(x^2+5x-1)$$

따라서 $a=-1$, $b=5$, $c=-1$이므로
$a+b+c=-1+5+(-1)=3$

0379 답 24

$$x^4+7x^3+14x^2+7x+1=x^2\left(x^2+7x+14+\frac{7}{x}+\frac{1}{x^2}\right)$$
$$=x^2\left(x^2+\frac{1}{x^2}+7x+\frac{7}{x}+14\right)$$
$$=x^2\left\{\left(x+\frac{1}{x}\right)^2-2+7\left(x+\frac{1}{x}\right)+14\right\}$$
$$=x^2\left\{\left(x+\frac{1}{x}\right)^2+7\left(x+\frac{1}{x}\right)+12\right\}$$
$$=x^2\left(x+\frac{1}{x}+3\right)\left(x+\frac{1}{x}+4\right)$$
$$=(x^2+3x+1)(x^2+4x+1)$$

따라서 $f(x)=x^2+3x+1$, $g(x)=x^2+4x+1$ 또는
$f(x)=x^2+4x+1$, $g(x)=x^2+3x+1$이므로
$f(2)+g(2)=(2^2+3\times2+1)+(2^2+4\times2+1)=11+13=24$

0380 답 ③

$$x^4+3ax^3+2(6a-7)x^2+3ax+1$$
$$=x^2\left\{x^2+3ax+2(6a-7)+\frac{3a}{x}+\frac{1}{x^2}\right\}$$
$$=x^2\left\{x^2+\frac{1}{x^2}+3ax+\frac{3a}{x}+2(6a-7)\right\}$$
$$=x^2\left\{\left(x+\frac{1}{x}\right)^2-2+3a\left(x+\frac{1}{x}\right)+2(6a-7)\right\}$$
$$=x^2\left\{\left(x+\frac{1}{x}\right)^2+3a\left(x+\frac{1}{x}\right)+4(3a-4)\right\}$$
$$=x^2\left(x+\frac{1}{x}+4\right)\left(x+\frac{1}{x}+3a-4\right)$$
$$=(x^2+4x+1)\{x^2+(3a-4)x+1\}$$

따라서 두 이차식의 x의 계수의 합은
$4+(3a-4)=3a$

0381 답 ③ | 유형 23

$x+y=6$, $x-y=2\sqrt{2}$일 때, $\underline{x^3-x^2y-xy^2+y^3}$의 값은?
단서1

① 32 ② 40 ③ 48
④ 56 ⑤ 64

단서1 공통인수가 생기도록 두 항씩 묶어 인수분해하기

STEP1 **주어진 식 인수분해하기**
$$x^3-x^2y-xy^2+y^3=x^2(x-y)-y^2(x-y)$$
$$=(x-y)(x^2-y^2)$$
$$=(x-y)^2(x+y)$$

STEP2 **주어진 조건을 이용하여 식의 값 구하기**
$x+y=6$, $x-y=2\sqrt{2}$이므로 구하는 식의 값은
$(2\sqrt{2})^2\times6=48$

0382 답 117

$x-y=3$, $x^2+xy+y^2=39$이므로
$$x^3-y^3=(x-y)(x^2+xy+y^2)=3\times39=117$$

0383 답 ④

$$a^3+b^3+c^3-3abc$$
$$=(a+b+c)(a^2+b^2+c^2-ab-bc-ca)$$
에서 $a+b+c=0$이므로
$a^3+b^3+c^3-3abc=0$ ∴ $a^3+b^3+c^3=3abc$
∴ $\dfrac{a^3+b^3+c^3}{6abc}=\dfrac{3abc}{6abc}=\dfrac{1}{2}$

0384 답 ②

$$x^4y+3x^3y^2+3x^2y^3+xy^4$$
$$=xy(x^3+3x^2y+3xy^2+y^3)$$
$$=xy(x+y)^3$$
$x=1+\sqrt{2}$, $y=1-\sqrt{2}$에서
$x+y=(1+\sqrt{2})+(1-\sqrt{2})=2$
$xy=(1+\sqrt{2})(1-\sqrt{2})=-1$
이므로 구하는 식의 값은
$(-1)\times2^3=-8$

0385 답 140

$$x^4+x^2y^2+y^4=(x^2+xy+y^2)(x^2-xy+y^2)$$
$$=\{(x+y)^2-xy\}\{(x+y)^2-3xy\}$$
$$=(4^2-2)(4^2-3\times2)$$
$$=14\times10=140$$

0386 답 ⑤

주어진 식을 b에 대하여 내림차순으로 정리하여 인수분해하면
$$a^2b+6ab+2a^2+12a+9b+18$$
$$=(a^2+6a+9)b+2a^2+12a+18$$
$$=(a^2+6a+9)b+2(a^2+6a+9)$$
$$=(b+2)(a^2+6a+9)$$
$$=(b+2)(a+3)^2$$
605를 소인수분해하면 $605=5\times11^2$이므로
$a+3=11$, $b+2=5$ ∴ $a=8$, $b=3$
∴ $ab=8\times3=24$

Plus 문제

0386-1

자연수 a, b에 대하여 $ab^2+2ab+2b^2+a+4b+2$의 값이 175일 때, $a+b$의 값을 구하시오.

주어진 식을 a에 대하여 내림차순으로 정리하여 인수분해하면

$ab^2+2ab+2b^2+a+4b+2$

$=(b^2+2b+1)a+2b^2+4b+2$

$=(b^2+2b+1)a+2(b^2+2b+1)$

$=(a+2)(b^2+2b+1)$

$=(a+2)(b+1)^2$

175를 소인수분해하면 $175=7\times5^2$이므로

$a+2=7$, $b+1=5$ $\quad\therefore a=5$, $b=4$

$\therefore a+b=5+4=9$

답 9

0387 답 ③

| 유형 24

$\dfrac{1001^3-1}{1002\times1001+1}$의 값은?

단서1

① 998 ② 999 ③ 1000

④ 1001 ⑤ 1002

단서1 $1001=x$로 치환하여 간단히 하기

STEP1 $1001=x$로 치환하여 주어진 식 간단히 하기

$1001=x$라 하면

$\dfrac{1001^3-1}{1002\times1001+1}=\dfrac{x^3-1}{(x+1)x+1}$

$=\dfrac{(x-1)(x^2+x+1)}{x^2+x+1}$

$=x-1$

STEP2 식의 값 구하기

$x=1001$을 대입하면

$1001-1=1000$

0388 답 ②

$127=x$, $123=y$라 하면

$\dfrac{127^3-123^3}{127^2+127\times123+123^2}=\dfrac{x^3-y^3}{x^2+xy+y^2}$

$=\dfrac{(x-y)(x^2+xy+y^2)}{x^2+xy+y^2}$

$=x-y$

$=127-123=4$

0389 답 ⑤

$11=x$, $5=y$라 하면

$\sqrt{11^3+5^3+3\times16\times55}=\sqrt{x^3+y^3+3(x+y)xy}$

$\qquad=\sqrt{x^3+3x^2y+3xy^2+y^3}$

$\qquad=\sqrt{(x+y)^3}$

$\qquad=\sqrt{(11+5)^3}=\sqrt{16^3}$

$\qquad=\sqrt{(4^2)^3}=\sqrt{(4^3)^2}$

$\qquad=4^3=64$

0390 답 ①

$P(1)=1+2-2-1=0$, $P(-1)=1-2+2-1=0$이므로 인수정리에 의하여 $P(x)$는 $x-1$, $x+1$을 인수로 가진다.

$P(x)$를 조립제법을 이용하여 인수분해하면

1	1	2	0	-2	-1
		1	3	3	1
-1	1	3	3	1	0
		-1	-2	-1	
	1	2	1	0	

$\therefore P(x)=(x-1)(x+1)(x^2+2x+1)=(x-1)(x+1)^3$

$\therefore P(9)=(9-1)(9+1)^3=8000$

0391 답 ③

$7=x$라 하면

$7^6-1=x^6-1=(x^3)^2-1^2$

$=(x^3+1)(x^3-1)$

$=(x+1)(x^2-x+1)(x-1)(x^2+x+1)$

$=(7+1)(7^2-7+1)(7-1)(7^2+7+1)$

$=8\times43\times6\times57$

$=2^3\times43\times2\times3\times3\times19$

$=2^4\times3^2\times19\times43$

따라서 소인수가 아닌 것은 ③이다.

0392 답 ④

$19=x$라 하면

$19^3+3\times19^2-34\times19+48$

$=x^3+3x^2-34x+48$

$P(x)=x^3+3x^2-34x+48$이라 하면

$P(2)=8+12-68+48=0$, $P(3)=27+27-102+48=0$

이므로 인수정리에 의하여 $P(x)$는 $x-2$, $x-3$을 인수로 가진다.

$P(x)$를 조립제법을 이용하여 인수분해하면

2	1	3	-34	48
		2	10	-48
3	1	5	-24	0
		3	24	
	1	8	0	

$\therefore P(x)=(x-2)(x-3)(x+8)$

$$\therefore P(19)=(19-2)\times(19-3)\times(19+8)$$
$$=17\times16\times27$$
$$=17^1\times2^4\times3^3$$
$$=2^4\times3^3\times17^1$$

따라서 $a=4$, $b=3$, $c=1$이므로

$$a+b+c=4+3+1=8$$

0393 답 ④

$\dfrac{32^4+32^2+1}{32^2+33}=31^2+k$에서 $32=x$라 하면

$$\frac{x^4+x^2+1}{x^2+x+1}=(x-1)^2+k$$

$$\frac{(x^2+x+1)(x^2-x+1)}{x^2+x+1}=(x-1)^2+k$$

$$x^2-x+1=(x-1)^2+k$$

$$x^2-x+1=x^2-2x+1+k$$

$$\therefore k=x=32$$

0394 답 176

$10=x$라 하면

$$10\times13\times14\times17+36=x(x+3)(x+4)(x+7)+36$$
$$=x(x+7)(x+3)(x+4)+36$$
$$=(x^2+7x)(x^2+7x+12)+36$$

$x^2+7x=X$라 하면

$$(x^2+7x)(x^2+7x+12)+36=X(X+12)+36$$
$$=X^2+12X+36$$
$$=(X+6)^2$$
$$=176^2 \quad \longrightarrow x^2+7x+6=10^2+7\times10+6$$
$$\qquad\qquad\qquad =176$$

$$\therefore \sqrt{10\times13\times14\times17+36}=\sqrt{176^2}=176$$

0395 답 ①

$$(182\sqrt{182}+13\sqrt{13})\times(182\sqrt{182}-13\sqrt{13})$$
$$=(182\sqrt{182})^2-(13\sqrt{13})^2$$
$$=182^3-13^3$$

$182=13\times14$이므로 $13=x$라 하면

$$182^3-13^3=\{x(x+1)\}^3-x^3$$
$$=x^3(x+1)^3-x^3$$
$$=x^3\{(x+1)^3-1\}$$
$$=x^3\{(x+1)-1\}\{(x+1)^2+(x+1)\times1+1^2\}$$
$$=x^3\times x\times(x^2+2x+1+x+2)$$
$$=x^4(x^2+3x+3)$$
$$=13^4\times(13^2+3\times13+3)$$
$$=13^4\times211$$

$$\therefore m=211$$

실수 Check

$182=x$, $13=y$라 하고
$x^3-y^3=(x-y)(x^2+xy+y^2)$으로 인수분해하면 여전히 수가 커서 계산이 복잡해진다. 주어진 조건식의 우변이 $13^4\times m$이므로 13의 거듭제곱 꼴로 묶어낼 수 있도록 $13=x$라 하고 좌변을 변형해 본다.

0396 답 ④ |유형 25

삼각형의 세 변의 길이 a, b, c에 대하여
$$a^2-b^2+ac-bc=0$$
단서1
이 성립할 때, 이 삼각형은 어떤 삼각형인가?

① 정삼각형
② 빗변의 길이가 a인 직각삼각형
③ 빗변의 길이가 b인 직각삼각형
④ $a=b$인 이등변삼각형
⑤ $a=c$인 이등변삼각형

단서1 공통인수가 생기도록 두 항씩 묶어 인수분해하기

STEP 1 주어진 식을 인수분해하여 삼각형의 세 변의 길이 사이의 관계 구하기

$$a^2-b^2+ac-bc=(a-b)(a+b)+c(a-b)$$
$$=(a-b)(a+b+c)$$

즉, $(a-b)(a+b+c)=0$이고

$a+b+c\neq0$이므로
$\longrightarrow$ a, b, c는 삼각형의 세 변의 길이이므로 $a>0$, $b>0$, $c>0$
$$a-b=0 \qquad \therefore a=b$$

STEP 2 삼각형의 모양 판단하기

$a=b$인 이등변삼각형이다.

0397 답 정삼각형

$$a^3+b^3+c^3-3abc$$
$$=(a+b+c)(a^2+b^2+c^2-ab-bc-ca)$$
$$=\frac{1}{2}(a+b+c)\{(a-b)^2+(b-c)^2+(c-a)^2\}$$

즉, $(a+b+c)\{(a-b)^2+(b-c)^2+(c-a)^2\}=0$이고

$a+b+c\neq0$이므로 $(a-b)^2+(b-c)^2+(c-a)^2=0$

$$a-b=0,\ b-c=0,\ c-a=0 \qquad \therefore a=b=c$$

따라서 정삼각형이다.

0398 답 ④

$$(a^2+c^2)(a^2+1)=b^4+b^2c^2+b^2+c^2$$
$$a^4+a^2+c^2a^2+c^2=b^4+b^2+c^2b^2+c^2$$
$$a^4-b^4+a^2-b^2+(a^2-b^2)c^2=0$$
$$(a^2+b^2)(a^2-b^2)+(a^2-b^2)(c^2+1)=0$$
$$(a^2-b^2)(a^2+b^2+c^2+1)=0$$
$$\therefore (a+b)(a-b)(a^2+b^2+c^2+1)=0$$

이때 $a+b\neq0$, $a^2+b^2+c^2+1\neq0$이므로

$$a-b=0 \qquad \therefore a=b$$

따라서 $a=b$인 이등변삼각형이다.

0399 답 ③

주어진 식의 좌변을 c에 대하여 내림차순으로 정리하여 인수분해
하면

$a^3+b^3+ab(a+b)-c^2(a+b)+a^2+b^2-c^2$

$=a^3+b^3+a^2b+ab^2-c^2a-c^2b+a^2+b^2-c^2$

$=-c^2(a+b+1)+a^3+b^3+a^2b+ab^2+a^2+b^2$

$=-c^2(a+b+1)+a^3+a^2(b+1)+ab^2+b^2(b+1)$

$=-c^2(a+b+1)+a(a^2+b^2)+(b+1)(a^2+b^2)$

$=-c^2(a+b+1)+(a^2+b^2)(a+b+1)$

$=(a+b+1)(a^2+b^2-c^2)$

즉, $(a+b+1)(a^2+b^2-c^2)=0$이고 $a+b+1\neq0$이므로

$a^2+b^2-c^2=0$ ∴ $c^2=a^2+b^2$

따라서 빗변의 길이가 c인 직각삼각형이다.

0400 답 ④

주어진 식의 좌변을 c에 대하여 내림차순으로 정리하여 인수분해
하면

$a(c^2-b^2)+b(a^2+c^2)+a^3-b^3$

$=ac^2-ab^2+ba^2+bc^2+a^3-b^3$

$=c^2(a+b)+a^3+a^2b-ab^2-b^3$

$=c^2(a+b)+a^2(a+b)-b^2(a+b)$

$=(a+b)(a^2-b^2+c^2)$

즉, $(a+b)(a^2-b^2+c^2)=0$이고 $a+b\neq0$이므로

$a^2-b^2+c^2=0$ ∴ $b^2=a^2+c^2$

따라서 빗변의 길이가 b인 직각삼각형이고, 이 삼각형의 넓이가
20이므로

$\dfrac{1}{2}ac=20$ ∴ $ac=40$

> 실수 Check
>
> 빗변의 길이가 b인 직각삼각형에서 나머지 두 변의 길이인 a, c가 밑변
> 의 길이와 높이이므로 이 직각삼각형의 넓이는 $\dfrac{1}{2}ac$로 구할 수 있다.

0401 답 ① | 유형 26

> 높이가 $x-2$이고 부피가 x^3+ax^2+4인 직육면체가 있다. 이 직육면
> ──단서1──
> 체의 모든 모서리의 길이가 일차항의 계수가 1인 x에 대한 일차식으
> 로 나타내어질 때, 모든 모서리의 길이의 합은?
>
> (단, $x>2$이고, a는 상수이다.)
>
> ① $12x-12$ ② $12x-8$ ③ $12x+4$
> ④ $12x+8$ ⑤ $12x+12$
>
> 단서1 $x-2$는 다항식 x^3+ax^2+4의 인수

STEP1 인수정리를 이용하여 a의 값 구하기

직육면체의 부피를 $P(x)=x^3+ax^2+4$라 하면

직육면체의 높이가 $x-2$이므로 $P(x)$는 $x-2$를 인수로 가진다.

인수정리에 의하여

$P(2)=0$, $8+4a+4=0$

∴ $a=-3$

STEP2 조립제법을 이용하여 다항식 $P(x)$ 인수분해하기

$P(x)=x^3-3x^2+4$를 조립제법을 이용하여 인수분해하면

$$
\begin{array}{r|rrr|r}
2 & 1 & -3 & 0 & 4 \\
  &   & 2 & -2 & -4 \\
\hline
2 & 1 & -1 & -2 & 0 \\
  &   & 2 & 2 & \\
\hline
  & 1 & 1 & 0 & \\
\end{array}
$$

∴ $P(x)=(x-2)^2(x+1)$

STEP3 직육면체의 모든 모서리의 합 나타내기

직육면체의 가로, 세로, 높이는 각각 $x+1$, $x-2$, $x-2$이므로

직육면체의 모든 모서리의 길이의 합은

$4\{(x+1)+(x-2)+(x-2)\}$

$=4(3x-3)$

$=12x-12$

> 개념 Check
>
> **직육면체의 부피와 모서리의 길이의 합**
>
> 가로, 세로, 높이가 각각 a, b, c인 직육면체의 부
> 피는 abc이고, 모든 모서리의 길이의 합은
> $4(a+b+c)$이다.
>
>

0402 답 ③

한 모서리의 길이가 $n+1$인 정육면체의 부피는

$(n+1)^3$

한 모서리의 길이가 2인 정육면체의 부피는

$2^3=8$

따라서 주어진 입체도형의 부피는

$(n+1)^3-8\times8$

$=\underset{=A}{(n+1)^3}-\underset{=B}{4^3} \to A^3-B^3=(A-B)(A^2+AB+B^2)$

$=(n+1-4)\{(n+1)^2+(n+1)\times4+4^2\}$

$=(n-3)(n^2+6n+21)$

0403 답 ④

한 변의 길이가 $a+6$인 정사각형 모양의 색종이의 넓이는

$(a+6)^2$

한 변의 길이가 a인 정사각형 모양의 색종이의 넓이는

a^2

따라서 남아 있는 ▢ 모양의 색종이의 넓이는

$(a+6)^2-a^2$

$=(a+6+a)(a+6-a)$

$=6(2a+6)$

$=12(a+3)$

∴ $k=12$

0404 답 ②

나무 블록의 부피는

$x^2(x+3)-1^3\times 2=x^3+3x^2-2$

$P(x)=x^3+3x^2-2$라 하면

$P(-1)=-1+3-2=0$

이므로 인수정리에 의하여 $P(x)$는 $x+1$을 인수로 가진다.

$P(x)$를 조립제법을 이용하여 인수분해하면

$$
\begin{array}{r|rrrr}
-1 & 1 & 3 & 0 & -2 \\
   &   & -1 & -2 & 2 \\
\hline
   & 1 & 2 & -2 & \boxed{0}
\end{array}
$$

$\therefore P(x)=(x+1)(x^2+2x-2)$

따라서 $a=1$, $b=2$, $c=-2$이므로

$a\times b\times c=1\times 2\times(-2)=-4$

0405 답 ④

[그림 1]에서 A 부분의 넓이는

$\dfrac{1}{2}\times(2x+4)\times x=x(x+2)$

[그림 1]에서 B 부분의 넓이는

$2\times 3=6$

[그림 1]의 색종이의 넓이는 한 변의 길이가 $3x$인 정사각형에서 A 부분과 B 부분을 뺀 부분의 넓이와 같으므로

$(3x)^2-x(x+2)-6$

$=8x^2-2x-6$

$=(4x+3)(2x-2)$ ·········· ㉠

[그림 2]의 직사각형에서 가로의 길이를 l이라 하면 이 직사각형의 넓이는

$(2x-2)l$ ·········· ㉡

[그림 1]의 색종이를 여러 조각으로 나누어 겹치지 않게 빈틈없이 붙여서 [그림 2]와 같은 직사각형 모양을 만들었으므로 [그림 1]의 색종이의 넓이는 [그림 2]의 직사각형의 넓이와 같다.

㉠, ㉡에서

$(2x-2)l=(4x+3)(2x-2)$

$x>2$이므로 $2x-2\neq 0$

$\therefore l=4x+3$

따라서 직사각형의 가로의 길이는 $4x+3$이다.

개념 Check

사다리꼴의 넓이

윗변의 길이가 a, 아랫변의 길이가 b, 높이가 h인 사다리꼴의 넓이 S는

$$S=\dfrac{1}{2}(a+b)h$$

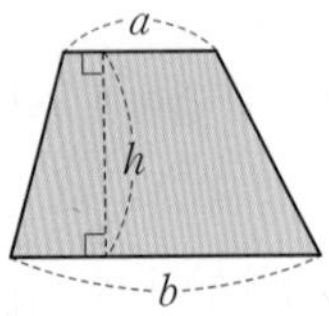

실수 Check

[그림 2]의 직사각형은 [그림 1]의 색종이를 여러 조각으로 나누어 겹치지 않게 빈틈없이 붙여 만든 것이므로 [그림 2]의 직사각형의 넓이와 [그림 1]의 색종이의 넓이가 서로 같음을 파악할 수 있어야 한다.

0406 답 (1) $c-2$ (2) $c+3$ (3) -4 (4) 3 (5) -2 (6) 24

STEP 1 양변을 x에 대하여 정리하기 [2점]

주어진 등식의 우변을 전개하여 x에 대하여 내림차순으로 정리하면

$(x-1)(2x^2+cx-3)=2x^3+cx^2-3x-2x^2-cx+3$

$\qquad\qquad\qquad\qquad =2x^3+(\boxed{c-2})x^2-(\boxed{c+3})x+3$

$\therefore 2x^3+ax^2-x+b=2x^3+(c-2)x^2-(c+3)x+3$

STEP 2 계수비교법을 이용하여 a, b, c의 값 구하기 [2점]

이 등식이 x에 대한 항등식이므로 양변의 동류항의 계수를 비교하여 a, b, c의 값을 구하면

$a=\boxed{c-2}$, $-1=-(\boxed{c+3})$, $b=3$

$\therefore a=\boxed{-4}$, $b=\boxed{3}$, $c=\boxed{-2}$

STEP 3 abc의 값 구하기 [2점]

$abc=(-4)\times 3\times(-2)=\boxed{24}$

실제 답안 예시

$2x^3+ax^2-x+b=(x-1)(2x^2+cx-3)$

$\qquad\qquad\qquad =2x^3+cx^2-3x-2x^2-cx+3$

$\qquad\qquad\qquad =2x^3+(c-2)x^2-(c+3)x+3$

$a=c-2$, $1=c+3$, $b=3$이므로

$a=-4$, $b=3$, $c=-2$

$\therefore abc=(-4)\times 3\times(-2)=24$

다른 풀이

STEP 1 수치대입법을 이용하여 a, b, c의 값 구하기 [4점]

$2x^3+ax^2-x+b=(x-1)(2x^2+cx-3)$ ·········· ㉠

이 등식이 x에 대한 항등식이므로

㉠의 양변에 $x=0$을 대입하면

$b=(-1)\times(-3)=3$

㉠의 양변에 $x=1$을 대입하면

$2+a-1+b=0$

$\therefore a+b+1=0$

$b=3$을 위의 식에 대입하여 풀면 $a=-4$

㉠의 양변에 $x=2$를 대입하면

$16+4a-2+b=8+2c-3$

$\therefore 4a+b-2c+9=0$

$a=-4$, $b=3$을 위의 식에 대입하여 풀면 $c=-2$

STEP 2 abc의 값 구하기 [2점]

$abc=(-4)\times 3\times(-2)=24$

0407 답 2

STEP 1 양변을 x에 대하여 정리하기 [2점]

주어진 등식의 우변을 전개하여 x에 대하여 내림차순으로 정리하면

$(x+3)(x^2-cx+3)=x^3-cx^2+3x+3x^2-3cx+9$

$\qquad\qquad\qquad\qquad =x^3+(-c+3)x^2+(3-3c)x+9$

$\therefore x^3-2x^2+ax+b=x^3+(-c+3)x^2+(3-3c)x+9$

STEP 2 계수비교법을 이용하여 a, b, c의 값 구하기 [2점]

이 등식이 x에 대한 항등식이므로 양변의 동류항의 계수를 비교하여 a, b, c의 값을 구하면

$-2=-c+3$, $a=3-3c$, $b=9$

$\therefore a=-12$, $b=9$, $c=5$

STEP 3 $a+b+c$의 값 구하기 [2점]

$a+b+c=-12+9+5=2$

다른 풀이

STEP 1 수치대입법을 이용하여 a, b, c의 값 구하기 [4점]

$x^3-2x^2+ax+b=(x+3)(x^2-cx+3)$ ┄┄┄┄┄┄ ㉠

이 등식이 x에 대한 항등식이므로

㉠의 양변에 $x=0$을 대입하면

$b=3\times3=9$

㉠의 양변에 $x=-3$을 대입하면

$-27-18-3a+b=0$

$\therefore -3a+b-45=0$

$b=9$를 위의 식에 대입하여 풀면 $a=-12$

㉠의 양변에 $x=1$을 대입하면

$1-2+a+b=4(1-c+3)$

$\therefore a+b+4c-17=0$

$a=-12$, $b=9$를 위의 식에 대입하여 풀면 $c=5$

STEP 2 $a+b+c$의 값 구하기 [2점]

$a+b+c=-12+9+5=2$

0408 답 21

STEP 1 양변을 x, y에 대하여 정리하기 [2점]

주어진 등식의 좌변을 전개하여 x, y에 대하여 정리하면

$p(3x-y)+q(x+5y)+r=3px-py+qx+5qy+r$

$\qquad\qquad\qquad\qquad =(3p+q)x+(-p+5q)y+r$

$\therefore (3p+q)x+(-p+5q)y+r=x+21y-2$

STEP 2 계수비교법을 이용하여 p, q, r의 값 구하기 [2점]

이 등식이 x, y에 대한 항등식이므로 양변의 동류항의 계수를 비교하여 p, q, r의 값을 구하면

$3p+q=1$, $-p+5q=21$, $r=-2$

$\therefore p=-1$, $q=4$, $r=-2$

STEP 3 $p^2+q^2+r^2$의 값 구하기 [2점]

$p^2+q^2+r^2=(-1)^2+4^2+(-2)^2=21$

0409 답 12

STEP 1 수치대입법을 이용하여 a, b, c의 값 구하기 [4점]

$ax(x+1)-b(x+1)(x-2)+cx(x-2)=3x^2-2x+4$ ┄┄ ㉠

이 등식이 x에 대한 항등식이므로

㉠의 양변에 $x=2$를 대입하면

$6a=12$ $\quad \therefore a=2$

㉠의 양변에 $x=0$을 대입하면

$2b=4$ $\quad \therefore b=2$

㉠의 양변에 $x=-1$을 대입하면

$3c=9$ $\quad \therefore c=3$

STEP 2 abc의 값 구하기 [2점]

$abc=2\times2\times3=12$

0410 답 (1) -4 (2) -7 (3) $ax+b$ (4) $x+2$ (5) 3 (6) -1
(7) $3x-1$

STEP 1 나머지정리를 이용하여 $P(-1)$의 값 구하기 [2점]

$P(x)$를 $x+1$로 나누었을 때의 나머지가 -4이므로 나머지정리에 의하여

$P(-1)=\boxed{-4}$

STEP 2 나머지정리를 이용하여 $P(-2)$의 값 구하기 [2점]

$P(x)$를 $x+2$로 나누었을 때의 나머지가 -7이므로 나머지정리에 의하여

$P(-2)=\boxed{-7}$

STEP 3 $P(x)$를 x^2+3x+2로 나누었을 때의 나머지 구하기 [4점]

$P(x)$를 x^2+3x+2로 나누었을 때의 몫을 $Q(x)$, 나머지를 $ax+b$ (a, b는 상수)라 하면

$P(x)=(x^2+3x+2)Q(x)+\boxed{ax+b}$

$P(x)=(x+1)(\boxed{x+2})Q(x)+ax+b$ ┄┄┄┄┄┄ ㉠

┄┄┄ ⓐ

㉠의 양변에 $x=-1$을 대입하면

$P(-1)=-a+b$

$P(-1)=\boxed{-4}$이므로

$-a+b=\boxed{-4}$ ┄┄┄┄┄┄ ㉡

㉠의 양변에 $x=-2$를 대입하면

$P(-2)=-2a+b$

$P(-2)=\boxed{-7}$이므로

$-2a+b=\boxed{-7}$ ┄┄┄┄┄┄ ㉢

㉡, ㉢을 연립하여 풀면 $a=\boxed{3}$, $b=\boxed{-1}$

따라서 $P(x)$를 x^2+3x+2로 나누었을 때의 나머지는
$\boxed{3x-1}$이다.

부분점수표	
ⓐ 몫과 나머지를 이용하여 나눗셈에 대한 등식을 바르게 세운 경우	1점

실제 답안 예시

$P(x)$를 $x+1$로 나누었을 때의 나머지가 -4이고, $x+2$로 나누었을 때의 나머지가 -7이므로

$P(-1)=-4$, $P(-2)=-7$

$P(x)$를 x^2+3x+2로 나누었을 때의 몫을 $Q(x)$, 나머지를 $ax+b$라 하면

$P(x)=(x^2+3x+2)Q(x)+ax+b$

$\quad =(x+1)(x+2)Q(x)+ax+b$

양변에 $x=-1$, $x=-2$를 각각 대입하면

$P(-1)=-a+b$, $P(-2)=-2a+b$

$-a+b=-4$, $-2a+b=-7$

$\therefore a=3$, $b=-1$

따라서 구하는 나머지는 $3x-1$이다.

0411 답 $12x-7$

STEP1 **나머지정리를 이용하여 $P(1)$의 값 구하기 [2점]**

$P(x)$를 $x-1$로 나누었을 때의 나머지가 5이므로 나머지정리에 의하여

$P(1)=5$

STEP2 **나머지정리를 이용하여 $P\left(\dfrac{1}{2}\right)$의 값 구하기 [2점]**

$P(x)$를 $2x-1$로 나누었을 때의 나머지가 -1이므로 나머지정리에 의하여

$P\left(\dfrac{1}{2}\right)=-1$

STEP3 **$P(x)$를 $2x^2-3x+1$로 나누었을 때의 나머지 구하기 [4점]**

$P(x)$를 $2x^2-3x+1$로 나누었을 때의 몫을 $Q(x)$, 나머지를 $ax+b$ (a, b는 상수)라 하면

$P(x)=(2x^2-3x+1)Q(x)+ax+b$

$P(x)=(x-1)(2x-1)Q(x)+ax+b$ ·········· ㉠

········ ⓐ

㉠의 양변에 $x=1$을 대입하면

$P(1)=a+b$

$P(1)=5$이므로

$a+b=5$ ·········· ㉡

㉠의 양변에 $x=\dfrac{1}{2}$을 대입하면

$P\left(\dfrac{1}{2}\right)=\dfrac{1}{2}a+b$

$P\left(\dfrac{1}{2}\right)=-1$이므로

$\dfrac{1}{2}a+b=-1$ ·········· ㉢

㉡, ㉢을 연립하여 풀면

$a=12$, $b=-7$

따라서 $P(x)$를 $2x^2-3x+1$로 나누었을 때의 나머지는 $12x-7$이다.

부분점수표	
ⓐ 몫과 나머지를 이용하여 나눗셈에 대한 등식을 바르게 세운 경우	1점

0412 답 -15

STEP1 **인수정리를 이용하여 $P(-1)$, $P(1)$의 값 구하기 [3점]**

$P(x)=2x^3-x^2+ax+b$가 x^2-1, 즉 $(x+1)(x-1)$로 나누어떨어지므로 $P(x)$는 $x+1$, $x-1$로 각각 나누어떨어진다.

인수정리에 의하여

$P(-1)=0$, $P(1)=0$

STEP2 **a, b의 값 구하기 [3점]**

$P(-1)=-2-1-a+b=-3-a+b$

$P(-1)=0$이므로

$-3-a+b=0$ ·········· ㉠

$P(1)=2-1+a+b=1+a+b$

$P(1)=0$이므로

$1+a+b=0$ ·········· ㉡

㉠, ㉡을 연립하여 풀면

$a=-2$, $b=1$

STEP3 **$P(x)$를 $x+2$로 나누었을 때의 나머지 구하기 [2점]**

$P(x)=2x^3-x^2-2x+1$을 $x+2$로 나누었을 때의 나머지는 나머지정리에 의하여

$P(-2)=-16-4+4+1=-15$

0413 답 x^2-2x

STEP1 **나머지정리를 이용하여 $P(3)$의 값 구하기 [2점]**

$P(x)$를 $x-3$으로 나누었을 때의 나머지가 3이므로 나머지정리에 의하여

$P(3)=3$

STEP2 **인수정리를 이용하여 $P(0)$, $P(2)$의 값 구하기 [3점]**

$P(x)$가 $x(x+1)(x-2)$로 나누어떨어지므로 $P(x)$는 x, $x+1$, $x-2$로 각각 나누어떨어진다.

인수정리에 의하여

$P(0)=0$, $P(-1)=0$, $P(2)=0$

STEP3 **$P(x)$를 $x(x-2)(x-3)$으로 나누었을 때의 나머지 구하기 [4점]**

$P(x)$를 $x(x-2)(x-3)$으로 나누었을 때의 몫을 $Q(x)$, 나머지를 ax^2+bx+c (a, b, c는 상수)라 하면

$P(x)=x(x-2)(x-3)Q(x)+ax^2+bx+c$ ········ ㉠

········ ⓐ

㉠의 양변에 $x=0$을 대입하면

$P(0)=c$

$P(0)=0$이므로 $c=0$

㉠의 양변에 $x=2$를 대입하면

$P(2)=4a+2b+c$

$P(2)=0$, $c=0$이므로 $4a+2b=0$

$\therefore 2a+b=0$ ·········· ㉡

㉠의 양변에 $x=3$을 대입하면

$P(3)=9a+3b+c$

$P(3)=3$, $c=0$이므로 $9a+3b=3$

$\therefore 3a+b=1$ ·········· ㉢

㉡, ㉢을 연립하여 풀면

$a=1$, $b=-2$

따라서 $P(x)$를 $x(x-2)(x-3)$으로 나누었을 때의 나머지는 x^2-2x이다.

부분점수표	
ⓐ 몫과 나머지를 이용하여 나눗셈에 대한 등식을 바르게 세운 경우	1점

0414 답 (1) x^2+5x (2) 7 (3) 5 (4) 7 (5) 35

STEP1 **공통부분이 생기도록 짝을 지어 전개하기 [2점]**

$(x+1)(x+2)(x+3)(x+4)-3$

$=(x+1)(x+4)(x+2)(x+3)-3$

$=(\boxed{x^2+5x}+4)(\boxed{x^2+5x}+6)-3$

STEP2 **공통부분을 문자로 치환하여 전개하기 [2점]**

$\boxed{x^2+5x}=X$라 하면

$(\boxed{x^2+5x}+4)(\boxed{x^2+5x}+6)-3=(X+4)(X+6)-3$

$=X^2+10X+21$

STEP3 전개한 식을 인수분해한 후 치환한 문자에 원래 식을 대입하여 정리하기 [2점]

$$X^2+10X+21=(X+3)(X+\boxed{7})$$
$$=(\boxed{x^2+5x}+3)(\boxed{x^2+5x}+\boxed{7})$$

STEP4 ab의 값 구하기 [2점]

$a=\boxed{5}$, $b=\boxed{7}$이므로

$ab=5\times7=\boxed{35}$

실제 답안 예시

$(x+1)(x+2)(x+3)(x+4)-3$

$=(x^2+5x+4)(x^2+5x+6)-3$

$=(X+4)(X+6)-3$

$=X^2+10X+21$

$=(X+3)(X+7)$

$=(x^2+5x+3)(x^2+5x+7)$

따라서 $a=5$, $b=7$이므로

$ab=5\times7=35$

0415 답 161

STEP1 공통부분이 생기도록 짝을 지어 전개하기 [2점]

$(x-4)(x-2)(x+3)(x+5)+40$

$=(x-4)(x+5)(x-2)(x+3)+40$

$=(x^2+x-20)(x^2+x-6)+40$

STEP2 공통부분을 문자로 치환하여 전개하기 [2점]

$x^2+x=X$라 하면

$(x^2+x-20)(x^2+x-6)+40$

$=(X-20)(X-6)+40$

$=X^2-26X+160$

STEP3 전개한 식을 인수분해한 후 치환한 문자에 원래 식을 대입하여 정리하기 [2점]

$X^2-26X+160=(X-10)(X-16)$
$=(x^2+x-10)(x^2+x-16)$

STEP4 $ac+bd$의 값 구하기 [2점]

$a=1$, $b=-10$, $c=1$, $d=-16$ 또는 $a=1$, $b=-16$, $c=1$, $d=-10$이므로

$ac+bd=1\times1+(-10)\times(-16)=161$

0416 답 $(x^2-4x+2)(x^2-4x-4)$

STEP1 공통부분이 생기도록 식을 정리하여 전개하기 [4점]

$(x^2-6x+5)(x^2-2x-3)+7$

$=(x-1)(x-5)(x+1)(x-3)+7$

$=(x-1)(x-3)(x-5)(x+1)+7$

$=(x^2-4x+3)(x^2-4x-5)+7$

STEP2 공통부분을 문자로 치환하여 전개하기 [2점]

$x^2-4x=X$라 하면

$(x^2-4x+3)(x^2-4x-5)+7$

$=(X+3)(X-5)+7$

$=X^2-2X-8$

STEP3 전개한 식을 인수분해한 후 치환한 문자에 원래 식을 대입하여 정리하기 [2점]

$X^2-2X-8=(X+2)(X-4)$
$=(x^2-4x+2)(x^2-4x-4)$

0417 답 72

STEP1 공통부분이 생기도록 짝을 지어 전개하기 [2점]

$(2x-4)(2x-1)(2x+2)(2x+5)+a$

$=(2x-4)(2x+5)(2x-1)(2x+2)+a$

$=(4x^2+2x-20)(4x^2+2x-2)+a$

STEP2 공통부분을 문자로 치환하여 전개하기 [2점]

$4x^2+2x=X$라 하면

$(4x^2+2x-20)(4x^2+2x-2)+a$

$=(X-20)(X-2)+a$

$=X^2-22X+40+a$

STEP3 a, b, c의 값 구하기 [4점]

$X^2-22X+40+a=(4x^2+bx+c)^2$에서 우변 $(4x^2+bx+c)^2$이 완전제곱식이므로 $X^2-22X+40+a$도 완전제곱식으로 인수분해되어야 한다. ······ ⓐ

즉, $40+a=(-11)^2$이어야 하므로

$a=81$ ······ ⓑ

$X^2-22X+121=(X-11)^2$
$=(4x^2+2x-11)^2$

$\therefore b=2$, $c=-11$ ······ ⓑ

STEP4 $a+b+c$의 값 구하기 [2점]

$a+b+c=81+2+(-11)=72$

부분점수표	
ⓐ 등식이 성립하기 위한 좌변의 조건을 바르게 구한 경우	1점
ⓑ a, b, c의 값 중 일부만 바르게 구한 경우	각 1점

실력 **실전 마무리하기** **1**회   94쪽~98쪽

1 0418 답 ①   유형1

출제의도 | 계수비교법을 이용하여 항등식의 미정계수를 구할 수 있는지 확인한다.

주어진 등식의 좌변을 전개하여 양변의 동류항의 계수를 비교해 보자.

주어진 등식의 좌변을 전개하여 x에 대하여 내림차순으로 정리하면

$(x^2+ax+4)(x+b)=x^3+bx^2+ax^2+abx+4x+4b$
$=x^3+(a+b)x^2+(ab+4)x+4b$

$\therefore x^3+(a+b)x^2+(ab+4)x+4b=x^3-3x^2+cx-8$

이 등식이 x에 대한 항등식이므로

$a+b=-3$, $ab+4=c$, $4b=-8$

$\therefore a=-1$, $b=-2$, $c=6$

$\therefore a+b+c=(-1)+(-2)+6=3$

2 0419 답 ④ 　　　　　　　　　　　　　　　　유형 2

출제의도 | 수치대입법을 이용하여 항등식의 미정계수를 구할 수 있는지 확인한다.

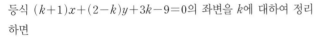
주어진 등식에서 좌변의 각 항이 다항식의 곱의 형태이므로 수치대입법을 이용해 보자.

$a(x+1)(x-3)+b(x-1)(x+1)+c(x-1)(x-3)$
$=4x^2-10x+10$ ·············· ㉠

㉠의 양변에 $x=1$을 대입하면
$-4a=4$ ∴ $a=-1$

㉠의 양변에 $x=3$을 대입하면
$8b=16$ ∴ $b=2$

㉠의 양변에 $x=-1$을 대입하면
$8c=24$ ∴ $c=3$

∴ $a+b+c=-1+2+3=4$

3 0420 답 ② 　　　　　　　　　　　　　　　　유형 1

출제의도 | 등식을 한 문자에 대하여 정리한 후 항등식의 성질을 이용하여 미정계수를 구할 수 있는지 확인한다.

주어진 등식의 좌변을 k에 대하여 정리해 보자.

등식 $(k+1)x+(2-k)y+3k-9=0$의 좌변을 k에 대하여 정리하면
$(x-y+3)k+(x+2y-9)=0$
이 등식이 k에 대한 항등식이므로
$x-y+3=0$, $x+2y-9=0$
위의 두 식을 연립하여 풀면 $x=1$, $y=4$
∴ $x+y=1+4=5$

4 0421 답 ③ 　　　　　　　　　　　　　　　　유형 6

출제의도 | 나머지정리를 이용하여 다항식의 나눗셈에서 나머지를 구할 수 있는지 확인한다.

$Q(x)=(x-1)P(x)$라 하면 $Q(x)$를 $x-4$로 나누었을 때의 나머지는 나머지정리에 의하여 $Q(4)$로 구할 수 있어.

$P(x)$를 $x-4$로 나누었을 때의 나머지가 2이므로 나머지정리에 의하여
$P(4)=2$
$(x-1)P(x)$를 $x-4$로 나누었을 때의 나머지는 나머지정리에 의하여
$(4-1)P(4)=3\times2=6$

5 0422 답 ⑤ 　　　　　　　　　　　　　　　　유형 17

출제의도 | 인수분해 공식을 이용하여 다항식을 인수분해할 수 있는지 확인한다.

인수분해 공식 $a^3-b^3=(a-b)(a^2+ab+b^2)$을 이용해 보자.

$x^3-(x-3y)^3=\{x-(x-3y)\}\{x^2+x(x-3y)+(x-3y)^2\}$
$=3y(x^2+x^2-3xy+x^2-6xy+9y^2)$
$=3y(3x^2-9xy+9y^2)$
$=9y(x^2-3xy+3y^2)$

따라서 $x^3-(x-3y)^3$의 인수인 것은 ⑤이다.

6 0423 답 ④ 　　　　　　　　　　　　　　　　유형 2

출제의도 | 수치대입법을 이용하여 주어진 항등식의 미정계수를 구할 수 있는지 확인한다.

$Q(x)$를 모르니까 $Q(x)$에 곱해진 식이 0이 되는 값을 이용해 보자.

$x^2-3x+2=(x-2)(x-1)$이므로
$x^3+ax^2+bx+4=(x-2)(x-1)Q(x)-x+2$ ·············· ㉠

㉠의 양변에 $x=1$을 대입하면
$1+a+b+4=-1+2$
∴ $a+b=-4$ ·············· ㉡

㉠의 양변에 $x=2$를 대입하면
$8+4a+2b+4=0$
∴ $2a+b=-6$ ·············· ㉢

㉡, ㉢을 연립하여 풀면 $a=-2$, $b=-2$
∴ $ab=(-2)\times(-2)=4$

7 0424 답 ② 　　　　　　　　　　　　　　　　유형 7

출제의도 | 나머지정리를 이용하여 다항식의 미정계수를 구할 수 있는지 확인한다.

$P(x)$를 $x-2$로 나누었을 때의 나머지는 나머지정리에 의하여 $P(2)$로 구할 수 있어.

$P(x)$를 $x-1$로 나누었을 때의 나머지가 -1이므로 나머지정리에 의하여
$P(1)=-1$
$a+1-2+b=-1$
∴ $a+b=0$ ·············· ㉠

$P(x)$를 $x+1$로 나누었을 때의 나머지가 -3이므로 나머지정리에 의하여
$P(-1)=-3$
$-a+1+2+b=-3$
∴ $a-b=6$ ·············· ㉡

㉠, ㉡을 연립하여 풀면 $a=3$, $b=-3$
∴ $P(x)=3x^3+x^2-2x-3$

따라서 $P(x)$를 $x-2$로 나누었을 때의 나머지는 나머지정리에 의하여
$P(2)=24+4-4-3=21$

8 0425 답 ④ 　　　　　　　　　　　　　　　　유형 10

출제의도 | 나머지정리를 이용하여 다항식의 나눗셈의 몫을 일차식으로 나누었을 때의 나머지를 구할 수 있는지 확인한다.

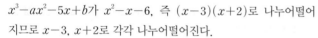

$P(x)$를 $x-1$로 나누었을 때의 몫이 $Q(x)$, 나머지가 2인 것을 등식으로 나타내어 보자.

$P(x)$를 $x-1$로 나누었을 때의 몫이 $Q(x)$, 나머지가 2이므로
$P(x)=(x-1)Q(x)+2$ ·········· ㉠
$P(x)$를 $x+2$로 나누었을 때의 나머지가 -1이므로 나머지정리에 의하여
$P(-2)=-1$
$Q(x)$를 $x+2$로 나누었을 때의 나머지는 나머지정리에 의하여
$Q(-2)$이므로
㉠의 양변에 $x=-2$를 대입하면
$P(-2)=-3Q(-2)+2$
$-1=-3Q(-2)+2$
$\therefore Q(-2)=1$

9 0426 답 ④ 유형 13

출제의도 | 인수정리를 이용하여 다항식의 미정계수를 구할 수 있는지 확인한다.

주어진 다항식이 x^2-x-6, 즉 $(x-3)(x+2)$를 인수로 가지므로 $x-3$, $x+2$는 각각 이 다항식의 인수야.

x^3-ax^2-5x+b가 x^2-x-6, 즉 $(x-3)(x+2)$로 나누어떨어지므로 $x-3$, $x+2$로 각각 나누어떨어진다.
x^3-ax^2-5x+b가 $x-3$으로 나누어떨어지므로 인수정리에 의하여
$3^3-a\times 3^2-5\times 3+b=0$
$\therefore -9a+b+12=0$ ·········· ㉠
x^3-ax^2-5x+b가 $x+2$로 나누어떨어지므로 인수정리에 의하여
$(-2)^3-a\times(-2)^2-5\times(-2)+b=0$
$\therefore -4a+b+2=0$ ·········· ㉡
㉠, ㉡을 연립하여 풀면 $a=2$, $b=6$
$\therefore ab=2\times 6=12$

10 0427 답 ③ 유형 15

출제의도 | 조립제법을 이용하여 몫과 나머지를 구할 수 있는지 확인한다.

$2x-1=0$을 만족시키는 x의 값 $\dfrac{1}{2}$을 이용해 보자.

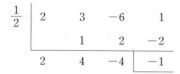

$\therefore 2x^3+3x^2-6x+1=\left(x-\dfrac{1}{2}\right)(2x^2+4x-4)-1$
$\qquad\qquad\qquad\qquad =(2x-1)(x^2+2x-2)-1$
ㄱ. $c=-4$, $e=-1$이므로
$\quad c+e=-4+(-1)=-5$ (참)
ㄴ. 나머지는 -1이다. (참)
ㄷ. 몫은 x^2+2x-2이다. (거짓)
따라서 옳은 것은 ㄱ, ㄴ이다.

11 0428 답 ② 유형 21

출제의도 | 인수정리를 이용하여 다항식을 인수분해할 수 있는지 확인한다.

주어진 다항식의 인수가 $x-2$임을 이용하여 인수분해해 보자.

주어진 다항식이 $x-2$를 인수로 가지므로 조립제법을 이용하여 인수분해하면

2	1	2	−4	−5	−6
		2	8	8	6
−3	1	4	4	3	0
		−3	−3	−3	
	1	1	1	0	

$\therefore x^4+2x^3-4x^2-5x-6=(x-2)(x+3)(x^2+x+1)$
따라서 $a=3$, $b=1$, $c=1$이므로
$a+b-c=3+1-1=3$

12 0429 답 ④ 유형 24

출제의도 | 복잡한 수의 계산을 인수분해를 이용하여 할 수 있는지 확인한다.

$23=x$로 치환하고 식을 인수분해해 보자.

$23=x$라 하면
$k=x^3+8x^2+9x-18$
$P(x)=x^3+8x^2+9x-18$이라 하면
$P(1)=1+8+9-18=0$
이므로 $P(x)$는 $x-1$을 인수로 가진다.
$P(x)$를 조립제법을 이용하여 인수분해하면

1	1	8	9	−18
		1	9	18
	1	9	18	0

$\therefore P(x)=(x-1)(x^2+9x+18)$
$\qquad\qquad =(x-1)(x+3)(x+6)$
$\therefore k=P(23)$
$\qquad =(23-1)\times(23+3)\times(23+6)$
$\qquad =22\times 26\times 29$

13 0430 답 ② 유형 8

출제의도 | 나머지정리를 이용하여 다항식을 이차식으로 나누었을 때의 나머지를 구할 수 있는지 확인한다.

$P(x)$를 나누는 이차식을 인수분해한 다음 나머지정리를 이용해 보자.

$P(x)$를 x^2+2x-3으로 나누었을 때의 몫을 $Q_1(x)$라 하면 나머지가 $2x+5$이므로
$P(x)=(x^2+2x-3)Q_1(x)+2x+5$
$\qquad =(x+3)(x-1)Q_1(x)+2x+5$ ·········· ㉠
㉠의 양변에 $x=-3$을 대입하면
$P(-3)=-1$

$P(x)$를 x^2-x-2로 나누었을 때의 몫을 $Q_2(x)$라 하면 나머지가 $3x-2$이므로

$P(x)=(x^2-x-2)Q_2(x)+3x-2$

$\qquad =(x+1)(x-2)Q_2(x)+3x-2$ $\cdots\cdots$ ⓛ

ⓛ의 양변에 $x=2$를 대입하면

$P(2)=4$

$P(x)$를 x^2+x-6으로 나누었을 때의 몫을 $Q_3(x)$, 나머지를 $ax+b$ (a, b는 상수)라 하면

$P(x)=(x^2+x-6)Q_3(x)+ax+b$

$\qquad =(x+3)(x-2)Q_3(x)+ax+b$ $\cdots\cdots$ ⓒ

ⓒ의 양변에 $x=-3$, $x=2$를 각각 대입하면

$P(-3)=-3a+b$, $P(2)=2a+b$

$-3a+b=-1$, $2a+b=4$

위의 두 식을 연립하여 풀면 $a=1$, $b=2$

따라서 $P(x)$를 x^2+x-6으로 나누었을 때의 나머지 $R(x)$는

$R(x)=x+2$이므로 $R(1)=1+2=3$

14 0431 답 ④ 유형 9

출제의도 | 나머지정리를 이용하여 $P(ax+b)$ 꼴의 다항식을 일차식으로 나누었을 때의 나머지를 구할 수 있는지 확인한다.

> $P(2x-1)$을 $x-1$로 나누었을 때의 나머지는 $P(2x-1)$에 $x=1$을 대입하여 구할 수 있어.

$P(x)$를 $x-2$로 나누었을 때의 나머지가 4이므로 나머지정리에 의하여

$P(2)=4$

$P(x)$를 x^2-3x+2, 즉 $(x-2)(x-1)$로 나누었을 때의 몫을 $Q(x)$라 하면 나머지가 $x+k$이므로

$P(x)=(x-2)(x-1)Q(x)+x+k$ $\cdots\cdots$ ㉠

㉠의 양변에 $x=2$를 대입하면

$P(2)=2+k$

$4=2+k$ $\qquad \therefore k=2$

따라서 $P(2x-1)$을 $x-1$로 나누었을 때의 나머지는

$P(2\times1-1)=P(1)=1+2=3$

15 0432 답 ④ 유형 16

출제의도 | 조립제법을 이용하여 항등식의 미정계수를 구할 수 있는지 확인한다.

> 주어진 다항식이 $(x-1)^2$으로 나누어떨어지므로 주어진 다항식을 $x-1$로 나누었을 때의 나머지가 0임을 이용하여 다항식의 미정계수를 구해 보자.

조립제법을 이용하면

1	1	a	-7	b
		1	$a+1$	$a-6$
1	1	$a+1$	$a-6$	$a+b-6$
		1	$a+2$	
	1	$a+2$	$2a-4$	

x^3+ax^2-7x+b가 $(x-1)^2$으로 나누어떨어지므로 다항식 x^3+ax^2-7x+b를 $x-1$로 나누었을 때의 나머지가 0이다.

$\therefore a+b-6=0$ $\cdots\cdots$ ㉠

이때의 몫 $x^2+(a+1)x+a-6$을 $x-1$로 나누었을 때의 나머지도 0이다.

$\therefore 2a-4=0$ $\cdots\cdots$ ㉡

㉠, ㉡을 연립하여 풀면 $a=2$, $b=4$

$\therefore ab=2\times4=8$

다른 풀이

x^3+ax^2-7x+b가 $(x-1)^2$으로 나누어떨어지므로 이때의 몫을 $x+k$ (k는 상수)라 하면

$x^3+ax^2-7x+b=(x-1)^2(x+k)$

$\qquad\qquad\qquad =(x^2-2x+1)(x+k)$

$\qquad\qquad\qquad =x^3+(k-2)x^2-(2k-1)x+k$

이 등식이 x에 대한 항등식이므로

$a=k-2$, $-7=-(2k-1)$, $b=k$

$\therefore k=4$, $a=2$, $b=4$

$\therefore ab=2\times4=8$

16 0433 답 ③ 유형 18

출제의도 | 공통부분을 치환하여 다항식을 인수분해할 수 있는지 확인한다.

> 주어진 다항식에서 x^2-1, $x^2+8x+15$를 인수분해하고 공통부분이 생기도록 정리해 보자.

$(x^2-1)(x^2+8x+15)+12$

$=(x+1)(x-1)(x+3)(x+5)+12$

$=(x+1)(x+3)(x-1)(x+5)+12$

$=(x^2+4x+3)(x^2+4x-5)+12$

$x^2+4x=X$라 하면

$(x^2+4x+3)(x^2+4x-5)+12$

$=(X+3)(X-5)+12$

$=X^2-2X-15+12$

$=X^2-2X-3$

$=(X+1)(X-3)$

$=(x^2+4x+1)(x^2+4x-3)$

따라서 $a=4$, $b=1$, $c=4$이므로

$a+b+c=4+1+4=9$

17 0434 답 ② 유형 19 + 유형 20

출제의도 | x^4+ax^2+b 꼴의 다항식과 문자가 여러 개인 다항식을 인수분해할 수 있는지 확인한다.

> x^4+ax^2+b 꼴의 사차식은 A^2-B^2 꼴로 변형해서 인수분해할 수 있어.

㈎ $x^4+2x^2+9=x^4+2x^2+4x^2-4x^2+9$

$\qquad\qquad\qquad =x^4+6x^2+9-4x^2$

$\qquad\qquad\qquad =(x^2+3)^2-(2x)^2$

$\qquad\qquad\qquad =(x^2+3+2x)(x^2+3-2x)$

$\qquad\qquad\qquad =(x^2+2x+3)(x^2-2x+3)$

$\therefore a=2$, $b=3$

(나) $x^2y+2xy+x^2+2x+y+1$
$=(x^2+2x+1)y+(x^2+2x+1)$
$=(x^2+2x+1)(y+1)$
$=(x+1)^2(y+1)$
$\therefore c=1,\ d=1$

따라서 $a=2,\ b=3,\ c=1,\ d=1$이므로
$a+b+c+d=2+3+1+1=7$

18 0435 📄 ④   유형 25

출제의도 | 다항식의 인수분해를 이용하여 삼각형의 모양을 알아낼 수 있는지 확인한다.

> $a,\ b,\ c$의 차수가 모두 같으므로 a에 대하여 내림차순으로 정리하고 인수분해해 보자.

주어진 등식의 좌변을 인수분해하면
$a^2b+b^2c-c^2a+ab^2-bc^2-ca^2$
$=(b-c)a^2+(b^2-c^2)a+b^2c-bc^2$
$=(b-c)a^2+(b+c)(b-c)a+bc(b-c)$
$=(b-c)\{a^2+(b+c)a+bc\}$
$=(b-c)(a+b)(a+c)$
즉, $(b-c)(a+b)(a+c)=0$이고
$a+b\neq0,\ a+c\neq0$이므로
$b-c=0$ $\therefore b=c$
따라서 $b=c$인 이등변삼각형이다.

19 0436 📄 ④   유형 21

출제의도 | 인수정리를 이용하여 다항식을 인수분해할 수 있는지 확인한다.

> 주어진 그림의 의미를 이해하고 다항식 $A,\ B,\ C,\ D$의 관계식을 나타내어 보자.

그림에서 다항식 $A,\ B,\ C,\ D$에 대하여
$A(x+1)=C$
$(x+1)B=D$
$CD=2x^4+11x^3+19x^2+13x+3$
$\therefore CD=A(x+1)\times(x+1)B$
$\qquad=AB(x+1)^2$
즉, $2x^4+11x^3+19x^2+13x+3$은 $(x+1)^2$으로 나누어떨어지므로 조립제법을 이용하여 인수분해하면

-1	2	11	19	13	3
		-2	-9	-10	-3
-1	2	9	10	3	0
		-2	-7	-3	
-3	2	7	3	0	
		-6	-3		
	2	1	0		

$\therefore 2x^4+11x^3+19x^2+13x+3=(x+1)^2(x+3)(2x+1)$

다항식 $A,\ B$는 일차식이므로
$A=x+3,\ B=2x+1,$
$C=(x+3)(x+1)=x^2+4x+3,$
$D=(x+1)(2x+1)=2x^2+3x+1$
(또는 $A=2x+1,\ B=x+3,\ C=2x^2+3x+1,\ D=x^2+4x+3$)
$\therefore A+B+C+D$
$\quad=(x+3)+(2x+1)+(x^2+4x+3)+(2x^2+3x+1)$
$\quad=3x^2+10x+8$

20 0437 📄 7   유형 6

출제의도 | 나머지정리를 이용하여 다항식의 나눗셈에서 나머지를 구할 수 있는지 확인한다.

STEP1 **나머지정리 이용하여 $A(-1)-B(-1)$, $A(-1)B(-1)$의 값 구하기 [3점]**

$A(x)-B(x)$를 $x+1$로 나누었을 때의 나머지가 3이므로 나머지정리에 의하여
$A(-1)-B(-1)=3$
$A(x)B(x)$를 $x+1$로 나누었을 때의 나머지가 -1이므로 나머지정리에 의하여
$A(-1)B(-1)=-1$

STEP2 **나머지정리를 이용하여 나머지 구하기 [3점]**

$\{A(x)\}^2+\{B(x)\}^2$을 $x+1$로 나누었을 때의 나머지는 나머지정리에 의하여
$\{A(-1)\}^2+\{B(-1)\}^2$
$=\{A(-1)-B(-1)\}^2+2A(-1)B(-1)$
$=3^2+2\times(-1)$
$=7$

21 0438 📄 $(x^2-x+2)(x^2-x-10)$ 유형 18

출제의도 | 공통부분을 치환하여 다항식을 인수분해할 수 있는지 확인한다.

STEP1 **공통부분이 생기도록 식을 정리하여 전개하기 [4점]**

$(x^2-5x+6)(x^2+3x+2)-32$
$=(x-3)(x-2)(x+1)(x+2)-32$
$=(x-3)(x+2)(x-2)(x+1)-32$
$=(x^2-x-6)(x^2-x-2)-32$

STEP2 **공통부분을 문자로 치환하여 전개하기 [2점]**

$x^2-x=X$라 하면
$(x^2-x-6)(x^2-x-2)-32$
$=(X-6)(X-2)-32$
$=X^2-8X+12-32$
$=X^2-8X-20$

STEP3 **전개한 식을 인수분해한 후 치환한 문자에 원래 식을 대입하여 정리하기 [2점]**

$X^2-8X-20$
$=(X+2)(X-10)$
$=(x^2-x+2)(x^2-x-10)$

22 0439 🖽 $2x^2-x+4$

유형 8

출제의도 | 나머지정리를 이용하여 다항식을 삼차식으로 나누었을 때의 나머지를 구할 수 있는지 확인한다.

STEP1 $A=BQ+R$ 꼴로 나타내기 [2점]

$P(x)$를 $(x^2+1)(x+1)$로 나누었을 때의 몫을 $Q(x)$, 나머지를 ax^2+bx+c (a, b, c는 상수)라 하면

$P(x)=(x^2+1)(x+1)Q(x)+ax^2+bx+c$

STEP2 조건을 이용하여 나머지의 형태 변형하기 [4점]

$P(x)$를 x^2+1로 나누었을 때의 나머지가 $-x+2$이므로

ax^2+bx+c를 x^2+1로 나누었을 때의 나머지도 $-x+2$이다.

$\therefore P(x)=(x^2+1)(x+1)Q(x)+a(x^2+1)-x+2$ ·········· ㉠

STEP3 나머지정리를 이용하여 나머지 구하기 [3점]

$P(x)$를 $x+1$로 나누었을 때의 나머지가 7이므로 나머지정리에 의하여

$P(-1)=7$

㉠의 양변에 $x=-1$을 대입하면

$P(-1)=2a+3$

$2a+3=7$ $\therefore a=2$

따라서 $P(x)$를 $(x^2+1)(x+1)$로 나누었을 때의 나머지는

$2(x^2+1)-x+2=2x^2-x+4$

---

23 0440 🖽 2

유형 14

출제의도 | 인수정리를 이용하여 다항식을 일차식으로 나누었을 때의 나머지를 구할 수 있는지 확인한다.

STEP1 주어진 조건 정리하기 [2점]

$P(1)=-1$, $P(2)=-2$, $P(3)=-3$이므로

$P(1)+1=0$, $P(2)+2=0$, $P(3)+3=0$

STEP2 인수정리를 이용하여 $P(x)$ 구하기 [5점]

$x=1$, $x=2$, $x=3$일 때, $P(x)+x=0$이므로 인수정리에 의하여

$P(x)+x$는 $x-1$, $x-2$, $x-3$을 인수로 가진다.

$P(x)$는 최고차항의 계수가 1인 삼차식이므로

$P(x)+x=(x-1)(x-2)(x-3)$

$\therefore P(x)=(x-1)(x-2)(x-3)-x$

STEP3 나머지정리를 이용하여 나머지 구하기 [2점]

$P(x)$를 $x-4$로 나누었을 때의 나머지는 나머지정리에 의하여

$P(4)=3\times2\times1-4=6-4=2$

실력 check **실전 마무리하기** **2**회   99쪽~103쪽

1 0441 🖽 ⑤

유형 1

출제의도 | 계수비교법을 이용하여 항등식의 미정계수를 구할 수 있는지 확인한다.

> 등식의 우변을 전개하여 양변의 동류항의 계수를 비교해 보자.

주어진 등식의 우변을 전개하면

$(cx-1)(2x^2+3x-1)$

$=2cx^3+3cx^2-cx-2x^2-3x+1$

$=2cx^3+(3c-2)x^2-(c+3)x+1$

$\therefore 4x^3+ax^2-5x+b=2cx^3+(3c-2)x^2-(c+3)x+1$

이 등식이 x에 대한 항등식이므로

$4=2c$, $a=3c-2$, $5=c+3$, $b=1$

$\therefore a=4$, $b=1$, $c=2$

$\therefore a+b+c=4+1+2=7$

---

2 0442 🖽 ②

유형 2

출제의도 | 수치대입법을 이용하여 항등식의 미정계수를 구할 수 있는지 확인한다.

> 주어진 등식의 좌변에 $x=-3$, $x^2=2$를 각각 대입하면 좌변의 값이 0이 되는 것을 이용해 보자.

$(x+3)(x^2-2)P(x)=x^4+ax^2+b$의 양변에

$x=-3$을 대입하면

$0=81+9a+b$ ·········· ㉠

$x^2=2$를 대입하면

$0=4+2a+b$ ·········· ㉡

㉠, ㉡을 연립하여 풀면 $a=-11$, $b=18$

$\therefore (x+3)(x^2-2)P(x)=x^4-11x^2+18$

이 등식의 양변에 $x=1$을 대입하면

$-4P(1)=1-11+18=8$

$\therefore P(1)=-2$

---

3 0443 🖽 ①

유형 3

출제의도 | 조건이 주어진 항등식의 미정계수를 구할 수 있는지 확인한다.

> 조건 $x-3=-2y$를 이용하여 주어진 등식을 한 문자로 나타내고 그 문자에 대하여 내림차순으로 정리해 보자.

$x-3=-2y$에서 $x=-2y+3$

$x=-2y+3$을 $x^2+ax-ay^2+by+c=0$에 대입하고 y에 대하여 내림차순으로 정리하면

$(-2y+3)^2+a(-2y+3)-ay^2+by+c=0$

$4y^2-12y+9-2ay+3a-ay^2+by+c=0$

$(4-a)y^2-(12+2a-b)y+9+3a+c=0$

이 등식이 y에 대한 항등식이므로

$4-a=0$, $12+2a-b=0$, $9+3a+c=0$

$\therefore a=4$, $b=20$, $c=-21$

$\therefore a+b+c=4+20+(-21)=3$

---

4 0444 🖽 ④

유형 15

출제의도 | 조립제법을 이용하여 다항식의 나눗셈의 몫과 나머지를 구할 수 있는지 확인한다.

> $2x^3+3x^2+2$에서 x의 계수는 0이니까 조립제법을 이용할 때 일차항의 계수의 자리에 0을 써야 해.

$$\begin{array}{r|rrrr}
-1 & 2 & 3 & 0 & 2 \\
  &   & -2 & -1 & 1 \\
\hline
  & 2 & 1 & -1 & \boxed{3}
\end{array}$$

$$\therefore a=0,\ b=1,\ c=-1,\ d=-1,\ e=3$$

5 0445 답 ③ 유형 21

출제의도 | 인수정리를 이용하여 다항식을 인수분해할 수 있는지 확인한다.

> $P(x)=8x^3-2x^2+x+k$가 $2x-1$로 나누어떨어지므로 인수정리에 의하여 $P\left(\dfrac{1}{2}\right)=0$임을 이용해 보자.

$P(x)=8x^3-2x^2+x+k$가 $2x-1$로 나누어떨어지므로 인수정리에 의하여

$$P\left(\frac{1}{2}\right)=0$$

$$1-\frac{1}{2}+\frac{1}{2}+k=0$$

$$\therefore k=-1$$

$$\therefore P(x)=8x^3-2x^2+x-1$$

$P(x)$를 조립제법을 이용하여 인수분해하면

$$\begin{array}{r|rrrr}
\frac{1}{2} & 8 & -2 & 1 & -1 \\
  &   & 4 & 1 & 1 \\
\hline
  & 8 & 2 & 2 & \boxed{0}
\end{array}$$

$$\therefore P(x)=\left(x-\frac{1}{2}\right)(8x^2+2x+2)$$
$$=(2x-1)(4x^2+x+1)$$

따라서 $P(x)$의 인수인 것은 ③이다.

6 0446 답 ④ 유형 6

출제의도 | 나머지정리를 이용하여 다항식의 나눗셈의 나머지를 구할 수 있는지 확인한다.

> $P(x)=A(x)+B(x)$라 하면 $P(x)$를 $x-1$로 나누었을 때의 나머지는 나머지정리에 의하여 $P(1)$, 즉 $A(1)+B(1)$이야.

$A(x)+B(x)$를 $x-1$로 나누었을 때의 나머지가 -6이므로 나머지정리에 의하여

$$A(1)+B(1)=-6 \quad\cdots\cdots\ \text{㉠}$$

$A(x)-B(x)$를 $x-1$로 나누었을 때의 나머지가 4이므로 나머지정리에 의하여

$$A(1)-B(1)=4 \quad\cdots\cdots\ \text{㉡}$$

㉠+㉡을 하면

$$2A(1)=-2$$

$$\therefore A(1)=-1$$

$A(1)=-1$을 ㉠에 대입하여 풀면

$$B(1)=-5$$

따라서 $A(x)B(x)$를 $x-1$로 나누었을 때의 나머지는 나머지정리에 의하여

$$A(1)B(1)=(-1)\times(-5)=5$$

다른 풀이

$A(x)+B(x)$를 $x-1$로 나누었을 때의 나머지가 -6이므로 나머지정리에 의하여

$$A(1)+B(1)=-6$$

$A(x)-B(x)$를 $x-1$로 나누었을 때의 나머지가 4이므로 나머지정리에 의하여

$$A(1)-B(1)=4$$

따라서 $A(x)B(x)$를 $x-1$로 나누었을 때의 나머지는 나머지정리에 의하여

$$A(1)B(1)=\frac{\{A(1)+B(1)\}^2-\{A(1)-B(1)\}^2}{4}$$
$$=\frac{(-6)^2-4^2}{4}=5$$

7 0447 답 ③ 유형 6 + 유형 12

출제의도 | 나머지정리와 인수정리를 이용하여 다항식을 구할 수 있는지 확인한다.

> $P(-1)=0,\ P(1)=0$이므로 $x+1,\ x-1$은 $P(x)$의 인수야.

$P(-1)=0,\ P(1)=0$이므로 $x+1,\ x-1$은 삼차식 $P(x)$의 인수이다.

$$P(x)=(x+1)(x-1)(ax+b)\ (a,\ b\text{는 상수}) \quad\cdots\cdots\ \text{㉠}$$

라 하면 $P(x)$를 $x+2$로 나누었을 때의 나머지가 -21이므로 나머지정리에 의하여

$$P(-2)=-21$$

㉠의 양변에 $x=-2$를 대입하면

$$P(-2)=(-1)\times(-3)\times(-2a+b)$$

$$3(-2a+b)=-21$$

$$\therefore -2a+b=-7 \quad\cdots\cdots\ \text{㉡}$$

$P(x)$를 $x-2$로 나누었을 때의 나머지가 15이므로 나머지정리에 의하여

$$P(2)=15$$

㉠의 양변에 $x=2$를 대입하면

$$P(2)=3\times1\times(2a+b)$$

$$3(2a+b)=15$$

$$\therefore 2a+b=5 \quad\cdots\cdots\ \text{㉢}$$

㉡, ㉢을 연립하여 풀면

$$a=3,\ b=-1$$

따라서 $P(x)=(x+1)(x-1)(3x-1)$이므로

$$P(3)=4\times2\times8=64$$

8 0448 답 ④ 유형 9 + 유형 13

출제의도 | 나머지정리를 이용하여 $P(ax+b)$ 꼴의 다항식을 일차식으로 나누었을 때의 나머지를 구할 수 있는지 확인한다.

> $P(6x-1)+P(3-x)$를 $x-1$로 나누었을 때의 나머지는 $P(6x-1)+P(3-x)$에 $x=1$을 대입하여 구할 수 있어.

$P(x)$를 $x-2$로 나누었을 때의 나머지가 4이므로 나머지정리에 의하여

$$P(2)=4$$

$P(x)$가 $(x+1)(x-5)$로 나누어떨어지므로 $P(x)$는 $x+1$, $x-5$로 각각 나누어떨어진다.
인수정리에 의하여
$P(-1)=0$, $P(5)=0$
$P(6x-1)+P(3-x)$를 $x-1$로 나누었을 때의 나머지는 나머지 정리에 의하여
$P(6\times1-1)+P(3-1)=P(5)+P(2)=0+4=4$

9 0449 답 ⑤
유형 17

출제의도 | 인수분해 공식을 이용하여 다항식을 인수분해할 수 있는지 확인한다.

$x^3-y^3=(x-y)(x^2+xy+y^2)$임을 이용해 보자.

$x^3-y^3+x^2y-xy^2=(x-y)(x^2+xy+y^2)+xy(x-y)$
$\qquad\qquad\qquad\quad=(x-y)(x^2+2xy+y^2)$
$\qquad\qquad\qquad\quad=(x-y)(x+y)^2$
따라서 인수가 아닌 것은 ⑤이다.

10 0450 답 ③
유형 19

출제의도 | x^4+ax^2+b 꼴의 사차식을 인수분해할 수 있는지 확인한다.

A^2-B^2 꼴로 변형해서 인수분해할 수 있어.

$x^4-x^2+16=x^4-x^2+9x^2-9x^2+16$
$\qquad\qquad\quad=(x^4+8x^2+16)-9x^2$
$\qquad\qquad\quad=(x^2+4)^2-(3x)^2$
$\qquad\qquad\quad=(x^2+4+3x)(x^2+4-3x)$
$\qquad\qquad\quad=(x^2+3x+4)(x^2-3x+4)$
따라서 $a=3$, $b=4$, $c=3$, $d=4$이므로
$a+b+c+d=3+4+3+4=14$

11 0451 답 ③
유형 20

출제의도 | 문자가 여러 개인 다항식의 인수분해를 할 수 있는지 확인한다.

주어진 식을 a에 대하여 내림차순으로 정리한 다음 인수분해해 보자.

주어진 식을 a에 대하여 내림차순으로 정리하여 인수분해하면
$a^2(b-c)+b^2(c-a)+c^2(a-b)$
$=(b-c)a^2-(b^2-c^2)a+b^2c-bc^2$
$=(b-c)a^2-(b+c)(b-c)a+bc(b-c)$
$=(b-c)\{a^2-(b+c)a+bc\}$
$=(b-c)(a-b)(a-c)$
$=-(a-b)(b-c)(c-a)$

12 0452 답 ⑤
유형 4

출제의도 | 다항식의 특정한 항의 계수의 합을 구할 수 있는지 확인한다.

수치대입법을 이용하면 계수의 합과 차를 구할 수 있어.

ㄱ. 주어진 등식의 양변에 $x=0$을 대입하면
$1=a_0$ (참)

ㄴ. 주어진 등식의 양변에 $x=-1$을 대입하면
$1=a_6-a_5+a_4-a_3+a_2-a_1+a_0$ ·········· ㉠
㉠에서 $a_0=1$이므로
$a_6-a_5+a_4-a_3+a_2-a_1=1-a_0=1-1=0$ (참)
ㄷ. 주어진 등식의 양변에 $x=1$을 대입하면
$27=a_6+a_5+a_4+a_3+a_2+a_1+a_0$ ·········· ㉡
㉠+㉡을 하면
$28=2(a_6+a_4+a_2+a_0)$
$\therefore a_0+a_2+a_4+a_6=14$ (참)
따라서 옳은 것은 ㄱ, ㄴ, ㄷ이다.

13 0453 답 ②
유형 8 + 유형 17

출제의도 | 나머지정리를 이용하여 다항식을 이차식으로 나누었을 때의 나머지를 구할 수 있는지 확인한다.

몫 Q와 나머지 R를 사용하여 다항식의 나눗셈을 항등식 $A=BQ+R$ 꼴로 나타내어 보자.

다항식 $P(x)=x^{20}+x^{18}+x^{16}+ax^2+bx+c$를 $x-1$로 나누었을 때 나머지가 14이므로
$P(1)=14$에서
$3+a+b+c=14$ $\quad\therefore a+b+c=11$ ·········· ㉠
$P(x)=x^{20}+x^{18}+x^{16}+ax^2+bx+c$
$\qquad=x^{16}(x^4+x^2+1)+ax^2+bx+c$
$\qquad=x^{16}(x^2+x+1)(x^2-x+1)+ax^2+bx+c$
$\quad\rightarrow P(x)$를 x^2+x+1로 나누었을 때의 나머지가 $2x+3$이므로 ax^2+bx+c를 x^2+x+1로 나누었을 때의 몫은 a, 나머지는 $2x+3$이다.
즉, $ax^2+bx+c=a(x^2+x+1)+2x+3$이므로
$ax^2+bx+c=ax^2+(a+2)x+a+3$에서
$b=a+2$, $c=a+3$ ·········· ㉡
㉡을 ㉠에 대입하면
$a+(a+2)+(a+3)=11$, $3a=6$ $\quad\therefore a=2$
$a=2$를 ㉡에 대입하면 $b=4$, $c=5$
$\therefore P(x)=x^{16}(x^2+x+1)(x^2-x+1)+2x^2+4x+5$
$\qquad\quad=x^{16}(x^2+x+1)(x^2-x+1)+2(x^2-x+1)+6x+3$
따라서 $P(x)$를 x^2-x+1로 나누었을 때의 나머지 $R(x)$는
$R(x)=6x+3$이므로
$R(-1)=-6+3=-3$

14 0454 답 ①
유형 9

출제의도 | 나머지정리를 이용하여 $P(ax+b)$ 꼴의 다항식에서 나머지를 구할 수 있는지 확인한다.

$(4x^2+4x)P(6x)$를 $2x+1$로 나누었을 때의 나머지는 나머지정리에 의하여 이 다항식에 $x=-\dfrac{1}{2}$을 대입하면 구할 수 있어.

$P(x)$를 $2x^2+5x-3$, 즉 $(2x-1)(x+3)$으로 나누었을 때의 몫을 $Q(x)$라 하면 나머지가 $-2x+3$이므로
$P(x)=(2x^2+5x-3)Q(x)-2x+3$
$\qquad=(2x-1)(x+3)Q(x)-2x+3$ ·········· ㉠

①의 양변에 $x=-3$을 대입하면

$P(-3)=6+3=9$

따라서 $(4x^2+4x)P(6x)$를 $2x+1$로 나누었을 때의 나머지는 나머지정리에 의하여

$$\left\{4\times\left(-\frac{1}{2}\right)^2+4\times\left(-\frac{1}{2}\right)\right\}P\left(6\times\left(-\frac{1}{2}\right)\right)$$

$$=(1-2)P(-3)$$

$$=(-1)\times 9=-9$$

15 0455　답 ②　유형 11

출제의도 | 나머지정리를 이용하여 복잡한 수의 나눗셈에서 나머지를 구할 수 있는지 확인한다.

> $4=x$라 하면 $4^{104}=x^{104}$, $5=x+1$로 나타낼 수 있어.

$4=x$라 하면 $5=x+1$

$P(x)=x^{104}$이라 하면 $P(x)$를 $x+1$로 나누었을 때의 나머지는 나머지정리에 의하여

$P(-1)=(-1)^{104}=1$

따라서 4^{104}을 5로 나누었을 때의 나머지는 1이다.

16 0456　답 ②　유형 16

출제의도 | 조립제법을 이용하여 항등식의 미정계수를 구할 수 있는지 확인한다.

> 조립제법을 연속으로 이용해서 정리해 보자.

등식 $(x-1)^3+a(x-1)^2+b(x-1)+c=x^3-x^2-2x+7$의 우변을 조립제법을 이용하면

```
1 | 1   -1   -2    7
  |      1    0   -2
1 | 1    0   -2 |  5
  |      1    1
1 | 1    1 | -1
  |      1
    1    2
```

$x^3-x^2-2x+7=(x-1)(x^2-2)+5$

$\qquad\qquad =(x-1)\{(x-1)(x+1)-1\}+5$

$\qquad\qquad =(x-1)[(x-1)\{(x-1)+2\}-1]+5$

$\qquad\qquad =(x-1)\{(x-1)^2+2(x-1)-1\}+5$

$\qquad\qquad =(x-1)^3+2(x-1)^2-(x-1)+5$

따라서 $a=2$, $b=-1$, $c=5$이므로

$abc=2\times(-1)\times 5=-10$

17 0457　답 ④　유형 18 + 유형 22

출제의도 | $ax^4+bx^3+cx^2+bx+a$ 꼴의 사차식과 공통부분이 있는 다항식을 인수분해할 수 있는지 확인한다.

> $ax^4+bx^3+cx^2+bx+a$ 꼴의 사차식은 x^2으로 묶어낸 후 $x^2+\frac{1}{x^2}=\left(x+\frac{1}{x}\right)^2-2$임을 이용하여 인수분해해 보자.

$$x^4+2x^3-6x^2+2x+1=x^2\left(x^2+2x-6+\frac{2}{x}+\frac{1}{x^2}\right)$$

$$=x^2\left\{\left(x^2+\frac{1}{x^2}\right)+2\left(x+\frac{1}{x}\right)-6\right\}$$

$$=x^2\left\{\left(x+\frac{1}{x}\right)^2-2+2\left(x+\frac{1}{x}\right)-6\right\}$$

$$=x^2\left\{\left(x+\frac{1}{x}\right)^2+2\left(x+\frac{1}{x}\right)-8\right\}$$

$$=x^2\left(x+\frac{1}{x}+4\right)\left(x+\frac{1}{x}-2\right)$$

$$=(x^2+1+4x)(x^2+1-2x)$$

$$=(x^2+4x+1)(x^2-2x+1)$$

$$=(x^2+4x+1)(x-1)^2$$

한편, $(x^2+4x)^2+5(x^2+4x)+4$에서 $x^2+4x=X$라 하면

$(x^2+4x)^2+5(x^2+4x)+4=X^2+5X+4$

$\qquad\qquad\qquad\qquad =(X+4)(X+1)$

$\qquad\qquad\qquad\qquad =(x^2+4x+4)(x^2+4x+1)$

$\qquad\qquad\qquad\qquad =(x+2)^2(x^2+4x+1)$

따라서 두 다항식의 공통인수인 것은 ④이다.

18 0458　답 ⑤　유형 24

출제의도 | 인수분해를 이용하여 큰 수의 계산을 할 수 있는지 확인한다.

> $6^6-1=(6^3)^2-1^2$이니까 a^2-b^2 꼴의 인수분해 공식을 이용할 수 있어.

$6=x$라 하면

$6^6-1=x^6-1=(x^3)^2-1^2$

$\qquad =(x^3+1)(x^3-1)$

$\qquad =(x+1)(x^2-x+1)(x-1)(x^2+x+1)$

$\qquad =(6+1)(6^2-6+1)(6-1)(6^2+6+1)$

$\qquad =7\times 31\times 5\times 43$

$\qquad =5\times 7\times 31\times 43$

따라서 소인수가 아닌 것은 ⑤이다.

19 0459　답 ④　유형 26

출제의도 | 직사각형의 변의 길이와 넓이에 대한 문제를 다항식의 나눗셈을 이용하여 해결할 수 있는지 확인한다.

> 그림에서 두 직사각형 A와 B의 가로의 길이가 같고, 두 직사각형 B와 C의 세로의 길이가 같음을 이용해 보자.

(직사각형 A의 가로의 길이)$\times(x-1)^2=x^3+ax+2$

양변에 $x=1$을 대입하면 $0=1+a+2$　∴ $a=-3$

(직사각형 A의 가로의 길이)$=(x^3-3x+2)\div(x-1)^2$

조립제법을 이용하면

```
1 | 1   0   -3    2
  |     1    1   -2
1 | 1   1   -2 |  0
  |     1    2
    1   2 |  0
```

이므로 (직사각형 A의 가로의 길이)$=x+2$

$\therefore$ (직사각형 B의 세로의 길이)$=(x^2+6x+8)\div(x+2)$
$$=(x+2)(x+4)\div(x+2)$$
$$=x+4$$
(직사각형 C의 가로의 길이)$=(2x^3+9x^2+6x+8)\div(x+4)$
조립제법을 이용하면

$$\begin{array}{r|rrrr}
-4 & 2 & 9 & 6 & 8 \\
  &   & -8 & -4 & -8 \\
\hline
  & 2 & 1 & 2 & 0
\end{array}$$

이므로 (직사각형 C의 가로의 길이)$=2x^2+x+2$
따라서 $b=2$, $c=2$이므로
$a+b+c=-3+2+2=1$

20 0460 답 7 유형 2

출제의도 | 수치대입법을 이용하여 항등식의 미정계수를 구할 수 있는지 확인한다.

STEP 1 수치대입법을 이용하여 a, b의 값 구하기 [4점]
등식 $4x^2-5x+5=a(x-2)^2+b(x-1)$의
양변에 $x=2$를 대입하면
$16-10+5=b$ $\quad\therefore b=11$
양변에 $x=1$을 대입하면
$4-5+5=a$ $\quad\therefore a=4$

STEP 2 $b-a$의 값 구하기 [2점]
$b-a=11-4=7$

21 0461 답 $-x-3$ 유형 8

출제의도 | 나머지정리를 이용하여 다항식을 이차식으로 나누었을 때의 나머지를 구할 수 있는지 확인한다.

STEP 1 나머지정리를 이용하여 $P(-1)$의 값 구하기 [2점]
$P(x)$를 $x+1$로 나누었을 때의 나머지가 -2이므로 나머지정리에 의하여
$P(-1)=-2$

STEP 2 나머지정리를 이용하여 $P(3)$의 값 구하기 [2점]
$P(x)$를 $x-3$로 나누었을 때의 나머지가 -6이므로 나머지정리에 의하여
$P(3)=-6$

STEP 3 $P(x)$를 x^2-2x-3으로 나누었을 때의 나머지 구하기 [4점]
$P(x)$를 x^2-2x-3으로 나누었을 때의 몫을 $Q(x)$, 나머지를 $ax+b$ (a, b는 상수)라 하면
$P(x)=(x^2-2x-3)Q(x)+ax+b$
$$=(x-3)(x+1)Q(x)+ax+b \quad\cdots\cdots \text{㉠}$$
㉠의 양변에 $x=-1$을 대입하면
$P(-1)=-a+b$ $\quad\therefore -a+b=-2 \quad\cdots\cdots \text{㉡}$
㉠의 양변에 $x=3$을 대입하면
$P(3)=3a+b$ $\quad\therefore 3a+b=-6 \quad\cdots\cdots \text{㉢}$
㉡, ㉢을 연립하여 풀면 $a=-1$, $b=-3$
따라서 $P(x)$를 x^2-2x-3으로 나누었을 때의 나머지는 $-x-3$
이다.

22 0462 답 64 유형 23

출제의도 | 인수분해를 이용하여 식의 값을 구할 수 있는지 확인한다.

STEP 1 조건으로 주어진 식 인수분해하기 [3점]
$a^2b+2ab+a^2+2a+b+1$을 b에 대하여 내림차순으로 정리하여 인수분해하면
$a^2b+2ab+a^2+2a+b+1=(a^2+2a+1)b+(a^2+2a+1)$
$$=(a^2+2a+1)(b+1)$$
$$=(a+1)^2(b+1)$$

STEP 2 a, b의 값 구하기 [3점]
847을 소인수분해하면 $847=7\times11^2$이므로
$a+1=11$, $b+1=7$
$\therefore a=10$, $b=6$

STEP 3 $a^3-3a^2b+3ab^2-b^3$의 값 구하기 [2점]
$a^3-3a^2b+3ab^2-b^3=(a-b)^3$
$$=(10-6)^3$$
$$=4^3=64$$

23 0463 답 3 유형 5 + 유형 6 + 유형 21

출제의도 | 나머지정리와 인수정리를 이용하여 다항식의 나눗셈의 나머지를 구할 수 있는지 확인한다.

STEP 1 $A=BQ+R$ 꼴로 나타내기 [2점]
x^3+x^2-5x-7을 $A(x)$, $B(x)$로 나누었을 때의 몫을 각각 $Q_1(x)$, $Q_2(x)$라 하면 나머지가 $3x+5$로 같으므로
$x^3+x^2-5x-7=A(x)Q_1(x)+3x+5$
$x^3+x^2-5x-7=B(x)Q_2(x)+3x+5$

STEP 2 인수정리를 이용하여 $A(x)$, $B(x)$ 구하기 [6점]
다항식 $(x^3+x^2-5x-7)-(3x+5)$, 즉 $x^3+x^2-8x-12$
는 $A(x)$, $B(x)$를 인수로 가진다.
$P(x)=x^3+x^2-8x-12$라 하면
$P(3)=27+9-24-12=0$, $P(-2)=-8+4+16-12=0$
이므로 인수정리에 의하여 $P(x)$는 $x-3$, $x+2$를 인수로 가진다.
$P(x)$를 조립제법을 이용하여 인수분해하면

$$\begin{array}{r|rrrr}
3 & 1 & 1 & -8 & -12 \\
  &   & 3 & 12 & 12 \\
\hline
-2 & 1 & 4 & 4 & 0 \\
  &   & -2 & -4 & \\
\hline
  & 1 & 2 & 0 &
\end{array}$$

$\therefore P(x)=(x-3)(x+2)^2$
이때 $A(x)$, $B(x)$가 이차항의 계수가 1인 서로 다른 이차식이므로
$A(x)=(x+2)^2$, $B(x)=(x-3)(x+2)$
또는 $A(x)=(x-3)(x+2)$, $B(x)=(x+2)^2$

STEP 3 나머지정리를 이용하여 나머지 구하기 [2점]
$A(x)+B(x)=(x+2)^2+(x-3)(x+2)$
$$=(x+2)(2x-1)$$
이므로 $A(x)+B(x)$를 $x-1$로 나누었을 때의 나머지는 나머지정리에 의하여
$A(1)+B(1)=3\times1=3$

II. 방정식

03 복소수

핵심 개념   108쪽~110쪽

0464 답 실수 : ㄱ, ㄷ, ㄹ, 허수 : ㄴ, ㅁ, ㅂ, 순허수 : ㅁ

$a+bi$에서 $b=0$이면 실수, $b\neq0$이면 허수, $a=0$, $b\neq0$이면 순허수이다.

ㄱ. $i^2=-1$

따라서 실수는 ㄱ, ㄷ, ㄹ, 허수는 ㄴ, ㅁ, ㅂ, 순허수는 ㅁ이다.

0465 답 2

$ix^2+(1+2i)x-(2+3i)=x^2i+x+2xi-2-3i$
$\qquad\qquad\qquad\qquad\quad =(x-2)+(x^2+2x-3)i$

이 복소수가 순허수가 되려면

$x-2=0$, $x^2+2x-3\neq0$

(i) $x-2=0$에서 $x=2$

(ii) $x=2$이면 $x^2+2x-3=4+4-3=5\neq0$

$\therefore x=2$

0466 답 $x=-1$, $y=2$

$(x+1)+(y-2)i=0$에서 $x+1=0$, $y-2=0$

$\therefore x=-1$, $y=2$

0467 답 $x=3$, $y=-3$

$\overline{x-2+3i}=(x-2)-3i$이므로

$x-2=1$, $-3=y$ → $\overline{x-2+3i}=1+yi$이므로
$\therefore x=3$, $y=-3$ $(x-2)-3i=1+yi$

0468 답 $-1+3i$

$5i-(1+2i)=5i-1-2i$
$\qquad\qquad\quad =-1+(5-2)i$
$\qquad\qquad\quad =-1+3i$

0469 답 $4+i$

$(1+2i)+(3-i)=(1+3)+(2-1)i$
$\qquad\qquad\qquad\quad =4+i$

0470 답 (1) $-1+7i$ (2) $\dfrac{2}{5}-\dfrac{9}{5}i$

(1) $(-3+i)(1-2i)=-3+6i+i-2i^2$
$\qquad\qquad\qquad\quad =-3+6i+i+2$
$\qquad\qquad\qquad\quad =-1+7i$

(2) $\dfrac{4-i}{1+2i}=\dfrac{(4-i)(1-2i)}{(1+2i)(1-2i)}$
$\qquad\quad =\dfrac{4-8i-i+2i^2}{1-4i^2}$
$\qquad\quad =\dfrac{2-9i}{5}=\dfrac{2}{5}-\dfrac{9}{5}i$

0471 답 $-2-4i$

$(2-3i)+i(-1+4i)=2-3i-i+4i^2$
$\qquad\qquad\qquad\qquad =2-3i-i-4$
$\qquad\qquad\qquad\qquad =(2-4)+(-3-1)i$
$\qquad\qquad\qquad\qquad =-2-4i$

0472 답 -1

$i^{50}=(i^4)^{12}\times i^2=i^2=-1$

0473 답 i

$i+i^2+i^3+i^4+i^5+i^6+i^7+i^8+i^9$
$=(i+i^2+i^3+i^4)+(i^5+i^6+i^7+i^8)+i^9$
$=(i-1-i+1)+(i-1-i+1)+i$
$=i$

0474 답 (1) $\sqrt{6}i$ (2) -4 (3) $\dfrac{1}{2}$ (4) $-3i$

(1) $\sqrt{-2}\sqrt{3}=\sqrt{2}i\times\sqrt{3}=\sqrt{6}i$

(2) $\sqrt{-2}\sqrt{-8}=\sqrt{2}i\times\sqrt{8}i=\sqrt{16}i^2=-4$

(3) $\dfrac{\sqrt{-2}}{\sqrt{-8}}=\dfrac{\sqrt{2}i}{\sqrt{8}i}=\dfrac{\sqrt{2}}{2\sqrt{2}}=\dfrac{1}{2}$

(4) $\dfrac{\sqrt{18}}{\sqrt{-2}}=\dfrac{\sqrt{18}}{\sqrt{2}i}=\dfrac{\sqrt{9}}{i}=\dfrac{3i}{i^2}=-3i$

0475 답 $a=-2$, $b=0$

$\sqrt{-3}\sqrt{-12}+\dfrac{\sqrt{-64}}{\sqrt{-4}}=\sqrt{3}i\times\sqrt{12}i+\dfrac{\sqrt{64}i}{\sqrt{4}i}$
$\qquad\qquad\qquad\qquad =\sqrt{36}i^2+\sqrt{16}$
$\qquad\qquad\qquad\qquad =-6+4$
$\qquad\qquad\qquad\qquad =-2$

$-2=a+bi$이므로

$a=-2$, $b=0$

기출 유형 check 실전 준비하기   111쪽~141쪽

0476 답 ⑤

① $-4\sqrt{10}\div2\sqrt{2}=-\dfrac{4\sqrt{10}}{2\sqrt{2}}=-2\sqrt{5}$

② $-\sqrt{36}\times\left(-\dfrac{1}{6\sqrt{2}}\right)=\dfrac{\sqrt{36}}{6\sqrt{2}}=\dfrac{\sqrt{18}}{6}=\dfrac{3\sqrt{2}}{6}=\dfrac{\sqrt{2}}{2}$

③ $\dfrac{\sqrt{8}}{\sqrt{2}}=\sqrt{\dfrac{8}{2}}=\sqrt{4}=2$

④ $\sqrt{72}\times\sqrt{\dfrac{1}{2}}=\sqrt{72\times\dfrac{1}{2}}=\sqrt{36}=6$

⑤ $2\sqrt{3}\div\dfrac{1}{2\sqrt{3}}=2\sqrt{3}\times2\sqrt{3}=12$

따라서 옳지 않은 것은 ⑤이다.

0477 답 ④

①, ②, ③, ⑤ 2

④ -2

따라서 그 값이 나머지 넷과 다른 하나는 ④이다.

0478 답 ②

$\sqrt{64}-\sqrt{(-4)^2}+\sqrt{(-2)^2}=8-4+2=6$

0479 답 ⑤

$a>0$, $b>0$이고 $ab=4$이므로

$$a\sqrt{\dfrac{4b}{a}}+b\sqrt{\dfrac{9a}{b}}=\sqrt{a^2\times\dfrac{4b}{a}}+\sqrt{b^2\times\dfrac{9a}{b}}$$
$$=\sqrt{4ab}+\sqrt{9ab}$$
$$=\sqrt{16}+\sqrt{36}$$
$$=4+6=10$$

└→ 근호 밖의 양수는 제곱하여 근호 안으로 넣을 수 있다.

0480 답 3

$3\sqrt{a}\times\sqrt{5}\times2\sqrt{5a}=6\sqrt{(5a)^2}=30a=90$

$\therefore a=3$

0481 답 ①

$$\dfrac{\sqrt{6}-\sqrt{5}}{\sqrt{6}+\sqrt{5}}-\dfrac{\sqrt{6}+\sqrt{5}}{\sqrt{6}-\sqrt{5}}$$
$$=\dfrac{(\sqrt{6}-\sqrt{5})^2}{(\sqrt{6}+\sqrt{5})(\sqrt{6}-\sqrt{5})}-\dfrac{(\sqrt{6}+\sqrt{5})^2}{(\sqrt{6}-\sqrt{5})(\sqrt{6}+\sqrt{5})}$$
$$=11-2\sqrt{30}-(11+2\sqrt{30})$$
$$=-4\sqrt{30}$$

0482 답 $2-\sqrt{6}$

$$\dfrac{\sqrt{8}-2\sqrt{3}}{\sqrt{2}}=\dfrac{(\sqrt{8}-2\sqrt{3})\times\sqrt{2}}{\sqrt{2}\times\sqrt{2}}=\dfrac{\sqrt{16}-2\sqrt{6}}{2}$$
$$=\dfrac{4-2\sqrt{6}}{2}=2-\sqrt{6}$$

0483 답 ⑤

$$\dfrac{2-\sqrt{2}}{2+\sqrt{2}}=\dfrac{(2-\sqrt{2})^2}{(2+\sqrt{2})(2-\sqrt{2})}=\dfrac{6-4\sqrt{2}}{2}=3-2\sqrt{2}$$

따라서 $a=3$, $b=-2$이므로

$a-b=3-(-2)=5$

0484 답 ②

$$\dfrac{\sqrt{5}+2}{\sqrt{3}-1}=\dfrac{(\sqrt{5}+2)(\sqrt{3}+1)}{(\sqrt{3}-1)(\sqrt{3}+1)}=\dfrac{\sqrt{15}+\sqrt{5}+2\sqrt{3}+2}{2}$$
$$=\dfrac{1}{2}\sqrt{15}+\dfrac{1}{2}\sqrt{5}+\sqrt{3}+1$$

따라서 $a=\dfrac{1}{2}$, $b=\dfrac{1}{2}$, $c=1$이므로

$a+b+c=\dfrac{1}{2}+\dfrac{1}{2}+1=2$

0485 답 ①

$\dfrac{5}{\sqrt{18}}=\dfrac{5}{3\sqrt{2}}=\dfrac{5\sqrt{2}}{6}$이므로 $a=\dfrac{5}{6}$

$\dfrac{1}{2\sqrt{5}}=\dfrac{\sqrt{5}}{10}$이므로 $b=\dfrac{1}{10}$

$\therefore ab=\dfrac{5}{6}\times\dfrac{1}{10}=\dfrac{1}{12}$

0486 답 ⑤

$2x=2\sqrt{5}$, $\dfrac{1}{x}=\dfrac{1}{\sqrt{5}}=\dfrac{\sqrt{5}}{5}$이므로

$2\sqrt{5}\div\dfrac{\sqrt{5}}{5}=2\sqrt{5}\times\dfrac{5}{\sqrt{5}}=10$

따라서 $2x$는 $\dfrac{1}{x}$의 10배이다.

0487 답 ⑤ | 유형 1

다음 중 복소수에 대한 설명으로 옳은 것은?

① 0은 복소수가 아니다.

② i는 허수이지만 복소수는 아니다.

③ $5-4i$는 순허수이다.

④ $2-3i$의 실수부분은 2, 허수부분은 $-3i$이다. 단서1

⑤ $\sqrt{2}i$의 실수부분은 0, 허수부분은 $\sqrt{2}$이다. 단서2

단서1 $a+bi$에서 실수부분은 a, 허수부분은 b

단서2 $bi=0+bi$이므로 실수부분은 0, 허수부분은 b

STEP1 복소수에 대한 설명으로 옳은 것 찾기

① 0은 실수이므로 복소수이다.

② i는 허수이므로 복소수이다.

③ $5-4i$는 순허수가 아닌 허수이다.

└→ 복소수 $z=a+bi$ (a, b는 실수)에서 $a=0$, $b\neq0$이면 z는 순허수이다.

④ $2-3i$의 실수부분은 2, 허수부분은 -3이다.

⑤ $\sqrt{2}i=0+\sqrt{2}i$이므로 실수부분은 0, 허수부분은 $\sqrt{2}$이다.

따라서 옳은 것은 ⑤이다.

0488 답 ③

ㄱ. 실수부분은 a, 허수부분은 b이다. (참)

ㄴ. $a=0$, $b=0$이면 $a+bi=0$으로 실수이다. (거짓)

ㄷ. $a\neq0$, $b=0$이면 $a+bi=a$이므로 실수이다. (참)

따라서 옳은 것은 ㄱ, ㄷ이다.

참고 복소수 $a+bi$ (a, b는 실수)가 허수이려면 $b\neq0$이어야 한다.

0489 답 2

$\sqrt{-1}=i$

따라서 순허수는 $\sqrt{-1}$, $11i$의 2개이다.

0490 답 ②

$\dfrac{1-\sqrt{2}i}{2}=\dfrac{1}{2}-\dfrac{\sqrt{2}}{2}i$의 실수부분은 $\dfrac{1}{2}$

$i-2=-2+i$의 허수부분은 1

따라서 $a=\dfrac{1}{2}$, $b=1$이므로

$$a-b=\dfrac{1}{2}-1=-\dfrac{1}{2}$$

0491 답 ⑤

② $\sqrt{3}i-\sqrt{3}i^2=\sqrt{3}i+\sqrt{3}$

③ $2i+i^2=2i-1$

⑤ $(-\sqrt{5}i)^2=5i^2=-5$

따라서 허수가 아닌 것은 ⑤이다.

0492 답 ⑤

② $2=2+0i$이므로 허수부분은 0이다.

⑤ $\dfrac{4i-1}{5}$은 $-\dfrac{1}{5}+\dfrac{4}{5}i$이므로 허수부분은 $\dfrac{4}{5}$이다.

따라서 옳지 않은 것은 ⑤이다.

0493 답 ①

① 복소수 $a+bi$ (a, b는 실수)에 대하여 허수부분 b는 실수이다.

② 임의의 실수 a는 $a=a+0i$로 나타낼 수 있으므로 실수도 복소수이다.

③ 순허수를 제곱하면 음수가 되고, 순허수가 아닌 허수를 제곱하면 허수가 된다.

④ 허수는 대소 관계를 정의하지 않는다.

⑤ 허수는 $a+bi$ (a는 실수, $b\neq0$인 실수) 꼴로 나타낸다.

따라서 옳은 것은 ①이다.

참고 순허수 bi ($b\neq0$인 실수)를 제곱하면 $(bi)^2=b^2i^2=-b^2<0$이므로 음수가 된다.

0494 답 3

$i-\sqrt{-1}=i-i=0$, $-i^2=1$

따라서 실수는 $1+\sqrt{2}$, $i-\sqrt{-1}$, $-i^2$의 3개이다.

0495 답 ⑤

실수는 -4, $-\sqrt{2}$, $\underline{1+i^2}$, $1+\pi$의 4개이므로 $a=4$

허수는 i, $2-5i$의 2개이므로 $b=2$ $\quad\rightarrow 1+i^2=1-1=0$

복소수는 실수와 허수를 모두 포함하는 수이므로

$c=a+b=4+2=6$

$\therefore a-b+c=4-2+6=8$

Tip 복소수는 실수와 허수를 모두 포함한다.

0496 답 ④

| 유형2

다음 복소수의 계산 중 옳은 것은?

① $\underline{(7+3i)+(4-6i)}=28-18i$
　　단서1
② $(i-5)-(2i-9)=i-4$
③ $(1-i^2)+(1-i^2)=0$
④ $(4+2i)+(-1+5i)=3+7i$
⑤ $(7+2i)-(4-3i)=3-i$

단서1 실수부분끼리, 허수부분끼리 각각 계산

STEP1 복소수의 사칙연산에 따라 계산하고 옳은 것 찾기

① $(7+3i)+(4-6i)=11-3i$

② $(i-5)-(2i-9)=i-5-2i+9=4-i$

③ $(1-i^2)+(1-i^2)=2+2=4$

⑤ $(7+2i)-(4-3i)=7+2i-4+3i=3+5i$

따라서 옳은 것은 ④이다.

0497 답 ②

$(i-\sqrt{2})+(-4i+2\sqrt{2})=i-\sqrt{2}-4i+2\sqrt{2}$
$\qquad\qquad\qquad\qquad\qquad\quad =\sqrt{2}-3i$

0498 답 ⑤

⑤ $(-2+i)-(4-3i)=-2+i-4+3i$
$\qquad\qquad\qquad\qquad =-6+4i$

따라서 옳지 않은 것은 ⑤이다.

0499 답 ⑤

$(5-3i)-(4i-7)=5-3i-4i+7$
$\qquad\qquad\qquad\quad =12-7i$

따라서 $a=12$, $b=-7$이므로

$a+b=12+(-7)=5$

0500 답 $-6+8i$

$(-5+12i)-(2-3i)+(-7+1)$
$=-5+12i-2+3i-7+1$
$=(-5-2+1)+(12+3-7)i$
$=-6+8i$

0501 답 ④

$p=z_1+z_2=(4-3i)+(-1+2i)=3-i$

$q=z_2-z_1=(-1+2i)-(4-3i)=-1+2i-4+3i=-5+5i$

$\therefore p-q=(3-i)-(-5+5i)=3-i+5-5i=8-6i$

따라서 $p-q$의 실수부분은 8이다.

다른 풀이

$p=z_1+z_2$, $q=z_2-z_1$이므로

$p-q=(z_1+z_2)-(z_2-z_1)=2z_1$
$\qquad =2(4-3i)=8-6i$

따라서 $p-q$의 실수부분은 8이다.

0502 답 15

$(-1+2i)+(2-3i)+(-3+4i)+(4-5i)+\cdots+(10-11i)$
$=(2-1)+(2-3)i+(4-3)+(4-5)i+\cdots$
$\qquad\qquad\qquad\qquad\qquad\qquad +(10-9)+(10-11)i$
$=\{(2-1)+(4-3)+\cdots+(10-9)\}$
$\qquad\qquad\qquad +\{(2-3)i+(4-5)i+\cdots+(10-11)i\}$
$=5-5i$

따라서 $a=5$, $b=-5$이므로

$2a-b=2\times5-(-5)=15$

0503 답 ④

$z_2 = a + bi$ (a, b는 실수)라 하면

$z_1 + z_2 = (-9 + 5i) + (a + bi)$
$\qquad\quad = (-9 + a) + (5 + b)i$

㈎에 의하여 $-9 + a = 0$ $\qquad \therefore a = 9$

$\quad\llcorner\!\!\rightarrow 5 + b \neq 0$, 즉 $b \neq -5$이어야 한다.

$z_1 - z_2 = (-9 + 5i) - (a + bi)$
$\qquad\quad = (-9 - a) + (5 - b)i$

㈏에 의하여 $5 - b = 7$ $\qquad \therefore b = -2$

$\therefore z_2 = 9 - 2i$

0504 답 ②

$z_1 + z_2 = -1 + 2i$, $z_1 - z_2 = 3 + 8i$이므로

두 식을 연립하여 풀면

$z_1 = 1 + 5i$, $z_2 = -2 - 3i$

$\therefore 2z_1 + z_2 = 2(1 + 5i) + (-2 - 3i)$
$\qquad\qquad\quad = 2 + 10i - 2 - 3i$
$\qquad\qquad\quad = 7i$

0505 답 ③ | 유형3

다음 복소수의 계산 중 옳지 <u>않은</u> 것은?

① $\dfrac{2 + 3i}{1 - 2i} = -\dfrac{4}{5} + \dfrac{7}{5}i$ 【단서1】

② $(2 + 3i)(2 - 3i) = 13$ 【단서2】

③ $(4 + i)(1 + 2i) = 2 + 7i$

④ $i(1 + i) = -1 + i$

⑤ $(1 + \sqrt{3}i)^2 = -2 + 2\sqrt{3}i$

단서1 $\dfrac{2 + 3i}{1 - 2i} = \dfrac{(2 + 3i)(1 + 2i)}{(1 - 2i)(1 + 2i)}$ 로 계산

단서2 $(a + b)(a - b) = a^2 - b^2$을 이용

STEP1 복소수의 사칙연산에 따라 계산하고 옳지 않은 것 찾기

① $\dfrac{2 + 3i}{1 - 2i} = \dfrac{(2 + 3i)(1 + 2i)}{(1 - 2i)(1 + 2i)} = \dfrac{2 + 4i + 3i + 6i^2}{1 - 4i^2}$
$\qquad = \dfrac{-4 + 7i}{5} = -\dfrac{4}{5} + \dfrac{7}{5}i$

$\quad\llcorner\!\!\rightarrow$ 복소수의 나눗셈은 분모의 켤레 복소수를 분자, 분모에 곱하여 계산한다.

② $(2 + 3i)(2 - 3i) = 4 - 9i^2 = 13$

③ $(4 + i)(1 + 2i) = 4 + 8i + i + 2i^2 = 2 + 9i$

④ $i(1 + i) = i + i^2 = -1 + i$

⑤ $(1 + \sqrt{3}i)^2 = 1 + 2\sqrt{3}i + 3i^2 = -2 + 2\sqrt{3}i$

따라서 옳지 않은 것은 ③이다.

0506 답 ⑤

$(3 - i)(1 + 2i) = 3 + 6i - i - 2i^2$
$\qquad\qquad\qquad\quad = 5 + 5i$

0507 답 ②

$\dfrac{1 + i}{1 - i} = \dfrac{(1 + i)^2}{(1 - i)(1 + i)} = \dfrac{1 + 2i + i^2}{1 - i^2} = \dfrac{2i}{2} = i$

참고 $\dfrac{a + bi}{c + di} = \dfrac{(a + bi)(c - di)}{(c + di)(c - di)} = \dfrac{ac + bd}{c^2 + d^2} + \dfrac{bc - ad}{c^2 + d^2}i$ (단, $c + di \neq 0$)

0508 답 ④

$\dfrac{(2 - 3i) + (5i - 1)}{1 - i} = \dfrac{1 + 2i}{1 - i} = \dfrac{(1 + 2i)(1 + i)}{(1 - i)(1 + i)}$
$\qquad\qquad\qquad\qquad\quad = \dfrac{1 + i + 2i + 2i^2}{1 - i^2} = \dfrac{-1 + 3i}{2}$
$\qquad\qquad\qquad\qquad\quad = -\dfrac{1}{2} + \dfrac{3}{2}i$

따라서 $a = -\dfrac{1}{2}$, $b = \dfrac{3}{2}$이므로

$a + b = -\dfrac{1}{2} + \dfrac{3}{2} = 1$

0509 답 ④

① $(3 + 4i)(1 - 2i) = 3 - 6i + 4i - 8i^2 = 11 - 2i$

② $(3 + i)^2 = 9 + 6i + i^2 = 8 + 6i$

③ $(3 + 2i)(3 - 2i) = 9 - 4i^2 = 13$

④ $(2 + 3i)(3 - i) = 6 - 2i + 9i - 3i^2 = 9 + 7i$

⑤ $\dfrac{1}{1 - i} - \dfrac{1}{1 + i} = \dfrac{1 + i}{(1 - i)(1 + i)} - \dfrac{1 - i}{(1 + i)(1 - i)}$
$\qquad\qquad\qquad = \dfrac{1 + i}{1 - i^2} - \dfrac{1 - i}{1 - i^2} = \dfrac{1 + i}{2} - \dfrac{1 - i}{2}$
$\qquad\qquad\qquad = \dfrac{2i}{2} = i$

따라서 옳은 것은 ④이다.

0510 답 10

$(3 + 2i)(2 - i) + \dfrac{2 + \sqrt{2}i}{\sqrt{2} - 2i}$

$= 6 - 3i + 4i - 2i^2 + \dfrac{(2 + \sqrt{2}i)(\sqrt{2} + 2i)}{(\sqrt{2} - 2i)(\sqrt{2} + 2i)}$

$= 8 + i + \dfrac{2\sqrt{2} + 4i + 2i + 2\sqrt{2}i^2}{2 - 4i^2}$

$= 8 + i + \dfrac{6i}{6} = 8 + 2i$

따라서 $a = 8$, $b = 2$이므로

$a + b = 8 + 2 = 10$

0511 답 ③

$(1 - i)(2 + 3i) = 2 + 3i - 2i - 3i^2 = 5 + i$이므로 $a = 5$, $b = 1$

따라서 a, b를 두 근으로 하고 최고차항의 계수가 1인 이차방정식은

$(x - 1)(x - 5) = 0$ $\qquad \therefore x^2 - 6x + 5 = 0$

0512 답 54

$z_2 \times (1-2i) = 11-2i$에서

$z_2 = \dfrac{11-2i}{1-2i} = \dfrac{(11-2i)(1+2i)}{(1-2i)(1+2i)}$

$\quad = \dfrac{11+22i-2i-4i^2}{1-4i^2} = \dfrac{15+20i}{5}$

$\quad = 3+4i$

$z_1 + (1-i) = z_2$에서

$z_1 = z_2 - (1-i) = 3+4i-1+i = 2+5i$

$\therefore z_1\overline{z_1} = (2+5i)(2-5i) = 4-25i^2 = 29$

$\quad z_2\overline{z_2} = (3+4i)(3-4i) = 9-16i^2 = 25$

$\therefore z_1\overline{z_1} + z_2\overline{z_2} = 29+25 = 54$

실수 Check

주어진 조건으로부터 거슬러 올라가 계산식을 세워야 한다. 복소수의 계산에서 부호에 주의한다.

0513 답 ④

$i(2-i) = 2i-i^2 = 1+2i$

0514 답 ③

세 복소수 $\underline{2-3i},\ 1+2i,\ 6+9i$ 중 두 수를 곱하여 자연수가 되는 경우는 $\underset{\text{모두 그 계산 결과가 허수이다.}}{(2-3i)(1+2i)\text{와 } (1+2i)(6+9i)\text{는}}$

$(2-3i)(6+9i) = 12+18i-18i-27i^2$

$\qquad\qquad\qquad = 12+27$

$\qquad\qquad\qquad = 39$

$\therefore a = 39$

0515 답 ④ | 유형 4

> $z = \dfrac{-1-\sqrt{7}i}{2}$일 때, z^2+z의 값은?
>
> **단서1**
>
> ① -5 ② -4 ③ -3
> ④ -2 ⑤ -1
>
> **단서1** $2z+1 = -\sqrt{7}i$로 정리한 후 양변 제곱

STEP 1 $2z+1 = -\sqrt{7}i$로 정리하기

$z = \dfrac{-1-\sqrt{7}i}{2}$에서 $2z = -1-\sqrt{7}i$

$2z+1 = -\sqrt{7}i$

STEP 2 양변을 제곱하여 정리하기

양변을 제곱하면 $4z^2+4z+1 = -7$

$4z^2+4z = -8$

$\therefore z^2+z = -2$

0516 답 -10

$z = 1+3i$에서 $z-1 = 3i$

위의 식의 양변을 제곱하면

$(z-1)^2 = (3i)^2,\ z^2-2z+1 = -9$

$\therefore z^2-2z = -10$

0517 답 ⑤

$z_1 = \dfrac{2+i}{2-i} = \dfrac{(2+i)^2}{(2-i)(2+i)} = \dfrac{3+4i}{5}$

$z_2 = i(1+2i) = -2+i$

$\therefore 5z_1+z_2 = (3+4i)+(-2+i) = 1+5i$

0518 답 ③

$z = \dfrac{1}{1+i} = \dfrac{1-i}{(1+i)(1-i)} = \dfrac{1-i}{2}$에서

$2z-1 = -i$

위의 식의 양변을 제곱하면

$4z^2-4z+1 = -1,\ 4z^2-4z+2 = 0$

$2z^2-2z+1 = 0,\ 2z^2-2z = -1$

$\therefore 2z^2-2z+5 = -1+5 = 4$

0519 답 ⑤

$z^2 = \left(\dfrac{2-i}{2+i}\right)^2 = \dfrac{3-4i}{3+4i}$이므로

$z^2 + \dfrac{1}{z^2} = \dfrac{3-4i}{3+4i} + \dfrac{3+4i}{3-4i} = \dfrac{(3-4i)^2+(3+4i)^2}{(3+4i)(3-4i)}$

$\qquad\qquad = \dfrac{-7-24i-7+24i}{25} = -\dfrac{14}{25}$

다른 풀이

$z = \dfrac{2-i}{2+i}$이므로

$\overline{z} = \overline{\left(\dfrac{2-i}{2+i}\right)} = \dfrac{2+i}{2-i} = \dfrac{1}{z}$

또, $z = \dfrac{2-i}{2+i} = \dfrac{(2-i)^2}{(2+i)(2-i)} = \dfrac{3-4i}{5} = \dfrac{3}{5} - \dfrac{4}{5}i$이므로

$z+\overline{z} = \dfrac{6}{5},\ z\overline{z} = 1$ $\underset{z+\overline{z}=2a,\ z\overline{z}=a^2+b^2}{\rightarrow \text{복소수 } z=a+bi\,(a,\,b\text{는 실수})\text{이면}}$

$\therefore z^2+\dfrac{1}{z^2} = z^2+\overline{z}^2 = (z+\overline{z})^2 - 2z\overline{z}$

$\qquad\qquad = \left(\dfrac{6}{5}\right)^2 - 2\times 1 = -\dfrac{14}{25}$

0520 답 ②

$z = \dfrac{1-\sqrt{3}i}{2}$에서 $2z = 1-\sqrt{3}i$

$2z-1 = -\sqrt{3}i$

위의 식의 양변을 제곱하면

$(2z-1)^2 = (-\sqrt{3}i)^2,\ 4z^2-4z+1 = -3$

$4z^2-4z+4 = 0$ $\therefore z^2-z+1 = 0$

$z^2 = z-1$이므로

$2z^2-4z+1 = 2(z-1)-4z+1$

$\qquad\qquad = 2z-2-4z+1$

$\qquad\qquad = -2z-1$

$\qquad\qquad = -2\times\dfrac{1-\sqrt{3}i}{2} - 1$

$\qquad\qquad = -1+\sqrt{3}i-1$

$\qquad\qquad = -2+\sqrt{3}i$

0521 답 ②

$z=\dfrac{1+3i}{1-i}=\dfrac{(1+3i)(1+i)}{(1-i)(1+i)}=\dfrac{-2+4i}{2}=-1+2i$에서

$z+1=2i$

$\therefore z^3+3z^2+3z+1=(z+1)^3=(2i)^3=-8i$

0522 답 ④

$z^2=z+1-i$에서 $z^2-z=1-i$

$z^6-3z^5+2z^4+z^3-z^2=z^2(z^4-3z^3+2z^2+z-1)$을 인수분해하면

1	1	-3	2	1	-1	
		1	-2	0	1	
1	1	-2	0	1	0	
		1	-1	-1		
	1	-1	-1	0		

$z^6-3z^5+2z^4+z^3-z^2=z^2(z-1)^2(z^2-z-1)$

$\therefore z^6-3z^5+2z^4+z^3-z^2+4=\underline{(z^2-z)^2(z^2-z-1)}+4$

$\qquad\qquad =(1-i)^2\times(-i)+4$ → $z^2-z=1-i$임을 이용하도록 식을

$\qquad\qquad =(-2i)\times(-i)+4$ 변형한다.

$\qquad\qquad =2$

실수 Check

식에 직접 대입하기보다는 주어진 식을 적절히 정리한 후 구한다.

0523 답 $-6-8i$

$f(a,b)=\dfrac{bi+a}{bi-a}=\dfrac{a+bi}{-a+bi}$

이때 $a=2b$이면

$f(2b,b)=\dfrac{2b+bi}{-2b+bi}=\dfrac{2+i}{-2+i}$

$\qquad\quad =\dfrac{(2+i)(-2-i)}{(-2+i)(-2-i)}=-\dfrac{3+4i}{5}$

이므로

$f(2,1)=f(4,2)=f(6,3)=\cdots=f(20,10)=-\dfrac{3+4i}{5}$

$\therefore f(2,1)+f(4,2)+f(6,3)+\cdots+f(20,10)$

$\qquad =\left(-\dfrac{3+4i}{5}\right)\times10=-6-8i$

실수 Check

식에 직접 대입하여 계산하기보다는 구하는 식이 $f(2b,b)$ 꼴의 합임을 이용해서 계산한다.

Plus 문제

0523-1

0이 아닌 두 실수 a, b에 대하여 $f(a,b)=\dfrac{a-bi}{a+bi}$라 할 때, $f(1,2)+f(2,4)+f(3,6)+\cdots+f(15,30)$의 값을 구하시오.

$f(a,b)=\dfrac{a-bi}{a+bi}$

이때 $b=2a$이면

$f(a,2a)=\dfrac{a-2ai}{a+2ai}=\dfrac{1-2i}{1+2i}=\dfrac{-3-4i}{5}$

이므로

$f(1,2)=f(2,4)=\cdots=f(15,30)=-\dfrac{3+4i}{5}$

$\therefore f(1,2)+f(2,4)+f(3,6)+\cdots+f(15,30)$

$\qquad =\left(-\dfrac{3+4i}{5}\right)\times15=-9-12i$

답 $-9-12i$

0524 답 ①

$x^3+x^2y-xy^2-y^3=x^2(x+y)-y^2(x+y)$

$\qquad\qquad\qquad =(x+y)(x^2-y^2)$

$\qquad\qquad\qquad =(x+y)^2(x-y)$

$x=-2+3i$, $y=2+3i$에서 $x+y=6i$, $x-y=-4$

$\therefore x^3+x^2y-xy^2-y^3=(x+y)^2(x-y)$

$\qquad\qquad\qquad =(6i)^2\times(-4)=144$

0525 답 ⑤

$\alpha=\dfrac{1-i}{1+i}=\dfrac{(1-i)^2}{(1+i)(1-i)}=\dfrac{-2i}{2}=-i$

$\beta=\dfrac{1+i}{1-i}=\dfrac{(1+i)^2}{(1-i)(1+i)}=\dfrac{2i}{2}=i$

$\therefore (1-2\alpha)(1-2\beta)=(1+2i)(1-2i)=1-4i^2=5$

다른 풀이

$\alpha+\beta=\dfrac{1-i}{1+i}+\dfrac{1+i}{1-i}=\dfrac{(1-i)^2+(1+i)^2}{(1+i)(1-i)}=0$

$\alpha\beta=\dfrac{1-i}{1+i}\times\dfrac{1+i}{1-i}=1$

$\therefore (1-2\alpha)(1-2\beta)=1-2(\alpha+\beta)+4\alpha\beta=5$

0526 답 ②

$\alpha=\dfrac{1+i}{2i}$에서 $\alpha^2=\dfrac{2i}{-4}=-\dfrac{i}{2}$, $2\alpha^2=-i$

$\beta=\dfrac{1-i}{2i}$에서 $\beta^2=\dfrac{-2i}{-4}=\dfrac{i}{2}$, $2\beta^2=i$

$\therefore (2\alpha^2+3)(2\beta^2+3)=(3-i)(3+i)=10$

다른 풀이

$\alpha+\beta=\dfrac{2}{2i}=\dfrac{1}{i}=-i$, $\alpha\beta=\dfrac{2}{-4}=-\dfrac{1}{2}$이므로

$\alpha^2+\beta^2=(\alpha+\beta)^2-2\alpha\beta=(-i)^2-2\times\left(-\dfrac{1}{2}\right)=0$

$\therefore (2\alpha^2+3)(2\beta^2+3)=4(\alpha\beta)^2+6(\alpha^2+\beta^2)+9$

$\qquad\qquad\qquad =4\times\dfrac{1}{4}+6\times0+9=10$

실수 Check

$\alpha+\beta$, $\alpha\beta$를 포함한 식으로 변형하여 식의 값을 구할 수도 있다.

0527 답 ④

유형5

복소수 $(x^2-10)+(x^2-6x+5)i$가 실수가 되도록 하는 모든 실수 x의 값의 합은? _{단서1}

① -6 ② -5 ③ 5

④ 6 ⑤ 10

단서1 (허수부분)$=0$이면 복소수는 실수

STEP1 (허수부분)$=0$임을 이용하기

복소수 $(x^2-10)+(x^2-6x+5)i$가 실수가 되려면
$x^2-6x+5=0$

STEP2 방정식을 풀어 x의 값 구하기

$(x-1)(x-5)=0$
$\therefore x=1$ 또는 $x=5$

STEP3 x의 값의 합 구하기

구하는 모든 실수 x의 값의 합은
$1+5=6$

참고 이차방정식 $x^2-6x+5=0$에서 근과 계수의 관계에 의하여 두 근의 합은 $-\dfrac{-6}{1}=6$으로 구할 수도 있다.

0528 답 ②

$i(x+2i)^2=i(x^2+4xi+4i^2)$
$\qquad\qquad =i(x^2+4xi-4)$
$\qquad\qquad =-4x+(x^2-4)i$

이 복소수가 실수가 되려면 $x^2-4=0$
$(x+2)(x-2)=0$
$\therefore x=-2$ 또는 $x=2$
이때 x는 양수이므로 $x=2$

참고 복소수 $z=a+bi$ (a, b는 실수)에 대하여
(1) $b=0$이면 z는 실수
(2) $a=0$, $b\neq0$이면 z는 순허수

0529 답 $-\dfrac{1}{3}$

$(1+xi)(1-3i)=1-3i+xi-3xi^2$
$\qquad\qquad\qquad =(3x+1)+(x-3)i$

이 복소수가 순허수가 되려면
$3x+1=0$, $x-3\neq0$ $\therefore x=-\dfrac{1}{3}$

0530 답 7

$(1+i)x^2-(3+7i)x+(6+12i)$
$=(x^2-3x+6)+(x^2-7x+12)i$

이 복소수가 실수가 되려면 $x^2-7x+12=0$
$(x-3)(x-4)=0$
$\therefore x=3$ 또는 $x=4$

따라서 구하는 모든 실수 x의 값의 합은
$3+4=7$

0531 답 ①

$\dfrac{(1+i)(x+3i)^2}{1-i}=\dfrac{(1+i)^2(x+3i)^2}{(1-i)(1+i)}$
$\qquad\qquad\qquad =\dfrac{2i(x^2+6xi-9)}{2}$
$\qquad\qquad\qquad =-6x+(x^2-9)i$

이 복소수가 자연수가 되려면
$\underbrace{-6x\text{는 자연수}, \ x^2-9=0}$ ┌→ (실수부분)$=$(자연수), (허수부분)$=0$
$x^2-9=0$에서 $(x+3)(x-3)=0$
$\therefore x=-3$ 또는 $x=3$

(i) $x=-3$일 때, $-6x=-6\times(-3)=18$이므로 자연수이다.
(ii) $x=3$일 때, $-6x=-6\times3=-18$이므로 자연수가 아니다.

(i), (ii)에서 $x=-3$

0532 답 ②

$\dfrac{2+xi}{z_1+z_2}=\dfrac{2+xi}{(2+i)+(1+2i)}=\dfrac{2+xi}{3(1+i)}$
$\qquad =\dfrac{(2+xi)(1-i)}{3(1+i)(1-i)}=\dfrac{(2+x)+(x-2)i}{6}$
$\qquad =\dfrac{x+2}{6}+\dfrac{x-2}{6}i$

이 복소수가 순허수가 되려면 $\dfrac{x+2}{6}=0$, $\dfrac{x-2}{6}\neq0$
$\therefore x=-2$

0533 답 ③

$\dfrac{(3+i)(1-i)}{2}+\dfrac{x-i}{1-i}=\dfrac{(3+i)(1-i)}{2}+\dfrac{(x-i)(1+i)}{(1-i)(1+i)}$
$\qquad\qquad =\dfrac{4-2i+x+xi-i+1}{2}$
$\qquad\qquad =\dfrac{x+5}{2}+\dfrac{x-3}{2}i$

이 복소수가 실수가 되려면 $\dfrac{x-3}{2}=0$

$\therefore x=3$

0534 답 2

$x(x-3)+x(x-4)i+(2+3i)=(x^2-3x+2)+(x^2-4x+3)i$
이 복소수가 순허수가 되려면 $x^2-3x+2=0$, $x^2-4x+3\neq0$

(i) $x^2-3x+2=0$에서 $(x-1)(x-2)=0$
$\qquad \therefore x=1$ 또는 $x=2$
(ii) $x^2-4x+3\neq0$에서 $(x-1)(x-3)\neq0$
$\qquad \therefore x\neq1$, $x\neq3$

(i), (ii)에서 $x=2$

0535 답 -13

$z=(i-1)x^2+(3+i)x-2i-1$
$\quad =(-x^2+3x-1)+(x^2+x-2)i$

z가 실수가 되려면 $x^2+x-2=0$
$(x-1)(x+2)=0$
$\therefore x=1$ 또는 $x=-2$

이때 x가 음수이므로 $a=-2$

$x=-2$를 $z=(-x^2+3x-1)+(x^2+x-2)i$에 대입하면

$z=-11$이므로 $b=-11$

$\therefore a+b=-2+(-11)=-13$

0536 답 ①

|유형 6

STEP 1 z가 순허수임을 이용하기

$z=(1+i)x^2+(2-5i)x+4i-3$

$\quad =(x^2+2x-3)+(x^2-5x+4)i$

z^2이 음의 실수가 되려면 z는 순허수이어야 하므로

$x^2+2x-3=0,\ x^2-5x+4\neq0$

STEP 2 방정식을 풀어 x의 값 구하기

(i) $x^2+2x-3=0$에서 $(x+3)(x-1)=0$

　　$\therefore x=-3$ 또는 $x=1$

(ii) $x^2-5x+4\neq0$에서 $(x-1)(x-4)\neq0$

　　$\therefore x\neq1,\ x\neq4$

(i), (ii)에서 $\underline{x=-3}$

└▶ $x=1$이면 $z=0$이므로 성립하지 않는다.

0537 답 ③

$z=(1+i)x^2-(4i+3)x+2+3i$

$\quad =(x^2-3x+2)+(x^2-4x+3)i$

z^2이 양의 실수가 되려면 z는 0이 아닌 실수이어야 하므로

$x^2-3x+2\neq0,\ x^2-4x+3=0$

(i) $x^2-3x+2\neq0$에서 $(x-1)(x-2)\neq0$

　　$\therefore x\neq1,\ x\neq2$

(ii) $x^2-4x+3=0$에서 $(x-1)(x-3)=0$

　　$\therefore x=1$ 또는 $x=3$

(i), (ii)에서 $x=3$

참고 복소수 $z=a+bi\,(a,\ b$는 실수)에 대하여

$z^2>0$ ➜ z는 0이 아닌 실수 ➜ $a\neq0,\ b=0$

0538 답 ④

$z=(1+i)x^2-(3-3i)x+2-4i$

$\quad =(x^2-3x+2)+(x^2+3x-4)i$

$z^2<0$이려면 z는 순허수이어야 하므로

$x^2-3x+2=0,\ x^2+3x-4\neq0$

(i) $x^2-3x+2=0$에서 $(x-1)(x-2)=0$

　　$\therefore x=1$ 또는 $x=2$

(ii) $x^2+3x-4\neq0$에서 $(x+4)(x-1)\neq0$

　　$\therefore x\neq-4,\ x\neq1$

(i), (ii)에서 $x=2$

0539 답 ③

$z=x(1+i)+1=(x+1)+xi$

z^2이 음의 실수이려면 z는 순허수이어야 하므로

$x+1=0,\ x\neq0$

$\therefore x=-1$

따라서 $z=-i$이므로

$z+z^2+z^3+z^4=-i+(-i)^2+(-i)^3+(-i)^4$

$\qquad\qquad\qquad =-i-1+i+1=0$

0540 답 ①

$z=x^2(1+i)-3-i=(x^2-3)+(x^2-1)i$

z^2이 실수가 되려면 z는 실수 또는 순허수이어야 하므로

$x^2-3=0$ 또는 $x^2-1=0$

(i) $x^2-3=0$에서 $x=-\sqrt{3}$ 또는 $x=\sqrt{3}$

(ii) $x^2-1=0$에서 $x=-1$ 또는 $x=1$

(i), (ii)에서 모든 실수 x의 값의 곱은

$-\sqrt{3}\times\sqrt{3}\times(-1)\times1=3$

참고 복소수 $z=a+bi\,(a,\ b$는 실수)에 대하여

z^2이 실수 ➜ z는 실수 또는 순허수 ➜ $a=0$ 또는 $b=0$

0541 답 -900

$z=(1+i)x^2-(3-3i)x-4+2i$

$\quad =(x^2-3x-4)+(x^2+3x+2)i$

z^2이 음의 실수이려면 z는 순허수이어야 하므로

$x^2-3x-4=0,\ x^2+3x+2\neq0$

(i) $x^2-3x-4=0$에서 $(x+1)(x-4)=0$

　　$\therefore x=-1$ 또는 $x=4$

(ii) $x^2+3x+2\neq0$에서 $(x+2)(x+1)\neq0$

　　$\therefore x\neq-2,\ x\neq-1$

(i), (ii)에서 $x=4$

이때 $z=30i$이므로 $z^2=(30i)^2=-900$

0542 답 i

z^2이 음의 실수가 되려면

$z=(x^2+3x+2)+(x^2+2x)i$가 순허수이어야 하므로

$x^2+3x+2=0,\ x^2+2x\neq0$

(i) $x^2+3x+2=0$에서 $(x+2)(x+1)=0$

　　$\therefore x=-2$ 또는 $x=-1$

(ii) $x^2+2x\neq0$에서 $x(x+2)\neq0$

　　$\therefore x\neq-2,\ x\neq0$

(i), (ii)에서 $x=-1$이므로 $z=-i$

따라서 $a=-1,\ b=-i$이므로

$ab=(-1)\times(-i)=i$

0543 답 1

$z=(x+4i)(x-3i)+x^2(i-2)-11$

$\quad =(-x^2+1)+(x^2+x)i$

(i) z^2이 실수가 되려면 z는 실수 또는 순허수이어야 하므로

　　$-x^2+1=0$ 또는 $x^2+x=0$

$(x+1)(x-1)=0$ 또는 $x(x+1)=0$

$\therefore x=-1$ 또는 $x=0$ 또는 $x=1$

(ii) $z-2i=(-x^2+1)+(x^2+x-2)i$가 실수가 되려면

$x^2+x-2=0$, $(x+2)(x-1)=0$

$\therefore x=-2$ 또는 $x=1$

(i), (ii)에서 $x=1$

0544 답 ⑤

$z=(1+i)x^2-(1+2i)x-2-3i$

$\quad=(x^2-x-2)+(x^2-2x-3)i$

z^2이 허수이려면 z는 순허수가 아닌 허수이어야 하므로

$x^2-x-2\ne0$, $x^2-2x-3\ne0$

(i) $x^2-x-2\ne0$에서 $(x+1)(x-2)\ne0$

$\therefore x\ne-1$, $x\ne2$

(ii) $x^2-2x-3\ne0$에서 $(x+1)(x-3)\ne0$

$\therefore x\ne-1$, $x\ne3$

(i), (ii)에서 $x\ne-1$, $x\ne2$, $x\ne3$

실수 Check

복소수 z에 대하여 z^2이 허수이면 z는 순허수가 아닌 허수이다.

Plus 문제

0544-1

복소수 $z=(1+i)x^2-(3+7i)x+2+12i$에 대하여 z^2이 허수일 때, 다음 중 실수 x의 값이 될 수 있는 것은?

① 1   ② 2   ③ 3

④ 4   ⑤ 5

$z=(1+i)x^2-(3+7i)x+2+12i$

$\quad=(x^2-3x+2)+(x^2-7x+12)i$

$\quad=(x-1)(x-2)+(x-3)(x-4)i$

가 제곱하여 허수이려면 $(x-1)(x-2)(x-3)(x-4)\ne0$
이어야 한다.   └→(실수부분)$=(x-1)(x-2)\ne0$,
                    (허수부분)$=(x-3)(x-4)\ne0$

따라서 실수 x의 값이 될 수 있는 것은 5뿐이다.

답 ⑤

0545 답 ②
| 유형 7

등식 $(1+i)x+(3-i)y=11-5i$를 만족시키는 실수 x, y에 대하여 **단서1**
$x+y$의 값은?

① 1   ② 3   ③ 5

④ 7   ⑤ 9

단서1 실수부분끼리, 허수부분끼리 각각 계산

STEP1 주어진 식의 좌변을 (실수부분)+(허수부분)i 꼴로 정리하기

$(1+i)x+(3-i)y=11-5i$에서

$(x+3y)+(x-y)i=11-5i$

STEP2 복소수가 서로 같을 조건을 이용하여 x, y의 값 구하기

x, y가 실수이므로 $x+3y$, $x-y$도 실수이다.
  └→ $a+bi=c+di$에서 두 복소수가 서로 같을 조건을 이용하려면
      반드시 a, b, c, d가 실수라는 조건이 있어야 한다.

복소수가 서로 같을 조건에 의하여

$x+3y=11$, $x-y=-5$

위의 두 식을 연립하여 풀면 $x=-1$, $y=4$

STEP3 $x+y$의 값 구하기

$x+y=-1+4=3$

0546 답 ⑤

$(x+y-8)+(-x+y+2)i=0$에서

x, y가 실수이므로 $x+y-8$, $-x+y+2$도 실수이다.

복소수가 서로 같을 조건에 의하여

$x+y-8=0$, $-x+y+2=0$

위의 두 식을 연립하여 풀면 $x=5$, $y=3$

$\therefore 2x-y=2\times5-3=7$

0547 답 ③

$x+xyi-3=i-y$에서

$(x-3)+xyi=-y+i$

x, y가 실수이므로 $x-3$, xy, $-y$도 실수이다.

복소수가 서로 같을 조건에 의하여

$x-3=-y$, $xy=1$

$\therefore x+y=3$, $xy=1$

$\therefore x^3+y^3=(x+y)^3-3xy(x+y)=3^3-3\times1\times3=18$

참고 두 복소수 $a+bi$, $c+di$ (a, b, c, d는 실수)에 대하여

$a+bi=c+di$ ➜ $a=c$, $b=d$

0548 답 ②

$\overline{(1+i)(x+yi)}=5-i$에서

$(1+i)(x+yi)=5+i$

$(x-y)+(x+y)i=5+i$

x, y가 실수이므로 $x-y$, $x+y$도 실수이다.

복소수가 서로 같을 조건에 의하여

$x-y=5$, $x+y=1$

위의 두 식을 연립하여 풀면 $x=3$, $y=-2$

$\therefore x^3+y^3=3^3+(-2)^3=19$

0549 답 ④

$\dfrac{x}{1-2i}+\dfrac{y}{1+2i}=3-2i$에서

$\dfrac{x(1+2i)}{(1-2i)(1+2i)}+\dfrac{y(1-2i)}{(1+2i)(1-2i)}=3-2i$

$\dfrac{x+2xi}{5}+\dfrac{y-2yi}{5}=3-2i$

$\dfrac{x+y}{5}+\dfrac{2x-2y}{5}i=3-2i$

x, y가 실수이므로 $\dfrac{x+y}{5}$, $\dfrac{2x-2y}{5}$도 실수이다.

복소수가 서로 같을 조건에 의하여

$\dfrac{x+y}{5}=3$, $\dfrac{2x-2y}{5}=-2$

$\therefore x+y=15$, $x-y=-5$

위의 두 식을 연립하여 풀면 $x=5$, $y=10$

$\therefore \dfrac{x}{y}=\dfrac{5}{10}=\dfrac{1}{2}$

0550 답 15

$|x+y|+(y-2)i=5-3i$에서

x, y가 실수이므로 $x+y$, $y-2$도 실수이다.

복소수가 서로 같을 조건에 의하여

$|x+y|=5$, $y-2=-3$

$y-2=-3$에서 $y=-1$

$|x+y|=5$에서 $|x-1|=5$, $x-1=\pm5$

$\therefore x=6$ 또는 $x=-4$

$xy>0$이므로 $x=-4$, $y=-1$ $\quad\longrightarrow x>0,\ y>0$ 또는 $x<0,\ y<0$

$\therefore x^2-y^2=(-4)^2-(-1)^2=15$

0551 답 5

$x^2 i-3xyi+xy+y^2 i-5=0$에서

$(xy-5)+(x^2-3xy+y^2)i=0$

x, y가 실수이므로 $xy-5$, $x^2-3xy+y^2$도 실수이다.

복소수가 서로 같을 조건에 의하여

$xy-5=0$, $x^2-3xy+y^2=0$

$\therefore xy=5$, $x^2+y^2=15$

따라서 $(x+y)^2=x^2+y^2+2xy=15+2\times5=25$이고

x, y가 양의 실수이므로

$x+y=5$

0552 답 ③

$(2+i)^2 x+(2-i)^2 y=15-4i$에서

$(4+4i+i^2)x+(4-4i+i^2)y=15-4i$

$(3+4i)x+(3-4i)y=15-4i$

$3(x+y)+4(x-y)i=15-4i$

x, y가 실수이므로 $3(x+y)$, $4(x-y)$도 실수이다.

복소수가 서로 같을 조건에 의하여

$3(x+y)=15$, $4(x-y)=-4$

$\therefore x+y=5$, $x-y=-1$

위의 두 식을 연립하여 풀면 $x=2$, $y=3$

$\therefore xy=2\times3=6$

0553 답 2

$x+yi=\dfrac{1}{1-ai}$에서

$x+yi=\dfrac{1+ai}{(1-ai)(1+ai)}$

$x+yi=\dfrac{1}{1+a^2}+\dfrac{a}{1+a^2}i$

---

a가 실수이므로 $\dfrac{1}{1+a^2}$, $\dfrac{a}{1+a^2}$도 실수이다.

복소수가 서로 같을 조건에 의하여

$x=\dfrac{1}{1+a^2}$, $y=\dfrac{a}{1+a^2}$

이때 $x+2y=1$이므로 $\dfrac{1}{1+a^2}+\dfrac{2a}{1+a^2}=1$

$1+2a=1+a^2$, $a^2-2a=0$

$a(a-2)=0$ $\quad\therefore a=0$ 또는 $a=2$

a는 자연수이므로 $a=2$

다른 풀이

$x+2y=1$ ⋯⋯⋯⋯⋯⋯⋯⋯⋯⋯⋯⋯⋯⋯⋯⋯ ㉠

$x+yi=\dfrac{1}{1-ai}$에서

$(x+yi)(1-ai)=1$

$x+ay+(y-ax)i=1$

x, y, a가 실수이므로 $y-ax$도 실수이다.

복소수가 서로 같을 조건에 의하여

$x+ay=1$ ⋯⋯⋯⋯⋯⋯⋯⋯⋯⋯⋯⋯⋯⋯ ㉡

$y-ax=0$ ⋯⋯⋯⋯⋯⋯⋯⋯⋯⋯⋯⋯⋯⋯ ㉢

㉠, ㉡에서 $a=2$ 또는 $y=0$

(i) $a=2$이면 $x=\dfrac{1}{5}$, $y=\dfrac{2}{5}$

(ii) $y=0$이면 $x=1$, $a=0$이므로 a가 자연수임에 모순

(i), (ii)에서 $a=2$

0554 답 38

$(a-bi)^2=8i$에서 $a^2-b^2-2abi=8i$

a, b가 실수이므로 a^2-b^2, $-2ab$도 실수이다.

복소수가 서로 같을 조건에 의하여

$a^2-b^2=0$, $-2ab=8$

$a^2-b^2=0$에서 $(a-b)(a+b)=0$

$\therefore a=b$ 또는 $a=-b$

(i) $a=b$일 때, $-2ab=8$에서

$-2a^2=8$, $a^2=-4$

이것을 만족시키는 실수 a의 값은 존재하지 않는다.

(ii) $a=-b$일 때, $-2ab=8$에서

$2a^2=8$, $a^2=4$

$\therefore a=2$, $b=-2$ ($\because a>0$)

(i), (ii)에서 $20a+b=20\times2+(-2)=38$

실수 Check

제곱해서 음수가 되는 실수는 존재하지 않음에 주의한다.

Plus 문제

0554-1

등식 $(a+bi)^2=-i$를 만족시키는 실수 a, b에 대하여 $8(a^2+b^2)$의 값을 구하시오.

$(a+bi)^2=-i$에서 $a^2-b^2+2abi=-i$

a, b가 실수이므로 a^2-b^2, $2ab$도 실수이다.

복소수가 서로 같을 조건에 의하여

$a^2-b^2=0$, $2ab=-1$

$a^2-b^2=0$이므로 $(a+b)(a-b)=0$

$\therefore a=b$ 또는 $a=-b$

(i) $a=b$인 경우

$2ab=-1$, $2a^2=-1$, $a^2=-\dfrac{1}{2}$

이것을 만족시키는 실수 a의 값은 존재하지 않는다.

(ii) $a=-b$인 경우

$2ab=-1$, $2a^2=1$, $a^2=\dfrac{1}{2}$

(i), (ii)에서 $a^2=\dfrac{1}{2}$, $b^2=\dfrac{1}{2}$이므로

$8(a^2+b^2)=8\left(\dfrac{1}{2}+\dfrac{1}{2}\right)=8$

답 8

0555 답 ①

$3x+(2+i)y=1+2i$에서

$(3x+2y)+yi=1+2i$

x, y가 실수이므로 $3x+2y$도 실수이다.

복소수가 서로 같을 조건에 의하여

$3x+2y=1$, $y=2$

따라서 $x=-1$, $y=2$이므로

$x+y=-1+2=1$

0556 답 ②

$\dfrac{2a}{1-i}+3i=2+bi$에서

$\dfrac{2a(1+i)}{(1-i)(1+i)}+3i=2+bi$

$a(1+i)+3i=2+bi$

$a+(a+3)i=2+bi$

a가 실수이므로 $a+3$도 실수이다.

복소수가 서로 같을 조건에 의하여

$a=2$, $a+3=b$

따라서 $a=2$, $b=5$이므로

$a+b=2+5=7$

0557 답 ① ｜유형8

두 복소수 $z_1=1+2i$, $z_2=1-2i$에 대하여 $\dfrac{z_2}{z_1}+\dfrac{z_1}{z_2}$의 값은?

단서1

① $-\dfrac{6}{5}$　　　② $-\dfrac{2}{5}$　　　③ $\dfrac{2}{5}$

④ 1　　　⑤ $\dfrac{6}{5}$

단서1 $\dfrac{z_2}{z_1}+\dfrac{z_1}{z_2}=\dfrac{(z_1+z_2)^2-2z_1z_2}{z_1z_2}$로 정리한 후 계산

STEP1 z_1+z_2, z_1z_2의 값 구하기

$z_1+z_2=(1+2i)+(1-2i)=2$ ┐ 켤레복소수끼리 더하거나 곱한

$z_1z_2=(1+2i)(1-2i)=5$ ┘ 결과는 항상 실수이다.

STEP2 $\dfrac{z_2}{z_1}+\dfrac{z_1}{z_2}$의 값 구하기

$\therefore \dfrac{z_2}{z_1}+\dfrac{z_1}{z_2}=\dfrac{z_1^2+z_2^2}{z_1z_2}=\dfrac{(z_1+z_2)^2-2z_1z_2}{z_1z_2}$

$=\dfrac{2^2-2\times5}{5}=-\dfrac{6}{5}$

개념 Check

곱셈 공식의 변형

(1) $a^2+b^2=(a+b)^2-2ab=(a-b)^2+2ab$

(2) $a^3+b^3=(a+b)^3-3ab(a+b)$, $a^3-b^3=(a-b)^3+3ab(a-b)$

0558 답 ③

$z_1z_2=(5+i)(5-i)=25-i^2=26$

0559 답 ③

$z_1+z_2=(1+i)+(1-i)=2$

$z_1z_2=(1+i)(1-i)=2$

$\therefore \dfrac{z_1+1}{z_1}+\dfrac{z_2+1}{z_2}=\dfrac{2z_1z_2+z_1+z_2}{z_1z_2}=\dfrac{2\times2+2}{2}=3$

0560 답 ⑤

$z_1+z_2=\dfrac{\sqrt{7}+i}{2}+\dfrac{\sqrt{7}-i}{2}=\sqrt{7}$

$z_1-z_2=\dfrac{\sqrt{7}+i}{2}-\dfrac{\sqrt{7}-i}{2}=i$

$\therefore z_1^2-z_2^2=(z_1+z_2)(z_1-z_2)=\sqrt{7}i$

0561 답 -20

$z_1+z_2=(2+\sqrt{3}i)+(2-\sqrt{3}i)=4$

$z_1z_2=(2+\sqrt{3}i)(2-\sqrt{3}i)=7$

$\therefore z_1^3+z_2^3=(z_1+z_2)^3-3z_1z_2(z_1+z_2)=4^3-3\times7\times4=-20$

0562 답 $\dfrac{18}{7}$

$z_1+z_2=(3+\sqrt{5}i)+(3-\sqrt{5}i)=6$

$z_1z_2=(3+\sqrt{5}i)(3-\sqrt{5}i)=9-5i^2=14$

$\therefore (z_1+z_2)\left(\dfrac{1}{z_1}+\dfrac{1}{z_2}\right)=1+\dfrac{z_1}{z_2}+\dfrac{z_2}{z_1}+1=2+\dfrac{z_1^2+z_2^2}{z_1z_2}$

$=2+\dfrac{(z_1+z_2)^2-2z_1z_2}{z_1z_2}$

$=2+\dfrac{6^2-2\times14}{14}=\dfrac{18}{7}$

0563 답 ①

$z_1+z_2=\dfrac{1+\sqrt{3}i}{4}+\dfrac{1-\sqrt{3}i}{4}=\dfrac{2}{4}=\dfrac{1}{2}$

$z_1z_2=\dfrac{1+\sqrt{3}i}{4}\times\dfrac{1-\sqrt{3}i}{4}=\dfrac{4}{16}=\dfrac{1}{4}$

$\therefore \dfrac{z_1^2}{z_2}+\dfrac{z_2^2}{z_1}=\dfrac{z_1^3+z_2^3}{z_1z_2}=\dfrac{(z_1+z_2)^3-3z_1z_2(z_1+z_2)}{z_1z_2}$

$=\dfrac{\left(\dfrac{1}{2}\right)^3-3\times\dfrac{1}{4}\times\dfrac{1}{2}}{\dfrac{1}{4}}=-1$

0564 답 ③

$z_1+z_2=\dfrac{-1+\sqrt{2}i}{3}+\dfrac{-1-\sqrt{2}i}{3}=-\dfrac{2}{3}$

$z_1z_2=\dfrac{-1+\sqrt{2}i}{3}\times\dfrac{-1-\sqrt{2}i}{3}=\dfrac{3}{9}=\dfrac{1}{3}$

$\therefore z_1{}^2+z_2{}^2=(z_1+z_2)^2-2z_1z_2=\left(-\dfrac{2}{3}\right)^2-2\times\dfrac{1}{3}=-\dfrac{2}{9}$

$\therefore z_1{}^3+z_1{}^2z_2+z_1z_2{}^2+z_2{}^3=z_1{}^2(z_1+z_2)+z_2{}^2(z_1+z_2)$

$=(z_1{}^2+z_2{}^2)(z_1+z_2)$

$=\left(-\dfrac{2}{9}\right)\times\left(-\dfrac{2}{3}\right)=\dfrac{4}{27}$

따라서 $p=27$, $q=4$이므로

$p+q=27+4=31$

0565 답 ②

$z\bar{z}=1$이므로 $(a+bi)(a-bi)=a^2+b^2=1$

$\therefore z+\dfrac{1}{z}=a+bi+\dfrac{1}{a+bi}$

$=a+bi+\dfrac{a-bi}{(a+bi)(a-bi)}$

$=a+bi+\dfrac{a-bi}{a^2+b^2}$

$=a+bi+a-bi=2a$

다른 풀이

$z\bar{z}=1$이므로 $\dfrac{1}{z}=\bar{z}$

$\therefore z+\dfrac{1}{z}=z+\bar{z}=a+bi+a-bi=2a$

0566 답 ④

| 유형 9

복소수 z와 그 켤레복소수 $\bar{z}$에 대하여 〈보기〉에서 옳은 것만을 있는 대로 고른 것은?

〈보기〉
ㄱ. $z+\bar{z}=0$이면 z는 실수이다.
단서1
ㄴ. $z\bar{z}=0$이면 $z=0$이다.
단서2
ㄷ. $(1+z)(1+\bar{z})$는 실수이다.

① ㄱ ② ㄴ ③ ㄱ, ㄴ
④ ㄴ, ㄷ ⑤ ㄱ, ㄴ, ㄷ

단서1 $z=a+bi$라 하면 $z+\bar{z}=2a$
단서2 $z=a+bi$라 하면 $z\bar{z}=a^2+b^2$

STEP 1 $z=a+bi$로 놓고 주어진 조건에 대입하여 옳은 것 찾기

$z=a+bi$ (a, b는 실수)라 하면

ㄱ. $z+\bar{z}=(a+bi)+(a-bi)=2a=0$이므로 $a=0$

즉, z는 0 또는 순허수이다. (거짓)

ㄴ. $z\bar{z}=(a+bi)(a-bi)=a^2+b^2=0$이므로 $a=0$, $b=0$

$\therefore z=0$ (참)

ㄷ. $(1+z)(1+\bar{z})=(1+a+bi)(1+a-bi)=(1+a)^2+b^2$

이므로 실수이다. (참)

따라서 옳은 것은 ㄴ, ㄷ이다.

다른 풀이

ㄷ. $1+z=w$라 하면

$(1+z)(1+\bar{z})=(1+z)(\overline{1+z})=w\bar{w}$이므로 실수이다.

0567 답 ④

$z=-\bar{z}$에서 $z+\bar{z}=0$이므로 z는 0 또는 순허수이다.

① $1-\sqrt{2}i$는 순허수가 아닌 허수 ⟶ $z=a+bi$ (a, b는 실수)라 하면 $z+\bar{z}=2a=0$이므로 $a=0$

② $2+\sqrt{3}$은 실수

③ $i(1+i)=-1+i$이므로 순허수가 아닌 허수

④ $(2-\sqrt{5})i$는 순허수

⑤ -5는 실수

따라서 $z=-\bar{z}$를 만족시키는 복소수 z는 ④이다.

0568 답 3

$z=\bar{z}$이면 z는 실수이므로 복소수 z가 될 수 있는 것은 $-4+\sqrt{3}$, $i^2=-1$, 0의 3개이다.

0569 답 ②

z^2이 음의 실수이므로 z는 순허수이다.

$z=bi$ ($b\neq0$인 실수)라 하면

①, ②, ③ $z+\bar{z}=bi+(-bi)=0$

④, ⑤ $z\bar{z}=bi\times(-bi)=b^2>0$

따라서 옳은 것은 ②이다.

참고 복소수 $z=a+bi$ (a, b는 실수)에 대하여
z^2이 음의 실수 ➡ z는 순허수 ➡ $a=0$, $b\neq0$

0570 답 ④

$z=a+bi$ (a, b는 실수)라 하면

① $z\bar{z}=(a+bi)(a-bi)=a^2+b^2$이므로 $z\bar{z}\geq0$이다.

② $z+\bar{z}=(a+bi)+(a-bi)=2a$이므로 실수이다.

③ $z=\bar{z}$이면 $a+bi=a-bi$이므로

$2bi=0$ $\therefore b=0$

즉, $z=a$이므로 z는 실수이다.

④ $\dfrac{1}{z}+\dfrac{1}{\bar{z}}=\dfrac{1}{a+bi}+\dfrac{1}{a-bi}=\dfrac{a-bi+a+bi}{(a+bi)(a-bi)}=\dfrac{2a}{a^2+b^2}$

이므로 실수이다.

⑤ $\bar{z}=a-bi$가 순허수이면 $a=0$, $b\neq0$에서

$z=bi$이므로 $z^2=-b^2<0$이다. 즉, z^2은 음의 실수이다.

따라서 옳은 것은 ④이다.

다른 풀이

④ $\dfrac{1}{z}=w$라 하면 $\dfrac{1}{z}+\dfrac{1}{\bar{z}}=w+\bar{w}$이므로 실수이다.

0571 답 ④

$z_1=a+bi$, $z_2=c+di$ (a, b, c, d는 실수)라 하면

ㄱ. $c+di=-(c-di)$이면 $c=0$이므로

z_2는 0 또는 순허수이다. (거짓)

ㄴ. $a+bi=c-di$, 즉 $a=c$, $b=-d$일 때,

$z_1z_2=(a+bi)(c+di)=(ac-bd)+(ad+bc)i=0$이면

$\underbrace{ad+bc=cd-cd=0}$이 성립한다.

$ac-bd=a^2+b^2=0$이므로 $a=0$, $b=0$, $c=0$, $d=0$

$\therefore z_1=0$ (참)

ㄷ. $a+bi=c-di$이면 $a=c$, $b=-d$이므로

$z_1+z_2=(a+bi)+(c+di)=(a+c)+(b+d)i=2a$

$z_1z_2=(a+bi)(c+di)=(ac-bd)+(ad+bc)i=a^2+b^2$

즉, z_1+z_2, z_1z_2는 모두 실수이다. (참)

따라서 옳은 것은 ㄴ, ㄷ이다.

0572 답 -1

$\overline{z}=-z$이므로 z는 0 또는 순허수이다. ┌ $z=a+bi$ (a, b는 실수)라 하면

$z=(x-1)(x+2)+(x^2+3x+2)i$　$\overline{z}=-z$에서 $z+\overline{z}=2a=0$

$=(x-1)(x+2)+(x+1)(x+2)i$　$\therefore a=0$

에서 $(x-1)(x+2)=0$　$\therefore x=1$ 또는 $x=-2$

따라서 모든 실수 x의 값의 합은

$1+(-2)=-1$

참고 0이 아닌 복소수 z의 켤레복소수를 $\overline{z}$라 할 때

$z=-\overline{z}$이면 z는 순허수이다.

0573 답 $\dfrac{3}{4}$

$z-\overline{z}=0$이고 $z\neq0$이므로 z는 0이 아닌 실수이다.

$z=8x^2+2x-3+(8x^2-10x+3)i$

$=(2x-1)(4x+3)+(2x-1)(4x-3)i$

에서 $(2x-1)(4x+3)\neq0$, $(2x-1)(4x-3)=0$

(i) $(2x-1)(4x+3)\neq0$에서 $x\neq\dfrac{1}{2}$, $x\neq-\dfrac{3}{4}$

(ii) $(2x-1)(4x-3)=0$에서 $x=\dfrac{1}{2}$ 또는 $x=\dfrac{3}{4}$

(i), (ii)에서 $x=\dfrac{3}{4}$

0574 답 ⑤

$\overline{z}=-z$이므로 z는 0 또는 순허수이다.

$z=x^2-(5-i)x+4-2i$

$=(x^2-5x+4)+(x-2)i$

에서 $x^2-5x+4=0$, $(x-1)(x-4)=0$

$\therefore x=1$ 또는 $x=4$

따라서 모든 실수 x의 값의 합은

$1+4=5$

0575 답 ④　　　　　　　　│ 유형10

두 복소수 $z_1=1+2i$, $z_2=-3+5i$에 대하여

$z_1\overline{z_1}-\overline{z_1}z_2-z_1\overline{z_2}+z_2\overline{z_2}$의 값은?

단서1　　　　　　(단, $\overline{z_1}$, $\overline{z_2}$는 각각 z_1, z_2의 켤레복소수이다.)

① 10　　　　　② 15　　　　　③ 20

④ 25　　　　　⑤ 30

단서1 $z_1\overline{z_1}-\overline{z_1}z_2-z_1\overline{z_2}+z_2\overline{z_2}=(z_1-z_2)(\overline{z_1}-\overline{z_2})$로 정리

STEP 1 주어진 식 정리하기

$z_1\overline{z_1}-\overline{z_1}z_2-z_1\overline{z_2}+z_2\overline{z_2}=\overline{z_1}(z_1-z_2)-\overline{z_2}(z_1-z_2)$

$\phantom{z_1\overline{z_1}-\overline{z_1}z_2-z_1\overline{z_2}+z_2\overline{z_2}}=(\overline{z_1}-\overline{z_2})(z_1-z_2)$

$\phantom{z_1\overline{z_1}-\overline{z_1}z_2-z_1\overline{z_2}+z_2\overline{z_2}}=(\overline{z_1-z_2})(z_1-z_2)$

STEP 2 z_1-z_2, $\overline{z_1-z_2}$의 값 구하기

$z_1-z_2=(1+2i)-(-3+5i)=4-3i$이므로

$\overline{z_1-z_2}=4+3i$

STEP 3 주어진 식의 값 구하기

$z_1\overline{z_1}-\overline{z_1}z_2-z_1\overline{z_2}+z_2\overline{z_2}=(4+3i)(4-3i)=25$

0576 답 ②

$\dfrac{1}{z_1}+\dfrac{1}{z_2}=\dfrac{\overline{z_1}+\overline{z_2}}{z_1\times z_2}=\dfrac{\overline{z_1+z_2}}{z_1z_2}$

$\phantom{\dfrac{1}{z_1}+\dfrac{1}{z_2}}=\dfrac{5-3i}{4+i}=\dfrac{(5-3i)(4-i)}{(4+i)(4-i)}$

$\phantom{\dfrac{1}{z_1}+\dfrac{1}{z_2}}=\dfrac{17-17i}{17}=1-i$

0577 답 ⑤

$z_1\overline{z_2}=1$이므로 $\dfrac{1}{z_2}=z_1$

$z_1\overline{z_2}=1$에서 $\overline{(z_1\overline{z_2})}=\overline{z_1}z_2=1$이므로 $z_2=\dfrac{1}{\overline{z_1}}$

$\therefore z_2+\dfrac{1}{z_2}=\dfrac{1}{\overline{z_1}}+z_1=2i$

0578 답 ④

$(z_1+5)(z_2+5)=z_1z_2+5z_1+5z_2+25$

$=z_1z_2+5(z_1+z_2)+25$

이때 $\overline{z_1}+\overline{z_2}=-5-2i$, $\overline{z_1}\times\overline{z_2}=8+3i$이므로

$z_1+z_2=\overline{\overline{z_1}+\overline{z_2}}=\overline{-5-2i}=-5+2i$

$z_1z_2=\overline{\overline{z_1}\times\overline{z_2}}=\overline{8+3i}=8-3i$

$\therefore (z_1+5)(z_2+5)=z_1z_2+5(z_1+z_2)+25$

$=8-3i+5(-5+2i)+25$

$=8-3i-25+10i+25$

$=8+7i$

0579 답 ②

$z_1\overline{z_1}+z_2\overline{z_2}+z_1\overline{z_2}+\overline{z_1}z_2=z_1(\overline{z_1}+\overline{z_2})+z_2(\overline{z_1}+\overline{z_2})$

$\phantom{z_1\overline{z_1}+z_2\overline{z_2}+z_1\overline{z_2}+\overline{z_1}z_2}=(z_1+z_2)(\overline{z_1}+\overline{z_2})$

$\phantom{z_1\overline{z_1}+z_2\overline{z_2}+z_1\overline{z_2}+\overline{z_1}z_2}=(z_1+z_2)(\overline{z_1+z_2})$

이때 $\overline{z_1+z_2}=-2+3i$이므로 $z_1+z_2=-2-3i$

$\therefore z_1\overline{z_1}+z_2\overline{z_2}+z_1\overline{z_2}+\overline{z_1}z_2=(-2-3i)(-2+3i)=13$

0580 답 1

$\overline{z_1}-\overline{z_2}=\overline{z_1-z_2}=3i$이므로 $z_1-z_2=-3i$

$\overline{z_1}\times\overline{z_2}=\overline{z_1z_2}=5$이므로 $z_1z_2=5$

$\therefore z_1^2+z_2^2=(z_1-z_2)^2+2z_1z_2=(-3i)^2+2\times5=1$

0581 🅰 ④

$\overline{z_1}+\overline{z_2}=\overline{z_1+z_2}$이므로

$\overline{z_1+z_2}=z_1+z_2$에서 z_1+z_2는 실수이다.

$z_1+z_2=(a-1)+i+2+(b+1)i=(a+1)+(b+2)i$

에서 $b+2=0$ $\therefore b=-2$

$\overline{z_1}\times\overline{z_2}=\overline{z_1z_2}$이므로

$\overline{z_1z_2}=z_1z_2$에서 z_1z_2는 실수이다.

$z_1z_2=\{(a-1)+i\}(2-i)=(2a-1)+(-a+3)i$

에서 $-a+3=0$ $\therefore a=3$

$\therefore a+b=3+(-2)=1$

> **참고** 0이 아닌 복소수 z의 켤레복소수를 $\overline{z}$라 할 때, $z=\overline{z}$이면 z는 실수이다.

0582 🅰 -3

$z\overline{z}-\dfrac{\overline{z}}{z}=4$이므로 $\overline{\left(z\overline{z}-\dfrac{\overline{z}}{z}\right)}=4$, 즉 $\overline{z}z-\dfrac{z}{\overline{z}}=4$

$\therefore \dfrac{\overline{z}}{z}=\dfrac{z}{\overline{z}}$ ⌐→ $z\overline{z}-\dfrac{\overline{z}}{z}=\overline{z}z-\dfrac{z}{\overline{z}}$

$z^2=(\overline{z})^2$에서 $z^2-(\overline{z})^2=0$

$(z+\overline{z})(z-\overline{z})=0$

이때 z는 실수가 아닌 복소수이므로 $z-\overline{z}\neq0$에서 $z+\overline{z}=0$

즉, $z=-\overline{z}$이므로 z는 순허수이다.

$z=bi$ (b는 0이 아닌 실수)라 하면

$z\overline{z}-\dfrac{\overline{z}}{z}=b^2+1=4$에서 $b^2=3$

$\therefore z^2=(bi)^2=-b^2=-3$

다른 풀이

$z=a+bi$, $\overline{z}=a-bi$라 하면

$z\overline{z}-\dfrac{\overline{z}}{z}=(a+bi)(a-bi)-\dfrac{a-bi}{a+bi}$

$=a^2+b^2-\dfrac{a^2-b^2-2abi}{a^2+b^2}$

$=\left(a^2+b^2-\dfrac{a^2-b^2}{a^2+b^2}\right)+\dfrac{2ab}{a^2+b^2}i=4$

이므로

$a^2+b^2-\dfrac{a^2-b^2}{a^2+b^2}=4$ ……… ㉠

$\dfrac{2ab}{a^2+b^2}=0$ ……… ㉡

z는 실수가 아닌 복소수이므로 $b\neq0$, 즉 ㉡에서 $a=0$

$a=0$을 ㉠에 대입하면 $b^2=3$

$\therefore z^2=-b^2=-3$

> **실수 Check**
>
> $z=a+bi$라 하고 대입하면 답을 구할 수 있지만 z는 실수가 아닌 복소수이므로 $b\neq0$임을 주의해야 한다.

> **Plus 문제**
>
> ### 0582-1
>
> 실수가 아닌 복소수 z와 그 켤레복소수 $\overline{z}$에 대하여
>
> $z\overline{z}+\dfrac{z}{\overline{z}}=1$일 때, z^2의 값을 구하시오.

$z\overline{z}+\dfrac{z}{\overline{z}}=1$이므로 양변에 켤레복소수를 취하면 $\overline{z}z+\dfrac{\overline{z}}{z}=1$

따라서 $z\overline{z}+\dfrac{z}{\overline{z}}=\overline{z}z+\dfrac{\overline{z}}{z}$이므로 $\dfrac{\overline{z}}{z}=\dfrac{z}{\overline{z}}$

즉, $z^2=(\overline{z})^2$에서 $z^2-(\overline{z})^2=0$

$(z-\overline{z})(z+\overline{z})=0$

이때 z는 실수가 아닌 복소수이므로 $z-\overline{z}\neq0$에서

$z+\overline{z}=0$

즉, $z=-\overline{z}$이므로 z는 순허수이다.

$z=bi$ (b는 0이 아닌 실수)라 하면

$z\overline{z}+\dfrac{z}{\overline{z}}=1$에서 $b^2-1=1$

$\therefore b^2=2$

$\therefore z^2=(bi)^2=-b^2=-2$

🅰 -2

0583 🅰 $-1+2i$

$\dfrac{1}{z}-\dfrac{2}{\overline{z}}=1+6i$ ……………… ㉠

$\overline{\left(\dfrac{1}{z}-\dfrac{2}{\overline{z}}\right)}=\overline{1+6i}$, 즉 $\dfrac{1}{\overline{z}}-\dfrac{2}{z}=1-6i$ ……… ㉡

㉠$\times2+$㉡을 하면 $-\dfrac{3}{z}=3+6i$

$z=\dfrac{-3}{3+6i}=\dfrac{-1}{1+2i}=\dfrac{-(1-2i)}{(1+2i)(1-2i)}=-\dfrac{1}{5}(1-2i)$

$\therefore 5z=-1+2i$

> **실수 Check**
>
> $z=a+bi$라 하고 대입하면 답을 구할 수 있지만 켤레복소수의 성질을 이용하면 더 간단히 해결할 수 있다.

0584 🅰 1

$(z_1+z_2)\left(\dfrac{1}{z_1}+\dfrac{1}{z_2}\right)=(z_1+z_2)\left(\dfrac{\overline{z_1}}{z_1\overline{z_1}}+\dfrac{\overline{z_2}}{z_2\overline{z_2}}\right)$

$=\dfrac{1}{3}(z_1+z_2)(\overline{z_1}+\overline{z_2})$

$=\dfrac{1}{3}(z_1+z_2)\overline{(z_1+z_2)}$

$=\dfrac{1}{3}\times3=1$

> **실수 Check**
>
> 주어진 조건을 이용할 수 있도록 식을 변형하여야 한다.

0585 🅰 ③

$\dfrac{z}{z^2+1}$가 실수이므로 $\dfrac{z}{z^2+1}=\overline{\left(\dfrac{z}{z^2+1}\right)}$

$\dfrac{z}{z^2+1}=\dfrac{\overline{z}}{(\overline{z})^2+1}$, $z(\overline{z})^2+z=z^2\overline{z}+\overline{z}$

$z^2\overline{z}-z(\overline{z})^2-z+\overline{z}=0$, $z\overline{z}(z-\overline{z})-(z-\overline{z})=0$

$(z-\overline{z})(z\overline{z}-1)=0$

이때 z는 실수가 아닌 복소수이므로 $z-\bar{z}\neq0$에서 $z\bar{z}-1=0$

$\therefore z\bar{z}=1$

03

실수 Check

z의 값을 구하는 것이 아니라 z, $\bar{z}$의 관계를 구하는 문제이므로 켤레복소수의 성질을 이용해서 해결할 수 있다.

0586 답 ③

㈏에서 $z_1\overline{z_1}=20$이므로 $\dfrac{1}{\overline{z_1}}=\dfrac{z_1}{20}$

㈐에서 $z_2\overline{z_2}=20$이므로 $\dfrac{1}{\overline{z_2}}=\dfrac{z_2}{20}$

위의 두 식을 ㈎에 대입하면

$\dfrac{1}{\overline{z_1}}+\dfrac{1}{\overline{z_2}}=\dfrac{z_1}{20}+\dfrac{z_2}{20}=\dfrac{1}{20}(z_1+z_2)=\dfrac{1}{20}(4+2i)$

$\therefore z_1+z_2=4+2i$

㈎에서 $\overline{\left(\dfrac{1}{\overline{z_1}}+\dfrac{1}{\overline{z_2}}\right)}=\dfrac{1}{z_1}+\dfrac{1}{z_2}=\dfrac{z_1+z_2}{z_1z_2}=\dfrac{1}{5}-\dfrac{1}{10}i$이므로

$z_1z_2=(4+2i)^2$

$\therefore \dfrac{z_1}{z_2}+\dfrac{z_2}{z_1}=\dfrac{z_1^2+z_2^2}{z_1z_2}=\dfrac{(z_1+z_2)^2}{z_1z_2}-2$

$\qquad\qquad\qquad=\dfrac{(4+2i)^2}{(4+2i)^2}-2=1-2=-1$

실수 Check

z_1, z_2의 값을 구하는 것이 아니라 주어진 조건과 켤레복소수의 성질을 이용해서 해결할 수 있다.

0587 답 ④ 　　　　　　　　　｜유형 11

실수가 아닌 두 복소수 z, w에 대하여 $z+\bar{w}=0$일 때, 〈보기〉에서 항상 실수인 것만을 있는 대로 고른 것은? **단서1**

(단, $\bar{z}$, $\bar{w}$는 각각 z, w의 켤레복소수이다.)

〈보기〉

ㄱ. $\dfrac{\bar{z}}{w}$

ㄴ. $i(z+w)$

ㄷ. $\bar{z}w$

ㄹ. $wz+z\bar{z}$

① ㄱ, ㄴ　　　　② ㄴ, ㄷ　　　　③ ㄷ, ㄹ
④ ㄱ, ㄴ, ㄹ　　⑤ ㄱ, ㄷ, ㄹ

단서1 $z=a+bi$라 하면 $\bar{w}=-a-bi$

STEP 1 $z=a+bi$라 하고 w 구하기

$z=a+bi$ (a, b는 실수이고 $b\neq0$)라 하면

$z+\bar{w}=0$에서 $\bar{w}=-z$이므로 $\bar{w}=-a-bi$　　$\therefore w=-a+bi$

STEP 2 $z=a+bi$, $w=-a+bi$를 대입하여 항상 실수인 것 찾기

ㄱ. $\dfrac{\bar{z}}{w}=\dfrac{a-bi}{-a+bi}=-1$이므로 실수이다.

ㄴ. $i(z+w)=i(a+bi-a+bi)=-2b$

　　b가 실수이므로 $-2b$도 실수이다.

ㄷ. $\bar{z}w=(a-bi)(-a+bi)=-(a-bi)^2$

　　$\quad=-a^2+b^2+2abi$

　　이므로 $a\neq0$이면 실수가 아니다. → $2ab$에서 $b\neq0$이므로 $a\neq0$이면 $2ab\neq0$ 즉, $\bar{z}w$는 실수가 아니다.

ㄹ. $wz+z\bar{z}=(w+\bar{z})z$

　　$\quad=(-a+bi+a-bi)(a+bi)$

　　$\quad=0$

　　이므로 실수이다.

따라서 항상 실수인 것은 ㄱ, ㄴ, ㄹ이다.

0588 답 ④

ㄱ. $z=i$, $w=1$일 때,

　　$z^2+w^2=i^2+1^2=0$이지만 $z\neq0$, $w\neq0$이다. (거짓)

ㄴ. $z+wi=w+zi$에서

　　$(z-w)-(z-w)i=0$, $(z-w)(1-i)=0$

　　$z-w=0$　　$\therefore z=w$ (참)

ㄷ. $z=a+bi$ (a, b는 실수)라 하면

　　$z\bar{z}=(a+bi)(a-bi)=a^2+b^2$

　　a, b가 실수이므로 a^2, b^2은 음이 아닌 실수이다.

　　따라서 $a^2+b^2=-1$을 만족시키는 실수 a, b가 존재하지 않는다.

　　즉, $z\bar{z}=-1$을 만족시키는 복소수 z는 존재하지 않는다. (참)

따라서 옳은 것은 ㄴ, ㄷ이다.

참고 복소수 z와 z의 켤레복소수 $\bar{z}$에 대하여 $z\bar{z}\geq0$이다.

0589 답 ④

$z+w$, zw가 모두 실수이므로 z와 w는 서로 켤레복소수이다. 즉,

$\bar{z}=w$, $\bar{w}=z$

ㄱ. $\overline{z-w}=\bar{z}-\bar{w}=w-z$ (참)

ㄴ. $\bar{z}+w=\bar{z}+\bar{z}=2\bar{z}$

　　$z+\bar{w}=z+z=2z$

　　이때 z는 실수가 아닌 복소수이므로 $2\bar{z}\neq2z$

　　$\therefore \bar{z}+w\neq z+\bar{w}$ (거짓)

ㄷ. $\overline{zw}=\bar{z}\times\bar{w}=w\times z=zw$ (참)

따라서 옳은 것은 ㄱ, ㄷ이다.

다른 풀이

$z=a+bi$ (a, b는 실수이고 $b\neq0$)라 하면 $w=a-bi$

ㄱ. $\overline{z-w}=\bar{z}-\bar{w}=(a-bi)-(a+bi)=-2bi$

　　$w-z=(a-bi)-(a+bi)=-2bi$

　　$\therefore \overline{z-w}=w-z$ (참)

ㄴ. $\bar{z}+w=(a-bi)+(a-bi)=2a-2bi$

　　$z+\bar{w}=(a+bi)+(a+bi)=2a+2bi$

　　이때 $b\neq0$이므로 $\bar{z}+w\neq z+\bar{w}$ (거짓)

ㄷ. $\overline{zw}=\bar{z}\times\bar{w}=(a-bi)(a+bi)=a^2+b^2$

　　$zw=(a+bi)(a-bi)=a^2+b^2$

　　$\therefore \overline{zw}=zw$ (참)

따라서 옳은 것은 ㄱ, ㄷ이다.

참고 실수가 아닌 두 복소수 z, w에 대하여 $z+w$, zw가 모두 실수이면 $z=\bar{w}$이다.

0590 답 ③

ㄱ. $3z+2\overline{w}=0$에서 $\overline{w}=-\dfrac{3}{2}z$이므로

$$\overline{z}\times\overline{w}=\overline{z}\times\left(-\dfrac{3}{2}z\right)=-\dfrac{3}{2}z\overline{z}$$

$z\overline{z}$는 실수이므로 $\overline{z}\times\overline{w}$도 실수이다.

ㄴ. $2\overline{w}=-3z$에서 $\dfrac{z}{\overline{w}}=-\dfrac{2}{3}$이므로 $\dfrac{z}{\overline{w}}$는 실수이다.

ㄷ. $3z+2\overline{w}=0$이므로 $\overline{(3z+2\overline{w})}=3\overline{z}+2w=0$

$$\dfrac{\overline{z}}{2}+\dfrac{w}{3}=0 \quad \therefore \dfrac{\overline{z}}{2}=-\dfrac{w}{3}$$

따라서 $\dfrac{\overline{z}}{2}-\dfrac{w}{3}=-\dfrac{2w}{3}$이므로 실수가 아니다.

따라서 항상 실수인 것은 ㄱ, ㄴ이다. → w가 실수가 아닌 복소수이므로 $-\dfrac{2w}{3}$도 실수가 아닌 복소수이다.

다른 풀이

$z=2(a+bi)$ (a, b는 실수이고 $b\neq0$)라 하면 $3z+2\overline{w}=0$이므로
$\overline{w}=-3(a+bi)$이다.

ㄱ. $\overline{z}\times\overline{w}=2(a-bi)\times(-3)(a+bi)=-6(a^2+b^2)$
이므로 실수이다.

ㄴ. $\dfrac{z}{\overline{w}}=\dfrac{2(a+bi)}{-3(a+bi)}=-\dfrac{2}{3}$이므로 실수이다.

ㄷ. $\dfrac{\overline{z}}{2}-\dfrac{w}{3}=\dfrac{2(a-bi)}{2}-\dfrac{(-3)(a-bi)}{3}$
$\qquad\qquad =(a-bi)+(a-bi)=2(a-bi)$

이므로 실수라고 단정할 수 없다.

따라서 항상 실수인 것은 ㄱ, ㄴ이다.

0591 답 ⑤

ㄱ. z^2-z가 실수이므로 $\overline{z^2-z}$도 실수이다. (참)

ㄴ. $z^2-z=(a+bi)^2-(a+bi)=(a^2-a-b^2)+(2a-1)bi$
$\quad z^2-z$가 실수이므로 $(2a-1)b=0$

$b\neq0$이므로 $a=\dfrac{1}{2}$

$\quad\therefore z+\overline{z}=2a=1$ (참)

ㄷ. $z=\dfrac{1}{2}+bi$, $\overline{z}=\dfrac{1}{2}-bi$이므로 $z\overline{z}=\dfrac{1}{4}+b^2$

이때 $b\neq0$이므로 $b^2>0$에서 $z\overline{z}>\dfrac{1}{4}$ (참)

따라서 옳은 것은 ㄱ, ㄴ, ㄷ이다.

0592 답 ⑤

$iz=i(a+bi)=-b+ai$, $\overline{z}=a-bi$
$iz=\overline{z}$이므로 $a=-b$

$\therefore z=a-ai$

ㄱ. $z+\overline{z}=(a-ai)+(a+ai)=2a=-2b$ (참)

ㄴ. $i\overline{z}=i(a+ai)=ai-a=-(a-ai)=-z$ (참)

ㄷ. $iz=\overline{z}$에서 $\dfrac{\overline{z}}{z}=i$, $i\overline{z}=-z$에서 $\dfrac{z}{\overline{z}}=-i$

$\quad\therefore \dfrac{\overline{z}}{z}+\dfrac{z}{\overline{z}}=i-i=0$ (참)

따라서 옳은 것은 ㄱ, ㄴ, ㄷ이다.

Tip $z=a+bi$를 주어진 식에 대입하면 참, 거짓을 판별할 수 있다.

0593 답 13 | 유형 12

등식 $(1+i)z+2i\overline{z}=-5+3i$를 만족시키는 복소수 z의 실수부분을 a, 허수부분을 b라 할 때, $a-b$의 값을 구하시오. 단서1
(단, $\overline{z}$는 z의 켤레복소수이다.)

단서1 $z=a+bi$라 하면 $\overline{z}=a-bi$

STEP 1 주어진 식을 (실수부분)+(허수부분)i 꼴로 정리하기

$z=a+bi$ (a, b는 실수)이므로 $\overline{z}=a-bi$
$(1+i)z+2i\overline{z}=-5+3i$에서
$(1+i)(a+bi)+2i(a-bi)=-5+3i$
$a+bi+ai-b+2ai+2b=-5+3i$
$(a+b)+(3a+b)i=-5+3i$

STEP 2 복소수가 서로 같을 조건을 이용하여 a, b의 값 구하기

복소수가 서로 같을 조건에 의하여
$a+b=-5$, $3a+b=3$ → a, b가 실수이므로 $a+b$, $3a+b$도 실수이다.
위의 두 식을 연립하여 풀면 $a=4$, $b=-9$

STEP 3 $a-b$의 값 구하기

$a-b=4-(-9)=13$

0594 답 ②

$z=a+bi$ (a, b는 실수)라 하면 $\overline{z}=a-bi$
$(1-i)z+5i\overline{z}=5-3i$에서
$(1-i)(a+bi)+5i(a-bi)=5-3i$
$a+bi-ai+b+5ai+5b=5-3i$
$(a+6b)+(4a+b)i=5-3i$
복소수가 서로 같을 조건에 의하여
$a+6b=5$, $4a+b=-3$
위의 두 식을 연립하여 풀면 $a=-1$, $b=1$
$\therefore z=-1+i$

참고 두 복소수 $a+bi$, $c+di$ (a, b, c, d는 실수)에 대하여
$a+bi=c+di \Rightarrow a=c$, $b=d$

0595 답 ①

$z=a+bi$ (a, b는 실수)라 하면 $\overline{z}=a-bi$이므로
$z+\overline{z}=8$에서 $(a+bi)+(a-bi)=8$
$2a=8 \quad \therefore a=4$
$z\overline{z}=25$에서 $(a+bi)(a-bi)=25$
$\therefore a^2+b^2=25$
$a=4$를 위의 식에 대입하면 $b^2=9 \quad \therefore b=\pm3$
따라서 $z=4+3i$ 또는 $z=4-3i$이므로
복소수 z가 될 수 있는 것은 ① $4-3i$이다.

0596 답 ④

$z=a+bi$ (a, b는 실수)라 하면 $\overline{z}=a-bi$
$(1+i)z+4\overline{z}=-8-10i$에서
$(1+i)(a+bi)+4(a-bi)=-8-10i$
$a+bi+ai-b+4a-4bi=-8-10i$
$(5a-b)+(a-3b)i=-8-10i$

복소수가 서로 같을 조건에 의하여
$5a-b=-8$, $a-3b=-10$
위의 두 식을 연립하여 풀면 $a=-1$, $b=3$
따라서 $z=-1+3i$, $\bar{z}=-1-3i$이므로
$z\bar{z}=(-1+3i)(-1-3i)=10$

0597 답 ④

$z=a+bi$ (a, b는 실수)라 하면 $\bar{z}=a-bi$
$(1-i)(a+bi)+(1+i)(a-bi)=6$이므로
$2a+2b=6$ ∴ $a+b=3$
따라서 $a+b=3$을 만족시키는 복소수는 ㄱ, ㄴ이다.

0598 답 $2+3i$, $2-3i$

$z=a+bi$ (a, b는 실수)라 하면 $\bar{z}=a-bi$
$z+\bar{z}=4$에서 $(a+bi)+(a-bi)=4$, $2a=4$ ∴ $a=2$
$z\bar{z}=13$에서 $(a+bi)(a-bi)=13$, $a^2+b^2=13$
이때 $a=2$이므로 $4+b^2=13$, $b^2=9$ ∴ $b=\pm3$
∴ $z=2\pm3i$

다른 풀이

$z+\bar{z}=4$에서 $\bar{z}=4-z$이므로
$z\bar{z}=13$에 대입하면 $z(4-z)=13$
$z^2-4z+13=0$ ∴ $z=2\pm3i$

0599 답 $2+5i$

$z=a+bi$ (a, b는 실수)라 하면
$z-zi=(a+bi)-(a+bi)i$
$\quad=a+bi-ai+b$
$\quad=(a+b)+(b-a)i$
$\overline{z-zi}=(a+b)-(b-a)i=3-i$
복소수가 서로 같을 조건에 의하여
$a+b=3$, $b-a=1$
위의 두 식을 연립하여 풀면 $a=1$, $b=2$
따라서 $z=1+2i$이므로
$2z+i=2(1+2i)+i$
$\quad=2+4i+i$
$\quad=2+5i$

0600 답 $-5-3i$, $5-3i$

$z=a+bi$ (a, b는 실수)라 하면 $\bar{z}=a-bi$
$z-\bar{z}=-6i$에서
$(a+bi)-(a-bi)=-6i$
$2bi=-6i$ ∴ $b=-3$
$z^2+(\bar{z})^2=32$에서
$(a+bi)^2+(a-bi)^2=32$
$2(a^2-b^2)=32$, $a^2-b^2=16$
이때 $b=-3$이므로 $a^2-9=16$, $a^2=25$ ∴ $a=\pm5$
∴ $z=\pm5-3i$

0601 답 ⑤

$\dfrac{\bar{z}}{z}=\dfrac{a+bi}{a-bi}=\dfrac{(a+bi)^2}{(a-bi)(a+bi)}=\dfrac{a^2-b^2+2abi}{a^2+b^2}$이므로
실수부분이 0이 되기 위해서는 $a^2-b^2=0$이어야 한다.
$\quad\longrightarrow \dfrac{a^2-b^2}{a^2+b^2}+\dfrac{2ab}{a^2+b^2}i$에서 (실수부분)$=\dfrac{a^2-b^2}{a^2+b^2}$
이때 a, b가 자연수이므로
$a=b$
따라서 a, b가 5 이하의 자연수이므로
조건을 만족시키는 복소수 z는
$1+i$, $2+2i$, $3+3i$, $4+4i$, $5+5i$의 5개이다.

0602 답 ③ | 유형 13

$1-i+i^2-i^3+i^4-\cdots+i^{100}$을 간단히 하면?
[단서1]
① $1-i$ ② $1+i$ ③ 1
④ i ⑤ $-i$
[단서1] $i^4=1$이므로 $-i+i^2-i^3+i^4=-i^5+i^6-i^7+i^8=\cdots=-i^{97}+i^{98}-i^{99}+i^{100}$

STEP1 $i^4=1$임을 이용하여 주어진 식을 간단히 하기
$-i+i^2-i^3+i^4=-i-1+i+1=0$이므로
$1-i+i^2-i^3+i^4-\cdots+i^{100}$
$=1+(-i+i^2-i^3+i^4)+i^4(-i+i^2-i^3+i^4)+\cdots$
$\quad\longrightarrow i^n$은 i, -1, $-i$, 1이 반복되어 $\quad+i^{96}(-i+i^2-i^3+i^4)$
$\qquad$ 나타나므로 4개씩 묶으면 0이 된다.
$=1+0+0+\cdots+0=1$

0603 답 0

$\dfrac{1}{i}+\dfrac{1}{i^2}+\dfrac{1}{i^3}+\dfrac{1}{i^4}=-i-1+i+1=0$이므로
$\dfrac{1}{i}+\dfrac{1}{i^2}+\dfrac{1}{i^3}+\dfrac{1}{i^4}+\cdots+\dfrac{1}{i^{200}}$
$=\left(\dfrac{1}{i}+\dfrac{1}{i^2}+\dfrac{1}{i^3}+\dfrac{1}{i^4}\right)+\dfrac{1}{i^4}\left(\dfrac{1}{i}+\dfrac{1}{i^2}+\dfrac{1}{i^3}+\dfrac{1}{i^4}\right)+\cdots$
$\qquad\qquad\qquad\qquad +\dfrac{1}{i^{196}}\left(\dfrac{1}{i}+\dfrac{1}{i^2}+\dfrac{1}{i^3}+\dfrac{1}{i^4}\right)$
$=0+0+\cdots+0=0$

참고 (1) $i+i^2+i^3+i^4=0$
(2) $\dfrac{1}{i}+\dfrac{1}{i^2}+\dfrac{1}{i^3}+\dfrac{1}{i^4}=0$

0604 답 ①

$(i+i^2)+(i^2+i^3)+\cdots+(i^9+i^{10})$
$=i(1+i)+i^2(1+i)+\cdots+i^9(1+i)$
$=(1+i)(i+i^2+\cdots+i^9)$
$=(1+i)\{(i-1-i+1)+(i-1-i+1)+i\}$
$=(1+i)i$ $\quad\longrightarrow (i+i^2+i^3+i^4)+(i^5+i^6+i^7+i^8)+i^9$에서 $i^2=-1$이므로
$\qquad\qquad (i-1-i+1)+(i-1-i+1)+i$
$=-1+i$
따라서 $a=-1$, $b=1$이므로
$a^2+b^2=(-1)^2+1^2=2$

0605 답 ⑤

자연수 k에 대하여 i^k의 값은 i, -1, $-i$, 1이 반복되어 나타나므로

(i) $1+\dfrac{1}{i}+\dfrac{1}{i^2}+\cdots+\dfrac{1}{i^{100}}$

$=1+\left(\dfrac{1}{i}+\dfrac{1}{i^2}+\dfrac{1}{i^3}+\dfrac{1}{i^4}\right)+\cdots+\left(\dfrac{1}{i^{97}}+\dfrac{1}{i^{98}}+\dfrac{1}{i^{99}}+\dfrac{1}{i^{100}}\right)$

$=1$

(ii) $i+i^2+i^3+\cdots+i^{100}$

$=(i+i^2+i^3+i^4)+\cdots+(i^{97}+i^{98}+i^{99}+i^{100})$

$=0$

(i), (ii)에 의하여

$2\left(1+\dfrac{1}{i}+\dfrac{1}{i^2}+\cdots+\dfrac{1}{i^{100}}\right)+(i+i^2+i^3+\cdots+i^{100})^2$

$=2\times 1+0^2=2$

0606 답 $3-3i$

$z=\dfrac{1}{1+i+i^2+i^3+\cdots+i^{50}}$

$=\dfrac{1}{(1+i+i^2+i^3)+\cdots+(i^{44}+i^{45}+i^{46}+i^{47})+i^{48}+i^{49}+i^{50}}$

$=\dfrac{1}{i^{48}+i^{49}+i^{50}}$

$=\dfrac{1}{1+i-1}=\dfrac{1}{i}$

$=-i$

$\therefore z^3-3z^2+4z=(-i)^3-3(-i)^2+4(-i)$

$\qquad\qquad\qquad = i+3-4i$

$\qquad\qquad\qquad = 3-3i$

0607 답 ⑤

$\dfrac{1}{i}+\dfrac{2}{i^2}+\dfrac{3}{i^3}+\dfrac{4}{i^4}+\cdots+\dfrac{100}{i^{100}}$

$=(-i-2+3i+4)+(-5i-6+7i+8)+\cdots$

$\qquad\qquad\qquad\qquad +(-97i-98+99i+100)$

$=(2+2i)+(2+2i)+\cdots+(2+2i)$

$=25(2+2i)$

$=50+50i$

따라서 $a=50$, $b=50$이므로

$a+b=50+50=100$

0608 답 ③

$z=\dfrac{1}{i}=-i$이므로

$z^n+z=0$에서 $(-i)^n+(-i)=0$

$\therefore (-i)^n=i$

따라서 $(-i)^n=i$를 만족시키는 자연수 n은 $n=4k-1$ (k는 자연수)일 때이므로 100 이하의 자연수 n은 3, 7, 11, $\cdots$, 99의 25개이다.

0608-1

복소수 $z=\dfrac{1+i}{1-i}$에 대하여 $z^n=z$를 만족시키는 100 이하의 자연수 n의 개수를 구하시오.

$z=\dfrac{1+i}{1-i}=\dfrac{(1+i)^2}{(1-i)(1+i)}=\dfrac{2i}{2}=i$이므로

$z^n=z$에서 $i^n=i$

따라서 $n=4k-3$ (k는 자연수)이므로 100 이하의 자연수 n은 25개이다.

답 25

0609 답 12

$i+2i^2+3i^3+4i^4+5i^5=i-2-3i+4+5i=2+3i$

따라서 $a=2$, $b=3$이므로

$3a+2b=3\times 2+2\times 3=12$

0610 답 150

$\left\{i^n+\left(\dfrac{1}{i}\right)^{2n}\right\}^m=\{i^n+(-i)^{2n}\}^m=\{i^n+(-1)^n\}^m$

$f(n)=i^n+(-1)^n$이라 하자.

(i) $n=4k-3$ (k는 자연수)일 때,

$f(n)=i-1$이고

$\{f(n)\}^4=-2^2$, $\{f(n)\}^{12}=-2^6$, $\{f(n)\}^{20}=-2^{10}$, $\cdots$

이므로 순서쌍 (m, n)은

$(4, n)$, $(12, n)$, $(20, n)$, $(28, n)$, $(36, n)$, $(44, n)$

의 6개이다.

이때 50 이하의 자연수 n은 1, 5, 9, $\cdots$, 45, 49의 13개이므로 주어진 식이 음의 실수가 되도록 하는 순서쌍 (m, n)의 개수는 78이다.

(ii) $n=4k-2$ (k는 자연수)일 때,

$f(n)=0$이므로 $\{f(n)\}^m=0$이다.

즉, 주어진 식이 음의 실수가 되도록 하는 순서쌍 (m, n)은 존재하지 않는다.

(iii) $n=4k-1$ (k는 자연수)일 때,

$f(n)=-i-1$이고

$\{f(n)\}^4=-2^2$, $\{f(n)\}^{12}=-2^6$, $\{f(n)\}^{20}=-2^{10}$, $\cdots$

이므로 순서쌍 (m, n)은

$(4, n)$, $(12, n)$, $(20, n)$, $(28, n)$, $(36, n)$, $(44, n)$

의 6개이다.

이때 50 이하의 자연수 n은 3, 7, 11, $\cdots$, 47의 12개이므로 주어진 식이 음의 실수가 되도록 하는 순서쌍 (m, n)의 개수는 72이다.

(iv) $n=4k$ (k는 자연수)일 때,

$f(n)=2$이므로 $\{f(n)\}^m>0$이다.

즉, 주어진 식이 음의 실수가 되도록 하는 순서쌍 (m, n)은 존재하지 않는다.

(i)~(iv)에서 구하는 순서쌍 (m, n)의 개수는
$$78+72=150$$

실수 Check

$i^n+\left(\dfrac{1}{i}\right)^{2n}$의 결과를 먼저 예측하고 n의 값에 맞는 m의 값을 구한다.

0611 답 ① | 유형 14

$$\dfrac{\left(\dfrac{1+i}{\sqrt{2}}\right)^{100}}{\text{단서 1}}+\dfrac{\left(\dfrac{1-i}{\sqrt{2}}\right)^{100}}{\text{단서 2}}$$ 을 간단히 하면?

① -2 ② $-i$ ③ 0
④ i ⑤ 2

단서 1 $\left(\dfrac{1+i}{\sqrt{2}}\right)^2=i$
단서 2 $\left(\dfrac{1-i}{\sqrt{2}}\right)^2=-i$

STEP 1 $\left(\dfrac{1+i}{\sqrt{2}}\right)^2=i$, $\left(\dfrac{1-i}{\sqrt{2}}\right)^2=-i$를 이용하여 주어진 식을 간단히 하기

$$\left(\dfrac{1+i}{\sqrt{2}}\right)^{100}+\left(\dfrac{1-i}{\sqrt{2}}\right)^{100}=\left\{\left(\dfrac{1+i}{\sqrt{2}}\right)^2\right\}^{50}+\left\{\left(\dfrac{1-i}{\sqrt{2}}\right)^2\right\}^{50}$$
$$=\left(\dfrac{2i}{2}\right)^{50}+\left(\dfrac{-2i}{2}\right)^{50}$$
$$=i^{50}+(-i)^{50}$$
$$=(i^2)^{25}+\{(-i)^2\}^{25}$$
$$=(-1)^{25}+(-1)^{25}$$
$$=-2$$

참고 $\left(\dfrac{1+i}{\sqrt{2}}\right)^2=i$이므로 $\left(\dfrac{1+i}{\sqrt{2}}\right)^8=1$

같은 방법으로 $\left(\dfrac{1-i}{\sqrt{2}}\right)^2=-i$이므로 $\left(\dfrac{1-i}{\sqrt{2}}\right)^8=1$임을 이용하여 간단히 할 수도 있다.

0612 답 ⑤

$(1+i)^2=2i$, $(1-i)^2=-2i$이므로
$(1+i)^8+(1-i)^8=(2i)^4+(-2i)^4=16+16=32$

0613 답 ③

$\dfrac{1+i}{1-i}=\dfrac{(1+i)^2}{(1-i)(1+i)}=i$이므로

$\left(\dfrac{1+i}{1-i}\right)^{10}+2i=i^{10}+2i=i^2+2i=-1+2i$

따라서 $a=-1$, $b=2$이므로
$a+b=-1+2=1$

0614 답 1

$z^2=\left(\dfrac{1+i}{\sqrt{2}}\right)^2=\dfrac{2i}{2}=i$이므로 $z^4=-1$

$\therefore 1+z^2+z^4+z^6+z^8=1+z^2+z^4(1+z^2)+z^8$
$$=(1+z^2)-(1+z^2)+z^8$$
$$=z^8=(z^4)^2=(-1)^2=1$$

0615 답 ③

$z^2=\left(\dfrac{1-i}{\sqrt{2}}\right)^2=-i$, $(\bar{z})^2=\left(\dfrac{1+i}{\sqrt{2}}\right)^2=i$이므로
$z^{50}+(\bar{z})^{50}=(z^2)^{25}+\{(\bar{z})^2\}^{25}=(-i)^{25}+i^{25}=-i+i=0$

0616 답 ④

$\dfrac{1+i}{1-i}=\dfrac{(1+i)^2}{(1-i)(1+i)}=i$,
$\dfrac{1-i}{1+i}=\dfrac{(1-i)^2}{(1+i)(1-i)}=-i$이므로
$3\left(\dfrac{1+i}{1-i}\right)^8+\left(\dfrac{1-i}{1+i}\right)^3=3i^8+(-i)^3=3+i$
따라서 $a=3$, $b=1$이므로
$a+b=3+1=4$

0617 답 ③

$z=\dfrac{1-i}{1+i}=\dfrac{(1-i)^2}{(1+i)(1-i)}=-i$이므로
$z^n=(-i)^n=-1$
따라서 $n=4k-2$ (k는 자연수)이므로 50 이하의 자연수 n은
$2, 6, 10, \cdots, 50$의 13개이다.

0618 답 ④

$\dfrac{1-i}{1+i}=\dfrac{(1-i)^2}{(1+i)(1-i)}=-i$이므로
$f\left(\dfrac{1-i}{1+i}\right)=f(-i)=(-i)^{20}+\dfrac{1}{(-i)^{20}}=1+1=2$

0619 답 ③

$z=\dfrac{1-i}{1+i}=\dfrac{(1-i)^2}{(1+i)(1-i)}=-i$이므로 $f(n)=z^n=(-i)^n$
$f(1)=-i$
$f(1)+f(2)=-i-1$
$f(1)+f(2)+f(3)=-i-1+i=-1$
$f(1)+f(2)+f(3)+f(4)=-i-1+i+1=0$
$f(1)+f(2)+f(3)+f(4)+f(5)=-i-1+i+1-i=-i$
$\vdots$
이므로 $f(1)+f(2)+f(3)+\cdots+f(n)=-1$이 되려면
$n=4k-1$ (k는 자연수)이어야 한다.
따라서 300 이하의 자연수 n은 75개이다.
$\longrightarrow 4k-1=299$에서 $k=75$

0620 답 ③

$\dfrac{1+i}{1-i}=\dfrac{(1+i)^2}{(1-i)(1+i)}=i$이므로

$f(n)=\left(\dfrac{1+i}{1-i}\right)^n=i^n$

ㄱ. $f(1)=i$, $f(2)=i^2=-1$, $f(11)=i^{11}=-i$이므로
$f(1)f(2)=f(11)$ (참)

ㄴ. $f(119)=i^{119}=-i$이므로 $\overline{f(119)}=i$

$\quad \therefore \overline{f(119)}=-f(119)$ (참)

ㄷ. $f(1)+f(2)+f(3)+\cdots+f(18)$

$\quad =i+i^2+i^3+\cdots+i^{18}$

$\quad =(i-1-i+1)+\cdots+(i-1-i+1)+i-1$

$\quad =i-1$ (거짓)

따라서 옳은 것은 ㄱ, ㄴ이다.

0621 🔲 -1

$\dfrac{1+i}{1-i}=\dfrac{(1+i)^2}{(1-i)(1+i)}=i$

$w=\dfrac{-1+\sqrt{3}i}{2}$라 하면 $2w+1=\sqrt{3}i$

양변을 제곱하면 $4w^2+4w+1=-3$, $w^2+w+1=0$

양변에 $w-1$을 곱하면 $(w-1)(w^2+w+1)=0$ $\quad \therefore w^3=1$

$\therefore w+w^2+w^3=w+w^2+1=0$, $w^4=w$

따라서 $z(n)=\left(\dfrac{1+i}{1-i}\right)^n+\left(\dfrac{-1+\sqrt{3}i}{2}\right)^n=i^n+w^n$이므로

$f(99)=z(1)+z(2)+z(3)+\cdots+z(99)$

$\quad =(i+w)+(i^2+w^2)+(i^3+w^3)+\cdots+(i^{99}+w^{99})$

$\quad =(i+i^2+i^3+\cdots+i^{99})+(w+w^2+w^3+\cdots+w^{99})$

$\quad \hookrightarrow \{(i+i^2+i^3+i^4)+i^4(i+i^2+i^3+i^4)+\cdots+i^{96}(i+i^2+i^3)\}$

$\quad\quad +\{(w+w^2+w^3)+w^3(w+w^2+w^3)+\cdots+w^{96}(w+w^2+w^3)\}$

$\quad =i+i^2+i^3=i-1-i$

$\quad =-1$

실수 Check

$\left(\dfrac{1+i}{1-i}\right)^4=1$, $\left(\dfrac{-1+\sqrt{3}i}{2}\right)^3=1$을 이용해서 $f(99)$의 값을 구할 수 있다.

0622 🔲 24

$z=\dfrac{1-i}{\sqrt{2}}$에서 $z^2=-i$, $z^4=-1$이므로

n이 8의 배수일 때, $z^n=1$

$w=\dfrac{1+\sqrt{3}i}{2}$에서 $w^3=-1$이므로

n이 6의 배수일 때, $w^n=1$

따라서 $z^n=w^n$을 만족시키는 가장 작은 자연수 n은

8과 6의 최소공배수인 24이다.

실수 Check

n이 p의 배수이고 q의 배수이면 n은 p, q의 최소공배수의 배수이다.

Plus 문제

0622-1

두 복소수 $z=\dfrac{1+i}{\sqrt{2}}$, $w=\dfrac{1-\sqrt{3}i}{2}$에 대하여 $z^n=w^n$을 만족시키는 가장 작은 자연수 n의 값을 구하시오.

$z^2=i$, $w^3=-1$이므로

n이 8의 배수일 때, $z^n=1$

n이 6의 배수일 때, $w^n=1$

따라서 $z^n=w^n$을 만족시키는 가장 작은 자연수 n은 8과 6의 최소공배수인 24이다.

🔲 24

0623 🔲 24

$\left(\dfrac{\sqrt{2}}{1+i}\right)^n+\left(\dfrac{\sqrt{3}+i}{2}\right)^n=2$를 만족시키려면

$\left(\dfrac{\sqrt{2}}{1+i}\right)^n=1$이고 $\left(\dfrac{\sqrt{3}+i}{2}\right)^n=1$이어야 한다.

(i) $z=\dfrac{\sqrt{2}}{1+i}$라 하면 $z^2=-i$, $z^4=-1$, $z^8=1$

(ii) $w=\dfrac{\sqrt{3}+i}{2}$라 하면 $w^3=i$, $w^6=-1$, $w^{12}=1$

(i), (ii)에 의하여 자연수 n의 최솟값은

8과 12의 최소공배수인 24이다.

실수 Check

$\left(\dfrac{\sqrt{2}}{1+i}\right)^8=1$, $\left(\dfrac{\sqrt{3}+i}{2}\right)^{12}=1$을 이용해서

$\left(\dfrac{\sqrt{2}}{1+i}\right)^n+\left(\dfrac{\sqrt{3}+i}{2}\right)^n=2$를 만족시키는 n의 값을 구할 수 있다.

0624 🔲 ③

ㄱ. $z^2=\left(\dfrac{-1+\sqrt{3}i}{2}\right)^2=\dfrac{-1-\sqrt{3}i}{2}$이므로

$\quad z^3=\dfrac{-1+\sqrt{3}i}{2}\times\dfrac{-1-\sqrt{3}i}{2}=1$ (참)

ㄴ. $z^4+z^5=z+z^2=\dfrac{-1+\sqrt{3}i}{2}+\dfrac{-1-\sqrt{3}i}{2}=-1$ (참)

ㄷ. 자연수 k에 대하여

$\quad$ (i) $n=3k-2$일 때,

$\quad\quad z^n+z^{2n}+z^{3n}+z^{4n}+z^{5n}=z+z^2+z^3+z+z^2=-1$

$\quad\quad$ 조건을 만족시키는 100 이하의 자연수 n의 개수는 34이다.

$\quad$ (ii) $n=3k-1$일 때,

$\quad\quad z^n+z^{2n}+z^{3n}+z^{4n}+z^{5n}=z^2+z+z^3+z^2+z=-1$

$\quad\quad$ 조건을 만족시키는 100 이하의 자연수 n의 개수는 33이다.

$\quad$ (iii) $n=3k$일 때,

$\quad\quad z^n+z^{2n}+z^{3n}+z^{4n}+z^{5n}=5z^3=5$

$\quad\quad$ 조건을 만족시키는 자연수 n은 존재하지 않는다.

$\quad$ (i), (ii), (iii)에 의하여 모든 자연수 n의 개수는

$\quad\quad 34+33=67$ (거짓)

따라서 옳은 것은 ㄱ, ㄴ이다.

다른 풀이

ㄱ. $z=\dfrac{-1+\sqrt{3}i}{2}$이므로

$\quad (2z+1)^2=(\sqrt{3}i)^2$, $4z^2+4z+1=-3$

$\quad z^2+z+1=0$, $(z-1)(z^2+z+1)=0$

$\quad \therefore z^3=1$ (참)

실수 Check

$z^3=1$을 이용해서 참, 거짓을 판단할 수 있다.

0625 답 6

n	z^n	$(z+\sqrt{2})^n$	$z^n+(z+\sqrt{2})^n$
1	$\dfrac{-1+i}{\sqrt{2}}$	$\dfrac{1+i}{\sqrt{2}}$	$\sqrt{2}i$
2	$-i$	i	0
3	$\dfrac{1+i}{\sqrt{2}}$	$\dfrac{-1+i}{\sqrt{2}}$	$\sqrt{2}i$
4	-1	-1	-2
5	$\dfrac{1-i}{\sqrt{2}}$	$\dfrac{-1-i}{\sqrt{2}}$	$-\sqrt{2}i$
6	i	$-i$	0
7	$\dfrac{-1-i}{\sqrt{2}}$	$\dfrac{1-i}{\sqrt{2}}$	$-\sqrt{2}i$
8	1	1	2

$n=2$, 6일 때, $z^n+(z+\sqrt{2})^n=0$

$z^8=1$, $(z+\sqrt{2})^8=1$이므로

$z^n+(z+\sqrt{2})^n$의 값은 8개의 값이 반복되어 나타남을 알 수 있다.

따라서 25 이하의 자연수 n은 2, 6, 10, 14, 18, 22의 6개이다.

실수 Check

$z^2+(z+\sqrt{2})^2=0$이라 해서 n을 2의 배수라고 생각하면 안 된다.

0626 답 ⑤ | 유형 15

다음 중 옳지 **않은** 것은?

① $\dfrac{\sqrt{-6}}{\sqrt{-2}}=\sqrt{3}$ **단서1**

② $\dfrac{\sqrt{-6}}{\sqrt{3}}=\sqrt{2}i$

③ $\sqrt{-27}\sqrt{-3}=-9$

④ $\sqrt{-12}-\sqrt{-3}=\sqrt{3}i$

⑤ $\dfrac{\sqrt{32}}{\sqrt{-2}}=4i$

단서1 $\sqrt{-6}=\sqrt{6}i$, $\dfrac{1}{\sqrt{-2}}=\dfrac{1}{\sqrt{2}i}=-\dfrac{1}{\sqrt{2}}i$

STEP 1 $\sqrt{-a}=\sqrt{a}i$임을 이용하여 계산하고 옳지 않은 것 찾기

① $\dfrac{\sqrt{-6}}{\sqrt{-2}}=\dfrac{\sqrt{6}i}{\sqrt{2}i}=\dfrac{\sqrt{6}}{\sqrt{2}}=\sqrt{3}$

② $\dfrac{\sqrt{-6}}{\sqrt{3}}=\dfrac{\sqrt{6}i}{\sqrt{3}}=\sqrt{2}i$

③ $\sqrt{-27}\sqrt{-3}=\sqrt{27}i\times\sqrt{3}i=-\sqrt{81}=-9$

④ $\sqrt{-12}-\sqrt{-3}=2\sqrt{3}i-\sqrt{3}i=\sqrt{3}i$

⑤ $\dfrac{\sqrt{32}}{\sqrt{-2}}=\dfrac{4\sqrt{2}}{\sqrt{2}i}=\dfrac{4}{i}=-4i$

따라서 옳지 않은 것은 ⑤이다.

다른 풀이

③ $\sqrt{-27}\sqrt{-3}=-\sqrt{27\times3}=-\sqrt{81}=-9$

⑤ $\dfrac{\sqrt{32}}{\sqrt{-2}}=-\sqrt{\dfrac{32}{-2}}=-\sqrt{-16}=-4i$

0627 답 6

$(3+\sqrt{-2})(3-\sqrt{-2})+(\sqrt{-5})^2=(3+\sqrt{2}i)(3-\sqrt{2}i)+(\sqrt{5}i)^2$

$\qquad =3^2-(\sqrt{2}i)^2-5$

$\qquad =9-(-2)-5=6$

0628 답 ⑤

$z=\dfrac{\sqrt{27}}{\sqrt{-3}}+\sqrt{-3}\sqrt{-27}$

$\quad =\dfrac{3\sqrt{3}}{\sqrt{3}i}+\sqrt{3}i\times3\sqrt{3}i$

$\quad =-3i-9$

$\therefore \bar{z}=-9+3i$

다른 풀이

$z=\dfrac{\sqrt{27}}{\sqrt{-3}}+\sqrt{-3}\sqrt{-27}$

$\quad =-\sqrt{\dfrac{27}{-3}}-\sqrt{3\times27}$

$\quad =-\sqrt{-9}-\sqrt{81}$

$\quad =-3i-9$

$\therefore \bar{z}=-9+3i$

개념 Check

$a<0$, $b<0$이면 $\sqrt{a}\sqrt{b}=-\sqrt{ab}$

$a>0$, $b<0$이면 $\dfrac{\sqrt{a}}{\sqrt{b}}=-\sqrt{\dfrac{a}{b}}$

0629 답 ①

$(3+2i)(1+i)+\sqrt{-2}\sqrt{-8}+\dfrac{\sqrt{-8}}{\sqrt{-2}}$

$=3+3i+2i-2+\sqrt{2}i\times2\sqrt{2}i+\dfrac{2\sqrt{2}i}{\sqrt{2}i}$

$=1+5i-4+2=-1+5i$

0630 답 ⑤

$\sqrt{-3}\sqrt{-12}+\sqrt{-3}\sqrt{3}+\dfrac{\sqrt{-64}}{\sqrt{-4}}+\dfrac{\sqrt{64}}{\sqrt{-4}}$

$=\sqrt{3}i\times2\sqrt{3}i+\sqrt{3}i\times\sqrt{3}+\dfrac{8i}{2i}+\dfrac{8}{2i}$

$=-6+3i+4-4i=-2-i$

따라서 $a=-2$, $b=-1$이므로

$a^2+b^2=(-2)^2+(-1)^2=5$

0631 답 ③

ㄱ. $\sqrt{-7}\times\dfrac{\sqrt{35}}{\sqrt{-5}}=\sqrt{7}i\times\dfrac{\sqrt{35}}{\sqrt{5}i}=\sqrt{7}i\times\dfrac{\sqrt{7}}{i}=7$ (참)

ㄴ. $\sqrt{2}\times\dfrac{\sqrt{6}}{\sqrt{-3}}=\sqrt{2}\times\dfrac{\sqrt{6}}{\sqrt{3}i}=\sqrt{2}\times\dfrac{\sqrt{2}}{i}=-2i$ (참)

ㄷ. $\sqrt{-5}\times\dfrac{\sqrt{-10}}{\sqrt{2}}=\sqrt{5}i\times\dfrac{\sqrt{10}i}{\sqrt{2}}=\sqrt{5}i\times\sqrt{5}i=-5$ (거짓)

따라서 옳은 것은 ㄱ, ㄴ이다.

0632 답 ④

$z=\dfrac{3-\sqrt{-9}}{3+\sqrt{-9}}=\dfrac{3-3i}{3+3i}=\dfrac{1-i}{1+i}=\dfrac{(1-i)^2}{(1+i)(1-i)}=-i$이므로

$\bar{z}=i$

$\therefore z\bar{z}=(-i)\times i=1$

0633 답 $2i$

$a>0$이므로 $\sqrt{-a}=\sqrt{a}i$

$\therefore \dfrac{\sqrt{a^2}}{a}+\dfrac{\sqrt{-a}\sqrt{-a}+\sqrt{a}\sqrt{-a}}{\sqrt{(-a)^2}}-\dfrac{\sqrt{a}}{\sqrt{-a}}$

$=\dfrac{a}{a}+\dfrac{\sqrt{a}i\times\sqrt{a}i+\sqrt{a}\sqrt{a}i}{a}-\dfrac{\sqrt{a}}{\sqrt{a}i}$

$=1+\dfrac{-a+ai}{a}-\dfrac{1}{i}$

$=1-1+i+i$

$=2i$

참고 $a>0$일 때 $\sqrt{-a}=\sqrt{a}i$를 이용하여 식을 변형한다.

0634 답 $-1+3i$

$1<a<2$이므로

$a-2<0,\ 2-a>0,\ a+1>2>0,\ -a-1<-2<0$

$\therefore \sqrt{a-2}\times\sqrt{2-a}-\dfrac{\sqrt{2-a}}{\sqrt{a-2}}\times\sqrt{\dfrac{a-2}{2-a}}+\sqrt{a+1}\times\sqrt{-a-1}$

$=\sqrt{2-a}i\times\sqrt{2-a}-\dfrac{\sqrt{2-a}}{\sqrt{2-a}i}\times\sqrt{\dfrac{2-a}{2-a}}i+\sqrt{a+1}\times\sqrt{a+1}i$

$=(2-a)i-\dfrac{1}{i}\times i+(a+1)i$

$=-1+3i$

실수 Check

근호 안이 양수일 때와 음수일 때를 구분하여 i를 이용하여 식을 나타내고 계산하도록 한다.

0635 답 $3a+1$ | 유형 16

0이 아닌 실수 $a,\ b$에 대하여 $\dfrac{\sqrt{a}}{\sqrt{b}}=-\sqrt{\dfrac{a}{b}}$일 때, **단서1**

$|2a+1|+|1-2b|-|2b-1|+|a|$를 간단히 하시오.

단서1 $\dfrac{\sqrt{a}}{\sqrt{b}}=-\sqrt{\dfrac{a}{b}}$이면 $a>0,\ b<0$

STEP1 음수의 제곱근의 성질을 이용하여 주어진 식을 간단히 하기

$\dfrac{\sqrt{a}}{\sqrt{b}}=-\sqrt{\dfrac{a}{b}}$이면 $a>0,\ b<0$이므로

$\underline{|2a+1|+|1-2b|-|2b-1|+|a|}$ → $2a+1>0,\ 1-2b>0,$

$=(2a+1)+(1-2b)+(2b-1)+a$ $\quad 2b-1<0,\ a>0$이므로

$=3a+1$ $\quad |2a+1|=2a+1,$
$\quad |1-2b|=1-2b,$
$\quad |2b-1|=-(2b-1),$
$\quad |a|=a$

0636 답 ②

① $a<0,\ b>0$이므로

$\sqrt{a}\sqrt{b}=\sqrt{ab}$

② $-a>0,\ b>0$이므로

$\sqrt{-a}\sqrt{b}=\sqrt{-ab}$

③ $a<0$일 때, $\sqrt{a^2}=|a|=-a$이므로

$\sqrt{a^2b}=\sqrt{a^2}\sqrt{b}=-a\sqrt{b}$

④ $b>0$일 때, $\sqrt{b^2}=|b|=b$이므로

$\sqrt{ab^2}=\sqrt{a}\sqrt{b^2}=b\sqrt{a}$

⑤ $a<0,\ b>0$일 때, $\dfrac{\sqrt{b}}{\sqrt{a}}=-\sqrt{\dfrac{b}{a}}$

따라서 옳은 것은 ②이다.

0637 답 ④

$\sqrt{a}\sqrt{b}=-\sqrt{ab}$이면 $a<0,\ b<0$

ㄱ. $\sqrt{a^2b}=|a|\sqrt{b}=-a\sqrt{b}$ (거짓)

ㄴ. $-a>0,\ -b>0$이므로

$\sqrt{-a}\sqrt{-b}=\sqrt{(-a)(-b)}=\sqrt{ab}$ (참)

ㄷ. $-a>0$이므로 $\dfrac{\sqrt{-a}}{\sqrt{b}}=\dfrac{\sqrt{-a}}{\sqrt{-b}i}=-\sqrt{\dfrac{a}{b}}i=-\sqrt{-\dfrac{a}{b}}$ (참)

따라서 옳은 것은 ㄴ, ㄷ이다.

0638 답 ⑤

$\dfrac{\sqrt{b}}{\sqrt{a}}=-\sqrt{\dfrac{b}{a}}$이므로 $a<0,\ b>0$

즉, $-b<0$이므로 $\sqrt{a}\sqrt{-b}=-\sqrt{-ab}$

0639 답 ③

$\dfrac{\sqrt{b}}{\sqrt{a}}=-\sqrt{\dfrac{b}{a}}$이면 $a<0,\ b>0$이므로

$\sqrt{ab}-\sqrt{a}\sqrt{b}+\sqrt{2a}\sqrt{2a}-\sqrt{4a^2}=\sqrt{ab}-\sqrt{ab}-\sqrt{4a^2}-\sqrt{4a^2}$

$=-|2a|-|2a|$

$=2a+2a=4a$

0640 답 ⑤

$\sqrt{\dfrac{a+1}{a-2}}=-\dfrac{\sqrt{a+1}}{\sqrt{a-2}}$이면 $a+1\geq0,\ a-2<0$이므로

$-1\leq a<2$

$\therefore \sqrt{(a+2)^2}+\sqrt{(a-3)^2}=|a+2|+|a-3|$

$=a+2-(a-3)$

$=5$

→ $-1\leq a<2$에서
$1\leq a+2,\ a-3<-1$이므로
$|a+2|=a+2,$
$|a-3|=-(a-3)$

개념 Check

$\sqrt{\dfrac{a}{b}}=-\sqrt{\dfrac{a}{b}}$이면 $a\geq0$이고 $b<0$

0641 답 ②

$\sqrt{\dfrac{a}{b}}=-\dfrac{\sqrt{a}}{\sqrt{b}}$이면 $a>0,\ b<0$이므로

$\sqrt{a^2}-\sqrt{b^2}-2|b-a|=|a|-|b|-2|b-a|$

$=a-(-b)-2(-b+a)$

$=-a+3b$

0642 답 ④

$\dfrac{\sqrt{a-2}}{\sqrt{a-3}}=-\sqrt{\dfrac{a-2}{a-3}}$이면 $a-2\geq0,\ a-3<0$이므로

$2\leq a<3$

110 정답 및 풀이

$\therefore |a-1|+|a-2|+|a-3|+|a-4|$
$\quad =a-1+a-2-(a-3)-(a-4)$
$\quad =4$

0643 답 ③

$\sqrt{a}\sqrt{b}=-\sqrt{ab}$이면 $a<0,\ b<0$

$\dfrac{\sqrt{c}}{\sqrt{a}}=-\sqrt{\dfrac{c}{a}}$이면 $a<0,\ c>0$

따라서 $a-c<0,\ b<0$이므로

$\sqrt{(a-c)^2}-|b|=|a-c|-|b|$
$\qquad\qquad\quad =-(a-c)+b$
$\qquad\qquad\quad =-a+b+c$

0644 답 ④

(나)에 의하여 $a<0,\ b>0$

(가)에 의하여 $b+c<a$이고 $b>0$이므로 $c<b+c<a$

$\therefore c<a<b$

0645 답 ⑤

$\dfrac{\sqrt{b}}{\sqrt{a}}=-\sqrt{\dfrac{b}{a}}$이므로 $a<0,\ b>0$

즉, $\sqrt{a}=\sqrt{-a}i,\ \sqrt{-b}=\sqrt{b}i$이므로

$(\sqrt{a}-\sqrt{-b})(\sqrt{-a}-\sqrt{-b})$
$=(\sqrt{-a}i-\sqrt{b}i)(\sqrt{-a}-\sqrt{b}i)$
$=-ai+\sqrt{-ab}-\sqrt{-ab}i-b$
$=(\sqrt{-ab}-b)+(-a-\sqrt{-ab})i$

따라서 허수부분은 $-a-\sqrt{-ab}$이다.

실수 Check

$a>0$이면 $\sqrt{-a}=\sqrt{a}i$이고, $a<0$이면 $\sqrt{a}=\sqrt{-a}i$임을 이용해서 문제를 해결할 수 있다.

Plus 문제

0645-1

0이 아닌 두 실수 $a,\ b$에 대하여 $\sqrt{a}\sqrt{b}=-\sqrt{ab}$일 때, 복소수 $(\sqrt{a}-\sqrt{-b})(\sqrt{-a}-\sqrt{b})$의 허수부분을 구하시오.

$\sqrt{a}\sqrt{b}=-\sqrt{ab}$이므로 $a<0,\ b<0$

즉, $\sqrt{a}=\sqrt{-a}i,\ \sqrt{b}=\sqrt{-b}i$이므로

$(\sqrt{a}-\sqrt{-b})(\sqrt{-a}-\sqrt{b})$
$=(\sqrt{-a}i-\sqrt{-b})(\sqrt{-a}-\sqrt{-b}i)$
$=\sqrt{-a}\sqrt{-a}i-\sqrt{-a}i\sqrt{-b}i-\sqrt{-a}\sqrt{-b}+\sqrt{-b}\sqrt{-b}i$
$=\sqrt{-a}\sqrt{-a}i+\sqrt{-a}\sqrt{-b}-\sqrt{-a}\sqrt{-b}+\sqrt{-b}\sqrt{-b}i$
$=(-a)i+(-b)i$
$=(-a-b)i$

따라서 허수부분은 $-a-b$이다.

답 $-a-b$

0646 답 ④

$\dfrac{\sqrt{b}}{\sqrt{a}}=-\sqrt{\dfrac{b}{a}}$이면 $a<0,\ b>0$이므로

$a-b<0$

$\therefore \sqrt{(a-b)^2}+|a|-3\sqrt{b^2}=-(a-b)-a-3b$
$\qquad\qquad\qquad\qquad\qquad =-2a-2b$

따라서 $-2a-2b=0$이므로 $a=-b$

$\therefore a^2-b^2=0,\ \underline{a^2+b^2>0},\ a^3+b^3=0$ → $a^2>0,\ b^2>0$이므로 $a^2+b^2>0$

그런데 $\sqrt{a}\sqrt{b}=-\sqrt{ab}$가 성립하려면 $a<0,\ b<0$이어야 한다.

실수 Check

$a,\ b$가 0이 아닌 두 실수이므로 $a^2>0,\ b^2>0$임에 주의해야 한다.

0647 답 ①

| 유형 17

임의의 두 복소수 $z_1,\ z_2$에 대하여 연산 ◎을 $\underline{z_1\,◎\,z_2=z_1+z_2-z_1z_2}$라 할 때, $(5+3i)\,◎\,(1-2i)$의 값은? **단서1**

① $-5+8i$ ② $-5+12i$ ③ $-3+8i$
④ $7+8i$ ⑤ $7+12i$

단서1 z_1과 z_2 자리에 $z_1=5+3i,\ z_2=1-2i$를 대입

STEP 1 연산의 정의된 규칙에 따라 주어진 식의 값 구하기

$(5+3i)\,◎\,(1-2i)=(5+3i)+(1-2i)-(5+3i)(1-2i)$
$\qquad\qquad\qquad\quad =(5+3i)+(1-2i)-(5-10i+3i+6)$
$\qquad\qquad\qquad\quad =-5+8i$

0648 답 0

$(1+i)\bigstar(1-i)=\{(1+i)+(1-i)i\}\{(1+i)i+(1-i)\}$
$\qquad\qquad\quad =(1+i+i+1)(i-1+1-i)=0$

0649 답 6

$(1+i)\spadesuit(5-3i)=2(1+i)-\dfrac{5-3i}{1+i}$
$\qquad\qquad\qquad =2(1+i)-\dfrac{(5-3i)(1-i)}{(1+i)(1-i)}$
$\qquad\qquad\qquad =2+2i-(1-4i)=1+6i$

따라서 허수부분은 6이다.

0650 답 ②

$(1+2i)\triangledown(x+3i)=(1+2i+x+3i)^2=(1+x+5i)^2$

$(1+x+5i)^2$이 음의 실수가 되려면

$1+x+5i$가 순허수이어야 하므로 $1+x=0$

$\therefore x=-1$

0651 답 ②

$(1+i)\otimes(x-i)=2(1+i)(x-i)$
$\qquad\qquad\qquad =2(x-i+xi+1)$
$\qquad\qquad\qquad =2(x+1)+2(x-1)i$

이 복소수가 순허수가 되려면 $2(x+1)=0,\ 2(x-1)\neq0$

$\therefore x=-1$

0652 답 ⑤

$(5+2i)\odot(3-i)$
$=(5+2i)+(3-i)-\overline{(5+2i)-(3-i)}$
$=8+i-\overline{2+3i}$
$=8+i-(2-3i)$
$=6+4i$

$(x+2i)\odot(3+yi)$
$=(x+2i)+(3+yi)-\overline{(x+2i)-(3+yi)}$
$=x+3+(2+y)i-\overline{(x-3)+(2-y)i}$
$=x+3+(2+y)i-\{(x-3)-(2-y)i\}$
$=6+4i$

$\therefore (5+2i)\odot(3-i)+(x+2i)\odot(3+yi)$
$\quad=(6+4i)+(6+4i)$
$\quad=12+8i$

0653 답 ③

ㄱ. $\langle\overline{1+3i}\rangle=\langle1-3i\rangle=\dfrac{-3}{1}=-3$ (참)

ㄴ. $\left\langle\dfrac{1}{z}\right\rangle=\left\langle\dfrac{1}{a+bi}\right\rangle$

$\qquad=\left\langle\dfrac{a-bi}{a^2+b^2}\right\rangle$

$\qquad=\dfrac{\dfrac{-b}{a^2+b^2}}{\dfrac{a}{a^2+b^2}}$

$\qquad=-\dfrac{b}{a}=-\langle z\rangle$ (참)

ㄷ. $\left\langle\overline{z}+\dfrac{1}{z}\right\rangle=\left\langle a-bi+\dfrac{1}{a+bi}\right\rangle$

$\qquad=\left\langle a-bi+\dfrac{a-bi}{a^2+b^2}\right\rangle$

$\qquad=\left\langle a+\dfrac{a}{a^2+b^2}-\left(b+\dfrac{b}{a^2+b^2}\right)i\right\rangle$

$\qquad=\dfrac{-\left(b+\dfrac{b}{a^2+b^2}\right)}{a+\dfrac{a}{a^2+b^2}}=-\dfrac{b(a^2+b^2+1)}{a(a^2+b^2+1)}$

$\qquad=-\dfrac{b}{a}=-\langle z\rangle$ (거짓)

따라서 옳은 것은 ㄱ, ㄴ이다.

0654 답 ③

ㄱ. $z\overline{z}=(a+bi)(a-bi)=a^2+b^2$
$\quad z^*\overline{z^*}=(b+ai)(b-ai)=b^2+a^2$
$\quad\therefore z\overline{z}=z^*\overline{z^*}$ (참)

ㄴ. $z^2=(a+bi)^2=a^2-b^2+2abi$
$\quad(z^*)^2=(b+ai)^2=b^2-a^2+2abi$
$\quad z^2=(z^*)^2$에서
$\quad a^2-b^2+2abi=b^2-a^2+2abi$
$\quad$즉, $a^2=b^2$이므로
$\quad a=b$ 또는 $a=-b$

(i) $a=b$일 때,
$\quad z=a+ai$, $z^*=a+ai$이므로 $z=z^*$

(ii) $a=-b$일 때,
$\quad z=a-ai$, $z^*=-a+ai$이므로 $z\neq z^*$

(i), (ii)에 의하여 $z^2=(z^*)^2$일 때 항상 $z=z^*$이라고 할 수 없다.
(거짓)

ㄷ. $z^2=(a+bi)^2=a^2-b^2+2abi$, $z^*=b+ai$
$\quad z^2=z^*$에서 $a^2-b^2=b$, $2ab=a$
$\quad 2ab=a$에서 $a(2b-1)=0$
$\quad\therefore a=0$ 또는 $b=\dfrac{1}{2}$

(i) $a=0$일 때,
$\quad a^2-b^2=b$에서 $b^2+b=0$이므로
$\quad b=0$ 또는 $b=-1$
$\quad\therefore z=0$ 또는 $z=-i$

(ii) $b=\dfrac{1}{2}$일 때,
$\quad a^2-b^2=b$에서 $a^2=\dfrac{3}{4}$이므로
$\quad a=\dfrac{\sqrt{3}}{2}$ 또는 $a=-\dfrac{\sqrt{3}}{2}$
$\quad\therefore z=\dfrac{\sqrt{3}}{2}+\dfrac{i}{2}$ 또는 $z=-\dfrac{\sqrt{3}}{2}+\dfrac{i}{2}$

(i), (ii)에 의하여 모든 복소수 z의 값의 합은
$0+(-i)+\left(\dfrac{\sqrt{3}}{2}+\dfrac{i}{2}\right)+\left(-\dfrac{\sqrt{3}}{2}+\dfrac{i}{2}\right)=0$ (참)

따라서 옳은 것은 ㄱ, ㄷ이다.

> **실수 Check**
>
> 주어진 연산 기호의 규칙에 따라 식을 적절히 대입하여 참, 거짓을 판별한다.

서술형 유형 익히기   142쪽~145쪽

0655 답 (1) $2-i$ (2) $2-i$ (3) 2 (4) $2+i$ (5) $2+i$
       (6) 2 (7) 4 (8) 5 (9) 4

STEP1 복소수 x, y 간단히 하기 [2점]

$x=\dfrac{5}{2+i}=\dfrac{5(\boxed{2-i})}{(2+i)(\boxed{2-i})}=\boxed{2}-i$

$y=\dfrac{5}{2-i}=\dfrac{5(\boxed{2+i})}{(2-i)(\boxed{2+i})}=\boxed{2}+i$

STEP2 $x+y$, xy의 값 구하기 [2점]

$x+y=(2-i)+(2+i)=\boxed{4}$

$xy=(2-i)(2+i)=\boxed{5}$

STEP3 x^3+y^3의 값 구하기 [2점]

$x^3+y^3=(x+y)^3-3xy(x+y)$
$\qquad=4^3-3\times5\times4$
$\qquad=64-60=\boxed{4}$

오답 분석

$x=\dfrac{5}{2+i}$, $y=\dfrac{5}{2-i}$이므로

$x^3=\left(\dfrac{5}{2+i}\right)^3$

$=\dfrac{125}{(2+i)(2+i)(2+i)}$

$=\dfrac{125}{(4+4i-1)(2+i)}$

$=\dfrac{125}{6+3i+8i+4}$ ── x^3을 구하는 과정에서 계산 실수함 $4i^2=-4$이므로 $\dfrac{125}{6+3i+8i-4}=\dfrac{125}{2+11i}$가 정답

$=\dfrac{125}{10+11i}$

y^3도 같은 방법으로 구하면

$y^3=\dfrac{125}{10-11i}$ ── 위와 동일한 계산 실수함

$\therefore x^3+y^3=\dfrac{125}{10+11i}+\dfrac{125}{10-11i}$ ── $\dfrac{125}{2-11i}$가 정답

$=\dfrac{125(10-11i)+125(10+11i)}{(10+11i)(10-11i)}$

$=\dfrac{2500}{221}$

▶ 6점 중 0점 얻음.
x^3+y^3의 값을 구할 때에는
$x^3+y^3=(x+y)^3-3xy(x+y)$를 이용한다.

0656 답 $-16\sqrt{2}$

STEP1 **복소수 x, y 간단히 하기 [2점]**

$x=\dfrac{6}{\sqrt{2}+i}=\dfrac{6(\sqrt{2}-i)}{(\sqrt{2}+i)(\sqrt{2}-i)}=\dfrac{6(\sqrt{2}-i)}{3}=2(\sqrt{2}-i)$ ⋯⋯ ⓐ

$y=\dfrac{6}{\sqrt{2}-i}=\dfrac{6(\sqrt{2}+i)}{(\sqrt{2}-i)(\sqrt{2}+i)}=\dfrac{6(\sqrt{2}+i)}{3}=2(\sqrt{2}+i)$ ⋯⋯ ⓐ

STEP2 **$x+y$, xy의 값 구하기 [2점]**

$x+y=2(\sqrt{2}-i)+2(\sqrt{2}+i)=4\sqrt{2}$ ⋯⋯ ⓑ

$xy=2(\sqrt{2}-i)\times2(\sqrt{2}+i)=4\{(\sqrt{2})^2-i^2\}=12$ ⋯⋯ ⓑ

STEP3 **x^3+y^3의 값 구하기 [2점]**

$x^3+y^3=(x+y)^3-3xy(x+y)$

$=(4\sqrt{2})^3-3\times12\times4\sqrt{2}$

$=-16\sqrt{2}$

부분점수표	
ⓐ x, y 중 하나만 정리한 경우	1점
ⓑ $x+y$, xy의 값 중 하나만 구한 경우	1점

0657 답 -4

STEP1 **복소수 x, y 간단히 하기 [2점]**

$x=\dfrac{2}{1+i}=\dfrac{2(1-i)}{(1+i)(1-i)}=\dfrac{2(1-i)}{2}=1-i$ ⋯⋯ ⓐ

$y=\dfrac{1}{1-i}=\dfrac{(1+i)}{(1-i)(1+i)}=\dfrac{1+i}{2}$이므로 $2y=1+i$ ⋯⋯ ⓐ

STEP2 **$x+2y$, $2xy$의 값 구하기 [2점]**

$x+2y=(1-i)+(1+i)=2$ ⋯⋯ ⓑ

$2xy=(1-i)(1+i)=1^2-i^2=2$ ⋯⋯ ⓑ

STEP3 **x^3+8y^3의 값 구하기 [2점]**

$x^3+8y^3=(x+2y)^3-3\times x\times 2y\times(x+2y)$

$=2^3-3\times2\times2=-4$

부분점수표	
ⓐ x, y 중 하나만 정리한 경우	1점
ⓑ $x+2y$, $2xy$의 값 중 하나만 구한 경우	1점

0658 답 $4i$

STEP1 **복소수 x 간단히 하고, y의 값 구하기 [3점]**

$x=\dfrac{5}{1+2i}=\dfrac{5(1-2i)}{(1+2i)(1-2i)}=\dfrac{5(1-2i)}{5}=1-2i$ ⋯⋯ ⓐ

$xy=5$에서 $y=\dfrac{5}{x}=\dfrac{5}{1-2i}=\dfrac{5(1+2i)}{(1-2i)(1+2i)}=1+2i$

STEP2 **$x-y$의 값 구하기 [1점]**

$x-y=(1-2i)-(1+2i)=-4i$

STEP3 **x^3-y^3의 값 구하기 [2점]**

$x^3-y^3=(x-y)^3+3xy(x-y)$

$=(-4i)^3+3\times5\times(-4i)=4i$

부분점수표	
ⓐ x의 값만 구한 경우	1점

0659 답 (1) $a-bi$ (2) $2abi$ (3) $-b$ (4) 0 (5) 1 (6) $\sqrt{3}$

(7) 1 (8) $-\dfrac{1}{2}$

STEP1 **$z=a+bi$로 놓고 z와 $\bar{z}$를 등식에 대입하기 [2점]**

$z=a+bi$ (a, b는 실수)라 하면 $\bar{z}=\boxed{a-bi}$

$z^2=\bar{z}$에서 $(a+bi)^2=a-bi$

$\therefore a^2-b^2+\boxed{2abi}=a-bi$

STEP2 **복소수가 서로 같을 조건 이용하기 [1점]**

복소수가 서로 같을 조건에 의하여

$a^2-b^2=a$, $2ab=\boxed{-b}$

STEP3 **복소수 z 구하기 [4점]**

$2ab=-b$에서 $b(2a+1)=0$이므로

(i) $b=0$이면 $a^2-b^2=a$에서 $a^2=a$

$a(a-1)=0$ $\therefore a=\boxed{0}$ 또는 $a=1$

이때 $z\neq0$이므로 $a=\boxed{1}$

(ii) $a=-\dfrac{1}{2}$이면 $a^2-b^2=a$에서 $\dfrac{1}{4}-b^2=-\dfrac{1}{2}$

$b^2=\dfrac{3}{4}$ $\therefore b=\pm\dfrac{\boxed{\sqrt{3}}}{2}$

(i), (ii)에서 $z=\boxed{1}$ 또는 $z=\boxed{-\dfrac{1}{2}}\pm\dfrac{\sqrt{3}}{2}i$ ⋯⋯ ⓐ

다른 풀이

STEP1 **양변에 켤레복소수를 취하여 식을 정리하기 [4점]**

$z^2=\bar{z}$이므로 $\overline{z^2}=\overline{(\bar{z})}$ $\therefore \overline{z}^2=z$

$\overline{z}^2=z$에 $\bar{z}=z^2$을 대입하면

$(z^2)^2=z$ $\therefore z^4-z=0$

$z^4-z=0$을 인수분해하면 $z(z-1)(z^2+z+1)=0$

이때 $z\neq0$이므로

$z=1$ 또는 $z=-\dfrac{1}{2}\pm\dfrac{\sqrt{3}}{2}i$ ...... ⓐ

부분점수표	
ⓐ z의 값 중 하나만 구한 경우	2점

오답 분석

$z=a+bi$라 하면

$z^2=\bar{z}$이므로

$(a+bi)^2=a-bi$

$a^2-b^2+2abi=a-bi$ 2점

$a^2-b^2-a+(2ab+b)i=0$이므로

$a^2-b^2-a=0,\ 2ab+b=0$이다. 1점

$2ab+b=0$에서 $2ab=-b$ → $b=0$일 때와 $b\neq0$일 때로 나누어 생각해야 함

$2a=-1$이므로 $a=-\dfrac{1}{2}$

$a^2-b^2-a=0$에 $a=-\dfrac{1}{2}$을 대입하면

$\dfrac{1}{4}-b^2+\dfrac{1}{2}=0,\ b^2=\dfrac{3}{4},\ b=\pm\dfrac{\sqrt{3}}{2}$

따라서 $z=-\dfrac{1}{2}\pm\dfrac{\sqrt{3}}{2}i$이다. 2점

▶ 7점 중 5점 얻음.

$2ab=-b$에서 양변을 b로 나눌 때 $b=0$, $b\neq0$인 경우를 모두 생각해서 $b=0$일 때 $z=1$도 구해야 한다.

0660 답 $-2,\ 1\pm\sqrt{3}i$

STEP 1 $z=a+bi$로 놓고 z와 $\bar{z}$를 등식에 대입하기 [2점]

$z=a+bi$ (a, b는 실수)라 하면 $\bar{z}=a-bi$

$z^2=-2\bar{z}$에서

$(a+bi)^2=-2(a-bi)$

$\therefore a^2-b^2+2abi=-2a+2bi$

STEP 2 복소수가 서로 같을 조건 이용하기 [1점]

복소수가 서로 같을 조건에 의하여

$a^2-b^2=-2a,\ 2ab=2b$

STEP 3 복소수 z 구하기 [4점]

$2ab=2b$에서 $2b(a-1)=0$이므로 $b=0$ 또는 $a=1$

(i) $b=0$이면 $a^2-b^2=-2a$에서 $a^2=-2a$
→ $a^2+2a=0$이므로 $a(a+2)=0$
이때 $z\neq0$이므로 $a=-2$
$\therefore a=0$ 또는 $a=-2$

(ii) $a=1$이면 $a^2-b^2=-2a$에서 $b^2=3$이므로 $b=\pm\sqrt{3}$

(i), (ii)에서 $z=-2$ 또는 $z=1\pm\sqrt{3}i$ ...... ⓐ

부분점수표	
ⓐ z의 값 중 하나만 구한 경우	2점

0661 답 2

STEP 1 $z=a+bi$로 놓고 z와 $\bar{z}$를 등식에 대입하기 [2점]

$z=a+bi$ (a, b는 실수)라 하면 $\bar{z}=a-bi$

$iz+2\bar{z}=1-i$에서

$i(a+bi)+2(a-bi)=1-i$

$\therefore (2a-b)+(a-2b)i=1-i$

STEP 2 복소수가 서로 같을 조건 이용하기 [1점]

복소수가 서로 같을 조건에 의하여

$2a-b=1,\ a-2b=-1$

STEP 3 복소수 z, $\bar{z}$ 구하기 [2점]

위의 두 식을 연립하여 풀면

$a=1,\ b=1$

$\therefore z=1+i,\ \bar{z}=1-i$

STEP 4 $z\bar{z}$의 값 구하기 [1점]

$z\bar{z}=(1+i)(1-i)=2$

0662 답 $-1-2i$

STEP 1 $z=a+bi$로 놓고 z와 $\bar{z}$를 (가)에 대입하기 [3점]

$z=a+bi$ (a, b는 실수)라 하면 $\bar{z}=a-bi$

(가)에서 $(z-\bar{z}-i)+z\bar{z}=5-5i$이므로

$\{(a+bi)-(a-bi)-i\}+(a+bi)(a-bi)=5-5i$

$\therefore (a^2+b^2)+(2b-1)i=5-5i$

STEP 2 복소수가 서로 같을 조건 이용하기 [1점]

복소수가 서로 같을 조건에 의하여

$a^2+b^2=5,\ 2b-1=-5$

$\therefore a=\pm1,\ b=-2$ ...... ㉠

STEP 3 z와 $\bar{z}$를 (나)에 대입하기 [2점]

(나)에서 $z+\bar{z}=(a+bi)+(a-bi)=2a<0$

$\therefore a<0$ ...... ㉡

STEP 4 복소수 z 구하기 [2점]

㉠, ㉡에서 $a=-1$, $b=-2$이므로

$z=-1-2i$

0663 답 (1) $1+i$ (2) $1+i$ (3) 2 (4) 2 (5) 25 (6) 50 (7) 50

STEP 1 복소수 z 간단히 하기 [1점]

분모의 켤레복소수를 분모, 분자에 곱하면

$z=\dfrac{1+i}{1-i}=\dfrac{(1+i)(\boxed{1+i})}{(1-i)(\boxed{1+i})}=\dfrac{2i}{2}=i$

STEP 2 z의 거듭제곱의 규칙성 찾기 [4점]

$z=i$이므로

$z^2=-1,\ z^3=-i,\ z^4=1,\ z^5=i,\ \cdots$

즉, z의 거듭제곱은 4개의 값이 반복되어 나타나므로

$z+2z^2+3z^3+4z^4=i-2-3i+4=2-\boxed{2}i$

$5z^5+6z^6+7z^7+8z^8=5i-6-7i+8=\boxed{2}-2i$

$\vdots$

$97z^{97}+98z^{98}+99z^{99}+100z^{100}=97i-98-99i+100$
$=2-2i$

STEP3 $z+2z^2+3z^3+\cdots+100z^{100}$의 값 구하기 [2점]

$z+2z^2+3z^3+\cdots+100z^{100}$

$=(z+2z^2+3z^3+4z^4)+\cdots+(97z^{97}+98z^{98}+99z^{99}+100z^{100})$

$=(2-2i)\times\boxed{25}$

$=\boxed{50}-\boxed{50}i$

오답 분석

$z=\dfrac{1+i}{1-i}$이므로

$z^2=\dfrac{(1+i)^2}{(1-i)^2}=\dfrac{2i}{-2i}=-1$ ————1점

그러므로 $\underline{z^2=-1,\ z^3=-z,\ z^4=1}$ → 맞는 결과지만 z가 완전히
$\qquad\qquad\qquad\qquad$ 1점 $\qquad$ 정리되지 않음

따라서

$z+2z^2+3z^3+4z^4+5z^5+\cdots+100z^{100}$

$=z-2-3z+4+5z+\cdots+100$

$=(1-3+5-7+\cdots-99)z+(-2+4-6+\cdots+100)$ → 4개 항씩 묶으면
$\qquad\qquad\qquad\qquad\qquad\qquad\qquad\qquad\qquad$ 실수를 줄일 수 있음

$=-2\times50z+2\times50$ → 계산이 틀리고

$=100-100z$ $\qquad\qquad$ 마지막에 z가 남음

▶ 7점 중 2점 얻음.

i의 거듭제곱의 규칙성을 이용할 때 z가 완전히 정리되고 없어져서 복소수의 실수부분과 허수부분만 남도록 정리해야 바른 답이 된다. 또, 주어진 식에서 i의 주기적 특성을 고려할 때 4개 항씩 구분지어 계산하면 편리하다.

0664 답 $50-50i$

STEP1 복소수 z 간단히 하기 [1점]

분모의 켤레복소수 $1-i$를 분모, 분자에 곱하면

$z=\dfrac{1-i}{1+i}=\dfrac{(1-i)^2}{(1+i)(1-i)}=\dfrac{-2i}{2}=-i$

STEP2 z의 거듭제곱의 규칙성 찾기 [4점]

$z=-i$이므로 $z^2=-1,\ z^3=i,\ z^4=1,\ z^5=z,\ \cdots$

즉, z의 거듭제곱은 4개의 값이 반복되어 나타나므로

$\dfrac{1}{z}+\dfrac{2}{z^2}+\dfrac{3}{z^3}+\dfrac{4}{z^4}=\dfrac{1}{-i}+\dfrac{2}{-1}+\dfrac{3}{i}+\dfrac{4}{1}$

$\qquad\qquad\qquad\qquad\quad=i-2-3i+4=2-2i$ ⋯⋯ ⓐ

$\dfrac{5}{z^5}+\dfrac{6}{z^6}+\dfrac{7}{z^7}+\dfrac{8}{z^8}=\dfrac{5}{-i}+\dfrac{6}{-1}+\dfrac{7}{i}+\dfrac{8}{1}$

$\qquad\qquad\qquad\qquad\quad=5i-6-7i+8=2-2i$ ⋯⋯ ⓑ

$\vdots$

$\dfrac{97}{z^{97}}+\dfrac{98}{z^{98}}+\dfrac{99}{z^{99}}+\dfrac{100}{z^{100}}=\dfrac{97}{-i}+\dfrac{98}{-1}+\dfrac{99}{i}+\dfrac{100}{1}$

$\qquad\qquad\qquad\qquad\qquad\quad=97i-98-99i+100$

$\qquad\qquad\qquad\qquad\qquad\quad=2-2i$ ⋯⋯ ⓒ

STEP3 $\dfrac{1}{z}+\dfrac{2}{z^2}+\dfrac{3}{z^3}+\cdots+\dfrac{100}{z^{100}}$의 값 구하기 [2점]

$\dfrac{1}{z}+\dfrac{2}{z^2}+\dfrac{3}{z^3}+\cdots+\dfrac{100}{z^{100}}$

$=\left(\dfrac{1}{z}+\dfrac{2}{z^2}+\dfrac{3}{z^3}+\dfrac{4}{z^4}\right)+\cdots+\left(\dfrac{97}{z^{97}}+\dfrac{98}{z^{98}}+\dfrac{99}{z^{99}}+\dfrac{100}{z^{100}}\right)$

$=(2-2i)\times25$

$=50-50i$

부분점수표	
ⓐ $\dfrac{1}{z}+\dfrac{2}{z^2}+\dfrac{3}{z^3}+\dfrac{4}{z^4}=2-2i$를 구한 경우	1점
ⓑ $\dfrac{5}{z^5}+\dfrac{6}{z^6}+\dfrac{7}{z^7}+\dfrac{8}{z^8}=2-2i$를 구한 경우	1점
ⓒ $\dfrac{97}{z^{97}}+\dfrac{98}{z^{98}}+\dfrac{99}{z^{99}}+\dfrac{100}{z^{100}}=2-2i$를 구한 경우	1점

0665 답 0

STEP1 $f(n)$ 간단히 하기 [2점]

$\left(\dfrac{1+i}{\sqrt2}\right)^2=\dfrac{2i}{2}=i,\ \left(\dfrac{1-i}{\sqrt2}\right)^2=\dfrac{-2i}{2}=-i$이므로

$f(n)=\left(\dfrac{1+i}{\sqrt2}\right)^{2n}+\left(\dfrac{1-i}{\sqrt2}\right)^{2n}$

$\qquad=\left\{\left(\dfrac{1+i}{\sqrt2}\right)^2\right\}^n+\left\{\left(\dfrac{1-i}{\sqrt2}\right)^2\right\}^n$

$\qquad=i^n+(-i)^n$

STEP2 $f(n)$의 규칙성 찾기 [4점]

$n=1$일 때, $f(n)=i^1+(-i)^1=0$

$n=2$일 때, $f(n)=i^2+(-i)^2=-1-1=-2$

$n=3$일 때, $f(n)=i^3+(-i)^3=-i+i=0$

$n=4$일 때, $f(n)=i^4+(-i)^4=1+1=2$

$n=5$일 때, $f(n)=i^5+(-i)^5=0$

$\qquad\qquad\vdots$

이므로 $f(n)$의 값은 다음과 같이 반복된다.

$n=1,\ 3,\ 5,\ \cdots$이면 $f(n)=0$ $\qquad$ ⋯⋯ ⓐ

$n=2,\ 6,\ 10,\ \cdots$이면 $f(n)=-2$ $\qquad$ ⋯⋯ ⓑ

$n=4,\ 8,\ 12,\ \cdots$이면 $f(n)=2$ $\qquad$ ⋯⋯ ⓒ

STEP3 $f(n)$의 값으로 가능한 모든 수의 합 구하기 [2점]

$f(n)$의 값으로 가능한 모든 수의 합은

$0+(-2)+2=0$

부분점수표	
ⓐ n이 홀수일 때 $f(n)=0$을 구한 경우	1점
ⓑ $n=4k-2$ (k는 자연수)일 때 $f(n)=-2$를 구한 경우	1점
ⓒ $n=4k$ (k는 자연수)일 때 $f(n)=2$를 구한 경우	1점

0666 답 42

STEP1 z의 거듭제곱의 규칙성 찾기 [4점]

$z=\dfrac{\sqrt3+i}{2}$에서

$z^2=\left(\dfrac{\sqrt3+i}{2}\right)^2=\dfrac{2+2\sqrt3i}{4}=\dfrac{1+\sqrt3i}{2}$, 즉 $z^2=w$ ⋯⋯⋯ ㉠ ⋯⋯ ⓐ

$z^3=\left(\dfrac{\sqrt3+i}{2}\right)^3=\dfrac{1+\sqrt3i}{2}\times\dfrac{\sqrt3+i}{2}=i$ ⋯⋯ ⓑ

$z^6=(z^3)^2=i^2=-1$ ⋯⋯⋯⋯⋯⋯⋯⋯⋯ ㉡ ⋯⋯ ⓒ

$z^{12}=(z^6)^2=(-1)^2=1$

즉, z의 거듭제곱은 12개의 값이 반복된다.

STEP2 $m+2n$의 값 구하기 [3점]

㉠에 의하여

$z^mw^n=z^m(z^2)^n=z^{m+2n}=-1$

이때 ㉡에 의하여

$m+2n=\underline{6,\ 18,\ 30,\ 42,\ \cdots}$
$\qquad\qquad$ └→ z의 거듭제곱은 12개의 값이 반복되므로
$\qquad\qquad\quad z^6=z^{18}=z^{30}=z^{42}=\cdots=-1$

STEP3 $m+2n$의 최댓값 구하기 [2점]

m, n은 15 이하의 자연수이므로

$m+2n\leq45$

따라서 $m+2n$의 최댓값은 42이다.

부분점수표	
ⓐ $z^2=w$를 구한 경우	1점
ⓑ $z^3=i$를 구한 경우	1점
ⓒ $z^6=-1$을 구한 경우	1점

실력 check 실전 마무리하기 1회

146쪽~150쪽

1 0667 답 ③
유형 1

출제의도 | 복소수를 실수, 순허수, 순허수가 아닌 허수로 분류할 수 있는지 확인한다.

음수의 제곱근을 계산한 뒤 복소수를 분류해 보자.

복소수 $z=a+bi$ (a, b는 실수)에 대하여 $a=0$, $b\neq0$이면 z는 순허수이다.

ㄱ. $a=-1$, $b=1$인 경우이므로 $i-1$은 순허수가 아닌 허수이다.

ㄴ. $(\sqrt{-3})^2=-3$이므로 $a=-3$, $b=0$이다.

　즉, $(\sqrt{-3})^2$은 순허수가 아니다.

ㄷ. $\sqrt{-4}=\sqrt{4}i=2i$이므로 $a=0$, $b=2$이다.

　즉, $\sqrt{-4}$는 순허수이다.

따라서 순허수인 것은 ㄷ이다.

2 0668 답 ⑤
유형 1

출제의도 | 복소수에서 실수부분과 허수부분을 찾을 수 있는지 확인한다.

실수부분과 허수부분을 찾아보자.

$3+2i$의 실수부분은 3이므로 $a=3$

$-5-i$의 허수부분은 -1이므로 $b=-1$

$\therefore a+b=3+(-1)=2$

3 0669 답 ⑤
유형 2

출제의도 | 복소수의 덧셈과 뺄셈을 할 수 있는지 확인한다.

실수부분과 허수부분을 구분해서 계산해.

$z_1-z_2=(4+5i)-(3-4i)$

　　　$=4+5i-3+4i$

　　　$=(4-3)+(5+4)i$

　　　$=1+9i$

4 0670 답 ⑤
유형 2

출제의도 | 복소수의 덧셈과 뺄셈을 할 수 있는지 확인한다.

실수부분과 허수부분을 구분해서 더하고 빼.

$(1+4i)+2(1+3i)-3(2-i)$

$=1+4i+2+6i-6+3i$

$=(1+2-6)+(4+6+3)i$

$=-3+13i$

5 0671 답 ④
유형 4

출제의도 | 복소수가 주어질 때, 식의 값을 구할 수 있는지 확인한다.

복소수 z를 직접 대입하지 말고 z에 대한 이차식으로 정리한 후 주어진 값을 구해 보자.

$z=4+2i$에서 $z-4=2i$

$z-4=2i$의 양변을 제곱하면

$z^2-8z+16=-4$ ∴ $z^2-8z+20=0$

$\therefore z^3-8z^2+20z+1=z(z^2-8z+20)+1$

　　　　　　　　　　　$=z\times0+1=1$

6 0672 답 ①
유형 6

출제의도 | 복소수가 실수가 되는 조건을 이해하는지 확인한다.

복소수 z는 실수, 순허수, 순허수가 아닌 허수로 분류할 수 있어. $z^2>0$이면 z가 무엇인지 확인해 보자.

$z=x(2-i)+3(-4+i)$

　$=2x-xi-12+3i$

　$=(2x-12)+(-x+3)i$

$z^2>0$이려면 z는 0이 아닌 실수이어야 하므로

$2x-12\neq0$, $-x+3=0$

$\therefore x=3$

7 0673 답 ④
유형 7

출제의도 | 복소수가 서로 같을 조건을 이해하는지 확인한다.

실수부분은 실수부분끼리, 허수부분은 허수부분끼리 정리해 보자.

$(2-i)x+(1+2i)y=11-3i$에서

$(2x+y)+(-x+2y)i=11-3i$

복소수가 서로 같을 조건에 의하여

$2x+y=11$, $-x+2y=-3$

위의 두 식을 연립하여 풀면 $x=5$, $y=1$

$\therefore x+y=5+1=6$

8 0674 답 ⑤
유형 8

출제의도 | 켤레복소수가 주어질 때, 식의 값을 구할 수 있는지 확인한다.

z_1+z_2, z_1z_2를 구해 보자.

$$z_1+z_2=(2+2\sqrt{3}i)+(2-2\sqrt{3}i)=4$$
$$z_1z_2=(2+2\sqrt{3}i)(2-2\sqrt{3}i)=16$$
$$\therefore \frac{z_2}{z_1}+\frac{z_1}{z_2}=\frac{z_1{}^2+z_2{}^2}{z_1z_2}=\frac{(z_1+z_2)^2-2z_1z_2}{z_1z_2}$$
$$=\frac{4^2-2\times16}{16}=-1$$

9 0675 답 ④ 유형 14

출제의도 | 복소수의 거듭제곱을 구할 수 있는지 확인한다.

복소수를 거듭제곱하면 몇 가지 복소수가 반복되는 것을 알 수 있어.

$\left(\dfrac{1+i}{\sqrt{2}}\right)^2=\dfrac{2i}{2}=i$이므로

$$\left(\frac{1+i}{\sqrt{2}}\right)^{182}=\left\{\left(\frac{1+i}{\sqrt{2}}\right)^2\right\}^{91}=i^{91}=(i^4)^{22}\times i^3=-i$$

10 0676 답 ④ 유형 17

출제의도 | 주어진 연산 기호의 규칙에 따라 계산할 수 있는지 확인한다.

연산 기호의 앞과 뒤의 식의 순서에 맞게 식을 대입해 보자.

$$(1+2i)\odot(2+i)=(1+2i)+(2+i)-(1+2i)(2+i)$$
$$=3+3i-(2+i+4i-2)$$
$$=3+3i-5i$$
$$=3-2i$$

11 0677 답 ② 유형 8

출제의도 | 서로 켤레복소수인 두 복소수가 주어질 때, 식의 값을 구할 수 있는지 확인한다.

z_1+z_2, z_1z_2를 구해 보자.

$$z_1=\frac{2}{1+i}=\frac{2(1-i)}{(1+i)(1-i)}=\frac{2(1-i)}{2}=1-i$$
$$z_2=\frac{2}{1-i}=\frac{2(1+i)}{(1-i)(1+i)}=\frac{2(1+i)}{2}=1+i$$
$$\therefore z_1+z_2=(1-i)+(1+i)=2$$
$$z_1z_2=(1-i)(1+i)=1-i^2=2$$
$$\therefore z_1{}^3+z_2{}^3=(z_1+z_2)^3-3z_1z_2(z_1+z_2)=2^3-3\times2\times2=-4$$

12 0678 답 ④ 유형 9

출제의도 | 켤레복소수의 성질을 이해하는지 확인한다.

$z=\bar{z}$이면 허수부분은 0이야.

$$z=(1+i)x^2-(2+i)x-(3+2i)$$
$$=(x^2-2x-3)+(x^2-x-2)i$$
$z=\bar{z}$이면 z는 실수이므로 $x^2-x-2=0$
$(x+1)(x-2)=0$ $\therefore x=-1$ 또는 $x=2$
따라서 모든 실수 x의 값의 합은
$$-1+2=1$$

13 0679 답 ① 유형 12

출제의도 | 등식을 만족시키는 복소수를 구할 수 있는지 확인한다.

복소수 z를 $z=x+yi$ (x, y는 실수)로 놓고 등식에 대입해 보자.

$z=x+yi$ (x, y는 실수)라 하면 $\bar{z}=x-yi$
$z\bar{z}+3(z-\bar{z})=4-6i$에서
$$(x+yi)(x-yi)+3\{(x+yi)-(x-yi)\}=4-6i$$
$$\therefore (x^2+y^2)+6yi=4-6i$$
복소수가 서로 같을 조건에 의하여
$$x^2+y^2=4,\ 6y=-6$$
$6y=-6$에서 $y=-1$
$x^2+y^2=4$에서 $x^2+(-1)^2=4$ $\therefore x=\pm\sqrt{3}$
따라서 $z=\sqrt{3}-i$ 또는 $z=-\sqrt{3}-i$이므로
$$a+b+c+d=\sqrt{3}-1-\sqrt{3}-1=-2$$

14 0680 답 ① 유형 13

출제의도 | i의 거듭제곱을 간단히 할 수 있는지 확인한다.

$i^{4n}=1$임을 이용해 보자.

$\dfrac{1}{i}+\dfrac{1}{i^2}+\dfrac{1}{i^3}+\dfrac{1}{i^4}=\dfrac{1}{i}-1-\dfrac{1}{i}+1=0$이므로

$$\frac{1}{i}+\frac{1}{i^2}+\frac{1}{i^3}+\cdots+\frac{1}{i^{123}}$$
$$=\left(\frac{1}{i}+\frac{1}{i^2}+\frac{1}{i^3}+\frac{1}{i^4}\right)+\frac{1}{i^4}\left(\frac{1}{i}+\frac{1}{i^2}+\frac{1}{i^3}+\frac{1}{i^4}\right)+\cdots$$
$$+\frac{1}{i^{116}}\left(\frac{1}{i}+\frac{1}{i^2}+\frac{1}{i^3}+\frac{1}{i^4}\right)+\frac{1}{i^{121}}+\frac{1}{i^{122}}+\frac{1}{i^{123}}$$
$$=0+0+\cdots+0+\frac{1}{i^{121}}+\frac{1}{i^{122}}+\frac{1}{i^{123}}$$
$$=\frac{1}{i}+\frac{1}{i^2}+\frac{1}{i^3}$$
$$=\frac{1}{i}-1-\frac{1}{i}=-1$$

15 0681 답 ② 유형 15

출제의도 | 음수의 제곱근의 계산을 할 수 있는지 확인한다.

$\sqrt{-a}=\sqrt{a}i$ ($a\geq0$)임을 이용해 보자.

$$\sqrt{2}\sqrt{-8}-\sqrt{-27}\sqrt{-3}+(\sqrt{-6})^2$$
$$=\sqrt{2}\sqrt{8}i-\sqrt{27}i\times\sqrt{3}i+(\sqrt{6}i)^2$$
$$=\sqrt{16}i-(-\sqrt{81})+(-6)$$
$$=4i+9-6$$
$$=3+4i$$
따라서 $a=3$, $b=4$이므로
$$a+b=3+4=7$$

16 0682 답 ① 유형 5

출제의도 | 복소수가 순허수가 되는 조건을 이해하는지 확인한다.

복소수 z가 $z=a+bi$일 때, $a=0$, $b\neq0$이면 z는 순허수야.

$(1+i)x^2+(1-i)x-6-2i$
$=x^2+x^2i+x-xi-6-2i$
$=(x^2+x-6)+(x^2-x-2)i$
이 복소수가 순허수가 되려면 $x^2+x-6=0$, $x^2-x-2\neq0$
(i) $x^2+x-6=0$에서 $(x+3)(x-2)=0$
  $\therefore x=-3$ 또는 $x=2$
(ii) $x^2-x-2\neq0$에서 $(x+1)(x-2)\neq0$
  $\therefore x\neq-1,\ x\neq2$
(i), (ii)에서 $x=-3$

17 0683 답 ⑤ 유형 10

출제의도 | 켤레복소수의 성질을 이용하여 계산할 수 있는지 확인한다.

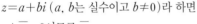
주어진 식을 인수분해하고 $\overline{z_1+z_2}=\overline{z_1}+\overline{z_2}$임을 이용해 보자.

$z_1\overline{z_1}+z_2\overline{z_2}-z_1\overline{z_2}-\overline{z_1}z_2=z_1(\overline{z_1}-\overline{z_2})+z_2(\overline{z_2}-\overline{z_1})$
$\qquad\qquad\qquad\qquad\qquad\quad =z_1(\overline{z_1}-\overline{z_2})-z_2(\overline{z_1}-\overline{z_2})$
$\qquad\qquad\qquad\qquad\qquad\quad =(z_1-z_2)(\overline{z_1}-\overline{z_2})$
$\qquad\qquad\qquad\qquad\qquad\quad =\overline{(z_1-z_2)}(\overline{z_1}-\overline{z_2})$
$\qquad\qquad\qquad\qquad\qquad\quad =\overline{(4+3i)}(4+3i)$
$\qquad\qquad\qquad\qquad\qquad\quad =(4-3i)(4+3i)$
$\qquad\qquad\qquad\qquad\qquad\quad =4^2-(3i)^2=25$

18 0684 답 ③ 유형 11

출제의도 | 켤레복소수의 성질을 이용하여 문제를 해결할 수 있는지 확인한다.

복소수 z를 $z=a+bi$라 두고 w를 구해서 보기를 확인해 보자.

$z=a+bi$ (a, b는 실수이고 $b\neq0$)라 하면
$z+\overline{w}=0$이므로 $\overline{w}=-z$
$\overline{w}=-a-bi$에서 $w=-a+bi$
ㄱ. $w-\overline{z}=(-a+bi)-(a-bi)=-2a+2bi$
  이므로 실수가 아니다.
ㄴ. $z+w=(a+bi)+(-a+bi)=2bi$
  이므로 실수가 아니다.
ㄷ. $\dfrac{w}{z}=\dfrac{-a+bi}{a-bi}=-1$이므로 실수이다.
따라서 항상 실수인 것은 ㄷ이다.

19 0685 답 ⑤ 유형 13

출제의도 | i의 거듭제곱을 간단히 할 수 있는지 확인한다.

$i^{4n}=1$임을 이용해 보자.

$i+2i^2+3i^3+4i^4+\cdots+100i^{100}$
$=(i-2-3i+4)+(5i-6-7i+8)+\cdots$
$\qquad\qquad\qquad\qquad\qquad +(97i-98-99i+100)$
$=(2-2i)+(2-2i)+\cdots+(2-2i)$
$=25(2-2i)=50-50i$
따라서 $a=50$, $b=-50$이므로
$a-b=50-(-50)=100$

20 0686 답 ① 유형 14

출제의도 | 복소수의 거듭제곱을 구할 수 있는지 확인한다.

$\left(\dfrac{1+i}{\sqrt{2}i}\right)^2=-i$, $\left(\dfrac{1+i}{\sqrt{2}i}\right)^8=1$임을 이용해 보자.

$z^2=\left(\dfrac{1+i}{\sqrt{2}i}\right)^2=\dfrac{2i}{-2}=-i$
$z^4=(z^2)^2=(-i)^2=-1$
$z^8=(z^4)^2=(-1)^2=1$
따라서 $n=8k$ (k는 자연수)일 때, $z^n=1$이 되므로 100 이하의
자연수 n은 8, 16, 24, $\cdots$, 96의 12개이다.

21 0687 답 ③ 유형 14

출제의도 | 복소수의 거듭제곱을 구할 수 있는지 확인한다.

$\left(\dfrac{\sqrt{2}i}{1+i}\right)^2=i$, $\left(\dfrac{\sqrt{2}i}{1+i}\right)^8=1$임을 이용해 보자.

$z=\dfrac{\sqrt{2}i}{1+i}$에 대하여
$z^2=\left(\dfrac{\sqrt{2}i}{1+i}\right)^2=\dfrac{-2}{2i}=i$
$z^3=z^2z=i\times\dfrac{\sqrt{2}i}{1+i}=\dfrac{-\sqrt{2}}{1+i}$
$z^4=(z^2)^2=i^2=-1$
$z^5=z^4z=-\dfrac{\sqrt{2}i}{1+i}$
$z^6=z^4z^2=-i$
$z^7=z^4z^3=\dfrac{\sqrt{2}}{1+i}$
$z^8=(z^4)^2=(-1)^2=1$
따라서 z^n의 값은 8개의 값이 반복되어 나타난다.
이때 $z^6+z^8+z^{10}=-i+1+i=1$이므로
자연수 n의 최솟값은 6이다.

22 0688 답 3 유형 3

출제의도 | 복소수의 곱셈과 나눗셈을 할 수 있는지 확인한다.

STEP 1 복소수 z 구하기 [5점]
$z=\dfrac{\overline{z}^3}{z^2}$이므로
$z=\dfrac{2+11i}{3+4i}$
$\quad=\dfrac{(2+11i)(3-4i)}{(3+4i)(3-4i)}$
$\quad=\dfrac{6-8i+33i+44}{25}$
$\quad=\dfrac{50+25i}{25}$
$\quad=2+i$

STEP 2 $a+b$의 값 구하기 [1점]
$z=2+i$이므로 $a=2$, $b=1$
$\therefore a+b=2+1=3$

23 0689 답 $\sqrt{2}$ 유형 12

출제의도 | 조건을 만족시키는 복소수를 구할 수 있는지 확인한다.

STEP 1 $z=a+bi$로 놓고 z를 ㈎에 대입하기 [3점]

$z=a+bi$ (a, b는 실수)라 하면

$\bar{z}=a-bi$

㈎에서 $(1+2i)+z$가 양의 실수이므로

$(1+2i)+z=1+2i+a+bi$
$\qquad\qquad =(1+a)+(2+b)i$

에서 $1+a>0$, $2+b=0$

$\therefore a>-1$, $b=-2$ ·· ㉠

STEP 2 z와 $\bar{z}$를 ㈏에 대입하기 [2점]

㈏에서 $z\bar{z}=6$이므로

$z\bar{z}=(a-2i)(a+2i)=a^2+4=6$에서

$a^2=2$

$\therefore a=\pm\sqrt{2}$ ·· ㉡

STEP 3 $\dfrac{z+\bar{z}}{2}$의 값 구하기 [1점]

㉠, ㉡에 의하여 $z=\sqrt{2}-2i$이므로

$\dfrac{z+\bar{z}}{2}=\dfrac{(\sqrt{2}-2i)+(\sqrt{2}+2i)}{2}$

$\qquad\quad =\dfrac{2\sqrt{2}}{2}=\sqrt{2}$

24 0690 답 24, 48, 72, 96 유형 14

출제의도 | 복소수의 거듭제곱을 구할 수 있는지 확인한다.

STEP 1 z의 거듭제곱의 규칙성 찾기 [3점]

$z=\dfrac{1+i}{\sqrt{2}}$에서

$z^2=\left(\dfrac{1+i}{\sqrt{2}}\right)^2=\dfrac{2i}{2}=i$

$z^3=z^2 z=i\times\dfrac{1+i}{\sqrt{2}}=\dfrac{-1+i}{\sqrt{2}}$

$z^4=(z^2)^2=i^2=-1$

$z^5=z^4 z=\dfrac{-1-i}{\sqrt{2}}$

$z^6=z^4 z^2=-i$

$z^7=z^4 z^3=\dfrac{1-i}{\sqrt{2}}$

$z^8=(z^4)^2=1$

따라서 z의 거듭제곱은 8개의 값이 반복된다.

STEP 2 w의 거듭제곱의 규칙성 찾기 [2점]

$w=\dfrac{-1+\sqrt{3}i}{2}$에서

$w^2=\left(\dfrac{-1+\sqrt{3}i}{2}\right)^2=\dfrac{-2-2\sqrt{3}i}{4}=\dfrac{-1-\sqrt{3}i}{2}$

$w^3=w^2 w=\dfrac{-1-\sqrt{3}i}{2}\times\dfrac{-1+\sqrt{3}i}{2}=\dfrac{4}{4}=1$

따라서 w의 거듭제곱은 3개의 값이 반복된다.

STEP 3 $z^n=w^n$을 만족시키는 100 이하의 자연수 n 구하기 [3점]

$z^n=w^n$이려면 n은 8과 3의 공배수이어야 한다.

따라서 100 이하의 자연수 n은 24의 배수와 같으므로 24, 48, 72, 96이다.

25 0691 답 $-3a-b+1$ 유형 16

출제의도 | 음수의 제곱근의 성질을 이해하는지 확인한다.

STEP 1 $\sqrt{a}\sqrt{b}+\sqrt{ab}=0$을 만족시키는 실수 a, b의 부호 결정하기 [2점]

$\sqrt{a}\sqrt{b}+\sqrt{ab}=0$에서 $\sqrt{a}\sqrt{b}=-\sqrt{ab}$이므로

$a<0$, $b<0$

STEP 2 $1-a$, $a+b$의 부호 결정하기 [2점]

$a<0$에서 $-a>0$이므로 $1-a>1$

$a<0$, $b<0$이므로 $a+b<0$

STEP 3 $\sqrt{(1-a)^2}+|a+b|+\sqrt{a^2}$ 간단히 하기 [4점]

$\sqrt{(1-a)^2}+|a+b|+\sqrt{a^2}=|1-a|+|a+b|+|a|$
$\qquad\qquad\qquad\qquad\qquad =(1-a)-(a+b)-a$
$\qquad\qquad\qquad\qquad\qquad =-3a-b+1$

실력 check **실전 마무리하기** **2회** 151쪽~155쪽

1 0692 답 ⑤ 유형 1

출제의도 | 허수단위 i를 이해하는지 확인한다.

$\sqrt{-a}=\sqrt{a}i$ ($a\geq0$)임을 이용해 보자.

$\sqrt{-9}=\sqrt{9}i=3i$이므로

$a=3$

2 0693 답 ③ 유형 1

출제의도 | 복소수의 실수부분과 허수부분을 이해하는지 확인하고 복소수를 실수, 순허수, 순허수가 아닌 허수로 분류할 수 있는지 확인한다.

복소수 z가 $z=a+bi$일 때, a, b에 따라 z는 실수, 순허수, 순허수가 아닌 허수로 분류할 수 있어.

ㄱ. 허수부분은 b이다. (거짓)

ㄴ. $a=0$, $b=0$이면 $z=0$이므로 실수이다. (거짓)

ㄷ. $z=a$이므로 실수이다. (참)

따라서 옳은 것은 ㄷ이다.

3 0694 답 ④ 유형 2

출제의도 | 복소수의 덧셈과 뺄셈을 할 수 있는지 확인한다.

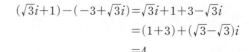

실수부분과 허수부분을 구분해서 계산해.

$(\sqrt{3}i+1)-(-3+\sqrt{3}i)=\sqrt{3}i+1+3-\sqrt{3}i$
$\qquad\qquad\qquad\qquad\qquad =(1+3)+(\sqrt{3}-\sqrt{3})i$
$\qquad\qquad\qquad\qquad\qquad =4$

4 0695 답 ③ 유형3

출제의도 | 복소수의 사칙연산을 할 수 있는지 확인한다.

i를 문자로 취급해서 곱한 다음 실수부분과 허수부분을 구분해서 더해.

$(1-3i)(2+i)+(3-2i)^2$
$=(2+i-6i-3i^2)+(9-12i+4i^2)$
$=(2+i-6i+3)+(9-12i-4)$
$=5-5i+5-12i=10-17i$

5 0696 답 ③ 유형4

출제의도 | 복소수가 주어질 때, 식의 값을 구할 수 있는지 확인한다.

복소수 z를 직접 대입하지 말고 z에 대한 이차식으로 정리한 후 주어진 값을 구해 보자.

$z=2-\sqrt{3}i$에서 $z-2=-\sqrt{3}i$
$z-2=-\sqrt{3}i$의 양변을 제곱하면
$z^2-4z+4=-3$
$z^2-4z=-7$
$\therefore z^2-4z+1=(z^2-4z)+1$
$\qquad\qquad =-7+1=-6$

다른 풀이

$z^2-4z+1=(2-\sqrt{3}i)^2-4(2-\sqrt{3}i)+1$
$\qquad\qquad =4-4\sqrt{3}i-3-8+4\sqrt{3}i+1$
$\qquad\qquad =-6$

6 0697 답 ① 유형7

출제의도 | 복소수가 서로 같을 조건을 이해하는지 확인한다.

실수부분은 실수부분끼리, 허수부분은 허수부분끼리 정리해 보자.

$(2i+1)x-(i-1)y=-1+4i$에서
$2xi+x-yi+y=-1+4i$
$(x+y)+(2x-y)i=-1+4i$
복소수가 서로 같을 조건에 의하여
$x+y=-1,\ 2x-y=4$
위의 두 식을 연립하여 풀면 $x=1,\ y=-2$
$\therefore xy=1\times(-2)=-2$

7 0698 답 ① 유형7

출제의도 | 복소수가 서로 같을 조건을 이해하는지 확인한다.

실수부분은 실수부분끼리, 허수부분은 허수부분끼리 정리해 보자.

$\dfrac{x}{1+i}+\dfrac{y}{1-i}=2-i$에서
$\dfrac{x(1-i)+y(1+i)}{(1+i)(1-i)}=2-i$
$\dfrac{(x+y)-(x-y)i}{2}=2-i$
$(x+y)-(x-y)i=4-2i$

복소수가 서로 같을 조건에 의하여
$x+y=4,\ x-y=2$
위의 두 식을 연립하여 풀면 $x=3,\ y=1$
$\therefore xy=3\times1=3$

8 0699 답 ② 유형8

출제의도 | 켤레복소수가 주어질 때, 식의 값을 구할 수 있는지 확인한다.

$z_1+z_2,\ z_1z_2$를 구해 보자.

$z_1+z_2=(\sqrt{3}+\sqrt{2}i)+(\sqrt{3}-\sqrt{2}i)=2\sqrt{3}$
$z_1z_2=(\sqrt{3}+\sqrt{2}i)(\sqrt{3}-\sqrt{2}i)=5$
$\therefore z_1{}^2+z_2{}^2=(z_1+z_2)^2-2z_1z_2$
$\qquad\qquad\quad =(2\sqrt{3})^2-2\times5=2$

9 0700 답 ④ 유형14

출제의도 | 복소수의 거듭제곱을 구할 수 있는지 확인한다.

$\dfrac{1+i}{1-i}=i,\ \left(\dfrac{1+i}{1-i}\right)^2=-1$임을 이용해 보자.

$\dfrac{1+i}{1-i}=\dfrac{(1+i)^2}{(1-i)(1+i)}=\dfrac{2i}{2}=i$이므로
$\left(\dfrac{1+i}{1-i}\right)^{1111}=i^{1111}=(i^4)^{277}\times i^3=1^{277}\times(-i)=-i$

10 0701 답 ④ 유형15

출제의도 | 음수의 제곱근의 계산을 할 수 있는지 확인한다.

$\sqrt{-a}=\sqrt{a}i\ (a\geq0)$임을 이용해 보자.

① $\sqrt{-2}\sqrt{3}=\sqrt{2}i\times\sqrt{3}=\sqrt{6}i=\sqrt{-6}$
② $\sqrt{-2}\sqrt{-32}=\sqrt{2}i\times\sqrt{32}i=\sqrt{64}i^2=-8$
③ $\dfrac{\sqrt{-8}}{\sqrt{-2}}=\dfrac{\sqrt{8}i}{\sqrt{2}i}=\sqrt{\dfrac{8}{2}}=\sqrt{4}=2$
④ $\dfrac{\sqrt{32}}{\sqrt{-8}}=\dfrac{\sqrt{32}}{\sqrt{8}i}=\dfrac{\sqrt{4}}{i}=-2i$
⑤ $\dfrac{\sqrt{-27}}{\sqrt{3}}=\dfrac{\sqrt{27}i}{\sqrt{3}}=\sqrt{9}i=3i$

따라서 옳지 않은 것은 ④이다.

11 0702 답 ③ 유형2

출제의도 | 복소수의 덧셈과 뺄셈을 할 수 있는지 확인한다.

연립하여 풀면 $z_1,\ z_2$를 구할 수 있어.

$z_1+z_2=2+3i,\ z_1-z_2=4-5i$
위의 두 식을 연립하여 풀면 $z_1=3-i,\ z_2=-1+4i$
$\therefore 4z_1+z_2=4(3-i)+(-1+4i)$
$\qquad\qquad\ =12-4i-1+4i$
$\qquad\qquad\ =11$

12 0703 답 ②

유형 4

출제의도 | 복소수가 주어질 때, 식의 값을 구할 수 있는지 확인한다.

> 복소수 z를 직접 대입하지 말고 z에 대한 이차식으로 정리한 후 주어진 값을 구해 보자.

$z=\dfrac{1}{1-i}=\dfrac{1+i}{(1-i)(1+i)}=\dfrac{1+i}{2}$ 이므로 $2z-1=i$

$2z-1=i$의 양변을 제곱하면

$4z^2-4z+1=-1$

$2z^2=2z-1$

$\therefore 2z^2-4z+3=(2z-1)-4z+3$

$\qquad\qquad\qquad =-2z+2$

$\qquad\qquad\qquad =-2\times\dfrac{1+i}{2}+2$

$\qquad\qquad\qquad =1-i$

13 0704 답 ③

유형 5

출제의도 | 복소수가 실수가 되는 조건을 이해하는지 확인한다.

> 복소수 z가 $z=a+bi$일 때, $b=0$이면 z는 실수야.

$(x+\sqrt5 i)^2 i=(x^2+2\sqrt5 xi-5)i$

$\qquad\qquad\quad =-2\sqrt5 x+(x^2-5)i$

이 복소수가 실수가 되려면 $x^2-5=0$

$\therefore x=\pm\sqrt5$

이때 x는 양수이므로 $x=\sqrt5$

14 0705 답 ⑤

유형 6

출제의도 | 복소수가 순허수가 되는 조건을 이해하는지 확인한다.

> 복소수 z는 실수, 순허수, 순허수가 아닌 허수로 분류할 수 있어. $z^2<0$ 이면 z는 순허수야.

$z=x^2+(i-2)x+i-3$

$\quad =(x^2-2x-3)+(x+1)i$

z^2이 음의 실수가 되려면 z는 순허수이어야 하므로

$x^2-2x-3=0,\ x+1\neq0$

(i) $x^2-2x-3=0$에서 $(x+1)(x-3)=0$

$\quad \therefore x=-1$ 또는 $x=3$

(ii) $x+1\neq0$에서 $x\neq-1$

(i), (ii)에 의하여 $x=3$

15 0706 답 ③

유형 9

출제의도 | 켤레복소수의 성질을 이해하는지 확인한다.

> 복소수 z, $\bar z$를 $z=a+bi$, $\bar z=a-bi$라 두고 확인해 보자.

$z=a+bi$ (a, b는 실수)라 하면

ㄱ. $z\bar z=(a+bi)(a-bi)=a^2+b^2=0$이므로 $a=0$, $b=0$

　　따라서 $\bar z=0$이다. (참)

ㄴ. $z=i$일 때, $z+\bar z=i+(-i)=0$이지만 $z\neq0$이다. (거짓)

ㄷ. $z=\bar z$에서 $a+bi=a-bi$ ┌→ $z+\bar z=0$, 즉 $z=-\bar z$이면

　　즉, $b=-b$에서 $b=0$이므로 $z=a$　　　z는 0 또는 순허수야.

　　따라서 z는 실수이다. (참)

따라서 옳은 것은 ㄱ, ㄷ이다.

16 0707 답 ③

유형 9

출제의도 | 켤레복소수의 성질을 이용하여 문제를 해결할 수 있는지 확인한다.

> 복소수 z, $\bar z$를 $z=a+bi$, $\bar z=a-bi$라 두고 확인해 보자.

$z=a+bi$ (a, b는 실수)라 하면

ㄱ. $z\bar z=(a+bi)(a-bi)$

$\qquad =a^2+b^2$

　　이므로 $z\bar z$는 실수이다.

ㄴ. $z=i$일 때, $\bar z=-i$

$\qquad z+\dfrac{1}{z}=i+\dfrac{1}{-i}$

$\qquad\qquad =i+i=2i$

　　이므로 실수가 아니다.

ㄷ. $z^2+(\bar z)^2=(z+\bar z)^2-2z\bar z$

$\qquad\qquad =(2a)^2-2(a^2+b^2)$

$\qquad\qquad =2(a^2-b^2)$

　　이므로 실수이다.

따라서 실수인 것은 ㄱ, ㄷ이다.

17 0708 답 ⑤

유형 13

출제의도 | i의 거듭제곱을 간단히 할 수 있는지 확인한다.

> $i^{4n}=1$임을 이용해 보자.

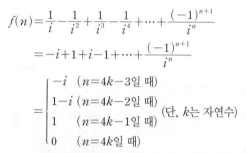

$f(n)=\dfrac{1}{i}-\dfrac{1}{i^2}+\dfrac{1}{i^3}-\dfrac{1}{i^4}+\cdots+\dfrac{(-1)^{n+1}}{i^n}$

$\quad =-i+1+i-1+\cdots+\dfrac{(-1)^{n+1}}{i^n}$

$\quad =\begin{cases} -i & (n=4k-3\text{일 때}) \\ 1-i & (n=4k-2\text{일 때}) \\ 1 & (n=4k-1\text{일 때}) \\ 0 & (n=4k\text{일 때}) \end{cases}$ (단, k는 자연수)

따라서 $f(4)=f(8)=f(12)=\cdots=f(100)=0$이므로

100 이하의 자연수 n의 개수는 25이다.

18 0709 답 ②

유형 14

출제의도 | 복소수의 거듭제곱을 구할 수 있는지 확인한다.

> $\left(\dfrac{2}{1-i}\right)^2=2i$, $\left(\dfrac{2}{1+i}\right)^2=-2i$임을 이용해 보자.

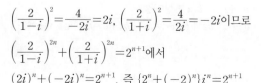

$\left(\dfrac{2}{1-i}\right)^2=\dfrac{4}{-2i}=2i$, $\left(\dfrac{2}{1+i}\right)^2=\dfrac{4}{2i}=-2i$이므로

$\left(\dfrac{2}{1-i}\right)^{2n}+\left(\dfrac{2}{1+i}\right)^{2n}=2^{n+1}$에서

$(2i)^n+(-2i)^n=2^{n+1}$, 즉 $\{2^n+(-2)^n\}i^n=2^{n+1}$

(i) n이 홀수일 때

$\{2^n+(-2)^n\}i^n=0$

(ii) n이 짝수일 때

$\{2^n+(-2)^n\}i^n=(2^n+2^n)i^n=2^{n+1}i^n$

(i), (ii)에 의하여 주어진 등식이 성립하려면

n은 짝수이어야 하고, $i^n=1$이어야 한다.

따라서 자연수 n은 4의 배수 중 두 자리 자연수이므로

12, 16, 20, …, 96의 22개이다.

19 0710 답 ③ 유형 15

출제의도 │ 음수의 제곱근의 계산을 할 수 있는지 확인한다.

> $\sqrt{-a}=\sqrt{a}\,i$ $(a\geq0)$임을 이용해 보자.

$z=\sqrt{-2}\sqrt{-18}-\dfrac{\sqrt{18}}{\sqrt{-2}}$

$\quad=\sqrt{2}\,i\times\sqrt{18}\,i-\dfrac{\sqrt{18}}{\sqrt{2}\,i}$

$\quad=-\sqrt{36}+\sqrt{9}\,i$

$\quad=-6+3i$

$z=-6+3i$에서 $\bar{z}=-6-3i$

$\therefore z\bar{z}=(-6+3i)(-6-3i)=36-(-9)=45$

다른 풀이

$z=\sqrt{-2}\sqrt{-18}-\dfrac{\sqrt{18}}{\sqrt{-2}}$

$\quad=-\sqrt{2\times18}+\sqrt{\dfrac{18}{-2}}$

$\quad=-\sqrt{36}+\sqrt{-9}$

$\quad=-6+3i$

$z=-6+3i$에서 $\bar{z}=-6-3i$

$\therefore z\bar{z}=(-6+3i)(-6-3i)$

$\qquad=36-(-9)=45$

20 0711 답 ② 유형 16

출제의도 │ 음수의 제곱근의 성질을 이해하는지 확인한다.

> $\sqrt{a}=\sqrt{-a}\,i$ $(a<0)$, $\sqrt{-b}=\sqrt{b}\,i$ $(b>0)$임을 이용해 보자.

ㄱ. $a-b<0$이므로 $\sqrt{(a-b)^2}=-(a-b)=-a+b$ (거짓)

ㄴ. $a<0$, $b>0$이므로 $\sqrt{a}\sqrt{b}=\sqrt{ab}$ (거짓)

ㄷ. $-a>0$, $-b<0$이므로 $\dfrac{\sqrt{-a}}{\sqrt{-b}}=-\sqrt{\dfrac{-a}{-b}}=-\sqrt{\dfrac{a}{b}}$ (참)

따라서 옳은 것은 ㄷ이다.

21 0712 답 ⑤ 유형 10

출제의도 │ 켤레복소수의 성질을 이용하여 계산할 수 있는지 확인한다.

> $f(x)=ax^2+bx+c$ $(a, b, c$는 실수$)$일 때,
> $f(\bar{z})=a\bar{z}^2+b\bar{z}+c=\overline{a\bar{z}^2}+\overline{b\bar{z}}+c=\overline{az^2+bz+c}=\overline{f(z)}$임을 이용해 보자.

$f(1+i)=2-i$이므로 $a(1+i)^2+b(1+i)+c=2-i$

$\;\longrightarrow$ $1+i$와 $1-i$는 켤레복소수

양변에 켤레복소수를 취하면

$\overline{a(1+i)^2+b(1+i)+c}=\overline{2-i}$

$\overline{a(1+i)^2}+\overline{b(1+i)}+\bar{c}=2-i$

$a(1-i)^2+b(1-i)+c=2+i$

$\therefore f(1-i)=a(1-i)^2+b(1-i)+c=2+i$

22 0713 답 $-2-16i$ 유형 10

출제의도 │ 켤레복소수의 성질을 이용하여 계산할 수 있는지 확인한다.

STEP 1 z_1-z_2, z_1z_2의 값 구하기 [2점]

$\overline{z_1}-\overline{z_2}=\overline{z_1-z_2}=2i$이므로 $z_1-z_2=-2i$

$\overline{z_1z_2}=1+8i$이므로 $z_1z_2=\overline{1+8i}=1-8i$

STEP 2 $z_1^2+z_2^2$의 값 구하기 [4점]

$z_1^2+z_2^2=(z_1-z_2)^2+2z_1z_2$

$\qquad=(-2i)^2+2(1-8i)$

$\qquad=-4+2-16i$

$\qquad=-2-16i$

23 0714 답 1 유형 12

출제의도 │ 등식을 만족시키는 복소수를 구할 수 있는지 확인한다.

STEP 1 $z=a+bi$로 놓고 z와 $\bar{z}$를 등식에 대입하기 [4점]

$z=a+bi$ $(a, b$는 실수$)$라 하면 $\bar{z}=a-bi$

$z+\bar{z}=2$이므로 $(a+bi)+(a-bi)=2$에서

$2a=2$ $\quad\therefore a=1$

$z\bar{z}=4$이므로 $(1+bi)(1-bi)=4$에서

$1+b^2=4$ $\quad\therefore b=\pm\sqrt{3}$

$\therefore z=1+\sqrt{3}i$, $\bar{z}=1-\sqrt{3}i$ 또는 $z=1-\sqrt{3}i$, $\bar{z}=1+\sqrt{3}i$

STEP 2 $\left(\dfrac{\bar{z}}{z}\right)^3$의 값 구하기 [2점]

$(1+\sqrt{3}i)^3=1+3\sqrt{3}i-9-3\sqrt{3}i=-8$

$(1-\sqrt{3}i)^3=1-3\sqrt{3}i-9+3\sqrt{3}i=-8$

$\therefore \left(\dfrac{\bar{z}}{z}\right)^3=\dfrac{(\bar{z})^3}{z^3}=\dfrac{-8}{-8}=1$

다른 풀이

$z+\bar{z}=2$, $z\bar{z}=4$이므로

z와 $\bar{z}$를 두 근으로 하는 x에 대한 이차방정식은

$x^2-2x+4=0$

양변에 $x+2$를 곱하면

$(x+2)(x^2-2x+4)=0$, $x^3+8=0$

이때 z와 $\bar{z}$는 $x^3+8=0$의 근이므로

$z^3=-8$, $(\bar{z})^3=-8$

$\therefore \left(\dfrac{\bar{z}}{z}\right)^3=\dfrac{(\bar{z})^3}{z^3}=\dfrac{-8}{-8}=1$

24 0715 답 -1 유형 14

출제의도 │ 복소수의 거듭제곱을 구할 수 있는지 확인한다.

STEP 1 복소수 z 간단히 하기 [1점]

분모의 켤레복소수 $1-i$를 분모, 분자에 곱하면

$z=\dfrac{1-i}{1+i}=\dfrac{(1-i)^2}{(1+i)(1-i)}=\dfrac{-2i}{2}=-i$

$z=-i$이므로 $z^2=-1$, $z^3=i$, $z^4=1$, $z^5=z$, $\cdots$

즉, z의 거듭제곱은 4개의 값이 반복되므로

$z+z^2+z^3+z^4=-i-1+i+1=0$

$z^5+z^6+z^7+z^8=-i-1+i+1=0$

$\quad\vdots$

$z^{45}+z^{46}+z^{47}+z^{48}=-i-1+i+1=0$

STEP 3 $z+z^2+z^3+\cdots+z^{51}$의 값 구하기 [2점]

$z+z^2+z^3+\cdots+z^{51}$

$=(z+z^2+z^3+z^4)+(z^5+z^6+z^7+z^8)+\cdots$

$\qquad\qquad +(z^{45}+z^{46}+z^{47}+z^{48})+z^{49}+z^{50}+z^{51}$

$=z^{49}+z^{50}+z^{51}$

$=-i-1+i$

$=-1$

---

25 0716 目 풀이 참조   유형 15

출제의도 | 음수의 제곱근의 계산을 할 수 있는지 확인한다.

STEP 1 잘못된 부분을 찾고, 이유 설명하기 [4점]

$a<0$, $b<0$이면 $\sqrt{a}\sqrt{b}=-\sqrt{ab}$이므로

$\sqrt{-2}\sqrt{-8}$을 $\sqrt{(-2)\times(-8)}$로 계산한 부분이 잘못되었다.

$a<0$, $b>0$이면 $\dfrac{\sqrt{b}}{\sqrt{a}}=-\sqrt{\dfrac{b}{a}}$이므로

$\dfrac{\sqrt{20}}{\sqrt{-5}}$을 $\sqrt{\dfrac{20}{-5}}$으로 계산한 부분이 잘못되었다.

STEP 2 바르게 고치기 [4점]

주어진 식을 바르게 고치면

$\sqrt{-3}\sqrt{12}-\sqrt{-2}\sqrt{-8}+\dfrac{\sqrt{20}}{\sqrt{-5}}$

$=\sqrt{(-3)\times12}-\left\{-\sqrt{(-2)\times(-8)}\right\}+\left(-\sqrt{\dfrac{20}{-5}}\right)$

$=\sqrt{-36}-(-\sqrt{16})+(-\sqrt{-4})$

$=6i-(-4)+(-2i)$

$=4+4i$

다른 풀이

$\sqrt{-3}\sqrt{12}-\sqrt{-2}\sqrt{-8}+\dfrac{\sqrt{20}}{\sqrt{-5}}$

$=\sqrt{3}i\times\sqrt{12}-\sqrt{2}i\times\sqrt{8}i+\dfrac{\sqrt{20}}{\sqrt{5}i}$

$=\sqrt{36}i-\sqrt{16}i^2+\dfrac{\sqrt{4}}{i}$

$=6i-(-4)+(-2i)$

$=6i+4-2i$

$=4+4i$

---

04 이차방정식

핵심 개념   160쪽~161쪽

0717 目 (1) $x=-3$ 또는 $x=-1$ (2) $x=-3$ 또는 $x=3$

       (3) $x=\dfrac{3}{4}$ 또는 $x=\dfrac{3}{2}$

(1) $x^2+4x+3=0$, $(x+3)(x+1)=0$

$\quad \therefore x=-3$ 또는 $x=-1$

(2) $x^2-9=0$, $(x+3)(x-3)=0$

$\quad \therefore x=-3$ 또는 $x=3$

(3) $9x(x-2)=x^2-9$에서 $9x^2-18x=x^2-9$

$\quad 8x^2-18x+9=0$, $(4x-3)(2x-3)=0$

$\quad \therefore x=\dfrac{3}{4}$ 또는 $x=\dfrac{3}{2}$

0718 目 (1) $x=-2\pm\sqrt{3}$ (2) $x=\dfrac{1\pm\sqrt{11}i}{2}$

       (3) $x=\dfrac{-1\pm\sqrt{13}}{6}$

(1) $x=\dfrac{-4\pm\sqrt{4^2-4\times1\times1}}{2\times1}=\dfrac{-4\pm2\sqrt{3}}{2}=-2\pm\sqrt{3}$

다른 풀이

x의 계수가 짝수일 때의 근의 공식을 이용하면

$x=\dfrac{-2\pm\sqrt{2^2-1\times1}}{1}=-2\pm\sqrt{3}$

(2) $x=\dfrac{-(-1)\pm\sqrt{(-1)^2-4\times1\times3}}{2\times1}=\dfrac{1\pm\sqrt{11}i}{2}$

(3) $x=\dfrac{-1\pm\sqrt{1^2-4\times3\times(-1)}}{2\times3}=\dfrac{-1\pm\sqrt{13}}{6}$

0719 目 (1) ㄱ, ㄷ, ㅁ   (2) ㄹ   (3) ㄴ, ㅂ

주어진 이차방정식의 판별식을 D라 하면

ㄱ. $x^2+4x+2=0$에서

$\quad \dfrac{D}{4}=2^2-1\times2=2$이므로 $D>0$

ㄴ. $x^2-2x+6=0$에서

$\quad \dfrac{D}{4}=(-1)^2-1\times6=-5$이므로 $D<0$

ㄷ. $2x^2-3x+1=0$에서

$\quad D=(-3)^2-4\times2\times1=1$이므로 $D>0$

ㄹ. $x^2+2x+1=0$에서

$\quad \dfrac{D}{4}=1^2-1\times1=0$이므로 $D=0$

ㅁ. $x^2+4x-2=0$에서

$\quad \dfrac{D}{4}=2^2-1\times(-2)=6$이므로 $D>0$

ㅂ. $2x^2+x+3=0$에서

$\quad D=1^2-4\times2\times3=-23$이므로 $D<0$

(1) $D>0$인 이차방정식 : ㄱ, ㄷ, ㅁ

(2) $D=0$인 이차방정식 : ㄹ

(3) $D<0$인 이차방정식 : ㄴ, ㅂ

0720 답 (1) $a<-\dfrac{3}{4}$ (2) $-\dfrac{3}{4}$ (3) $a>-\dfrac{3}{4}$

이차방정식 $x^2+(2a-1)x+a^2+1=0$의 판별식을 D라 하면
$D=(2a-1)^2-4(a^2+1)$
$\quad=-4a-3$

(1) $D>0$이므로 $-4a-3>0$ $\therefore a<-\dfrac{3}{4}$

(2) $D=0$이므로 $-4a-3=0$ $\therefore a=-\dfrac{3}{4}$

(3) $D<0$이므로 $-4a-3<0$ $\therefore a>-\dfrac{3}{4}$

0721 답 (1) 합 : -3, 곱 : 2 (2) 합 : $\dfrac{10}{3}$, 곱 : 1

　　　　　(3) 합 : 1, 곱 : -5

이차방정식의 두 근을 α, β라 하면
(1) $x^2+3x+2=0$에서 $\alpha+\beta=-3$, $\alpha\beta=2$
(2) $3x^2-10x+3=0$에서 $\alpha+\beta=\dfrac{10}{3}$, $\alpha\beta=\dfrac{3}{3}=1$
(3) $x^2-x-5=0$에서 $\alpha+\beta=1$, $\alpha\beta=-5$

0722 답 (1) -2 (2) -4 (3) 12 (4) -3
(1) 근과 계수의 관계에 의하여 두 근의 합 $\alpha+\beta=-2$
(2) 근과 계수의 관계에 의하여 두 근의 곱 $\alpha\beta=-4$
(3) $\alpha^2+\beta^2=(\alpha+\beta)^2-2\alpha\beta$
$\qquad\qquad=(-2)^2-2\times(-4)=12$
(4) $\dfrac{\alpha}{\beta}+\dfrac{\beta}{\alpha}=\dfrac{\alpha^2+\beta^2}{\alpha\beta}=\dfrac{12}{-4}=-3$

0723 답 (1) $1-\sqrt{2}$ (2) -2 (3) -1
(1) 계수가 유리수인 이차방정식 $x^2+ax+b=0$의 한 근이 $1+\sqrt{2}$
　이므로 다른 한 근은 $1-\sqrt{2}$이다.
(2) 근과 계수의 관계에 의하여
　(두 근의 합)$=(1+\sqrt{2})+(1-\sqrt{2})=2$
　즉, $-a=2$이므로 $a=-2$
(3) 근과 계수의 관계에 의하여
　(두 근의 곱)$=(1+\sqrt{2})(1-\sqrt{2})=-1$
　$\therefore b=-1$

0724 답 (1) $1-i$ (2) -2 (3) 2
(1) 계수가 실수인 이차방정식 $x^2+ax+b=0$의 한 근이 $1+i$이므
　로 다른 한 근은 $1-i$이다.
(2) 근과 계수의 관계에 의하여
　(두 근의 합)$=(1+i)+(1-i)=2$
　즉, $-a=2$이므로 $a=-2$
(3) 근과 계수의 관계에 의하여
　(두 근의 곱)$=(1+i)(1-i)=2$
　$\therefore b=2$

0725 답 $x=4$
$3x^2-11x-4=0$에서
$(3x+1)(x-4)=0$
$\therefore x=-\dfrac{1}{3}$ 또는 $x=4$
$x^2-2x-8=0$에서
$(x+2)(x-4)=0$
$\therefore x=-2$ 또는 $x=4$
따라서 두 이차방정식의 공통인 근은 $x=4$이다.

0726 답 ⑤
$6x^2-10x=9x+7$, $6x^2-19x-7=0$
$(3x+1)(2x-7)=0$ $\therefore x=-\dfrac{1}{3}$ 또는 $x=\dfrac{7}{2}$
따라서 두 근 $-\dfrac{1}{3}$, $\dfrac{7}{2}$ 사이에 있는 모든 정수는 $0, 1, 2, 3$이므로
그 합은 6이다.

0727 답 ④
$x^2+6x+5=0$, $x^2+6x+9-9+5=0$
$(x+3)^2-4=0$이므로 $(x+3)^2=4$
$\therefore m=3$, $n=4$
$\therefore m+n=7$

0728 답 ④
$4(x-3)^2=4$, $(x-3)^2=1$
$x-3=-1$ 또는 $x-3=1$
$\therefore x=2$ 또는 $x=4$
따라서 구하는 두 근의 곱은 $2\times4=8$이다.

0729 답 ②
$8x^2+4x-3=0$에서
$x=\dfrac{-2\pm\sqrt{2^2-8\times(-3)}}{8}$
$\quad=\dfrac{-2\pm\sqrt{28}}{8}=\dfrac{-1\pm\sqrt{7}}{4}$
$\therefore p=-1$, $q=7$
$\therefore p-q=-1-7=-8$

0730 답 2　　　　　　　　　　　｜유형1

이차방정식 $4x^2+4x+5=0$의 근이 $x=a\pm bi$일 때, 유리수 a, b에
（단서1）
대하여 $4a^2+b^2$의 값을 구하시오.
（단서1） 근의 공식을 이용

STEP1 이차방정식의 근의 공식을 이용하여 해 구하기
$4x^2+4x+5=0$에서 근의 공식을 이용하면

$$x = \frac{-4 \pm \sqrt{4^2 - 4 \times 4 \times 5}}{2 \times 4} = \frac{-4 \pm 8i}{8} = -\frac{1}{2} \pm i$$

STEP2 유리수 a, b에 대하여 $4a^2 + b^2$의 값 구하기

$a = -\dfrac{1}{2}$, $b = 1$이므로

$$4a^2 + b^2 = 4 \times \frac{1}{4} + 1 = 2$$

0731 답 $x = -1 \pm 2i$

$x^2 + 2x + 5 = 0$에서 근의 공식을 이용하면

$$x = \frac{-1 \pm \sqrt{1^2 - 1 \times 5}}{1} = -1 \pm 2i$$

0732 답 ②

$x^2 - \sqrt{3}x + 1 = 0$에서 근의 공식을 이용하면

$$x = \frac{\sqrt{3} \pm \sqrt{3 - 4}}{2} = \frac{\sqrt{3} \pm i}{2} \longrightarrow$$ 계수가 실수인 이차방정식은 근의 공식을 이용하여 해를 구할 수 있다.

$\therefore a = \sqrt{3}$, $b = 1$

$\therefore a^2 + b^2 = 3 + 1 = 4$

0733 답 ② | 유형 2

이차방정식 $\underline{x^2 - 4x + 4 = 0}$의 근과 이차방정식 $\underline{x^2 + 4x - 4 = 0}$의 양
의 실근의 합은? 단서1 단서2

① 2 ② $2\sqrt{2}$ ③ 4
④ $2 + 2\sqrt{2}$ ⑤ $4 + 2\sqrt{2}$

단서1 인수분해가 된다!
단서2 인수분해가 안 된다! ➡ 근의 공식

STEP1 인수분해를 이용하여 이차방정식 풀기

$x^2 - 4x + 4 = 0$에서 $(x-2)^2 = 0$ $\therefore x = 2$

STEP2 근의 공식을 이용하여 이차방정식 풀기

$x^2 + 4x - 4 = 0$에서 근의 공식을 이용하면

$$x = \frac{-2 \pm \sqrt{4 + 4}}{1} = -2 \pm 2\sqrt{2} \longrightarrow x$$의 계수가 짝수이다.

이므로 양의 실근은 $x = -2 + 2\sqrt{2}$

STEP3 조건을 만족시키는 근의 합 구하기

구하는 합은 $2 - 2 + 2\sqrt{2} = 2\sqrt{2}$

0734 답 ③

$(x-1)(x-4) = x(1-x)$에서

$x^2 - 5x + 4 = x - x^2$, $2x^2 - 6x + 4 = 0$

$x^2 - 3x + 2 = 0$, $(x-1)(x-2) = 0$

$\therefore x = 1$ 또는 $x = 2$

0735 답 ③

$3(x+2)(x+3) = 2x^2 + 11x + 7$에서

$3x^2 + 15x + 18 = 2x^2 + 11x + 7$

$x^2 + 4x + 11 = 0$

$\therefore x = \dfrac{-2 \pm \sqrt{4 - 11}}{1} = -2 \pm \sqrt{7}i$

0736 답 $x = -1$ 또는 $x = 3$

$(x+1)(x-4) + (x+1)(3x-2)$
$= (x-1)(x+2) + (x-1)(2x+1)$에서

$x^2 - 3x - 4 + 3x^2 + x - 2 = x^2 + x - 2 + 2x^2 - x - 1$

$x^2 - 2x - 3 = 0$, $(x+1)(x-3) = 0$

$\therefore x = -1$ 또는 $x = 3$

0737 답 ⑤

$(x+1)(3x-5) = (x-1)(x+3)$에서

$3x^2 - 2x - 5 = x^2 + 2x - 3$, $2x^2 - 4x - 2 = 0$

$x^2 - 2x - 1 = 0$

$\therefore x = \dfrac{-(-1) \pm \sqrt{(-1)^2 - 1 \times (-1)}}{1} = 1 \pm \sqrt{2}$

따라서 $a = 1 - \sqrt{2}$이므로

$4a + 4\sqrt{2} = 4(1 - \sqrt{2}) + 4\sqrt{2} = 4 \longrightarrow$ 두 근 중 작은 근이다.

0738 답 1

$(x-1)(3x+5) = (x+1)(x-3)$에서

$3x^2 + 2x - 5 = x^2 - 2x - 3$, $2x^2 + 4x - 2 = 0$

$x^2 + 2x - 1 = 0$

$\therefore x = \dfrac{-1 \pm \sqrt{1^2 - 1 \times (-1)}}{1} = -1 \pm \sqrt{2}$

따라서 $a = -1$, $b = 2$이므로

$5a^2 - b^2 = 5 - 4 = 1$

0739 답 ⑤

$x * x = (x + x) - x \times x = -x^2 + 2x$

$3 * (-x) = 3 - x - 3 \times (-x) = 2x + 3$

이므로 $(x * x) - \{3 * (-x)\} = 0$에서

$-x^2 + 2x - (2x + 3) = 0$, $x^2 = -3$

$\therefore x = \pm\sqrt{3}i$

0740 답 $x = -\dfrac{1}{2}$ 또는 $x = 2$

$x * x = (x - x) + 2x \times x = 2x^2$

$2 * x = (2 - x) + 2 \times 2 \times x = 3x + 2$

이므로 $(x * x) - (2 * x) = 0$에서

$2x^2 - (3x + 2) = 0$, $2x^2 - 3x - 2 = 0$

$(2x + 1)(x - 2) = 0$

$\therefore x = -\dfrac{1}{2}$ 또는 $x = 2$

0741 답 ② | 유형 3

이차방정식 $(\sqrt{2} + 1)x^2 - (2 + \sqrt{2})x + 1 = 0$의 근이 $x = a$ 또는
단서1
$x = b + \sqrt{c}$일 때, 정수 a, b, c에 대하여 $a^2 + b^2 + c^2$의 값은?

① 3 ② 6 ③ 9
④ 12 ⑤ 16

단서1 이차항의 계수가 무리수이면 유리화

STEP 1 양변에 $\sqrt{2}-1$을 곱하여 유리화하기

이차방정식 $(\sqrt{2}+1)x^2-(2+\sqrt{2})x+1=0$의 양변에 $\sqrt{2}-1$을 곱하면

$x^2-(2+\sqrt{2})(\sqrt{2}-1)x+\sqrt{2}-1=0$

> 곱셈 공식
> $(a+b)(a-b)=a^2-b^2$을 이용한다.

STEP 2 인수분해하여 해 구하기

이차방정식 $x^2-\sqrt{2}x+\sqrt{2}-1=0$의 좌변을 인수분해하면

$(x-1)(x-\sqrt{2}+1)=0$

$\therefore x=1$ 또는 $x=-1+\sqrt{2}$

STEP 3 $a^2+b^2+c^2$의 값 구하기

$a=1$, $b=-1$, $c=2$이므로

$a^2+b^2+c^2=1+1+4=6$

참고 주어진 이차방정식의 계수가 유리수가 아니므로 반드시 $x=b+\sqrt{c}$의 켤레근 $x=b-\sqrt{c}$를 근으로 갖는 것은 아니다.

0742 답 ①

이차방정식 $(\sqrt{3}-1)x^2-(3-\sqrt{3})x+(\sqrt{3}-1)=0$의 양변에 $\sqrt{3}+1$을 곱하면

$2x^2-(3-\sqrt{3})(\sqrt{3}+1)x+2=0$

$x^2-\sqrt{3}x+1=0$

$\therefore x=\dfrac{\sqrt{3}\pm\sqrt{3-4}}{2}=\dfrac{\sqrt{3}\pm i}{2}$

따라서 $a=\dfrac{\sqrt{3}}{2}$, $b=\pm\dfrac{1}{2}$이므로

$a^2+b^2=\dfrac{3}{4}+\dfrac{1}{4}=1$

0743 답 $2+\sqrt{2}$

$\sqrt{2}(x^2+x+1)=x^2+3x$에서 $(\sqrt{2}-1)x^2+(\sqrt{2}-3)x+\sqrt{2}=0$

양변에 $\sqrt{2}+1$을 곱하면

$x^2+(\sqrt{2}-3)(\sqrt{2}+1)x+\sqrt{2}(\sqrt{2}+1)=0$

$x^2-(1+2\sqrt{2})x+\sqrt{2}(\sqrt{2}+1)=0$

$(x-\sqrt{2})\{x-(\sqrt{2}+1)\}=0$

$\therefore x=\sqrt{2}$ 또는 $x=\sqrt{2}+1$

따라서 $\alpha=\sqrt{2}$, $\beta=\sqrt{2}+1$ $(\because \alpha<\beta)$이므로

$2\beta-\alpha=2(\sqrt{2}+1)-\sqrt{2}=2+\sqrt{2}$

0744 답 -3　　　　　　　　　　| 유형 4

> 이차방정식 $x^2+ax+\sqrt{2}=0$의 한 근이 $1+\sqrt{2}$일 때, 상수 a의 값을 구하시오. **단서1**
>
> **단서1** $x=1+\sqrt{2}$를 주어진 이차방정식에 대입

STEP 1 한 근이 $1+\sqrt{2}$이므로 $x=1+\sqrt{2}$를 대입하기

이차방정식 $x^2+ax+\sqrt{2}=0$의 한 근이 $1+\sqrt{2}$이므로 $x=1+\sqrt{2}$를 대입하면

$(1+\sqrt{2})^2+a(1+\sqrt{2})+\sqrt{2}=0$

$a(1+\sqrt{2})=-3-3\sqrt{2}$

$\therefore a=\dfrac{-3(1+\sqrt{2})}{1+\sqrt{2}}=-3$

0745 답 ③

이차방정식 $x^2-ax-9=0$의 한 근이 3이므로 $x=3$을 대입하면

$9-3a-9=0$ $\therefore a=0$

$x^2-9=0$에서 $x^2=9$

$\therefore x=-3$ 또는 $x=3$

다른 한 근이 $x=-3$이므로 $b=-3$

$\therefore a-b=0-(-3)=3$

0746 답 $k=\sqrt{3}$, $x=-2\sqrt{3}$

이차방정식 $x^2+kx-6=0$의 한 근이 $\sqrt{3}$이므로 $x=\sqrt{3}$을 대입하면

$3+\sqrt{3}k-6=0$, $\sqrt{3}k=3$ $\therefore k=\sqrt{3}$

이차방정식 $x^2+\sqrt{3}x-6=0$에서

$x=\dfrac{-\sqrt{3}\pm\sqrt{3+24}}{2}$

$\therefore x=-2\sqrt{3}$ 또는 $x=\sqrt{3}$

따라서 다른 한 근은 $x=-2\sqrt{3}$이다.

0747 답 $x=-5$ 또는 $x=2$

이차방정식 $x^2-(a+4)x+3a+3=0$의 한 근이 2이므로 $x=2$를 대입하면

$4-2(a+4)+3a+3=0$

$a-1=0$ $\therefore a=1$ ……………………… ㉠

㉠을 이차방정식 $x^2+(a+2)x-a^2-4a-5=0$에 대입하면

$x^2+3x-10=0$에서

$(x+5)(x-2)=0$

$\therefore x=-5$ 또는 $x=2$

0748 답 ④

방정식 $(k+1)x^2+(a+1)x+k(b-2)=0$의 한 근이 2이므로 $x=2$를 대입하면

$4(k+1)+2(a+1)+k(b-2)=0$

$(2+b)k+2a+6=0$

위 식이 k에 대한 항등식이므로

$2+b=0$, $2a+6=0$

$\therefore a=-3$, $b=-2$

$\therefore b-a=-2-(-3)=1$

개념 Check

k의 값에 관계없이 항상 성립하는 등식

➔ k에 대한 항등식

➔ $ak+b=0$ 꼴로 정리한 후 $a=0$, $b=0$을 이용한다.

0749 답 ⑤

이차방정식 $x^2+a(k+3)x+b(k-1)=0$의 한 근이 1이므로 $x=1$을 대입하면

$1+a(k+3)+b(k-1)=0$

$(a+b)k+3a-b+1=0$

위 식이 k에 대한 항등식이므로
$$a+b=0,\ 3a-b+1=0$$
두 식을 연립하여 풀면 $a=-\dfrac{1}{4}$, $b=\dfrac{1}{4}$

$\therefore a+5b=-\dfrac{1}{4}+5\times\dfrac{1}{4}=1$

0750 답 ④

이차방정식 $ax^2+(k+3)x-b(2+k)+a+3=0$의 한 근이 -2이
므로 $x=-2$를 대입하면
$$4a-2k-6-2b-bk+a+3=0$$
$$(-2-b)k+5a-2b-3=0$$
위 식이 k에 대한 항등식이므로
$$-2-b=0,\ 5a-2b-3=0$$
$$\therefore b=-2$$
$5a-2b=3$에서 $5a=-1$ $\quad\therefore a=-\dfrac{1}{5}$

$\therefore 10ab=10\times\left(-\dfrac{1}{5}\right)\times(-2)=4$

0751 답 ①

이차방정식 $x^2+2x+a=0$의 한 근이 -3이므로 $x=-3$을 대입
하면
$$9-6+a=0 \quad\therefore a=-3$$
$x^2+2x-3=0$에서
$$(x+3)(x-1)=0$$
$$\therefore x=-3\ \text{또는}\ x=1$$
다른 한 근이 $x=1$이므로 $b=1$

$\therefore a+b=-3+1=-2$

0752 답 4

이차방정식 $x^2+ax-4=0$의 한 근이 -4이므로 $x=-4$를 대입
하면
$$16-4a-4=0,\ 4a=12 \quad\therefore a=3$$
이차방정식 $x^2+3x-4=0$에서
$$(x+4)(x-1)=0$$
$$\therefore x=-4\ \text{또는}\ x=1$$
다른 한 근이 $x=1$이므로 $b=1$

$\therefore a+b=3+1=4$

0753 답 ④

| 유형 5

방정식 $x^2-|x-1|x=0$을 풀면?
단서1

① $x=-2$ 또는 $x=0$ ② $x=-2$ 또는 $x=-\dfrac{1}{2}$

③ $x=-\dfrac{1}{2}$ 또는 $x=0$ ④ $x=0$ 또는 $x=\dfrac{1}{2}$

⑤ $x=0$ 또는 $x=2$

단서1 $x=1$을 기준으로 x의 값의 범위 나누기

STEP1 $x=1$을 기준으로 x의 값의 범위를 나누어 해 구하기

$x^2-|x-1|x=0$에서 절댓값 기호 안의 식의 값이 0이 되는 $x=1$
을 기준으로 x의 값의 범위를 나누면

(i) $x\ge 1$일 때
$$x^2-(x-1)x=0 \quad\therefore x=0$$
이때 $\underline{x\ge 1이므로\ 근이\ 존재하지\ 않는다.}$
  →범위를 만족시키는 것만 주어진 방정식의 해이다.

(ii) $x<1$일 때
$$x^2+(x-1)x=0,\ x^2+x^2-x=0$$
$$2x^2-x=0,\ x(2x-1)=0$$
$$\therefore x=0\ \text{또는}\ x=\dfrac{1}{2}$$

STEP2 주어진 이차방정식의 해 구하기

(i), (ii)에서 $x=0$ 또는 $x=\dfrac{1}{2}$

참고 각각의 범위에서 구한 해가 해당 구간에 속하는지 반드시 확인한다.

0754 답 ⑤

$x^2-2|x|-2=0$에서

(i) $x\ge 0$일 때
$$x^2-2x-2=0 \quad\therefore x=1\pm\sqrt{3}$$
이때 $x\ge 0$이므로 $x=1+\sqrt{3}$

(ii) $x<0$일 때
$$x^2+2x-2=0 \quad\therefore x=-1\pm\sqrt{3}$$
이때 $x<0$이므로 $x=-1-\sqrt{3}$

(i), (ii)에서 $x=1+\sqrt{3}$ 또는 $x=-1-\sqrt{3}$이므로 모든 근의 곱은
$$(1+\sqrt{3})(-1-\sqrt{3})=-4-2\sqrt{3}$$

참고 $x\ge 0$일 때, $|x|=x$
  $x<0$일 때, $|x|=-x$

다른 풀이

$x^2=|x|^2$이므로 $x^2-2|x|-2=0$은 $|x|^2-2|x|-2=0$과 같다.
$|x|=X\ (X\ge 0)$로 치환하면
$$X^2-2X-2=0$$
근의 공식을 이용하면
$$X=1+\sqrt{3}\ (\because X\ge 0)$$
따라서 $|x|=1+\sqrt{3}$에서 $x=1+\sqrt{3}$ 또는 $x=-1-\sqrt{3}$이다.

0755 답 ④

$\sqrt{x^2}=|x|$이므로 주어진 방정식은 $x^2=|x|+2$와 같다.

(i) $x\ge 0$일 때
$$x^2=x+2,\ x^2-x-2=0$$
$$(x+1)(x-2)=0$$
$$\therefore x=-1\ \text{또는}\ x=2$$
이때 $x\ge 0$이므로 $x=2$

(ii) $x<0$일 때
$$x^2=-x+2,\ x^2+x-2=0$$
$$(x+2)(x-1)=0$$
$$\therefore x=-2\ \text{또는}\ x=1$$
이때 $x<0$이므로 $x=-2$

(i), (ii)에서 $x=-2$ 또는 $x=2$

다른 풀이

$x^2=|x|^2$, $\sqrt{x^2}=|x|$이므로 $x^2=\sqrt{x^2}+2$는 $|x|^2=|x|+2$와 같다.

$|x|=X$ $(X\geq0)$로 치환하면

$X^2-X-2=0$

$(X+1)(X-2)=0$

$\therefore X=2$ $(\because X\geq0)$

따라서 $|x|=2$에서

$x=-2$ 또는 $x=2$

0756 답 2

$|x^2-x-3|=3$에서 $x^2-x-3=\pm3$

$\quad\quad\quad\quad\longrightarrow |A|=B$이면 $A=\pm B$이다.

(i) $x^2-x-3=3$일 때

$\quad x^2-x-6=0$, $(x+2)(x-3)=0$

$\quad \therefore x=-2$ 또는 $x=3$

(ii) $x^2-x-3=-3$일 때

$\quad x^2-x=0$, $x(x-1)=0$

$\quad \therefore x=0$ 또는 $x=1$

(i), (ii)에서 모든 근의 합은

$-2+3+0+1=2$

0757 답 $x=4$

$|x^2-4|\geq0$이므로 $3x\geq0$ $\quad \therefore x\geq0$

$|x^2-4|=3x$에서 $x^2-4=\pm3x$

(i) $x^2-4=3x$일 때

$\quad x^2-3x-4=0$, $(x+1)(x-4)=0$

$\quad \therefore x=-1$ 또는 $x=4$

$\quad$ 이때 $x\geq0$이므로 $x=4$

(ii) $x^2-4=-3x$일 때

$\quad x^2+3x-4=0$, $(x+4)(x-1)=0$

$\quad \therefore x=-4$ 또는 $x=1$

$\quad$ 이때 $x\geq0$이므로 $x=1$

(i), (ii)에서 $x=1$ 또는 $x=4$

따라서 가장 큰 근은 $x=4$이다.

다른 풀이

$|x^2-4|=3x$에서 절댓값 기호 안의 식의 값이 0이 되는 $x=-2$, $x=2$를 기준으로 범위를 나누면 $\longrightarrow x^2-4=0$, $x^2=4$

$\quad\quad\quad\quad\quad\quad\quad\quad\quad \therefore x=\pm2$

(i) $x<-2$일 때, $x^2-4>0$이므로

$\quad x^2-4=3x$, $x^2-3x-4=0$

$\quad (x+1)(x-4)=0$

$\quad \therefore x=-1$ 또는 $x=4$

$\quad$ 이때 $x<-2$이므로 근이 존재하지 않는다.

(ii) $-2\leq x\leq2$일 때, $x^2-4\leq0$이므로

$\quad -(x^2-4)=3x$, $x^2+3x-4=0$

$\quad (x+4)(x-1)=0$

$\quad \therefore x=-4$ 또는 $x=1$

$\quad$ 이때 $-2\leq x\leq2$이므로 $x=1$

(iii) $x>2$일 때, $x^2-4>0$이므로

$\quad x^2-4=3x$, $x^2-3x-4=0$

$\quad (x+1)(x-4)=0$

$\quad \therefore x=-1$ 또는 $x=4$

$\quad$ 이때 $x>2$이므로 $x=4$

(i), (ii), (iii)에서 $x=1$ 또는 $x=4$

개념 Check

$|x-a|=k$, $|x-a|=|x-b|$ 꼴의 방정식은 다음을 이용하여 푼다.

(1) $|x-a|=k$ $(k>0)$ ➡ $x-a=\pm k$

(2) $|x-a|=|x-b|$ ➡ $x-a=\pm(x-b)$

0758 답 6

$\sqrt{x^2-2x+1}=|2x-5|$에서

$\sqrt{(x-1)^2}=|2x-5|$, $|x-1|=|2x-5|$

$\therefore x-1=\pm(2x-5)$ $\quad\longrightarrow |A|=|B|$이면 $A=\pm B$이다.

(i) $x-1=2x-5$일 때, $x=4$

(ii) $x-1=-(2x-5)$일 때, $3x=6$ $\quad \therefore x=2$

(i), (ii)에서 $x=2$ 또는 $x=4$

따라서 두 근이 2, 4이므로 $\alpha+\beta=2+4=6$

0759 답 ②

$\sqrt{x^4}+2\sqrt{x^2}-5=0$은 $x^2+2|x|-5=0$과 같으므로

(i) $x\geq0$일 때

$\quad x^2+2x-5=0$ $\quad \therefore x=-1\pm\sqrt6$

$\quad$ 이때 $x\geq0$이므로 $x=-1+\sqrt6$

(ii) $x<0$일 때

$\quad x^2-2x-5=0$ $\quad \therefore x=1\pm\sqrt6$

$\quad$ 이때 $x<0$이므로 $x=1-\sqrt6$

(i), (ii)에서 $x=-1+\sqrt6$ 또는 $x=1-\sqrt6$

$\therefore \alpha^2+\beta^2=(-1+\sqrt6)^2+(1-\sqrt6)^2=14-4\sqrt6$

0760 답 ③

$x^2+|x|=\sqrt{(x-1)^2}+3$에서 $x^2+|x|=|x-1|+3$이므로

$\quad\quad\quad\quad\quad\longrightarrow \sqrt{(x-1)^2}=|x-1|$

절댓값 기호 안의 식의 값이 0이 되는 $x=0$, $x=1$을 기준으로 범위를 나누면

(i) $x<0$일 때

$\quad x^2-x=-(x-1)+3$, $x^2=4$ $\quad \therefore x=\pm2$

$\quad$ 이때 $x<0$이므로 $x=-2$

(ii) $0\leq x<1$일 때

$\quad x^2+x=-(x-1)+3$, $x^2+2x-4=0$

$\quad \therefore x=-1\pm\sqrt5$

$\quad$ 이때 $0\leq x<1$이므로 근이 존재하지 않는다.

(iii) $x\geq1$일 때

$\quad x^2+x=(x-1)+3$, $x^2=2$ $\quad \therefore x=\pm\sqrt2$

$\quad$ 이때 $x\geq1$이므로 $x=\sqrt2$

(i), (ii), (iii)에서 $x=-2$ 또는 $x=\sqrt2$

따라서 모든 근의 곱은 $(-2)\times\sqrt2=-2\sqrt2$

절댓값 기호 안의 식의 값이 0이 되는 x의 값이 2개이므로 x의 값의 범위를 세 구간으로 나누어야 한다.

0760-1

방정식 $x^2+\sqrt{x^2}=|x-2|+6$의 모든 근의 곱을 구하시오.

$\sqrt{x^2}=|x|$이므로

$x^2+|x|=|x-2|+6$

(i) $x<0$일 때

$x^2-x=-(x-2)+6$, $x^2=8$

$\therefore x=\pm2\sqrt{2}$

이때 $x<0$이므로 $x=-2\sqrt{2}$

(ii) $0\le x<2$일 때

$x^2+x=-(x-2)+6$, $x^2+2x-8=0$

$(x+4)(x-2)=0$ $\therefore x=-4$ 또는 $x=2$

이때 $0\le x<2$이므로 근이 존재하지 않는다.

(iii) $x\ge2$일 때

$x^2+x=x-2+6$, $x^2=4$

$\therefore x=\pm2$

이때 $x\ge2$이므로 $x=2$

(i), (ii), (iii)에서 $x=-2\sqrt{2}$ 또는 $x=2$

따라서 모든 근의 곱은 $(-2\sqrt{2})\times2=-4\sqrt{2}$

🔲 $-4\sqrt{2}$

0761 🔲 ①

| 유형 6

이차방정식 $x^2-8x+3k+2=0$이 서로 다른 두 실근을 갖도록 하는 자연수 k의 개수는? **단서1**

① 4   ② 5   ③ 6

④ 7   ⑤ 8

단서1 판별식 $D>0$

STEP1 이차방정식이 서로 다른 두 실근을 가질 조건 구하기

이차방정식 $x^2-8x+3k+2=0$의 판별식을 D라 하면 서로 다른 두 실근을 가져야 하므로 $D>0$이다.

$\dfrac{D}{4}=(-4)^2-(3k+2)>0$

$3k<14$ $\therefore k<\dfrac{14}{3}$

STEP2 자연수 k의 개수 구하기

자연수 k는 1, 2, 3, 4의 4개이다.

0762 🔲 ③

ㄱ. 이차방정식 $x^2+4x-1=0$의 판별식을 D라 하면

$\dfrac{D}{4}=2^2-1\times(-1)=5>0$

즉, $D>0$이므로 서로 다른 두 실근을 가진다.

ㄴ. 이차방정식 $x^2+6x+9=0$의 판별식을 D라 하면

$\dfrac{D}{4}=3^2-1\times9=0$

즉, $D=0$이므로 중근(서로 같은 두 실근)을 가진다.

ㄷ. 이차방정식 $x^2-2x+7=0$의 판별식을 D라 하면

$\dfrac{D}{4}=(-1)^2-1\times7=-6<0$

즉, $D<0$이므로 서로 다른 두 허근을 가진다.

따라서 실근을 갖는 이차방정식은 ㄱ, ㄴ이다.

0763 🔲 ③

이차방정식 $x^2-7x+k-3=0$의 판별식을 D라 하면 실근을 가지므로 $D\ge0$이다.

$D=(-7)^2-4(k-3)\ge0$

$-4k+61\ge0$ $\therefore k\le\dfrac{61}{4}$

따라서 정수 k의 최댓값은 15이다.

0764 🔲 ③

$(k^2-1)x^2-2(k-1)x+1=0$이 x에 대한 이차방정식이므로

$k^2-1\ne0$ $\therefore k\ne\pm1$ ⸱⸱⸱⸱⸱⸱⸱⸱⸱⸱⸱⸱⸱⸱⸱⸱⸱⸱⸱⸱⸱⸱⸱ ㉠

이차방정식 $(k^2-1)x^2-2(k-1)x+1=0$의 판별식을 D라 하면 실근을 가져야 하므로 $D\ge0$이다.

$\dfrac{D}{4}=\{-(k-1)\}^2-(k^2-1)\ge0$

$-2k+2\ge0$ $\therefore k\le1$ ⸱⸱⸱⸱⸱⸱⸱⸱⸱⸱⸱⸱⸱⸱⸱⸱⸱⸱⸱⸱ ㉡

따라서 ㉠, ㉡에서 정수 k의 최댓값은 0이다.

주어진 방정식이 x에 대한 이차방정식이므로 (x^2의 계수)$\ne0$임을 반드시 확인하도록 한다. 이 문제에서 $k\ne\pm1$이고 $k\le1$이므로 정수 k의 최댓값은 1이 아니라 0임에 주의한다.

0765 🔲 ④

$(a^2-9)x^2=a+3$에서

$(a+3)(a-3)x^2=a+3$ ⸱⸱⸱⸱⸱⸱⸱⸱⸱⸱⸱⸱⸱⸱⸱⸱⸱⸱⸱⸱⸱⸱⸱⸱⸱⸱ ㉠

이때 a는 자연수이므로 $a+3>0$

㉠의 양변을 $a+3$으로 나누면

$(a-3)x^2=1$, $(a-3)x^2-1=0$

이차방정식 $(a-3)x^2-1=0$의 판별식을 D라 하면 서로 다른 두 실근을 가져야 하므로 $D>0$이다.

$D=0^2+4(a-3)>0$

$4a>12$ $\therefore a>3$

따라서 10보다 작은 자연수 a는 4, 5, 6, 7, 8, 9의 6개이다.

다른 풀이

$(a^2-9)x^2=a+3$에서

$(a+3)(a-3)x^2=a+3$

이때 a는 자연수이므로 $a+3>0$

$(a-3)x^2=1$, $x^2=\dfrac{1}{a-3}$

이 이차방정식이 서로 다른 두 실근을 가지므로 $\dfrac{1}{a-3}>0$이다.

즉, $a-3>0$이므로 $a>3$

따라서 10보다 작은 자연수 a는 4, 5, 6, 7, 8, 9의 6개이다.

0766 답 -2

유형7

x에 대한 이차방정식 $x^2+2x+3-k^2-k=0$이 중근을 갖도록 하는 모든 상수 k의 값의 곱을 구하시오. _{단서1}

단서1 판별식 $D=0$

STEP 1 이차방정식이 중근을 가질 조건 구하기

이차방정식 $x^2+2x+3-k^2-k=0$의 판별식을 D라 하면
중근을 가져야 하므로 $D=0$이다.

$\dfrac{D}{4}=1^2-(3-k^2-k)=0$

$k^2+k-2=0$, $(k+2)(k-1)=0$

$\therefore k=-2$ 또는 $k=1$

STEP 2 상수 k의 값의 곱 구하기

모든 상수 k의 값의 곱은 -2이다.

0767 답 5

(i) 이차방정식 $2x^2+(1-a)x+2=0$의 판별식을 D_1이라 하면
중근을 가져야 하므로 $D_1=0$이다.

$D_1=(1-a)^2-4\times2\times2=0$

$a^2-2a-15=0$, $(a+3)(a-5)=0$

$\therefore a=-3$ 또는 $a=5$

(ii) 이차방정식 $x^2+(1-a)x+a-1=0$의 판별식을 D_2라 하면
중근을 가져야 하므로 $D_2=0$이다.

$D_2=(1-a)^2-4(a-1)=0$

$a^2-6a+5=0$, $(a-1)(a-5)=0$

$\therefore a=1$ 또는 $a=5$

(i), (ii)에서 두 이차방정식이 모두 중근을 갖도록 하는 상수 a의
값은 5이다.

0768 답 ④

(i) 이차방정식 $x^2-4x+2k-1=0$의 판별식을 D_1이라 하면
실근을 가져야 하므로 $D_1\geq0$이다.

$\dfrac{D_1}{4}=(-2)^2-(2k-1)\geq0$, $2k\leq5$ $\therefore k\leq\dfrac{5}{2}$

(ii) 이차방정식 $x^2-2kx-2k^2+15k-18=0$의 판별식을 D_2라 하면
중근을 가져야 하므로 $D_2=0$이다.

$\dfrac{D_2}{4}=(-k)^2-(-2k^2+15k-18)=0$

$3k^2-15k+18=0$, $k^2-5k+6=0$

$(k-2)(k-3)=0$

$\therefore k=2$ 또는 $k=3$

(i), (ii)에서 조건을 모두 만족시키는 상수 k의 값은 2이다.

0769 답 ⑤

이차방정식 $x^2+2(a-b)x+a^2+b^2+2b-4=0$의 판별식을 D라
하면 중근을 가져야 하므로 $D=0$이다.

$\dfrac{D}{4}=(a-b)^2-(a^2+b^2+2b-4)=0$

$-2ab-2b+4=0$

$2ab+2b=4$, $ab+b=2$

$b(a+1)=2$

이때 a, b는 정수이므로

$\begin{cases}a+1=1\\b=2\end{cases}$, $\begin{cases}a+1=2\\b=1\end{cases}$, $\begin{cases}a+1=-1\\b=-2\end{cases}$, $\begin{cases}a+1=-2\\b=-1\end{cases}$에서

$\begin{cases}a=0\\b=2\end{cases}$, $\begin{cases}a=1\\b=1\end{cases}$, $\begin{cases}a=-2\\b=-2\end{cases}$, $\begin{cases}a=-3\\b=-1\end{cases}$이다.

따라서 ab의 최댓값은 4이다.

0770 답 ③

$(k^2-4)x^2-2(2-k)x-3=0$이 x에 대한 이차방정식이므로

$k^2-4\neq0$ $\therefore k\neq\pm2$ ·· ㉠

이차방정식 $(k^2-4)x^2-2(2-k)x-3=0$의 판별식을 D라 하면
중근을 가져야 하므로 $D=0$이다.

$\dfrac{D}{4}=\{-(2-k)\}^2+3(k^2-4)=0$

$4k^2-4k-8=0$, $k^2-k-2=0$

$(k+1)(k-2)=0$ $\therefore k=-1$ 또는 $k=2$ ············· ㉡

따라서 ㉠, ㉡에서 상수 k의 값은 -1이다.

> **실수 Check**
>
> 주어진 방정식이 x에 대한 이차방정식이므로 (x^2의 계수)$\neq0$에서
> $k\neq\pm2$임을 잊지 않도록 해야 한다.

0771 답 ②

이차방정식 $x^2+2ax+3a-k=0$의 판별식을 D라 하면
중근을 가져야 하므로 $D=0$이다.

$\dfrac{D}{4}=a^2-(3a-k)=0$, $a^2-3a+k=0$

이때 서로 다른 실수 a의 값이 2개이므로
└→ a에 대한 이차방정식이 서로 다른 두 실근을 가진다.

$a^2-3a+k=0$의 판별식을 D'이라 하면 $D'>0$이다.

$D'=(-3)^2-4k>0$

$4k<9$ $\therefore k<\dfrac{9}{4}$

따라서 자연수 k는 1, 2의 2개이다.

> **실수 Check**
>
> 이차방정식 $x^2+2ax+3a-k=0$에서 판별식 $D=0$임을 이용하면 a에
> 대한 이차방정식이 나온다.
> 이때 a의 값은 서로 다른 두 실수가 존재하므로 a에 대한 이차방정식의
> 판별식을 이용할 수 있다.

0772 답 ①

x에 대한 이차방정식 $x^2+2kx+k^2+6k-5=0$이 허근을 갖도록 하는 정수 k의 최솟값은? **단서1**

① 1　　　　② 2　　　　③ 3

④ 4　　　　⑤ 5

단서1 판별식 $D<0$

STEP1 이차방정식이 허근을 가질 조건 구하기

이차방정식 $x^2+2kx+k^2+6k-5=0$의 판별식을 D라 하면 허근을 가져야 하므로 $D<0$이다.

$\dfrac{D}{4}=k^2-(k^2+6k-5)<0$

$-6k+5<0$　　∴ $k>\dfrac{5}{6}$

STEP2 정수 k의 최솟값 구하기

정수 k의 최솟값은 1이다.

0773 답 ①

이차방정식 $x^2+4x+2-k=0$의 판별식을 D라 하면 허근을 가져야 하므로 $D<0$이다.

$\dfrac{D}{4}=2^2-(2-k)<0$　　∴ $k<-2$

0774 답 ④

이차방정식 $x^2+2x-a+4=0$의 판별식을 D_1이라 하면 중근을 가지므로 $D_1=0$이다.

$\dfrac{D_1}{4}=1^2-(-a+4)=0$　　∴ $a=3$

이차방정식 $ax^2-5x+a+1=0$에 $a=3$을 대입하면

$3x^2-5x+4=0$이고, 이 이차방정식의 판별식을 D_2라 하면

$D_2=(-5)^2-4\times3\times4=-23<0$

즉, $D_2<0$이므로 서로 다른 두 허근을 가진다.

따라서 옳은 것은 ④이다.

0775 답 ①

x에 대한 이차방정식 $4x^2+2(2k+m)x+k^2-k+2n=0$이 실수 k의 값에 관계없이 항상 중근을 가질 때, $m+n$의 값은? **단서2** **단서1**

(단, m, n은 상수이다.)

① $-\dfrac{7}{8}$　　② $-\dfrac{1}{8}$　　③ 0

④ $\dfrac{1}{8}$　　⑤ $\dfrac{7}{8}$

단서1 판별식 $D=0$
단서2 k에 대한 항등식

STEP1 이차방정식이 중근을 가질 조건 구하기

이차방정식 $4x^2+2(2k+m)x+k^2-k+2n=0$의 판별식을 D라 하면 중근을 가지므로 $D=0$이다.

$\dfrac{D}{4}=(2k+m)^2-4(k^2-k+2n)=0$

STEP2 k에 대한 항등식을 이용하여 미지수 구하기

$4mk+m^2+4k-8n=0$

위 식을 k에 대하여 정리하면

$4(m+1)k+m^2-8n=0$

위 등식이 k의 값에 관계없이 항상 성립하므로

$m+1=0$, $m^2-8n=0$

∴ $m=-1$, $n=\dfrac{1}{8}$　　∴ $m+n=-\dfrac{7}{8}$

개념 Check

'k의 값에 관계없이'라는 말은 k에 대한 항등식을 말한다.

→ (　　)$k+$(　　)$=0$ 꼴로 정리한 후 계수비교법을 이용한다.

0776 답 ③

이차방정식 $x^2-2(k-1)x+k^2-4ak+2b+2=0$의 판별식을 D라 하면 중근을 가지므로 $D=0$이다.

$\dfrac{D}{4}=\{-(k-1)\}^2-(k^2-4ak+2b+2)=0$

$-2k+4ak-2b-1=0$

위 식을 k에 대하여 정리하면

$2(2a-1)k-(2b+1)=0$

위 등식이 k의 값에 관계없이 항상 성립하므로

$2a-1=0$, $2b+1=0$

∴ $a=\dfrac{1}{2}$, $b=-\dfrac{1}{2}$

∴ $4a+2b=4\times\dfrac{1}{2}+2\times\left(-\dfrac{1}{2}\right)=2-1=1$

0777 답 ③

이차방정식 $x^2-2ax+a^2-4a=mx+n$에서

$x^2-(2a+m)x+a^2-4a-n=0$의 판별식을 D라 하면 중근을 가지므로 $D=0$이다.

$D=\{-(2a+m)\}^2-4(a^2-4a-n)=0$

$4ma+m^2+16a+4n=0$

위 식을 a에 대하여 정리하면

$(4m+16)a+m^2+4n=0$

위 등식이 a의 값에 관계없이 항상 성립하므로

$4m+16=0$, $m^2+4n=0$

∴ $m=-4$, $n=-4$　　∴ $m+n=-8$

0778 답 5

이차방정식 $x^2-2(k+a)x+k^2+ak=2x-b$에서

$x^2-2(k+a+1)x+k^2+ak+b=0$의 판별식을 D라 하면 중근을 가지므로 $D=0$이다.

$\dfrac{D}{4}=\{-(k+a+1)\}^2-(k^2+ak+b)=0$

$a^2+1+ak+2a+2k-b=0$

위 식을 k에 대하여 정리하면

$(a+2)k+(a^2+2a+1-b)=0$

위 등식이 k의 값에 관계없이 항상 성립하므로

$a+2=0$, $a^2+2a+1-b=0$

$\therefore a=-2$, $b=1$

$\therefore a^2+b^2=4+1=5$

0779 탑 $x=-\dfrac{1}{3}$ 또는 $x=1$

이차방정식 $x^2+2(a-k)x+k^2+4k+2b=0$의 판별식을 D라 하면 중근을 가지므로 $D=0$이다.

$\dfrac{D}{4}=(a-k)^2-(k^2+4k+2b)=0$

$a^2-2ak-4k-2b=0$

위 식을 k에 대하여 정리하면

$(-2a-4)k+a^2-2b=0$

위 등식이 k의 값에 관계없이 항상 성립하므로

$-2a-4=0$, $a^2-2b=0$

$\therefore a=-2$, $b=2$ ⋯⋯⋯⋯⋯⋯⋯⋯⋯⋯ ㉠

이차방정식 $(1-a)x^2-bx-1=0$에 ㉠을 대입하면

$3x^2-2x-1=0$, $(3x+1)(x-1)=0$

$\therefore x=-\dfrac{1}{3}$ 또는 $x=1$

0780 탑 ①

이차방정식 $x^2-2(m+a)x+m^2+m+b=0$의 판별식을 D라 하면 중근을 가지므로 $D=0$이다.

$\dfrac{D}{4}=\{-(m+a)\}^2-(m^2+m+b)=0$

$2am+a^2-m-b=0$

위 식을 m에 대하여 정리하면

$(2a-1)m+a^2-b=0$

위 등식이 m의 값에 관계없이 항상 성립하므로

$2a-1=0$, $a^2-b=0$

$\therefore a=\dfrac{1}{2}$, $b=\dfrac{1}{4}$

$\therefore 12(a+b)=12\times\left(\dfrac{1}{2}+\dfrac{1}{4}\right)=9$

0781 탑 ② | 유형 10

이차방정식 $x^2+ax+b=0$이 <u>서로 다른 두 실근을 가질 때</u>, 이차방정
       단서1
식 $x^2+(a-2c)x+b-ac=0$의 근을 판별하면?

                        (단, a, b, c는 실수이다.)

① 중근을 가진다.

② 서로 다른 두 실근을 가진다.

③ 서로 다른 두 허근을 가진다.

④ 실근과 허근을 가진다.

⑤ 판별할 수 없다.

단서1 판별식 $D>0$

STEP1 판별식 $D_1>0$임을 이용하여 조건 구하기

이차방정식 $x^2+ax+b=0$의 판별식을 D_1이라 하면 서로 다른 두 실근을 가지므로 $D_1>0$이다.

$D_1=a^2-4b>0$ ⋯⋯⋯⋯⋯⋯⋯⋯⋯⋯⋯ ㉠

STEP2 이차방정식 $x^2+(a-2c)x+b-ac=0$의 근 판별하기

이차방정식 $x^2+(a-2c)x+b-ac=0$의 판별식을 D_2라 하면

$D_2=(a-2c)^2-4(b-ac)$

$\quad=a^2-4ac+4c^2-4b+4ac$

$\quad=(a^2-4b)+4c^2$

㉠에서 $a^2-4b>0$이고 $4c^2\geq0$이므로

$D_2=(a^2-4b)+4c^2>0$

따라서 이차방정식 $x^2+(a-2c)x+b-ac=0$은 서로 다른 두 실근을 가진다.

참고 c가 실수이므로 $c^2\geq0$이다.

0782 탑 서로 다른 두 허근을 가진다.

이차방정식 $x^2-2kx+k^2-3k+9=0$의 판별식을 D라 하면

$\dfrac{D}{4}=(-k)^2-(k^2-3k+9)=3k-9=3(k-3)$

이때 $k<3$이므로 $\dfrac{D}{4}=3(k-3)<0$

따라서 이차방정식 $x^2-2kx+k^2-3k+9=0$은 서로 다른 두 허근을 가진다.

0783 탑 ①

이차방정식 $ax^2+2(b+1)x-4c=0$의 판별식을 D라 하면

$\dfrac{D}{4}=(b+1)^2+4ac$

$\quad=(b+1)^2-4b$ ($\because ac=-b$)

$\quad=b^2-2b+1=(b-1)^2\geq0$

따라서 이차방정식 $ax^2+2(b+1)x-4c=0$은 실근을 가진다.

참고 이차방정식 $ax^2+2(b+1)x-4c=0$은

$b=1$이면 $D=0$이므로 중근을 가지고

$b\neq1$이면 $D>0$이므로 서로 다른 두 실근을 가진다.

0784 탑 서로 다른 두 실근을 가진다.

$\dfrac{\sqrt{a}}{\sqrt{b}}=-\sqrt{\dfrac{a}{b}}$이므로 $a>0$, $b<0$ ⋯⋯⋯⋯⋯ ㉠

이차방정식 $x^2+ax+b=0$의 판별식을 D라 하면

$D=a^2-4b>0$ ($\because$ ㉠)
     $a>0$이므로 $a^2>0$
         $b<0$이므로 $-4b>0$

따라서 이차방정식 $x^2+ax+b=0$은 서로 다른 두 실근을 가진다.

0785 탑 ②

이차방정식 $x^2-4ax+4b^2+4b+2=0$의 판별식을 D_1이라 하면 중근을 가지므로 $D_1=0$이다.

$\dfrac{D_1}{4}=(-2a)^2-(4b^2+4b+2)=0$

$4a^2-4b^2-4b-2=0$, $a^2-b^2-b=\dfrac{1}{2}$

$a^2-b(b+1)=\dfrac{1}{2}$ ⋯⋯⋯⋯⋯⋯⋯⋯⋯⋯ ㉠

이차방정식 $bx^2+2ax+b+1=0$의 판별식을 D_2라 하면

$\dfrac{D_2}{4}=a^2-b(b+1)=\dfrac{1}{2}$ ($\because$ ㉠)

즉, $D_2>0$이므로 이차방정식 $bx^2+2ax+b+1=0$은 서로 다른 두 실근을 가진다.

0786 답 서로 다른 두 실근을 가진다.

두 이차방정식 $x^2+2ax+b=0$, $x^2+2bx+a=0$의 판별식을 각각 D_1, D_2라 하면 $D_1>0$, $D_2<0$이므로

$\dfrac{D_1}{4}=a^2-b>0$, $\dfrac{D_2}{4}=b^2-a<0$ .... ㉠

이차방정식 $x^2+(2a+1)x+\left(b+\dfrac{1}{2}\right)^2=0$의 판별식을 D_3이라 하면

$D_3=(2a+1)^2-4\left(b+\dfrac{1}{2}\right)^2$

$\quad=4a^2+4a-4b^2-4b$

$\quad=4\underbrace{(a^2-b)}-4\underbrace{(b^2-a)}>0$ ($\because$ ㉠)

㉠에서 $a^2-b>0$ ㉠에서 $b^2-a<0$이므로 $-4(b^2-a)>0$

즉, $D_3>0$이므로 이차방정식 $x^2+(2a+1)x+\left(b+\dfrac{1}{2}\right)^2=0$은 서로 다른 두 실근을 가진다.

0787 답 ②

이차방정식 $x^2-2(a+b+c)x+ab+bc+ca=0$의 판별식을 D라 하면

$\dfrac{D}{4}=\{-(a+b+c)\}^2-(ab+bc+ca)$

$\quad=\dfrac{1}{2}\{\underbrace{(a+b)^2}_{>0}+\underbrace{(b+c)^2}_{>0}+\underbrace{(c+a)^2}_{>0}\}>0$

→ a, b, c가 서로 다른 실수이므로 이 값은 0이 될 수 없다.

따라서 이차방정식 $x^2-2(a+b+c)x+ab+bc+ca=0$은 서로 다른 두 실근을 가진다.

개념 Check

$(a+b+c)^2-(ab+bc+ca)$
$=a^2+b^2+c^2+2ab+2bc+2ca-ab-bc-ca$
$=a^2+b^2+c^2+ab+bc+ca$
$=\dfrac{1}{2}(2a^2+2b^2+2c^2+2ab+2bc+2ca)$
$=\dfrac{1}{2}\{(a^2+2ab+b^2)+(b^2+2bc+c^2)+(c^2+2ca+a^2)\}$
$=\dfrac{1}{2}\{(a+b)^2+(b+c)^2+(c+a)^2\}$

0788 답 ③

이차방정식 $x^2+ax+b=0$, $x^2+bx+a=0$의 판별식을 각각 D_1, D_2라 하면

$D_1=a^2-4b$, $D_2=b^2-4a$

ㄱ. $ab\le0$이면 $a\ge0$, $b\le0$ 또는 $a\le0$, $b\ge0$이다.

  (i) $a\ge0$, $b\le0$이면 $D_1=a^2-4b\ge0$

  (ii) $a\le0$, $b\ge0$이면 $D_2=b^2-4a\ge0$

  따라서 두 이차방정식 중 적어도 하나는 실근을 가진다. (참)

ㄴ. $a+b\le0$이면 $a\le-b$이고

  $a\ge0$, $b\le0$ 또는 $a\le0$, $b\ge0$ 또는 $a\le0$, $b\le0$이다.

  → $a\le-b$이고 $a\ge0$, $b\ge0$인 경우는 없다.

  (i) $a\ge0$, $b\le0$이면 $D_1=a^2-4b\ge0$

  (ii) $a\le0$, $b\ge0$이면 $D_2=b^2-4a\ge0$

  (iii) $a\le0$, $b\le0$이면 $D_1=a^2-4b\ge0$, $D_2=b^2-4a\ge0$

  따라서 두 이차방정식 중 적어도 하나는 실근을 가진다. (참)

ㄷ. $a=0$, $b=0$이면 $ab\le a+b\le0$이지만

  $D_1=D_2=0$이므로 서로 다른 두 허근을 가지지 않는다. (거짓)

따라서 옳은 것은 ㄱ, ㄴ이다.

실수 Check

$a\ge0$, $b\le0$이면 $D_1=a^2-4b\ge0$이지만 $D_2=b^2-4a$의 부호는 알 수 없다.
또, $a\le0$, $b\ge0$이면 $D_2=b^2-4a\ge0$이지만 $D_1=a^2-4b$의 부호는 알 수 없다.

0789 답 ⑤ |유형 11

x에 대한 이차식 $(k+2)x^2+(4k+8)x+3k+10$이 완전제곱식일 때, 실수 k의 값은? **단서1**

① -2 ② -1 ③ 0
④ 1 ⑤ 2

단서1 이차식이 완전제곱식 → (이차식)$=0$이 중근을 가짐

STEP 1 이차식이 완전제곱식이면 (이차식)$=0$이 중근을 가짐을 이해하기

$(k+2)x^2+(4k+8)x+3k+10$이 x에 대한 이차식이므로

$k+2\ne0$ $\therefore k\ne-2$

이차식 $(k+2)x^2+(4k+8)x+3k+10$이 완전제곱식이려면

이차방정식 $(k+2)x^2+(4k+8)x+3k+10=0$이 중근을 가져야

하므로 이 이차방정식의 판별식을 D라 하면 $D=0$이다.

$\dfrac{D}{4}=(2k+4)^2-(k+2)(3k+10)=0$

STEP 2 판별식 $D=0$임을 이용하여 실수 k의 값 구하기

$k^2-4=0$, $k^2=4$ $\therefore k=\pm2$

이때 $k\ne-2$이므로 실수 k의 값은 2이다.

실수 Check

주어진 식은 x에 대한 이차식이다.
즉, x^2의 계수가 0이 아니어야 하므로 $k+2\ne0$임을 잊지 않도록 한다.

0790 답 $\dfrac{1\pm\sqrt{17}}{2}$

$(k-1)x^2-4x+k$가 x에 대한 이차식이므로

$k-1\ne0$ $\therefore k\ne1$

이차식 $(k-1)x^2-4x+k$가 완전제곱식이려면

이차방정식 $(k-1)x^2-4x+k=0$이 중근을 가져야 하므로 이

이차방정식의 판별식을 D라 하면 $D=0$이다.

$\dfrac{D}{4}=(-2)^2-(k-1)k=0$

$k^2-k-4=0$

$\therefore k=\dfrac{1\pm\sqrt{(-1)^2+16}}{2}=\dfrac{1\pm\sqrt{17}}{2}$

0791 답 -4

$m(m+2)x^2+2mx+2$가 x에 대한 이차식이므로

$m(m+2)\neq0$　∴ $m\neq0$이고 $m\neq-2$ ·················· ㉠

이차식 $m(m+2)x^2+2mx+2$가 완전제곱식이려면

이차방정식 $m(m+2)x^2+2mx+2=0$이 중근을 가져야 하므로

이 이차방정식의 판별식을 D라 하면 $D=0$이다.

$\dfrac{D}{4}=m^2-2m(m+2)=0$

$m^2+4m=0$, $m(m+4)=0$

∴ $m=-4$ 또는 $m=0$ ·················· ㉡

따라서 ㉠, ㉡에서 $m=-4$

0792 답 ④

$3x^2-4(a-1)x+4a^2-2a+1$이 $3(x+k)^2$으로 인수분해되므로 완전제곱식이다.

즉, 이차방정식 $3x^2-4(a-1)x+4a^2-2a+1=0$이 중근을 가져야 하므로 이 이차방정식의 판별식을 D라 하면 $D=0$이다.

$\dfrac{D}{4}=\{-2(a-1)\}^2-3(4a^2-2a+1)=0$

$8a^2+2a-1=0$, $(2a+1)(4a-1)=0$

∴ $a=\dfrac{1}{4}$ ($\because a>0$)

따라서 주어진 이차식 $3x^2+3x+\dfrac{3}{4}$을 인수분해하면

$3x^2+3x+\dfrac{3}{4}=3\left(x+\dfrac{1}{2}\right)^2$이므로 $k=\dfrac{1}{2}$

∴ $\dfrac{k}{a}=\dfrac{1}{2}\div\dfrac{1}{4}=2$

0793 답 ①

이차식 $x^2+2(k-1)x+2k^2-a+3$이 완전제곱식이려면

이차방정식 $x^2+2(k-1)x+2k^2-a+3=0$이 중근을 가져야 하므로 이 이차방정식의 판별식을 D라 하면 $D=0$이다.

$\dfrac{D}{4}=(k-1)^2-(2k^2-a+3)=0$

$k^2+2k-a+2=0$ ·················· ㉠

이때 ㉠을 만족시키는 실수 k의 값이 오직 한 개뿐이므로

k에 대한 이차식 $k^2+2k-a+2$는 완전제곱식이어야 한다. 즉,

$-a+2=1$　∴ $a=1$

다른 풀이

k에 대한 이차방정식 ㉠을 만족시키는 실수 k의 값이 오직 한 개뿐이면 ㉠이 중근을 가지므로

$\dfrac{D}{4}=1^2-(-a+2)=0$　∴ $a=1$

실수 Check

이차방정식 $k^2+2k-a+2=0$을 만족시키는 실수 k의 값이 오직 한 개뿐이면 다음의 방법으로 풀이할 수 있다.

➡ 좌변의 이차식은 완전제곱식이다.

➡ 이 이차방정식은 중근을 가진다.

0794 답 3

$ax^2-2(k-1)x+k^2+a-bk$가 x에 대한 이차식이므로

$a\neq0$

이차식 $ax^2-2(k-1)x+k^2+a-bk$가 완전제곱식이려면 이차방정식 $ax^2-2(k-1)x+k^2+a-bk=0$이 중근을 가져야 하므로 이 이차방정식의 판별식을 D라 하면 $D=0$이다.

$\dfrac{D}{4}=\{-(k-1)\}^2-a(k^2+a-bk)=0$

$(1-a)k^2+(ab-2)k+1-a^2=0$

위 등식이 k의 값에 관계없이 항상 성립하므로

$1-a=0$, $ab-2=0$, $1-a^2=0$

∴ $a=1$, $b=2$

∴ $a+b=3$

실수 Check

주어진 식이 x에 대한 이차식이므로 $a\neq0$이다. 주어진 이차식이 k의 값에 관계없이 완전제곱식이 되므로 (이차식)$=0$의 판별식은 k에 대한 항등식임을 이용한다.

Plus 문제

0794-1

x에 대한 이차식 $x^2-(2k+a)x+k^2-2k+b$가 실수 k의 값에 관계없이 완전제곱식이 될 때, 상수 a, b에 대하여 ab의 값을 구하시오.

이차식 $x^2-(2k+a)x+k^2-2k+b$가 완전제곱식이려면

이차방정식 $x^2-(2k+a)x+k^2-2k+b=0$이 중근을 가져야 하므로 이 이차방정식의 판별식을 D라 하면 $D=0$이다.

$D=\{-(2k+a)\}^2-4(k^2-2k+b)=0$

$(4a+8)k+a^2-4b=0$

위 등식이 k의 값에 관계없이 항상 성립하므로

$4a+8=0$, $a^2-4b=0$

∴ $a=-2$, $b=1$

∴ $ab=-2$

답 -2

0795 답 ②　| 유형 12

삼각형 ABC의 세 변의 길이를 $\overline{BC}=a$, $\overline{CA}=b$, $\overline{AB}=c$라 하자. 이 〔단서1〕

차방정식 $(a-b)x^2+2cx+a+b=0$이 중근을 가질 때, 삼각형 ABC는 어떤 삼각형인가? 〔단서2〕

① 정삼각형　　　　　② $\angle A=90°$인 직각삼각형

③ $\angle B=90°$인 직각삼각형　　④ $\overline{BC}=\overline{CA}$인 이등변삼각형

⑤ $\overline{AB}=\overline{CA}$인 이등변삼각형

〔단서1〕 삼각형의 세 변의 길이에 대한 조건을 찾자!
〔단서2〕 판별식 $D=0$

STEP1 중근을 가질 조건 이용하기

a, b, c가 삼각형의 세 변의 길이이므로 $a>0$, $b>0$, $c>0$

이차방정식 $(a-b)x^2+2cx+a+b=0$의 판별식을 D라 하면

중근을 가지므로 $D=0$이다.

$$\frac{D}{4}=c^2-(a-b)(a+b)=0$$

STEP2 삼각형의 모양 결정하기

$c^2-a^2+b^2=0$

$\therefore a^2=b^2+c^2$

따라서 삼각형 ABC는 빗변의 길이가 a인 직각삼각형이므로

$\angle A=90°$인 직각삼각형이다.

0796 답 ⑤

이차방정식 $x^2+2ax+b^2+c^2=0$의 판별식을 D라 하면

서로 다른 두 실근을 가지므로 $D>0$이다.

$$\frac{D}{4}=a^2-(b^2+c^2)>0$$

$\therefore a^2>b^2+c^2$

따라서 이 삼각형은 둔각삼각형이다.

0797 답 빗변의 길이가 a인 직각삼각형

이차방정식 $a(1+x^2)+2bx+c(1-x^2)=0$에서

$(a-c)x^2+2bx+a+c=0$

이 이차방정식의 판별식을 D라 하면

중근을 가지므로 $D=0$이다.

$$\frac{D}{4}=b^2-(a-c)(a+c)=0$$

$b^2-a^2+c^2=0$

$\therefore a^2=b^2+c^2$

따라서 이 삼각형은 빗변의 길이가 a인 직각삼각형이다.

0798 답 ⑤

이차방정식 $b(1-x^2)+2ax+c(1+x^2)=0$에서

$(c-b)x^2+2ax+(b+c)=0$

이 이차방정식의 판별식을 D라 하면

서로 다른 두 허근을 가지므로 $D<0$이다.

$$\frac{D}{4}=a^2-(c-b)(b+c)<0$$

$a^2-(c^2-b^2)<0$

$\therefore c^2>a^2+b^2$

따라서 이 삼각형은 둔각삼각형이다.

0799 답 ②

이차방정식 $(a+b)x^2-2cx-(b-a)=0$의 판별식을 D라 하면

서로 다른 두 실근을 가지므로 $D>0$이다.

$$\frac{D}{4}=(-c)^2+(a+b)(b-a)>0$$

$c^2+b^2-a^2>0$

$\therefore a^2<b^2+c^2$

따라서 이 삼각형은 예각삼각형이다.

참고 $a^2<b^2+c^2$이므로 세 변의 길이 중 가장 긴 변의 길이가 a인 예각삼각형이다.

0800 답 ④

이차방정식 $4x^2-2(a+b)x+ab=0$의 판별식을 D_1이라 하면

중근을 가지므로 $D_1=0$이다.

$$\frac{D_1}{4}=\{-(a+b)\}^2-4ab=0$$

$(a-b)^2=0$ $\therefore a=b$

이차방정식 $(a+c)x^2-2bx+(c-a)=0$의 판별식을 D_2라 하면

중근을 가지므로 $D_2=0$이다.

$$\frac{D_2}{4}=(-b)^2-(a+c)(c-a)=0$$

$\therefore c^2=a^2+b^2$

따라서 이 삼각형은 빗변의 길이가 c이고 $a=b$인 직각이등변삼각형이다.

0801 답 ③

이차식 $(a+c)x^2+2bx+(a-c)$가 완전제곱식이므로

x에 대한 이차방정식 $(a+c)x^2+2bx+(a-c)=0$이 중근을 가진다.

이 이차방정식의 판별식을 D라 하면 $D=0$이다.

$$\frac{D}{4}=b^2-(a+c)(a-c)=0 \qquad \therefore a^2=b^2+c^2$$

따라서 이 삼각형은 빗변의 길이가 a인 직각삼각형이다.

0802 답 정삼각형

$x^2+2(a+b+c)x+3(ab+bc+ca)$가 완전제곱식이므로

x에 대한 이차방정식 $x^2+2(a+b+c)x+3(ab+bc+ca)=0$이 중근을 가진다.

이 이차방정식의 판별식을 D라 하면 $D=0$이다.

$$\frac{D}{4}=(a+b+c)^2-3(ab+bc+ca)=0$$

$a^2+b^2+c^2-ab-bc-ca=0$

$2a^2+2b^2+2c^2-2ab-2bc-2ca=0$ ⟩ 양변에 2를 곱하면

$(a^2-2ab+b^2)+(b^2-2bc+c^2)+(c^2-2ca+a^2)=0$ ⟩ 완전제곱식의 형태로 변형할 수 있다.

$\therefore (a-b)^2+(b-c)^2+(c-a)^2=0$

a, b, c가 양수이므로 $a-b=0$, $b-c=0$, $c-a=0$

$\therefore a=b=c$

따라서 이 삼각형은 정삼각형이다.

Plus 문제

0802-1

양수 a, b, c를 세 변의 길이로 하는 삼각형이 정삼각형이 아닌 이등변삼각형일 때, x에 대한 이차방정식 $3x^2+2(a+b+c)x+ab+bc+ca=0$의 근을 판별하시오.

이차방정식 $3x^2+2(a+b+c)x+ab+bc+ca=0$의 판별식을 D라 하면

$$\frac{D}{4}=(a+b+c)^2-3(ab+bc+ca)$$
$$=a^2+b^2+c^2-ab-bc-ca$$
$$=\frac{1}{2}\{(a^2-2ab+b^2)+(b^2-2bc+c^2)+(c^2-2ca+a^2)\}$$
$$=\frac{1}{2}\{(a-b)^2+(b-c)^2+(c-a)^2\}$$

삼각형이 정삼각형이 아닌 이등변삼각형이면 세 양수 a, b, c 중 2개는 같고 나머지 하나는 다르다.

따라서 $\frac{D}{4}=\frac{1}{2}\{(a-b)^2+(b-c)^2+(c-a)^2\}>0$이므로 이 이차방정식은 서로 다른 두 실근을 가진다.

🄐 서로 다른 두 실근을 가진다.

0803 🄐 ② | 유형 13

이차방정식 $x^2-x+5=0$의 두 근을 α, β라 할 때,
【단서1】 $(1-\alpha+\alpha^2)(1-\beta+\beta^2)$의 값은?

① 8 ② 16 ③ 25
④ 32 ⑤ 36

【단서1】 $x=\alpha$, $x=\beta$를 대입

STEP 1 α, β를 이차방정식에 대입하기

이차방정식 $x^2-x+5=0$의 두 근이 α, β이므로
이차방정식에 $x=\alpha$, $x=\beta$를 각각 대입하면
$$\alpha^2-\alpha=-5$$
$$\beta^2-\beta=-5$$

STEP 2 식의 값 구하기
$$(1\underbrace{-\alpha+\alpha^2}_{=-5})(1\underbrace{-\beta+\beta^2}_{=-5})=(1-5)(1-5)=16$$

0804 🄐 2

이차방정식 $x^2-2x+7=0$의 한 근이 α이므로
이차방정식에 $x=\alpha$를 대입하면
$$\alpha^2-2\alpha+7=0$$
양변을 α로 나누면
$$\alpha-2+\frac{7}{\alpha}=0 \qquad \therefore \alpha+\frac{7}{\alpha}=2$$

→ 주어진 이차방정식에 $x=0$을 대입하면 성립하지 않으므로 $\alpha\neq0$이다.
➡ $\alpha\neq0$이므로 양변을 α로 나눌 수 있다.

0805 🄐 ④

이차방정식 $x^2-x+1=0$의 두 근이 α, β이므로
이차방정식에 $x=\alpha$, $x=\beta$를 각각 대입하면
$$\alpha^2-\alpha+1=0, \quad \beta^2-\beta+1=0$$
$\alpha^2-\alpha+1=0$에서 $\alpha^2-\alpha+4=3$
$\beta^2-\beta+1=0$의 양변을 β로 나누면
$$\beta-1+\frac{1}{\beta}=0 \qquad \therefore \beta+\frac{1}{\beta}=1$$
$$\therefore (\alpha^2-\alpha+4)+\left(\beta+\frac{1}{\beta}\right)=3+1=4$$

0806 🄐 ③

이차방정식 $x^2-5x+1=0$의 두 근이 α, β이므로
이차방정식에 $x=\alpha$, $x=\beta$를 각각 대입하면
$$\alpha^2-5\alpha+1=0, \quad \beta^2-5\beta+1=0$$
$\alpha^2-5\alpha+1=0$의 양변을 α로 나누면
$$\alpha-5+\frac{1}{\alpha}=0 \qquad \therefore \alpha+\frac{1}{\alpha}=5$$
$\beta^2-5\beta+1=0$의 양변을 β로 나누면
$$\beta-5+\frac{1}{\beta}=0 \qquad \therefore \beta+\frac{1}{\beta}=5$$
$$\therefore 2\alpha+\beta+\frac{2}{\alpha}+\frac{1}{\beta}=2\left(\alpha+\frac{1}{\alpha}\right)+\left(\beta+\frac{1}{\beta}\right)$$
$$=2\times5+5=15$$

0807 🄐 -9

이차방정식 $x^2-2x+3=0$의 한 근이 α이므로
이차방정식에 $x=\alpha$를 대입하면
$$\alpha^2-2\alpha+3=0 \qquad \therefore \alpha^2=2\alpha-3, \ \alpha^2-2\alpha=-3$$
$$\therefore \alpha^4+\alpha^3+3\alpha=(2\alpha-3)^2+\alpha(2\alpha-3)+3\alpha$$
$$=6\alpha^2-12\alpha+9$$
$$=6(\underbrace{\alpha^2-2\alpha}_{=-3})+9=-9$$

다른 풀이

$\alpha^4+\alpha^3+3\alpha$를 $\alpha^2-2\alpha+3=0$임을 이용할 수 있는 꼴로 다음과 같이 변형할 수 있다.
$$\alpha^4+\alpha^3+3\alpha=(\alpha^2-2\alpha+3)(\alpha^2+3\alpha+3)-9=-9$$

0808 🄐 ④

이차방정식 $x^2+x-5=0$의 한 근이 α이므로
이차방정식에 $x=\alpha$를 대입하면
$$\alpha^2+\alpha-5=0 \qquad \therefore \alpha^2+\alpha=5$$
$$\therefore \frac{\alpha^2+2\alpha}{\alpha+5}+\frac{\alpha+5}{\alpha^2+2\alpha}=\frac{5+\alpha}{\alpha+5}+\frac{\alpha+5}{5+\alpha}=2$$

→ $\alpha^2+2\alpha=(\alpha^2+\alpha)+\alpha=5+\alpha$

0809 🄐 9

이차방정식 $3x^2-9x+1=0$의 한 근이 α이므로
이차방정식에 $x=\alpha$를 대입하면
$$3\alpha^2-9\alpha+1=0 \quad \cdots\cdots \text{㉠}$$
주어진 식을 변형하면
$$\frac{1}{\alpha}+\frac{1}{3-\alpha}=\frac{3-\alpha+\alpha}{\alpha(3-\alpha)}=\frac{3}{3\alpha-\alpha^2}$$
㉠에서 $3\alpha^2-9\alpha=-1$이므로 $3\alpha-\alpha^2=\frac{1}{3}$
$$\therefore \frac{1}{\alpha}+\frac{1}{3-\alpha}=\frac{3}{3\alpha-\alpha^2}=3\div\frac{1}{3}=9$$

0810 🄐 ②

이차방정식 $x^2-x-3=0$의 한 근이 α이므로
이차방정식에 $x=\alpha$를 대입하면
$$\alpha^2-\alpha-3=0 \quad \cdots\cdots \text{㉠}$$

주어진 식을 변형하면

$$\frac{\alpha+2}{\alpha+1}+\frac{\alpha-3}{\alpha-2}=\frac{(\alpha+1)+1}{\alpha+1}+\frac{(\alpha-2)-1}{\alpha-2}$$

$$=1+\frac{1}{\alpha+1}+1-\frac{1}{\alpha-2}$$

$$=2+\frac{1}{\alpha+1}-\frac{1}{\alpha-2}$$

$$=2+\frac{(\alpha-2)-(\alpha+1)}{(\alpha+1)(\alpha-2)}$$

$$=2+\frac{-3}{\alpha^2-\alpha-2}$$

㉠에서 $\alpha^2-\alpha-2=1$이므로

$$\frac{\alpha+2}{\alpha+1}+\frac{\alpha-3}{\alpha-2}=2+\frac{-3}{\alpha^2-\alpha-2}=2+\frac{-3}{1}=-1$$

0811 답 27

이차방정식 $2x^2+6x-9=0$의 두 근이 α, β이므로
이차방정식에 $x=\alpha$, $x=\beta$를 각각 대입하면
$2\alpha^2+6\alpha-9=0$, $2\beta^2+6\beta-9=0$
$2\alpha^2+6\alpha-9=0$에서 $2\alpha^2+6\alpha=9$
$2\beta^2+6\beta-9=0$에서 $2\beta^2+6\beta=9$
$$\therefore 2(2\alpha^2+\beta^2)+6(2\alpha+\beta)=4\alpha^2+2\beta^2+12\alpha+6\beta$$
$$=2(2\alpha^2+6\alpha)+(2\beta^2+6\beta)$$
$$=2\times9+9=27$$

0812 답 ②

| 유형 14

이차방정식 $x^2+3x+4=0$의 두 근을 α, β라 할 때,
$\dfrac{\alpha+1}{\beta}+\dfrac{\beta+1}{\alpha}$의 값은?
단서1
단서2

① -1 ② $-\dfrac{1}{2}$ ③ 0

④ $\dfrac{1}{2}$ ⑤ 1

단서1 근과 계수의 관계 이용
단서2 통분하여 식 변형

STEP 1 이차방정식의 근과 계수의 관계 구하기

이차방정식 $x^2+3x+4=0$의 두 근이 α, β이므로
근과 계수의 관계에 의하여
$\alpha+\beta=-3$, $\alpha\beta=4$

STEP 2 곱셈 공식의 변형을 이용하여 식의 값 구하기

$$\frac{\alpha+1}{\beta}+\frac{\beta+1}{\alpha}=\frac{\alpha^2+\beta^2+\alpha+\beta}{\alpha\beta}$$

$$=\frac{(\alpha+\beta)^2-2\alpha\beta+(\alpha+\beta)}{\alpha\beta}$$

$$=\frac{(-3)^2-2\times4-3}{4}=-\frac{1}{2}$$

개념 Check

곱셈 공식의 변형
$\begin{aligned}a^2+b^2&=(a+b)^2-2ab\\&=(a-b)^2+2ab\end{aligned}$

0813 답 ①

이차방정식 $2x^2-4x+1=0$의 두 근이 α, β이므로
근과 계수의 관계에 의하여
$\alpha+\beta=2$, $\alpha\beta=\dfrac{1}{2}$
$$\therefore (1-2\alpha)(1-2\beta)=1-2(\alpha+\beta)+4\alpha\beta$$
$$=1-2\times2+4\times\frac{1}{2}=-1$$

0814 답 ④

이차방정식 $2x^2-3x+4=0$의 두 근이 α, β이므로
근과 계수의 관계에 의하여
$\alpha+\beta=\dfrac{3}{2}$, $\alpha\beta=2$

$$\therefore \frac{1}{\alpha^2}+\frac{1}{\beta^2}=\frac{\alpha^2+\beta^2}{\alpha^2\beta^2}=\frac{(\alpha+\beta)^2-2\alpha\beta}{(\alpha\beta)^2}=\frac{\frac{9}{4}-4}{4}=-\frac{7}{16}$$

0815 답 ⑤

이차방정식 $2x^2-6x+1=0$의 두 근이 α, β이므로
근과 계수의 관계에 의하여
$\alpha+\beta=3$, $\alpha\beta=\dfrac{1}{2}$

$$(\alpha-\beta)^2=(\alpha+\beta)^2-4\alpha\beta=3^2-4\times\frac{1}{2}=7$$

$$\therefore \alpha-\beta=\sqrt{7} \ (\because \alpha>\beta)$$

$$\therefore \alpha^2-\beta^2=(\alpha+\beta)(\alpha-\beta)=3\times\sqrt{7}=3\sqrt{7}$$

개념 Check

곱셈 공식의 변형
(1) $(a+b)^2=(a-b)^2+4ab$
(2) $(a-b)^2=(a+b)^2-4ab$

0816 답 ③

이차방정식 $x^2-3x+1=0$의 두 근이 α, β이므로
근과 계수의 관계에 의하여
$\alpha+\beta=3$, $\alpha\beta=1$
$$\therefore \alpha^3+\beta^3=(\alpha+\beta)^3-3\alpha\beta(\alpha+\beta)$$
$$=3^3-3\times1\times3=18$$

개념 Check

곱셈 공식의 변형
(1) $a^3+b^3=(a+b)^3-3ab(a+b)$
(2) $a^3-b^3=(a-b)^3+3ab(a-b)$

0817 답 52

이차방정식 $x^2-4x+1=0$의 두 근이 α, β이므로
근과 계수의 관계에 의하여
$\alpha+\beta=4$, $\alpha\beta=1$

$$\therefore \frac{\beta^2}{\alpha}+\frac{\alpha^2}{\beta}=\frac{\alpha^3+\beta^3}{\alpha\beta}=\frac{(\alpha+\beta)^3-3\alpha\beta(\alpha+\beta)}{\alpha\beta}$$
$$=\frac{4^3-3\times1\times4}{1}=52$$

0818 답 ①

이차방정식 $x^2-5x+1=0$의 두 근이 α, β이므로
근과 계수의 관계에 의하여
$\underline{\alpha+\beta=5,\ \alpha\beta=1}$
$\quad\longrightarrow \alpha+\beta>0,\ \alpha\beta>0$이므로 $\alpha>0,\ \beta>0$이다.
$$\therefore (\sqrt{\alpha}-\sqrt{\beta})^2=\alpha+\beta-2\sqrt{\alpha}\sqrt{\beta}=\alpha+\beta-2\sqrt{\alpha\beta}$$
$$=5-2=3$$
$\qquad\qquad\qquad\longrightarrow \alpha>0,\ \beta>0$이므로 $\sqrt{\alpha}\sqrt{\beta}=\sqrt{\alpha\beta}$

참고 이차방정식 $x^2-5x+1=0$에서 $x=\dfrac{5\pm\sqrt{21}}{2}>0$

즉, $\alpha>0,\ \beta>0$이므로
$$(\sqrt{\alpha}-\sqrt{\beta})^2=\sqrt{\alpha}^2+\sqrt{\beta}^2-2\sqrt{\alpha}\sqrt{\beta}$$
$$=|\alpha|+|\beta|-2\sqrt{\alpha\beta}$$
$$=\alpha+\beta-2\sqrt{\alpha\beta}$$
가 성립한다.

0819 답 0

$|x^2-6x|=7$에서 $x^2-6x=\pm7$이므로
(i) $x^2-6x=7$, 즉 $x^2-6x-7=0$의 두 근을 α, β라 하면
근과 계수의 관계에 의하여
$\alpha+\beta=6,\ \alpha\beta=-7$
(ii) $x^2-6x=-7$, 즉 $x^2-6x+7=0$의 두 근을 γ, δ라 하면
근과 계수의 관계에 의하여
$\gamma+\delta=6,\ \gamma\delta=7$
(i), (ii)에 의하여
$$\frac{1}{\alpha}+\frac{1}{\beta}+\frac{1}{\gamma}+\frac{1}{\delta}=\frac{\alpha+\beta}{\alpha\beta}+\frac{\gamma+\delta}{\gamma\delta}=-\frac{6}{7}+\frac{6}{7}=0$$

실수 Check

(i), (ii)에서 어떤 근을 α, β, γ, δ라고 하는지와 관계없이
$\dfrac{1}{\alpha}+\dfrac{1}{\beta}+\dfrac{1}{\gamma}+\dfrac{1}{\delta}$의 값은 같다.

0820 답 ⑤ | 유형 15

이차방정식 $x^2-2x+6=0$의 두 근을 α, β라 할 때,
                                        단서1
$(1-\alpha^2+3\alpha)(1-\beta^2+3\beta)$의 값은?
        단서2

① 25   ② 36   ③ 47

④ 58   ⑤ 69

단서1 $x=\alpha$, $x=\beta$를 대입
단서2 근과 계수의 관계 이용

STEP1 이차방정식에 $x=\alpha$, $x=\beta$ 대입하기

이차방정식 $x^2-2x+6=0$의 두 근이 α, β이므로
이차방정식에 $x=\alpha$, $x=\beta$를 각각 대입하면
$\alpha^2-2\alpha+6=0$에서 $\alpha^2-2\alpha=-6$
$\beta^2-2\beta+6=0$에서 $\beta^2-2\beta=-6$ $\cdots\cdots$ ㉠

STEP2 근과 계수의 관계를 이용하여 $\alpha+\beta$, $\alpha\beta$의 값 구하기

근과 계수의 관계에 의하여
$\alpha+\beta=2,\ \alpha\beta=6$ $\cdots\cdots$ ㉡

STEP3 식을 변형하여 식의 값 구하기

$(1-\alpha^2+3\alpha)(1-\beta^2+3\beta)$
$=\{1-(\alpha^2-2\alpha)+\alpha\}\{1-(\beta^2-2\beta)+\beta\}$
$=(7+\alpha)(7+\beta)$ $(\because$ ㉠$)$
$=49+7(\alpha+\beta)+\alpha\beta$
$=49+7\times2+6$ $(\because$ ㉡$)$
$=69$

0821 답 89

이차방정식 $x^2-3x+1=0$의 두 근이 α, β이므로
이차방정식에 $x=\alpha$, $x=\beta$를 각각 대입하면
$\alpha^2-3\alpha+1=0,\ \beta^2-3\beta+1=0$ $\cdots\cdots$ ㉠
근과 계수의 관계에 의하여
$\alpha+\beta=3,\ \alpha\beta=1$ $\cdots\cdots$ ㉡
$\therefore (\alpha^2+5\alpha+2)(\beta^2+5\beta+2)$
$\quad=\{(\alpha^2-3\alpha+1)+8\alpha+1\}\{(\beta^2-3\beta+1)+8\beta+1\}$
$\quad=(8\alpha+1)(8\beta+1)$ $(\because$ ㉠$)$
$\quad=64\alpha\beta+8(\alpha+\beta)+1$
$\quad=64\times1+8\times3+1$ $(\because$ ㉡$)$
$\quad=89$

0822 답 ①

이차방정식 $x^2-x-3=0$의 두 근이 α, β이므로
이차방정식에 $x=\alpha$, $x=\beta$를 각각 대입하면
$\alpha^2-\alpha-3=0,\ \beta^2-\beta-3=0$ $\cdots\cdots$ ㉠
근과 계수의 관계에 의하여
$\alpha+\beta=1,\ \alpha\beta=-3$ $\cdots\cdots$ ㉡
$\therefore (\alpha^3-\alpha^2-\alpha-1)(\beta^3-\beta^2-\beta-1)$
$\quad=\{\alpha\underbrace{(\alpha^2-\alpha)}_{=3}-\alpha-1\}\{\beta\underbrace{(\beta^2-\beta)}_{=3}-\beta-1\}$
$\quad=(2\alpha-1)(2\beta-1)$ $(\because$ ㉠$)$
$\quad=4\alpha\beta-2(\alpha+\beta)+1$
$\quad=4\times(-3)-2\times1+1$ $(\because$ ㉡$)$
$\quad=-13$

0823 답 12

이차방정식 $x^2-3x-1=0$의 두 근이 α, β이므로
이차방정식에 $x=\alpha$, $x=\beta$를 각각 대입하면
$\alpha^2-3\alpha-1=0$에서 $\alpha^2-3\alpha=1$
$\beta^2-3\beta-1=0$에서 $\beta^2-3\beta=1$
근과 계수의 관계에 의하여
$\alpha+\beta=3,\ \alpha\beta=-1$

$$\therefore \alpha^3 - 2\alpha^2 + \alpha\beta + 4\beta = \alpha(\alpha^2 - 2\alpha + \beta) + 4\beta$$

> $\alpha + \beta = 3$에서
> $\beta = 3 - \alpha$

$$= \alpha(\alpha^2 - 2\alpha + 3 - \alpha) + 4\beta$$
$$= \alpha(\underbrace{\alpha^2 - 3\alpha}_{=1} + 3) + 4\beta$$
$$= 4\alpha + 4\beta = 4(\alpha + \beta)$$
$$= 4 \times 3 = 12$$

0824 답 ④

이차방정식 $x^2 + 4x - 3 = 0$의 두 근이 α, β이므로

이차방정식에 $x = \alpha$, $x = \beta$를 각각 대입하면

$\alpha^2 + 4\alpha - 3 = 0$에서 $\alpha^2 + 4\alpha = 3$

$\beta^2 + 4\beta - 3 = 0$에서 $\beta^2 + 4\beta = 3$

근과 계수의 관계에 의하여

$\alpha + \beta = -4$, $\alpha\beta = -3$

$$\therefore \frac{6\beta}{\underbrace{\alpha^2 + 4\alpha}_{=3} - 4} + \frac{6\alpha}{\underbrace{\beta^2 + 4\beta}_{=3} - 4} = \frac{6\beta}{-1} + \frac{6\alpha}{-1}$$
$$= -6(\alpha + \beta)$$
$$= (-6) \times (-4) = 24$$

0825 답 43

이차방정식 $x^2 + 5x + 1 = 0$의 두 근이 α, β이므로

근과 계수의 관계에 의하여

$\alpha + \beta = -5$, $\alpha\beta = 1$ ⋯⋯⋯⋯⋯⋯⋯⋯⋯⋯⋯ ㉠

이차방정식 $x^2 - 2x + 3 = 0$의 두 근이 p, q이므로

이차방정식에 $x = p$, $x = q$를 각각 대입하면

$p^2 - 2p + 3 = 0$, $q^2 - 2q + 3 = 0$에서

$p^2 = 2p - 3$, $q^2 = 2q - 3$ ⋯⋯⋯⋯⋯⋯⋯⋯⋯⋯⋯ ㉡

근과 계수의 관계에 의하여

$p + q = 2$, $pq = 3$ ⋯⋯⋯⋯⋯⋯⋯⋯⋯⋯⋯⋯⋯⋯⋯ ㉢

$$\therefore (p + \alpha)(p + \beta)(q + \alpha)(q + \beta)$$
$$= \{p^2 + (\alpha + \beta)p + \alpha\beta\}\{q^2 + (\alpha + \beta)q + \alpha\beta\}$$
$$= (\underbrace{p^2}_{=2p-3} - 5p + 1)(\underbrace{q^2}_{=2q-3} - 5q + 1) \ (\because \text{㉠})$$
$$= (-3p - 2)(-3q - 2) \ (\because \text{㉡})$$
$$= 9pq + 6(p + q) + 4$$
$$= 9 \times 3 + 6 \times 2 + 4 \ (\because \text{㉢})$$
$$= 43$$

0826 답 ⑤

이차방정식 $2x^2 + 3x + 4 = 0$의 두 근이 α, β이므로

이차방정식에 $x = \alpha$, $x = \beta$를 각각 대입하면

$2\alpha^2 + 3\alpha + 4 = 0$, $2\beta^2 + 3\beta + 4 = 0$ ⋯⋯⋯⋯⋯ ㉠

근과 계수의 관계에 의하여

$\alpha + \beta = -\dfrac{3}{2}$, $\alpha\beta = 2$ ⋯⋯⋯⋯⋯⋯⋯⋯⋯⋯⋯ ㉡

ㄱ. $8\alpha^3 + 8\beta^3 = 8(\alpha^3 + \beta^3)$
$$= 8\{(\alpha + \beta)^3 - 3\alpha\beta(\alpha + \beta)\}$$
$$= 8 \times \left\{\left(-\frac{3}{2}\right)^3 - 3 \times 2 \times \left(-\frac{3}{2}\right)\right\} \ (\because \text{㉡})$$
$$= 45 \ (\text{참})$$

ㄴ. $(4\alpha^2 + 6\alpha + 5)(4\beta^2 + 6\beta + 5)$
$$= \{2(2\alpha^2 + 3\alpha) + 5\}\{2(2\beta^2 + 3\beta) + 5\}$$
$$= \{2 \times (-4) + 5\}\{2 \times (-4) + 5\} \ (\because \text{㉠})$$
$$= 9 \ (\text{참})$$

ㄷ. $(x - 2\alpha)(x - 2\beta) = 7x$에서

$x^2 - 2(\alpha + \beta)x + 4\alpha\beta = 7x$

$x^2 - 4x + 8 = 0 \ (\because \text{㉡})$

이때 이차방정식의 근과 계수의 관계에 의하여 두 근의 합은 4

이다. (참)

따라서 옳은 것은 ㄱ, ㄴ, ㄷ이다.

0827 답 ④

이차방정식 $x^2 + x - 1 = 0$의 두 근이 α, β이므로

근과 계수의 관계에 의하여

$\alpha + \beta = -1$, $\alpha\beta = -1$

$$\therefore \beta P(\alpha) + \alpha P(\beta) = \beta(2\alpha^2 - 3\alpha) + \alpha(2\beta^2 - 3\beta)$$
$$= 2\alpha^2\beta - 3\alpha\beta + 2\alpha\beta^2 - 3\alpha\beta$$
$$= 2\alpha\beta(\alpha + \beta) - 6\alpha\beta$$
$$= 2 \times (-1) \times (-1) - 6 \times (-1)$$
$$= 8$$

0828 답 ③

이차방정식 $x^2 + 2x + 3 = 0$의 서로 다른 두 근이 α, β이므로

이차방정식에 $x = \alpha$, $x = \beta$를 각각 대입하면

$\alpha^2 + 2\alpha + 3 = 0$에서 $\alpha^2 + 2\alpha = -3$

$\beta^2 + 2\beta + 3 = 0$에서 $\beta^2 + 2\beta = -3$ ⋯⋯⋯⋯⋯⋯ ㉠

근과 계수의 관계에 의하여

$\alpha + \beta = -2$, $\alpha\beta = 3$ ⋯⋯⋯⋯⋯⋯⋯⋯⋯⋯⋯⋯⋯ ㉡

$$\therefore \frac{1}{\alpha^2 + 3\alpha + 3} + \frac{1}{\beta^2 + 3\beta + 3}$$

> $\alpha^2 + 3\alpha + 3 = (\alpha^2 + 2\alpha) + \alpha + 3$
> $\beta^2 + 3\beta + 3 = (\beta^2 + 2\beta) + \beta + 3$

$$= \frac{1}{-3 + \alpha + 3} + \frac{1}{-3 + \beta + 3} \ (\because \text{㉠})$$
$$= \frac{1}{\alpha} + \frac{1}{\beta} = \frac{\alpha + \beta}{\alpha\beta}$$
$$= -\frac{2}{3} \ (\because \text{㉡})$$

0829 답 ⑤

| 유형 16

이차방정식 $2x^2 + (k+5)x + k = 0$의 두 근 α, β가

단서1

$\dfrac{1}{\alpha} + \dfrac{1}{\beta} = 4$를 만족시킬 때, 정수 k의 값은?

단서2

① -5 ② -4 ③ -3

④ -2 ⑤ -1

단서1 근과 계수의 관계 이용

단서2 $\alpha + \beta$, $\alpha\beta$에 대한 식으로 변형

이차방정식 $2x^2+(k+5)x+k=0$의 두 근이 α, β이므로
근과 계수의 관계에 의하여

$\alpha+\beta=-\dfrac{k+5}{2}$, $\alpha\beta=\dfrac{k}{2}$ ┄┄┄┄┄┄┄┄┄┄┄┄ ㉠

이때 $\dfrac{1}{\alpha}+\dfrac{1}{\beta}=4$에서

$\dfrac{1}{\alpha}+\dfrac{1}{\beta}=\dfrac{\alpha+\beta}{\alpha\beta}=-\dfrac{k+5}{2}\times\dfrac{2}{k}=-\dfrac{k+5}{k}$ $(\because ㉠)$

즉, $-\dfrac{k+5}{k}=4$이므로 $-(k+5)=4k$

$5k=-5$ $\quad\therefore k=-1$

0830 탑 ②

이차방정식 $x^2-(2a+5b)x+(4a-b)=0$의 두 근이 α, β이므로
근과 계수의 관계에 의하여
$\alpha+\beta=2a+5b$, $\alpha\beta=4a-b$
이때 주어진 조건에서 $\alpha+\beta=12$, $\alpha\beta=35$이므로
$2a+5b=12$, $4a-b=35$
두 식을 연립하여 풀면 $a=\dfrac{17}{2}$, $b=-1$

$\therefore a+b=\dfrac{15}{2}$

0831 탑 1

이차방정식 $x^2-(k+3)x+3k-1=0$의 두 근이 α, β이므로
근과 계수의 관계에 의하여
$\alpha+\beta=k+3$, $\alpha\beta=3k-1$ ┄┄┄┄┄┄┄┄┄┄┄┄ ㉠
이때 $\alpha^2+\beta^2=12$에서
$\begin{aligned}\alpha^2+\beta^2&=(\alpha+\beta)^2-2\alpha\beta\\&=(k+3)^2-2(3k-1)\ (\because ㉠)\\&=k^2+11\end{aligned}$
즉, $k^2+11=12$이므로 $k^2=1$ $\quad\therefore k=\pm1$
따라서 양수 k의 값은 1이다.

0832 탑 1

이차방정식 $x^2+3kx+k^2-2k=0$의 두 근이 α, β이므로
근과 계수의 관계에 의하여
$\alpha+\beta=-3k$, $\alpha\beta=k^2-2k$ ┄┄┄┄┄┄┄┄┄┄ ㉠
이때 $(\alpha-\beta)^2=13$에서
$\begin{aligned}(\alpha-\beta)^2&=(\alpha+\beta)^2-4\alpha\beta\\&=(-3k)^2-4(k^2-2k)\ (\because ㉠)\\&=5k^2+8k\end{aligned}$
즉, $5k^2+8k=13$이므로
$5k^2+8k-13=0$, $(5k+13)(k-1)=0$

$\therefore k=-\dfrac{13}{5}$ 또는 $k=1$

따라서 정수 k의 값은 1이다.

0833 탑 ①

이차방정식 $x^2+ax+b=0$의 두 근이 α, β이므로
근과 계수의 관계에 의하여
$\alpha+\beta=-a$, $\alpha\beta=b$ ┄┄┄┄┄┄┄┄┄┄┄┄ ㉠
이때 $\alpha^2+\beta^2=0$이므로
$\alpha^2+\beta^2=(\alpha+\beta)^2-2\alpha\beta=a^2-2b$ $(\because ㉠)$
즉, $a^2-2b=0$ ┄┄┄┄┄┄┄┄┄┄┄┄┄┄┄ ㉡
또, $\dfrac{1}{\alpha}+\dfrac{1}{\beta}=1$에서

$\dfrac{1}{\alpha}+\dfrac{1}{\beta}=\dfrac{\alpha+\beta}{\alpha\beta}=-\dfrac{a}{b}$ $(\because ㉠)$

즉, $-\dfrac{a}{b}=1$ $\quad\therefore b=-a$ ┄┄┄┄┄┄┄ ㉢
㉢을 ㉡에 대입하면
$a^2+2a=0$, $a(a+2)=0$ $\quad\therefore a=-2$ 또는 $a=0$

$\therefore \begin{cases}a=-2\\b=2\end{cases}$ 또는 $\begin{cases}a=0\\b=0\end{cases}$

$\therefore a+b=0$

0834 탑 ④

이차방정식 $x^2-(2k-1)x+2k-2=0$의 두 근이 α, β이므로
근과 계수의 관계에 의하여
$\alpha+\beta=2k-1$, $\alpha\beta=2k-2$ ┄┄┄┄┄┄┄┄ ㉠
이때 $\alpha+\beta>0$이므로

$2k-1>0$ $\quad\therefore k>\dfrac{1}{2}$

또, $\alpha^2+\beta^2=5$에서
$\begin{aligned}\alpha^2+\beta^2&=(\alpha+\beta)^2-2\alpha\beta\\&=(2k-1)^2-2(2k-2)\ (\because ㉠)\\&=4k^2-8k+5\end{aligned}$
즉, $4k^2-8k+5=5$이므로 $k^2-2k=0$
$k(k-2)=0$ $\quad\therefore k=0$ 또는 $k=2$

이때 $k>\dfrac{1}{2}$이므로 $k=2$

0835 탑 ③

이차방정식 $x^2+ax+b=0$의 두 근이 α, β이므로
근과 계수의 관계에 의하여
$\alpha+\beta=-a$, $\alpha\beta=b$ ┄┄┄┄┄┄┄┄┄┄┄ ㉠
이때 $\alpha^2+\beta^2=2$에서
$\alpha^2+\beta^2=(\alpha+\beta)^2-2\alpha\beta=a^2-2b$ $(\because ㉠)$
즉, $a^2-2b=2$ ┄┄┄┄┄┄┄┄┄┄┄┄┄┄┄ ㉡
또, $(\alpha+1)(\beta+1)=4$에서
$(\alpha+1)(\beta+1)=\alpha\beta+\alpha+\beta+1=b-a+1$ $(\because ㉠)$
즉, $b-a+1=4$이므로 $b=a+3$ ┄┄┄┄┄┄ ㉢
㉢을 ㉡에 대입하면
$a^2-2(a+3)=2$
$a^2-2a-8=0$, $(a+2)(a-4)=0$
이때 $a<0$이므로 $a=-2$, $b=1$

$\therefore a^2-b^2=4-1=3$

0836 답 8

이차방정식 $x^2-ax+b=0$의 두 근이 α, β이므로
근과 계수의 관계에 의하여
$$\alpha+\beta=a, \ \alpha\beta=b \quad \cdots\cdots\cdots\cdots\cdots\cdots\cdots\cdots\cdots\cdots\cdots\cdots \ \text{㉠}$$
$(\alpha-2)(\beta-2)=-2$에서
$(\alpha-2)(\beta-2)=\alpha\beta-2(\alpha+\beta)+4=b-2a+4 \ (\because \text{㉠})$
즉, $b-2a+4=-2$이므로 $b-2a=-6 \quad \cdots\cdots\cdots \ \text{㉡}$
또, $(3\alpha-1)(3\beta-1)=7$에서
$(3\alpha-1)(3\beta-1)=9\alpha\beta-3(\alpha+\beta)+1=9b-3a+1 \ (\because \text{㉠})$
즉, $9b-3a+1=7$이므로 $9b-3a=6$, $3b-a=2 \quad \cdots \ \text{㉢}$
㉡, ㉢을 연립하여 풀면 $a=4$, $b=2$
$\therefore ab=8$

0837 답 ④

이차방정식 $2x^2-x+|k-1|=0$의 두 근이 α, β이므로
근과 계수의 관계에 의하여
$$\alpha+\beta=\frac{1}{2}, \ \alpha\beta=\frac{|k-1|}{2} \quad \cdots\cdots\cdots\cdots\cdots\cdots\cdots \ \text{㉠}$$
이때 $\alpha^2\beta+\alpha\beta^2=2$에서
$\alpha^2\beta+\alpha\beta^2=\alpha\beta(\alpha+\beta)=\dfrac{|k-1|}{4} \ (\because \text{㉠})$
즉, $\dfrac{|k-1|}{4}=2$이므로 $|k-1|=8$
$k-1=\pm8 \quad \therefore k=-7$ 또는 $k=9$
따라서 모든 정수 k의 값의 합은 $-7+9=2$

0838 답 -16

이차방정식 $x^2-8x+a=0$의 두 근이 α, β이므로
근과 계수의 관계에 의하여
$$\alpha+\beta=8, \ \alpha\beta=a \quad \cdots\cdots\cdots\cdots\cdots\cdots\cdots\cdots\cdots\cdots\cdots \ \text{㉠}$$
이때 $|\alpha|+|\beta|=10$의 양변을 제곱하면
$\alpha^2+\beta^2+2|\alpha\beta|=100$
$(\alpha+\beta)^2-2\alpha\beta+2|\alpha\beta|=100$
$64-2a+2|a|=100 \ (\because \text{㉠})$
$|a|-a=18$
(i) $a\geq0$일 때, $a-a=18$이므로 등식이 성립하지 않는다.
(ii) $a<0$일 때, $-2a=18 \quad \therefore a=-9$
$\therefore (\alpha-1)(\beta-1)=\alpha\beta-(\alpha+\beta)+1$
$\qquad\qquad\qquad\qquad\quad =-9-8+1=-16$

다른 풀이

$\alpha+\beta=8$, $|\alpha|+|\beta|=10$이므로 $\alpha\beta<0$이다.
$\alpha>0$, $\beta<0$이라 하면 $\alpha+\beta=8$, $\alpha-\beta=10$
두 식을 연립하여 풀면 $\alpha=9$, $\beta=-1$
$\therefore (\alpha-1)(\beta-1)=8\times(-2)=-16$

실수 Check

절댓값 기호가 포함되어 있을 때
$|a|^2=a^2$, $|a||b|=|ab|$임을 이용하여 주어진 식을 간단히 한다.

0838-1

이차방정식 $x^2+2ax+3a=0 \ (a<0)$의 두 근 α, β에 대하여
$|\alpha|+|\beta|=4$일 때, $\alpha^3+\beta^3+a$의 값은?

① 22   ② 23   ③ 24
④ 25   ⑤ 26

이차방정식 $x^2+2ax+3a=0$의 두 근이 α, β이므로
근과 계수의 관계에 의하여
$$\alpha+\beta=-2a, \ \alpha\beta=3a \quad \cdots\cdots\cdots\cdots\cdots\cdots \ \text{㉠}$$
$a<0$이므로 $\alpha+\beta>0$, $\alpha\beta<0$
이때 $|\alpha|+|\beta|=4$의 양변을 제곱하면
$(|\alpha|+|\beta|)^2=16$, $\alpha^2+\beta^2+2|\alpha\beta|=16$
$(\alpha+\beta)^2-2\alpha\beta-2\alpha\beta=16 \ (\because \alpha\beta<0)$
$4a^2-12a-16=0 \ (\because \text{㉠})$
$a^2-3a-4=0$, $(a+1)(a-4)=0$
이때 $a<0$이므로 $a=-1$
㉠에서 $\alpha+\beta=2$, $\alpha\beta=-3$
$\therefore \alpha^3+\beta^3+a=(\alpha+\beta)^3-3\alpha\beta(\alpha+\beta)+a$
$\qquad\qquad\qquad =2^3-3\times(-3)\times2-1=25$

답 ④

0839 답 20

이차방정식 $x^2-kx+4=0$의 두 근이 α, β이므로
근과 계수의 관계에 의하여
$$\alpha+\beta=k, \ \alpha\beta=4 \quad \cdots\cdots\cdots\cdots\cdots\cdots\cdots\cdots\cdots\cdots \ \text{㉠}$$
이때 $\dfrac{1}{\alpha}+\dfrac{1}{\beta}=5$에서
$\dfrac{1}{\alpha}+\dfrac{1}{\beta}=\dfrac{\alpha+\beta}{\alpha\beta}=\dfrac{k}{4} \ (\because \text{㉠})$
즉, $\dfrac{k}{4}=5$이므로 $k=20$

0840 답 -24 | 유형 17

이차방정식 $x^2-(k+1)x+6=0$의 두 근의 비가 $2:3$이 되도록 하는 모든 실수 k의 값의 곱을 구하시오. [단서1]

[단서1] 두 근은 2α, $3\alpha \ (\alpha\neq0)$

STEP 1 두 근의 비를 이용하여 두 근을 정하고, 근과 계수의 관계 이용하기

두 근의 비가 $2:3$이므로 이차방정식의 두 근을 2α, $3\alpha \ (\alpha\neq0)$라 하면
이차방정식 $x^2-(k+1)x+6=0$에서
근과 계수의 관계에 의하여
$2\alpha+3\alpha=k+1$, $2\alpha\times3\alpha=6$

STEP 2 상수 k의 값 구하기

$5\alpha=k+1$, $6\alpha^2=6$이므로
$\alpha^2=1 \quad \therefore \alpha=\pm1$
즉, $\alpha=1$일 때 $k=4$, $\alpha=-1$일 때 $k=-6$
따라서 모든 실수 k의 값의 곱은 $4\times(-6)=-24$

0841 답 ⑤

두 근의 비가 $4:5$이므로 이차방정식의 두 근을 4α, 5α $(\alpha \neq 0)$라
하면

이차방정식 $x^2+kx+k^2-61=0$에서

근과 계수의 관계에 의하여

$4\alpha+5\alpha=-k$ $\therefore k=-9\alpha$ ················· ㉠

$4\alpha \times 5\alpha=k^2-61$, $20\alpha^2=k^2-61$이므로 ㉠을 대입하면

$20\alpha^2=81\alpha^2-61$, $61\alpha^2=61$

$\alpha^2=1$ $\therefore \alpha=\pm 1$

즉, $\alpha=1$일 때, $k=-9$, $\alpha=-1$일 때, $k=9$

따라서 양수 k의 값은 9이다.

0842 답 ②

한 근이 다른 근의 2배이므로 이차방정식의 두 근을 α, 2α $(\alpha \neq 0)$
라 하면

이차방정식 $x^2+3mx+m^2+\dfrac{4}{9}=0$에서

근과 계수의 관계에 의하여

$\alpha+2\alpha=-3m$ $\therefore \alpha=-m$ ················· ㉠

$\alpha \times 2\alpha=m^2+\dfrac{4}{9}$ $\therefore 2\alpha^2=m^2+\dfrac{4}{9}$ ················· ㉡

㉠을 ㉡에 대입하면

$2m^2=m^2+\dfrac{4}{9}$, $m^2=\dfrac{4}{9}$ $\therefore m=\pm\dfrac{2}{3}$

따라서 양수 m의 값은 $\dfrac{2}{3}$이다.

0843 답 ⑤

한 근이 다른 근의 7배이므로 이차방정식의 두 근을 α, 7α $(\alpha \neq 0)$
라 하면

이차방정식 $x^2-kx+k=0$에서

근과 계수의 관계에 의하여

$\alpha+7\alpha=k$, $\alpha \times 7\alpha=k$

$8\alpha=k$, $7\alpha^2=k$에서 $7\alpha^2=8\alpha$, $7\alpha^2-8\alpha=0$

$\alpha(7\alpha-8)=0$ $\therefore \alpha=0$ 또는 $\alpha=\dfrac{8}{7}$

이때 $k\neq 0$이므로 $\alpha\neq 0$ $\therefore \alpha=\dfrac{8}{7}$

$\therefore k=8\alpha=8\times\dfrac{8}{7}=\dfrac{64}{7}$

0844 답 ③

두 근의 차가 2이므로 이차방정식의 두 근을 α, $\alpha+2$라 하면

이차방정식 $x^2-(a+3)x+3a-1=0$에서

근과 계수의 관계에 의하여

$\alpha+\alpha+2=a+3$ $\therefore \alpha=2a-1$ ················· ㉠

$\alpha(\alpha+2)=3a-1$

위 식에 ㉠을 대입하면

$\alpha(\alpha+2)=3(2a-1)-1$

$\alpha^2-4\alpha+4=0$, $(\alpha-2)^2=0$ $\therefore \alpha=2$

이 값을 ㉠에 대입하면 $a=3$

0845 답 -2

두 근의 차가 5이므로 이차방정식의 두 근을 α, $\alpha+5$라 하면

이차방정식 $x^2+3x-a^2-2a=0$에서

근과 계수의 관계에 의하여

$\alpha+\alpha+5=-3$, $2\alpha=-8$ $\therefore \alpha=-4$ ················· ㉠

$\alpha(\alpha+5)=-a^2-2a$

위 식에 ㉠을 대입하면

$-4=-a^2-2a$, $a^2+2a-4=0$

따라서 $a^2+2a-4=0$에서 근과 계수의 관계에 의하여 모든 실수
a의 값의 합은 -2이다.

0846 답 ②

두 근의 차가 3이므로 이차방정식의 두 근을 α, $\alpha+3$이라 하면

이차방정식 $x^2+(2m-1)x+2m^2-4m-5=0$에서

근과 계수의 관계에 의하여

$\alpha+\alpha+3=-2m+1$, $2\alpha=-2m-2$

$\therefore \alpha=-m-1$ ················· ㉠

$\alpha(\alpha+3)=2m^2-4m-5$

위 식에 ㉠을 대입하면

$(m+1)(m-2)=2m^2-4m-5$

$m^2-3m-3=0$

따라서 $m^2-3m-3=0$에서 근과 계수의 관계에 의하여 모든 실수
m의 값의 곱은 -3이다.

다른 풀이

주어진 이차방정식의 두 근을 α, β라 하면

근과 계수의 관계에 의하여

$\alpha+\beta=-2m+1$, $\alpha\beta=2m^2-4m-5$, $|\alpha-\beta|=3$

$(\alpha+\beta)^2-4\alpha\beta=(|\alpha-\beta|)^2$이므로

$(-2m+1)^2-4(2m^2-4m-5)=9$

$4m^2-4m+1-8m^2+16m+20-9=0$

$m^2-3m-3=0$

따라서 근과 계수의 관계에 의하여 모든 실수 m의 값의 곱은 -3
이다.

0847 답 ④

두 근이 연속하는 정수이므로 두 근을 α, $\alpha+1$이라 하면

이차방정식 $x^2-kx+k+5=0$에서

근과 계수의 관계에 의하여

$\alpha+\alpha+1=k$ $\therefore k=2\alpha+1$ ················· ㉠

$\alpha(\alpha+1)=k+5$

위 식에 ㉠을 대입하면

$\alpha^2+\alpha=2\alpha+6$, $\alpha^2-\alpha-6=0$

$(\alpha+2)(\alpha-3)=0$

$\therefore \alpha=-2$ 또는 $\alpha=3$

즉, $\alpha=-2$일 때 $k=-3$, $\alpha=3$일 때 $k=7$

따라서 모든 실수 k의 값의 합은 $-3+7=4$

0848 답 5

두 근이 연속하는 홀수이므로 두 근을 a, $a+2$ (a는 홀수)라 하면
이차방정식 $x^2-2(k-1)x+k^2-3k+5=0$에서
근과 계수의 관계에 의하여
$a+a+2=2(k-1)$, $2a=2k-4$ $\quad\therefore a=k-2$ ┄┄┄┄┄ ㉠
$a(a+2)=k^2-3k+5$
위 식에 ㉠을 대입하면
$k(k-2)=k^2-3k+5$, $k^2-2k=k^2-3k+5$
$\therefore k=5$

다른 풀이

두 근이 연속하는 홀수이므로 두 근을
$2a-1$, $2a+1$ (a는 정수)라 하면
이차방정식 $x^2-2(k-1)x+k^2-3k+5=0$에서
근과 계수의 관계에 의하여
$2a-1+2a+1=2(k-1)$ $\quad\therefore 2a=k-1$ ┄┄┄┄┄ ㉠
$(2a-1)(2a+1)=k^2-3k+5$
이 식에 ㉠을 대입하면
$k(k-2)=k^2-3k+5$
$\therefore k=5$

0849 답 ② | 유형 18

이차방정식 $x^2+ax+b=0$의 **두 근이 a, β**이고, 이차방정식
〔단서1〕
$x^2+bx+a=0$의 두 근이 $\dfrac{1}{a}$, $\dfrac{1}{\beta}$일 때, 실수 a, b에 대하여 $a+b$의
〔단서2〕
값은?

① 1   ② 2   ③ 3
④ 4   ⑤ 5

〔단서1〕 두 근이 a, β일 때, 근과 계수의 관계 이용
〔단서2〕 두 근이 $\dfrac{1}{a}$, $\dfrac{1}{\beta}$일 때, 근과 계수의 관계 이용

STEP 1 이차방정식의 근과 계수의 관계 구하기

이차방정식 $x^2+ax+b=0$의 두 근이 a, β이므로
근과 계수의 관계에 의하여
$a+\beta=-a$, $a\beta=b$ ┄┄┄┄┄┄┄┄┄┄┄┄┄┄┄ ㉠
이차방정식 $x^2+bx+a=0$의 두 근이 $\dfrac{1}{a}$, $\dfrac{1}{\beta}$이므로
근과 계수의 관계에 의하여
$\dfrac{1}{a}+\dfrac{1}{\beta}=-b$, $\dfrac{1}{a\beta}=a$ ┄┄┄┄┄┄┄ ㉡

STEP 2 $a+b$의 값 구하기

㉡에 ㉠을 대입하면
$\dfrac{1}{a}+\dfrac{1}{\beta}=\dfrac{a+\beta}{a\beta}=\dfrac{-a}{b}$에서 $-\dfrac{a}{b}=-b$ $\quad\therefore a=b^2$
$\dfrac{1}{a\beta}=\dfrac{1}{b}$에서 $\dfrac{1}{b}=a$ $\quad\therefore ab=1$
두 식을 연립하면
$b^3=1$
이때 b는 실수이므로 $b=1$ $\quad\therefore a=1$
$\therefore a+b=2$

0850 답 ②

이차방정식 $ax^2+bx+c=0$의 두 근의 합이 2, 두 근의 곱이 3이
므로 근과 계수의 관계에 의하여
$-\dfrac{b}{a}=2$, $\dfrac{c}{a}=3$
$\therefore b=-2a$, $c=3a$
이차방정식 $cx^2+bx+a=0$에 대입하면
$3ax^2-2ax+a=0$
양변을 a로 나누면 → $ax^2+bx+c=0$은 이차방정식이므로 $a\neq0$
$3x^2-2x+1=0$ ➡ a로 양변을 나눌 수 있다.
즉, 이차방정식 $3x^2-2x+1=0$에서 근과 계수의 관계에 의하여
두 근의 합 $p=\dfrac{2}{3}$
두 근의 곱 $q=\dfrac{1}{3}$
$\therefore 9pq=9\times\dfrac{2}{3}\times\dfrac{1}{3}=2$

0851 답 -3

이차방정식 $x^2+px+q=0$의 두 근이 3, a이므로
근과 계수의 관계에 의하여
$3+a=-p$, $3a=q$ ┄┄┄┄┄┄┄┄┄┄┄┄┄┄┄┄ ㉠
이차방정식 $x^2+(p-4)x+q+2=0$의 두 근이 5, β이므로
근과 계수의 관계에 의하여
$5+\beta=-p+4$, $5\beta=q+2$ ┄┄┄┄┄┄┄┄┄┄┄ ㉡
㉡에 ㉠을 대입하면
$5+\beta=-p+4=3+a+4=a+7$ $\quad\therefore a-\beta=-2$
$5\beta=q+2=3a+2$ $\quad\therefore 3a-5\beta=-2$
두 식을 연립하여 풀면
$a=-4$, $\beta=-2$
이 값을 ㉠에 대입하면
$p=1$, $q=-12$
$\therefore p+q+a\beta=1-12+(-4)\times(-2)=-3$

다른 풀이

이차방정식 $x^2+px+q=0$의 한 근이 3이므로
$x=3$을 대입하면
$9+3p+q=0$ $\quad\therefore 3p+q=-9$ ┄┄┄┄┄┄┄ ㉠
이차방정식 $x^2+(p-4)x+q+2=0$의 한 근이 5이므로
$x=5$를 대입하면
$25+5(p-4)+q+2=0$ $\quad\therefore 5p+q=-7$ ┄┄┄ ㉡
㉠, ㉡을 연립하여 풀면
$p=1$, $q=-12$
이차방정식 $x^2+px+q=0$, 즉 $x^2+x-12=0$에서
$(x+4)(x-3)=0$ $\quad\therefore x=-4$ 또는 $x=3$
따라서 두 근이 -4, 3이므로 $a=-4$
이차방정식 $x^2+(p-4)x+q+2=0$, 즉 $x^2-3x-10=0$에서
$(x+2)(x-5)=0$ $\quad\therefore x=-2$ 또는 $x=5$
따라서 두 근이 -2, 5이므로 $\beta=-2$
$\therefore p+q+a\beta=1-12+(-4)\times(-2)=-3$

0852 답 ①

이차방정식 $ax^2-7x+b=0$의 한 근이 -1이므로

$x=-1$을 대입하면

$a+7+b=0$ ∴ $a+b=-7$ ············· ㉠

이차방정식 $bx^2-11x+a=0$의 한 근이 $\dfrac{1}{3}$이므로

$x=\dfrac{1}{3}$을 대입하면

$\dfrac{b}{9}-\dfrac{11}{3}+a=0$ ∴ $9a+b=33$ ········· ㉡

㉠, ㉡을 연립하여 풀면 $a=5$, $b=-12$

이차방정식 $ax^2-7x+b=0$, 즉 $5x^2-7x-12=0$에서

$(x+1)(5x-12)=0$ ∴ $x=-1$ 또는 $x=\dfrac{12}{5}$

따라서 두 근이 -1, $\dfrac{12}{5}$이므로 $m=\dfrac{12}{5}$

이차방정식 $bx^2-11x+a=0$, 즉 $12x^2+11x-5=0$에서

$(4x+5)(3x-1)=0$ ∴ $x=-\dfrac{5}{4}$ 또는 $x=\dfrac{1}{3}$

따라서 두 근이 $-\dfrac{5}{4}$, $\dfrac{1}{3}$이므로 $n=-\dfrac{5}{4}$

∴ $mn=\dfrac{12}{5}\times\left(-\dfrac{5}{4}\right)=-3$

0853 답 1

이차방정식 $x^2+ax+b=0$의 두 근이 α, β이므로

근과 계수의 관계에 의하여

$\alpha+\beta=-a$, $\alpha\beta=b$ ·················· ㉠

이차방정식 $x^2-bx+a=0$의 두 근이 $\alpha+2$, $\beta+2$이므로

근과 계수의 관계에 의하여

$\alpha+2+\beta+2=b$, $(\alpha+2)(\beta+2)=a$ ········· ㉡

㉡에 ㉠을 대입하면

$\alpha+\beta+4=-a+4$에서 $-a+4=b$ ∴ $a+b=4$

$(\alpha+2)(\beta+2)=\alpha\beta+2(\alpha+\beta)+4=b-2a+4$에서

$b-2a+4=a$ ∴ $3a-b=4$

두 식을 연립하여 풀면 $a=2$, $b=2$

∴ $\dfrac{a}{b}=1$

0854 답 5

이차방정식 $x^2-ax+b=0$의 두 근이 α, β이므로

근과 계수의 관계에 의하여

$\alpha+\beta=a$, $\alpha\beta=b$ ··················· ㉠

이차방정식 $x^2-(2a+1)x+2=0$의 두 근이 $\alpha+\beta$, $\alpha\beta$이므로

근과 계수의 관계에 의하여

$(\alpha+\beta)+\alpha\beta=2a+1$, $(\alpha+\beta)\alpha\beta=2$ ········· ㉡

㉡에 ㉠을 대입하면

$\alpha+\beta+\alpha\beta=a+b$에서 $a+b=2a+1$ ∴ $a=b-1$

$(\alpha+\beta)\alpha\beta=ab$에서 $ab=2$

두 식을 연립하여 풀면

$(b-1)b=2$, $b^2-b-2=0$

$(b+1)(b-2)=0$ ∴ $b=-1$ 또는 $b=2$

즉, $b=-1$일 때 $a=-2$, $b=2$일 때 $a=1$

∴ $a^2+b^2=5$

다른 풀이

㉡에 ㉠을 대입하면

$\alpha+\beta+\alpha\beta=a+b$에서 $a+b=2a+1$ ∴ $a-b=-1$

$(\alpha+\beta)\alpha\beta=ab$에서 $ab=2$

∴ $a^2+b^2=(a-b)^2+2ab=1+4=5$

0855 답 ④

이차방정식 $x^2+ax-12=0$의 두 근이 α, β이므로

근과 계수의 관계에 의하여

$\alpha+\beta=-a$, $\alpha\beta=-12$ ················ ㉠

이차방정식 $x^2-2bx-4=0$의 두 근이 $\alpha+\beta$, $\alpha\beta$이므로

근과 계수의 관계에 의하여

$(\alpha+\beta)+\alpha\beta=2b$, $(\alpha+\beta)\alpha\beta=-4$ ······· ㉡

㉡에 ㉠을 대입하면

$\alpha+\beta+\alpha\beta=-a-12$에서 $-a-12=2b$ ∴ $a+2b=-12$

$(\alpha+\beta)\alpha\beta=12a$에서 $12a=-4$

두 식을 연립하여 풀면 $a=-\dfrac{1}{3}$, $b=-\dfrac{35}{6}$

∴ $a-4b=-\dfrac{1}{3}+\dfrac{70}{3}=\dfrac{69}{3}=23$

0856 답 ⑤

이차방정식 $x^2+px+q=0$의 두 근이 α, β이므로

근과 계수의 관계에 의하여

$\alpha+\beta=-p$, $\alpha\beta=q$ ················ ㉠

이차방정식 $x^2+rx+p=0$의 두 근이 3α, 3β이므로

근과 계수의 관계에 의하여

$3\alpha+3\beta=-r$, $3\alpha\times3\beta=p$ ············· ㉡

㉡에 ㉠을 대입하면

$3(\alpha+\beta)=3\times(-p)$에서 $-3p=-r$ ∴ $r=3p$

$9\alpha\beta=9q$에서 $9q=p$ ∴ $q=\dfrac{p}{9}$

∴ $\dfrac{r}{q}=3p\div\dfrac{p}{9}=3p\times\dfrac{9}{p}=27$

Plus 문제

0856-1

이차방정식 $x^2-5x+m=0$의 두 근이 α, β이고, 이차방정식 $x^2-nx+25=0$의 두 근이 $\alpha+\dfrac{1}{\alpha}$, $\beta+\dfrac{1}{\beta}$일 때, 상수 m, n의 값을 각각 구하시오. (단, $m<25$)

이차방정식 $x^2-5x+m=0$의 두 근이 α, β이므로

근과 계수의 관계에 의하여

$\alpha+\beta=5$, $\alpha\beta=m$ ················ ㉠

이차방정식 $x^2-nx+25=0$의 두 근이 $\alpha+\dfrac{1}{\alpha}$, $\beta+\dfrac{1}{\beta}$이므로

근과 계수의 관계에 의하여

$\alpha+\dfrac{1}{\alpha}+\beta+\dfrac{1}{\beta}=n$, $\left(\alpha+\dfrac{1}{\alpha}\right)\left(\beta+\dfrac{1}{\beta}\right)=25$ ···················· ㉡

㉡에 ㉠을 대입하면

$\alpha+\beta+\dfrac{1}{\alpha}+\dfrac{1}{\beta}=\alpha+\beta+\dfrac{\alpha+\beta}{\alpha\beta}=5+\dfrac{5}{m}$에서

$5+\dfrac{5}{m}=n$

$\left(\alpha+\dfrac{1}{\alpha}\right)\left(\beta+\dfrac{1}{\beta}\right)=\alpha\beta+\dfrac{1}{\alpha\beta}+\dfrac{\beta}{\alpha}+\dfrac{\alpha}{\beta}$

$\qquad=\alpha\beta+\dfrac{1}{\alpha\beta}+\dfrac{\alpha^2+\beta^2}{\alpha\beta}$

$\qquad=\alpha\beta+\dfrac{1}{\alpha\beta}+\dfrac{(\alpha+\beta)^2-2\alpha\beta}{\alpha\beta}$

$\qquad=m+\dfrac{1}{m}+\dfrac{25-2m}{m}$

$\qquad=m+\dfrac{26}{m}-2$

에서 $m+\dfrac{26}{m}-2=25$

$m+\dfrac{26}{m}=27$, $m^2-27m+26=0$

$(m-1)(m-26)=0$ $\qquad \therefore m=1\ (\because m<25)$

또, $5+\dfrac{5}{m}=n$에서 $n=10$

ⓐ $m=1$, $n=10$

0857 ⓐ $3x^2-11x+12=0$ | 유형 19

> 이차방정식 $3x^2-5x+4=0$의 두 근을 α, β라 할 때, $\underset{\text{단서1}}{\alpha+1}$, $\underset{\text{단서2}}{\beta+1}$을
> 두 근으로 하고 x^2의 계수가 3인 이차방정식을 구하시오.
> 단서1 두 근이 α, β일 때 근과 계수의 관계 이용
> 단서2 두 근이 $\alpha+1$, $\beta+1$일 때 근과 계수의 관계 이용

STEP1 근과 계수의 관계 구하기

이차방정식 $3x^2-5x+4=0$의 두 근이 α, β이므로
근과 계수의 관계에 의하여

$\alpha+\beta=\dfrac{5}{3}$, $\alpha\beta=\dfrac{4}{3}$

STEP2 두 수를 두 근으로 하는 이차방정식 작성하기

두 근 $\alpha+1$, $\beta+1$의 합과 곱을 구하면

$\alpha+1+\beta+1=\alpha+\beta+2=\dfrac{5}{3}+2=\dfrac{11}{3}$

$(\alpha+1)(\beta+1)=\alpha\beta+\alpha+\beta+1=\dfrac{4}{3}+\dfrac{5}{3}+1=4$

따라서 $\alpha+1$, $\beta+1$을 두 근으로 하고 x^2의 계수가 3인 이차방정식은

$3\left(x^2-\underset{\text{두 근의 합}}{\underbrace{\dfrac{11}{3}}}x+\underset{\text{두 근의 곱}}{\underbrace{4}}\right)=0$, $3x^2-11x+12=0$

참고 두 수 α, β를 근으로 하고 x^2의 계수가 1인 이차방정식은

$x^2-\underset{\text{두 근의 합}}{\underbrace{(\alpha+\beta)}}x+\underset{\text{두 근의 곱}}{\underbrace{\alpha\beta}}=0$

0858 ⓐ ④

이차방정식 $x^2+4x-3=0$의 두 근이 α, β이므로
근과 계수의 관계에 의하여

$\alpha+\beta=-4$, $\alpha\beta=-3$

두 근 $\alpha-2$, $\beta-2$의 합과 곱을 구하면

$\alpha-2+\beta-2=\alpha+\beta-4=-4-4=-8$

$(\alpha-2)(\beta-2)=\alpha\beta-2(\alpha+\beta)+4=-3+8+4=9$

따라서 $\alpha-2$, $\beta-2$를 두 근으로 하고 x^2의 계수가 1인 이차방정식
은 $x^2+8x+9=0$

다른 풀이

이차방정식 $x^2+4x-3=0$의 두 근이 α, β이므로
$f(x)=x^2+4x-3$이라 하면 $f(\alpha)=f(\beta)=0$

$f(x+2)=0$을 만족시키는 x는 $x+2=\alpha$, $x+2=\beta$에서

$x=\alpha-2$ 또는 $x=\beta-2$

따라서 구하는 이차방정식은 $f(x+2)=0$이므로

$(x+2)^2+4(x+2)-3=0$

$\therefore x^2+8x+9=0$

0859 ⓐ ③

이차방정식 $2x^2-2x+1=0$의 두 근이 α, β이므로
근과 계수의 관계에 의하여

$\alpha+\beta=1$, $\alpha\beta=\dfrac{1}{2}$

두 근 α^2, β^2의 합과 곱을 구하면

$\alpha^2+\beta^2=(\alpha+\beta)^2-2\alpha\beta=1-1=0$

$\alpha^2\beta^2=(\alpha\beta)^2=\dfrac{1}{4}$

따라서 α^2, β^2을 두 근으로 하는 이차방정식은

$x^2+\dfrac{1}{4}=0$, 즉 $4x^2+1=0$

0860 ⓐ ④

두 근 $\dfrac{1}{\alpha}$, $\dfrac{1}{\beta}$의 합과 곱을 구하면

$\dfrac{1}{\alpha}+\dfrac{1}{\beta}=\dfrac{\alpha+\beta}{\alpha\beta}$, $\dfrac{1}{\alpha}\times\dfrac{1}{\beta}=\dfrac{1}{\alpha\beta}$

이므로 $\dfrac{1}{\alpha}$, $\dfrac{1}{\beta}$을 두 근으로 하고 x^2의 계수가 c인 이차방정식은

$c\left(x^2-\boxed{\dfrac{\alpha+\beta}{\alpha\beta}}x+\boxed{\dfrac{1}{\alpha\beta}}\right)=0$ ···················· ㉠

이차방정식 $ax^2+bx+c=0\ (c\neq0)$의 두 근이 α, β이므로
근과 계수의 관계에 의하여

$\alpha+\beta=-\dfrac{b}{a}$, $\alpha\beta=\dfrac{c}{a}$ ···················· ㉡

㉠에 ㉡을 대입하면 $\dfrac{\alpha+\beta}{\alpha\beta}=-\dfrac{b}{a}\times\dfrac{a}{c}=-\dfrac{b}{c}$

$c\left\{x^2-\left(\boxed{-\dfrac{b}{c}}\right)x+\dfrac{a}{c}\right\}=0$ $\dfrac{1}{\alpha\beta}=\dfrac{a}{c}$

위 식을 정리하면 $cx^2+bx+a=0$이다.

따라서 이차방정식 $cx^2+bx+a=0$의 두 근은 $\dfrac{1}{\alpha}$, $\dfrac{1}{\beta}$이다.

$\therefore$ (가): $\dfrac{\alpha+\beta}{\alpha\beta}$ (나): $\dfrac{1}{\alpha\beta}$ (다): $-\dfrac{b}{c}$

개념 Check

이차방정식 $ax^2+bx+c=0$의 두 근이 α, β이면

이차방정식 $cx^2+bx+a=0$의 두 근은 $\dfrac{1}{\alpha}$, $\dfrac{1}{\beta}$임을 기억해 두자!

(단, $a\neq0$, $c\neq0$)

0861 답 $x^2-2x-4=0$

이차방정식 $4x^2+2x-1=0$의 두 근이 α, β이므로

근과 계수의 관계에 의하여

$\alpha+\beta=-\dfrac{1}{2}$, $\alpha\beta=-\dfrac{1}{4}$

두 근 $\dfrac{1}{\alpha}$, $\dfrac{1}{\beta}$의 합과 곱을 구하면

$\dfrac{1}{\alpha}+\dfrac{1}{\beta}=\dfrac{\alpha+\beta}{\alpha\beta}=\left(-\dfrac{1}{2}\right)\div\left(-\dfrac{1}{4}\right)=2$

$\dfrac{1}{\alpha}\times\dfrac{1}{\beta}=\dfrac{1}{\alpha\beta}=-4$

따라서 $\dfrac{1}{\alpha}$, $\dfrac{1}{\beta}$을 두 근으로 하고 x^2의 계수가 1인 이차방정식은

$x^2-2x-4=0$

다른 풀이 1

이차방정식 $4x^2+2x-1=0$의 두 근이 α, β이므로

$f(x)=4x^2+2x-1$이라 하면 $f(\alpha)=f(\beta)=0$

$f\left(\dfrac{1}{x}\right)=0$을 만족시키는 x는 $\dfrac{1}{x}=\alpha$, $\dfrac{1}{x}=\beta$에서

$x=\dfrac{1}{\alpha}$ 또는 $x=\dfrac{1}{\beta}$

따라서 구하는 이차방정식은 $f\left(\dfrac{1}{x}\right)=0$이므로

$4\left(\dfrac{1}{x}\right)^2+2\times\dfrac{1}{x}-1=0$

$4+2x-x^2=0$ $\therefore x^2-2x-4=0$

다른 풀이 2

이차방정식 $ax^2+bx+c=0$의 두 근이 α, β이면

이차방정식 $cx^2+bx+a=0$의 두 근은 $\dfrac{1}{\alpha}$, $\dfrac{1}{\beta}$임을 이용하면

이차방정식 $4x^2+2x-1=0$의 두 근이 α, β일 때,

$\dfrac{1}{\alpha}$, $\dfrac{1}{\beta}$을 두 근으로 하는 이차방정식은

$-x^2+2x+4=0$ $\therefore x^2-2x-4=0$

0862 답 ②

이차방정식 $3x^2-5x+2=0$의 두 근이 α, β이므로

근과 계수의 관계에 의하여

$\alpha+\beta=\dfrac{5}{3}$, $\alpha\beta=\dfrac{2}{3}$

두 근 α^2, β^2의 합과 곱을 구하면

$\alpha^2+\beta^2=(\alpha+\beta)^2-2\alpha\beta=\left(\dfrac{5}{3}\right)^2-2\times\dfrac{2}{3}=\dfrac{13}{9}$

$\alpha^2\beta^2=(\alpha\beta)^2=\left(\dfrac{2}{3}\right)^2=\dfrac{4}{9}$

따라서 α^2, β^2을 두 근으로 하고 x^2의 계수가 9인 이차방정식은

$9\left(x^2-\dfrac{13}{9}x+\dfrac{4}{9}\right)=0$, 즉 $9x^2-13x+4=0$

$\therefore m=-13$, $n=4$

$\therefore m+n=-9$

0863 답 $x^2+2x+1=0$ (또는 $(x+1)^2=0$)

이차방정식 $x^2-x+2=0$의 두 근이 α, β이므로

근과 계수의 관계에 의하여

$\alpha+\beta=1$, $\alpha\beta=2$ ⋯⋯⋯⋯⋯⋯⋯⋯⋯⋯⋯⋯⋯ ㉠

두 근 $\alpha^2+\beta$, $\beta^2+\alpha$의 합과 곱을 구하면

$\alpha^2+\beta+\beta^2+\alpha=(\alpha+\beta)^2-2\alpha\beta+\alpha+\beta$

$\qquad\qquad\qquad=1-4+1=-2$

$(\alpha^2+\beta)(\beta^2+\alpha)=(\alpha\beta)^2+\alpha^3+\beta^3+\alpha\beta$

$\qquad\qquad\qquad=(\alpha\beta)^2+(\alpha+\beta)^3-3\alpha\beta(\alpha+\beta)+\alpha\beta$

$\qquad\qquad\qquad=4+1-6+2=1$

따라서 $\alpha^2+\beta$, $\beta^2+\alpha$를 두 근으로 하고 x^2의 계수가 1인 이차방정식은 $x^2+2x+1=0$이다.

다른 풀이

이차방정식 $x^2-x+2=0$의 두 근이 α, β이므로

$x=\alpha$, $x=\beta$를 대입하면

$\alpha^2-\alpha+2=0$, $\beta^2-\beta+2=0$에서

$\alpha^2=\alpha-2$, $\beta^2=\beta-2$

두 근 $\alpha^2+\beta$, $\beta^2+\alpha$의 값을 구해 보면

㉠에서 $\alpha+\beta=1$이므로

$\alpha^2+\beta=\alpha-2+\beta=1-2=-1$

$\beta^2+\alpha=\beta-2+\alpha=1-2=-1$

따라서 $\alpha^2+\beta=-1$, $\beta^2+\alpha=-1$을 두 근으로 하고 x^2의 계수가 1인 이차방정식은 $(x+1)^2=0$이다.

0864 답 $x^2-8x+3=0$

이차방정식 $x^2-3x-1=0$의 두 근이 α, β이므로

근과 계수의 관계에 의하여

$\alpha+\beta=3$, $\alpha\beta=-1$

두 근 $\alpha^2+\dfrac{1}{\beta}$, $\beta^2+\dfrac{1}{\alpha}$의 합과 곱을 구하면

$\alpha^2+\dfrac{1}{\beta}+\beta^2+\dfrac{1}{\alpha}=(\alpha+\beta)^2-2\alpha\beta+\dfrac{\alpha+\beta}{\alpha\beta}$

$\qquad\qquad\qquad=9+2-3=8$

$\left(\alpha^2+\dfrac{1}{\beta}\right)\left(\beta^2+\dfrac{1}{\alpha}\right)=(\alpha\beta)^2+\alpha+\beta+\dfrac{1}{\alpha\beta}$

$\qquad\qquad\qquad=1+3-1=3$

따라서 $\alpha^2+\dfrac{1}{\beta}$, $\beta^2+\dfrac{1}{\alpha}$을 두 근으로 하고 x^2의 계수가 1인 이차방정식은 $x^2-8x+3=0$이다.

0865 답 ⑤

이차방정식 $3x^2-6x+2=0$의 두 근이 α, β이므로
근과 계수의 관계에 의하여

$\alpha+\beta=2$, $\alpha\beta=\dfrac{2}{3}$

$\therefore \alpha^2-\alpha\beta+\beta^2=(\alpha+\beta)^2-3\alpha\beta=4-2=2$

$\dfrac{\beta^2}{\alpha}+\dfrac{\alpha^2}{\beta}=\dfrac{\alpha^3+\beta^3}{\alpha\beta}=\dfrac{(\alpha+\beta)^3-3\alpha\beta(\alpha+\beta)}{\alpha\beta}$

$\qquad\qquad =\left(8-3\times\dfrac{2}{3}\times 2\right)\div\dfrac{2}{3}=4\times\dfrac{3}{2}=6$

따라서 두 근이 2, 6이고 x^2의 계수가 1인 이차방정식은

$x^2-8x+12=0$ ┌→ 두 근의 합 : 8
　　　　　　　　└→ 두 근의 곱 : 12

> **개념 Check**
>
> 곱셈 공식의 변형
>
> $a^3+b^3=(a+b)^3-3ab(a+b)$
>
> $a^3-b^3=(a-b)^3+3ab(a-b)$

0866 답 -8

이차방정식 $x^2-ax+4=0$의 두 근이 α, β이므로
근과 계수의 관계에 의하여

$\alpha+\beta=a$, $\alpha\beta=4$

a, 4를 두 근으로 하고 x^2의 계수가 1인 이차방정식은

$x^2-(a+4)x+4a=0$
　　　└두 근의 합　└두 근의 곱

이므로 $p=a+4$, $q=4a$

이때 $pq=-16$이므로 $(a+4)\times 4a=-16$에서

$a^2+4a+4=0$, $(a+2)^2=0$　∴ $a=-2$

$\therefore p=-2+4=2$, $q=4\times(-2)=-8$

$\therefore a+p+q=-2+2-8=-8$

> **실수 Check**
>
> 주어진 두 근이 아무리 복잡한 꼴이어도 구하는 이차방정식은
>
> $\qquad x^2-(두\ 근의\ 합)x+(두\ 근의\ 곱)=0$
>
> 임을 기억하자.

0867 답 0　　　｜유형20

> 이차방정식 $2x^2+ax+b=0$에서 $\underline{a}$를 잘못 보고 풀었더니 두 근이 2, **[단서1]**
> $\dfrac{3}{2}$이었고, $\underline{b}$를 잘못 보고 풀었더니 두 근이 -2, -1이었다. 실수 a, **[단서2]**
> b에 대하여 $a-b$의 값을 구하시오.
>
> **[단서1]** 상수항은 제대로 봤다!
> **[단서2]** x의 계수는 제대로 봤다!

STEP1 x의 계수는 잘못 보았지만 상수항은 바르게 보았을 때, 두 근의 곱 구하기

a를 잘못 보고 풀었지만 b는 바르게 보고 풀었으므로 두 근의 곱은

$2\times\dfrac{3}{2}=\dfrac{b}{2}$　∴ $b=6$

STEP2 상수항은 잘못 보았지만 x의 계수는 바르게 보았을 때, 두 근의 합 구하기

b를 잘못 보고 풀었지만 a는 바르게 보고 풀었으므로 두 근의 합은

$-2-1=-\dfrac{a}{2}$　∴ $a=6$

STEP3 $a-b$의 값 구하기

$a-b=6-6=0$

0868 답 -16

지나는 a와 c를 바르게 보고 풀었으므로 두 근의 곱은

$(-2)\times 5=\dfrac{c}{a}$　∴ $c=-10a$ ⋯⋯⋯⋯⋯⋯ ㉠

시원이는 a와 b를 바르게 보고 풀었으므로 두 근의 합은

$-3+\sqrt{5}+(-3-\sqrt{5})=-\dfrac{b}{a}$　∴ $b=6a$ ⋯⋯⋯ ㉡

㉠, ㉡을 $ax^2+bx+c=0$에 대입하면

$ax^2+6ax-10a=0$

$a\neq 0$이므로 양변을 a로 나누면
└──┐
$x^2+6x-10=0$ ┌→ $ax^2+bx+c=0$은 이차방정식 ➡ $a\neq 0$

따라서 원래의 이차방정식 $x^2+6x-10=0$에서

두 근의 합 $p=-6$

두 근의 곱 $q=-10$

$\therefore p+q=-16$

0869 답 ②

이차방정식 $x^2+ax+b=0$에서

지수는 x의 계수 a를 잘못 보고 풀었지만 b는 바르게 보고 풀었으므로 두 근의 곱은

$(-1+2i)(-1-2i)=b$　∴ $b=5$

은우는 상수항을 잘못 보고 풀었지만 a는 바르게 보고 풀었으므로 두 근의 합은

$-3+5=-a$　∴ $a=-2$

따라서 원래의 이차방정식 $x^2-2x+5=0$에서 두 근이 α, β이므로
근과 계수의 관계에 의하여

$\alpha+\beta=2$, $\alpha\beta=5$

$\therefore (\alpha+1)(\beta+1)=\alpha\beta+\alpha+\beta+1=5+2+1=8$

0870 답 $\dfrac{5}{4}$

원래의 이차방정식을 $ax^2+bx+c=0\ (a\neq 0)$ ⋯⋯⋯ ㉠
이라 하면

$cx^2+bx+a=0$ ⋯⋯⋯⋯⋯⋯⋯⋯⋯⋯⋯⋯⋯ ㉡

㉠의 두 근이 α, β이므로 ㉡의 두 근은 $\dfrac{1}{\alpha}$, $\dfrac{1}{\beta}$이다.

이때 한 근이 원래 방정식의 근과 같으므로 $\alpha=\dfrac{1}{\alpha}$이라 하면

나머지 한 근은 2이므로 $\dfrac{1}{\beta}=2$

즉, $\alpha^2=1$이고 $\dfrac{1}{\beta}=2$에서 $\beta=\dfrac{1}{2}$

$\therefore \alpha^2+\beta^2=1+\dfrac{1}{4}=\dfrac{5}{4}$

04

0871 답 ①

이차방정식 $ax^2+bx+c=0$의 근의 공식을 $x=\dfrac{-b\pm\sqrt{b^2-ac}}{2a}$로

잘못 적용하여 얻은 두 근이 -3, 2이므로

$\dfrac{-b+\sqrt{b^2-ac}}{2a}+\dfrac{-b-\sqrt{b^2-ac}}{2a}=(-3)+2$

$\dfrac{-2b}{2a}=-1$ $\quad \therefore a=b$ ·················· ㉠

$\dfrac{-b+\sqrt{b^2-ac}}{2a}\times\dfrac{-b-\sqrt{b^2-ac}}{2a}=(-3)\times2$

$\dfrac{b^2-(b^2-ac)}{4a^2}=\dfrac{c}{4a}=-6$ $\quad \therefore c=-24a$ ·················· ㉡

㉠, ㉡을 $ax^2+bx+c=0$에 대입하면

$ax^2+ax-24a=0$

따라서 원래의 이차방정식 $ax^2+ax-24a=0$에서 두 근 α, β에

대하여

$\alpha\beta=\dfrac{-24a}{a}=-24\,(\because a\neq0)$

└→ $ax^2+bx+c=0$은 이차방정식 ➡ $a\neq0$

0872 답 ③
| 유형 21

이차식 x^2-2x+5를 복소수의 범위에서 인수분해하면?
[단서1]
① $(x-1-\sqrt{2}i)(x-1+\sqrt{2}i)$
② $(x+1-\sqrt{2}i)(x+1+\sqrt{2}i)$
③ $(x-1-2i)(x-1+2i)$
④ $(x+1-2i)(x+1+2i)$
⑤ $(x-2-5i)(x-2+5i)$
[단서1] 쉽게 인수분해가 안 됨 ➡ 근의 공식을 이용

STEP1 근의 공식을 이용하여 근 구하기

이차방정식 $x^2-2x+5=0$에서

근의 공식을 이용하여 근을 구하면

$x=-(-1)\pm\sqrt{(-1)^2-1\times5}=1\pm2i$

STEP2 복소수의 범위에서 인수분해하기

$x^2-2x+5=\{x-(1+2i)\}\{x-(1-2i)\}$

$\qquad\qquad=(x-1-2i)(x-1+2i)$

0873 답 ①

이차방정식 $x^2+6x+45=0$에서 근의 공식을 이용하면

$x=-3\pm\sqrt{3^2-45}=-3\pm6i$

$\therefore x^2+6x+45=\{x-(-3+6i)\}\{x-(-3-6i)\}$

$\qquad\qquad\qquad=(x+3-6i)(x+3+6i)$

따라서 인수인 것은 ①이다.

0874 답 ③

이차방정식 $x^2+2x-1=0$에서 근의 공식을 이용하면

$x=-1\pm\sqrt{1^2+1}=-1\pm\sqrt{2}$

$\therefore x^2+2x-1=\{x-(-1+\sqrt{2})\}\{x-(-1-\sqrt{2})\}$

$\qquad\qquad\quad=(x+1-\sqrt{2})(x+1+\sqrt{2})$

따라서 인수인 두 일차식의 합은

$(x+1-\sqrt{2})+(x+1+\sqrt{2})=2x+2$

0875 답 17
| 유형 22

이차방정식 $x^2+ax+b=0$의 한 근이 $2+\sqrt{5}$일 때, 유리수 a, b에 대
[단서2]   [단서1]
하여 a^2+b^2의 값을 구하시오.
[단서1] 계수가 모두 유리수
[단서2] 켤레근은 $2-\sqrt{5}$

STEP1 계수가 유리수인 이차방정식의 한 근이 주어질 때 다른 한 근 구하기

이차방정식 $x^2+ax+b=0$의 모든 계수가 유리수이므로

한 근이 $2+\sqrt{5}$이면 다른 한 근은 $2-\sqrt{5}$이다.

STEP2 근과 계수의 관계를 이용하여 a^2+b^2의 값 구하기

근과 계수의 관계에 의하여

두 근의 합은 $(2+\sqrt{5})+(2-\sqrt{5})=-a$ $\quad \therefore a=-4$

두 근의 곱은 $(2+\sqrt{5})(2-\sqrt{5})=b$ $\quad \therefore b=-1$

$\therefore a^2+b^2=16+1=17$

0876 답 ①

이차방정식 $x^2+ax+b=0$의 모든 계수가 유리수이므로

한 근이 $-2+\sqrt{11}$이면 다른 한 근은 $-2-\sqrt{11}$이다.

근과 계수의 관계에 의하여

$(-2+\sqrt{11})+(-2-\sqrt{11})=-a$ $\quad \therefore a=4$

$(-2+\sqrt{11})(-2-\sqrt{11})=b$ $\quad \therefore b=-7$

$\therefore a+b=-3$

Plus 문제

0876-1

유리수 a, b, c에 대하여 x에 대한 이차방정식

$ax^2+\sqrt{3}bx+c=0$의 한 근이 $\alpha=2+\sqrt{3}$이다. 다른 한 근을

β라 할 때, $\alpha+\dfrac{1}{\beta}$의 값을 구하시오.

이차방정식 $ax^2+\sqrt{3}bx+c=0$의 한 근이 $x=2+\sqrt{3}$이므로 대
입하면   └→ x의 계수가 무리수이므로
                                                              이 이차방정식은 켤레근을 갖지
$a(2+\sqrt{3})^2+\sqrt{3}b(2+\sqrt{3})+c=0$ 않을 수 있다.
                                                              즉, $\alpha=2+\sqrt{3}$, $\beta=2-\sqrt{3}$으로
$7a+3b+c+(4a+2b)\sqrt{3}=0$ 놓으면 틀린다.

이때 a, b, c가 유리수이므로

$7a+3b+c=0$, $4a+2b=0$

위 식을 정리하면 $b=-2a$, $c=-a$

즉, 주어진 이차방정식은 $ax^2-2\sqrt{3}ax-a=0$

$a\neq0$이므로 양변을 a로 나누면

$x^2-2\sqrt{3}x-1=0$ $\therefore x=\sqrt{3}\pm2$

즉, 다른 한 근 $\beta=-2+\sqrt{3}$

$$\begin{aligned}\therefore \alpha+\frac{1}{\beta}&=2+\sqrt{3}+\frac{1}{-2+\sqrt{3}}\\&=2+\sqrt{3}+\frac{-2-\sqrt{3}}{(-2+\sqrt{3})(-2-\sqrt{3})}\\&=2+\sqrt{3}-2-\sqrt{3}=0\end{aligned}$$

🗐 0

0877 🗎 ⑤

이차방정식 $x^2-4mx+n=0$의 모든 계수가 실수이므로

한 근이 $2+\sqrt{3}i$이면 다른 한 근은 $2-\sqrt{3}i$이다.

이차방정식의 근과 계수의 관계에 의하여

$(2+\sqrt{3}i)+(2-\sqrt{3}i)=4m$ $\therefore m=1$

$(2+\sqrt{3}i)(2-\sqrt{3}i)=n$ $\therefore n=7$

$\therefore m+n=8$

0878 🗎 8

이차방정식 $x^2-ax+b=0$의 모든 계수가 실수이므로

한 근이 $1-\sqrt{3}i$이면 다른 한 근은 $1+\sqrt{3}i$이다.

$\therefore \alpha=1+\sqrt{3}i$

근과 계수의 관계에 의하여

$(1-\sqrt{3}i)+(1+\sqrt{3}i)=a$ $\therefore a=2$

$(1-\sqrt{3}i)(1+\sqrt{3}i)=b$ $\therefore b=4$

또, 이차방정식 $x^2-cx+d=0$의 모든 계수가 실수이므로

한 근이 $-1+\sqrt{3}i$이면 다른 한 근은 $-1-\sqrt{3}i$이다.

$\therefore \beta=-1-\sqrt{3}i$

근과 계수의 관계에 의하여

$(-1+\sqrt{3}i)+(-1-\sqrt{3}i)=c$ $\therefore c=-2$

$(-1+\sqrt{3}i)(-1-\sqrt{3}i)=d$ $\therefore d=4$

$\therefore \alpha+\beta+a+b+c+d$

$=(1+\sqrt{3}i)+(-1-\sqrt{3}i)+2+4+(-2)+4=8$

0879 🗎 ①

이차방정식 $x^2+ax+b=0$의 모든 계수가 실수이므로

한 근이 $1+\sqrt{2}i$이면 다른 한 근은 $1-\sqrt{2}i$이다.

근과 계수의 관계에 의하여

$(1+\sqrt{2}i)+(1-\sqrt{2}i)=-a$ $\therefore a=-2$

$(1+\sqrt{2}i)(1-\sqrt{2}i)=b$ $\therefore b=3$

즉, $bx^2+ax+1=0$에 $a=-2$, $b=3$을 대입하면

$3x^2-2x+1=0$

이 이차방정식의 두 근이 α, β이므로

근과 계수의 관계에 의하여

$\alpha+\beta=\dfrac{2}{3}$, $\alpha\beta=\dfrac{1}{3}$

$\therefore (\alpha-1)(\beta-1)=\alpha\beta-(\alpha+\beta)+1=\dfrac{1}{3}-\dfrac{2}{3}+1=\dfrac{2}{3}$

0880 🗎 ②

이차방정식 $x^2-ax+b=0$의 모든 계수가 유리수이므로

한 근이 $3-2\sqrt{2}$이면 다른 한 근은 $3+2\sqrt{2}$이다.

근과 계수의 관계에 의하여

$(3-2\sqrt{2})+(3+2\sqrt{2})=a$ $\therefore a=6$

$(3-2\sqrt{2})(3+2\sqrt{2})=b$ $\therefore b=1$

즉, $x^2-ax+(a-b)=0$에 $a=6$, $b=1$을 대입하면

$x^2-6x+5=0$

이 이차방정식의 두 근이 α, β이므로

근과 계수의 관계에 의하여

$\alpha+\beta=6$, $\alpha\beta=5$

$(\alpha-\beta)^2=(\alpha+\beta)^2-4\alpha\beta=36-20=16$

$\therefore \dfrac{\alpha^2\beta+\alpha\beta^2+2}{(\alpha-\beta)^2}=\dfrac{\alpha\beta(\alpha+\beta)+2}{(\alpha-\beta)^2}=\dfrac{5\times6+2}{16}=2$

0881 🗎 $2x^2-3x-2=0$

이차방정식 $x^2+mx+n=0$의 모든 계수가 실수이므로

한 근이 $1+i$이면 다른 한 근은 $1-i$이다.

근과 계수의 관계에 의하여

$(1+i)+(1-i)=-m$ $\therefore m=-2$

$(1+i)(1-i)=n$ $\therefore n=2$

따라서 $-\dfrac{1}{2}$, 2를 두 근으로 하고 x^2의 계수가 2인 이차방정식은

$2\left(x+\dfrac{1}{2}\right)(x-2)=0$, 즉 $2x^2-3x-2=0$

0882 🗎 ⑤

이차방정식 $x^2+ax+b=0$의 모든 계수가 유리수이므로

한 근이 $-2+\sqrt{3}$이면 다른 한 근은 $-2-\sqrt{3}$이다.

근과 계수의 관계에 의하여

$(-2+\sqrt{3})+(-2-\sqrt{3})=-a$ $\therefore a=4$

$(-2+\sqrt{3})(-2-\sqrt{3})=b$ $\therefore b=1$

두 근 $\dfrac{1}{a-1}$, $\dfrac{1}{b+1}$의 합과 곱을 구하면

$\dfrac{1}{a-1}+\dfrac{1}{b+1}=\dfrac{1}{3}+\dfrac{1}{2}=\dfrac{5}{6}$

$\dfrac{1}{a-1}\times\dfrac{1}{b+1}=\dfrac{1}{3}\times\dfrac{1}{2}=\dfrac{1}{6}$

따라서 $\dfrac{1}{a-1}$, $\dfrac{1}{b+1}$을 두 근으로 하는 이차방정식은

$x^2-\dfrac{5}{6}x+\dfrac{1}{6}=0$, 즉 $6x^2-5x+1=0$

0883 답 4

α, β는 모든 계수가 실수인 이차방정식 $x^2-x+1=0$의 두 근이므로

$\alpha=\bar{\beta}$, $\beta=\bar{\alpha}$ ········· ㉠

근과 계수의 관계에 의하여

$\alpha+\beta=1$, $\alpha\beta=1$ ········· ㉡

또, $x^2-x+1=0$에 $x=\alpha$, $x=\beta$를 각각 대입하면

$\alpha^2-\alpha+1=0$, $\beta^2-\beta+1=0$ ········· ㉢

$\therefore (1+\bar{\alpha}+\beta^2)(1+\bar{\beta}+\alpha^2)=(1+\beta+\beta^2)(1+\alpha+\alpha^2)$ $(\because$ ㉠$)$

$\qquad\qquad =2\beta\times2\alpha=4\alpha\beta$ $(\because$ ㉢$)$

$\qquad\qquad =4$ $(\because$ ㉡$)$

㉢에서 $\alpha^2+1=\alpha$이니까
$1+\alpha+\alpha^2=\alpha+\alpha=2\alpha$

다른 풀이

이차방정식 $x^2-x+1=0$에서

$x=\dfrac{1\pm\sqrt{(-1)^2-4}}{2}=\dfrac{1\pm\sqrt{3}i}{2}$

즉, $\alpha=\dfrac{1+\sqrt{3}i}{2}$, $\beta=\dfrac{1-\sqrt{3}i}{2}$라 하면

$\bar{\alpha}=\dfrac{1-\sqrt{3}i}{2}$, $\bar{\beta}=\dfrac{1+\sqrt{3}i}{2}$

$\alpha^2=\dfrac{(1+\sqrt{3}i)^2}{4}=\dfrac{-1+\sqrt{3}i}{2}$

$\beta^2=\dfrac{(1-\sqrt{3}i)^2}{4}=\dfrac{-1-\sqrt{3}i}{2}$

$\therefore (1+\bar{\alpha}+\beta^2)(1+\bar{\beta}+\alpha^2)$

$=\left(1+\dfrac{1-\sqrt{3}i}{2}+\dfrac{-1-\sqrt{3}i}{2}\right)\left(1+\dfrac{1+\sqrt{3}i}{2}+\dfrac{-1+\sqrt{3}i}{2}\right)$

$=(1-\sqrt{3}i)(1+\sqrt{3}i)=4$

0884 답 ⑤

α, β는 모든 계수가 실수인 이차방정식의 두 허근이므로

$\beta=\bar{\alpha}$

$\alpha=a+bi$ (a, b는 실수)라 하면

$\bar{\alpha}=a-bi$

$\alpha^2=2\beta+1$에서 $\alpha^2=2\bar{\alpha}+1$이므로 위의 식을 대입하면

$(a+bi)^2=2(a-bi)+1$

$a^2-b^2+2abi=2a-2bi+1$

$a^2-b^2-2a-1+2b(a+1)i=0$

복소수가 서로 같을 조건에 의하여

$a^2-b^2-2a-1=0$, $2b(a+1)=0$

이때 $\alpha=a+bi$가 허근이므로 $b\neq0$이고

$a=-1$, $b^2=2$

즉, $\alpha=-1-\sqrt{2}i$라 하면 $\beta=-1+\sqrt{2}i$이다.

근과 계수의 관계에 의하여

$(-1-\sqrt{2}i)+(-1+\sqrt{2}i)=-p$ $\therefore p=2$

$(-1-\sqrt{2}i)(-1+\sqrt{2}i)=q$ $\therefore q=3$

$\therefore p+q=5$

실수 Check

이차방정식 $x^2+px+q=0$의 계수가 모두 실수이면 두 허근 α, β는 서로 켤레근이므로 $\beta=\bar{\alpha}$로 놓을 수 있다.

0885 답 -2

㈎에서 나머지정리에 의하여 $f(1)=1$이므로

$1+a+b=1$ $\therefore a+b=0$ ········· ㉠

㈏에서 계수가 실수인 이차방정식의 한 근이 $p-i$이므로 다른 한 근은 $p+i$이다.

근과 계수의 관계에 의하여

$(p-i)+(p+i)=-a$ $\therefore 2p=-a$ ········· ㉡

$(p-i)(p+i)=b$ $\therefore p^2+1=b$ ········· ㉢

㉠, ㉡, ㉢에서 $-2p+p^2+1=0$

$p^2-2p+1=0$, $(p-1)^2=0$

$\therefore p=1$

㉡에서 $a=-2$

㉢에서 $b=2$

$\therefore 2a+b=-4+2=-2$

실수 Check

나머지정리에 의하여 다항식 $f(x)$를 $x-1$로 나눈 나머지는 $f(1)$임을 이용한다.

0886 답 ①

계수가 실수인 이차방정식의 한 근이 $2-3i$이므로 다른 한 근은 $\alpha=2+3i$이다.

$\therefore \dfrac{1}{\alpha}=\dfrac{1}{2+3i}=\dfrac{2-3i}{(2+3i)(2-3i)}=\dfrac{2-3i}{13}$

$\therefore a=\dfrac{2}{13}$, $b=-\dfrac{3}{13}$

$\therefore a+b=-\dfrac{1}{13}$

0887 답 ③ | 유형 23

이차방정식 $ax^2+bx+c=0$의 두 근이 모두 양수일 때, 이차방정식 <u>단서1</u> $bx^2+cx+a=0$의 두 근의 부호는? (단, a, b, c는 모두 실수이다.)

① 두 근이 모두 양수이다.
② 두 근이 모두 음수이다.
③ 한 근은 양수, 다른 한 근은 음수이다.
④ 한 근은 0, 다른 한 근은 양수이다.
⑤ 한 근은 0, 다른 한 근은 음수이다.

단서1 두 근의 합이 양수, 두 근의 곱이 양수

STEP 1 판별식, 근과 계수의 관계를 이용하여 a, b, c의 부호 추론하기

이차방정식 $ax^2+bx+c=0$의 판별식을 D라 하면

$D=b^2-4ac\geq0$

두 근이 모두 양수이므로 근과 계수의 관계에 의하여

$\alpha+\beta=-\dfrac{b}{a}>0$, $\alpha\beta=\dfrac{c}{a}>0$

즉, $ab<0$, $ac>0$이므로

$bc<0$

STEP2 $bx^2+cx+a=0$의 근의 부호 판별하기

이차방정식 $bx^2+cx+a=0$의 판별식을 D'이라 하면
$D'=c^2-4ab>0\ (\because c^2>0,\ -4ab>0)$
두 실근을 $\alpha',\ \beta'$이라 하면 근과 계수의 관계에 의하여
$\alpha'+\beta'=-\dfrac{c}{b}>0,\ \alpha'\beta'=\dfrac{a}{b}<0\ \rightarrow$ 두 근의 부호가 다르다.
따라서 한 근은 양수, 다른 한 근은 음수이다.

0888 답 ③

$ab>0,\ bc<0$에서 $\dfrac{bc}{ab}<0\qquad\therefore \dfrac{c}{a}<0$
이차방정식 $ax^2+bx+c=0$의 판별식을 D라 하면
$D=b^2-4ac>0$이므로 두 근을 $\alpha,\ \beta$라 하면 근과 계수의 관계에 의하여
$\alpha+\beta=-\dfrac{b}{a}<0\ (\because ab>0)\ \rightarrow$ 두 근의 합이 음수이다.
$\qquad\qquad\qquad\qquad\qquad\qquad \rightarrow |(음수)|>(양수)$
$\alpha\beta=\dfrac{c}{a}<0\ \rightarrow$ 두 근의 부호가 다르다.
따라서 음수인 근의 절댓값이 양수인 근보다 크다.

0889 답 17

이차방정식 $x^2+ax+b=0$의 서로 다른 두 실근이 $\alpha,\ \beta$이고 두 실근의 부호가 서로 다르므로
근과 계수의 관계에 의하여
$\alpha+\beta=-a,\ \alpha\beta=b<0$ ┄┄┄┄┄┄┄┄┄ ㉠
이차방정식 $x^2+(16a+b)x-2b=0$의 두 근이 $\alpha+\beta,\ \alpha\beta$이므로
근과 계수의 관계에 의하여
$\alpha+\beta+\alpha\beta=-(16a+b),\ (\alpha+\beta)\alpha\beta=-2b$ ┄┄┄ ㉡
㉠을 ㉡에 대입하면
$-a+b=-16a-b\qquad\therefore 15a+2b=0$
$\underline{-ab=-2b}\ \rightarrow b<0$이므로 양변을 b로 나누면 $a=2$
두 식을 연립하여 풀면 $a=2,\ b=-15$
$\therefore a-b=17$

0890 답 ①

㈎에서 $\alpha^2-\beta^2=0,\ (\alpha-\beta)(\alpha+\beta)=0$
$\therefore \alpha-\beta=0$ 또는 $\alpha+\beta=0$
㈏에서 $\alpha\beta<0$이므로 $\alpha\neq\beta\qquad\therefore \beta=-\alpha$
이차방정식 $x^2-(6k^2+k-1)x+6k-1=0$에서
근과 계수의 관계에 의하여
$\alpha+\beta=6k^2+k-1=0$
$(2k+1)(3k-1)=0$
$\therefore k=-\dfrac{1}{2}$ 또는 $k=\dfrac{1}{3}$ ┄┄┄┄┄┄┄┄ ㉠
$\alpha\beta=6k-1<0\qquad\therefore k<\dfrac{1}{6}$ ┄┄┄┄┄┄┄ ㉡
㉠, ㉡에 의하여 $k=-\dfrac{1}{2}$

0891 답 ②

이차방정식 $x^2+2(n+1)x+n^2+1=0$에 대하여
ㄱ. $n=3$이면 $x^2+8x+10=0$이므로
$\quad x=-4\pm\sqrt{6}$
$\quad$즉, 두 근은 모두 자연수가 아니다. (거짓)
ㄴ. 판별식을 D라 하면
$\quad \dfrac{D}{4}=(n+1)^2-(n^2+1)=2n$
$\quad$이때 n은 자연수이므로 $2n>0$
$\quad$즉, $D>0$이므로 서로 다른 두 실근을 가진다. (거짓)
ㄷ. ㄴ에 의해 서로 다른 두 실근을 $\alpha,\ \beta$라 하면
$\quad$근과 계수의 관계에 의하여
$\quad \alpha+\beta=-2(n+1)<0,\ \alpha\beta=n^2+1>0$
$\qquad\quad$ n이 자연수이므로 $n+1>0$ $\quad$ n이 자연수이므로 $n^2+1>0$
$\quad$즉, 두 근의 곱이 양수이므로 두 근의 부호가 같고, 두 근의 합이 음수이므로 두 근은 모두 음수이다. (참)
따라서 옳은 것은 ㄷ이다.

0892 답 -56 $\qquad$ | 유형 **24**

이차방정식 $x^2-(2k-1)x+36=0$의 두 근의 절댓값의 비가 $4:1$이
$\quad$ [단서1] $\qquad\qquad\qquad\qquad\qquad$ [단서2]
되도록 하는 모든 상수 k의 값의 곱을 구하시오.

[단서1] (두 근의 합)$=2k-1$, (두 근의 곱)$=36$
[단서2] 두 근은 $4\alpha,\ \alpha\ (\alpha\neq 0)$

STEP1 두 근의 곱의 부호를 이용하여 두 근의 부호 추론하기

이차방정식 $x^2-(2k-1)x+36=0$에서 근과 계수의 관계에 의하여 (두 근의 곱)$=36>0$이므로 두 근의 부호가 같다.

STEP2 두 근의 절댓값의 비를 이용하여 두 근을 정하고, 근과 계수의 관계 이용하기

두 근의 절댓값의 비가 $4:1$이므로
이 이차방정식의 두 근을 $4\alpha,\ \alpha\ (\alpha\neq 0)$라 하면
근과 계수의 관계에 의하여
$4\alpha+\alpha=2k-1\qquad\therefore 5\alpha=2k-1$ ┄┄┄┄┄ ㉠
$4\alpha\times\alpha=36,\ \alpha^2=9\qquad\therefore \alpha=\pm 3$ ┄┄┄ ㉡

STEP3 상수 k의 값의 곱 구하기

㉡을 ㉠에 대입하면
$\alpha=3$일 때 $15=2k-1\qquad\therefore k=8$
$\alpha=-3$일 때 $-15=2k-1\qquad\therefore k=-7$
따라서 구하는 모든 상수 k의 값의 곱은
$8\times(-7)=-56$

0893 답 1

이차방정식 $x^2-(k^2-6k+5)x+(2k-6)=0$의 서로 다른 두 실근을 $\alpha,\ \beta$라 하면
두 근의 절댓값이 같고 부호가 서로 다르므로
$\alpha+\beta=0,\ \alpha\beta<0$

즉, 근과 계수의 관계에 의하여

$\alpha+\beta=k^2-6k+5=0$에서

$(k-1)(k-5)=0$ $\therefore k=1$ 또는 $k=5$ .... ㉠

$\alpha\beta=2k-6<0$에서 $k<3$ .... ㉡

㉠, ㉡에 의하여 $k=1$

0894 답 ①

이차방정식 $x^2-2(k+3)x-90=0$에서 근과 계수의 관계에 의하여 (두 근의 곱)$=-90<0$이므로 두 근의 부호가 서로 다르다.

또, 두 근의 절댓값의 비가 $2:5$이므로

이 이차방정식의 두 근을 2α, -5α $(\alpha\neq0)$라 하면

근과 계수의 관계에 의하여

$2\alpha+(-5\alpha)=2(k+3)$ $\therefore -3\alpha=2k+6$ .... ㉠

$2\alpha\times(-5\alpha)=-90$, $\alpha^2=9$ $\therefore \alpha=\pm3$ .... ㉡

㉡을 ㉠에 대입하면

$\alpha=3$일 때 $-9=2k+6$ $\therefore k=-\dfrac{15}{2}$

$\alpha=-3$일 때 $9=2k+6$ $\therefore k=\dfrac{3}{2}$

따라서 구하는 모든 상수 k의 값의 합은

$-\dfrac{15}{2}+\dfrac{3}{2}=-6$

0895 답 $-\dfrac{9}{4}$

이차방정식 $x^2-kx+k-1=0$에서 근과 계수의 관계에 의하여 (두 근의 곱)$=k-1<0\,(\because k<1)$이므로 두 근의 부호가 서로 다르다.

또, 두 근의 절댓값의 비가 $1:4$이므로

이 이차방정식의 두 근을 α, -4α $(\alpha\neq0)$라 하면

근과 계수의 관계에 의하여

$\alpha+(-4\alpha)=k$ $\therefore -3\alpha=k$ .... ㉠

$\alpha\times(-4\alpha)=k-1$ $\therefore -4\alpha^2=k-1$ .... ㉡

㉠을 ㉡에 대입하면

$-4\alpha^2=-3\alpha-1$, $4\alpha^2-3\alpha-1=0$

$(4\alpha+1)(\alpha-1)=0$ $\therefore \alpha=-\dfrac{1}{4}$ 또는 $\alpha=1$

즉, $\alpha=-\dfrac{1}{4}$일 때 $k=\dfrac{3}{4}$, $\alpha=1$일 때 $k=-3$

따라서 구하는 모든 상수 k의 값의 곱은

$\dfrac{3}{4}\times(-3)=-\dfrac{9}{4}$

0896 답 ③

$k^2x^2-(k-3)x-2k^2=0$이 x에 대한 이차방정식이므로 $k^2\neq0$

근과 계수의 관계에 의하여 $\alpha\beta=-2<0$이므로 두 근 α, β의 부호가 서로 다르다.

이때 $\alpha>\beta$이므로 $\alpha>0>\beta$

또, $|\alpha|>|\beta|$이므로 $\alpha+\beta>0$

즉, $\alpha+\beta=\dfrac{k-3}{k^2}>0$에서 $k-3>0$ ($k^2>0$)

따라서 $k>3$이므로 구하는 정수 k의 최솟값은 4이다.

0897 답 7

이차방정식 $4x^2-12x-k=0$의 두 실근을 α, β라 하면

근과 계수의 관계에 의하여

$\alpha+\beta=3$, $\alpha\beta=-\dfrac{k}{4}$ .... ㉠

또, $|\alpha|+|\beta|=4$이므로 양변을 제곱하면

$\alpha^2+2|\alpha\beta|+\beta^2=16$

$(\alpha+\beta)^2-2\alpha\beta+2|\alpha\beta|=16$

위의 식에 ㉠을 대입하면

$3^2-2\times\left(-\dfrac{k}{4}\right)+2\times\left|-\dfrac{k}{4}\right|=16$

$\dfrac{1}{2}k+\dfrac{1}{2}|-k|=7$

$\therefore k+|-k|=14$ .... ㉡

이때 $k\leq0$이면 $k+|-k|=k-k=0$이므로 ㉡이 성립하지 않는다.

즉, $k>0$이므로 ㉡에서 $2k=14$

$\therefore k=7$

실수 Check

$|\alpha|+|\beta|=4$에서 바로 구할 수 없을 때에는 양변을 제곱하여 푼다.

0898 답 $\dfrac{11}{3}$ | 유형 25

> 이차방정식 $\underline{f(x)=0}$의 두 근을 α, β라 할 때, $\alpha+\beta=7$이다. 이차방
> **단서1**
> 정식 $f(3x-2)=0$의 두 근의 합을 구하시오.
> **단서1** $f(\alpha)=0$, $f(\beta)=0$

STEP 1 이차방정식 $f(3x-2)=0$의 두 근 구하기

이차방정식 $f(x)=0$의 두 근이 α, β이므로

$f(\alpha)=0$, $f(\beta)=0$

$f(3x-2)=0$이려면 $3x-2=\alpha$ 또는 $3x-2=\beta$

$\therefore x=\dfrac{\alpha+2}{3}$ 또는 $x=\dfrac{\beta+2}{3}$

STEP 2 이차방정식 $f(3x-2)=0$의 두 근의 합 구하기

이차방정식 $f(3x-2)=0$의 두 근의 합은

$\dfrac{\alpha+2}{3}+\dfrac{\beta+2}{3}=\dfrac{\alpha+\beta+4}{3}=\dfrac{11}{3}$ ← $\alpha+\beta=7$

0899 답 ④

방정식 $f(x)=0$의 한 근이 -3이므로 $f(-3)=0$이다.

① $f(x+7)=0$이려면 $x+7=-3$ $\therefore x=-10$

  즉, $x=-10$을 근으로 가진다.

② $f(x+1)=0$이려면 $x+1=-3$ $\therefore x=-4$

  즉, $x=-4$를 근으로 가진다.

③ $f(x-1)=0$이려면 $x-1=-3$ $\therefore x=-2$

  즉, $x=-2$를 근으로 가진다.

④ $f(x-7)=0$이려면 $x-7=-3$ $\therefore x=4$

   즉, $x=4$를 근으로 가진다.

⑤ $f(x^2-12)=0$이려면 $x^2-12=-3$, $x^2=9$ $\therefore x=\pm3$

   즉, $x=\pm3$을 근으로 가진다.

따라서 $x=4$를 반드시 근으로 갖는 것은 ④이다.

다른 풀이

주어진 식의 좌변에 $x=4$를 대입하면

① $f(11)$ ② $f(5)$ ③ $f(3)$

④ $f(-3)=0$ ⑤ $f(4)$

따라서 $x=4$를 반드시 근으로 갖는 것은 ④이다.

0900 답 ②

이차방정식 $f(x)=0$의 두 근이 α, β이므로

$f(\alpha)=0$, $f(\beta)=0$

$f\left(4x-\dfrac{1}{4}\right)=0$이려면

$4x-\dfrac{1}{4}=\alpha$ 또는 $4x-\dfrac{1}{4}=\beta$

$\therefore x=\dfrac{4\alpha+1}{16}$ 또는 $x=\dfrac{4\beta+1}{16}$

따라서 이차방정식 $f\left(4x-\dfrac{1}{4}\right)=0$의 두 근의 합은

$\dfrac{4\alpha+1}{16}+\dfrac{4\beta+1}{16}=\dfrac{4\overbrace{(\alpha+\beta)}^{\alpha+\beta=\frac{7}{2}}+2}{16}=1$

0901 답 4

이차방정식 $f(x)=0$의 두 근이 α, β이므로

$f(\alpha)=0$, $f(\beta)=0$

$f(-2x+3)=0$이려면 $-2x+3=\alpha$ 또는 $-2x+3=\beta$

$\therefore x=-\dfrac{\alpha-3}{2}$ 또는 $x=-\dfrac{\beta-3}{2}$

따라서 이차방정식 $f(-2x+3)=0$의 두 근의 곱은

$\left(-\dfrac{\alpha-3}{2}\right)\times\left(-\dfrac{\beta-3}{2}\right)=\dfrac{(\alpha-3)(\beta-3)}{4}$

$=\dfrac{\overbrace{\alpha\beta-3(\alpha+\beta)}^{\alpha+\beta=-2,\ \alpha\beta=1}+9}{4}$

$=\dfrac{16}{4}=4$

다른 풀이

두 근이 α, β이고 $\alpha+\beta=-2$, $\alpha\beta=1$, x^2의 계수가 1인 이차방정식은

$x^2+2x+1=0$

이때 $f(x)=x^2+2x+1$이라 하면

$f(-2x+3)=(-2x+3)^2+2(-2x+3)+1$

$=4x^2-16x+16$

따라서 이차방정식 $f(-2x+3)=0$의 두 근의 곱은 근과 계수의 관계에 의하여 4이다.

0902 답 ⑤

이차방정식 $f(x)=0$의 두 근이 α, β이므로

$f(\alpha)=0$, $f(\beta)=0$

$f(3x-2)=0$이려면 $3x-2=\alpha$ 또는 $3x-2=\beta$

$\therefore x=\dfrac{\alpha+2}{3}$ 또는 $x=\dfrac{\beta+2}{3}$

이때 $\alpha+\beta=3$, $\alpha\beta=1$에서

$(\alpha-\beta)^2=(\alpha+\beta)^2-4\alpha\beta=9-4=5$

$\therefore \alpha-\beta=\pm\sqrt{5}$

따라서 이차방정식 $f(3x-2)=0$의 두 근의 차는

$\left|\dfrac{\alpha+2}{3}-\dfrac{\beta+2}{3}\right|=\left|\dfrac{\alpha-\beta}{3}\right|=\dfrac{\sqrt{5}}{3}$

0903 답 ①

이차방정식 $f(2x-3)=0$의 두 근을 α, β라 하면

$f(2\alpha-3)=0$, $f(2\beta-3)=0$이고

두 근의 합이 4이므로

$\alpha+\beta=4$

$f(x)=0$이려면 $x=2\alpha-3$ 또는 $x=2\beta-3$

따라서 이차방정식 $f(x)=0$의 두 근의 합은

$(2\alpha-3)+(2\beta-3)=2(\alpha+\beta)-6$

$=2\times4-6=2$

다른 풀이

$f(x)=ax^2+bx+c$ (a, b, c는 상수, $a\neq0$)로 놓으면

$f(2x-3)=a(2x-3)^2+b(2x-3)+c=0$

위 식을 정리하면

$f(2x-3)=4ax^2+(-12a+2b)x+9a-3b+c=0$

이때 근과 계수의 관계에 의하여 두 근의 합은

$-\dfrac{-12a+2b}{4a}=4$, $-\dfrac{b}{2a}=1$ $\therefore b=-2a$

즉, $f(x)=ax^2-2ax+c$이다.

따라서 이차방정식 $f(x)=0$의 두 근의 합은 $-\dfrac{-2a}{a}=2$이다.

0904 답 ④

이차방정식 $f(x)=0$의 두 근이 α, β이므로

$f(\alpha)=0$, $f(\beta)=0$

$f(5x)=0$이려면 $5x=\alpha$ 또는 $5x=\beta$

$\therefore x=\dfrac{\alpha}{5}$ 또는 $x=\dfrac{\beta}{5}$

이때 이차방정식 $f(5x)=0$의 두 근의 곱이 1이므로

$\dfrac{\alpha}{5}\times\dfrac{\beta}{5}=1$ $\therefore \alpha\beta=25$

두 근이 $\alpha+\beta=5$, $\alpha\beta=25$이면 근과 계수의 관계에 의하여

(두 근의 합)$=5+25=30$

(두 근의 곱)$=5\times25=125$

따라서 5, 25를 두 근으로 하고 x^2의 계수가 1인 이차방정식은

$x^2-30x+125=0$

실수 Check

두 근이 $\alpha+\beta=5$, $\alpha\beta=25$이고 x^2의 계수가 1인 이차방정식을 $x^2-5x+25=0$으로 생각하지 않도록 주의한다.

0905 답 503

이차방정식 $f(x)=0$의 두 근을 α, β라 하면

$f(\alpha)=0$, $f(\beta)=0$

두 근의 합이 16이므로 $\alpha+\beta=16$

$f(2020-8x)=0$이려면

$2020-8x=\alpha$ 또는 $2020-8x=\beta$

$\therefore x=\dfrac{2020-\alpha}{8}$ 또는 $x=\dfrac{2020-\beta}{8}$

따라서 이차방정식 $f(2020-8x)=0$의 두 근의 합은

$$\dfrac{2020-\alpha}{8}+\dfrac{2020-\beta}{8}=\dfrac{4040-(\alpha+\beta)}{8}$$

$$=\dfrac{4040-16}{8}=503$$

0906 답 ③ | 유형 26

> 이차방정식 $x^2+x-3=0$의 서로 다른 두 근을 α, β라 할 때, 이차식 [단서1]
> $f(x)$는 $f(\alpha)=f(\beta)=4$를 만족시킨다. x^2의 계수가 1인 이차식 $f(x)$ [단서2]
> 는?
>
> ① x^2+x-2 ② x^2-x-1 ③ x^2+x+1
> ④ x^2-2x+2 ⑤ x^2+2x+4
>
> [단서1] 근과 계수의 관계 이용
> [단서2] 이차방정식 $f(x)-4=0$의 두 근 α, β

STEP 1 근과 계수의 관계 구하기

이차방정식 $x^2+x-3=0$의 두 근이 α, β이므로

근과 계수의 관계에 의하여

$\alpha+\beta=-1$, $\alpha\beta=-3$

STEP 2 이차방정식 $f(x)-4=0$의 두 근이 α, β인 이차식 $f(x)$ 작성하기

이차식 $f(x)$에 대하여 $f(\alpha)=f(\beta)=4$이므로

$f(\alpha)-4=0$, $f(\beta)-4=0$

즉, α, β는 이차방정식 $f(x)-4=0$의 두 근이고

$f(x)$의 x^2의 계수는 1이므로

$f(x)-4=x^2-(\alpha+\beta)x+\alpha\beta$

$\qquad\quad=x^2+x-3$

$\therefore f(x)=x^2+x+1$

다른 풀이

이차방정식 $x^2+x-3=0$의 두 근이 α, β이므로

근과 계수의 관계에 의하여

$\alpha+\beta=-1$, $\alpha\beta=-3$

$f(x)=x^2+ax+b$ (a, b는 상수)로 놓으면 ← x^2의 계수가 1인 이차식이다.

$f(\alpha)=f(\beta)=4$이므로

$f(\alpha)=\alpha^2+a\alpha+b=4$ ········· ㉠

$f(\beta)=\beta^2+a\beta+b=4$ ········· ㉡

㉠-㉡을 하면 $\alpha^2-\beta^2+a(\alpha-\beta)=0$

$(\alpha+\beta)(\alpha-\beta)+a(\alpha-\beta)=0$

$(\alpha-\beta)(\alpha+\beta+a)=0$

$\therefore \alpha=\beta$ 또는 $\alpha+\beta+a=0$

그런데 $\alpha\ne\beta$이므로 $\alpha+\beta+a=0$

$\therefore a=-(\alpha+\beta)=1$

$a=1$을 ㉠에 대입하면 $\alpha^2+\alpha+b=4$ ·············· ㉢

또, α가 이차방정식 $x^2+x-3=0$의 근이므로

$x=\alpha$를 대입하면 $\alpha^2+\alpha-3=0$ $\therefore \alpha^2+\alpha=3$

이를 ㉢에 대입하면 $3+b=4$ $\therefore b=1$

$\therefore f(x)=x^2+x+1$

0907 답 ⑤

이차방정식 $2x^2-4x+3=0$의 두 근이 α, β이므로

근과 계수의 관계에 의하여

$\alpha+\beta=2$, $\alpha\beta=\dfrac{3}{2}$

이차식 $f(x)$에 대하여 $f(\alpha)-2=f(\beta)-2=0$이므로

α, β는 이차방정식 $f(x)-2=0$의 두 근이다.

$f(x)$의 x^2의 계수가 2이므로

$f(x)-2=2\{x^2-(\alpha+\beta)x+\alpha\beta\}$

$\qquad\quad=2\left(x^2-2x+\dfrac{3}{2}\right)$

$\qquad\quad=2x^2-4x+3$

$\therefore f(x)=2x^2-4x+5$

따라서 이차식 $f(x)$의 상수항은 5이다.

0908 답 ④

이차방정식 $f(x)+2x-14=0$의 두 근이 α, β이므로

x^2의 계수를 a라 하면

$f(x)+2x-14=a(x-\alpha)(x-\beta)$

$\qquad\qquad\quad=a\{x^2-(\alpha+\beta)x+\alpha\beta\}$

$\qquad\qquad\quad=a(x^2+2x-8)$ → 조건에서 $\alpha+\beta=-2$, $\alpha\beta=-8$

$f(-1)=-11$이므로 위 식의 양변에 $x=-1$을 대입하면

$f(-1)-16=-9a$, $-27=-9a$ $\therefore a=3$

따라서 $f(x)+2x-14=3(x^2+2x-8)$에서

$f(x)=3x^2+4x-10$

$\therefore f(2)=12+8-10=10$

0909 답 ②

이차방정식 $x^2-2x+2=0$의 두 근이 α, β이므로

근과 계수의 관계에 의하여

$\alpha+\beta=2$ $\therefore \alpha=2-\beta$, $\beta=2-\alpha$

$\alpha\beta=2$

$f(\alpha)=2-\beta$에서 $f(\alpha)=2-(2-\alpha)$

$\therefore f(\alpha)-\alpha=0$

$f(\beta)=2-\alpha$에서 $f(\beta)=2-(2-\beta)$

$\therefore f(\beta)-\beta=0$

즉, α, β는 이차방정식 $f(x)-x=0$의 두 근이고, $f(x)$의 x^2의

계수가 1이므로

$f(x)-x=x^2-(\alpha+\beta)x+\alpha\beta$

$\qquad\quad=x^2-2x+2$

$\therefore f(x)=x^2-x+2$

따라서 이차방정식 $f(x)=0$의 두 근의 합은 1이다.

0910 답 ③

이차방정식 $x^2-3x+1=0$의 두 근이 α, β이므로

근과 계수의 관계에 의하여

$\alpha+\beta=3$ $\quad\therefore \alpha=3-\beta,\ \beta=3-\alpha$ $\cdots\cdots$ ㉠

$\alpha\beta=1$

또, $x^2-3x+1=0$에 $x=\alpha$, $x=\beta$를 각각 대입하면

$\alpha^2-3\alpha+1=0$ $\quad\therefore 3\alpha=\alpha^2+1$ $\cdots\cdots$ ㉡

$\beta^2-3\beta+1=0$ $\quad\therefore 3\beta=\beta^2+1$ $\cdots\cdots$ ㉢

$f(\alpha^2)=3\beta$에서

$f(\alpha^2)=3(3-\alpha)=9-3\alpha\ (\because$ ㉠$)$

$\qquad =9-(\alpha^2+1)\ (\because$ ㉡$)$

$\qquad =8-\alpha^2$

$f(\beta^2)=3\alpha$에서

$f(\beta^2)=3(3-\beta)=9-3\beta\ (\because$ ㉠$)$

$\qquad =9-(\beta^2+1)\ (\because$ ㉢$)$

$\qquad =8-\beta^2$

즉, α^2, β^2은 이차방정식 $f(x)+x-8=0$의 두 근이다.

따라서 이차방정식 $x^2+(p+1)x+q-8=0$의 두 근은 α^2, β^2이므로 근과 계수의 관계에 의하여

두 근의 합은 $\alpha^2+\beta^2=-(p+1)$에서

$(\alpha+\beta)^2-2\alpha\beta=-(p+1)$

$9-2=-p-1$ $\quad\therefore p=-8$

두 근의 곱은 $\alpha^2\beta^2=q-8$에서

$1=q-8$ $\quad\therefore q=9$

$\therefore p+q=-8+9=1$

Plus 문제

0910-1

이차방정식 $2x^2-2x+5=0$의 두 근을 α, β라 할 때, x^2의 계수가 1인 x에 대한 이차식 $P(x)$는 $P(\alpha)=2\beta$, $P(\beta)=2\alpha$를 만족시킨다. 이차식 $P(x)$에 대하여 $P(\alpha+\beta)$의 값을 구하시오.

이차방정식 $2x^2-2x+5=0$의 두 근이 α, β이므로

근과 계수의 관계에 의하여

$\alpha+\beta=1$, $\alpha\beta=\dfrac{5}{2}$ $\quad\therefore \alpha=1-\beta,\ \beta=1-\alpha$

$P(\alpha)=2\beta$, $P(\beta)=2\alpha$에서

$P(\alpha)=2(1-\alpha)=2-2\alpha$, $P(\beta)=2(1-\beta)=2-2\beta$

$\therefore P(\alpha)+2\alpha-2=0$, $P(\beta)+2\beta-2=0$

즉, α, β는 이차방정식 $P(x)+2x-2=0$의 두 근이고,

$P(x)$의 x^2의 계수가 1이므로

$P(x)+2x-2=x^2-(\alpha+\beta)x+\alpha\beta$

$\qquad\qquad\qquad =x^2-x+\dfrac{5}{2}$

$\therefore P(x)=x^2-3x+\dfrac{9}{2}$

$\therefore P(\alpha+\beta)=P(1)=1-3+\dfrac{9}{2}=\dfrac{5}{2}$

답 $\dfrac{5}{2}$

0911 답 2 유형 27

> x, y에 대한 이차식 $x^2-xy-6y^2+x+7y-k$가 x, y에 대한 **두 일차** 단서1 **식의 곱으로 인수분해**될 때, 실수 k의 값을 구하시오. 단서2
>
> 단서1 한 문자에 대해 정리
> 단서2 근을 구했을 때 ➔ 근호 안의 식이 완전제곱식

STEP1 x에 대한 이차방정식으로 나타내기

$x^2-xy-6y^2+x+7y-k$를 x에 대하여 내림차순으로 정리하면

$x^2+(1-y)x-6y^2+7y-k$

$x^2+(1-y)x-6y^2+7y-k=0$을 x에 대한 이차방정식으로 보고 근을 구하면

$x=\dfrac{-(1-y)\pm\sqrt{(1-y)^2-4(-6y^2+7y-k)}}{2}$

$\quad =\dfrac{y-1\pm\sqrt{25y^2-30y+4k+1}}{2}$ $\cdots\cdots$ ㉠

STEP2 근호 안의 식이 완전제곱식임을 이용하여 실수 k의 값 구하기

주어진 이차식이 두 일차식의 곱으로 인수분해되려면 근호 안의 식이 완전제곱식이어야 한다.

즉, $25y^2-30y+4k+1=0$의 판별식을 D라 하면

$\dfrac{D}{4}=(-15)^2-25(4k+1)=0$

$225-100k-25=0$ $\quad\therefore k=2$

참고 ㉠에 의해 주어진 식은

$\left(x-\dfrac{y-1+\sqrt{D_1}}{2}\right)\left(x-\dfrac{y-1-\sqrt{D_1}}{2}\right)$ (단, $D_1=25y^2-30y+4k+1$)

로 인수분해되므로 두 일차식의 곱으로 인수분해되면 D_1은 완전제곱식이다.

0912 답 ④

$3x^2+y^2+4xy+x-y+a$를 x에 대하여 내림차순으로 정리하면

$3x^2+(4y+1)x+y^2-y+a$

$3x^2+(4y+1)x+y^2-y+a=0$을 x에 대한 이차방정식으로 보고 근을 구하면

$x=\dfrac{-(4y+1)\pm\sqrt{(4y+1)^2-12(y^2-y+a)}}{6}$

$\quad =\dfrac{-(4y+1)\pm\sqrt{4y^2+20y-12a+1}}{6}$

이때 주어진 이차식이 두 일차식의 곱으로 인수분해되려면 근호 안의 식이 완전제곱식이어야 한다.

즉, $4y^2+20y-12a+1=0$의 판별식을 D라 하면

$\dfrac{D}{4}=10^2-4(-12a+1)=0$

$100+48a-4=0$ $\quad\therefore a=-2$

참고 주어진 식을 y에 대하여 내림차순으로 정리해도 같은 결과를 얻을 수 있다.

0913 답 ②

$2x^2-7xy+ky^2+x-13y-3$을 x에 대하여 내림차순으로 정리하면

$2x^2+(1-7y)x+ky^2-13y-3$

$2x^2+(1-7y)x+ky^2-13y-3=0$을 x에 대한 이차방정식으로 보고 근을 구하면

$$x=\dfrac{-(1-7y)\pm\sqrt{(1-7y)^2-8(ky^2-13y-3)}}{4}$$

$$=\dfrac{7y-1\pm\sqrt{(49-8k)y^2+90y+25}}{4}$$

이때 주어진 이차식이 두 일차식의 곱으로 인수분해되려면 근호 안의 식이 완전제곱식이어야 한다.

즉, $(49-8k)y^2+90y+25=0$의 판별식을 D라 하면

$$\dfrac{D}{4}=45^2-25(49-8k)=0$$

$$81-49+8k=0$$

$$\therefore k=-4$$

0914 답 ③

이차식 x^2-2y^2+ky-1이 두 일차식의 곱으로 인수분해되려면 $2y^2-ky+1$이 완전제곱식이어야 한다.

즉, $2y^2-ky+1=0$의 판별식을 D라 하면

$D=k^2-8=0$, $k^2=8$

$\therefore k=2\sqrt{2}$ ($\because k$는 양수)

따라서 x^2-2y^2+ky-1은 다음과 같이 인수분해된다.

$x^2-2y^2+2\sqrt{2}y-1=x^2-(\sqrt{2}y-1)^2$

$\qquad\qquad\qquad\qquad\quad =(x-\sqrt{2}y+1)(x+\sqrt{2}y-1)$

$\therefore a=\sqrt{2}$, $b=1$

$\therefore k^2+(ab)^2=8+2=10$

0915 답 ④

$2x^2-3xy+ay^2-3x+y+1$을 x에 대하여 내림차순으로 정리하면

$2x^2-3(y+1)x+ay^2+y+1$ ································· ㉠

$2x^2-3(y+1)x+ay^2+y+1=0$을 x에 대한 이차방정식으로 보고 근을 구하면

$$x=\dfrac{3(y+1)\pm\sqrt{9(y+1)^2-8(ay^2+y+1)}}{4}$$

$$=\dfrac{3(y+1)\pm\sqrt{(9-8a)y^2+10y+1}}{4}$$

이때 주어진 이차식이 두 일차식의 곱으로 인수분해되려면 근호 안의 식이 완전제곱식이어야 한다.

즉, $(9-8a)y^2+10y+1=0$의 판별식을 D라 하면

$$\dfrac{D}{4}=5^2-(9-8a)=0$$

$$25-9+8a=0$$

$$\therefore a=-2$$

$a=-2$를 ㉠에 대입하면

$2x^2-3(y+1)x-2y^2+y+1$

$=2x^2-3(y+1)x-(2y+1)(y-1)$

$=(2x+y-1)(x-2y-1)$

따라서 두 일차식은 $2x+y-1$, $x-2y-1$이므로 두 일차식의 합은

$(2x+y-1)+(x-2y-1)=3x-y-2$

0916 답 ②
유형 28

그림과 같이 직사각형 ABCD에서 세로의 길이를 한 변으로 하는 정사각형 ABFE를 잘라내고 남은 직사각형 DEFC가 원래의
단서2
직사각형 ABCD와 닮음일 때, 이런 직사각형을 황금직사각형이라 한다. $\overline{AB}$의 길이가 1일 때, $\overline{AD}$의 길이는? (단, $\overline{AD}>1$)
단서1

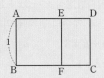

① $\sqrt{5}-1$　　② $\dfrac{1+\sqrt{5}}{2}$　　③ $\dfrac{2\sqrt{5}-1}{2}$

④ $1+\sqrt{5}$　　⑤ $2\sqrt{5}$

단서1 구하는 값 x
단서2 닮음비 이용

STEP1 $\overline{AD}=x$로 놓기

$\overline{AD}=x$라 하면 $\overline{DE}=x-1$

STEP2 두 직사각형 DEFC와 ABCD가 닮음임을 이용하여 비례식을 세우고 x의 값 구하기

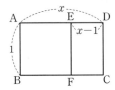

두 직사각형 DEFC와 ABCD가 닮음이므로

$x:1=1:(x-1)$에서

$x^2-x-1=0$

$\therefore x=\dfrac{1\pm\sqrt{5}}{2}$

이때 $x>1$이므로 $x=\dfrac{1+\sqrt{5}}{2}$

따라서 $\overline{AD}$의 길이는 $\dfrac{1+\sqrt{5}}{2}$이다.

0917 답 ⑤

길의 폭을 x m라 하면

$(60-x)(40-2x)=1512$

$2400-160x+2x^2=1512$

$x^2-80x+444=0$

$(x-6)(x-74)=0$

$\therefore x=6$ 또는 $x=74$

이때 $x<40$이므로 $x=6$이다.

따라서 길의 폭은 6 m이다.

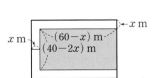

0918 답 17

가로의 길이는 매초마다 3씩 줄어들므로 t초 후의 길이는

$72-3t$

세로의 길이는 매초마다 4씩 늘어나므로 t초 후의 길이는

$28+4t$

t초 후의 직사각형의 넓이가 처음 직사각형의 넓이와 같으므로

$(72-3t)(28+4t)=72\times28$

$2016+204t-12t^2=2016$

$t^2-17t=0$, $t(t-17)=0$

$\therefore t=0$ 또는 $t=17$

따라서 17초가 지난 후에 처음 직사각형의 넓이와 같아진다.

0919 답 ②

원의 반지름의 길이를 r, 정사각형의 한 변의
길이를 x라 하면

$$r^2 = \left(\frac{x}{2}\right)^2 + (x-r)^2$$

$$\frac{5}{4}x^2 - 2rx = 0, \ 5x^2 - 8rx = 0$$

$$x(5x - 8r) = 0$$

이때 $x \neq 0$이므로 $5x = 8r$ $\quad \therefore r = \frac{5}{8}x$

$$\therefore S_1 : S_2 = \pi r^2 : x^2$$
$$= \pi \left(\frac{5}{8}x\right)^2 : x^2 = 25\pi : 64$$

0920 답 ④

처음 물건의 가격을 a라 하면

$x\,\%$만큼 인상한 가격은 $a\left(1 + \frac{x}{100}\right)$

다시 이 가격을 $x\,\%$만큼 인하한 가격은

$$a\left(1 + \frac{x}{100}\right)\left(1 - \frac{x}{100}\right) \quad\cdots\cdots\cdots\cdots\cdots\ \ominus$$

$\ominus$이 처음 물건의 가격 a보다 $1.44\,\%$ 낮으므로

$$a\left(1 + \frac{x}{100}\right)\left(1 - \frac{x}{100}\right) = a\left(1 - \frac{1.44}{100}\right)$$

$$1 - \frac{x^2}{100^2} = 1 - \frac{1.44}{100}$$

$$x^2 = 144 \quad \therefore x = 12 \ (\because x > 0)$$

0921 답 ⑤

이차방정식 $x^2 - 4x + 2 = 0$의 두 근이 α, β이므로
근과 계수의 관계에 의하여

$$\alpha + \beta = 4, \ \alpha\beta = 2 \quad\cdots\cdots\cdots\cdots\cdots\ \ominus$$

직각삼각형에 내접하는 정사각형의 한 변의 길이를 k라 하면

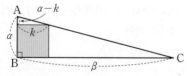

$\alpha : \beta = (\alpha - k) : k$에서 $\alpha k = \beta(\alpha - k)$

$$(\alpha + \beta)k = \alpha\beta \quad \therefore k = \frac{\alpha\beta}{\alpha + \beta}$$

$\ominus$에 의해 $k = \frac{1}{2}$

즉, 정사각형의 넓이는 $k^2 = \frac{1}{4}$

정사각형의 둘레의 길이는 $4k = 2$

따라서 $\frac{1}{4}$, 2를 두 근으로 하고 x^2의 계수가 4인 이차방정식은

$$4\left(x - \frac{1}{4}\right)(x - 2) = 0, \ 즉 \ (4x - 1)(x - 2) = 0$$

$$\therefore 4x^2 - 9x + 2 = 0$$

따라서 $m = -9$, $n = 2$이므로

$$m + n = -7$$

0922 답 ①

정오각형의 한 내각의 크기는 $\frac{180^\circ \times 3}{5} = 108^\circ$

△ABE는 이등변삼각형이므로

$$\angle ABE = \frac{1}{2} \times (180^\circ - 108^\circ) = 36^\circ$$

같은 방법으로

△BCA에서 $\angle BAC = 36^\circ$

$$\angle EAP = \angle BAE - \angle BAP$$
$$= 108^\circ - 36^\circ = 72^\circ$$

△APE에서

$$\angle APE = 36^\circ + 36^\circ = 72^\circ$$

즉, △APE는 이등변삼각형이므로 $\overline{EA} = \overline{EP} = 1$

$\overline{BE} : \overline{PE} = \overline{PE} : \overline{BP}$가 성립하므로

$$x : 1 = 1 : (x - 1), \ x(x - 1) = 1$$

$$x^2 - x - 1 = 0 \quad\cdots\cdots\cdots\cdots\cdots\cdots\cdots\cdots\cdots\ \ominus$$

$$\therefore x = \frac{1 \pm \sqrt{5}}{2}$$

이때 $x > 0$이므로 $x = \frac{1 + \sqrt{5}}{2}$

$\ominus$에서 $x^2 = x + 1$이므로

$$x^3 = (x + 1)x = x^2 + x = x + 1 + x = 2x + 1$$
$$x^4 = (2x + 1)x = 2x^2 + x = 2(x + 1) + x = 3x + 2$$
$$x^5 = (3x + 2)x = 3x^2 + 2x = 3(x + 1) + 2x = 5x + 3$$
$$x^6 = (5x + 3)x = 5x^2 + 3x = 5(x + 1) + 3x = 8x + 5$$

$$\therefore 1 - x + x^2 - x^3 + x^4 - x^5 + x^6 - x^7 + x^8$$
$$= 1 + (-x + x^2) + x^2(-x + x^2) + x^4(-x + x^2) + x^6(\underline{-x + x^2})$$

$\ominus$에서 $-x + x^2 = 1$

$$= 1 + 1 + x^2 + x^4 + x^6$$
$$= 1 + 1 + (x + 1) + (3x + 2) + (8x + 5)$$
$$= 12x + 10$$
$$= 12 \times \frac{1 + \sqrt{5}}{2} + 10 = 16 + 6\sqrt{5}$$

따라서 $p = 16$, $q = 6$이므로 $p + q = 22$

개념 Check

정다각형의 한 내각의 크기

(1) n각형의 내각의 크기의 합 : $180^\circ \times (n - 2)$

(2) 정n각형의 한 내각의 크기 : $\dfrac{180^\circ \times (n - 2)}{n}$

서술형 유형 익히기

198쪽~201쪽

0923 답 (1) -4 (2) 1 (3) -4β (4) $-\dfrac{7}{2}$ (5) $\dfrac{1}{16}$

(6) $16x^2 + 56x + 1$

STEP 1 근과 계수의 관계 구하기 [1점]

이차방정식 $x^2 + 4x + 1 = 0$의 두 근이 α, β이므로
근과 계수의 관계에 의하여

$\alpha + \beta = \boxed{-4}$, $\alpha\beta = \boxed{1}$

주어진 이차방정식에 $x=\alpha$, $x=\beta$를 대입하여 정리하면
$\alpha^2+4\alpha+1=0$에서 $1+\alpha^2=-4\alpha$
$\beta^2+4\beta+1=0$에서 $1+\beta^2=\boxed{-4\beta}$

STEP 2 $\dfrac{\alpha}{1+\beta^2}+\dfrac{\beta}{1+\alpha^2}$, $\dfrac{\alpha}{1+\beta^2}\times\dfrac{\beta}{1+\alpha^2}$의 값 구하기 [4점]

$$\dfrac{\alpha}{1+\beta^2}+\dfrac{\beta}{1+\alpha^2}=\dfrac{\alpha}{\boxed{-4\beta}}+\dfrac{\beta}{-4\alpha}$$
$$=\dfrac{-(\alpha^2+\beta^2)}{4\alpha\beta}$$
$$=\dfrac{-\{(\alpha+\beta)^2-2\alpha\beta\}}{4\alpha\beta}$$
$$=\dfrac{-\{(-4)^2-2\}}{4}$$
$$=\boxed{-\dfrac{7}{2}}$$

$$\dfrac{\alpha}{1+\beta^2}\times\dfrac{\beta}{1+\alpha^2}=\dfrac{\alpha}{\boxed{-4\beta}}\times\dfrac{\beta}{-4\alpha}$$
$$=\dfrac{\alpha\beta}{16\alpha\beta}=\boxed{\dfrac{1}{16}}$$

STEP 3 $\dfrac{\alpha}{1+\beta^2}$, $\dfrac{\beta}{1+\alpha^2}$를 두 근으로 하고 x^2의 계수가 16인 이차방정식 구하기 [3점]

$\dfrac{\alpha}{1+\beta^2}$, $\dfrac{\beta}{1+\alpha^2}$의 합과 곱이 각각 $\boxed{-\dfrac{7}{2}}$, $\boxed{\dfrac{1}{16}}$이므로

$\dfrac{\alpha}{1+\beta^2}$, $\dfrac{\beta}{1+\alpha^2}$를 두 근으로 하고 x^2의 계수가 16인 이차방정식은

$16\left(x^2+\dfrac{7}{2}x+\dfrac{1}{16}\right)=0$, 즉 $\boxed{16x^2+56x+1}=0$이다.

오답 분석

이차방정식 $x^2+4x+1=0$의 두 근이 α, β이므로
근의 공식을 이용하면 $x=-2\pm\sqrt{3}$
$\alpha=-2+\sqrt{3}$, $\beta=-2-\sqrt{3}$이라 하면
$\alpha^2=7-4\sqrt{3}$, $\beta^2=7+4\sqrt{3}$이므로
$\dfrac{\alpha}{1+\beta^2}=\dfrac{-2+\sqrt{3}}{8+4\sqrt{3}}$, $\dfrac{\beta}{1+\alpha^2}=\dfrac{-2-\sqrt{3}}{8-4\sqrt{3}}$ → 계산이 틀리지는 않음 1점
$\dfrac{\alpha}{1+\beta^2}$, $\dfrac{\beta}{1+\alpha^2}$를 두 근으로 하는 이차방정식은
$\left(x-\dfrac{-2+\sqrt{3}}{8+4\sqrt{3}}\right)\left(x-\dfrac{-2-\sqrt{3}}{8-4\sqrt{3}}\right)=0$ 1점

▶ 8점 중 2점 얻음.

α, β를 구한 후 $\dfrac{\alpha}{1+\beta^2}$, $\dfrac{\beta}{1+\alpha^2}$의 값을 구하는 것까지 계산이 틀리지는 않았지만 근과 계수의 관계를 이용하지 않아서 식이 너무 복잡하여 끝까지 해결하지 못했다. 직접 근을 구해서 이차방정식을 세우는 것은 좋은 방법이 아니다.

0924 답 $2x^2+x-2=0$

STEP 1 근과 계수의 관계 구하기 [1점]

이차방정식 $2x^2-x-2=0$의 두 근이 α, β이므로
근과 계수의 관계에 의하여

$\alpha+\beta=\dfrac{1}{2}$, $\alpha\beta=-1$

STEP 2 $\dfrac{1-\alpha}{1+\beta}+\dfrac{1-\beta}{1+\alpha}$, $\dfrac{1-\alpha}{1+\beta}\times\dfrac{1-\beta}{1+\alpha}$의 값 구하기 [4점]

$$\dfrac{1-\alpha}{1+\beta}+\dfrac{1-\beta}{1+\alpha}=\dfrac{(1+\alpha)(1-\alpha)+(1+\beta)(1-\beta)}{(1+\beta)(1+\alpha)}$$
$$=\dfrac{1-\alpha^2+1-\beta^2}{1+\alpha+\beta+\alpha\beta}$$
$$=\dfrac{2-\{(\alpha+\beta)^2-2\alpha\beta\}}{1+(\alpha+\beta)+\alpha\beta}$$
$$=\dfrac{2-\left\{\left(\dfrac{1}{2}\right)^2-2\times(-1)\right\}}{1+\dfrac{1}{2}+(-1)}=-\dfrac{1}{2} \quad\cdots\cdots ⓐ$$

$$\dfrac{1-\alpha}{1+\beta}\times\dfrac{1-\beta}{1+\alpha}=\dfrac{1-\alpha-\beta+\alpha\beta}{1+\alpha+\beta+\alpha\beta}$$
$$=\dfrac{1-(\alpha+\beta)+\alpha\beta}{1+(\alpha+\beta)+\alpha\beta}$$
$$=\dfrac{1-\dfrac{1}{2}+(-1)}{1+\dfrac{1}{2}+(-1)}=-1 \quad\cdots\cdots ⓑ$$

STEP 3 $\dfrac{1-\alpha}{1+\beta}$, $\dfrac{1-\beta}{1+\alpha}$를 두 근으로 하고 x^2의 계수가 2인 이차방정식 구하기 [3점]

$\dfrac{1-\alpha}{1+\beta}$, $\dfrac{1-\beta}{1+\alpha}$의 합과 곱이 각각 $-\dfrac{1}{2}$, -1이므로

$\dfrac{1-\alpha}{1+\beta}$, $\dfrac{1-\beta}{1+\alpha}$를 두 근으로 하고 x^2의 계수가 2인 이차방정식은

$2\left(x^2+\dfrac{1}{2}x-1\right)=0$, 즉 $2x^2+x-2=0$이다.

부분점수표	
ⓐ $\dfrac{1-\alpha}{1+\beta}+\dfrac{1-\beta}{1+\alpha}$의 값을 구한 경우	2점
ⓑ $\dfrac{1-\alpha}{1+\beta}\times\dfrac{1-\beta}{1+\alpha}$의 값을 구한 경우	2점

0925 답 $x^2+5x+6=0$

STEP 1 근과 계수의 관계를 이용하여 a, b와 α, a, b와 β의 관계식 구하기 [2점]

이차방정식 $x^2+(a-2)x-b=0$의 두 근이 -1, α이므로
근과 계수의 관계에 의하여
$-1+\alpha=-(a-2)$, $-\alpha=-b$
$\therefore a=-\alpha+3$, $b=\alpha$ $\cdots\cdots$ ㉠ $\cdots\cdots$ ⓐ
이차방정식 $x^2+(b+2)x-a=0$의 두 근이 3, β이므로
근과 계수의 관계에 의하여
$3+\beta=-(b+2)$, $3\beta=-a$
$\therefore b=-\beta-5$, $a=-3\beta$ $\cdots\cdots$ ㉡ $\cdots\cdots$ ⓑ

STEP 2 α, β의 값 구하기 [3점]

㉠, ㉡에서 $-3\beta=-\alpha+3$, $-\beta-5=\alpha$
두 식을 연립하여 풀면 $\alpha=-3$, $\beta=-2$

STEP 3 α, β를 두 근으로 하는 이차방정식 구하기 [3점]

-3, -2를 두 근으로 하고 x^2의 계수가 1인 이차방정식은
$(x+3)(x+2)=0$, 즉 $x^2+5x+6=0$이다.

부분점수표	
ⓐ a, b와 α의 관계식을 구한 경우	1점
ⓑ a, b와 β의 관계식을 구한 경우	1점

0926 답 $x^2-23x+120=0$

STEP 1 근과 계수의 관계 구하기 [1점]

$ax^2-(a+14)x+a+28=0$의 두 근이 α, β이므로
근과 계수의 관계에 의하여

$\alpha+\beta=\dfrac{a+14}{a}=1+\dfrac{14}{a}$

$\alpha\beta=\dfrac{a+28}{a}=1+\dfrac{28}{a}$

STEP 2 자연수 조건을 이용하여 α, β의 값 구하기 [5점]

α, β가 자연수이므로 $\alpha+\beta$, $\alpha\beta$도 자연수이다.

즉, a는 14의 약수이어야 하므로 1, 2, 7, 14가 될 수 있다.

(i) $a=1$일 때, $\alpha+\beta=15$, $\alpha\beta=29$이고, 이를 만족시키는 자연수 α, β는 존재하지 않는다.

(ii) $a=2$일 때, $\alpha+\beta=8$, $\alpha\beta=15$이고, $\alpha=3$, $\beta=5$

(iii) $a=7$일 때, $\alpha+\beta=3$, $\alpha\beta=5$이고, 이를 만족시키는 자연수 α, β는 존재하지 않는다.

(iv) $a=14$일 때, $\alpha+\beta=2$, $\alpha\beta=3$이고, 이를 만족시키는 자연수 α, β는 존재하지 않는다.

(i)~(iv)에서 $a=2$이고, $\alpha=3$, $\beta=5$이다.

STEP 3 $\alpha+\beta$, $\alpha\beta$를 두 근으로 하는 이차방정식 구하기 [3점]

$\alpha+\beta=8$, $\alpha\beta=15$이므로

8, 15를 두 근으로 하고 x^2의 계수가 1인 이차방정식은
$(x-8)(x-15)=0$, 즉 $x^2-23x+120=0$이다.

0927 답 (1) β (2) $\dfrac{\beta+1}{3}$ (3) $\dfrac{5}{12}$

STEP 1 이차방정식 $f(3x-1)=0$의 두 근 구하기 [4점]

이차방정식 $f(x)=0$의 두 근이 α, β이므로
$f(\alpha)=0$, $f(\beta)=0$

$f(3x-1)=0$이려면 $3x-1=\alpha$ 또는 $3x-1=\boxed{\beta}$

$3x=\alpha+1$ 또는 $3x=\beta+1$

$\therefore x=\dfrac{\alpha+1}{3}$ 또는 $x=\boxed{\dfrac{\beta+1}{3}}$

STEP 2 이차방정식 $f(3x-1)=0$의 두 근의 합 구하기 [2점]

이차방정식 $f(3x-1)=0$의 두 근의 합은

$\dfrac{\alpha+1}{3}+\boxed{\dfrac{\beta+1}{3}}=\dfrac{\alpha+\beta+2}{3}$

$=\dfrac{-\dfrac{3}{4}+2}{3}=\boxed{\dfrac{5}{12}}$

다른 풀이

STEP 1 이차방정식 $f(3x-1)=0$의 두 근 구하기 [4점]

이차방정식 $f(x)=0$의 두 근이 α, β이므로
$f(x)=k(x-\alpha)(x-\beta)$
$f(3x-1)=k(3x-1-\alpha)(3x-1-\beta)$
즉, 이차방정식 $f(3x-1)=0$은
$k(3x-1-\alpha)(3x-1-\beta)=0$
$\therefore x=\dfrac{\alpha+1}{3}$ 또는 $x=\dfrac{\beta+1}{3}$

STEP 2 이차방정식 $f(3x-1)=0$의 두 근의 합 구하기 [2점]

$\alpha+\beta=-\dfrac{3}{4}$이므로 두 근의 합은

$\dfrac{\alpha+1}{3}+\dfrac{\beta+1}{3}=\dfrac{\alpha+\beta+2}{3}=\dfrac{5}{12}$

오답 분석

$f(x)=0$의 두 근이 α, β이므로 → $f(\alpha)=0$, $f(\beta)=0$
$f(3x-1)=0$의 두 근은 $3\alpha-1$, $3\beta-1$이다.
$\alpha+\beta=-\dfrac{3}{4}$이므로
$(3\alpha-1)+(3\beta-1)=3(\alpha+\beta)-2$
$=3\times\left(-\dfrac{3}{4}\right)-2=-\dfrac{17}{4}$

▶ 6점 중 0점 얻음.
이차방정식 $f(x)=0$의 두 근이 α, β이니까 이차방정식 $f(3x-1)=0$의 두 근은 $3\alpha-1$, $3\beta-1$이라고 단순하게 생각하지 않도록 한다. 이차방정식 $f(3x-1)=0$의 두 근은 $3\alpha-1$, $3\beta-1$이 아니고 $\dfrac{\alpha+1}{3}$, $\dfrac{\beta+1}{3}$이다.

0928 답 26

STEP 1 이차방정식 $f\left(\dfrac{x-1}{3}\right)=0$의 두 근 구하기 [4점]

이차방정식 $f(x)=0$의 두 근이 α, β이므로
$f(\alpha)=0$, $f(\beta)=0$

$f\left(\dfrac{x-1}{3}\right)=0$이려면

$\dfrac{x-1}{3}=\alpha$ 또는 $\dfrac{x-1}{3}=\beta$

$\therefore x=3\alpha+1$ 또는 $x=3\beta+1$

STEP 2 이차방정식 $f\left(\dfrac{x-1}{3}\right)=0$의 두 근의 곱 구하기 [2점]

이차방정식 $f\left(\dfrac{x-1}{3}\right)=0$의 두 근의 곱은

$(3\alpha+1)(3\beta+1)=9\underbrace{\alpha\beta}+3\underbrace{(\alpha+\beta)}+1$ ← 조건에서
$\qquad\qquad\qquad\qquad =9\times2+3\times\dfrac{7}{3}+1$ $\quad\alpha+\beta=\dfrac{7}{3},\ \alpha\beta=2$
$\qquad\qquad\qquad\qquad =26$

0929 답 $3\sqrt{13}$

STEP 1 이차방정식 $f(x)=0$의 두 근 구하기 [4점]

이차방정식 $f(3x-2)=0$의 두 근을 α, β라 하면
$f(3\alpha-2)=0$, $f(3\beta-2)=0$
두 근의 합이 5이고, 곱이 3이므로
$\alpha+\beta=5$, $\alpha\beta=3$
$f(x)=0$이려면
$x=3\alpha-2$ 또는 $x=3\beta-2$

STEP 2 이차방정식 $f(x)=0$의 두 근의 차 구하기 [3점]

이차방정식 $f(x)=0$의 두 근의 차는
$|(3\alpha-2)-(3\beta-2)|=|3(\alpha-\beta)|$
$\qquad\qquad\qquad\qquad\quad =3|\alpha-\beta|$

04

이때 $(\alpha-\beta)^2=(\alpha+\beta)^2-4\alpha\beta=5^2-4\times3=13$이므로
$|\alpha-\beta|=\sqrt{13}$
따라서 이차방정식 $f(x)=0$의 두 근의 차는
$3|\alpha-\beta|=3\sqrt{13}$

0930 답 -34

STEP1 이차방정식 $f(1-x)=0$의 두 근 구하기 [4점]

이차방정식 $f(5x-2)=0$의 두 근이 α, β이므로
$f(5\alpha-2)=0$, $f(5\beta-2)=0$
$f(1-x)=0$이려면
$5\alpha-2=1-x$ 또는 $5\beta-2=1-x$
$\therefore x=-5\alpha+3$ 또는 $x=-5\beta+3$

STEP2 이차방정식 $f(1-x)=0$의 두 근의 합 구하기 [2점]

이차방정식 $f(1-x)=0$의 두 근의 합은
$(-5\alpha+3)+(-5\beta+3)=-5(\alpha+\beta)+6$
$=(-5)\times8+6=-34$

0931 답 (1) 4 (2) 7 (3) 1 (4) $x+1$ (5) 2 (6) $\dfrac{7}{2}$

STEP1 근과 계수의 관계 구하기 [1점]

이차방정식 $x^2-4x+7=0$의 두 근이 α, β이므로
근과 계수의 관계에 의하여
$\alpha+\beta=\boxed{4}$, $\alpha\beta=\boxed{7}$

STEP2 $f(\alpha)$, $f(\beta)$를 각각 α, β에 대한 식으로 나타내기 [2점]

$\alpha+\beta=4$에서 $\alpha=4-\beta$, $\beta=4-\alpha$이므로
(가)에서 $f(\alpha)=5-\beta=5-(4-\alpha)=\boxed{1}+\alpha$
(나)에서 $f(\beta)=5-\alpha=5-(4-\beta)=\boxed{1}+\beta$

STEP3 이차식 $f(x)$ 구하기 [3점]

α, β는 이차방정식 $f(x)-(\boxed{x+1})=0$의 두 근이므로
상수 a에 대하여
$f(x)-(\boxed{x+1})=a(x-\alpha)(x-\beta)$
$=a\{x^2-(\alpha+\beta)x+\alpha\beta\}$
$=a(x^2-\boxed{4}x+\boxed{7})$

(다)에서 $f(1)=10$이므로 위 식의 양변에 $x=1$을 대입하면
$f(1)-2=a(1-4+7)$
$4a=8$ $\therefore a=\boxed{2}$

따라서 $f(x)-(x+1)=2(x^2-4x+7)$에서
$f(x)=2x^2-7x+15$

STEP4 이차방정식 $f(x)=0$의 두 근의 합 구하기 [2점]

이차방정식 $f(x)=0$에서 근과 계수의 관계에 의하여 두 근의 합은
$\boxed{\dfrac{7}{2}}$이다.

실제 답안 예시

이차방정식 $x^2-4x+7=0$의 두 근이 α, β이므로
$\alpha+\beta=4$, $\alpha\beta=7$
$f(\alpha)=5-\beta=5-(4-\alpha)=1+\alpha$
$f(\beta)=5-\alpha=5-(4-\beta)=1+\beta$

$g(x)=f(x)-(1+x)$라 하면
$g(\alpha)=f(\alpha)-(1+\alpha)=0$
$g(\beta)=f(\beta)-(1+\beta)=0$
$\rightarrow g(x)=a(x-\alpha)(x-\beta)$
$\therefore f(x)=g(x)+1+x$
$=a(x-\alpha)(x-\beta)+1+x$
$=a\{x^2-(\alpha+\beta)x+\alpha\beta\}+1+x$
$=a(x^2-4x+7)+1+x$
(다)에서 $f(1)=10$이므로
$f(1)=4a+2=10$ $\therefore a=2$
$\therefore f(x)=2(x^2-4x+7)+1+x$
$=2x^2-7x+15$
따라서 근과 계수의 관계에 의해 두 근의 합은 $\dfrac{7}{2}$이다.

0932 답 13

STEP1 근과 계수의 관계 구하기 [1점]

이차방정식 $x^2-5x+3=0$의 두 근이 α, β이므로
근과 계수의 관계에 의하여
$\alpha+\beta=5$, $\alpha\beta=3$

STEP2 $f(\alpha)$, $f(\beta)$를 각각 α, β에 대한 식으로 나타내기 [2점]

$\alpha+\beta=5$에서 $\alpha=5-\beta$, $\beta=5-\alpha$이므로
(가)에서 $f(\alpha)=-2\beta=-2(5-\alpha)=2\alpha-10$
$\therefore f(\alpha)-2\alpha+10=0$
(나)에서 $f(\beta)=-2\alpha=-2(5-\beta)=2\beta-10$
$\therefore f(\beta)-2\beta+10=0$

STEP3 이차식 $f(x)$ 구하기 [3점]

α, β는 이차방정식 $f(x)-2x+10=0$의 두 근이므로
상수 a에 대하여
$f(x)-2x+10=a(x-\alpha)(x-\beta)$
$=a\{x^2-(\alpha+\beta)x+\alpha\beta\}$
$=a(x^2-5x+3)$

(다)에서 $f(0)=-13$이므로
위 식의 양변에 $x=0$을 대입하면
$f(0)+10=3a$, $-13+10=3a$
$\therefore a=-1$
따라서 $f(x)-2x+10=-(x^2-5x+3)$에서
$f(x)=-x^2+7x-13$

STEP4 이차방정식 $f(x)=0$의 두 근의 곱 구하기 [2점]

이차방정식 $f(x)=0$에서 근과 계수의 관계에 의하여 두 근의 곱은
13이다.

0933 답 1

STEP1 근과 계수의 관계 구하기 [1점]

이차방정식 $3x^2+6x+5=0$의 두 근이 α, β이므로
근과 계수의 관계에 의하여
$\alpha+\beta=-2$, $\alpha\beta=\dfrac{5}{3}$

STEP 2 $f(\alpha)$, $f(\beta)$를 각각 α, β에 대한 식으로 나타내기 [2점]

$\alpha+\beta=-2$에서 $\alpha=-\beta-2$, $\beta=-\alpha-2$이므로

$f(\alpha)=\beta=-\alpha-2$에서 $f(\alpha)+\alpha+2=0$

$f(\beta)=\alpha=-\beta-2$에서 $f(\beta)+\beta+2=0$

STEP 3 이차식 $f(x)$ 구하기 [3점]

α, β는 이차방정식 $f(x)+x+2=0$의 두 근이므로

상수 a에 대하여

$$f(x)+x+2=a(x-\alpha)(x-\beta)$$
$$=a\{x^2-(\alpha+\beta)x+\alpha\beta\}$$
$$=a\left(x^2+2x+\frac{5}{3}\right)$$

$f(0)=3$이므로 위 식의 양변에 $x=0$을 대입하면

$$f(0)+2=\frac{5}{3}a$$

$$\frac{5}{3}a=5 \qquad \therefore a=3$$

따라서 $f(x)+x+2=3\left(x^2+2x+\frac{5}{3}\right)$에서

$$f(x)=3x^2+5x+3$$

STEP 4 $f(-1)$의 값 구하기 [1점]

$$f(-1)=3-5+3=1$$

0934 답 $a=-2$, $b=1$

STEP 1 근과 계수의 관계 구하기 [1점]

이차방정식 $x^2-3x+4=0$의 두 근이 α, β이므로

근과 계수의 관계에 의하여

$\alpha+\beta=3$, $\alpha\beta=4$

STEP 2 $f(\alpha)$, $f(\beta)$를 각각 α, β에 대한 식으로 나타내기 [2점]

$\alpha+\beta=3$에서 $\alpha=3-\beta$, $\beta=3-\alpha$이므로

$f(\alpha)=5\beta=5(3-\alpha)=15-5\alpha$에서

$f(\alpha)+5\alpha-15=0$

$f(\beta)=5\alpha=5(3-\beta)=15-5\beta$에서

$f(\beta)+5\beta-15=0$

STEP 3 이차식 $f(x)$ 구하기 [3점]

α, β는 이차방정식 $f(x)+5x-15=0$의 두 근이고 x^2의 계수가

a이므로

$$f(x)+5x-15=a(x-\alpha)(x-\beta)$$
$$=a\{x^2-(\alpha+\beta)x+\alpha\beta\}$$
$$=a(x^2-3x+4)$$

$$\therefore f(x)=ax^2-(3a+5)x+4a+15$$

STEP 4 상수 a, b의 값 구하기 [2점]

$f(x)=ax^2+bx+7$이므로

$-3a-5=b$, $4a+15=7$

두 식을 연립하여 풀면

$a=-2$, $b=1$

 실력 check 실전 마무리하기 **1**회   202쪽~206쪽

1 0935 답 ③   유형 1

출제의도 | 이차방정식의 해를 구할 수 있는지 확인한다.

 이차방정식의 해는 근의 공식을 이용해서 구해.

이차방정식 $5x^2+3x+1=0$에서 근의 공식을 이용하면

$$x=\frac{-3\pm\sqrt{3^2-4\times5\times1}}{2\times5}=\frac{-3\pm\sqrt{11}i}{10}$$

$\therefore a=-3$, $b=11$

$\therefore a+b=8$

2 0936 답 ⑤   유형 4

출제의도 | 이차방정식의 한 근을 알 때, 미정계수를 구할 수 있는지 확인한다.

 한 근이 -2니까, $x=-2$를 대입해 봐.

이차방정식 $2x^2+ax-2=0$의 한 근이 -2이므로 $x=-2$를 대입

하면

$2\times(-2)^2+a\times(-2)-2=0 \qquad \therefore a=3$

즉, $2x^2+3x-2=0$에서

$(x+2)(2x-1)=0 \qquad \therefore x=-2$ 또는 $x=\frac{1}{2}$

다른 한 근이 $x=\frac{1}{2}$이므로 $b=\frac{1}{2}$

$$\therefore a+b=3+\frac{1}{2}=\frac{7}{2}$$

3 0937 답 ①   유형 13

출제의도 | 이차방정식에 근을 대입하여 식의 값을 구할 수 있는지 확인한다.

 $\alpha^2+\dfrac{1}{\alpha^2}=\left(\alpha+\dfrac{1}{\alpha}\right)^2-2=\left(\alpha-\dfrac{1}{\alpha}\right)^2+2$를 이용하면 구할 수 있어.

이차방정식 $x^2+2x-1=0$의 한 근이 α이므로

이차방정식에 $x=\alpha$를 대입하면

$\alpha^2+2\alpha-1=0$

$\alpha\neq0$이므로 양변을 α로 나누면

$\alpha+2-\dfrac{1}{\alpha}=0 \qquad \therefore \alpha-\dfrac{1}{\alpha}=-2$

$\therefore \alpha^2+\dfrac{1}{\alpha^2}=\left(\alpha-\dfrac{1}{\alpha}\right)^2+2$

$\qquad\qquad =(-2)^2+2=6$

4 0938 답 ②   유형 14

출제의도 | 근과 계수의 관계를 이용하여 식의 값을 구할 수 있는지 확인한다.

두 근의 차는 $(\alpha-\beta)^2$의 값을 이용하면 구할 수 있어.

이차방정식 $x^2-6x+3=0$의 두 근을 α, β라 하면

근과 계수의 관계에 의하여

$\alpha+\beta=6$, $\alpha\beta=3$

04

$$\therefore (\alpha-\beta)^2=(\alpha+\beta)^2-4\alpha\beta$$
$$=6^2-4\times3=24$$
따라서 두 근의 차는 $|\alpha-\beta|=\sqrt{24}=2\sqrt{6}$

5 0939 답 ③

유형 21

출제의도 | 이차식을 복소수의 범위에서 인수분해할 수 있는지 확인한다.

> 우선 근의 공식을 이용하여 (이차식)=0의 해를 구해 보자.

이차방정식 $x^2-2x+3=0$에서 근의 공식을 이용하면
$$x=1\pm\sqrt{2}i$$
$$\therefore x^2-2x+3=\{x-(1+\sqrt{2}i)\}\{x-(1-\sqrt{2}i)\}$$
$$=(x-1-\sqrt{2}i)(x-1+\sqrt{2}i)$$

6 0940 답 ②

유형 5

출제의도 | 절댓값 기호를 포함한 이차방정식의 해를 구할 수 있는지 확인한다.

> 절댓값 기호 안의 $x-2$가 0이 되는 x의 값을 기준으로 x의 값의 범위를 나누어 풀어.

$x^2+|x-2|=4$에서
(i) $x\geq2$일 때
$$x^2+x-2=4, x^2+x-6=0$$
$$(x+3)(x-2)=0$$
$$\therefore x=-3 \text{ 또는 } x=2$$
이때 $x\geq2$이므로 $x=2$
(ii) $x<2$일 때
$$x^2-(x-2)=4, x^2-x-2=0$$
$$(x+1)(x-2)=0$$
$$\therefore x=-1 \text{ 또는 } x=2$$
이때 $x<2$이므로 $x=-1$
(i), (ii)에서 $x=2$ 또는 $x=-1$이므로 모든 근의 합은
$$2+(-1)=1$$

7 0941 답 ①

유형 9

출제의도 | 실수 m의 값에 관계없이 항상 중근을 가지는 이차방정식의 미정계수를 구할 수 있는지 확인한다.

> '실수 m의 값에 관계없이'라는 말은 m에 대한 항등식!

이차방정식 $x^2-2(2m+a)x+4m^2-2m+b=0$의 판별식을 D라 하면 중근을 가지므로 $D=0$이다.
$$\frac{D}{4}=\{-(2m+a)\}^2-(4m^2-2m+b)=0$$
$$(4a+2)m+a^2-b=0$$
위 등식이 실수 m의 값에 관계없이 항상 성립하므로
$$4a+2=0, a^2-b=0$$
$$\therefore a=-\frac{1}{2}, b=\frac{1}{4}$$
$$\therefore 12(b-a)=12\times\left\{\frac{1}{4}-\left(-\frac{1}{2}\right)\right\}=9$$

8 0942 답 ②

유형 10

출제의도 | 계수가 문자로 주어진 이차방정식에서 계수의 부호를 이용하여 근을 판별할 수 있는지 확인한다.

> 서로 다른 두 실근을 가지려면 판별식 $D>0$이야.

$ab<0$이므로 a, b의 부호가 서로 다르다.
이때 $a<b$이므로 $a<0$, $b>0$이다.
ㄱ. $x^2+ax-b=0$의 판별식을 D라 하면
$$D=a^2+4b>0$$
즉, 서로 다른 두 실근을 가진다.
ㄴ. $x^2+bx+a=0$의 판별식을 D라 하면
$$D=b^2-4a>0$$
즉, 서로 다른 두 실근을 가진다.
ㄷ. $x^2+2bx+b^2-a=0$의 판별식을 D라 하면
$$\frac{D}{4}=b^2-(b^2-a)=a<0$$
즉, 서로 다른 두 허근을 가진다.
따라서 항상 서로 다른 두 실근을 가지는 것은 ㄱ, ㄴ이다.

9 0943 답 ③

유형 11

출제의도 | 이차식이 완전제곱식이 될 조건을 알고 있는지 확인한다.

> 완전제곱식 ➡ (이차식)=0의 판별식 $D=0$이야.

이차식 $x^2+(k-4)x+k-1$이 완전제곱식이려면
이차방정식 $x^2+(k-4)x+k-1=0$이 중근을 가져야 하므로
이 이차방정식의 판별식을 D라 하면 $D=0$이다.
$$D=(k-4)^2-4(k-1)=0$$
$$k^2-12k+20=0, (k-2)(k-10)=0$$
$$\therefore k=2 \text{ 또는 } k=10$$
따라서 모든 실수 k의 값의 합은 $2+10=12$

10 0944 답 ⑤

유형 14

출제의도 | 근과 계수의 관계를 이용하여 식의 값을 구할 수 있는지 확인한다.

> $\sqrt{\alpha}+\sqrt{\beta}$는 $(\sqrt{\alpha}+\sqrt{\beta})^2$의 값을 이용하면 구할 수 있어.

이차방정식 $x^2-6x+4=0$의 두 근이 α, β이므로
근과 계수의 관계에 의하여
$$\alpha+\beta=6, \alpha\beta=4 \quad \cdots\cdots\cdots ㉠$$
$$(\sqrt{\alpha}+\sqrt{\beta})^2=\alpha+\beta+2\sqrt{\alpha}\sqrt{\beta}$$
$$=\alpha+\beta+2\sqrt{\alpha\beta} \ (\because ㉠에서 \alpha>0, \beta>0)$$
$$=6+2\sqrt{4}=10$$
$$\therefore \sqrt{\alpha}+\sqrt{\beta}=\sqrt{10} \ (\because \alpha>0, \beta>0)$$

11 0945 답 ④

유형 15

출제의도 | 근과 계수의 관계를 이용하여 식의 값을 구할 수 있는지 확인한다.

> 두 근을 이차방정식에 대입하여 나온 식의 값과 근과 계수의 관계를 이용할 수 있도록 식을 적절하게 변형해야 해.

이차방정식 $x^2+3x+4=0$의 두 근이 α, β이므로
이차방정식에 $x=\alpha$, $x=\beta$를 각각 대입하면
$\alpha^2+3\alpha+4=0$, $\beta^2+3\beta+4=0$
근과 계수의 관계에 의하여
$\alpha+\beta=-3$, $\alpha\beta=4$

$\therefore \dfrac{1}{\alpha^2+4\alpha+3}+\dfrac{1}{\beta^2+4\beta+3}$
$=\dfrac{1}{(\alpha^2+3\alpha+4)+\alpha-1}+\dfrac{1}{(\beta^2+3\beta+4)+\beta-1}$
$=\dfrac{1}{\alpha-1}+\dfrac{1}{\beta-1}$
$=\dfrac{\alpha+\beta-2}{(\alpha-1)(\beta-1)}$
$=\dfrac{\alpha+\beta-2}{\alpha\beta-(\alpha+\beta)+1}$
$=\dfrac{-3-2}{4-(-3)+1}=-\dfrac{5}{8}$

12 0946 답 ③

유형 16

출제의도 | 근의 조건을 만족시키는 미정계수를 구할 수 있는지 확인한다.

> 근과 계수의 관계를 이용하여 $\alpha+\beta$, $\alpha\beta$의 값을 구해 보자.

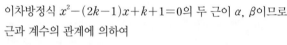

이차방정식 $x^2-(2k-1)x+k+1=0$의 두 근이 α, β이므로
근과 계수의 관계에 의하여
$\alpha+\beta=2k-1$, $\alpha\beta=k+1$
이때 $\alpha^2+\beta^2=9$에서
$\alpha^2+\beta^2=(\alpha+\beta)^2-2\alpha\beta$
$\quad=(2k-1)^2-2(k+1)$
$\quad=4k^2-6k-1$
즉, $4k^2-6k-1=9$이므로
$2k^2-3k-5=0$, $(k+1)(2k-5)=0$
$\therefore k=-1$ 또는 $k=\dfrac{5}{2}$

따라서 양수 k의 값은 $\dfrac{5}{2}$이다.

13 0947 답 ②

유형 22

출제의도 | 켤레근을 갖는 조건을 알고 있는지 확인한다.

> 한 근이 $\dfrac{1+i}{2}$이면 다른 한 근은 $\dfrac{1-i}{2}$야.

$\dfrac{1}{1-i}=\dfrac{1+i}{(1-i)(1+i)}=\dfrac{1+i}{2}$
이차방정식 $2x^2+ax+b=0$의 모든 계수가 실수이므로
한 근이 $\dfrac{1+i}{2}$이면 다른 한 근은 $\dfrac{1-i}{2}$이다.
근과 계수의 관계에 의하여
$\dfrac{1+i}{2}+\dfrac{1-i}{2}=-\dfrac{a}{2}$ $\quad \therefore a=-2$
$\dfrac{1+i}{2}\times\dfrac{1-i}{2}=\dfrac{b}{2}$ $\quad \therefore b=1$
$\therefore a+b=-1$

14 0948 답 ④

유형 12

출제의도 | 이차방정식의 판별식을 이용하여 세 변의 길이 a, b, c 사이의 관계를 구할 수 있는지 확인한다.

> 중근을 가진다. ➡ 판별식 $D=0$이야.

a, b, c가 삼각형의 세 변의 길이이므로
$a>0$, $b>0$, $c>0$
이차방정식 $(a+b)x^2+2cx+a-b=0$의 판별식을 D라 하면
중근을 가지므로 $D=0$이다.
$\dfrac{D}{4}=c^2-(a+b)(a-b)=0$
$c^2-a^2+b^2=0$ $\quad \therefore a^2=b^2+c^2$
따라서 삼각형 ABC는 빗변의 길이가 a인 직각삼각형이다.

15 0949 답 ⑤

유형 17

출제의도 | 두 근의 비가 주어졌을 때 이차방정식의 미정계수를 구할 수 있는지 확인한다.

> $\beta=3\alpha$로 놓고 근과 계수의 관계를 이용해.

$\alpha:\beta=1:3$이므로 $\beta=3\alpha$
이차방정식 $x^2+(6-2k)x+11-k=0$에서
근과 계수의 관계에 의하여
$\alpha+\beta=2k-6$에서 $4\alpha=2k-6$ $\quad \therefore k=2\alpha+3$
$\alpha\beta=11-k$에서 $3\alpha^2=11-k$ $\quad \therefore k=11-3\alpha^2$
위의 식에서 $2\alpha+3=11-3\alpha^2$
$3\alpha^2+2\alpha-8=0$, $(\alpha+2)(3\alpha-4)=0$
$\therefore \alpha=-2$ 또는 $\alpha=\dfrac{4}{3}$
(i) $\alpha=-2$이면 $k=-1$
(ii) $\alpha=\dfrac{4}{3}$이면 $k=\dfrac{17}{3}$

따라서 양수 k의 값은 $\dfrac{17}{3}$이다.

16 0950 답 ①

유형 19

출제의도 | 두 근의 합과 곱을 이용하여 이차방정식을 작성할 수 있는지 확인한다.

> $\alpha+\beta$, $\alpha\beta$의 합과 곱을 구해 보자.

이차방정식 $x^2-2x+a=0$의 두 근이 α, β이므로
근과 계수의 관계에 의하여
$\alpha+\beta=2$, $\alpha\beta=a$
이차방정식 $x^2-bx-6=0$의 두 근이 $\alpha+\beta$, $\alpha\beta$이므로
근과 계수의 관계에 의하여
$(\alpha+\beta)+\alpha\beta=b$에서 $2+a=b$
$(\alpha+\beta)\alpha\beta=-6$에서 $2a=-6$
두 식을 연립하여 풀면 $a=-3$, $b=-1$
$\therefore a+b=-4$

17 0951 답 ④ 유형 19

출제의도 | 두 근의 합과 곱을 이용하여 이차방정식을 작성할 수 있는지 확인한다.

$\alpha+2$, $\beta+2$의 합과 곱을 구해 보자.

이차방정식 $x^2+6x-5=0$의 두 근이 α, β이므로
근과 계수의 관계에 의하여
$\alpha+\beta=-6$, $\alpha\beta=-5$
두 근 $\alpha+2$, $\beta+2$의 합과 곱을 구하면
$(\alpha+2)+(\beta+2)=(\alpha+\beta)+4$
$\qquad\qquad\qquad =-6+4=-2$
$(\alpha+2)(\beta+2)=\alpha\beta+2(\alpha+\beta)+4$
$\qquad\qquad\qquad =-5+2\times(-6)+4=-13$
따라서 $\alpha+2$, $\beta+2$를 두 근으로 하고 x^2의 계수가 1인 이차방정식은
$x^2+2x-13=0$
$\therefore a=2$, $b=-13$
$\therefore a+b=-11$

18 0952 답 ② 유형 23

출제의도 | 주어진 조건을 이용하여 이차방정식의 근을 판별할 수 있는지 확인한다.

판별식과 근과 계수의 관계를 이용해.

이차방정식 $x^2-4(n-3)x-n^2-16=0$에 대하여
ㄱ. $n=3$이면 $x^2-25=0$이므로 두 근은 -5, 5이다.
　　즉, 두 근이 모두 자연수는 아니다. (거짓)
ㄴ. 판별식을 D라 하면
　　$\dfrac{D}{4}=\{-2(n-3)\}^2-(-n^2-16)$
　　$\quad=\underset{>0}{\{2(n-3)\}^2}+\underset{>0}{n^2}+16>0$
　　즉, $D>0$이므로 두 근은 서로 다른 실수이다. (참)
ㄷ. 근과 계수의 관계에 의하여
　　두 근의 합은 $4(n-3)$이고
　　$n>3$이면 $4(n-3)>0$
　　두 근의 곱은 $-n^2-16<0$이므로 두 근의 부호가 서로 다르다.
　　즉, $n>3$이면 한 근은 양수, 다른 한 근은 음수이고, 양수인 근의 절댓값이 음수인 근의 절댓값보다 크다. (거짓)
따라서 옳은 것은 ㄴ이다.

19 0953 답 ③ 유형 2

출제의도 | 가우스 기호를 포함한 이차방정식의 해를 구할 수 있는지 확인한다.

정수 n에 대하여 $n\leq x<n+1$이면 $[x]=n$이야.

이차방정식 $2x^2+3[x]=x$에서 ‥‥‥‥‥‥‥‥ ㉠
$[x]$는 x보다 크지 않은 최대의 정수이므로 $-2<x<0$에 대하여
$-2<x<-1$일 때와 $-1\leq x<0$일 때로 나누어 생각한다.

(i) $-2<x<-1$일 때, $[x]=-2$이므로
　㉠에서 $2x^2-6=x$
　$2x^2-x-6=0$, $(2x+3)(x-2)=0$
　$\therefore x=-\dfrac{3}{2}$ 또는 $x=2$
　그런데 $-2<x<-1$이므로 $x=-\dfrac{3}{2}$
(ii) $-1\leq x<0$일 때, $[x]=-1$이므로
　㉠에서 $2x^2-3=x$
　$2x^2-x-3=0$, $(x+1)(2x-3)=0$
　$\therefore x=-1$ 또는 $x=\dfrac{3}{2}$
　그런데 $-1\leq x<0$이므로 $x=-1$
(i), (ii)에서 $x=-\dfrac{3}{2}$ 또는 $x=-1$이므로 모든 근의 곱은
$\left(-\dfrac{3}{2}\right)\times(-1)=\dfrac{3}{2}$

20 0954 답 ⑤ 유형 23

출제의도 | 두 실근의 부호를 알 때 미정계수의 최솟값을 구할 수 있는지 확인한다.

$\dfrac{\sqrt{\beta}}{\sqrt{\alpha}}=-\sqrt{\dfrac{\beta}{\alpha}}$에서 α, β의 부호를 알 수 있어.

$\dfrac{\sqrt{\beta}}{\sqrt{\alpha}}=-\sqrt{\dfrac{\beta}{\alpha}}$에서 $\alpha<0$, $\beta\geq0$이므로
$\alpha\beta\leq0$
이차방정식 $x^2-2k^2x-2k+8=0$에서
근과 계수의 관계에 의하여 $\alpha\beta=-2k+8$이므로
$-2k+8\leq0$ 　 $\therefore k\geq4$
따라서 정수 k의 최솟값은 4이다.

21 0955 답 25 유형 22

출제의도 | 켤레근에 대하여 알고 있는지 확인한다.

STEP1 모든 계수가 실수인 이차방정식의 켤레근 구하기 [1점]
이차방정식 $x^2+ax+b=0$의 모든 계수가 실수이므로 한 근이
$2-\sqrt{3}i$이면 다른 한 근은 $2+\sqrt{3}i$이다.
STEP2 근과 계수의 관계를 이용하여 a, b의 값 구하기 [2점]
근과 계수의 관계에 의하여
두 근의 합은 $(2-\sqrt{3}i)+(2+\sqrt{3}i)=-a$
$\therefore a=-4$
두 근의 곱은 $(2-\sqrt{3}i)(2+\sqrt{3}i)=b$
$\therefore b=7$
STEP3 a, b를 두 근으로 하는 이차방정식 구하기 [2점]
-4, 7을 두 근으로 하고 x^2의 계수가 1인 이차방정식은
$(x+4)(x-7)=0$, 즉 $x^2-3x-28=0$
STEP4 $m-n$의 값 구하기 [1점]
$m=-3$, $n=-28$이므로 $m-n=25$

22 0956 답 20
유형 28

출제의도 | 이차방정식의 활용 문제를 해결할 수 있는지 확인한다.

STEP1 정삼각형 ABC의 한 변의 길이를 x로 놓고 새로운 삼각형의 세 변의 길이 구하기 [2점]

정삼각형 ABC의 한 변의 길이를 x $(x>0)$라 하면
새로 만든 직각삼각형에서 세 변의 길이는 각각
x, $x+1$, $x+9$

STEP2 직각삼각형의 성질을 이용하여 x의 값 구하기 [3점]

이 삼각형이 직각삼각형이므로 피타고라스 정리에 의하여
$(x+9)^2=x^2+(x+1)^2$
$x^2-16x-80=0$, $(x+4)(x-20)=0$
$\therefore x=-4$ 또는 $x=20$
이때 $x>0$이므로 $x=20$

STEP3 처음 정삼각형 ABC의 한 변의 길이 구하기 [1점]

처음 정삼각형 ABC의 한 변의 길이는 20이다.

23 0957 답 (1) -3 (2) -2 (3) $x=-1$ 또는 $x=3$
유형 20

출제의도 | 계수를 잘못 보고 푼 이차방정식의 해를 바르게 구할 수 있는지 확인한다.

(1) **STEP1** 실수 b의 값 구하기 [3점]

지나는 이차방정식 $x^2+ax+b=0$에서
b를 바르게 보고 풀어서 두 근이 -3, 1이었으므로
근과 계수의 관계에 의하여 두 근의 곱은
$(-3)\times1=b$ $\therefore b=-3$

(2) **STEP2** 실수 a의 값 구하기 [3점]

우진이는 이차방정식 $x^2+ax+b=0$에서
a를 바르게 보고 풀어서 두 근이 $1+2i$, $1-2i$였으므로
근과 계수의 관계에 의하여 두 근의 합은
$(1+2i)+(1-2i)=-a$ $\therefore a=-2$

(3) **STEP3** 바르게 푼 이차방정식의 해 구하기 [2점]

이차방정식 $x^2+ax+b=0$은 $x^2-2x-3=0$이므로
$(x+1)(x-3)=0$ $\therefore x=-1$ 또는 $x=3$

24 0958 답 $\dfrac{3}{4}$
유형 25

출제의도 | 이차방정식의 근의 성질에 대해 알고 있는지 확인한다.

STEP1 이차방정식 $f(2x+1)=0$의 두 근 구하기 [5점]

이차방정식 $f(x)=0$의 두 근이 α, β이므로
$f(\alpha)=0$, $f(\beta)=0$
$f(2x+1)=0$이려면 $2x+1=\alpha$ 또는 $2x+1=\beta$
$\therefore x=\dfrac{\alpha-1}{2}$ 또는 $x=\dfrac{\beta-1}{2}$

STEP2 이차방정식 $f(2x+1)=0$의 두 근의 곱 구하기 [3점]

이차방정식 $f(2x+1)=0$의 두 근의 곱은
$\dfrac{\alpha-1}{2}\times\dfrac{\beta-1}{2}=\dfrac{\alpha\beta-(\alpha+\beta)+1}{4}$
$=\dfrac{3-1+1}{4}=\dfrac{3}{4}$

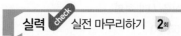

1 0959 답 ③
유형 2

출제의도 | 이차방정식의 해를 구할 수 있는지 확인한다.

> 모든 항을 좌변으로 이항해 보자.

이차방정식 $x^2+3x-30=4x$에서
$x^2-x-30=0$, $(x+5)(x-6)=0$
$\therefore x=-5$ 또는 $x=6$
두 근 중에서 더 큰 근은 $x=6$이므로 $a=6$
$\therefore a^2-3a=6^2-3\times6=18$

2 0960 답 ①
유형 4

출제의도 | 방정식의 한 근을 알 때, 미정계수를 구할 수 있는지 확인한다.

> $x=1$을 주어진 식에 대입해.

방정식 $kx^2+2ax+(k-1)b=0$의 한 근이 $x=1$이므로
$x=1$을 대입하면
$k+2a+(k-1)b=0$
위 식을 k에 대하여 정리하면
$(1+b)k+(2a-b)=0$
이 등식이 실수 k의 값에 관계없이 성립하므로
$1+b=0$, $2a-b=0$
두 식을 연립하여 풀면 $a=-\dfrac{1}{2}$, $b=-1$
$\therefore a+b=-\dfrac{3}{2}$

3 0961 답 ③
유형 6

출제의도 | 서로 다른 두 실근을 가질 조건을 알고 있는지 확인한다.

> 서로 다른 두 실근을 가진다. ➡ 판별식 $D>0$이야.

이차방정식 $x^2+2(k-3)x+k^2-k-24=0$의 판별식을 D라 하면
서로 다른 두 실근을 가져야 하므로 $D>0$이다.
$\dfrac{D}{4}=(k-3)^2-(k^2-k-24)>0$
$-5k+33>0$ $\therefore k<\dfrac{33}{5}$
따라서 자연수 k는 1, 2, 3, 4, 5, 6의 6개이다.

4 0962 답 ④
유형 8

출제의도 | 허근을 가질 조건을 알고 있는지 확인한다.

> 허근을 가진다. ➡ 판별식 $D<0$이야.

ㄱ. $x^2-7x-1=0$의 판별식을 D라 하면
$D=(-7)^2-4\times1\times(-1)=53>0$
즉, 서로 다른 두 실근을 가진다.

ㄴ. $x^2+3x+16=0$의 판별식을 D라 하면

$\quad D=3^2-4\times1\times16=-55<0$

$\quad$ 즉, 서로 다른 두 허근을 가진다.

ㄷ. $x^2-9x+21=0$의 판별식을 D라 하면

$\quad D=(-9)^2-4\times1\times21=-3<0$

$\quad$ 즉, 서로 다른 두 허근을 가진다.

따라서 허근을 가지는 이차방정식은 ㄴ, ㄷ이다.

5 0963 답 ①　　　　　　　　　　　　　　유형 13

출제의도 ㅣ 이차방정식의 근을 대입하여 식의 값을 구할 수 있는지 확인한다.

$x=\alpha$, $x=\beta$를 대입해 보자.

이차방정식 $2x^2-x+3=0$의 두 근이 α, β이므로

이차방정식에 $x=\alpha$, $x=\beta$를 각각 대입하면

$2\alpha^2-\alpha+3=0$, $2\beta^2-\beta+3=0$

$\therefore 2\alpha^2-\alpha=-3$, $2\beta^2-\beta=-3$

$\therefore (2\alpha^2-\alpha+1)(2\beta^2-\beta+4)=(-3+1)\times(-3+4)=-2$

6 0964 답 ④　　　　　　　　　　　　　　유형 14

출제의도 ㅣ 근과 계수의 관계를 이용하여 식의 값을 구할 수 있는지 확인한다.

$\alpha+\beta$, $\alpha\beta$의 값을 구해 보자.

이차방정식 $2x^2+x-8=0$의 두 근이 α, β이므로

근과 계수의 관계에 의하여

$\alpha+\beta=-\dfrac{1}{2}$, $\alpha\beta=-4$

$\therefore (2-\alpha)(2-\beta)=4-2(\alpha+\beta)+\alpha\beta$

$\qquad\qquad\qquad=4-2\times\left(-\dfrac{1}{2}\right)+(-4)=1$

7 0965 답 ①　　　　　　　　　　　　　　유형 19

출제의도 ㅣ 두 근이 주어졌을 때 이차방정식을 작성할 수 있는지 확인한다.

이차방정식 $ax^2+bx+c=0$의 두 근의 합은 $-\dfrac{b}{a}$, 두 근의 곱은 $\dfrac{c}{a}$야.

근과 계수의 관계에 의하여

$(2+\sqrt{3})+(2-\sqrt{3})=-a\quad\therefore a=-4$

$(2+\sqrt{3})(2-\sqrt{3})=b\quad\therefore b=1$

$\therefore a+b=(-4)+1=-3$

8 0966 답 ④　　　　　　　　　　　　　　유형 22

출제의도 ㅣ 켤레근을 갖는 조건을 알고 있는지 확인한다.

한 근이 $3-\sqrt{2}$이면 다른 한 근은 $3+\sqrt{2}$야.

이차방정식 $x^2+ax+b=0$의 모든 계수가 유리수이므로

한 근이 $3-\sqrt{2}$이면 다른 한 근은 $3+\sqrt{2}$이다.

근과 계수의 관계에 의하여

$(3-\sqrt{2})+(3+\sqrt{2})=-a\quad\therefore a=-6$

$(3-\sqrt{2})(3+\sqrt{2})=b\quad\therefore b=7$

$\therefore a+b=1$

9 0967 답 ④　　　　　　　　　　　　　　유형 5

출제의도 ㅣ 절댓값 기호를 포함한 이차방정식의 해를 구할 수 있는지 확인한다.

절댓값 기호 안의 $x-1$이 0이 되는 x의 값을 기준으로 x의 값의 범위를 나누어 풀어.

$2|x-1|=x^2-1$에서

(i) $x\geq1$일 때

$\quad 2(x-1)=x^2-1$, $x^2-2x+1=0$

$\quad (x-1)^2=0\quad\therefore x=1$

(ii) $x<1$일 때

$\quad -2(x-1)=x^2-1$, $x^2+2x-3=0$

$\quad (x+3)(x-1)=0\quad\therefore x=-3$ 또는 $x=1$

$\quad$ 이때 $x<1$이므로 $x=-3$

(i), (ii)에서 $x=1$ 또는 $x=-3$이므로 모든 근의 곱은

$1\times(-3)=-3$

10 0968 답 ④　　　　　　　　　　　　　　유형 9

출제의도 ㅣ 실수 k의 값에 관계없이 항상 중근을 가지는 이차방정식의 미정계수를 구할 수 있는지 확인한다.

중근을 가진다. ➡ 판별식 $D=0$이야.

이차방정식 $x^2-2(k-a)x+(k-1)^2-b=0$의 판별식을 D라 하면 중근을 가지므로 $D=0$이다.

$\dfrac{D}{4}=\{-(k-a)\}^2-(k-1)^2+b=0$

$-2ak+a^2+2k-1+b=0$

위 식을 k에 대하여 정리하면

$(-2a+2)k+(a^2-1+b)=0$

위 등식이 실수 k의 값에 관계없이 항상 성립하므로

$-2a+2=0$, $a^2-1+b=0$

두 식을 연립하여 풀면 $a=1$, $b=0$

$\therefore 2a+b=2\times1+0=2$

11 0969 답 ②　　　　　　　　유형 13 + 유형 14

출제의도 ㅣ 근과 계수의 관계를 이용하여 식의 값을 구할 수 있는지 확인한다.

α^2의 값은 $x=\alpha$를 주어진 식에 대입해서 구할 수 있어.

이차방정식 $x^2-5x+1=0$의 두 근이 α, β이므로

근과 계수의 관계에 의하여

$\alpha+\beta=5$, $\alpha\beta=1$

한 근이 $x=\alpha$이므로 $x^2-5x+1=0$에 대입하면

$\alpha^2-5\alpha+1=0\quad\therefore \alpha^2=5\alpha-1$

$\therefore \alpha^2+5\beta+1=(5\alpha-1)+5\beta+1=5(\alpha+\beta)$

$\qquad\qquad\qquad=5\times5=25$

12 0970 답 ⑤ 유형 17

출제의도 | 두 근의 조건이 주어졌을 때, 이차방정식의 미정계수를 구할 수 있는지 확인한다.

> 두 근은 연속하는 자연수이므로 α, $\alpha+1$

두 근이 연속하는 자연수이므로 두 근을 α, $\alpha+1$이라 하면

이차방정식 $x^2+(1-m)x+m=0$에서 근과 계수의 관계에 의하여

$\alpha+(\alpha+1)=m-1$ $\quad\therefore m=2\alpha+2$ ············· ㉠

$\alpha(\alpha+1)=m$

위 식에 ㉠을 대입하면

$\alpha^2+\alpha=2\alpha+2$, $\alpha^2-\alpha-2=0$

$(\alpha+1)(\alpha-2)=0$ $\quad\therefore \alpha=-1$ 또는 $\alpha=2$

이때 근이 자연수이므로 $\alpha=2$

즉, 한 근이 $x=2$이므로 주어진 식에 대입하면

$4+2(1-m)+m=0$ $\quad\therefore m=6$

13 0971 답 ④ 유형 18

출제의도 | 두 이차방정식이 주어졌을 때, 근과 계수의 관계를 이용하여 미정계수를 구할 수 있는지 확인한다.

> 두 이차방정식에서 근과 계수의 관계를 각각 구해 보자.

이차방정식 $x^2-ax+8=0$의 두 근이 α, β이므로

근과 계수의 관계에 의하여

$\alpha+\beta=a$, $\alpha\beta=8$

이차방정식 $x^2+bx+15=0$의 두 근이 $\alpha+1$, $\beta+1$이므로

근과 계수의 관계에 의하여

$(\alpha+1)+(\beta+1)=-b$에서

$\alpha+\beta+2=-b$ $\quad\therefore a+2=-b$

$(\alpha+1)(\beta+1)=15$에서

$\alpha\beta+(\alpha+\beta)+1=15$ $\quad\therefore a+9=15$

두 식을 연립하여 풀면 $a=6$, $b=-8$

$\therefore a-b=14$

14 0972 답 ⑤ 유형 19

출제의도 | 두 근의 합과 곱을 이용하여 이차방정식을 작성할 수 있는지 확인한다.

> α^2+1, β^2+1의 합과 곱을 구해 보자.

이차방정식 $2x^2-x+2=0$의 두 근이 α, β이므로

근과 계수의 관계에 의하여

$\alpha+\beta=\dfrac{1}{2}$, $\alpha\beta=1$

두 근 α^2+1, β^2+1의 합과 곱을 구하면

$(\alpha^2+1)+(\beta^2+1)=(\alpha+\beta)^2-2\alpha\beta+2$

$\qquad\qquad\qquad\qquad\qquad=\dfrac{1}{4}-2+2=\dfrac{1}{4}$

$(\alpha^2+1)(\beta^2+1)=(\alpha\beta)^2+\alpha^2+\beta^2+1$

$\qquad\qquad\qquad\qquad\quad=(\alpha\beta)^2+(\alpha+\beta)^2-2\alpha\beta+1$

$\qquad\qquad\qquad\qquad\quad=1+\dfrac{1}{4}-2+1=\dfrac{1}{4}$

따라서 α^2+1, β^2+1을 두 근으로 하는 이차방정식은

$x^2-\dfrac{1}{4}x+\dfrac{1}{4}=0$, 즉 $4x^2-x+1=0$

15 0973 답 ⑤ 유형 11

출제의도 | 이차식이 완전제곱식이 될 조건을 알고 있는지 확인한다.

> 완전제곱식 → (이차식)$=0$의 판별식 $D=0$이야.

이차식 $x^2-2(m+a)x+(a^2+4a+n)$이 완전제곱식이려면 이차방정식 $x^2-2(m+a)x+(a^2+4a+n)=0$이 중근을 가져야 하므로 이 이차방정식의 판별식을 D라 하면 $D=0$이다.

$\dfrac{D}{4}=\{-(m+a)\}^2-(a^2+4a+n)=0$

$(2m-4)a+m^2-n=0$

위 등식이 실수 a의 값에 관계없이 항상 성립하므로

$2m-4=0$, $m^2-n=0$

두 식을 연립하여 풀면 $m=2$, $n=4$

$\therefore 2m+n=2\times2+4=8$

16 0974 답 ③ 유형 17

출제의도 | 두 근의 조건이 주어졌을 때, 이차방정식의 미정계수를 구할 수 있는지 확인한다.

> 두 근의 차가 2이므로 두 근을 α, $\alpha+2$라 하자.

두 근의 차가 2이므로 이차방정식의 두 근을 α, $\alpha+2$라 하면

이차방정식 $x^2-kx+2k+4=0$에서

근과 계수의 관계에 의하여

$\alpha+(\alpha+2)=k$ $\quad\therefore k=2\alpha+2$ ············· ㉠

$\alpha(\alpha+2)=2k+4$

위 식에 ㉠을 대입하면

$\alpha^2+2\alpha=2(2\alpha+2)+4$

$\alpha^2-2\alpha-8=0$, $(\alpha+2)(\alpha-4)=0$

$\therefore \alpha=-2$ 또는 $\alpha=4$

㉠에서 $\alpha=-2$이면 $k=-2$, $\alpha=4$이면 $k=10$

따라서 모든 실수 k의 값의 합은 $(-2)+10=8$

17 0975 답 ④ 유형 25

출제의도 | 이차방정식의 근의 성질에 대해 알고 있는지 확인한다.

> 이차방정식 $f(x)=0$의 두 근이 α, β이면 $f(\alpha)=0$, $f(\beta)=0$이 성립해.

이차방정식 $f(x)=0$의 두 근이 α, β이므로

$f(\alpha)=0$, $f(\beta)=0$

$f(3x-2)=0$이려면 $3x-2=\alpha$ 또는 $3x-2=\beta$

$\therefore x=\dfrac{\alpha+2}{3}$ 또는 $x=\dfrac{\beta+2}{3}$

따라서 이차방정식 $f(3x-2)=0$의 두 근의 합은

$\dfrac{\alpha+2}{3}+\dfrac{\beta+2}{3}=\dfrac{(\alpha+\beta)+4}{3}$

$\qquad\qquad\qquad\quad=\dfrac{-1+4}{3}=1$

18 0976　답 ② 　유형 28

출제의도 | 이차방정식을 이용하여 점 P의 좌표를 구할 수 있는지 확인한다.

구해야 하는 점 P의 x좌표를 a로 놓아 봐.

두 점 A(6, 0), B(0, 12)를 지나는 직선의 방정식은
$y=-2x+12$
점 P는 직선 AB 위의 점이므로 점 P$(a, -2a+12)$라 하자.
삼각형 MOP에서 $\overline{MO}=-2a+12$, $\overline{MP}=a$
삼각형 ABO에서 $\overline{BO}=12$, $\overline{AO}=6$
삼각형 MOP의 넓이가 삼각형 ABO의 넓이의 $\frac{1}{4}$이므로
$4\triangle MOP=\triangle AOB$
$4\left\{\frac{1}{2}\times(-2a+12)\times a\right\}=\frac{1}{2}\times12\times6$
$-4a^2+24a=36$, $a^2-6a+9=0$
$(a-3)^2=0$　∴ $a=3$
따라서 점 P의 좌표는 $(3, 6)$이다.
→ 점 P는 직선 $y=-2x+12$ 위의 점이다.

19 0977　답 ②　유형 16

출제의도 | 근의 조건을 만족시키는 미정계수의 순서쌍을 구할 수 있는지 확인한다.

$|\alpha-\beta|$의 값은 $(\alpha-\beta)^2$의 값을 이용하여 구해.

이차방정식 $x^2+2ax-b=0$의 두 근이 α, β이므로
근과 계수의 관계에 의하여
$\alpha+\beta=-2a$, $\alpha\beta=-b$
$(\alpha-\beta)^2=(\alpha+\beta)^2-4\alpha\beta=4a^2+4b$
∴ $|\alpha-\beta|=\sqrt{4a^2+4b}=2\sqrt{a^2+b}$
이때 $|\alpha-\beta|<8$에서
$2\sqrt{a^2+b}<8$, $\sqrt{a^2+b}<4$　∴ $a^2+b<16$
이때 a, b가 자연수이므로
(i) $a=1$일 때, $b<15$이므로 순서쌍 (a, b)는
　$(1, 1)$, $(1, 2)$, $\cdots$, $(1, 14)$의 14개이다.
(ii) $a=2$일 때, $b<12$이므로 순서쌍 (a, b)는
　$(2, 1)$, $(2, 2)$, $\cdots$, $(2, 11)$의 11개이다.
(iii) $a=3$일 때, $b<7$이므로 순서쌍 (a, b)는
　$(3, 1)$, $(3, 2)$, $\cdots$, $(3, 6)$의 6개이다.
따라서 순서쌍 (a, b)의 개수는 $14+11+6=31$

20 0978　답 ③　유형 26

출제의도 | $f(x)=k$의 두 근이 α, β인 이차식 $f(x)$를 구할 수 있는지 확인한다.

$f(\alpha)=k$, $f(\beta)=k$이면
➡ α, β는 방정식 $f(x)-k=0$의 근이야.

이차방정식 $x^2+x-4=0$의 두 근이 α, β이므로
근과 계수의 관계에 의하여
$\alpha+\beta=-1$, $\alpha\beta=-4$

(내)에서 $f(\alpha)=f(\beta)=2$이므로
$f(\alpha)-2=0$, $f(\beta)-2=0$
즉, α, β는 이차방정식 $f(x)-2=0$의 두 근이다.
(가)에서 $f(x)$의 x^2의 계수는 1이므로
$f(x)-2=(x-\alpha)(x-\beta)$
$\qquad\quad\ =x^2-(\alpha+\beta)x+\alpha\beta$
$\qquad\quad\ =x^2+x-4$
∴ $f(x)=x^2+x-2$
∴ $f(3)=3^2+3-2=10$

21 0979　답 (1) -9 (2) 서로 다른 두 실근을 가진다.　유형 6 + 유형 7

출제의도 | 이차방정식의 근을 판별할 수 있는지 확인한다.

(1) **STEP 1** 이차방정식이 중근을 가질 조건을 이용하여 상수 k의 값 구하기 [3점]
이차방정식 $x^2+6x-k=0$의 판별식을 D_1이라 하면
중근을 가지므로 $D_1=0$이다.
$\frac{D_1}{4}=3^2-(-k)=0$　∴ $k=-9$

(2) **STEP 2** 이차방정식의 근 판별하기 [3점]
$k=-9$를 $(1-k)x^2-2kx+8=0$에 대입하면
$10x^2+18x+8=0$, $5x^2+9x+4=0$
이 방정식의 판별식을 D_2라 하면
$D_2=9^2-4\times5\times4=1>0$
따라서 이차방정식 $(1-k)x^2-2kx+8=0$은 서로 다른 두 실근을 가진다.

22 0980　답 12　유형 16

출제의도 | 근의 조건을 만족시키는 미정계수를 구할 수 있는지 확인한다.

STEP 1 근과 계수의 관계 구하기 [2점]
이차방정식 $3x^2-9x-k=0$의 두 실근이 α, β이므로
근과 계수의 관계에 의하여
$\alpha+\beta=3$, $\alpha\beta=-\frac{k}{3}$ $\cdots\cdots$ ㉠

STEP 2 조건을 만족시키는 α, β의 값 구하기 [4점]
$|\alpha|+|\beta|=5$에서
(i) $\alpha<\beta<0$일 때,
　$\alpha+\beta<0$이므로 $\alpha+\beta=3$이 될 수 없다.
(ii) $\alpha<0<\beta$일 때,
　$|\alpha|+|\beta|=-\alpha+\beta=5$이고
　㉠에서 $\alpha+\beta=3$이므로
　두 식을 연립하여 풀면 $\alpha=-1$, $\beta=4$
(iii) $0<\alpha<\beta$일 때,
　$|\alpha|+|\beta|=\alpha+\beta=3$
　이것은 $|\alpha|+|\beta|=5$인 조건에 모순이다.
(i), (ii), (iii)에서 $\alpha=-1$, $\beta=4$

STEP 3 상수 k의 값 구하기 [2점]
㉠에서 $\alpha\beta=-\frac{k}{3}$이므로
$-4=-\frac{k}{3}$　∴ $k=12$

23 0981 답 $x^2-\dfrac{21}{5}x+\dfrac{9}{2}=0$ 유형 19

출제의도 | 두 근의 합과 곱을 이용하여 이차방정식을 작성할 수 있는지 확인한다.

STEP 1 근과 계수의 관계 구하기 [2점]

이차방정식 $2x^2-6x+5=0$의 두 근이 α, β이므로

근과 계수의 관계에 의하여

$\alpha+\beta=3$, $\alpha\beta=\dfrac{5}{2}$

STEP 2 두 근 $\alpha+\dfrac{1}{\alpha}$, $\beta+\dfrac{1}{\beta}$의 합과 곱 구하기 [4점]

두 근 $\alpha+\dfrac{1}{\alpha}$, $\beta+\dfrac{1}{\beta}$의 합과 곱을 구하면

$\left(\alpha+\dfrac{1}{\alpha}\right)+\left(\beta+\dfrac{1}{\beta}\right)=\alpha+\beta+\dfrac{1}{\alpha}+\dfrac{1}{\beta}$

$\qquad\qquad\qquad\qquad\quad=\alpha+\beta+\dfrac{\alpha+\beta}{\alpha\beta}$

$\qquad\qquad\qquad\qquad\quad=3+\dfrac{6}{5}=\dfrac{21}{5}$

$\left(\alpha+\dfrac{1}{\alpha}\right)\left(\beta+\dfrac{1}{\beta}\right)=\alpha\beta+\dfrac{\beta}{\alpha}+\dfrac{\alpha}{\beta}+\dfrac{1}{\alpha\beta}$

$\qquad\qquad\qquad\qquad\quad=\alpha\beta+\dfrac{\alpha^2+\beta^2}{\alpha\beta}+\dfrac{1}{\alpha\beta}$

$\qquad\qquad\qquad\qquad\quad=\alpha\beta+\dfrac{(\alpha+\beta)^2-2\alpha\beta}{\alpha\beta}+\dfrac{1}{\alpha\beta}$

$\qquad\qquad\qquad\qquad\quad=\dfrac{5}{2}+\dfrac{8}{5}+\dfrac{2}{5}=\dfrac{9}{2}$

STEP 3 이차방정식 작성하기 [2점]

$\alpha+\dfrac{1}{\alpha}$, $\beta+\dfrac{1}{\beta}$을 두 근으로 하고 x^2의 계수가 1인 이차방정식은

$x^2-\dfrac{21}{5}x+\dfrac{9}{2}=0$

24 0982 답 $x=1+3i$ 또는 $x=1-3i$ 유형 20

출제의도 | 계수를 잘못 보고 푼 이차방정식의 해를 바르게 구할 수 있는지 확인한다.

STEP 1 실수 b의 값 구하기 [3점]

예나는 상수항은 바르게 보고 풀어 두 근 $3+i$, $3-i$를 얻었으므로

근과 계수의 관계에 의하여 두 근의 곱은

$(3+i)(3-i)=b$ $\therefore b=10$

STEP 2 실수 a의 값 구하기 [3점]

하늘이는 x의 계수는 바르게 보고 풀어 두 근 $1+2i$, $1-2i$를 얻었으므로 근과 계수의 관계에 의하여 두 근의 합은

$(1+2i)+(1-2i)=-a$ $\therefore a=-2$

STEP 3 바르게 푼 이차방정식의 해 구하기 [2점]

원래의 이차방정식은 $x^2-2x+10=0$이므로

$x=1\pm\sqrt{1-10}=1\pm3i$

05 이차방정식과 이차함수

핵심 개념   216쪽~217쪽

0983 답 (1) 0   (2) 2

(1) 이차방정식 $x^2+5x+10=0$의 판별식을 D라 하면

$D=5^2-4\times1\times10=-15<0$

이므로 주어진 이차함수의 그래프와 x축의 교점은 0개이다.

(2) 이차방정식 $-2x^2+x+1=0$의 판별식을 D라 하면

$D=1^2-4\times(-2)\times1=9>0$

이므로 주어진 이차함수의 그래프와 x축의 교점은 2개이다.

0984 답 (1) $k>-4$ (2) -4 (3) $k<-4$

이차방정식 $x^2+6x+1-2k=0$의 판별식을 D라 하면

$\dfrac{D}{4}=3^2-(1-2k)=2k+8$

(1) $\dfrac{D}{4}=2k+8>0$ $\therefore k>-4$

(2) $\dfrac{D}{4}=2k+8=0$ $\therefore k=-4$

(3) $\dfrac{D}{4}=2k+8<0$ $\therefore k<-4$

0985 답 (1) 서로 다른 두 점에서 만난다.
　　　　　(2) 한 점에서 만난다. (접한다.)

(1) 이차방정식 $x^2+x-1=-x+3$, 즉 $x^2+2x-4=0$의 판별식을 D라 하면

$\dfrac{D}{4}=1^2-(-4)=5>0$

이므로 주어진 이차함수의 그래프와 직선은 서로 다른 두 점에서 만난다.

(2) 이차방정식 $-x^2+5x+2=x+6$, 즉 $x^2-4x+4=0$의 판별식을 D라 하면

$\dfrac{D}{4}=(-2)^2-4=0$

이므로 주어진 이차함수의 그래프와 직선은 한 점에서 만난다.
　　　　　　　　　　　　　　　　(접한다.)

0986 답 (1) $k>3$ (2) 3   (3) $k<3$

이차방정식 $x^2-x+4=x+k$, 즉 $x^2-2x+4-k=0$의 판별식을 D라 하면

$\dfrac{D}{4}=(-1)^2-(4-k)=k-3$

(1) $\dfrac{D}{4}=k-3>0$ $\therefore k>3$

(2) $\dfrac{D}{4}=k-3=0$ $\therefore k=3$

(3) $\dfrac{D}{4}=k-3<0$ $\therefore k<3$

0987 답 (1) $x=3$일 때 최솟값은 1이고, 최댓값은 없다.
　　　　　(2) $x=-5$일 때 최댓값은 -3이고, 최솟값은 없다.

0988 답 (1) $x=2$일 때 최솟값은 -1이고, 최댓값은 없다.

(2) $x=-2$일 때 최댓값은 5이고, 최솟값은 없다.

(1) $y=x^2-4x+3=(x-2)^2-1$

따라서 $x=2$일 때 최솟값은 -1이고, 최댓값은 없다.

(2) $y=-x^2-4x+1=-(x+2)^2+5$

따라서 $x=-2$일 때 최댓값은 5이고, 최솟값은 없다.

0989 답 (1) 최댓값 : 3, 최솟값 : -5

(2) 최댓값 : 1, 최솟값 : -15

$f(x)=-2x^2+4x+1=-2(x-1)^2+3$
이라 하자.

(1) $0\leq x\leq 3$에서 이차함수 $y=f(x)$의 그 래프는 그림과 같다.

따라서 $f(x)$는 $x=1$에서 최댓값 3을 가지고, $x=3$에서 최솟값 -5를 가진다.

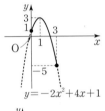

(2) $2\leq x\leq 4$에서 이차함수 $y=f(x)$의 그 래프는 그림과 같다.

따라서 $f(x)$는 $x=2$에서 최댓값 1을 가지고, $x=4$에서 최솟값 -15를 가 진다.

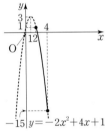

0990 답 (1) 최댓값 : 5, 최솟값 : -3

(2) 최댓값 : 7, 최솟값 : -20

(1) $f(x)=x^2+6x+5=(x+3)^2-4$
라 하면 $-2\leq x\leq 0$에서 이차함수 $y=f(x)$의 그래프는 그림과 같다.

따라서 $f(x)$는 $x=0$에서 최댓값 5를 가지고, $x=-2$에서 최솟값 -3을 가 진다.

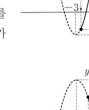

(2) $f(x)=-x^2-8x=-(x+4)^2+16$
이라 하면 $-1\leq x\leq 2$에서 이차함수 $y=f(x)$의 그래프는 그림과 같다.

따라서 $f(x)$는 $x=-1$에서 최댓값 7을 가지고, $x=2$에서 최솟값 -20을 가진다.

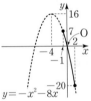

기출 유형 check 실전 준비하기 　218쪽~246쪽

0991 답 ②

이차함수 $y=(x-3)^2+1$의 그래프는 그림과 같다.

① 축의 방정식은 $x=3$이다.

② 제1사분면과 제2사분면을 지난다.

③ 꼭짓점의 좌표는 $(3,1)$이다.

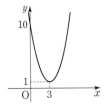

④ $y=(x-3)^2+1$에 $x=0$을 대입하면 $y=10$이므로 y절편은 10 이다.

⑤ x축과 만나지 않는다.

따라서 옳은 것은 ②이다.

0992 답 ①

$y=x^2+6x+7=(x+3)^2-2$

이므로 꼭짓점의 좌표가 $(-3,-2)$이고 아래로 볼록한 포물선이다.

또, $x=0$일 때 $y=7$이므로 y축과의 교점의 좌표는 $(0,7)$이다.

따라서 이차함수 $y=x^2+6x+7$의 그래프는 ①이다.

0993 답 ②

이차함수 $y=ax^2+bx+c$의 그래프가

(i) 위로 볼록하므로 $a<0$

(ii) 축이 y축의 왼쪽에 있으므로 $-\dfrac{b}{2a}<0$ ┌→ 축의 방정식은 $x=-\dfrac{b}{2a}$

그런데 $a<0$이므로 $b<0$

(iii) y절편이 x축의 위쪽에 있으므로 $c>0$

0994 답 ③

$y=-x^2+4x+1=-(x-2)^2+5$

ㄱ. x^2의 계수가 음수이므로 그래프는 위로 볼록하다. (참)

ㄴ. 직선 $x=2$에 대하여 대칭이다. (거짓)

ㄷ. 꼭짓점의 좌표는 $(2,5)$이다. (참) ┌→ 꼭짓점의 y좌표는 5이다.

따라서 옳은 것은 ㄱ, ㄷ이다.

0995 답 $\dfrac{1}{2}$

$y=x^2-4kx+4k^2+1=(x-2k)^2+1$

이므로 꼭짓점의 좌표는 $(2k,1)$이다.

꼭짓점이 직선 $y=3x-2$ 위에 있으므로 $x=2k$, $y=1$을 $y=3x-2$에 대입하면

$1=6k-2$, $6k=3$ $\quad\therefore k=\dfrac{1}{2}$

0996 답 ②

x^2의 계수가 2이고, 꼭짓점의 좌표가 $(2,-1)$이므로

$y=2(x-2)^2-1=2x^2-8x+7$

따라서 $a=-8$, $b=7$이므로

$a+b=(-8)+7=-1$

0997 답 ⑤

x^2의 계수가 a이고, 꼭짓점의 좌표가 $(1,3)$이므로

$y=a(x-1)^2+3$

이 함수의 그래프가 점 $(2,2)$를 지나므로

$2=a+3$ $\quad\therefore a=-1$

$\therefore y=-(x-1)^2+3=-x^2+2x+2$

따라서 $a=-1$, $b=2$, $c=2$이므로
$a+b-c=(-1)+2-2=-1$

0998 답 20

축의 방정식이 $x=-2$이므로
$y=a(x+2)^2+q$
이 함수의 그래프가 두 점 $(1, 0)$, $(0, 5)$를 지나므로
$0=9a+q$, $5=4a+q$
위의 두 식을 연립하여 풀면 $a=-1$, $q=9$
$\therefore y=-(x+2)^2+9=-x^2-4x+5$
따라서 $a=-1$, $b=-4$, $c=5$이므로
$abc=(-1)\times(-4)\times5=20$

0999 답 ①

이차함수의 그래프가 x축과 두 점 $(1, 0)$, $(4, 0)$에서 만나므로
$y=a(x-1)(x-4)$
이 함수의 그래프가 점 $(0, 4)$를 지나므로
$4=4a$ $\therefore a=1$
$\therefore y=(x-1)(x-4)=x^2-5x+4$
따라서 $a=1$, $b=-5$, $c=4$이므로
$a+2b+3c=1+2\times(-5)+3\times4=3$

1000 답 21

이차함수 $y=f(x)$의 그래프가 x축과 두 점 $(0, 0)$, $(3, 0)$에서 만나므로 x^2의 계수를 a라 하면
$f(x)=ax(x-3)$
이 함수의 그래프가 점 $(1, 8)$을 지나므로
$8=-2a$ $\therefore a=-4$
$\therefore f(x)=-4x(x-3)=-4x^2+12x=-4\left(x-\dfrac{3}{2}\right)^2+9$
따라서 꼭짓점의 좌표는 $\left(\dfrac{3}{2}, 9\right)$이므로
$p=\dfrac{3}{2}$, $q=9$
$\therefore 2(p+q)=2\times\left(\dfrac{3}{2}+9\right)=21$

1001 답 ①

이차함수 $y=f(x)$의 그래프가 x축과 두 점 $(-1, 0)$, $(3, 0)$에서 만나므로 x^2의 계수를 a라 하면
$f(x)=a(x+1)(x-3)$
이 함수의 그래프가 점 $\left(0, -\dfrac{3}{2}\right)$을 지나므로
$-\dfrac{3}{2}=-3a$ $\therefore a=\dfrac{1}{2}$
따라서 $f(x)=\dfrac{1}{2}(x+1)(x-3)$이므로
$k=f(1)=\dfrac{1}{2}\times2\times(-2)=-2$

1002 답 $(-1, 7)$

y축과 점 $(0, 6)$에서 만나므로 이차함수의 식을
$y=ax^2+bx+6$ $(a\neq0)$이라 하자.
이 함수의 그래프가 두 점 $(1, 3)$, $(-4, -2)$를 지나므로
$3=a+b+6$, $-2=16a-4b+6$
$\therefore a+b=-3$, $4a-b=-2$
위의 두 식을 연립하여 풀면 $a=-1$, $b=-2$
$\therefore y=-x^2-2x+6=-(x+1)^2+7$
따라서 구하는 꼭짓점의 좌표는 $(-1, 7)$이다.

1003 답 ③ | 유형 1

이차함수 $y=2x^2+ax-10$의 그래프가 x축과 두 점 $(b, 0)$, $(5, 0)$
단서1
에서 만날 때, 상수 a, b에 대하여 $\dfrac{b}{a}$의 값은?

① 6 ② 7 ③ 8
④ 9 ⑤ 10

단서1 이차방정식 $2x^2+ax-10=0$의 두 근이 b, 5

STEP 1 이차함수 $y=f(x)$의 그래프와 x축의 교점의 x좌표는 이차방정식 $f(x)=0$의 근임을 알기
이차함수 $y=2x^2+ax-10$의 그래프와 x축의 두 교점의 x좌표가 b, 5이므로 b, 5는 이차방정식 $2x^2+ax-10=0$의 두 근이다.

STEP 2 $\dfrac{a}{b}$의 값 구하기
이차방정식의 근과 계수의 관계에 의하여
$b+5=-\dfrac{a}{2}$, $5b=-5$
따라서 $a=-8$, $b=-1$이므로
$\dfrac{a}{b}=\dfrac{-8}{-1}=8$

다른 풀이
이차방정식 $2x^2+ax-10=0$의 두 근이 b, 5이므로
$x=5$를 $2x^2+ax-10=0$에 대입하면
$50+5a-10=0$ $\therefore a=-8$
즉, $2x^2-8x-10=0$에서
$x^2-4x-5=0$, $(x+1)(x-5)=0$
$\therefore x=-1$ 또는 $x=5$ $\therefore b=-1$
$\therefore \dfrac{a}{b}=\dfrac{-8}{-1}=8$

1004 답 ④

이차함수 $y=x^2+ax+b$의 그래프와 x축이 만나는 두 점의 x좌표의 합이 6, 곱이 -8이므로 이차방정식 $x^2+ax+b=0$의 두 근의 합이 6, 곱이 -8이다.
이차방정식의 근과 계수의 관계에 의하여
$6=-a$, $-8=b$ $\therefore a=-6$, $b=-8$
$\therefore ab=(-6)\times(-8)=48$

1005 답 28

이차함수 $y=-2x^2+2x+a$의 그래프와 x축의 두 교점의 x좌표가 -3, b이므로 -3, b는 이차방정식 $-2x^2+2x+a=0$의 두 근이다.

이차방정식의 근과 계수의 관계에 의하여

$-3+b=1$, $-3b=-\dfrac{a}{2}$

따라서 $a=24$, $b=4$이므로

$a+b=24+4=28$

다른 풀이

이차방정식 $-2x^2+2x+a=0$의 두 근이 -3, b이므로

$x=-3$을 $-2x^2+2x+a=0$에 대입하면

$-18-6+a=0$ ∴ $a=24$

즉, $-2x^2+2x+24=0$에서

$x^2-x-12=0$, $(x+3)(x-4)=0$

∴ $x=-3$ 또는 $x=4$ ∴ $b=4$

∴ $a+b=24+4=28$

1006 답 -15

이차함수 $y=3x^2+ax+b$의 그래프와 x축의 두 교점의 x좌표가

-1, 3이므로 -1, 3은 이차방정식 $3x^2+ax+b=0$의 두 근이다.

이차방정식의 근과 계수의 관계에 의하여

$-1+3=-\dfrac{a}{3}$, $(-1)\times 3=\dfrac{b}{3}$

따라서 $a=-6$, $b=-9$이므로

$a+b=(-6)+(-9)=-15$

다른 풀이

이차함수의 그래프가 x축과 두 점 $(-1, 0)$, $(3, 0)$에서 만나고

x^2의 계수가 3이므로 이차함수의 식은

$y=3(x+1)(x-3)=3x^2-6x-9$

따라서 $a=-6$, $b=-9$이므로

$a+b=(-6)+(-9)=-15$

1007 답 16

이차함수 $y=ax^2+bx+c$의 그래프가 점 $(0, 12)$를 지나므로

$c=12$

이차함수 $y=ax^2+bx+12$의 그래프와 x축의 두 교점의 x좌표가

-3, 1이므로 -3, 1은 이차방정식 $ax^2+bx+12=0$의 두 근이다.

이차방정식의 근과 계수의 관계에 의하여

$-3+1=-\dfrac{b}{a}$, $(-3)\times 1=\dfrac{12}{a}$

∴ $a=-4$, $b=-8$

∴ $a+2b+3c=-4+2\times(-8)+3\times 12=16$

다른 풀이

이차함수의 그래프가 x축과 두 점 $(-3, 0)$, $(1, 0)$에서 만나고

x^2의 계수가 a이므로 이 이차함수의 식은

$y=a(x+3)(x-1)$

이 함수의 그래프가 점 $(0, 12)$를 지나므로

$12=-3a$ ∴ $a=-4$

∴ $y=-4(x+3)(x-1)=-4x^2-8x+12$

따라서 $a=-4$, $b=-8$, $c=12$이므로

$a+2b+3c=-4+2\times(-8)+3\times 12=16$

1008 답 ②

이차함수 $y=ax^2+bx+c$의 그래프가 점 $(0, 2)$를 지나므로

$c=2$

이차함수 $y=ax^2+bx+2$의 그래프와 x축의 교점의 x좌표가

$2+\sqrt{3}$이므로 $2+\sqrt{3}$은 이차방정식 $ax^2+bx+2=0$의 근이다.

이때 이차방정식 $ax^2+bx+2=0$의 계수가 유리수이고 한 근이

$2+\sqrt{3}$이므로 $2-\sqrt{3}$도 근이다.

즉, 이차방정식의 근과 계수의 관계에 의하여

$(2+\sqrt{3})+(2-\sqrt{3})=-\dfrac{b}{a}$, $(2+\sqrt{3})(2-\sqrt{3})=\dfrac{2}{a}$

∴ $a=2$, $b=-8$

∴ $a+b+c=2+(-8)+2=-4$

개념 Check

이차방정식의 켤레근

이차방정식 $ax^2+bx+c=0$에서 a, b, c가 유리수일 때,

한 근이 $p+q\sqrt{m}$이면 $p-q\sqrt{m}$도 근이다.

(단, p, q는 유리수, $q\neq 0$, $\sqrt{m}$은 무리수이다.)

1009 답 ⑤

이차함수 $y=2x^2+ax-1$의 그래프가 x축과 만나는 두 점의 x좌표의 합이 -1이므로 이차방정식 $2x^2+ax-1=0$의 두 근의 합이 -1이다.

즉, 이차방정식의 근과 계수의 관계에 의하여

$-\dfrac{a}{2}=-1$ ∴ $a=2$

1010 답 ① | 유형 **2**

그림과 같이 이차함수 $y=x^2+4x+k$의 그래프와 x축의 두 교점을 각각 A, B라 **단서1** 하자. $\overline{AB}=8$일 때, 상수 k의 값은?

① -12 ② -10

③ -8 ④ -6

⑤ -4

단서1 두 점 A, B의 x좌표가 이차방정식 $x^2+4x+k=0$의 두 근

STEP 1 두 점 A, B의 x좌표가 이차방정식 $x^2+4x+k=0$의 두 근임을 알기

두 점 A, B의 x좌표를 각각 α, β라 하면 α, β는 이차방정식 $x^2+4x+k=0$의 두 근이므로 이차방정식의 근과 계수의 관계에 의하여

$\alpha+\beta=-4$, $\alpha\beta=k$ ⋯⋯ ㉠

STEP 2 $\overline{AB}=8$임을 이용하여 k의 값 구하기

$\overline{AB}=8$이므로 $|\alpha-\beta|=8$

양변을 제곱하면 $(\alpha-\beta)^2=64$

∴ $(\alpha+\beta)^2-4\alpha\beta=64$ ⋯⋯ ㉡

㉠을 ㉡에 대입하면

$16-4k=64$, $4k=-48$

∴ $k=-12$

다른 풀이

이차방정식 $x^2+4x+k=0$의 두 근을 α, $\alpha+8$이라 하면 이차방정식의 근과 계수의 관계에 의하여

$\alpha+(\alpha+8)=-4$ ················· ㉠

$\alpha(\alpha+8)=k$ ················· ㉡

㉠에서 $2\alpha=-12$ ∴ $\alpha=-6$

$\alpha=-6$을 ㉡에 대입하면

$k=(-6)\times2=-12$

1011 답 -6

두 점 A, B의 x좌표를 각각 α, β라 하면 α, β는 이차방정식 $2x^2+tx-8=0$의 두 근이므로 이차방정식의 근과 계수의 관계에 의하여

$\alpha+\beta=-\dfrac{t}{2}$, $\alpha\beta=-4$ ················· ㉠

이때 $\overline{AB}=5$이므로 $|\alpha-\beta|=5$

양변을 제곱하면 $(\alpha-\beta)^2=25$

∴ $(\alpha+\beta)^2-4\alpha\beta=25$ ················· ㉡

㉠을 ㉡에 대입하면

$\dfrac{t^2}{4}+16=25$, $t^2=36$

∴ $t=-6$ (∵ $t<0$)

다른 풀이

이차방정식 $2x^2+tx-8=0$의 두 근을 α, $\alpha+5$라 하면 이차방정식의 근과 계수의 관계에 의하여

$\alpha+(\alpha+5)=-\dfrac{t}{2}$ ················· ㉠

$\alpha(\alpha+5)=-4$ ················· ㉡

㉡에서 $\alpha^2+5\alpha+4=0$, $(\alpha+4)(\alpha+1)=0$

∴ $\alpha=-4$ 또는 $\alpha=-1$

$\alpha=-4$를 ㉠에 대입하면 $-3=-\dfrac{t}{2}$ ∴ $t=6$

$\alpha=-1$을 ㉠에 대입하면 $3=-\dfrac{t}{2}$ ∴ $t=-6$

이때 $t<0$이므로 $t=-6$

1012 답 -12

이차함수 $y=x^2+ax+a$의 그래프와 x축의 두 교점의 x좌표가 α, β이므로 α, β는 이차방정식 $x^2+ax+a=0$의 두 근이다.

이차방정식의 근과 계수의 관계에 의하여

$\alpha+\beta=-a$, $\alpha\beta=a$ ················· ㉠

이때 $|\alpha-\beta|=2\sqrt{3}$의 양변을 제곱하면

$(\alpha-\beta)^2=12$

∴ $(\alpha+\beta)^2-4\alpha\beta=12$ ················· ㉡

㉠을 ㉡에 대입하면

$a^2-4a=12$, $a^2-4a-12=0$

$(a+2)(a-6)=0$ ∴ $a=-2$ 또는 $a=6$

따라서 모든 a의 값의 곱은

$(-2)\times6=-12$

1013 답 5

이차방정식 $x^2-2kx+4k-3=0$의 두 근을 α, β라 하면 이차방정식의 근과 계수의 관계에 의하여

$\alpha+\beta=2k$, $\alpha\beta=4k-3$ ················· ㉠

이때 주어진 이차함수의 그래프가 x축과 만나는 두 점 사이의 거리가 $4\sqrt{2}$이므로

$|\alpha-\beta|=4\sqrt{2}$

양변을 제곱하면 $(\alpha-\beta)^2=32$

∴ $(\alpha+\beta)^2-4\alpha\beta=32$ ················· ㉡

㉠을 ㉡에 대입하면 $4k^2-4(4k-3)=32$

$k^2-4k-5=0$, $(k+1)(k-5)=0$

∴ $k=5$ (∵ $k>0$)

1014 답 ①

㉮에 의하여 함수 $y=f(x)$의 그래프의 축의 방정식은

$x=\dfrac{0+4}{2}$, 즉 $x=2$이다.

㉯에서 함수 $y=f(x)$의 그래프의 꼭짓점의 y좌표는 -1이므로

$f(x)=a(x-2)^2-1$ → 축의 방정식이 $x=2$이면 꼭짓점의 x좌표는 2이다.

$=ax^2-4ax+4a-1$

㉰에서 두 점 P, Q의 x좌표를 각각 α, β라 하면 α, β는 이차방정식 $ax^2-4ax+4a-1=0$의 두 근이므로 이차방정식의 근과 계수의 관계에 의하여

$\alpha+\beta=4$, $\alpha\beta=\dfrac{4a-1}{a}$ ················· ㉠

이때 $\overline{PQ}=2$이므로

$|\alpha-\beta|=2$

양변을 제곱하면 $(\alpha-\beta)^2=4$

∴ $(\alpha+\beta)^2-4\alpha\beta=4$ ················· ㉡

㉠을 ㉡에 대입하면 $16-4\times\dfrac{4a-1}{a}=4$

$3=\dfrac{4a-1}{a}$, $3a=4a-1$ ∴ $a=1$

따라서 $f(x)=(x-2)^2-1$이므로

$f(1)=1-1=0$

1015 답 ⑤

이차함수 $y=ax^2+bx+c$의 그래프와 x축의 두 교점의 x좌표가 -1, 4이므로 -1, 4는 이차방정식 $ax^2+bx+c=0$의 두 근이다.

이차방정식의 근과 계수의 관계에 의하여

$-1+4=-\dfrac{b}{a}$, $(-1)\times4=\dfrac{c}{a}$

∴ $b=-3a$, $c=-4a$

∴ $y=cx^2+bx+a=-4ax^2-3ax+a$

이차함수 $y=-4ax^2-3ax+a$의 그래프와 x축의 교점의 x좌표는 이차방정식 $-4ax^2-3ax+a=0$의 근이므로

$4x^2+3x-1=0$ (∵ $a\neq0$)

$(x+1)(4x-1)=0$ ∴ $x=-1$ 또는 $x=\dfrac{1}{4}$

따라서 구하는 두 점 사이의 거리는

$\dfrac{1}{4}-(-1)=\dfrac{5}{4}$

1016 답 ②

그림과 같이 이차함수 $y=f(x)$의 그래프와
단서1
x축의 두 교점의 x좌표 α, β이고
$\alpha+\beta=4$일 때, 이차방정식 $f(x+1)=0$의
두 근의 합은?

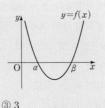

① 1 ② 2 ③ 3
④ 4 ⑤ 5

단서1 $f(\alpha)=0$, $f(\beta)=0$

STEP 1 이차방정식 $f(x+1)=0$의 두 근을 각각 α, β에 대한 식으로 나타내기

이차함수 $y=f(x)$의 그래프와 x축의 두 교점의 x좌표가 α, β이
므로 α, β는 이차방정식 $f(x)=0$의 두 근이다.
즉, $f(\alpha)=0$, $f(\beta)=0$이므로 $f(x+1)=0$이려면
$x+1=\alpha$ 또는 $x+1=\beta$
$\therefore x=\alpha-1$ 또는 $x=\beta-1$

STEP 2 이차방정식 $f(x+1)=0$의 두 근의 합 구하기

이차방정식 $f(x+1)=0$의 두 근의 합은
$(\alpha-1)+(\beta-1)=\alpha+\beta-2=4-2=2$

1017 답 ③

이차함수 $y=f(x)$의 그래프와 x축의 두 교점의 x좌표가 -3, -1
이므로 -3, -1은 이차방정식 $f(x)=0$의 두 근이다.
즉, $f(-3)=0$, $f(-1)=0$이므로 $f(2x-1)=0$이려면
$2x-1=-3$ 또는 $2x-1=-1$
$\therefore x=-1$ 또는 $x=0$
따라서 이차방정식 $f(2x-1)=0$의 두 근의 곱은
$(-1)\times0=0$

1018 답 3

이차함수 $y=f(x)$의 그래프와 x축의 두 교점의 x좌표가 α, β이
므로 α, β는 이차방정식 $f(x)=0$의 두 근이다.
즉, $f(\alpha)=0$, $f(\beta)=0$이므로 $f(x-2)=0$이려면
$x-2=\alpha$ 또는 $x-2=\beta$
$\therefore x=\alpha+2$ 또는 $x=\beta+2$
따라서 이차방정식 $f(x-2)=0$의 두 근의 합은
$(\alpha+2)+(\beta+2)=\alpha+\beta+4=(-1)+4=3$

1019 답 ⑤

이차함수 $y=f(x)$의 그래프와 x축의 두 교점의 x좌표가 2, 5이므
로 2, 5는 이차방정식 $f(x)=0$의 두 근이다.
즉, $f(2)=0$, $f(5)=0$이므로 $f(3x+k)=0$이려면
$3x+k=2$ 또는 $3x+k=5$
$\therefore x=\dfrac{2-k}{3}$ 또는 $x=\dfrac{5-k}{3}$
이때 이차방정식 $f(3x+k)=0$의 두 근의 합이 3이므로
$\dfrac{2-k}{3}+\dfrac{5-k}{3}=3$, $\dfrac{7-2k}{3}=3$
$7-2k=9$ $\therefore k=-1$

따라서 이차방정식 $f(3x+k)=0$의 두 근이 1, 2이므로 두 근의
곱은 $\quad\longrightarrow x=\dfrac{2-k}{3}$ 또는 $x=\dfrac{5-k}{3}$에
$1\times2=2$ $\qquad\qquad k=-1$을 대입한다.

1020 답 4

이차함수 $y=f(x)$의 그래프와 x축의 두 교점의 x좌표가 -2, 4이
므로 -2, 4는 이차방정식 $f(x)=0$의 두 근이다.
즉, $f(-2)=0$, $f(4)=0$이므로 $f(kx+2)=0$이려면
$kx+2=-2$ 또는 $kx+2=4$
$\therefore x=-\dfrac{4}{k}$ 또는 $x=\dfrac{2}{k}$ $(\because k\neq0)$
이때 이차방정식 $f(kx+2)=0$의 두 근의 곱이 $-\dfrac{1}{2}$이어야 하므로
$\left(-\dfrac{4}{k}\right)\times\dfrac{2}{k}=-\dfrac{1}{2}$, $\dfrac{8}{k^2}=\dfrac{1}{2}$
$k^2=16$ $\therefore k=4$ $(\because k>0)$

1021 답 ①

이차함수 $y=f(x)$의 그래프가 직선 $x=6$에 대하여 대칭이므로
$\dfrac{\alpha+\beta}{2}=6$ $\therefore \alpha+\beta=12$ ············· ㉠
이차함수 $y=f(x)$의 그래프와 x축의 두 교점의 x좌표가 α, β이
므로 α, β는 이차방정식 $f(x)=0$의 두 근이다.
즉, $f(\alpha)=0$, $f(\beta)=0$이므로 $f(-4x+3)=0$이려면
$-4x+3=\alpha$ 또는 $-4x+3=\beta$
$\therefore x=\dfrac{3-\alpha}{4}$ 또는 $x=\dfrac{3-\beta}{4}$
따라서 이차방정식 $f(-4x+3)=0$의 두 근의 합은
$$\dfrac{3-\alpha}{4}+\dfrac{3-\beta}{4}=\dfrac{6-(\alpha+\beta)}{4}$$
$$=\dfrac{6-12}{4} (\because ㉠)$$
$$=-\dfrac{3}{2}$$

실수 Check

이차함수의 그래프는 축에 대하여 선대칭도형이므로 축에서 이차함수
$y=f(x)$의 그래프와 x축의 두 교점까지의 거리가 서로 같다.

1022 답 ④

| 유형 4

이차함수 $y=x^2-4kx+4k^2-k+5$의 그래프가 x축과 만나지 않도
록 하는 자연수 k의 개수는? **단서1**

① 1 ② 2 ③ 3
④ 4 ⑤ 5

단서1 이차방정식 $x^2-4kx+4k^2-k+5=0$의 판별식 D의 값이 음수

STEP 1 주어진 이차함수의 그래프가 x축과 만나지 않도록 하는 실수 k의 값의 범위 구하기

이차함수 $y=x^2-4kx+4k^2-k+5$의 그래프가 x축과 만나지 않
아야 하므로 이차방정식 $x^2-4kx+4k^2-k+5=0$의 판별식을 D
라 하면

$\dfrac{D}{4}=(-2k)^2-(4k^2-k+5)<0$

$k-5<0$ $\quad \therefore k<5$

STEP 2 자연수 k의 개수 구하기

자연수 k는 1, 2, 3, 4의 4개이다.

1023 답 $k<9$

이차함수 $y=x^2-6x+k$의 그래프가 x축과 서로 다른 두 점에서 만나야 하므로 이차방정식 $x^2-6x+k=0$의 판별식을 D라 하면

$\dfrac{D}{4}=(-3)^2-k>0$, $9-k>0$

$\therefore k<9$

1024 답 ③

이차함수 $y=x^2-2x+k+6$의 그래프가 x축과 만나지 않아야 하므로 이차방정식 $x^2-2x+k+6=0$의 판별식을 D라 하면

$\dfrac{D}{4}=(-1)^2-(k+6)<0$, $-5-k<0$

$\therefore k>-5$

따라서 정수 k의 최솟값은 -4이다.

1025 답 ①

이차함수 $y=3x^2+2x+k$의 그래프가 x축과 만나야 하므로 이차방정식 $3x^2+2x+k=0$의 판별식을 D라 하면

$\dfrac{D}{4}=1^2-3k\geq0$ $\quad \therefore k\leq\dfrac{1}{3}$

따라서 실수 k의 최댓값은 $\dfrac{1}{3}$이다.

1026 답 ②

이차함수 $y=x^2-2kx+k^2+k-3$의 그래프가 x축과 서로 다른 두 점에서 만나야 하므로 이차방정식 $x^2-2kx+k^2+k-3=0$의 판별식을 D라 하면

$\dfrac{D}{4}=(-k)^2-(k^2+k-3)>0$

$-k+3>0$ $\quad \therefore k<3$

따라서 자연수 k는 1, 2이므로 그 합은

$1+2=3$

1027 답 -1

이차함수 $y=x^2+2kx+3k+4$의 그래프가 x축과 한 점에서 만나야 하므로 이차방정식 $x^2+2kx+3k+4=0$의 판별식을 D_1이라 하면

$\dfrac{D_1}{4}=k^2-(3k+4)=0$, $k^2-3k-4=0$

$(k+1)(k-4)=0$ $\quad \therefore k=-1$ 또는 $k=4$ $\cdots\cdots$ ㉠

이차함수 $y=-x^2+x+k-2$의 그래프가 x축과 만나지 않아야 하므로 이차방정식 $-x^2+x+k-2=0$의 판별식을 D_2라 하면

$D_2=1^2+4(k-2)<0$, $4k-7<0$

$\therefore k<\dfrac{7}{4}$ $\cdots\cdots$ ㉡

㉠, ㉡에서 $k=-1$

1028 답 8

이차함수 $y=x^2+ax-b^2+5$의 그래프가 x축에 접해야 하므로 이차방정식 $x^2+ax-b^2+5=0$의 판별식을 D라 하면

$D=a^2-4(-b^2+5)=0$

$\therefore \underline{a^2+4b^2=20}$ → b가 정수이므로 $b^2=0, 1, 4, \cdots$인 경우로 나누어 생각한다.

따라서 이를 만족시키는 정수 a, b의 순서쌍 (a, b)는

$(-4, -1)$, $(-4, 1)$, $(4, -1)$, $(4, 1)$, $(-2, -2)$, $(-2, 2)$, $(2, -2)$, $(2, 2)$의 8개이다.

1029 답 ②

이차함수 $y=x^2+2(a-2k)x+4k^2-2k+b$의 그래프가 x축에 접하므로 이차방정식 $x^2+2(a-2k)x+4k^2-2k+b=0$의 판별식을 D라 하면

$\dfrac{D}{4}=(a-2k)^2-(4k^2-2k+b)=0$

$a^2-4ak+4k^2-4k^2+2k-b=0$

$\therefore (2-4a)k+a^2-b=0$

이 식이 k의 값에 관계없이 항상 성립하므로 → k에 대한 항등식

$2-4a=0$, $a^2-b=0$

위의 두 식을 연립하여 풀면 $a=\dfrac{1}{2}$, $b=\dfrac{1}{4}$

$\therefore ab=\dfrac{1}{2}\times\dfrac{1}{4}=\dfrac{1}{8}$

실수 Check

k의 값에 관계없이 항상 성립하는 등식은 k에 대한 항등식을 나타내는 표현임을 알고, ( )k+( )$=0$ 꼴로 정리해야 한다.

Plus 문제

1029-1

이차함수 $y=x^2-4ax+ak+k+b$의 그래프가 실수 k의 값에 관계없이 항상 x축에 접할 때, $a+b$의 값을 구하시오.

(단, a, b는 실수이다.)

이차함수 $y=x^2-4ax+ak+k+b$의 그래프가 x축에 접하므로 이차방정식 $x^2-4ax+ak+k+b=0$의 판별식을 D라 하면

$\dfrac{D}{4}=(-2a)^2-(ak+k+b)=0$

$4a^2-ak-k-b=0$

$\therefore (-a-1)k+4a^2-b=0$

이 식이 k의 값에 관계없이 항상 성립하므로

$-a-1=0$, $4a^2-b=0$

위의 두 식을 연립하여 풀면 $a=-1$, $b=4$

$\therefore a+b=(-1)+4=3$

답 3

1030 답 ②

이차함수 $y=x^2-2ax+15-2a^2$의 그래프가 x축과 서로 다른 두 점에서 만나므로 이차방정식 $x^2-2ax+15-2a^2=0$의 판별식을 D라 하면

$$\frac{D}{4}=(-a)^2-(15-2a^2)>0, \ 3a^2-15>0$$

$$\therefore \ a^2>5 \ \text{...} \ \text{㉠}$$

이때 α, β는 이차방정식 $x^2-2ax+15-2a^2=0$의 두 근이므로 이차방정식의 근과 계수의 관계에 의하여

$$\alpha+\beta=2a, \ \alpha\beta=15-2a^2$$

$$\begin{aligned}\therefore \ \alpha^2+\beta^2&=(\alpha+\beta)^2-2\alpha\beta\\&=(2a)^2-2(15-2a^2)\\&=8a^2-30\end{aligned}$$

a는 ㉠을 만족시키는 자연수이므로 $\alpha^2+\beta^2$의 최솟값은 $a=3$일 때 $8\times3^2-30=42$

실수 Check

$\alpha^2+\beta^2$의 값은 a의 값이 최소일 때 최솟값을 가진다. 그러므로 a가 자연수라는 조건에 유념하여 $a^2>5$를 만족시키는 자연수 a의 최솟값을 구할 수 있어야 한다.

1031 답 2

이차함수 $y=x^2+2(a-4)x+a^2+a-1$의 그래프가 x축과 만나지 않아야 하므로 이차방정식 $x^2+2(a-4)x+a^2+a-1=0$의 판별식을 D라 하면

$$\frac{D}{4}=(a-4)^2-(a^2+a-1)<0$$

$$-9a+17<0 \qquad \therefore \ a>\frac{17}{9}$$

따라서 정수 a의 최솟값은 2이다.

1032 답 B(1, 0)   │ 유형 5

이차함수 $y=x^2+3x-4$의 그래프와 직선 $y=x+k$가 두 점 A, B [단서1]
에서 만난다. 점 A의 x좌표가 -3일 때, 점 B의 좌표를 구하시오.
　　　　　　　　　　　　　　　　(단, k는 상수이다.)

[단서1] 두 점 A, B의 x좌표가 이차방정식 $x^2+3x-4=x+k$의 두 근

STEP 1 k의 값 구하기

이차함수 $y=x^2+3x-4$의 그래프와 직선 $y=x+k$의 교점의 x좌표는 이차방정식

$$x^2+3x-4=x+k, \ \text{즉} \ x^2+2x-4-k=0 \ \text{...............} \ \text{㉠}$$

의 근이므로 -3은 이차방정식 ㉠의 근이다.

$x=-3$을 ㉠에 대입하면

$$9-6-4-k=0 \qquad \therefore \ k=-1$$

STEP 2 점 B의 x좌표 구하기

$k=-1$을 ㉠에 대입하여 정리하면

$$x^2+2x-3=0, \ (x+3)(x-1)=0$$

$$\therefore \ x=-3 \ \text{또는} \ x=1$$

즉, 점 B의 x좌표는 1이다.

STEP 3 점 B의 좌표 구하기

$x=1$을 $y=x-1$에 대입하면 $y=0$

따라서 점 B의 좌표는 $(1, 0)$이다.

1033 답 ①

이차함수 $y=ax^2+bx+c$의 그래프와 직선 $y=mx+n$의 두 교점의 x좌표가 -5, 6이므로 -5, 6은 이차방정식 $ax^2+bx+c=mx+n$, 즉 $ax^2+(b-m)x+c-n=0$
의 두 근이다.

따라서 주어진 이차방정식의 두 근의 곱은

$$(-5)\times6=-30$$

1034 답 2

이차함수 $y=ax^2+bx+c$의 그래프와 직선 $y=mx+n$의 두 교점의 x좌표가 -1, 4이므로 -1, 4는 이차방정식 $ax^2+bx+c=mx+n$, 즉 $ax^2+(b-m)x+c-n=0$
의 두 근이다.

따라서 $\alpha=-1$, $\beta=4$이므로

$$2\alpha+\beta=2\times(-1)+4=2 \ \longrightarrow \ \alpha<\beta$$

1035 답 ③

이차함수 $y=x^2+2x+3$의 그래프와 직선 $y=x+7$의 두 교점의 x좌표는 이차방정식

$$x^2+2x+3=x+7, \ \text{즉} \ x^2+x-4=0$$

의 서로 다른 두 실근이다.

$x^2+x-4=0$에서 $x=\dfrac{-1\pm\sqrt{17}}{2}$

따라서 $a=-1$, $b=17$이므로

$$a+b=(-1)+17=16$$

1036 답 ①

이차함수 $y=x^2+kx+3$의 그래프와 직선 $y=-x+1$의 교점의 x좌표는 이차방정식

$$x^2+kx+3=-x+1, \ \text{즉} \ x^2+(k+1)x+2=0 \ \text{...............} \ \text{㉠}$$

의 근이므로 1은 이차방정식 ㉠의 근이다.

$x=1$을 ㉠에 대입하면

$$1+(k+1)+2=0 \qquad \therefore \ k=-4$$

1037 답 ②

이차함수 $y=-2x^2+kx+4$의 그래프와 직선 $y=-3x-2$의 교점의 x좌표는 이차방정식

$$-2x^2+kx+4=-3x-2, \ \text{즉} \ 2x^2-(k+3)x-6=0 \ \text{.............} \ \text{㉠}$$

의 근이므로 3은 이차방정식 ㉠의 근이다.

$x=3$을 ㉠에 대입하면

$$18-3(k+3)-6=0 \qquad \therefore \ k=1$$

$k=1$을 ㉠에 대입하여 정리하면

$$x^2-2x-3=0, \ (x+1)(x-3)=0$$

$$\therefore \ x=-1 \ \text{또는} \ x=3$$

$x=-1$을 $y=-3x-2$에 대입하면 $y=1$

$x=3$을 $y=-3x-2$에 대입하면 $y=-11$

따라서 A$(-1, 1)$, B$(3, -11)$이므로 두 점 A, B의 y좌표의 차는

$$1-(-11)=12$$

1038 답 ④ | 유형 6

> 이차함수 $y=x^2+ax$의 그래프와 직선 $y=2x+b-3$의 두 교점의
> x좌표가 -2, 1일 때, 상수 a, b에 대하여 $a+b$의 값은? ^{단서1}
>
> ① 5   ② 6   ③ 7
> ④ 8   ⑤ 9
>
> 단서1 이차방정식 $x^2+ax=2x+b-3$의 두 근이 -2, 1

STEP 1 이차함수 $y=f(x)$의 그래프와 직선 $y=g(x)$의 두 교점의 x좌표는 이차방정식 $f(x)=g(x)$의 두 근임을 알기

이차함수 $y=x^2+ax$의 그래프와 직선 $y=2x+b-3$의 두 교점의 x좌표가 -2, 1이므로 -2, 1은 이차방정식
$x^2+ax=2x+b-3$, 즉 $x^2+(a-2)x-b+3=0$
의 두 근이다.

STEP 2 $a+b$의 값 구하기

이차방정식의 근과 계수의 관계에 의하여
$-2+1=-(a-2)$, $(-2)\times1=-b+3$
따라서 $a=3$, $b=5$이므로
$a+b=3+5=8$

1039 답 ③

이차함수 $y=x^2+ax+4$의 그래프와 직선 $y=x+b$의 두 교점의
x좌표의 합이 5이고 곱이 2이므로 이차방정식
$x^2+ax+4=x+b$, 즉 $x^2+(a-1)x-b+4=0$
의 두 근의 합이 5이고 곱이 2이다.
이차방정식의 근과 계수의 관계에 의하여
$-(a-1)=5$, $-b+4=2$
따라서 $a=-4$, $b=2$이므로
$a^2+b^2=(-4)^2+2^2=20$

1040 답 3

이차함수 $y=-x^2+ax+b$의 그래프와 직선 $y=-2x-2$의 교점의
x좌표가 $2+\sqrt{5}$이므로 $2+\sqrt{5}$는 이차방정식
$-x^2+ax+b=-2x-2$, 즉 $x^2-(a+2)x-b-2=0$
의 근이다.
이때 이차방정식 $x^2-(a+2)x-b-2=0$의 계수가 유리수이고
한 근이 $2+\sqrt{5}$이므로 $2-\sqrt{5}$도 근이다.
이차방정식의 근과 계수의 관계에 의하여
$(2+\sqrt{5})+(2-\sqrt{5})=a+2$, $(2+\sqrt{5})(2-\sqrt{5})=-b-2$
따라서 $a=2$, $b=-1$이므로
$2a+b=2\times2+(-1)=3$

1041 답 4

이차함수 $y=x^2+(3k+1)x-k+1$의 그래프와 직선 $y=kx-5$
의 두 교점의 x좌표가 α, β이므로 α, β는 이차방정식
$x^2+(3k+1)x-k+1=kx-5$, 즉 $x^2+(2k+1)x-k+6=0$
의 두 근이다.

이때 $\alpha+\beta=-5$이므로 이차방정식의 근과 계수의 관계에 의하여
$-(2k+1)=-5$에서 $k=2$
$\therefore \alpha\beta=-k+6=4$

1042 답 ⑤

이차함수 $y=x^2-3x+3$의 그래프와 직선 $y=2x+k$의 두 교점의
x좌표의 곱이 6이므로 이차방정식
$x^2-3x+3=2x+k$, 즉 $x^2-5x+3-k=0$
의 두 근의 곱이 6이다.
이차방정식의 근과 계수의 관계에 의하여
$3-k=6$ $\therefore k=-3$
즉, $x^2-5x+6=0$에서 $(x-2)(x-3)=0$
$\therefore \underline{x=2 \text{ 또는 } x=3}$ → 이차함수의 그래프와 직선의 교점의 x좌표이다.
$x=2$를 $y=2x-3$에 대입하면 $y=1$
$x=3$을 $y=2x-3$에 대입하면 $y=3$
따라서 두 교점의 y좌표의 합은
$1+3=4$

1043 답 ④

이차함수 $y=x^2-4x-1$의 그래프와 직선 $y=-2x+k$의 두 교점
의 x좌표가 x_1, x_2이므로 x_1, x_2는 이차방정식
$x^2-4x-1=-2x+k$, 즉 $x^2-2x-k-1=0$
의 두 근이다.
이차방정식의 근과 계수의 관계에 의하여
$x_1+x_2=2$, $x_1x_2=-k-1$ ⋯⋯⋯⋯⋯⋯⋯⋯⋯⋯⋯⋯⋯⋯ ㉠
이때 $x_1^2+x_2^2=12$이므로
$(x_1+x_2)^2-2x_1x_2=12$ ⋯⋯⋯⋯⋯⋯⋯⋯⋯⋯⋯⋯⋯⋯ ㉡
㉠을 ㉡에 대입하면 $4-2(-k-1)=12$
$2k=6$ $\therefore k=3$

1044 답 6

이차함수 $y=x^2+1$의 그래프와 직선 $y=mx-4$의 두 교점의 x좌
표의 차가 4이므로 이차방정식
$x^2+1=mx-4$, 즉 $x^2-mx+5=0$
의 두 근의 차가 4이다.
즉, 두 근을 α, β라 하면 $|\alpha-\beta|=4$ ⋯⋯⋯⋯⋯⋯⋯⋯⋯⋯ ㉠
이차방정식의 근과 계수의 관계에 의하여
$\alpha+\beta=m$, $\alpha\beta=5$ ⋯⋯⋯⋯⋯⋯⋯⋯⋯⋯⋯⋯⋯⋯⋯⋯ ㉡
㉠의 양변을 제곱하면 $(\alpha-\beta)^2=16$
$\therefore (\alpha+\beta)^2-4\alpha\beta=16$ ⋯⋯⋯⋯⋯⋯⋯⋯⋯⋯⋯⋯ ㉢
㉡을 ㉢에 대입하면 $m^2-20=16$
$m^2=36$ $\therefore m=6$ ($\because m>0$)

1045 답 ⑤

이차함수 $f(x)=4x^2-x+k$의 그래프와 직선 $y=3x+5$의 두 교
점의 x좌표가 α, β이므로 α, β는 이차방정식
$4x^2-x+k=3x+5$, 즉 $4x^2-4x+k-5=0$
의 두 근이다.

이차방정식의 근과 계수의 관계에 의하여

$\alpha+\beta=1,\ \alpha\beta=\dfrac{k-5}{4}$ .... ㉠

이때 $|\alpha-\beta|=2$의 양변을 제곱하면 $(\alpha-\beta)^2=4$

$\therefore (\alpha+\beta)^2-4\alpha\beta=4$ .... ㉡

㉠을 ㉡에 대입하면 $1^2-4\times\dfrac{k-5}{4}=4$

$\therefore k=2$

1046 답 ①

이차함수 $y=2x^2+(4-3k)x+1-k^2$의 그래프와 직선 $y=k^2x-5k$의 두 교점의 x좌표를 $-\alpha,\ \alpha$라 하면 $-\alpha,\ \alpha$는 이차방정식 $2x^2+(4-3k)x+1-k^2=k^2x-5k$, 즉 $2x^2-(k^2+3k-4)x-k^2+5k+1=0$ 의 두 근이다.

이차방정식의 근과 계수의 관계에 의하여

$-\alpha+\alpha=\dfrac{k^2+3k-4}{2}$ .... ㉠

$(-\alpha)\times\alpha=\dfrac{-k^2+5k+1}{2}$ .... ㉡

㉠에서 $k^2+3k-4=0,\ (k+4)(k-1)=0$

$\therefore k=-4$ 또는 $k=1$

$k=-4$를 ㉡에 대입하면

$-\alpha^2=-\dfrac{35}{2}$　　$\therefore \alpha^2=\dfrac{35}{2}$

$k=1$을 ㉡에 대입하면

$-\alpha^2=\dfrac{5}{2}$　　$\therefore \alpha^2=-\dfrac{5}{2}$

그런데 α는 실수이므로 $k=-4$

실수 Check

이차함수 $y=f(x)$의 그래프와 직선 $y=g(x)$의 교점의 x좌표인 α는 실수이므로 $\alpha^2\geq0$이어야 한다.

1047 답 ②

곡선 $y=2x^2-5x+a$와 직선 $y=x+12$의 두 교점의 x좌표의 곱이 -4이므로 이차방정식 $2x^2-5x+a=x+12$, 즉 $2x^2-6x+a-12=0$ 의 두 근의 곱이 -4이다.

따라서 이차방정식의 근과 계수의 관계에 의하여

$\dfrac{a-12}{2}=-4,\ a-12=-8$　　$\therefore a=4$

1048 답 ③ | 유형7

이차함수 $y=2x^2-3x+1$의 그래프와 직선 $y=x-k$가 서로 다른 두 【단서1】 점에서 만나도록 하는 정수 k의 최댓값은?

① -2　　　② -1　　　③ 0
④ 1　　　⑤ 2

【단서1】 이차방정식 $2x^2-3x+1=x-k$의 판별식 D의 값이 양수

STEP1 주어진 이차함수의 그래프와 직선이 서로 다른 두 점에서 만나도록 하는 실수 k의 값의 범위 구하기

이차함수 $y=2x^2-3x+1$의 그래프와 직선 $y=x-k$가 서로 다른 두 점에서 만나야 하므로 이차방정식 $2x^2-3x+1=x-k$, 즉 $2x^2-4x+k+1=0$ 의 판별식을 D라 하면

$\dfrac{D}{4}=(-2)^2-2(k+1)>0,\ -2k+2>0$

$\therefore k<1$

STEP2 정수 k의 최댓값 구하기

정수 k의 최댓값은 0이다.

1049 답 $k<1$

이차함수 $y=x^2-x+5$의 그래프와 직선 $y=3x+k$가 만나지 않아야 하므로 이차방정식 $x^2-x+5=3x+k$, 즉 $x^2-4x+5-k=0$ 의 판별식을 D라 하면

$\dfrac{D}{4}=(-2)^2-(5-k)<0,\ -1+k<0$

$\therefore k<1$

1050 답 ①

이차함수 $y=x^2+kx+7$의 그래프와 직선 $y=x+3$이 접해야 하므로 이차방정식 $x^2+kx+7=x+3$, 즉 $x^2+(k-1)x+4=0$ 의 판별식을 D라 하면

$D=(k-1)^2-4\times4=0,\ k^2-2k-15=0$

$(k+3)(k-5)=0$　　$\therefore k=-3$ 또는 $k=5$

따라서 모든 실수 k의 값의 곱은

$(-3)\times5=-15$

다른 풀이

이차함수 $y=x^2+kx+7$의 그래프와 직선 $y=x+3$이 접해야 하므로 이차방정식 $x^2+kx+7=x+3$, 즉 $x^2+(k-1)x+4=0$ 의 판별식을 D라 하면

$D=(k-1)^2-4\times4=0,\ k^2-2k-15=0$

이차방정식의 근과 계수의 관계에 의하여 모든 실수 k의 값의 곱은 -15이다.

1051 답 6

이차함수 $y=x^2+4x+k$의 그래프와 직선 $y=2x+5$가 적어도 한 점에서 만나야 하므로 이차방정식 $x^2+4x+k=2x+5$, 즉 $x^2+2x+k-5=0$ 의 판별식을 D라 하면

$\dfrac{D}{4}=1^2-(k-5)\geq0,\ 6-k\geq0$

$\therefore k\leq6$

따라서 자연수 k는 $1,\ 2,\ 3,\ \cdots,\ 6$의 6개이다.

1052　답 2

이차함수 $y=x^2+2kx+k^2$의 그래프가 직선 $y=x+1$보다 항상
위쪽에 있으려면 이차함수의 그래프와 직선이 만나지 않아야 하므
로 이차방정식
$x^2+2kx+k^2=x+1$, 즉 $x^2+(2k-1)x+k^2-1=0$
의 판별식을 D라 하면
$D=(2k-1)^2-4(k^2-1)<0$
$-4k+5<0$　∴ $k>\dfrac{5}{4}$
따라서 정수 k의 최솟값은 2이다.

1053　답 ①

이차함수 $y=2x^2-4x+a$의 그래프가 x축에 접하므로 이차방정식
$2x^2-4x+a=0$의 판별식을 D_1이라 하면
$\dfrac{D_1}{4}=(-2)^2-2a=0$, $4-2a=0$
∴ $a=2$
한편, 이차함수 $y=2x^2-4x+2$의 그래프가 직선 $y=4x+b$에
접하므로 이차방정식
$2x^2-4x+2=4x+b$, 즉 $2x^2-8x+2-b=0$
의 판별식을 D_2라 하면
$\dfrac{D_2}{4}=(-4)^2-2(2-b)=0$, $2b+12=0$
∴ $b=-6$
∴ $ab=2\times(-6)=-12$

1054　답 ④

이차함수 $y=x^2-3x+a$의 그래프가 직선 $y=x-2$에 접하므로
이차방정식
$x^2-3x+a=x-2$, 즉 $x^2-4x+a+2=0$
의 판별식을 D_1이라 하면
$\dfrac{D_1}{4}=(-2)^2-(a+2)=0$, $2-a=0$
∴ $a=2$
이차함수 $y=-x^2+bx-3$의 그래프가 직선 $y=x-2$에 접하므로
이차방정식
$-x^2+bx-3=x-2$, 즉 $x^2+(1-b)x+1=0$
의 판별식을 D_2라 하면
$D_2=(1-b)^2-4=0$, $b^2-2b-3=0$
$(b+1)(b-3)=0$　∴ $b=3$ ($\because b>0$)
　　　　　　　↳ $ab>0$이고 $a>0$이므로 $b>0$이다.
∴ $a+b=2+3=5$

1055　답 ③

이차함수 $y=x^2+5x+2$의 그래프와 직선 $y=-x+k$가 서로 다
른 두 점에서 만나야 하므로 이차방정식
$x^2+5x+2=-x+k$, 즉 $x^2+6x+2-k=0$
의 판별식을 D라 하면
$\dfrac{D}{4}=3^2-(2-k)>0$, $7+k>0$　∴ $k>-7$
따라서 정수 k의 최솟값은 -6이다.

1056　답 ③

이차함수 $y=x^2+x$의 그래프가 직선 $y=mx-4$에 접해야 하므로
이차방정식
$x^2+x=mx-4$, 즉 $x^2+(1-m)x+4=0$
의 판별식을 D라 하면
$D=(1-m)^2-4\times4=0$, $m^2-2m-15=0$
$(m+3)(m-5)=0$　∴ $m=5$ ($\because m>0$)

1057　답 ②

이차함수 $y=x^2-4kx+4k^2+k$의 그래프와 직선 $y=2ax+b$가
접하므로 이차방정식 $x^2-4kx+4k^2+k=2ax+b$, 즉
$x^2-2(2k+a)x+4k^2+k-b=0$
의 판별식을 D라 하면
$\dfrac{D}{4}=\{-(2k+a)\}^2-(4k^2+k-b)=0$
$4k^2+4ak+a^2-4k^2-k+b=0$
∴ $(4a-1)k+a^2+b=0$
이 식이 k의 값에 관계없이 항상 성립하므로
$4a-1=0$, $a^2+b=0$　　　↳ k에 대한 항등식
위의 두 식을 연립하여 풀면 $a=\dfrac{1}{4}$, $b=-\dfrac{1}{16}$
∴ $a+b=\dfrac{1}{4}+\left(-\dfrac{1}{16}\right)=\dfrac{3}{16}$

실수 Check

k의 값에 관계없이 항상 성립하는 등식은 k에 대한 항등식이므로
$Ak+B=0$ 꼴로 나타내었을 때, $A=0$, $B=0$이어야 한다.

Plus 문제

1057-1

이차함수 $y=x^2+2ax+b$의 그래프와 직선
$y=6kx-9k^2+2k$가 실수 k의 값에 관계없이 항상 접할 때,
$a+b$의 값을 구하시오. (단, a, b는 상수이다.)

이차함수 $y=x^2+2ax+b$의 그래프와 직선
$y=6kx-9k^2+2k$가 접하므로 이차방정식
$x^2+2ax+b=6kx-9k^2+2k$, 즉
$x^2+2(a-3k)x+9k^2-2k+b=0$
의 판별식을 D라 하면
$\dfrac{D}{4}=(a-3k)^2-(9k^2-2k+b)=0$
$a^2-6ak+9k^2-9k^2+2k-b=0$
∴ $(2-6a)k+a^2-b=0$
이 식이 k의 값에 관계없이 항상 성립하므로
$2-6a=0$, $a^2-b=0$
위의 두 식을 연립하여 풀면 $a=\dfrac{1}{3}$, $b=\dfrac{1}{9}$
∴ $a+b=\dfrac{1}{3}+\dfrac{1}{9}=\dfrac{4}{9}$

답 $\dfrac{4}{9}$

1058 답 ③

| 유형8

이차함수 $y=x^2-2x-3$의 그래프에 접하고 직선 $y=2x+1$에 평행한 [단서1] [단서2]
직선의 방정식이 $y=ax+b$일 때, $a+b$의 값은?

(단, a, b는 상수이다.)

① -9 ② -7 ③ -5

④ -3 ⑤ -1

[단서1] 이차방정식 $x^2-2x-3=2x+b$의 판별식 D의 값이 0
[단서2] 두 직선이 평행하면 기울기가 서로 같다.

STEP1 a의 값 구하기

직선 $y=ax+b$가 직선 $y=2x+1$에 평행하므로
$a=2$

STEP2 b의 값 구하기

직선 $y=2x+b$가 이차함수 $y=x^2-2x-3$의 그래프와 접하므로
이차방정식
$x^2-2x-3=2x+b$, 즉 $x^2-4x-3-b=0$
의 판별식을 D라 하면
$$\frac{D}{4}=(-2)^2-(-3-b)=0$$
$7+b=0$ $\therefore b=-7$

STEP3 $a+b$의 값 구하기

$a+b=2+(-7)=-5$

1059 답 ①

원점을 지나는 직선의 방정식을 $y=ax$라 하자.
이 직선이 이차함수 $y=x^2+16$의 그래프와 접하므로 이차방정식
$x^2+16=ax$, 즉 $x^2-ax+16=0$
의 판별식을 D라 하면
$D=(-a)^2-4\times16=0$
$a^2=64$ $\therefore a=\pm8$
따라서 두 직선의 기울기는 -8, 8이므로 그 곱은
$(-8)\times8=-64$

1060 답 $y=-2x-4$

구하는 직선이 직선 $y=-2x+3$과 평행하므로 구하는 직선의 기울기는 -2이다. → 두 직선이 평행하면 기울기가 서로 같다.
구하는 직선의 방정식을 $y=-2x+a$라 하자.
이 직선이 이차함수 $y=x^2+2x$의 그래프와 접하므로 이차방정식
$x^2+2x=-2x+a$, 즉 $x^2+4x-a=0$
의 판별식을 D라 하면
$$\frac{D}{4}=2^2+a=0 \quad \therefore a=-4$$
따라서 구하는 직선의 방정식은 $y=-2x-4$이다.

1061 답 ④

점 $(-1, 1)$을 지나는 직선의 방정식을 $y=a(x+1)+1$이라 하자.
점 (p, q)를 지나는 직선의 방정식은 ←
$y=a(x-p)+q$로 놓을 수 있다.

이 직선이 이차함수 $y=-x^2+2x+3$의 그래프와 접하므로 이차방정식
$-x^2+2x+3=a(x+1)+1$, 즉 $x^2+(a-2)x+a-2=0$
의 판별식을 D라 하면
$D=(a-2)^2-4(a-2)=0$
$a^2-8a+12=0$, $(a-2)(a-6)=0$
$\therefore a=2$ 또는 $a=6$
따라서 두 직선의 기울기는 2, 6이므로 그 합은
$2+6=8$

1062 답 11

점 $(2, 4)$를 지나는 직선의 방정식을 $y=a(x-2)+4$라 하자.
이 직선이 이차함수 $y=x^2+x-2$의 그래프와 접하므로 이차방정식
$x^2+x-2=a(x-2)+4$, 즉 $x^2+(1-a)x+2a-6=0$
의 판별식을 D라 하면
$D=(1-a)^2-4(2a-6)=0$
$a^2-10a+25=0$, $(a-5)^2=0$
$\therefore a=5$
따라서 직선의 방정식은 $y=5x-6$이므로
$b=-6$
$\therefore a-b=5-(-6)=11$

1063 답 8

기울기가 4인 직선의 방정식을 $y=4x+a$라 하자.
이 직선이 이차함수 $y=x^2$의 그래프와 접하므로 이차방정식
$x^2=4x+a$, 즉 $x^2-4x-a=0$
의 판별식을 D_1이라 하면
$$\frac{D_1}{4}=(-2)^2+a=0 \quad \therefore a=-4$$
$\therefore y=4x-4$
이차함수 $y=-2x^2+kx-k+2$의 그래프와 직선 $y=4x-4$가 접하므로 이차방정식
$-2x^2+kx-k+2=4x-4$, 즉 $2x^2+(4-k)x+k-6=0$
의 판별식을 D_2라 하면
$D_2=(4-k)^2-8(k-6)=0$
$k^2-16k+64=0$, $(k-8)^2=0$
$\therefore k=8$

1064 답 ①

기울기가 5인 직선의 방정식을 $y=5x+a$라 하자.
이 직선이 이차함수 $f(x)=x^2-3x+17$의 그래프와 접하므로 이차방정식
$x^2-3x+17=5x+a$, 즉 $x^2-8x+17-a=0$
의 판별식을 D라 하면
$$\frac{D}{4}=(-4)^2-(17-a)=0$$
$-1+a=0$ $\therefore a=1$
따라서 구하는 직선의 y절편은 1이다.

1065 답 3 | 유형 9

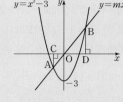

그림과 같이 이차함수 $y=x^2-3$의 그 **단서1** 래프와 직선 $y=mx$가 서로 다른 두 점 A, B에서 만난다. 두 점 A, B에 서 x축에 내린 수선의 발을 각각 C, D라 하자. 선분 AC와 선분 BD의 길 **단서2** 이의 차가 9일 때, 양수 m의 값을 구하시오.

단서1 두 점 A, B의 x좌표가 이차방정식 $x^2-3=mx$의 두 근
단서2 $|\overline{AC}-\overline{BD}|=9$

STEP 1 두 점 A, B의 x좌표가 이차방정식 $x^2-3=mx$의 두 근임을 알기

두 점 A, B의 x좌표를 각각 α, β $(\alpha<0<\beta)$라 하면 α, β는 이차방정식

$x^2-3=mx$, 즉 $x^2-mx-3=0$

의 두 근이다.

STEP 2 양수 m의 값 구하기

이차방정식의 근과 계수의 관계에 의하여

$\alpha+\beta=m$, $\alpha\beta=-3$

$A(\alpha, m\alpha)$, $B(\beta, m\beta)$이므로

이때 $\overline{AC}=-m\alpha$, $\overline{BD}=m\beta$
$\quad\rightarrow m>0$, $\alpha<0$이므로 $m\alpha<0$

$|\overline{AC}-\overline{BD}|=9$이므로

$|-m\alpha-m\beta|=|m(\alpha+\beta)|$
$\qquad\qquad\qquad =m^2=9$

$\therefore m=3 (\because m>0)$

1066 답 ④

$\overline{OA}:\overline{OB}=1:2$이므로 두 점 A, B의 x좌표를 각각 α, -2α $(\alpha>0)$라 하면 α, -2α는 이차방정식

$2-x^2=kx$, 즉 $x^2+kx-2=0$

의 두 근이다.

이차방정식의 근과 계수의 관계에 의하여

$\alpha+(-2\alpha)=-k$, $\alpha\times(-2\alpha)=-2$

위의 두 식을 연립하여 풀면

$\alpha=1 (\because \alpha>0)$, $k=1$

1067 답 $\frac{1}{2}$

두 점 A, B의 x좌표를 각각 α, β라 하면 α, β는 이차방정식

$-x^2+1=x+k$, 즉 $x^2+x+k-1=0$

의 두 근이다.

이차방정식의 근과 계수의 관계에 의하여

$\alpha+\beta=-1$, $\alpha\beta=k-1$ $\cdots\cdots$ ㉠

또한, 두 점 A, B는 직선 $y=x+k$ 위에 있으므로

$A(\alpha, \alpha+k)$, $B(\beta, \beta+k)$

이때 $E(-k, 0)$이므로 $\triangle ACE+\triangle BDE=\frac{3}{4}$에서

$\frac{1}{2}\times(-k-\alpha)^2+\frac{1}{2}\times(\beta+k)^2=\frac{3}{4}$
$\quad\rightarrow \overline{AC}=-k-\alpha$, $\overline{CE}=-k-\alpha$

$2(\alpha^2+2k\alpha+k^2)+2(\beta^2+2k\beta+k^2)=3$

$4k^2+4k(\alpha+\beta)+2(\alpha^2+\beta^2)=3$

$4k^2+4k(\alpha+\beta)+2(\alpha+\beta)^2-4\alpha\beta=3$

$4k^2-4k+2-4(k-1)=3 (\because ㉠)$

$4k^2-8k+3=0$, $(2k-1)(2k-3)=0$

$\therefore k=\frac{1}{2} (\because -1<k<1)$

1068 답 64

이차함수 $y=\frac{1}{4k}x^2+x+k$의 그래프에 접하는 직선의 방정식을

$y=ax+b$라 하자.

이차함수 $y=\frac{1}{4k}x^2+x+k$의 그래프와 직선 $y=ax+b$가 접하므로 이차방정식

$\frac{1}{4k}x^2+x+k=ax+b$, 즉 $x^2+4k(1-a)x+4k^2-4kb=0$

의 판별식을 D라 하면

$\frac{D}{4}=\{2k(1-a)\}^2-(4k^2-4kb)=0$

$4k^2a^2-8k^2a+4k^2-4k^2+4kb=0$

$(a^2-2a)k^2+bk=0$

이 식이 실수 k의 값에 관계없이 항상 성립하므로
$\qquad\qquad\qquad\rightarrow k$에 대한 항등식

$a^2-2a=0$, $b=0$

$a^2-2a=0$에서 $a(a-2)=0$

$\therefore a=0$ 또는 $a=2$

$a=0$, $b=0$일 때, 직선의 방정식은 $y=0$

$a=2$, $b=0$일 때, 직선의 방정식은 $y=2x$

따라서 세 직선 $y=0$, $y=2x$, $x=8$로 둘러싸인
$\qquad\qquad\rightarrow x$축

도형의 넓이는

$\frac{1}{2}\times8\times16=64$

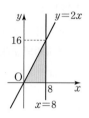

실수 Check

직선으로 둘러싸인 도형의 넓이를 구할 때에는 좌표평면 위에 직선을 그려 어떤 도형인지 파악한다.

1069 답 13

두 점 A, B의 x좌표를 각각 α, β $(\beta<0<\alpha)$라 하면 α, β는 이차방정식

$x^2=x+k$, 즉 $x^2-x-k=0$

의 두 근이다.

이차방정식의 근과 계수의 관계에 의하여

$\alpha+\beta=1$, $\alpha\beta=-k$ $\cdots\cdots$ ㉠

이때 두 점 A, B는 이차함수 $y=x^2$의 그래프 위에 있으므로

$A(\alpha, \alpha^2)$, $B(\beta, \beta^2)$

즉, $S_1=\frac{1}{2}\alpha^3$, $S_2=-\frac{1}{2}\beta^3$이고 $S_1-S_2=20$이므로
$\qquad\qquad\qquad\rightarrow S_2=\frac{1}{2}\times\overline{OD}\times\overline{BD}$이고

$\frac{1}{2}\alpha^3+\frac{1}{2}\beta^3=20$, $\alpha^3+\beta^3=40$ $\overline{OD}=-\beta$, $\overline{BD}=\beta^2$

$(\alpha+\beta)^3-3\alpha\beta(\alpha+\beta)=40$

$1+3k=40 (\because ㉠)$ $\therefore k=13$

1070 답 ④

두 이차함수 $f(x)=2x^2-x+3$, $g(x)=x^2+kx+1$의 그래프가 서
단서1
로 다른 두 점 A$(\alpha,\ f(\alpha))$, B$(\beta,\ f(\beta))$에서 만난다. $\alpha+\beta=5$일
때, $g(1)$의 값은? (단, k는 상수이다.)

① 0   ② 2   ③ 4
④ 6   ⑤ 8

단서1 이차방정식 $f(x)=g(x)$의 두 근이 α, β

STEP1 두 이차함수 $y=f(x)$, $y=g(x)$의 그래프의 두 교점의 x좌표는 이차
방정식 $f(x)=g(x)$의 두 근임을 알기

두 이차함수 $f(x)=2x^2-x+3$, $g(x)=x^2+kx+1$의 그래프의
두 교점의 x좌표가 α, β이므로 α, β는 이차방정식
$2x^2-x+3=x^2+kx+1$, 즉 $x^2-(k+1)x+2=0$
의 두 근이다.

STEP2 k의 값 구하기

이차방정식의 근과 계수의 관계에 의하여
$\alpha+\beta=k+1$
이때 $\alpha+\beta=5$이므로
$k+1=5$ $\therefore k=4$

STEP3 $g(1)$의 값 구하기

$g(x)=x^2+4x+1$이므로
$g(1)=1+4+1=6$

1071 답 ①

두 이차함수 $f(x)=x^2+ax+3$, $g(x)=-x^2+5x+b$의 그래프
의 두 교점의 x좌표가 1, 3이므로 1, 3은 이차방정식
$x^2+ax+3=-x^2+5x+b$, 즉 $2x^2+(a-5)x+3-b=0$
의 두 근이다.
이차방정식의 근과 계수의 관계에 의하여
$1+3=-\dfrac{a-5}{2}$, $1\times3=\dfrac{3-b}{2}$
따라서 $a=-3$, $b=-3$이므로
$a+b=(-3)+(-3)=-6$

1072 답 25

두 이차함수 $y=x^2+ax+1$, $y=-x^2-2x+b$의 두 교점의 x좌표
의 합이 -3이고 곱이 2이므로 이차방정식
$x^2+ax+1=-x^2-2x+b$, 즉 $2x^2+(a+2)x+1-b=0$
의 두 근의 합이 -3이고 곱이 2이다.
이차방정식의 근과 계수의 관계에 의하여
$-\dfrac{a+2}{2}=-3$, $\dfrac{1-b}{2}=2$
따라서 $a=4$, $b=-3$이므로
$a^2+b^2=4^2+(-3)^2=25$

1073 답 10

두 이차함수 $y=x^2-2x+4$, $y=-x^2+ax+b$의 그래프의 교점의
x좌표가 $1-\sqrt{2}$이므로 $1-\sqrt{2}$는 이차방정식

$x^2-2x+4=-x^2+ax+b$, 즉 $2x^2-(a+2)x+4-b=0$
의 근이다.
이때 이차방정식 $2x^2-(a+2)x+4-b=0$의 계수가 모두 유리수
이고 한 근이 $1-\sqrt{2}$이므로 $1+\sqrt{2}$도 근이다.
이차방정식의 근과 계수의 관계에 의하여
$(1-\sqrt{2})+(1+\sqrt{2})=\dfrac{a+2}{2}$, $(1-\sqrt{2})(1+\sqrt{2})=\dfrac{4-b}{2}$
따라서 $a=2$, $b=6$이므로
$2a+b=2\times2+6=10$

1074 답 ④

두 이차함수 $y=x^2+4x+k$, $y=-2x^2+10x+11$의 그래프의 두
교점의 x좌표가 α, β이므로 α, β는 이차방정식
$x^2+4x+k=-2x^2+10x+11$, 즉 $3x^2-6x+k-11=0$
의 두 근이다.
이차방정식의 근과 계수의 관계에 의하여
$\alpha+\beta=-\dfrac{-6}{3}=2$, $\alpha\beta=\dfrac{k-11}{3}$ ⋯⋯⋯⋯ ㉠
이때 $|\alpha-\beta|=2$이므로 양변을 제곱하면
$(\alpha-\beta)^2=4$
$\therefore (\alpha+\beta)^2-4\alpha\beta=4$ ⋯⋯⋯⋯ ㉡
㉠을 ㉡에 대입하면 $2^2-4\times\dfrac{k-11}{3}=4$
$\therefore k=11$

1075 답 ②

$g(x)=-x^2+x-1=-\left(x-\dfrac{1}{2}\right)^2-\dfrac{3}{4}$
이므로 이차함수 $y=g(x)$의 그래프의 꼭짓점의 좌표는
Q$\left(\dfrac{1}{2},\ -\dfrac{3}{4}\right)$
두 이차함수 $y=f(x)$, $y=g(x)$의 그래프의 두 교점의 x좌표가
$-\dfrac{1}{2}$, $\dfrac{1}{2}$이므로 $-\dfrac{1}{2}$, $\dfrac{1}{2}$은 이차방정식
$3x^2+ax+b=-x^2+x-1$, 즉 $4x^2+(a-1)x+b+1=0$
의 두 근이다.
이차방정식의 근과 계수의 관계에 의하여
$-\dfrac{1}{2}+\dfrac{1}{2}=-\dfrac{a-1}{4}$, $\left(-\dfrac{1}{2}\right)\times\dfrac{1}{2}=\dfrac{b+1}{4}$
따라서 $a=1$, $b=-2$이므로
$a+b=1+(-2)=-1$

1076 답 ⑤

두 이차함수 $y=-(x-1)^2+a$, $y=2(x-1)^2-1$의 그래프의 두
교점의 x좌표를 각각 α, β라 하면 α, β는 이차방정식
$-(x-1)^2+a=2(x-1)^2-1$, 즉 $3x^2-6x+2-a=0$
의 두 근이다.
이차방정식의 근과 계수의 관계에 의하여
$\alpha+\beta=-\dfrac{-6}{3}=2$, $\alpha\beta=\dfrac{2-a}{3}$ ⋯⋯⋯⋯ ㉠

한편, 두 이차함수의 그래프의 두 교점 사이의 거리가 4이므로
$|\alpha-\beta|=4$
양변을 제곱하면 $(\alpha-\beta)^2=16$
$\therefore (\alpha+\beta)^2-4\alpha\beta=16$ ······················· ⓒ

ⓐ을 ⓒ에 대입하면 $2^2-4\times\dfrac{2-a}{3}=16$

$\therefore a=11$

다른 풀이

두 이차함수 $y=-(x-1)^2+a$, $y=2(x-1)^2-1$의 그래프의 축
이 직선 $x=1$로 서로 같다.

그림과 같이 두 이차함수의 그래
프의 교점을 각각 A, B라 하면
두 점 A, B 사이의 거리가 4이므
로 두 점 A, B의 x좌표는 각각
-1, 3이다.

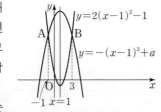

$x=3$일 때, 두 이차함수의 함숫
값이 서로 같으므로
$-(3-1)^2+a=2(3-1)^2-1$

$\therefore a=11$

1077 📖 17

두 이차함수 $y=\dfrac{1}{2}x^2+3$, $y=-\dfrac{1}{2}x^2+x+5$의 그래프의 교점의

x좌표는 이차방정식

$\dfrac{1}{2}x^2+3=-\dfrac{1}{2}x^2+x+5$, 즉 $x^2-x-2=0$의 근이므로

$(x+1)(x-2)=0$ $\therefore x=-1$ 또는 $x=2$

$x=-1$을 $y=\dfrac{1}{2}x^2+3$에 대입하면 $y=\dfrac{7}{2}$

$x=2$를 $y=\dfrac{1}{2}x^2+3$에 대입하면 $y=5$

즉, 두 이차함수의 그래프의 교점의 좌표는 $\left(-1, \dfrac{7}{2}\right)$, $(2, 5)$이다.

두 이차함수

$y=\dfrac{1}{2}x^2+3$, $y=-\dfrac{1}{2}x^2+x+5$의

그래프가 그림과 같으므로 직선 $y=t$가
두 이차함수의 그래프와 만나는 서로 다

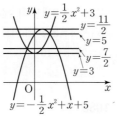

른 점의 개수가 3인 경우는 $t=3$, $t=\dfrac{7}{2}$,

$t=5$, $t=\dfrac{11}{2}$일 때이다.

$y=-\dfrac{1}{2}x^2+x+5=-\dfrac{1}{2}(x-1)^2+\dfrac{11}{2}$

따라서 모든 실수 t의 값의 합은

$3+\dfrac{7}{2}+5+\dfrac{11}{2}=17$

실수 Check

직선 $y=t$가 두 이차함수의 그래프와 세 점에서 만나는 경우는 직선
$y=t$가 두 그래프의 교점을 지나거나 어느 한 그래프의 꼭짓점을 지나
는 경우이다.

1078 📖 ⑤

ㄱ. 이차함수 $y=f(x)$의 그래프가 x축에 접하므로 이차방정식
　　$f(x)=0$, 즉 $x^2+ax+b=0$의 판별식을 D_1이라 하면
　　$D_1=a^2-4b=0$ (참)

ㄴ. ㄱ에 의하여 $a^2=4b$이므로 $a^2-4d=4b-4d$이다.
　　이때 $b<d$에서 $b-d<0$이므로 $a^2-4d<0$이다. (참)

ㄷ. 두 이차함수 $y=f(x)$, $y=g(x)$의 그래프가 서로 다른 두 점
　　에서 만나므로 이차방정식 $f(x)=g(x)$, 즉
　　$2x^2+(a-c)x+b-d=0$의 판별식을 D_2라 하면
　　$D_2=(a-c)^2-8(b-d)>0$ (참)

따라서 옳은 것은 ㄱ, ㄴ, ㄷ이다.

참고 두 이차함수 $y=f(x)$, $y=g(x)$의 그래프
가 y축과 만나는 점의 y좌표가 각각 b, d이고
두 이차함수의 그래프가 그림과 같으므로
$b-d<0$이다.

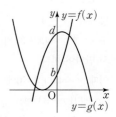

1079 📖 ③ | 유형 11

> x에 대한 방정식 $|x^2-4|=k$가 서로 다른 4개의 실근을 갖도록 하는
> 정수 k의 개수는?　**단서1**
>
> ① 1　　　　　 ② 2　　　　　 ③ 3
> ④ 4　　　　　 ⑤ 5
>
> **단서1** 함수 $y=|x^2-4|$의 그래프와 직선 $y=k$가 서로 다른 네 점에서 만난다.

STEP1 주어진 방정식이 서로 다른 4개의 실근을 가지기 위한 조건 알기

방정식 $|x^2-4|=k$가 서로 다른 4개의 실근을 가지려면 함수
$y=|x^2-4|$의 그래프와 직선 $y=k$가 서로 다른 네 점에서 만나야
한다.

STEP2 함수 $y=x^2-4$의 그래프의 개형 알기

$x^2-4=0$에서 $(x+2)(x-2)=0$

$\therefore x=-2$ 또는 $x=2$

함수 $y=x^2-4$의 그래프는 꼭짓점의 좌표가 $(0, -4)$이고, x축과
만나는 점의 x좌표가 -2, 2이다.

STEP3 함수 $y=|x^2-4|$의 그래프를 그리고, 정수 k의 개수 구하기

함수 $y=|x^2-4|$의 그래프는 그림과 같으
므로

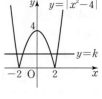

$0<k<4$

따라서 정수 k는 1, 2, 3의 3개이다.

1080 📖 ④

방정식 $|(x+3)(x-1)|=k$가 서로 다른 3개의 실근을 가지려면
함수 $y=|(x+3)(x-1)|$의 그래프와 직선 $y=k$가 서로 다른 세
점에서 만나야 한다.

이때 $(x+3)(x-1)=0$에서

$x=-3$ 또는 $x=1$

함수 $y=(x+3)(x-1)$
$\qquad =x^2+2x-3$
$\qquad =(x+1)^2-4$

의 그래프는 꼭짓점의 좌표가 $(-1,\ -4)$이고, x축과 만나는 두 점의 x좌표가 -3, 1이다.

따라서 함수
$y=|(x+3)(x-1)|$의 그래프
는 그림과 같으므로
$k=4$

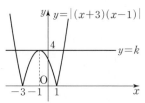

1081 답 ②

방정식 $|x^2-4x+3|=k$가 서로 다른 2개의 실근을 가지려면 함수 $y=|x^2-4x+3|$의 그래프와 직선 $y=k$가 서로 다른 두 점에서 만나야 한다.

이때 $x^2-4x+3=0$에서
$(x-1)(x-3)=0$
$\therefore x=1$ 또는 $x=3$

함수 $y=x^2-4x+3=(x-2)^2-1$의 그래프는 꼭짓점의 좌표가 $(2,\ -1)$이고, x축과 만나는 두 점의 x좌표가 1, 3이다.

즉, 함수 $y=|x^2-4x+3|$의 그래프는
그림과 같으므로
$k=0$ 또는 $k>1$

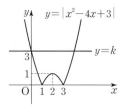

따라서 정수 k의 값이 아닌 것은 ②이다.

1082 답 12

방정식 $|x^2+4x|=k-2$가 서로 다른 4개의 실근을 가지려면 함수 $y=|x^2+4x|$의 그래프와 직선 $y=k-2$가 서로 다른 네 점에서 만나야 한다.

이때 $x^2+4x=0$에서
$x(x+4)=0$
$\therefore x=-4$ 또는 $x=0$

함수 $y=x^2+4x=(x+2)^2-4$의 그래프는 꼭짓점의 좌표가 $(-2,\ -4)$이고, x축과 만나는 두 점의 x좌표가 -4, 0이다.

즉, 함수 $y=|x^2+4x|$의 그래프는 그림과 같으므로
$0<k-2<4$
$\therefore 2<k<6$

따라서 정수 k는 3, 4, 5이므로 그 합은
$3+4+5=12$

1083 답 ②

방정식 $k|x^2-6x-7|=4$, 즉 $|x^2-6x-7|=\dfrac{4}{k}$ $(\because k\neq 0)$가 서로 다른 3개의 실근을 가지려면 함수 $y=|x^2-6x-7|$의 그래프와 직선 $y=\dfrac{4}{k}$가 서로 다른 세 점에서 만나야 한다.

이때 $x^2-6x-7=0$에서
$(x+1)(x-7)=0$
$\therefore x=-1$ 또는 $x=7$

함수 $y=x^2-6x-7=(x-3)^2-16$의
그래프는 꼭짓점의 좌표가
$(3,\ -16)$이고, x축과 만나는 두 점의
x좌표가 -1, 7이다.

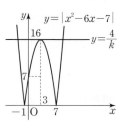

따라서 함수 $y=|x^2-6x-7|$의
그래프는 그림과 같으므로
$\dfrac{4}{k}=16$ $\qquad \therefore k=\dfrac{1}{4}$

1084 답 ④ | 유형 12

이차함수 $y=-3x^2-18x+15$의 최댓값을 M, 이차함수 $y=2x^2-4x$ 의 최솟값을 m이라 할 때, $M+m$의 값은? ^{단서1}

① 37   ② 38   ③ 39
④ 40   ⑤ 41

단서1 이차함수의 최댓값 또는 최솟값은 그래프의 꼭짓점의 y좌표

STEP1 M의 값 구하기
$y=-3x^2-18x+15=-3(x+3)^2+42$
이므로 $x=-3$에서 최댓값 42를 가진다.
$\therefore M=42$

STEP2 m의 값 구하기
$y=2x^2-4x=2(x-1)^2-2$
이므로 $x=1$에서 최솟값 -2를 가진다.
$\therefore m=-2$

STEP3 $M+m$의 값 구하기
$M+m=42+(-2)=40$

1085 답 10

$y=x^2-4x+9=(x-2)^2+5$
이므로 $x=2$에서 최솟값 5를 가진다.
따라서 $a=2$, $b=5$이므로
$ab=2\times 5=10$

1086 답 ⑤

각 이차함수의 최솟값을 구하면 다음과 같다.

① 4   ② 2   ③ $-\dfrac{1}{2}$ ④ -1 ⑤ -5
$\qquad\qquad\qquad\qquad\qquad\qquad\qquad y=2(x-3)^2-5$
$\qquad\qquad\qquad\qquad y=\dfrac{1}{2}(x+1)^2-\dfrac{1}{2} \qquad\qquad y=(x+2)^2-1$

따라서 최솟값이 가장 작은 것은 ⑤이다.

1087 답 ⑤

이차함수 $y=x^2+ax-5$의 그래프가 점 $(1,\ 2)$를 지나므로
$2=1+a-5$ $\qquad \therefore a=6$

즉, $y=x^2+6x-5=(x+3)^2-14$이므로 $x=-3$에서 최솟값 -14를 가진다.

$\therefore m=-14$

$\therefore a+m=6+(-14)=-8$

1088 답 ①

$y=2x^2+4x-k=2(x+1)^2-k-2$이므로 $x=-1$에서 최솟값 $-k-2$를 가진다.

$y=-\dfrac{1}{2}x^2-6x+3k=-\dfrac{1}{2}(x+6)^2+3k+18$이므로 $x=-6$에서 최댓값 $3k+18$을 가진다.

따라서 $-k-2=3k+18$이므로

$4k=-20$ $\therefore k=-5$

1089 답 $-\dfrac{1}{3}$

이차함수 $y=f(x)$의 그래프가 x축과 만나는 두 점의 x좌표가 1, 3이므로 이차항의 계수를 a라 하면

$f(x)=a(x-1)(x-3)$

이 함수의 그래프가 점 $(0, 1)$을 지나므로

$1=3a$ $\therefore a=\dfrac{1}{3}$

$\therefore f(x)=\dfrac{1}{3}(x-1)(x-3)$

$=\dfrac{1}{3}x^2-\dfrac{4}{3}x+1$

$=\dfrac{1}{3}(x-2)^2-\dfrac{1}{3}$

따라서 $f(x)$는 $x=2$에서 최솟값 $-\dfrac{1}{3}$을 가진다.

1090 답 4

$y=x^2-2ax-4a=(x-a)^2-a^2-4a$

이므로 $x=a$에서 최솟값 $-a^2-4a$를 가진다.

$\therefore m=-a^2-4a=-(a+2)^2+4$

따라서 m은 $a=-2$에서 최댓값 4를 가진다.

1091 답 ②

이차함수 $y=f(x)$의 그래프와 직선 $y=g(x)$의 두 교점의 x좌표가 1, 4이므로 1, 4는 이차방정식 $f(x)=g(x)$, 즉 $f(x)-g(x)=0$의 두 근이다.

$\therefore f(x)-g(x)=(x-1)(x-4)$

$=x^2-5x+4$

$=\left(x-\dfrac{5}{2}\right)^2-\dfrac{9}{4}$

따라서 $f(x)-g(x)$는 $x=\dfrac{5}{2}$에서 최솟값 $-\dfrac{9}{4}$를 가진다.

실수 Check

이차함수 $f(x)=x^2+ax+b$에서 이차항의 계수가 1이므로 이차함수 $f(x)-g(x)$의 이차항의 계수 역시 1이다.

다른 풀이

이차함수 $f(x)=x^2+ax+b$의 그래프와 x축의 두 교점의 x좌표가 1, 3이므로

$f(x)=(x-1)(x-3)$

$=x^2-4x+3$

이차함수 $y=f(x)$의 그래프와 직선 $y=g(x)$의 두 교점의 x좌표는 1, 4이므로

$g(1)=f(1)=0$, $g(4)=f(4)=3$

즉, 직선 $y=g(x)$는 두 점 $(1, 0)$, $(4, 3)$을 지나므로

$g(1)=0$에서 $m+n=0$ ·············· ㉠

$g(4)=3$에서 $4m+n=3$ ·············· ㉡

㉠, ㉡을 연립하여 풀면 $m=1$, $n=-1$

$\therefore g(x)=x-1$

$\therefore f(x)-g(x)=x^2-4x+3-(x-1)$

$=x^2-5x+4$

$=\left(x-\dfrac{5}{2}\right)^2-\dfrac{9}{4}$

따라서 $f(x)-g(x)$는 $x=\dfrac{5}{2}$에서 최솟값 $-\dfrac{9}{4}$를 가진다.

Plus 문제

1091-1

이차항의 계수가 -2인 이차함수 $y=f(x)$의 그래프와 직선 $y=g(x)$가 만나는 두 점의 x좌표는 2, 6이다. $h(x)=f(x)-g(x)$라 할 때, 함수 $h(x)$는 $x=a$에서 최댓값 b를 가진다. ab의 값을 구하시오.

이차함수 $y=f(x)$의 그래프와 직선 $y=g(x)$의 두 교점의 x좌표가 2, 6이므로 2, 6은 이차방정식 $f(x)=g(x)$, 즉 $f(x)-g(x)=0$의 두 근이다.

이때 이차함수 $y=f(x)$의 이차항의 계수가 -2이므로

$h(x)=f(x)-g(x)$

$=-2(x-2)(x-6)$

$=-2x^2+16x-24$

$=-2(x-4)^2+8$

따라서 $h(x)$는 $x=4$에서 최댓값 8을 가지므로

$a=4$, $b=8$

$\therefore ab=4\times8=32$

답 32

1092 답 9

두 이차함수 $y=f(x)$, $y=g(x)$의 그래프의 두 교점의 x좌표가 0, 6이므로 0, 6은 이차방정식 $f(x)=g(x)$, 즉 $f(x)-g(x)=0$의 두 근이다.

이때 두 이차함수 $y=f(x)$, $y=g(x)$의 이차항의 계수가 각각 $-\dfrac{1}{2}$, $\dfrac{1}{2}$이므로

$h(x)=f(x)-g(x)$
$\qquad =-x(x-6)$
$\qquad =-x^2+6x$
$\qquad =-(x-3)^2+9$

따라서 $h(x)$는 $x=3$에서 최댓값 9를 가진다.

실수 Check

두 이차함수 $y=f(x)$, $y=g(x)$의 이차항의 계수가 각각 $-\dfrac{1}{2}$, $\dfrac{1}{2}$이고 $h(x)=f(x)-g(x)$이므로 이차함수 $h(x)$의 이차항의 계수는 $-\dfrac{1}{2}-\dfrac{1}{2}=-1$이다.

다른 풀이

이차함수 $y=f(x)$의 그래프가 x축과 만나는 점의 x좌표가 -2, 6이고 이차항의 계수가 $-\dfrac{1}{2}$이므로

$f(x)=-\dfrac{1}{2}(x+2)(x-6)$
$\qquad =-\dfrac{1}{2}x^2+2x+6$

이차함수 $y=g(x)$의 그래프가 x축과 만나는 두 점의 x좌표가 2, 6이고 이차항의 계수가 $\dfrac{1}{2}$이므로

$g(x)=\dfrac{1}{2}(x-2)(x-6)$
$\qquad =\dfrac{1}{2}x^2-4x+6$

$\therefore h(x)=f(x)-g(x)$
$\qquad =-\dfrac{1}{2}x^2+2x+6-\left(\dfrac{1}{2}x^2-4x+6\right)$
$\qquad =-x^2+6x=-(x-3)^2+9$

따라서 함수 $h(x)$는 $x=3$에서 최댓값 9를 가진다.

1093 답 ② | 유형 13

이차함수 $y=x^2-2kx+2k$의 최솟값이 -8이 되도록 하는 모든 실수 k의 값의 합은? (단서1)

① 1 ② 2 ③ 3
④ 4 ⑤ 5

단서1 이차함수의 최솟값은 그래프의 꼭짓점의 y좌표

STEP 1 최솟값을 k에 대한 식으로 나타내기

$y=x^2-2kx+2k$
$\quad =(x-k)^2-k^2+2k$

이므로 $x=k$에서 최솟값 $-k^2+2k$를 가진다.

STEP 2 모든 실수 k의 값의 합 구하기

$-k^2+2k=-8$이어야 하므로
$k^2-2k-8=0$, $(k+2)(k-4)=0$
$\therefore k=-2$ 또는 $k=4$

따라서 모든 실수 k의 값의 합은
$-2+4=2$

1094 답 ④

$y=-(x-4)(x+2)+k+1$
$\quad =-x^2+2x+k+9$
$\quad =-(x-1)^2+k+10$

이므로 $x=1$에서 최댓값 $k+10$을 가진다.

따라서 $k+10=11$이므로
$k=1$

1095 답 ④

이차함수 $y=ax^2-6ax+b$의 그래프가 점 $(1, 4)$를 지나므로
$4=a-6a+b$ $\quad \therefore -5a+b=4$ ┄┄┄┄ ㉠
$y=ax^2-6ax+b$
$\quad =a(x-3)^2-9a+b$

에서 최댓값이 8이므로
$a<0$이고 $-9a+b=8$ ┄┄┄┄ ㉡

→ 이차함수가 최댓값을 가지므로 $a<0$이다.

㉠, ㉡을 연립하여 풀면 $a=-1$, $b=-1$
$\therefore a+b=-1+(-1)=-2$

1096 답 ③

$f(x)=x^2+4x+3a+b$
$\qquad =(x+2)^2+3a+b-4$

에서 최솟값이 4이므로
$3a+b-4=4$ $\quad \therefore 3a+b=8$ ┄┄┄┄ ㉠
$g(x)=-ax^2+2ax+b$
$\qquad =-a(x-1)^2+a+b$

에서 최댓값이 2이므로
$a>0$이고 $a+b=2$ ┄┄┄┄ ㉡

㉠, ㉡을 연립하여 풀면 $a=3$, $b=-1$
$\therefore a-b=3-(-1)=4$

1097 답 ①

$f(x)=x^2+2kx+k^2+k-a$
$\qquad =(x+k)^2+k-a$

이므로 $x=-k$에서 최솟값 $k-a$를 가진다.
$\therefore k-a=3$ $(\because$ (가)$)$ ┄┄┄┄ ㉠

또한, 꼭짓점 $(-k, k-a)$가 직선 $y=-x+2$ 위의 점이므로
$k-a=k+2$ $\quad \therefore a=-2$

$a=-2$를 ㉠에 대입하면 $k+2=3$ $\quad \therefore k=1$
$\therefore a+3k=-2+3=1$

1098 답 16

$f(x)=-x^2-4x+k$
$\qquad =-(x+2)^2+k+4$

이므로 $x=-2$에서 최댓값 $k+4$를 가진다.

따라서 $k+4=20$이므로
$k=16$

1099 답 ④

| 유형 14

이차함수 $y=x^2-4ax+b$가 $x=2$에서 최솟값 3을 가질 때, 상수 a, b에 대하여 $a+b$의 값은? (단서1)

① 2   ② 4   ③ 6
④ 8   ⑤ 10

단서1 $y=(x-2)^2+3$

STEP 1 $x=2$에서 최솟값이 3인 이차함수의 식 구하기

이차함수 $y=x^2-4ax+b$가 $x=2$에서 최솟값 3을 가지므로

$y=x^2-4ax+b=(x-2)^2+3=x^2-4x+7$

STEP 2 $a+b$의 값 구하기

$-4a=-4$, $b=7$이므로

$a=1$, $b=7$

$\therefore a+b=1+7=8$

1100 답 ①

이차함수 $y=x^2+2ax+3$이 $x=1$에서 최솟값 b를 가지므로

$y=x^2+2ax+3=(x-1)^2+b=x^2-2x+1+b$

따라서 $2a=-2$, $3=1+b$이므로

$a=-1$, $b=2$

$\therefore ab=(-1)\times 2=-2$

1101 답 $\frac{1}{8}$

이차함수 $y=-2x^2+x+a$가 $x=b$에서 최댓값 $\frac{1}{2}$을 가지므로

$y=-2x^2+x+a$

$\quad =-2(x-b)^2+\frac{1}{2}$

$\quad =-2x^2+4bx-2b^2+\frac{1}{2}$

따라서 $4b=1$, $-2b^2+\frac{1}{2}=a$이므로

$a=\frac{3}{8}$, $b=\frac{1}{4}$

$\therefore a-b=\frac{3}{8}-\frac{1}{4}=\frac{1}{8}$

1102 답 1

이차함수 $f(x)=ax^2+bx+c$가 $x=2$에서 최댓값 3을 가지므로

$a<0$이고 $f(x)=a(x-2)^2+3$

이때 $f(4)=-5$이므로

$4a+3=-5$ $\therefore a=-2$

$\therefore f(x)=-2(x-2)^2+3$

$\qquad =-2x^2+8x-5$

따라서 $a=-2$, $b=8$, $c=-5$이므로

$a+b+c=-2+8+(-5)=1$

1103 답 ⑤

이차함수 $y=f(x)$의 그래프가 x축과 만나는 두 점의 x좌표가 -1, 3이므로 이차함수 $y=f(x)$의 그래프는 직선 $x=\frac{-1+3}{2}$, 즉 $x=1$에 대하여 대칭이다.

즉, 이차함수 $f(x)$는 $x=1$에서 최댓값 4를 가지므로 이차항의 계수를 a라 하면

$a<0$이고 $y=a(x-1)^2+4$

이 함수의 그래프가 점 $(-1, 0)$을 지나므로 → 점 $(3, 0)$을 지남을 이용해도 된다.

$4a+4=0$ $\therefore a=-1$

따라서 $f(x)=-(x-1)^2+4$이므로

$f(0)=-1+4=3$

1104 답 ⑤

(나), (다)에 의하여 이차함수 $f(x)$는 $x=-1$에서 최솟값 -5를 가지므로 이차항의 계수를 a라 하면

$a>0$이고 $f(x)=a(x+1)^2-5$

(가)에서 $f(0)=-2$이므로

$-2=a-5$ $\therefore a=3$

따라서 $f(x)=3(x+1)^2-5=3x^2+6x-2$이므로

$f(1)=3+6-2=7$

1105 답 ①

이차함수 $y=f(x)$의 그래프의 꼭짓점의 x좌표를 p라 하면 이차함수 $y=f(x)$의 그래프는 직선 $x=p$에 대하여 대칭이다.

$f(0)=f(2)$이므로 꼭짓점의 x좌표는

$p=\frac{0+2}{2}=1$

이때 함수 $f(x)$의 최솟값은 2이므로 $f(x)$는 $x=1$에서 최솟값 2를 가진다.

$\therefore f(x)=(x-1)^2+2$

$\qquad =x^2-2x+3$

따라서 $a=-2$, $b=3$이므로

$ab=(-2)\times 3=-6$

1106 답 ①

$f(x)$가 $x=-2$에서 최솟값을 가지므로 최솟값을 a라 하면

$f(x)=x^2+px-(q-5)^2=(x+2)^2+a=x^2+4x+a+4$

$\therefore p=4$

이차함수 $y=x^2+4x-(q-5)^2$의 그래프와 직선 $y=mx$가 한 점에서 만나므로 이차방정식

$x^2+4x-(q-5)^2=mx$, 즉 $x^2+(4-m)x-(q-5)^2=0$

의 판별식을 D라 하면

$D=(4-m)^2+4(q-5)^2=0$

이때 m, q는 실수이므로 → (실수)$^2 \geq 0$이므로 실수 a, b에 대하여 $a^2+b^2=0$이 성립하려면 $a=0$, $b=0$

$4-m=0$, $q-5=0$ $\therefore m=4$, $q=5$

$\therefore mpq=4\times 4\times 5=80$

05

1107 답 ⑤

㈎에 의하여 이차항의 계수를 a $(a<0)$라 하면
$f(x)=a(x-1)^2+9$
㈏에서 직선 $2x-y+1=0$, 즉 $y=2x+1$의 기울기가 2이므로 이 직선과 평행한 직선의 기울기는 2이다.
기울기가 2이고 y절편이 9인 직선 $y=2x+9$가 곡선 $y=f(x)$에 접하므로 이차방정식
$a(x-1)^2+9=2x+9$, 즉 $ax^2-2(a+1)x+a=0$
의 판별식을 D라 하면
$$\frac{D}{4}=\{-(a+1)\}^2-a\times a=0$$
$2a+1=0$ $\therefore a=-\dfrac{1}{2}$
따라서 $f(x)=-\dfrac{1}{2}(x-1)^2+9$이므로
$$f(2)=-\frac{1}{2}+9=\frac{17}{2}$$

1108 답 ① | 유형 15

$-3\leq x\leq 2$에서 이차함수 $f(x)=x^2+4x+k$의 최댓값이 6일 때, 함 [단서1] [단서2]
수 $f(x)$의 최솟값은? (단, k는 상수이다.)

① -10 ② -8 ③ -6
④ -4 ⑤ -2

[단서1] $f(x)=(x+2)^2-4+k$
[단서2] 꼭짓점의 x좌표가 주어진 범위에 포함되는 경우

STEP 1 주어진 범위에서 이차함수 $y=f(x)$의 그래프 그리기

$f(x)=x^2+4x+k$
　　$=(x+2)^2-4+k$
이므로 $-3\leq x\leq 2$에서 이차함수 $y=f(x)$의
그래프는 그림과 같다.

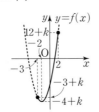

STEP 2 k의 값 구하기

$f(x)$는 $x=2$에서 최댓값 $12+k$를 가지므로
$12+k=6$
$\therefore k=-6$

STEP 3 $f(x)$의 최솟값 구하기

$f(x)$의 최솟값은
$f(-2)=-4+(-6)=-10$

1109 답 ④

$f(x)=x^2-6x+5$
　　$=(x-3)^2-4$
라 하면 $0\leq x\leq 4$에서 이차함수 $y=f(x)$의
그래프는 그림과 같다.

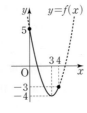

따라서 $f(x)$는 $x=0$에서 최댓값 5를 가지고,
$x=3$에서 최솟값 -4를 가지므로
$M=5$, $m=-4$
$\therefore M+m=5+(-4)=1$

1110 답 4

$f(x)=-x^2+2x-3$
　　$=-(x-1)^2-2$
라 하면 $2\leq x\leq a$에서 이차함수
$y=f(x)$의 그래프는 그림과 같다.
$f(x)$는 $x=a$에서 최솟값 $-a^2+2a-3$
을 가지므로
$-a^2+2a-3=-11$
$a^2-2a-8=0$
$(a+2)(a-4)=0$
$\therefore a=4$ $(\because a>2)$

1111 답 ⑤

$f(x)=ax^2-8ax+b$
　　$=a(x-4)^2-16a+b$
라 하면 $a>0$이므로 $1\leq x\leq 5$에서 $f(x)$는
$x=1$에서 최댓값 $-7a+b$를 가지고,
$x=4$에서 최솟값 $-16a+b$를 가지므로
$-7a+b=8$, $-16a+b=-10$
위의 두 식을 연립하여 풀면
$a=2$, $b=22$
$\therefore \dfrac{b}{a}=\dfrac{22}{2}=11$

1112 답 ③

$f(x)=-2x^2+4x+a$
　　$=-2(x-1)^2+2+a$
이므로 $-2\leq x\leq 2$에서 이차함수 $y=f(x)$의
그래프는 그림과 같다.
$f(x)$는 $x=-2$에서 최솟값 $-16+a$를 가지
므로
$-16+a=-4$ $\therefore a=12$
즉, $g(x)=2x^2-12x=2(x-3)^2-18$이므로
$-2\leq x\leq 2$에서 이차함수 $y=g(x)$의 그래
프는 그림과 같다.
따라서 함수 $g(x)$의 최솟값은
$g(2)=2-18=-16$

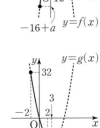

1113 답 ⑤

$y=x^2-6mx+10m^2+4m+1$
　$=(x-3m)^2+m^2+4m+1$
이므로 $x=3m$에서 최솟값 m^2+4m+1을 가진다.
즉, $f(m)=m^2+4m+1=(m+2)^2-3$
이므로 $-3\leq m\leq 0$에서 이차함수
$y=f(m)$의 그래프는 그림과 같다.
따라서 $f(m)$의 최댓값은
$f(0)=1$

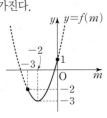

1114 답 2

$f(x)=x^2+2x-4$
$\quad\quad=(x+1)^2-5$

라 하면 이차함수 $y=f(x)$의 그래프는

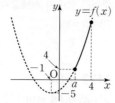

그림과 같고, $f(-1)=-5$이므로

$a>-1 \rightarrow a \le -1$이면 $f(x)$의 최솟값은
<u>꼭짓점의 y좌표인 -5이다.</u>

즉, $f(x)$는 $x=4$에서 최댓값을 가지고, $x=a$에서 최솟값을 가진다.

따라서 $f(a)=4$이므로

$a^2+2a-4=4,\ a^2+2a-8=0$

$(a+4)(a-2)=0$ $\quad \therefore a=2\ (\because a>-1)$

1115 답 ④

$f(x)$의 이차항의 계수를 a라 하면 ㈎에 의하여

$f(x)=a(x+1)(x-5)$

이때 이차함수 $y=f(x)$의 그래프는 직선 $x=\dfrac{-1+5}{2}$, 즉 $x=2$에

대하여 대칭이다.

(i) $a>0$일 때

ㄴ에 의하여 $f(x)$는 $x=2$에서 최솟값 10을 가지므로

$\quad -9a=10$ $\quad \therefore a=-\dfrac{10}{9}$

그런데 $a>0$이므로 조건을 만족시키는 a의 값은 존재하지 않는다.

(ii) $a<0$일 때

ㄴ에 의하여 $f(x)$는 $x=0$에서 최솟값 10을 가지므로

$\quad -5a=10$ $\quad \therefore a=-2$

(i), (ii)에서 $a=-2$

따라서 $f(x)=-2(x+1)(x-5)=-2x^2+8x+10$이므로

$f(1)=-2+8+10=16$

1116 답 4

$y=x^2-2kx+2k$
$\quad=(x-k)^2-k^2+2k$

(i) $k<2$일 때 → 꼭짓점의 x좌표가 주어진 범위에 속하지 않을 때

주어진 함수는 $x=2$에서 최솟값 $4-2k$를 가지므로

$\quad 4-2k=-8$ $\quad \therefore k=6$

그런데 $k<2$이므로 조건을 만족시키는 k의 값은 존재하지 않는다.

(ii) $k \ge 2$일 때 → 꼭짓점의 x좌표가 주어진 범위에 속할 때

주어진 함수는 $x=k$에서 최솟값 $-k^2+2k$를 가지므로

$\quad -k^2+2k=-8,\ k^2-2k-8=0$

$\quad (k+2)(k-4)=0$ $\quad \therefore k=4\ (\because k\ge 2)$

(i), (ii)에서 $k=4$

1117 답 0

$y=2x^2-4x+k=2(x-1)^2-2+k$

(i) $a \ge 1$일 때 → 꼭짓점의 x좌표가 주어진 범위에 속할 때

주어진 함수는 $x=1$에서 최솟값 $-2+k$를 가지므로

$\quad -2+k=-1$ $\quad \therefore k=1$

$\quad \therefore y=2x^2-4x+1$

그런데 이 함수는 $1 \le a \le 4$이면 $x=-2$ 또는 $x=4$에서 최댓

값 17을 가지고, $a>4$이면 $x=a$에서 17보다 큰 최댓값을 가지

므로 조건을 만족시키지 않는다.

(ii) $a<1$일 때 → 꼭짓점의 x좌표가 주어진 범위에 속하지 않을 때

주어진 함수는 $x=-2$에서 최댓값 $16+k$를 가지므로

$\quad 16+k=15$ $\quad \therefore k=-1$

$\quad \therefore y=2x^2-4x-1$

이 함수는 $x=a$에서 최솟값 $2a^2-4a-1$을 가지므로

$\quad 2a^2-4a-1=-1,\ 2a^2-4a=0$

$\quad 2a(a-2)=0$ $\quad \therefore a=0\ (\because a<1)$

(i), (ii)에서 $a=0$

1118 답 ③

(i) $p=-1$일 때

$\quad f(x)=x^2+4x=(x+2)^2-4$

이므로 $f(x)$는 $x=0$에서 최솟값 0을 가진다.

$\quad \therefore g(-1)=0$

(ii) $p=\dfrac{1}{2}$일 때

$\quad f(x)=x^2-2x=(x-1)^2-1$

이므로 $f(x)$는 $x=1$에서 최솟값 -1을 가진다.

$\quad \therefore g\!\left(\dfrac{1}{2}\right)=-1$

(i), (ii)에서 $g(-1)+g\!\left(\dfrac{1}{2}\right)=-1$

1119 답 18

$f(x)=x^2-2ax+2a^2=(x-a)^2+a^2$

(i) $0 \le a \le 2$일 때 → 꼭짓점의 x좌표가 주어진 범위에 속할 때

$\quad f(x)$는 $x=a$에서 최솟값 a^2을 가지므로

$\quad a^2=10$ $\quad \therefore a=\pm\sqrt{10}$

그런데 $0 \le a \le 2$이므로 조건을 만족시키는 a의 값은 존재하지 않는다.

(ii) $a>2$일 때 → 꼭짓점의 x좌표가 주어진 범위에 속하지 않을 때

$\quad f(x)$는 $x=2$에서 최솟값 $4-4a+2a^2$을 가지므로

$\quad\quad 4-4a+2a^2=10,\ a^2-2a-3=0$

$\quad\quad (a+1)(a-3)=0\quad \therefore a=3\ (\because a>2)$

(i), (ii)에서 $a=3$이므로

$\quad f(x)=x^2-6x+18$

$\quad\quad =(x-3)^2+9$

따라서 $0\le x\le 2$에서 $f(x)$의 최댓값은

$\quad f(0)=18$

1120 답 3

$f(x)=ax^2+bx+5$

$\quad =a\left(x+\dfrac{b}{2a}\right)^2-\dfrac{b^2}{4a}+5$

에서 꼭짓점의 x좌표는 $-\dfrac{b}{2a}<0$이고,

└→ ㈎에 의하여 $a<0$, $b<0$이므로 $-\dfrac{b}{2a}<0$이다.

$a<0$이므로 $1\le x\le 2$에서 이차함수 $y=f(x)$의 그래프는 x의 값
이 증가하면 y의 값은 감소한다.

㈏에 의하여 $1\le x\le 2$에서 이차함수 $f(x)$는 $x=1$에서 최댓값
$a+b+5$를 가지므로

$a+b+5=3$

$\therefore a+b=-2$

이때 a, b는 음의 정수이므로

$a=-1$, $b=-1$

따라서 $f(x)=-x^2-x+5$이므로

$f(-2)=-4+2+5=3$

1121 답 ②

| 유형16

> $-1\le x\le 2$에서 함수
> $\quad y=2(x^2-2x+2)^2+4(x^2-2x+2)+3$
> 의 최댓값과 최솟값의 합은? 단서1
> ① 80　　　　② 82　　　　③ 84
> ④ 86　　　　⑤ 88
> 단서1 $x^2-2x+2=t$로 치환

STEP1 공통부분을 t로 치환하고 t의 값의 범위 구하기

$x^2-2x+2=t$라 하면

$t=(x-1)^2+1$

$-1\le x\le 2$이므로 그림에서

$1\le t\le 5$

STEP2 y를 t에 대한 식으로 나타내고 최댓값과
최솟값 구하기

주어진 함수는

$\quad y=2t^2+4t+3$

$\quad\quad =2(t+1)^2+1\ (1\le t\le 5)$

이므로 $t=5$에서 최댓값 73, $t=1$에서 최솟값 9를 가진다.

STEP3 최댓값과 최솟값의 합 구하기

주어진 함수의 최댓값과 최솟값의 합은

$73+9=82$

1122 답 3

$x^2+6x=t$라 하면

$t=(x+3)^2-9\ge -9$

이때 주어진 함수는

$\quad y=t^2-4t+7$

$\quad\quad =(t-2)^2+3\ (t\ge -9)$

이므로 $t=2$에서 최솟값 3을 가진다.

1123 답 0

$x^2+4x=t$라 하면

$t=(x+2)^2-4\ge -4$

이때 주어진 함수는

$\quad y=-t^2+6(t-1)-3$

$\quad\quad =-t^2+6t-9$

$\quad\quad =-(t-3)^2\ (t\ge -4)$

이므로 $t=3$에서 최댓값 0을 가진다.

1124 답 29

$x^2+2x=t$라 하면

$t=(x+1)^2-1$

$-2\le x\le 1$이므로 그림에서

$-1\le t\le 3$

이때 주어진 함수는

$\quad y=(t-1)^2+2(t+3)+3$

$\quad\quad =t^2+10\ (-1\le t\le 3)$

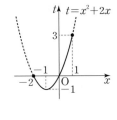

이므로 $t=3$에서 최댓값 19를 가지고, $t=0$에서 최솟값 10을 가진다.
따라서 주어진 함수의 최댓값과 최솟값의 합은

$19+10=29$

1125 답 117

$3x^2-6x=t$라 하면

$t=3(x-1)^2-3$

$-1\le x\le 0$이므로 그림에서

$0\le t\le 9$

이때 주어진 함수는

$\quad y=(t+4)(t+2)-2(t-8)$

$\quad\quad =t^2+4t+24$

$\quad\quad =(t+2)^2+20\ (0\le t\le 9)$

이므로 $t=9$에서 최댓값 141을 가지고, $t=0$에서 최솟값 24를 가
진다.

따라서 $M=141$, $m=24$이므로

$M-m=141-24=117$

1126 답 ①

$x^2-6x+12=t$라 하면

$t=(x-3)^2+3$

$1\le x\le 3$이므로 그림에서

$3\le t\le 7$

이때 주어진 함수는

$y=-2t^2+4t+k$

$\quad=-2(t-1)^2+2+k$ $(3\le t\le 7)$

이므로 $t=3$에서 최댓값 $-6+k$를 가진다.

따라서 $-6+k=4$이므로

$k=10$

1127 답 5

$x^2-4x+k=t$라 하면

$t=(x-2)^2+k-4\ge k-4$

이때 주어진 함수는

$y=t^2+2t+3=(t+1)^2+2$ $(t\ge k-4)$

(i) $\underline{k-4\le -1,\ \text{즉 } k\le 3\text{일 때}}$ → 꼭짓점의 t좌표가 제한된 범위에 속할 때

주어진 함수는 $t=-1$에서 최솟값 2를 가진다.

그런데 최솟값이 6이므로 조건을 만족시키지 않는다.

(ii) $\underline{k-4>-1,\ \text{즉 } k>3\text{일 때}}$ → 꼭짓점의 t좌표가 제한된 범위에 속하지 않을 때

주어진 함수는 $t=k-4$에서 최솟값 $k^2-6k+11$을 가지므로

$k^2-6k+11=6$, $k^2-6k+5=0$

$(k-1)(k-5)=0$ $\quad\therefore k=5$ $(\because k>3)$

(i), (ii)에서 $k=5$

1128 답 ②

$y=(x^2+2x+3)^2-2x^2-4x-6$

$\quad=(x^2+2x+3)^2-2(x^2+2x+3)$

에서 $x^2+2x+3=t$라 하면

$t=(x+1)^2+2\ge 2$

이때 주어진 함수는

$y=t^2-2t$

$\quad=(t-1)^2-1$ $(t\ge 2)$

이므로 $t=2$에서 최솟값 0을 가진다.

$t=x^2+2x+3=2$에서 $x^2+2x+1=0$

$(x+1)^2=0$ $\quad\therefore x=-1$

따라서 $\alpha=-1$, $\beta=0$이므로

$\alpha+\beta=-1+0=-1$

1129 답 ④

| 유형 17

$x,\ y$가 실수일 때, $\underline{x^2+6x+2y^2-4y+15}$의 최솟값은?

단서1

① 1 ② 2 ③ 3

④ 4 ⑤ 5

단서1 $(x-m)^2+2(y-n)^2+k$ 꼴로 변형

STEP1 주어진 식을 $a(x-m)^2+b(y-n)^2+k$ 꼴로 변형하기

$x^2+6x+2y^2-4y+15=(x+3)^2+2(y-1)^2+4$

STEP2 (실수)$^2\ge 0$임을 이용하여 최솟값 구하기

$x,\ y$가 실수이므로

$(x+3)^2\ge 0$, $(y-1)^2\ge 0$

$\therefore x^2+6x+2y^2-4y+15\ge 4$

따라서 주어진 식의 최솟값은 4이다.

$\quad\rightarrow x=-3,\ y=1$일 때 최솟값을 가진다.

1130 답 ③

$-x^2-y^2+4x-2y+1=-(x-2)^2-(y+1)^2+6$

이때 $x,\ y$가 실수이므로

$(x-2)^2\ge 0$, $(y+1)^2\ge 0$

$\therefore -x^2-y^2+4x-2y+1\le 6$

따라서 주어진 식의 최댓값은 6이다.

$\quad\rightarrow x=2,\ y=-1$일 때 최댓값을 가진다.

1131 답 -12

$x^2+4y^2+3z^2-2x+4y+6z-7$

$=(x-1)^2+4\left(y+\dfrac{1}{2}\right)^2+3(z+1)^2-12$

이때 $x,\ y,\ z$가 실수이므로

$(x-1)^2\ge 0$, $\left(y+\dfrac{1}{2}\right)^2\ge 0$, $(z+1)^2\ge 0$

$\therefore x^2+4y^2+3z^2-2x+4y+6z-7\ge -12$

따라서 주어진 식의 최솟값은 -12이다.

$\quad\rightarrow x=1,\ y=-\dfrac{1}{2},\ z=-1$일 때 최솟값을 가진다.

1132 답 ①

| 유형 18

직선 $x-y+2=0$ 위를 움직이는 점 $(a,\ b)$에 대하여 a^2+b^2의 최솟값은? 단서1

① 2 ② 3 ③ 4

④ 5 ⑤ 6

단서1 점 $(a,\ b)$는 직선 $x-y+2=0$ 위에 있으므로 $a-b+2=0$

STEP1 주어진 조건을 이용하여 b를 a에 대한 식으로 나타내기

점 $(a,\ b)$가 직선 $x-y+2=0$ 위에 있으므로 → a를 b에 대한 식으로 나타내어 해결할 수도 있다.

$a-b+2=0$ $\quad\therefore b=a+2$

STEP2 a^2+b^2의 최솟값 구하기

$a^2+b^2=a^2+(a+2)^2$

$\qquad\quad=2a^2+4a+4$

$\qquad\quad=2(a+1)^2+2$

따라서 $a=-1$일 때 최솟값은 2이다.

1133 답 28

$x+y=6$에서 $y=6-x$

$\therefore 4x-y^2=4x-(6-x)^2$

$\qquad\qquad=-x^2+16x-36$

$\qquad\qquad=-(x-8)^2+28$

따라서 $x=8$일 때 최댓값은 28이다.

1134 답 ①

$3x+2y=6$에서 $2y=6-3x$

$\therefore 2xy=x\times 2y$

$\quad\quad =x(6-3x)$

$\quad\quad =-3x^2+6x$

$\quad\quad =-3(x-1)^2+3$

이때 $0\le x\le 3$이므로 $x=1$일 때 최댓값은 3,

$x=3$일 때 최솟값은 -9이다.

따라서 $M=3$, $m=-9$이므로

$M+m=3+(-9)=-6$

1135 답 ②

점 $(a,\,b)$가 이차함수 $y=x^2+2x-4$의 그래프 위에 있으므로

$b=a^2+2a-4$

$\therefore a^2-2b-1=a^2-2(a^2+2a-4)-1$

$\quad\quad\quad\quad\quad =-a^2-4a+7$

$\quad\quad\quad\quad\quad =-(a+2)^2+11$

따라서 $a=-2$일 때 최댓값은 11이다.

1136 답 ⑤

$x-y^2=1$에서 $y^2=x-1$ $\cdots\cdots\cdots\cdots$ ㉠

이때 y가 실수이므로

$y^2=x-1\ge 0$ $\quad\therefore x\ge 1$

㉠을 x^2+4y^2-2x에 대입하면

$x^2+4y^2-2x=x^2+4(x-1)-2x$

$\quad\quad\quad\quad\quad\quad =x^2+2x-4$

$\quad\quad\quad\quad\quad\quad =(x+1)^2-5$

이때 $x\ge 1$이므로 $x=1$일 때 최솟값은 -1이다.

1137 답 ④

이차방정식 $x^2-2kx+k-1=0$의 판별식을 D라 하면

$\dfrac{D}{4}=(-k)^2-(k-1)$

$\quad\quad =k^2-k+1$

$\quad\quad =\left(k-\dfrac{1}{2}\right)^2+\dfrac{3}{4}>0$

즉, 이 이차방정식은 항상 서로 다른 두 실근을 가진다.

이차방정식의 근과 계수의 관계에 의하여

$\alpha+\beta=2k$, $\alpha\beta=k-1$

$\therefore \alpha^2+\beta^2=(\alpha+\beta)^2-2\alpha\beta$

$\quad\quad\quad\quad =(2k)^2-2(k-1)$

$\quad\quad\quad\quad =4k^2-2k+2$

$\quad\quad\quad\quad =4\left(k-\dfrac{1}{4}\right)^2+\dfrac{7}{4}$

따라서 $k=\dfrac{1}{4}$일 때 최솟값 $\dfrac{7}{4}$을 가진다.

실수 Check

이차방정식의 판별식을 이용하여 실근 조건을 만족시키는 k의 값의 범위를 꼭 확인해야 한다.

1138 답 8

점 A는 이차함수 $y=x^2-4x+3$의 그래프와 y축의 교점이므로

A$(0,\,3)$

두 점 B, C는 이차함수 $y=x^2-4x+3$의 그래프와 x축의 교점이므로

$x^2-4x+3=0$, $(x-1)(x-3)=0$

$\therefore x=1$ 또는 $x=3$

$\therefore$ B$(1,\,0)$, C$(3,\,0)$

점 P$(a,\,b)$가 이차함수 $y=x^2-4x+3$의 그래프 위에 있으므로

$b=a^2-4a+3$ $\cdots\cdots\cdots\cdots$ ㉠

이때 점 P가 점 A$(0,\,3)$에서 점 C$(3,\,0)$까지 움직이므로

$0\le a\le 3$

㉠을 $2a+b$에 대입하면

$2a+b=2a+(a^2-4a+3)$

$\quad\quad\quad =a^2-2a+3$

$\quad\quad\quad =(a-1)^2+2$

이때 $0\le a\le 3$이므로 $a=3$일 때 최댓값은 6, $a=1$일 때 최솟값은 2이다.

따라서 최댓값과 최솟값의 합은

$6+2=8$

1139 답 ④

점 P가 선분 AB 위의 점이므로 $0\le x\le 2$이고

직선 AB의 방정식은

$y=-2x+4$ → (기울기)$=\dfrac{0-4}{2-0}=-2$, (y절편)$=4$인 직선의 방정식

$\therefore 2x^2+y^2=2x^2+(-2x+4)^2$

$\quad\quad\quad\quad\quad =6x^2-16x+16$

$\quad\quad\quad\quad\quad =6\left(x-\dfrac{4}{3}\right)^2+\dfrac{16}{3}$

이때 $0\le x\le 2$이므로 $x=0$일 때 최댓값은 16, $x=\dfrac{4}{3}$일 때 최솟값은 $\dfrac{16}{3}$이다.

따라서 $M=16$, $m=\dfrac{16}{3}$이므로

$\dfrac{M}{m}=\dfrac{16}{\dfrac{16}{3}}=3$

1140 답 ③

$z=a+2bi$이므로 $\overline{z}=a-2bi$

$\therefore z^2+(\overline{z})^2=(a+2bi)^2+(a-2bi)^2$

$\quad\quad\quad\quad\quad =(a^2+4abi-4b^2)+(a^2-4abi-4b^2)$

$\quad\quad\quad\quad\quad =2a^2-8b^2$

이때 $z^2+(\overline{z})^2=0$이므로

$2a^2-8b^2=0$ $\quad\therefore b^2=\dfrac{1}{4}a^2$

$\therefore 6a+12b^2+11=6a+12\times\dfrac{1}{4}a^2+11$

$\quad\quad\quad\quad\quad\quad =3a^2+6a+11$

$\quad\quad\quad\quad\quad\quad =3(a+1)^2+8$

따라서 $a=-1$일 때 최솟값은 8이다.

1141 답 ①

유형 19

높이가 20 m인 어느 건물의 옥상에서 지면과 수직인 방향으로 쏘아 올린 공의 t초 후의 지면으로부터의 높이를 h m라 하면 다음과 같은 관계식이 성립한다.

$$h=-5t^2+10t+20$$

단서1

이 공을 쏘아 올린지 a초 후 최고 높이 b m에 도달할 때, $a+b$의 값은?

단서2

① 26　　　　② 27　　　　③ 28
④ 29　　　　⑤ 30

단서1 $h=-5(t-p)^2+q$ 꼴로 변형
단서2 $t=a$일 때 최댓값 b

STEP1 주어진 식을 $h=-5(t-p)^2+q$ 꼴로 변형하기

$h=-5t^2+10t+20$
$\quad=-5(t-1)^2+25$

STEP2 $a+b$의 값 구하기

$t=1$일 때 최댓값은 25이므로
$a=1$, $b=25$
$\therefore a+b=1+25=26$

1142 답 1200만 원

$y=-3x^2+120x$
$\quad=-3(x-20)^2+1200$

따라서 $x=20$일 때 최댓값은 1200이므로 구하는 판매 최대 수익금은 1200만 원이다.

1143 답 45 m

$h=-5t^2+40t$
$\quad=-5(t-4)^2+80$

$1\le t\le5$이므로 $t=4$일 때 최댓값은 80, $t=1$일 때 최솟값 35이다.
따라서 가장 높을 때와 가장 낮을 때의 높이의 차는
$80-35=45(\text{m})$

1144 답 ④

총 판매 금액을 $f(x)$원이라 하면

$f(x)=xy=x\left(8000-\dfrac{1}{4}x\right)$
$\quad=-\dfrac{1}{4}x^2+8000x$
$\quad=-\dfrac{1}{4}(x-16000)^2+64000000$

따라서 $x=16000$일 때 최댓값은 64000000이므로 구하는 총 판매 금액의 최댓값은 6400만 원이다.

1145 답 ③

$b=\sqrt{4a(h-a)}$이고 $h=10$이므로
$b^2=4a(10-a)$
$\quad=-4a^2+40a$
$\quad=-4(a-5)^2+100$

이때 $0<a<10$이므로 $a=5$일 때 최댓값은 100이다.

1146 답 600원

유형 20

어느 빵집에서 슈크림 빵 한 개의 가격이 1000원일 때, 하루에 400개씩 팔린다고 한다. 이 슈크림 빵 한 개의 가격을 x원 내리면 $2x$개 더

단서1

많이 팔린다고 한다. 슈크림 빵의 하루 판매 금액이 최대가 되게 하려면

단서2　　　　**단서3**

슈크림 빵 한 개의 가격을 얼마로 정해야 하는지 구하시오.

단서1 $(1000-x)$원
단서2 $(400+2x)$개
단서3 $\{(1000-x)(400+2x)\}$원

STEP1 슈크림 빵의 하루 판매 금액을 x에 대한 식으로 나타내기

슈크림 빵 한 개의 가격이 $(1000-x)$원일 때 하루 판매량은 $(400+2x)$개이다.
이때 슈크림 빵의 하루 판매 금액을 y원이라 하면

$y=(1000-x)(400+2x)$
$\quad=-2x^2+1600x+400000$
$\quad=-2(x-400)^2+720000$

STEP2 하루 판매 금액이 최대일 때의 슈크림 빵 한 개의 가격 구하기

$x=400$일 때 최댓값은 720000이고, 이때의 슈크림 빵 한 개의 가격은 $1000-400=600(\text{원})$이다.

1147 답 2500원

한 사람의 입장료를 $100x$원 올리면 하루 관람객은 $10x$명 줄어들므로 한 사람의 입장료는 $(2000+100x)$원이고, 하루 관람객은 $(300-10x)$명이다.
이때 하루 입장료 수입을 y원이라 하면

$y=(2000+100x)(300-10x)$
$\quad=-1000x^2+10000x+600000$
$\quad=-1000(x-5)^2+625000$

따라서 $x=5$일 때 최댓값은 625000이고, 이때의 한 사람의 입장료는 $2000+100\times5=2500(\text{원})$이다.

1148 답 ①

상품의 가격이 $3000\left(1+\dfrac{x}{100}\right)=3000+30x(\text{원})$일 때, 하루 판매량은 $200\left(1-\dfrac{\frac{x}{2}}{100}\right)=200-x(\text{개})$이다.

이때 하루 판매 금액을 y원이라 하면

$y=(3000+30x)(200-x)$
$\quad=-30x^2+3000x+600000$
$\quad=-30(x-50)^2+675000$

따라서 $x=50$일 때 최댓값은 675000이므로 $\dfrac{A}{1000}$의 최댓값은

└→ A가 최댓값을 가져야 한다.

$\dfrac{A}{1000}=\dfrac{675000}{1000}$
$\qquad\;=675$

1149 답 10 | 유형 21

그림과 같이 직사각형 ABCD의 두 꼭짓점 A, D는 이차함수 $y=-x^2+4x$의 그래프 위에 있고, 두 꼭짓점 B, C는 x축 위에 있다. ───단서1─── 이 직사각형 ABCD의 둘레의 길이의 최댓 ───단서2─── 값을 구하시오. (단, 점 A는 제1사분면 위에 있다.)

단서1 B(t, 0) 또는 C(t, 0)으로 놓기
단서2 (▱ABCD의 둘레의 길이)=$2(\overline{AB}+\overline{BC})$

STEP1 점 B의 x좌표를 t로 놓고, 직사각형 ABCD의 가로의 길이와 세로의 길이를 t에 대한 식으로 나타내기

점 B의 좌표를 $(t,\ 0)$ $(0<t<2)$이라 하면
A($t,\ -t^2+4t$)
└→ $y=-x^2+4x=-(x-2)^2+4$에서
이 이차함수의 그래프의 꼭짓점의 x좌표가 2이므로 $t<2$이다.
$\therefore \overline{AB}=-t^2+4t$, $\overline{BC}=4-2t$
└→ E($4,\ 0$)이라 하면
$\overline{BC}=\overline{OE}-\overline{OB}-\overline{CE}=4-2t$

STEP2 직사각형 ABCD의 둘레의 길이를 t에 대한 식으로 나타내기

직사각형 ABCD의 둘레의 길이를 l이라 하면
$l=2(\overline{AB}+\overline{BC})=2(-t^2+4t+4-2t)$
$\quad =-2t^2+4t+8=-2(t-1)^2+10$

STEP3 직사각형 ABCD의 둘레의 길이의 최댓값 구하기

$0<t<2$이므로 $t=1$일 때 최댓값은 10이다.
따라서 직사각형 ABCD의 둘레의 길이의 최댓값은 10이다.

1150 답 ④

점 Q의 좌표를 $(t,\ 0)$ $(0<t<2)$이라 하면
P($t,\ -2t+4$)
$\therefore \overline{PR}=t$, $\overline{PQ}=-2t+4$
직사각형 PROQ의 넓이를 S라 하면
$S=\overline{PR}\times\overline{PQ}=t(-2t+4)$
$\quad =-2t^2+4t=-2(t-1)^2+2$
이때 $0<t<2$이므로 $t=1$일 때 최댓값은 2이다.
따라서 사각형 PROQ의 넓이의 최댓값은 2이다.

1151 답 ④

$f(x)=x^2-2ax+5a=(x-a)^2-a^2+5a$이므로
A($a,\ -a^2+5a$), H($a,\ 0$)
$\therefore \overline{OH}+\overline{AH}=a+(-a^2+5a)$
$\qquad\qquad\quad =-a^2+6a$
$\qquad\qquad\quad =-(a-3)^2+9$
이때 $1\le a\le5$이므로 $a=3$일 때 최댓값은 9이다.
따라서 $\overline{OH}+\overline{AH}$의 최댓값은 9이다.

1152 답 ①

A($-a,\ -a^2+7$), B($-a,\ 2a^2-20$), C($a,\ -a^2+7$), D($a,\ 2a^2-20$)이므로
$\overline{AC}=2a$, $\overline{CD}=-a^2+7-(2a^2-20)=-3a^2+27$

직사각형 ABDC의 둘레의 길이를 l이라 하면
$l=2(\overline{AC}+\overline{CD})$
$\quad =2(2a-3a^2+27)$
$\quad =-6a^2+4a+54$
$\quad =-6\left(a-\dfrac{1}{3}\right)^2+\dfrac{164}{3}$

이때 $0<a<3$이므로 $a=\dfrac{1}{3}$일 때 최댓값은 $\dfrac{164}{3}$이다.

따라서 직사각형 ABDC의 둘레의 길이가 최대일 때 $a=\dfrac{1}{3}$이므로
이때의 직사각형 ABDC의 넓이는
$\dfrac{2}{3}\times\dfrac{80}{3}=\dfrac{160}{9}$
└→ $\overline{AC}\times\overline{CD}=2a\times(-3a^2+27)$

1153 답 117

점 P의 좌표를 $(t,\ t^2+2)$ $(0\le t\le4)$라 하면
점 Q의 x좌표는 $t^2+2=2x-3$에서
$x=\dfrac{t^2+5}{2}$
$\therefore \overline{PQ}=\dfrac{t^2+5}{2}-t=\dfrac{1}{2}t^2-t+\dfrac{5}{2}$
또한, $\overline{PR}=t^2+2-(2t-3)=t^2-2t+5$이므로
$\overline{PQ}+\overline{PR}=\dfrac{1}{2}t^2-t+\dfrac{5}{2}+t^2-2t+5$
$\qquad\qquad =\dfrac{3}{2}t^2-3t+\dfrac{15}{2}$
$\qquad\qquad =\dfrac{3}{2}(t-1)^2+6$

이때 $0\le t\le4$이므로 $t=4$일 때 최댓값은 $\dfrac{39}{2}$, $t=1$일 때 최솟값은 6이다.
따라서 최댓값과 최솟값의 곱은
$\dfrac{39}{2}\times6=117$

1154 답 ②

두 점 A, B는 이차함수 $y=x^2-(a+8)x+5a+15$의 그래프와 x축의 교점이므로 두 점 A, B의 x좌표는 이차방정식 $x^2-(a+8)x+5a+15=0$의 두 근이다.
즉, $(x-5)\{x-(a+3)\}=0$에서
$x=5$ 또는 $x=a+3$
이때 $-3<a<2$이므로
A($a+3,\ 0$), B($5,\ 0$), C($0,\ 5a+15$)
삼각형 ABC의 넓이를 S라 하면
$S=\dfrac{1}{2}(2-a)(5a+15)$
└→ $\overline{AB}=5-(a+3)=2-a$
$\quad =-\dfrac{5}{2}a^2-\dfrac{5}{2}a+15$
$\quad =-\dfrac{5}{2}\left(a+\dfrac{1}{2}\right)^2+\dfrac{125}{8}$

이때 $-3<a<2$이므로 $a=-\dfrac{1}{2}$일 때 최댓값은 $\dfrac{125}{8}$이다.

따라서 삼각형 ABC의 넓이의 최댓값은 $\dfrac{125}{8}$이다.

1155 답 ⑤

그림과 같이 네 점 A, B, C, D를 정하고, A$(a, 0)$, B$(b, 0)$

$\left(-\dfrac{1}{2}<a<1,\ 1<b<4\right)$이라 하면

D$(a, 2a+1)$, C$(b, -b+4)$

두 점 C, D의 y좌표가 같으므로

$2a+1=-b+4$ ∴ $b=-2a+3$

직사각형 ABCD의 넓이를 S라 하면

$S=\overline{AB}\times\overline{AD}$

$\quad=(b-a)(2a+1)=(-2a+3-a)(2a+1)$

$\quad=-6a^2+3a+3=-6\left(a-\dfrac{1}{4}\right)^2+\dfrac{27}{8}$

이때 $-\dfrac{1}{2}<a<1$이므로 $a=\dfrac{1}{4}$일 때 최댓값은 $\dfrac{27}{8}$이다.

따라서 구하는 직사각형의 넓이의 최댓값은 $\dfrac{27}{8}$이다.

1156 답 ③ | 유형 22

그림과 같이 한 변의 길이가 2인 정사각형 ABCD의 세 변 AB, BC, CD 위에 점 P, Q, R를 각각 $\overline{AP}=x$, $\overline{BQ}=2x$, $\overline{CR}=3x$ 가 되도록 잡았다. 이때 **삼각형 PQR의 넓이의 최솟값은?** **단서1**

① $\dfrac{3}{8}$ ② $\dfrac{15}{16}$ ③ $\dfrac{23}{16}$

④ $\dfrac{7}{4}$ ⑤ 2

단서1 (△PQR의 넓이)
= (□ABCD의 넓이)−(□APRD의 넓이)−(△PBQ의 넓이)−(△RQC의 넓이)

STEP1 $\overline{PB}$, $\overline{QC}$, $\overline{RD}$를 x에 대한 식으로 나타내기

$\overline{AP}=x$, $\overline{BQ}=2x$, $\overline{CR}=3x$이므로

$\overline{PB}=2-x$, $\overline{QC}=2-2x$,

$\overline{RD}=2-3x$

이때 변의 길이는 양수이므로

$0<x<\dfrac{2}{3}$

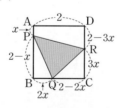

STEP2 삼각형 PQR의 넓이를 x에 대한 식으로 나타내기

(△PQR의 넓이)

$=$ (□ABCD의 넓이)$-$(□APRD의 넓이)

$\quad-$(△PBQ의 넓이)$-$(△RQC의 넓이)

$=4-\dfrac{1}{2}\times(x+2-3x)\times 2-\dfrac{1}{2}\times 2x(2-x)-\dfrac{1}{2}\times 3x(2-2x)$

$=4x^2-3x+2$

$=4\left(x-\dfrac{3}{8}\right)^2+\dfrac{23}{16}$

STEP3 삼각형 PQR의 넓이의 최솟값 구하기

$0<x<\dfrac{2}{3}$이므로 $x=\dfrac{3}{8}$일 때 최솟값은 $\dfrac{23}{16}$이다.

따라서 삼각형 PQR의 넓이의 최솟값은 $\dfrac{23}{16}$이다.

1157 답 ②

새로운 주차장의 가로와 세로의 길이는 각각 $(14-x)$ m, $(7+x)$ m이다.

이때 변의 길이는 양수이므로 $0<x<14$

새로운 주차장의 넓이를 $S\,m^2$라 하면

$S=(14-x)(7+x)$

$\quad=-x^2+7x+98$

$\quad=-\left(x-\dfrac{7}{2}\right)^2+\dfrac{441}{4}$

이때 $0<x<14$이므로 $x=\dfrac{7}{2}$일 때 최댓값은 $\dfrac{441}{4}$이다.

따라서 새로운 주차장의 넓이가 최대일 때 x의 값은 $\dfrac{7}{2}$이다.

1158 답 128 m²

꽃밭의 세로의 길이를 x m라 하면 가로의 길이는 $(32-2x)$ m이다.

이때 변의 길이는 양수이므로 $0<x<16$

꽃밭의 넓이를 $S\,m^2$라 하면

$S=x(32-2x)$

$\quad=-2x^2+32x$

$\quad=-2(x-8)^2+128$

이때 $0<x<16$이므로 $x=8$일 때 최댓값은 128이다.

따라서 꽃밭의 최대 넓이는 128 m²이다.

1159 답 ③

가축우리 전체의 가로의 길이를 x m라 하면

가축우리 전체의 세로의 길이는 $\dfrac{80-4x}{2}=40-2x$(m)이다.

이때 변의 길이는 양수이므로 $0<x<20$

가축우리 전체의 넓이를 $S\,m^2$라 하면

$S=x(40-2x)$

$\quad=-2x^2+40x$

$\quad=-2(x-10)^2+200$

이때 $0<x<20$이므로 $x=10$일 때 최댓값은 200이다.

따라서 가축우리 전체의 넓이의 최댓값은 200 m²이다.

1160 답 ④

$\overline{AP}=x$라 하면

$\overline{PB}=12-x$

이때 변의 길이는 양수이므로 $0<x<12$

두 정삼각형의 넓이의 합을 S라 하면

$S=\dfrac{\sqrt{3}}{4}\{x^2+(12-x)^2\}$

$\quad=\dfrac{\sqrt{3}}{2}x^2-6\sqrt{3}x+36\sqrt{3}$

$\quad=\dfrac{\sqrt{3}}{2}(x-6)^2+18\sqrt{3}$

이때 $0<x<12$이므로 $x=6$일 때 최솟값은 $18\sqrt{3}$이다.

따라서 두 정삼각형의 넓이의 합의 최솟값은 $18\sqrt{3}$이다.

한 변의 길이가 a인 정삼각형의 넓이 S는

$$S = \frac{1}{2} \times a \times a \times \sin 60°$$

$$= \frac{\sqrt{3}}{4}a^2$$

1161 답 ③

$\overline{AB} = \overline{AC} = 2x$, $\overline{BC} = 2y$라 하면

$4x + 2y = 12$ ∴ $y = 6 - 2x$

이때 변의 길이는 양수이므로 $0 < x < 3$

세 반원의 넓이의 합을 S라 하면

$$S = 2 \times \frac{\pi}{2}x^2 + \frac{\pi}{2}y^2$$

$$= \pi x^2 + \frac{\pi}{2}(6 - 2x)^2$$

$$= 3\pi x^2 - 12\pi x + 18\pi$$

$$= 3\pi(x - 2)^2 + 6\pi$$

이때 $0 < x < 3$이므로 $x = 2$일 때 최솟값은 6π이다.

따라서 세 반원의 넓이의 합의 최솟값은 6π이다.

1162 답 46

$\overline{AP} = \overline{BQ} = \overline{CR} = \overline{DS} = x$라 하면

$\overline{PB} = \overline{RD} = 8 - x$, $\overline{QC} = \overline{SA} = 12 - x$

이때 변의 길이는 양수이므로 $0 < x < 8$

(□PQRS의 넓이)

= (□ABCD의 넓이) $- 2 \times$ (△PBQ의 넓이) $- 2 \times$ (△QCR의 넓이)

$= 96 - x(8 - x) - x(12 - x)$

두 삼각형 PBQ, RDS는 합동이므로 넓이가 같다. 두 삼각형 QCR, SAP는 합동이므로 넓이가 같다.

$= 2x^2 - 20x + 96$

$= 2(x - 5)^2 + 46$

이때 $0 < x < 8$이므로 $x = 5$일 때 최솟값은 46이다.

따라서 사각형 PQRS의 넓이의 최솟값은 46이다.

1163 답 21

$\overline{QC} = a$, $\overline{RC} = b$라 하면 △ABC ∽ △PBQ (AA 닮음)이므로

$9 : b = 12 : (12 - a)$

$\overline{AC} : \overline{PQ} = \overline{BC} : \overline{BQ}$

∴ $b = 9 - \frac{3}{4}a$

이때 변의 길이는 양수이므로 $0 < a < 12$

직사각형 PQCR의 넓이를 S라 하면

$$S = ab = a\left(9 - \frac{3}{4}a\right)$$

$$= -\frac{3}{4}a^2 + 9a$$

$$= -\frac{3}{4}(a - 6)^2 + 27$$

이때 $0 < a < 12$이므로 $a = 6$일 때 최댓값은 27이다.

따라서 $a = 6$일 때 $b = \frac{9}{2}$이므로 직사각형 PQCR의 둘레의 길이는

$$2(a + b) = 2\left(6 + \frac{9}{2}\right) = 21$$

$\overline{QC} = a$, $\overline{RC} = b$로 놓고, 닮음을 이용하여 a와 b 사이의 관계식을 세울 수 있어야 한다.

Plus 문제

1163-1

그림과 같이 한 변의 길이가 10 cm인 정삼각형 모양의 종이를 가로의 길이가 $2a$ cm인 직사각형 모양으로 자르려고 한다. 직사각형의 넓이가 최대가 되도록 자를 때, a의 값을 구하시오.

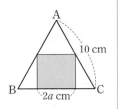

그림과 같이 네 점 P, Q, R, S를 정하고, 점 A에서 변 BC에 내린 수선의 발을 H라 하자.

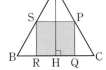

$\overline{RQ} = 2a$이므로 $\overline{HQ} = a$

∴ $\overline{QC} = 5 - a$

$\overline{PQ} = b$라 하면 △AHC ∽ △PQC (AA 닮음)이므로

$5\sqrt{3} : b = 5 : (5 - a)$ ∴ $b = 5\sqrt{3} - \sqrt{3}a$

$\overline{AH} : \overline{PQ} = \overline{HC} : \overline{QC}$

이때 변의 길이는 양수이므로 $0 < a < 5$

직사각형 PSRQ의 넓이를 S라 하면

$$S = 2ab = 2a(5\sqrt{3} - \sqrt{3}a)$$

$$= -2\sqrt{3}a^2 + 10\sqrt{3}a = -2\sqrt{3}\left(a - \frac{5}{2}\right)^2 + \frac{25\sqrt{3}}{2}$$

이때 $0 < a < 5$이므로 $a = \frac{5}{2}$일 때 최댓값은 $\frac{25\sqrt{3}}{2}$이다.

따라서 직사각형의 넓이가 최대가 되도록 자를 때의 a의 값은 $\frac{5}{2}$이다.

답 $\frac{5}{2}$

서술형 유형 익히기 246쪽~249쪽

1164 답 (1) = (2) $8 - 4a$ (3) 0 (4) 2 (5) 1 (6) 3

STEP 1 이차함수의 그래프가 x축에 접하는 조건 구하기 [2점]

이차함수 $y = x^2 + (a - 2k)x + k^2 - 2k + b$의 그래프가 x축에 접하므로 이차방정식 $x^2 + (a - 2k)x + k^2 - 2k + b = 0$은 중근을 가진다.

이차방정식 $x^2 + (a - 2k)x + k^2 - 2k + b = 0$의 판별식을 D라 하면

$D = (a - 2k)^2 - 4(k^2 - 2k + b) \boxed{=} 0$ ⋯⋯⋯ ㉠

STEP 2 a, b의 값 구하기 [3점]

㉠을 k에 대하여 정리하면

$a^2 - 4ak + 4k^2 - 4k^2 + 8k - 4b = 0$

$\boxed{(8 - 4a)}k + a^2 - 4b = 0$

이 식이 실수 k의 값에 관계없이 항상 성립하므로

$\boxed{8-4a}=0$ ·· ⓒ

$a^2-4b=\boxed{0}$ ··· ⓒ

ⓒ, ⓒ을 연립하여 풀면

$a=\boxed{2}$, $b=\boxed{1}$

STEP3 $a+b$의 값 구하기 [1점]

$a+b=2+1=\boxed{3}$

1165 답 3

STEP1 이차함수의 그래프가 x축에 접하는 조건 구하기 [2점]

이차함수 $y=x^2-2(k+2)x+ak^2+b^2k+4$의 그래프가 x축에 접하므로 이차방정식 $x^2-2(k+2)x+ak^2+b^2k+4=0$이 중근을 가진다.

이차방정식 $x^2-2(k+2)x+ak^2+b^2k+4=0$의 판별식을 D라 하면

$\dfrac{D}{4}=\{-(k+2)\}^2-(ak^2+b^2k+4)=0$ ······ ㉠

STEP2 a, b의 값 구하기 [3점]

㉠을 k에 대하여 정리하면

$k^2+4k+4-ak^2-b^2k-4=0$

∴ $(1-a)k^2+(4-b^2)k=0$

이 식이 실수 k의 값에 관계없이 항상 성립하므로

$1-a=0$, $4-b^2=0$

∴ $a=1$, $b=2$ (∵ $b>0$)

STEP3 $a+b$의 값 구하기 [1점]

$a+b=1+2=3$

1166 답 18

STEP1 이차함수의 그래프와 직선이 접하는 조건 구하기 [2점]

이차함수 $y=x^2-2ax+k^2+a^2$의 그래프와 직선 $y=2kx+6k+2a-b$가 접하므로 이차방정식

$x^2-2ax+k^2+a^2=2kx+6k+2a-b$, 즉

$x^2-2(a+k)x+k^2+a^2-6k-2a+b=0$은 중근을 가진다.

이차방정식 $x^2-2(a+k)x+k^2+a^2-6k-2a+b=0$의 판별식을 D라 하면

$\dfrac{D}{4}=\{-(a+k)\}^2-(k^2+a^2-6k-2a+b)=0$ ······ ㉠

STEP2 a, b의 값 구하기 [3점]

㉠을 k에 대하여 정리하면

$a^2+2ak+k^2-k^2-a^2+6k+2a-b=0$

∴ $(2a+6)k+2a-b=0$

이 식이 실수 k의 값에 관계없이 항상 성립하므로

$2a+6=0$, $2a-b=0$

∴ $a=-3$, $b=-6$

STEP3 ab의 값 구하기 [1점]

$ab=(-3)\times(-6)=18$

1167 답 $y=0$, $y=2x$

STEP1 이차함수의 그래프와 직선이 접하는 조건 구하기 [3점]

이차함수 $y=\dfrac{1}{4k}(x+2k)^2$의 그래프에 접하는 직선의 방정식을 $y=ax+b$라 하자.

이차함수 $y=\dfrac{1}{4k}(x+2k)^2$의 그래프와 직선 $y=ax+b$가 접하므로 이차방정식

$\dfrac{1}{4k}(x+2k)^2=ax+b$, 즉 $x^2+4k(1-a)x+4k(k-b)=0$

은 중근을 가진다.

이차방정식 $x^2+4k(1-a)x+4k(k-b)=0$의 판별식을 D라 하면

$\dfrac{D}{4}=\{2k(1-a)\}^2-4k(k-b)=0$ ······ ㉠

STEP2 a, b의 값 구하기 [3점]

㉠을 k에 대하여 정리하면

$4a^2k^2-8ak^2+4k^2-4k^2+4bk=0$

$(a^2-2a)k^2+bk=0$

이 식이 실수 k의 값에 관계없이 항상 성립하므로

$a^2-2a=0$, $b=0$

$a^2-2a=0$에서

$a(a-2)=0$ ∴ $a=0$ 또는 $a=2$

∴ $a=0$, $b=0$ 또는 $a=2$, $b=0$

STEP3 직선의 방정식 구하기 [2점]

구하는 두 직선의 방정식은 $y=0$, $y=2x$이다.

1168 답 (1) 3 (2) $k-3$ (3) -3 (4) $k-3$ (5) $4\alpha\beta$ (6) -1

STEP1 두 근이 α, β인 이차방정식 세우기 [2점]

이차함수 $y=x^2+2x+k$의 그래프와 직선 $y=-x+3$의 두 교점의 x좌표가 α, β이므로 α, β는 이차방정식

$x^2+\boxed{3}x+\boxed{k-3}=0$의 두 근이다.

STEP2 $\alpha+\beta$, $\alpha\beta$를 k에 대한 식으로 나타내기 [2점]

이차방정식의 근과 계수의 관계에 의하여

$\alpha+\beta=\boxed{-3}$, $\alpha\beta=\boxed{k-3}$ ······ ㉠

STEP3 k의 값 구하기 [2점]

$|\alpha-\beta|=5$이므로 양변을 제곱하면

$(\alpha-\beta)^2=25$

∴ $(\alpha+\beta)^2-\boxed{4\alpha\beta}=25$ ······ ㉡

㉠을 ㉡에 대입하면

$9-4(k-3)=25$, $4k=-4$

∴ $k=\boxed{-1}$

1169 답 5

STEP 1 두 근이 α, β인 이차방정식 세우기 [2점]

이차함수 $y=4x^2-x+1$의 그래프와 직선 $y=-x+k$의 두 교점의 x좌표가 α, β이므로 α, β는 이차방정식

$4x^2-x+1=-x+k$, 즉 $4x^2+1-k=0$

의 두 근이다.

STEP 2 $\alpha+\beta$, $\alpha\beta$를 k에 대한 식으로 나타내기 [2점]

이차방정식의 근과 계수의 관계에 의하여

$\alpha+\beta=0$, $\alpha\beta=\dfrac{1-k}{4}$ ·················· ㉠

STEP 3 k의 값 구하기 [2점]

$|\alpha-\beta|=2$이므로 양변을 제곱하면

$(\alpha-\beta)^2=4$

∴ $(\alpha+\beta)^2-4\alpha\beta=4$ ·················· ㉡

㉠을 ㉡에 대입하면

$-4\times\dfrac{1-k}{4}=4$, $-1+k=4$ ∴ $k=5$

1170 답 -1

STEP 1 두 근이 x_1, x_2인 이차방정식 세우기 [2점]

이차함수 $y=2x^2-3x$의 그래프와 직선 $y=3x-k$의 두 교점의 x좌표가 x_1, x_2이므로 x_1, x_2는 이차방정식

$2x^2-3x=3x-k$, 즉 $2x^2-6x+k=0$

의 두 근이다.

STEP 2 x_1+x_2, x_1x_2를 k에 대한 식으로 나타내기 [2점]

이차방정식의 근과 계수의 관계에 의하여

$x_1+x_2=3$, $x_1x_2=\dfrac{k}{2}$

STEP 3 k의 값 구하기 [2점]

$x_1^2+x_2^2=10$이고 $x_1^2+x_2^2=(x_1+x_2)^2-2x_1x_2$이므로

$10=3^2-2\times\dfrac{k}{2}$ ∴ $k=-1$

1171 답 1

STEP 1 b, c를 a에 대한 식으로 나타내기 [3점]

이차함수 $y=ax^2-bx+c$의 그래프와 x축의 두 교점의 x좌표가 -4, 2이므로 -4, 2는 이차방정식 $ax^2-bx+c=0$의 두 근이다.

이차방정식의 근과 계수의 관계에 의하여

$-4+2=\dfrac{b}{a}$, $(-4)\times2=\dfrac{c}{a}$

∴ $b=-2a$, $c=-8a$ ·················· ㉠

STEP 2 이차함수 $y=cx^2-2bx+a$의 그래프와 직선 $y=2bx-1$의 두 교점의 x좌표를 두 근으로 하는 이차방정식 세우기 [3점]

이차함수 $y=cx^2-2bx+a$의 그래프와 직선 $y=2bx-1$의 두 교점의 x좌표를 α, β라 하면 α, β는 이차방정식

$cx^2-2bx+a=2bx-1$, 즉 $cx^2-4bx+a+1=0$

의 두 근이다.

STEP 3 이차방정식의 근과 계수의 관계를 이용하여 두 교점의 x좌표의 합 구하기 [2점]

이차방정식의 근과 계수의 관계에 의하여

$\alpha+\beta=\dfrac{4b}{c}=\dfrac{4\times(-2a)}{-8a}=1$ (∵ ㉠)

1172 답 (1) 9 (2) 9 (3) -1 (4) 4 (5) -5

STEP 1 이차함수 $y=f(x)$를 $y=a(x-p)^2+q$ 꼴로 변형하기 [2점]

$f(x)=-3x^2+12x+2k-3$

$\qquad=-3(x-2)^2+2k+\boxed{9}$

STEP 2 k의 값 구하기 [2점]

$1\le x\le4$에서 이차함수 $y=f(x)$의 그래프는 그림과 같다.

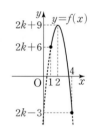

$x=2$에서 최댓값 $2k+\boxed{9}$를 가지므로

$2k+\boxed{9}=7$ ∴ $k=\boxed{-1}$

STEP 3 $1\le x\le4$에서 $f(x)$의 최솟값 구하기 [2점]

$f(x)=-3x^2+12x-5$의 최솟값은

$f(\boxed{4})=-3\times4^2+12\times4-5=\boxed{-5}$

1173 답 7

STEP 1 이차함수 $y=f(x)$를 $y=a(x-p)^2+q$ 꼴로 변형하기 [2점]

$f(x)=\dfrac{1}{2}x^2-x+k^2-2k$

$\qquad=\dfrac{1}{2}(x-1)^2+k^2-2k-\dfrac{1}{2}$

STEP 2 k의 값 구하기 [2점]

$-2 \le x \le 0$에서 이차함수
$y=f(x)$의 그래프는 그림과 같다.
$x=0$에서 최솟값 k^2-2k를 가지
므로

$k^2-2k=3$, $k^2-2k-3=0$
$(k+1)(k-3)=0$
$\therefore k=3 \ (\because k>0)$

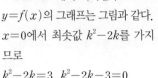

STEP 3 $-2 \le x \le 0$에서 $f(x)$의 최댓값 구하기 [2점]

$f(x)=\dfrac{1}{2}x^2-x+3$이고 $x=-2$에서 최댓값을 가지므로

$f(x)$의 최댓값은

$f(-2)=\dfrac{1}{2} \times (-2)^2-(-2)+3=7$

1174 답 2

STEP 1 이차함수 $y=f(x)$를 $y=a(x-p)^2+q$ 꼴로 변형하기 [2점]

$f(x)=x^2-4x+k$
$\quad\ =(x-2)^2+k-4$

STEP 2 $-3 \le x \le 3$에서 $f(x)$의 최댓값과 최솟값을 k에 대한 식으로 나타내기 [2점]

$-3 \le x \le 3$에서 이차함수 $y=f(x)$의 그래
프는 그림과 같다.

즉, $x=-3$에서 최댓값 $k+21$을 가지고,
$x=2$에서 최솟값 $k-4$를 가진다. ⋯⋯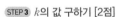

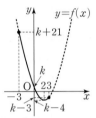

STEP 3 k의 값 구하기 [2점]

$k+21+k-4=21$에서
$2k+17=21$ $\quad \therefore k=2$

부분점수표	
ⓐ 최댓값과 최솟값 중 하나만 구한 경우	1점

1175 답 8

STEP 1 이차함수 $y=f(x)$를 $y=k(x-p)^2+q$ 꼴로 변형하기 [2점]

$f(x)=-x^2+6x+1$
$\quad\ =-(x-3)^2+10$

STEP 2 a의 값 구하기 [3점]

이차함수 $y=f(x)$의 그래프는 그림과 같고,
$f(3)=10$이다.

이때 $-1 \le x \le a$에서 $f(x)$의 최댓값이 9이므
로 $a<3$

즉, $x=a$에서 최댓값 $-a^2+6a+1$을 가지므로
$-a^2+6a+1=9$, $a^2-6a+8=0$
$(a-2)(a-4)=0$ $\quad \therefore a=2 \ (\because a<3)$

STEP 3 b의 값 구하기 [2점]

$f(x)$는 $x=-1$에서 최솟값을 가지므로
$b=f(-1)=-6$

STEP 4 $a-b$의 값 구하기 [1점]

$a-b=2-(-6)=8$

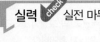 실력 check 실전 마무리하기 1회 250쪽~254쪽

1 1176 답 ④
유형 1

출제의도 | 이차함수 $y=f(x)$의 그래프와 x축의 교점의 x좌표는 이차방정식 $f(x)=0$의 실근과 같음을 이해하고 있는지 확인한다.

> 1, 3은 이차방정식 $x^2+ax+b=0$의 두 근이야.

이차함수 $y=x^2+ax+b$의 그래프와 x축의 두 교점의 x좌표가
1, 3이므로 1, 3은 이차방정식 $x^2+ax+b=0$의 두 근이다.
이차방정식의 근과 계수의 관계에 의하여
$1+3=-a$, $1 \times 3=b$
$\therefore a=-4$, $b=3$
$\therefore b-a=3-(-4)=7$

다른 풀이

이차함수의 그래프가 x축과 두 점 $(1, 0)$, $(3, 0)$에서 만나고
x^2의 계수가 1이므로 이차함수의 식은
$y=(x-1)(x-3)$
$\quad\ =x^2-4x+3$
따라서 $a=-4$, $b=3$이므로
$b-a=3-(-4)=7$

2 1177 답 ①
유형 4

출제의도 | 이차방정식의 판별식을 이용하여 이차함수의 그래프와 x축의 위치 관계에 대한 문제를 해결할 수 있는지 확인한다.

> 이차함수 $y=f(x)$의 그래프와 x축이 서로 다른 두 점에서 만나려면 이차방정식 $f(x)=0$의 판별식 D의 값이 양수이어야 해.

이차함수 $y=x^2+2(a-1)x+a^2+5$의 그래프가 x축과 서로 다른
두 점에서 만나므로 이차방정식 $x^2+2(a-1)x+a^2+5=0$의 판
별식을 D라 하면

$\dfrac{D}{4}=(a-1)^2-(a^2+5)>0$

$-2a-4>0$, $2a<-4$
$\therefore a<-2$
따라서 정수 a의 최댓값은 -3이다.

3 1178 답 ④
유형 4

출제의도 | 이차방정식의 판별식을 이용하여 이차함수의 그래프와 x축의 위치 관계에 대한 문제를 해결할 수 있는지 확인한다.

> 이차함수 $y=f(x)$의 그래프가 x축에 접하려면 이차방정식 $f(x)=0$의 판별식 D의 값이 0이어야 해.

이차함수 $y=x^2+kx+2k+5$의 그래프가 x축에 접하므로 이차방
정식 $x^2+kx+2k+5=0$의 판별식을 D라 하면
$D=k^2-4(2k+5)=0$
$k^2-8k-20=0$, $(k+2)(k-10)=0$
$\therefore k=-2$ 또는 $k=10$
따라서 모든 상수 k의 값의 합은
$-2+10=8$

05

4 1179 **답** ② 　　　　　　　　　　　　　유형 6

출제의도 | 이차함수 $y=f(x)$의 그래프와 직선 $y=g(x)$의 교점의 x좌표는 이차방정식 $f(x)=g(x)$의 실근과 같음을 이해하고 있는지 확인한다.

> 1, b는 이차방정식 $2x^2-x=2x+a$의 두 근이야.

이차함수 $y=2x^2-x$의 그래프와 직선 $y=2x+a$의 두 교점의
x좌표가 1, b이므로 1, b는 이차방정식
$2x^2-x=2x+a$, 즉 $2x^2-3x-a=0$
의 두 근이다.
이차방정식의 근과 계수의 관계에 의하여
$$1+b=\frac{3}{2},\ b=-\frac{a}{2}$$
위의 두 식을 연립하여 풀면
$$a=-1,\ b=\frac{1}{2}$$
$$\therefore a+b=-1+\frac{1}{2}=-\frac{1}{2}$$

5 1180 **답** ③ 　　　　　　　　　　　　　유형 7

출제의도 | 이차방정식의 판별식을 이용하여 이차함수의 그래프와 직선의 위치 관계에 대한 문제를 해결할 수 있는지 확인한다.

> 이차함수 $y=f(x)$의 그래프와 직선 $y=g(x)$가 만나지 않으려면 이차방정식 $f(x)=g(x)$의 판별식 D의 값이 음수이어야 해.

이차함수 $y=x^2-3x+k$의 그래프와 직선 $y=2x+1$이 만나지 않으므로 이차방정식
$x^2-3x+k=2x+1$, 즉 $x^2-5x+k-1=0$
의 판별식을 D라 하면
$D=(-5)^2-4(k-1)<0$
$29-4k<0,\ 4k>29$
$$\therefore k>\frac{29}{4}$$
따라서 정수 k의 최솟값은 8이다.

6 1181 **답** ⑤ 　　　　　　　　　　　　　유형 8

출제의도 | 이차함수의 그래프에 접하는 직선의 방정식을 구할 수 있는지 확인한다.

> 이차함수 $y=f(x)$의 그래프와 직선 $y=g(x)$가 접하면 이차방정식 $f(x)=g(x)$의 판별식 D의 값이 0이야.

기울기가 3인 직선의 방정식을 $y=3x+k$라 하면 이 직선이 이차함수 $y=\frac{1}{2}x^2-x-3$의 그래프와 접하므로 이차방정식
$\frac{1}{2}x^2-x-3=3x+k$, 즉 $x^2-8x-2k-6=0$
의 판별식을 D라 하면
$$\frac{D}{4}=(-4)^2-(-2k-6)=0$$
$2k+22=0 \qquad \therefore k=-11$
따라서 직선의 방정식은 $y=3x-11$이므로 구하는 y절편은 -11이다.

7 1182 **답** ③ 　　　　　　　　　　　　　유형 13

출제의도 | 최솟값이 주어질 때 이차함수의 미정계수를 구할 수 있는지 확인한다.

> x의 값의 범위가 실수 전체인 이차함수의 최댓값 또는 최솟값은 그래프의 꼭짓점의 y좌표야.

$y=2x^2-4kx+3k$
　$=2(x-k)^2-2k^2+3k$
이므로 $x=k$에서 최솟값 $-2k^2+3k$를 가진다.
즉, $-2k^2+3k=-9$이므로
$2k^2-3k-9=0,\ (2k+3)(k-3)=0$
$$\therefore k=-\frac{3}{2}\ \text{또는}\ k=3$$
따라서 모든 상수 k의 값의 합은
$$-\frac{3}{2}+3=\frac{3}{2}$$

8 1183 **답** ③ 　　　　　　　　　　　　　유형 14

출제의도 | 최댓값이 주어질 때 이차함수의 미정계수를 구할 수 있는지 확인한다.

> $x=p$에서 최댓값 q를 가지는 이차함수의 식은
> $y=a(x-p)^2+q\ (a<0)$로 놓을 수 있어.

이차함수 $f(x)$가 $x=2$에서 최댓값 5를 가지므로
$f(x)=a(x-2)^2+5\ (a<0)$라 하자.
$f(1)=3$이므로
$a+5=3 \qquad \therefore a=-2$
따라서 $f(x)=-2(x-2)^2+5$이므로
$f(4)=-8+5=-3$

9 1184 **답** ② 　　　　　　　　　　　　　유형 19

출제의도 | 두 변수 사이의 관계가 이차함수로 주어진 실생활 문제를 해결할 수 있는지 확인한다.

> 주어진 두 변수 사이의 관계식을 완전제곱식을 포함한 식으로 변형해 보자.

$h=-5t^2+20t+40$
　$=-5(t-2)^2+60$
$t=2$일 때 최댓값은 60이므로
$a=2,\ b=60$
$$\therefore a+b=2+60=62$$

10 1185 **답** ③ 　　　　　　　　　　　　　유형 6

출제의도 | 이차함수 $y=f(x)$의 그래프와 직선 $y=g(x)$의 교점의 x좌표는 이차방정식 $f(x)=g(x)$의 실근과 같음을 이해하고 있는지 확인한다.

> -1, 4는 이차방정식 $f(x)=g(x)$의 두 근이야.

이차함수 $f(x)=\frac{1}{2}x^2-x+a$의 그래프와 직선 $g(x)=bx+3$의
두 교점의 x좌표가 -1, 4이므로 -1, 4는 이차방정식

$\frac{1}{2}x^2-x+a=bx+3$, 즉 $x^2-2(b+1)x+2a-6=0$
의 두 근이다.
이차방정식의 근과 계수의 관계에 의하여
$-1+4=2(b+1)$, $(-1)\times4=2a-6$
$\therefore a=1$, $b=\frac{1}{2}$
따라서 $f(x)=\frac{1}{2}x^2-x+1$, $g(x)=\frac{1}{2}x+3$이므로
$f(1)+g(1)=\left(\frac{1}{2}-1+1\right)+\left(\frac{1}{2}+3\right)=4$

11 1186 답 ① 〔유형 6〕

출제의도 | 이차함수 $y=f(x)$의 그래프와 직선 $y=g(x)$의 교점의 x좌표는 이차방정식 $f(x)=g(x)$의 실근과 같음을 이해하고 있는지 확인한다.

> x_1, x_2는 이차방정식 $x^2+ax+3=2x+b$의 두 근이야.

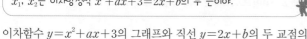

이차함수 $y=x^2+ax+3$의 그래프와 직선 $y=2x+b$의 두 교점의
x좌표가 x_1, x_2이므로 x_1, x_2는 이차방정식
$x^2+ax+3=2x+b$, 즉 $x^2+(a-2)x+3-b=0$
의 두 근이다.
이차방정식의 근과 계수의 관계에 의하여
$x_1+x_2=-(a-2)$, $x_1x_2=3-b$
이때 $x_1+x_2=5$, $x_1x_2=4$이므로
$-(a-2)=5$, $3-b=4$
$\therefore a=-3$, $b=-1$
$\therefore a+b=-3+(-1)=-4$

12 1187 답 ⑤ 〔유형 7〕

출제의도 | 이차방정식의 판별식을 이용하여 이차함수의 그래프와 직선의 위치 관계에 대한 문제를 해결할 수 있는지 확인한다.

> 이차함수의 그래프와 직선이 적어도 한 점에서 만난다는 것은 한 점에서 만나거나 두 점에서 만나는 것을 의미해.

이차함수 $y=x^2-2x+k$의 그래프와 직선 $y=4x-3$이 적어도 한
점에서 만나므로 이차방정식
$x^2-2x+k=4x-3$, 즉 $x^2-6x+k+3=0$
의 판별식을 D라 하면
$\frac{D}{4}=(-3)^2-(k+3)\geq0$
$6-k\geq0$ $\therefore k\leq6$
따라서 자연수 k는 $1, 2, 3, \cdots, 6$의 6개이다.

13 1188 답 ② 〔유형 1 + 유형 12〕

출제의도 | 주어진 조건을 이용하여 이차함수의 미정계수를 구하여 이차함수의 최댓값을 구할 수 있는지 확인한다.

> x의 값의 범위가 실수 전체인 이차함수의 최댓값 또는 최솟값은 그래프의 꼭짓점의 y좌표야.

이차함수 $y=f(x)$의 그래프가 y축과 만나는 점의 y좌표가 15이므로
$f(x)=ax^2+bx+15$라 하자.
이차함수 $f(x)=ax^2+bx+15$의 그래프와 x축의 교점의 x좌표
가 -3, 5이므로 -3, 5는 이차방정식 $ax^2+bx+15=0$의 두 근
이다.
이차방정식의 근과 계수의 관계에 의하여
$-3+5=-\frac{b}{a}$, $(-3)\times5=\frac{15}{a}$
위의 두 식을 연립하여 풀면
$a=-1$, $b=2$
$\therefore f(x)=-x^2+2x+15$
$=-(x-1)^2+16$
따라서 $f(x)$는 $x=1$에서 최댓값 16을 가진다.

다른 풀이

이차함수 $y=f(x)$의 그래프와 x축의 두 교점의 x좌표가 -3, 5이므로
$f(x)=a(x+3)(x-5)$라 하자.
이차함수 $y=f(x)$의 그래프가 y축과 만나는 점의 y좌표가 15이므로
$f(0)=a\times3\times(-5)=15$
$-15a=15$ $\therefore a=-1$
$\therefore f(x)=-(x+3)(x-5)$
$=-x^2+2x+15$
$=-(x-1)^2+16$
따라서 $f(x)$는 $x=1$에서 최댓값 16을 가진다.

14 1189 답 ① 〔유형 14 + 유형 15〕

출제의도 | 최댓값이 주어질 때 이차함수의 미정계수를 구하여 제한된 범위에서 이차함수의 최솟값을 구할 수 있는지 확인한다.

> 제한된 범위에서 이차함수의 최댓값 또는 최솟값을 구할 때에는 그래프의 꼭짓점의 x좌표가 주어진 범위에 포함되는지 꼭 확인해야 해.

㈎에서 이차함수 $y=f(x)$의 그래프는 직선 $x=2$에 대하여 대칭
이다. $\longmapsto x=\frac{-1+5}{2}$
이때 ㈐에서 $f(x)$의 최댓값이 4이므로 이차함수 $y=f(x)$의 그래
프의 꼭짓점의 좌표는 $(2, 4)$이다.
$\therefore f(x)=-(x-2)^2+4$
따라서 $-2\leq x\leq5$에서 $f(x)$의 최솟값은
$f(-2)=-16+4=-12$

다른 풀이

㈎에서
$f(-1)=f(5)$이므로
$-1-a+b=-25+5a+b$
$6a=24$ $\therefore a=4$
$\therefore f(x)=-x^2+4x+b$
$=-(x-2)^2+b+4$
㈐에서 $f(x)$의 최댓값이 4이므로
$b+4=4$ $\therefore b=0$
$\therefore f(x)=-(x-2)^2+4$
따라서 $-2\leq x\leq5$에서 $f(x)$의 최솟값은
$f(-2)=-16+4=-12$

15 1190 답 ②

유형 18

출제의도 | 등식이 조건으로 주어진 이차식의 최댓값과 최솟값을 구할 수 있는지 확인한다.

> 조건으로 주어진 등식에서 한 문자를 다른 문자에 대한 식으로 나타내어 이차식에 대입해 보자.

$x-y+1=0$에서 $y=x+1$

$\therefore x^2-2xy=x^2-2x(x+1)$

$\qquad\qquad\quad =-x^2-2x$

$\qquad\qquad\quad =-(x+1)^2+1$

이때 $-3\le x\le 2$이므로 $x=-1$일 때 최댓값은 1, $x=2$일 때 최솟값은 -8이다.

따라서 최댓값과 최솟값의 곱은

$1\times(-8)=-8$

16 1191 답 ⑤

유형 22

출제의도 | 가축우리의 넓이를 한 문자에 대한 이차함수로 나타내고 최댓값을 구할 수 있는지 확인한다.

> 직각을 낀 한 변의 길이를 x m라 하고 가축우리의 넓이를 x에 대한 이차함수로 나타내어 보자.

직각을 낀 한 변의 길이를 x m라 하면 다른 한 변의 길이는 $(60-x)$ m이다.

이때 변의 길이는 양수이므로 $0<x<60$

가축우리의 넓이를 S m²라 하면

$S=\dfrac{1}{2}x(60-x)=-\dfrac{1}{2}x^2+30x$

$\quad =-\dfrac{1}{2}(x-30)^2+450$

이때 $0<x<60$이므로 $x=30$일 때 최댓값은 450이다.

따라서 가축우리의 넓이의 최댓값은 450 m²이다.

17 1192 답 ②

유형 1

출제의도 | 이차함수 $y=f(x)$의 그래프와 x축의 교점의 x좌표는 이차방정식 $f(x)=0$의 실근과 같음을 이해하고, 이차방정식의 근과 계수의 관계를 이용하여 미정계수를 구할 수 있는지 확인한다.

> 이차방정식 $x^2+(a^2-a-12)x+a-4=0$의 한 근이 α이면 다른 한 근은 $-\alpha$야.

이차함수 $y=x^2+(a^2-a-12)x+a-4$의 그래프와 x축의 두 교점의 x좌표를 α, β라 하면 α, β는 이차방정식

$x^2+(a^2-a-12)x+a-4=0$의 두 근이다.

이때 α, β의 절댓값이 같고 부호가 서로 다르므로 $\beta=-\alpha$

이차방정식의 근과 계수의 관계에 의하여

$a+(-a)=-(a^2-a-12)$ ········· ㉠

$a\times(-a)=a-4$ ········· ㉡

㉠에서 $a^2-a-12=0$

$(a+3)(a-4)=0$ $\qquad \therefore a=-3$ 또는 $a=4$

㉡에서 $a-4<0$ $\qquad \therefore a<4$ $\qquad \leftarrow -a^2\le0$

따라서 상수 a의 값은 -3이다.

18 1193 답 ④

유형 9

출제의도 | 좌표평면에서 이차함수의 그래프와 직선의 교점을 활용하여 문제를 해결할 수 있는지 확인한다.

> 주어진 그래프에서 $\overline{\text{AC}}:\overline{\text{CB}}=1:2$이면
> |(점 A의 x좌표)|:|(점 B의 x좌표)|$=1:2$야.

$\overline{\text{AC}}:\overline{\text{CB}}=1:2$이므로 두 점 A, B의 x좌표를 각각 $-a$, $2a$ $(a>0)$라 하자.

이차함수 $y=x^2$의 그래프와 직선 $y=kx+2$의 두 교점의 x좌표가 $-a$, $2a$이므로 $-a$, $2a$는 이차방정식 $x^2=kx+2$, 즉 $x^2-kx-2=0$의 두 근이다.

이차방정식의 근과 계수의 관계에 의하여

$-a+2a=k$, $(-a)\times 2a=-2$

$k=a$, $a^2=1$

이때 $a>0$이므로 $a=1$ $\qquad \therefore k=1$

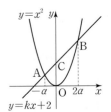

19 1194 답 ③

유형 11 + 유형 15

출제의도 | 절댓값 기호를 포함한 함수의 그래프를 이해하고, 제한된 범위에서 함수의 최댓값과 최솟값을 구할 수 있는지 확인한다.

> 함수 $y=|f(x)|$의 그래프는 함수 $y=f(x)$의 그래프를 그리고 x축 아랫부분을 x축 위로 꺾어 올리면 돼.

$f(x)=x^2-2x-3=(x-1)^2-4$라 하자.

$x^2-2x-3=0$에서 $(x+1)(x-3)=0$

$\therefore x=-1$ 또는 $x=3$

즉, $-1\le x\le 4$에서 함수 $y=|f(x)|$의 그래프는 그림과 같다.

따라서 $x=4$에서 최댓값 5를 가지고,

$x=-1$ 또는 $x=3$에서 최솟값 0을 가지므로

$M=5$, $m=0$

$\therefore M+m=5+0=5$

20 1195 답 ③

유형 21

출제의도 | 좌표평면에서 삼각형의 넓이를 한 문자에 대한 이차함수로 나타내고 최댓값을 구할 수 있는지 확인한다.

> 점 H의 좌표를 $(t, 0)$이라 하고 삼각형 POH의 넓이를 t에 대한 이차함수로 나타내어 보자.

점 H의 좌표를 $(t, 0)$ $(0<t<4)$이라 하면 $P(t, -2t+8)$이다.

$\therefore \overline{\text{OH}}=t$, $\overline{\text{PH}}=-2t+8$

삼각형 POH의 넓이를 S라 하면

$S=\dfrac{1}{2}\times\overline{\text{OH}}\times\overline{\text{PH}}=\dfrac{1}{2}t(-2t+8)$

$\quad =-t^2+4t=-(t-2)^2+4$

이때 $0<t<4$이므로 $t=2$일 때 최댓값은 4이다.

따라서 삼각형 POH의 넓이의 최댓값은 4이다.

21 1196 답 ②

유형 22

출제의도 | 직사각형의 넓이를 한 문자에 대한 이차함수로 나타내고 최댓값을 구할 수 있는지 확인한다.

$\overline{DG}=a$, $\overline{DE}=b$라 하고
직사각형 DEFG의 넓이를 a에 대한 이차함수로 나타내어 보자.

$\overline{DG}=a$, $\overline{DE}=b$라 하면 $\triangle ABC \backsim \triangle ADG$ (AA 닮음)이므로

$10:a=10:(10-b)$

$\therefore b=10-a$

이때 변의 길이는 양수이므로

$0<a<10$

직사각형 DEFG의 넓이를 S라 하면

$S=\overline{DG}\times\overline{DE}=ab=a(10-a)$

$\quad =-a^2+10a=-(a-5)^2+25$

이때 $0<a<10$이므로 $a=5$일 때 최댓값은 25이다.

따라서 직사각형 DEFG의 넓이의 최댓값은 25이다.

22 1197 답 -1, 9

유형 2

출제의도 | 이차함수 $y=f(x)$의 그래프와 x축의 두 교점 사이의 거리와 이차방정식의 근과 계수의 관계를 이용하여 미정계수를 구할 수 있는지 확인한다.

STEP1 두 근이 두 점 A, B의 x좌표인 이차방정식 세우기 [2점]

A$(\alpha,\ 0)$, B$(\beta,\ 0)$이라 하면 이차함수 $y=x^2+ax+2a$의 그래프와 x축의 두 교점의 x좌표가 α, β이므로 α, β는 이차방정식 $x^2+ax+2a=0$의 두 근이다.

STEP2 두 점 A, B의 x좌표의 합과 곱을 a에 대한 식으로 나타내기 [2점]

이차방정식의 근과 계수의 관계에 의하여

$\alpha+\beta=-a$, $\alpha\beta=2a$ ⋯⋯⋯⋯⋯⋯⋯⋯⋯⋯⋯⋯⋯ ㉠

STEP3 a의 값 구하기 [2점]

$\overline{AB}=3$이므로 $|\alpha-\beta|=3$

양변을 제곱하면 $(\alpha-\beta)^2=9$

$\therefore (\alpha+\beta)^2-4\alpha\beta=9$ ⋯⋯⋯⋯⋯⋯⋯⋯⋯⋯⋯⋯ ㉡

㉠을 ㉡에 대입하면 $a^2-8a=9$

$a^2-8a-9=0$, $(a+1)(a-9)=0$

$\therefore a=-1$ 또는 $a=9$

23 1198 답 48

유형 16

출제의도 | 공통부분을 치환하여 함수의 최솟값을 구하고, 이때의 x의 값을 구할 수 있는지 확인한다.

STEP1 공통부분을 t로 치환하고, t의 값의 범위 구하기 [2점]

$x^2+4x=t$라 하면

$t=(x+2)^2-4\geq-4$

STEP2 m의 값 구하기 [2점]

주어진 함수는

$y=(x^2+4x)^2+10x^2+40x$

$\quad =(x^2+4x)^2+10(x^2+4x)$

$\quad =t^2+10t$

$\quad =(t+5)^2-25$

이때 $t\geq-4$이므로 $t=-4$에서 최솟값 -24를 가진다.

$\therefore m=-24$

STEP3 a의 값을 구하고, am의 값 구하기 [2점]

$t=x^2+4x=-4$에서

$x^2+4x+4=0$, $(x+2)^2=0$

$\therefore x=-2$

$\therefore a=-2$

$\therefore am=(-2)\times(-24)=48$

24 1199 답 -3

유형 10

출제의도 | 두 이차함수 $y=f(x)$, $y=g(x)$의 그래프의 교점의 x좌표와 이차방정식 $f(x)=g(x)$의 관계를 이해하고, 이차방정식의 근과 계수의 관계를 이용하여 미정계수를 구할 수 있는지 확인한다.

STEP1 두 근이 α, β인 이차방정식 세우기 [2점]

두 이차함수 $f(x)=x^2-2x+k$, $g(x)=-2x^2+4x+21$의 그래프의 두 교점의 x좌표가 α, β이므로 α, β는 이차방정식

$x^2-2x+k=-2x^2+4x+21$, 즉 $3x^2-6x+k-21=0$

의 두 근이다.

STEP2 $\alpha+\beta$, $\alpha\beta$를 k에 대한 식으로 나타내기 [2점]

이차방정식의 근과 계수의 관계에 의하여

$\alpha+\beta=2$, $\alpha\beta=\dfrac{k-21}{3}$ ⋯⋯⋯⋯⋯⋯⋯⋯⋯ ㉠

STEP3 k의 값 구하기 [2점]

$\alpha^2+\beta^2=20$이므로

$(\alpha+\beta)^2-2\alpha\beta=20$ ⋯⋯⋯⋯⋯⋯⋯⋯⋯⋯⋯⋯ ㉡

㉠을 ㉡에 대입하면 $4-2\times\dfrac{k-21}{3}=20$

$\dfrac{k-21}{3}=-8$, $k-21=-24$

$\therefore k=-3$

STEP4 이차방정식 $f(x)=0$의 두 근의 곱 구하기 [2점]

$f(x)=x^2-2x-3$이므로 이차방정식 $f(x)=0$, 즉

$x^2-2x-3=0$의 두 근의 곱은 이차방정식의 근과 계수의 관계에 의하여 -3이다.

25 1200 답 -6

유형 15

출제의도 | 제한된 범위에서 최댓값이 주어질 때 이를 만족시키는 이차함수의 미정계수를 구할 수 있는지 확인한다.

STEP1 주어진 이차함수를 $y=k(x-p)^2+q$ 꼴로 변형하기 [1점]

$y=ax^2-4ax+a^2+8a$

$\quad =a(x-2)^2+a^2+4a$ ⋯⋯⋯⋯⋯⋯⋯⋯⋯⋯⋯⋯ ㉠

STEP2 $a<0$일 때, a의 값 구하기 [3점]

$a<0$일 때, $-2\leq x\leq4$에서 ㉠의 그래프는 그림과 같다.

주어진 함수는 $x=2$에서 최댓값

a^2+4a를 가지므로

$a^2+4a=21$, $a^2+4a-21=0$

$(a+7)(a-3)=0$

$\therefore a=-7$ $(\because a<0)$

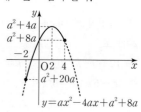

05

STEP3 $a>0$일 때, a의 값 구하기 [3점]

$a>0$일 때, $-2\leq x\leq 4$에서 ㉠의 그래프는 그림과 같다.

주어진 함수는 $x=-2$에서
최댓값 a^2+20a를 가지므로

$a^2+20a=21$

$a^2+20a-21=0$

$(a+21)(a-1)=0$

$\therefore a=1\ (\because a>0)$

STEP4 모든 상수 a의 값 구하기 [1점]

모든 상수 a의 값의 합은

$(-7)+1=-6$

실력 check 실전 마무리하기 2회   255쪽~259쪽

1 1201 답 ②   유형1

출제의도 | 이차함수 $y=f(x)$의 그래프와 x축의 교점의 x좌표는 이차방정식 $f(x)=0$의 실근과 같음을 이해하고 있는지 확인한다.

> a는 이차방정식 $x^2+2x-8=0$의 근이야.

이차함수 $y=x^2+2x-8$의 그래프와 x축의 교점의 x좌표가 a이므로 a는 이차방정식 $x^2+2x-8=0$의 근이다.

즉, $x^2+2x-8=0$에서

$(x+4)(x-2)=0$ $\therefore x=-4$ 또는 $x=2$

이때 $a>0$이므로 $a=2$

2 1202 답 ④   유형4

출제의도 | 이차방정식의 판별식을 이용하여 이차함수의 그래프와 x축의 위치 관계에 대한 문제를 해결할 수 있는지 확인한다.

> 이차함수 $y=f(x)$의 그래프가 x축에 접하려면 이차방정식 $f(x)=0$의 판별식 D의 값이 0이어야 해.

이차함수 $y=x^2-6x+a$의 그래프가 x축에 접하므로 이차방정식 $x^2-6x+a=0$의 판별식을 D라 하면

$\dfrac{D}{4}=(-3)^2-a=0$ $\therefore a=9$

3 1203 답 ④   유형5

출제의도 | 이차함수 $y=f(x)$의 그래프와 직선 $y=g(x)$의 교점의 x좌표는 이차방정식 $f(x)=g(x)$의 실근과 같음을 이해하고 있는지 확인한다.

> 2는 이차방정식 $x^2-4x+5=2x+k$의 한 근이야.

이차방정식 $x^2-4x+5=2x+k$, 즉 $x^2-6x+5-k=0$의 한 근이 2이므로

$4-12+5-k=0$ $\therefore k=-3$

즉, $x^2-6x+8=0$에서

$(x-2)(x-4)=0$ $\therefore x=2$ 또는 $x=4$

$x=4$를 $y=2x-3$에 대입하면 $y=5$

따라서 점 B의 좌표는 $(4,\ 5)$이므로

$a=4,\ b=5$

$\therefore ab=4\times 5=20$

4 1204 답 ④   유형6

출제의도 | 이차함수 $y=f(x)$의 그래프와 직선 $y=g(x)$의 교점의 x좌표는 이차방정식 $f(x)=g(x)$의 실근과 같음을 이해하고 있는지 확인한다.

> 두 교점의 x좌표를 α, β라 하면 $\alpha+\beta=3$, $\alpha\beta=-4$야.

이차함수 $y=x^2+ax+b$의 그래프와 직선 $y=x-a$의 두 교점의 x좌표를 α, β라 하면 α, β는 이차방정식

$x^2+ax+b=x-a$, 즉 $x^2+(a-1)x+a+b=0$

의 두 근이다.

이차방정식의 근과 계수의 관계에 의하여

$3=-(a-1)$, $-4=a+b$

위의 두 식을 연립하여 풀면 $a=-2$, $b=-2$

$\therefore ab=(-2)\times(-2)=4$

5 1205 답 ②   유형7

출제의도 | 이차방정식의 판별식을 이용하여 이차함수의 그래프와 직선의 위치 관계에 대한 문제를 해결할 수 있는지 확인한다.

> 이차함수의 그래프와 직선이 만난다는 것은 한 점에서 만나거나 두 점에서 만나는 것을 의미해.

이차함수 $y=x^2-(k+2)x+k$의 그래프와 직선 $y=k(x-k)$가 만나므로 이차방정식

$x^2-(k+2)x+k=k(x-k)$, 즉 $x^2-2(k+1)x+k^2+k=0$

의 판별식을 D라 하면

$\dfrac{D}{4}=\{-(k+1)\}^2-(k^2+k)\geq 0$

$k+1\geq 0$ $\therefore k\geq -1$

따라서 실수 k의 최솟값은 -1이다.

6 1206 답 ②   유형13

출제의도 | 최댓값이 주어질 때 이차함수의 미정계수를 구할 수 있는지 확인한다.

> x의 값의 범위가 실수 전체인 이차함수의 최댓값 또는 최솟값은 그래프의 꼭짓점의 y좌표야.

$y=-2x^2+4x-a+1$

$\quad =-2(x-1)^2-a+3$

이므로 $x=1$에서 최댓값 $-a+3$을 가진다.

즉, $-a+3=5$이므로 $a=-2$

따라서 $y=-2x^2+4x+3$이므로 이 이차함수의 그래프가 y축과 만나는 점의 y좌표는 3이다.

$\therefore b=3$

$\therefore a+b=-2+3=1$

7 1207 답 ①

유형 15

출제의도 | 제한된 범위에서 이차함수의 최댓값과 최솟값을 구할 수 있는지 확인한다.

> 제한된 범위에서 이차함수의 최댓값과 최솟값을 구할 때에는 그래프의 꼭짓점의 x좌표가 주어진 범위에 포함되는지 꼭 확인해야 해.

$$y = -x^2 + 4x + 11$$
$$= -(x-2)^2 + 15$$

$1 \leq x \leq 4$에서 주어진 함수는 $x=2$에서 최댓값 15를 가지고, $x=4$에서 최솟값 11을 가지므로 최댓값과 최솟값의 합은

$$15 + 11 = 26$$

8 1208 답 ③

유형 15

출제의도 | 제한된 범위에서 최솟값이 주어질 때 이를 만족시키는 이차함수의 미정계수와 최댓값을 구할 수 있는지 확인한다.

> 제한된 범위에서 이차함수의 최댓값 또는 최솟값을 구할 때에는 그래프의 꼭짓점의 x좌표가 주어진 범위에 포함되는지 꼭 확인해야 해.

$$f(x) = \frac{1}{2}x^2 + x + k$$
$$= \frac{1}{2}(x+1)^2 + k - \frac{1}{2}$$

이므로 $0 \leq x \leq 4$에서 $y=f(x)$의 그래프는 그림과 같다.

$x=0$에서 최솟값 k를 가지므로

$$k = -3$$

즉, $f(x) = \frac{1}{2}x^2 + x - 3$이고, $x=4$에서

최댓값 9를 가지므로

$$M = 9$$

$$\therefore k + M = -3 + 9 = 6$$

9 1209 답 ⑤

유형 1

출제의도 | 이차함수 $y=f(x)$의 그래프와 x축의 교점의 x좌표는 이차방정식 $f(x)=0$의 실근과 같음을 이해하고 있는지 확인한다.

> 이차함수 $y = -ax^2 + bx - c$의 그래프가 x축과 만나는 두 점의 x좌표는 이차방정식 $-ax^2 + bx - c = 0$의 두 근이야.

이차함수 $y = -ax^2 + bx - c$의 그래프와 x축의 두 교점의 x좌표가 α, β이므로 α, β는 이차방정식

$$-ax^2 + bx - c = 0, \ \ 즉 \ ax^2 - bx + c = 0$$

의 두 근이다.

따라서 $\alpha = -2$, $\beta = 4$ 또는 $\alpha = 4$, $\beta = -2$이므로

$$\alpha + \beta = -2 + 4 = 2$$

다른 풀이

이차방정식 $ax^2 - bx + c = 0$의 두 근이 -2, 4이므로 이차방정식의 근과 계수의 관계에 의하여

$$-2 + 4 = \frac{b}{a}, \ \ -2 \times 4 = \frac{c}{a}$$

$$\therefore b = 2a, \ c = -8a$$

$$\therefore y = -ax^2 + bx - c$$
$$= -ax^2 + 2ax + 8a$$

이차함수 $y = -ax^2 + 2ax + 8a$의 그래프가 x축과 만나는 두 점의 x좌표가 α, β이므로 α, β는 이차방정식

$$-ax^2 + 2ax + 8a = 0, \ \ 즉 \ x^2 - 2x - 8 = 0$$

의 두 근이다.

따라서 이차방정식의 근과 계수의 관계에 의하여

$$\alpha + \beta = 2$$

10 1210 답 ⑤

유형 3

출제의도 | 이차함수 $y=f(x)$의 그래프와 이차방정식 $f(ax+b)=0$의 관계를 이해하고 있는지 확인한다.

> $f(\alpha) = 0$, $f(\beta) = 0$임을 이용하여 이차방정식 $f(x-1)=0$의 두 근을 α, β에 대한 식으로 나타내어 보자.

이차함수 $y=f(x)$의 그래프와 x축의 두 교점의 x좌표가 α, β이므로 α, β는 이차방정식 $f(x)=0$의 두 근이다.

즉, $f(\alpha) = 0$, $f(\beta) = 0$이므로 $f(x-1)=0$이려면

$$x - 1 = \alpha \ \ 또는 \ x - 1 = \beta$$

$$\therefore x = \alpha + 1 \ \ 또는 \ x = \beta + 1$$

따라서 이차방정식 $f(x-1)=0$의 두 근의 합은

$$(\alpha + 1) + (\beta + 1) = \alpha + \beta + 2 = 3 + 2 = 5$$

11 1211 답 ⑤

유형 6

출제의도 | 이차함수 $y=f(x)$의 그래프와 직선 $y=g(x)$의 교점의 x좌표는 이차방정식 $f(x)=g(x)$의 실근과 같음을 이해하고 있는지 확인한다.

> 계수가 유리수인 이차방정식에서 $3 + \sqrt{5}$가 근이면 $3 - \sqrt{5}$도 근이야.

이차함수 $y = x^2 + ax$의 그래프와 직선 $y = x + b$의 한 교점의 x좌표가 $3 + \sqrt{5}$이므로 $3 + \sqrt{5}$는 이차방정식

$$x^2 + ax = x + b, \ \ 즉 \ x^2 + (a-1)x - b = 0$$

의 한 근이다.

이때 이 이차방정식의 계수가 모두 유리수이고 한 근이 $3 + \sqrt{5}$이므로 다른 한 근은 $3 - \sqrt{5}$이다.

따라서 이차방정식의 근과 계수의 관계에 의하여

$$(3 + \sqrt{5}) + (3 - \sqrt{5}) = -(a-1), \ \ (3 + \sqrt{5}) \times (3 - \sqrt{5}) = -b$$

$$\therefore a = -5, \ b = -4$$

$$\therefore ab = (-5) \times (-4) = 20$$

12 1212 답 ①

유형 6

출제의도 | 이차함수 $y=f(x)$의 그래프와 직선 $y=g(x)$의 교점의 x좌표는 이차방정식 $f(x)=g(x)$의 실근과 같음을 이해하고 있는지 확인한다.

> x_1, x_2는 이차방정식 $x^2 - 2x - k = 3x + 2$의 두 근이야.

이차함수 $y = x^2 - 2x - k$의 그래프와 직선 $y = 3x + 2$의 두 교점의 x좌표가 x_1, x_2이므로 x_1, x_2는 이차방정식

$$x^2 - 2x - k = 3x + 2, \ \ 즉 \ x^2 - 5x - k - 2 = 0$$

의 두 근이다.

이차방정식의 근과 계수의 관계에 의하여
$x_1+x_2=5,\ x_1x_2=-k-2$ ·········· ㉠
이때 $|x_1-x_2|=3$이므로 양변을 제곱하면
$(x_1-x_2)^2=9$
$\therefore\ (x_1+x_2)^2-4x_1x_2=9$ ·········· ㉡
㉠을 ㉡에 대입하면
$5^2-4(-k-2)=9$
$33+4k=9,\ 4k=-24$
$\therefore\ k=-6$

13 1213 답 ③
유형 7

출제의도 | 이차방정식의 판별식을 이용하여 이차함수의 그래프와 직선의 위치 관계에 대한 문제를 해결할 수 있는지 확인한다.

> 이차함수 $y=f(x)$의 그래프와 직선 $y=g(x)$가 접하려면 이차방정식 $f(x)=g(x)$의 판별식 D의 값이 0이어야 해.

이차함수 $y=x^2+ax+4b$의 그래프와 직선 $y=x+b^2+4$가 접하므로 이차방정식
$x^2+ax+4b=x+b^2+4$, 즉 $x^2+(a-1)x-b^2+4b-4=0$
의 판별식을 D라 하면
$D=(a-1)^2-4(-b^2+4b-4)=0$
$\underline{(a-1)^2+4(b-2)^2=0}$
$\therefore\ a=1,\ b=2$ ⟶ 두 실수 A, B에 대하여 $A^2+B^2=0$이면 $A=0,\ B=0$
$\therefore\ a+b=1+2=3$

14 1214 답 ⑤
유형 12

출제의도 | 이차함수의 최댓값과 최솟값을 구할 수 있는지 확인한다.

> 주어진 이차함수를 $y=(x-p)^2+q$ 꼴로 변형하여 m을 a에 대한 식으로 나타내어 보자.

$y=x^2+2ax+8a-6$
$\quad=(x+a)^2-a^2+8a-6$
이므로 $x=-a$에서 최솟값 $-a^2+8a-6$을 가진다.
$\therefore\ m=-a^2+8a-6$
$\qquad=-(a-4)^2+10$
따라서 m은 $a=4$에서 최댓값 10을 가진다.

15 1215 답 ①
유형 14

출제의도 | 주어진 조건을 이해하고 이차함수의 미정계수를 구하여 이차함수의 최솟값을 구할 수 있는지 확인한다.

> 모든 실수 x에 대하여 $f(x) \geq f(-3)$이면 $f(x)$는 $x=-3$에서 최솟값을 가져.

㈏에 의하여 $f(x)$는 $x=-3$에서 최솟값을 가지고, 최고차항의 계수가 1이므로 $f(x)=(x+3)^2+k$ (k는 상수)로 놓을 수 있다.
이때 ㈎에서 $f(1)=6$이므로
$16+k=6$ $\quad\therefore\ k=-10$
따라서 $f(x)=(x+3)^2-10$이므로 $f(x)$의 최솟값은 -10이다.

16 1216 답 ④
유형 17

출제의도 | 완전제곱식을 이용하여 이차식의 최솟값을 구할 수 있는지 확인한다.

> 주어진 이차식을 $a(x-by)^2+c(y-d)^2+e$ 꼴로 변형해 보자.

$x^2+10y^2-6xy-4y+5$
$=(x^2-6xy+9y^2)+(y^2-4y+4)+1$
$=(x-3y)^2+(y-2)^2+1$
이때 x, y가 실수이므로
$(x-3y)^2\geq0,\ (y-2)^2\geq0$
$\therefore\ x^2+10y^2-6xy-4y+5\geq1$
따라서 $\underline{x=6,\ y=2}$일 때 최솟값은 1이므로 ⟶ $x-3y=0,\ y-2=0$
$p=6,\ q=2,\ m=1$
$\therefore\ p+q+m=6+2+1=9$

17 1217 답 ①
유형 2

출제의도 | 이차함수 $y=f(x)$의 그래프와 x축의 두 교점 사이의 거리와 이차방정식의 근과 계수의 관계를 이용하여 미정계수를 구할 수 있는지 확인한다.

> 꼭짓점의 좌표를 이용하여 이차함수의 식을 $y=a(x-p)^2+q$ 꼴로 나타내어 보자.

꼭짓점의 좌표가 $(1,\ 9)$이므로
$y=ax^2+bx+c=a(x-1)^2+9=ax^2-2ax+a+9$
이 이차함수의 그래프와 x축의 두 교점의 x좌표를 α, β라 하면 α, β는 이차방정식 $ax^2-2ax+a+9=0$의 두 근이다.
이차방정식의 근과 계수의 관계에 의하여
$\alpha+\beta=2,\ \alpha\beta=\dfrac{a+9}{a}$ ·········· ㉠
이때 $\overline{AB}=6$이므로 $|\alpha-\beta|=6$
양변을 제곱하면 $(\alpha-\beta)^2=36$
$\therefore\ (\alpha+\beta)^2-4\alpha\beta=36$ ·········· ㉡
㉠을 ㉡에 대입하면 $4-4\times\dfrac{a+9}{a}=36$
$\dfrac{a+9}{a}=-8,\ a+9=-8a$
$9a=-9$ $\quad\therefore\ a=-1$
따라서 주어진 이차함수의 식은 $y=-x^2+2x+8$이므로
$a=-1,\ b=2,\ c=8$
$\therefore\ abc=(-1)\times2\times8=-16$

18 1218 답 ③
유형 9

출제의도 | 좌표평면에서 이차함수의 그래프와 직선의 교점을 활용하여 문제를 해결할 수 있는지 확인한다.

> 두 점 A, B의 좌표를 $A(\alpha,\ m\alpha)$, $B(\beta,\ m\beta)$라 하면 α, β는 이차방정식 $-2x^2+4=mx$의 근임을 이용해 보자.

두 점 A, B의 x좌표를 각각 α, β ($\alpha<0<\beta$)라 하면 두 점 A, B는 직선 $y=mx$ 위에 있으므로
$A(\alpha,\ m\alpha)$, $B(\beta,\ m\beta)$

이차함수 $y=-2x^2+4$의 그래프와 직선 $y=mx$의 두 교점의 x좌표가 α, β이므로 α, β는 이차방정식

$-2x^2+4=mx$, 즉 $2x^2+mx-4=0$

의 두 근이다.

이차방정식의 근과 계수의 관계에 의하여

$$\alpha+\beta=-\frac{m}{2}$$

이때 $|\overline{AC}-\overline{BD}|=8$이고, $\overline{AC}=-m\alpha$, $\overline{BD}=m\beta$이므로

$$|\overline{AC}-\overline{BD}|=|-m\alpha-m\beta|=|-m(\alpha+\beta)|$$
$$=\left|-m\times\left(-\frac{m}{2}\right)\right|=\frac{m^2}{2}=8$$

$m^2=16$ $\therefore m=4\ (\because m>0)$

19 1219 답 ⑤   유형 12

출제의도 | 가우스 기호를 이해하고, 최솟값을 가질 때의 x의 값의 범위를 구할 수 있는지 확인한다.

> $\left[\dfrac{x}{3}\right]$를 하나의 문자로 생각하여 주어진 함수를 $y=a(x-p)^2+q$ 꼴로 변형해 보자.

$$y=\left[\frac{x}{3}\right]^2-6\left[\frac{x}{3}\right]+11=\left(\left[\frac{x}{3}\right]-3\right)^2+2$$

이므로 $\left[\dfrac{x}{3}\right]=3$일 때 최솟값은 2이다.

즉, $3\leq\dfrac{x}{3}<4$에서

$9\leq x<12$

따라서 정수 x는 9, 10, 11이므로 그 합은

$9+10+11=30$

20 1220 답 ③   유형 21

출제의도 | 이차함수의 최댓값과 최솟값을 활용하여 도형의 둘레의 길이의 최댓값을 구할 수 있는지 확인한다.

> 점 D의 좌표를 $(a, 0)$이라 하고 직사각형 ABCD의 둘레의 길이를 a에 대한 식으로 나타내어 보자.

점 D의 좌표를 $(a, 0)$ $(0<a<\sqrt{5})$이라 하면

$\text{A}(a, -a^2+5)$ → $y=-x^2+5$의 그래프가 $x>0$인

$\therefore \overline{AB}=2a$, $\overline{AD}=-a^2+5$ 부분에서 x축과 만나는 점의 x좌표가 $\sqrt{5}$이므로 $a<\sqrt{5}$이다.

직사각형 ABCD의 둘레의 길이를 l이라 하면

$$l=2(\overline{AB}+\overline{AD})=2\{2a+(-a^2+5)\}$$
$$=-2a^2+4a+10=-2(a-1)^2+12$$

이때 $0<a<\sqrt{5}$이므로 $a=1$일 때 최댓값은 12이다.

따라서 직사각형 ABCD의 둘레의 길이의 최댓값은 12이다.

21 1221 답 ①   유형 22

출제의도 | 이차함수의 최댓값과 최솟값을 활용하여 도형의 넓이의 최댓값을 구할 수 있는지 확인한다.

> $\overline{BQ}=x$, $\overline{PQ}=y$라 하고 삼각형의 닮음을 이용하여 y를 x에 대한 식으로 나타내어 보자.

$\overline{BQ}=x$, $\overline{PQ}=y$라 하면 $\triangle ABC\backsim\triangle PQC$ (AA닮음)이므로

$4:y=8:(8-x)$ $\therefore y=4-\frac{1}{2}x$ $\overline{AB}:\overline{PQ}=\overline{BC}:\overline{QC}$

이때 변의 길이는 양수이므로 $0<x<8$

삼각형 PBQ의 넓이를 S라 하면

$$S=\frac{1}{2}xy=\frac{1}{2}x\left(4-\frac{1}{2}x\right)$$
$$=-\frac{1}{4}x^2+2x=-\frac{1}{4}(x-4)^2+4$$

이때 $0<x<8$이므로 $x=4$일 때 최댓값은 4이다.

따라서 삼각형 PBQ의 넓이의 최댓값은 4이다.

22 1222 답 3   유형 6

출제의도 | 이차함수 $y=f(x)$의 그래프와 직선 $y=g(x)$의 교점의 x좌표는 이차방정식 $f(x)=g(x)$의 실근과 같음을 이해하고 있는지 확인한다.

STEP1 평행이동한 이차함수의 그래프의 식 구하기 [2점]

이차함수 $y=x^2+6x+7$, 즉 $y=(x+3)^2-2$의 그래프를 x축의 방향으로 2만큼, y축의 방향으로 -3만큼 평행이동하면 꼭짓점 $(-3, -2)$는 점 $(-1, -5)$로 이동하므로 평행이동한 이차함수의 식은

$y=(x+1)^2-5$

STEP2 두 근이 두 점 A, B의 x좌표인 이차방정식 세우기 [2점]

두 점 A, B는 이차함수 $y=(x+1)^2-5$의 그래프와 직선 $y=(m-1)x$의 교점이므로 두 점 A, B의 x좌표는 이차방정식

$(x+1)^2-5=(m-1)x$, 즉 $x^2-(m-3)x-4=0$

의 두 근이다.

STEP3 m의 값 구하기 [2점]

두 점 A, B의 x좌표의 합이 0이므로 이차방정식

$x^2-(m-3)x-4=0$의 두 근의 합이 0이다.

따라서 이차방정식의 근과 계수의 관계에 의하여

$m-3=0$ $\therefore m=3$

23 1223 답 6   유형 7 + 유형 8

출제의도 | 이차방정식의 판별식을 이용하여 이차함수의 그래프와 직선의 위치 관계에 대한 문제를 해결할 수 있는지 확인한다.

STEP1 m의 값 구하기 [3점]

직선 $y=mx+1$이 이차함수 $y=x^2-4x+10$의 그래프에 접하므로 이차방정식

$x^2-4x+10=mx+1$, 즉 $x^2-(m+4)x+9=0$

의 판별식을 D_1이라 하면

$D_1=\{-(m+4)\}^2-4\times1\times9=0$

$m^2+8m-20=0$, $(m+10)(m-2)=0$

$\therefore m=2\ (\because m>0)$

STEP2 n의 값 구하기 [2점]

직선 $y=2x+1$이 이차함수 $y=2x^2-2x+n$의 그래프에 접하므로 이차방정식

$2x^2-2x+n=2x+1$, 즉 $2x^2-4x+n-1=0$

의 판별식을 D_2라 하면

$$\frac{D_2}{4}=(-2)^2-2(n-1)=0$$

$$6-2n=0 \quad \therefore n=3$$

STEP 3 mn의 값 구하기 [1점]

$$mn=2\times3=6$$

24 1224 답 -2 유형 16

출제의도 | 공통부분을 치환하여 함수의 최댓값과 최솟값을 구하고, 이때의 x의 값을 각각 구할 수 있는지 확인한다.

STEP 1 공통부분을 t로 치환하고, t의 값의 범위 구하기 [3점]

$x^2-2x+3=t$라 하면

$t=(x-1)^2+2$

$1\le x\le3$이므로 그림에서

$2\le t\le6$

STEP 2 M, m의 값 구하기 [2점]

이때 주어진 함수는

$y=t^2-6t+1=(t-3)^2-8$

이므로 $t=6$에서 최댓값 1을 가지고, $t=3$에서 최솟값 -8을 가진다.

$\therefore M=1, m=-8$

STEP 3 a, b의 값 구하기 [2점]

$t=x^2-2x+3=6$에서

$x^2-2x-3=0, (x+1)(x-3)=0$

$\therefore x=3 (\because 1\le x\le3) \quad \therefore a=3$

또한, $t=x^2-2x+3=3$에서

$x^2-2x=0, x(x-2)=0$

$\therefore x=2 (\because 1\le x\le3) \quad \therefore b=2$

STEP 4 $a+b+M+m$의 값 구하기 [1점]

$a+b+M+m=3+2+1+(-8)=-2$

25 1225 답 30 유형 20

출제의도 | 주어진 문제 상황을 이해하고, 한 문자에 대한 식으로 나타내어 최댓값을 구할 수 있는지 확인한다.

STEP 1 변수 x, y 정하기 [1점]

한 체험 시간의 예약자를 x명, 입장료 수입을 y원이라 하자.

STEP 2 $0\le x\le20$일 때 y의 최댓값 구하기 [2점]

$0\le x\le20$일 때

$y=4000x$

이므로 예약자가 20명일 때 입장료 수입의 최댓값은 80000원이다.

STEP 3 $20<x\le35$일 때 y의 최댓값 구하기 [4점]

$20<x\le35$일 때 한 사람의 입장료가

$4000-(x-20)\times100=6000-100x$(원)이므로

$y=(6000-100x)\times x$

$\quad=-100x^2+6000x$

$\quad=-100(x-30)^2+90000$

즉, 예약자가 30명일 때 입장료 수입의 최댓값은 90000원이다.

STEP 4 한 체험 시간의 입장료 수입이 최대가 되게 하는 예약자 수 구하기 [1점]

한 체험 시간의 입장료 수입이 최대가 되게 하는 예약자 수는 30이다.

06 여러 가지 방정식

핵심 개념 264쪽~266쪽

1226 답 (1) $x=-3$ 또는 $x=0$ 또는 $x=2$

(2) $x=-2$ 또는 $x=-1$ 또는 $x=\frac{1}{2}$

(1) $x^3+x^2-6x=0$의 좌변을 인수분해하면

$x(x^2+x-6)=0, x(x-2)(x+3)=0$

$\therefore x=-3$ 또는 $x=0$ 또는 $x=2$

(2) $P(x)=2x^3+5x^2+x-2$로 놓으면

$P(-1)=-2+5-1-2=0$이므로

조립제법을 이용하여 $P(x)$를 인수분해하면

-1	2	5	1	-2
		-2	-3	2
	2	3	-2	0

$P(x)=(x+1)(2x^2+3x-2)$

$\quad\quad=(x+1)(x+2)(2x-1)$

즉, 주어진 방정식은

$(x+1)(x+2)(2x-1)=0$

$\therefore x=-2$ 또는 $x=-1$ 또는 $x=\frac{1}{2}$

1227 답 (1) $x=\pm3$ 또는 $x=\pm3i$

(2) $x=-6$ 또는 $x=0$ 또는 $x=1$ 또는 $x=4$

(3) $x=\pm3$ 또는 $x=\pm\sqrt{2}i$

(1) $x^4-81=0$에서 $(x^2+9)(x^2-9)=0$

$(x+3)(x-3)(x^2+9)=0 \quad \therefore x=\pm3$ 또는 $x=\pm3i$

(2) $x^4+x^3-26x^2+24x=0$의 좌변을 인수분해하면

$x^4+x^3-26x^2+24x=x(x^3+x^2-26x+24)$

$P(x)=x^3+x^2-26x+24$로 놓으면

$P(1)=1+1-26+24=0$이므로

조립제법을 이용하여 $P(x)$를 인수분해하면

1	1	1	-26	24
		1	2	-24
	1	2	-24	0

$P(x)=(x-1)(x^2+2x-24)$

$\quad\quad=(x-1)(x+6)(x-4)$

즉, 주어진 방정식은

$x(x-1)(x+6)(x-4)=0$

$\therefore x=-6$ 또는 $x=0$ 또는 $x=1$ 또는 $x=4$

(3) $x^2+1=X$로 놓으면

$X^2-9X-10=0, (X+1)(X-10)=0$

$\therefore X=-1$ 또는 $X=10$

(ⅰ) $X=-1$일 때, $x^2+1=-1$

$x^2=-2 \quad \therefore x=\pm\sqrt{2}i$

(ⅱ) $X=10$일 때, $x^2+1=10$

$x^2=9 \quad \therefore x=\pm3$

(ⅰ), (ⅱ)에서 $x=\pm3$ 또는 $x=\pm\sqrt{2}i$

1228 답 $x=\pm i$ 또는 $x=\pm\sqrt{5}$

$x^2=X$로 놓으면

$X^2-4X-5=0$, $(X+1)(X-5)=0$

$\therefore X=-1$ 또는 $X=5$

즉, $x^2=-1$ 또는 $x^2=5$

$\therefore x=\pm i$ 또는 $x=\pm\sqrt{5}$

1229 답 $x=1$(중근) 또는 $x=\dfrac{1\pm\sqrt{3}i}{2}$

$x\neq0$이므로 주어진 방정식의 양변을 x^2으로 나누면

$x^2-3x+4-\dfrac{3}{x}+\dfrac{1}{x^2}=0$

$x^2+\dfrac{1}{x^2}-3\left(x+\dfrac{1}{x}\right)+4=0$

$\left(x+\dfrac{1}{x}\right)^2-3\left(x+\dfrac{1}{x}\right)+2=0$

$x+\dfrac{1}{x}=X$로 놓으면

$X^2-3X+2=0$, $(X-1)(X-2)=0$

$\therefore X=1$ 또는 $X=2$

(i) $X=1$일 때, $x+\dfrac{1}{x}=1$

$\quad x^2-x+1=0$ $\quad\therefore x=\dfrac{1\pm\sqrt{3}i}{2}$

(ii) $X=2$일 때, $x+\dfrac{1}{x}=2$

$\quad x^2-2x+1=0$, $(x-1)^2=0$ $\quad\therefore x=1$(중근)

(i), (ii)에서 $x=1$(중근) 또는 $x=\dfrac{1\pm\sqrt{3}i}{2}$

1230 답 (1) $-\dfrac{1}{2}$ (2) -1 (3) $\dfrac{3}{2}$

(1) $\alpha+\beta+\gamma=-\dfrac{1}{2}$

(2) $\alpha\beta+\beta\gamma+\gamma\alpha=\dfrac{-2}{2}=-1$

(3) $\alpha\beta\gamma=-\dfrac{-3}{2}=\dfrac{3}{2}$

1231 답 (1) -5 (2) $-\dfrac{3}{4}$ (3) -7

삼차방정식의 근과 계수의 관계에 의하여

$\alpha+\beta+\gamma=1$, $\alpha\beta+\beta\gamma+\gamma\alpha=3$, $\alpha\beta\gamma=-4$이므로

(1) $\alpha^2+\beta^2+\gamma^2=(\alpha+\beta+\gamma)^2-2(\alpha\beta+\beta\gamma+\gamma\alpha)$

$\qquad\qquad\qquad =1^2-2\times3=-5$

(2) $\dfrac{1}{\alpha}+\dfrac{1}{\beta}+\dfrac{1}{\gamma}=\dfrac{\alpha\beta+\beta\gamma+\gamma\alpha}{\alpha\beta\gamma}$

$\qquad\qquad\qquad =\dfrac{3}{-4}=-\dfrac{3}{4}$

(3) $(\alpha-1)(\beta-1)(\gamma-1)$

$\quad =\alpha\beta\gamma+(\alpha+\beta+\gamma)-(\alpha\beta+\beta\gamma+\gamma\alpha)-1$

$\quad =-4+1-3-1$

$\quad =-7$

1232 답 (1) 0 (2) 1 (3) -1

(1) $x^3=1$에서 $x^3-1=0$

$x^3-1=(x-1)(x^2+x+1)=0$에서 ω는 허근이므로

이차방정식 $x^2+x+1=0$의 근이다.

$\therefore \omega^2+\omega+1=0$

(2) ω가 이차방정식 $x^2+x+1=0$의 근이면 $\overline{\omega}$도 근이므로

근과 계수의 관계에 의하여

$\omega\overline{\omega}=1$

(3) $\omega^2+\omega+1=0$의 양변을 ω로 나누면
$\qquad\qquad\qquad\qquad\qquad\rightarrow \omega\neq0$

$\omega+1+\dfrac{1}{\omega}=0$ $\quad\therefore \omega+\dfrac{1}{\omega}=-1$

1233 답 (1) 0 (2) 1 (3) 1

(1) $x^3=-1$에서 $x^3+1=0$

$x^3+1=(x+1)(x^2-x+1)=0$에서 ω는 허근이므로

이차방정식 $x^2-x+1=0$의 근이다.

$\therefore \omega^2-\omega+1=0$

(2) ω가 이차방정식 $x^2-x+1=0$의 근이면 $\overline{\omega}$도 근이므로

근과 계수의 관계에 의하여

$\omega+\overline{\omega}=1$

(3) $\omega^2-\omega+1=0$에서 $\omega^2=\omega-1$이므로

$\dfrac{\omega^2}{\omega-1}=\dfrac{\omega^2}{\omega^2}=1$

1234 답 $\begin{cases}x=-6\\y=-2\end{cases}$ 또는 $\begin{cases}x=6\\y=2\end{cases}$

$\begin{cases}x-3y=0 \cdots\cdots ㉠\\x^2+y^2=40 \cdots\cdots ㉡\end{cases}$

㉠에서 $x=3y \cdots\cdots ㉢$

㉢을 ㉡에 대입하면

$(3y)^2+y^2=40$, $y^2=4$ $\quad\therefore y=\pm2$

이것을 ㉢에 대입하여 x의 값을 구하면

$y=-2$일 때, $x=-6$

$y=2$일 때, $x=6$

$\therefore \begin{cases}x=-6\\y=-2\end{cases}$ 또는 $\begin{cases}x=6\\y=2\end{cases}$

1235 답 $\begin{cases}x=-\sqrt{10}\\y=\sqrt{10}\end{cases}$ 또는 $\begin{cases}x=\sqrt{10}\\y=-\sqrt{10}\end{cases}$

$\begin{cases}x^2-2xy-3y^2=0 \cdots\cdots ㉠\\x^2+y^2=20 \cdots\cdots ㉡\end{cases}$

㉠의 좌변을 인수분해하면

$(x-3y)(x+y)=0$

$\therefore x=3y$ 또는 $x=-y$

이때 $xy<0$, 즉 x와 y의 부호가 서로 달라야 하므로

$x=-y \cdots\cdots ㉢$

㉢을 ㉡에 대입하면

$(-y)^2+y^2=20$ $\quad\therefore y=\pm\sqrt{10}$

이것을 ©에 대입하여 x의 값을 구하면
$y=\sqrt{10}$일 때 $x=-\sqrt{10}$, $y=-\sqrt{10}$일 때 $x=\sqrt{10}$

$$\therefore \begin{cases} x=-\sqrt{10} \\ y=\sqrt{10} \end{cases} \text{또는} \begin{cases} x=\sqrt{10} \\ y=-\sqrt{10} \end{cases}$$

1236 답 $(0, 2)$, $(1, 1)$, $(3, 5)$, $(4, 4)$

$xy-3x-2y+4=0$에서
$(x-2)(y-3)=2$
x, y는 정수이므로

$x-2$	-2	-1	1	2
$y-3$	-1	-2	2	1

따라서 순서쌍 (x, y)로 나타내면
$(0, 2)$, $(1, 1)$, $(3, 5)$, $(4, 4)$

1237 답 $x=-1$, $y=3$

$x^2+y^2+2x-6y+10=0$
$(x+1)^2+(y-3)^2=0$
$x+1=0$ $\therefore x=-1$
$y-3=0$ $\therefore y=3$

기출 유형 check 실전 준비하기   267쪽~306쪽

1238 답 ③

$$\begin{cases} 2x+5y=6 & \text{············ ㉠} \\ x=1-2y & \text{············ ㉡} \end{cases}$$

에서 ㉡을 ㉠에 대입하면
$2(1-2y)+5y=6$, $2-4y+5y=6$ $\therefore y=4$
$y=4$를 ㉡에 대입하면
$x=1-2\times 4=-7$
따라서 $a=-7$, $b=4$이므로
$a+b=-7+4=-3$

1239 답 ①

$$\begin{cases} x-3y=7 & \text{············ ㉠} \\ 2x-3y=5 & \text{············ ㉡} \end{cases}$$

에서 ㉠$-$㉡을 하면
$-x=2$ $\therefore x=-2$
$x=-2$를 ㉠에 대입하면
$-2-3y=7$ $\therefore y=-3$
따라서 연립방정식의 해는 $x=-2$, $y=-3$

1240 답 ⑤

$$\begin{cases} y=-x+4 & \text{············ ㉠} \\ 2x-3y=8 & \text{············ ㉡} \end{cases}$$

에서 ㉠을 ㉡에 대입하면
$2x-3(-x+4)=8$, $2x+3x-12=8$ $\therefore x=4$

$x=4$를 ㉠에 대입하면
$y=-4+4=0$
따라서 $a=4$, $b=0$이므로
$a-b=4-0=4$

1241 답 ②

$$\begin{cases} 2(x-y)+3y=4 \\ 4(x-2y)-3(2x+y)=3x+7 \end{cases} \text{에서}$$

$$\begin{cases} y=-2x+4 & \text{···················· ㉠} \\ 5x+11y=-7 & \text{···················· ㉡} \end{cases}$$

㉠을 ㉡에 대입하면
$5x+11(-2x+4)=-7$, $5x-22x+44=-7$
$-17x=-51$ $\therefore x=3$
$x=3$을 ㉠에 대입하면
$y=-2\times 3+4=-2$
$\therefore 3x+2y=3\times 3+2\times(-2)=5$

1242 답 $x=4$, $y=2$

$2(x-3)+3y=3x-2y=4x-5y+2$에서

$$\begin{cases} 2(x-3)+3y=3x-2y \\ 3x-2y=4x-5y+2 \end{cases}, \text{즉} \begin{cases} x-5y=-6 & \text{········ ㉠} \\ x-3y=-2 & \text{········ ㉡} \end{cases}$$

㉠$-$㉡을 하면
$-2y=-4$ $\therefore y=2$
$y=2$를 ㉠에 대입하면
$x-10=-6$ $\therefore x=4$
따라서 주어진 방정식의 해는 $x=4$, $y=2$

1243 답 2 | 유형 1

삼차방정식 $x^3-3x^2-x+3=0$의 가장 큰 근을 α, 가장 작은 근을 β
단서1
라 할 때, $\alpha+\beta$의 값을 구하시오.
단서1 인수분해를 이용 ➡ $x^2(x-3)-(x-3)=0$ ➡ $(x-3)(x^2-1)=0$

STEP1 삼차방정식의 좌변을 인수분해하기
$x^3-3x^2-x+3=0$에서
$x^2(x-3)-(x-3)=0$, $(x-3)(x^2-1)=0$
$(x+1)(x-1)(x-3)=0$

STEP2 삼차방정식의 근을 구하고, 가장 큰 근과 가장 작은 근을 찾아 $\alpha+\beta$의
값 구하기
주어진 삼차방정식의 근은
$x=-1$ 또는 $x=1$ 또는 $x=3$
따라서 가장 큰 근은 3, 가장 작은 근은 -1이므로
$\alpha=3$, $\beta=-1$
$\therefore \alpha+\beta=3+(-1)=2$

다른 풀이
$P(x)=x^3-3x^2-x+3$으로 놓으면 $P(1)=0$
조립제법을 이용하여 $P(x)$를 인수분해하면

$$\begin{array}{r|rrrr} 1 & 1 & -3 & -1 & 3 \\ & & 1 & -2 & -3 \\ \hline & 1 & -2 & -3 & \,0 \end{array}$$

$P(x)=(x-1)(x^2-2x-3)$
즉, 주어진 방정식은
$(x-1)(x^2-2x-3)=0$
$(x-1)(x+1)(x-3)=0$
$\therefore x=1$ 또는 $x=-1$ 또는 $x=3$
따라서 가장 큰 근은 3, 가장 작은 근은 -1이므로
$\alpha=3,\ \beta=-1$
$\therefore \alpha+\beta=3+(-1)=2$

1244 답 ③, ⑤

$x^3+x^2-4x-4=0$에서
$x^2(x+1)-4(x+1)=0,\ (x+1)(x^2-4)=0$
$(x+1)(x+2)(x-2)=0$
$\therefore x=-1$ 또는 $x=-2$ 또는 $x=2$
따라서 주어진 방정식의 근이 아닌 것은 ③, ⑤이다.

다른 풀이

$P(x)=x^3+x^2-4x-4$로 놓으면 $P(-1)=0$
조립제법을 이용하여 $P(x)$를 인수분해하면

$$\begin{array}{r|rrrr} -1 & 1 & 1 & -4 & -4 \\ & & -1 & 0 & 4 \\ \hline & 1 & 0 & -4 & \,0 \end{array}$$

$P(x)=(x+1)(x^2-4)$
즉, 주어진 방정식은
$(x+1)(x^2-4)=0$
$(x+1)(x+2)(x-2)=0$
$\therefore x=-1$ 또는 $x=-2$ 또는 $x=2$
따라서 주어진 방정식의 근이 아닌 것은 ③, ⑤이다.

1245 답 ⑤

$P(x)=2x^3+3x^2-11x-6$으로 놓으면
$P(2)=0$
조립제법을 이용하여 $P(x)$를 인수분해하면

$$\begin{array}{r|rrrr} 2 & 2 & 3 & -11 & -6 \\ & & 4 & 14 & 6 \\ \hline & 2 & 7 & 3 & \,0 \end{array}$$

$P(x)=(x-2)(2x^2+7x+3)$
즉, 주어진 방정식은
$(x-2)(2x^2+7x+3)=0$
$(x-2)(2x+1)(x+3)=0$
$\therefore x=2$ 또는 $x=-\dfrac{1}{2}$ 또는 $x=-3$
따라서 가장 큰 근은 2, 가장 작은 근은 -3이므로
$\alpha=2,\ \beta=-3$
$\therefore \alpha^2+\beta^2=2^2+(-3)^2=13$

1246 답 ⑤

$P(x)=x^3-3x^2+6x-4$로 놓으면 $P(1)=0$
조립제법을 이용하여 $P(x)$를 인수분해하면

$$\begin{array}{r|rrrr} 1 & 1 & -3 & 6 & -4 \\ & & 1 & -2 & 4 \\ \hline & 1 & -2 & 4 & \,0 \end{array}$$

$P(x)=(x-1)(x^2-2x+4)$
즉, 주어진 방정식은
$(x-1)(x^2-2x+4)=0$
$\therefore x=1$ 또는 $x=1\pm\sqrt{3}\,i$
따라서 $a=1,\ b=1,\ c=3$이므로
$a+b+c=1+1+3=5$

1247 답 ①

$P(x)=x^3+2x^2+2x+1$로 놓으면 $P(-1)=0$
조립제법을 이용하여 $P(x)$를 인수분해하면

$$\begin{array}{r|rrrr} -1 & 1 & 2 & 2 & 1 \\ & & -1 & -1 & -1 \\ \hline & 1 & 1 & 1 & \,0 \end{array}$$

$P(x)=(x+1)(x^2+x+1)$
즉, 주어진 방정식은
$(x+1)(x^2+x+1)=0$
이때 두 허근 $\alpha,\ \beta$는 방정식 $x^2+x+1=0$의 근이므로 이차방정식
의 근과 계수의 관계에 의하여
$\alpha+\beta=-1$ → 근의 공식을 이용하여 허근을
직접 구하지 않아도 된다.

개념 Check

이차방정식의 근과 계수의 관계
이차방정식 $ax^2+bx+c=0$의 두 근을 $\alpha,\ \beta$라 하면
$$\alpha+\beta=-\dfrac{b}{a},\ \alpha\beta=\dfrac{c}{a}$$

1248 답 ④

$P(x)=x^3-4x^2+7x-6$으로 놓으면 $P(2)=0$
조립제법을 이용하여 $P(x)$를 인수분해하면

$$\begin{array}{r|rrrr} 2 & 1 & -4 & 7 & -6 \\ & & 2 & -4 & 6 \\ \hline & 1 & -2 & 3 & \,0 \end{array}$$

$P(x)=(x-2)(x^2-2x+3)$
즉, 주어진 방정식은
$(x-2)(x^2-2x+3)=0$
이때 두 허근 $\alpha,\ \beta$는 방정식 $x^2-2x+3=0$의 근이므로 이차방정
식의 근과 계수의 관계에 의하여
$\alpha+\beta=2,\ \alpha\beta=3$
$\therefore (1-\alpha)(1-\beta)=1-(\alpha+\beta)+\alpha\beta$
$\qquad\qquad\qquad\quad =1-2+3=2$

1249 답 ③

$x^3-8=0$에서

$(x-2)(x^2+2x+4)=0$

$\therefore x=2$ 또는 $x=-1\pm\sqrt{3}i$

ㄱ. 실근은 2이다. (참)

ㄴ. 복소수 범위에서 실근 1개와 허근 2개를 가지므로 서로 다른 근의 개수는 3이다. (참)

ㄷ. 두 허근은 $x=-1\pm\sqrt{3}i$이므로 합은 -2이다. (거짓)

따라서 옳은 것은 ㄱ, ㄴ이다.

                    → $(-1+\sqrt{3}i)+(-1-\sqrt{3}i)$
                          $=-2$

다른 풀이

ㄷ. 두 허근은 방정식 $x^2+2x+4=0$의 두 근이므로 이차방정식의 근과 계수의 관계에 의하여 두 허근의 합은 -2이다.

1250 답 $\dfrac{3}{2}$

$z-\bar{z}=0$에서 $z=\bar{z}$이므로 복소수 z는 실수이다.

즉, $2x^3+3x^2-8x+3=0$

      → (허수부분)=0이다.

$P(x)=2x^3+3x^2-8x+3$으로 놓으면

$P(1)=0$

조립제법을 이용하여 $P(x)$를 인수분해하면

1	2	3	-8	3
		2	5	-3
	2	5	-3	0

$P(x)=(x-1)(2x^2+5x-3)$

즉, 주어진 방정식은

$(x-1)(2x^2+5x-3)=0$

$(x-1)(x+3)(2x-1)=0$

$\therefore x=1$ 또는 $x=-3$ 또는 $x=\dfrac{1}{2}$

따라서 모든 양수 x의 값의 합은

$1+\dfrac{1}{2}=\dfrac{3}{2}$

개념 Check

복소수 $z=a+bi\,(a,\ b$는 실수)에 대하여

$\bar{z}=a-bi$이고, $z=\bar{z}$이면 $b=0$이다.

1251 답 ③

$P(x)=x^3-2x^2-5x+6$으로 놓으면 $P(1)=0$

조립제법을 이용하여 $P(x)$를 인수분해하면

1	1	-2	-5	6
		1	-1	-6
	1	-1	-6	0

$P(x)=(x-1)(x^2-x-6)$

즉, 주어진 방정식은

$(x-1)(x^2-x-6)=0$

$(x-1)(x+2)(x-3)=0$

$\therefore x=1$ 또는 $x=-2$ 또는 $x=3$

따라서 $\alpha<\beta<\gamma$이므로 세 실근은

$\alpha=-2,\ \beta=1,\ \gamma=3$

$\therefore \alpha+\beta+2\gamma=-2+1+2\times3=5$

1252 답 ③

$P(x)=x^3+x-2$로 놓으면 $P(1)=0$

조립제법을 이용하여 $P(x)$를 인수분해하면

1	1	0	1	-2
		1	1	2
	1	1	2	0

$P(x)=(x-1)(x^2+x+2)$

즉, 주어진 방정식은

$(x-1)(x^2+x+2)=0$

이때 두 허근 $\alpha,\ \beta$는 방정식 $x^2+x+2=0$의 근이므로 이차방정식의 근과 계수의 관계에 의하여

$\alpha+\beta=-1,\ \alpha\beta=2$

$$\therefore \frac{\beta}{\alpha}+\frac{\alpha}{\beta}=\frac{\alpha^2+\beta^2}{\alpha\beta}$$
$$=\frac{(\alpha+\beta)^2-2\alpha\beta}{\alpha\beta}$$
$$=\frac{(-1)^2-2\times2}{2}$$
$$=-\frac{3}{2}$$

다른 풀이

$\alpha,\ \beta$는 방정식 $x^2+x+2=0$의 두 허근이므로

$\alpha+\beta=-1,\ \alpha\beta=2$이고

$\alpha^2+\alpha+2=0$에서 $\alpha^2=-\alpha-2$

같은 방법으로 $\beta^2=-\beta-2$

$\therefore \dfrac{\beta}{\alpha}+\dfrac{\alpha}{\beta}=\dfrac{\alpha^2+\beta^2}{\alpha\beta}=\dfrac{-(\alpha+\beta)-4}{\alpha\beta}=-\dfrac{3}{2}$

1253 답 ②

㈎에서 $P(x)=x^3-3x^2+9x+13$으로 놓으면

$P(-1)=0$

조립제법을 이용하여 $P(x)$를 인수분해하면

-1	1	-3	9	13
		-1	4	-13
	1	-4	13	0

$P(x)=(x+1)(x^2-4x+13)$

즉, 주어진 방정식은

$(x+1)(x^2-4x+13)=0$

$\therefore x=-1$ 또는 $x=2\pm3i$

㈏에서

$$\frac{z-\bar{z}}{i}=\frac{(a+bi)-(a-bi)}{i}$$
$$=\frac{2bi}{i}=2b$$

$\dfrac{z-\bar{z}}{i}$가 음의 실수이므로 b는 음수이다.

따라서 $z=2-3i$이므로 $a=2$, $b=-3$

$\therefore a+b=2+(-3)=-1$

1254 📝 ①

$(1+x)(1+x^2)(1+x^4)=x^7+x^6+x^5+x^4$에서

좌변을 전개하면

$(1+x)(1+x^2)(1+x^4)=1+x+x^2+x^3+x^4+x^5+x^6+x^7$

이므로

$1+x+x^2+x^3+x^4+x^5+x^6+x^7=x^7+x^6+x^5+x^4$

$1+x+x^2+x^3=0$

$(1+x)+x^2(1+x)=0$

$(1+x)(1+x^2)=0$

$\therefore x=-1$ 또는 $x=\pm i$

따라서 주어진 방정식의 세 근은 -1, i, $-i$이므로

$\alpha^4+\beta^4+\gamma^4=(-1)^4+i^4+(-i)^4$

$\qquad\qquad\quad =1+1+1=3$

다른 풀이

$(1+x)(1+x^2)(1+x^4)=x^7+x^6+x^5+x^4$에서

우변을 인수분해하면

$x^7+x^6+x^5+x^4=x^4(x^3+x^2+x+1)$

$\qquad\qquad\qquad\quad =x^4\{x^2(x+1)+(x+1)\}$

$\qquad\qquad\qquad\quad =x^4(x+1)(x^2+1)$

이므로 주어진 방정식은

$(1+x)(1+x^2)(1+x^4)=x^4(1+x)(1+x^2)$

$(1+x)(1+x^2)(1+x^4-x^4)=0$, $(1+x)(1+x^2)=0$

$\therefore x=-1$ 또는 $x=\pm i$

따라서 주어진 방정식의 세 근은 -1, i, $-i$이므로

$\alpha^4+\beta^4+\gamma^4=(-1)^4+i^4+(-i)^4$

$\qquad\qquad\quad =1+1+1=3$

1255 📝 ⑤

| 유형2

사차방정식 $x^4+x^3-7x^2-x+6=0$의 네 실근 중 가장 큰 근을 α,

단서1

가장 작은 근을 β라 할 때, $\alpha-\beta$의 값은?

① 1 　　　　② 2 　　　　③ 3

④ 4 　　　　⑤ 5

단서1 $P(x)=x^4+x^3-7x^2-x+6$ ➡ $P(1)=0$, $P(-1)=0$

STEP 1 사차방정식의 좌변을 인수분해하기

$P(x)=x^4+x^3-7x^2-x+6$으로 놓으면

$P(1)=0$, $P(-1)=0$

조립제법을 이용하여 $P(x)$를 인수분해하면

1	1	1	-7	-1	6
		1	2	-5	-6
-1	1	2	-5	-6	0
		-1	-1	6	
	1	1	-6	0	

$P(x)=(x-1)(x+1)(x^2+x-6)$

즉, 주어진 방정식은

$(x-1)(x+1)(x^2+x-6)=0$

$(x-1)(x+1)(x-2)(x+3)=0$

STEP 2 사차방정식의 근을 구하고, 가장 큰 근과 가장 작은 근을 찾아 $\alpha-\beta$의

값 구하기

주어진 사차방정식의 근은

$x=1$ 또는 $x=-1$ 또는 $x=2$ 또는 $x=-3$

따라서 가장 큰 근은 2, 가장 작은 근은 -3이므로

$\alpha=2$, $\beta=-3$

$\therefore \alpha-\beta=2-(-3)=5$

1256 📝 ④

$P(x)=x^4-x^3-6x^2+2x+4$로 놓으면

$P(1)=0$, $P(-2)=0$

조립제법을 이용하여 $P(x)$를 인수분해하면

1	1	-1	-6	2	4
		1	0	-6	-4
-2	1	0	-6	-4	0
		-2	4	4	
	1	-2	-2	0	

$P(x)=(x-1)(x+2)(x^2-2x-2)$

즉, 주어진 방정식은

$(x-1)(x+2)(x^2-2x-2)=0$

$\therefore x=1$ 또는 $x=-2$ 또는 $x=1\pm\sqrt{3}$

따라서 주어진 사차방정식의 근이 아닌 것은 ④이다.

1257 📝 ②

$2x^4+3x^3-3x^2-2x=0$에서

$x(2x^3+3x^2-3x-2)=0$

$P(x)=2x^3+3x^2-3x-2$로 놓으면

$P(1)=0$

조립제법을 이용하여 $P(x)$를 인수분해하면

1	2	3	-3	-2
		2	5	2
	2	5	2	0

$P(x)=(x-1)(2x^2+5x+2)$

즉, 주어진 방정식은

$x(x-1)(2x^2+5x+2)=0$

$x(x-1)(2x+1)(x+2)=0$

$\therefore x=0$ 또는 $x=1$ 또는 $x=-\dfrac{1}{2}$ 또는 $x=-2$

따라서 가장 큰 근은 1, 가장 작은 근은 -2이므로

$\alpha=1$, $\beta=-2$

$\therefore \alpha+\beta=1+(-2)=-1$

다른 풀이

$2x^4+3x^3-3x^2-2x=0$에서

$x(2x^3+3x^2-3x-2)=0$

$x\{2(x^3-1)+3x(x-1)\}=0$

$x\{2(x-1)(x^2+x+1)+3x(x-1)\}=0$

$x(x-1)\{2(x^2+x+1)+3x\}=0$

$x(x-1)(2x^2+5x+2)=0$

$x(x-1)(2x+1)(x+2)=0$

$\therefore x=0$ 또는 $x=1$ 또는 $x=-\dfrac{1}{2}$ 또는 $x=-2$

따라서 가장 큰 근은 1, 가장 작은 근은 -2이므로

$\alpha=1, \beta=-2$

$\therefore \alpha+\beta=1+(-2)=-1$

1258 답 ②

$P(x)=x^4+2x^3+3x^2-2x-4$로 놓으면

$P(1)=0, P(-1)=0$

조립제법을 이용하여 $P(x)$를 인수분해하면

1	1	2	3	-2	-4
		1	3	6	4
-1	1	3	6	4	0
		-1	-2	-4	
	1	2	4	0	

$P(x)=(x-1)(x+1)(x^2+2x+4)$

즉, 주어진 방정식은

$(x-1)(x+1)(x^2+2x+4)=0$

$\therefore \underbrace{x=1 \text{ 또는 } x=-1}_{\text{실근}} \text{ 또는 } \underbrace{x=-1\pm\sqrt{3}i}_{\text{허근}}$

따라서 모든 실근의 곱은 $1\times(-1)=-1$

실수 Check

실근의 곱을 구하는 것이므로 이차방정식 $x^2+2x+4=0$의 두 허근의 곱 4를 곱하지 않도록 주의한다.

1259 답 ⑤

$P(x)=x^4+4x^3+3x^2-2x-6$으로 놓으면

$P(1)=0, P(-3)=0$

조립제법을 이용하여 $P(x)$를 인수분해하면

1	1	4	3	-2	-6
		1	5	8	6
-3	1	5	8	6	0
		-3	-6	-6	
	1	2	2	0	

$P(x)=(x-1)(x+3)(x^2+2x+2)$

즉, 주어진 방정식은

$(x-1)(x+3)(x^2+2x+2)=0$

$\therefore x=1$ 또는 $x=-3$ 또는 $x=-1\pm i$

따라서 모든 허근의 합은

$(-1+i)+(-1-i)=-2$

참고 이차방정식의 근과 계수의 관계에 의하여 방정식 $x^2+2x+2=0$으로부터 두 허근의 합 -2를 바로 구할 수도 있다.

1260 답 1

$P(x)=x^4-6x^2+7x-6$으로 놓으면

$P(2)=0, P(-3)=0$

조립제법을 이용하여 $P(x)$를 인수분해하면

2	1	0	-6	7	-6
		2	4	-4	6
-3	1	2	-2	3	0
		-3	3	-3	
	1	-1	1	0	

$P(x)=(x-2)(x+3)(x^2-x+1)$

즉, 주어진 방정식은 $(x-2)(x+3)(x^2-x+1)=0$

이때 두 허근 α, β는 방정식 $x^2-x+1=0$의 근이므로 이차방정식의 근과 계수의 관계에 의하여

$\alpha\beta=1$

1261 답 ③

$P(x)=x^4-2x^3-13x^2+14x+24$로 놓으면

$P(-1)=0, P(2)=0$

조립제법을 이용하여 $P(x)$를 인수분해하면

-1	1	-2	-13	14	24
		-1	3	10	-24
2	1	-3	-10	24	0
		2	-2	-24	
	1	-1	-12	0	

$P(x)=(x+1)(x-2)(x^2-x-12)$

즉, 주어진 방정식은 $(x+1)(x-2)(x+3)(x-4)=0$

$\therefore x=-1$ 또는 $x=2$ 또는 $x=-3$ 또는 $x=4$

따라서 주어진 방정식의 네 근은 $-1, 2, -3, 4$이므로

$(1-\alpha)(1-\beta)(1-\gamma)(1-\delta)$

$=(1+1)\times(1-2)\times(1+3)\times(1-4)=24$

다른 풀이

사차방정식 $x^4-2x^3-13x^2+14x+24=0$의 네 근이 $\alpha, \beta, \gamma, \delta$이므로

$x^4-2x^3-13x^2+14x+24=(x-\alpha)(x-\beta)(x-\gamma)(x-\delta)$

위 식의 양변에 $x=1$을 대입하면

$(1-\alpha)(1-\beta)(1-\gamma)(1-\delta)=1-2-13+14+24=24$

1262 답 ③

$P(x)=x^4-4x^3+3x^2+2x-6$으로 놓으면

$P(-1)=0, P(3)=0$

조립제법을 이용하여 $P(x)$를 인수분해하면

-1	1	-4	3	2	-6
		-1	5	-8	6
3	1	-5	8	-6	0
		3	-6	6	
	1	-2	2	0	

$P(x)=(x+1)(x-3)(x^2-2x+2)$

즉, 주어진 방정식은 $(x+1)(x-3)(x^2-2x+2)=0$
이때 두 허근 α, β는 방정식 $x^2-2x+2=0$의 근이므로 이차방정식의 근과 계수의 관계에 의하여
$\alpha+\beta=2$, $\alpha\beta=2$
$\therefore \alpha^2+\beta^2=(\alpha+\beta)^2-2\alpha\beta$
$\qquad =2^2-2\times2=0$

1263 답 ④

$P(x)=x^4-2x^2+3x-2$로 놓으면
$P(1)=0$, $P(-2)=0$
조립제법을 이용하여 $P(x)$를 인수분해하면

1	1	0	-2	3	-2
		1	1	-1	2
-2	1	1	-1	2	0
		-2	2	-2	
	1	-1	1	0	

$P(x)=(x-1)(x+2)(x^2-x+1)$
즉, 주어진 방정식은
$(x-1)(x+2)(x^2-x+1)=0$
두 실근 α, β는 1, -2이고 두 허근 γ, δ는 방정식 $x^2-x+1=0$의 근이므로 이차방정식의 근과 계수의 관계에 의하여
$\gamma+\delta=1$, $\gamma\delta=1$
$\therefore \alpha+\beta+\gamma^2+\delta^2=\alpha+\beta+(\gamma+\delta)^2-2\gamma\delta$
$\qquad =1-2+1^2-2\times1=-2$

1264 답 ①

$x^4+x^3+ax^2+bx+6$이 이차식 $(x+1)(x-2)$로 나누어떨어지므로 조립제법을 이용하면

-1	1	1	a	b	6
		-1	0	$-a$	$a-b$
2	1	0	a	$-a+b$	$a-b+6$ … ㉠
		2	4	$2a+8$	
	1	2	$a+4$	$a+b+8$ … ㉡	

㉠, ㉡에서 $a-b+6=0$, $a+b+8=0$이므로
$a-b=-6$ …………………… ㉢
$a+b=-8$ …………………… ㉣
㉢, ㉣을 연립하여 풀면
$a=-7$, $b=-1$ → ㉢+㉣을 하면 $2a=-14$
$P(x)=6x^4-x^3-7x^2+x+1$로 놓으면
$P(1)=0$, $P(-1)=0$
조립제법을 이용하여 $P(x)$를 인수분해하면

1	6	-1	-7	1	1
		6	5	-2	-1
-1	6	5	-2	-1	0
		-6	1	1	
	6	-1	-1	0	

$P(x)=(x-1)(x+1)(6x^2-x-1)$

즉, 주어진 방정식은
$(x-1)(x+1)(6x^2-x-1)=0$
$(x-1)(x+1)(3x+1)(2x-1)=0$
$\therefore x=1$ 또는 $x=-1$ 또는 $x=-\dfrac{1}{3}$ 또는 $x=\dfrac{1}{2}$
따라서 모든 실근의 합은
$1+(-1)+\left(-\dfrac{1}{3}\right)+\dfrac{1}{2}=\dfrac{1}{6}$

다른 풀이

$x^4+x^3+ax^2+bx+6$이 이차식 $(x+1)(x-2)$를 인수로 가지므로
$x^4+x^3+ax^2+bx+6=(x+1)(x-2)Q(x)$ …………… ㉠
라 하고, ㉠에 $x=-1$을 대입하면
$1-1+a-b+6=0$ $\quad \therefore a-b=-6$ …………… ㉡
㉠에 $x=2$를 대입하면
$16+8+4a+2b+6=0$ $\quad \therefore 2a+b=-15$ ………… ㉢
㉡, ㉢을 연립하여 풀면 $a=-7$, $b=-1$
$P(x)=6x^4-x^3-7x^2+x+1$로 놓으면
$P(1)=0$, $P(-1)=0$
조립제법을 이용하여 $P(x)$를 인수분해하면

1	6	-1	-7	1	1
		6	5	-2	-1
-1	6	5	-2	-1	0
		-6	1	1	
	6	-1	-1	0	

$P(x)=(x-1)(x+1)(6x^2-x-1)$
즉, 주어진 방정식은
$(x-1)(x+1)(6x^2-x-1)=0$
$(x-1)(x+1)(3x+1)(2x-1)=0$
$\therefore x=1$ 또는 $x=-1$ 또는 $x=-\dfrac{1}{3}$ 또는 $x=\dfrac{1}{2}$
따라서 모든 실근의 합은
$1+(-1)+\left(-\dfrac{1}{3}\right)+\dfrac{1}{2}=\dfrac{1}{6}$

1265 답 ① | 유형3

다음 중 방정식 $(x^2-2x+2)^2-9(x^2-2x+2)-10=0$의 근이 아닌 것은? [단서1]

① -4 　　② -2 　　③ $1-\sqrt{2}i$
④ $1+\sqrt{2}i$ 　　⑤ 4

[단서1] 공통부분인 x^2-2x+2를 X로 치환

STEP1 공통부분을 X로 치환한 후 X의 값 구하기
$(x^2-2x+2)^2-9(x^2-2x+2)-10=0$에서
$x^2-2x+2=X$로 놓으면
$X^2-9X-10=0$, $(X+1)(X-10)=0$
$\therefore X=-1$ 또는 $X=10$

STEP2 방정식의 근을 구하여 근이 아닌 것 찾기
(i) $X=-1$일 때, $x^2-2x+2=-1$
$\quad x^2-2x+3=0$ $\quad \therefore x=1\pm\sqrt{2}i$

(ii) $X=10$일 때, $x^2-2x+2=10$

$\quad x^2-2x-8=0$, $(x+2)(x-4)=0$

$\quad \therefore x=-2$ 또는 $x=4$

(i), (ii)에서 $x=1\pm\sqrt{2}i$ 또는 $x=-2$ 또는 $x=4$

따라서 주어진 방정식의 근이 아닌 것은 ①이다.

1266 답 ②

$(x^2-5x)(x^2-5x+11)+28=0$에서

$x^2-5x=X$로 놓으면

$X(X+11)+28=0$, $X^2+11X+28=0$

$(X+7)(X+4)=0$　　$\therefore X=-7$ 또는 $X=-4$

(i) $X=-7$일 때, $x^2-5x=-7$

$\quad x^2-5x+7=0$　　$\therefore x=\dfrac{5\pm\sqrt{3}i}{2}$

(ii) $X=-4$일 때, $x^2-5x=-4$

$\quad x^2-5x+4=0$, $(x-1)(x-4)=0$

$\quad \therefore x=1$ 또는 $x=4$

(i), (ii)에서 $x=\dfrac{5\pm\sqrt{3}i}{2}$ 또는 $x=1$ 또는 $x=4$

따라서 모든 실근의 합은 $1+4=5$

1267 답 13

$(x^2-6x)(x^2-6x+1)-56=0$에서

$x^2-6x=X$로 놓으면

$X(X+1)-56=0$, $X^2+X-56=0$

$(X+8)(X-7)=0$　　$\therefore X=-8$ 또는 $X=7$

(i) $X=-8$일 때, $x^2-6x=-8$

$\quad x^2-6x+8=0$, $(x-2)(x-4)=0$

$\quad \therefore x=2$ 또는 $x=4$

(ii) $X=7$일 때, $x^2-6x=7$

$\quad x^2-6x-7=0$, $(x+1)(x-7)=0$

$\quad \therefore x=-1$ 또는 $x=7$

(i), (ii)에서 $x=2$ 또는 $x=4$ 또는 $x=-1$ 또는 $x=7$

따라서 모든 양의 실근의 합은 $2+4+7=13$

1268 답 ④

$(x^2+x)^2-8(x^2+x)+12=0$에서

$x^2+x=X$로 놓으면

$X^2-8X+12=0$, $(X-2)(X-6)=0$

$\therefore X=2$ 또는 $X=6$

(i) $X=2$일 때, $x^2+x=2$

$\quad x^2+x-2=0$, $(x+2)(x-1)=0$

$\quad \therefore x=-2$ 또는 $x=1$

(ii) $X=6$일 때, $x^2+x=6$

$\quad x^2+x-6=0$, $(x+3)(x-2)=0$

$\quad \therefore x=-3$ 또는 $x=2$

(i), (ii)에서 $x=-2$ 또는 $x=1$ 또는 $x=-3$ 또는 $x=2$

따라서 모든 실근의 곱은 $(-2)\times1\times(-3)\times2=12$

1269 답 ⑤

$(x^2-3x)(x^2-3x+2)-3=0$에서

$x^2-3x=X$로 놓으면

$X(X+2)-3=0$, $X^2+2X-3=0$

$(X+3)(X-1)=0$　　$\therefore X=-3$ 또는 $X=1$

(i) $X=-3$일 때, $x^2-3x=-3$

$\quad x^2-3x+3=0$　　$\therefore x=\dfrac{3\pm\sqrt{3}i}{2}$

(ii) $X=1$일 때, $x^2-3x=1$

$\quad x^2-3x-1=0$　　$\therefore x=\dfrac{3\pm\sqrt{13}}{2}$

(i), (ii)에서 $x=\dfrac{3\pm\sqrt{3}i}{2}$ 또는 $x=\dfrac{3\pm\sqrt{13}}{2}$

따라서 모든 허근의 합은

$\dfrac{3+\sqrt{3}i}{2}+\dfrac{3-\sqrt{3}i}{2}=3$

1270 답 ②

$(x^2-4x)^2+4(x^2-4x)-12=0$에서

$x^2-4x=X$로 놓으면

$X^2+4X-12=0$, $(X+6)(X-2)=0$

$(x^2-4x+6)(x^2-4x-2)=0$

방정식 $x^2-4x+6=0$의 두 근을 α, β,

방정식 $x^2-4x-2=0$의 두 근을 γ, δ라 하면

이차방정식의 근과 계수의 관계에 의하여

$\alpha+\beta=4$, $\alpha\beta=6$, $\gamma+\delta=4$, $\gamma\delta=-2$

$\therefore \alpha^3+\beta^3+\gamma^3+\delta^3$

$\quad =(\alpha+\beta)^3-3\alpha\beta(\alpha+\beta)+(\gamma+\delta)^3-3\gamma\delta(\gamma+\delta)$

$\quad =4^3-3\times6\times4+4^3-3\times(-2)\times4=80$

1271 답 ⑤

$(x^2+2x+3)^2-2(x^2+2x+3)-8=0$에서

$x^2+2x+3=X$로 놓으면

$X^2-2X-8=0$, $(X+2)(X-4)=0$

$\therefore X=-2$ 또는 $X=4$

(i) $X=-2$일 때, $x^2+2x+3=-2$

$\quad x^2+2x+5=0$　　$\therefore x=-1\pm2i$

(ii) $X=4$일 때, $x^2+2x+3=4$

$\quad x^2+2x-1=0$　　$\therefore x=-1\pm\sqrt{2}$

(i), (ii)에서 $x=-1\pm2i$ 또는 $x=-1\pm\sqrt{2}$

따라서 모든 실근의 곱은 $a=(-1+\sqrt{2})\times(-1-\sqrt{2})=-1$,

모든 허근의 곱은 $b=(-1+2i)\times(-1-2i)=5$이므로

$b-a=5-(-1)=6$

1272 답 ②

$x(x+1)(x+2)(x+3)=24$에서

$x(x+1)(x+2)(x+3)-24=0$

$\underbrace{\{x(x+3)\}\{(x+1)(x+2)\}}-24=0$

$(x^2+3x)(x^2+3x+2)-24=0$ → 두 일차식의 상수항의 합이 3으로 같아지도록 짝을 짓는다.

$x^2+3x=X$로 놓으면

$X(X+2)-24=0,\ X^2+2X-24=0$

$(X+6)(X-4)=0$　　$\therefore X=-6$ 또는 $X=4$

(i) $X=-6$일 때, $x^2+3x=-6$

$x^2+3x+6=0$　　$\therefore x=\dfrac{-3\pm\sqrt{15}i}{2}$

(ii) $X=4$일 때, $x^2+3x=4$

$x^2+3x-4=0,\ (x+4)(x-1)=0$

$\therefore x=-4$ 또는 $x=1$

(i), (ii)에서 $x=\dfrac{-3\pm\sqrt{15}i}{2}$ 또는 $x=-4$ 또는 $x=1$

따라서 모든 실근의 합은

$-4+1=-3$

Tip 공통부분이 보이지 않을 때에는 공통부분이 생기도록 두 일차식의 상수항의 합이 같아지게 짝을 지어 전개한다.

1273 답 ③

$x(x-1)(x-2)(x-3)-8=0$에서

$\underline{\{x(x-3)\}}\underline{\{(x-1)(x-2)\}}-8=0$

$(x^2-3x)(x^2-3x+2)-8=0$ → 두 일차식의 상수항의 합이 -3으로 같아지도록 짝을 짓는다.

$x^2-3x=X$로 놓으면

$X(X+2)-8=0,\ X^2+2X-8=0$

$(X+4)(X-2)=0$　　$\therefore X=-4$ 또는 $X=2$

(i) $X=-4$일 때, $x^2-3x=-4$

$x^2-3x+4=0$　　$\therefore x=\dfrac{3\pm\sqrt{7}i}{2}$

(ii) $X=2$일 때, $x^2-3x=2$

$x^2-3x-2=0$　　$\therefore x=\dfrac{3\pm\sqrt{17}}{2}$

(i), (ii)에서 $x=\dfrac{3\pm\sqrt{7}i}{2}$ 또는 $x=\dfrac{3\pm\sqrt{17}}{2}$

따라서 모든 허근의 곱은

$\dfrac{3+\sqrt{7}i}{2}\times\dfrac{3-\sqrt{7}i}{2}=4$

참고 (i), (ii)에서 근을 구하지 않고 판별식을 이용하여 허근을 가지는 방정식을 찾은 후 근과 계수의 관계를 이용하여 모든 허근의 곱을 구할 수도 있다.

1274 답 14

$x(x-3)(x+2)(x+5)+14=0$에서

$\underline{\{x(x+2)\}}\underline{\{(x-3)(x+5)\}}+14=0$

$(x^2+2x)(x^2+2x-15)+14=0$ → 두 일차식의 상수항의 합이 2로 같아지도록 짝을 짓는다.

$x^2+2x=X$로 놓으면

$X(X-15)+14=0,\ X^2-15X+14=0$

$(X-1)(X-14)=0$　　$\therefore X=1$ 또는 $X=14$

(i) $X=1$일 때, $x^2+2x=1$, 즉 $x^2+2x-1=0$

근과 계수의 관계에 의하여 두 근의 곱은 -1이다.

(ii) $X=14$일 때, $x^2+2x=14$, 즉 $x^2+2x-14=0$

근과 계수의 관계에 의하여 두 근의 곱은 -14이다.

(i), (ii)에서 주어진 방정식의 모든 근의 곱은

$(-1)\times(-14)=14$

1275 답 ③

$(x-1)(x-3)(x+2)(x+4)+16=0$에서

$\underline{\{(x-1)(x+2)\}}\underline{\{(x-3)(x+4)\}}+16=0$

$(x^2+x-2)(x^2+x-12)+16=0$ → 두 일차식의 상수항의 합이 1로 같아지도록 짝을 짓는다.

$x^2+x=X$로 놓으면

$(X-2)(X-12)+16=0$

$X^2-14X+40=0$

$(X-4)(X-10)=0$

$(x^2+x-4)(x^2+x-10)=0$

방정식 $x^2+x-4=0$의 두 근을 $\alpha,\ \beta$,

방정식 $x^2+x-10=0$의 두 근을 $\gamma,\ \delta$라 하면

이차방정식의 근과 계수의 관계에 의하여

$\alpha+\beta=-1,\ \alpha\beta=-4,\ \gamma+\delta=-1,\ \gamma\delta=-10$

$\therefore\ \alpha^2+\beta^2+\gamma^2+\delta^2=(\alpha+\beta)^2-2\alpha\beta+(\gamma+\delta)^2-2\gamma\delta$

$=(-1)^2-2\times(-4)+(-1)^2-2\times(-10)$

$=30$

1276 답 ①

$(x^2-1)(x^2+2x)=3$에서

$(x+1)(x-1)x(x+2)-3=0$

$\{(x-1)(x+2)\}\{x(x+1)\}-3=0$

$(x^2+x-2)(x^2+x)-3=0$

$x^2+x=X$로 놓으면

$(X-2)X-3=0,\ X^2-2X-3=0$

$(X+1)(X-3)=0$　　$\therefore X=-1$ 또는 $X=3$

(i) $X=-1$일 때, $x^2+x=-1$

$x^2+x+1=0$　　$\therefore x=\dfrac{-1\pm\sqrt{3}i}{2}$

(ii) $X=3$일 때, $x^2+x=3$

$x^2+x-3=0$　　$\therefore x=\dfrac{-1\pm\sqrt{13}}{2}$

(i), (ii)에서 $x=\dfrac{-1\pm\sqrt{3}i}{2}$ 또는 $x=\dfrac{-1\pm\sqrt{13}}{2}$

따라서 모든 실근의 곱은 $a=\dfrac{-1+\sqrt{13}}{2}\times\dfrac{-1-\sqrt{13}}{2}=-3$,

모든 허근의 합은 $b=\dfrac{-1+\sqrt{3}i}{2}+\dfrac{-1-\sqrt{3}i}{2}=-1$이므로

$a-b=-3-(-1)=-2$

1277 답 ① ｜ 유형4

사차방정식 $x^4-5x^2-14=0$의 두 실근의 곱은?

단서1

① -7　　　　② -6　　　　③ -5

④ -4　　　　⑤ -3

단서1 $x^4+ax^2+b=0$ 꼴의 방정식

→ $x^2=X$로 치환한 후 좌변이 인수분해 되는지 먼저 확인

STEP1 x^2을 X로 치환한 후 X의 값 구하기

$x^4-5x^2-14=0$에서 $x^2=X$로 놓으면

$X^2-5X-14=0,\ (X+2)(X-7)=0$

$\therefore X=-2$ 또는 $X=7$

$x^2=-2$ 또는 $x^2=7$이므로

$x=\pm\sqrt{2}i$ 또는 $x=\pm\sqrt{7}$

따라서 두 실근의 곱은

$\sqrt{7}\times(-\sqrt{7})=-7$

Tip $x^2=X$로 치환했을 때, X의 값이 음수이면 x는 허근이다.

1278 답 ⑤

$x^4-3x^2-4=0$에서 $x^2=X$로 놓으면

$X^2-3X-4=0$, $(X+1)(X-4)=0$

∴ $X=-1$ 또는 $X=4$

즉, $x^2=-1$ 또는 $x^2=4$이므로

$x=\pm i$ 또는 $x=\pm2$

따라서 한 허근은 i 또는 $-i$이므로

$a^2=-1$

1279 답 ③

$x^4-12x^2-64=0$에서 $x^2=X$로 놓으면

$X^2-12X-64=0$, $(X+4)(X-16)=0$

∴ $X=-4$ 또는 $X=16$

즉, $x^2=-4$ 또는 $x^2=16$이므로

$x=\pm2i$ 또는 $x=\pm4$

따라서 두 실근은 4, -4이므로

$|\alpha\beta|=|4\times(-4)|=16$

1280 답 ④

$x^4-10x^2+9=0$에서 $x^2=X$로 놓으면

$X^2-10X+9=0$, $(X-1)(X-9)=0$

∴ $X=1$ 또는 $X=9$

즉, $x^2=1$ 또는 $x^2=9$이므로

$x=\pm1$ 또는 $x=\pm3$

따라서 모든 실근의 곱은

$1\times(-1)\times3\times(-3)=9$

1281 답 ①

$x^4-2x^2-8=0$에서 $x^2=X$로 놓으면

$X^2-2X-8=0$, $(X+2)(X-4)=0$

∴ $X=-2$ 또는 $X=4$

즉, $x^2=-2$ 또는 $x^2=4$이므로

$x=\pm\sqrt{2}i$ 또는 $x=\pm2$

따라서 두 허근은 $\sqrt{2}i$, $-\sqrt{2}i$이므로

$\alpha^2+\beta^2=(\sqrt{2}i)^2+(-\sqrt{2}i)^2=-2+(-2)=-4$

1282 답 ⑤

$x^4-13x^2+4=0$에서 $\longrightarrow x^2=X$로 치환해도 인수분해되지 않는다.

$(x^4-4x^2+4)-9x^2=0$, $(x^2-2)^2-(3x)^2=0$

$(x^2+3x-2)(x^2-3x-2)=0$

$x^2+3x-2=0$ 또는 $x^2-3x-2=0$

∴ $x=\dfrac{-3\pm\sqrt{17}}{2}$ 또는 $x=\dfrac{3\pm\sqrt{17}}{2}$

따라서 가장 큰 근과 가장 작은 근은 각각

$\alpha=\dfrac{3+\sqrt{17}}{2}$, $\beta=\dfrac{-3-\sqrt{17}}{2}$이므로

$\alpha-\beta=\dfrac{3+\sqrt{17}}{2}-\dfrac{-3-\sqrt{17}}{2}=3+\sqrt{17}$

1283 답 0

$x^4-20x^2+4=0$에서

$x^4-4x^2+4-16x^2=0$, $(x^2-2)^2-(4x)^2=0$

$(x^2+4x-2)(x^2-4x-2)=0$

∴ $x^2+4x-2=0$ 또는 $x^2-4x-2=0$

방정식 $x^2+4x-2=0$의 두 근을 α, β, 방정식 $x^2-4x-2=0$의 두 근을 γ, δ라 하면 이차방정식의 근과 계수의 관계에 의하여

$\alpha+\beta=-4$, $\alpha\beta=-2$, $\gamma+\delta=4$, $\gamma\delta=-2$

∴ $\dfrac{1}{\alpha}+\dfrac{1}{\beta}+\dfrac{1}{\gamma}+\dfrac{1}{\delta}=\dfrac{\alpha+\beta}{\alpha\beta}+\dfrac{\gamma+\delta}{\gamma\delta}$

$=\dfrac{-4}{-2}+\dfrac{4}{-2}=0$

1284 답 $2\sqrt{2}$

$x^4-6x^2+1=0$에서

$x^4-2x^2+1-4x^2=0$, $(x^2-1)^2-(2x)^2=0$

$(x^2+2x-1)(x^2-2x-1)=0$

∴ $x^2+2x-1=0$ 또는 $x^2-2x-1=0$

$x\neq0$이므로 양변을 x로 나누면 $x-\dfrac{1}{x}=\pm2$

$\left(x+\dfrac{1}{x}\right)^2=\left(x-\dfrac{1}{x}\right)^2+4=8$

∴ $x+\dfrac{1}{x}=2\sqrt{2}$ ($\because x>0$)

1285 답 ⑤

ㄱ. $P(\sqrt{n})=(\sqrt{n})^4+(\sqrt{n})^2-n^2-n=0$ (참)

ㄴ. $x^4+x^2-n^2-n=0$에서 $x^2=X$로 놓으면

$X^2+X-n^2-n=0$, $X^2+X-n(n+1)=0$

$(X-n)(X+n+1)=0$ ∴ $X=n$ 또는 $X=-n-1$

즉, $x^2=n$ 또는 $x^2=-n-1$이므로

$x=\pm\sqrt{n}$ 또는 $x=\pm\sqrt{n+1}i$

방정식 $P(x)=0$은 $x=\sqrt{n}$, $x=-\sqrt{n}$을 실근으로 가지므로 실근의 개수는 2이다. (참)

ㄷ. $P(k)=(k^2-n)(k^2+n+1)$에서 $k^2+n+1>0$

  └─ $k^2\geq0$, n은 자연수이므로 $n+1>0$ ◀──

$P(k)\neq0$을 만족시키려면 $k^2\neq n$이어야 한다.

  └─ $k^2-n=0$이면 $P(k)=0$이 된다.

즉, n은 완전제곱수가 아닌 정수이다.

  └─ 어떤 정수의 제곱이 되는 정수, 즉 $1^2=1$, $2^2=4$, $3^2=9$, ⋯

이때 9 이하의 자연수 중 완전제곱수가 아닌 정수는 2, 3, 5, 6, 7, 8이므로 모든 n의 값의 합은

$2+3+5+6+7+8=31$ (참)

따라서 옳은 것은 ㄱ, ㄴ, ㄷ이다.

정수 k, 자연수 n에 대하여 k^2+n+1은 항상 양수이므로 $k^2+n+1=0$인 경우는 생각하지 않도록 한다.

Plus 문제

1285-1

10 이하의 자연수 n에 대하여 다항식 $P(x)$가 $P(x)=x^4+2x^2-n^2-2n$일 때, 〈보기〉에서 옳은 것만을 있는 대로 고르시오.

〈보기〉
ㄱ. $P(-\sqrt{n})=0$
ㄴ. 방정식 $P(x)=0$의 허근은 1개이다.
ㄷ. 모든 정수 k에 대하여 $P(k)\neq0$이 되도록 하는 모든 n의 값의 개수는 6이다.

ㄱ. $P(-\sqrt{n})=(-\sqrt{n})^4+2(-\sqrt{n})^2-n^2-2n$
$\qquad\qquad =n^2+2n-n^2-2n=0$ (참)

ㄴ. $x^4+2x^2-n^2-2n=0$에서 $x^2=X$로 놓으면
$\quad X^2+2X-n^2-2n=0,\ X^2+2X-n(n+2)=0$
$\quad (X-n)(X+n+2)=0$
$\quad \therefore\ X=n$ 또는 $X=-n-2$
$\quad$ 즉, $x^2=n$ 또는 $x^2=-n-2$이므로
$\quad x=\pm\sqrt{n}$ 또는 $x=\pm\sqrt{n+2}\,i$
$\quad$ 방정식 $P(x)=0$은 $x=\sqrt{n}$, $x=-\sqrt{n}$을 실근,
$\quad x=\sqrt{n+2}\,i$, $x=-\sqrt{n+2}\,i$를 허근으로 가지므로 허근의 개수는 2이다. (거짓)

ㄷ. $P(k)=(k^2-n)(k^2+n+2)$에서 $k^2+n+2>0$이므로
$\quad P(k)\neq0$을 만족시키려면 $k^2\neq n$이어야 한다.
$\quad$ 즉, n은 완전제곱수가 아닌 정수이다.
$\quad$ 이때 10 이하의 자연수 중 완전제곱수가 아닌 정수는 2,
$\quad$ 3, 5, 6, 7, 8, 10의 7개이다. (거짓)

따라서 옳은 것은 ㄱ이다.

답 ㄱ

1286 답 ⑤　　　　　　　　　　　　　　　　　　│유형5│

사차방정식 $x^4-4x^3-10x^2-4x+1=0$의 모든 양의 실근의 합은?
단서1
① 2　　　　　　② 3　　　　　　③ 4
④ 5　　　　　　⑤ 6

단서1 방정식의 양변을 x^2으로 나눈 후 $x^2+\dfrac{1}{x^2}=\left(x+\dfrac{1}{x}\right)^2-2$임을 이용하여 공통부분 $x+\dfrac{1}{x}$을 치환

STEP1 방정식의 양변을 x^2으로 나누고, 공통부분을 X로 치환한 후 X의 값 구하기

$x^4-4x^3-10x^2-4x+1=0$에서
$x\neq0$이므로 양변을 x^2으로 나누면 → $x=0$을 대입하면 $1\neq0$이므로 $x\neq0$
$x^2-4x-10-\dfrac{4}{x}+\dfrac{1}{x^2}=0$

$x^2+\dfrac{1}{x^2}-4\left(x+\dfrac{1}{x}\right)-10=0$
　　　→ $x^2+\dfrac{1}{x^2}=\left(x+\dfrac{1}{x}\right)^2-2$
$\left(x+\dfrac{1}{x}\right)^2-4\left(x+\dfrac{1}{x}\right)-12=0$

$x+\dfrac{1}{x}=X$로 놓으면

$X^2-4X-12=0,\ (X+2)(X-6)=0$
$\therefore\ X=-2$ 또는 $X=6$

STEP2 사차방정식의 근을 구하여 모든 양의 실근의 합 구하기

(i) $X=-2$일 때, $x+\dfrac{1}{x}=-2$
$\quad x^2+2x+1=0,\ (x+1)^2=0\qquad \therefore\ x=-1$

(ii) $X=6$일 때, $x+\dfrac{1}{x}=6$
$\quad x^2-6x+1=0\qquad \therefore\ x=3\pm2\sqrt{2}$

(i), (ii)에서 $x=-1$ 또는 $x=3\pm2\sqrt{2}$
따라서 모든 양의 실근의 합은
$(3+2\sqrt{2})+(3-2\sqrt{2})=6$

실수 Check

$x+\dfrac{1}{x}=X$로 치환할 때 $x^2+\dfrac{1}{x^2}=X^2$으로 치환하지 않도록 주의한다.

반드시 $x^2+\dfrac{1}{x^2}=\left(x+\dfrac{1}{x}\right)^2-2$로 변형한 후 치환한다.

1287 답 ②

$x^4+8x^3+17x^2+8x+1=0$에서
$x\neq0$이므로 양변을 x^2으로 나누면

$x^2+8x+17+\dfrac{8}{x}+\dfrac{1}{x^2}=0$

$x^2+\dfrac{1}{x^2}+8\left(x+\dfrac{1}{x}\right)+17=0$

$\left(x+\dfrac{1}{x}\right)^2+8\left(x+\dfrac{1}{x}\right)+15=0$

이때 $x+\dfrac{1}{x}=k$이므로 $k^2+8k+15=0$

따라서 이차방정식의 근과 계수의 관계에 의하여 모든 k의 값의 합은 -8이다.

1288 답 1

$x^4-9x^3+20x^2-9x+1=0$에서
$x\neq0$이므로 양변을 x^2으로 나누면

$x^2-9x+20-\dfrac{9}{x}+\dfrac{1}{x^2}=0$

$x^2+\dfrac{1}{x^2}-9\left(x+\dfrac{1}{x}\right)+20=0$

$\left(x+\dfrac{1}{x}\right)^2-9\left(x+\dfrac{1}{x}\right)+18=0$

$x+\dfrac{1}{x}=X$로 놓으면

$X^2-9X+18=0,\ (X-3)(X-6)=0$
$\therefore\ X=3$ 또는 $X=6$

(i) $X=3$일 때, $x+\dfrac{1}{x}=3$

$\quad x^2-3x+1=0 \qquad \therefore x=\dfrac{3\pm\sqrt{5}}{2}$

(ii) $X=6$일 때, $x+\dfrac{1}{x}=6$

$\quad x^2-6x+1=0 \qquad \therefore x=3\pm2\sqrt{2}$

(i), (ii)에서 $x=\dfrac{3\pm\sqrt{5}}{2}$ 또는 $x=3\pm2\sqrt{2}$

따라서 $a=3$, $b=2$이므로

$a-b=3-2=1$

1289 답 ①

$x^4+5x^3-4x^2+5x+1=0$에서

$x\neq0$이므로 양변을 x^2으로 나누면

$x^2+5x-4+\dfrac{5}{x}+\dfrac{1}{x^2}=0$

$x^2+\dfrac{1}{x^2}+5\left(x+\dfrac{1}{x}\right)-4=0$

$\left(x+\dfrac{1}{x}\right)^2+5\left(x+\dfrac{1}{x}\right)-6=0$

$x+\dfrac{1}{x}=X$로 놓으면

$X^2+5X-6=0$, $(X+6)(X-1)=0$

$\therefore X=-6$ 또는 $X=1$

(i) $X=-6$일 때, $x+\dfrac{1}{x}=-6$에서 $x^2+6x+1=0$

　이 이차방정식의 판별식을 D_1이라 하면

　$\dfrac{D_1}{4}=3^2-1\times1=8>0$

　즉, 방정식 $x^2+6x+1=0$은 서로 다른 두 실근을 가진다.

(ii) $X=1$일 때, $x+\dfrac{1}{x}=1$에서 $x^2-x+1=0$

　이 이차방정식의 판별식을 D_2라 하면

　$D_2=(-1)^2-4\times1\times1=-3<0$

　즉, 방정식 $x^2-x+1=0$은 서로 다른 두 허근을 가진다.

(i), (ii)에서 a는 방정식 $x^2+6x+1=0$, 즉 $x+\dfrac{1}{x}=-6$의 한 실근

이므로 　$\longrightarrow x^2+6x+1=0$의 양변을 x로 나누면

　　　　　　　　　　$x+6+\dfrac{1}{x}=0$

$a+\dfrac{1}{a}=-6$

1290 답 ③

$x^4+8x^3+9x^2+8x+1=0$에서

$x\neq0$이므로 양변을 x^2으로 나누면

$x^2+8x+9+\dfrac{8}{x}+\dfrac{1}{x^2}=0$

$x^2+\dfrac{1}{x^2}+8\left(x+\dfrac{1}{x}\right)+9=0$

$\left(x+\dfrac{1}{x}\right)^2+8\left(x+\dfrac{1}{x}\right)+7=0$

$x+\dfrac{1}{x}=X$로 놓으면

$X^2+8X+7=0$, $(X+7)(X+1)=0$

$\therefore X=-7$ 또는 $X=-1$

(i) $X=-7$일 때, $x+\dfrac{1}{x}=-7$에서 $x^2+7x+1=0$

　이 이차방정식의 판별식을 D_1이라 하면

　$D_1=7^2-4\times1\times1=45>0$

　즉, 방정식 $x^2+7x+1=0$은 서로 다른 두 실근을 가진다.

(ii) $X=-1$일 때, $x+\dfrac{1}{x}=-1$에서 $x^2+x+1=0$

　이 이차방정식의 판별식을 D_2라 하면

　$D_2=1^2-4\times1\times1=-3<0$

　즉, 방정식 $x^2+x+1=0$은 서로 다른 두 허근을 가진다.

(i), (ii)에서 a는 $x^2+x+1=0$의 한 허근이므로

$a^2+a+1=0$

$\therefore a^2+a=-1$

1291 답 ②

$x^4-6x^3+7x^2-6x+1=0$에서

$x\neq0$이므로 양변을 x^2으로 나누면

$x^2-6x+7-\dfrac{6}{x}+\dfrac{1}{x^2}=0$

$x^2+\dfrac{1}{x^2}-6\left(x+\dfrac{1}{x}\right)+7=0$

$\left(x+\dfrac{1}{x}\right)^2-6\left(x+\dfrac{1}{x}\right)+5=0$

$x+\dfrac{1}{x}=X$로 놓으면

$X^2-6X+5=0$, $(X-1)(X-5)=0$

$\therefore X=1$ 또는 $X=5$

(i) $X=1$일 때, $x+\dfrac{1}{x}=1$에서 $x^2-x+1=0$

　이 이차방정식의 판별식을 D_1이라 하면

　$D_1=(-1)^2-4\times1\times1=-3<0$

　즉, 방정식 $x^2-x+1=0$은 서로 다른 두 허근을 가진다.

(ii) $X=5$일 때, $x+\dfrac{1}{x}=5$에서 $x^2-5x+1=0$

　이 이차방정식의 판별식을 D_2라 하면

　$D_2=(-5)^2-4\times1\times1=21>0$

　즉, 방정식 $x^2-5x+1=0$은 서로 다른 두 실근을 가진다.

(i), (ii)에서 a, β는 방정식 $x^2-5x+1=0$의 두 실근이므로 이차
방정식의 근과 계수의 관계에 의하여

$a+\beta=5$, $a\beta=1$

$\therefore (a-\beta)^2=(a+\beta)^2-4a\beta$

$\qquad\qquad\quad =5^2-4\times1=21$

1292 답 ④

유형 6

삼차방정식 $3x^3+x^2+kx-1=0$의 한 근이 -1일 때, 나머지 두 근 **단서1** 의 합은? (단, k는 상수이다.)

① $-\dfrac{2}{3}$ 　　　　② $-\dfrac{1}{3}$ 　　　　③ $\dfrac{1}{3}$

④ $\dfrac{2}{3}$ 　　　　⑤ $\dfrac{4}{3}$

단서1 $x=-1$을 $3x^3+x^2+kx-1=0$에 대입

STEP 1 주어진 방정식에 $x=-1$을 대입하여 k의 값 구하기

$3x^3+x^2+kx-1=0$에 $x=-1$을 대입하면

$-3+1-k-1=0$ ∴ $k=-3$

STEP 2 주어진 방정식을 인수분해하여 근 구하기

즉, 주어진 방정식은 $3x^3+x^2-3x-1=0$

$P(x)=3x^3+x^2-3x-1$로 놓으면

$P(-1)=0$

조립제법을 이용하여 $P(x)$를 인수분해하면

$$\begin{array}{r|rrrr} -1 & 3 & 1 & -3 & -1 \\ & & -3 & 2 & 1 \\ \hline & 3 & -2 & -1 & \big|\ 0 \end{array}$$

$P(x)=(x+1)(3x^2-2x-1)$

즉, 주어진 방정식은

$(x+1)(3x^2-2x-1)=0$

$(x+1)(x-1)(3x+1)=0$

∴ $x=-1$ 또는 $x=1$ 또는 $x=-\dfrac{1}{3}$

STEP 3 근이 -1이 아닌 나머지 두 근의 합 구하기

근이 -1이 아닌 나머지 두 근의 합은

$1+\left(-\dfrac{1}{3}\right)=\dfrac{2}{3}$

1293 답 ⑤

$x^3+kx^2-(k-2)x=0$에 $x=-2$를 대입하면

$-8+4k+2(k-2)=0$, $6k-12=0$

∴ $k=2$

1294 답 ①

$x^4+3x^3-2x^2+ax+b=0$에

$x=-1$을 대입하면

$1-3-2-a+b=0$에서 $-a+b=4$ ┄┄┄┄┄┄┄ ㉠

$x=1$을 대입하면

$1+3-2+a+b=0$에서 $a+b=-2$ ┄┄┄┄┄┄┄ ㉡

㉠, ㉡을 연립하여 풀면 $a=-3$, $b=1$

∴ $ab=(-3)\times1=-3$

1295 답 ⑤

$x^3-2x^2-5x+k=0$에 $x=1$을 대입하면

$1-2-5+k=0$ ∴ $k=6$

즉, 주어진 방정식은 $x^3-2x^2-5x+6=0$

$P(x)=x^3-2x^2-5x+6$으로 놓으면

$P(1)=0$

조립제법을 이용하여 $P(x)$를 인수분해하면

$$\begin{array}{r|rrrr} 1 & 1 & -2 & -5 & 6 \\ & & 1 & -1 & -6 \\ \hline & 1 & -1 & -6 & \big|\ 0 \end{array}$$

$P(x)=(x-1)(x^2-x-6)$

즉, 주어진 방정식은 $(x-1)(x^2-x-6)=0$

$(x-1)(x+2)(x-3)=0$

∴ $x=1$ 또는 $x=-2$ 또는 $x=3$

따라서 근이 1이 아닌 나머지 두 근은 -2, 3이므로

$k+\alpha+\beta=6+(-2)+3=7$

1296 답 ②

$x^3+ax^2+bx-6=0$에

$x=-1$을 대입하면

$-1+a-b-6=0$ ∴ $a-b=7$ ┄┄┄┄┄┄┄┄┄┄┄ ㉠

$x=3$을 대입하면

$27+9a+3b-6=0$ ∴ $3a+b=-7$ ┄┄┄┄┄┄┄┄ ㉡

㉠, ㉡을 연립하여 풀면 $a=0$, $b=-7$

즉, 주어진 방정식은 $x^3-7x-6=0$

$P(x)=x^3-7x-6$으로 놓으면

$P(-1)=0$, $P(3)=0$

조립제법을 이용하여 $P(x)$를 인수분해하면

$$\begin{array}{r|rrrr} -1 & 1 & 0 & -7 & -6 \\ & & -1 & 1 & 6 \\ \hline 3 & 1 & -1 & -6 & \big|\ 0 \\ & & 3 & 6 & \\ \hline & 1 & 2 & \big|\ 0 & \end{array}$$

$P(x)=(x+1)(x-3)(x+2)$

즉, 주어진 방정식은 $(x+1)(x-3)(x+2)=0$

∴ $x=-1$ 또는 $x=3$ 또는 $x=-2$

따라서 근이 -1, 3이 아닌 나머지 한 근은 -2이다.

1297 답 ②

$x^3+ax^2+bx+6=0$에 $x=2$를 대입하면

$8+4a+2b+6=0$, $2a+b=-7$

∴ $b=-2a-7$

즉, 주어진 방정식은 $x^3+ax^2-(2a+7)x+6=0$

$P(x)=x^3+ax^2-(2a+7)x+6$으로 놓으면

$P(2)=0$

조립제법을 이용하여 $P(x)$를 인수분해하면

$$\begin{array}{r|rrrr} 2 & 1 & a & -2a-7 & 6 \\ & & 2 & 2a+4 & -6 \\ \hline & 1 & a+2 & -3 & \big|\ 0 \end{array}$$

$P(x)=(x-2)\{x^2+(a+2)x-3\}$

즉, 주어진 방정식은

$(x-2)\{x^2+(a+2)x-3\}=0$

따라서 주어진 방정식의 나머지 두 근을 각각 α, β라 하면

α, β는 방정식 $x^2+(a+2)x-3=0$의 근이므로 이차방정식의

근과 계수의 관계에 의하여

$\alpha+\beta=-(a+2)$, $\alpha\beta=-3$

이때 나머지 두 근의 제곱의 합이 6이므로

$$\begin{aligned}\alpha^2+\beta^2 &=(\alpha+\beta)^2-2\alpha\beta\\&=\{-(a+2)\}^2+6\\&=(a+2)^2+6\end{aligned}$$

에서 $(a+2)^2+6=6$, $(a+2)^2=0$이므로

$a=-2$, $b=-2\times(-2)-7=-3$

$\therefore ab=(-2)\times(-3)=6$

1298 답 ③

$x^4+ax^3+bx=0$에

$x=1$을 대입하면

$1+a+b=0$ $\quad \therefore a+b=-1$ ·············· ㉠

$x=-2$를 대입하면

$16-8a-2b=0$ $\quad \therefore 4a+b=8$ ·············· ㉡

㉠, ㉡을 연립하여 풀면 $a=3$, $b=-4$

따라서 이차방정식 $x^2+3x-4=0$의 두 근의 합은 근과 계수의 관계에 의하여 -3이다.

1299 답 ①

$x^4+ax^3-11x^2-ax+b=0$에

$x=1$을 대입하면

$1+a-11-a+b=0$ $\quad \therefore b=10$

$x=2$를 대입하면

$16+8a-44-2a+10=0$ $\quad \therefore a=3$

즉, 주어진 방정식은 $x^4+3x^3-11x^2-3x+10=0$

$P(x)=x^4+3x^3-11x^2-3x+10$으로 놓으면

$P(1)=0$, $P(2)=0$

조립제법을 이용하여 $P(x)$를 인수분해하면

1	1	3	−11	−3	10
		1	4	−7	−10
2	1	4	−7	−10	0
		2	12	10	
	1	6	5	0	

$P(x)=(x-1)(x-2)(x^2+6x+5)$

즉, 주어진 방정식은 $(x-1)(x-2)(x^2+6x+5)=0$

따라서 주어진 방정식의 나머지 두 근은 방정식 $x^2+6x+5=0$의 근이고 이차방정식의 근과 계수의 관계에 의하여 두 근의 합은 -6이다.

1300 답 ④

$x^4-ax^3-12x^2+(4a+1)x-15=0$에 $x=-3$을 대입하면

$81+27a-108-3(4a+1)-15=0$

$15a-45=0$ $\quad \therefore a=3$

즉, 주어진 방정식은 $x^4-3x^3-12x^2+13x-15=0$

$P(x)=x^4-3x^3-12x^2+13x-15$로 놓으면

$P(-3)=0$, $P(5)=0$

조립제법을 이용하여 $P(x)$를 인수분해하면

−3	1	−3	−12	13	−15
		−3	18	−18	15
5	1	−6	6	−5	0
		5	−5	5	
	1	−1	1	0	

$P(x)=(x+3)(x-5)(x^2-x+1)$

즉, 주어진 방정식은 $(x+3)(x-5)(x^2-x+1)=0$

따라서 주어진 방정식의 두 허근은 방정식 $x^2-x+1=0$의 두 근이고 이차방정식의 근과 계수의 관계에 의하여 두 허근의 합은 1이다.

1301 답 4

$x^4+7x^3-2x^2+ax+b=0$에 $x=i$를 대입하면

$1-7i+2+ai+b=0$

$(a-7)i+b+3=0$

이때 a, b는 실수이므로 복소수가 서로 같을 조건에 의하여

$a-7=0$, $b+3=0$에서 $a=7$, $b=-3$

$\therefore a+b=7+(-3)=4$

> **개념 Check**
>
> **복소수가 서로 같을 조건**
>
> 복소수 $a+bi$ (a, b는 실수)에 대하여
>
> $a+bi=0$이면 $\rightarrow$ $a=0$, $b=0$

1302 답 ④

$x^4+ax^3-x^2+5x+b=0$에 $x=1+\sqrt{2}$를 대입하면

$(1+\sqrt{2})^4+a(1+\sqrt{2})^3-(1+\sqrt{2})^2+5(1+\sqrt{2})+b=0$

$(3+2\sqrt{2})^2+a(3+2\sqrt{2})(1+\sqrt{2})-(3+2\sqrt{2})+5(1+\sqrt{2})+b=0$

$17+12\sqrt{2}+a(7+5\sqrt{2})-(3+2\sqrt{2})+5(1+\sqrt{2})+b=0$

$(19+7a+b)+(15+5a)\sqrt{2}=0$

이때 a, b는 유리수이므로

$19+7a+b=0$, $15+5a=0$

$7a+b=-19$, $5a=-15$ $\quad \therefore a=-3$, $b=2$

다항식 bx^3-x^2+ax+b, 즉 $2x^3-x^2-3x+2$에서

$P(x)=2x^3-x^2-3x+2$로 놓으면

$P(1)=0$

조립제법을 이용하여 $P(x)$를 인수분해하면

1	2	−1	−3	2
		2	1	−2
	2	1	−2	0

$P(x)=(x-1)(2x^2+x-2)$

따라서 주어진 다항식의 인수인 것은 ④이다.

> **개념 Check**
>
> p, q가 유리수일 때
>
> $p+q\sqrt{2}=0$이면 $\rightarrow$ $p=0$, $q=0$

1303 답 ⑤

$ax^3-bx^2-cx+d=0$에 $x=\alpha$를 대입하면

$a\alpha^3-b\alpha^2-c\alpha+d=0$ ·············· ㉠

ㄱ. $-ax^3-bx^2+cx+d=0$에 $x=-\alpha$를 대입하면

$\quad a\alpha^3-b\alpha^2-c\alpha+d=0$ (참)

ㄴ. ㉠의 양변을 α^3으로 나누면

$\quad$└→ 주어진 조건에서 $\alpha\neq0$이다.

$$a-b\times\left(\frac{1}{\alpha}\right)-c\times\left(\frac{1}{\alpha}\right)^2+d\times\left(\frac{1}{\alpha}\right)^3=0$$

$\quad$즉, $\dfrac{1}{\alpha}$은 $dx^3-cx^2-bx+a=0$의 근이다. (참)

ㄷ. ㉠의 양변을 α^3으로 나누면

$$a+b\times\left(-\frac{1}{\alpha}\right)-c\times\left(-\frac{1}{\alpha}\right)^2-d\times\left(-\frac{1}{\alpha}\right)^3=0$$

$\quad$즉, $-\dfrac{1}{\alpha}$은 $-dx^3-cx^2+bx+a=0$의 근이다. (참)

따라서 옳은 것은 ㄱ, ㄴ, ㄷ이다.

실수 Check

ㄷ에서 ㉠의 양변을 α^3으로 나누면

$$a-\frac{b}{\alpha}-\frac{c}{\alpha^2}+\frac{d}{\alpha^3}=0$$

이때 $-\dfrac{1}{\alpha}$이 근이 되는지 알아보기 위해서는 식을 $-\dfrac{1}{\alpha}$이 드러나도록 변형해야 한다.

1304 답 10

$x^3-x^2+kx-k=0$에 $x=3i$를 대입하면

$(3i)^3-(3i)^2+3ki-k=0$

$-27i+9+3ki-k=0$

$(9-k)+(3k-27)i=0$

이때 k는 실수이므로 복소수가 서로 같을 조건에 의하여

$9-k=0$, $3k-27=0$에서 $k=9$

즉, 주어진 방정식은 $x^3-x^2+9x-9=0$에서

$x^2(x-1)+9(x-1)=0$, $(x-1)(x^2+9)=0$

$\therefore x=1$ 또는 $x=\pm3i$

따라서 $a=1$이므로 $k+a=9+1=10$

다른 풀이

$P(x)=x^3-x^2+kx-k$로 놓으면

$P(1)=1-1+k-k=0$

조립제법을 이용하여 $P(x)$를 인수분해하면

1	1	-1	k	$-k$
		1	0	k
	1	0	k	0

$P(x)=(x-1)(x^2+k)$

즉, 주어진 방정식은

$\underset{\text{실근}}{(x-1)}\underset{\text{허근}}{(x^2+k)}=0$

따라서 실근 $a=1$이고 허근 $3i$는 이차방정식 $x^2+k=0$의 근이다.

$(3i)^2+k=0$ $\quad\therefore k=9$

$\therefore k+a=9+1=10$

1305 답 ③

$ax^3+x^2+x-3=0$에 $x=1$을 대입하면

$a+1+1-3=0$ $\quad\therefore a=1$

즉, 주어진 방정식은

$x^3+x^2+x-3=0$

$P(x)=x^3+x^2+x-3$으로 놓으면

$P(1)=0$

조립제법을 이용하여 $P(x)$를 인수분해하면

1	1	1	1	-3
		1	2	3
	1	2	3	0

$P(x)=(x-1)(x^2+2x+3)$

즉, 주어진 방정식은

$(x-1)(x^2+2x+3)=0$

따라서 주어진 방정식의 나머지 두 근은 방정식 $x^2+2x+3=0$의 근이고 이차방정식의 근과 계수의 관계에 의하여 두 근의 곱은 3이다.

1306 답 ④

$x^4-x^3+ax^2+x+6=0$에 $x=-2$를 대입하면

$16+8+4a-2+6=0$ $\quad\therefore a=-7$

즉, 주어진 방정식은

$x^4-x^3-7x^2+x+6=0$

$P(x)=x^4-x^3-7x^2+x+6$으로 놓으면

$P(-2)=0$, $P(1)=0$

조립제법을 이용하여 $P(x)$를 인수분해하면

-2	1	-1	-7	1	6
		-2	6	2	-6
1	1	-3	-1	3	0
		1	-2	-3	
	1	-2	-3	0	

$P(x)=(x+2)(x-1)(x^2-2x-3)$

즉, 주어진 방정식은

$(x+2)(x-1)(x^2-2x-3)=0$

$(x+2)(x-1)(x+1)(x-3)=0$

$\therefore x=-2$ 또는 $x=1$ 또는 $x=-1$ 또는 $x=3$

따라서 네 실근 중 가장 큰 근은 $b=3$이므로

$a+b=-7+3=-4$

1307 답 $k\leq3$

| 유형 7

삼차방정식 $x^3+3x^2+(k-3)x-k-1=0$의 근이 모두 실수가 되도 **단서1** **단서2**
록 하는 실수 k의 값의 범위를 구하시오.

단서1 삼차방정식의 좌변을 인수분해

단서2 이차방정식 $ax^2+bx+c=0$의 판별식 D에 대하여 $D\geq0$

삼차방정식의 좌변을 인수분해하여 $(x-a)(ax^2+bx+c)=0$ 꼴로 변형하기

$P(x)=x^3+3x^2+(k-3)x-k-1$로 놓으면

$P(1)=1+3+k-3-k-1=0$

조립제법을 이용하여 $P(x)$를 인수분해하면

1	1	3	$k-3$	$-k-1$
		1	4	$k+1$
	1	4	$k+1$	0

$P(x)=(x-1)(x^2+4x+k+1)$

즉, 주어진 방정식은 $(x-1)(x^2+4x+k+1)=0$

STEP 2 판별식을 이용하여 근이 모두 실수가 되도록 하는 실수 k의 값의 범위 구하기

방정식 $(x-1)(x^2+4x+k+1)=0$의 근이 모두 실수가 되려면

이차방정식 $x^2+4x+k+1=0$이 실근을 가져야 하므로 이 이차방정식의 판별식을 D라 하면 $\rightarrow D\geq0$

$\dfrac{D}{4}=2^2-(k+1)\geq0,\ -k+3\geq0$

$\therefore k\leq3$

1308 답 ⑤

$P(x)=x^3-2x^2+(k-2)x-2k+4$로 놓으면

$P(2)=8-8+2k-4-2k+4=0$

조립제법을 이용하여 $P(x)$를 인수분해하면

2	1	-2	$k-2$	$-2k+4$
		2	0	$2k-4$
	1	0	$k-2$	0

$P(x)=(x-2)(x^2+k-2)$

이때 방정식 $P(x)=0$의 근이 모두 실수가 되려면

이차방정식 $x^2+k-2=0$이 실근을 가져야 하므로 이 이차방정식의 판별식을 D라 하면 $\rightarrow D\geq0$

$D=0^2-(k-2)\geq0$ $\therefore k\leq2$

$\therefore a=2$

다른 풀이

방정식 $P(x)=0$의 근이 모두 실수가 되려면

이차방정식 $x^2+k-2=0$이 실근을 가져야 하므로

$x^2=-k+2$에서 $-k+2\geq0$ $\therefore k\leq2$

$\therefore a=2$ $\rightarrow$ 모든 실수 x에 대하여 $x^2>0$이거나 $x^2=0$이다.

1309 답 ①

$P(x)=x^3+x^2+(k-2)x+2k$로 놓으면

$P(-2)=-8+4-2k+4+2k=0$

조립제법을 이용하여 $P(x)$를 인수분해하면

-2	1	1	$k-2$	$2k$
		-2	2	$-2k$
	1	-1	k	0

$P(x)=(x+2)(x^2-x+k)$

이때 방정식 $P(x)=0$이 한 개의 실근과 두 개의 허근을 가지려면

이차방정식 $x^2-x+k=0$이 두 개의 허근을 가져야 하므로 이 이차방정식의 판별식을 D라 하면 $\rightarrow D<0$

$D=(-1)^2-4\times k<0$ $\therefore k>\dfrac{1}{4}$

따라서 정수 k의 최솟값은 1이다.

1310 답 ⑤

$P(x)=x^3-3x^2+(3k+2)x-6k$로 놓으면

$P(2)=8-12+6k+4-6k=0$

조립제법을 이용하여 $P(x)$를 인수분해하면

2	1	-3	$3k+2$	$-6k$
		2	-2	$6k$
	1	-1	$3k$	0

$P(x)=(x-2)(x^2-x+3k)$

이때 방정식 $P(x)=0$이 서로 다른 세 실근을 가지려면

$x=2$가 방정식 $x^2-x+3k=0$의 근이 아니어야 하고 방정식 $x^2-x+3k=0$이 서로 다른 두 실근을 가져야 한다.

(i) $x=2$가 방정식 $x^2-x+3k=0$의 근이 아닌 경우

$\quad 4-2+3k\neq0$ $\therefore k\neq-\dfrac{2}{3}$

(ii) 방정식 $x^2-x+3k=0$이 서로 다른 두 실근을 갖는 경우

$\quad$ 이 이차방정식의 판별식을 D라 하면

$\quad D=(-1)^2-4\times3k>0$ $\therefore k<\dfrac{1}{12}$

(i), (ii)에서 양수 k의 값의 범위는 $0<k<\dfrac{1}{12}$

참고 서로 다른 세 실근을 가져야 하므로 (i)의 경우도 반드시 고려해야 한다.

1311 답 ①

$P(x)=x^3+3x^2+kx-k-4$로 놓으면

$P(1)=1+3+k-k-4=0$

조립제법을 이용하여 $P(x)$를 인수분해하면

1	1	3	k	$-k-4$
		1	4	$k+4$
	1	4	$k+4$	0

$P(x)=(x-1)(x^2+4x+k+4)$

이때 방정식 $P(x)=0$의 서로 다른 실근의 개수가 2이므로 이차방정식 $x^2+4x+k+4=0$이 $x=1$을 근으로 갖거나 중근을 가져야 한다.

(i) 방정식 $x^2+4x+k+4=0$이 $x=1$을 근으로 갖는 경우

$\quad 1+4+k+4=0$ $\therefore k=-9$

(ii) 방정식 $x^2+4x+k+4=0$이 1이 아닌 중근을 갖는 경우

$\quad$ 이 이차방정식의 판별식을 D라 하면

$\quad \dfrac{D}{4}=2^2-(k+4)=0$ $\therefore k=0$

(i), (ii)에서 모든 실수 k의 값의 합은

$-9+0=-9$

1312 답 ①

$P(x)=x^3-kx^2+2(k-1)x-4$로 놓으면

$P(2)=8-4k+4k-4-4=0$

조립제법을 이용하여 $P(x)$를 인수분해하면

2	1	$-k$	$2k-2$	-4
		2	$-2k+4$	4
	1	$-k+2$	2	0

$P(x)=(x-2)\{x^2+(-k+2)x+2\}=0$

이때 방정식 $P(x)=0$이 중근을 가지려면

이차방정식 $x^2+(-k+2)x+2=0$이 $x=2$를 근으로 갖거나 중근을 가져야 한다.

(i) 방정식 $x^2+(-k+2)x+2=0$이 $x=2$를 근으로 갖는 경우

$4-2k+4+2=0$ ∴ $k=5$

(ii) 방정식 $x^2+(-k+2)x+2=0$이 중근을 갖는 경우

이 이차방정식의 판별식을 D라 하면

$D=(-k+2)^2-4\times2=0,\ k^2-4k-4=0$

이차방정식의 근과 계수의 관계에 의하여

k의 값의 곱은 -4이다.

(i), (ii)에서 모든 실수 k의 값의 곱은

$5\times(-4)=-20$

1313 답 $k>8$

$P(x)=x^3+(4-k)x^2-\dfrac{7}{2}kx-\dfrac{k^2}{2}$으로 놓으면

$P(k)=k^3+(4-k)k^2-\dfrac{7}{2}k^2-\dfrac{k^2}{2}=0$

조립제법을 이용하여 $P(x)$를 인수분해하면

k	1	$4-k$	$-\dfrac{7}{2}k$	$-\dfrac{k^2}{2}$
		k	$4k$	$\dfrac{k^2}{2}$
	1	4	$\dfrac{k}{2}$	0

$P(x)=(x-k)\left(x^2+4x+\dfrac{k}{2}\right)$

이때 k는 실수이므로 방정식 $P(x)=0$이 허근을 가지려면

방정식 $x^2+4x+\dfrac{k}{2}=0$이 허근을 가져야 한다.

따라서 이차방정식 $x^2+4x+\dfrac{k}{2}=0$의 판별식을 D라 하면

$\dfrac{D}{4}=2^2-\dfrac{k}{2}<0$ ∴ $k>8$

1314 답 ③

$x^3+x^2+(ai-2)x-ai=(x^3+x^2-2x)+(ax-a)i$

이므로 실수부분 $f(x)=x^3+x^2-2x$, 허수부분 $g(x)=ax-a$

그런데 이 수는 허수이므로 $\underline{ax-a\neq0}$ ← $ax-a=0$이면 실수가 된다.

$a(x-1)\neq0$ ∴ $a\neq0,\ x\neq1$

$f(x)+g(x)=x^3+x^2+(a-2)x-a$에서

$f(1)+g(1)=1+1+a-2-a=0$

조립제법을 이용하여 $f(x)+g(x)$를 인수분해하면

1	1	1	$a-2$	$-a$
		1	2	a
	1	2	a	0

$f(x)+g(x)=(x-1)(x^2+2x+a)$

이때 $x\neq1$이므로 방정식 $f(x)+g(x)=0$의 근이 존재하기 위해서는 방정식 $x^2+2x+a=0$이 실근을 가져야 하므로 이 이차방정식의 판별식을 D라 하면

$\dfrac{D}{4}=1^2-a\geq0$ ∴ $a\leq1$

따라서 a의 값 중 가장 큰 정수는 1이다.

> **실수 Check**
>
> 복소수 $a+bi$ (a, b는 실수)에 대하여 $a+bi$가 허수이면 $b\neq0$임을 주의한다. 만약 $b=0$이면 $a+bi$는 실수이다.

1315 답 7

$P(x)=x^3-5x^2+(a+4)x-a$로 놓으면

$P(1)=1-5+a+4-a=0$

조립제법을 이용하여 $P(x)$를 인수분해하면

1	1	-5	$a+4$	$-a$
		1	-4	a
	1	-4	a	0

$P(x)=(x-1)(x^2-4x+a)$

이때 방정식 $P(x)=0$의 서로 다른 실근의 개수가 2가 되려면 이차방정식 $x^2-4x+a=0$이 $x=1$을 근으로 갖거나 중근을 가져야 한다.

(i) 방정식 $x^2-4x+a=0$이 $x=1$을 근으로 갖는 경우

$1-4+a=0$ ∴ $a=3$

(ii) 방정식 $x^2-4x+a=0$이 1이 아닌 중근을 갖는 경우

이차방정식 $x^2-4x+a=0$의 판별식을 D라 하면

$\dfrac{D}{4}=(-2)^2-a=0$ ∴ $a=4$

(i), (ii)에서 모든 실수 a의 값의 합은

$3+4=7$

> **Plus 문제**
>
> **1315-1**
>
> 삼차방정식 $x^3+(a-4)x+2a=0$의 서로 다른 실근의 개수가 2가 되도록 하는 모든 실수 a의 값을 구하시오.
>
> $P(x)=x^3+(a-4)x+2a$로 놓으면
>
> $P(-2)=-8-2(a-4)+2a$
> $\quad\quad\ \ =-8-2a+8+2a=0$

조립제법을 이용하여 $P(x)$를 인수분해하면

$$\begin{array}{r|rrrr} -2 & 1 & 0 & a-4 & 2a \\ & & -2 & 4 & -2a \\ \hline & 1 & -2 & a & 0 \end{array}$$

$P(x)=(x+2)(x^2-2x+a)$

이때 방정식 $P(x)=0$의 서로 다른 실근의 개수가 2가 되려면 이차방정식 $x^2-2x+a=0$이 $x=-2$를 근으로 갖거나 중근을 가져야 한다.

(i) 방정식 $x^2-2x+a=0$이 $x=-2$를 근으로 갖는 경우
$(-2)^2-2\times(-2)+a=0$, $4+4+a=0$ ∴ $a=-8$

(ii) 방정식 $x^2-2x+a=0$이 $x=-2$가 아닌 중근을 갖는 경우
이차방정식 $x^2-2x+a=0$의 판별식을 D라 하면
$$\frac{D}{4}=(-1)^2-a=0 \qquad ∴ a=1$$

(i), (ii)에서 구하는 a의 값은 -8, 1이다.

目 -8, 1

1316 目 ①

$P(x)=2x^3-5x^2+(k+3)x-k$로 놓으면
$P(1)=2-5+k+3-k=0$
조립제법을 이용하여 $P(x)$를 인수분해하면

$$\begin{array}{r|rrrr} 1 & 2 & -5 & k+3 & -k \\ & & 2 & -3 & k \\ \hline & 2 & -3 & k & 0 \end{array}$$

$P(x)=(x-1)(2x^2-3x+k)$

즉, 주어진 방정식은 $(x-1)(\boxed{2x^2-3x}+k)=0$이므로 삼차방정식 $2x^3-5x^2+(k+3)x-k=0$의 서로 다른 세 실근은 1과 이차방정식 $\boxed{2x^2-3x}+k=0$의 두 근이다.

이차방정식 $\boxed{2x^2-3x}+k=0$의 두 근을 α, β $(\alpha>\beta)$라 하자.

1, α, β가 직각삼각형의 세 변의 길이가 되는 경우는 다음과 같이 2가지로 나눌 수 있다.

(i) 빗변의 길이가 1인 경우
$\alpha^2+\beta^2=1$이므로 $(\alpha+\beta)^2-2\alpha\beta=1$이다.
이차방정식 $2x^2-3x+k=0$의 두 근이 α, β이므로 근과 계수의 관계에 의하여
$$\alpha+\beta=\frac{3}{2}, \ \alpha\beta=\frac{k}{2}$$
$$\left(\frac{3}{2}\right)^2-2\times\frac{k}{2}=1 \qquad ∴ k=\boxed{\frac{5}{4}}$$

그런데 $\boxed{2x^2-3x}+\dfrac{5}{4}=0$에서 판별식을 D라 하면
$$D=(-3)^2-4\times2\times\frac{5}{4}=-1<0$$
이므로 α, β는 실수가 아니다.

따라서 1, α, β가 직각삼각형의 세 변의 길이가 될 수 없다.

(ii) 빗변의 길이가 α인 경우
$1+\beta^2=\alpha^2$이므로 $(\alpha+\beta)(\alpha-\beta)=1$이다.

$\alpha+\beta=\dfrac{3}{2}$, $\alpha\beta=\dfrac{k}{2}$에서 $\alpha-\beta=\dfrac{2}{3}$이고,
$(\alpha-\beta)^2=(\alpha+\beta)^2-4\alpha\beta$이므로
$$\left(\frac{2}{3}\right)^2=\left(\frac{3}{2}\right)^2-4\times\frac{k}{2} \qquad ∴ k=\boxed{\frac{65}{72}}$$

$2x^2-3x+\dfrac{65}{72}=0$에서 $144x^2-216x+65=0$

$(12x-13)(12x-5)=0 \qquad ∴ x=\dfrac{13}{12}$ 또는 $x=\dfrac{5}{12}$

즉, $\alpha=\dfrac{13}{12}$, $\beta=\dfrac{5}{12}$이므로 1, α, β는 직각삼각형의 세 변의 길이가 될 수 있다.

따라서 (i)과 (ii)에 의하여 $k=\boxed{\dfrac{65}{72}}$이다.

$f(x)=2x^2-3x$, $p=\dfrac{5}{4}$, $q=\dfrac{65}{72}$이므로

$$f(3)\times\frac{q}{p}=9\times\frac{\dfrac{65}{72}}{\dfrac{5}{4}}=\frac{13}{2}$$

1317 目 ② | 유형 8

삼차방정식 $x^3-3x+2=0$의 세 근을 α, β, γ라 할 때, $\alpha^2+\beta^2+\gamma^2$의 값은?
[단서1] [단서2]

① 4 ② 6 ③ 8
④ 10 ⑤ 12

[단서1] 삼차방정식의 근과 계수의 관계를 이용
[단서2] $\alpha^2+\beta^2+\gamma^2=(\alpha+\beta+\gamma)^2-2(\alpha\beta+\beta\gamma+\gamma\alpha)$

STEP 1 삼차방정식의 근과 계수의 관계 구하기
삼차방정식 $x^3-3x+2=0$의 세 근이 α, β, γ이므로 근과 계수의 관계에 의하여
$\alpha+\beta+\gamma=0$, $\alpha\beta+\beta\gamma+\gamma\alpha=-3$

STEP 2 곱셈 공식의 변형을 이용하여 $\alpha^2+\beta^2+\gamma^2$의 값 구하기
$\alpha^2+\beta^2+\gamma^2=(\alpha+\beta+\gamma)^2-2(\alpha\beta+\beta\gamma+\gamma\alpha)$
$\qquad\qquad\quad=0-2\times(-3)=6$

다른 풀이

$x^3-3x+2=(x-1)(x^2+x-2)=(x-1)^2(x+2)$
이므로 방정식 $x^3-3x+2=0$의 해는
$x=1$(중근) 또는 $x=-2$
∴ $\alpha^2+\beta^2+\gamma^2=1^2+1^2+(-2)^2=6$

1318 目 ②

삼차방정식 $x^3+3x^2+3x+2=0$의 세 근이 α, β, γ이므로 근과 계수의 관계에 의하여
$\alpha+\beta+\gamma=-3$, $\alpha\beta+\beta\gamma+\gamma\alpha=3$, $\alpha\beta\gamma=-2$
∴ $(\alpha+\beta)(\beta+\gamma)(\gamma+\alpha)$
$\quad=(-3-\gamma)(-3-\alpha)(-3-\beta)$
$\qquad \llcorner\!\!\rightarrow \alpha+\beta+\gamma=-3$에서 $\alpha+\beta=-3-\gamma$
$\quad=(-3)^3-(\alpha+\beta+\gamma)\times(-3)^2+(\alpha\beta+\beta\gamma+\gamma\alpha)\times(-3)-\alpha\beta\gamma$
$\quad=-27+3\times9+3\times(-3)+2=-7$

1319 답 ③

삼차방정식 $x^3-3x^2-2x+1=0$의 세 근이 α, β, γ이므로
근과 계수의 관계에 의하여
$\alpha+\beta+\gamma=3$, $\alpha\beta+\beta\gamma+\gamma\alpha=-2$, $\alpha\beta\gamma=-1$
$\alpha^2+\beta^2+\gamma^2=(\alpha+\beta+\gamma)^2-2(\alpha\beta+\beta\gamma+\gamma\alpha)$
$\qquad =3^2-2\times(-2)=13$
$\therefore \alpha^3+\beta^3+\gamma^3=(\alpha+\beta+\gamma)(\alpha^2+\beta^2+\gamma^2-\alpha\beta-\beta\gamma-\gamma\alpha)+3\alpha\beta\gamma$
$\qquad =3\times\{13-(-2)\}+3\times(-1)=42$

1320 답 ②

삼차방정식 $x^3-2x^2-2x+12=0$의 세 근을 $\alpha-2=\alpha'$,
$\beta+1=\beta'$, $\gamma+2=\gamma'$이라 하면 근과 계수의 관계에 의하여
$\alpha'+\beta'+\gamma'=2$, $\alpha'\beta'+\beta'\gamma'+\gamma'\alpha'=-2$, $\alpha'\beta'\gamma'=-12$
$\therefore (\alpha-1)(\beta+2)(\gamma+3)$
$\quad =(\alpha'+1)(\beta'+1)(\gamma'+1)$
$\quad =\alpha'\beta'\gamma'+(\alpha'\beta'+\beta'\gamma'+\gamma'\alpha')+(\alpha'+\beta'+\gamma')+1$
$\quad =-12-2+2+1=-11$

1321 답 ①

삼차방정식 $x^3-10x^2+ax+b=0$의 세 근의 비가 $2:3:5$이므로
세 근을 2α, 3α, 5α $(\alpha\ne0)$라 하면 근과 계수의 관계에 의하여
$2\alpha+3\alpha+5\alpha=10$에서 $10\alpha=10$ $\quad \therefore \alpha=1$
따라서 세 근이 2, 3, 5이므로
$2\times3+3\times5+5\times2=a$에서 $a=31$
$2\times3\times5=-b$에서 $b=-30$
$\therefore a+b=31+(-30)=1$

1322 답 ④

삼차방정식 $x^3+kx^2-7x+6=0$의 세 근이 1, α, β이므로
근과 계수의 관계에 의하여
$1+\alpha+\beta=-k$에서 $\alpha+\beta=-k-1$ ·········· ㉠
$\alpha+\alpha\beta+\beta=-7$에서 $\alpha+\beta=-7-\alpha\beta$ ·········· ㉡
$\alpha\beta=-6$
㉠, ㉡에서 $-k-1=-7-\alpha\beta$
이때 $\alpha\beta=-6$이므로 $k=0$이고
㉠에서 $\alpha+\beta=-1$, 즉 $\beta=-\alpha-1$을 $\alpha\beta=-6$에 대입하면
$\alpha^2+\alpha-6=0$, $(\alpha+3)(\alpha-2)=0$ $\quad \therefore \alpha=-3$ 또는 $\alpha=2$
이때 $\beta<1<\alpha$이므로 $\alpha=2$, $\beta=-3$
$\quad\rightarrow \alpha=-3$일 때 $\beta=2$
$\quad\quad \alpha=2$일 때 $\beta=-3$
$\therefore k+2\alpha+\beta=0+2\times2+(-3)=1$

1323 답 26

삼차방정식 $x^3+ax^2+bx+c=0$의 세 근이 α, β, γ이므로
근과 계수의 관계에 의하여
$\alpha+\beta+\gamma=-a$, $\alpha\beta+\beta\gamma+\gamma\alpha=b$, $\alpha\beta\gamma=-c$

삼차방정식 $x^3-4x^2+3x-1=0$의 세 근이 $\dfrac{1}{\alpha\beta}$, $\dfrac{1}{\beta\gamma}$, $\dfrac{1}{\gamma\alpha}$이므로
근과 계수의 관계에 의하여
$\dfrac{1}{\alpha\beta}+\dfrac{1}{\beta\gamma}+\dfrac{1}{\gamma\alpha}=\dfrac{\alpha+\beta+\gamma}{\alpha\beta\gamma}=\dfrac{-a}{-c}=\dfrac{a}{c}=4$
$\therefore a=4c$ ·········· ㉠

$\dfrac{1}{\alpha\beta}\times\dfrac{1}{\beta\gamma}+\dfrac{1}{\beta\gamma}\times\dfrac{1}{\gamma\alpha}+\dfrac{1}{\gamma\alpha}\times\dfrac{1}{\alpha\beta}=\dfrac{1}{\alpha\beta^2\gamma}+\dfrac{1}{\alpha\beta\gamma^2}+\dfrac{1}{\alpha^2\beta\gamma}$
$\qquad\qquad =\dfrac{\alpha\gamma+\alpha\beta+\beta\gamma}{(\alpha\beta\gamma)^2}$
$\qquad\qquad =\dfrac{b}{(-c)^2}=\dfrac{b}{c^2}=3$
$\therefore b=3c^2$ ·········· ㉡

$\dfrac{1}{\alpha\beta}\times\dfrac{1}{\beta\gamma}\times\dfrac{1}{\gamma\alpha}=\dfrac{1}{(\alpha\beta\gamma)^2}=\dfrac{1}{(-c)^2}=\dfrac{1}{c^2}=1$
$\therefore c^2=1$ ·········· ㉢
㉠, ㉢을 연립하면 $a^2=16c^2=16\times1=16$
㉡, ㉢을 연립하면 $b^2=9c^4=9\times1^2=9$
$\therefore a^2+b^2+c^2=16+9+1=26$

1324 답 ③

삼차방정식 $3x^3+(2a-6)x^2+(b^2-4a)x-2b^2=0$의 세 실근의
합이 8이므로 근과 계수의 관계에 의하여
$-\dfrac{2a-6}{3}=8$ $\quad \therefore a=-9$
즉, 삼차방정식 $3x^3-24x^2+(b^2+36)x-2b^2=0$에서
$P(x)=3x^3-24x^2+(b^2+36)x-2b^2$으로 놓으면
$P(2)=24-96+2b^2+72-2b^2=0$
조립제법을 이용하여 $P(x)$를 인수분해하면

$$\begin{array}{c|cccc}
2 & 3 & -24 & b^2+36 & -2b^2 \\
  &   & 6 & -36 & 2b^2 \\
\hline
  & 3 & -18 & b^2 & 0
\end{array}$$

$P(x)=(x-2)(3x^2-18x+b^2)$
이때 방정식 $P(x)=0$이 서로 다른 세 실근을 가져야 하므로 이차
방정식 $3x^2-18x+b^2=0$은 $x=2$가 아닌 서로 다른 두 실근을 가
져야 한다. ·········· ㉠
이 이차방정식의 판별식을 D라 하면
$\dfrac{D}{4}=(-9)^2-3b^2>0$ $\quad \therefore b^2<27$
따라서 정수 b는 -5, -4, -3, -2, -1, 0, 1, 2, 3, 4, 5로 모두
11개이므로 조건을 만족시키는 순서쌍 (a, b)의 개수는 11이다.
$\quad\rightarrow (-9, -5)$, $(-9, -4)$, $(-9, -3)$, $(-9, -2)$,
$\quad\quad (-9, -1)$, $(-9, 0)$, $(-9, 1)$, $(-9, 2)$, $(-9, 3)$,
$\quad\quad (-9, 4)$, $(-9, 5)$

실수 Check

㉠에서 $3x^2-18x+b^2=0$은 $x=2$를 근으로 가지지 않아야 한다. 왜냐하
면 $x=2$이면 방정식 $P(x)=0$은 중근을 가지기 때문이다. 실제로 $x=2$
를 대입하면 $12-36+b^2\ne0$에서 $b^2\ne24$
이때 b는 정수이므로 $b^2\ne24$이다.

1325 답 ②

삼차방정식 $x^3+2x^2-3x+4=0$의 세 근이 α, β, γ이므로
근과 계수의 관계에 의하여
$\alpha+\beta+\gamma=-2$, $\alpha\beta+\beta\gamma+\gamma\alpha=-3$, $\alpha\beta\gamma=-4$
$\therefore (3+\alpha)(3+\beta)(3+\gamma)$
$\quad =3^3+(\alpha+\beta+\gamma)\times3^2+(\alpha\beta+\beta\gamma+\gamma\alpha)\times3+\alpha\beta\gamma$
$\quad =27+(-2)\times9+(-3)\times3+(-4)=-4$

1326 답 ②

유형 9

삼차방정식 $x^3-6x^2-4x+3=0$의 세 근을 α, β, γ라 할 때, $\alpha+1$, 〔단서1〕 $\beta+1$, $\gamma+1$을 근으로 하고 x^3의 계수가 1인 삼차방정식은 〔단서2〕 $x^3+ax^2+bx+c=0$이다. 상수 a, b, c에 대하여 $a+b+c$의 값은?

① 1   ② 2   ③ 3
④ 4   ⑤ 5

〔단서1〕 삼차방정식의 근과 계수의 관계를 이용
〔단서2〕 $x^3-\{(\alpha+1)+(\beta+1)+(\gamma+1)\}x^2+\{(\alpha+1)(\beta+1)+(\beta+1)(\gamma+1)+(\gamma+1)(\alpha+1)\}x-(\alpha+1)(\beta+1)(\gamma+1)=0$

STEP 1 삼차방정식의 근과 계수의 관계 구하기

삼차방정식 $x^3-6x^2-4x+3=0$의 세 근이 α, β, γ이므로 근과 계수의 관계에 의하여

$\alpha+\beta+\gamma=6$, $\alpha\beta+\beta\gamma+\gamma\alpha=-4$, $\alpha\beta\gamma=-3$

STEP 2 세 근이 $\alpha+1$, $\beta+1$, $\gamma+1$이고 x^3의 계수가 1인 삼차방정식 구하기

세 근 $\alpha+1$, $\beta+1$, $\gamma+1$의 합은

$(\alpha+1)+(\beta+1)+(\gamma+1)=(\alpha+\beta+\gamma)+3=6+3=9$

세 근 $\alpha+1$, $\beta+1$, $\gamma+1$에서 두 근끼리의 곱의 합은

$(\alpha+1)(\beta+1)+(\beta+1)(\gamma+1)+(\gamma+1)(\alpha+1)$
$=(\alpha\beta+\beta\gamma+\gamma\alpha)+2(\alpha+\beta+\gamma)+3$
$=(-4)+2\times6+3=11$

세 근 $\alpha+1$, $\beta+1$, $\gamma+1$의 곱은

$(\alpha+1)(\beta+1)(\gamma+1)=\alpha\beta\gamma+(\alpha\beta+\beta\gamma+\gamma\alpha)+(\alpha+\beta+\gamma)+1$
$=-3+(-4)+6+1=0$

즉, 구하는 삼차방정식은 $x^3-9x^2+11x=0$

STEP 3 $a+b+c$의 값 구하기

$a=-9$, $b=11$, $c=0$이므로

$a+b+c=-9+11+0=2$

1327 답 $x^3+x+4=0$

삼차방정식 $x^3+x-4=0$의 세 근이 α, β, γ이므로 근과 계수의 관계에 의하여

$\alpha+\beta+\gamma=0$, $\alpha\beta+\beta\gamma+\gamma\alpha=1$, $\alpha\beta\gamma=4$

$\alpha+\beta+\gamma=0$에서 $\alpha+\beta=-\gamma$, $\beta+\gamma=-\alpha$, $\gamma+\alpha=-\beta$

즉, $\alpha+\beta$, $\beta+\gamma$, $\gamma+\alpha$를 근으로 하는 삼차방정식은

$-\gamma$, $-\alpha$, $-\beta$를 세 근으로 하는 삼차방정식과 같다.

세 근 $-\alpha$, $-\beta$, $-\gamma$의 합은

$-\alpha-\beta-\gamma=-(\alpha+\beta+\gamma)=0$

세 근 $-\alpha$, $-\beta$, $-\gamma$에서 두 근끼리의 곱의 합은

$(-\alpha)\times(-\beta)+(-\beta)\times(-\gamma)+(-\gamma)\times(-\alpha)$
$=\alpha\beta+\beta\gamma+\gamma\alpha=1$

세 근 $-\alpha$, $-\beta$, $-\gamma$의 곱은

$(-\alpha)\times(-\beta)\times(-\gamma)=-\alpha\beta\gamma=-4$

따라서 구하는 삼차방정식은 $x^3+x+4=0$

1328 답 ⑤

$P(-1)=P(1)=P(2)=3$에서

$P(-1)-3=P(1)-3=P(2)-3=0$이므로

삼차방정식 $P(x)-3=0$의 세 근이 -1, 1, 2이다.

이때 -1, 1, 2를 세 근으로 하고 x^3의 계수가 -1인 삼차방정식은

$-[x^3-(-1+1+2)x^2+\{(-1)\times1+1\times2+2\times(-1)\}x$
$\qquad\qquad\qquad\qquad\qquad -(-1)\times1\times2]=0$

$\therefore -x^3+2x^2+x-2=0$

즉, $P(x)-3=-x^3+2x^2+x-2$이므로

$P(x)=-x^3+2x^2+x+1$ $\therefore P(-2)=8+8-2+1=15$

다른 풀이

$P(-1)=P(1)=P(2)=3$에서

$P(-1)-3=P(1)-3=P(2)-3=0$이므로

삼차방정식 $P(x)-3=0$의 근이 -1, 1, 2이고 x^3의 계수가 -1이다.

즉, $P(x)-3=-(x+1)(x-1)(x-2)$이므로

$P(x)=-(x+1)(x-1)(x-2)+3$

$\therefore P(-2)=-\{(-1)\times(-3)\times(-4)\}+3=15$

실수 Check

삼차방정식 $P(x)-3=0$의 근은 삼차방정식 $P(x)=0$의 근이 아님에 주의한다.

1329 답 ③

유형 10

다음은 삼차방정식 $x^3+5x^2+3x+1=0$의 세 근이 α, β, γ일 때, $\dfrac{1}{\alpha}$, $\dfrac{1}{\beta}$, $\dfrac{1}{\gamma}$을 세 근으로 하는 삼차방정식을 구하는 과정의 일부이다.

α가 삼차방정식 $x^3+5x^2+3x+1=0$의 한 근이므로

$\quad\alpha^3+5\alpha^2+3\alpha+1=0$

이다.

α는 0이 아니므로 양변을 α^3으로 나누어 정리하면 〔단서1〕

$\left(\dfrac{1}{\alpha}\right)^3+\boxed{(가)}\times\left(\dfrac{1}{\alpha}\right)^2+\boxed{(나)}\times\dfrac{1}{\alpha}+1=0$

이다.

그러므로 $\dfrac{1}{\alpha}$은 최고차항의 계수가 1인 x에 대한 삼차방정식

$\quad x^3+\boxed{(가)}x^2+\boxed{(나)}x+1=0$

의 한 근이다.

같은 방법으로 β, γ도 삼차방정식 $x^3+5x^2+3x+1=0$의 근이므로 〔단서2〕

$\quad\vdots$

이다.

따라서 $\dfrac{1}{\alpha}$, $\dfrac{1}{\beta}$, $\dfrac{1}{\gamma}$을 세 근으로 하는 최고차항의 계수가 1인 x에 대한 삼차방정식은

$\quad\boxed{(다)}=0$

이다.

위의 과정에서 (가)와 (나)에 알맞은 수를 각각 a, b, (다)에 알맞은 식을 $P(x)$라 할 때, $ab+P(2)$의 값은?

① 42   ② 44   ③ 46
④ 48   ⑤ 50

〔단서1〕 $1+\dfrac{5}{\alpha}+\dfrac{3}{\alpha^2}+\dfrac{1}{\alpha^3}=0$
〔단서2〕 $\dfrac{1}{\beta}$, $\dfrac{1}{\gamma}$은 방정식 $x^3+\boxed{(가)}x^2+\boxed{(나)}x+1=0$의 근

α가 삼차방정식 $x^3+5x^2+3x+1=0$의 한 근이므로

$\alpha^3+5\alpha^2+3\alpha+1=0$

α는 0이 아니므로 양변을 α^3으로 나누면

$1+\dfrac{5}{\alpha}+\dfrac{3}{\alpha^2}+\dfrac{1}{\alpha^3}=0$

$\left(\dfrac{1}{\alpha}\right)^3+\boxed{3}\times\left(\dfrac{1}{\alpha}\right)^2+\boxed{5}\times\dfrac{1}{\alpha}+1=0$

그러므로 $\dfrac{1}{\alpha}$은 최고차항의 계수가 1인 x에 대한 삼차방정식

$x^3+\boxed{3}x^2+\boxed{5}x+1=0$의 한 근이다.

같은 방법으로 β, γ도 삼차방정식 $x^3+5x^2+3x+1=0$의 근이므로

$\beta^3+5\beta^2+3\beta+1=0$에서 $\left(\dfrac{1}{\beta}\right)^3+3\times\left(\dfrac{1}{\beta}\right)^2+5\times\dfrac{1}{\beta}+1=0$

또, $\gamma^3+5\gamma^2+3\gamma+1=0$에서 $\left(\dfrac{1}{\gamma}\right)^3+3\times\left(\dfrac{1}{\gamma}\right)^2+5\times\dfrac{1}{\gamma}+1=0$

그러므로 $\dfrac{1}{\beta}$, $\dfrac{1}{\gamma}$은 최고차항의 계수가 1인 x에 대한 삼차방정식

$x^3+3x^2+5x+1=0$의 근이다.

따라서 $\dfrac{1}{\alpha}$, $\dfrac{1}{\beta}$, $\dfrac{1}{\gamma}$을 세 근으로 하는 최고차항의 계수가 1인 x에 대한 삼차방정식은 $\boxed{x^3+3x^2+5x+1}=0$이다.

$a=3$, $b=5$, $P(x)=x^3+3x^2+5x+1$이므로

$ab+P(2)=3\times5+(2^3+3\times2^2+5\times2+1)=46$

1330 답 6

α가 삼차방정식 $x^3-3x^2-2x+1=0$의 한 근이므로

$\underline{\alpha^3-3\alpha^2-2\alpha+1=0}$ → $\alpha=0$을 대입하면 $1\neq0$이므로 $\alpha\neq0$이다.

양변을 α^3으로 나누면 $1-\dfrac{3}{\alpha}-\dfrac{2}{\alpha^2}+\dfrac{1}{\alpha^3}=0$

$\left(\dfrac{1}{\alpha}\right)^3-2\times\left(\dfrac{1}{\alpha}\right)^2-3\times\dfrac{1}{\alpha}+1=0$

즉, $\dfrac{1}{\alpha}$은 삼차방정식 $x^3-2x^2-3x+1=0$의 근이다.

같은 방법으로 β, γ도 삼차방정식 $x^3-3x^2-2x+1=0$의 근이므로

$\dfrac{1}{\beta}$, $\dfrac{1}{\gamma}$은 삼차방정식 $x^3-2x^2-3x+1=0$의 근이 된다.

따라서 $a=-2$, $b=-3$, $c=1$이므로

$abc=(-2)\times(-3)\times1=6$

다른 풀이

삼차방정식 $x^3-3x^2-2x+1=0$의 세 근이 α, β, γ이므로

근과 계수의 관계에 의하여

$\alpha+\beta+\gamma=3$, $\alpha\beta+\beta\gamma+\gamma\alpha=-2$, $\alpha\beta\gamma=-1$

$\dfrac{1}{\alpha}+\dfrac{1}{\beta}+\dfrac{1}{\gamma}=\dfrac{\alpha\beta+\beta\gamma+\gamma\alpha}{\alpha\beta\gamma}=\dfrac{-2}{-1}=2$

$\dfrac{1}{\alpha\beta}+\dfrac{1}{\beta\gamma}+\dfrac{1}{\gamma\alpha}=\dfrac{\alpha+\beta+\gamma}{\alpha\beta\gamma}=\dfrac{3}{-1}=-3$

$\dfrac{1}{\alpha\beta\gamma}=-1$

즉, $\dfrac{1}{\alpha}$, $\dfrac{1}{\beta}$, $\dfrac{1}{\gamma}$을 세 근으로 하고 x^3의 계수가 1인 삼차방정식은

$x^3-2x^2-3x+1=0$

1331 답 ⑤

α가 삼차방정식 $x^3-x^2+2x-3=0$의 한 근이므로

$\alpha^3-\alpha^2+2\alpha-3=0$

양변을 α^3으로 나누면 $1-\dfrac{1}{\alpha}+\dfrac{2}{\alpha^2}-\dfrac{3}{\alpha^3}=0$

$-3\times\left(\dfrac{1}{\alpha}\right)^3+2\times\left(\dfrac{1}{\alpha}\right)^2-\dfrac{1}{\alpha}+1=0$

즉, $\dfrac{1}{\alpha}$은 삼차방정식 $-3x^3+2x^2-x+1=0$의 근이다.

같은 방법으로 β, γ도 삼차방정식 $x^3-x^2+2x-3=0$의 근이므로

$\dfrac{1}{\beta}$, $\dfrac{1}{\gamma}$은 삼차방정식 $-3x^3+2x^2-x+1=0$의 근이 된다.

따라서 $\dfrac{1}{\alpha}$, $\dfrac{1}{\beta}$, $\dfrac{1}{\gamma}$을 세 근으로 하고 x^3의 계수가 3인 삼차방정식은

$3x^3-2x^2+x-1=0$

다른 풀이

삼차방정식 $x^3-x^2+2x-3=0$의 세 근이 α, β, γ이므로

근과 계수의 관계에 의하여

$\alpha+\beta+\gamma=1$, $\alpha\beta+\beta\gamma+\gamma\alpha=2$, $\alpha\beta\gamma=3$

$\dfrac{1}{\alpha}+\dfrac{1}{\beta}+\dfrac{1}{\gamma}=\dfrac{\alpha\beta+\beta\gamma+\gamma\alpha}{\alpha\beta\gamma}=\dfrac{2}{3}$

$\dfrac{1}{\alpha\beta}+\dfrac{1}{\beta\gamma}+\dfrac{1}{\gamma\alpha}=\dfrac{\alpha+\beta+\gamma}{\alpha\beta\gamma}=\dfrac{1}{3}$

$\dfrac{1}{\alpha\beta\gamma}=\dfrac{1}{3}$

따라서 $\dfrac{1}{\alpha}$, $\dfrac{1}{\beta}$, $\dfrac{1}{\gamma}$을 세 근으로 하고 x^3의 계수가 3인 삼차방정식은

$3\left(x^3-\dfrac{2}{3}x^2+\dfrac{1}{3}x-\dfrac{1}{3}\right)=0$ $\therefore 3x^3-2x^2+x-1=0$

1332 답 ②

α가 삼차방정식 $5x^3-4x^2-3x+1=0$의 한 근이므로

$5\alpha^3-4\alpha^2-3\alpha+1=0$

양변을 α^3으로 나누면 $5-\dfrac{4}{\alpha}-\dfrac{3}{\alpha^2}+\dfrac{1}{\alpha^3}=0$

$\left(\dfrac{1}{\alpha}\right)^3-3\times\left(\dfrac{1}{\alpha}\right)^2-4\times\dfrac{1}{\alpha}+5=0$

즉, $\dfrac{1}{\alpha}$은 삼차방정식 $x^3-3x^2-4x+5=0$의 근이다.

같은 방법으로 β, γ도 삼차방정식 $5x^3-4x^2-3x+1=0$의 근이므로

$\dfrac{1}{\beta}$, $\dfrac{1}{\gamma}$은 삼차방정식 $x^3-3x^2-4x+5=0$의 근이 된다.

따라서 $a=-3$, $b=-4$, $c=5$이므로

$a+b+c=-3+(-4)+5=-2$

다른 풀이

삼차방정식 $5x^3-4x^2-3x+1=0$의 세 근이 α, β, γ이므로

근과 계수의 관계에 의하여

$\alpha+\beta+\gamma=\dfrac{4}{5}$, $\alpha\beta+\beta\gamma+\gamma\alpha=-\dfrac{3}{5}$, $\alpha\beta\gamma=-\dfrac{1}{5}$

$x^3+ax^2+bx+c=0$의 세 근이 $\dfrac{1}{\alpha}$, $\dfrac{1}{\beta}$, $\dfrac{1}{\gamma}$이므로

$-a=\dfrac{1}{\alpha}+\dfrac{1}{\beta}+\dfrac{1}{\gamma}=\dfrac{\alpha\beta+\beta\gamma+\gamma\alpha}{\alpha\beta\gamma}=\left(-\dfrac{3}{5}\right)\div\left(-\dfrac{1}{5}\right)=3$에서

$a=-3$

$b=\dfrac{1}{\alpha\beta}+\dfrac{1}{\beta\gamma}+\dfrac{1}{\gamma\alpha}=\dfrac{\alpha+\beta+\gamma}{\alpha\beta\gamma}=\dfrac{4}{5}\div\left(-\dfrac{1}{5}\right)=-4$

$-c=\dfrac{1}{\alpha\beta\gamma}=-5$에서 $c=5$

$\therefore a+b+c=-3+(-4)+5=-2$

1333 답 ①
|유형 11

> 삼차방정식 $x^3+ax^2+bx+6=0$의 한 근이 $2+\sqrt{3}$일 때, 나머지 두 **단서1** 근의 합은? (단, a, b는 유리수이다.)
>
> ① $-4-\sqrt{3}$　　　② $-3-\sqrt{3}$　　　③ $3-\sqrt{3}$
> ④ $4-\sqrt{3}$　　　⑤ $7-\sqrt{3}$
> **단서1** $2-\sqrt{3}$도 $x^3+ax^2+bx+6=0$의 한 근

STEP1 다른 한 근 구하기

삼차방정식 $x^3+ax^2+bx+6=0$의 계수가 모두 유리수이므로 한 근이 $2+\sqrt{3}$이면 $2-\sqrt{3}$도 근이다.

STEP2 근과 계수의 관계를 이용하여 나머지 한 근 구하기

방정식의 나머지 한 근을 α라 하면 삼차방정식의 근과 계수의 관계에 의하여

$(2+\sqrt{3})\times(2-\sqrt{3})\times\alpha=-6$　　$\therefore \alpha=-6$

STEP3 나머지 두 근의 합 구하기

한 근이 $2+\sqrt{3}$일 때 나머지 두 근은 $2-\sqrt{3}$, -6이므로 합은

$(2-\sqrt{3})+(-6)=-4-\sqrt{3}$

1334 답 ③

삼차방정식 $x^3-3x^2+kx-3k=0$의 계수가 모두 실수이므로 한 허근이 $2i$이면 $-2i$도 근이다.

세 근이 $2i$, $-2i$, a이므로 삼차방정식의 근과 계수의 관계에 의하여

$2i+(-2i)+a=3$　　$\therefore a=3$

$2i\times(-2i)\times3=3k$　　$\therefore k=4$

$\therefore k+a=4+3=7$

1335 답 11

삼차방정식 $x^3+ax^2+8x+b=0$의 계수가 모두 실수이므로 한 근이 $-1+3i$이면 $-1-3i$도 근이다.

즉, 주어진 방정식의 세 근이 1, $-1+3i$, $-1-3i$이므로 삼차방정식의 근과 계수의 관계에 의하여

$1+(-1+3i)+(-1-3i)=-a$　　$\therefore a=1$

$1\times(-1+3i)\times(-1-3i)=-b$　　$\therefore b=-10$

$\therefore a-b=1-(-10)=11$

1336 답 ①

삼차방정식 $x^3+3x^2+ax-5=0$의 계수가 모두 유리수이므로 한 근이 $\sqrt{2}+1$이면 $-\sqrt{2}+1$도 근이다.

└▶ 다른 한 근을 $\sqrt{2}-1$로 잘못 생각하지 않도록 주의한다.

세 근을 $\sqrt{2}+1$, $-\sqrt{2}+1$, α라 하면 삼차방정식의 근과 계수의 관계에 의하여

$(\sqrt{2}+1)+(-\sqrt{2}+1)+\alpha=-3$　　$\therefore \alpha=-5$

$\therefore a=(\sqrt{2}+1)(-\sqrt{2}+1)+(-\sqrt{2}+1)\times(-5)$
$\qquad\qquad\qquad\qquad\quad+(-5)\times(\sqrt{2}+1)$

$\quad=-11$

다른 풀이

삼차방정식 $x^3+3x^2+ax-5=0$의 계수가 모두 유리수이므로 한 근이 $\sqrt{2}+1$이면 $-\sqrt{2}+1$도 근이다.

$(\sqrt{2}+1)+(-\sqrt{2}+1)=2$

$(\sqrt{2}+1)(-\sqrt{2}+1)=-1$

이므로 $\sqrt{2}+1$과 $-\sqrt{2}+1$을 두 근으로 하는 이차방정식은

$x^2-2x-1=0$

따라서 삼차식 x^3+3x^2+ax-5는 x^2-2x-1을 인수로 갖고 상수항이 -5이므로

$$x^3+3x^2+ax-5=(x^2-\overset{\overset{\displaystyle -x}{\frown}}{2x-1})(\underset{\underset{\displaystyle -10x}{\smile}}{x+5})$$

$\therefore a=-10-1=-11$

1337 답 ②

삼차방정식 $x^3+ax^2+bx-12=0$의 계수가 모두 실수이므로 한 근이 $1+\sqrt{3}i$이면 $1-\sqrt{3}i$도 근이다.

세 근을 $1+\sqrt{3}i$, $1-\sqrt{3}i$, α라 하면

삼차방정식의 근과 계수의 관계에 의하여

$(1+\sqrt{3}i)(1-\sqrt{3}i)\alpha=12$　　$\therefore \alpha=3$

$(1+\sqrt{3}i)+(1-\sqrt{3}i)+3=-a$　　$\therefore a=-5$

$(1+\sqrt{3}i)(1-\sqrt{3}i)+(1-\sqrt{3}i)\times3+3\times(1+\sqrt{3}i)=b$

$\therefore b=10$

$\therefore a+b=-5+10=5$

1338 답 ⑤

삼차방정식 $x^3-ax^2+2bx-4=0$의 계수가 모두 실수이므로

한 근이 $\dfrac{2}{1-i}=\dfrac{2(1+i)}{(1-i)(1+i)}=1+i$이면 $1-i$도 근이다.

세 근을 $1+i$, $1-i$, α라 하면 삼차방정식의 근과 계수의 관계에 의하여

$(1+i)(1-i)\alpha=4$　　$\therefore \alpha=2$

$(1+i)+(1-i)+2=a$　　$\therefore a=4$

$(1+i)(1-i)+(1-i)\times2+2\times(1+i)=2b$　　$\therefore b=3$

$\therefore ab=4\times3=12$

1339 답 ③

삼차방정식 $2x^3+ax^2+bx-15=0$의 계수가 모두 실수이므로

한 허근이 $1+3i+\dfrac{1}{i}=1+3i-i=1+2i$이면 $1-2i$도 근이다.

세 근이 $1+2i$, $1-2i$, α이므로 삼차방정식의 근과 계수의 관계에 의하여

$(1+2i)(1-2i)\alpha=\dfrac{15}{2}$ $\therefore \alpha=\dfrac{3}{2}$

$(1+2i)+(1-2i)+\dfrac{3}{2}=-\dfrac{a}{2}$ $\therefore a=-7$

$(1+2i)(1-2i)+(1-2i)\times\dfrac{3}{2}+\dfrac{3}{2}\times(1+2i)=\dfrac{b}{2}$ $\therefore b=16$

$\therefore a+ba=-7+16\times\dfrac{3}{2}=17$

1340 답 ④

x^3의 계수가 1인 삼차방정식 $f(x)=0$에서
$f(x)=x^3+ax^2+bx+c$ (a, b, c는 유리수)라 하면
삼차방정식의 계수가 모두 유리수이므로 한 근이 $-1+\sqrt{5}$이면
$-1-\sqrt{5}$도 근이다. 즉, $f(-1-\sqrt{5})=0$
세 근이 -2, $-1+\sqrt{5}$, $-1-\sqrt{5}$이므로
삼차방정식의 근과 계수의 관계에 의하여
$-2+(-1+\sqrt{5})+(-1-\sqrt{5})=-a$ $\therefore a=4$
$-2(-1+\sqrt{5})+(-1+\sqrt{5})(-1-\sqrt{5})-2(-1-\sqrt{5})=b$
$\therefore b=0$
$-2(-1+\sqrt{5})(-1-\sqrt{5})=-c$ $\therefore c=-8$
따라서 $f(x)=x^3+4x^2-8$이므로 $f(2)+f(-1-\sqrt{5})=16$

1341 답 ③

삼차방정식 $x^3+ax^2+bx+c=0$의 계수가 모두 실수이므로
한 근이 $1+2i$이면 $1-2i$도 근이다.
삼차방정식과 이차방정식의 공통근이 하나이므로 그 공통 실근을
α라 하자.   ↳ 허근은 항상 켤레근을 가지므로
                 하나의 공통근은 실근이어야 한다.
α는 이차방정식 $x^2-3x-a-1=0$의 근이므로
$\alpha^2-3\alpha-a-1=0$ ……… ㉠
삼차방정식 $x^3+ax^2+bx+c=0$의 세 근이 $1+2i$, $1-2i$, α이므로
삼차방정식의 근과 계수의 관계에 의하여
$(1+2i)+(1-2i)+\alpha=-a$
$\therefore a=-\alpha-2$ ……… ㉡
$(1+2i)(1-2i)+(1-2i)\times\alpha+\alpha\times(1+2i)=b$
$\therefore b=2\alpha+5$ ……… ㉢
$-c=(1+2i)(1-2i)\times\alpha$
$\therefore c=-5\alpha$ ……… ㉣
㉡을 ㉠에 대입하면 $\alpha^2-3\alpha+\alpha+2-1=0$
$\alpha^2-2\alpha+1=0$, $(\alpha-1)^2=0$ $\therefore \alpha=1$, $a=-3$
$\alpha=1$을 ㉢, ㉣에 대입하면 $b=7$, $c=-5$
$\therefore a+b+c=-3+7+(-5)=-1$

1342 답 ④

사차방정식 $x^4+ax^3+bx^2+cx+d=0$의 계수가 모두 유리수이므로
두 근이 $1-\sqrt{3}$, i이면 다른 두 근은 $1+\sqrt{3}$, $-i$이다.
이때 $1-\sqrt{3}$, $1+\sqrt{3}$, i, $-i$를 네 근으로 하고 x^4의 계수가 1인
사차방정식은
$\{x-(1-\sqrt{3})\}\{x-(1+\sqrt{3})\}(x-i)(x+i)=0$
$(x^2-2x-2)(x^2+1)=0$ $\therefore x^4-2x^3-x^2-2x-2=0$

따라서 $a=-2$, $b=-1$, $c=-2$, $d=-2$이므로
$a+b-c-d=-2+(-1)-(-2)-(-2)=1$

1343 답 31

사차방정식 $x^4-5x^3+15x^2-ax+b=0$의 계수가 모두 실수이므로
한 근이 $2-3i$이면 $2+3i$도 근이다.
이때 $\underbrace{(2-3i)+(2+3i)}_{\text{두 근의 합}}=4$, $\underbrace{(2-3i)(2+3i)}_{\text{두 근의 곱}}=13$이므로
사차식 $x^4-5x^3+15x^2-ax+b$는 $2-3i$와 $2+3i$를 두 근으로
하는 이차식 $x^2-4x+13$을 인수로 가진다.
즉, 사차식이 $x^2-4x+13$으로 나누어떨어져야 하므로

$$
\begin{array}{r}
x^2-x-2 \\
x^2-4x+13{\overline{\smash{\big)}\,x^4-5x^3+15x^2-ax+b}} \\
\underline{x^4-4x^3+13x^2} \\
-x^3+2x^2-ax \\
\underline{-x^3+4x^2-13x} \\
-2x^2+(13-a)x+b \\
\underline{-2x^2+8x-26} \\
(5-a)x+b+26 \rightarrow \text{나머지가}
\end{array}
$$
0이어야 한다.

에서 $(5-a)x+b+26=0$이므로 $a=5$, $b=-26$
$\therefore a-b=5-(-26)=31$

개념 Check

두 근이 α, β이고 이차항의 계수가 1인 이차방정식
➡ $x^2-(\alpha+\beta)x+\alpha\beta=0$

1344 답 ④

㈎에서 계수가 모두 실수인 사차방정식 $P(x)=0$의 한 근이
$-1+\sqrt{2}i$이므로 $-1-\sqrt{2}i$도 근이다.
$P(x)=(x+1+\sqrt{2}i)(x+1-\sqrt{2}i)(x^2+mx+n)$
$=(x^2+2x+3)(x^2+mx+n)$
이때 x^3항의 계수를 비교하면
$(m+2)x^3=x^3$에서 $m=-1$
㈏에서 $P(1)=(1+2+3)(1+m+n)=-12$이므로
$m+n=-3$ ↳ 나머지정리에서 $P(1)=-12$
$\therefore n=-2$ ($\because m=-1$)
$P(x)=(x^2+2x+3)(x^2-x-2)=x^4+x^3-x^2-7x-6$
이므로 $a=-1$, $b=-7$, $c=-6$
$\therefore ab+c=(-1)\times(-7)+(-6)=1$

1345 답 ④ | 유형12

삼차방정식 $P(x)=0$의 세 근을 α, β, γ라 할 때,
단서1
$\alpha+\beta+\gamma=18$이다. 이때 방정식 $P(3x+2)=0$의 세 근의 합은?

① 1   ② 2   ③ 3
④ 4   ⑤ 5
단서1 $P(\alpha)=0$, $P(\beta)=0$, $P(\gamma)=0$

삼차방정식 $P(x)=0$의 세 근이 α, β, γ라 하면

방정식 $P(3x+2)=0$의 세 근은

$3\alpha'+2=\alpha$, $3\beta'+2=\beta$, $3\gamma'+2=\gamma$를 만족시키는 α', β', γ'이므로

$\alpha'=\dfrac{\alpha-2}{3}$, $\beta'=\dfrac{\beta-2}{3}$, $\gamma'=\dfrac{\gamma-2}{3}$

STEP 2 방정식 $P(3x+2)=0$의 세 근의 합 구하기

방정식 $P(3x+2)=0$의 세 근의 합은

$\alpha'+\beta'+\gamma'=\dfrac{\alpha-2}{3}+\dfrac{\beta-2}{3}+\dfrac{\gamma-2}{3}$

$=\underbrace{\dfrac{\alpha+\beta+\gamma-6}{3}}_{\alpha+\beta+\gamma=18}=\dfrac{12}{3}=4$

1346 目 ⑤

삼차방정식 $P(x)=0$의 세 근이 α, β, γ라 하면

방정식 $P(x-3)=0$의 세 근은

$\alpha'-3=\alpha$, $\beta'-3=\beta$, $\gamma'-3=\gamma$를 만족시키는 α', β', γ'이므로

$\alpha'=\alpha+3$, $\beta'=\beta+3$, $\gamma'=\gamma+3$

따라서 방정식 $P(x-3)=0$의 세 근의 합은

$\alpha'+\beta'+\gamma'=(\alpha+3)+(\beta+3)+(\gamma+3)$

$=\underbrace{(\alpha+\beta+\gamma)}_{\alpha+\beta+\gamma=7}+9=16$

1347 目 16

삼차방정식 $P(x)=0$의 세 근을 α, β, γ라 하면

$\alpha+\beta+\gamma=17$ .... ㉠

이때 방정식 $P(2x-5)=0$의 세 근은

$2\alpha'-5=\alpha$, $2\beta'-5=\beta$, $2\gamma'-5=\gamma$를 만족시키는 α', β', γ'이므로

$\alpha'=\dfrac{\alpha+5}{2}$, $\beta'=\dfrac{\beta+5}{2}$, $\gamma'=\dfrac{\gamma+5}{2}$

따라서 방정식 $P(2x-5)=0$의 세 근의 합은

$\alpha'+\beta'+\gamma'=\dfrac{\alpha+5}{2}+\dfrac{\beta+5}{2}+\dfrac{\gamma+5}{2}=\dfrac{\alpha+\beta+\gamma+15}{2}$

$=\dfrac{17+15}{2}=16\ (\because ㉠)$

1348 目 ②

삼차방정식 $x^3-5x^2+7x-3=0$의 세 근을 α, β, γ라 하면

근과 계수의 관계에 의하여

$\alpha+\beta+\gamma=5$, $\alpha\beta+\beta\gamma+\gamma\alpha=7$, $\alpha\beta\gamma=3$ ...... ㉠

방정식 $P(2x-1)=0$의 세 근은

$2\alpha'-1=\alpha$, $2\beta'-1=\beta$, $2\gamma'-1=\gamma$를 만족시키는 α', β', γ'이므로

$\alpha'=\dfrac{\alpha+1}{2}$, $\beta'=\dfrac{\beta+1}{2}$, $\gamma'=\dfrac{\gamma+1}{2}$

따라서 방정식 $P(2x-1)=0$의 세 근의 곱은

$\alpha'\beta'\gamma'=\dfrac{\alpha+1}{2}\times\dfrac{\beta+1}{2}\times\dfrac{\gamma+1}{2}$

$=\dfrac{\alpha\beta\gamma+(\alpha\beta+\beta\gamma+\gamma\alpha)+(\alpha+\beta+\gamma)+1}{8}$

$=\dfrac{3+7+5+1}{8}=2\ (\because ㉠)$

1349 目 5

$P(\alpha)=P(\beta)=P(\gamma)=7$에서

$P(\alpha)-7=P(\beta)-7=P(\gamma)-7=0$이므로

삼차방정식 $P(x)-7=0$의 세 근이 α, β, γ이다.

즉, $P(x)-7=(x-\alpha)(x-\beta)(x-\gamma)$

$\therefore P(x)=(x-\alpha)(x-\beta)(x-\gamma)+7$

$=x^3-(\alpha+\beta+\gamma)x^2+(\alpha\beta+\beta\gamma+\gamma\alpha)x-\alpha\beta\gamma+7$

따라서 방정식 $P(x)=0$의 세 근의 곱은 삼차방정식의 근과 계수의 관계에 의하여

$\alpha\beta\gamma-7=12-7=5$

1350 目 ②

$P(-1)=P(2)=P(4)=k\ (k$는 상수)라 하면 x^3의 계수가 1인

삼차방정식 $P(x)-k=0$의 세 근이 -1, 2, 4이므로

$P(x)-k=(x+1)(x-2)(x-4)$ .... ㉠

방정식 $P(x)=0$의 한 근이 $x=3$이므로

$P(3)=0$이고 ㉠에 대입하면

$P(3)-k=4\times1\times(-1)$ $\therefore k=4$

$\therefore P(x)=(x+1)(x-2)(x-4)+4$

$=x^3-5x^2+2x+12$

$=(x-3)(x^2-2x-4)$

따라서 방정식 $P(x)=0$의 나머지 두 근 α, β는 이차방정식

$x^2-2x-4=0$의 근이므로 이차방정식의 근과 계수의 관계에 의하여

$\alpha+\beta=2$, $\alpha\beta=-4$

$\therefore \alpha^2+\alpha\beta+\beta^2=(\alpha+\beta)^2-\alpha\beta=2^2-(-4)=8$

1351 目 ⑤

$P(2)=3$, $P(3)=4$, $P(5)=6$이므로

방정식 $P(x)=x+1$, 즉 $\underbrace{P(x)-x-1=0}_{a(x-2)(x-3)(x-5)=0}$의 해가 2, 3, 5이다.

이때 삼차식 $P(x)$의 최고차항의 계수가 -1이므로 $\overset{a=-1로 결정}{}$

$P(x)-x-1=-(x-2)(x-3)(x-5)$

$P(x)=-(x-2)(x-3)(x-5)+x+1$

$\therefore P(x)=-x^3+10x^2-30x+31$

따라서 방정식 $P(x)=0$의 세 근의 합은 삼차방정식의 근과 계수의 관계에 의하여 10이다.

1352 目 ②

㈏에서 삼차방정식 $P(x)=x^2$의 두 근이 α, β이고

㈎에서 $P(2)=4=2^2$이므로

삼차방정식 $P(x)=x^2$의 나머지 한 근은 2이다.

이때 삼차식 $P(x)$의 x^3의 계수가 2이므로

$P(x)-x^2=2(x-2)(x^2-2x-4)$

$\therefore P(x)=2(x-2)(x^2-2x-4)+x^2$

따라서 다항식 $P(x)$를 $x-1$로 나누었을 때의 나머지는 나머지정리에 의하여

$P(1)=2\times(-1)\times(-5)+1=11$

1353 답 ③

㈎에서 방정식 $x^3-ax^2+bx-c=0$의 계수가 모두 실수이므로 켤레근의 성질에 의하여 $1-i$가 근이면 $1+i$도 근이다.

방정식 $P(x)=0$의 나머지 실근을 α라 하면 삼차방정식의 근과 계수의 관계에 의하여

$a=(1-i)+(1+i)+\alpha=\alpha+2$ ·················· ㉠

$b=(1-i)(1+i)+(1+i)\alpha+\alpha(1-i)=2\alpha+2$ ·················· ㉡

$c=(1-i)(1+i)\alpha=2\alpha$ ·················· ㉢

㈏에서 나머지정리에 의하여 $P(1)=4$이므로

$P(1)=1-a+b-c=4$에서 $a-b+c=-3$ ·················· ㉣

㉠, ㉡, ㉢을 ㉣에 대입하면

$\alpha+2-(2\alpha+2)+2\alpha=-3$ ∴ $\alpha=-3$

∴ $a=-1$, $b=-4$, $c=-6$

따라서 -1, -4, -6을 세 근으로 하고 x^3의 계수가 1인 삼차방정식 $f(x)=0$에서 다항식 $f(x)$는

$f(x)=(x+1)(x+4)(x+6)$

∴ $f(-2)=(-1)\times2\times4=-8$

Tip 삼차방정식의 근은 3개이므로 $1-i$, $1+i$와 다른 한 근을 α라 하면 삼차방정식의 근과 계수의 관계를 이용할 수 있다.

Plus 문제

1353-1

세 실수 a, b, c에 대하여 다항식 $P(x)=x^3+ax^2+bx+c$는 다음 조건을 만족시킨다.

> ㈎ $2+i$는 삼차방정식 $P(x)=0$의 근이다.
> ㈏ $P(x)$를 $x+1$로 나누었을 때의 나머지는 10이다.

a, b, c를 세 근으로 하고 x^3의 계수가 1인 삼차방정식을 $f(x)=0$이라 할 때, $f(0)$의 값을 구하시오.

㈎에서 $x^3+ax^2+bx+c=0$의 계수가 모두 실수이므로 켤레근의 성질에 의하여 $2+i$가 근이면 $2-i$도 근이다.

방정식 $P(x)=0$의 나머지 실근을 α라 하면 삼차방정식의 근과 계수의 관계에 의하여

$-a=(2+i)+(2-i)+\alpha=4+\alpha$ ·················· ㉠

$b=(2+i)(2-i)+(2-i)\alpha+\alpha(2+i)$

  $=5+2\alpha-\alpha i+2\alpha+\alpha i=4\alpha+5$ ·················· ㉡

$-c=(2+i)(2-i)\alpha=5\alpha$ ·················· ㉢

㈏에서 나머지정리에 의하여 $P(-1)=10$이므로

$P(-1)=-1+a-b+c=10$에서 $-a+b-c=-11$ ······ ㉣

㉠, ㉡, ㉢을 ㉣에 대입하면

$(4+\alpha)+(4\alpha+5)+5\alpha=-11$, $10\alpha+9=-11$

∴ $\alpha=-2$

∴ $a=-2$, $b=-3$, $c=10$

따라서 -2, -3, 10을 세 근으로 하고 x^3의 계수가 1인 삼차방정식 $f(x)=0$에서 다항식 $f(x)$는

$f(x)=(x+2)(x+3)(x-10)$

∴ $f(0)=2\times3\times(-10)=-60$

답 -60

1354 답 ①

$\{P(x)\}^3=a_0+a_1(x-2)+a_2(x-2)^2+\cdots+a_9(x-2)^9$이므로

$\{P(3)\}^3=a_0+a_1+a_2+\cdots+a_9$

$(x+5)P(x+1)=(x-4)P(x+4)$ ·················· ㉠

㉠의 양변에 $x=-5$를 대입하면

$-9P(-1)=0$에서 $P(-1)=0$

㉠의 양변에 $x=4$를 대입하면

$9P(5)=0$에서 $P(5)=0$

㉠의 양변에 $x=1$을 대입하면

$6P(2)=-3P(5)$에서 $P(2)=0$

즉, $P(-1)=P(2)=P(5)=0$이고

$P(x)$는 최고차항의 계수가 1인 삼차식이므로

$P(x)=(x+1)(x-2)(x-5)$

∴ $a_0+a_1+a_2+\cdots+a_9=\{P(3)\}^3$

$=\{4\times1\times(-2)\}^3$

$=-8^3=-2^9$

실수 Check

㉠의 양변에 $x=-5$를 대입하면 (좌변)$=0$, $x=4$를 대입하면 (우변)$=0$임을 이용한다. 또, $x=1$을 대입하면 $P(5)=0$을 이용할 수 있다.

이때 $x=-2$를 대입하여 $P(-1)=0$을 이용하여도 같은 결과를 얻을 수 있다.

1355 답 0 | 유형 13

삼차방정식 $x^3=1$의 한 허근을 ω라 할 때, <u>$\omega^{40}+\omega^{20}+1$</u>의 값을 구하 [단서1] [단서2]

시오.

[단서1] $\omega^3=1$, $\omega^2+\omega+1=0$

[단서2] $\omega^3=1$ 이용

STEP1 방정식 $x^3-1=0$의 좌변을 인수분해하여 ω에 대한 식의 값 구하기

$x^3=1$에서 $x^3-1=0$, 즉 $(x-1)(x^2+x+1)=0$

ω는 이차방정식 $x^2+x+1=0$의 한 허근이므로

$\omega^3=1$, $\omega^2+\omega+1=0$

STEP2 $\omega^{40}+\omega^{20}+1$의 값 구하기

$\omega^{40}+\omega^{20}+1=(\omega^3)^{13}\times\omega+(\omega^3)^6\times\omega^2+1$

$=\omega+\omega^2+1=0$

1356 답 ①

$x^3-1=0$에서 $(x-1)(x^2+x+1)=0$

ω는 이차방정식 $x^2+x+1=0$의 한 허근이므로

$\omega^2+\omega+1=0$

따라서 $\omega+1=-\omega^2$이므로

$\dfrac{\omega^2}{\omega+1}+\dfrac{\omega+1}{\omega^2}=\dfrac{\omega^2}{-\omega^2}+\dfrac{-\omega^2}{\omega^2}=-1-1=-2$

1357 답 ④

$x^3=1$에서 $x^3-1=0$, 즉 $(x-1)(x^2+x+1)=0$

ω는 이차방정식 $x^2+x+1=0$의 한 허근이므로

$\omega^3=1$, $\omega^2+\omega+1=0$

$\therefore 1+\omega+\omega^2+\omega^3+\cdots+\omega^{30}$

$\quad =(1+\omega+\omega^2)+\omega^3(1+\omega+\omega^2)+\omega^6(1+\omega+\omega^2)+\cdots$

$\qquad\qquad\qquad\qquad +\omega^{27}(1+\omega+\omega^2)+\omega^{30}$

$\quad =10(1+\omega+\omega^2)+(\omega^3)^{10}$

$\quad =0+1=1$

1358 답 ②

$\omega=\dfrac{-1+\sqrt{3}i}{2}$에서 $2\omega+1=\sqrt{3}i$

양변을 제곱하면 $4\omega^2+4\omega+1=-3$

$4\omega^2+4\omega+4=0$ $\quad\therefore \omega^2+\omega+1=0$

양변에 $\omega-1$을 곱하면 $(\omega-1)(\omega^2+\omega+1)=0$

$\omega^3-1=0$ $\quad\therefore \omega^3=1$

$\therefore \omega^{200}+\omega^{100}=\underline{(\omega^3)^{66}\times\omega^2+(\omega^3)^{33}\times\omega}$

$\qquad\qquad\qquad\qquad\qquad\downarrow$ $\omega^3=1$을 이용

$\qquad\qquad =\omega^2+\omega=-1$

1359 답 ④

$x^3-1=0$에서 $(x-1)(x^2+x+1)=0$

ω는 이차방정식 $x^2+x+1=0$의 한 허근이므로

$\omega^3=1$, $\omega^2+\omega+1=0$

$\therefore \omega^2+\omega=-1$, $1+\omega^2=-\omega$

또, ω의 켤레복소수인 $\overline{\omega}$도 이차방정식 $x^2+x+1=0$의 근이므로

이차방정식의 근과 계수의 관계에 의하여

$\omega+\overline{\omega}=-1$

$\therefore \dfrac{\overline{\omega}}{\omega^2+\omega}+\dfrac{\omega^5}{1+\omega^2}=\dfrac{\overline{\omega}}{-1}+\dfrac{\omega^2}{-\omega}$ ← $\omega^5=\omega^3\times\omega^2=\omega^2$

$\qquad\qquad\qquad =-\overline{\omega}-\omega$

$\qquad\qquad\qquad =-(\overline{\omega}+\omega)$

$\qquad\qquad\qquad =-(-1)=1$

1360 답 3

이차방정식 $x^2+x+1=0$의 두 근이 α, β이므로 근과 계수의 관계에 의하여

$\alpha+\beta=-1$, $\alpha\beta=1$

$\alpha^2+\beta^2=(\alpha+\beta)^2-2\alpha\beta=(-1)^2-2=-1$

한편, $(x-1)(x^2+x+1)=0$이므로 $x^3-1=0$

α, β는 삼차방정식 $x^3=1$의 근이므로 $\alpha^3=1$, $\beta^3=1$

$\therefore (\alpha^9+\alpha^6+\alpha^2)(\beta^9+\beta^6+\beta^2)=(1+1+\alpha^2)(1+1+\beta^2)$

$\qquad\qquad\qquad\qquad\qquad =(\alpha^2+2)(\beta^2+2)$

$\qquad\qquad\qquad\qquad\qquad =(\alpha\beta)^2+2(\alpha^2+\beta^2)+4$

$\qquad\qquad\qquad\qquad\qquad =1-2+4=3$

1361 답 1

$x^3=1$에서 $x^3-1=0$, 즉 $(x-1)(x^2+x+1)=0$

α, β는 이차방정식 $x^2+x+1=0$의 두 허근이므로

$\alpha^3=1$, $\beta^3=1$, $\alpha^2+\alpha+1=0$, $\beta^2+\beta+1=0$

이고, 근과 계수의 관계에 의하여

$\alpha+\beta=-1$, $\alpha\beta=1$

$1+\alpha+\alpha^2+\cdots+\alpha^{1000}$

$=(1+\alpha+\alpha^2)+(\alpha^3+\alpha^4+\alpha^5)+\cdots+(\alpha^{996}+\alpha^{997}+\alpha^{998})$

$\qquad\qquad\qquad\qquad\qquad\qquad +\alpha^{999}+\alpha^{1000}$

$=(\alpha^3)^{333}+(\alpha^3)^{333}\times\alpha=1+\alpha$

$1+\beta+\beta^2+\cdots+\beta^{1000}$

$=(1+\beta+\beta^2)+(\beta^3+\beta^4+\beta^5)+\cdots+(\beta^{996}+\beta^{997}+\beta^{998})$

$\qquad\qquad\qquad\qquad\qquad\qquad +\beta^{999}+\beta^{1000}$

$=(\beta^3)^{333}+(\beta^3)^{333}\times\beta=1+\beta$

$\therefore (1+\alpha+\alpha^2+\cdots+\alpha^{1000})(1+\beta+\beta^2+\cdots+\beta^{1000})$

$\quad =(1+\alpha)(1+\beta)$

$\quad =1+\alpha+\beta+\alpha\beta$

$\quad =1-1+1=1$

Tip α가 이차방정식 $x^2+x+1=0$의 허근이면 $\alpha^3=1$, $\alpha^2+\alpha+1=0$을 만족시키므로 $1+\alpha+\alpha^2+\cdots+\alpha^n$에서 n이 아무리 큰 자연수이더라도 $1+\alpha+\alpha^2$ 꼴이 반복된다는 것을 이용하여 식을 간단히 한다.

1362 답 ①

이차방정식 $x^2-ax+b=0$의 계수가 모두 실수이므로 다른 한 근은 $3\overline{\omega}$이다. (단, $\overline{\omega}$는 ω의 켤레복소수이다.)

이차방정식의 근과 계수의 관계에 의하여

$3(\omega+\overline{\omega})=a$, $9\omega\overline{\omega}=b$

이때 $x^3=1$에서 $x^3-1=0$, 즉 $(x-1)(x^2+x+1)=0$

이차방정식 $x^2+x+1=0$의 두 근이 ω, $\overline{\omega}$이므로

$\omega+\overline{\omega}=-1$, $\omega\overline{\omega}=1$

따라서 $a=3\times(-1)=-3$, $b=9\times1=9$이므로

$a+b=-3+9=6$

1363 답 ②

$x^3-1=0$에서 $(x-1)(x^2+x+1)=0$

ω는 이차방정식 $x^2+x+1=0$의 한 허근이고, ω의 켤레복소수인 $\overline{\omega}$도 이차방정식 $x^2+x+1=0$의 근이므로

$\omega+\overline{\omega}=-1$, $\omega\overline{\omega}=1$, $\omega^3=1$, $\overline{\omega}^3=1$에서

$\overline{\omega^2}=\overline{\omega}$, $\overline{\omega}^2=\omega$ ← 근과 계수의 관계

$\qquad\downarrow$ $\omega^2+\omega+1=0$에서 $\omega^2=-\omega-1$

$\qquad\quad \omega+\overline{\omega}=-1$에서 $\overline{\omega}=-1-\omega$

$\qquad\therefore \omega^2=\overline{\omega}$

한편, $f(n)=\omega^n+\overline{\omega}^n$에서

$f(1)=\omega+\overline{\omega}=-1$

$f(2)=\omega^2+\overline{\omega}^2=\overline{\omega}+\omega=-1$

$f(3)=\omega^3+\overline{\omega}^3=2$

$f(4)=\omega^4+\overline{\omega}^4=\omega+\overline{\omega}=-1$

$\qquad\vdots$

즉, $f(1)+f(2)+f(3)=0$, $f(4)+f(5)+f(6)=0$,

$f(7)+f(8)+f(9)=0$, $f(10)+f(11)=-1-1=-2$이므로

$f(1)+f(2)+f(3)+\cdots+f(11)=-2$

실수 Check

$f(1)$, $f(2)$, $f(3)$, $\cdots$의 값을 차례로 구하여 규칙성을 찾으면 식의 값을 간단히 구할 수 있다. $f(1)$부터 $f(11)$까지의 값을 모두 구해서 더하지 않는다.

1364 답 ⑤

$x^3=1$에서 $x^3-1=0$, 즉 $(x-1)(x^2+x+1)=0$

ω는 이차방정식 $x^2+x+1=0$의 한 허근이므로

$\omega^3=1$, $\omega^2+\omega+1=0$

ω의 켤레복소수 $\overline{\omega}$는 방정식 $x^3=1$의 다른 한 허근이므로

$\overline{\omega}^3=1$, $\overline{\omega}^2+\overline{\omega}+1=0$

이차방정식 $x^2+x+1=0$의 근과 계수의 관계에 의하여

$\omega+\overline{\omega}=-1$, $\omega\overline{\omega}=1$

ㄱ. $\overline{\omega}^3=1$ (참)

ㄴ. $\dfrac{1}{\omega}+\left(\dfrac{1}{\omega}\right)^2=\dfrac{\omega+1}{\omega^2}=\dfrac{-\omega^2}{\omega^2}=-1$

$\dfrac{1}{\overline{\omega}}+\left(\dfrac{1}{\overline{\omega}}\right)^2=\dfrac{\overline{\omega}+1}{\overline{\omega}^2}=\dfrac{-\overline{\omega}^2}{\overline{\omega}^2}=-1$

$\therefore \dfrac{1}{\omega}+\left(\dfrac{1}{\omega}\right)^2=\dfrac{1}{\overline{\omega}}+\left(\dfrac{1}{\overline{\omega}}\right)^2$ (참)

ㄷ. $(-\overline{\omega}-1)^n=(\omega^2)^n$

$\quad \overset{\ \ }{\longrightarrow} \overline{\omega}^2+\overline{\omega}+1=0$이므로 $-\overline{\omega}-1=\overline{\omega}^2$

$\left(\dfrac{\overline{\omega}}{\omega+\overline{\omega}}\right)^n=(-\overline{\omega})^n=\left(-\dfrac{1}{\omega}\right)^n$

$\quad \overset{\ \ }{\longrightarrow} \omega\overline{\omega}=1$이므로 $\overline{\omega}=\dfrac{1}{\omega}$

$\quad =(-1)^n\times\left(\dfrac{1}{\omega}\right)^n$

$\quad =(-1)^n\times(\omega^2)^n$

$(-\overline{\omega}-1)^n=\left(\dfrac{\overline{\omega}}{\omega+\overline{\omega}}\right)^n$을 만족시키는 n은

$(\omega^2)^n=(-1)^n\times(\omega^2)^n$, 즉 $1=(-1)^n$을 만족시키므로 짝수이다.

그러므로 100 이하의 짝수 n의 개수는 50이다. (참)

따라서 옳은 것은 ㄱ, ㄴ, ㄷ이다.

실수 Check

ㄷ. 좌변을 간단히 한 후 우변을 좌변과 유사한 형태로 변형시키면 주어진 식을 만족시키는 자연수 n의 조건을 찾을 수 있다.

1365 답 ① | 유형 14

삼차방정식 $x^3+1=0$의 한 허근을 ω라 할 때, $\omega^{101}-\omega^{100}$의 값은?
단서1 단서2

① 1 　　② 2 　　③ 3
④ 4 　　⑤ 5

단서1 $\omega^3+1=0$, 즉 $\omega^3=-1$이고 $\omega^2-\omega+1=0$
단서2 $\omega^3=-1$을 이용

STEP1 방정식 $x^3+1=0$의 좌변을 인수분해하여 ω에 대한 식의 값 구하기

$x^3+1=0$에서 $(x+1)(x^2-x+1)=0$

ω는 이차방정식 $x^2-x+1=0$의 한 허근이므로

$\omega^3=-1$, $\omega^2-\omega+1=0$

STEP2 $\omega^{101}-\omega^{100}$의 값 구하기

$\omega^{101}-\omega^{100}=(\omega^3)^{33}\times\omega^2-(\omega^3)^{33}\times\omega$

$\quad =(-1)^{33}\times\omega^2-(-1)^{33}\times\omega$

$\quad =-\omega^2+\omega=1$

1366 답 -1

$x^3=-1$에서 $x^3+1=0$, 즉 $(x+1)(x^2-x+1)=0$

ω는 이차방정식 $x^2-x+1=0$의 한 허근이므로

$\omega^3=-1$, $\omega^2-\omega+1=0$

따라서 $\omega^2+1=\omega$이므로

$(\omega^2+1)^2-\omega=\omega^2-\omega=-1$

1367 답 ①

$x^3+1=0$에서 $(x+1)(x^2-x+1)=0$

ω는 삼차방정식 $x^3+1=0$의 한 허근이므로 ω의 켤레복소수인 $\overline{\omega}$도 삼차방정식 $x^3+1=0$의 근이다.

$\omega^3=-1$, $\overline{\omega}^3=-1$

또, 이차방정식 $x^2-x+1=0$의 두 근이 ω, $\overline{\omega}$이므로 근과 계수의 관계에 의하여

$\omega+\overline{\omega}=1$, $\omega\overline{\omega}=1$

$\therefore \omega^8-\overline{\omega}^5=(\omega^3)^2\times\omega^2-\overline{\omega}^3\times\overline{\omega}^2$

$\quad =\omega^2+\overline{\omega}^2$

$\quad =(\omega+\overline{\omega})^2-2\omega\overline{\omega}$ 　→ 곱셈 공식의 변형
$\qquad\qquad\qquad\qquad\qquad\quad a^2+b^2=(a+b)^2-2ab$를 이용한다.

$\quad =1^2-2\times1=-1$

1368 답 ⑤

$x^3=-1$에서 $x^3+1=0$, 즉 $(x+1)(x^2-x+1)=0$

ω는 이차방정식 $x^2-x+1=0$의 한 허근이므로

$\omega^3=-1$, $\omega^2-\omega+1=0$

$\therefore \left(1+\omega+\dfrac{1}{\omega}\right)+\left(1+\omega^2+\dfrac{1}{\omega^2}\right)=\dfrac{\omega+\omega^2+1}{\omega}+\dfrac{\omega^2+\omega^4+1}{\omega^2}$

$\qquad\qquad =\dfrac{\omega+(\omega^2+1)}{\omega}+\dfrac{\omega^2-\omega+1}{\omega^2}$

$\qquad\qquad =\dfrac{\omega+\omega}{\omega}=2$

1369 답 -2

$x^3+1=0$에서 $(x+1)(x^2-x+1)=0$

ω는 이차방정식 $x^2-x+1=0$의 한 허근이므로

$\omega^3=-1$, $\omega^2-\omega+1=0$

$1+\omega+\omega^2+\omega^3+\cdots+\omega^{100}$

$=1+\omega+\omega^2-1-\omega-\omega^2+1+\cdots-\omega$

에서 항이 6개 단위로 합이 0이 된다.

이때 전체항의 개수가 $101=6\times16+5$이므로 남는 항은

$1+\omega+\omega^2-1-\omega=\omega^2=\omega-1$

따라서 $a=-1$, $b=1$이므로

$a-b=-1-1=-2$

1370 답 ④

$x^3=-1$에서 $x^3+1=0$, 즉 $(x+1)(x^2-x+1)=0$

ω는 이차방정식 $x^2-x+1=0$의 한 허근이므로

$\omega^3=-1$, $\omega^2-\omega+1=0$

또, 이차방정식 $x^2-x+1=0$의 두 근이 ω, $\overline{\omega}$이므로 근과 계수의 관계에 의하여

$\omega+\overline{\omega}=1$, $\omega\overline{\omega}=1$

ㄱ. $\omega^2+\omega+1=\omega^2-\omega+1+2\omega=2\omega\neq0$ (거짓)

ㄴ. $\omega\bar{\omega}=1$이므로 $\bar{\omega}=\dfrac{1}{\omega}=\dfrac{-\omega^3}{\omega}=-\omega^2$ (참)

ㄷ. $\omega+\bar{\omega}=1$이므로 $1-\omega=\bar{\omega}$, $1-\bar{\omega}=\omega$

$\therefore \dfrac{1}{1-\omega}+\dfrac{1}{1-\bar{\omega}}=\dfrac{1}{\bar{\omega}}+\dfrac{1}{\omega}=\underbrace{\omega+\bar{\omega}}_{\omega\bar{\omega}=1}=1$ (참)

ㄹ. $\omega^{2023}=(\omega^3)^{674}\times\omega=1\times\omega=\omega$

$\dfrac{1}{\omega^{2023}}=\dfrac{1}{\omega}=-\omega^2$

$\therefore \omega^{2023}+\dfrac{1}{\omega^{2023}}=\omega-\omega^2=-(\omega^2-\omega)=1$ (거짓)

ㅁ. $\omega^6-\omega^5+\omega^4-\omega^3-\omega^2+\omega=\omega^3(\omega^3-\omega^2+\omega-1)-\omega^2+\omega$

$=-(-1-\omega^2+\omega-1)-\omega^2+\omega$

$=1+\omega^2-\omega+1-\omega^2+\omega$

$=1+1=2$ (참)

따라서 옳은 것은 ㄴ, ㄷ, ㅁ이다.

1371 답 ⑤

$x^3=-1$에서 $x^3+1=0$, 즉 $(x+1)(x^2-x+1)=0$

ω는 이차방정식 $x^2-x+1=0$의 한 허근이므로

$\omega^3=-1$, $\omega^2-\omega+1=0$

$f(\omega)=\omega^3+a\omega^2+b\omega+c$

$=-1+a(\omega-1)+b\omega+c$

$=(a+b)\omega+(-1-a+c)$

$f(\omega)=15\omega-7$이므로

$a+b=15$ ··· ㉠

$-1-a+c=-7$에서 $a-c=6$ ················· ㉡

이때 $f(1)=1+a+b+c=20$에서 $a+b+c=19$ ·········· ㉢

㉠을 ㉢에 대입하면 $15+c=19$ $\therefore c=4$

$c=4$를 ㉡에 대입하면 $a-4=6$ $\therefore a=10$

$a=10$을 ㉠에 대입하면 $10+b=15$ $\therefore b=5$

$\therefore a-b-c=10-5-4=1$

1372 답 7

$x^3+1=0$에서 $(x+1)(x^2-x+1)=0$

ω는 이차방정식 $x^2-x+1=0$의 한 허근이므로

ω의 켤레복소수인 $\bar{\omega}$도 이차방정식 $x^2-x+1=0$의 근이다.

이차방정식의 근과 계수의 관계에 의하여

$\omega+\bar{\omega}=1$, $\omega\bar{\omega}=1$

$\therefore \dfrac{3\omega-2}{\omega-1}\times\dfrac{\overline{3\omega-2}}{\overline{\omega-1}}=\dfrac{(3\omega-2)\overline{(3\omega-2)}}{(\omega-1)\overline{(\omega-1)}}$

$=\dfrac{(3\omega-2)(3\bar{\omega}-2)}{(\omega-1)(\bar{\omega}-1)}$

$=\dfrac{9\omega\bar{\omega}-6(\omega+\bar{\omega})+4}{\omega\bar{\omega}-(\omega+\bar{\omega})+1}$

$=\dfrac{9-6+4}{1-1+1}=7$

1373 답 ③

$x^3+1=0$에서 $(x+1)(x^2-x+1)=0$

ω는 이차방정식 $x^2-x+1=0$의 한 허근이므로

$\omega^3=-1$, $\omega^2-\omega+1=0$

$\therefore f(1)-f(2)+f(3)-f(4)+\cdots+f(99)-f(100)$

$=\omega-\omega^2+\omega^3-\omega^4+\cdots+\omega^{99}-\omega^{100}$

$=(\omega-\omega^2-1)+(\omega-\omega^2-1)+\cdots+(\omega-\omega^2-1)+\omega$

$=\omega$ ($\because \omega-\omega^2-1=0$)

1374 답 8

$z=\dfrac{1-i}{1+i}=\dfrac{(1-i)^2}{(1+i)(1-i)}=\dfrac{-2i}{2}=-i$이므로

$z^4=(-i)^4=1$

방정식 $x^2-x+1=0$의 한 근이 ω이므로

$\omega^2-\omega+1=0$

양변에 $\omega+1$을 곱하면 $(\omega+1)(\omega^2-\omega+1)=0$, $\omega^3+1=0$

즉, $\omega^3=-1$이므로 $\omega^6=1$

따라서 $z^n+\omega^n=2$가 되려면 n은 4와 6의 공배수인 12의 배수이어야 하므로 100 이하의 자연수 n의 개수는 8이다.

Plus 문제

1374-1

복소수 $z=\dfrac{1+i}{1-i}$이고, 방정식 $x^2-x+1=0$의 한 근을 ω라 할 때, $z^n+\omega^n=2$를 만족시키는 50 이하의 자연수 n의 개수를 구하시오.

$z=\dfrac{1+i}{1-i}=\dfrac{(1+i)^2}{(1-i)(1+i)}=\dfrac{2i}{2}=i$이므로 $z^4=i^4=1$이고

방정식 $x^2-x+1=0$의 한 근이 ω이므로

$\omega^2-\omega+1=0$

양변에 $\omega+1$을 곱하면

$\omega^3+1=0$

즉, $\omega^3=-1$이므로 $\omega^6=1$

따라서 $z^n+\omega^n=2$가 되려면 n은 4와 6의 공배수인 12의 배수이어야 하므로 50 이하의 자연수 n의 개수는 4이다.

답 4

1375 답 ④

방정식 $x+\dfrac{1}{x}=1$, 즉 $x^2-x+1=0$의 한 근이 ω이므로

$\omega^2-\omega+1=0$

양변에 $\omega+1$을 곱하면 $\omega^3+1=0$에서 $\omega^3=-1$

$1+\omega+\omega^2+\cdots+\omega^n=0$에서 $n=5$일 때, 좌변은

$1+\omega+\omega^2+\omega^3+\omega^4+\omega^5$

$=1+\omega+\omega^2-1-\omega-\omega^2=0$

항이 6개 단위로 합이 0이 되므로

$1+\omega+\omega^2+\cdots+\omega^n=0$을 만족시키는 n의 값은

$n=6k+5\ (k\geq0$인 정수$)$이다.

이때 n은 두 자리 자연수이므로

$10\leq6k+5<100$에서 $\dfrac{5}{6}\leq k<\dfrac{95}{6}$

$\therefore\ 1\leq k\leq15$

따라서 두 자리 자연수 n의 개수는 15이다.

실수 Check

$\omega^2-\omega+1=0$의 양변에 $\omega+1$을 곱하면 $\omega^3+1=0$이 됨을 이용하여 식을 간단히 할 수 있다.

1376 답 ①

ω가 이차방정식 $x^2-x+1=0$의 한 허근이고, ω의 켤레복소수인 $\overline{\omega}$도 이차방정식 $x^2-x+1=0$의 근이므로

$\omega^2-\omega+1=0$, $\overline{\omega}^2-\overline{\omega}+1=0$ ············· ㉠

이고, 근과 계수의 관계에 의하여 $\omega\overline{\omega}=1$

또, $x^2-x+1=0$의 양변에 $x+1$을 곱하면

$(x+1)(x^2-x+1)=0$, $x^3+1=0$

$\therefore\ \omega^3=-1$, $\overline{\omega}^3=-1$

ㄱ. $\omega^9=(-1)^3=-1$ (거짓)

ㄴ. ㉠에서 $1+\omega^2=\omega$, $1+\overline{\omega}^2=\overline{\omega}$

$\therefore\ \dfrac{\omega^{10}}{1+\omega^2}+\dfrac{\overline{\omega}^{10}}{1+\overline{\omega}^2}=\dfrac{-\omega}{\omega}+\dfrac{-\overline{\omega}}{\overline{\omega}}=-2$ (참)

ㄷ. $\omega\overline{\omega}=1$에서

$\overline{\omega}=\dfrac{1}{\omega}=\dfrac{-\omega^3}{\omega}=-\omega^2$이므로 $\dfrac{1}{\omega}=-\omega^2$, $\omega^2=-\dfrac{1}{\omega}$

$\therefore\ \left(\omega+\dfrac{1}{\omega}\right)+\left(\omega^3+\dfrac{1}{\omega^3}\right)+\left(\omega^5+\dfrac{1}{\omega^5}\right)+\cdots+\left(\omega^{41}+\dfrac{1}{\omega^{41}}\right)$

$=(\omega+\omega^3+\omega^5+\cdots+\omega^{41})+\left(\dfrac{1}{\omega}+\dfrac{1}{\omega^3}+\dfrac{1}{\omega^5}+\cdots+\dfrac{1}{\omega^{41}}\right)$

$=(\omega-1-\omega^2)\times7+(-\omega^2-1+\omega)\times7$

$=0$ (거짓)

따라서 옳은 것은 ㄴ이다.

실수 Check

ㄷ. $\left(\omega+\dfrac{1}{\omega}\right)+\left(\omega^3+\dfrac{1}{\omega^3}\right)+\left(\omega^5+\dfrac{1}{\omega^5}\right)+\cdots$

$=\left(\omega+\dfrac{1}{\omega}\right)+(-1-1)+\left(-\omega^2-\dfrac{1}{\omega^2}\right)+\cdots$

으로 계산하는 것보다 위의 풀이처럼 묶어서 계산하면 더 편리하다.

1377 답 ②

| 유형 15

삼차방정식 $x^3-8=0$의 한 허근을 ω라 할 때, $\dfrac{\omega^4}{8}+\dfrac{4}{\omega}$의 값은?

단서1

단서2

① -8　　　② -2　　　③ 0

④ 2　　　⑤ 8

단서1 $x^3-8=0$, 즉 $\omega^3=8$이고 $\omega^2+2\omega+4=0$

단서2 $\omega^3=8$을 이용

STEP 1 방정식 $x^3-8=0$의 좌변을 인수분해하여 ω에 대한 식의 값 구하기

$x^3-8=0$에서 $(x-2)(x^2+2x+4)=0$

ω는 이차방정식 $x^2+2x+4=0$의 한 허근이므로

$\omega^3=8$, $\omega^2+2\omega+4=0$

STEP 2 $\dfrac{\omega^4}{8}+\dfrac{4}{\omega}$의 값 구하기

$\dfrac{\omega^4}{8}+\dfrac{4}{\omega}=\dfrac{8\omega}{8}+\dfrac{4\omega^2}{\omega^3}$

$=\omega+\dfrac{\omega^2}{2}$

$=\dfrac{2\omega+\omega^2}{2}$

$=\dfrac{-4}{2}=-2$

1378 답 -16

$(x^2-3x+2)(x^2-7x+12)=120$에서

$(x-1)(x-2)(x-3)(x-4)=120$

$\{(x-1)(x-4)\}\{(x-2)(x-3)\}=120$

└→ 두 일차식의 상수항의 합이 -5로 같아지도록 짝을 짓는다.

$(x^2-5x+4)(x^2-5x+6)=120$

$x^2-5x=X$라 하면

$(X+4)(X+6)=120$, $X^2+10X-96=0$

$(X-6)(X+16)=0$, $X=6$ 또는 $X=-16$

$x^2-5x=X$이므로

$X=6$에서 $x^2-5x-6=0$은 두 실근을 가진다.

└→ $D=(-5)^2-4\times(-6)>0$

$X=-16$에서 $x^2-5x+16=0$은 두 허근을 가진다.

└→ $D=(-5)^2-4\times16<0$

따라서 ω는 이차방정식 $x^2-5x+16=0$의 한 허근이므로

$\omega^2-5\omega+16=0$ $\therefore\ \omega^2-5\omega=-16$

1379 답 ③

$x^3=27$에서 $x^3-27=0$, 즉 $(x-3)(x^2+3x+9)=0$

이차방정식 $x^2+3x+9=0$의 두 근이 ω, $\overline{\omega}$이므로 근과 계수의 관계에 의하여

$\omega+\overline{\omega}=-3$, $\omega\overline{\omega}=9$

ㄱ. ω가 이차방정식 $x^2+3x+9=0$의 근이므로

$\omega^2+3\omega+9=0$ (참)

ㄴ. $\overline{\omega}$도 이차방정식 $x^2+3x+9=0$의 근이므로

$\overline{\omega}^2+3\overline{\omega}+9=0$

이때 $\omega+\overline{\omega}=-3$에서 $\overline{\omega}=-3-\omega$이므로

$\overline{\omega}^2=-3\overline{\omega}-9=-3(-3-\omega)-9=3\omega$ (거짓)

ㄷ. $\dfrac{\overline{\omega}^2}{\omega^2+9}=\dfrac{3\omega}{-3\omega}=-1$ (참)

따라서 옳은 것은 ㄱ, ㄷ이다.

1380 답 ④

방정식 $x^{100}-2^{100}=0$의 근이 2, ω_1, ω_2, $\cdots$, ω_{99}이므로

$x^{100}-2^{100}=(\boxed{x-2})(x-\omega_1)(x-\omega_2)\times\cdots\times(x-\omega_{99})$로 나타낼 수 있다.

따라서 양변에 $x=\boxed{1}$을 대입하면
$1-2^{100}=(1-2)(1-\omega_1)(1-\omega_2)\times\cdots\times(1-\omega_{99})$이므로
$(1-\omega_1)(1-\omega_2)\times\cdots\times(1-\omega_{99})=\boxed{-1+2^{100}}$
즉, $f(x)=x-2$, $a=1$, $b=-1+2^{100}$이므로
$\dfrac{a+b}{f(10)}=\dfrac{1-1+2^{100}}{8}=2^{97}$

1381 답 ④

$x^3+x^2+2x-4=0$에서
$P(x)=x^3+x^2+2x-4$로 놓으면
$P(1)=1+1+2-4=0$
조립제법을 이용하여 $P(x)$를 인수분해하면

```
1 | 1    1    2   -4
  |      1    2    4
  --------------------
    1    2    4 |  0
```

$P(x)=(x-1)(x^2+2x+4)$
즉, 주어진 방정식은
$(x-1)(x^2+2x+4)=0$
ω는 이차방정식 $x^2+2x+4=0$의 한 허근이므로
$\omega^2+2\omega+4=0 \rightarrow \omega^2=-2\omega-4$
양변에 $\omega-2$를 곱하면
$(\omega-2)(\omega^2+2\omega+4)=0$, $\omega^3-8=0$, $\omega^3=8$
$\therefore \omega+\omega^2+\omega^3+\cdots+\omega^{10}$
$\quad =\omega(1+\omega+\omega^2)+\omega^4(1+\omega+\omega^2)+\omega^7(1+\omega+\omega^2)+\omega^{10}$
$\quad =(1+\omega+\omega^2)(\omega+\omega^4+\omega^7)+\omega^{10}$
$\quad =\omega(1+\omega+\omega^2)(1+\omega^3+\omega^6)+(\omega^3)^3\times\omega$
$\qquad\qquad\qquad\quad \underset{\longrightarrow\ \omega^2=-2\omega-4}{}$
$\quad =\omega(-\omega-3)(1+8+64)+512\omega$
$\quad =-(\omega^2+3\omega)\times73+512\omega$
$\qquad\qquad \underset{\longrightarrow\ \omega^2=-2\omega-4}{}$
$\quad =-(\omega-4)\times73+512\omega$
$\quad =-73\omega+292+512\omega$
$\quad =439\omega+292$
따라서 $a=292$, $b=439$이므로
$a+b=292+439=731$

1382 답 -4

ω는 방정식 $x^3-x+1=0$의 한 허근이므로
$\omega^3-\omega+1=0$
$(\omega^2-\omega+1)f(\omega)=-2$에서
양변에 $\omega+1$을 곱하면
$\underline{(\omega^3+1)}f(\omega)=-2(\omega+1)$
$\qquad\qquad\qquad\longrightarrow \omega^3-\omega+1=0$에서
$\omega f(\omega)=-2(\omega+1)$ $\quad \omega^3+1=\omega$
$2\omega^3+a\omega^2+b\omega=-2\omega-2$
$2(\omega-1)+a\omega^2+b\omega=-2\omega-2$
$\omega(a\omega+b+4)=0$
이때 $\omega\neq0$이므로 $a\omega+b+4=0$
따라서 $a=0$, $b+4=0$이므로
$b=-4$

ω는 허근이므로 $\omega\neq0$이다.

1383 답 ② |유형 16

한 모서리의 길이가 자연수인 어떤 정육면체의 가로의 길이를 2 cm [단서1] 줄이고 세로의 길이와 높이를 각각 4 cm, 6 cm씩 늘여서 직육면체를 만들었더니 부피가 처음 정육면체의 부피의 $\dfrac{5}{2}$배가 되었다. [단서2] 처음 정육면체의 한 모서리의 길이는? [단서1]

① 3 cm ② 4 cm ③ 5 cm
④ 6 cm ⑤ 7 cm

단서1 (한 모서리의 길이)$=x$ ➡ (가로의 길이)$=x-2$, (세로의 길이)$=x+4$, (높이)$=x+6$
단서2 (직육면체의 부피)$=$(정육면체의 부피)$\times\dfrac{5}{2}$

STEP1 미지수를 정하고 부피에 대한 삼차방정식 세우기
처음 정육면체의 한 모서리의 길이를 x cm라 하면
$(x-2)(x+4)(x+6)=\dfrac{5}{2}x^3$

STEP2 삼차방정식의 근 구하기
$x^3+8x^2+4x-48=\dfrac{5}{2}x^3$
$3x^3-16x^2-8x+96=0$
$P(x)=3x^3-16x^2-8x+96$으로 놓으면
$P(4)=192-256-32+96=0$
조립제법을 이용하여 $P(x)$를 인수분해하면

```
4 | 3   -16   -8    96
  |      12   -16  -96
  ----------------------
    3    -4   -24 |  0
```

$P(x)=(x-4)(3x^2-4x-24)$
즉, 주어진 방정식은
$(x-4)(3x^2-4x-24)=0$
$\therefore x=4$ 또는 $x=\dfrac{2\pm2\sqrt{19}}{3}$

STEP3 처음 정육면체의 한 모서리의 길이 구하기
그런데 $x>2$이므로 $x=4$
따라서 처음 정육면체의 한 모서리의 길이는 4 cm이다.

1384 답 ③

$x^3-9x^2+24x-16=0$에서
$P(x)=x^3-9x^2+24x-16$으로 놓으면
$P(1)=1-9+24-16=0$
조립제법을 이용하여 $P(x)$를 인수분해하면

```
1 | 1   -9    24   -16
  |      1    -8    16
  ----------------------
    1   -8    16 |   0
```

$P(x)=(x-1)(x^2-8x+16)$

238 정답 및 풀이

즉, 주어진 방정식은

$(x-1)(x^2-8x+16)=0$

$(x-1)(x-4)^2=0$

$\therefore x=1$ 또는 $x=4$(중근)

$\therefore l=\sqrt{\alpha^2+\beta^2+\gamma^2}$

$\quad =\sqrt{1+16+16}$

$\quad =\sqrt{33}$

다른 풀이

삼차방정식 $x^3-9x^2+24x-16=0$의 근과 계수의 관계에 의하여

$\alpha+\beta+\gamma=9$, $\alpha\beta+\beta\gamma+\gamma\alpha=24$이므로

$l=\sqrt{\alpha^2+\beta^2+\gamma^2}$

$\quad =\sqrt{(\alpha+\beta+\gamma)^2-2(\alpha\beta+\beta\gamma+\gamma\alpha)}$

$\quad =\sqrt{9^2-2\times 24}$

$\quad =\sqrt{33}$

개념 Check

> 세 모서리의 길이가 α, β, γ인 직육면체의 대각선의 길이를 l이라 하면
> $l=\sqrt{\alpha^2+\beta^2+\gamma^2}$

1385 답 ②

남은 부분의 부피가 $64\,m^3$이므로

$x^2(x+5)-2(x-1)^2=64$

$\underbrace{\qquad\qquad\qquad}$ ← (큰 직육면체의 부피)−(작은 직육면체의 부피)

$x^3+3x^2+4x-66=0$

$P(x)=x^3+3x^2+4x-66$으로 놓으면

$P(3)=27+27+12-66=0$

조립제법을 이용하여 $P(x)$를 인수분해하면

3	1	3	4	−66
		3	18	66
	1	6	22	0

$P(x)=(x-3)(x^2+6x+22)$

즉, 주어진 방정식은

$(x-3)(x^2+6x+22)=0$

$\therefore x=3$ 또는 $x=-3\pm\sqrt{13}i$

그런데 $x>1$이므로 $x=3$

1386 답 ④

원기둥의 밑면의 반지름의 길이를 $r\,m$라 하면

처음 물탱크의 부피는

$\pi r^2\times 2r=2\pi r^3$이고

$\underbrace{\qquad\quad}$ ← (밑넓이)×(높이)

새로운 물탱크의 부피는

$\pi(r+2)^2\times(2r+2)=2\pi(r+1)(r+2)^2$이므로

$2\pi(r+1)(r+2)^2=2\pi r^3\times 6$

$r^3+5r^2+8r+4=6r^3$

$5r^3-5r^2-8r-4=0$

$P(r)=5r^3-5r^2-8r-4$로 놓으면

$P(2)=40-20-16-4=0$

조립제법을 이용하여 $P(r)$를 인수분해하면

2	5	−5	−8	−4
		10	10	4
	5	5	2	0

$P(r)=(r-2)(5r^2+5r+2)$

즉, 주어진 방정식은

$(r-2)(5r^2+5r+2)=0$

$\therefore r=2$ 또는 $r=\dfrac{-5\pm\sqrt{15}i}{2}$

그런데 $r>0$이므로 $r=2$

따라서 처음 물탱크의 높이는 $2r=4\,(m)$이다.

1387 답 ③

직육면체 모양 상자의 가로, 세로의 길이와 높이는 각각

$(18-2x)\,cm$, $(16-2x)\,cm$, $x\,cm$이므로

$18-2x>0$, $16-2x>0$, $x>0$

$\therefore 0<x<8$

이때 상자의 부피는 $240\,cm^3$이므로

$x(18-2x)(16-2x)=240$

$x^3-17x^2+72x-60=0$

$P(x)=x^3-17x^2+72x-60$으로 놓으면

$P(5)=125-425+360-60=0$

조립제법을 이용하여 $P(x)$를 인수분해하면

5	1	−17	72	−60
		5	−60	60
	1	−12	12	0

$P(x)=(x-5)(x^2-12x+12)$

즉, 주어진 방정식은

$(x-5)(x^2-12x+12)=0$

$\therefore x=5$ 또는 $x=6\pm2\sqrt{6}$

그런데 $0<x<8$이고, x는 자연수이므로 $x=5$

1388 답 160π

작은 구의 반지름의 길이를 x라 하면 큰 구의 반지름의 길이는 $8-x$이므로 두 구의 부피의 차는

$\dfrac{4}{3}\pi(8-x)^3-\dfrac{4}{3}\pi x^3=\dfrac{832}{3}\pi$

$x^3-12x^2+96x-152=0$

$P(x)=x^3-12x^2+96x-152$로 놓으면

$P(2)=8-48+192-152=0$

조립제법을 이용하여 $P(x)$를 인수분해하면

2	1	−12	96	−152
		2	−20	152
	1	−10	76	0

$P(x)=(x-2)(x^2-10x+76)$

즉, 주어진 방정식은 $(x-2)(x^2-10x+76)=0$

$\therefore x=2$ 또는 $5\pm\sqrt{51}i$

06

그런데 $x>0$이므로 $x=2$

따라서 두 구의 겉넓이의 합은

$4\pi x^2+4\pi(8-x)^2=16\pi+144\pi=160\pi$

개념 Check

반지름의 길이가 r인 구의 겉넓이는 $4\pi r^2$, 부피는 $\dfrac{4}{3}\pi r^3$이다.

1389 답 ③

그림과 같이 오각형인 밑면은 사각형과
사다리꼴로 나눌 수 있으므로

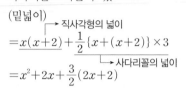

(밑넓이)
$\underset{\uparrow\,\text{직사각형의 넓이}}{=x(x+2)}+\dfrac{1}{2}\{x+(x+2)\}\times 3$

$\hspace{4.2cm}\underset{\uparrow\,\text{사다리꼴의 넓이}}{}$

$=x^2+2x+\dfrac{3}{2}(2x+2)$

$=x^2+5x+3$

이때 오각기둥의 높이는 $x+1$이고, 부피가 108이므로

$(x^2+5x+3)(x+1)=108$

$x^3+6x^2+8x-105=0$

$P(x)=x^3+6x^2+8x-105$로 놓으면

$P(3)=27+54+24-105=0$

조립제법을 이용하여 $P(x)$를 인수분해하면

3	1	6	8	-105
		3	27	105
	1	9	35	0

$P(x)=(x-3)(x^2+9x+35)$

즉, 주어진 방정식은

$(x-3)(x^2+9x+35)=0$

$\therefore x=3$ 또는 $x=\dfrac{-9\pm\sqrt{59}i}{2}$

그런데 $x>0$이므로 $x=3$

1390 답 ①

선분 AB가 $\triangle$ABC의 외접원의 지름이므로 $\angle$ACB$=90°$이고 선분 AD가 삼각형 ABC의 외접원의 접선이므로 $\angle$BAD$=90°$이다.

직각삼각형 ABC와 직각삼각형 DBA는 닮음이므로

$\overline{AB}:\overline{DB}=\overline{BC}:\overline{BA}$에서 $\underset{\uparrow\,\text{AA 닮음}}{}$

$\overline{AB}^2=\overline{BC}\times\overline{BD}$

$(3x+4)^2=3x\times\left(3x+x^2+3x+\dfrac{2}{3}\right)$

$3x^3+9x^2-22x-16=0$

$P(x)=3x^3+9x^2-22x-16$으로 놓으면

$P(2)=24+36-44-16=0$

조립제법을 이용하여 $P(x)$를 인수분해하면

2	3	9	-22	-16
		6	30	16
	3	15	8	0

$P(x)=(x-2)(3x^2+15x+8)$

즉, 주어진 방정식은

$(x-2)(3x^2+15x+8)=0$

$\therefore x=2$ 또는 $x=\dfrac{-15\pm\sqrt{129}}{6}$

그런데 $x>0$이므로 $x=2$

따라서 $\overline{AB}=10$, $\overline{BC}=6$에서 $\overline{AC}=8$이므로

$\triangle$ABC$=\dfrac{1}{2}\times 6\times 8=24$

실수 Check

$\angle$ACB$=90°$, $\angle$BAD$=90°$임을 찾으면 직각삼각형의 성질을 이용하여 식을 세울 수 있다.

1391 답 ④ | 유형 17

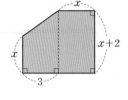

연립방정식 $\begin{cases} y=x-5 \\ x^2+y^2=13 \end{cases}$ 의 해를 $x=\alpha$, $y=\beta$라 할 때, $|\alpha|+|\beta|$의

단서1

값은?

① 2　　　　② 3　　　　③ 4

④ 5　　　　⑤ 6

단서1 y에 대한 일차식을 이차방정식에 대입

STEP1 일차방정식을 이차방정식에 대입하여 x의 값 모두 구하기

$\begin{cases} y=x-5 \cdots\cdots \text{㉠} \\ x^2+y^2=13 \cdots\cdots \text{㉡} \end{cases}$

㉠을 ㉡에 대입하면

$x^2+(x-5)^2=13$, $2x^2-10x+12=0$

$x^2-5x+6=0$, $(x-2)(x-3)=0$

$\therefore x=2$ 또는 $x=3$

STEP2 x의 값을 일차방정식에 대입하여 y의 값 구하기

x의 값을 ㉠에 대입하여 y의 값을 구하면

$x=2$일 때 $y=-3$

$x=3$일 때 $y=-2$

$\therefore \begin{cases} x=2 \\ y=-3 \end{cases}$ 또는 $\begin{cases} x=3 \\ y=-2 \end{cases}$

STEP3 $|\alpha|+|\beta|$의 값 구하기

$\alpha=2$, $\beta=-3$ 또는 $\alpha=3$, $\beta=-2$이므로

$|\alpha|+|\beta|=5$

1392 답 ①

$\begin{cases} x-y=3 \\ 2x^2+y^2=9 \end{cases}$ 에서 $\begin{cases} y=x-3 \cdots\cdots \text{㉠} \\ 2x^2+y^2=9 \cdots\cdots \text{㉡} \end{cases}$

㉠을 ㉡에 대입하면

$2x^2+(x-3)^2=9$, $3x^2-6x=0$

$x^2-2x=0$, $x(x-2)=0$

$\therefore x=0$ 또는 $x=2$

이것을 ㉠에 대입하여 y의 값을 구하면

$x=0$일 때 $y=-3$, $x=2$일 때 $y=-1$

$\therefore \begin{cases} x=0 \\ y=-3 \end{cases}$ 또는 $\begin{cases} x=2 \\ y=-1 \end{cases}$

따라서 $\alpha=-3$, $\beta=2$이므로
$\alpha\beta=(-3)\times 2=-6$

1393 답 ④

$\begin{cases} x-y=-2 \\ x^2+y^2=20 \end{cases}$ 에서 $\begin{cases} x=y-2 & \cdots\cdots\cdots\cdots\cdots\cdots ㉠ \\ x^2+y^2=20 & \cdots\cdots\cdots\cdots\cdots ㉡ \end{cases}$

㉠을 ㉡에 대입하면
$(y-2)^2+y^2=20$, $2y^2-4y-16=0$
$y^2-2y-8=0$, $(y+2)(y-4)=0$
$\therefore y=-2$ 또는 $y=4$
이것을 ㉠에 대입하여 x의 값을 구하면
$y=-2$일 때 $x=-4$, $y=4$일 때 $x=2$
$\therefore \begin{cases} x=-4 \\ y=-2 \end{cases}$ 또는 $\begin{cases} x=2 \\ y=4 \end{cases}$
그런데 x, y는 양수이므로 $x=2$, $y=4$
$\therefore xy=2\times 4=8$

1394 답 1

$\begin{cases} x-3y=1 \\ x(x-y)=2 \end{cases}$ 에서 $\begin{cases} x=3y+1 & \cdots\cdots\cdots\cdots\cdots ㉠ \\ x^2-xy=2 & \cdots\cdots\cdots\cdots\cdots ㉡ \end{cases}$

㉠을 ㉡에 대입하면
$(3y+1)^2-(3y+1)y=2$, $6y^2+5y-1=0$
$(y+1)(6y-1)=0$ $\quad \therefore y=-1$ 또는 $y=\dfrac{1}{6}$
이것을 ㉠에 대입하여 x의 값을 구하면
$y=-1$일 때 $x=-2$, $y=\dfrac{1}{6}$일 때 $x=\dfrac{3}{2}$

$\therefore \begin{cases} x=-2 \\ y=-1 \end{cases}$ 또는 $\begin{cases} x=\dfrac{3}{2} \\ y=\dfrac{1}{6} \end{cases}$

따라서 $y-x=-1-(-2)=1$ 또는 $y-x=\dfrac{1}{6}-\dfrac{3}{2}=-\dfrac{4}{3}$이므로
$y-x$의 최댓값은 1이다.

1395 답 ④

$\begin{cases} 2x-3y=3 \\ x^2+y^2=10 \end{cases}$ 에서 $\begin{cases} 2x=3y+3 & \cdots\cdots\cdots\cdots ㉠ \\ (2x)^2+4y^2=40 & \cdots\cdots\cdots ㉡ \end{cases}$

㉠을 ㉡에 대입하면
$(3y+3)^2+4y^2=40$, $13y^2+18y-31=0$
$(13y+31)(y-1)=0$ $\quad \therefore y=-\dfrac{31}{13}$ 또는 $y=1$
이것을 ㉠에 대입하여 x의 값을 구하면
$y=-\dfrac{31}{13}$일 때 $x=-\dfrac{27}{13}$, $y=1$일 때 $x=3$

$\therefore \begin{cases} x=-\dfrac{27}{13} \\ y=-\dfrac{31}{13} \end{cases}$ 또는 $\begin{cases} x=3 \\ y=1 \end{cases}$

따라서 $\alpha+\beta=-\dfrac{58}{13}$ 또는 $\alpha+\beta=4$이므로 $\alpha+\beta$의 값이 될 수 있는 것은 ④이다.

1396 답 17

$\begin{cases} x-y=-3 \\ x^2+3xy+y^2=29 \end{cases}$ 에서 $\begin{cases} y=x+3 & \cdots\cdots\cdots\cdots ㉠ \\ x^2+3xy+y^2=29 & \cdots ㉡ \end{cases}$

㉠을 ㉡에 대입하면
$x^2+3x(x+3)+(x+3)^2=29$, $5x^2+15x-20=0$
$x^2+3x-4=0$, $(x+4)(x-1)=0$
$\therefore x=-4$ 또는 $x=1$
이것을 ㉠에 대입하여 y의 값을 구하면
$x=-4$일 때 $y=-1$, $x=1$일 때 $y=4$
$\therefore \begin{cases} x=-4 \\ y=-1 \end{cases}$ 또는 $\begin{cases} x=1 \\ y=4 \end{cases}$
따라서 $\alpha=-4$, $\beta=-1$ 또는 $\alpha=1$, $\beta=4$이므로
$\alpha^2+\beta^2=17$

1397 답 ①

$\begin{cases} 2x-y=1 \\ x^2-4xy+y^2=-2 \end{cases}$ 에서 $\begin{cases} y=2x-1 & \cdots\cdots\cdots\cdots ㉠ \\ x^2-4xy+y^2=-2 & \cdots ㉡ \end{cases}$

㉠을 ㉡에 대입하면
$x^2-4x(2x-1)+(2x-1)^2=-2$
$3x^2-3=0$ $\quad \therefore x=\pm 1$
이것을 ㉠에 대입하여 y의 값을 구하면
$x=-1$일 때 $y=-3$, $x=1$일 때 $y=1$
$\therefore \begin{cases} x=-1 \\ y=-3 \end{cases}$ 또는 $\begin{cases} x=1 \\ y=1 \end{cases}$
따라서 $\alpha+\beta=-4$ 또는 $\alpha+\beta=2$이므로
$\alpha+\beta$의 최솟값은 -4이다.

1398 답 ③

$\begin{cases} |x|-y=1 \\ x^2+2y^2=34 \end{cases}$ 에서 $\begin{cases} |x|=y+1 & \cdots\cdots\cdots\cdots ㉠ \\ x^2+2y^2=34 & \cdots\cdots\cdots ㉡ \end{cases}$

㉠을 ㉡에 대입하면
$\underbrace{(y+1)^2+2y^2=34}_{x^2=(-x)^2=|x|^2}$
$3y^2+2y-33=0$, $(y-3)(3y+11)=0$
$\therefore y=3$ 또는 $y=-\dfrac{11}{3}$
이때 $|x|=y+1\geq 0$에서 $y\geq -1$이므로 $y=3$이다.
$y=3$일 때 $x=\pm 4$
$\therefore \begin{cases} x=-4 \\ y=3 \end{cases}$ 또는 $\begin{cases} x=4 \\ y=3 \end{cases}$
따라서 $\alpha=-4$, $\beta=3$, $\gamma=4$, $\delta=3$ 또는 $\alpha=4$, $\beta=3$, $\gamma=-4$, $\delta=3$이므로
$|\alpha\beta-\gamma\delta|=24$

1399 답 ③

두 연립방정식의 공통인 해는

연립방정식 $\begin{cases} x+y=4 \\ x^2-6y^2=12 \end{cases}$ 즉 $\begin{cases} y=4-x & \cdots\cdots\cdots ㉠ \\ x^2-6y^2=12 & \cdots ㉡ \end{cases}$ 의 해와 같다.

⊙을 ⓛ에 대입하면

$x^2-6(4-x)^2=12$, $5x^2-48x+108=0$

$(5x-18)(x-6)=0$　∴ $x=\dfrac{18}{5}$ 또는 $x=6$

(i) $x=\dfrac{18}{5}$일 때, (⊙)에서 $y=\dfrac{2}{5}$

　　이것을 $-x^2+ay^2=-8$, $2x+by=2$에 각각 대입하면

　　$-\dfrac{324}{25}+\dfrac{4}{25}a=-8$, $\dfrac{36}{5}+\dfrac{2b}{5}=2$

　　∴ $a=31$, $b=-13$

(ii) $x=6$일 때, (⊙)에서 $y=-2$

　　이것을 $-x^2+ay^2=-8$, $2x+by=2$에 각각 대입하면

　　$-36+4a=-8$, $12-2b=2$

　　∴ $a=7$, $b=5$

(i), (ii)에서 a, b는 자연수이므로 $a=7$, $b=5$

∴ $a-b=7-5=2$

Tip 연립방정식 $\begin{cases} A \\ B \end{cases}$, $\begin{cases} C \\ D \end{cases}$의 해가 서로 같다. (단, A, B, C, D는 방정식이고, B, C에 미지수가 포함되어 있다고 하자.)

→ 연립방정식 $\begin{cases} A \\ D \end{cases}$, $\begin{cases} B \\ C \end{cases}$의 해도 서로 같다.

1400 답 ⑤

두 연립방정식의 해가 서로 같으므로

연립방정식 $\begin{cases} y-x=1 \\ -x^2+3y^2=11 \end{cases}$, 즉 $\begin{cases} y=x+1 & \cdots\cdots ⊙ \\ -x^2+3y^2=11 & \cdots\cdots ⓛ \end{cases}$의 해와 같다.

⊙을 ⓛ에 대입하면

$-x^2+3(x+1)^2=11$, $2x^2+6x-8=0$

$x^2+3x-4=0$, $(x+4)(x-1)=0$

∴ $x=-4$ 또는 $x=1$

이것을 ⊙에 대입하여 y의 값을 구하면

$x=-4$일 때 $y=-3$, $x=1$일 때 $y=2$

(i) $x=-4$, $y=-3$을 $2x+by=8$, $x^2+ay^2=9$에 각각 대입하면

　　$-8-3b=8$, $16+9a=9$

　　∴ $a=-\dfrac{7}{9}$, $b=-\dfrac{16}{3}$

(ii) $x=1$, $y=2$를 $2x+by=8$, $x^2+ay^2=9$에 각각 대입하면

　　$2+2b=8$, $1+4a=9$

　　∴ $a=2$, $b=3$

(i), (ii)에서 a, b는 자연수이므로 $a=2$, $b=3$

∴ $a+b=2+3=5$

1401 답 ②

두 연립방정식의 공통인 해는

연립방정식 $\begin{cases} x-y=2 \\ x^2+y^2=34 \end{cases}$, 즉 $\begin{cases} x=y+2 & \cdots\cdots ⊙ \\ x^2+y^2=34 & \cdots\cdots ⓛ \end{cases}$의 해와 같다.

⊙을 ⓛ에 대입하면

$(y+2)^2+y^2=34$, $2y^2+4y-30=0$

$y^2+2y-15=0$, $(y+5)(y-3)=0$

∴ $y=-5$ 또는 $y=3$

이때 x, y가 양수이므로

$y=3$일 때 $x=5$

이것을 $x^2+(y-a)^2=50$, $x+by=0$에 각각 대입하면

$25+(3-a)^2=50$에서

$a^2-6a-16=0$, $(a+2)(a-8)=0$

∴ $a=-2$ 또는 $a=8$

$5+3b=0$에서 $b=-\dfrac{5}{3}$

따라서 $a+b=-2+\left(-\dfrac{5}{3}\right)=-\dfrac{11}{3}$ 또는

$a+b=8+\left(-\dfrac{5}{3}\right)=\dfrac{19}{3}$이므로

$a+b$의 최댓값은 $\dfrac{19}{3}$이다.

1402 답 ①

$\begin{cases} 2x-y=1 \\ 4x^2-x-y^2=5 \end{cases}$에서 $\begin{cases} y=2x-1 & \cdots\cdots ⊙ \\ 4x^2-x-y^2=5 & \cdots\cdots ⓛ \end{cases}$

⊙을 ⓛ에 대입하면

$4x^2-x-(2x-1)^2=5$

$3x=6$　∴ $x=2$

이것을 ⊙에 대입하여 y의 값을 구하면

$y=2\times2-1=3$

따라서 $\alpha=2$, $\beta=3$이므로

$\alpha\beta=2\times3=6$

다른 풀이

$4x^2-x-y^2=5$에서

$(2x+y)(2x-y)-x=5$　$\cdots\cdots ⊙$

⊙에 $2x-y=1$을 대입하여 정리하면

$x+y=5$

두 식 $2x-y=1$, $x+y=5$를 연립하여 풀면

$x=2$, $y=3$

따라서 $\alpha=2$, $\beta=3$이므로

$\alpha\beta=2\times3=6$

1403 답 ④ 　　　유형 18

연립방정식 $\begin{cases} x^2-3xy-4y^2=0 \\ x^2+2y^2=18 \end{cases}$을 만족시키는 x, y에 대하여 xy의 **단서1** 최솟값은?

① 0　　　　② -2　　　　③ -4

④ -6　　　⑤ -8

단서1 인수분해가 되는 이차방정식 ➡ (일차식)×(일차식)=0

STEP1 인수분해가 되는 이차방정식에서 이차식을 두 일차식의 곱으로 인수분해하여 일차방정식 구하기

$\begin{cases} x^2-3xy-4y^2=0 & \cdots\cdots ⊙ \\ x^2+2y^2=18 & \cdots\cdots ⓛ \end{cases}$

㉠의 좌변을 인수분해하면

$(x-4y)(x+y)=0$

$\therefore x=4y$ 또는 $x=-y$

STEP2 구한 일차방정식을 이차방정식에 대입하여 해 구하기

(i) $x=4y$를 ㉡에 대입하면

$16y^2+2y^2=18$, $18y^2=18$

$y^2=1$ $\qquad \therefore y=\pm 1$

이것을 $x=4y$에 대입하여 x의 값을 구하면

$y=-1$일 때 $x=-4$, $y=1$일 때 $x=4$

(ii) $x=-y$를 ㉡에 대입하면

$y^2+2y^2=18$, $3y^2=18$

$y^2=6$ $\qquad \therefore y=\pm\sqrt{6}$

이것을 $x=-y$에 대입하여 x의 값을 구하면

$y=-\sqrt{6}$일 때 $x=\sqrt{6}$, $y=\sqrt{6}$일 때 $x=-\sqrt{6}$

(i), (ii)에서 연립방정식의 해는

$\begin{cases} x=-4 \\ y=-1 \end{cases}$ 또는 $\begin{cases} x=4 \\ y=1 \end{cases}$ 또는 $\begin{cases} x=\sqrt{6} \\ y=-\sqrt{6} \end{cases}$ 또는 $\begin{cases} x=-\sqrt{6} \\ y=\sqrt{6} \end{cases}$

STEP3 xy의 최솟값 구하기

$xy=4$ 또는 $xy=-6$이므로

xy의 최솟값은 -6이다.

1404 답 12

$\begin{cases} x^2-2xy-3y^2=0 & \cdots\cdots ㉠ \\ x^2+y^2=40 & \cdots\cdots ㉡ \end{cases}$

㉠의 좌변을 인수분해하면

$(x+y)(x-3y)=0$ $\qquad \therefore x=-y$ 또는 $x=3y$

(i) $x=-y$를 ㉡에 대입하면

$(-y)^2+y^2=40$, $y^2=20$

$\therefore y=\pm2\sqrt{5}$

이것을 $x=-y$에 대입하여 x의 값을 구하면

$y=-2\sqrt{5}$일 때 $x=2\sqrt{5}$, $y=2\sqrt{5}$일 때 $x=-2\sqrt{5}$

(ii) $x=3y$를 ㉡에 대입하면

$(3y)^2+y^2=40$, $y^2=4$

$\therefore y=\pm2$

이것을 $x=3y$에 대입하여 x의 값을 구하면

$y=-2$일 때 $x=-6$, $y=2$일 때 $x=6$

(i), (ii)에서 연립방정식의 해는

$\begin{cases} x=2\sqrt{5} \\ y=-2\sqrt{5} \end{cases}$ 또는 $\begin{cases} x=-2\sqrt{5} \\ y=2\sqrt{5} \end{cases}$ 또는 $\begin{cases} x=-6 \\ y=-2 \end{cases}$ 또는 $\begin{cases} x=6 \\ y=2 \end{cases}$

이때 a, b가 정수이므로 $a=-6$, $b=-2$ 또는 $a=6$, $b=2$

$\therefore ab=12$

1405 답 ④

$\begin{cases} x^2-4xy+3y^2=0 & \cdots\cdots ㉠ \\ 2x^2+xy+3y^2=24 & \cdots\cdots ㉡ \end{cases}$

㉠의 좌변을 인수분해하면

$(x-y)(x-3y)=0$

$\therefore x=y$ 또는 $x=3y$

(i) $x=y$를 ㉡에 대입하면

$2y^2+y^2+3y^2=24$

$6y^2=24$, $y^2=4$

$\therefore y=\pm2$

이것을 $x=y$에 대입하여 x의 값을 구하면

$y=-2$일 때 $x=-2$, $y=2$일 때 $x=2$

(ii) $x=3y$를 ㉡에 대입하면

$18y^2+3y^2+3y^2=24$

$24y^2=24$, $y^2=1$

$\therefore y=\pm1$

이것을 $x=3y$에 대입하여 x의 값을 구하면

$y=-1$일 때 $x=-3$, $y=1$일 때 $x=3$

(i), (ii)에서 연립방정식의 해는

$\begin{cases} x=-2 \\ y=-2 \end{cases}$ 또는 $\begin{cases} x=2 \\ y=2 \end{cases}$ 또는 $\begin{cases} x=-3 \\ y=-1 \end{cases}$ 또는 $\begin{cases} x=3 \\ y=1 \end{cases}$

$x=-2$, $y=-2$ 또는 $x=2$, $y=2$일 때, $\alpha_i\beta_i=4$,

$x=-3$, $y=-1$ 또는 $x=3$, $y=1$일 때, $\alpha_i\beta_i=3$

따라서 $\alpha_i\beta_i$의 최댓값은 4이다.

1406 답 ⑤

$\begin{cases} x^2+2xy-3y^2=0 & \cdots\cdots ㉠ \\ x^2+xy+y^2=21 & \cdots\cdots ㉡ \end{cases}$

㉠의 좌변을 인수분해하면

$(x+3y)(x-y)=0$ $\qquad \therefore x=-3y$ 또는 $x=y$

(i) $x=-3y$를 ㉡에 대입하면

$9y^2-3y^2+y^2=21$

$7y^2=21$, $y^2=3$

$\therefore y=\pm\sqrt{3}$

이것을 $x=-3y$에 대입하여 x의 값을 구하면

$y=-\sqrt{3}$일 때 $x=3\sqrt{3}$, $y=\sqrt{3}$일 때 $x=-3\sqrt{3}$

(ii) $x=y$를 ㉡에 대입하면

$y^2+y^2+y^2=21$

$3y^2=21$, $y^2=7$

$\therefore y=\pm\sqrt{7}$

이것을 $x=y$에 대입하여 x의 값을 구하면

$y=-\sqrt{7}$일 때 $x=-\sqrt{7}$, $y=\sqrt{7}$일 때 $x=\sqrt{7}$

(i), (ii)에서 연립방정식의 해는

$\begin{cases} x=3\sqrt{3} \\ y=-\sqrt{3} \end{cases}$ 또는 $\begin{cases} x=-3\sqrt{3} \\ y=\sqrt{3} \end{cases}$ 또는 $\begin{cases} x=-\sqrt{7} \\ y=-\sqrt{7} \end{cases}$ 또는 $\begin{cases} x=\sqrt{7} \\ y=\sqrt{7} \end{cases}$

따라서 $x+y$의 값은 $2\sqrt{3}$, $-2\sqrt{3}$, $-2\sqrt{7}$, $2\sqrt{7}$이므로

$x+y$의 값이 될 수 있는 것은 ⑤이다.

1407 답 ②

$\begin{cases} 3x^2+2xy-y^2=0 & \cdots\cdots ㉠ \\ x^2+2x+y^2=12 & \cdots\cdots ㉡ \end{cases}$

㉠의 좌변을 인수분해하면

$(x+y)(3x-y)=0$

$\therefore y=-x$ 또는 $y=3x$

(i) $y=-x$를 ⓒ에 대입하면

$x^2+2x+x^2=12$, $x^2+x-6=0$

$(x+3)(x-2)=0$ $\therefore$ $x=-3$ 또는 $x=2$

이것을 $y=-x$에 대입하여 y의 값을 구하면

$x=-3$일 때 $y=3$, $x=2$일 때 $y=-2$

(ii) $y=3x$를 ⓒ에 대입하면

$x^2+2x+9x^2=12$, $5x^2+x-6=0$

$(5x+6)(x-1)=0$ $\therefore$ $x=-\dfrac{6}{5}$ 또는 $x=1$

이것을 $y=3x$에 대입하여 y의 값을 구하면

$x=-\dfrac{6}{5}$일 때 $y=-\dfrac{18}{5}$, $x=1$일 때 $y=3$

(i), (ii)에서 연립방정식의 해는

$\begin{cases} x=-3 \\ y=3 \end{cases}$ 또는 $\begin{cases} x=2 \\ y=-2 \end{cases}$ 또는 $\begin{cases} x=-\dfrac{6}{5} \\ y=-\dfrac{18}{5} \end{cases}$ 또는 $\begin{cases} x=1 \\ y=3 \end{cases}$

따라서 해가 아닌 것은 ②이다.

1408 답 ③

$\begin{cases} x^2-y^2=0 & \cdots\cdots ⊙ \\ 2x^2-xy=9 & \cdots\cdots ⓒ \end{cases}$

⊙의 좌변을 인수분해하면

$(x-y)(x+y)=0$

$\therefore$ $x=y$ 또는 $x=-y$

(i) $x=y$를 ⓒ에 대입하면

$2y^2-y^2=9$, $y^2=9$

$\therefore$ $y=\pm3$

이것을 $x=y$에 대입하여 x의 값을 구하면

$y=-3$일 때 $x=-3$, $y=3$일 때 $x=3$

(ii) $x=-y$를 ⓒ에 대입하면

$2y^2+y^2=9$, $3y^2=9$, $y^2=3$

$\therefore$ $y=\pm\sqrt{3}$

이것을 $x=-y$에 대입하여 x의 값을 구하면

$y=-\sqrt{3}$일 때 $x=\sqrt{3}$, $y=\sqrt{3}$일 때 $x=-\sqrt{3}$

(i), (ii)에서 연립방정식의 해는

$\begin{cases} x=-3 \\ y=-3 \end{cases}$ 또는 $\begin{cases} x=3 \\ y=3 \end{cases}$ 또는 $\begin{cases} x=\sqrt{3} \\ y=-\sqrt{3} \end{cases}$ 또는 $\begin{cases} x=-\sqrt{3} \\ y=\sqrt{3} \end{cases}$

그런데 x, y는 정수이므로 $xy=9$이다.

1409 답 ④

$\begin{cases} x^2+xy-2y^2=0 & \cdots\cdots ⊙ \\ x^2+3y+y^2=2 & \cdots\cdots ⓒ \end{cases}$

⊙의 좌변을 인수분해하면

$(x-y)(x+2y)=0$

$\therefore$ $x=y$ 또는 $x=-2y$

(i) $x=y$를 ⓒ에 대입하면

$y^2+3y+y^2=2$, $2y^2+3y-2=0$

$(y+2)(2y-1)=0$ $\therefore$ $y=-2$ 또는 $y=\dfrac{1}{2}$

이것을 $x=y$에 대입하여 x의 값을 구하면

$y=-2$일 때 $x=-2$, $y=\dfrac{1}{2}$일 때 $x=\dfrac{1}{2}$

(ii) $x=-2y$를 ⓒ에 대입하면

$4y^2+3y+y^2=2$, $5y^2+3y-2=0$

$(y+1)(5y-2)=0$ $\therefore$ $y=-1$ 또는 $y=\dfrac{2}{5}$

이것을 $x=-2y$에 대입하여 x의 값을 구하면

$y=-1$일 때 $x=2$, $y=\dfrac{2}{5}$일 때 $x=-\dfrac{4}{5}$

(i), (ii)에서 연립방정식의 해는

$\begin{cases} x=-2 \\ y=-2 \end{cases}$ 또는 $\begin{cases} x=\dfrac{1}{2} \\ y=\dfrac{1}{2} \end{cases}$ 또는 $\begin{cases} x=2 \\ y=-1 \end{cases}$ 또는 $\begin{cases} x=-\dfrac{4}{5} \\ y=\dfrac{2}{5} \end{cases}$

따라서 $\alpha\beta$의 값은 4, $\dfrac{1}{4}$, -2, $-\dfrac{8}{25}$이므로 최댓값은 4이다.

1410 답 5

$\begin{cases} x^2-xy=3 & \cdots\cdots ⊙ \\ xy-y^2=1 & \cdots\cdots ⓒ \end{cases}$

⊙$-$ⓒ$\times3$에서 (인수분해되지 않는다. → 상수항을 소거한다.)

$x^2-4xy+3y^3=0$, $(x-y)(x-3y)=0$

$\therefore$ $x=y$ 또는 $x=3y$

(i) $x=y$를 ⊙에 대입하면 $y^2-y^2=3$이 되므로 조건을 만족시키는 x, y의 값은 없다.

(ii) $x=3y$를 ⊙에 대입하면

$(3y)^2-3y^2=3$, $y^2=\dfrac{1}{2}$ $\therefore$ $y=\pm\dfrac{\sqrt{2}}{2}$

이것을 $x=3y$에 대입하여 x의 값을 구하면

$y=-\dfrac{\sqrt{2}}{2}$일 때 $x=-\dfrac{3\sqrt{2}}{2}$, $y=\dfrac{\sqrt{2}}{2}$일 때 $x=\dfrac{3\sqrt{2}}{2}$

(i), (ii)에서 연립방정식의 해는

$\begin{cases} x=-\dfrac{3\sqrt{2}}{2} \\ y=-\dfrac{\sqrt{2}}{2} \end{cases}$ 또는 $\begin{cases} x=\dfrac{3\sqrt{2}}{2} \\ y=\dfrac{\sqrt{2}}{2} \end{cases}$

$\therefore$ $\alpha^2+\beta^2=5$

1411 답 ②

$\begin{cases} x^2+y^2-3y=-1 & \cdots\cdots ⊙ \\ 2x^2+y^2-x-3y=1 & \cdots\cdots ⓒ \end{cases}$

ⓒ$-$⊙에서 (인수분해되지 않는다. → y에 대한 식을 소거한다.)

$x^2-x=2$, $x^2-x-2=0$, $(x+1)(x-2)=0$

$\therefore$ $x=-1$ 또는 $x=2$

(i) $x=-1$을 ⊙에 대입하면

$y^2-3y+2=0$, $(y-1)(y-2)=0$ $\therefore$ $y=1$ 또는 $y=2$

(ii) $x=2$를 ⊙에 대입하면

$y^2-3y+5=0$이고 이 이차방정식의 판별식을 D라 하면

$D=(-3)^2-4\times5<0$

이므로 실수인 해가 존재하지 않는다.

(i), (ii)에서 연립방정식의 해는

$\begin{cases} x=-1 \\ y=1 \end{cases}$ 또는 $\begin{cases} x=-1 \\ y=2 \end{cases}$

$\therefore \alpha^2+\beta^2=2$ 또는 $\alpha^2+\beta^2=5$

따라서 $\alpha^2+\beta^2$의 값이 될 수 있는 것은 ②이다.

1412 답 ②

$\begin{cases} x^2-y^2-x-2y=0 & \cdots\cdots ㉠ \\ 3x^2-3y^2+x-6y=4 & \cdots\cdots ㉡ \end{cases}$

㉠×3-㉡을 하면 ┗ 인수분해되지 않는다. → y에 대한 식을 소거한다.

$-4x=-4$ $\therefore x=1$

이것을 ㉠에 대입하면

$1-y^2-1-2y=0$, $y^2+2y=0$

$y(y+2)=0$ $\therefore y=0$ 또는 $y=-2$

즉, 연립방정식의 해는

$\begin{cases} x=1 \\ y=0 \end{cases}$ 또는 $\begin{cases} x=1 \\ y=-2 \end{cases}$

따라서 $\alpha+\beta$의 값은 1, -1이므로 최댓값은 1이다.

1413 답 ③

$\begin{cases} x^2-2xy-3y^2=0 & \cdots\cdots ㉠ \\ x^2+y^2=20 & \cdots\cdots ㉡ \end{cases}$

㉠의 좌변을 인수분해하면

$(x-3y)(x+y)=0$

$\therefore x=3y$ 또는 $x=-y$

$x>0$, $y>0$이므로 $x=3y$ $\cdots\cdots ㉢$

㉢을 ㉡에 대입하면

$9y^2+y^2=20$, $10y^2=20$, $y^2=2$

$\therefore y=\pm\sqrt{2}$

이것을 ㉢에 대입하여 x의 값을 구하면

$y=-\sqrt{2}$일 때 $x=-3\sqrt{2}$, $y=\sqrt{2}$일 때 $x=3\sqrt{2}$

이때 $a>0$, $b>0$이므로 $a=3\sqrt{2}$, $b=\sqrt{2}$

$\therefore a+b=3\sqrt{2}+\sqrt{2}=4\sqrt{2}$

1414 답 ①

$\begin{cases} x^2-3xy+2y^2=0 & \cdots\cdots ㉠ \\ x^2-y^2=9 & \cdots\cdots ㉡ \end{cases}$

㉠의 좌변을 인수분해하면

$(x-y)(x-2y)=0$

$\therefore x=y$ 또는 $x=2y$

(i) $x=y$를 ㉡에 대입하면

$y^2-y^2=9$이므로 조건을 만족시키는 x, y의 값은 없다.

(ii) $x=2y$를 ㉡에 대입하면

$4y^2-y^2=9$, $3y^2=9$, $y^2=3$

$\therefore y=\pm\sqrt{3}$

이것을 $x=2y$에 대입하여 x의 값을 구하면

$y=-\sqrt{3}$일 때 $x=-2\sqrt{3}$, $y=\sqrt{3}$일 때 $x=2\sqrt{3}$

(i), (ii)에서 연립방정식의 해는

$\begin{cases} x=-2\sqrt{3} \\ y=-\sqrt{3} \end{cases}$ 또는 $\begin{cases} x=2\sqrt{3} \\ y=\sqrt{3} \end{cases}$

이때 $\alpha_1<\alpha_2$이므로

$\alpha_1=-2\sqrt{3}$, $\beta_1=-\sqrt{3}$, $\alpha_2=2\sqrt{3}$, $\beta_2=\sqrt{3}$

$\therefore \beta_1-\beta_2=-\sqrt{3}-\sqrt{3}=-2\sqrt{3}$

1415 답 ③ | 유형 19

연립방정식 $\begin{cases} x^2+y^2=40 \\ xy=12 \end{cases}$의 자연수인 해를 $x=\alpha$, $y=\beta$라 할 때,
단서1
$\alpha+\beta$의 값은?

① 6   ② 7   ③ 8

④ 9   ⑤ 10

단서1 $x^2+y^2=(x+y)^2-2xy$임을 이용하여 $x+y$, xy에 대한 연립방정식으로 변형

STEP1 $x+y=u$, $xy=v$로 놓고, u, v에 대한 식으로 바꾸어 연립방정식 풀기

$x+y=u$, $xy=v$로 놓으면 주어진 연립방정식은

$\begin{cases} u^2-2v=40 & \cdots\cdots ㉠ \\ v=12 & \cdots\cdots ㉡ \end{cases}$
┗ $x^2+y^2=(x+y)^2-2xy=u^2-2v$

㉡을 ㉠에 대입하면

$u^2-24=40$, $u^2=64$ $\therefore u=\pm8$

STEP2 $x+y$, xy의 값을 이용하여 x, y를 두 근으로 갖는 이차방정식 $t^2-ut+v=0$에서 x, y의 값 구하기

(i) $u=-8$, $v=12$, 즉 $x+y=-8$, $xy=12$일 때

x, y는 이차방정식 $t^2+8t+12=0$의 두 근이므로

$(t+6)(t+2)=0$ $\therefore t=-6$ 또는 $t=-2$

$\therefore \begin{cases} x=-6 \\ y=-2 \end{cases}$ 또는 $\begin{cases} x=-2 \\ y=-6 \end{cases}$

(ii) $u=8$, $v=12$, 즉 $x+y=8$, $xy=12$일 때

x, y는 이차방정식 $t^2-8t+12=0$의 두 근이므로

$(t-2)(t-6)=0$ $\therefore t=2$ 또는 $t=6$

$\therefore \begin{cases} x=2 \\ y=6 \end{cases}$ 또는 $\begin{cases} x=6 \\ y=2 \end{cases}$

(i), (ii)에서 연립방정식의 해는

$\begin{cases} x=-6 \\ y=-2 \end{cases}$ 또는 $\begin{cases} x=-2 \\ y=-6 \end{cases}$ 또는 $\begin{cases} x=2 \\ y=6 \end{cases}$ 또는 $\begin{cases} x=6 \\ y=2 \end{cases}$

STEP3 $\alpha+\beta$의 값 구하기

자연수인 해는 $\begin{cases} x=2 \\ y=6 \end{cases}$ 또는 $\begin{cases} x=6 \\ y=2 \end{cases}$이므로

$\alpha+\beta=8$

참고 $x+y=u$, $xy=v$로 놓으면 x, y는 이차방정식 $t^2-ut+v=0$의 두 근임을 이용한다.

1416 답 ②

$x+y=u$, $xy=v$로 놓으면 주어진 연립방정식은

$\begin{cases} u=2 & \cdots\cdots ㉠ \\ u^2-v=7 & \cdots\cdots ㉡ \end{cases}$
┗ $x^2+xy+y^2=(x+y)^2-xy=u^2-v$

③을 ⓒ에 대입하면

$4-v=7$ ∴ $v=-3$

$u=2$, $v=-3$, 즉 $x+y=2$, $xy=-3$일 때

x, y는 이차방정식 $t^2-2t-3=0$의 두 근이므로

$(t+1)(t-3)=0$ ∴ $t=-1$ 또는 $t=3$

따라서 연립방정식의 해는

$\begin{cases} x=-1 \\ y=3 \end{cases}$ 또는 $\begin{cases} x=3 \\ y=-1 \end{cases}$

∴ $|x-y|=4$

1417 답 $(2, 3)$, $(3, 2)$, $(1, 5)$, $(5, 1)$

$x+y=u$, $xy=v$로 놓으면 주어진 연립방정식은

$\begin{cases} u+v=11 & \cdots\cdots ㉠ \\ uv=30 & \cdots\cdots ㉡ \end{cases}$

$\qquad\qquad \longrightarrow x^2y+xy^2=xy(x+y)=uv$

㉠에서 $v=-u+11$ $\cdots\cdots ㉢$

㉢을 ㉡에 대입하면

$u(-u+11)=30$, $u^2-11u+30=0$

$(u-5)(u-6)=0$ ∴ $u=5$ 또는 $u=6$

이것을 ㉢에 대입하여 v의 값을 구하면

$u=5$일 때 $v=6$, $u=6$일 때 $v=5$

(i) $u=5$, $v=6$, 즉 $x+y=5$, $xy=6$일 때

x, y는 이차방정식 $t^2-5t+6=0$의 두 근이므로

$(t-2)(t-3)=0$ ∴ $t=2$ 또는 $t=3$

∴ $\begin{cases} x=2 \\ y=3 \end{cases}$ 또는 $\begin{cases} x=3 \\ y=2 \end{cases}$

(ii) $u=6$, $v=5$, 즉 $x+y=6$, $xy=5$일 때

x, y는 이차방정식 $t^2-6t+5=0$의 두 근이므로

$(t-1)(t-5)=0$ ∴ $t=1$ 또는 $t=5$

∴ $\begin{cases} x=1 \\ y=5 \end{cases}$ 또는 $\begin{cases} x=5 \\ y=1 \end{cases}$

(i), (ii)에서 연립방정식의 해는

$\begin{cases} x=2 \\ y=3 \end{cases}$ 또는 $\begin{cases} x=3 \\ y=2 \end{cases}$ 또는 $\begin{cases} x=1 \\ y=5 \end{cases}$ 또는 $\begin{cases} x=5 \\ y=1 \end{cases}$

따라서 순서쌍 (x, y)는

$(2, 3)$, $(3, 2)$, $(1, 5)$, $(5, 1)$

1418 답 ②

$x+y=u$, $xy=v$로 놓으면 주어진 연립방정식은

$\begin{cases} u^2-v=13 & \cdots\cdots ㉠ \\ u^2-2v+u=14 & \cdots\cdots ㉡ \end{cases}$

$\quad \longrightarrow x^2+y^2+xy=(x+y)^2-xy=u^2-v$

㉡-㉠을 하면

$u-v=1$에서 $u=v+1$ $\cdots\cdots ㉢$

㉢을 ㉠에 대입하면

$(v+1)^2-v=13$, $v^2+v-12=0$

$(v+4)(v-3)=0$ ∴ $v=-4$ 또는 $v=3$

이것을 ㉢에 대입하여 u의 값을 구하면

$v=-4$일 때 $u=-3$, $v=3$일 때 $u=4$

(i) $u=-3$, $v=-4$, 즉 $x+y=-3$, $xy=-4$일 때

x, y는 이차방정식 $t^2+3t-4=0$의 두 근이므로

$(t+4)(t-1)=0$ ∴ $t=-4$ 또는 $t=1$

∴ $\begin{cases} x=-4 \\ y=1 \end{cases}$ 또는 $\begin{cases} x=1 \\ y=-4 \end{cases}$

(ii) $u=4$, $v=3$, 즉 $x+y=4$, $xy=3$일 때

x, y는 이차방정식 $t^2-4t+3=0$의 두 근이므로

$(t-1)(t-3)=0$ ∴ $t=1$ 또는 $t=3$

∴ $\begin{cases} x=1 \\ y=3 \end{cases}$ 또는 $\begin{cases} x=3 \\ y=1 \end{cases}$

(i), (ii)에서 연립방정식의 해는

$\begin{cases} x=-4 \\ y=1 \end{cases}$ 또는 $\begin{cases} x=1 \\ y=-4 \end{cases}$ 또는 $\begin{cases} x=1 \\ y=3 \end{cases}$ 또는 $\begin{cases} x=3 \\ y=1 \end{cases}$

따라서 $2x-y$의 값은 -9, 6, -1, 5이므로 $2x-y$의 값이 될 수 없는 것은 ②이다.

1419 답 ④

$x+y=u$, $xy=v$로 놓으면 주어진 연립방정식은

$\begin{cases} u^2-4v=1 & \cdots\cdots ㉠ \\ u-v=-1 & \cdots\cdots ㉡ \end{cases}$

$\quad \longrightarrow x^2+y^2-2xy=(x+y)^2-4xy=u^2-4v$

㉡에서 $v=u+1$ $\cdots\cdots ㉢$

㉢을 ㉠에 대입하면

$u^2-4(u+1)=1$, $u^2-4u-5=0$

$(u+1)(u-5)=0$ ∴ $u=-1$ 또는 $u=5$

이것을 ㉢에 대입하여 v의 값을 구하면

$u=-1$일 때 $v=0$, $u=5$일 때 $v=6$

(i) $u=-1$, $v=0$, 즉 $x+y=-1$, $xy=0$일 때

x, y는 이차방정식 $t^2+t=0$의 두 근이므로

$t(t+1)=0$ ∴ $t=0$ 또는 $t=-1$

∴ $\begin{cases} x=0 \\ y=-1 \end{cases}$ 또는 $\begin{cases} x=-1 \\ y=0 \end{cases}$

(ii) $u=5$, $v=6$, 즉 $x+y=5$, $xy=6$일 때

x, y는 이차방정식 $t^2-5t+6=0$의 두 근이므로

$(t-2)(t-3)=0$ ∴ $t=2$ 또는 $t=3$

∴ $\begin{cases} x=2 \\ y=3 \end{cases}$ 또는 $\begin{cases} x=3 \\ y=2 \end{cases}$

(i), (ii)에서 연립방정식의 해는

$\begin{cases} x=0 \\ y=-1 \end{cases}$ 또는 $\begin{cases} x=-1 \\ y=0 \end{cases}$ 또는 $\begin{cases} x=2 \\ y=3 \end{cases}$ 또는 $\begin{cases} x=3 \\ y=2 \end{cases}$

따라서 $\alpha+2\beta$의 값은 -2, -1, 8, 7이므로 $\alpha+2\beta$의 최댓값은 8이다.

1420 답 ②

$x+y=u$, $xy=v$로 놓으면 주어진 연립방정식은

$\begin{cases} u+v=-5 & \cdots\cdots ㉠ \\ u^2+u-2v=14 & \cdots\cdots ㉡ \end{cases}$

$\quad \longrightarrow x^2+y^2+x+y=(x+y)^2-2xy+x+y=u^2+u-2v$

㉠에서 $v=-u-5$ $\cdots\cdots ㉢$

ⓒ을 ⓛ에 대입하면

$u^2+u-2(-u-5)=14$, $u^2+3u-4=0$

$(u+4)(u-1)=0$ ∴ $u=-4$ 또는 $u=1$

이것을 ⓒ에 대입하여 v의 값을 구하면

$u=-4$일 때 $v=-1$, $u=1$일 때 $v=-6$

(i) $u=-4$, $v=-1$, 즉 $x+y=-4$, $xy=-1$일 때

$$x^2+y^2=(x+y)^2-2xy$$
$$=(-4)^2+2=18$$

(ii) $u=1$, $v=-6$, 즉 $x+y=1$, $xy=-6$일 때

$$x^2+y^2=(x+y)^2-2xy$$
$$=1^2+12=13$$

(i), (ii)에서 x^2+y^2의 최솟값은 13이다.

1421 답 ① | 유형 20

연립방정식 $\begin{cases} x-y=2k \\ x^2-xy+y^2=3 \end{cases}$ 이 <u>오직 한 쌍의 해를 가질 때</u>, 양수 k의
단서1 단서2

값은?

① 1   ② 2   ③ 3

④ 4   ⑤ 5

단서1 일차방정식을 한 문자에 대하여 정리한 후 이차방정식에 대입

단서2 이차방정식의 판별식 $D=0$

STEP 1 x에 대하여 정리한 일차식을 이차방정식에 대입하여 y에 대한 이차
방정식 세우기

$\begin{cases} x-y=2k & \cdots\cdots\cdots ㉠ \\ x^2-xy+y^2=3 & \cdots\cdots\cdots ㉡ \end{cases}$

㉠에서 $x=y+2k$ ⋯⋯⋯⋯⋯⋯⋯⋯⋯⋯ ㉢

㉢을 ㉡에 대입하면

$(y+2k)^2-(y+2k)y+y^2=3$

$y^2+2ky+4k^2-3=0$

STEP 2 이차방정식의 판별식 D를 이용하여 정수 k의 개수 구하기

주어진 연립방정식이 오직 한 쌍의 해를 가져야 하므로 이차방정식
$y^2+2ky+4k^2-3=0$의 판별식을 D라 하면

$$\frac{D}{4}=k^2-(4k^2-3)=0$$

$-3(k^2-1)=0$, $(k+1)(k-1)=0$

∴ $k=-1$ 또는 $k=1$

따라서 양수 k의 값은 1이다.

1422 답 ⑤

$\begin{cases} x+y=3 & \cdots\cdots\cdots ㉠ \\ x^2+y^2=a & \cdots\cdots\cdots ㉡ \end{cases}$

㉠에서 $y=3-x$ ⋯⋯⋯⋯⋯⋯⋯⋯⋯⋯ ㉢

㉢을 ㉡에 대입하면

$x^2+(3-x)^2=a$

$2x^2-6x+9-a=0$

이를 만족시키는 실수 x의 값이 존재해야 하므로 이 이차방정식의
판별식을 D라 하면

$$\frac{D}{4}=(-3)^2-2(9-a)\geq 0 \qquad ∴ a\geq \frac{9}{2}$$

따라서 a의 최솟값은 $\frac{9}{2}$이다.

1423 답 3

$\begin{cases} 2x-y=3 & \cdots\cdots\cdots ㉠ \\ x^2+3xy+k=0 & \cdots\cdots\cdots ㉡ \end{cases}$

㉠에서 $y=2x-3$ ⋯⋯⋯⋯⋯⋯⋯⋯⋯⋯ ㉢

㉢을 ㉡에 대입하면

$x^2+3x(2x-3)+k=0$

$7x^2-9x+k=0$

이를 만족시키는 실수 x의 값이 존재해야 하므로 이 이차방정식의
판별식을 D라 하면

$$D=(-9)^2-4\times 7\times k\geq 0 \qquad ∴ k\leq \frac{81}{28}$$

따라서 자연수 k의 값은 1, 2이므로 합은

$1+2=3$

1424 답 6

$\begin{cases} x+y=5 & \cdots\cdots\cdots ㉠ \\ xy=k & \cdots\cdots\cdots ㉡ \end{cases}$

㉠에서 $y=-x+5$ ⋯⋯⋯⋯⋯⋯⋯⋯⋯⋯ ㉢

㉢을 ㉡에 대입하면

$x(-x+5)=k$

$x^2-5x+k=0$

이를 만족시키는 <u>실수 x의 값이 존재해야 하므로</u> 이 이차방정식의
판별식을 D라 하면 → 이차방정식의 해가 2개이거나 1개 (중근)
                    ➡ 판별식 $D\geq 0$

$$D=(-5)^2-4k\geq 0 \qquad ∴ k\leq \frac{25}{4}$$

따라서 자연수 k는 1, 2, 3, 4, 5, 6이므로 6개이다.

다른 풀이

$x+y=5$, $xy=k$를 만족시키는 실수 x, y는 이차방정식
$t^2-5t+k=0$의 두 실근이므로 이 이차방정식의 판별식을 D라 하면

$$D=(-5)^2-4k\geq 0 \qquad ∴ k\leq \frac{25}{4}$$

따라서 자연수 k는 1, 2, 3, 4, 5, 6이므로 6개이다.

1425 답 −3

$\begin{cases} x+y=a & \cdots\cdots\cdots ㉠ \\ x^2-4y=-2a & \cdots\cdots\cdots ㉡ \end{cases}$

㉠에서 $y=-x+a$ ⋯⋯⋯⋯⋯⋯⋯⋯⋯⋯ ㉢

㉢을 ㉡에 대입하면

$x^2-4(-x+a)=-2a$

$x^2+4x-2a=0$

주어진 연립방정식의 <u>실수인 해가 존재하지 않으므로</u> 이 이차방정
식의 판별식을 D라 하면 → 이차방정식의 판별식 $D<0$

$$\frac{D}{4}=2^2-(-2a)<0, \ 4+2a<0 \qquad ∴ a<-2$$

따라서 정수 a의 최댓값은 −3이다.

1426 답 ④

$$\begin{cases} 4x-y=k & \cdots\cdots\cdots \text{㉠} \\ 4x^2+y=1 & \cdots\cdots\cdots \text{㉡} \end{cases}$$

㉠에서 $y=4x-k$ $\cdots\cdots\cdots$ ㉢

㉢을 ㉡에 대입하면

$4x^2+(4x-k)=1$

$4x^2+4x-k-1=0$

주어진 연립방정식이 오직 한 쌍의 해를 가져야 하므로 이 이차방정식의 판별식을 D라 하면
→ 이차방정식의 해가 1개 (중근)
➔ 판별식 $D=0$

$\dfrac{D}{4}=2^2-4(-k-1)=0$, $4k+8=0$

$\therefore k=-2$

1427 답 8

$$\begin{cases} x+y=a & \cdots\cdots\cdots \text{㉠} \\ x^2+y^2=32 & \cdots\cdots\cdots \text{㉡} \end{cases}$$

㉠에서 $y=-x+a$ $\cdots\cdots\cdots$ ㉢

㉢을 ㉡에 대입하면

$x^2+(-x+a)^2=32$

$2x^2-2ax+a^2-32=0$

주어진 연립방정식이 오직 한 쌍의 해를 가지므로 이 이차방정식의 판별식을 D라 하면

$\dfrac{D}{4}=(-a)^2-2(a^2-32)=0$, $a^2=64$

$\therefore a=\pm 8$

따라서 양수 a의 값은 8이다.

1428 답 -4

$$\begin{cases} x+y=a & \cdots\cdots\cdots \text{㉠} \\ x^2+y^2=2 & \cdots\cdots\cdots \text{㉡} \end{cases}$$

㉠에서 $y=a-x$ $\cdots\cdots\cdots$ ㉢

㉢을 ㉡에 대입하면

$x^2+(a-x)^2=2$

$2x^2-2ax+a^2-2=0$

주어진 연립방정식이 오직 한 쌍의 해를 가져야 하므로 이 이차방정식의 판별식을 D라 하면

$\dfrac{D}{4}=(-a)^2-2(a^2-2)=0$

$-a^2+4=0$, $a^2-4=0$, $(a+2)(a-2)=0$

$\therefore a=-2$ 또는 $a=2$

따라서 모든 실수 a의 값의 곱은

$(-2)\times 2=-4$

1429 답 ⑤

$$\begin{cases} x+y=4 & \cdots\cdots\cdots \text{㉠} \\ x^2+y^2=4(k-2) & \cdots\cdots\cdots \text{㉡} \end{cases}$$

㉠에서 $y=4-x$ $\cdots\cdots\cdots$ ㉢

㉢을 ㉡에 대입하면

$x^2+(4-x)^2=4k-8$, $2x^2-8x-4k+24=0$

$x^2-4x-2k+12=0$

주어진 연립방정식의 실수인 해가 존재해야 하므로 이 이차방정식의 판별식을 D라 하면

$\dfrac{D}{4}=(-2)^2-(-2k+12)\geq 0$

$2k-8\geq 0$ $\quad \therefore k\geq 4$

1430 답 ②

$$\begin{cases} 2x+y=1 & \cdots\cdots\cdots \text{㉠} \\ x^2-ky=-6 & \cdots\cdots\cdots \text{㉡} \end{cases}$$

㉠에서 $y=1-2x$ $\cdots\cdots\cdots$ ㉢

㉢을 ㉡에 대입하면

$x^2-k(1-2x)=-6$

$x^2+2kx+6-k=0$

주어진 연립방정식이 오직 한 쌍의 해를 가져야 하므로 이 이차방정식의 판별식을 D라 하면

$\dfrac{D}{4}=k^2-(6-k)=0$

$k^2+k-6=0$, $(k+3)(k-2)=0$

$\therefore k=-3$ 또는 $k=2$

따라서 양수 k의 값은 2이다.

1431 답 ④

유형 21

> 서로 다른 두 이차방정식 $x^2-(2m-2)x+2m+1=0$, 단서1
> $x^2-mx+5=0$이 공통근을 가질 때, 실수 m의 값은?
>
> ① -3 　 ② $-\dfrac{1}{2}$ 　 ③ 2
>
> ④ $\dfrac{9}{2}$ 　 ⑤ 7
>
> 단서1 두 이차방정식에 공통근을 대입하면 성립

STEP 1 공통근을 두 이차방정식에 각각 대입하여 연립방정식 세우기

두 이차방정식의 공통근을 α라 하면

$$\begin{cases} \alpha^2-(2m-2)\alpha+2m+1=0 & \cdots\cdots\cdots \text{㉠} \\ \alpha^2-m\alpha+5=0 & \cdots\cdots\cdots \text{㉡} \end{cases}$$

STEP 2 m의 값 구하기

㉡$-$㉠을 하면

$(m-2)\alpha-2(m-2)=0$, $(m-2)(\alpha-2)=0$

$\therefore m=2$ 또는 $\alpha=2$

그런데 $m=2$이면 두 이차방정식이 일치하므로 서로 다른 두 이차방정식이라는 조건에 모순이다.

따라서 $\alpha=2$이고 이것을 ㉡에 대입하면

$4-2m+5=0$에서 $m=\dfrac{9}{2}$

1432 답 ③

두 이차방정식의 공통근을 α라 하면

$$\begin{cases} \alpha^2+(2m+5)\alpha-4=0 & \cdots\cdots\cdots \text{㉠} \\ \alpha^2+(2m+7)\alpha-6=0 & \cdots\cdots\cdots \text{㉡} \end{cases}$$

㉠-㉡을 하면

$-2a+2=0$ ∴ $a=1$

$a=1$을 ㉠에 대입하면

$1+2m+5-4=0$ ∴ $m=-1$

따라서 $m=-1$이고, 공통근은 $x=1$이다.

1433 답 23

두 이차방정식의 공통근을 a라 하면

$\begin{cases} 8a^2+ka+15=0 & \cdots\cdots ㉠ \\ 15a^2+ka+8=0 & \cdots\cdots ㉡ \end{cases}$

㉠-㉡을 하면

$-7a^2+7=0$ ∴ $a=\pm1$

$a=-1$일 때, 이것을 ㉠에 대입하면

$8-k+15=0$ ∴ $k=23$

$a=1$일 때, 이것을 ㉠에 대입하면

$8+k+15=0$ ∴ $k=-23$

따라서 양수 k의 값은 23이다.

1434 답 ⑤

두 이차방정식의 공통근이 a이므로

$\begin{cases} a^2+ma-4=0 & \cdots\cdots ㉠ \\ a^2-4a+m=0 & \cdots\cdots ㉡ \end{cases}$

㉠-㉡을 하면

$(m+4)a-(4+m)=0$

$(m+4)(a-1)=0$

∴ $m=-4$ 또는 $a=1$

그런데 $m=-4$이면 두 이차방정식이 $x^2-4x-4=0$으로 같게 되므로 오직 하나의 공통근을 가진다는 조건에 모순이다.

따라서 $a=1$이고 이것을 ㉠에 대입하면

$1+m-4=0$에서 $m=3$

∴ $a+m=1+3=4$

1435 답 $k=-\dfrac{5}{12}$, $x=\dfrac{1}{2}$

두 이차방정식의 공통근을 a라 하면

$\begin{cases} 3a^2-(2k+1)a+4k+1=0 & \cdots\cdots ㉠ \\ 3a^2+(2k-1)a+2k+1=0 & \cdots\cdots ㉡ \end{cases}$

㉠-㉡을 하면 $-4ka+2k=0$, $k(2a-1)=0$

$k=0$ 또는 $a=\dfrac{1}{2}$

그런데 $k=0$이면 두 이차방정식이 일치하므로 오직 하나의 공통근을 가진다는 조건에 모순이다.

따라서 $a=\dfrac{1}{2}$이고 이것을 ㉡에 대입하면

$\dfrac{3}{4}+(2k-1)\times\dfrac{1}{2}+2k+1=0$, $3k+\dfrac{5}{4}=0$

∴ $k=-\dfrac{5}{12}$

따라서 $k=-\dfrac{5}{12}$이고, 공통근은 $x=\dfrac{1}{2}$이다.

1436 답 ③

두 이차방정식의 공통근을 a라 하면

$\begin{cases} a^2+(k-1)a+2k=0 & \cdots\cdots ㉠ \\ a^2-2a+k^2+3k=0 & \cdots\cdots ㉡ \end{cases}$

㉠-㉡을 하면

$(k+1)a-k^2-k=0$, $(k+1)a-k(k+1)=0$

$(k+1)(a-k)=0$ ∴ $k=-1$ 또는 $a=k$

그런데 $k=-1$이면 두 이차방정식이 일치하므로 오직 하나의 공통근을 가진다는 조건에 모순이다.

따라서 $a=k$이고 이것을 ㉠에 대입하면

$k^2+(k-1)k+2k=0$, $2k^2+k=0$

$k(2k+1)=0$ ∴ $k=0$ 또는 $k=-\dfrac{1}{2}$

따라서 모든 실수 k의 값의 합은 $-\dfrac{1}{2}$이다.

1437 답 ③

두 이차방정식의 공통근을 a라 하면

$\begin{cases} a^2+aa+b+1=0 & \cdots\cdots ㉠ \\ a^2+ba+a+1=0 & \cdots\cdots ㉡ \end{cases}$

㉠-㉡을 하면

$(a-b)a-(a-b)=0$, $(a-b)(a-1)=0$

∴ $a=b$ 또는 $a=1$

그런데 주어진 조건에서 $a\ne b$이므로

$a=1$이고 이것을 ㉠에 대입하면

$1+a+b+1=0$

∴ $a+b=-2$

1438 답 ⑤

두 이차방정식의 공통근을 a라 하면

$\begin{cases} a^2+ka-3=0 & \cdots\cdots ㉠ \\ 2a^2+(k+2)a-k^2-k=0 & \cdots\cdots ㉡ \end{cases}$

㉠×2-㉡을 하면

$(k-2)a+k^2+k-6=0$, $(k-2)a+(k-2)(k+3)=0$

$(k-2)(a+k+3)=0$

∴ $k=2$ 또는 $a=-k-3$

그런데 $k=2$이면 두 이차방정식이 일치하므로 오직 하나의 공통근을 가진다는 조건에 모순이다.

따라서 $a=-k-3$이고 이것을 ㉠에 대입하면

$(-k-3)^2+k(-k-3)-3=0$, $3k+6=0$

∴ $k=-2$

이때 $a=-k-3$이므로 $a=-1$

∴ $ka=(-2)\times(-1)=2$

1439 답 ⑤

두 이차방정식의 공통근이 β이므로

$\begin{cases} \beta^2+a\beta+b=0 & \cdots\cdots ㉠ \\ \beta^2+b\beta+a=0 & \cdots\cdots ㉡ \end{cases}$

㉠−㉡을 하면
$(a-b)\beta-(a-b)=0$, $(a-b)(\beta-1)=0$
$\therefore a=b$ 또는 $\beta=1$
그런데 주어진 조건에서 $a\neq b$이므로 $\beta=1$
ㄱ. $\beta=1$을 ㉠에 대입하면
$1+a+b=0$ $\therefore a+b=-1$ (참)
ㄴ. $x^2+ax+b=0$의 두 근이 α, 1이므로 근과 계수의 관계에 의하여
$\alpha+1=-a$ $\therefore \alpha=-a-1$ (참)
ㄷ. $x^2+bx+a=0$의 두 근이 1, γ이므로 근과 계수의 관계에 의하여
$1\times\gamma=a$ $\therefore \gamma=a$
ㄴ에서 $\alpha=-a-1$이므로 $\alpha+\gamma=-1$이다. (참)
따라서 옳은 것은 ㄱ, ㄴ, ㄷ이다.

실수 Check

$x^2+ax+b=0$의 두 근이 α, β,
$x^2+bx+a=0$의 두 근이 β, γ이므로
두 이차방정식의 공통근은 β이다.

Plus 문제

1439-1

서로 다른 두 실수 a, b에 대하여 이차방정식
$x^2+ax+b+1=0$의 두 근이 α, β이고, 이차방정식
$x^2+bx+a+1=0$의 두 근이 α, γ이다. 〈보기〉에서 옳은 것만을 있는 대로 고르시오.

〈보기〉
ㄱ. $a+b=2$ ㄴ. $\beta=b+1$
ㄷ. $\gamma=b-1$ ㄹ. $\beta+\gamma=1$

두 이차방정식의 공통근이 α이므로
$\begin{cases} a^2+a\alpha+b+1=0 & \cdots\cdots ㉠ \\ a^2+b\alpha+a+1=0 & \cdots\cdots ㉡ \end{cases}$
㉠−㉡을 하면
$(a-b)\alpha-(a-b)=0$, $(a-b)(\alpha-1)=0$
$\therefore a=b$ 또는 $\alpha=1$
그런데 주어진 조건에서 $a\neq b$이므로 $\alpha=1$
ㄱ. $\alpha=1$을 ㉠에 대입하면
$1+a+b+1=0$ $\therefore a+b=-2$ (거짓)
ㄴ. $x^2+ax+b+1=0$의 두 근이 1, β이므로 근과 계수의 관계의 의하여
$1\times\beta=b+1$ $\therefore \beta=b+1$ (참)
ㄷ. $x^2+bx+a+1=0$의 두 근이 1, γ이므로 근과 계수의 관계의 의하여
$1+\gamma=-b$ $\therefore \gamma=-b-1$ (거짓)
ㄹ. ㄴ에서 $\beta=b+1$, ㄷ에서 $\gamma=-b-1$이므로
$\beta+\gamma=b+1+(-b-1)=0$ (거짓)
따라서 옳은 것은 ㄴ이다. **답** ㄴ

1440 **답** ②

둘레의 길이가 90 cm이고 대각선의 길이가 35 cm인 직사각형의 이웃 **단서1** 한 두 변의 길이 중 긴 변의 길이는 $\dfrac{a+b\sqrt{17}}{2}$ cm이다. $a+b$의 값은? **단서2**
(단, a, b는 자연수이다.)

① 45 ② 50 ③ 55
④ 60 ⑤ 65

단서1 (직사각형의 둘레의 길이)=2×{(가로의 길이)+(세로의 길이)}
단서2 피타고라스 정리 이용

STEP1 주어진 조건을 이용하여 연립방정식 세우기

그림과 같이 직사각형의 가로의 길이와 세로의 길이를 각각 x cm, y cm 라 하면 둘레의 길이가 90 cm이므로
$2(x+y)=90$
대각선의 길이가 35 cm이므로
$x^2+y^2=35^2$ ← 피타고라스 정리
즉, $\begin{cases} x+y=45 & \cdots\cdots ㉠ \\ x^2+y^2=35^2 & \cdots\cdots ㉡ \end{cases}$

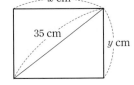

STEP2 일차방정식을 한 문자에 대하여 정리한 후 이차방정식에 대입하여 연립방정식의 해 구하기

㉠에서 $y=45-x$ $\cdots\cdots ㉢$
㉢을 ㉡에 대입하면
$x^2+(45-x)^2=35^2$, $x^2-45x+400=0$
$\therefore x=\dfrac{45\pm5\sqrt{17}}{2}$
이것을 ㉢에 대입하면
$x=\dfrac{45+5\sqrt{17}}{2}$일 때 $y=\dfrac{45-5\sqrt{17}}{2}$,
$x=\dfrac{45-5\sqrt{17}}{2}$일 때 $y=\dfrac{45+5\sqrt{17}}{2}$

STEP3 $a+b$의 값 구하기

직사각형의 긴 변의 길이는 $\dfrac{45+5\sqrt{17}}{2}$ cm이므로
$a=45$, $b=5$
$\therefore a+b=45+5=50$

개념 Check

피타고라스 정리
직각삼각형에서 직각을 낀 두 변의 길이를 각각 a, b, 빗변의 길이를 c라 하면
$a^2+b^2=c^2$

1441 **답** ①

두 원의 반지름의 길이를 각각 r_1, r_2라 하면
$\begin{cases} 2\pi r_1+2\pi r_2=20\pi \\ \pi r_1^2+\pi r_2^2=58\pi \end{cases}$, 즉 $\begin{cases} r_1+r_2=10 & \cdots\cdots ㉠ \\ r_1^2+r_2^2=58 & \cdots\cdots ㉡ \end{cases}$
← 반지름의 길이가 r인 원의 둘레 ➡ $2\pi r$
원의 넓이 ➡ πr^2
㉠에서 $r_2=10-r_1$을 ㉡에 대입하면
$r_1^2+(10-r_1)^2=58$

유형 22

$2{r_1}^2-20r_1+100=58$, $2{r_1}^2-20r_1+42=0$
${r_1}^2-10r_1+21=0$, $(r_1-3)(r_1-7)=0$
$\therefore r_1=3$ 또는 $r_1=7$
이것을 각각 ㉠에 대입하면
$r_1=3$일 때 $r_2=7$
$r_1=7$일 때 $r_2=3$
따라서 두 원 중 작은 원의 반지름의 길이는 3이다.

1442 ▤ 29

처음 두 자리 자연수의 십의 자리 숫자를 x, 일의 자리 숫자를 $y\ (x<y)$라 하면
$$\begin{cases} x^2+y^2=85 & \cdots\cdots\cdots\cdots\cdots\cdots ㉠ \\ (10y+x)+(10x+y)=121 & \cdots\cdots\cdots ㉡ \end{cases}$$
㉡에서 $11x+11y=121$, $x+y=11$
$\therefore y=11-x$ $\qquad\qquad\qquad\cdots\cdots\cdots ㉢$
㉢을 ㉠에 대입하면 $x^2+(11-x)^2=85$
$x^2+121-22x+x^2=85$, $2x^2-22x+36=0$
$x^2-11x+18=0$, $(x-2)(x-9)=0$
$\therefore x=2$ 또는 $x=9$
이것을 ㉢에 대입하여 y의 값을 구하면
$x=2$일 때 $y=9$, $x=9$일 때 $y=2$
이때 $x<y$이므로 $x=2$, $y=9$
따라서 구하는 처음 수는 29이다.

> **Tip** 십의 자리 숫자를 x, 일의 자리 숫자가 y인 두 자리 자연수는 $10x+y$이다.

1443 ▤ ②

$\overline{PA}=x$, $\overline{PB}=y$라 하면
$\overline{PA}+\overline{PB}=14$이므로 $x+y=14$
삼각형 PAB의 넓이가 24이므로

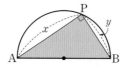

$\dfrac{1}{2}xy=24$에서 $xy=48$
└→ $\triangle$PAB는 $\angle$P=90°인 직각삼각형이다.
즉, $\begin{cases} x+y=14 & \cdots\cdots\cdots\cdots ㉠ \\ xy=48 & \cdots\cdots\cdots\cdots ㉡ \end{cases}$
㉠에서 $y=14-x$ $\qquad\cdots\cdots\cdots\cdots ㉢$
㉢을 ㉡에 대입하면 $x(14-x)=48$
$x^2-14x+48=0$, $(x-6)(x-8)=0$
$\therefore x=6$ 또는 $x=8$
이것을 ㉢에 대입하면
$x=6$일 때 $y=8$, $x=8$일 때 $y=6$
따라서 반원의 반지름의 길이를 r라 하면
삼각형 PAB에서 $\angle$APB=90°이므로
$(2r)^2=x^2+y^2$, $4r^2=100$
$r^2=25$ $\qquad\therefore r=5\ (\because r>0)$
따라서 반원의 반지름의 길이는 5이다.

> **다른 풀이**

$\overline{PA}=x$, $\overline{PB}=y$라 하면
$\overline{PA}+\overline{PB}=14$이므로 $x+y=14$

삼각형 PAB의 넓이가 24이므로
$\dfrac{1}{2}\times x\times y=24$에서 $xy=48$
반원의 반지름의 길이를 r라 하면
삼각형 PAB에서 $\angle$APB=90°이므로
$(2r)^2=x^2+y^2$, $4r^2=(x+y)^2-2xy$
$4r^2=14^2-2\times48$, $4r^2=100$, $r^2=25$
$\therefore r=5\ (\because r>0)$
따라서 반원의 반지름의 길이는 5이다.

1444 ▤ ①

밭의 가로의 길이를 x m, 세로의 길이를 y m라 하면
밭의 대각선의 길이가 $4\sqrt{10}$ m이므로 $x^2+y^2=160$이고
길의 넓이가 132 m²이므로
$\underline{(x+6)(y+6)-xy=132}$에서 $x+y=16$
└→ (길의 넓이)=(전체 넓이)−(밭의 넓이)
즉, $\begin{cases} x^2+y^2=160 & \cdots\cdots\cdots\cdots ㉠ \\ x+y=16 & \cdots\cdots\cdots\cdots ㉡ \end{cases}$
㉡에서 $y=16-x$ $\qquad\cdots\cdots\cdots\cdots ㉢$
㉢을 ㉠에 대입하면 $x^2+(16-x)^2=160$
$x^2-16x+48=0$, $(x-4)(x-12)=0$
$\therefore x=4$ 또는 $x=12$
이것을 ㉢에 대입하면
$x=4$일 때 $y=12$, $x=12$일 때 $y=4$
따라서 $xy=48$이므로 밭의 넓이는 48 m²이다.

> **다른 풀이**

$\begin{cases} x^2+y^2=160 \\ x+y=16 \end{cases}$에서
$x^2+y^2=(x+y)^2-2xy$이므로
$160=16^2-2xy$, $2xy=96$
$\therefore xy=48$
따라서 밭의 넓이는 48 m²이다.

1445 ▤ 25

정사각형 A의 한 변의 길이를 x, 정사각형 D의 한 변의 길이를 y라 하면
정사각형 B와 정사각형 C의 한 변의 길이의 합이 x이므로

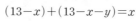

$(13-x)+(13-x-y)=x$
두 정사각형 A, D의 넓이의 차가 60이므로 $x^2-y^2=60$
$\begin{cases} (13-x)+(13-x-y)=x \\ x^2-y^2=60 \end{cases}$, 즉 $\begin{cases} y=-3x+26 & \cdots\cdots\cdots ㉠ \\ x^2-y^2=60 & \cdots\cdots\cdots ㉡ \end{cases}$
㉠을 ㉡에 대입하면
$x^2-(-3x+26)^2=60$, $-8x^2+156x-676=60$
$8x^2-156x+736=0$, $2x^2-39x+184=0$
$(x-8)(2x-23)=0$ $\qquad\therefore x=8$ 또는 $x=\dfrac{23}{2}$
이때 정사각형 A의 한 변의 길이는 자연수이므로 8이다.

그러므로 정사각형 B의 한 변의 길이는

$13-8=5$

따라서 정사각형 B의 넓이는 $5^2=25$

1446 답 1

두 원 C_1, C_2는 서로 외접하고 각각 원 C에 내접하므로

$2x+2y=12$에서 $x+y=6$이고

두 원의 넓이의 합이 $\dfrac{37}{2}\pi$이므로

$\pi x^2+\pi y^2=\dfrac{37}{2}\pi$에서 $x^2+y^2=\dfrac{37}{2}$

즉, $\begin{cases} x+y=6 & \cdots\cdots\cdots\cdots\cdots\cdots ㉠ \\ x^2+y^2=\dfrac{37}{2} & \cdots\cdots\cdots\cdots\cdots\cdots ㉡ \end{cases}$

㉠에서 $y=6-x$ $\cdots\cdots\cdots\cdots\cdots\cdots ㉢$

㉢을 ㉡에 대입하면 $x^2+(6-x)^2=\dfrac{37}{2}$

$4x^2-24x+35=0$, $(2x-5)(2x-7)=0$

$\therefore x=\dfrac{5}{2}$ 또는 $x=\dfrac{7}{2}$

이것을 ㉢에 대입하면

$x=\dfrac{5}{2}$일 때, $y=\dfrac{7}{2}$, $x=\dfrac{7}{2}$일 때, $y=\dfrac{5}{2}$

이때 $x>y$이므로 $x=\dfrac{7}{2}$, $y=\dfrac{5}{2}$

$\therefore x-y=\dfrac{7}{2}-\dfrac{5}{2}=1$

다른 풀이

$\begin{cases} x+y=6 \\ x^2+y^2=\dfrac{37}{2} \end{cases}$

$x^2+y^2=(x+y)^2-2xy$에서

$\dfrac{37}{2}=6^2-2xy$, $2xy=\dfrac{35}{2}$ $\therefore xy=\dfrac{35}{4}$

따라서 $(x-y)^2=x^2+y^2-2xy=\dfrac{37}{2}-2\times\dfrac{35}{4}=1$이므로

$x-y=1$ $(\because x>y)$

1447 답 ①

$\overline{AC}=x$, $\overline{AB}=y$라 하면

$\overline{CD}=x+1$

조건에서 $\angle BAD=\angle BCA$이므로

두 삼각형 ABD와 CBA는

AA닮음이다.

↳ $\angle BAD=\angle BCA$, $\angle B$는 공통이다.

이때 닮음의 성질로부터

$\overline{AB}:\overline{CB}=\overline{BD}:\overline{BA}=\overline{AD}:\overline{CA}$이므로

$y:(x+9)=8:y=6:x$에서

$\begin{cases} y^2=8(x+9) & \cdots\cdots\cdots\cdots\cdots\cdots ㉠ \\ 8x=6y & \cdots\cdots\cdots\cdots\cdots\cdots ㉡ \end{cases}$

㉡을 ㉠에 대입하면

$y^2=6y+72$, $y^2-6y-72=0$

$(y+6)(y-12)=0$ $\therefore y=-6$ 또는 $y=12$

그런데 $y>0$이므로 $y=12$이고, 이것을 ㉡에 대입하면 $x=9$이다.

따라서 $\overline{AB}=12$, $\overline{BC}=18$, $\overline{CA}=9$이므로

삼각형 ABC의 둘레의 길이는

$12+18+9=39$

1448 답 ⑤

$\begin{cases} r+2h=8 & \cdots\cdots\cdots\cdots\cdots\cdots ㉠ \\ r^2-2h^2=8 & \cdots\cdots\cdots\cdots\cdots\cdots ㉡ \end{cases}$

㉠에서 $r=8-2h$ $\cdots\cdots\cdots\cdots\cdots\cdots ㉢$

㉢을 ㉡에 대입하면

$(8-2h)^2-2h^2=8$, $h^2-16h+28=0$

$(h-2)(h-14)=0$ $\therefore h=2$ 또는 $h=14$

이것을 ㉢에 대입하여 r의 값을 구하면

$h=2$일 때 $r=4$, $h=14$일 때 $r=-20$

$\therefore r=4$, $h=2$ $(\because 0<r<8)$

따라서 이 용기의 부피는

$\pi\times 4^2\times 2=32\pi$

1449 답 ③

$\overline{AB}=a$, $\overline{EF}=b$이고, $\overline{AF}=5$, $\overline{EB}=1$이므로

$\overline{AB}+\overline{EF}=\overline{AF}+\overline{EB}$에서 $a+b=6$이고

직사각형 EBCI의 넓이가 정사각형 EFGH의 넓이의 $\dfrac{1}{4}$이므로
↳ $1\times a$ ↳ $\dfrac{1}{4}\times b^2$

$a=\dfrac{1}{4}b^2$

즉, $\begin{cases} a+b=6 & \cdots\cdots\cdots\cdots\cdots\cdots ㉠ \\ a=\dfrac{1}{4}b^2 & \cdots\cdots\cdots\cdots\cdots\cdots ㉡ \end{cases}$

㉠에서 $a=6-b$ $\cdots\cdots\cdots\cdots\cdots\cdots ㉢$

㉢을 ㉡에 대입하면

$6-b=\dfrac{1}{4}b^2$, $b^2+4b-24=0$

$\therefore b=-2\pm2\sqrt{7}$

이때 ㉢과 $a<b<5$에서 $6-b<b<5$이므로 $3<b<5$이다.

$\therefore b=-2+2\sqrt{7}$

1450 답 60

남아 있는 입체도형의 겉넓이를 S라 하면

$S=6a^2-2\pi b^2+2\pi ab$

$\quad=6a^2+2\pi(ab-b^2)$

$\quad=216+16\pi$

이때 a, b가 유리수이므로

$\begin{cases} 6a^2=216 & \cdots\cdots\cdots\cdots\cdots\cdots ㉠ \\ ab-b^2=8 & \cdots\cdots\cdots\cdots\cdots\cdots ㉡ \end{cases}$

㉠에서 $a^2=36$ $\therefore a=6$ $(\because a>0)$

㉡에서 $b^2-6b+8=0$, $(b-2)(b-4)=0$

$\therefore b=2$ 또는 $b=4$

그런데 $a>2b$이므로 $b=2$이다.

$\therefore 15(a-b)=15\times(6-2)=60$

(남아 있는 입체도형의 겉넓이)
=(정육면체의 겉넓이)−(원기둥의 밑면의 넓이)×2+(원기둥의 옆넓이)
임을 이용하여 식을 세운다.

1451 답 ⑤ | 유형 23

방정식 $xy-2x-2y-1=0$을 만족시키는 정수 x, y에 대하여 **단서1**
$x+y=a$일 때, 다음 중 a의 값이 될 수 있는 것은?

① 2   ② 4   ③ 6
④ 8   ⑤ 10

단서1 x, y가 정수이므로 주어진 방정식을 (일차식)×(일차식)$=k$ (k는 정수) 꼴로 변형

STEP 1 (일차식)×(일차식)=(정수) 꼴로 변형하기

$xy-2x-2y-1=0$에서 $x(y-2)-2(y-2)=5$
∴ $(x-2)(y-2)=5$

STEP 2 x, y의 순서쌍을 구하여 $x+y=a$의 값 구하기

x, y가 정수이므로 $x-2$, $y-2$도 정수이다.

$x-2$	−5	−1	1	5
$y-2$	−1	−5	5	1

→ 곱해서 5가 되는 정수의 곱은 $(-1) \times (-5)$, 1×5뿐이다.

즉, 정수 x, y의 값은

x	−3	1	3	7
y	1	−3	7	3

따라서 $x+y=a$의 값은 10 또는 −2이다.

Tip x, y가 정수 ➡ $x-2$, $y-2$가 정수
         ➡ $(x-2) \times (y-2)$도 정수

1452 답 ③

$2xy-4x-3y-4=0$에서
$2x(y-2)-3(y-2)-10=0$
∴ $(2x-3)(y-2)=10$
x, y는 자연수이므로

$2x-3$	1	2	5	10
$y-2$	10	5	2	1

→ 곱해서 10이 되는 자연수의 곱은 1×10, 2×5뿐이다.

즉, 자연수 x, y의 값은

x	2	4
y	12	4

따라서 xy의 값은 24, 16이므로 최댓값은 24이다.

1453 답 ⑤

$xy+4x-2y-15=0$에서
$x(y+4)-2(y+4)=7$
∴ $(x-2)(y+4)=7$
x, y가 정수이므로 $x-2$, $y+4$도 정수이다.

$x-2$	−7	−1	1	7
$y+4$	−1	−7	7	1

→ 곱해서 7이 되는 정수의 곱은 $(-1) \times (-7)$, 1×7뿐이다.

즉, 정수 x, y의 값은

x	−5	1	3	9
y	−5	−11	3	−3

따라서 xy의 값은 25, −11, 9, −27이므로 xy의 값이 될 수 없는 것은 ⑤이다.

1454 답 −14

$x^2+xy+x+2y=7$에서
$(x+2)y+(x^2+x-2)=5$
$(x+2)y+(x+2)(x-1)=5$
∴ $(x+2)(x+y-1)=5$
x, y는 정수이므로 $x+2$, $x+y-1$도 정수이다.

$x+2$	−5	−1	1	5
$x+y-1$	−1	−5	5	1

→ 곱해서 5가 되는 정수의 곱은 $(-1) \times (-5)$, 1×5뿐이다.

즉, 정수 x, y의 값은

x	−7	−3	−1	3
y	7	−1	7	−1

따라서 $x-y$의 값은 −14, −2, −8, 4이므로 최솟값은 −14이다.

1455 답 4

$\dfrac{1}{x}+\dfrac{1}{y}=\dfrac{1}{4}$에서
$\dfrac{x+y}{xy}=\dfrac{1}{4}$, $4x+4y=xy$
$xy-4x-4y=0$, $x(y-4)-4(y-4)=16$
∴ $(x-4)(y-4)=16$
x, y가 양의 정수이므로 $x-4>-4$, $y-4>-4$

$x-4$	1	2	4	8	16
$y-4$	16	8	4	2	1

→ 곱해서 16이 되는 양의 정수의 곱은 1×16, 2×8, 4×4뿐이다.

즉, 양의 정수 x, y의 값은

x	5	6	8	12	20
y	20	12	8	6	5

따라서 $\dfrac{x}{y}$의 값은 $\dfrac{1}{4}$, $\dfrac{1}{2}$, 1, 2, 4이므로 최댓값은 4이다.

1456 답 ④

이차방정식 $x^2-(m-6)x+m-3=0$의 두 근이 α, β이므로 근과 계수의 관계에 의하여
$\begin{cases} \alpha+\beta=m-6 & \cdots\cdots \text{㉠} \\ \alpha\beta=m-3 & \cdots\cdots \text{㉡} \end{cases}$

㉡−㉠을 하면
$\alpha\beta-\alpha-\beta=3$
∴ $(\alpha-1)(\beta-1)=4$
α, β가 자연수이므로 $\alpha-1>-1$, $\beta-1>-1$

$\alpha-1$	1	2	4
$\beta-1$	4	2	1

→ 곱해서 4가 되는 자연수의 곱은 1×4, 2×2뿐이다.

즉, 서로 다른 자연수 α, β의 값은

α	2	5
β	5	2

따라서 ㉠에서
$$m = \alpha + \beta + 6 = 7 + 6 = 13$$

1457 답 ③

주어진 이차방정식의 두 근은
$$x = m \pm \sqrt{m^2 - (m^2 - 2m - 1)} = m \pm \sqrt{2m + 1}$$
이 값이 모두 정수가 되려면 $2m + 1$이 완전제곱수이어야 한다.
$20 \le m \le 40$에서 $41 \le 2m + 1 \le 81$ ⟶ $k^2 (k$는 정수) 꼴
이 중에서 완전제곱수는 49, 64, 81이다.
m이 정수이므로 $2m + 1$이 49, 81일 때, $m = 24$, 40이다.
따라서 정수 m의 개수는 2이다.

1458 답 ③

$xy + x + y - 2 = 0$에서
$$(x+1)(y+1) = 3$$
x, y가 정수이므로 $x+1$, $y+1$도 정수이다.

$x+1$	-3	-1	1	3
$y+1$	-1	-3	3	1

⟶ 곱해서 3이 되는 정수의 곱은 $(-1) \times (-3)$, 1×3뿐이다.

즉, 정수 x, y의 값은

x	-4	-2	0	2
y	-2	-4	2	0

이므로 정수 x, y를 순서쌍으로 나타내면 $(-4, -2)$, $(-2, -4)$, $(0, 2)$, $(2, 0)$이다.
따라서 네 점을 꼭짓점으로 하는 사각형은 직사각형이므로 넓이는
$$\sqrt{2^2 + (-2)^2} \times \sqrt{(2+2)^2 + (0+4)^2}$$
$$= 2\sqrt{2} \times 4\sqrt{2} = 16$$

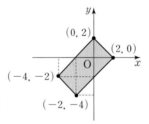

1459 답 ②

$\overline{BC} = x$, $\overline{DA} = y$라 하면 삼각형 ABD와 삼각형 CDB는 각각 직각삼각형이고 빗변이 일치하므로 피타고라스 정리에 의하여
$$9^2 + y^2 = x^2 + 7^2, \; x^2 - y^2 = 32$$
$$\therefore (x+y)(x-y) = 32$$
x, y가 자연수이고 $x+y > x-y$이므로

$x+y$	8	16
$x-y$	4	2

각각의 식을 연립하여 x, y의 값을 구하면

x	6	9
y	2	7

그런데 사각형 ABCD의 네 변의 길이는 서로 다른 자연수이므로
$$x = 6, \; y = 2$$
따라서 삼각형 ABD에서
$$a^2 = 9^2 + 2^2 = 85$$

참고 $(x+y)(x-y) = 32$에서 $x+y = 32$, $x-y = 1$인 경우
$x = \dfrac{33}{2}$, $y = \dfrac{31}{2}$이므로 자연수가 아니다.

1460 답 36

$\overline{AB} = x$, $\overline{BC} = y$라 하면 둘레의 길이는 $x + y + 4 + 8$
피타고라스 정리에 의하여
$\overline{AB}^2 + \overline{AD}^2 = \overline{BC}^2 + \overline{CD}^2$에서
$x^2 + 16 = y^2 + 64$, $x^2 - y^2 = 48$
$\overline{AB}^2 + \overline{AD}^2 = \overline{BD}^2$,
$\overline{BC}^2 + \overline{CD}^2 = \overline{BD}^2$
$$\therefore (x+y)(x-y) = 48$$
x, y가 자연수이고 $x+y > x-y$이므로

$x+y$	8	12	24
$x-y$	6	4	2

각각의 식을 연립하여 x, y의 값을 구하면

x	7	8	13
y	1	4	11

따라서 사각형 ABCD의 둘레의 길이의 최댓값은 $x+y$의 값이 최대, 즉 $x = 13$, $y = 11$일 때이므로
$$x + y + 4 + 8 = 13 + 11 + 4 + 8 = 36$$

1461 답 ④ | 유형 24

실수 x, y에 대하여 $4x^2 + 4xy + 2y^2 - 6y + 9 = 0$이 성립할 때,
단서1
$x+y$의 값은?

① -2 ② $-\dfrac{2}{3}$ ③ 1

④ $\dfrac{3}{2}$ ⑤ 2

단서1 주어진 방정식을 $A^2 + B^2 = 0$ 꼴로 변형 ➡ A, B가 실수이면 $A = 0$, $B = 0$

STEP1 주어진 방정식을 $A^2 + B^2 = 0$ 꼴로 변형하기
$4x^2 + 4xy + 2y^2 - 6y + 9 = 0$에서
$$(4x^2 + 4xy + y^2) + (y^2 - 6y + 9) = 0$$
$$(2x + y)^2 + (y - 3)^2 = 0$$

STEP2 A, B가 실수일 때, $A^2 + B^2 = 0$이면 $A = 0$, $B = 0$임을 이용하여 x, y의 값을 구하고 $x+y$의 값 구하기
x, y가 실수이므로 $2x + y$, $y - 3$도 실수이다.
즉, $2x + y = 0$, $y - 3 = 0$에서 $x = -\dfrac{3}{2}$, $y = 3$
$$\therefore x + y = -\dfrac{3}{2} + 3 = \dfrac{3}{2}$$

참고 A, B가 실수이면 $A^2 \ge 0$, $B^2 \ge 0$이므로
$A^2 + B^2 = 0$이면 ➡ $A = 0$, $B = 0$

1462 답 ③

$x^2 - 2xy + 2y^2 + 2y + 1 = 0$에서
$$(x^2 - 2xy + y^2) + (y^2 + 2y + 1) = 0$$
$$\therefore (x-y)^2 + (y+1)^2 = 0$$
x, y는 실수이므로 $x - y = 0$, $y + 1 = 0$에서
$$x = -1, \; y = -1$$

1463 답 2

$4x^2-4xy+3y^2+4y+2=0$에서

$(4x^2-4xy+y^2)+(2y^2+4y+2)=0$

$\therefore (2x-y)^2+2(y+1)^2=0$

x, y는 실수이므로 $2x-y=0$, $y+1=0$에서

$x=-\dfrac{1}{2}$, $y=-1$

$\therefore \dfrac{y}{x}=-1\div\left(-\dfrac{1}{2}\right)=2$

1464 답 ⑤

$(16-x^2-y^2)^2+(x-y+2)^2=0$에서 x, y가 실수이므로

$16-x^2-y^2=0$, $x-y+2=0$

$x^2+y^2=16$, $x-y=-2$

$x^2+y^2=(x-y)^2+2xy$에서

$16=(-2)^2+2xy$, $2xy=12$

$\therefore xy=6$

참고 $x=y-2$를 $x^2+y^2=16$에 대입하여 x, y의 값을 구할 수도 있다.

1465 답 ④

$4x^2-4xy+2y^2-12x+4y+10=0$에서

$4x^2-2(2y+6)x+(y+3)^2+y^2-2y+1=0$

$\{2x-(y+3)\}^2+(y-1)^2=0$

x, y는 실수이므로 $2x-(y+3)=0$, $y-1=0$에서

$2x=y+3$, $y=1$

따라서 $x=2$, $y=1$이므로

$x-y=2-1=1$

다른 풀이

$4x^2-4xy+2y^2-12x+4y+10=0$에서

$4x^2-2(2y+6)x+2y^2+4y+10=0$ ·········· ㉠

x는 실수이므로 x에 대한 이차방정식 ㉠의 판별식을 D라 하면

$\dfrac{D}{4}=\{-(2y+6)\}^2-4(2y^2+4y+10)\geq0$

$y^2-2y+1\leq0$ $\therefore (y-1)^2\leq0$

y는 실수이므로 $y-1=0$ $\therefore y=1$

$y=1$을 ㉠에 대입하면

$4x^2-16x+16=0$, $(x-2)^2=0$ $\therefore x=2$

$\therefore x-y=2-1=1$

1466 답 ②

$(x-y)^2+2x-3=0$에서

$x^2-2(y-1)x+y^2-3=0$ ·········· ㉠

└→ (일차식)×(일차식)=(정수) 꼴로 인수분해되지 않으므로 x에 대하여 내림차순으로 정리한다.

x는 실수이므로 이 이차방정식의 판별식을 D라 하면

$\dfrac{D}{4}=\{-(y-1)\}^2-(y^2-3)\geq0$

$-2y+1+3\geq0$ $\therefore y\leq2$

이때 y는 양의 정수이므로

$y=1$ 또는 $y=2$

(ⅰ) $y=1$일 때, ㉠에서 $x^2-2=0$

　　　$\therefore x=\pm\sqrt{2}$

(ⅱ) $y=2$일 때, ㉠에서 $x^2-2x+1=0$

　　$(x-1)^2=0$ $\therefore x=1$

따라서 x, y는 양의 정수이므로 $x=1$, $y=2$

$\therefore x+y=1+2=3$

서술형 유형 익히기 307쪽~309쪽

1467 답 (1) $2+i$ (2) 5 (3) 1 (4) -5 (5) 9

STEP1 다른 한 허근 구하기 [1점]

삼차방정식의 계수가 모두 실수이므로 한 근이 $2-i$이면 $\boxed{2+i}$도 주어진 방정식의 한 근이다.

STEP2 나머지 한 근 구하기 [2점]

방정식 $x^3+ax^2+bx-5=0$의 나머지 한 근을 α라 하면

삼차방정식의 근과 계수의 관계에 의하여 세 근의 곱은

$(2-i)(2+i)a=\boxed{5}$, $5a=5$ $\therefore a=\boxed{1}$

STEP3 a, b의 값 구하기 [3점]

방정식 $x^3+ax^2+bx-5=0$의 세 근이 $2-i$, $2+i$, 1이므로

삼차방정식의 근과 계수의 관계에 의하여

$2-i+2+i+1=-a$,

$(2-i)(2+i)+(2+i)\times1+1\times(2-i)=b$

$\therefore a=\boxed{-5}$, $b=\boxed{9}$

실제 답안 예시

$x^3+ax^2+bx-5=0$

- 한 근 : $2-i$
- 다른 한 근 : $2+i$ 〉켤레근
- 나머지 근 : p

$(2-i)(2+i)p=5$, $5p=5$ $\therefore p=1$

$(2-i)+(2+i)+1=-a$ $\therefore a=-5$

$(2-i)\times1+(2+i)\times1+(2-i)(2+i)=b$ $\therefore b=9$

1468 답 $a=-4$, $b=6$

STEP1 다른 한 허근 구하기 [1점]

삼차방정식의 계수가 모두 실수이므로 한 근이 $1+i$이면 $1-i$도 주어진 방정식의 한 근이다.

STEP2 나머지 한 근 구하기 [2점]

방정식 $x^3+ax^2+bx-4=0$의 세 근을 $1+i$, $1-i$, α라 하면

삼차방정식의 근과 계수의 관계에 의하여

$(1+i)(1-i)\alpha=4$, $2\alpha=4$

$\therefore \alpha=2$

STEP 3 a, b의 값 구하기 [3점]

방정식 $x^3+ax^2+bx-4=0$의 세 근이 $1+i$, $1-i$, 2이므로

삼차방정식의 근과 계수의 관계에 의하여

$(1+i)+(1-i)+2=-a$,

$(1+i)(1-i)+(1-i)\times2+2\times(1+i)=b$

$\therefore a=-4$, $b=6$ ⸱⸱⸱⸱⸱ **ⓐ**

부분점수표	
ⓐ a, b 중에서 하나만 바르게 구한 경우	1점

1469 目 $a=1$, $b=3$

STEP 1 방정식 $f(x)=0$의 두 허근 구하기 [1점]

방정식 $f(x)=0$에 대하여 $f(1-\sqrt{2}i)=0$이므로

$1-\sqrt{2}i$는 방정식 $f(x)=0$의 한 허근이다.

또, 삼차식 $f(x)$의 계수가 모두 실수이므로

$1+\sqrt{2}i$도 방정식 $f(x)=0$의 한 허근이다.

STEP 2 실근 구하기 [2점]

방정식 $f(x)=0$, 즉 $x^3-x^2+ax+b=0$의 세 근을 $1-\sqrt{2}i$,

$1+\sqrt{2}i$, α라 하면 삼차방정식의 근과 계수의 관계에 의하여

$(1-\sqrt{2}i)+(1+\sqrt{2}i)+\alpha=1$

$\therefore \alpha=-1$

STEP 3 a, b의 값 구하기 [3점]

방정식 $x^3-x^2+ax+b=0$의 세 근이 $1-\sqrt{2}i$, $1+\sqrt{2}i$, -1이므로

삼차방정식의 근과 계수의 관계에 의하여

$(1-\sqrt{2}i)(1+\sqrt{2}i)+(1+\sqrt{2}i)\times(-1)+(-1)\times(1-\sqrt{2}i)=a$,

$(1-\sqrt{2}i)(1+\sqrt{2}i)\times(-1)=-b$

$\therefore a=1$, $b=3$ ⸱⸱⸱⸱⸱ **ⓐ**

부분점수표	
ⓐ a, b 중에서 하나만 바르게 구한 경우	1점

1470 目 (1) $x-5$ (2) 5 (3) 5 (4) k (5) 5

(6) $\dfrac{25}{4}$ (7) 4 (8) $\dfrac{41}{4}$

STEP 1 $x^3-(k+5)x^2+6kx-5k$를 인수분해하기 [2점]

$P(x)=x^3-(k+5)x^2+6kx-5k$로 놓으면

$P(5)=0$이므로 $\boxed{x-5}$는 $P(x)$의 인수이다.

조립제법을 이용하여 $P(x)$를 인수분해하면

$$
\begin{array}{r|rrrr}
\boxed{5} & 1 & -k-5 & 6k & -5k \\
& & \boxed{5} & -5k & 5k \\
\hline
& 1 & -k & k & 0
\end{array}
$$

$P(x)=(x-5)(x^2-kx+\boxed{k})$

STEP 2 중근을 갖도록 하는 경우를 분류하여 각각 k의 값 구하기 [4점]

주어진 방정식은 $(x-5)(x^2-kx+k)=0$이므로

이 방정식이 중근을 갖는 경우는 다음과 같다.

(i) 이차방정식 $x^2-kx+k=0$이 $x=\boxed{5}$를 근으로 갖는 경우

$5^2-5k+k=0$, $4k=25$

$\therefore k=\boxed{\dfrac{25}{4}}$

STEP 3 a, b의 값 구하기 [3점] ← (이 부분은 오른쪽 단으로 이어짐)

(ii) 이차방정식 $x^2-kx+k=0$이 중근을 갖는 경우

방정식 $x^2-kx+k=0$의 판별식을 D라 하면

$D=0$이어야 한다.

$D=k^2-4k=0$에서 $k(k-4)=0$

$\therefore k=0$ 또는 $k=\boxed{4}$

STEP 3 k의 값의 합 구하기 [2점]

모든 실수 k의 값의 합은 $\dfrac{25}{4}+0+4=\boxed{\dfrac{41}{4}}$이다.

실제 답안 예시

$x=5 \rightarrow 125-25k-125+30k-5k=0$

$(x-5)(x^2-kx+k)=0$

(i) $x^2-kx+k=0$이 5를 근으로 가지는 경우

$25-5k+k=0$, $4k=25$ $\therefore k=\dfrac{25}{4}$

(ii) $x^2-kx+k=0$이 중근을 가지는 경우

$D=k^2-4k=0$

$k(k-4)=0$ $\therefore k=0$ 또는 $k=4$

모든 k의 값의 합은 $\dfrac{25}{4}+0+4=\dfrac{41}{4}$

1471 目 6

STEP 1 $x^3-(a+1)x^2+2ax-4$를 인수분해하기 [2점]

$P(x)=x^3-(a+1)x^2+2ax-4$로 놓으면

$P(2)=0$이므로 $x-2$는 $P(x)$의 인수이다.

조립제법을 이용하여 $P(x)$를 인수분해하면

$$
\begin{array}{r|rrrr}
2 & 1 & -a-1 & 2a & -4 \\
& & 2 & -2a+2 & 4 \\
\hline
& 1 & -a+1 & 2 & 0
\end{array}
$$

$P(x)=(x-2)\{x^2+(1-a)x+2\}$

STEP 2 중근을 갖도록 하는 경우를 분류하여 a의 값 또는 a에 대한 방정식 구하기 [4점]

주어진 방정식은 $(x-2)\{x^2+(1-a)x+2\}=0$이므로

이 방정식이 중근을 갖는 경우는 다음과 같다.

(i) 이차방정식 $x^2+(1-a)x+2=0$이 $x=2$를 근으로 갖는 경우

$4+(1-a)\times2+2=0$, $2a=8$

$\therefore a=4$ ⸱⸱⸱⸱⸱ **ⓐ**

(ii) 이차방정식 $x^2+(1-a)x+2=0$이 중근을 갖는 경우

방정식 $x^2+(1-a)x+2=0$의 판별식을 D라 하면

$D=0$이어야 한다.

$D=(1-a)^2-4\times1\times2=0$에서

$a^2-2a-7=0$ ⸱⸱⸱⸱⸱ **ⓐ**

STEP 3 a의 값의 합 구하기 [2점]

(ii)에서 방정식 $a^2-2a-7=0$을 만족시키는 실수 a의 값의 합은

이차방정식의 근과 계수의 관계에 의하여 2이므로 구하는 모든 실수 a의 값의 합은

$4+2=6$

부분점수표	
ⓐ (i), (ii) 중에서 한 경우만 구한 경우	2점

1472 답 $-\dfrac{1}{2}$, 0, 4

STEP1 $x^4+ax^3+(a-1)x^2-ax-a$를 인수분해하기 [3점]

$P(x)=x^4+ax^3+(a-1)x^2-ax-a$로 놓으면

$P(1)=0$, $P(-1)=0$이므로 $x-1$, $x+1$은 $P(x)$의 인수이다.

조립제법을 이용하여 $P(x)$를 인수분해하면

	1		a	$a-1$	$-a$	$-a$
1			1	$a+1$	$2a$	a
-1	1	$a+1$	$2a$	a	0	
			-1	$-a$	$-a$	
	1	a	a	0		

$P(x)=(x-1)(x+1)(x^2+ax+a)$

STEP2 중근을 갖도록 하는 경우를 분류하여 각각 a의 값 구하기 [4점]

주어진 방정식은 $(x-1)(x+1)(x^2+ax+a)=0$이므로

이 방정식이 중근을 갖는 경우는 다음과 같다.

(i) 이차방정식 $x^2+ax+a=0$이 $x=1$ 또는 $x=-1$을 근으로 갖는
경우

ⓐ $x=1$을 근으로 갖는 경우

$1+a+a=0$, $2a=-1$

∴ $a=-\dfrac{1}{2}$

ⓑ $x=-1$을 근으로 갖는 경우

$1-a+a=0$에서 $0\times a=-1$이므로

만족시키는 a의 값이 존재하지 않는다.

즉, 방정식 $x^2+ax+a=0$은 $x=-1$을 근으로 갖지 않는다.

...... ⓐ

(ii) 이차방정식 $x^2+ax+a=0$이 중근을 갖는 경우

방정식 $x^2+ax+a=0$의 판별식을 D라 하면

$D=0$이어야 한다.

$D=a^2-4a=0$에서

$a(a-4)=0$

∴ $a=0$ 또는 $a=4$

...... ⓐ

STEP3 a의 값 구하기 [1점]

구하는 실수 a의 값은

$-\dfrac{1}{2}$, 0, 4

부분점수표	
ⓐ (i), (ii) 중에서 한 경우만 구한 경우	2점

1473 답 (1) $3x-y$ (2) $3x$ (3) $5x+6$ (4) $-\dfrac{6}{5}$ (5) $-\dfrac{18}{5}$

(6) $-x$ (7) $\dfrac{24}{5}$ (8) 6

STEP1 $3x^2+2xy-y^2=0$을 인수분해하여 두 일차방정식 구하기 [1점]

$\begin{cases} 3x^2+2xy-y^2=0 & \cdots\cdots\cdots ㉠ \\ x^2+y^2+2x=12 & \cdots\cdots\cdots ㉡ \end{cases}$

㉠의 좌변을 인수분해하면

$(\boxed{3x-y})(x+y)=0$

∴ $y=\boxed{3x}$ 또는 $y=-x$

STEP2 연립방정식의 해 구하기 [4점]

(i) $y=3x$를 ㉡에 대입하면

$x^2+9x^2+2x-12=0$, $10x^2+2x-12=0$

$5x^2+x-6=0$, $(\boxed{5x+6})(x-1)=0$

∴ $x=\boxed{-\dfrac{6}{5}}$ 또는 $x=1$

따라서 $x=-\dfrac{6}{5}$일 때 $y=\boxed{-\dfrac{18}{5}}$,

$x=1$일 때 $y=3$이다.

(ii) $y=\boxed{-x}$를 ㉡에 대입하면

$x^2+x^2+2x=12$, $2x^2+2x-12=0$

$x^2+x-6=0$, $(x+3)(x-2)=0$

∴ $x=-3$ 또는 $x=2$

따라서 $x=-3$일 때 $y=3$, $x=2$일 때 $y=-2$이다.

(i), (ii)에서 연립방정식의 해는

$\begin{cases} x=-\dfrac{6}{5} \\ y=-\dfrac{18}{5} \end{cases}$ 또는 $\begin{cases} x=1 \\ y=3 \end{cases}$ 또는 $\begin{cases} x=-3 \\ y=3 \end{cases}$ 또는 $\begin{cases} x=2 \\ y=-2 \end{cases}$

STEP3 $|\alpha|+|\beta|$의 최댓값 구하기 [1점]

$|\alpha|+|\beta|$의 값은 $\boxed{\dfrac{24}{5}}$, 4, 6, 4이므로 최댓값은 $\boxed{6}$이다.

실제 답안 예시

$3x^2+2xy-y^2=0$

$3x \diagdown -y$
$x \diagup y$

$(3x-y)(x+y)=0$

∴ $y=3x$, $y=-x$

(i) $y=3x$, $x^2+y^2+2x=12$

$x^2+9x^2+2x=12$, $10x^2+2x-12=0$

$5x^2+x-6=0$

$5x \diagdown 6$
$x \diagup -1$

$(5x+6)(x-1)=0$

∴ $\begin{cases} x=-\dfrac{6}{5}, \ y=-\dfrac{18}{5} \Rightarrow |\alpha|+|\beta|=\dfrac{24}{5} \\ x=1, \ y=3 \Rightarrow |\alpha|+|\beta|=4 \end{cases}$

(ii) $y=-x$, $x^2+y^2+2x=12$

$x^2+x^2+2x=12$, $2x^2+2x-12=0$

$x^2+x-6=0$, $(x+3)(x-2)=0$

∴ $\begin{cases} x=-3, \ y=3 \Rightarrow |\alpha|+|\beta|=6 \\ x=2, \ y=-2 \Rightarrow |\alpha|+|\beta|=4 \end{cases}$

따라서 최댓값은 6이다.

1474 답 2

STEP1 $x^2-5xy+6y^2=0$의 좌변을 인수분해하여 두 일차방정식 구하기 [1점]

$\begin{cases} x^2-5xy+6y^2=0 & \cdots\cdots\cdots ㉠ \\ x^2+4xy-9y^2=108 & \cdots\cdots\cdots ㉡ \end{cases}$

㉠의 좌변을 인수분해하면

$(x-2y)(x-3y)=0$

∴ $x=2y$ 또는 $x=3y$

STEP 2 연립방정식의 해 구하기 [4점]

(i) $x=2y$를 ⓒ에 대입하면

$4y^2+8y^2-9y^2=108$, $3y^2=108$, $y^2=36$

∴ $y=6$ 또는 $y=-6$

따라서 $y=6$일 때 $x=12$, $y=-6$일 때 $x=-12$이다. …… ⓐ

(ii) $x=3y$를 ⓒ에 대입하면

$9y^2+12y^2-9y^2=108$, $12y^2=108$, $y^2=9$

∴ $y=3$ 또는 $y=-3$

따라서 $y=3$일 때 $x=9$, $y=-3$일 때 $x=-9$이다. …… ⓐ

(i), (ii)에서 연립방정식의 해는

$\begin{cases} x=12 \\ y=6 \end{cases}$ 또는 $\begin{cases} x=-12 \\ y=-6 \end{cases}$ 또는 $\begin{cases} x=9 \\ y=3 \end{cases}$ 또는 $\begin{cases} x=-9 \\ y=-3 \end{cases}$

STEP 3 $\dfrac{\alpha}{\beta}$의 최솟값 구하기 [1점]

$\dfrac{\alpha}{\beta}$의 값은 차례로 2, 2, 3, 3이므로 최솟값은 2이다.

부분점수표	
ⓐ (i), (ii) 중에서 한 경우만 구한 경우	2점

1475　답 8

STEP 1 연립방정식 $\begin{cases} 2x^2-7xy+3y^2=0 \\ 3x^2-9xy+4y^2=4 \end{cases}$ 의 해 구하기 [6점]

$x=\alpha$, $y=\beta$가 두 연립방정식

$\begin{cases} x+y=a \cdots\cdots ㉠ \\ 2x^2-7xy+3y^2=0 \cdots\cdots ㉡ \end{cases}$, $\begin{cases} x-y=b \cdots\cdots ㉢ \\ 3x^2-9xy+4y^2=4 \cdots\cdots ㉣ \end{cases}$ 의 해

이므로 $x=\alpha$, $y=\beta$는 연립방정식

$\begin{cases} 2x^2-7xy+3y^2=0 \\ 3x^2-9xy+4y^2=4 \end{cases}$ 의 해이다.

㉡의 좌변을 인수분해하면

$(2x-y)(x-3y)=0$　∴ $y=2x$ 또는 $x=3y$ …… ⓐ

(i) $y=2x$를 ㉣에 대입하면

$3x^2-18x^2+16x^2=4$, $x^2=4$

∴ $x=2$ 또는 $x=-2$

따라서 $x=2$일 때 $y=4$, $x=-2$일 때 $y=-4$이다. …… ⓑ

(ii) $x=3y$를 ㉣에 대입하면

$27y^2-27y^2+4y^2=4$, $4y^2=4$

∴ $y=1$ 또는 $y=-1$

따라서 $y=1$일 때 $x=3$, $y=-1$일 때 $x=-3$이다. …… ⓒ

(i), (ii)에서 연립방정식의 해는

$\begin{cases} x=2 \\ y=4 \end{cases}$ 또는 $\begin{cases} x=-2 \\ y=-4 \end{cases}$ 또는 $\begin{cases} x=3 \\ y=1 \end{cases}$ 또는 $\begin{cases} x=-3 \\ y=-1 \end{cases}$

STEP 2 ab의 값 구하기 [2점]

$x+y=a$, $x-y=b$에서 a, b가 양수이므로

$x+y>0$, $x-y>0$이어야 한다.

즉, $x=3$, $y=1$일 때, $x+y>0$, $x-y>0$이므로

$a=3+1=4$, $b=3-1=2$　∴ $ab=4\times2=8$

부분점수표	
ⓐ $y=2x$ 또는 $x=3y$임을 구한 경우	2점
ⓑ $y=2x$인 경우의 해를 구한 경우	2점
ⓒ $x=3y$인 경우의 해를 구한 경우	2점

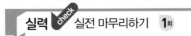 실력 check 실전 마무리하기 **1**회　310쪽~314쪽

1 1476　답 ②

출제의도 | 삼차방정식의 근을 구할 수 있는지 확인한다.

> 좌변을 인수분해해서 방정식의 근을 구해 보자.

$x^3+3x^2-x-3=0$에서

$x^2(x+3)-(x+3)=0$, $(x+3)(x^2-1)=0$

$(x+3)(x+1)(x-1)=0$

주어진 삼차방정식의 근은

$x=-3$ 또는 $x=-1$ 또는 $x=1$

∴ $|\alpha|+|\beta|+|\gamma|=5$

다른 풀이

$P(x)=x^3+3x^2-x-3$으로 놓으면 $P(1)=0$이므로

$x-1$은 $P(x)$의 인수이다.

조립제법을 이용하여 $P(x)$를 인수분해하면

$\begin{array}{r|rrrr} 1 & 1 & 3 & -1 & -3 \\ & & 1 & 4 & 3 \\ \hline & 1 & 4 & 3 & 0 \end{array}$

$P(x)=(x-1)(x^2+4x+3)$

즉, 주어진 방정식은

$(x-1)(x^2+4x+3)=0$

$(x-1)(x+1)(x+3)=0$

∴ $x=1$ 또는 $x=-1$ 또는 $x=-3$

∴ $|\alpha|+|\beta|+|\gamma|=5$

2 1477　답 ②

출제의도 | 공통부분이 있는 사차방정식을 풀 수 있는지 확인한다.

> 공통부분을 $x^2+2x=X$로 치환해 보자.

$x^2+2x=X$로 놓으면 주어진 방정식은

$X^2-11X+24=0$, $(X-3)(X-8)=0$

∴ $X=3$ 또는 $X=8$

(i) $X=3$일 때, $x^2+2x-3=0$

$(x+3)(x-1)=0$　∴ $x=-3$ 또는 $x=1$

(ii) $X=8$일 때, $x^2+2x-8=0$

$(x+4)(x-2)=0$　∴ $x=-4$ 또는 $x=2$

(i), (ii)에서 $x=-4$ 또는 $x=-3$ 또는 $x=1$ 또는 $x=2$

따라서 가장 큰 근은 2, 가장 작은 근은 -4이므로 그 곱은

$2\times(-4)=-8$

3 1478　답 ①

출제의도 | $x^4+ax^2+b=0$ 꼴의 사차방정식을 풀 수 있는지 확인한다.

> $x^2=X$로 치환해 보자.

$x^2=X$로 놓으면 주어진 방정식은
$X^2-7X-18=0$, $(X+2)(X-9)=0$
$\therefore X=-2$ 또는 $X=9$
즉, $x^2=-2$ 또는 $x^2=9$이므로
$x=\pm\sqrt{2}i$ 또는 $x=\pm3$
따라서 두 허근은 $\sqrt{2}i$ 또는 $-\sqrt{2}i$이므로
$\alpha+\beta=0$, $\alpha\beta=2$
$\therefore \alpha^2+\beta^2=(\alpha+\beta)^2-2\alpha\beta$
$=0^2-2\times2=-4$

4 1479 답 ③ 유형 6

출제의도 | 삼차방정식의 한 근이 주어졌을 때, 나머지 근을 구할 수 있는지 확인한다.

> 주어진 방정식의 한 근이 2이므로 $x=2$를 $x^3+(a+1)x^2+ax-6=0$ 에 대입해 보자.

주어진 방정식의 한 근이 2이므로
$x^3+(a+1)x^2+ax-6=0$에 $x=2$를 대입하면
$8+4(a+1)+2a-6=0$ $\therefore a=-1$
$x^3-x-6=0$에서 $f(x)=x^3-x-6$으로 놓으면
$f(2)=0$이므로 $x-2$는 $f(x)$의 인수이다.
조립제법을 이용하여 $f(x)$를 인수분해하면

```
2 | 1    0   -1   -6
  |      2    4    6
  --------------------
    1    2    3  |  0
```

$f(x)=(x-2)(x^2+2x+3)$
즉, 주어진 방정식은 $(x-2)(x^2+2x+3)=0$
따라서 주어진 삼차방정식의 나머지 두 근은 이차방정식
$x^2+2x+3=0$의 두 근이므로 이차방정식의 근과 계수의 관계에
의하여 두 근의 곱은 3이다.

5 1480 답 ③ 유형 8

출제의도 | 삼차방정식의 근과 계수의 관계를 이용하여 식의 값을 구할 수 있는지 확인한다.

> $\alpha+\beta+\gamma=0$, $\alpha\beta+\beta\gamma+\gamma\alpha=-7$, $\alpha\beta\gamma=6$이야.

삼차방정식 $x^3-7x-6=0$의 세 근이 α, β, γ이므로
근과 계수의 관계에 의하여
$\alpha+\beta+\gamma=0$, $\alpha\beta+\beta\gamma+\gamma\alpha=-7$, $\alpha\beta\gamma=6$
$\therefore (2+\alpha)(2+\beta)(2+\gamma)$
$=2^3+(\alpha+\beta+\gamma)\times2^2+(\alpha\beta+\beta\gamma+\gamma\alpha)\times2+\alpha\beta\gamma$
$=8+0-7\times2+6=0$

다른 풀이

$x^3-7x-6=(x+1)(x^2-x-6)$
$=(x+1)(x+2)(x-3)$
이므로 방정식 $x^3-7x-6=0$의 해는
$x=-1$ 또는 $x=-2$ 또는 $x=3$
$\therefore (2+\alpha)(2+\beta)(2+\gamma)=(2-1)\times(2-2)\times(2+3)=0$

6 1481 답 ③ 유형 17

출제의도 | 연립이차방정식의 해를 구할 수 있는지 확인한다.

> $3x-2y=5$에서 $3x=2y+5$이므로 이 식을 $3x+y^2=4$에 대입해서 y의 값을 먼저 구해 보자.

$\begin{cases} 3x-2y=5 & \cdots\cdots \ \bigcirc \\ 3x+y^2=4 & \cdots\cdots \ \bigcirc \end{cases}$
$\bigcirc$에서 $3x=2y+5$ $\cdots\cdots \ \bigcirc$
$\bigcirc$을 $\bigcirc$에 대입하면
$(2y+5)+y^2=4$, $y^2+2y+1=0$
$(y+1)^2=0$ $\therefore y=-1$
이것을 $\bigcirc$에 대입하면 $x=1$
따라서 $\alpha=1$, $\beta=-1$이므로
$\alpha+\beta=1+(-1)=0$

7 1482 답 ③ 유형 21

출제의도 | 공통근을 갖는 방정식을 풀 수 있는지 확인한다.

> 두 이차방정식의 공통근을 미지수로 놓고 두 이차방정식에 대입하여 연립방정식을 풀어 보자.

두 이차방정식의 공통근을 α라 하면
$\begin{cases} \alpha^2+(m+2)\alpha-5=0 & \cdots\cdots \ \bigcirc \\ \alpha^2+(m+4)\alpha-7=0 & \cdots\cdots \ \bigcirc \end{cases}$
$\bigcirc-\bigcirc$을 하면 $-2\alpha+2=0$ $\therefore \alpha=1$
$\alpha=1$을 $\bigcirc$에 대입하면
$1+(m+2)-5=0$ $\therefore m=2$
따라서 $m=2$이고 공통근은 $x=1$이므로 그 합은
$2+1=3$

8 1483 답 ② 유형 2

출제의도 | 사차방정식의 근을 구할 수 있는지 확인한다.

> $f(x)$가 $x^2-4=(x-2)(x+2)$로 나누어떨어지므로 $f(2)=0$, $f(-2)=0$이야.

$f(x)$가 $x^2-4=(x-2)(x+2)$로 나누어떨어지므로
$f(2)=16+8a+4b-32-12=0$
$\therefore 2a+b=7$ $\cdots\cdots \ \bigcirc$
$f(-2)=16-8a+4b+32-12=0$
$\therefore 2a-b=9$ $\cdots\cdots \ \bigcirc$
$\bigcirc$, $\bigcirc$을 연립하여 풀면 $a=4$, $b=-1$
즉, $f(x)=x^4+4x^3-x^2-16x-12$이고, $f(2)=0$, $f(-2)=0$이므로
조립제법을 이용하여 $f(x)$를 인수분해하면

```
 2 | 1    4   -1  -16  -12
   |      2   12   22   12
   -----------------------------
-2 | 1    6   11    6 |  0
   |     -2   -8   -6
   -----------------------------
     1    4    3 |  0
```

$$f(x)=(x-2)(x+2)(x^2+4x+3)$$
$$=(x-2)(x+2)(x+1)(x+3)$$

즉, 주어진 사차방정식은

$(x-2)(x+2)(x+1)(x+3)=0$이므로

$x=-3$ 또는 $x=-2$ 또는 $x=-1$ 또는 $x=2$

따라서 모든 근의 합은

$$-3+(-2)+(-1)+2=-4$$

9 1484 📘 ② 유형 7

출제의도 | 삼차방정식이 중근을 갖도록 하는 미정계수를 구할 수 있는지 확인한다.

> 좌변을 인수분해한 삼차방정식 $(x-2)(x^2+2x-2k)=0$이 중근을 가지려면 방정식 $x^2+2x-2k=0$이 $x=2$를 근으로 가지거나 방정식 $x^2+2x-2k=0$이 중근을 가져야 해.

$P(x)=x^3-2(k+2)x+4k$로 놓으면

$P(2)=0$이므로 $x-2$는 $P(x)$의 인수이다.

조립제법을 이용하여 $P(x)$를 인수분해하면

2	1	0	$-2k-4$	$4k$
		2	4	$-4k$
	1	2	$-2k$	0

$P(x)=(x-2)(x^2+2x-2k)$

즉, 주어진 방정식은 $(x-2)(x^2+2x-2k)=0$이므로 이 방정식이 중근을 갖는 경우는 다음과 같다.

(i) $x^2+2x-2k=0$이 $x=2$를 근으로 갖는 경우

$2^2+2\times2-2k=0$

$\therefore k=4$

(ii) $x^2+2x-2k=0$이 중근을 갖는 경우

이차방정식 $x^2+2x-2k=0$의 판별식을 D라 하면

$\dfrac{D}{4}=1^2+2k=0$ $\therefore k=-\dfrac{1}{2}$

(i), (ii)에서 $k=4$ 또는 $k=-\dfrac{1}{2}$이므로 실수 k의 값의 곱은

$$4\times\left(-\dfrac{1}{2}\right)=-2$$

10 1485 📘 ④ 유형 10

출제의도 | 삼차방정식의 근의 역수와 계수의 관계를 이해하는지 확인한다.

> 삼차방정식 $ax^3+bx^2+cx+d=0$의 세 근이 α, β, γ이면 방정식 $dx^3+cx^2+bx+a=0$의 세 근은 $\dfrac{1}{\alpha}$, $\dfrac{1}{\beta}$, $\dfrac{1}{\gamma}$이야.

α가 삼차방정식 $x^3-2x^2+4x+3=0$의 한 근이므로

$$\alpha^3-2\alpha^2+4\alpha+3=0$$

양변을 $3\alpha^3$으로 나누면 $\dfrac{1}{3}-\dfrac{2}{3\alpha}+\dfrac{4}{3\alpha^2}+\dfrac{1}{\alpha^3}=0$

$$\left(\dfrac{1}{\alpha}\right)^3+\dfrac{4}{3}\times\left(\dfrac{1}{\alpha}\right)^2-\dfrac{2}{3}\times\dfrac{1}{\alpha}+\dfrac{1}{3}=0$$

즉, $\dfrac{1}{\alpha}$은 삼차방정식 $x^3+\dfrac{4}{3}x^2-\dfrac{2}{3}x+\dfrac{1}{3}=0$의 근이다.

같은 방법으로 β, γ도 삼차방정식 $x^3-2x^2+4x+3=0$의 근이므로

$\dfrac{1}{\beta}$, $\dfrac{1}{\gamma}$은 삼차방정식 $x^3+\dfrac{4}{3}x^2-\dfrac{2}{3}x+\dfrac{1}{3}=0$의 근이 된다.

따라서 $a=\dfrac{4}{3}$, $b=-\dfrac{2}{3}$, $c=\dfrac{1}{3}$이므로

$$a+b+c=\dfrac{4}{3}+\left(-\dfrac{2}{3}\right)+\dfrac{1}{3}=1$$

다른 풀이

삼차방정식 $x^3-2x^2+4x+3=0$의 세 근이 α, β, γ이므로 근과 계수의 관계에 의하여

$\alpha+\beta+\gamma=2$, $\alpha\beta+\beta\gamma+\gamma\alpha=4$, $\alpha\beta\gamma=-3$

$$\dfrac{1}{\alpha}+\dfrac{1}{\beta}+\dfrac{1}{\gamma}=\dfrac{\alpha\beta+\beta\gamma+\gamma\alpha}{\alpha\beta\gamma}=\dfrac{4}{-3}=-\dfrac{4}{3}$$

$$\dfrac{1}{\alpha\beta}+\dfrac{1}{\beta\gamma}+\dfrac{1}{\gamma\alpha}=\dfrac{\alpha+\beta+\gamma}{\alpha\beta\gamma}=\dfrac{2}{-3}=-\dfrac{2}{3}$$

$$\dfrac{1}{\alpha\beta\gamma}=\dfrac{1}{-3}=-\dfrac{1}{3}$$

즉, $\dfrac{1}{\alpha}$, $\dfrac{1}{\beta}$, $\dfrac{1}{\gamma}$을 세 근으로 하고 x^3의 계수가 1인 삼차방정식은

$$x^3+\dfrac{4}{3}x^2-\dfrac{2}{3}x+\dfrac{1}{3}=0$$

따라서 $a=\dfrac{4}{3}$, $b=-\dfrac{2}{3}$, $c=\dfrac{1}{3}$이므로

$$a+b+c=\dfrac{4}{3}+\left(-\dfrac{2}{3}\right)+\dfrac{1}{3}=1$$

11 1486 📘 ③ 유형 11

출제의도 | 삼차방정식의 켤레근의 성질을 이용하여 미정계수를 구할 수 있는지 확인한다.

> $-1+ai$ $(a\neq0)$가 주어진 방정식의 근이므로 $-1-ai$도 이 방정식의 근이야.

$P(x)=x^3-(2k+1)x^2+2k$로 놓으면

$P(1)=0$이므로 $x-1$은 $P(x)$의 인수이다.

조립제법을 이용하여 $P(x)$를 인수분해하면

1	1	$-2k-1$	0	$2k$
		1	$-2k$	$-2k$
	1	$-2k$	$-2k$	0

$P(x)=(x-1)(x^2-2kx-2k)$

즉, 주어진 방정식은 $(x-1)(x^2-2kx-2k)=0$이므로

$x=1$ 또는 $x^2-2kx-2k=0$

그러므로 $-1+ai$는 방정식 $x^2-2kx-2k=0$의 근이므로

$-1-ai$도 방정식 $x^2-2kx-2k=0$의 근이다.

따라서 이차방정식의 근과 계수의 관계에 의하여

$(-1+ai)+(-1-ai)=2k$ ⸺⸺⸺ ㉠

$(-1+ai)(-1-ai)=-2k$ ⸺⸺⸺ ㉡

㉠에서 $k=-1$이고,

이 값을 ㉡에 대입하면

$1+a^2=2$ $\therefore a^2=1$

$\therefore a^2+k=1+(-1)=0$

12 1487 답 ③ 유형 8 + 유형 12

출제의도 | 삼차방정식의 근과 계수의 관계를 이용하여 식의 값을 구할 수 있는지 확인한다.

$f(\alpha)=f(\beta)=f(\gamma)=-5$이므로 $f(x)+5=g(x)$라 하면
$g(\alpha)=g(\beta)=g(\gamma)=0$임을 이용해 보자.

$f(\alpha)=f(\beta)=f(\gamma)=-5$이므로
$f(x)+5=g(x)$라 하면
$g(\alpha)=g(\beta)=g(\gamma)=0$이고 x^3의 계수가 1이므로
$g(x)=(x-\alpha)(x-\beta)(x-\gamma)$
이때 $f(x)+5=x^3-3x^2-4x+7$이므로
$(x-\alpha)(x-\beta)(x-\gamma)=x^3-3x^2-4x+7$
따라서 삼차방정식의 근과 계수의 관계에 의하여
$\alpha+\beta+\gamma=3$, $\alpha\beta+\beta\gamma+\gamma\alpha=-4$
$\therefore \alpha^2+\beta^2+\gamma^2$
$=(\alpha+\beta+\gamma)^2-2(\alpha\beta+\beta\gamma+\gamma\alpha)$
$=3^2-2\times(-4)=17$

13 1488 답 ③ 유형 13

출제의도 | 방정식 $x^3=1$의 허근의 성질을 이용하여 보기의 참, 거짓을 판별할 수 있는지 확인한다.

ω가 주어진 방정식의 근이므로 $\overline{\omega}$도 주어진 방정식의 근이야.

$x^3=1$에서 $x^3-1=0$, 즉 $(x-1)(x^2+x+1)=0$

ㄱ. ω는 $x^3=1$의 한 허근이므로 ω는 $x^2+x+1=0$의 한 허근이다.
$\therefore \omega^2+\omega+1=0$ (참)

ㄴ. ω가 $x^2+x+1=0$의 한 허근이므로 $\overline{\omega}$도 $x^2+x+1=0$의 한 허근이다.
$\overline{\omega}^2+\overline{\omega}+1=0$이므로 $\overline{\omega}+1=-\overline{\omega}^2$
$\therefore \dfrac{1}{\overline{\omega}}+\left(\dfrac{1}{\overline{\omega}}\right)^2=\dfrac{\overline{\omega}+1}{\overline{\omega}^2}=\dfrac{-\overline{\omega}^2}{\overline{\omega}^2}=-1$ (거짓)

ㄷ. ω, $\overline{\omega}$는 $x^2+x+1=0$의 두 허근이므로 이차방정식의 근과 계수의 관계에 의하여
$\omega+\overline{\omega}=-1$, $\omega\overline{\omega}=1$
$\therefore \omega^2\overline{\omega}+\omega\overline{\omega}^2=\omega\overline{\omega}(\omega+\overline{\omega})$
$\qquad\qquad =1\times(-1)=-1$ (참)

따라서 옳은 것은 ㄱ, ㄷ이다.

14 1489 답 ① 유형 15

출제의도 | 삼차방정식의 한 허근을 활용하여 식의 값을 구할 수 있는지 확인한다.

ω가 주어진 방정식의 근이므로 $\overline{\omega}$도 주어진 방정식의 근이야.

$x^3+8=0$에서 $(x+2)(x^2-2x+4)=0$
ω가 이차방정식 $x^2-2x+4=0$의 근이면 $\overline{\omega}$도 근이므로
근과 계수의 관계에 의하여
$\omega+\overline{\omega}=2$, $\omega\overline{\omega}=4$

$\therefore \dfrac{\omega}{\overline{\omega}-2}+\dfrac{\overline{\omega}}{\omega-2}=\dfrac{\omega(\omega-2)+\overline{\omega}(\overline{\omega}-2)}{(\overline{\omega}-2)(\omega-2)}$
$=\dfrac{\omega^2+\overline{\omega}^2-2(\omega+\overline{\omega})}{\omega\overline{\omega}-2(\omega+\overline{\omega})+4}$
$=\dfrac{(\omega+\overline{\omega})^2-2\omega\overline{\omega}-2(\omega+\overline{\omega})}{\omega\overline{\omega}-2(\omega+\overline{\omega})+4}$
$=\dfrac{2^2-2\times4-2\times2}{4-2\times2+4}=-2$

15 1490 답 ③ 유형 18

출제의도 | 두 이차방정식으로 이루어진 연립이차방정식의 해를 구할 수 있는지 확인한다.

$x^2-xy-2y^2=0$의 좌변을 인수분해해 보자.

$\begin{cases} x^2-xy-2y^2=0 & \cdots\cdots \text{㉠} \\ x^2+2xy-y^2=7 & \cdots\cdots \text{㉡} \end{cases}$

㉠에서 $(x-2y)(x+y)=0$
$\therefore x=2y$ 또는 $x=-y$

(i) $x=2y$를 ㉡에 대입하면
$4y^2+4y^2-y^2=7$, $y^2=1$
$\therefore y=\pm1$
이것을 $x=2y$에 대입하면
$y=-1$일 때 $x=-2$, $y=1$일 때 $x=2$

(ii) $x=-y$를 ㉡에 대입하면
$y^2-2y^2-y^2=7$
$y^2=-\dfrac{7}{2}$이므로 이것을 만족시키는 실수 y는 존재하지 않는다.

(i), (ii)에서 연립방정식의 해는 $x=-2$, $y=-1$ 또는 $x=2$, $y=1$
이때 x, y는 양수이므로 $\alpha=2$, $\beta=1$
$\therefore \alpha+\beta=2+1=3$

16 1491 답 ③ 유형 20

출제의도 | 연립방정식의 해가 존재하기 위한 미정계수를 구할 수 있는지 확인한다.

일차방정식과 이차방정식으로 이루어진 연립방정식의 해가 오직 한 쌍의 해를 가지려면 일차방정식을 이차방정식에 대입하여 정리한 이차방정식이 중근을 가져야 해.

$\begin{cases} x+2y-3=0 & \cdots\cdots \text{㉠} \\ x^2+4y^2+4y-a^2=0 & \cdots\cdots \text{㉡} \end{cases}$

㉠에서 $x=3-2y$ $\cdots\cdots$ ㉢
㉢을 ㉡에 대입하면
$(3-2y)^2+4y^2+4y-a^2=0$, $8y^2-8y+9-a^2=0$
주어진 연립방정식이 오직 한 쌍의 해를 가지려면 y에 대한 이차방정식 $8y^2-8y+9-a^2=0$이 중근을 가져야 한다.
이 이차방정식의 판별식을 D라 하면
$\dfrac{D}{4}=(-4)^2-8(9-a^2)=0$
$8a^2=56$, $a^2=7$ $\therefore a=\pm\sqrt{7}$
따라서 양수 a의 값은 $\sqrt{7}$이다.

17 1492 답 ③

유형 23

출제의도 | 정수 조건의 부정방정식을 풀 수 있는지 확인한다.

> 주어진 방정식을 (일차식)×(일차식)=(정수) 꼴로 변형해 보자.

$xy-2x-y-8=0$에서 $x(y-2)-(y-2)=10$

$\therefore (x-1)(y-2)=10$

$x,\ y$는 정수이므로

$x-1$	-10	-5	-2	-1	1	2	5	10
$y-2$	-1	-2	-5	-10	10	5	2	1

즉, $x,\ y$의 값은

x	-9	-4	-1	0	2	3	6	11
y	1	0	-3	-8	12	7	4	3

따라서 $x+y$의 값은 -8, -4, 14, 10이고, 최댓값은 14이다.

18 1493 답 ③

유형 8

출제의도 | 삼차방정식의 근을 이용하여 식의 값을 구할 수 있는지 확인한다.

> 방정식 $x^3+x-1=0$의 근이 α이면 $\alpha^3+\alpha-1=0$임을 이용해 보자.

α가 삼차방정식 $x^3+x-1=0$의 한 근이므로

$\alpha^3+\alpha-1=0$, $\alpha^3-1=-\alpha$

$(\alpha-1)(\alpha^2+\alpha+1)=-\alpha$

$\alpha\neq1$이므로 양변을 $\alpha-1$로 나누면

$\alpha^2+\alpha+1=-\dfrac{\alpha}{\alpha-1}$

$\therefore \alpha^2+\alpha+2=-\dfrac{1}{\alpha-1}$

같은 방법으로 β, γ도 삼차방정식 $x^3+x-1=0$의 근이므로

$\beta^2+\beta+2=-\dfrac{1}{\beta-1}$, $\gamma^2+\gamma+2=-\dfrac{1}{\gamma-1}$

$\therefore (\alpha^2+\alpha+2)(\beta^2+\beta+2)(\gamma^2+\gamma+2)$

$\quad =-\dfrac{1}{(\alpha-1)(\beta-1)(\gamma-1)}$

이때 $f(x)=x^3+x-1$로 놓으면

$f(x)=x^3+x-1=(x-\alpha)(x-\beta)(x-\gamma)$이므로

$f(1)=(1-\alpha)(1-\beta)(1-\gamma)$

$\quad =-(\alpha-1)(\beta-1)(\gamma-1)=1$

$\therefore (\alpha^2+\alpha+2)(\beta^2+\beta+2)(\gamma^2+\gamma+2)=1$

19 1494 답 ③

유형 16

출제의도 | 삼차방정식을 활용하여 도형 문제를 해결할 수 있는지 확인한다.

> x의 값의 범위에 주의하여 상자의 부피에 대한 방정식을 세워 보자.

상자의 가로의 길이는 $(20-2x)$ cm,

세로의 길이는 $(16-2x)$ cm, 높이는 x cm이므로

$20-2x>0$, $16-2x>0$, $x>0$에서

$0<x<8$

이때 상자의 부피가 384 cm³이므로

$(20-2x)(16-2x)x=384$

$4x(10-x)(8-x)=384$

$x^3-18x^2+80x-96=0$

$P(x)=x^3-18x^2+80x-96$으로 놓으면 $P(2)=0$이므로

$x-2$는 $P(x)$의 인수이다.

조립제법을 이용하여 $P(x)$를 인수분해하면

```
2 | 1   -18    80   -96
  |        2   -32    96
  ┌────────────────────
    1   -16    48     0
```

$P(x)=(x-2)(x^2-16x+48)$

$\quad =(x-2)(x-4)(x-12)$

즉, 주어진 방정식은 $(x-2)(x-4)(x-12)=0$이므로

$x=2$ 또는 $x=4$ 또는 $x=12$

이때 $0<x<8$이므로 $x=2$ 또는 $x=4$

따라서 모든 x의 값의 합은

$2+4=6$

20 1495 답 ②

유형 4

출제의도 | 실수 a의 값의 범위에 따라 근의 개수를 파악할 수 있는지 확인한다.

> $x^2=t$라 할 때, $t>0$이면 이 식을 만족시키는 실수 x는 2개, $t=0$이면 이 식을 만족시키는 실수 x는 1개, $t<0$이면 이 식을 만족시키는 실수 x는 없어.

$x^4-(2a-1)x^2+a^2-a-6=0$에서

$x^2=t\ (t\geq0)$라 하면

$t^2-(2a-1)t+(a-3)(a+2)=0$

$(t-a+3)(t-a-2)=0$

$t=a-3$ 또는 $t=a+2$

즉, $x^2=a-3$ 또는 $x^2=a+2$

a의 값의 범위에 따른 실근의 개수는 다음과 같다.

(i) $a<-2$인 경우

$\quad a-3<0$, $a+2<0$이므로 주어진 방정식의 실근은 없다.

(ii) $a=-2$인 경우

$\quad a-3<0$, $a+2=0$이므로 주어진 방정식의 실근은 1개이다.
$\quad\quad\quad\quad\quad\quad\quad\quad\quad\quad x=0$

(iii) $-2<a<3$인 경우

$\quad a-3<0$, $a+2>0$이므로 주어진 방정식의 실근은 2개이다.

(iv) $a=3$인 경우

$\quad a-3=0$, $a+2>0$이므로 주어진 방정식의 실근은 3개이다.

(v) $a>3$인 경우

$\quad a-3>0$, $a+2>0$이므로 주어진 방정식의 실근은 4개이다.

따라서 (i)~(v)에서

$f(-3)+f(-2)+f(0)+f(4)=0+1+2+4=7$

21 1496 답 ②

유형 19

출제의도 | 대칭식으로 이루어진 연립방정식의 해를 이용하여 사각형의 넓이를 구할 수 있는지 확인한다.

> $x+y=u$, $xy=v$로 놓고 $x,\ y$가 이차방정식 $t^2-ut+v=0$의 두 근임을 이용해 보자.

$$\begin{cases} x+y+xy=-5 \\ x^2+y^2-(x+y)=12 \end{cases} \text{에서}$$

$x+y=u$, $xy=v$라 하면

$$\begin{cases} u+v=-5 & \cdots\cdots\cdots\cdots\cdots\cdots\cdots\cdots\cdots\cdots\cdots\cdots\cdots\cdots ㉠ \\ u^2-u-2v=12 & \cdots\cdots\cdots\cdots\cdots\cdots\cdots\cdots\cdots\cdots\cdots\cdots ㉡ \end{cases}$$

㉠에서 $v=-u-5$를 ㉡에 대입하면

$u^2-u-2(-u-5)=12$

$u^2+u-2=0$, $(u+2)(u-1)=0$

$\therefore u=-2$ 또는 $u=1$

이것을 ㉠에 대입하면

$u=-2$일 때 $v=-3$, $u=1$일 때 $v=-6$

(i) $x+y=-2$, $xy=-3$인 경우

x, y를 두 근으로 하는 t에 대한 이차방정식은

$t^2+2t-3=0$, $(t+3)(t-1)=0$

$\therefore t=-3$ 또는 $t=1$

$\therefore \begin{cases} x=-3 \\ y=1 \end{cases}$ 또는 $\begin{cases} x=1 \\ y=-3 \end{cases}$

(ii) $x+y=1$, $xy=-6$인 경우

x, y를 두 근으로 하는 t에 대한 이차방정식은

$t^2-t-6=0$, $(t+2)(t-3)=0$

$\therefore t=-2$ 또는 $t=3$

$\therefore \begin{cases} x=-2 \\ y=3 \end{cases}$ 또는 $\begin{cases} x=3 \\ y=-2 \end{cases}$

(i), (ii)에서 주어진 연립방정식의 해는

$\begin{cases} x=-3 \\ y=1 \end{cases}$ 또는 $\begin{cases} x=1 \\ y=-3 \end{cases}$ 또는 $\begin{cases} x=-2 \\ y=3 \end{cases}$ 또는 $\begin{cases} x=3 \\ y=-2 \end{cases}$

A$(-3, 1)$, B$(1, -3)$, C$(3, -2)$, D$(-2, 3)$이라 하면

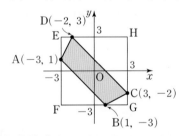

(사각형 ABCD의 넓이)

$=$(사각형 EFGH의 넓이)

　$-\{$(삼각형 ADE의 넓이)$+$(삼각형 AFB의 넓이)

　$+$(삼각형 BGC의 넓이)$+$(삼각형 CHD의 넓이)$\}$

$=6^2-\left\{\left(\dfrac{1}{2}\times1\times2\right)+\left(\dfrac{1}{2}\times4\times4\right)+\left(\dfrac{1}{2}\times2\times1\right)+\left(\dfrac{1}{2}\times5\times5\right)\right\}$

$=\dfrac{27}{2}$

22 1497 　답 -5 　　　　　　　　　　　　유형8

출제의도 | 삼차방정식의 근과 계수의 관계를 이용하여 식의 값을 구할 수 있는지 확인한다.

STEP1 **삼차방정식의 근과 계수의 관계 구하기 [2점]**

삼차방정식 $x^3-x^2+2x+1=0$의 세 근이 α, β, γ이므로 근과 계수의 관계에 의하여

$\alpha+\beta+\gamma=1$, $\alpha\beta+\beta\gamma+\gamma\alpha=2$, $\alpha\beta\gamma=-1$

STEP2 $\dfrac{\beta+\gamma}{\alpha}+\dfrac{\gamma+\alpha}{\beta}+\dfrac{\alpha+\beta}{\gamma}$의 값 구하기 [4점]

$\alpha+\beta+\gamma=1$에서 $\alpha+\beta=1-\gamma$, $\beta+\gamma=1-\alpha$, $\gamma+\alpha=1-\beta$이므로

$\dfrac{\beta+\gamma}{\alpha}+\dfrac{\gamma+\alpha}{\beta}+\dfrac{\alpha+\beta}{\gamma}=\dfrac{1-\alpha}{\alpha}+\dfrac{1-\beta}{\beta}+\dfrac{1-\gamma}{\gamma}$

$\qquad=\left(\dfrac{1}{\alpha}+\dfrac{1}{\beta}+\dfrac{1}{\gamma}\right)-3$

$\qquad=\dfrac{\alpha\beta+\beta\gamma+\gamma\alpha}{\alpha\beta\gamma}-3$

$\qquad=\dfrac{2}{-1}-3=-5$

23 1498 　답 $a=-5$, $b=14$ 　　　　　　유형11

출제의도 | 삼차방정식의 켤레근의 성질을 이용하여 미정계수를 구할 수 있는지 확인한다.

STEP1 **$x^3-4x^2+ax+b=0$의 세 실근 구하기 [3점]**

$3+\sqrt{2}$가 방정식 $x^3-4x^2+ax+b=0$의 한 근이고, a, b는 유리수이므로 $3-\sqrt{2}$도 방정식 $x^3-4x^2+ax+b=0$의 한 근이다.

나머지 한 근을 α라 하면 삼차방정식의 근과 계수의 관계에 의하여 세 근의 합은

$(3+\sqrt{2})+(3-\sqrt{2})+\alpha=4$

$\therefore \alpha=-2$

STEP2 **a, b의 값 구하기 [3점]**

$x^3-4x^2+ax+b=0$의 세 실근이 $3+\sqrt{2}$, $3-\sqrt{2}$, -2이므로 삼차방정식의 근과 계수의 관계에 의하여

$a=(3+\sqrt{2})(3-\sqrt{2})+(3-\sqrt{2})\times(-2)+(-2)\times(3+\sqrt{2})$

$\ =-5$

$-b=(3+\sqrt{2})(3-\sqrt{2})\times(-2)=-14$

$\therefore b=14$

24 1499 　답 12 　　　　　　　　　　　유형24

출제의도 | 실수 조건의 부정방정식을 풀 수 있는지 확인한다.

STEP1 **$x^2+5y^2-4xy-8y+16=0$을 $A^2+B^2=0$ 꼴로 변형하기 [4점]**

주어진 방정식을 $A^2+B^2=0$ 꼴로 변형하면

$(x^2-4xy+4y^2)+(y^2-8y+16)=0$

$(x-2y)^2+(y-4)^2=0$

STEP2 **x, y의 값 구하기 [2점]**

x, y가 실수이므로

$x-2y=0$, $y-4=0$

$\therefore x=8$, $y=4$

STEP3 **$x+y$의 값 구하기 [1점]**

$x+y=8+4=12$

25 1500 　답 52 　　　　　　　　　　　유형22

출제의도 | 연립방정식을 활용하여 문제를 해결할 수 있는지 확인한다.

STEP1 **연립방정식 세우기 [2점]**

처음 두 자리 자연수의 십의 자리의 숫자를 x, 일의 자리의 숫자를 y $(x>y)$라 하면

$$\begin{cases} x^2+y^2=29 & \cdots\cdots\cdots\cdots\cdots\cdots\cdots\cdots\cdots ㉠ \\ (10y+x)+(10x+y)=77 & \cdots\cdots\cdots\cdots\cdots\cdots ㉡ \end{cases}$$

$\bigcirc$에서 $11x+11y=77$, $x+y=7$ $\quad \therefore y=7-x$ ·················· $\bigcirc$

$\bigcirc$을 $\bigcirc$에 대입하면 $x^2+(7-x)^2=29$

$x^2-7x+10=0$, $(x-2)(x-5)=0$

$\therefore x=2$ 또는 $x=5$

이것을 $\bigcirc$에 대입하여 y의 값을 구하면

$x=2$일 때 $y=5$, $x=5$일 때 $y=2$

STEP 3 처음 수 구하기 [2점]

이때 $x>y$이므로 $x=5$, $y=2$

따라서 구하는 처음 수는 52이다.

실력 check 실전 마무리하기 2회   315쪽~319쪽

1 1501 답 ①   유형 1

출제의도 | 삼차방정식의 한 근을 이용하여 식의 값을 구할 수 있는지 확인한다.

> $P(x)=2x^3-x^2+2x+5$로 놓으면 $P(-1)=0$이므로 $x+1$은 $P(x)$의 인수야.

$P(x)=2x^3-x^2+2x+5$로 놓으면

$P(-1)=0$이므로 $x+1$은 $P(x)$의 인수이다.

조립제법을 이용하여 $P(x)$를 인수분해하면

$$
\begin{array}{r|rrrr}
-1 & 2 & -1 & 2 & 5 \\
& & -2 & 3 & -5 \\
\hline
& 2 & -3 & 5 & 0 \\
\end{array}
$$

$P(x)=(x+1)(2x^2-3x+5)$

즉, 주어진 방정식은 $(x+1)(2x^2-3x+5)=0$이므로

α는 이차방정식 $2x^2-3x+5=0$의 한 허근이다.

따라서 $2\alpha^2-3\alpha+5=0$이므로

$4\alpha^2-6\alpha+11=2(2\alpha^2-3\alpha+5)+1=1$

2 1502 답 ②   유형 3

출제의도 | 공통부분이 있는 사차방정식을 풀 수 있는지 확인한다.

> $x^2-3x=X$로 치환해 보자.

$(x^2-3x)^2-8(x^2-3x)-20=0$에서

$x^2-3x=X$라 하면

$X^2-8X-20=0$, $(X+2)(X-10)=0$

$\therefore X=-2$ 또는 $X=10$

(i) $x^2-3x=-2$에서 $x^2-3x+2=0$

$\quad (x-1)(x-2)=0$ $\quad \therefore x=1$ 또는 $x=2$

(ii) $x^2-3x=10$에서 $x^2-3x-10=0$

$\quad (x+2)(x-5)=0$ $\quad \therefore x=-2$ 또는 $x=5$

(i), (ii)에서 $a=-2$, $b=1$, $c=2$, $d=5$

$\therefore (a+d)-(b+c)=(-2+5)-(1+2)=0$

3 1503 답 ②   유형 4

출제의도 | $x^4+ax^2+b=0$ 꼴의 사차방정식을 풀 수 있는지 확인한다.

> $x^2=t$로 치환해 보자.

$x^4-3x^2-4=0$에서

$x^2=t$라 하면

$t^2-3t-4=0$, $(t+1)(t-4)=0$

$\therefore t=-1$ 또는 $t=4$

즉, $x^2=-1$ 또는 $x^2=4$

따라서 $x=\pm i$ 또는 $x=\pm 2$이므로

$\alpha=2$, $\beta=-2$ 또는 $\alpha=-2$, $\beta=2$

$\therefore |\alpha-\beta|=4$

4 1504 답 ①   유형 8

출제의도 | 삼차방정식의 근과 계수의 관계를 이용하여 식의 값을 구할 수 있는지 확인한다.

> $x^3-2x^2-3x+2=0$에서
> $\alpha+\beta+\gamma=2$, $\alpha\beta+\beta\gamma+\gamma\alpha=-3$, $\alpha\beta\gamma=-2$야.

삼차방정식 $x^3-2x^2-3x+2=0$의 세 근이 α, β, γ이므로

근과 계수의 관계에 의하여

$\alpha+\beta+\gamma=2$, $\alpha\beta+\beta\gamma+\gamma\alpha=-3$, $\alpha\beta\gamma=-2$

$\therefore \dfrac{\gamma}{\alpha\beta}+\dfrac{\alpha}{\beta\gamma}+\dfrac{\beta}{\gamma\alpha}=\dfrac{\alpha^2+\beta^2+\gamma^2}{\alpha\beta\gamma}$

$\qquad\qquad\qquad\quad =\dfrac{(\alpha+\beta+\gamma)^2-2(\alpha\beta+\beta\gamma+\gamma\alpha)}{\alpha\beta\gamma}$

$\qquad\qquad\qquad\quad =\dfrac{2^2-2\times(-3)}{-2}$

$\qquad\qquad\qquad\quad =-5$

5 1505 답 ①   유형 11

출제의도 | 삼차방정식의 켤레근의 성질을 이용하여 미정계수를 구할 수 있는지 확인한다.

> $1-i$가 주어진 방정식의 한 근이므로 $1+i$도 주어진 방정식의 한 근이야.

a, b가 실수이므로 주어진 방정식의 한 근이 $1-i$이면 $1+i$도 주어진 방정식의 근이다.

세 근을 $1-i$, $1+i$, α라 하면

삼차방정식의 근과 계수의 관계에 의하여

$(1-i)+(1+i)+\alpha=-a$ ·················· $\bigcirc$

$(1-i)(1+i)+(1+i)\alpha+\alpha(1-i)=0$ ·················· $\bigcirc$

$(1-i)(1+i)\alpha=-b$ ·················· $\bigcirc$

$\bigcirc$에서 $2+2\alpha=0$ $\quad \therefore \alpha=-1$

$\alpha=-1$을 $\bigcirc$, $\bigcirc$에 대입하면

$1=-a$에서 $a=-1$

$-2=-b$에서 $b=2$

$\therefore a^2+b^2=(-1)^2+2^2=5$

6 1506　답 ④

유형 13

출제의도 | 방정식 $x^3=1$의 한 허근의 성질을 이용하여 식의 값을 구할 수 있는지 확인한다.

ω는 $x^3=1$의 한 허근이므로 $\omega^3=1$, $\omega^2+\omega+1=0$을 이용해 보자.

$x^3=1$에서 $x^3-1=0$, $(x-1)(x^2+x+1)=0$

ω는 $x^3=1$의 한 허근이므로 $\omega^3=1$, $\omega^2+\omega+1=0$

이때 $\dfrac{1}{\omega}+\dfrac{1}{\omega^2}+\dfrac{1}{\omega^3}=\dfrac{\omega^2+\omega+1}{\omega^3}=0$이므로

$1+\dfrac{1}{\omega}+\dfrac{1}{\omega^2}+\dfrac{1}{\omega^3}+\cdots+\dfrac{1}{\omega^{123}}$

$=1+\left(\dfrac{1}{\omega}+\dfrac{1}{\omega^2}+\dfrac{1}{\omega^3}\right)+\left(\dfrac{1}{\omega^4}+\dfrac{1}{\omega^5}+\dfrac{1}{\omega^6}\right)+\cdots$

$\qquad\qquad\qquad\qquad+\left(\dfrac{1}{\omega^{121}}+\dfrac{1}{\omega^{122}}+\dfrac{1}{\omega^{123}}\right)$

$=1+\left(\dfrac{1}{\omega}+\dfrac{1}{\omega^2}+\dfrac{1}{\omega^3}\right)+\dfrac{1}{\omega^3}\times\left(\dfrac{1}{\omega}+\dfrac{1}{\omega^2}+\dfrac{1}{\omega^3}\right)+\cdots$

$\qquad\qquad\qquad\qquad+\dfrac{1}{(\omega^3)^{40}}\times\left(\dfrac{1}{\omega}+\dfrac{1}{\omega^2}+\dfrac{1}{\omega^3}\right)$

$=1$

7 1507　답 ①

유형 17

출제의도 | 연립이차방정식의 해를 구할 수 있는지 확인한다.

일차방정식을 한 문자에 대해 정리한 후 이차방정식에 대입해 보자.

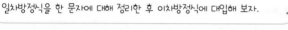

$\begin{cases} x+2y=4 & \cdots\cdots\cdots\cdots\cdots\cdots\cdots\cdots\ ㉠ \\ xy-y-1=0 & \cdots\cdots\cdots\cdots\cdots\cdots\cdots\cdots\ ㉡ \end{cases}$

㉠에서 $x=-2y+4$ $\cdots\cdots\cdots\cdots$ ㉢

㉢을 ㉡에 대입하면

$(-2y+4)y-y-1=0$, $2y^2-3y+1=0$

$(y-1)(2y-1)=0$ $\qquad\therefore y=1$ 또는 $y=\dfrac{1}{2}$

이것을 ㉢에 대입하면

$y=1$일 때 $x=2$, $y=\dfrac{1}{2}$일 때 $x=3$

이때 α, β는 정수이므로 $\alpha=2$, $\beta=1$

$\therefore \alpha+\beta=2+1=3$

8 1508　답 ②

유형 5

출제의도 | 계수가 대칭인 사차방정식의 근을 구할 수 있는지 확인한다.

$x^4-3x^3-2x^2-3x+1=0$의 양변을 x^2으로 나눈 후 $x+\dfrac{1}{x}=X$로 치환해 보자.

$x^4-3x^3-2x^2-3x+1=0$에서

$x\neq0$이므로 양변을 x^2으로 나누면

$x^2-3x-2-\dfrac{3}{x}+\dfrac{1}{x^2}=0$

$\left(x^2+\dfrac{1}{x^2}\right)-3\left(x+\dfrac{1}{x}\right)-2=0$

$\left(x+\dfrac{1}{x}\right)^2-3\left(x+\dfrac{1}{x}\right)-4=0$

$x+\dfrac{1}{x}=X$라 하면

$X^2-3X-4=0$, $(X+1)(X-4)=0$

$\therefore X=-1$ 또는 $X=4$

즉, $x+\dfrac{1}{x}=-1$ 또는 $x+\dfrac{1}{x}=4$

(ⅰ) $x+\dfrac{1}{x}=-1$인 경우

　　양변에 x를 곱하여 정리하면 $x^2+x+1=0$

　　이때 이 이차방정식의 판별식을 D_1이라 하면

　　$D_1=1^2-4\times1\times1<0$이므로

　　$x+\dfrac{1}{x}=-1$을 만족시키는 실근은 존재하지 않는다.

(ⅱ) $x+\dfrac{1}{x}=4$인 경우

　　양변에 x를 곱하여 정리하면 $x^2-4x+1=0$

　　이때 이 이차방정식의 판별식을 D_2라 하면

　　$\dfrac{D_2}{4}=(-2)^2-1\times1>0$이므로 서로 다른 두 개의 실근을 갖고

　　이 이차방정식의 실근을 α, β라 하면 근과 계수의 관계에 의하여

　　$\alpha+\beta=4$

(ⅰ), (ⅱ)에서 구하는 모든 실근의 합은 4이다.

9 1509　답 ⑤

유형 6

출제의도 | 삼차방정식의 한 근이 주어졌을 때, 다른 두 근을 구할 수 있는지 확인한다.

$x=2$를 주어진 식에 대입해 보자.

$x^3+(k+1)x^2-x-(k^2+5)=0$에 $x=2$를 대입하면

$8+4(k+1)-2-(k^2+5)=0$

$k^2-4k-5=0$, $(k+1)(k-5)=0$

$\therefore k=-1$ 또는 $k=5$

(ⅰ) $k=-1$일 때, $x^3-x-6=0$이므로

　　조립제법을 이용하여 좌변을 인수분해하면

$\begin{array}{r|rrrr} 2 & 1 & 0 & -1 & -6 \\ & & 2 & 4 & 6 \\ \hline & 1 & 2 & 3 & 0 \end{array}$

　　$(x-2)(x^2+2x+3)=0$

　　$\therefore x=2$ 또는 $x=-1\pm\sqrt{2}i$

　　그런데 이것은 서로 다른 두 개의 음의 정수인 근을 갖는다는 조건을 만족시키지 않는다.

(ⅱ) $k=5$일 때, $x^3+6x^2-x-30=0$이므로

　　조립제법을 이용하여 좌변을 인수분해하면

$\begin{array}{r|rrrr} 2 & 1 & 6 & -1 & -30 \\ & & 2 & 16 & 30 \\ \hline & 1 & 8 & 15 & 0 \end{array}$

　　$(x-2)(x^2+8x+15)=0$

　　$(x-2)(x+3)(x+5)=0$

　　$\therefore x=2$ 또는 $x=-3$ 또는 $x=-5$

(ⅰ), (ⅱ)에서 구하는 상수 k의 값은 5이다.

10 1510 답 ②
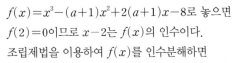
유형 7

출제의도 | 삼차방정식의 실근이 2개 되는 경우를 구할 수 있는지 확인한다.

> 삼차방정식의 좌변을 인수분해해 보자.

$f(x)=x^3-(a+1)x^2+2(a+1)x-8$로 놓으면
$f(2)=0$이므로 $x-2$는 $f(x)$의 인수이다.
조립제법을 이용하여 $f(x)$를 인수분해하면

$$
\begin{array}{r|rrrr}
2 & 1 & -a-1 & 2a+2 & -8 \\
  &   & 2 & -2a+2 & 8 \\
\hline
  & 1 & -a+1 & 4 & 0
\end{array}
$$

$f(x)=(x-2)\{x^2+(1-a)x+4\}$
주어진 방정식은 $(x-2)\{x^2+(1-a)x+4\}=0$이므로 이 방정식이 서로 다른 실근의 개수가 2가 되려면 중근을 가져야 한다.

(i) 이차방정식 $x^2+(1-a)x+4=0$이 $x=2$를 근으로 갖는 경우
 $4+(1-a)\times 2+4=0$　 ∴ $a=5$

(ii) 이차방정식 $x^2+(1-a)x+4=0$이 중근을 갖는 경우
 방정식 $x^2+(1-a)x+4=0$의 판별식을 D라 하면 $D=0$이어야 한다.
 $D=(1-a)^2-4\times 1\times 4=0$, $a^2-2a-15=0$
 $(a+3)(a-5)=0$　 ∴ $a=-3$ 또는 $a=5$

이때 $a=5$인 경우 (i), (ii)의 경우를 동시에 만족시키므로 주어진 방정식은 삼중근을 갖게 되어 $a\neq 5$이다.
∴ $a=-3$

11 1511 답 ③
유형 9

출제의도 | 주어진 근을 이용하여 삼차방정식을 만들고 식의 값을 구할 수 있는지 확인한다.

> 세 수 α, β, γ를 근으로 하고 x^3의 계수가 1인 삼차방정식은 $(x-\alpha)(x-\beta)(x-\gamma)=0$이야.

$P(x)=x^3-2x^2-5x+6$으로 놓으면
$P(-3)=(-3)^3-2\times(-3)^2-5\times(-3)+6$
　　　$=-24$
삼차방정식 $P(x)=0$의 세 근이 α, β, γ이므로
$P(x)=(x-\alpha)(x-\beta)(x-\gamma)$
$P(-3)=(-3-\alpha)(-3-\beta)(-3-\gamma)$
　　　$=-(3+\alpha)(3+\beta)(3+\gamma)$
이므로 $-(3+\alpha)(3+\beta)(3+\gamma)=-24$
∴ $(3+\alpha)(3+\beta)(3+\gamma)=24$

다른 풀이
$P(x)=x^3-2x^2-5x+6$으로 놓으면
$P(-2)=0$이므로 $x+2$는 $P(x)$의 인수이다.
조립제법을 이용하여 $P(x)$를 인수분해하면

$$
\begin{array}{r|rrrr}
-2 & 1 & -2 & -5 & 6 \\
   &   & -2 & 8 & -6 \\
\hline
   & 1 & -4 & 3 & 0
\end{array}
$$

$P(x)=(x+2)(x^2-4x+3)=(x+2)(x-1)(x-3)$

즉, 주어진 방정식은 $(x+2)(x-1)(x-3)=0$이므로
$x=-2$ 또는 $x=1$ 또는 $x=3$
∴ $(3+\alpha)(3+\beta)(3+\gamma)=1\times 4\times 6=24$

12 1512 답 ④
유형 10

출제의도 | 삼차방정식의 근의 역수와 계수의 관계를 이해하는지 확인한다.

> 삼차방정식 $ax^3+bx^2+cx+d=0$의 세 근이 α, β, γ이면 방정식 $dx^3+cx^2+bx+a=0$의 세 근은 $\dfrac{1}{\alpha}$, $\dfrac{1}{\beta}$, $\dfrac{1}{\gamma}$이야.

α가 삼차방정식 $x^3+3x^2-5x+1=0$의 한 근이므로
$\alpha^3+3\alpha^2-5\alpha+1=0$
양변을 α^3으로 나누면 $1+\dfrac{3}{\alpha}-\dfrac{5}{\alpha^2}+\dfrac{1}{\alpha^3}=0$
$\left(\dfrac{1}{\alpha}\right)^3-5\times\left(\dfrac{1}{\alpha}\right)^2+3\times\dfrac{1}{\alpha}+1=0$
즉, $\dfrac{1}{\alpha}$은 삼차방정식 $x^3-5x^2+3x+1=0$의 근이다.
같은 방법으로 β, γ도 삼차방정식 $x^3+3x^2-5x+1=0$의 근이므로
$\dfrac{1}{\beta}$, $\dfrac{1}{\gamma}$은 삼차방정식 $x^3-5x^2+3x+1=0$의 근이 된다.
따라서 $a=-5$, $b=3$, $c=1$이므로
$abc=(-5)\times 3\times 1=-15$

다른 풀이
삼차방정식 $x^3+3x^2-5x+1=0$의 세 근이 α, β, γ이므로
근과 계수의 관계에 의하여
$\alpha+\beta+\gamma=-3$, $\alpha\beta+\beta\gamma+\gamma\alpha=-5$, $\alpha\beta\gamma=-1$
$\dfrac{1}{\alpha}+\dfrac{1}{\beta}+\dfrac{1}{\gamma}=\dfrac{\alpha\beta+\beta\gamma+\gamma\alpha}{\alpha\beta\gamma}=\dfrac{-5}{-1}=5$
$\dfrac{1}{\alpha\beta}+\dfrac{1}{\beta\gamma}+\dfrac{1}{\gamma\alpha}=\dfrac{\alpha+\beta+\gamma}{\alpha\beta\gamma}=\dfrac{-3}{-1}=3$
$\dfrac{1}{\alpha\beta\gamma}=\dfrac{1}{-1}=-1$
즉, $\dfrac{1}{\alpha}$, $\dfrac{1}{\beta}$, $\dfrac{1}{\gamma}$을 세 근으로 하고 x^3의 계수가 1인 삼차방정식은
$x^3-5x^2+3x+1=0$
따라서 $a=-5$, $b=3$, $c=1$이므로
$abc=(-5)\times 3\times 1=-15$

13 1513 답 ①
유형 12

출제의도 | 방정식 $f(x)=0$의 근을 이용하여 방정식 $f(6x+2)=0$의 근의 합을 구할 수 있는지 확인한다.

> 방정식 $f(x)=0$의 세 근이 α, β, γ라 하면 방정식 $f(6x+2)=0$의 세 근은 $\alpha'=\dfrac{\alpha-2}{6}$, $\beta'=\dfrac{\beta-2}{6}$, $\gamma'=\dfrac{\gamma-2}{6}$를 만족시키는 α', β', γ'이야.

삼차방정식 $f(x)=0$의 세 근이 α, β, γ라 하면
방정식 $f(6x+2)=0$의 세 근은
$6\alpha'+2=\alpha$, $6\beta'+2=\beta$, $6\gamma'+2=\gamma$를 만족시키는 α', β', γ'이므로
$\alpha'=\dfrac{\alpha-2}{6}$, $\beta'=\dfrac{\beta-2}{6}$, $\gamma'=\dfrac{\gamma-2}{6}$

따라서 방정식 $f(6x+2)=0$의 세 근의 합은

$$\alpha'+\beta'+\gamma'=\frac{\alpha+\beta+\gamma-6}{6}=\frac{42-6}{6}=6$$

14 1514 답 ⑤
유형 14

출제의도 | 방정식 $x^3+1=0$의 허근의 성질을 이용하여 보기의 참, 거짓을 판별할 수 있는지 확인한다.

> ω는 $x^3+1=0$의 한 허근이므로 $\omega^3=-1$, $\omega^2-\omega+1=0$이이야.

$x^3+1=0$에서 $(x+1)(x^2-x+1)=0$

ω는 이차방정식 $x^2-x+1=0$의 한 허근이므로

$\omega^3=-1$, $\omega^2-\omega+1=0$

ㄱ. $\omega^{13}=(\omega^3)^4\times\omega=\omega$ (거짓)

ㄴ. ω가 $x^2-x+1=0$의 한 허근이므로 $\overline{\omega}$도 $x^2-x+1=0$의 한 허근이다.

　즉, 이차방정식의 근과 계수의 관계에 의하여

　$\omega+\overline{\omega}=1$, $\omega\overline{\omega}=1$

　$\therefore \dfrac{\overline{\omega}}{\omega}+\dfrac{\omega}{\overline{\omega}}=\dfrac{\overline{\omega}^2+\omega^2}{\omega\overline{\omega}}=\dfrac{(\omega+\overline{\omega})^2-2\omega\overline{\omega}}{\omega\overline{\omega}}$

　$\qquad\qquad =\dfrac{1^2-2}{1}=-1$ (참)

ㄷ. $1-\omega+\omega^2-\omega^3+\omega^4-\omega^5+\cdots+\omega^{2022}$

　$=1-\omega(1-\omega+\omega^2)+\omega^4(1-\omega+\omega^2)-\cdots+\omega^{2020}(1-\omega+\omega^2)$

　$=1$ (참)

따라서 옳은 것은 ㄴ, ㄷ이다.

15 1515 답 ②
유형 16

출제의도 | 삼차방정식을 활용하여 도형 문제를 해결할 수 있는지 확인한다.

> $x^3-9x^2+26x-24$를 인수분해해 보자.

$P(x)=x^3-9x^2+26x-24$로 놓으면

$P(2)=0$이므로 $x-2$는 $P(x)$의 인수이다.

조립제법을 이용하여 $P(x)$를 인수분해하면

$$
\begin{array}{r|rrrr}
2 & 1 & -9 & 26 & -24 \\
  &   & 2 & -14 & 24 \\
\hline
  & 1 & -7 & 12 & 0 \\
\end{array}
$$

$P(x)=(x-2)(x^2-7x+12)$

즉, 주어진 방정식은

$(x-2)(x^2-7x+12)=0$

$(x-2)(x-3)(x-4)=0$

$\therefore x=2$ 또는 $x=3$ 또는 $x=4$

$\therefore l=\sqrt{\alpha^2+\beta^2+\gamma^2}=\sqrt{2^2+3^2+4^2}=\sqrt{29}$

16 1516 답 ①
유형 17

출제의도 | 연립이차방정식의 해를 구할 수 있는지 확인한다.

> 두 연립방정식의 해가 일치하므로 $\begin{cases} x^2-y^2=-4 \\ x+y=1 \end{cases}$의 해를 구해 보자.

두 연립방정식의 해가 일치하므로

$$\begin{cases} x^2-y^2=-4 & \cdots\cdots ㉠ \\ x+y=1 & \cdots\cdots ㉡ \end{cases}$$

의 해와 같다.

㉠에서 $(x+y)(x-y)=-4$ $\cdots\cdots$ ㉢

㉡을 ㉢에 대입하면 $x-y=-4$ $\cdots\cdots$ ㉣

㉡, ㉣을 연립하여 풀면

$x=-\dfrac{3}{2}$, $y=\dfrac{5}{2}$ $\cdots\cdots$ ㉤

㉤을 $2x+y=a$에 대입하면 $a=-\dfrac{1}{2}$

㉤을 $x-3y=b$에 대입하면 $b=-9$

$\therefore 4ab=4\times\left(-\dfrac{1}{2}\right)\times(-9)=18$

17 1517 답 ③
유형 18

출제의도 | 두 이차방정식으로 이루어진 연립이차방정식의 해를 구할 수 있는지 확인한다.

> $2x^2+3xy-2y^2=0$의 좌변을 인수분해해 보자.

$2x^2+3xy-2y^2=0$에서

$(2x-y)(x+2y)=0$

$\therefore y=2x$ 또는 $x=-2y$

(ⅰ) $y=2x$를 $x^2+y^2=5$에 대입하면

　$x^2+4x^2=5$, $x^2=1$ $\quad\therefore x=\pm1$

　이것을 $y=2x$에 대입하여 y의 값을 구하면

　$x=1$일 때 $y=2$, $x=-1$일 때 $y=-2$이다.

(ⅱ) $x=-2y$를 $x^2+y^2=5$에 대입하면

　$4y^2+y^2=5$, $y^2=1$ $\quad\therefore y=\pm1$

　이것을 $x=-2y$에 대입하여 x의 값을 구하면

　$y=1$일 때 $x=-2$, $y=-1$일 때 $x=2$이다.

(ⅰ), (ⅱ)에서 연립방정식의 해는

$$\begin{cases} x=1 \\ y=2 \end{cases} 또는 \begin{cases} x=-1 \\ y=-2 \end{cases} 또는 \begin{cases} x=-2 \\ y=1 \end{cases} 또는 \begin{cases} x=2 \\ y=-1 \end{cases}$$

따라서 $\alpha+\beta$의 값은 3, -3, -1, 1이므로

$M=3$, $m=-3$

$\therefore M+m=3+(-3)=0$

18 1518 답 ⑤
유형 6 + 유형 8

출제의도 | 근과 계수의 관계를 이용하여 미정계수를 구할 수 있는지 확인한다.

> $x^2-ax+5=0$의 두 근을 α, β라 하면
> $x^3-bx^2-7x+10=0$의 세 근을 α, β, γ라 할 수 있어.

$x^2-ax+5=0$의 두 근을 α, β라 하면 이차방정식의 근과 계수의 관계에 의하여

$\alpha+\beta=a$, $\alpha\beta=5$ $\cdots\cdots$ ㉠

삼차방정식 $x^3-bx^2-7x+10=0$의 세 근을 α, β, γ라 하면 삼차방정식의 근과 계수의 관계에 의하여

$\alpha+\beta+\gamma=b$, $\alpha\beta\gamma=-10$

06

¬에서 $\alpha\beta=5$이므로 $5\times\gamma=-10$에서 $\gamma=-2$
이때 $\gamma=-2$는 방정식 $x^3-bx^2-7x+10=0$의 근이므로
$-8-4b+14+10=0$, $-4b+16=0$ ∴ $b=4$
$\gamma=-2$, $b=4$를 $\alpha+\beta+\gamma=b$에 대입하면
$\alpha+\beta+(-2)=4$ ∴ $\alpha+\beta=6$
¬에서 $a=\alpha+\beta=6$
∴ $a+b=6+4=10$

19 1519 답 ② 유형 24

출제의도 | 실수 조건의 부정방정식의 해를 구할 수 있는지 확인한다.

주어진 식을 $A^2+B^2=0$ 꼴로 정리해 보자.

$x^2y^2+x^2+4y^2-8xy+4=0$에서
$(x^2y^2-4xy+4)+(x^2-4xy+4y^2)=0$
$(xy-2)^2+(x-2y)^2=0$
이때 x, y는 실수이므로 $xy-2$, $x-2y$도 실수이다.
$xy-2=0$, $x-2y=0$ ∴ $xy=2$, $x=2y$
$x=2y$를 $xy=2$에 대입하면
$2y^2=2$, $y^2=1$
이때 $x=2y$에서 $x^2=4y^2$이므로
$y^2=1$을 대입하면 $x^2=4$
∴ $x^2+y^2=4+1=5$

20 1520 답 ① 유형 11

출제의도 | 삼차방정식의 켤레근의 성질을 이용하여 미정계수를 구할 수 있는지 확인한다.

두 허근이 α와 $-\alpha^2$이면 $-\alpha^2$은 α의 켤레복소수야.

α, $-\alpha^2$이 방정식 $x^3+ax^2+bx-1=0$의 두 허근이므로
$-\alpha^2=\bar{\alpha}$
이때 $\alpha=m+ni$ (m, n은 실수이고, $n\neq0$)라 하면
$\alpha^2=m^2-n^2+2mni$이고 $\bar{\alpha}=m-ni$이므로
$-(m^2-n^2+2mni)=m-ni$
복소수가 서로 같을 조건에 의하여
$m=-m^2+n^2$ ········· ¬
$n=2mn$ ········· ㄴ
ㄴ에서 $m=\dfrac{1}{2}$ $(\because n\neq0)$
이것을 ¬에 대입하면
$\dfrac{1}{2}=-\dfrac{1}{4}+n^2$ ∴ $n=\pm\dfrac{\sqrt{3}}{2}$
따라서 주어진 삼차방정식의 두 허근은 $\dfrac{1}{2}+\dfrac{\sqrt{3}}{2}i$, $\dfrac{1}{2}-\dfrac{\sqrt{3}}{2}i$이므로 나머지 한 실근을 β라 하면 근과 계수의 관계에 의하여
$\left(\dfrac{1}{2}+\dfrac{\sqrt{3}}{2}i\right)+\left(\dfrac{1}{2}-\dfrac{\sqrt{3}}{2}i\right)+\beta=-a$ ···· ㄷ
$\left(\dfrac{1}{2}+\dfrac{\sqrt{3}}{2}i\right)\left(\dfrac{1}{2}-\dfrac{\sqrt{3}}{2}i\right)+\left(\dfrac{1}{2}-\dfrac{\sqrt{3}}{2}i\right)\beta+\beta\left(\dfrac{1}{2}+\dfrac{\sqrt{3}}{2}i\right)=b$ ···· ㄹ
$\left(\dfrac{1}{2}+\dfrac{\sqrt{3}}{2}i\right)\left(\dfrac{1}{2}-\dfrac{\sqrt{3}}{2}i\right)\beta=1$ ········· ㅁ

ㅁ에서 $\beta=1$이고, 이것을 ㄷ, ㄹ에 대입하면
$-a=\left(\dfrac{1}{2}+\dfrac{\sqrt{3}}{2}i\right)+\left(\dfrac{1}{2}-\dfrac{\sqrt{3}}{2}i\right)+1=2$에서 $a=-2$
$b=\left(\dfrac{1}{2}+\dfrac{\sqrt{3}}{2}i\right)\left(\dfrac{1}{2}-\dfrac{\sqrt{3}}{2}i\right)+1\times\left(\dfrac{1}{2}-\dfrac{\sqrt{3}}{2}i\right)+1\times\left(\dfrac{1}{2}+\dfrac{\sqrt{3}}{2}i\right)$
$=2$
∴ $a^2+b^2=(-2)^2+2^2=8$

21 1521 답 ② 유형 16

출제의도 | 삼차방정식을 활용하여 도형 문제를 해결할 수 있는지 확인한다.

합동인 삼각형을 찾아서 피타고라스 정리를 이용해 보자.

그림과 같이 삼각형 ABF와 삼각형 EDF에서
$\angle BAF=\angle DEF=90°$,
$\angle AFB=\angle EFD$ (맞꼭지각)이므로
$\angle ABF=\angle EDF$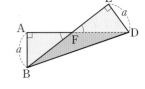
또, $\overline{AB}=\overline{ED}=a$이므로 삼각형 ABF와 삼각형 EDF는 ASA 합동이다.
즉, 그림과 같이 $\overline{AF}=b$라 하면
$\overline{EF}=b$이고, $\overline{DF}=12-b$이다.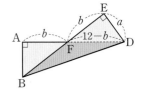
삼각형 EDF에서 피타고라스 정리에 의하여
$(12-b)^2=a^2+b^2$, $144-24b=a^2$
∴ $b=6-\dfrac{a^2}{24}$ ········· ¬

또, 삼각형 BDF의 넓이가 $\dfrac{40}{3}$이므로
$\dfrac{1}{2}\times\overline{DF}\times\overline{AB}=\dfrac{1}{2}\times(12-b)\times a=\dfrac{40}{3}$
∴ $a(12-b)=\dfrac{80}{3}$ ········· ㄴ
¬을 ㄴ에 대입하면
$a\left(6+\dfrac{a^2}{24}\right)=\dfrac{80}{3}$, $a^3+144a-640=0$
$(a-4)(a^2+4a+160)=0$
∴ $a=4$ 또는 $a^2+4a+160=0$
이때 이차방정식 $a^2+4a+160=0$의 판별식을 D라 하면
$\dfrac{D}{4}=2^2-160<0$이므로
방정식 $a^2+4a+160=0$은 실근을 갖지 않는다.
∴ $a=4$

22 1522 답 -2 유형 6

출제의도 | 사차방정식에서 한 근이 주어졌을 때, 나머지 근을 구할 수 있는지 확인한다.

STEP 1 a의 값 구하기 [2점]
주어진 사차방정식의 한 근이 -2이므로
$x^4-x^3+ax^2+x+6=0$에 $x=-2$를 대입하면
$16+8+4a-2+6=0$, $4a+28=0$
∴ $a=-7$

STEP 2 $x^4-x^3-7x^2+x+6=0$의 **좌변을 인수분해하기** [3점]

즉, 주어진 방정식은 $x^4-x^3-7x^2+x+6=0$

$f(x)=x^4-x^3-7x^2+x+6$으로 놓으면

$f(-2)=0$이므로 $x+2$는 $f(x)$의 인수이다.

조립제법을 이용하여 $f(x)$를 인수분해하면

$$
\begin{array}{r|rrrrr}
-2 & 1 & -1 & -7 & 1 & 6 \\
   &   & -2 & 6 & 2 & -6 \\
\hline
-1 & 1 & -3 & -1 & 3 & 0 \\
   &   & -1 & 4 & -3 & \\
\hline
   & 1 & -4 & 3 & 0 &
\end{array}
$$

$f(x)=(x+2)(x+1)(x^2-4x+3)$

　　　$=(x+2)(x+1)(x-1)(x-3)$

즉, 주어진 방정식은 $(x+2)(x+1)(x-1)(x-3)=0$

STEP 3 $a+|\beta|+|\gamma|+|\delta|$**의 값 구하기** [1점]

주어진 사차방정식의 해는

$x=-2$ 또는 $x=-1$ 또는 $x=1$ 또는 $x=3$

$\therefore a+|\beta|+|\gamma|+|\delta|=-7+|-1|+|1|+|3|=-2$

---

23 1523 　답 $-\dfrac{3}{2}$, 3 　유형 20

출제의도 ｜ 연립방정식의 해의 조건이 주어질 때, 미정계수를 구할 수 있는지 확인한다.

STEP 1 미지수를 소거하여 x(또는 y)에 대한 이차방정식 만들기 [2점]

$x+y=a$에서 $y=a-x$를 $2x^2+y^2=a+3$에 대입하면

$2x^2+(a-x)^2=a+3$ 　$\therefore 3x^2-2ax+a^2-a-3=0$

STEP 2 모든 a의 값 구하기 [4점]

주어진 연립방정식이 오직 한 쌍의 해를 가지려면

이차방정식 $3x^2-2ax+a^2-a-3=0$이 오직 한 개의 실근을 가져야 한다.

이차방정식 $3x^2-2ax+a^2-a-3=0$의 판별식을 D라 하면

$\dfrac{D}{4}=(-a)^2-3(a^2-a-3)=0$

$2a^2-3a-9=0$, $(2a+3)(a-3)=0$

$\therefore a=-\dfrac{3}{2}$ 또는 $a=3$

---

24 1524 　답 -6 　유형 6

출제의도 ｜ 사차방정식의 두 근이 주어졌을 때, 나머지 근을 구할 수 있는지 확인한다.

STEP 1 a, b의 값 구하기 [2점]

주어진 방정식의 두 근이 2, -1이므로

$x^4+x^3+ax^2-9x+b=0$에 $x=2$, $x=-1$을 각각 대입하면

$16+8+4a-18+b=0$ 　$\therefore 4a+b=-6$ ┄┄┄ ㉠

$1-1+a+9+b=0$ 　$\therefore a+b=-9$ ┄┄┄ ㉡

㉠, ㉡을 연립하여 풀면

$a=1$, $b=-10$

STEP 2 $\alpha^2+\beta^2$의 값 구하기 [5점]

주어진 방정식은 $x^4+x^3+x^2-9x-10=0$

$P(x)=x^4+x^3+x^2-9x-10$으로 놓으면

$P(2)=0$, $P(-1)=0$이므로 $x-2$, $x+1$은 $P(x)$의 인수이다.

조립제법을 이용하여 $P(x)$를 인수분해하면

$$
\begin{array}{r|rrrrr}
2 & 1 & 1 & 1 & -9 & -10 \\
  &   & 2 & 6 & 14 & 10 \\
\hline
-1 & 1 & 3 & 7 & 5 & 0 \\
  &   & -1 & -2 & -5 & \\
\hline
  & 1 & 2 & 5 & 0 &
\end{array}
$$

$P(x)=(x-2)(x+1)(x^2+2x+5)$

즉, 주어진 사차방정식은 $(x-2)(x+1)(x^2+2x+5)=0$이므로

α, β는 방정식 $x^2+2x+5=0$의 두 근이다.

따라서 이차방정식의 근과 계수의 관계에 의하여 $\alpha+\beta=-2$,

$\alpha\beta=5$이므로

$\alpha^2+\beta^2=(\alpha+\beta)^2-2\alpha\beta=(-2)^2-2\times5=-6$

---

25 1525 　답 -5 　유형 19

출제의도 ｜ 대칭식으로 이루어진 연립이차방정식의 해를 구할 수 있는지 확인한다.

STEP 1 $x+y=u$, $xy=v$로 놓고, u와 v에 대한 관계식 찾기 [1점]

$x+y=u$, $xy=v$라 하면 주어진 연립방정식은

$\begin{cases} u^2-v=13 & \cdots\cdots ㉠ \\ u^2-2v+u=14 & \cdots\cdots ㉡ \end{cases}$

㉡-㉠을 하면

$u-v=1$에서 $u=v+1$ ┄┄┄ ㉢

STEP 2 u, v의 값 구하기 [2점]

㉢을 ㉠에 대입하면

$(v+1)^2-v=13$, $v^2+v-12=0$

$(v+4)(v-3)=0$ 　$\therefore v=-4$ 또는 $v=3$

이것을 ㉢에 대입하여 u의 값을 구하면

$v=-4$일 때 $u=-3$, $v=3$일 때 $u=4$

STEP 3 연립방정식의 해 구하기 [4점]

(ⅰ) $u=-3$, $v=-4$, 즉 $x+y=-3$, $xy=-4$일 때

　　x, y는 이차방정식 $t^2+3t-4=0$의 두 근이므로

　　$(t+4)(t-1)=0$ 　$\therefore t=-4$ 또는 $t=1$

　　$\therefore \begin{cases} x=-4 \\ y=1 \end{cases}$ 또는 $\begin{cases} x=1 \\ y=-4 \end{cases}$

(ⅱ) $u=4$, $v=3$, 즉 $x+y=4$, $xy=3$일 때

　　x, y는 이차방정식 $t^2-4t+3=0$의 두 근이므로

　　$(t-1)(t-3)=0$ 　$\therefore t=1$ 또는 $t=3$

　　$\therefore \begin{cases} x=1 \\ y=3 \end{cases}$ 또는 $\begin{cases} x=3 \\ y=1 \end{cases}$

(ⅰ), (ⅱ)에서 연립방정식의 해는

$\begin{cases} x=-4 \\ y=1 \end{cases}$ 또는 $\begin{cases} x=1 \\ y=-4 \end{cases}$ 또는 $\begin{cases} x=1 \\ y=3 \end{cases}$ 또는 $\begin{cases} x=3 \\ y=1 \end{cases}$

STEP 4 $x-y$의 최솟값 구하기 [1점]

$x-y$의 값은 -5, 5, -2, 2이므로

$x-y$의 최솟값은 -5이다.

Ⅲ. 부등식

07 일차부등식

1526 답 $x \geq 6$

$3(x+3) \leq 5x-3$에서 $3x+9 \leq 5x-3$

$3x-5x \leq -3-9$, $-2x \leq -12$

$\therefore x \geq 6$

1527 답 $\begin{cases} a>2일 \ 때, \ x \geq a+2 \\ a<2일 \ 때, \ x \leq a+2 \\ a=2일 \ 때, \ 해는 \ 모든 \ 실수 \end{cases}$

$ax+4 \geq a^2+2x$에서 $ax-2x \geq a^2-4$

$(a-2)x \geq (a+2)(a-2)$

(ⅰ) $a>2$일 때, $x \geq a+2$

(ⅱ) $a<2$일 때, $x \leq a+2$

(ⅲ) $a=2$일 때, $0 \geq 0$이므로 해는 모든 실수이다.

1528 답 $-1<x<3$

$2x+5<11$에서 $2x<6$

$\therefore x<3$ ⚊⚊⚊⚊⚊ ㉠

$x+3>-x+1$에서 $2x>-2$

$\therefore x>-1$ ⚊⚊⚊⚊⚊ ㉡

㉠, ㉡을 수직선 위에 나타내면

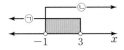

따라서 연립부등식의 해는 $-1<x<3$

1529 답 $x=2$

$5x+3 \geq 13$에서 $5x \geq 10$

$\therefore x \geq 2$ ⚊⚊⚊⚊⚊ ㉠

$x-4 \leq \dfrac{-6-x}{4}$의 양변에 4를 곱하면

$4(x-4) \leq -6-x$, $4x-16 \leq -6-x$, $5x \leq 10$

$\therefore x \leq 2$ ⚊⚊⚊⚊⚊ ㉡

㉠, ㉡을 수직선 위에 나타내면

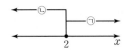

따라서 연립부등식의 해는 $x=2$

1530 답 $-2<x \leq 6$

부등식 $3x-1<5x+3 \leq 4x+9$를 연립부등식으로 고치면

$\begin{cases} 3x-1<5x+3 \\ 5x+3 \leq 4x+9 \end{cases}$

$3x-1<5x+3$에서 $-2x<4$

$\therefore x>-2$ ⚊⚊⚊⚊⚊ ㉠

$5x+3 \leq 4x+9$

$\therefore x \leq 6$ ⚊⚊⚊⚊⚊ ㉡

㉠, ㉡을 수직선 위에 나타내면

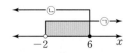

따라서 연립부등식의 해는 $-2<x \leq 6$

1531 답 $x>5$

부등식 $0.1x-1<\dfrac{2}{5}x+2<x-1$을 연립부등식으로 고치면

$\begin{cases} 0.1x-1<\dfrac{2}{5}x+2 \\ \dfrac{2}{5}x+2<x-1 \end{cases}$

$0.1x-1<\dfrac{2}{5}x+2$의 양변에 10을 곱하면

$x-10<4x+20$, $-3x<30$

$\therefore x>-10$ ⚊⚊⚊⚊⚊ ㉠

$\dfrac{2}{5}x+2<x-1$의 양변에 5를 곱하면

$2x+10<5x-5$, $-3x<-15$

$\therefore x>5$ ⚊⚊⚊⚊⚊ ㉡

㉠, ㉡을 수직선 위에 나타내면

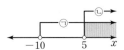

따라서 연립부등식의 해는 $x>5$

1532 답 $-1 \leq x \leq 5$

$|x-2| \leq 3$에서 $-3 \leq x-2 \leq 3$

각 변에 2를 더하면 $-1 \leq x \leq 5$

1533 답 $x<-\dfrac{5}{4}$

$|x|>3x+5$에서 절댓값 기호 안의 식의 값이 0이 되는 x의 값은 $x=0$

(ⅰ) $x<0$일 때

$-x>3x+5$, $-4x>5$

$\therefore x<-\dfrac{5}{4}$

(ⅱ) $x \geq 0$일 때

$x>3x+5$, $-2x>5$

$\therefore x<-\dfrac{5}{2}$

그런데 $x \geq 0$이므로 해는 없다.

(ⅰ), (ⅱ)에서 부등식의 해는 $x<-\dfrac{5}{4}$

1534 답 ③, ④

①은 다항식, ②, ⑤는 등식이다.

따라서 부등식인 것은 ③, ④이다.

1535 답 ②

② '크지 않다.'는 '작거나 같다.'이므로 $x+5\leq 3x$

따라서 옳지 않은 것은 ②이다.

1536 답 ④

<u>4</u>에 <u>x의 3배</u>를 <u>더한 값</u>은 <u>x에서 2를 뺀 후 3으로 나눈 값</u>보다 <u>크</u>
<u>거나 같다.</u>
→ $4+3x$　　→ $(x-2)\div 3$
→ $\geq$

∴ $4+3x\geq\dfrac{x-2}{3}$

1537 답 1, 2

$x=-1$일 때, $2\times(-1)+1\geq-(-1)+4$ (거짓)

$x=0$일 때, $2\times 0+1\geq 0+4$ (거짓)

$x=1$일 때, $2\times 1+1\geq-1+4$ (참)

$x=2$일 때, $2\times 2+1\geq-2+4$ (참)

따라서 주어진 부등식의 해는 1, 2이다.

1538 답 ①

$2x+1=5$에서 $2x=4$　　∴ $x=2$

$x=2$를 부등식에 각각 대입하면

① $2\times 2+5\geq 9$ (참)

② $2+1>3$ (거짓)

③ $-2+1>2+2$ (거짓)

④ $-2+2<-3$ (거짓)

⑤ $3\times 2-5\leq 2-2$ (거짓)

따라서 $x=2$를 해로 갖는 부등식은 ①이다.

1539 답 ④　　　　　　　　| 유형 1

$a<0<b$일 때, 다음 중 항상 성립하는 것은?
단서1
① $a+b<0$　　　　　　② $a-5>b-5$
③ $-3a<-3b$　　　　④ $2a+1<2b+1$
⑤ $\dfrac{b}{a}>1$
단서1 $a<0<b$ ➡ $a<0$, $b>0$, $a<b$

STEP1 부등식의 성질을 이용하여 ①, ②, ③의 참, 거짓 판별하기

① $a=-1$, $b=2$이면 $a<0<b$이지만 $a+b>0$ (거짓)

② $a<b$이므로 $a-5<b-5$ (거짓)

③ $a<b$이므로 $-3a>-3b$ (거짓)

STEP2 부등식의 성질을 이용하여 ④, ⑤의 참, 거짓 판별하기

④ $a<b$이므로 $2a<2b$

∴ $2a+1<2b+1$ (참)

⑤ $a<0$이므로 $a<b$의 양변을 a로 나누면 $1>\dfrac{b}{a}$

∴ $\dfrac{b}{a}<1$ (거짓)

STEP3 항상 성립하는 것 찾기

항상 성립하는 것은 ④이다.

1540 답 ③

$-3a+1<-3b+1$에서 $-3a<-3b$　　∴ $a>b$

① $a>b$이므로 $a+2>b+2$ (거짓)

② $a>b$이므로 $-2a<-2b$ (거짓)

③ $a>b$이므로 $\dfrac{a}{5}>\dfrac{b}{5}$ (참)

④ $a>b$이므로 $5a>5b$

∴ $5a-7>5b-7$ (거짓)

⑤ $a>b$이므로 $-\dfrac{a}{3}<-\dfrac{b}{3}$

∴ $4-\dfrac{a}{3}<4-\dfrac{b}{3}$ (거짓)

따라서 옳은 것은 ③이다.

1541 답 ②

① $ac<bc$에서 $c<0$일 때, 양변을 c로 나누면 $a>b$

② $a-c>b-c$의 양변에 c를 더하면 $a>b$

③ $a>b$, $c<0$이면 $\dfrac{a}{c}<\dfrac{b}{c}$

④ $a=-1$, $b=1$이면 $\dfrac{1}{a}<\dfrac{1}{b}$이지만 $a<b$

⑤ $\dfrac{a}{c}>\dfrac{b}{c}$에서 $c>0$일 때, 양변에 c를 곱하면 $a>b$

따라서 항상 성립하는 것은 ②이다.

1542 답 $-2\leq x-y\leq 5$

$-1\leq x\leq 3$ ⋯⋯⋯⋯⋯⋯⋯⋯⋯⋯⋯⋯⋯⋯ ㉠

$-2\leq y\leq 1$에서 $-1\leq -y\leq 2$ ⋯⋯⋯⋯⋯⋯ ㉡

㉠+㉡을 하면

$-2\leq x-y\leq 5$

1543 답 ③

$-\dfrac{2}{3}\leq A<2$, 즉 $-\dfrac{2}{3}\leq\dfrac{x}{3}-2<2$의

각 변에 2를 더하면 $\dfrac{4}{3}\leq\dfrac{x}{3}<4$

각 변에 3을 곱하면 $4\leq x<12$

각 변에 -3을 곱하면 $-36<-3x\leq-12$

각 변에 1을 더하면 $-35<1-3x\leq-11$

∴ $-35<B\leq-11$

따라서 B의 최댓값은 -11이다.

1544 답 ③

ㄱ. $a<b$에서 $-a>-b$이므로 $-\dfrac{1}{a}<-\dfrac{1}{b}$ ($\because -a>0$, $-b>0$)

$\therefore \dfrac{1}{a}>\dfrac{1}{b}$ (거짓)

ㄴ. $a^2>0$이므로 $a<b$의 양변에 a^2을 곱하면

$a^3<a^2b$ (거짓)

ㄷ. $|a|>|b|$이므로 $a^2>b^2$이고

$ab>0$이므로 $a^2>b^2$의 양변을 ab로 나누면

$\dfrac{a}{b}>\dfrac{b}{a}$ (참)

ㄹ. $a<b<0$에서 $a^3<b^3$이고

$ab>0$이므로 $a^3<b^3$의 양변을 ab로 나누면

$\dfrac{a^2}{b}<\dfrac{b^2}{a}$ (참)

따라서 옳은 것은 ㄷ, ㄹ이다.

다른 풀이

ㄱ. $ab>0$이므로 $a<b$의 양변을 ab로 나누면

$\dfrac{1}{b}<\dfrac{1}{a}$ (거짓)

실수 Check

(1) $a>b$일 때, a, b의 부호가 서로 같으면 $\dfrac{1}{a}<\dfrac{1}{b}$이다.

즉, $ab>0$이고 $a>b$이면 $\dfrac{1}{a}<\dfrac{1}{b}$이다.

(2) a, b가 모두 음수일 때, $a<b$이면 $|a|>|b|$이다.

Plus 문제

1544-1

실수 a, b, c에 대하여 〈보기〉에서 옳은 것만을 있는 대로 고르시오.

──〈 보기 〉──

ㄱ. $ac^2>bc^2$이면 $a>b$이다.

ㄴ. $b<c$이면 $b-a<c-a$이다.

ㄷ. $\dfrac{a}{c}>\dfrac{b}{c}$이면 $a>b$이다. (단, $c\neq0$)

ㄹ. $a>b$이면 $a^2>b^2$이다.

ㅁ. $a>b>c$이면 $ab>c^2$이다.

ㄱ. $ac^2>bc^2$에서 $c^2>0$이므로

양변을 c^2으로 나누면 $a>b$ (참)

ㄴ. $b<c$에서 $b-a<c-a$ (참)

ㄷ. $\dfrac{a}{c}>\dfrac{b}{c}$에서 $c<0$일 때,

양변에 c를 곱하면 $a<b$ (거짓)

ㄹ. $a=1$, $b=-2$이면 $a>b$이지만 $a^2<b^2$ (거짓)

ㅁ. $a=1$, $b=-1$, $c=-2$이면

$a>b>c$이지만 $ab<c^2$ (거짓)

따라서 옳은 것은 ㄱ, ㄴ이다.

답 ㄱ, ㄴ

1545 답 ⑤

│ 유형 2

두 부등식 $\dfrac{x+1}{2}<x$와 $a(x-1)<1-x$의 해가 서로 같을 때, 다음

단서1

중 상수 a의 값이 될 수 **없는** 것은?

① -5 ② -4 ③ -3

④ -2 ⑤ -1

단서1 미정계수가 없는 부등식의 해를 먼저 구한 후 나머지 부등식의 해와 비교

STEP 1 부등식 $\dfrac{x+1}{2}<x$의 해 구하기

$\dfrac{x+1}{2}<x$에서 $x+1<2x$

$-x<-1$ $\therefore x>1$

STEP 2 두 부등식의 해가 서로 같음을 이용하여 a의 값의 범위 구하기

$a(x-1)<1-x$에서 $ax-a<1-x$

$(a+1)x<a+1$

이때 이 부등식의 해가 $x>1$이므로

$a+1<0$ $\therefore a<-1$

└─→ 부등식의 부등호 방향과 해의 부등호 방향이 다르면 x의 계수는 음수이다.

STEP 3 상수 a의 값이 될 수 없는 것 찾기

따라서 a의 값이 될 수 없는 것은 ⑤이다.

1546 답 $x>\dfrac{1}{a}$

$1-ax>0$에서 $-ax>-1$

이때 $a<0$이므로 $-a>0$

따라서 주어진 부등식의 해는 $x>\dfrac{1}{a}$

1547 답 $x\geq2$

$ax-2a\geq2(x-2)$에서

$ax-2a\geq2x-4$

$ax-2x\geq2a-4$

$(a-2)x\geq2(a-2)$

이때 $a>2$이므로 $a-2>0$

따라서 주어진 부등식의 해는 $x\geq2$

1548 답 $x<-5$

$bx-5a>ax-5b$에서

$bx-ax>5a-5b$

$(b-a)x>-5(b-a)$

이때 $a>b$이므로 $b-a<0$

따라서 주어진 부등식의 해는 $x<-5$

1549 답 ①

$ax-3a<4x-12$에서

$ax-4x<3a-12$

$(a-4)x<3(a-4)$

이때 이 부등식의 해가 $x>3$이므로

$a-4<0$ $\therefore a<4$

따라서 a의 값이 될 수 있는 것은 ①이다.

1550 답 ④

$ax-2\geq 7x+10$에서 $(a-7)x\geq 12$

이 부등식의 해가 $x\geq 2$이므로 $a-7>0$, 즉 $a>7$이고

부등식의 해는 $x\geq \dfrac{12}{a-7}$

> 부등식의 부등호 방향과 해의 부등호 방향이 같으면 x의 계수는 양수이다.

따라서 $\dfrac{12}{a-7}=2$이므로

$2a-14=12$, $2a=26$

$\therefore a=13$

1551 답 ③

$ax+b>0$에서 $ax>-b$

이 부등식의 해가 $x<-1$이므로 $a<0$이고

부등식의 해는 $x<-\dfrac{b}{a}$

따라서 $-\dfrac{b}{a}=-1$이므로 $b=a$

$b=a$를 부등식 $(a+b)x-4b>0$에 대입하면

$2ax-4a>0$에서 $2ax>4a$

$\therefore x<2$ $(\because a<0)$

1552 답 ①　｜유형 3

연립부등식 $\begin{cases} 4x+3\leq 3(x-1) \\ 2x-1>4(x+1)+1 \end{cases}$ 의 해가 $x\leq a$일 때, a의 값은?

단서1

① -6　　② -4　　③ -2

④ 0　　⑤ 2

단서1 각 일차부등식의 해의 공통부분이 $x\leq a$

STEP1 부등식 $4x+3\leq 3(x-1)$의 해 구하기

$4x+3\leq 3(x-1)$에서

$4x+3\leq 3x-3$

$\therefore x\leq -6$ ⋯⋯ ㉠

STEP2 부등식 $2x-1>4(x+1)+1$의 해 구하기

$2x-1>4(x+1)+1$에서

$2x-1>4x+5$, $-2x>6$

$\therefore x<-3$ ⋯⋯ ㉡

STEP3 a의 값 구하기

연립부등식의 해는 $x\leq -6$이므로

$a=-6$

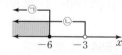

1553 답 ②

$3x-5\geq 2x-3$에서

$x\geq 2$ ⋯⋯ ㉠

$11-2x>3$에서

$-2x>-8$

$\therefore x<4$ ⋯⋯ ㉡

따라서 연립부등식의 해는

$2\leq x<4$

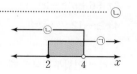

1554 답 ⑤

$7x-(x-2)>2x$에서

$7x-x+2>2x$, $4x>-2$

$\therefore x>-\dfrac{1}{2}$ ⋯⋯ ㉠

$x+5\leq 3(x-1)$에서

$x+5\leq 3x-3$, $-2x\leq -8$

$\therefore x\geq 4$ ⋯⋯ ㉡

따라서 연립부등식의 해는

$x\geq 4$

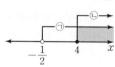

1555 답 ④

$4x+1>3(x-1)$에서

$4x+1>3x-3$

$\therefore x>-4$ ⋯⋯ ㉠

$x+1\geq 3(x-3)$에서

$x+1\geq 3x-9$, $-2x\geq -10$

$\therefore x\leq 5$ ⋯⋯ ㉡

따라서 연립부등식의 해는 $-4<x\leq 5$

이므로

$a=-4$, $b=5$

$\therefore a+b=-4+5=1$

1556 답 ③

$x+5\geq 2x+1$에서 $-x\geq -4$

$\therefore x\leq 4$ ⋯⋯ ㉠

$3x+4>2x+5$에서 $x>1$ ⋯⋯ ㉡

즉, 연립부등식의 해는 $1<x\leq 4$

따라서 정수 x는 $2, 3, 4$의 3개이다.

> **실수 Check**
>
> 정수 x의 값을 구할 때에는 부등호의 포함 관계에 주의한다.

1557 답 ⑤

$0.3x+0.7\geq -0.5-0.9x$의 양변에 10을 곱하면

$3x+7\geq -5-9x$

$12x\geq -12$

$\therefore x\geq -1$ ⋯⋯ ㉠

$\dfrac{x}{3}-1<\dfrac{x-3}{4}$의 양변에 12를 곱하면

$4x-12<3(x-3)$

$4x-12<3x-9$

$\therefore x<3$ ⋯⋯ ㉡

즉, 연립부등식의 해는 $-1\leq x<3$

따라서 x의 값이 될 수 없는 것은 ⑤이다.

07

1558 답 ⑤

$1.8-0.1x \geq 0.3(x+2)$의 양변에 10을 곱하면

$18-x \geq 3(x+2)$, $18-x \geq 3x+6$, $-4x \geq -12$

$\therefore x \leq 3$ ·································· ㉠

$\dfrac{x-1}{2} < \dfrac{x+2}{3}$의 양변에 6을 곱하면

$3(x-1) < 2(x+2)$, $3x-3 < 2x+4$

$\therefore x < 7$ ·································· ㉡

즉, 연립부등식의 해는 $x \leq 3$

따라서 모든 자연수 x의 값의 합은

$1+2+3=6$

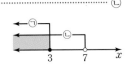

1559 답 ①

$x+3 < 3x$에서 $-2x < -3$

$\therefore x > \dfrac{3}{2}$ ·································· ㉠

$3x+4 < 2x+8$에서 $x < 4$ ·································· ㉡

즉, 연립부등식의 해는 $\dfrac{3}{2} < x < 4$

따라서 $a=\dfrac{3}{2}$, $b=4$이므로

$ab=\dfrac{3}{2} \times 4 = 6$

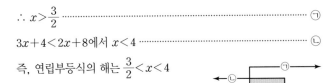

1560 답 ④
| 유형4

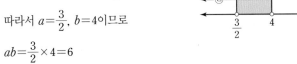

다음 연립부등식 중 해가 없는 것은?

단서1

① $\begin{cases} x \leq 3 \\ x \geq 3 \end{cases}$ ② $\begin{cases} x \geq 1 \\ -2x < -6 \end{cases}$

③ $\begin{cases} 4x-12 < 8 \\ x \leq 4 \end{cases}$ ④ $\begin{cases} 0.4(x+3) \geq 1.2 \\ x < -2 \end{cases}$

⑤ $\begin{cases} 7x-9 < x-3 \\ \dfrac{1}{3}x - \dfrac{1}{2} \geq \dfrac{x-5}{12} \end{cases}$

단서1 연립부등식의 해가 없다. ➡ 두 일차부등식의 해의 공통부분이 없다.

STEP1 ①, ②, ③의 연립부등식의 해 구하기

① 연립부등식의 해는 $x=3$

② $-2x < -6$에서 $x > 3$

　따라서 연립부등식의 해는 $x > 3$

③ $4x-12 < 8$에서 $4x < 20$

　$\therefore x < 5$

　따라서 연립부등식의 해는 $x \leq 4$

STEP2 ④, ⑤의 연립부등식의 해 구하기

④ $0.4(x+3) \geq 1.2$의 양변에 10을 곱하면

　$4(x+3) \geq 12$, $x+3 \geq 3$

　$\therefore x \geq 0$

　따라서 연립부등식의 해는 없다.

⑤ $7x-9 < x-3$에서 $6x < 6$

　$\therefore x < 1$

　$\dfrac{1}{3}x - \dfrac{1}{2} \geq \dfrac{x-5}{12}$의 양변에 12를 곱하면

　$4x-6 \geq x-5$

　$3x \geq 1$

　$\therefore x \geq \dfrac{1}{3}$

　따라서 연립부등식의 해는

　$\dfrac{1}{3} \leq x < 1$

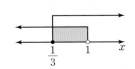

STEP3 해가 없는 것 찾기

해가 없는 것은 ④이다.

1561 답 ②

$3x-2 < 2(x-1)$에서 $3x-2 < 2x-2$

$\therefore x < 0$ ·································· ㉠

$2x \geq \dfrac{5}{2} + \dfrac{3x-4}{2}$의 양변에 2를 곱하면

$4x \geq 5+3x-4$

$\therefore x \geq 1$ ·································· ㉡

따라서 ㉠, ㉡을 수직선 위에 나타내면 ②와 같다.

1562 답 해는 없다.

$x-3 < 4x+3$에서 $-3x < 6$

$\therefore x > -2$ ·································· ㉠

$6x+7 < x-3$에서 $5x < -10$

$\therefore x < -2$ ·································· ㉡

따라서 연립부등식의 해는 없다.

1563 답 ②

$2x+6 \leq -x-9$에서 $3x \leq -15$

$\therefore x \leq -5$ ·································· ㉠

$3(2x+3) \geq 4(x-2)+7$에서

$6x+9 \geq 4x-1$

$2x \geq -10$

$\therefore x \geq -5$ ·································· ㉡

따라서 연립부등식의 해는 $x=-5$

1564 답 해는 없다.

$\dfrac{5x+9}{8} < \dfrac{x}{4}$의 양변에 8을 곱하면

$5x+9 < 2x$

$3x < -9$

$\therefore x < -3$ ·································· ㉠

$3(x+2)+6 \geq -x$에서

$3x+6+6 \geq -x$

$4x \geq -12$

$\therefore x \geq -3$ ·································· ㉡

따라서 연립부등식의 해는 없다.

1565 답 $x=1$

$3x-4\geq 2x-3$에서 $x\geq 1$ ·············· ㉠

$\dfrac{x+2}{2}\leq \dfrac{7-x}{4}$의 양변에 4를 곱하면

$2(x+2)\leq 7-x$, $2x+4\leq 7-x$, $3x\leq 3$

$\therefore x\leq 1$ ·············· ㉡

따라서 연립부등식의 해는 $x=1$

1566 답 $x=3$

$\dfrac{x+1}{4}-\dfrac{x+2}{5}\geq 0$의 양변에 20을 곱하면

$5(x+1)-4(x+2)\geq 0$, $5x+5-4x-8\geq 0$

$\therefore x\geq 3$ ·············· ㉠

$0.5(x-1)\leq 0.3x+0.1$의 양변에 10을 곱하면

$5(x-1)\leq 3x+1$, $5x-5\leq 3x+1$, $2x\leq 6$

$\therefore x\leq 3$ ·············· ㉡

따라서 연립부등식의 해는 $x=3$

1567 답 ③

ㄱ. $a=b$이면 연립부등식의 해는
   $x=a$이다. (참)

ㄴ. $a<b$이면 연립부등식의 해는 없다.
   (참)

ㄷ. $a>b$이면 연립부등식의 해는
   $b\leq x\leq a$이다. (거짓)

따라서 옳은 것은 ㄱ, ㄴ이다.

1568 답 ④

| 유형 5

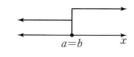

부등식 $2x-3<3x+1\leq x-1$을 만족시키는 정수 x의 최댓값과 최솟값의 곱은?

① -6 ② -3 ③ 0
④ 3 ⑤ 6

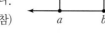

단서 1 연립부등식 $\begin{cases} 2x-3<3x+1 \\ 3x+1\leq x-1 \end{cases}$

STEP 1 부등식 $2x-3<3x+1\leq x-1$의 해 구하기

연립부등식 $\begin{cases} 2x-3<3x+1 & \cdots ㉠ \\ 3x+1\leq x-1 & \cdots ㉡ \end{cases}$ 으로 고쳐서 풀면

㉠에서 $-x<4$ $\therefore x>-4$

㉡에서 $2x\leq -2$ $\therefore x\leq -1$

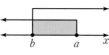

즉, 연립부등식의 해는 $-4<x\leq -1$

STEP 2 정수 x의 최댓값과 최솟값의 곱 구하기

정수 x의 최댓값은 -1, 최솟값은 -3이므로 그 곱은

$(-1)\times(-3)=3$

1569 답 (개) : $-4x+7$ (내) : 3 (대) : -3

부등식 $-5\leq -4x+7\leq 19$는 다음 연립부등식과 같다.

$\begin{cases} -5\leq -4x+7 & \cdots ㉠ \\ \boxed{-4x+7}\leq 19 & \cdots ㉡ \end{cases}$

㉠에서 $4x\leq 12$

$\therefore x\leq \boxed{3}$

㉡에서 $-4x\leq 12$

$\therefore x\geq \boxed{-3}$

따라서 연립부등식의 해는

$\boxed{-3}\leq x\leq \boxed{3}$

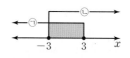

1570 답 ②

연립부등식 $\begin{cases} -7\leq 5(2-x) & \cdots ㉠ \\ 5(2-x)<2 & \cdots ㉡ \end{cases}$ 으로 고쳐서 풀면

㉠에서 $-7\leq 10-5x$, $5x\leq 17$

$\therefore x\leq \dfrac{17}{5}$

㉡에서 $10-5x<2$, $-5x<-8$

$\therefore x>\dfrac{8}{5}$

즉, 연립부등식의 해는

$\dfrac{8}{5}<x\leq \dfrac{17}{5}$

따라서 $a=\dfrac{8}{5}$, $b=\dfrac{17}{5}$이므로

$a+b=\dfrac{8}{5}+\dfrac{17}{5}=5$

다른 풀이

부등식 $-7\leq 5(2-x)<2$, 즉 $-7\leq 10-5x<2$의 각 변에서 10을 빼면

$-17\leq -5x<-8$

각 변을 -5로 나누면

$\dfrac{8}{5}<x\leq \dfrac{17}{5}$

따라서 $a=\dfrac{8}{5}$, $b=\dfrac{17}{5}$이므로

$a+b=\dfrac{8}{5}+\dfrac{17}{5}=5$

1571 답 ②

연립부등식 $\begin{cases} 3x-7<4x-7 & \cdots\cdots\cdots\cdots\cdots ㉠ \\ 4x-7\leq -5x+20 & \cdots\cdots\cdots ㉡ \end{cases}$ 으로 고쳐서 풀면

㉠에서 $-x<0$ ∴ $x>0$

㉡에서 $9x\leq 27$ ∴ $x\leq 3$

즉, 연립부등식의 해는 $0<x\leq 3$

따라서 정수 x는 1, 2, 3의 3개이다.

1572 답 ①

연립부등식 $\begin{cases} 3x-2<5x+2 & \cdots\cdots\cdots\cdots\cdots ㉠ \\ 5x+2\leq 6(x-1) & \cdots\cdots\cdots\cdots ㉡ \end{cases}$ 으로 고쳐서 풀면

㉠에서 $-2x<4$ ∴ $x>-2$

㉡에서 $5x+2\leq 6x-6$

$-x\leq -8$ ∴ $x\geq 8$

즉, 연립부등식의 해는 $x\geq 8$

따라서 부등식의 해가 아닌 것은 ①이다.

1573 답 3

연립부등식 $\begin{cases} 10x-13<5x+7 & \cdots\cdots\cdots\cdots ㉠ \\ 5x+7\leq 6x+9 & \cdots\cdots\cdots\cdots ㉡ \end{cases}$ 으로 고쳐서 풀면

㉠에서 $5x<20$ ∴ $x<4$

㉡에서 $-x\leq 2$ ∴ $x\geq -2$

즉, 연립부등식의 해는 $-2\leq x<4$

따라서 모든 정수 x의 값의 합은

$-2+(-1)+0+1+2+3=3$

1574 답 $x\leq -4$

연립부등식 $\begin{cases} 2x+1<\dfrac{4x+5}{3} & \cdots\cdots\cdots ㉠ \\ \dfrac{4x+5}{3}\leq \dfrac{2}{3}x-1 & \cdots\cdots ㉡ \end{cases}$ 으로 고쳐서 풀면

㉠의 양변에 3을 곱하면 $6x+3<4x+5$

$2x<2$ ∴ $x<1$

㉡의 양변에 3을 곱하면 $4x+5\leq 2x-3$

$2x\leq -8$ ∴ $x\leq -4$

따라서 연립부등식의 해는 $x\leq -4$

1575 답 ③

연립부등식 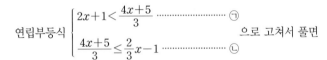 으로 고쳐서 풀면

㉠의 양변에 8을 곱하면

$5x-13\leq 4(x-3)$, $5x-13\leq 4x-12$

∴ $x\leq 1$

㉡의 양변에 2를 곱하면

$x-3\leq 2x$, $-x\leq 3$

∴ $x\geq -3$

즉, 연립부등식의 해는 $-3\leq x\leq 1$

따라서 정수 x의 최댓값은 1, 최솟값은 -3이므로 그 차는

$1-(-3)=4$

1576 답 ①

연립부등식 $\begin{cases} -\dfrac{1}{5}x+0.5<0.1x-0.3 & \cdots\cdots\cdots ㉠ \\ 0.1x-0.3\leq -\dfrac{3}{10}x+1.3 & \cdots\cdots ㉡ \end{cases}$ 으로 고쳐서 풀면

㉠의 양변에 10을 곱하면

$-2x+5<x-3$, $-3x<-8$

∴ $x>\dfrac{8}{3}$

㉡의 양변에 10을 곱하면

$x-3\leq -3x+13$, $4x\leq 16$

∴ $x\leq 4$

즉, 연립부등식의 해는 $\dfrac{8}{3}<x\leq 4$

ㄱ. 정수인 해는 3, 4의 2개이다. (참)

ㄴ. 자연수인 해는 3, 4이다. (거짓)

ㄷ. $x=\dfrac{8}{3}$은 부등식의 해가 아니다. (거짓)

따라서 옳은 것은 ㄱ이다.

1577 답 $1<A\leq 7$

연립부등식 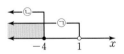 으로 고쳐서 풀면

㉠의 양변에 6을 곱하면

$2(2x-5)<3(x-3)$, $4x-10<3x-9$

∴ $x<1$

㉡의 양변에 2를 곱하면

$x-3\leq 2(x+1)$, $x-3\leq 2x+2$

$-x\leq 5$ ∴ $x\geq -5$

즉, 연립부등식의 해는 $-5\leq x<1$

$-5\leq x<1$의 각 변에 -1을 곱하면

$-1<-x\leq 5$

각 변에 2를 더하면

$1<-x+2\leq 7$

∴ $1<A\leq 7$

1578 답 ⑤

| 유형 6

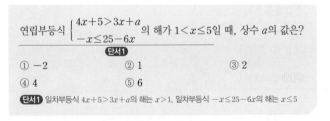

STEP 1 일차부등식 $4x+5>3x+a$의 해 구하기

$4x+5>3x+a$에서 $x>a-5$

STEP 2 일차부등식 $-x\leq 25-6x$의 해 구하기

$-x\leq 25-6x$에서

$5x\leq 25$ ∴ $x\leq 5$

STEP3 a의 값 구하기

연립부등식의 해가 $1<x\leq5$이므로

$a-5=1$ $\therefore a=6$

1579 답 ④

$5x-6\geq x-a$에서 $4x\geq6-a$

$\therefore x\geq\dfrac{6-a}{4}$

$4x-3\leq2x+1$에서 $2x\leq4$

$\therefore x\leq2$

주어진 그림에서 연립부등식의 해가 $-3\leq x\leq2$이므로

$\dfrac{6-a}{4}=-3$, $6-a=-12$

$\therefore a=18$

1580 답 ②

$3x+a>-(x+1)$에서 $3x+a>-x-1$

$4x>-a-1$ $\therefore x>-\dfrac{a+1}{4}$

$x\leq-(x+b)$에서 $x\leq-x-b$

$2x\leq-b$ $\therefore x\leq-\dfrac{b}{2}$

연립부등식의 해가 $-2<x\leq5$이므로

$-\dfrac{a+1}{4}=-2$에서 $\dfrac{a+1}{4}=2$, $a+1=8$

$\therefore a=7$

$-\dfrac{b}{2}=5$에서 $b=-10$

$\therefore a+b=7+(-10)=-3$

1581 답 -32

$2x-5\geq x+3$에서 $x\geq8$

$8-7x\geq a-2x$에서 $-5x\geq a-8$

$\therefore x\leq\dfrac{8-a}{5}$

연립부등식의 해가 $x=8$이므로

$\dfrac{8-a}{5}=8$, $8-a=40$

$\therefore a=-32$

1582 답 9

연립부등식 $\begin{cases}6x-a\leq2x &\cdots\cdots\text{㉠}\\2x<5x+b &\cdots\cdots\text{㉡}\end{cases}$ 으로 고쳐서 풀면

㉠에서 $4x\leq a$ $\therefore x\leq\dfrac{a}{4}$

㉡에서 $-3x<b$ $\therefore x>-\dfrac{b}{3}$

연립부등식의 해가 $-1<x\leq3$이므로

$\dfrac{a}{4}=3$에서 $a=12$

$-\dfrac{b}{3}=-1$에서 $b=3$

$\therefore a-b=12-3=9$

1583 답 ①

$ax+1<2(x+8)$에서 $ax+1<2x+16$

$(a-2)x<15$ $\cdots\cdots\cdots\cdots\cdots\cdots\cdots\cdots\cdots\cdots\cdots$ ㉠

$3x>x-4$에서 $2x>-4$ $\therefore x>-2$

연립부등식의 해가 $b<x<5$이므로

$b=-2$

즉, 부등식 ㉠의 해는 $x<5$이므로 $a-2>0$이고 $x<\dfrac{15}{a-2}$에서

$\dfrac{15}{a-2}=5$, $a-2=3$ $\therefore a=5$

$\therefore ab=5\times(-2)=-10$

> **실수 Check**
>
> $(a-2)x<15$에서 $a-2$의 부호에 따라 부등호의 방향이 달라지므로 주어진 부등식의 해와 비교하여 $a-2$의 부호를 먼저 정한다.

> **Plus 문제**
>
> #### 1583-1
>
> 부등식 $-2x+a\leq5x+1\leq bx+b-1$의 해가 $-1\leq x\leq2$일 때, 상수 a, b에 대하여 $b-a$의 값을 구하시오.
>
> ---
>
> 연립부등식 $\begin{cases}-2x+a\leq5x+1 &\cdots\cdots\text{㉠}\\5x+1\leq bx+b-1 &\cdots\cdots\text{㉡}\end{cases}$ 으로 고쳐서 풀면
>
> ㉠에서 $-7x\leq1-a$ $\therefore x\geq\dfrac{a-1}{7}$
>
> ㉡에서 $(5-b)x\leq b-2$
>
> 연립부등식의 해가 $-1\leq x\leq2$이므로
>
> 부등식 ㉠의 해는 $x\geq-1$, 부등식 ㉡의 해는 $x\leq2$이다.
>
> 즉, ㉠에서 $\dfrac{a-1}{7}=-1$, $a-1=-7$
>
> $\therefore a=-6$
>
> ㉡에서 $5-b>0$이고 $x\leq\dfrac{b-2}{5-b}$이므로
>
> $\dfrac{b-2}{5-b}=2$, $b-2=10-2b$
>
> $3b=12$
>
> $\therefore b=4$
>
> $\therefore b-a=4-(-6)=10$
>
> 답 10

1584 답 0, 1

$3x+2\geq4x+a$에서 $-x\geq a-2$ $\therefore x\leq2-a$

$5x-4\leq x+2a$에서 $4x\leq2a+4$ $\therefore x\leq\dfrac{a+2}{2}$

(i) $2-a\geq\dfrac{a+2}{2}$일 때

$4-2a\geq a+2$, $-3a\geq-2$

$\therefore a\leq\dfrac{2}{3}$

연립부등식의 해가 $x\leq1$이므로 $\dfrac{a+2}{2}=1$에서 $a=0$

(ii) $2-a<\dfrac{a+2}{2}$일 때

$4-2a<a+2,\ -3a<-2$

$\therefore\ a>\dfrac{2}{3}$

연립부등식의 해가 $x\leq1$이므로 $2-a=1$에서 $a=1$

(i), (ii)에서 a의 값은 0 또는 1이다.

> **실수 Check**
> 각 일차부등식을 풀어 연립부등식의 해가 주어진 해가 되기 위한 상수 a의 조건을 생각한다.

1585 답 $a<-2$ | 유형7

연립부등식 $\begin{cases} x+3a<1 \\ 3(x+1)\leq4(x-1) \end{cases}$ 이 해를 갖도록 하는 실수 a의 값의 **단서1**

범위를 구하시오.

단서1 연립부등식의 해가 있다. ➡ 두 일차부등식의 해의 공통부분이 있다.

STEP1 각각의 일차부등식의 해 구하기

$x+3a<1$에서 $x<1-3a$ ·········· ㉠

$3(x+1)\leq4(x-1)$에서 $3x+3\leq4x-4$

$-x\leq-7$

$\therefore\ x\geq7$ ·········· ㉡

STEP2 해를 갖도록 하는 실수 a의 값의 범위 구하기

주어진 연립부등식이 해를 가지려면
그림과 같아야 하므로

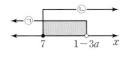

$7<1-3a,\ 3a<-6$

$\therefore\ a<-2$

> **실수 Check**
> $7=1-3a$이면 그림과 같이 해를 갖지 않으므로 $7\leq1-3a$가 아님에 주의한다.
>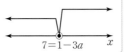

1586 답 0

$\dfrac{5-2x}{3}\leq a$의 양변에 3을 곱하면 $5-2x\leq3a$

$-2x\leq3a-5$

$\therefore\ x\geq\dfrac{5-3a}{2}$ ·········· ㉠

$3x>5x-6$에서 $-2x>-6$

$\therefore\ x<3$ ·········· ㉡

주어진 연립부등식이 해를 가지려면
그림과 같아야 하므로

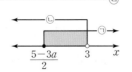

$\dfrac{5-3a}{2}<3,\ 5-3a<6,\ -3a<1$

$\therefore\ a>-\dfrac{1}{3}$

따라서 정수 a의 최솟값은 0이다.

1587 답 ③

$3(x-4)>6x-5$에서 $3x-12>6x-5$

$-3x>7$

$\therefore\ x<-\dfrac{7}{3}$ ·········· ㉠

$2x+a<4x-1$에서 $-2x<-a-1$

$\therefore\ x>\dfrac{a+1}{2}$ ·········· ㉡

주어진 연립부등식이 해를 가지려면
그림과 같아야 하므로

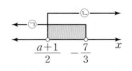

$\dfrac{a+1}{2}<-\dfrac{7}{3}$

$3(a+1)<-14,\ 3a+3<-14,\ 3a<-17$

$\therefore\ a<-\dfrac{17}{3}$

따라서 정수 a의 최댓값은 -6이다.

1588 답 $a\geq2$

$4x-3<2x-7$에서 $2x<-4$

$\therefore\ x<-2$ ·········· ㉠

$x+4\geq a$에서 $x\geq a-4$ ·········· ㉡

주어진 연립부등식이 해를 갖지 않으려면 그림과 같아야 하므로

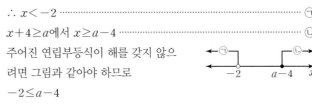

$-2\leq a-4$

$\therefore\ a\geq2$

1589 답 ②

$2x+11\leq7$에서 $2x\leq-4$

$\therefore\ x\leq-2$ ·········· ㉠

$3(x+3)\geq a-1$에서 $3x+9\geq a-1,\ 3x\geq a-10$

$\therefore\ x\geq\dfrac{a-10}{3}$ ·········· ㉡

주어진 연립부등식이 해를 갖지 않으려면 그림과 같아야 하므로

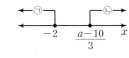

$-2<\dfrac{a-10}{3},\ -6<a-10$

$\therefore\ a>4$

따라서 정수 a의 최솟값은 5이다.

> **실수 Check**
> $-2=\dfrac{a-10}{3}$이면 그림과 같이 해를 가지므로 $-2\leq\dfrac{a-10}{3}$이 아님에 주의한다.

1590 답 $a\leq3$

$3x+2a>2x+a$에서 $x>-a$ ·········· ㉠

$x\leq\dfrac{x-3}{2}$의 양변에 2를 곱하면

$2x\leq x-3$

$\therefore\ x\leq-3$ ·········· ㉡

주어진 연립부등식이 해를 갖지 않으려면 그림과 같아야 하므로

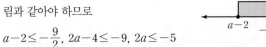

$-3 \leq -a$ $\therefore a \leq 3$

1591 답 $a \leq -\dfrac{5}{2}$

연립부등식 $\begin{cases} 5x+a \leq 2(3x+1) & \cdots\cdots\cdots\cdots \text{㉠} \\ 2(3x+1) \leq 4x-7 & \cdots\cdots\cdots\cdots \text{㉡} \end{cases}$ 으로 고쳐서 풀면

㉠에서 $5x+a \leq 6x+2$, $-x \leq 2-a$

$\therefore x \geq a-2$

㉡에서 $6x+2 \leq 4x-7$, $2x \leq -9$

$\therefore x \leq -\dfrac{9}{2}$

주어진 연립부등식이 해를 가지려면 그림과 같아야 하므로

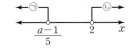

$a-2 \leq -\dfrac{9}{2}$, $2a-4 \leq -9$, $2a \leq -5$

$\therefore a \leq -\dfrac{5}{2}$

1592 답 11

연립부등식 $\begin{cases} 6x-a < x-1 & \cdots\cdots\cdots\cdots \text{㉠} \\ x-1 < 3x-5 & \cdots\cdots\cdots\cdots \text{㉡} \end{cases}$ 으로 고쳐서 풀면

㉠에서 $5x < a-1$ $\therefore x < \dfrac{a-1}{5}$

㉡에서 $-2x < -4$ $\therefore x > 2$

주어진 연립부등식이 해를 갖지 않으려면 그림과 같아야 하므로

$\dfrac{a-1}{5} \leq 2$, $a-1 \leq 10$

$\therefore a \leq 11$

따라서 정수 a의 최댓값은 11이다.

1593 답 ⑤

$3x+2 < x+a$에서 $2x < a-2$ $\therefore x < \dfrac{a-2}{2}$ $\cdots$ ㉠

$x+b \leq 2x-5$에서 $-x \leq -b-5$ $\therefore x \geq b+5$ $\cdots$ ㉡

주어진 연립부등식이 해를 갖지 않으려면 그림과 같아야 하므로

$\dfrac{a-2}{2} \leq b+5$

$a-2 \leq 2b+10$ $\therefore a-2b \leq 12$

따라서 $a-2b$의 최댓값은 12이다.

1594 답 $-4 \leq a < -\dfrac{7}{2}$

| 유형 8

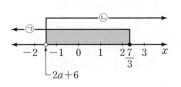

연립부등식 $\begin{cases} 3-2x \geq x-4 \\ 4x-2a > 3(x+2) \end{cases}$ 를 만족시키는 정수 x가 4개일 때, 단서1

실수 a의 값의 범위를 구하시오.

단서1 공통부분에 정수 4개 포함

STEP 1 각각의 일차부등식의 해 구하기

$3-2x \geq x-4$에서 $-3x \geq -7$ $\therefore x \leq \dfrac{7}{3}$ $\cdots$ ㉠

$4x-2a > 3(x+2)$에서 $4x-2a > 3x+6$

$\therefore x > 2a+6$ $\cdots$ ㉡

STEP 2 a의 값의 범위 구하기

연립부등식을 만족시키는 정수 x가 4개이려면 그림과 같아야 하므로

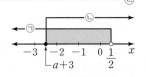

$-2 \leq 2a+6 < -1$

$-8 \leq 2a < -7$

$\therefore -4 \leq a < -\dfrac{7}{2}$

1595 답 ②

$4x-1 < 2x+1$에서 $2x < 2$

$\therefore x < 1$ $\cdots$ ㉠

$3x-1 \geq 2x+a$에서 $x \geq a+1$ $\cdots$ ㉡

연립부등식을 만족시키는 정수 x가 2개이려면 그림과 같아야 하므로

$-2 < a+1 \leq -1$

$\therefore -3 < a \leq -2$

따라서 a의 값이 될 수 있는 것은 ②이다.

1596 답 ③

$3x > a+4$에서 $x > \dfrac{a+4}{3}$ $\cdots$ ㉠

$\dfrac{5x+3}{2} < 2x+5$에서 $5x+3 < 4x+10$

$\therefore x < 7$ $\cdots$ ㉡

연립부등식을 만족시키는 정수 x가 5와 6뿐이려면 그림과 같아야 하므로

$4 \leq \dfrac{a+4}{3} < 5$, $12 \leq a+4 < 15$

$\therefore 8 \leq a < 11$

따라서 a의 최솟값은 8이다.

1597 답 -5

$5x-(4x+1) < -x$에서 $x-1 < -x$

$2x < 1$ $\therefore x < \dfrac{1}{2}$ $\cdots$ ㉠

$3(x-1) \geq 2x+a$에서 $3x-3 \geq 2x+a$

$\therefore x \geq a+3$ $\cdots$ ㉡

연립부등식을 만족시키는 음의 정수 x가 -1과 -2뿐이려면 그림과 같아야 하므로

$-3 < a+3 \leq -2$

$\therefore -6 < a \leq -5$

따라서 a의 최댓값은 -5이다.

1598 답 $\frac{1}{2} \leq a < 1$

연립부등식 $\begin{cases} \dfrac{2(a-x)}{3} < 2-x \cdots\cdots\cdots ㉠ \\ 2-x < \dfrac{1-x}{2} \cdots\cdots\cdots ㉡ \end{cases}$ 으로 고쳐서 풀면

㉠의 양변에 3을 곱하면

$2(a-x) < 3(2-x),\ 2a-2x < 6-3x$

$\therefore x < 6-2a$

㉡의 양변에 2를 곱하면

$2(2-x) < 1-x,\ 4-2x < 1-x,\ -x < -3$

$\therefore x > 3$

연립부등식을 만족시키는 정수 x가 1개
뿐이려면 그림과 같아야 하므로

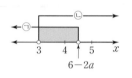

$4 < 6-2a \leq 5,\ -2 < -2a \leq -1$

$\therefore \frac{1}{2} \leq a < 1$

실수 Check

㉠에서 $6-2a=4$이면 연립부등식의 해가 $3 < x < 4$이므로 정수인 해가
없다. 즉, 주어진 조건을 만족시키지 않는다.
정수인 해의 개수가 주어진 연립부등식에서 미지수의 값의 범위를 구할
때에는 정수의 포함 여부에 주의해야 한다.

Plus 문제

1598-1

연립부등식 $\begin{cases} 0.3x-0.2(x+1) < 0.4 \\ 6x+a \leq 8(x-1) \end{cases}$ 을 만족시키는 정수 x가
하나뿐일 때, 실수 a의 값의 범위를 구하시오.

$0.3x-0.2(x+1) < 0.4$에서 $3x-2(x+1) < 4$

$\therefore x < 6 \cdots\cdots\cdots\cdots\cdots\cdots ㉠$

$6x+a \leq 8(x-1)$에서 $-2x \leq -8-a$

$\therefore x \geq \dfrac{a+8}{2} \cdots\cdots\cdots\cdots ㉡$

연립부등식을 만족시키는 정수 x
가 하나뿐이려면 그림과 같아야
하므로

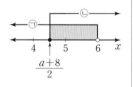

$4 < \dfrac{a+8}{2} \leq 5,\ 8 < a+8 \leq 10$

$\therefore 0 < a \leq 2$

답 $0 < a \leq 2$

1599 답 ⑤

$x+2 > 3$에서 $x > 1 \cdots\cdots\cdots\cdots\cdots\cdots\cdots\cdots ㉠$

$3x < a+1$에서 $x < \dfrac{a+1}{3} \cdots\cdots\cdots\cdots\cdots ㉡$

이때 연립부등식의 해가 존재해야 하므로 연립부등식의 해는

$1 < x < \dfrac{a+1}{3}$

연립부등식을 만족시키는 모든 정수 x의 값의 합이 9가 되어야 하
므로 모든 정수 x의 값은 2, 3, 4이다.

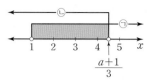

즉, $4 < \dfrac{a+1}{3} \leq 5$이므로 $12 < a+1 \leq 15$

$\therefore 11 < a \leq 14$

따라서 자연수 a의 최댓값은 14이다.

실수 Check

주어진 연립부등식을 만족시키는 모든 정수 x의 값의 합이 9이므로 연
속하는 세 정수의 합이 9인 경우를 생각한다.

1600 답 11 　　　　　　　　　　　　　　　 | 유형 9

학생들에게 과일을 나누어 주는데 한 명에게 3개씩 주면 과일 40개가
[단서1] 남고, 7개씩 주면 마지막 한 명은 1개 이상 6개 미만을 받는다고 한
[단서2] 다. 학생 수를 구하시오.

[단서1] 학생 수를 x, 과일의 수를 x에 대한 식으로 놓기
[단서2] (마지막 한 명이 1개 받았을 때의 과일의 수) ≤ (과일의 수)
< (마지막 한 명이 6개 받았을 때의 과일의 수)

STEP 1 　과일의 수를 학생 수에 대한 식으로 나타내기

학생 수를 x라 하면 과일을 한 명에게 3개씩 주면 40개가 남으므
로 과일의 수는 $3x+40$

STEP 2 　주어진 문제 상황을 부등식으로 나타내기

과일을 한 명에게 7개씩 주면 마지막 한 명은 1개 이상 6개 미만을
받으므로 과일을 7개 모두 받은 학생은 $(x-1)$명이다.

즉, $7(x-1)+1 \leq 3x+40 < 7(x-1)+6$

STEP 3 　부등식을 풀어 학생 수 구하기

연립부등식 $\begin{cases} 7(x-1)+1 \leq 3x+40 \cdots\cdots\cdots ㉠ \\ 3x+40 < 7(x-1)+6 \cdots\cdots\cdots ㉡ \end{cases}$ 으로 고쳐서 풀면

㉠에서 $7x-6 \leq 3x+40,\ 4x \leq 46$ 　 $\therefore x \leq \dfrac{23}{2}$

㉡에서 $3x+40 < 7x-1,\ -4x < -41$ 　 $\therefore x > \dfrac{41}{4}$

$\therefore \dfrac{41}{4} < x \leq \dfrac{23}{2}$

이때 x는 자연수이므로 학생 수는 11이다.

1601 답 ④

형광펜을 x자루 산다고 하면 색연필은 $(12-x)$자루 살 수 있으므
로 총 금액은

$500(12-x)+800x$(원)

총 금액이 7200원 이상 8400원 이하이어야 하므로

$7200 \leq 500(12-x)+800x \leq 8400$

$7200 \leq 300x+6000 \leq 8400$

$1200 \leq 300x \leq 2400$

$\therefore 4 \leq x \leq 8$

따라서 형광펜은 최대 8자루까지 살 수 있다.

1602 답 ③

세로의 길이를 $x\,\text{cm}$라 하면 둘레의 길이가 $150\,\text{cm}$이므로

가로의 길이는 $\dfrac{1}{2}(150-2x)=75-x\,(\text{cm})$

이때 가로의 길이가 세로의 길이보다 $15\,\text{cm}$ 이상 길고, 세로의 길이의 2배보다 짧으므로

$x+15\leq75-x<2x$

연립부등식 $\begin{cases} x+15\leq75-x & \cdots\cdots\cdots\cdots\cdots ㉠ \\ 75-x<2x & \cdots\cdots\cdots\cdots\cdots ㉡ \end{cases}$ 으로 고쳐서 풀면

㉠에서 $2x\leq60$ $\therefore x\leq30$

㉡에서 $-3x<-75$ $\therefore x>25$

$\therefore 25<x\leq30$

따라서 세로의 길이는 $25\,\text{cm}$ 초과 $30\,\text{cm}$ 이하이다.

1603 답 ②

연속하는 세 정수를 $x-1$, x, $x+1$이라 하면

$\begin{cases} (x-1)+x+(x+1)\geq30 & \cdots\cdots\cdots\cdots\cdots\cdots\cdots\cdots\cdots\cdots\cdots ㉠ \\ (x-1)+x-(x+1)<10 & \cdots\cdots\cdots\cdots\cdots\cdots\cdots\cdots\cdots\cdots\cdots ㉡ \end{cases}$

㉠에서 $3x\geq30$ $\therefore x\geq10$

㉡에서 $x-2<10$ $\therefore x<12$

$\therefore 10\leq x<12$

따라서 세 정수 중 가운데 수는 10 또는 11이다.

1604 답 $20\,\text{g}$ 이상 $80\,\text{g}$ 이하

$16\,\%$의 소금물 $400\,\text{g}$에 들어 있는 소금의 양은

$\dfrac{16}{100}\times400=64\,(\text{g})$

더 넣어야 하는 소금의 양을 $x\,\text{g}$이라 하면

$\dfrac{20}{100}\times(400+x)\leq64+x\leq\dfrac{30}{100}\times(400+x)$

$8000+20x\leq6400+100x\leq12000+30x$

연립부등식 $\begin{cases} 8000+20x\leq6400+100x & \cdots\cdots ㉠ \\ 6400+100x\leq12000+30x & \cdots\cdots ㉡ \end{cases}$ 으로 고쳐서 풀면

㉠에서 $1600\leq80x$ $\therefore x\geq20$

㉡에서 $70x\leq5600$ $\therefore x\leq80$

$\therefore 20\leq x\leq80$

따라서 더 넣어야 하는 소금의 양은 $20\,\text{g}$ 이상 $80\,\text{g}$ 이하이다.

개념 Check

(1) (소금물의 농도)$=\dfrac{(\text{소금의 양})}{(\text{소금물의 양})}\times100\,(\%)$

(2) (소금의 양)$=\dfrac{(\text{소금물의 농도})}{100}\times(\text{소금물의 양})$

1605 답 ⑤

상자의 개수를 x라 하면 사탕을 한 상자에 6개씩 넣으면 9개가 남으므로 사탕의 개수는 $6x+9$

또, 사탕을 한 상자에 7개씩 넣으면 상자가 6개 남으므로 $(x-7)$개의 상자에는 사탕이 7개씩 들어 있고, 1개의 상자에는 사탕이 1개 이상 7개 이하가 들어 있을 수 있다.

즉, $7(x-7)+1\leq6x+9\leq7(x-7)+7$

연립부등식 $\begin{cases} 7(x-7)+1\leq6x+9 & \cdots\cdots\cdots ㉠ \\ 6x+9\leq7(x-7)+7 & \cdots\cdots\cdots ㉡ \end{cases}$ 으로 고쳐서 풀면

㉠에서 $7x-48\leq6x+9$ $\therefore x\leq57$

㉡에서 $6x+9\leq7x-42$, $-x\leq-51$ $\therefore x\geq51$

$\therefore 51\leq x\leq57$

따라서 상자의 개수가 될 수 있는 것은 ⑤이다.

실수 Check

사탕을 7개씩 넣으면 상자가 6개 남으므로 $(x-7)$개의 상자에는 사탕이 7개씩 들어 있다. 또, 사탕을 넣은 마지막 상자에는 최소 1개부터 최대 7개까지 사탕을 넣을 수 있음에 주의한다.

Tip 한 상자에 사탕을 a개씩 넣으면 n개의 상자가 남는 경우
- 상자의 개수를 x로 놓는다.
- $\{x-(n+1)\}$개의 상자에는 사탕이 a개씩 들어 있다.

1606 답 ② | 유형 10

부등식 $|2x-a|<14$의 해가 $-3<x<b$일 때, $b-a$의 값은?
단서1 (단, a는 상수이다.)

① 1 ② 3 ③ 5
④ 7 ⑤ 9

단서1 $|ax+b|<c\,(c>0)$ ➡ $-c<ax+b<c$

STEP 1 부등식 $|2x-a|<14$의 해 구하기

$|2x-a|<14$에서 $-14<2x-a<14$

$a-14<2x<a+14$

$\therefore \dfrac{a-14}{2}<x<\dfrac{a+14}{2}$

STEP 2 a, b의 값 각각 구하기

주어진 부등식의 해가 $-3<x<b$이므로

$\dfrac{a-14}{2}=-3$에서 $a-14=-6$ $\therefore a=8$

$\dfrac{a+14}{2}=b$에 $a=8$을 대입하면 $b=11$

STEP 3 $b-a$의 값 구하기

$b-a=11-8=3$

1607 답 ③

$|x-5|>9$에서 $x-5<-9$ 또는 $x-5>9$

$\therefore x<-4$ 또는 $x>14$

따라서 $a=-4$, $b=14$이므로

$a+b=-4+14=10$

1608 답 ②

$|2x-1|<3$에서 $-3<2x-1<3$

$-2<2x<4$ $\therefore -1<x<2$

따라서 정수 x는 0, 1의 2개이다.

1609 답 ④

$2 \leq |x+1|$에서 $x+1 \leq -2$ 또는 $x+1 \geq 2$

$\therefore x \leq -3$ 또는 $x \geq 1$ ·······································㉠

$|x+1| \leq 4$에서 $-4 \leq x+1 \leq 4$

$\therefore -5 \leq x \leq 3$ ··㉡

즉, 부등식의 해는

$-5 \leq x \leq -3$ 또는 $1 \leq x \leq 3$

따라서 정수 x의 최댓값은 3, 최솟값은 -5이므로 그 차는

$3-(-5)=8$

1610 답 18

$1 < |x-3|$에서 $x-3 < -1$ 또는 $x-3 > 1$

$\therefore x < 2$ 또는 $x > 4$ ··㉠

$|x-3| < 5$에서 $-5 < x-3 < 5$

$\therefore -2 < x < 8$ ···㉡

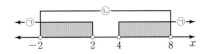

즉, 부등식의 해는

$-2 < x < 2$ 또는 $4 < x < 8$

따라서 모든 정수 x의 값의 합은

$-1+0+1+5+6+7=18$

1611 답 ②

$|x-3| \geq 1$에서 $x-3 \leq -1$ 또는 $x-3 \geq 1$

$\therefore x \leq 2$ 또는 $x \geq 4$

$-2 < x < a$가 $x \leq 2$에 포함되려면 그림과 같아야 한다.

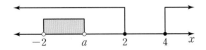

따라서 $a \leq 2$이어야 하므로 a의 최댓값은 2이다.

실수 Check

$-2 < x < a$를 만족시키는 모든 실수 x가 부등식 $|x-3| \geq 1$을 만족시키려면 $-2 < x < a$가 부등식 $|x-3| \geq 1$의 해에 포함되어야 한다.

Plus 문제

1611-1

부등식 $|x-a| < 2$를 만족시키는 모든 실수 x가 부등식 $|x-4| \geq a$를 만족시킬 때, 양수 a의 최댓값을 구하시오.

$|x-a| < 2$에서 $-2 < x-a < 2$

$\therefore a-2 < x < a+2$ ···㉠

$|x-4| \geq a$에서 $a > 0$이므로

$x \geq a+4$ 또는 $x \leq -a+4$ ····································㉡

㉠이 ㉡에 포함되려면 다음과 같이 두 가지 경우로 나눌 수 있다.

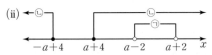

즉, $a+2 \leq -a+4$이므로 $a \leq 1$

이때 $a > 0$이므로 $0 < a \leq 1$

(ii)

즉, $a+4 \leq a-2$이므로

조건을 만족시키는 a는 존재하지 않는다.

(i), (ii)에서 $0 < a \leq 1$

따라서 양수 a의 최댓값은 1이다.

답 1

1612 답 8

$b < 0$이면 $|ax-4| < b$의 해가 존재하지 않으므로 $b > 0$

이때 $ab > 0$이므로 $a > 0$

$|ax-4| < b$에서 $-b < ax-4 < b$

$4-b < ax < 4+b$

$\therefore \dfrac{4-b}{a} < x < \dfrac{4+b}{a}$ ($\because a > 0$)

주어진 부등식의 해가 $-1 < x < 5$이므로

$\dfrac{4-b}{a}=-1$, $\dfrac{4+b}{a}=5$

$\therefore -a+b=4$, $5a-b=4$

위의 두 식을 연립하여 풀면 $a=2$, $b=6$

$\therefore a+b=2+6=8$

실수 Check

절댓값은 항상 0보다 크거나 같으므로 $b > 0$이어야 한다.

1613 답 ①

$|x-a| < 2$에서 $-2 < x-a < 2$

$\therefore a-2 < x < a+2$

a는 자연수이므로 부등식을 만족시키는 모든 정수 x는

$a-1$, a, $a+1$이다.

즉, $(a-1)+a+(a+1)=33$이므로 $3a=33$

$\therefore a=11$

1614 답 7

$2x+5 \leq 9$에서 $2x \leq 4$

$\therefore x \leq 2$ ··㉠

$|x-3| \leq 7$에서 $-7 \leq x-3 \leq 7$

$\therefore -4 \leq x \leq 10$ ···㉡

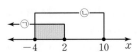

즉, 연립부등식의 해는 $-4 \leq x \leq 2$

따라서 정수 x는 -4, -3, -2, -1, 0, 1, 2의 7개이다.

1615 답 ③

$|x-7|\leq a+1$에서 $-(a+1)\leq x-7\leq a+1$

$\therefore -a+6\leq x\leq a+8$

a가 자연수이므로 $-a+6$, $a+8$은 정수이고

부등식을 만족시키는 정수 x의 개수가 9이므로

$(a+8)-(-a+6)+1=9$

$2a+3=9$　　$\therefore a=3$

실수 Check

부등식 $2\leq x\leq 10$을 만족시키는 정수 x의 개수는 $10-2+1=9$이다. 즉, 부등식 $-a+6\leq x\leq a+8$을 만족시키는 정수 x의 개수는 $(a+8)-(-a+6)+1$이다.

Tip $m<n$인 정수 m, n에 대하여 부등식을 만족시키는 정수 x의 개수는 다음과 같다.

(1) $m\leq x\leq n$일 때, $n-m+1$

(2) $m<x\leq n$일 때, $n-m$

(3) $m\leq x<n$일 때, $n-m$

(4) $m<x<n$일 때, $n-m-1$

1616 답 ②　　　　　　　　| 유형 11

부등식 $2|x-1|\leq x$를 만족시키는 정수 x의 개수는?

단서 1

① 1　　　　　② 2　　　　　③ 3

④ 4　　　　　⑤ 5

단서 1 절댓값 기호 안의 식의 값이 0이 되는 $x=1$을 기준으로 범위 구분

STEP 1 범위를 나누는 기준이 되는 x의 값 구하기

절댓값 기호 안의 식의 값이 0이 되는 x의 값은

$x-1=0$, 즉 $x=1$

STEP 2 각 범위에서의 부등식을 풀어 부등식의 해 구하기

(i) $x<1$일 때, $\underline{-2(x-1)\leq x}$ ⟶ $x-1<0$이므로 $2|x-1|=-2(x-1)$

$-2x+2\leq x$, $-3x\leq -2$　　$\therefore x\geq \dfrac{2}{3}$

이때 $x<1$이므로 $\dfrac{2}{3}\leq x<1$

(ii) $x\geq 1$일 때, $\underline{2(x-1)\leq x}$ ⟶ $x-1\geq 0$이므로 $2|x-1|=2(x-1)$

$2x-2\leq x$　　$\therefore x\leq 2$

이때 $x\geq 1$이므로 $1\leq x\leq 2$

(i), (ii)에서 부등식의 해는 $\dfrac{2}{3}\leq x\leq 2$

STEP 3 정수 x의 개수 구하기

부등식 $\dfrac{2}{3}\leq x\leq 2$를 만족시키는 정수 x는 1, 2의 2개이다.

실수 Check

x의 값의 범위를 나누어 각 범위에서 구한 해를 합해야 함에 주의한다.

1617 답 ④

절댓값 기호 안의 식의 값이 0이 되는 x의 값은

$3-x=0$, 즉 $x=3$

(i) $x<3$일 때, $3-x\leq 15-x$

$0\times x\leq 12$이므로 이 부등식은 $x<3$에서 항상 성립한다.

(ii) $x\geq 3$일 때, $-(3-x)\leq 15-x$

$-3+x\leq 15-x$, $2x\leq 18$　　$\therefore x\leq 9$

이때 $x\geq 3$이므로 $3\leq x\leq 9$

(i), (ii)에서 부등식의 해는 $x\leq 9$

따라서 x의 최댓값은 9이다.

1618 답 ①

절댓값 기호 안의 식의 값이 0이 되는 x의 값은

$x-3=0$, 즉 $x=3$

(i) $x<3$일 때, $-2(x-3)+3x\geq 4$

$-2x+6+3x\geq 4$　　$\therefore x\geq -2$

이때 $x<3$이므로 $-2\leq x<3$

(ii) $x\geq 3$일 때, $2(x-3)+3x\geq 4$

$2x-6+3x\geq 4$, $5x\geq 10$　　$\therefore x\geq 2$

이때 $x\geq 3$이므로 $x\geq 3$

(i), (ii)에서 부등식의 해는 $x\geq -2$이므로

$a=-2$

1619 답 4

절댓값 기호 안의 식의 값이 0이 되는 x의 값은

$2x-1=0$, 즉 $x=\dfrac{1}{2}$

(i) $x<\dfrac{1}{2}$일 때, $-(2x-1)-4<x$

$-2x-3<x$, $-3x<3$　　$\therefore x>-1$

이때 $x<\dfrac{1}{2}$이므로 $-1<x<\dfrac{1}{2}$

(ii) $x\geq \dfrac{1}{2}$일 때, $2x-1-4<x$

$2x-5<x$　　$\therefore x<5$

이때 $x\geq \dfrac{1}{2}$이므로 $\dfrac{1}{2}\leq x<5$

(i), (ii)에서 부등식의 해는 $-1<x<5$

따라서 $a=-1$, $b=5$이므로

$a+b=-1+5=4$

1620 답 8

절댓값 기호 안의 식의 값이 0이 되는 x의 값은

$3x-6=0$, 즉 $x=2$

(i) $x<2$일 때, $-(3x-6)\geq x+1$

$-3x+6\geq x+1$, $-4x\geq -5$　　$\therefore x\leq \dfrac{5}{4}$

이때 $x<2$이므로 $x\leq \dfrac{5}{4}$

(ii) $x\geq 2$일 때, $3x-6\geq x+1$

$2x\geq 7$　　$\therefore x\geq \dfrac{7}{2}$

이때 $x\geq 2$이므로 $x\geq \dfrac{7}{2}$

(i), (ii)에서 부등식의 해는 $x\leq \dfrac{5}{4}$ 또는 $x\geq \dfrac{7}{2}$

07

따라서 10 이하의 자연수 x는
1, 4, 5, 6, 7, 8, 9, 10의 8개이다.

1621 답 ⑤

절댓값 기호 안의 식의 값이 0이 되는 x의 값은
$3x+1=0$, 즉 $x=-\dfrac{1}{3}$

(i) $x<-\dfrac{1}{3}$일 때, $x>-(3x+1)-7$

　　$x>-3x-8$, $4x>-8$　　∴ $x>-2$

　　이때 $x<-\dfrac{1}{3}$이므로 $-2<x<-\dfrac{1}{3}$

(ii) $x\geq-\dfrac{1}{3}$일 때, $x>3x+1-7$

　　$-2x>-6$　　∴ $x<3$

　　이때 $x\geq-\dfrac{1}{3}$이므로 $-\dfrac{1}{3}\leq x<3$

(i), (ii)에서 부등식의 해는 $-2<x<3$
따라서 모든 정수 x의 값의 합은
$-1+0+1+2=2$

1622 답 ⑤

절댓값 기호 안의 식의 값이 0이 되는 x의 값은
$3x-1=0$, 즉 $x=\dfrac{1}{3}$

(i) $x<\dfrac{1}{3}$일 때, $-(3x-1)<x+a$

　　$-3x+1<x+a$, $-4x<a-1$　　∴ $x>\dfrac{1-a}{4}$

　　이때 $x<\dfrac{1}{3}$이므로 $\dfrac{1-a}{4}<x<\dfrac{1}{3}$

(ii) $x\geq\dfrac{1}{3}$일 때, $3x-1<x+a$

　　$2x<a+1$　　∴ $x<\dfrac{a+1}{2}$

　　이때 $x\geq\dfrac{1}{3}$이므로 $\dfrac{1}{3}\leq x<\dfrac{a+1}{2}$

> 해가 $-1<x<3$이므로
> $\dfrac{1-a}{4}<\dfrac{1}{3}<\dfrac{a+1}{2}$
> 이어야 한다.

(i), (ii)에서 부등식의 해는 $\dfrac{1-a}{4}<x<\dfrac{a+1}{2}$

따라서 주어진 부등식의 해가 $-1<x<3$이므로
$\dfrac{1-a}{4}=-1$, $\dfrac{a+1}{2}=3$

∴ $a=5$

1623 답 ③　　　　　　　　　　　│ 유형 12

> 부등식 $|x-2|+|x+2|<6$의 해는?
> **단서1**
> ① $-5<x<-1$　　　　② $-4<x<1$
> ③ $-3<x<3$　　　　　④ $-1<x<5$
> ⑤ $1<x<7$
> **단서1** 절댓값 기호 안의 식의 값이 0이 되는 $x=2$, $x=-2$를 기준으로 범위 구분

STEP1 범위를 나누는 기준이 되는 x의 값 모두 구하기

절댓값 기호 안의 식의 값이 0이 되는 x의 값은
$x-2=0$, $x+2=0$, 즉 $x=2$, $x=-2$

STEP2 각 범위에서의 부등식 풀기

(i) $x<-2$일 때, $-(x-2)-(x+2)<6$

　　$-x+2-x-2<6$　→ $x-2<0$, $x+2<0$이므로
　　　　　　　　　　　 $|x-2|+|x+2|=-(x-2)-(x+2)$

　　$-2x<6$　　∴ $x>-3$

　　이때 $x<-2$이므로 $-3<x<-2$

(ii) $-2\leq x<2$일 때, $-(x-2)+(x+2)<6$

　　$-x+2+x+2<6$　→ $x-2<0$, $x+2\geq0$이므로
　　　　　　　　　　　 $|x-2|+|x+2|=-(x-2)+(x+2)$

　　$0\times x<2$이므로 이 부등식은 $-2\leq x<2$에서 항상 성립한다.

(iii) $x\geq2$일 때, $(x-2)+(x+2)<6$

　　$2x<6$　　∴ $x<3$　→ $x-2\geq0$, $x+2>0$이므로
　　　　　　　　　　　 $|x-2|+|x+2|=(x-2)+(x+2)$

　　이때 $x\geq2$이므로 $2\leq x<3$

STEP3 부등식의 해 구하기

(i), (ii), (iii)에서 부등식의 해는 $-3<x<3$

1624 답 ①

절댓값 기호 안의 식의 값이 0이 되는 x의 값은
$x=0$, $x-3=0$, 즉 $x=0$, $x=3$

(i) $x<0$일 때, $-x-(x-3)>7$

　　$-x-x+3>7$

　　$-2x>4$　　∴ $x<-2$

　　이때 $x<0$이므로 $x<-2$

(ii) $0\leq x<3$일 때, $x-(x-3)>7$

　　$x-x+3>7$

　　$0\times x>4$이므로 이 부등식을 만족시키는 해는 없다.

(iii) $x\geq3$일 때, $x+(x-3)>7$

　　$2x>10$　　∴ $x>5$

　　이때 $x\geq3$이므로 $x>5$

(i), (ii), (iii)에서 부등식의 해는 $x<-2$ 또는 $x>5$
따라서 $a=-2$, $b=5$이므로 $a+b=-2+5=3$

1625 답 $-4\leq x\leq6$

절댓값 기호 안의 식의 값이 0이 되는 x의 값은
$x+1=0$, $x-3=0$, 즉 $x=-1$, $x=3$

(i) $x<-1$일 때, $-(x+1)\leq10+(x-3)$

　　$-x-1\leq10+x-3$

　　$-2x\leq8$　　∴ $x\geq-4$

　　이때 $x<-1$이므로 $-4\leq x<-1$

(ii) $-1\leq x<3$일 때, $x+1\leq10+(x-3)$

　　$x+1\leq10+x-3$

　　$0\times x\leq6$이므로 이 부등식은 $-1\leq x<3$에서 항상 성립한다.

(iii) $x\geq3$일 때, $x+1\leq10-(x-3)$

　　$x+1\leq10-x+3$

　　$2x\leq12$　　∴ $x\leq6$

　　이때 $x\geq3$이므로 $3\leq x\leq6$

(i), (ii), (iii)에서 부등식의 해는 $-4\leq x\leq6$

1626 답 ④

절댓값 기호 안의 식의 값이 0이 되는 x의 값은
$x+1=0$, $x-2=0$, 즉 $x=-1$, $x=2$

(i) $x<-1$일 때, $-(x+1)-(x-2)<5$

$\quad -x-1-x+2<5$

$\quad -2x<4 \quad \therefore x>-2$

$\quad$ 이때 $x<-1$이므로 $-2<x<-1$

(ii) $-1\le x<2$일 때, $(x+1)-(x-2)<5$

$\quad x+1-x+2<5$

$\quad 0\times x<2$이므로 이 부등식은 $-1\le x<2$에서 항상 성립한다.

(iii) $x\ge2$일 때, $(x+1)+(x-2)<5$

$\quad 2x<6 \quad \therefore x<3$

$\quad$ 이때 $x\ge2$이므로 $2\le x<3$

(i), (ii), (iii)에서 부등식의 해는 $-2<x<3$

따라서 정수 x는 -1, 0, 1, 2의 4개이다.

1627 답 ②

절댓값 기호 안의 식의 값이 0이 되는 x의 값은

$x-1=0$, $x-3=0$, 즉 $x=1$, $x=3$

(i) $x<1$일 때, $-2(x-1)-(x-3)\le5$

$\quad -2x+2-x+3\le5$

$\quad -3x\le0 \quad \therefore x\ge0$

$\quad$ 이때 $x<1$이므로 $0\le x<1$

(ii) $1\le x<3$일 때, $2(x-1)-(x-3)\le5$

$\quad 2x-2-x+3\le5$

$\quad x+1\le5 \quad \therefore x\le4$

$\quad$ 이때 $1\le x<3$이므로 $1\le x<3$

(iii) $x\ge3$일 때, $2(x-1)+(x-3)\le5$

$\quad 2x-2+x-3\le5$

$\quad 3x\le10 \quad \therefore x\le\dfrac{10}{3}$

$\quad$ 이때 $x\ge3$이므로 $3\le x\le\dfrac{10}{3}$

(i), (ii), (iii)에서 부등식의 해는 $0\le x\le\dfrac{10}{3}$

따라서 모든 정수 x의 값의 합은

$0+1+2+3=6$

1628 답 ②

절댓값 기호 안의 식의 값이 0이 되는 x의 값은

$2x-1=0$, $2x+3=0$, 즉 $x=\dfrac{1}{2}$, $x=-\dfrac{3}{2}$

(i) $x<-\dfrac{3}{2}$일 때, $-(2x-1)-2(2x+3)\le7$

$\quad -2x+1-4x-6\le7$

$\quad -6x\le12 \quad \therefore x\ge-2$

$\quad$ 이때 $x<-\dfrac{3}{2}$이므로 $-2\le x<-\dfrac{3}{2}$

(ii) $-\dfrac{3}{2}\le x<\dfrac{1}{2}$일 때, $-(2x-1)+2(2x+3)\le7$

$\quad -2x+1+4x+6\le7$

$\quad 2x\le0 \quad \therefore x\le0$

$\quad$ 이때 $-\dfrac{3}{2}\le x<\dfrac{1}{2}$이므로 $-\dfrac{3}{2}\le x\le0$

(iii) $x\ge\dfrac{1}{2}$일 때, $(2x-1)+2(2x+3)\le7$

$\quad 2x-1+4x+6\le7$, $6x\le2 \quad \therefore x\le\dfrac{1}{3}$

$\quad$ 이때 $x\ge\dfrac{1}{2}$이므로 해는 없다.

(i), (ii), (iii)에서 부등식의 해는 $-2\le x\le0$

따라서 x의 최댓값은 0, 최솟값은 -2이므로 그 차는

$0-(-2)=2$

1629 답 ②

$\sqrt{x^2-4x+4}=\sqrt{(x-2)^2}=|x-2|$이므로

$|x-1|+|x-2|<x+6$

절댓값 기호 안의 식의 값이 0이 되는 x의 값은

$x-1=0$, $x-2=0$, 즉 $x=1$, $x=2$

(i) $x<1$일 때, $-(x-1)-(x-2)<x+6$

$\quad -x+1-x+2<x+6$

$\quad -3x<3 \quad \therefore x>-1$

$\quad$ 이때 $x<1$이므로 $-1<x<1$

(ii) $1\le x<2$일 때, $(x-1)-(x-2)<x+6$

$\quad x-1-x+2<x+6$

$\quad -x<5 \quad \therefore x>-5$

$\quad$ 이때 $1\le x<2$이므로 $1\le x<2$

(iii) $x\ge2$일 때, $(x-1)+(x-2)<x+6$

$\quad \therefore x<9$

$\quad$ 이때 $x\ge2$이므로 $2\le x<9$

(i), (ii), (iii)에서 부등식의 해는 $-1<x<9$

개념 Check

실수 A에 대하여

$$\sqrt{A^2}=|A|=\begin{cases}A\ge0일\ 때,\ A\\A<0일\ 때,\ -A\end{cases}$$

1630 답 ⑤

$||x-3|+1|\le2$에서 $-2\le|x-3|+1\le2$

$\therefore -3\le|x-3|\le1$

그런데 $|x-3|\ge0$이므로 $0\le|x-3|\le1$

$-1\le x-3\le1 \quad \therefore 2\le x\le4$

따라서 $a=2$, $b=4$이므로 $a+b=2+4=6$

다른 풀이

$|x-3|+1$에서 절댓값 기호 안의 식의 값이 0이 되는 x의 값은

$x-3=0$, 즉 $x=3$

(i) $x<3$일 때, $|-(x-3)+1|\le2$

$\quad |-x+4|\le2$, $-2\le-x+4\le2$

$\quad -6\le-x\le-2 \quad \therefore 2\le x\le6$

$\quad$ 이때 $x<3$이므로 $2\le x<3$

(ii) $x\ge3$일 때, $|(x-3)+1|\le2$

$\quad |x-2|\le2$, $-2\le x-2\le2$

$\quad \therefore 0\le x\le4$

$\quad$ 이때 $x\ge3$이므로 $3\le x\le4$

(i), (ii)에서 부등식의 해는 $2 \leq x \leq 4$

따라서 $a=2$, $b=4$이므로

$a+b=2+4=6$

Plus 문제

1630-1

부등식 $||x+2|-1|<4$를 만족시키는 정수 x의 개수를 구하시오.

$||x+2|-1|<4$에서 $-4<|x+2|-1<4$

$\therefore -3<|x+2|<5$

그런데 $|x+2| \geq 0$이므로 $0 \leq |x+2|<5$

$-5<x+2<5$ $\therefore -7<x<3$

따라서 정수 x는 -6, -5, $\cdots$, 1, 2의 9개이다.

다른 풀이

$|x+2|-1$에서 절댓값 기호 안의 식의 값이 0이 되는 x의 값은 $x+2=0$, 즉 $x=-2$

(i) $x<-2$일 때, $|-(x+2)-1|<4$

  $|-x-3|<4$, $-4<-x-3<4$

  $\therefore -7<x<1$

  이때 $x<-2$이므로 $-7<x<-2$

(ii) $x \geq -2$일 때, $|x+2-1|<4$

  $|x+1|<4$, $-4<x+1<4$

  $\therefore -5<x<3$

  이때 $x \geq -2$이므로 $-2 \leq x<3$

(i), (ii)에서 부등식의 해는 $-7<x<3$

따라서 정수 x는 -6, -5, $\cdots$, 1, 2의 9개이다.

답 9

1631 **답** 12

$a=n$, $b=n+4$를 주어진 부등식에 대입하면

$|x|+|x-n|<n+4$

절댓값 기호 안의 식의 값이 0이 되는 x의 값은

$x=0$, $x-n=0$, 즉 $x=0$, $x=n$

(i) $x<0$일 때, $-x-(x-n)<n+4$

  $-x-x+n<n+4$

  $-2x<4$ $\therefore x>-2$

  이때 $x<0$이므로 $-2<x<0$

(ii) $0 \leq x<n$일 때, $x-(x-n)<n+4$

  $x-x+n<n+4$

  $0 \times n<4$이므로 이 부등식은 $0 \leq x<n$에서 항상 성립한다.

(iii) $x \geq n$일 때, $x+(x-n)<n+4$

  $x+x-n<n+4$

  $2x<2n+4$ $\therefore x<n+2$

  이때 $x \geq n$이므로 $n \leq x<n+2$

(i), (ii), (iii)에서 부등식의 해는 $-2<x<n+2$

$-2<x<n+2$를 만족시키는 정수 x의 개수는 $n+3$이므로 (→ $-1, 0, 1, 2, \cdots, n+1$)

$f(n, n+4)=n+3=15$ $\therefore n=12$

1632 **답** ③ | 유형 13

부등식 $|3x-1|+4>k$의 해가 모든 실수가 되도록 하는 정수 k의 **단서1** 최댓값은?

① 1   ② 2   ③ 3

④ 4   ⑤ 5

단서1 $|ax+b|>c$의 해가 모든 실수이다. ➡ $c<0$

STEP 1 주어진 부등식을 $|ax+b|>c$ 꼴로 정리하기

$|3x-1|+4>k$에서 $|3x-1|>k-4$

STEP 2 부등식의 해가 모든 실수가 되도록 k의 값의 범위 구하기

$|3x-1| \geq 0$이므로 주어진 부등식의 해가 모든 실수가 되려면

$k-4<0$ $\therefore k<4$

STEP 3 정수 k의 최댓값 구하기

$k<4$이므로 정수 k의 최댓값은 3이다.

1633 **답** $k>0$

$|4x-2|+k \leq 0$에서 $|4x-2| \leq -k$

이때 $|4x-2| \geq 0$이므로 주어진 부등식의 해가 존재하지 않으려면

$-k<0$ $\therefore k>0$

1634 **답** ①

$|x-3| \leq 3k-12$에서

$|x-3| \geq 0$이므로 주어진 부등식의 해가 존재하려면

$3k-12 \geq 0$, $3k \geq 12$ $\therefore k \geq 4$

따라서 정수 k의 최솟값은 4이다.

1635 **답** ④

$|x-2|<\dfrac{2}{3}k-4$에서

$|x-2| \geq 0$이므로 주어진 부등식의 해가 존재하지 않으려면

$\dfrac{2}{3}k-4 \leq 0$, $\dfrac{2}{3}k \leq 4$ $\therefore k \leq 6$

따라서 양의 정수 k는 1, 2, 3, 4, 5, 6의 6개이다.

1636 **답** ②

$\left|x-\dfrac{3}{2}\right|+1 \geq \dfrac{k}{3}$에서 $\left|x-\dfrac{3}{2}\right| \geq \dfrac{k}{3}-1$

이때 $\left|x-\dfrac{3}{2}\right| \geq 0$이므로 주어진 부등식의 해가 모든 실수가 되려면

$\dfrac{k}{3}-1 \leq 0$, $\dfrac{k}{3} \leq 1$ $\therefore k \leq 3$

따라서 정수 k의 최댓값은 3이다.

1637 답 $k \geq 3$

절댓값 기호 안의 식의 값이 0이 되는 x의 값은

$x-1=0$, $x+2=0$, 즉 $x=1$, $x=-2$

(i) $x<-2$일 때,

$$|x-1|+2|x+2|=-(x-1)-2(x+2)$$
$$=-3x-3$$

이때 $x<-2$이므로 $-3x>6$ $\therefore -3x-3>3$

$\therefore |x-1|+2|x+2|>3$

(ii) $-2 \leq x<1$일 때,

$$|x-1|+2|x+2|=-(x-1)+2(x+2)$$
$$=x+5$$

이때 $-2 \leq x<1$이므로 $3 \leq x+5<6$

$\therefore 3 \leq |x-1|+2|x+2|<6$

(iii) $x \geq 1$일 때,

$$|x-1|+2|x+2|=(x-1)+2(x+2)$$
$$=3x+3$$

이때 $x \geq 1$이므로 $3x \geq 3$ $\therefore 3x+3 \geq 6$

$\therefore |x-1|+2|x+2| \geq 6$

(i), (ii), (iii)에서 $|x-1|+2|x+2| \geq 3$

따라서 주어진 부등식의 해가 존재하려면 $k \geq 3$

실수 Check

주어진 부등식이 해를 가지려면 k의 값이 $|x-1|+2|x+2|$의 최솟값보다 크거나 같아야 함에 주의한다.

Plus 문제

1637-1

부등식 $|3x-1|+|4x+3| \leq k$의 해가 존재하지 않도록 하는 실수 k의 값의 범위를 구하시오.

절댓값 기호 안의 식의 값이 0이 되는 x의 값은

$3x-1=0$, $4x+3=0$, 즉 $x=\dfrac{1}{3}$, $x=-\dfrac{3}{4}$

(i) $x<-\dfrac{3}{4}$일 때,

$|3x-1|+|4x+3|=-(3x-1)-(4x+3)=-7x-2$

이때 $x<-\dfrac{3}{4}$이므로 $-7x>\dfrac{21}{4}$, $-7x-2>\dfrac{13}{4}$

$\therefore |3x-1|+|4x+3|>\dfrac{13}{4}$

(ii) $-\dfrac{3}{4} \leq x<\dfrac{1}{3}$일 때,

$|3x-1|+|4x+3|=-(3x-1)+(4x+3)=x+4$

이때 $-\dfrac{3}{4} \leq x<\dfrac{1}{3}$이므로 $\dfrac{13}{4} \leq x+4<\dfrac{13}{3}$

$\therefore \dfrac{13}{4} \leq |3x-1|+|4x+3|<\dfrac{13}{3}$

(iii) $x \geq \dfrac{1}{3}$일 때,

$|3x-1|+|4x+3|=(3x-1)+(4x+3)=7x+2$

이때 $x \geq \dfrac{1}{3}$이므로 $7x+2 \geq \dfrac{13}{3}$

$\therefore \dfrac{13}{3} \leq |3x-1|+|4x+3|$

(i), (ii), (iii)에서 $\dfrac{13}{4} \leq |3x-1|+|4x+3|$

따라서 주어진 부등식의 해가 존재하지 않으려면

$$k<\dfrac{13}{4}$$

답 $k<\dfrac{13}{4}$

07

서술형 유형 익히기　　342쪽~345쪽

1638 답 (1) $-\dfrac{a+2}{4}$　(2) $\dfrac{3b+4}{2}$　(3) -3　(4) 8　(5) 10
(6) 4　(7) 14

STEP 1 부등식 $3x+2 \geq -x-a$의 해 구하기 [2점]

$3x+2 \geq -x-a$에서 $4x \geq -(a+2)$

$\therefore x \geq \boxed{-\dfrac{a+2}{4}}$

STEP 2 부등식 $3x-4 \leq x+3b$의 해 구하기 [2점]

$3x-4 \leq x+3b$에서 $2x \leq 3b+4$

$\therefore x \leq \boxed{\dfrac{3b+4}{2}}$

STEP 3 연립부등식의 해를 이용하여 $a+b$의 값 구하기 [2점]

연립부등식의 해가 $-3 \leq x \leq 8$이므로

$-\dfrac{a+2}{4}=\boxed{-3}$, $\dfrac{3b+4}{2}=\boxed{8}$

$\therefore a=\boxed{10}$, $b=\boxed{4}$

$\therefore a+b=10+4=\boxed{14}$

실제 답안 예시

1639 답 16

STEP 1 주어진 부등식을 연립부등식으로 고치기 [1점]

부등식 $-2x+a \leq 5x<3x+b$는

연립부등식 $\begin{cases} -2x+a \leq 5x \\ 5x<3x+b \end{cases}$ 와 같다.

STEP 2 부등식 $-2x+a \leq 5x$의 해 구하기 [2점]

$-2x+a \leq 5x$에서 $-7x \leq -a$

$\therefore x \geq \dfrac{a}{7}$

STEP3 부등식 $5x<3x+b$의 해 구하기 [2점]

$5x<3x+b$에서 $2x<b$

$\therefore x<\dfrac{b}{2}$

STEP4 연립부등식의 해를 이용하여 $b-a$의 값 구하기 [2점]

연립부등식의 해가 $-2\le x<1$이므로

$\dfrac{a}{7}=-2,\ \dfrac{b}{2}=1$ $\therefore a=-14,\ b=2$

$\therefore b-a=2-(-14)=16$

1640 〔답〕 $2\le x<5$

STEP1 $a,\ b$의 값 구하기 [3점]

$2x-4<x+a$에서 $x<a+4$

$2x-4\le 3x-b$에서 $-x\le -b+4$ $\therefore x\ge b-4$

이 연립부등식의 해가 $-1\le x<5$이므로

$a+4=5,\ b-4=-1$

$\therefore a=1,\ b=3$

STEP2 원래의 부등식을 연립부등식으로 바르게 고치기 [1점]

원래의 부등식은 $2x-4<x+1\le 3x-3$이므로

연립부등식 $\begin{cases} 2x-4<x+1 & \cdots\cdots\cdots\cdots ㉠ \\ x+1\le 3x-3 & \cdots\cdots\cdots\cdots ㉡ \end{cases}$ 으로 고쳐서 풀면

STEP3 각각의 부등식의 해 구하기 [3점]

㉠에서 $x<5$

㉡에서 $-2x\le -4$ $\therefore x\ge 2$

STEP4 원래의 부등식의 해 구하기 [1점]

원래의 부등식의 해는

$2\le x<5$

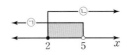

1641 〔답〕 $-4,\ 3$

STEP1 각각의 부등식의 해 구하기 [3점]

$x+2>2x+a$에서 $-x>a-2$

$\therefore x<2-a$ $\cdots\cdots\cdots\cdots\cdots\cdots\cdots\cdots\cdots$ ㉠

$3x-5<-x+2a-1$에서 $4x<2a+4$

$\therefore x<\dfrac{a+2}{2}$ $\cdots\cdots\cdots\cdots\cdots\cdots\cdots$ ㉡

$\cdots\cdots$ ⓐ

STEP2 $2-a\ge \dfrac{a+2}{2}$일 때, a의 값 구하기 [2점]

(i) $2-a\ge \dfrac{a+2}{2}$일 때

$4-2a\ge a+2,\ -3a\ge -2$ $\therefore a\le \dfrac{2}{3}$ $\cdots\cdots$ ⓑ

연립부등식의 해가 $x<-1$이므로

$\dfrac{a+2}{2}=-1$에서 $a+2=-2$

$\therefore a=-4$

STEP3 $2-a<\dfrac{a+2}{2}$일 때, a의 값 구하기 [2점]

(ii) $2-a<\dfrac{a+2}{2}$일 때

$4-2a<a+2,\ -3a<-2$ $\therefore a>\dfrac{2}{3}$ $\cdots\cdots$ ⓒ

연립부등식의 해가 $x<-1$이므로

$2-a=-1$ $\therefore a=3$

STEP4 a의 값 모두 구하기 [1점]

(i), (ii)에서 a의 값은 -4 또는 3이다.

부분점수표	
ⓐ 두 부등식 $x+2>2x+a$, $3x-5<-x+2a-1$ 중 하나의 해만 바르게 구한 경우	1점
ⓑ $2-a\ge \dfrac{a+2}{2}$일 때의 a의 조건을 바르게 구한 경우	1점
ⓒ $2-a<\dfrac{a+2}{2}$일 때의 a의 조건을 바르게 구한 경우	1점

1642 〔답〕 (1) $5x+8$ (2) 1 (3) 6 (4) 19 (5) 14 (6) 14
(7) 19 (8) 19

STEP1 학생 수를 의자의 개수에 대한 식으로 나타내기 [1점]

의자의 개수를 x라 하면 한 의자에 5명씩 앉으면 학생 8명이 남으므로 학생 수는 $\boxed{5x+8}$이다.

STEP2 주어진 문제 상황을 부등식으로 나타내기 [2점]

6명씩 앉으면 의자가 1개 남으므로

$(x-2)$개의 의자에는 학생이 6명씩 앉고,

한 의자에는 $\boxed{1}$명 이상 $\boxed{6}$명 이하의 학생이 앉아 있을 수 있다.

즉, $6(x-2)+1\le 5x+8\le 6(x-2)+6$

STEP3 부등식의 해 구하기 [4점]

연립부등식 $\begin{cases} 6(x-2)+1\le 5x+8 & \cdots\cdots\cdots\cdots ㉠ \\ 5x+8\le 6(x-2)+6 & \cdots\cdots\cdots\cdots ㉡ \end{cases}$ 으로 고쳐서 풀면

$\cdots\cdots$ ⓐ

㉠에서 $6x-11\le 5x+8$ $\therefore x\le \boxed{19}$ $\cdots\cdots$ ⓑ

㉡에서 $5x+8\le 6x-6,\ -x\le -14$ $\therefore x\ge \boxed{14}$ $\cdots\cdots$ ⓒ

$\therefore \boxed{14}\le x\le \boxed{19}$

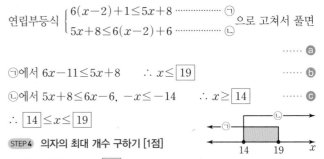

STEP4 의자의 최대 개수 구하기 [1점]

의자의 최대 개수는 $\boxed{19}$이다.

부분점수표	
ⓐ $A<B<C$ 꼴의 부등식을 연립부등식으로 바르게 고친 경우	1점
ⓑ 부등식 ㉠의 해를 바르게 구한 경우	1점
ⓒ 부등식 ㉡의 해를 바르게 구한 경우	1점

오답 분석

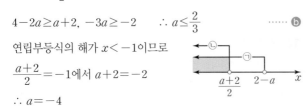

▶ 8점 중 2점 얻음.

마지막 의자에는 최소 1명에서 최대 6명까지 앉을 수 있으므로 연립부등식을 $6(x-2)+1\le 5x+8\le 6(x-2)+6$이라 세워야 한다.

1643 팁 9, 10

STEP 1 **학생 수를 방의 개수에 대한 식으로 나타내기 [1점]**

방의 개수를 x라 하면 한 방에 3명씩 배정하면 16명이 남으므로 학생 수는 $3x+16$이다.

STEP 2 **주어진 문제 상황을 부등식으로 나타내기 [2점]**

한 방에 5명씩 배정하면 빈방 없이 마지막 한 방에만 4명 이하가 배정되므로 $(x-1)$개의 방에는 5명씩 배정되고,

마지막 한 방에는 1명 이상 4명 이하의 학생이 배정될 수 있다.

즉, $5(x-1)+1\leq 3x+16\leq 5(x-1)+4$

STEP 3 **부등식의 해 구하기 [4점]**

연립부등식 $\begin{cases} 5(x-1)+1\leq 3x+16 \quad\cdots\cdots\cdots ㉠ \\ 3x+16\leq 5(x-1)+4 \quad\cdots\cdots\cdots ㉡ \end{cases}$ 으로 고쳐서 풀면

 ······ 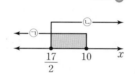 ⓐ

㉠에서 $5x-4\leq 3x+16$

$2x\leq 20 \quad\therefore x\leq 10$ ······ ⓑ

㉡에서 $3x+16\leq 5x-1$

$-2x\leq -17 \quad\therefore x\geq \dfrac{17}{2}$ ······ ⓒ

$\therefore \dfrac{17}{2}\leq x\leq 10$

STEP 4 **가능한 방의 개수 모두 구하기 [1점]**

x는 자연수이므로 가능한 방의 개수는
9 또는 10이다.

부분점수표	
ⓐ $A<B<C$ 꼴의 부등식을 연립부등식으로 바르게 고친 경우	1점
ⓑ 부등식 ㉠의 해를 바르게 구한 경우	1점
ⓒ 부등식 ㉡의 해를 바르게 구한 경우	1점

1644 팁 50 g 이상 100 g 이하

STEP 1 **주어진 문제 상황을 부등식으로 나타내기 [3점]**

10 %의 소금물 100 g에 들어 있는 소금의 양은

$\dfrac{10}{100}\times 100=10(\text{g})$ ······ ⓐ

16 %의 소금물의 양을 x g이라 하면

$\dfrac{12}{100}\times(100+x)\leq 10+\dfrac{16}{100}x\leq \dfrac{13}{100}\times(100+x)$

STEP 2 **부등식의 해 구하기 [4점]**

연립부등식 $\begin{cases} \dfrac{12}{100}\times(100+x)\leq 10+\dfrac{16}{100}x \quad\cdots\cdots\cdots ㉠ \\ 10+\dfrac{16}{100}x\leq \dfrac{13}{100}\times(100+x) \quad\cdots\cdots\cdots ㉡ \end{cases}$

으로 고쳐서 풀면 ······ ⓑ

㉠에서 $1200+12x\leq 1000+16x$

$-4x\leq -200 \quad\therefore x\geq 50$ ······ ⓒ

㉡에서 $1000+16x\leq 1300+13x$

$3x\leq 300 \quad\therefore x\leq 100$ ······ ⓓ

$\therefore 50\leq x\leq 100$

STEP 3 **섞어야 하는 16 %의 소금물의 양의 범위 구하기 [1점]**

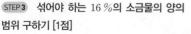

16 %의 소금물은 50 g 이상 100 g 이하로 섞어야 한다.

부분점수표	
ⓐ 10 %의 소금물 100 g에 들어 있는 소금의 양을 구한 경우	1점
ⓑ $A<B<C$ 꼴의 부등식을 연립부등식으로 바르게 고친 경우	1점
ⓒ 부등식 ㉠의 해를 바르게 구한 경우	1점
ⓓ 부등식 ㉡의 해를 바르게 구한 경우	1점

1645 팁 200 g 이상 275 g 이하

STEP 1 **주어진 문제 상황을 연립부등식으로 나타내기 [3점]**

식품 A의 섭취량을 x g이라 하면

식품 B의 섭취량은 $(300-x)$ g이므로

$\begin{cases} \dfrac{120}{100}x+\dfrac{280}{100}(300-x)\geq 400 \quad\cdots\cdots ㉠ \\ \dfrac{15}{100}x+\dfrac{8}{100}(300-x)\geq 38 \quad\cdots\cdots ㉡ \end{cases}$

STEP 2 **부등식의 해 구하기 [4점]**

㉠에서 $12x+8400-28x\geq 4000$

$4400\geq 16x \quad\therefore x\leq 275$ ······ ⓐ

㉡에서 $15x+2400-8x\geq 3800$

$7x\geq 1400 \quad\therefore x\geq 200$ ······ ⓑ

$\therefore 200\leq x\leq 275$

STEP 3 **식품 A의 섭취량의 범위 구하기 [1점]**

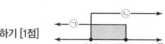

식품 A의 섭취량은
200 g 이상 275 g 이하이다.

부분점수표	
ⓐ 부등식 ㉠의 해를 바르게 구한 경우	1점
ⓑ 부등식 ㉡의 해를 바르게 구한 경우	1점

1646 팁 (1) -2 (2) -2 (3) 1 (4) 1 (5) 1 (6) -2
(7) 1 (8) 4

STEP 1 **범위를 나누는 기준이 되는 x의 값 모두 구하기 [2점]**

절댓값 기호 안의 식의 값이 0이 되는 x의 값은

$x-1=0$, $x+1=0$, 즉 $x=1$, $x=-1$

STEP 2 **각 범위에서의 부등식의 해 구하기 [3점]**

(i) $x<-1$일 때, $-(x-1)-3(x+1)\leq 6$

$\quad -x+1-3x-3\leq 6$

$\quad -4x\leq 8 \quad\therefore x\geq \boxed{-2}$

$\quad$ 이때 $x<-1$이므로 $\boxed{-2}\leq x<-1$ ······ ⓐ

(ii) $-1\leq x<1$일 때, $-(x-1)+3(x+1)\leq 6$

$\quad -x+1+3x+3\leq 6$

$\quad 2x\leq 2 \quad\therefore x\leq \boxed{1}$

$\quad$ 이때 $-1\leq x<1$이므로 $-1\leq x<1$ ······ ⓐ

(iii) $x\geq 1$일 때, $(x-1)+3(x+1)\leq 6$

$\quad x-1+3x+3\leq 6$

$\quad 4x\leq 4 \quad\therefore x\leq \boxed{1}$

$\quad$ 이때 $x\geq 1$이므로 $x=\boxed{1}$ ······ ⓐ

STEP 3 **부등식의 해를 구하고, 정수 x의 개수 구하기 [3점]**

(i), (ii), (iii)에서 부등식의 해는 $\boxed{-2}\leq x\leq \boxed{1}$ ······ ⓑ

따라서 부등식을 만족시키는 정수 x는 -2, -1, 0, 1의 $\boxed{4}$개이다.

오답 분석

x−1=0, x+1=0 ➡ x=1, x=−1 ─── 2점

(i) x<−1일 때

  |x−1|=−x+1, |x+1|=−x−1이므로

  −x+1−3x−3−6≤0

  −4x≤8   ∴ x≥−2 → x<−1과 공통부분 구하지 않음

(ii) −1≤x<1일 때

  |x−1|=−x+1, |x+1|=x+1이므로

  −x+1+3x+3≤6

  2x≤2   ∴ x≤1 → −1≤x<1과 공통부분 구하지 않음

(iii) x≥1일 때

  |x−1|=x−1, |x+1|=x+1이므로

  x−1+3x+3≤6

  4x≤4   ∴ x≤1 → x≥1과 공통부분 구하지 않음

(i), (ii), (iii)에 의하여 −2≤x≤1 ─── 1점

∴ 정수 x의 개수 : 4 ─── 2점

▶ 8점 중 5점 얻음.

  범위를 나누어 부등식을 풀기 때문에 부등식의 해를 구한 후, 범위와 부등식의 해의 공통부분까지 구해야 한다.

1647 답 2

STEP1 범위를 나누는 기준이 되는 x의 값 모두 구하기 [2점]

절댓값 기호 안의 식의 값이 0이 되는 x의 값은

$2x+1=0$, $x-2=0$, 즉 $x=-\dfrac{1}{2}$, $x=2$

STEP2 각 범위에서의 부등식의 해 구하기 [3점]

(i) $x<-\dfrac{1}{2}$일 때, $-(2x+1)+4(x-2)\geq x$

  $-2x-1+4x-8\geq x$, $2x-9\geq x$ ∴ $x\geq9$

  이때 $x<-\dfrac{1}{2}$이므로 해는 없다. ⋯⋯⋯ ⓐ

(ii) $-\dfrac{1}{2}\leq x<2$일 때, $(2x+1)+4(x-2)\geq x$

  $2x+1+4x-8\geq x$, $5x\geq7$ ∴ $x\geq\dfrac{7}{5}$

  이때 $-\dfrac{1}{2}\leq x<2$이므로 $\dfrac{7}{5}\leq x<2$ ⋯⋯⋯ ⓐ

(iii) $x\geq2$일 때, $(2x+1)-4(x-2)\geq x$

  $2x+1-4x+8\geq x$, $-3x\geq-9$ ∴ $x\leq3$

  이때 $x\geq2$이므로 $2\leq x\leq3$ ⋯⋯⋯ ⓐ

STEP3 부등식의 해를 구하고, 정수 x의 개수 구하기 [3점]

(i), (ii), (iii)에서 부등식의 해는 $\dfrac{7}{5}\leq x\leq3$ ⋯⋯⋯ ⓑ

따라서 부등식을 만족시키는 정수 x는 2, 3의 2개이다.

1648 답 −24

STEP1 부등식 $|x-3|+|x+5|\leq12$의 해 구하기 [6점]

절댓값 기호 안의 식의 값이 0이 되는 x의 값은

$x-3=0$, $x+5=0$, 즉 $x=3$, $x=-5$ ⋯⋯⋯ ⓐ

(i) $x<-5$일 때, $-(x-3)-(x+5)\leq12$

  $-x+3-x-5\leq12$, $-2x\leq14$ ∴ $x\geq-7$

  이때 $x<-5$이므로 $-7\leq x<-5$ ⋯⋯⋯ ⓑ

(ii) $-5\leq x<3$일 때, $-(x-3)+(x+5)\leq12$

  $-x+3+x+5\leq12$

  $0\times x\leq4$이므로 이 부등식은 $-5\leq x<3$에서 항상 성립한다. ⋯⋯⋯ ⓑ

(iii) $x\geq3$일 때, $(x-3)+(x+5)\leq12$

  $2x+2\leq12$, $2x\leq10$ ∴ $x\leq5$

  이때 $x\geq3$이므로 $3\leq x\leq5$ ⋯⋯⋯ ⓑ

(i), (ii), (iii)에서 부등식의 해는 $-7\leq x\leq5$ ⋯⋯⋯ ⓒ

STEP2 부등식 $|2x-b|\leq a$의 해 구하기 [2점]

$|2x-b|\leq a$에서 $-a\leq2x-b\leq a$, $-a+b\leq2x\leq a+b$

∴ $\dfrac{-a+b}{2}\leq x\leq\dfrac{a+b}{2}$

STEP3 ab의 값 구하기 [2점]

두 부등식의 해가 서로 같으므로

$\dfrac{-a+b}{2}=-7$, $\dfrac{a+b}{2}=5$

위의 두 식을 연립하여 풀면 $a=12$, $b=-2$

∴ $ab=12\times(-2)=-24$

1649 답 4

STEP1 범위를 나누는 기준이 되는 x의 값 모두 구하기 [2점]

절댓값 기호 안의 식의 값이 0이 되는 x의 값은

$x-1=0$, $x+3=0$, 즉 $x=1$, $x=-3$

STEP2 각 범위에서의 부등식을 풀고, 해를 갖지 않기 위한 k의 값의 범위 구하기 [6점]

(i) $x<-3$일 때, $-(x-1)-2(x+3)<k$

  $-x+1-2x-6<k$

  $-3x<k+5$ ∴ $x>-\dfrac{k+5}{3}$ ⋯⋯⋯ ⓐ

  이때 $x<-3$이므로 해를 갖지 않으려면

  $-3\leq-\dfrac{k+5}{3}$ ∴ $k\leq4$ ⋯⋯⋯ ⓑ

(ii) $-3\leq x<1$일 때, $-(x-1)+2(x+3)<k$

  $-x+1+2x+6<k$ ∴ $x<k-7$ ⋯⋯⋯ ⓐ

  이때 $-3\leq x<1$이므로 해를 갖지 않으려면

  $k-7\leq-3$ ∴ $k\leq4$ ⋯⋯⋯ ⓑ

(iii) $x\geq1$일 때, $(x-1)+2(x+3)<k$

  $x-1+2x+6<k$

  $3x<k-5$ ∴ $x<\dfrac{k-5}{3}$ ⋯⋯⋯ ⓐ

이때 $x\geq1$이므로 해를 갖지 않으려면

$\dfrac{k-5}{3}\leq1$ $\quad\therefore k\leq8$ ...... ⓑ

STEP 3 k의 최댓값 구하기 [2점]

부등식 $|x-1|+2|x+3|<k$의 해가 존재하지 않으려면

(i), (ii), (iii)을 모두 만족시켜야 하므로 $k\leq4$ ...... ⓒ

따라서 k의 최댓값은 4이다.

부분점수표	
ⓐ 한 범위에서의 부등식의 해를 바르게 구한 경우	각 1점
ⓑ 한 범위에서의 해를 갖지 않기 위한 k의 값의 범위를 바르게 구한 경우	각 1점
ⓒ k의 값의 범위를 바르게 구한 경우	1점

실력 check **실전 마무리하기** **1**회   346쪽~349쪽

1 1650   답 ①   유형 3

출제의도 | 연립일차부등식의 해를 구할 수 있는지 확인한다.

수직선을 이용하여 두 부등식의 해의 공통부분을 찾아보자.

$x-6\leq4x+3$에서 $-3x\leq9$ $\quad\therefore x\geq-3$ ...... ㉠
$x+2\leq-2x-4$에서 $3x\leq-6$ $\quad\therefore x\leq-2$ ...... ㉡
따라서 연립부등식의 해는
$-3\leq x\leq-2$이므로 $a=-3$, $b=-2$
$\therefore a+b=-3+(-2)=-5$

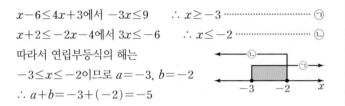

2 1651   답 ①   유형 5

출제의도 | $A<B<C$ 꼴의 부등식을 연립부등식으로 바꾸어 풀 수 있는지 확인한다.

$A<B<C$ 꼴을 $\begin{cases}A<B \\ B<C\end{cases}$ 꼴로 고쳐 보자.

연립부등식 $\begin{cases}-x+3<x-1 & ㉠ \\ x-1<3x+5 & ㉡\end{cases}$ 으로 고쳐서 풀면

㉠에서 $-2x<-4$ $\quad\therefore x>2$
㉡에서 $-2x<6$ $\quad\therefore x>-3$
즉, 연립부등식의 해는 $x>2$
따라서 x의 값이 될 수 없는 것은 ①이다.

3 1652   답 ③   유형 1

출제의도 | 부등식의 기본 성질을 이용하여 문제를 해결할 수 있는지 확인한다.

부호가 같은 두 수를 각각 역수를 취하면 부등호의 방향이 바뀐다는 것을 이용해 보자.

㈎에서 $\dfrac{1}{a}<\dfrac{1}{c}$이고 a, c가 양수이므로 $a>c$ ...... ㉠

a가 양수이므로 $\dfrac{1}{a}>0$이고 ㈏에서 $\dfrac{1}{a}+\dfrac{1}{c}<\dfrac{1}{b}$이므로

$\dfrac{1}{c}<\dfrac{1}{a}+\dfrac{1}{c}<\dfrac{1}{b}$에서 $\dfrac{1}{c}<\dfrac{1}{b}$

이때 b, c가 양수이므로 $c>b$ ...... ㉡
㉠, ㉡에서 $b<c<a$

4 1653   답 ④   유형 3

출제의도 | 연립일차부등식의 해를 구할 수 있는지 확인한다.

수직선을 이용하여 두 부등식의 해의 공통부분을 찾아보자.

$3x+2\geq2x-1$에서 $x\geq-3$ ...... ㉠
$x+3>2x-5$에서 $-x>-8$ $\quad\therefore x<8$ ...... ㉡
즉, 연립부등식의 해는 $-3\leq x<8$
따라서 정수 x는 -3, -2, -1, $\cdots$, 6, 7의 11개이다.

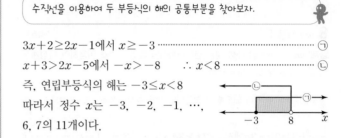

5 1654   답 ③   유형 5

출제의도 | $A<B<C$ 꼴의 부등식을 연립부등식으로 바꾸어 풀 수 있는지 확인한다.

양변에 같은 수를 곱해서 x의 계수를 정수로 바꾸어 풀어 보자.

연립부등식 $\begin{cases}3x+2\leq2x-1 & ㉠ \\ 2x-1<\dfrac{x+1}{2} & ㉡\end{cases}$ 으로 고쳐서 풀면

㉠에서 $x\leq-3$
㉡의 양변에 2를 곱하면
$4x-2<x+1$
$3x<3$ $\quad\therefore x<1$
즉, 연립부등식의 해는 $x\leq-3$
따라서 x의 최댓값은 -3이다.

6 1655   답 ①   유형 5

출제의도 | $A<B<C$ 꼴의 부등식을 연립부등식으로 바꾸어 풀 수 있는지 확인한다.

부등호 $<$와 $\leq$를 구분하여 정수를 포함하는지 확인해 보자.

연립부등식 $\begin{cases}2x+9\leq4x+7 & ㉠ \\ 4x+7<2x+15 & ㉡\end{cases}$ 으로 고쳐서 풀면

㉠에서 $-2x\leq-2$ $\quad\therefore x\geq1$
㉡에서 $2x<8$ $\quad\therefore x<4$
즉, 연립부등식의 해는 $1\leq x<4$
따라서 모든 정수 x의 값의 합은
$1+2+3=6$

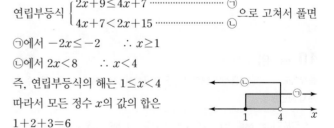

7 1656   답 ④   유형 10

출제의도 | $|ax+b|>c$ 꼴의 부등식의 해를 구할 수 있는지 확인한다.

$|x|>A$ $(A>0)$이면 $x>A$ 또는 $x<-A$임을 이용해 보자.

$|2x-a|>5$에서 $2x-a<-5$ 또는 $2x-a>5$
$2x-a<-5$이면 $2x<a-5$ $\quad\therefore x<\dfrac{a-5}{2}$

$2x-a>5$이면 $2x>a+5$ $\therefore x>\dfrac{a+5}{2}$

부등식의 해가 $x<-2$ 또는 $x>b$이므로

$\dfrac{a-5}{2}=-2$에서 $a=1$

$b=\dfrac{a+5}{2}$에 $a=1$을 대입하면 $b=3$

$\therefore a+b=1+3=4$

8 1657 답 ③ 　　　　　　　　　　　　　　유형 4

출제의도 | 특수한 해를 갖는 연립부등식의 해의 조건을 이용하여 미정계수의 값을 구할 수 있는지 확인한다.

> 공통부분이 한 점이 되도록 각 부등식의 해를 수직선 위에 나타내 보자.

$-x+3\geq2x+3a$에서 $-3x\geq3a-3$ $\therefore x\leq1-a$ ·············· ㉠

$\dfrac{1}{2}x+3\geq\dfrac{1}{3}x+1$의 양변에 6을 곱하면

$3x+18\geq2x+6$ $\therefore x\geq-12$ ············· ㉡

연립부등식을 만족시키는 x가 1개뿐이려면 그림과 같아야 하므로

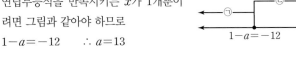

$1-a=-12$ $\therefore a=13$

9 1658 답 ③ 　　　　　　　　　　　　　　유형 6

출제의도 | 연립부등식을 풀어 주어진 해와 비교하여 미정계수의 값을 구할 수 있는지 확인한다.

> 연립부등식에서 각 부등식의 해를 a, b로 나타내 보자.

연립부등식 $\begin{cases} ax+1<x+3 \quad\cdots\cdots\text{㉠} \\ x+3<2x+b \quad\cdots\cdots\text{㉡} \end{cases}$ 으로 고쳐서 풀면

㉠에서 $(a-1)x<2$

㉡에서 $-x<b-3$ $\therefore x>3-b$

연립부등식의 해가 $1<x<2$이므로

부등식 ㉠의 해는 $x<2$이고 $a-1>0$

$\dfrac{2}{a-1}=2$, $3-b=1$

$\therefore a=2$, $b=2$

$\therefore a+b=2+2=4$

10 1659 답 ④ 　　　　　　　　　　　　　　유형 7

출제의도 | 연립부등식의 해의 조건을 이용하여 미정계수의 값을 구할 수 있는지 확인한다.

> 연립부등식이 해를 갖지 않으려면 각 부등식의 해의 공통부분이 없어야 함을 이용하자.

$x-2\geq6-x$에서 $2x\geq8$ $\therefore x\geq4$ ············· ㉠

$2x+a>3x+2$에서 $-x>2-a$ $\therefore x<a-2$ ············· ㉡

주어진 연립부등식이 해를 갖지 않으려면 그림과 같아야 하므로

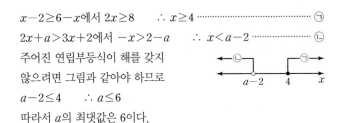

$a-2\leq4$ $\therefore a\leq6$

따라서 a의 최댓값은 6이다.

11 1660 답 ⑤ 　　　　　　　　　　　　　　유형 7

출제의도 | 연립부등식의 해의 조건을 이용하여 미정계수의 값을 구할 수 있는지 확인한다.

> 연립부등식이 해를 가지려면 각 부등식의 해의 공통부분이 존재해야 함을 이용하자.

$x-6\geq4x+a$에서 $-3x\geq a+6$

$\therefore x\leq-\dfrac{a+6}{3}$ ·············· ㉠

$x+2\geq-2x-4$에서 $3x\geq-6$

$\therefore x\geq-2$ ·············· ㉡

주어진 연립부등식이 해를 가지려면 그림과 같아야 하므로

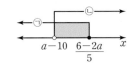

$-2\leq-\dfrac{a+6}{3}$, $6\geq a+6$

$\therefore a\leq0$

따라서 a의 최댓값은 0이다.

12 1661 답 ② 　　　　　　　　　　　　　　유형 7

출제의도 | 연립부등식의 해의 조건을 이용하여 미정계수의 값을 구할 수 있는지 확인한다.

> 연립부등식이 해를 가지려면 각 부등식의 해의 공통부분이 존재해야 함을 이용하자.

연립부등식 $\begin{cases} 3x+2a\leq6-2x \quad\cdots\cdots\text{㉠} \\ 6-2x<-2a+26 \quad\cdots\cdots\text{㉡} \end{cases}$ 으로 고쳐서 풀면

㉠에서 $5x\leq6-2a$ $\therefore x\leq\dfrac{6-2a}{5}$

㉡에서 $-2x<-2a+20$

$\therefore x>a-10$

주어진 연립부등식이 해를 가지려면 그림과 같아야 하므로

$a-10<\dfrac{6-2a}{5}$, $5a-50<6-2a$

$7a<56$ $\therefore a<8$

따라서 자연수 a는 1, 2, 3, $\cdots$, 7의 7개이다.

13 1662 답 ⑤ 　　　　　　　　　　　　　　유형 8

출제의도 | 정수인 해의 개수가 주어진 경우 미정계수의 값을 구할 수 있는지 확인한다.

> 미지수를 포함한 부등식의 해의 범위를 설정할 때, 정수인 경곗값의 포함 여부에 주의하여 미지수의 값의 범위를 찾아보자.

$3x+4\geq x+2$에서 $2x\geq-2$ $\therefore x\geq-1$ ············· ㉠

$2x+5<x+a$에서 $x<a-5$ ············· ㉡

연립부등식을 만족시키는 정수 x가 3개이려면 그림과 같아야 하므로

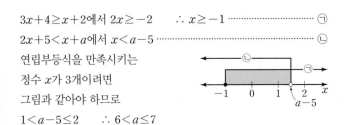

$1<a-5\leq2$ $\therefore 6<a\leq7$

14 1663 답 ⑤
유형 11

출제의도 | $|ax+b|\le cx+d$ 꼴의 부등식의 해를 구할 수 있는지 확인한다.

> 절댓값 기호 안의 식의 값이 0이 되는 x의 값을 기준으로 범위를 나누어 해를 구해 보자.

절댓값 기호 안의 식의 값이 0이 되는 x의 값은
$x-3=0$, 즉 $x=3$

(i) $x<3$일 때, $-(x-3)\le 2x+1$

$-x+3\le 2x+1$, $-3x\le -2$ $\quad\therefore x\ge \dfrac{2}{3}$

이때 $x<3$이므로 $\dfrac{2}{3}\le x<3$

(ii) $x\ge 3$일 때, $(x-3)\le 2x+1$

$-x\le 4$ $\quad\therefore x\ge -4$

이때 $x\ge 3$이므로 $x\ge 3$

(i), (ii)에서 부등식의 해는 $x\ge \dfrac{2}{3}$

따라서 $a=\dfrac{2}{3}$이므로 $3a=3\times \dfrac{2}{3}=2$

15 1664 답 ④
유형 12

출제의도 | 절댓값 기호가 두 개인 부등식의 해를 구할 수 있는지 확인한다.

> 절댓값 기호 안의 식의 값이 0이 되는 x의 값을 기준으로 범위를 나누어 해를 구해 보자.

절댓값 기호 안의 식의 값이 0이 되는 x의 값은
$x+1=0$, $x-2=0$, 즉 $x=-1$, $x=2$

(i) $x<-1$일 때, $-(x+1)-(x-2)\le 7$

$-x-1-x+2\le 7$

$-2x\le 6$ $\quad\therefore x\ge -3$

이때 $x<-1$이므로 $-3\le x<-1$

(ii) $-1\le x<2$일 때, $(x+1)-(x-2)\le 7$

$x+1-x+2\le 7$

$0\times x\le 4$이므로 이 부등식은 $-1\le x<2$에서 항상 성립한다.

(iii) $x\ge 2$일 때, $(x+1)+(x-2)\le 7$

$x+1+x-2\le 7$

$2x\le 8$ $\quad\therefore x\le 4$

이때 $x\ge 2$이므로 $2\le x\le 4$

(i), (ii), (iii)에서 부등식의 해는 $-3\le x\le 4$

따라서 $a=-3$, $b=4$이므로

$a+b=-3+4=1$

16 1665 답 ③
유형 8

출제의도 | 정수인 해의 개수가 주어진 경우 미정계수의 값을 구할 수 있는지 확인한다.

> 미지수를 포함한 부등식의 해의 범위를 설정할 때, 정수인 경곗값의 포함 여부에 주의하여 미지수의 값의 범위를 찾아보자.

$2x+3>5x-9$에서 $-3x>-12$ $\quad\therefore x<4$ ⋯⋯⋯⋯⋯ ㉠

$3x-1<4x-a$에서 $-x<-a+1$ $\quad\therefore x>a-1$ ⋯⋯⋯⋯⋯ ㉡

연립부등식을 만족시키는 정수 x가 1개뿐이려면 그림과 같아야 하므로

$2\le a-1<3$ $\quad\therefore 3\le a<4$

따라서 a의 최솟값은 3이다.

17 1666 답 ①
유형 9

출제의도 | x에 대한 연립부등식을 세워 실생활 문제를 해결할 수 있는지 확인한다.

> 삼각형의 가장 긴 변의 길이는 나머지 두 변의 길이의 합보다 작음을 이용해 보자.

세 변의 길이는 각각 x cm, x cm, $(24-2x)$ cm이다.

(i) 가장 긴 변의 길이가 x cm일 때,

$24-2x\le x$에서 $-3x\le -24$ $\quad\therefore x\ge 8$

삼각형을 만들려면 $x<x+(24-2x)$이어야 하므로

$2x<24$ $\quad\therefore x<12$

이때 $x\ge 8$이므로 $8\le x<12$

(ii) 가장 긴 변의 길이가 $(24-2x)$ cm일 때,

$x<24-2x$에서 $3x<24$ $\quad\therefore x<8$

삼각형을 만들려면 $24-2x<x+x$이어야 하므로

$-4x<-24$ $\quad\therefore x>6$

이때 $x<8$이므로 $6<x<8$

(i), (ii)에서 삼각형을 만들 수 있는 x의 값의 범위는

$6<x<12$

18 1667 답 ④
유형 13

출제의도 | 절댓값 기호를 포함한 부등식의 해가 존재하는 경우 미정계수의 값을 구할 수 있는지 확인한다.

> 주어진 부등식이 해를 가지려면 k의 값이 $|x-2|+2|x-6|$의 최솟값 보다 크거나 같음을 이용하자.

절댓값 기호 안의 식의 값이 0이 되는 x의 값은
$x-2=0$, $x-6=0$, 즉 $x=2$, $x=6$

(i) $x<2$일 때,

$|x-2|+2|x-6|=-(x-2)-2(x-6)=-3x+14$

이때 $x<2$이므로 $-3x>-6$ $\quad\therefore -3x+14>8$

$\therefore |x-2|+2|x-6|>8$

(ii) $2\le x<6$일 때,

$|x-2|+2|x-6|=(x-2)-2(x-6)=-x+10$

이때 $2\le x<6$이므로

$-6<-x\le -2$ $\quad\therefore 4<-x+10\le 8$

$\therefore 4<|x-2|+2|x-6|\le 8$

(iii) $x\ge 6$일 때,

$|x-2|+2|x-6|=(x-2)+2(x-6)=3x-14$

이때 $x\ge 6$이므로 $3x\ge 18$ $\quad\therefore 3x-14\ge 4$

$\therefore |x-2|+2|x-6|\ge 4$

(i), (ii), (iii)에서 $|x-2|+2|x-6|\ge 4$ $\quad\therefore k\ge 4$

따라서 k의 최솟값은 4이다.

19 1668　답 -2　　　　　　　　　　　　유형 2

출제의도｜$ax>b$ 꼴의 부등식을 풀 수 있는지 확인한다.

STEP1 주어진 부등식의 해를 이용하여 a, b 사이의 관계식 구하기 [3점]

$(a+b)x+a-3b>0$에서 $(a+b)x>3b-a$

이 부등식의 해가 $x<\dfrac{1}{3}$이므로 $a+b<0$이고

$x<\dfrac{3b-a}{a+b}$

즉, $\dfrac{3b-a}{a+b}=\dfrac{1}{3}$이므로 $3(3b-a)=a+b$

$9b-3a=a+b$, $8b=4a$ ∴ $a=2b$

STEP2 a, b 사이의 관계식을 이용하여 부등식 $(a+3b)x+7a-4b\leq0$의 해 구하기 [3점]

$(a+3b)x+7a-4b\leq0$에 $a=2b$를 대입하면

$5bx+10b\leq0$ ……………………………… ㉠

이때 $a+b<0$이므로 $3b<0$ ∴ $b<0$

㉠의 양변을 b로 나누면 $5x+10\geq0$, $5x\geq-10$

∴ $x\geq-2$

STEP3 x의 최솟값 구하기 [1점]

x의 최솟값은 -2이다.

20 1669　답 4　　　　　　　　　　　　유형 7

출제의도｜연립부등식의 해의 조건을 이용하여 미정계수의 값을 구할 수 있는지 확인한다.

STEP1 각 부등식의 해 구하기 [3점]

$3x+1\leq x+a$에서 $2x\leq a-1$

∴ $x\leq\dfrac{a-1}{2}$ ……………………………… ㉠

$-x+2a\leq2x-1$에서 $-3x\leq-2a-1$

∴ $x\geq\dfrac{2a+1}{3}$ ……………………………… ㉡

STEP2 a의 값의 범위 구하기 [3점]

주어진 연립부등식이 해를 갖지 않으려면 그림과 같아야 하므로

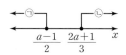

$\dfrac{a-1}{2}<\dfrac{2a+1}{3}$

양변에 6을 곱하면 $3a-3<4a+2$

∴ $a>-5$

STEP3 음의 정수 a의 개수 구하기 [1점]

음의 정수 a는 -4, -3, -2, -1의 4개이다.

21 1670　답 18일　　　　　　　　　　　　유형 9

출제의도｜x에 대한 연립부등식을 세워 실생활 문제를 해결할 수 있는지 확인한다.

STEP1 주어진 문제 상황을 부등식으로 나타내기 [4점]

수학 문제집의 문제 수를 x라 하면

하루에 13문제씩 풀면 25일 만에 다 풀 수 있으므로

25일 째에는 1문제 이상 13문제 이하를 푼다.

즉, $13\times24+1\leq x\leq13\times24+13$ …………… ㉠

또, 하루에 23문제씩 풀면 14일 만에 다 풀 수 있으므로

14일 째에는 1문제 이상 23문제 이하를 푼다.

즉, $23\times13+1\leq x\leq23\times13+23$ …………… ㉡

STEP2 부등식의 해 구하기 [2점]

㉠에서 $313\leq x\leq325$

㉡에서 $300\leq x\leq322$

따라서 공통부분은 $313\leq x\leq322$

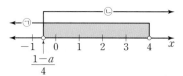

STEP3 하루에 18문제씩 풀 때 소요 기간 구하기 [2점]

$313=18\times17+7$, $322=18\times17+16$이므로

하루에 18문제씩 풀면 18일 만에 다 풀 수 있다.

22 1671　답 $-3<a\leq5$　　　　　　　　　　　　유형 8

출제의도｜정수인 해의 조건이 주어진 경우 미정계수의 값을 구할 수 있는지 확인한다.

STEP1 주어진 부등식을 연립부등식으로 고치기 [1점]

부등식 $3x-7<x+1<5x+a$는

연립부등식 $\begin{cases}3x-7<x+1 & \text{……… ㉠}\\ x+1<5x+a & \text{……… ㉡}\end{cases}$ 과 같다.

STEP2 연립부등식의 해 구하기 [4점]

㉠에서 $2x<8$ ∴ $x<4$

㉡에서 $-4x<a-1$ ∴ $x>\dfrac{1-a}{4}$

이때 연립부등식의 해가 존재해야 하므로 연립부등식의 해는

$\dfrac{1-a}{4}<x<4$

STEP3 a의 값의 범위 구하기 [4점]

연립부등식을 만족시키는 모든 정수 x의 값의 합이 6이 되어야 하므로 정수 x는 1, 2, 3 또는 0, 1, 2, 3이다.

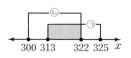

즉, $-1\leq\dfrac{1-a}{4}<1$이므로 $-4\leq1-a<4$

$-5\leq-a<3$ ∴ $-3<a\leq5$

실력 ^{check} 실전 마무리하기 **2**회　　　350쪽~353쪽

1 1672　답 ②　　　　　　　　　　　　유형 1

출제의도｜부등식의 기본 성질을 이용하여 문제를 해결할 수 있는지 확인한다.

> x의 값의 범위와 $-2y$의 값의 범위를 각각 구하여 $x-2y$의 값의 범위를 구해 보자.

$-1\leq x\leq3$ …………………………………… ㉠

$2\leq y\leq4$에서 $-8\leq-2y\leq-4$ ……………… ㉡

㉠+㉡을 하면 $-9\leq x-2y\leq-1$

따라서 $x-2y$의 최댓값은 -1이다.

2 1673 답 ③
유형 3

출제의도 | 연립일차부등식의 해를 구할 수 있는지 확인한다.

> 수직선을 이용하여 두 부등식의 해의 공통부분을 찾아보자.

$x+3 \leq 3x+5$에서 $-2x \leq 2$ $\therefore x \geq -1$ ················· ㉠

$2x-1 > 3x-2$에서 $x < 1$ ································· ㉡

따라서 연립부등식의 해는 $-1 \leq x < 1$

이므로 $a=-1$, $b=1$

$\therefore a+b = -1+1 = 0$

3 1674 답 ⑤
유형 2

출제의도 | $ax > b$ 꼴의 부등식을 풀 수 있는지 확인한다.

> 부등식의 부등호의 방향과 해의 부등호의 방향이 같으면 x의 계수가 양수임을 이용해 보자.

$ax \geq b$의 해가 $x \geq -2$이므로 $a > 0$이고, $x \geq \dfrac{b}{a}$

즉, $\dfrac{b}{a} = -2$ $\therefore b = -2a$

$ax \geq a - 3b$에 $b = -2a$를 대입하면

$ax \geq a + 6a$, $ax \geq 7a$

$\therefore x \geq 7$ ($\because a > 0$)

4 1675 답 ①
유형 3

출제의도 | 연립일차부등식의 해를 구할 수 있는지 확인한다.

> 양변에 같은 수를 곱해서 x의 계수를 정수로 바꾸어 계산해 보자.

$\dfrac{x+5}{3} < \dfrac{x+3}{2}$의 양변에 6을 곱하면

$2x+10 < 3x+9$, $-x < -1$ $\therefore x > 1$ ··········· ㉠

$0.1x+1.8 > 0.4x+0.3$의 양변에 10을 곱하면

$x+18 > 4x+3$, $-3x > -15$ $\therefore x < 5$ ········· ㉡

즉, 연립부등식의 해는 $1 < x < 5$

따라서 정수 x는 2, 3, 4의 3개이다.

5 1676 답 ①
유형 5

출제의도 | $A < B < C$ 꼴의 부등식을 연립부등식으로 바꾸어 풀 수 있는지 확인한다.

> $A < B < C$ 꼴을 $\begin{cases} A < B \\ B < C \end{cases}$ 꼴로 고쳐 보자.

연립부등식 $\begin{cases} x+2 < 2x+1 \quad\text{······· ㉠} \\ 2x+1 < -x+13 \text{ ······· ㉡} \end{cases}$ 으로 고쳐서 풀면

㉠에서 $-x < -1$ $\therefore x > 1$

㉡에서 $3x < 12$ $\therefore x < 4$

즉, 연립부등식의 해는 $1 < x < 4$

따라서 모든 정수 x의 값의 합은

$2+3 = 5$

6 1677 답 ⑤
유형 5

출제의도 | $A < B < C$ 꼴의 부등식을 연립부등식으로 바꾸어 풀 수 있는지 확인한다.

> 양변에 같은 수를 곱해서 x의 계수를 정수로 바꾸어 계산해 보자.

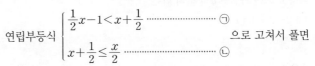

연립부등식 $\begin{cases} \dfrac{1}{2}x-1 < x+\dfrac{1}{2} \quad\text{······· ㉠} \\ x+\dfrac{1}{2} \leq \dfrac{x}{2} \quad\text{······· ㉡} \end{cases}$ 으로 고쳐서 풀면

㉠의 양변에 2를 곱하면

$x-2 < 2x+1$, $-x < 3$ $\therefore x > -3$

㉡의 양변에 2를 곱하면

$2x+1 \leq x$ $\therefore x \leq -1$

즉, 연립부등식의 해는 $-3 < x \leq -1$

따라서 x의 값이 될 수 없는 것은 ⑤이다.

7 1678 답 ①
유형 10

출제의도 | $|ax+b| \geq c$ 꼴의 부등식의 해를 구할 수 있는지 확인한다.

> $|ax+b| \geq c \ (c>0)$이면 $ax+b \leq -c$ 또는 $ax+b \geq c$임을 이용하여 절댓값 기호를 없애 보자.

$|2x-1| \geq 5$에서 $2x-1 \leq -5$ 또는 $2x-1 \geq 5$

$2x-1 \leq -5$에서 $2x \leq -4$ $\therefore x \leq -2$

$2x-1 \geq 5$에서 $2x \geq 6$ $\therefore x \geq 3$

즉, 부등식의 해는 $x \leq -2$ 또는 $x \geq 3$

따라서 $a=-2$, $b=3$이므로

$a+b = -2+3 = 1$

8 1679 답 ⑤
유형 6

출제의도 | 연립부등식을 풀어 주어진 해와 비교하여 미정계수의 값을 구할 수 있는지 확인한다.

> 주어진 부등식의 해를 이용하여 a에 대한 식을 세워 보자.

$-2x+1 > 4-ax$에서 $(a-2)x > 3$ ················ ㉠

$2x-3 < x-1$에서 $x < 2$

주어진 그림에서 연립부등식의 해가 $x < -3$이므로

㉠에서 $a-2 < 0$이고 $\dfrac{3}{a-2} = -3$

$3 = -3a+6$, $3a=3$ $\therefore a=1$

9 1680 답 ③
유형 7

출제의도 | 연립부등식의 해의 조건을 이용하여 미정계수의 값을 구할 수 있는지 확인한다.

> 연립부등식이 해를 가지려면 각 부등식의 해의 공통부분이 존재해야 함을 이용하자.

$x+11 \leq 7-x$에서 $2x \leq -4$ $\therefore x \leq -2$ ············· ㉠

$2x+10 \geq a-x$에서 $3x \geq a-10$

$\therefore x \geq \dfrac{a-10}{3}$ ·· ㉡

주어진 연립부등식이 해를 가지려면
그림과 같아야 하므로

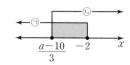

$\dfrac{a-10}{3} \leq -2$

$a-10 \leq -6$ $\quad \therefore a \leq 4$

따라서 모든 자연수 a의 값의 합은

$1+2+3+4=10$

10 1681 답 ④

유형 7

출제의도 | 연립부등식의 해의 조건을 이용하여 미정계수의 값을 구할 수 있는지 확인한다.

> 연립부등식이 해를 갖지 않으려면 각 부등식의 해의 공통부분이 없어야 함을 이용하자.

연립부등식 $\begin{cases} 2x-5 \leq x+a & \cdots\cdots\cdots\cdots ㉠ \\ x+a \leq 3x+1 & \cdots\cdots\cdots\cdots ㉡ \end{cases}$ 으로 고쳐서 풀면

㉠에서 $x \leq a+5$

㉡에서 $-2x \leq 1-a$ $\quad \therefore x \geq \dfrac{a-1}{2}$

주어진 부등식이 해를 갖지 않으려면
그림과 같아야 하므로

$a+5 < \dfrac{a-1}{2}$

$2a+10 < a-1$ $\quad \therefore a < -11$

따라서 정수 a의 최댓값은 -12이다.

11 1682 답 ②

유형 5 + 유형 10

출제의도 | $A<B<C$ 꼴의 부등식을 연립부등식으로 바꾸고, 절댓값 기호의 정의를 이용하여 부등식의 해를 구할 수 있는지 확인한다.

> $|x|>A$ $(A>0)$이면 $x>A$ 또는 $x<-A$이고, $|x|<A$이면 $-A<x<A$임을 이용하여 절댓값 기호를 없애 보자.

$3<|x+2|$에서 $x+2<-3$ 또는 $x+2>3$

$\therefore x<-5$ 또는 $x>1$ $\cdots\cdots\cdots\cdots ㉠$

$|x+2|<7$에서 $-7<x+2<7$

$\therefore -9<x<5$ $\cdots\cdots\cdots\cdots ㉡$

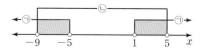

즉, 부등식의 해는

$-9<x<-5$ 또는 $1<x<5$

따라서 정수 x의 최댓값은 4, 최솟값은 -8이므로 그 곱은

$4 \times (-8) = -32$

12 1683 답 ④

유형 11

출제의도 | $|ax+b| \leq cx+d$ 꼴의 부등식의 해를 구할 수 있는지 확인한다.

> 절댓값 기호 안의 식의 값이 0이 되는 x의 값을 기준으로 범위를 나누어 해를 구해 보자.

절댓값 기호 안의 식의 값이 0이 되는 x의 값은

$x-1=0$, 즉 $x=1$

(i) $x<1$일 때, $-3(x-1) \leq 2x+1$

$\quad -3x+3 \leq 2x+1$, $-5x \leq -2$ $\quad \therefore x \geq \dfrac{2}{5}$

이때 $x<1$이므로 $\dfrac{2}{5} \leq x < 1$

(ii) $x \geq 1$일 때, $3(x-1) \leq 2x+1$

$\quad 3x-3 \leq 2x+1$ $\quad \therefore x \leq 4$

이때 $x \geq 1$이므로 $1 \leq x \leq 4$

(i), (ii)에서 부등식의 해는 $\dfrac{2}{5} \leq x \leq 4$

따라서 정수 x는 1, 2, 3, 4의 4개이다.

13 1684 답 ③

유형 12

출제의도 | 절댓값 기호가 두 개인 부등식의 해를 구할 수 있는지 확인한다.

> 절댓값 기호 안의 식의 값이 0이 되는 x의 값을 기준으로 범위를 나누어 해를 구해 보자.

절댓값 기호 안의 식의 값이 0이 되는 x의 값은

$x=0$, $x-2=0$, 즉 $x=0$, $x=2$

(i) $x<0$일 때, $-x+2(x-2) \geq 0$

$\quad -x+2x-4 \geq 0$ $\quad \therefore x \geq 4$

이때 $x<0$이므로 이 부등식을 만족시키는 해는 없다.

(ii) $0 \leq x < 2$일 때, $x+2(x-2) \geq 0$

$\quad x+2x-4 \geq 0$, $3x \geq 4$ $\quad \therefore x \geq \dfrac{4}{3}$

이때 $0 \leq x < 2$이므로 $\dfrac{4}{3} \leq x < 2$

(iii) $x \geq 2$일 때, $x-2(x-2) \geq 0$

$\quad x-2x+4 \geq 0$, $-x \geq -4$ $\quad \therefore x \leq 4$

이때 $x \geq 2$이므로 $2 \leq x \leq 4$

(i), (ii), (iii)에서 부등식의 해는 $\dfrac{4}{3} \leq x \leq 4$

따라서 정수 x는 2, 3, 4의 3개이다.

14 1685 답 ⑤

유형 12

출제의도 | 절댓값 기호가 두 개인 부등식의 해를 구할 수 있는지 확인한다.

> $\sqrt{A^2}=|A|$이므로 절댓값 기호 안의 식의 값이 0이 되는 x의 값을 기준으로 범위를 나누어 해를 구해 보자.

$\sqrt{x^2+2x+1}=\sqrt{(x+1)^2}=|x+1|$이므로

$|x-1|+|x+1| \leq 6$

절댓값 기호 안의 식의 값이 0이 되는 x의 값은

$x-1=0$, $x+1=0$, 즉 $x=1$, $x=-1$

(i) $x<-1$일 때, $-(x-1)-(x+1) \leq 6$

$\quad -x+1-x-1 \leq 6$

$\quad -2x \leq 6$ $\quad \therefore x \geq -3$

이때 $x<-1$이므로 $-3 \leq x < -1$

(ii) $-1 \leq x < 1$일 때, $-(x-1)+(x+1) \leq 6$

$\quad -x+1+x+1 \leq 6$

$0 \times x \leq 4$이므로 이 부등식은 $-1 \leq x < 1$에서 항상 성립한다.

(iii) $x \geq 1$일 때, $(x-1)+(x+1) \leq 6$

$x-1+x+1 \leq 6$

$2x \leq 6$ $\therefore x \leq 3$

이때 $x \geq 1$이므로 $1 \leq x \leq 3$

(i), (ii), (iii)에서 부등식의 해는 $-3 \leq x \leq 3$

따라서 모든 정수 x의 값의 합은

$-3+(-2)+(-1)+0+1+2+3=0$

15 1686 답 ⑤   유형 13

출제의도 | 절댓값 기호를 포함한 부등식의 해가 존재하는 경우 미정계수의 값을 구할 수 있는지 확인한다.

절댓값은 항상 0보다 크거나 같다는 사실을 이용해 보자.

$|x+1|+2 \leq k$에서 $|x+1| \leq k-2$

이때 $|x+1| \geq 0$이므로

주어진 부등식의 해가 존재하려면 $k-2 \geq 0$

$\therefore k \geq 2$

따라서 k의 최솟값은 2이다.

16 1687 답 ②   유형 8

출제의도 | 정수인 해의 개수가 주어진 경우 미정계수의 값을 구할 수 있는지 확인한다.

미지수를 포함한 부등식의 해의 범위를 설정할 때, 정수인 경곗값의 포함 여부에 주의하여 미지수의 값의 범위를 찾아보자.

$\dfrac{2x+1}{3} < \dfrac{3x+2}{4}$의 양변에 12를 곱하면

$8x+4 < 9x+6, \ -x < 2$ $\therefore x > -2$ ············ ㉠

$-x+3 > 2x+a$에서 $-3x > a-3$ $\therefore x < \dfrac{3-a}{3}$ ············ ㉡

이때 연립부등식의 해가 존재해야 하므로 연립부등식의 해는

$-2 < x < \dfrac{3-a}{3}$

연립부등식을 만족시키는 모든 정수 x의 값의 합이 0이 되어야 하므로 정수 x는 -1, 0, 1이다.

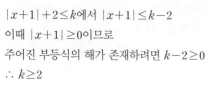

즉, $1 < \dfrac{3-a}{3} \leq 2$이므로 $3 < 3-a \leq 6, \ 0 < -a \leq 3$

$\therefore -3 \leq a < 0$

따라서 a의 최솟값은 -3이다.

17 1688 답 ⑤   유형 9

출제의도 | x에 대한 연립부등식을 세워 실생활 문제를 해결할 수 있는지 확인한다.

텐트의 개수를 x라 하면 5명이 모두 들어간 텐트는 $(x-3)$개임을 이용하여 연립부등식을 세워 보자.

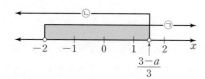

텐트의 개수를 x라 하면

한 텐트에 3명씩 들어가면 학생 5명이 남으므로

학생 수는 $3x+5$

또, 5명씩 들어가면 텐트가 2개 남으므로

$(x-3)$개의 텐트에는 학생이 5명씩 들어가고,

한 텐트에는 1명 이상 5명 이하의 학생이 들어갈 수 있다.

즉, $5(x-3)+1 \leq 3x+5 \leq 5(x-3)+5$

연립부등식 $\begin{cases} 5(x-3)+1 \leq 3x+5 & \text{·········· ㉠} \\ 3x+5 \leq 5(x-3)+5 & \text{·········· ㉡} \end{cases}$ 으로 고쳐서 풀면

㉠에서 $5x-14 \leq 3x+5$

$2x \leq 19$ $\therefore x \leq \dfrac{19}{2}$

㉡에서 $3x+5 \leq 5x-10$

$-2x \leq -15$ $\therefore x \geq \dfrac{15}{2}$

$\therefore \dfrac{15}{2} \leq x \leq \dfrac{19}{2}$

이때 x는 자연수이므로 텐트의 최대 개수는 9이다.

18 1689 답 ④   유형 9

출제의도 | x에 대한 연립부등식을 세워 실생활 문제를 해결할 수 있는지 확인한다.

합금 A의 양을 x g이라 하고, 합금 B의 양을 x에 대한 일차식으로 나타내 보자.

합금 A의 양을 x g이라 하면

합금 B의 양은 $(300-x)$ g이므로

$\begin{cases} \dfrac{32}{100}x + \dfrac{24}{100}(300-x) \geq 80 & \text{··········· ㉠} \\ \dfrac{28}{100}x + \dfrac{32}{100}(300-x) \geq 91 & \text{··········· ㉡} \end{cases}$

㉠에서 $32x+7200-24x \geq 8000$

$8x \geq 800$ $\therefore x \geq 100$

㉡에서 $28x+9600-32x \geq 9100$

$-4x \geq -500$ $\therefore x \leq 125$

$\therefore 100 \leq x \leq 125$

따라서 합금 A의 양은 100 g 이상 125 g 이하이다.

19 1690 답 4   유형 6

출제의도 | 연립부등식을 풀어 주어진 해와 비교하여 미정계수의 값을 구할 수 있는지 확인한다.

STEP 1 각 부등식의 해 구하기 [4점]

$6x-3 < x+a$에서 $5x < a+3$ $\therefore x < \dfrac{a+3}{5}$

$-3x-6 \leq 2x+9$에서 $-5x \leq 15$ $\therefore x \geq -3$

STEP 2 연립부등식의 해를 이용하여 $a+b$의 값 구하기 [2점]

연립부등식의 해가 $b \leq x < 2$이므로

$\dfrac{a+3}{5}=2, \ b=-3$ $\therefore a=7, \ b=-3$

$\therefore a+b=7+(-3)=4$

20 1691 📖 $5 \le a < 7$

유형 8

출제의도 | 정수인 해의 개수가 주어진 경우 미정계수의 값을 구할 수 있는지 확인한다.

STEP1 **각 부등식의 해 구하기 [4점]**

$3x-4 \ge 2x+1$에서 $x \ge 5$ ················· ㉠

$x+a \ge 3x-5$에서 $-2x \ge -a-5$ ∴ $x \le \dfrac{a+5}{2}$ ··········· ㉡

STEP2 **a의 값의 범위 구하기 [3점]**

연립부등식을 만족시키는 정수 x가
1개뿐이려면 그림과 같아야 하므로

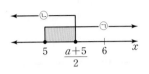

$5 \le \dfrac{a+5}{2} < 6$, $10 \le a+5 < 12$

∴ $5 \le a < 7$

21 1692 📖 3

유형 4

출제의도 | 특수한 해를 갖는 연립일차부등식의 해를 구할 수 있는지 확인한다.

STEP1 **한 문자에 대한 연립부등식으로 고치기 [2점]**

$x-y=1$이므로 $y=x-1$ ················· ㉠

연립부등식에 ㉠을 대입하면

$\begin{cases} 3x-5 \ge -y+2 \\ 2x+3y \ge 6x-5 \end{cases}$에서 $\begin{cases} 3x-5 \ge -x+3 \\ 5x-3 \ge 6x-5 \end{cases}$

STEP2 **각 부등식의 해 구하기 [4점]**

$3x-5 \ge -x+3$에서 $4x \ge 8$ ∴ $x \ge 2$

$5x-3 \ge 6x-5$에서 $-x \ge -2$ ∴ $x \le 2$

STEP3 **$x+y$의 값 구하기 [2점]**

공통부분을 구하면 $x=2$

$x=2$를 ㉠에 대입하면 $y=1$

∴ $x+y=2+1=3$

22 1693 📖 -3

유형 10 + 유형 12

출제의도 | 절댓값 기호가 두 개인 부등식의 해를 구할 수 있는지 확인한다.

STEP1 **부등식 $|4-|x-3|| < 5$의 해 구하기 [5점]**

$|4-|x-3|| < 5$에서 $-5 < 4-|x-3| < 5$

$-9 < -|x-3| < 1$

∴ $-1 < |x-3| < 9$

그런데 $|x-3| \ge 0$이므로 $0 \le |x-3| < 9$

$-9 < x-3 < 9$ ∴ $-6 < x < 12$

STEP2 **부등식 $\left|\dfrac{1}{3}x+b\right| < a$의 해 구하기 [2점]**

$\left|\dfrac{1}{3}x+b\right| < a$에서 $-a < \dfrac{1}{3}x+b < a$

$-a-b < \dfrac{1}{3}x < a-b$

∴ $-3(a+b) < x < 3(a-b)$

STEP3 **$a-b$의 값 구하기 [3점]**

두 부등식의 해가 서로 같으므로

$-3(a+b)=-6$, $3(a-b)=12$에서

$a+b=2$, $a-b=4$

위의 두 식을 연립하여 풀면 $a=3$, $b=-1$

∴ $ab=3 \times (-1)=-3$

08 이차부등식

핵심 개념

358쪽~360쪽

1694 📖 (1) $x < -3$ 또는 $x > 2$ (2) $-3 \le x \le 2$

(1) $-x^2-x+6 < 0$의 해는 이차함수 $y=-x^2-x+6$의 그래프가 x축보다 아래쪽에 있는 부분의 x의 값의 범위이므로
   $x < -3$ 또는 $x > 2$

(2) $-x^2-x+6 \ge 0$의 해는 이차함수 $y=-x^2-x+6$의 그래프가 x축과 만나거나 위쪽에 있는 부분의 x의 값의 범위이므로
   $-3 \le x \le 2$

1695 📖 $-\dfrac{5}{2} \le x \le 1$

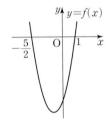

$f(x)=(2x+5)(x-1)$이라 하면
$y=f(x)$의 그래프가 그림과 같으므로
이차부등식의 해는

$-\dfrac{5}{2} \le x \le 1$

1696 📖 (1) $x < -3$ 또는 $x > 1$ (2) $-3 < x < 1$

(1) $f(x) > g(x)$의 해는 이차함수 $y=f(x)$의 그래프가 직선 $y=g(x)$보다 위쪽에 있는 부분의 x의 값의 범위이므로
   $x < -3$ 또는 $x > 1$

(2) $f(x) < g(x)$의 해는 이차함수 $y=f(x)$의 그래프가 직선 $y=g(x)$보다 아래쪽에 있는 부분의 x의 값의 범위이므로
   $-3 < x < 1$

1697 📖 $-2 \le x \le 3$

$f(x)-g(x) \le 0$은 $f(x) \le g(x)$이므로
$f(x)-g(x) \le 0$의 해는 이차함수 $y=f(x)$의 그래프가 이차함수 $y=g(x)$의 그래프와 만나거나 아래쪽에 있는 부분의 x의 값의 범위이므로
$-2 \le x \le 3$

1698 📖 (1) $x^2-6x+9 > 0$ (2) $x^2-10x+25 \le 0$

(1) 해가 $x \ne 3$인 모든 실수이고 x^2의 계수가 1인 이차부등식은
   $(x-3)^2 > 0$
   ∴ $x^2-6x+9 > 0$

(2) 해가 $x=5$이고 x^2의 계수가 1인 이차부등식은
   $(x-5)^2 \le 0$
   ∴ $x^2-10x+25 \le 0$

1699 📖 $a=-1$, $b=-2$

해가 $-1 \le x \le 2$이고 x^2의 계수가 1인 이차부등식은
$(x+1)(x-2) \le 0$이므로 $x^2-x-2 \le 0$
∴ $a=-1$, $b=-2$

1700 답 $-3 < k < 5$

이차방정식 $x^2 - 2kx + 2k + 15 = 0$의 판별식을 D라 하면

$\dfrac{D}{4} = (-k)^2 - 1 \times (2k + 15) < 0$

$k^2 - 2k - 15 < 0$, $(k-5)(k+3) < 0$

$\therefore -3 < k < 5$

1701 답 $-\sqrt{7} \leq k \leq \sqrt{7}$

이 부등식의 해가 존재하지 않으려면 모든 실수 x에 대하여 부등식 $x^2 + 2kx + 7 \geq 0$이 성립해야 한다.

이차방정식 $x^2 + 2kx + 7 = 0$의 판별식을 D라 하면

$\dfrac{D}{4} = k^2 - 1 \times 7 \leq 0$, $k^2 - 7 \leq 0$

$\therefore -\sqrt{7} \leq k \leq \sqrt{7}$

1702 답 $-\dfrac{5}{2} < x \leq -1$ 또는 $x \geq 2$

$2x > -5$에서 $x > -\dfrac{5}{2}$ ························ ㉠

$3 \leq x^2 - x + 1$에서 $x^2 - x - 2 \geq 0$

$(x+1)(x-2) \geq 0$

$\therefore x \leq -1$ 또는 $x \geq 2$ ·················· ㉡

따라서 연립부등식의 해는

$-\dfrac{5}{2} < x \leq -1$ 또는 $x \geq 2$

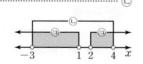

1703 답 $-3 < x < 1$ 또는 $2 < x < 4$

$x^2 + 2 > 3x$에서 $x^2 - 3x + 2 > 0$

$(x-1)(x-2) > 0$

$\therefore x < 1$ 또는 $x > 2$ ·················· ㉠

$x^2 < x + 12$에서 $x^2 - x - 12 < 0$

$(x+3)(x-4) < 0$

$\therefore -3 < x < 4$ ·················· ㉡

따라서 연립부등식의 해는

$-3 < x < 1$ 또는 $2 < x < 4$

1704 답 $k < -1$

$f(x) = x^2 - 2kx + 4k + 1$이라 하면

이차방정식 $f(x) = 0$의 두 근 사이에 1이 있으려면 $f(1) < 0$이므로

$f(1) = 1 - 2k + 4k + 1 = 2k + 2 < 0$ ∴ $k < -1$

1705 답 $k \leq -3$

이차방정식의 두 근이 모두 양수일 조건은

두 근이 모두 0보다 클 조건과 같다. ⟶ $D \geq 0$, $f(0) > 0$, $-\dfrac{k-1}{2} > 0$

$f(x) = x^2 + (k-1)x + 4$라 하자.

(i) 이차방정식 $f(x) = 0$의 판별식을 D라 하면

$D = (k-1)^2 - 4 \times 1 \times 4 = k^2 - 2k - 15 \geq 0$

$(k+3)(k-5) \geq 0$

$\therefore k \leq -3$ 또는 $k \geq 5$ ·················· ㉠

(ii) $f(0) = 4 > 0$

(iii) 이차함수 $y = f(x)$의 그래프의 축의 방정식이 $x = -\dfrac{k-1}{2}$이

므로 $-\dfrac{k-1}{2} > 0$

$k - 1 < 0$ $\therefore k < 1$ ·················· ㉡

(i), (ii), (iii)에서 구하는 k의 값의
범위는 $k \leq -3$

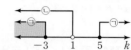

기출 유형 check 실전 준비하기   361쪽~385쪽

1706 답 $-3 \leq x \leq 4$ | 유형 1

이차함수 $y = f(x)$의 그래프와 직선 $y = g(x)$가 그림과 같을 때, 부등식 $f(x) \geq g(x)$의 해를 구하시오.

단서 1

단서 1 $y = f(x)$의 그래프가 직선 $y = g(x)$와 만나거나 위쪽에 있는 부분

STEP 1 $y = f(x)$의 그래프가 직선 $y = g(x)$와 만나거나 위쪽에 있는 부분 찾기

부등식 $f(x) \geq g(x)$의 해는 $y = f(x)$의 그래프가 직선 $y = g(x)$와 만나거나 위쪽에 있는 부분의 x의 값의 범위이므로

$-3 \leq x \leq 4$

1707 답 $-1 \leq x \leq 4$

부등식 $f(x) \leq 0$의 해는 $y = f(x)$의 그래프가 x축과 만나거나 아래쪽에 있는 부분의 x의 값의 범위이므로

$-1 \leq x \leq 4$

1708 답 $-2 < x < 4$

부등식 $f(x) < g(x)$의 해는 $y = f(x)$의 그래프가 $y = g(x)$의 그래프보다 아래쪽에 있는 부분의 x의 값의 범위이므로

$-2 < x < 4$

1709 답 ②

$ax^2 + (b-m)x + c - n < 0$에서 $ax^2 + bx + c < mx + n$

즉, 주어진 부등식의 해는 이차함수 $y = ax^2 + bx + c$의 그래프가 직선 $y = mx + n$보다 아래쪽에 있는 부분의 x의 값의 범위이므로

$-5 < x < 2$

따라서 정수 x는 $-4, -3, -2, -1, 0, 1$의 6개이다.

1710 답 ④

부등식 $0 < f(x) < g(x)$에서 $\begin{cases} 0 < f(x) \\ f(x) < g(x) \end{cases}$

(i) 부등식 $0 < f(x)$의 해는 $y = f(x)$의 그래프가 x축보다 위쪽에 있는 부분의 x의 값의 범위이므로 $x < -1$ 또는 $x > 1$

(ii) 부등식 $f(x)<g(x)$의 해는 $y=f(x)$의 그래프가 $y=g(x)$의
   그래프보다 아래쪽에 있는 부분의 x의 값의 범위이므로
   $-1<x<2$
(i), (ii)에서 구하는 해는 $1<x<2$
따라서 $\alpha=1$, $\beta=2$이므로
$\alpha+\beta=1+2=3$

1711 답 $-4<x<1$ 또는 $5<x<8$

부등식 $f(x)g(x)>0$에서 $\begin{cases} f(x)>0 \\ g(x)>0 \end{cases}$ 또는 $\begin{cases} f(x)<0 \\ g(x)<0 \end{cases}$
  └─ $f(x)$와 $g(x)$의 부호가 같다.
(i) $f(x)>0$, $g(x)>0$을 만족시키는 x의 값의 범위는 $y=f(x)$의
   그래프와 $y=g(x)$의 그래프가 모두 x축보다 위쪽에 있는 부분
   의 x의 값의 범위이므로 $5<x<8$
(ii) $f(x)<0$, $g(x)<0$을 만족시키는 x의 값의 범위는 $y=f(x)$의
   그래프와 $y=g(x)$의 그래프가 모두 x축보다 아래쪽에 있는 부
   분의 x의 값의 범위이므로 $-4<x<1$
(i), (ii)에서 구하는 해는 $-4<x<1$ 또는 $5<x<8$

1712 답 1 | 유형 2

이차부등식 $\underset{\underset{\text{단서1}}{\underline{x^2-7x+12>0}}}$의 해가 $x<\alpha$ 또는 $x>\beta$일 때, $\beta-\alpha$의

값을 구하시오.

단서1 인수분해가 되는 이차부등식

STEP1 **이차부등식의 해 구하기**
$x^2-7x+12>0$에서 $(x-3)(x-4)>0$
$\therefore x<3$ 또는 $x>4$

STEP2 **α, β의 값을 구하여 $\beta-\alpha$의 값 구하기**
$\alpha=3$, $\beta=4$이므로
$\beta-\alpha=4-3=1$

1713 답 ④

$x^2-8x+12<0$에서 $(x-2)(x-6)<0$
$\therefore 2<x<6$
따라서 모든 정수 x의 값의 합은
$3+4+5=12$

1714 답 ③

$4x^2+x>5x-1$에서 $4x^2-4x+1>0$
$\therefore (2x-1)^2>0$

따라서 구하는 해는 $x\neq\dfrac{1}{2}$인 모든 실수이다.

1715 답 ⑤

$2x^2+5x-11\leq-6x+10$에서 $2x^2+11x-21\leq0$
$(x+7)(2x-3)\leq0$
$\therefore -7\leq x\leq\dfrac{3}{2}$
따라서 정수 x는 -7, -6, $\cdots$, 0, 1의 9개이다.

1716 답 ②

① $x^2+3x-10>0$에서 $(x+5)(x-2)>0$
   $\therefore x<-5$ 또는 $x>2$
② $x^2-2x+1<0$에서 $(x-1)^2<0$
   따라서 구하는 부등식의 해는 없다.
③ $x^2+6x+9\geq0$에서 $(x+3)^2\geq0$
   따라서 구하는 부등식의 해는 모든 실수이다.
④ $x^2+2x+1\leq0$에서 $(x+1)^2\leq0$ $\therefore x=-1$
⑤ $-x^2+8x-16\geq0$에서 $x^2-8x+16\leq0$
   $(x-4)^2\leq0$ $\therefore x=4$ ──→ 이차부등식의 양변에 -1을
따라서 해가 없는 것은 ②이다.   곱하여 x^2의 계수를 양수로
                                                                바꾸어 생각한다. 이때 부등호의
                                                                방향이 바뀜에 주의한다.

1717 답 ②

$x^2+5x-14>0$에서 $(x+7)(x-2)>0$
$\therefore x<-7$ 또는 $x>2$ ·· ㉠
$|x-a|>b$에서 $x-a<-b$ 또는 $x-a>b$ ($\because b>0$)
$\therefore x<a-b$ 또는 $x>a+b$ ······························· ㉡
㉠, ㉡이 서로 같으므로 $a-b=-7$, $a+b=2$
두 식을 연립하여 풀면 $a=-\dfrac{5}{2}$, $b=\dfrac{9}{2}$

$\therefore 2a+b=2\times\left(-\dfrac{5}{2}\right)+\dfrac{9}{2}=-\dfrac{1}{2}$

1718 답 -2

$ax+b>0$의 해가 $x>2$이므로 $a>0$
$ax>-b$, $x>-\dfrac{b}{a}$에서 $-\dfrac{b}{a}=2$ $\therefore b=-2a$
$ax^2+ax+b<0$에 $b=-2a$를 대입하면
$ax^2+ax-2a<0$에서 $x^2+x-2<0$ ($\because a>0$)
$(x+2)(x-1)<0$ $\therefore -2<x<1$
따라서 $\alpha=-2$, $\beta=1$이므로
$\alpha\beta=(-2)\times1=-2$

실수 Check

부등식 $ax+b>0$의 부등호 방향과 해 $x>2$의 부등호 방향이 같으므로
x의 계수 a는 양수이다.

Plus 문제

1718-1

일차부등식 $ax>b$의 해가 $x<-2$일 때, 이차부등식
$bx^2+4ax+b\leq0$의 해를 구하시오. (단, a, b는 상수이다.)

─────────────────────────────

$ax>b$의 해가 $x<-2$이므로 $a<0$
$ax>b$, $x<\dfrac{b}{a}$에서 $\dfrac{b}{a}=-2$ $\therefore b=-2a$
$bx^2+4ax+b\leq0$에 $b=-2a$를 대입하면
$-2ax^2+4ax-2a\leq0$에서
$x^2-2x+1\leq0$ ($\because a<0$)
$(x-1)^2\leq0$ $\therefore x=1$ ──→ $-2a>0$

답 $x=1$

1719 답 ④

$x^2-6x+5\leq0$에서 $(x-1)(x-5)\leq0$

$\therefore 1\leq x\leq5$

따라서 $\alpha=1$, $\beta=5$이므로 $\beta-\alpha=5-1=4$

1720 답 ⑤

$(x-1)(x-5)\leq0$의 해는 $1\leq x\leq5$

따라서 주어진 이차부등식을 만족시키는 자연수 x는
1, 2, 3, 4, 5의 5개이다.

1721 답 ④ | 유형 3

> 부등식 $x^2-5|x|-6<0$을 만족시키는 정수 x의 개수는?
> **단서1**
> ① 8 　　　② 9 　　　③ 10
> ④ 11 　　　⑤ 12
> **단서1** 범위를 나누는 기준 $x=0$

STEP 1 범위를 나누는 기준이 되는 x의 값 구하기

절댓값 기호 안의 식의 값이 0이 되는 x의 값은

$x=0$

STEP 2 x의 값의 범위를 나누어 부등식 풀기

(i) $x<0$일 때,

　$x^2+5x-6<0$에서 $(x+6)(x-1)<0$

　$\therefore -6<x<1$

　이때 $x<0$이므로 $-6<x<0$

(ii) $x\geq0$일 때,

　$x^2-5x-6<0$에서 $(x+1)(x-6)<0$

　$\therefore -1<x<6$

　이때 $x\geq0$이므로 $0\leq x<6$

(i), (ii)에서 주어진 부등식의 해는 $-6<x<6$

STEP 3 부등식을 만족시키는 정수 x의 개수 구하기

부등식을 만족시키는 정수 x는

-5, -4, -3, $\cdots$, 4, 5의 11개이다.

다른 풀이

$x^2=|x|^2$이므로 주어진 부등식은

$|x|^2-5|x|-6<0$, $(|x|+1)(|x|-6)<0$

$\therefore -1<|x|<6$

그런데 $|x|\geq0$이므로 $0\leq|x|<6$

따라서 $-6<x<6$이므로 구하는 정수 x는

-5, -4, -3, $\cdots$, 4, 5의 11개이다.

1722 답 ①

절댓값 기호 안의 식의 값이 0이 되는 x의 값은

$x-3=0$, 즉 $x=3$

(i) $x<3$일 때,

　$x^2-2x-3>-2(x-3)$, $x^2-2x-3>-2x+6$

　$x^2-9>0$, $(x+3)(x-3)>0$

　$\therefore x<-3$ 또는 $x>3$

　이때 $x<3$이므로 $x<-3$

(ii) $x\geq3$일 때,

　$x^2-2x-3>2(x-3)$, $x^2-2x-3>2x-6$

　$x^2-4x+3>0$, $(x-1)(x-3)>0$

　$\therefore x<1$ 또는 $x>3$

　이때 $x\geq3$이므로 $x>3$

(i), (ii)에서 주어진 부등식의 해는 $x<-3$ 또는 $x>3$

1723 답 ②

절댓값 기호 안의 식의 값이 0이 되는 x의 값은

$x-1=0$, 즉 $x=1$

(i) $x<1$일 때,

　$x^2-2x-5\leq-(x-1)$, $x^2-2x-5\leq-x+1$

　$x^2-x-6\leq0$, $(x+2)(x-3)\leq0$

　$\therefore -2\leq x\leq3$

　이때 $x<1$이므로 $-2\leq x<1$

(ii) $x\geq1$일 때,

　$x^2-2x-5\leq x-1$

　$x^2-3x-4\leq0$, $(x+1)(x-4)\leq0$

　$\therefore -1\leq x\leq4$

　이때 $x\geq1$이므로 $1\leq x\leq4$

(i), (ii)에서 주어진 부등식의 해는 $-2\leq x\leq4$

따라서 정수 x의 최댓값은 4, 최솟값은 -2이므로 그 곱은 -8이다.

1724 답 $x<1$ 또는 $x>3$

$x^2-3<0$일 때와 $x^2-3\geq0$일 때로 나누면

(i) $x^2-3<0$, 즉 $-\sqrt{3}<x<\sqrt{3}$일 때,

　$-(x^2-3)>2x$에서 $-x^2+3>2x$

　$x^2+2x-3<0$, $(x+3)(x-1)<0$

　$\therefore -3<x<1$

　이때 $-\sqrt{3}<x<\sqrt{3}$이므로

　$-\sqrt{3}<x<1$

(ii) $x^2-3\geq0$, 즉 $x\leq-\sqrt{3}$ 또는 $x\geq\sqrt{3}$일 때,

　$x^2-3>2x$에서 $x^2-2x-3>0$

　$(x+1)(x-3)>0$

　$\therefore x<-1$ 또는 $x>3$

　이때 $x\leq-\sqrt{3}$ 또는 $x\geq\sqrt{3}$이므로

　$x\leq-\sqrt{3}$ 또는 $x>3$

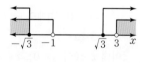

(i), (ii)에서 주어진 부등식의 해는 $x<1$ 또는 $x>3$

1725 답 ⑤

$x^2-2x+2=(x-1)^2+1>0$이므로

$|x^2-2x+2|=x^2-2x+2$

$\therefore x^2-2x+2-|x+2|\leq0$

절댓값 기호 안의 식의 값이 0이 되는 x의 값은

$x+2=0$, 즉 $x=-2$

(i) $x<-2$일 때,

　$x^2-2x+2+(x+2)\leq0$에서 $\underline{x^2-x+4\leq0}$
　　　　　　　　　　　　　　　　└─→ 인수분해가 되지 않는다.

　$x^2-x+\dfrac{1}{4}+\dfrac{15}{4}\leq0$, $\left(x-\dfrac{1}{2}\right)^2+\dfrac{15}{4}\leq0$

이때 $\left(x-\dfrac{1}{2}\right)^2+\dfrac{15}{4}>0$이므로

해는 없다.

(ii) $x\geq-2$일 때,

$x^2-2x+2-(x+2)\leq0$에서

$x^2-3x\leq0$, $x(x-3)\leq0$

$\therefore 0\leq x\leq3$

이때 $x\geq-2$이므로 $0\leq x\leq3$

(i), (ii)에서 주어진 부등식의 해는 $0\leq x\leq3$

1726 답 ④

절댓값 기호 안의 식의 값이 0이 되는 x의 값은

$x=0$

(i) $x<0$일 때,

$(x+5)(-x-7)<0$에서 $(x+5)(x+7)>0$

$\therefore x<-7$ 또는 $x>-5$

이때 $x<0$이므로 $x<-7$ 또는 $-5<x<0$

(ii) $x\geq0$일 때,

$(x+5)(x-7)<0$

$\therefore -5<x<7$

이때 $x\geq0$이므로 $0\leq x<7$

(i), (ii)에서 주어진 부등식의 해는 $x<-7$ 또는 $-5<x<7$

따라서 $\alpha=-7$, $\beta=-5$, $\gamma=7$이므로

$\alpha+\beta+\gamma=-7+(-5)+7=-5$

1727 답 ①

$x^2-4|x|-21<0$에서 절댓값 기호 안의 식의 값이 0이 되는 x의 값은

$x=0$

(i) $x<0$일 때,

$x^2+4x-21<0$에서 $(x+7)(x-3)<0$

$\therefore -7<x<3$

이때 $x<0$이므로 $-7<x<0$

(ii) $x\geq0$일 때,

$x^2-4x-21<0$에서 $(x+3)(x-7)<0$

$\therefore -3<x<7$

이때 $x\geq0$이므로 $0\leq x<7$

(i), (ii)에서 주어진 부등식의 해는 $-7<x<7$ ┄┄┄┄ ㉠

$|x-a|<b$에서 $-b<x-a<b$ $(\because b>0)$

$\therefore a-b<x<a+b$ ┄┄┄┄┄┄┄┄┄┄┄┄ ㉡

㉠, ㉡이 서로 같으므로

$a-b=-7$, $a+b=7$

두 식을 연립하여 풀면 $a=0$, $b=7$

$\therefore 5a+b=0+7=7$

1728 답 $-3\leq x\leq2$

$|x^2-|x-2||\leq4$에서 $-4\leq x^2-|x-2|\leq4$

절댓값 기호 안의 식의 값이 0이 되는 x의 값은

$x-2=0$, 즉 $x=2$

(i) $x<2$일 때, $-4\leq x^2+(x-2)\leq4$

$-4\leq x^2+x-2$에서 $x^2+x+2\geq0$

$x^2+x+\dfrac{1}{4}+\dfrac{7}{4}\geq0$, $\left(x+\dfrac{1}{2}\right)^2+\dfrac{7}{4}\geq0$

$\therefore$ 해는 모든 실수 ┄┄┄┄┄┄┄┄┄┄┄┄┄┄┄┄┄┄ ㉠

$x^2+x-2\leq4$에서 $x^2+x-6\leq0$

$(x+3)(x-2)\leq0$

$\therefore -3\leq x\leq2$ ┄┄┄┄┄┄┄┄┄┄┄┄┄┄┄┄┄┄ ㉡

이때 $x<2$이고 ㉠, ㉡의 공통부분은 $-3\leq x\leq2$이므로

$-3\leq x<2$

(ii) $x\geq2$일 때, $-4\leq x^2-(x-2)\leq4$

$-4\leq x^2-x+2$에서 $x^2-x+6\geq0$

$x^2-x+\dfrac{1}{4}+\dfrac{23}{4}\geq0$, $\left(x-\dfrac{1}{2}\right)^2+\dfrac{23}{4}\geq0$

$\therefore$ 해는 모든 실수 ┄┄┄┄┄┄┄┄┄┄┄┄┄┄┄┄┄┄ ㉢

$x^2-x+2\leq4$에서 $x^2-x-2\leq0$

$(x+1)(x-2)\leq0$

$\therefore -1\leq x\leq2$ ┄┄┄┄┄┄┄┄┄┄┄┄┄┄┄┄┄┄ ㉣

이때 $x\geq2$이고 ㉢, ㉣의 공통부분은 $-1\leq x\leq2$이므로

$x=2$

(i), (ii)에서 주어진 부등식의 해는 $-3\leq x\leq2$

1729 답 11 유형 4

> 이차부등식 $ax^2+4x+b<0$의 해가 $x<-2$ 또는 $x>6$일 때, 상수 **단서1** a, b에 대하여 $a+b$의 값을 구하시오.
> **단서1** 부등호의 방향을 비교하면 $a<0$

STEP1 주어진 해를 이용하여 x^2의 계수가 1인 이차부등식 만들기

해가 $x<-2$ 또는 $x>6$이고 x^2의 계수가 1인 이차부등식은

$(x+2)(x-6)>0$

$\therefore x^2-4x-12>0$ ┄┄┄┄┄┄┄┄┄┄┄┄┄┄┄┄ ㉠

STEP2 x^2의 계수의 부호를 정하고 주어진 부등식 꼴로 나타내기

부등식 ㉠과 이차부등식 $ax^2+4x+b<0$의 부등호의 방향이 서로 다르므로 $a<0$

㉠의 양변에 a를 곱하면

$ax^2-4ax-12a<0$ ┄┄┄┄┄┄┄┄┄┄┄┄┄┄┄ ㉡

STEP3 주어진 부등식과 계수를 비교하여 $a+b$의 값 구하기

㉡이 $ax^2+4x+b<0$과 같으므로

$-4a=4$, $-12a=b$

따라서 $a=-1$, $b=12$이므로 $a+b=-1+12=11$

1730 답 $x^2-7x-18\leq0$

해가 $-2\leq x\leq9$이고 x^2의 계수가 1인 이차부등식은

$(x+2)(x-9)\leq0$에서 $x^2-7x-18\leq0$

1731 답 $x^2-2x-35\geq0$

해가 $x\leq-5$ 또는 $x\geq7$이고 x^2의 계수가 1인 이차부등식은

$(x+5)(x-7)\geq0$에서 $x^2-2x-35\geq0$

1732 답 2

해가 $1 < x < 2$이고 x^2의 계수가 1인 이차부등식은

$(x-1)(x-2) < 0$

$\therefore x^2 - 3x + 2 < 0$ ⋯⋯⋯ ㉠

㉠이 $x^2 + (a+b)x - b < 0$과 같으므로

$a+b = -3$, $-b = 2$

따라서 $a = -1$, $b = -2$이므로 $ab = (-1) \times (-2) = 2$

1733 답 $a = -2$, $b = -12$

해가 $-3 \le x \le 2$이고 x^2의 계수가 1인 이차부등식은

$(x+3)(x-2) \le 0$

$\therefore x^2 + x - 6 \le 0$ ⋯⋯⋯ ㉠

부등식 ㉠과 이차부등식 $ax^2 - 2x - b \ge 0$의 부등호의 방향이 서로 다르므로 $a < 0$

㉠의 양변에 a를 곱하면 $ax^2 + ax - 6a \ge 0$ ⋯⋯⋯ ㉡

㉡이 $ax^2 - 2x - b \ge 0$과 같으므로

$a = -2$, $-6a = -b$

$\therefore a = -2$, $b = -12$

1734 답 $x < -\dfrac{1}{2}$ 또는 $x > 1$

해가 $-1 < x < 2$이고 x^2의 계수가 1인 이차부등식은

$(x+1)(x-2) < 0$

$\therefore x^2 - x - 2 < 0$ ⋯⋯⋯ ㉠

부등식 ㉠과 이차부등식 $ax^2 + bx + c > 0$의 부등호의 방향이 서로 다르므로 $a < 0$

㉠의 양변에 a를 곱하면 $ax^2 - ax - 2a > 0$ ⋯⋯⋯ ㉡

㉡이 $ax^2 + bx + c > 0$과 같으므로

$b = -a$, $c = -2a$ ⋯⋯⋯ ㉢

㉢을 $cx^2 + ax - b > 0$에 대입하면

$-2ax^2 + ax + a > 0$

이때 양변을 $-a$로 나누면 $-a > 0$이므로

$2x^2 - x - 1 > 0$

└→ $a < 0$이므로 $-a > 0$

$\therefore (2x+1)(x-1) > 0$

따라서 구하는 해는 $x < -\dfrac{1}{2}$ 또는 $x > 1$

1735 답 ④

해가 $\dfrac{2}{5} < x < \dfrac{1}{2}$이고 x^2의 계수가 1인 이차부등식은

$\left(x - \dfrac{2}{5}\right)\left(x - \dfrac{1}{2}\right) < 0$

$\therefore x^2 - \dfrac{9}{10}x + \dfrac{1}{5} < 0$ ⋯⋯⋯ ㉠

부등식 ㉠과 이차부등식 $ax^2 + bx + c > 0$의 부등호의 방향이 서로 다르므로 $a < 0$

㉠의 양변에 a를 곱하면 $ax^2 - \dfrac{9}{10}ax + \dfrac{1}{5}a > 0$ ⋯⋯⋯ ㉡

㉡이 $ax^2 + bx + c > 0$과 같으므로

$b = -\dfrac{9}{10}a$, $c = \dfrac{1}{5}a$ ⋯⋯⋯ ㉢

㉢을 $5cx^2 + 10bx + 8a > 0$에 대입하면

$ax^2 - 9ax + 8a > 0$, $x^2 - 9x + 8 < 0$ ($\because a < 0$)

$(x-1)(x-8) < 0$ $\therefore 1 < x < 8$

따라서 정수 x는 2, 3, 4, 5, 6, 7의 6개이다.

1736 답 ④

$f(x) = ax^2 + bx + c \ (a \ne 0)$라 하자.

해가 $2 < x < 5$이고 x^2의 계수가 1인 이차부등식은

$(x-2)(x-5) < 0$

$\therefore x^2 - 7x + 10 < 0$ ⋯⋯⋯ ㉠

부등식 ㉠과 이차부등식 $f(x) < 0$의 부등호의 방향이 같으므로

$a > 0$

㉠의 양변에 a를 곱하면

$ax^2 - 7ax + 10a < 0$ ($\because a > 0$) ⋯⋯⋯ ㉡

㉡이 $f(x) < 0$, 즉 $ax^2 + bx + c < 0$과 같으므로

$b = -7a$, $c = 10a$ ⋯⋯⋯ ㉢

이때 $f(1) = 8$이므로 $a + b + c = 8$

㉢을 $a + b + c = 8$에 대입하면 $4a = 8$ $\therefore \underline{a = 2}$

└→ $b = -14$, $c = 20$

따라서 $f(x) = 2x^2 - 14x + 20$이므로

$f(3) = 2 \times 3^2 - 14 \times 3 + 20 = -4$

1737 답 ①

해가 $2 \le x \le 3$이고 x^2의 계수가 1인 이차부등식은

$(x-2)(x-3) \le 0$

$\therefore x^2 - 5x + 6 \le 0$ ⋯⋯⋯ ㉠

부등식 ㉠이 이차부등식 $x^2 + ax + 6 \le 0$과 같으므로

$a = -5$

1738 답 ①

해가 $b \le x \le 6$이고 x^2의 계수가 1인 이차부등식은

$(x-b)(x-6) \le 0$

$\therefore x^2 - (6+b)x + 6b \le 0$ ⋯⋯⋯ ㉠

부등식 ㉠이 이차부등식 $x^2 - 8x + a \le 0$과 같으므로

$6 + b = 8$, $6b = a$

따라서 $a = 12$, $b = 2$이므로 $a + b = 12 + 2 = 14$

1739 답 $x \le -2$ 또는 $x \ge 1$　　　　　| 유형5

이차부등식 $\underline{f(x) < 0}$의 해가 $-7 < x < 5$일 때, 부등식 $f(4x+1) \ge 0$
└ **단서1**

의 해를 구하시오.

단서1 부등호의 방향을 비교하면 $f(x) < 0$은 x^2의 계수가 양수인 이차부등식

STEP1 주어진 해를 이용하여 $f(x)$를 이차식으로 나타내기

$f(x) < 0$의 해가 $-7 < x < 5$이므로

$f(x) = a(x+7)(x-5) \ (a > 0)$로 놓을 수 있다.

STEP2 $f(4x+1)$ 구하기

$f(x)$의 x에 $4x+1$을 대입하면

$f(4x+1) = a(4x+1+7)(4x+1-5)$

$\qquad\qquad = a(4x+8)(4x-4)$

$\qquad\qquad = 16a(x+2)(x-1)$

부등식 $f(4x+1)\geq0$의 해는

$16a(x+2)(x-1)\geq0$에서

$(x+2)(x-1)\geq0$ $(\because a>0)$

$\therefore x\leq-2$ 또는 $x\geq1$

실수 Check

이차부등식 $f(x)<0$의 해가 $-7<x<5$이려면 이차함수 $y=f(x)$의 그래프는 그림과 같이 아래로 볼록하다.

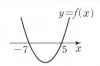

1740 답 ④

$f(x)>0$의 해가 $-3<x<1$이므로

$f(x)=a(x+3)(x-1)$ $(a<0)$로 놓을 수 있다.

$f(-x)=a(-x+3)(-x-1)=a(x-3)(x+1)$

부등식 $f(-x)\leq0$의 해는 $a(x-3)(x+1)\leq0$에서

$(x-3)(x+1)\geq0$ $(\because a<0)$

$\therefore x\leq-1$ 또는 $x\geq3$

따라서 부등식 $f(-x)\leq0$의 해가 아닌 것은 ④이다.

1741 답 ②

$f(x)<0$의 해가 $x<-3$ 또는 $x>1$이므로

$f(x)=a(x+3)(x-1)$ $(a<0)$로 놓을 수 있다.

$f(2x)=a(2x+3)(2x-1)$

부등식 $f(2x)>0$의 해는 $a(2x+3)(2x-1)>0$에서

$(2x+3)(2x-1)<0$ $(\because a<0)$

$\therefore -\dfrac{3}{2}<x<\dfrac{1}{2}$

따라서 $\alpha=-\dfrac{3}{2}$, $\beta=\dfrac{1}{2}$이므로 $\beta-\alpha=\dfrac{1}{2}-\left(-\dfrac{3}{2}\right)=2$

1742 답 ③

$f(x)<0$의 해가 $2<x<9$이므로

$f(x)=a(x-2)(x-9)$ $(a>0)$로 놓을 수 있다.

$f(2x+1)=a(2x+1-2)(2x+1-9)$

$\qquad\qquad =a(2x-1)(2x-8)$

$\qquad\qquad =2a(2x-1)(x-4)$

부등식 $f(2x+1)<0$의 해는

$2a(2x-1)(x-4)<0$에서

$(2x-1)(x-4)<0$ $(\because a>0)$

$\therefore \dfrac{1}{2}<x<4$

따라서 정수 x는 1, 2, 3의 3개이다.

다른 풀이

$f(x)<0$의 해가 $2<x<9$이므로

$f(2x+1)<0$의 해는 $2<2x+1<9$

$1<2x<8$ $\quad\therefore \dfrac{1}{2}<x<4$

따라서 정수 x는 1, 2, 3의 3개이다.

1743 답 $-3\leq x\leq-2$

주어진 이차함수 $y=f(x)$의 그래프가 x축과 두 점 $(2, 0)$, $(5, 0)$에서 만나므로 $f(x)=a(x-2)(x-5)$ $\underline{(a>0)}$로 놓을 수 있다.

$\quad\rightarrow$ 아래로 볼록

$f(-3x-4)=a(-3x-4-2)(-3x-4-5)$

$\qquad\qquad =a(-3x-6)(-3x-9)$

$\qquad\qquad =9a(x+2)(x+3)$

부등식 $f(-3x-4)\leq0$의 해는 $9a(x+2)(x+3)\leq0$에서

$(x+2)(x+3)\leq0$ $(\because a>0)$

$\therefore -3\leq x\leq-2$

1744 답 ①

$f(x)=-x^2+8x+9$이므로

$f(2x+1)=-(2x+1)^2+8(2x+1)+9$

$\qquad\qquad =-(4x^2+4x+1)+16x+8+9$

$\qquad\qquad =-4x^2+12x+16$

$\qquad\qquad =-4(x+1)(x-4)$

부등식 $f(2x+1)>0$의 해는 $-4(x+1)(x-4)>0$에서

$(x+1)(x-4)<0$ $\quad\therefore -1<x<4$

따라서 정수 x는 0, 1, 2, 3이므로 모든 정수 x의 값의 합은

$0+1+2+3=6$

1745 답 ③

$f(x)=ax^2+bx+c$라 하면

$f(x)>0$의 해가 $x<2$ 또는 $x>3$이므로

$f(x)=a(x-2)(x-3)$ $(a>0)$으로 놓을 수 있다.

부등식 $a(x-1)^2+b(x-1)+c\leq0$, 즉 $f(x-1)\leq0$의 해는

$a(x-1-2)(x-1-3)\leq0$에서

$a(x-3)(x-4)\leq0$, $(x-3)(x-4)\leq0$ $(\because a>0)$

$\therefore 3\leq x\leq4$

따라서 x의 최댓값은 4, 최솟값은 3이므로 그 합은

$4+3=7$

1746 답 3

$f(x)>0$의 해가 $1<x<5$이므로

$f(x)=a(x-1)(x-5)$ $(a<0)$로 놓을 수 있다.

$f(3-2x)=a(3-2x-1)(3-2x-5)$

$\qquad\qquad =a(2-2x)(-2-2x)$

$\qquad\qquad =4a(x-1)(x+1)$

$f(0)=5a$이므로

부등식 $f(3-2x)>f(0)$의 해는

$4a(x-1)(x+1)>5a$에서

$a\{4(x-1)(x+1)-5\}>0$, $a(4x^2-9)>0$

$4x^2-9<0$ $(\because a<0)$

$(2x+3)(2x-3)<0$

$\therefore -\dfrac{3}{2}<x<\dfrac{3}{2}$

따라서 정수 x는 -1, 0, 1의 3개이다.

1747 답 ④

주어진 이차함수 $y=f(x)$의 그래프가 x축과 두 점 $(-1, 0)$, $(2, 0)$에서 만나고 아래로 볼록하므로

$f(x)=a(x+1)(x-2)$ $(a>0)$로 놓을 수 있다.

$f\left(\dfrac{2x-k}{3}\right)=a\left(\dfrac{2x-k}{3}+1\right)\left(\dfrac{2x-k}{3}-2\right)$

$\qquad\qquad=\dfrac{a}{9}(2x-k+3)(2x-k-6)$

부등식 $f\left(\dfrac{2x-k}{3}\right)\geq 0$의 해는

$\dfrac{a}{9}(2x-k+3)(2x-k-6)\geq 0$에서

$(2x-k+3)(2x-k-6)\geq 0$ $(\because a>0)$

$\therefore x\leq \dfrac{k-3}{2}$ 또는 $x\geq \dfrac{k+6}{2}$ ················· ㉠

㉠은 $x\leq 1$ 또는 $x\geq \dfrac{11}{2}$과 같으므로

$\dfrac{k-3}{2}=1, \dfrac{k+6}{2}=\dfrac{11}{2}$

$\therefore k=5$

다른 풀이

$f(x)\geq 0$의 해가 $x\leq -1$ 또는 $x\geq 2$이므로

$f\left(\dfrac{2x-k}{3}\right)\geq 0$의 해는 $\dfrac{2x-k}{3}\leq -1$ 또는 $\dfrac{2x-k}{3}\geq 2$

$\dfrac{2x-k}{3}\leq -1$에서 $2x-k\leq -3, 2x\leq k-3$

$\therefore x\leq \dfrac{k-3}{2}$

$\dfrac{2x-k}{3}\geq 2$에서 $2x-k\geq 6, 2x\geq k+6$

$\therefore x\geq \dfrac{k+6}{2}$

따라서 구하는 해는 $x\leq \dfrac{k-3}{2}$ 또는 $x\geq \dfrac{k+6}{2}$ ·············· ㉠

㉠은 $x\leq 1$ 또는 $x\geq \dfrac{11}{2}$과 같으므로

$\dfrac{k-3}{2}=1, \dfrac{k+6}{2}=\dfrac{11}{2}$　　$\therefore k=5$

실수 Check

그래프의 개형을 보고 x^2의 계수의 부호와 이차부등식의 해를 파악하여 $f(x)$를 구한다.

Plus 문제

1747-1

그림과 같은 이차함수 $y=f(x)$의 그래프에 대하여 부등식 $f\left(\dfrac{x-k}{2}\right)\geq 0$의 해가 $-1\leq x\leq 5$일 때, 상수 k의 값을 구하시오.

주어진 이차함수 $y=f(x)$의 그래프가 x축과 두 점 $(-1, 0)$, $(2, 0)$에서 만나고 위로 볼록하므로

$f(x)=a(x+1)(x-2)$ $(a<0)$로 놓을 수 있다.

$f\left(\dfrac{x-k}{2}\right)=a\left(\dfrac{x-k}{2}+1\right)\left(\dfrac{x-k}{2}-2\right)$

$\qquad\qquad=\dfrac{a}{4}(x-k+2)(x-k-4)$

부등식 $f\left(\dfrac{x-k}{2}\right)\geq 0$의 해는

$\dfrac{a}{4}(x-k+2)(x-k-4)\geq 0$에서

$(x-k+2)(x-k-4)\leq 0$ $(\because a<0)$

$\therefore k-2\leq x\leq k+4$ ······················· ㉠

㉠은 $-1\leq x\leq 5$와 같으므로

$k-2=-1, k+4=5$

$\therefore k=1$

답 1

1748 답 ⑤

$f(x)<0$의 해가 $1<x<3$이므로

$f(x)=a(x-1)(x-3)$ $(a>0)$으로 놓을 수 있다.

ㄱ. $f(x)>0$의 해는 $a(x-1)(x-3)>0$에서

　$(x-1)(x-3)>0$ $(\because a>0)$

　$\therefore x<1$ 또는 $x>3$ (거짓)

ㄴ. $f(-x)=a(-x-1)(-x-3)$

　$\qquad\quad=a(x+1)(x+3)$

　$f(-x)<0$의 해는 $a(x+1)(x+3)<0$에서

　$(x+1)(x+3)<0$ $(\because a>0)$

　$\therefore -3<x<-1$ (참)

ㄷ. $f(x)<0$의 해가 $1<x<3$이므로 $x\neq 0$

　$f\left(\dfrac{1}{x}\right)=a\left(\dfrac{1}{x}-1\right)\left(\dfrac{1}{x}-3\right)$

　$\qquad\quad=\dfrac{a}{x^2}(1-x)(1-3x)$

　$\qquad\quad=\dfrac{a}{x^2}(x-1)(3x-1)$

　즉, $f\left(\dfrac{1}{x}\right)<0$의 해는 $\dfrac{a}{x^2}(x-1)(3x-1)<0$에서

　$(x-1)(3x-1)<0$ $(\because a>0, x^2>0)$

　$\therefore \dfrac{1}{3}<x<1$ (참)　　$\longrightarrow \dfrac{a}{x^2}>0$

따라서 옳은 것은 ㄴ, ㄷ이다.

실수 Check

이차부등식 $f(x)<0$의 부등호의 방향과 해를 비교하여 $f(x)$의 x^2의 계수의 부호를 결정한 후 부등식 $f(x)>0$, $f(-x)<0$, $f\left(\dfrac{1}{x}\right)<0$을 세워 본다.

1749 답 16　　｜유형6

이차부등식 $x^2+8x+a\leq 0$의 해가 오직 한 개일 때, 상수 a의 값을 구하시오. **단서1**

단서1 판별식 D 이용하기

이차방정식 $x^2+8x+a=0$의 판별식을 D라 하면

$$\frac{D}{4}=4^2-1\times a=16-a$$

$D=0$이어야 하므로 $16-a=0$

$\therefore a=16$

Tip 오직 한 개인 해를 구하면 다음과 같다.

$a=16$을 이차부등식 $x^2+8x+a\leq0$에 대입하면

$x^2+8x+16\leq0,\ (x+4)^2\leq0$ $\therefore x=-4$

1750 답 ⑤

이차방정식 $x^2+2(a-3)x+4a=0$의 판별식을 D라 하면

$$\frac{D}{4}=(a-3)^2-1\times4a=0$$

$a^2-10a+9=0,\ (a-1)(a-9)=0$

$\therefore a=1$ 또는 $a=9$

따라서 모든 상수 a의 값의 합은

$1+9=10$

1751 답 -2

주어진 이차부등식의 해가 오직 한 개이므로 $k<0$

또, 이차방정식 $kx^2+(6-k)x-6+k=0$의 판별식을 D라 하면

$D=(6-k)^2-4k(-6+k)=0$에서

$-3k^2+12k+36=0,\ k^2-4k-12=0$

$(k+2)(k-6)=0$

$\therefore k=-2$ 또는 $k=6$

이때 $k<0$이므로 $k=-2$

1752 답 ④

이차부등식 $ax^2+bx+c\leq0$의 해가 $x=2$뿐이므로

$a>0$이고, $a(x-2)^2\leq0$ 꼴이어야 한다.

즉, $ax^2+bx+c\leq0$이 $ax^2-4ax+4a\leq0$과 같으므로

$\underline{b=-4a,\ c=4a}$

$\therefore a>0,\ b<0,\ c>0$ $\rightarrow -4a<0,\ 4a>0$

1753 답 ②

이차부등식 $ax^2+bx+c\geq0$의 해가 $x=3$뿐이므로

$a<0$이고, $a(x-3)^2\geq0$ 꼴이어야 한다.

즉, $ax^2+bx+c\geq0$이 $ax^2-6ax+9a\geq0$과 같으므로

$b=-6a,\ c=9a$

이것을 $bx^2+cx+6a<0$에 대입하면

$-6ax^2+9ax+6a<0$

$2x^2-3x-2<0\ (\because -3a>0)$

$(2x+1)(x-2)<0$

$\therefore -\frac{1}{2}<x<2$

따라서 정수 x는 0, 1의 2개이다.

1754 답 ④

주어진 이차부등식의 해가 $x=1$뿐이려면 이차함수 $y=ax^2+bx+c$의 그래프의 개형은 그림과 같아야 한다.

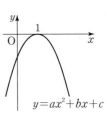

ㄱ. 이차함수의 그래프가 위로 볼록하므로
   $a<0$ (거짓)

ㄴ. 이차함수의 그래프가 x축과 접하므로
   이차방정식 $ax^2+bx+c=0$의 판별식을
   D라 하면
   $D=b^2-4ac=0$ (참)

ㄷ. 이차함수 $f(x)=ax^2+bx+c$라 하면
   $f(3)=9a+3b+c$이고 $f(3)<0$
   $\therefore 9a+3b+c<0$ (참)

따라서 옳은 것은 ㄴ, ㄷ이다.

1755 답 -6

주어진 이차부등식을 만족시키지 않는 x의 값이 오직 한 개이면 이차부등식 $(k+1)x^2-2(k+1)x-5\geq0$의 해가 오직 한 개이어야 한다.

즉, $k+1<0$ $\therefore k<-1$

또, 이차방정식 $(k+1)x^2-2(k+1)x-5=0$의 판별식을 D라 하면

$$\frac{D}{4}=\{-(k+1)\}^2+5(k+1)=0$$

$k^2+7k+6=0,\ (k+1)(k+6)=0$

$\therefore k=-1$ 또는 $k=-6$

이때 $k<-1$이므로 $k=-6$

실수 Check

이차부등식 $(k+1)x^2-2(k+1)x-5<0$을 만족시키지 않는 x의 값이 오직 한 개이면 이차부등식 $(k+1)x^2-2(k+1)x-5\geq0$의 해가 오직 한 개이어야 한다.

1756 답 $-1-\sqrt{2}<a<0$ 또는 $a>0$ | 유형7

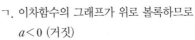

이차부등식 $ax^2+2(1-a)x+2a>0$이 해를 갖도록 하는 상수 a의

단서1

값의 범위를 구하시오.

단서1 $a>0$이면 항상 해를 가지는 부등식

(i) $a>0$일 때,
   주어진 이차부등식은 항상 해를 가진다.

(ii) $a<0$일 때,
   이차방정식 $ax^2+2(1-a)x+2a=0$의 판별식을 D라 하면
   $D>0$이어야 한다.
   $$\frac{D}{4}=(1-a)^2-2a^2>0$$
   $-a^2-2a+1>0,\ a^2+2a-1<0$
   $\therefore -1-\sqrt{2}<a<-1+\sqrt{2}$
   이때 $a<0$이므로 $-1-\sqrt{2}<a<0$

STEP 2 a의 값의 범위 구하기

(ⅰ), (ⅱ)에서 $-1-\sqrt{2}<a<0$ 또는 $a>0$

1757 답 $k\leq0$ 또는 $k\geq4$

이차방정식 $x^2-2(k-2)x+4=0$의 판별식을 D라 하면 $D\geq0$이어야 한다.

$\dfrac{D}{4}=\{-(k-2)\}^2-4\geq0$

$k^2-4k\geq0$, $k(k-4)\geq0$

$\therefore k\leq0$ 또는 $k\geq4$

1758 답 ④

$-2x^2+10x-3a>0$에서 $2x^2-10x+3a<0$

이차방정식 $2x^2-10x+3a=0$의 판별식을 D라 하면 $D>0$이어 야 한다.

$\dfrac{D}{4}=(-5)^2-2\times3a>0$

$25-6a>0$, $6a<25$

$\therefore a<\dfrac{25}{6}$

따라서 정수 a의 최댓값은 4이다.

1759 답 ①

(ⅰ) $a>0$일 때,

주어진 이차부등식은 항상 해를 가진다.

(ⅱ) $a<0$일 때,

이차방정식 $ax^2+8x+a=0$의 판별식을 D라 하면 $D>0$이어 야 한다.

$\dfrac{D}{4}=4^2-a^2>0$

$a^2-16<0$, $(a+4)(a-4)<0$

$\therefore -4<a<4$

이때 $a<0$이므로 $-4<a<0$

(ⅰ), (ⅱ)에서 $a>0$ 또는 $-4<a<0$

따라서 상수 a의 값이 아닌 것은 ①이다.

1760 답 ③

(ⅰ) $a<0$일 때,

이차부등식 $f(x)<0$은 항상 해를 가진다.

(ⅱ) $a>0$일 때,

이차방정식 $ax^2-2x+3=0$의 판별식을 D라 하면 $D>0$이어 야 한다.

$\dfrac{D}{4}=(-1)^2-3a>0$

$1-3a>0$, $3a<1$

$\therefore a<\dfrac{1}{3}$

이때 $a>0$이므로 $0<a<\dfrac{1}{3}$

(ⅰ), (ⅱ)에서 $a<0$ 또는 $0<a<\dfrac{1}{3}$

따라서 정수 a의 최댓값은 -1이다.

1761 답 $k\leq\dfrac{8}{3}$

(ⅰ) $k<0$일 때,

주어진 부등식은 항상 해를 가진다.

(ⅱ) $k>0$일 때,

이차방정식 $kx^2-kx+k-2=0$의 판별식을 D라 하면 $D\geq0$ 이어야 한다.

$D=(-k)^2-4k(k-2)\geq0$

$-3k^2+8k\geq0$, $3k^2-8k\leq0$, $k(3k-8)\leq0$

$\therefore 0\leq k\leq\dfrac{8}{3}$

이때 $k>0$이므로 $0<k\leq\dfrac{8}{3}$

(ⅲ) $k=0$일 때,

$0\times x^2-0\times x+0-2\leq0$에서 $\underline{-2\leq0}$이므로 ⟶ 항상 참이다.

주어진 부등식은 모든 실수 x에 대하여 성립한다.

(ⅰ), (ⅱ), (ⅲ)에서 $k\leq\dfrac{8}{3}$

실수 Check

이차부등식이라는 조건이 없으므로 x^2의 계수 k가 0일 때와 0이 아닐 때로 나누어 생각한다.

Plus 문제

1761-1

부등식 $kx^2+2kx-5>0$이 해를 갖도록 하는 실수 k의 값의 범위를 구하시오.

(ⅰ) $k<0$일 때,

이차방정식 $kx^2+2kx-5=0$의 판별식을 D라 하면 $D>0$이어야 한다.

$\dfrac{D}{4}=k^2-k\times(-5)>0$

$k^2+5k>0$, $k(k+5)>0$

$\therefore k<-5$ 또는 $k>0$

이때 $k<0$이므로 $k<-5$

(ⅱ) $k>0$일 때,

주어진 부등식은 항상 해를 가진다.

(ⅲ) $k=0$일 때,

$0\times x^2+2\times0\times x-5>0$에서 $\underline{-5>0}$이므로 ⟶ 항상 거짓이다.

주어진 부등식의 해는 존재하지 않는다.

(ⅰ), (ⅱ), (ⅲ)에서 $k<-5$ 또는 $k>0$

답 $k<-5$ 또는 $k>0$

1762 답 ⑤ | 유형 8

이차부등식 $x^2+mx+3-m>0$이 모든 실수 x에 대하여 성립할 때,

단서1

정수 m의 개수는?

① 3   ② 4   ③ 5

④ 6   ⑤ 7

단서1 이차방정식 $x^2+mx+3-m=0$의 판별식 $D<0$

이차함수 $y=x^2+mx+3-m$의 그래프가 아래로 볼록이므로 모든 실수 x에 대하여 $y>0$이 되려면 이차함수의 그래프가 그림과 같이 x축과 만나지 않아야 한다.

이차방정식 $x^2+mx+3-m=0$의 판별식을 D라 하면 $D<0$이어야 한다.

$D=m^2-4\times1\times(3-m)<0$

$m^2+4m-12<0,\ (m+6)(m-2)<0$

$\therefore -6<m<2$

따라서 정수 m은 $-5,\ -4,\ \cdots,\ 1$의 7개이다.

1763 답 2

이차함수 $y=x^2+ax+a-1$의 그래프가 아래로 볼록이므로 모든 실수 x에 대하여 $y\geq0$이 되려면 이차함수의 그래프가 x축에 접하거나 만나지 않아야 한다.

즉, 이차방정식 $x^2+ax+a-1=0$의 판별식을 D라 하면 $D\leq0$이어야 한다.

$D=a^2-4(a-1)\leq0$

$a^2-4a+4\leq0$

$(a-2)^2\leq0$ $\therefore a=2$

1764 답 $-1<a<4$

이차부등식 $x^2-2ax+4a>a-4$, 즉 $x^2-2ax+3a+4>0$이 모든 실수 x에 대하여 성립하려면

이차방정식 $x^2-2ax+3a+4=0$의 판별식 D에 대하여 $D<0$이어야 한다.

$\dfrac{D}{4}=(-a)^2-(3a+4)<0$

$a^2-3a-4<0,\ (a+1)(a-4)<0$

$\therefore -1<a<4$

1765 답 $a<-9$

주어진 이차부등식이 모든 실수 x에 대하여 성립하려면 $a<0$
$\rightarrow a\neq0$

또, 이차방정식 $ax^2-2(a+3)x+2a+14=0$의 판별식을 D라 하면 $D<0$이어야 한다.

$\dfrac{D}{4}=\{-(a+3)\}^2-a(2a+14)<0$

$-a^2-8a+9<0,\ a^2+8a-9>0,\ (a+9)(a-1)>0$

$\therefore a<-9$ 또는 $a>1$

이때 $a<0$이므로 $a<-9$

1766 답 ③

주어진 이차부등식이 x의 값에 관계없이 항상 성립하려면
$\rightarrow k+1\neq0,\ $즉 $k\neq-1$

$k+1>0$ $\therefore k>-1$ .... ㉠

또, 이차방정식 $(k+1)x^2-2(k+1)x+4=0$의 판별식을 D라 하면 $D\leq0$이어야 한다.

$\dfrac{D}{4}=\{-(k+1)\}^2-4(k+1)\leq0$

$k^2-2k-3\leq0,\ (k+1)(k-3)\leq0$

$\therefore -1\leq k\leq3$ .... ㉡

㉠, ㉡의 공통부분은 $-1<k\leq3$

따라서 상수 k의 최댓값은 3이다.

1767 답 ③

(i) $a=0$일 때,

4≥0이므로 모든 실수 x에 대하여 부등식이 항상 성립한다.

(ii) $a\neq0$일 때,

주어진 부등식의 해가 모든 실수가 되려면 $a>0$

또, 이차방정식 $ax^2-2ax+4=0$의 판별식을 D라 하면 $D\leq0$이어야 한다.

$\dfrac{D}{4}=(-a)^2-4a\leq0$

$a(a-4)\leq0$ $\therefore 0\leq a\leq4$

이때 $a>0$이므로 $0<a\leq4$

(i), (ii)에서 $0\leq a\leq4$

따라서 상수 a의 최솟값은 0이다.

> **실수 Check**
>
> 이차부등식이라는 조건이 없으므로 x^2의 계수 a가 0일 때와 0이 아닐 때로 나누어 생각한다.

1768 답 $1\leq k<2$

(i) $k-1=0$, 즉 $k=1$일 때,

1>0이므로 모든 실수 x에 대하여 부등식이 항상 성립한다.

(ii) $k-1\neq0$, 즉 $k\neq1$일 때,

주어진 부등식이 모든 실수 x에 대하여 성립하려면

$k-1>0$ $\therefore k>1$

또, 이차방정식 $(k-1)x^2+2(k-1)x+1=0$의 판별식을 D라 하면 $D<0$이어야 한다.

$\dfrac{D}{4}=(k-1)^2-(k-1)<0$

$k^2-3k+2<0,\ (k-1)(k-2)<0$

$\therefore 1<k<2$

이때 $k>1$이므로 $1<k<2$

(i), (ii)에서 $1\leq k<2$

1769 답 21

모든 실수 x에 대하여 $\sqrt{(k+1)x^2-(k+1)x+5}$가 실수가 되려면

부등식 $(k+1)x^2-(k+1)x+5\geq0$이 모든 실수 x에 대하여 성립해야 한다.

(i) $k+1=0$, 즉 $k=-1$일 때,

5≥0이므로 모든 실수 x에 대하여 부등식이 항상 성립한다.

(ii) $k+1\neq0$, 즉 $k\neq-1$일 때,

주어진 부등식이 모든 실수 x에 대하여 성립하려면

$k+1>0$ $\therefore k>-1$

또, 이차방정식 $(k+1)x^2-(k+1)x+5=0$의 판별식을 D라 하면 $D \le 0$이어야 한다.

$D=\{-(k+1)\}^2-20(k+1) \le 0$

$k^2-18k-19 \le 0$, $(k+1)(k-19) \le 0$

$\therefore -1 \le k \le 19$

이때 $k>-1$이므로 $-1<k \le 19$

(i), (ii)에서 $-1 \le k \le 19$

따라서 정수 k는 -1, 0, 1, $\cdots$, 19의 21개이다.

Plus 문제

1769-1

모든 실수 x에 대하여 $\sqrt{(m+2)x^2-2(m+2)x+4}$가 실수가 되도록 하는 상수 m의 값의 범위를 구하시오.

모든 실수 x에 대하여 $\sqrt{(m+2)x^2-2(m+2)x+4}$가 실수가 되려면 부등식 $(m+2)x^2-2(m+2)x+4 \ge 0$이 모든 실수 x에 대하여 성립해야 한다.

(i) $m+2=0$, 즉 $m=-2$일 때,

$4 \ge 0$이므로 모든 실수 x에 대하여 부등식이 항상 성립한다.

(ii) $m+2 \ne 0$, 즉 $m \ne -2$일 때,

주어진 부등식이 모든 실수 x에 대하여 성립하려면

$m+2>0$ $\therefore m>-2$

또, 이차방정식 $(m+2)x^2-2(m+2)x+4=0$의 판별식을 D라 하면 $D \le 0$이어야 한다.

$\dfrac{D}{4}=\{-(m+2)\}^2-4(m+2) \le 0$

$m^2-4 \le 0$, $(m+2)(m-2) \le 0$

$\therefore -2 \le m \le 2$

이때 $m>-2$이므로 $-2<m \le 2$

(i), (ii)에서 $-2 \le m \le 2$

$\quad$ **답** $-2 \le m \le 2$

1770 답 ②

이차방정식 $x^2-2kx+2k+15=0$의 판별식을 D라 하면 $D \le 0$이어야 한다.

$\dfrac{D}{4}=(-k)^2-1 \times (2k+15) \le 0$

$k^2-2k-15 \le 0$, $(k+3)(k-5) \le 0$

$\therefore -3 \le k \le 5$

따라서 정수 k는 -3, -2, -1, $\cdots$, 5의 9개이다.

1771 답 ⑤

㈎에서 $\dfrac{1-x}{4}=t$라 하면 $x=1-4t$

부등식 $f\left(\dfrac{1-x}{4}\right) \le 0$의 해가 $-7 \le x \le 9$이므로

$-7 \le 1-4t \le 9$에서 $-8 \le -4t \le 8$

$\therefore -2 \le t \le 2$

즉, 이차함수 $f(x)=k(x+2)(x-2)$ $(k>0)$로 놓을 수 있다.

$\quad$ → 부등식 $f(t) \le 0$의 해가 $-2 \le t \le 2$이므로 $k>0$

㈏에서 부등식 $f(x) \ge 2x-\dfrac{13}{3}$이 모든 실수 x에 대하여 성립하

므로 이차부등식 $kx^2-2x-4k+\dfrac{13}{3} \ge 0$의 해는 모든 실수이다.

$\quad$ → $k(x+2)(x-2) \ge 2x-\dfrac{13}{3}$

이차방정식 $kx^2-2x-4k+\dfrac{13}{3}=0$의 판별식을 D라 하면 $D \le 0$이어야 한다.

$\dfrac{D}{4}=(-1)^2-k\left(-4k+\dfrac{13}{3}\right) \le 0$

$4k^2-\dfrac{13}{3}k+1 \le 0$, $12k^2-13k+3 \le 0$, $(3k-1)(4k-3) \le 0$

$\therefore \dfrac{1}{3} \le k \le \dfrac{3}{4}$

이때 $f(3)=k(3+2)(3-2)=5k$이므로

$\dfrac{5}{3} \le 5k \le \dfrac{15}{4}$ $\quad \therefore \dfrac{5}{3} \le f(3) \le \dfrac{15}{4}$

따라서 $M=\dfrac{15}{4}$, $m=\dfrac{5}{3}$이므로

$M-m=\dfrac{15}{4}-\dfrac{5}{3}=\dfrac{25}{12}$

1772 답 ① $\qquad$ | 유형9

이차부등식 $x^2-2(k-1)x+9<0$이 해를 갖지 않도록 하는 모든 정수 k의 값의 합은? $\quad$ 단서1

① 7 $\qquad$ ② 9 $\qquad$ ③ 11

④ 13 $\qquad$ ⑤ 15

단서1 해가 모든 실수인 경우의 반대

STEP1 모든 실수 x에 대하여 성립하는 부등식 찾기

주어진 이차부등식이 해를 갖지 않으려면 모든 실수 x에 대하여 이차부등식 $x^2-2(k-1)x+9 \ge 0$이 성립해야 한다.

STEP2 이차방정식의 판별식 D 구하기

이차방정식 $x^2-2(k-1)x+9=0$의 판별식을 D라 하면 $D \le 0$이어야 한다.

$\dfrac{D}{4}=\{-(k-1)\}^2-9 \le 0$

$k^2-2k-8 \le 0$, $(k+2)(k-4) \le 0$

$\therefore -2 \le k \le 4$

STEP3 모든 정수 k의 값의 합 구하기

정수 k는 -2, -1, 0, $\cdots$, 4이므로 그 합은

$-2+(-1)+0+\cdots+4=7$

1773 답 ④

주어진 이차부등식의 해가 존재하지 않으려면 모든 실수 x에 대하여 이차부등식 $x^2+(a-1)x+a+2\geq0$이 성립해야 한다.

즉, 이차방정식 $x^2+(a-1)x+a+2=0$의 판별식을 D라 하면 $D\leq0$이어야 한다.

$D=(a-1)^2-4(a+2)\leq0$

$a^2-6a-7\leq0$, $(a+1)(a-7)\leq0$

$\therefore -1\leq a\leq7$

따라서 정수 a는 -1, 0, 1, $\cdots$, 7의 9개이다.

1774 답 $-1<a<\dfrac{1}{3}$

주어진 이차부등식의 해가 존재하지 않으려면 모든 실수 x에 대하여 이차부등식 $x^2-4ax+a^2-2a+1>0$이 성립해야 한다.

즉, 이차방정식 $x^2-4ax+a^2-2a+1=0$의 판별식을 D라 하면 $D<0$이어야 한다.

$\dfrac{D}{4}=(-2a)^2-1\times(a^2-2a+1)<0$

$3a^2+2a-1<0$, $(a+1)(3a-1)<0$

$\therefore -1<a<\dfrac{1}{3}$

참고 이차부등식이 해를 갖지 않을 조건

(1) 이차부등식 $ax^2+bx+c\leq0$이 해를 갖지 않으려면
→ 이차부등식 $ax^2+bx+c>0$의 해가 모든 실수
→ $a>0$, $D<0$

(2) 이차부등식 $ax^2+bx+c\geq0$이 해를 갖지 않으려면
→ 이차부등식 $ax^2+bx+c<0$의 해가 모든 실수
→ $a<0$, $D<0$

1775 답 ①

주어진 이차부등식이 해를 갖지 않으려면 모든 실수 x에 대하여 ($\rightarrow a\neq0$)
이차부등식 $ax^2+8x-2<0$이 성립해야 하므로 $a<0$이고, 이차방정식 $ax^2+8x-2=0$의 판별식을 D라 하면 $D<0$이어야 한다.

$\dfrac{D}{4}=4^2-a\times(-2)<0$

$16+2a<0$, $2a<-16$ $\therefore a<-8$

이때 $a<0$이므로 $a<-8$

따라서 정수 a의 최댓값은 -9이다.

1776 답 $0\leq k<2$

⑵에서 이차함수 $y=x^2+kx+1$의 그래프가 아래로 볼록이므로 모든 실수 x에 대하여 $y>0$이 되려면 이차함수의 그래프가 x축과 만나지 않아야 한다.

즉, 이차방정식 $x^2+kx+1=0$의 판별식을 D라 하면 $D<0$이어야 하므로

$D=k^2-4\times1\times1<0$

$k^2-4<0$, $(k+2)(k-2)<0$

$\therefore -2<k<2$ ⸺⸺⸺⸺⸺⸺⸺⸺⸺⸺⸺ ㉠

⑷에서 이차부등식 $x^2-3kx+9k<0$의 해가 존재하지 않으려면 모든 실수 x에 대하여 이차부등식 $x^2-3kx+9k\geq0$이 성립해야 한다.

즉, 이차방정식 $x^2-3kx+9k=0$의 판별식을 D라 하면 $D\leq0$이어야 한다.

$D=(-3k)^2-4\times1\times9k\leq0$

$9k^2-36k\leq0$, $9k(k-4)\leq0$

$\therefore 0\leq k\leq4$ ⸺⸺⸺⸺⸺⸺⸺⸺⸺⸺⸺ ㉡

따라서 구하는 상수 k의 값의 범위는

$0\leq k<2$

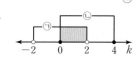

1777 답 $k>4$

주어진 부등식이 해를 갖지 않으려면 모든 실수 x에 대하여 $kx^2-4x+(k-3)>0$이 성립해야 한다.

(ⅰ) $k=0$일 때,

$-4x-3>0$이므로 모든 실수 x에 대하여 성립하지는 않는다.

(ⅱ) $k\neq0$일 때,

이차함수 $y=kx^2-4x+(k-3)$의 그래프가 아래로 볼록이어야 하므로 $k>0$

또, 이차방정식 $kx^2-4x+(k-3)=0$의 판별식을 D라 하면 $D<0$이어야 한다.

$\dfrac{D}{4}=(-2)^2-k\times(k-3)<0$

$-k^2+3k+4<0$, $k^2-3k-4>0$, $(k+1)(k-4)>0$

$\therefore k<-1$ 또는 $k>4$

이때 $k>0$이므로 $k>4$

(ⅰ), (ⅱ)에서 $k>4$

실수 Check

이차부등식이라는 조건이 없으므로 x^2의 계수 k가 0일 때와 0이 아닐 때로 나누어 생각한다.

Plus 문제

1777-1

x에 대한 부등식 $(a-2)x^2-4(a-2)x+7<0$이 해를 갖지 않도록 하는 정수 a의 개수를 구하시오.

⸺⸺⸺⸺⸺⸺⸺⸺⸺⸺⸺⸺⸺⸺⸺⸺⸺⸺

주어진 부등식이 해를 갖지 않으려면 모든 실수 x에 대하여 $(a-2)x^2-4(a-2)x+7\geq0$이 성립해야 한다.

(ⅰ) $a-2=0$, 즉 $a=2$일 때,

$0\times x^2-4\times0+7\geq0$이므로 모든 실수 x에 대하여 성립한다.

(ⅱ) $a-2\neq0$, 즉 $a\neq2$일 때,

이차함수 $y=(a-2)x^2-4(a-2)x+7$의 그래프가 아래로 볼록이어야 하므로 $a-2>0$ $\therefore a>2$

또, 이차방정식 $(a-2)x^2-4(a-2)x+7=0$의 판별식을 D라 하면 $D\leq0$이어야 한다.

$\dfrac{D}{4}=\{-2(a-2)\}^2-(a-2)\times7\leq0$

$4a^2-23a+30\leq0$, $(a-2)(4a-15)\leq0$

$\therefore 2\leq a\leq\dfrac{15}{4}$

이때 $a>2$이므로 $2<a\leq\dfrac{15}{4}$

(i), (ii)에서 $2 \leq a \leq \dfrac{15}{4}$

따라서 정수 a는 2, 3의 2개이다.

답 2

1778 답 22

주어진 부등식이 해를 갖지 않으려면 모든 실수 x에 대하여 이차부등식 $x^2+8x+(a-6) \geq 0$이 성립해야 한다.

즉, 이차방정식 $x^2+8x+(a-6)=0$의 판별식을 D라 하면 $D \leq 0$이어야 한다.

$\dfrac{D}{4}=4^2-1 \times (a-6) \leq 0$

$22-a \leq 0$ ∴ $a \geq 22$

따라서 실수 a의 최솟값은 22이다.

1779 답 $k<-2$ 또는 $k>2$ | 유형 10

> $1 \leq x \leq 3$에서 이차부등식 $x^2-2x-k^2+1<0$이 항상 성립하도록 하 **단서1**
> 는 상수 k의 값의 범위를 구하시오.
> **단서1** ($1 \leq x \leq 3$에서 이차함수 $y=x^2-2x-k^2+1$의 최댓값)<0

STEP1 이차부등식을 완전제곱꼴로 고치기

$f(x)=x^2-2x-k^2+1$이라 할 때,

$f(x)$를 완전제곱꼴로 고치면

$f(x)=x^2-2x+1-k^2=(x-1)^2-k^2$

STEP2 k에 대한 이차부등식 구하기

$1 \leq x \leq 3$에서 $f(x)<0$이 항상 성립하려면
이차함수 $y=f(x)$의 그래프가 그림과 같아
야 한다.

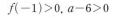

$1 \leq x \leq 3$에서 $f(x)$는 $x=3$일 때
최대이므로 $f(3)<0$

∴ $4-k^2<0$ → $f(3)=(3-1)^2-k^2<0$

STEP3 k의 값의 범위 구하기

$k^2-4>0$, $(k+2)(k-2)>0$

∴ $k<-2$ 또는 $k>2$

1780 답 7

$f(x)=x^2+2x+a-5$라 할 때,

$f(x)$를 완전제곱꼴로 고치면

$f(x)=x^2+2x+1+a-6=(x+1)^2+a-6$

$-2 \leq x \leq 3$에서 $f(x)>0$이 항상 성립하려면
이차함수 $y=f(x)$의 그래프가 그림과 같아
야 한다.

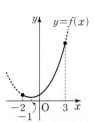

$-2 \leq x \leq 3$에서 $f(x)$는 $x=-1$일 때 최소
이므로

$f(-1)>0$, $a-6>0$

∴ $a>6$

따라서 정수 a의 최솟값은 7이다.

1781 답 ④

$f(x)=x^2-6ax+3a+12$라 할 때,

$-3 \leq x \leq 0$에서 $f(x) \leq 0$이 항상 성립하려면
$f(-3) \leq 0$, $f(0) \leq 0$이어야 한다.

└─→ $x=-3$ 또는 $x=0$일 때 $f(x)$는 최대

(i) $f(-3) \leq 0$일 때,

$f(-3)=9+18a+3a+12 \leq 0$

$21a+21 \leq 0$ ∴ $a \leq -1$

(ii) $f(0) \leq 0$일 때,

$f(0)=3a+12 \leq 0$ ∴ $a \leq -4$

(i), (ii)에서 $a \leq -4$

따라서 상수 a의 최댓값은 -4이다.

실수 Check

이차함수 $f(x)$에서 x의 계수에 미지수가 포함되어 있으면 이차함수 $y=f(x)$의 그래프의 축의 위치를 구할 수 없지만 $f(x) \leq 0$이고 x^2의 계수가 양수이므로 꼭짓점의 위치가 아닌 제한된 범위의 양 끝 점에서의 함숫값을 이용하여 부등식을 세운다.

1782 답 $a \geq -1$

$x^2-3<(a-1)x$에서

$x^2-(a-1)x-3<0$

$f(x)=x^2-(a-1)x-3$이라 할 때,

$0<x<1$에서 $f(x)<0$이 항상 성립하려면
$f(0) \leq 0$, $f(1) \leq 0$이어야 한다.

(i) $f(0) \leq 0$일 때,

$f(0)=-3<0$이므로 항상 성립한다.

(ii) $f(1) \leq 0$일 때,

$f(1)=1^2-(a-1)-3 \leq 0$에서

$-a-1 \leq 0$

∴ $a \geq -1$

(i), (ii)에서 $a \geq -1$

1783 답 ①

$f(x)=-x^2+4x-a^2+23$이라 할 때,

$f(x)$를 완전제곱꼴로 고치면

$f(x)=-(x-2)^2-a^2+27$

$-3 \leq x \leq 1$에서 $f(x) \geq 0$이 항상 성립하려면
이차함수 $y=f(x)$의 그래프가 그림과 같아
야 한다.

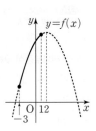

$-3 \leq x \leq 1$에서 $f(x)$는 $x=-3$일 때 최소
이므로 $f(-3) \geq 0$

$-25-a^2+27 \geq 0$, $a^2-2 \leq 0$

$(a+\sqrt{2})(a-\sqrt{2}) \leq 0$

∴ $-\sqrt{2} \leq a \leq \sqrt{2}$

따라서 $\alpha=-\sqrt{2}$, $\beta=\sqrt{2}$이므로

$\alpha^2+\beta^2=(-\sqrt{2})^2+(\sqrt{2})^2=4$

1784 답 $-3 \leq a \leq 0$

$x^2-x-2 \leq 0$에서 $(x+1)(x-2) \leq 0$

$\therefore -1 \leq x \leq 2$

$f(x)=x^2+ax-4$라 할 때,

$-1 \leq x \leq 2$에서 $f(x) \leq 0$이 항상 성립하려면 $f(-1) \leq 0$, $f(2) \leq 0$

이어야 한다.

(i) $f(-1) \leq 0$일 때,

$\quad f(-1)=1-a-4 \leq 0$에서

$\quad -a-3 \leq 0 \qquad \therefore a \geq -3$

(ii) $f(2) \leq 0$일 때,

$\quad f(2)=4+2a-4 \leq 0$에서

$\quad a \leq 0$

(i), (ii)에서 $-3 \leq a \leq 0$

실수 Check

우선 이차부등식 $x^2-x-2 \leq 0$의 해를 구하여 제한된 범위를 파악한다.
모든 실수 x에 대하여 이차부등식 $x^2+ax-4 \leq 0$이 성립하도록 하는 a
의 값의 범위를 구하지 않도록 주의한다.

1785 답 ③

$x^2-3x \leq 0$에서 $x(x-3) \leq 0$

$\therefore 0 \leq x \leq 3$

$f(x)=x^2-2x+a-2$라 할 때,

$f(x)$를 완전제곱꼴로 고치면

$f(x)=(x-1)^2+a-3$

$0 \leq x \leq 3$에서 $f(x) \geq 0$이 항상 성립하려면

이차함수 $y=f(x)$의 그래프가 그림과 같아

야 한다.

$0 \leq x \leq 3$에서 $f(x)$는 $x=1$일 때 최소이므로

$f(1) \geq 0$, $a-3 \geq 0$

$\therefore a \geq 3$

따라서 상수 a의 최솟값은 3이다.

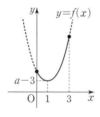

1786 답 ④ | 유형 11

이차함수 $y=x^2-2x-4$의 그래프가 직선 $y=2x+1$보다 위쪽에 있
는 부분의 x의 값의 범위가 $x<a$ 또는 $x>b$일 때, $a+2b$의 값은?

① 6 　　② 7 　　③ 8

④ 9 　　⑤ 10

단서1 (이차함수의 y의 값) > (일차함수의 y의 값)
단서2 서로 다른 두 점에서 만나는 두 그래프

STEP1 이차부등식 구하기

이차함수 $y=x^2-2x-4$의 그래프가 직선 $y=2x+1$보다 위쪽에
있으면

$x^2-2x-4>2x+1$에서 $x^2-4x-5>0$

STEP2 이차부등식의 해를 이용하여 $a+2b$의 값 구하기

$(x+1)(x-5)>0 \qquad \therefore x<-1$ 또는 $x>5$

따라서 $a=-1$, $b=5$이므로

$a+2b=-1+2 \times 5=9$

1787 답 ①

이차함수 $y=x^2-x-2$의 그래프가 직선 $y=x+1$보다 아래쪽에
있으면

$x^2-x-2<x+1$에서 $x^2-2x-3<0$

$(x+1)(x-3)<0$

$\therefore -1<x<3$

따라서 정수 x는 0, 1, 2의 3개이다.

1788 답 ②

이차함수 $y=-x^2+ax+7$의 그래프가 직선 $y=b$보다 아래쪽에
있으면

$-x^2+ax+7<b$에서 $x^2-ax-7+b>0$ ┄┄┄┄┄┄ ㉠

해가 $x<-1$ 또는 $x>5$이고 x^2의 계수가 1인 이차부등식은

$(x+1)(x-5)>0$

즉, $x^2-4x-5>0$ ┄┄┄┄┄┄ ㉡

㉠과 ㉡이 일치해야 하므로

$-a=-4$, $-7+b=-5$

따라서 $a=4$, $b=2$이므로

$a-b=4-2=2$

1789 답 ⑤

이차함수 $y=x^2+ax+b$의 그래프가 직선 $y=-2x+1$보다 아래
쪽에 있으면

$x^2+ax+b<-2x+1$에서 $x^2+(a+2)x+b-1<0$ ┄┄┄┄ ㉠

해가 $-3<x<5$이고 x^2의 계수가 1인 이차부등식은

$(x+3)(x-5)<0$

즉, $x^2-2x-15<0$ ┄┄┄┄┄┄┄┄┄┄┄ ㉡

㉠과 ㉡이 일치해야 하므로

$a+2=-2$, $b-1=-15$

따라서 $a=-4$, $b=-14$이므로

$ab=(-4) \times (-14)=56$

1790 답 2

이차함수 $y=x^2-4x+5$의 그래프가 직선 $y=mx+n$보다 아래쪽
에 있으면

$x^2-4x+5<mx+n$에서 $x^2-(4+m)x+5-n<0$ ┄┄┄ ㉠

해가 $1<x<6$이고 x^2의 계수가 1인 이차부등식은

$(x-1)(x-6)<0$

즉, $x^2-7x+6<0$ ┄┄┄┄┄┄┄┄┄┄┄ ㉡

㉠과 ㉡이 일치해야 하므로

$4+m=7$, $5-n=6$

따라서 $m=3$, $n=-1$이므로

$m+n=3+(-1)=2$

1791 답 ②

이차함수 $y=2x^2-x-9$의 그래프가 직선 $y=4x+a$보다 아래쪽
에 있으면

$2x^2-x-9<4x+a$에서 $2x^2-5x-a-9<0$ ┄┄┄┄ ㉠

해가 $b < x < \frac{3}{2}$이고 x^2의 계수가 2인 이차부등식은

$2(x-b)\left(x-\frac{3}{2}\right) < 0$

즉, $2x^2-(2b+3)x+3b < 0$ ·················· ⓛ

㉠과 ⓛ이 일치해야 하므로

$5=2b+3$, $-a-9=3b$

따라서 $a=-12$, $b=1$이므로

$b-a=1-(-12)=13$

1792 답 20

이차함수 $y=-2x^2+3x+2$의 그래프가 이차함수
$y=-x^2+ax+b$의 그래프보다 위쪽에 있으면
$-2x^2+3x+2 > -x^2+ax+b$에서

$x^2+(a-3)x+b-2 < 0$ ·················· ㉠

해가 $-2 < x < 3$이고 x^2의 계수가 1인 이차부등식은

$(x+2)(x-3) < 0$

즉, $x^2-x-6 < 0$ ·················· ⓛ

㉠과 ⓛ이 일치해야 하므로

$a-3=-1$, $b-2=-6$

따라서 $a=2$, $b=-4$이므로

$a^2+b^2=2^2+(-4)^2=20$

1793 답 ② |유형 12

이차함수 $y=x^2-2(k-1)x+3$의 그래프가 직선 $y=2x-1$보다 항상 위쪽에 있도록 하는 상수 k의 값의 범위가 $a < k < b$일 때, $a+b$의

단서1

값은?

① -1 ② 0 ③ 1
④ 2 ⑤ 3

단서1 만나지 않는 두 그래프

STEP1 이차부등식 구하기

이차함수 $y=x^2-2(k-1)x+3$의 그래프가 직선 $y=2x-1$보다
항상 위쪽에 있으려면 모든 실수 x에 대하여

$x^2-2(k-1)x+3 > 2x-1$, 즉 $x^2-2kx+4 > 0$

이 성립해야 한다.

STEP2 이차방정식의 판별식 D 구하기

이차방정식 $x^2-2kx+4=0$의 판별식을 D라 하면

$D < 0$이어야 하므로

$\frac{D}{4}=(-k)^2-1\times 4=k^2-4 < 0$

STEP3 k의 값의 범위를 구하여 $a+b$의 값 구하기

$k^2-4 < 0$, $(k+2)(k-2) < 0$ ∴ $-2 < k < 2$

따라서 $a=-2$, $b=2$이므로

$a+b=-2+2=0$

1794 답 $0 < m < 1$

이차함수 $y=x^2-2mx+m$의 그래프는 아래로 볼록하므로
이 그래프가 x축과 만나지 않으려면 이차함수 $y=x^2-2mx+m$
의 그래프가 $\underline{x축}$보다 항상 위쪽에 있어야 한다.
└→ 직선 $y=0$

즉, 모든 실수 x에 대하여 $x^2-2mx+m > 0$이 성립해야 한다.

이차방정식 $x^2-2mx+m=0$의 판별식을 D라 하면 $D < 0$이어야

하므로

$\frac{D}{4}=(-m)^2-1\times m < 0$

$m^2-m < 0$, $m(m-1) < 0$

∴ $0 < m < 1$

1795 답 ④

이차함수 $y=-x^2-3x$의 그래프가 직선 $y=mx+4$보다 항상 아
래쪽에 있으려면 모든 실수 x에 대하여

$-x^2-3x < mx+4$, 즉 $x^2+(m+3)x+4 > 0$

이 성립해야 한다.

이차방정식 $x^2+(m+3)x+4=0$의 판별식을 D라 하면

$D < 0$이어야 하므로

$D=(m+3)^2-4\times 1\times 4 < 0$

$m^2+6m-7 < 0$, $(m+7)(m-1) < 0$

∴ $-7 < m < 1$

따라서 정수 m은 -6, -5, $\cdots$, 0의 7개이다.

1796 답 ③

이차함수 $y=3x^2-2x+3$의 그래프가 직선 $y=2mx$보다 항상 위
쪽에 있으려면 모든 실수 x에 대하여

$3x^2-2x+3 > 2mx$, 즉 $3x^2-2(1+m)x+3 > 0$

이 성립해야 한다.

이차방정식 $3x^2-2(1+m)x+3=0$의 판별식을 D라 하면

$D < 0$이어야 하므로

$\frac{D}{4}=\{-(1+m)\}^2-3\times 3 < 0$

$m^2+2m-8 < 0$, $(m+4)(m-2) < 0$

∴ $-4 < m < 2$

따라서 정수 m의 최댓값은 1이다.

1797 답 $-1 < k < -\frac{1}{4}$

모든 실수 x에 대하여 이차함수 $y=kx^2-4kx-1$의 그래프가 직선
$y=2x$보다 아래쪽에 있으려면

$kx^2-4kx-1 < 2x$, 즉 $kx^2-2(2k+1)x-1 < 0$

이 성립해야 한다.

∴ $k < 0$ ·················· ㉠

이차방정식 $kx^2-2(2k+1)x-1=0$의 판별식을 D라 하면

$D < 0$이어야 하므로

$\frac{D}{4}=\{-(2k+1)\}^2-k\times(-1) < 0$

$4k^2+5k+1 < 0$, $(k+1)(4k+1) < 0$

∴ $-1 < k < -\frac{1}{4}$ ·················· ⓛ

㉠, ⓛ에서 $-1 < k < -\frac{1}{4}$

1798 답 2

이차함수 $y=(m+2)x^2+3$의 그래프가 직선 $y=(2m+4)x$보다

항상 위쪽에 있으려면 모든 실수 x에 대하여

$(m+2)x^2+3>(2m+4)x$, 즉 $(m+2)x^2-2(m+2)x+3>0$

이 성립해야 한다.

$m+2>0$에서 $m>-2$ ──────────── ㉠

이차방정식 $(m+2)x^2-2(m+2)x+3=0$의 판별식을 D라 하면

$D<0$이어야 하므로

$\dfrac{D}{4}=\{-(m+2)\}^2-(m+2)\times 3<0$

$m^2+m-2<0$, $(m+2)(m-1)<0$

$\therefore -2<m<1$ ──────────── ㉡

㉠, ㉡에서 $-2<m<1$

따라서 정수 m은 -1, 0의 2개이다.

1799 답 ⑤

이차함수 $y=x^2+6x-3$의 그래프는 아래로 볼록하므로

이 그래프가 직선 $y=kx-7$과 만나지 않으려면

$y=x^2+6x-3$의 그래프가 $y=kx-7$의 그래프보다 항상 위쪽에

있어야 한다.

따라서 모든 실수 x에 대하여

$x^2+6x-3>kx-7$, 즉 $x^2+(6-k)x+4>0$

이 성립해야 한다.

이차방정식 $x^2+(6-k)x+4=0$의 판별식을 D라 하면

$D<0$이어야 하므로

$D=(6-k)^2-4\times 1\times 4<0$

$k^2-12k+20<0$, $(k-2)(k-10)<0$

$\therefore 2<k<10$

따라서 자연수 k는 3, 4, $\cdots$, 9의 7개이다.

1800 답 20 m 이상 40 m 이하 | 유형 13

> 길이가 120 m인 철망을 사용하여 밑면이 직사각형 모양인 축사를 만
>
> **단서1**
>
> 들려고 한다. 축사 밑면의 넓이가 800 m² 이상이 되도록 할 때, 축사
>
> 밑면의 <u>가로의 길이의 범위</u>를 구하시오.
>
> **단서2**
>
> (단, 철망은 겹치지 않도록 모두 사용하고, 철망의 두께는 무시한다.)
>
> **단서1** 축사 둘레의 길이 120 m
>
> **단서2** 가로의 길이 x m에 대한 이차부등식

STEP 1 문제의 조건에 맞게 이차부등식 세우기

축사 둘레의 길이가 120 m이므로

축사 밑면의 가로의 길이를 x m라

하면

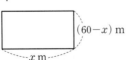

세로의 길이는 $\dfrac{120-2x}{2}$에서

$(60-x)$ m이다. ← $2\{x+(세로의 길이)\}=120$

축사 밑면의 넓이가 800 m² 이상이어야 하므로

$x(60-x)\geq 800$

STEP 2 이차부등식을 풀어 가로의 길이의 범위 구하기

$x^2-60x+800\leq 0$, $(x-20)(x-40)\leq 0$

$\therefore 20\leq x\leq 40$

따라서 축사 밑면의 가로의 길이는 20 m 이상 40 m 이하이다.

1801 답 4

직육면체의 겉넓이는

$2\{a(a+2)+2a+2(a+2)\}$, 즉 $2a^2+12a+8$

이때 겉넓이가 88 이상이어야 하므로

$2a^2+12a+8\geq 88$에서 $a^2+6a-40\geq 0$

$(a+10)(a-4)\geq 0$

$\therefore a\leq -10$ 또는 $a\geq 4$

이때 $a>0$이므로 $a\geq 4$

따라서 실수 a의 최솟값은 4이다.

1802 답 ④

물체의 높이가 지면으로부터 240 m 이상이어야 하므로

$80t-5t^2\geq 240$, $5t^2-80t+240\leq 0$

$t^2-16t+48\leq 0$, $(t-4)(t-12)\leq 0$

$\therefore 4\leq t\leq 12$

따라서 이 물체의 높이가 지면으로부터 240 m 이상인 시간은

$12-4=8$(초) 동안이다.

1803 답 $4\leq \overline{AB}\leq 8$

$\overline{AB}=x$라 하면 $\overline{AB}+\overline{BC}=12$이므로

$\overline{BC}=12-x$

삼각형 ABC의 넓이가 16 이상이어야 하므로

$\dfrac{1}{2}\times x\times (12-x)\geq 16$

$x^2-12x+32\leq 0$, $(x-4)(x-8)\leq 0$

$\therefore 4\leq x\leq 8$

따라서 변 AB의 길이의 범위는 $4\leq \overline{AB}\leq 8$이다.

1804 답 ④

올리기 전 상품의 가격을 a원, 판매량을 b개라 하면

올린 후의 상품의 가격과 판매량은 각각

$a\left(1+\dfrac{x}{100}\right)$원, $b\left(1-\dfrac{2x}{300}\right)$개

이때 올린 후의 총 판매 금액이 올리기 전의 총 판매 금액 이상이

어야 하므로

$a\left(1+\dfrac{x}{100}\right)\times b\left(1-\dfrac{2x}{300}\right)\geq ab$

이때 $a>0$, $b>0$이므로

$\left(1+\dfrac{x}{100}\right)\left(1-\dfrac{2x}{300}\right)\geq 1$에서

$(100+x)(300-2x)\geq 100\times 300$

$2x^2-100x\leq 0$, $x^2-50x\leq 0$

$x(x-50)\leq 0$ $\therefore 0\leq x\leq 50$

따라서 x의 최댓값은 50이다.

1805 답 1500원

할인하는 금액을 $100x$원이라 하면 하루 판매량이 $40x$개씩 늘어난다. 이때 빵의 하루 총 판매 금액이 150만 원 이상이어야 하므로
$(3000-100x)(400+40x) \geq 1500000$
$4000(30-x)(10+x) \geq 1500000$
$(30-x)(10+x) \geq 375$
$x^2-20x+75 \leq 0$, $(x-5)(x-15) \leq 0$
$\therefore 5 \leq x \leq 15$
따라서 할인할 수 있는 금액은 $500 \leq 100x \leq 1500$이고,
할인된 빵 한 개의 가격은 $1500 \leq 3000-100x \leq 2500$이므로
빵 한 개의 최소 가격은 1500원이다.

1806 답 ⑤ | 유형 14

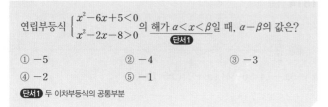

STEP 1 두 이차부등식을 각각 풀기
$x^2-6x+5<0$에서 $(x-1)(x-5)<0$
$\therefore 1<x<5$ ……………………………… ㉠
$x^2-2x-8>0$에서 $(x+2)(x-4)>0$
$\therefore x<-2$ 또는 $x>4$ ……………………… ㉡

STEP 2 연립부등식의 해 구하기
연립부등식의 해는
$4<x<5$

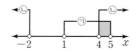

STEP 3 $\alpha-\beta$의 값 구하기
$\alpha=4$, $\beta=5$이므로 $\alpha-\beta=4-5=-1$

1807 답 ①

$2x+3>6x-1$에서 $4x<4$
$\therefore x<1$ ……………………………………… ㉠
$6-x \geq x^2$에서 $x^2+x-6 \leq 0$
$(x+3)(x-2) \leq 0$
$\therefore -3 \leq x \leq 2$ …………………………… ㉡
따라서 연립부등식의 해는
$-3 \leq x<1$

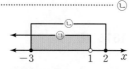

이므로 $\alpha=-3$, $\beta=1$에서
$\alpha+\beta=-3+1=-2$

1808 답 5

$(3x+4)(x-4)<0$에서
$-\dfrac{4}{3}<x<4$ ………………………………… ㉠
$2x^2-7x+6 \geq 0$에서 $(2x-3)(x-2) \geq 0$
$\therefore x \leq \dfrac{3}{2}$ 또는 $x \geq 2$ …………………… ㉡

따라서 연립부등식의 해는
$-\dfrac{4}{3}<x \leq \dfrac{3}{2}$ 또는 $2 \leq x<4$
이므로 정수 x는 -1, 0, 1, 2, 3이고
그 합은
$-1+0+1+2+3=5$

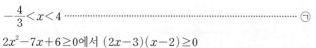

1809 답 ③

$x^2+x \geq 6$에서 $x^2+x-6 \geq 0$, $(x+3)(x-2) \geq 0$
$\therefore x \leq -3$ 또는 $x \geq 2$ …………………… ㉠
$x^2+5<6x$에서 $x^2-6x+5<0$, $(x-1)(x-5)<0$
$\therefore 1<x<5$ ……………………………………… ㉡
따라서 연립부등식의 해는
$2 \leq x<5$
이므로 정수 x는 2, 3, 4의 3개이다.

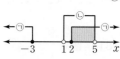

개념 Check

두 정수 a, b $(a<b)$에 대하여
(1) 부등식 $a<x<b$를 만족시키는 정수 x의 개수는 $b-a-1$
(2) 부등식 $a<x \leq b$를 만족시키는 정수 x의 개수는 $b-a$
(3) 부등식 $a \leq x<b$를 만족시키는 정수 x의 개수는 $b-a$
(4) 부등식 $a \leq x \leq b$를 만족시키는 정수 x의 개수는 $b-a+1$

1810 답 ⑤

$x^2+x+5>7$에서 $x^2+x-2>0$
$(x+2)(x-1)>0$
$\therefore x<-2$ 또는 $x>1$ ……………………… ㉠
$x^2-10 \leq -3(x+2)$에서 $x^2-10 \leq -3x-6$
$x^2+3x-4 \leq 0$, $(x+4)(x-1) \leq 0$
$\therefore -4 \leq x \leq 1$ …………………………… ㉡
따라서 연립부등식의 해는
$-4 \leq x<-2$
이므로 정수 x는 -4, -3이고 그 곱은
$(-4) \times (-3)=12$

1811 답 8

$x^2+2x-35 \geq 0$에서 $(x+7)(x-5) \geq 0$
$\therefore x \leq -7$ 또는 $x \geq 5$ …………………… ㉠
$|x-2|<10$에서 $-10<x-2<10$
$\therefore -8<x<12$ ………………………………… ㉡
따라서 연립부등식의 해는
$-8<x \leq -7$ 또는 $5 \leq x<12$
이므로 정수 x는 -7, 5, 6, 7, 8, 9, 10, 11의 8개이다.

1812 답 ⑤

$\dfrac{\sqrt{x^2+x-2}}{\sqrt{x^2-3x-4}}=-\sqrt{\dfrac{x^2+x-2}{x^2-3x-4}}$이므로
$x^2+x-2>0$, $x^2-3x-4<0$
또는 $x^2+x-2=0$, $x^2-3x-4 \neq 0$

(i) $x^2+x-2>0$에서 $(x+2)(x-1)>0$

$\therefore x<-2$ 또는 $x>1$ ·············· ㉠

$x^2-3x-4<0$에서 $(x+1)(x-4)<0$

$\therefore -1<x<4$ ·············· ㉡

즉, 연립부등식의 해는

$1<x<4$

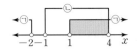

(ii) $x^2+x-2=0$에서 $(x+2)(x-1)=0$

$\therefore x=-2$ 또는 $x=1$

$\longrightarrow x^2-3x-4\neq0$에서

$\quad x=-2$일 때, $(-2)^2-3\times(-2)-4\neq0$

$\quad x=1$일 때, $1^2-3\times1-4\neq0$

(i), (ii)에서 $x=-2$ 또는 $1\leq x<4$

따라서 정수 x는 -2, 1, 2, 3의 4개이다.

1813 답 ⑤

$x^2-(a+b)x+ab<0$에서 $(x-a)(x-b)<0$

$\therefore a<x<b\ (\because a<b)$

$abx^2-(a+b)x+1<0$에서 $(ax-1)(bx-1)<0$

$\therefore \dfrac{1}{b}<x<\dfrac{1}{a}\ \left(\because 0<a<b\right)$

$\longrightarrow 0<\dfrac{1}{b}<\dfrac{1}{a}$

연립부등식의 해가 존재하기 위해서는 그림과 같이 공통부분을 가져야 한다.

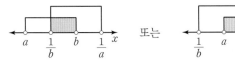
또는

즉, $a<\dfrac{1}{a}$, $\dfrac{1}{b}<b$이고 a, b가 양수이므로 $0<a<1$, $b>1$

$\therefore a<1<b$

실수 Check

$0<x<1$이면 $x<\dfrac{1}{x}$이고, $x>1$이면 $\dfrac{1}{x}<x$임에 주의한다.

Plus 문제

1813-1

a, b, c가 양의 실수일 때, 연립부등식 $\begin{cases}ax^2-bx+c<0\\cx^2-bx+a<0\end{cases}$의 해가 존재하기 위한 조건을 구하시오.

이차방정식 $ax^2-bx+c=0$의 두 근을 α, β $(\alpha<\beta)$라 하면

$\alpha+\beta=\dfrac{b}{a}$, $\alpha\beta=\dfrac{c}{a}$

이때 이차방정식 $cx^2-bx+a=0$의 두 근은

$\dfrac{1}{\alpha}$, $\dfrac{1}{\beta}$ $\left(\dfrac{1}{\beta}<\dfrac{1}{\alpha}\right)$

$\longrightarrow x\neq0$이므로 양변을 x^2으로 나누면

$a\times\left(\dfrac{1}{x}\right)^2-b\times\dfrac{1}{x}+c=0$

$ax^2-bx+c<0$에서 $\alpha<x<\beta$

$cx^2-bx+a<0$에서 $\dfrac{1}{\beta}<x<\dfrac{1}{\alpha}$

(i) $0<\alpha<\beta<1$이면

$\quad 0<\alpha<\beta<1<\dfrac{1}{\beta}<\dfrac{1}{\alpha}$이므로

주어진 연립부등식의 해가 없다.

(ii) $1<\alpha<\beta$이면

$\quad 0<\dfrac{1}{\beta}<\dfrac{1}{\alpha}<1<\alpha<\beta$이므로

주어진 연립부등식의 해가 없다.

(iii) $0<\alpha<1<\beta$이면

두 부등식의 공통부분이 존재하여

주어진 연립부등식의 해가 존재한다.

(i), (ii), (iii)에서 $0<\alpha<1<\beta$

즉, 이차함수 $f(x)=ax^2-bx+c$라 하면

$f(1)<0$이므로 $a-b+c<0$

답 $a-b+c<0$

1814 답 ⑤

$2x-7\geq0$에서 $2x\geq7$

$\therefore x\geq\dfrac{7}{2}$ ·············· ㉠

$x^2-5x-14<0$에서 $(x+2)(x-7)<0$

$\therefore -2<x<7$ ·············· ㉡

따라서 연립부등식의 해는

$\dfrac{7}{2}\leq x<7$

이므로 정수 x는 4, 5, 6이고 그 합은

$4+5+6=15$

1815 답 13

$x^2-x-56\leq0$에서 $(x+7)(x-8)\leq0$

$\therefore -7\leq x\leq8$ ·············· ㉠

$2x^2-3x-2>0$에서 $(2x+1)(x-2)>0$

$\therefore x<-\dfrac{1}{2}$ 또는 $x>2$ ·············· ㉡

따라서 연립부등식의 해는

$-7\leq x<-\dfrac{1}{2}$ 또는 $2<x\leq8$

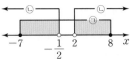

이므로 정수 x는 -7, -6, -5,

-4, -3, -2, -1, 3, 4, 5, 6, 7, 8의 13개이다.

1816 답 -2 | 유형 15

연립부등식 $\begin{cases}x^2-4x+3<0\\x^2+(a+2)x+2a>0\end{cases}$의 해가 $2<x<3$일 때, 상수 a의 값을 구하시오. 단서1

단서1 해가 주어진 연립이차부등식

STEP1 두 부등식을 각각 풀기

$x^2-4x+3<0$에서 $(x-1)(x-3)<0$

$\therefore 1<x<3$ ·············· ㉠

$x^2+(a+2)x+2a>0$에서

$(x+2)(x+a)>0$ ·············· ㉡

STEP2 a의 값 구하기

㉠, ㉡의 공통부분이 $2<x<3$이
되려면 부등식 ㉡의 해는 그림에서
$x<-2$ 또는 $x>2$이어야 한다.

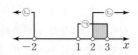

$\therefore a=-2$

1817 답 ①

$(x+3)(x-4)<0$에서 $-3<x<4$ ⋯⋯⋯⋯⋯⋯⋯ ㉠

$x^2-(a+3)x+3a\le 0$에서 $(x-a)(x-3)\le 0$ ⋯⋯ ㉡

㉠, ㉡의 공통부분이 $-3<x\le 3$이
되려면 부등식 ㉡의 해는 그림에서
$a\le x\le 3$이어야 한다.

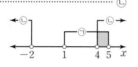

따라서 상수 a의 값의 범위는 $a\le -3$

참고 상수 a의 값의 범위에서 경계가 되는 값의 포함 여부를 확인할 때
는 그 값을 부등식에 대입하여 주어진 조건을 만족시키는지 확인한다.
$a=-3$이면 부등식 ㉡의 해는 $-3\le x\le 3$
즉, ㉠, ㉡의 공통부분은 $-3<x\le 3$이므로 만족한다.

1818 답 $a=-\dfrac{1}{3}$, $b=-\dfrac{20}{3}$

$x^2-6x+5<0$에서 $(x-1)(x-5)<0$

$\therefore 1<x<5$ ⋯⋯⋯⋯⋯⋯⋯⋯⋯⋯⋯⋯⋯⋯⋯ ㉠

$x^2-2x-8>0$에서 $(x+2)(x-4)>0$

$\therefore x<-2$ 또는 $x>4$ ⋯⋯⋯⋯⋯⋯⋯⋯⋯⋯ ㉡

즉, 연립부등식의 해는 $4<x<5$
이차부등식 $ax^2+3x+b>0$의 해가

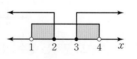

$4<x<5$이므로 $a<0$이고

$ax^2+3x+b=a(x-4)(x-5)$
$\qquad\qquad\qquad =ax^2-9ax+20a$

양변의 계수를 비교하면 $3=-9a$, $b=20a$

$\therefore a=-\dfrac{1}{3}$, $b=-\dfrac{20}{3}$

1819 답 11

주어진 연립부등식의 해가
$1<x\le 2$ 또는 $3\le x<4$가 되려면
그림과 같아야 한다.

즉, 부등식 $x^2+ax+4<0$의 해는 $1<x<4$이고, 부등식
$x^2-5x+b\ge 0$의 해는 $x\le 2$ 또는 $x\ge 3$이어야 한다.

$(x-1)(x-4)<0$에서 $x^2-5x+4<0$이므로 $a=-5$

$(x-2)(x-3)\ge 0$에서 $x^2-5x+6\ge 0$이므로 $b=6$

$\therefore b-a=6-(-5)=11$

1820 답 -2

$x^2-8x+15<0$에서 $(x-3)(x-5)<0$

$\therefore 3<x<5$ ⋯⋯⋯⋯⋯⋯⋯⋯⋯⋯⋯⋯⋯⋯ ㉠

$2|x-a|-1<9$에서 $|x-a|<5$, $-5<x-a<5$

$\therefore a-5<x<a+5$ ⋯⋯⋯⋯⋯⋯⋯⋯⋯⋯⋯ ㉡

이때 주어진 연립부등식이 해를 갖지
않으려면 ㉠, ㉡의 공통부분이 없어야
하므로 그림과 같아야 한다.

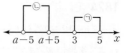

즉, a가 음수이므로 $a+5\le 3$

⌞→ $a-5\ge 5$이면 $a\ge 10$이므로
a가 양수가 된다.

$\therefore a\le -2$

따라서 음수 a의 최댓값은 -2이다.

1821 답 ⑤

$(x-a)^2<a^2$에서 $x^2-2ax+a^2<a^2$

$x(x-2a)<0$

$\therefore 2a<x<0$ $(\because a<0)$ ⋯⋯⋯⋯⋯⋯⋯⋯ ㉠

$x^2+a<(a+1)x$에서 $x^2-(a+1)x+a<0$

$(x-a)(x-1)<0$

$\therefore a<x<1$ $(\because a<0)$ ⋯⋯⋯⋯⋯⋯⋯⋯ ㉡

따라서 연립부등식의 해는

$a<x<0$이고

이는 $b<x<b+1$과 같으므로

$a=b$, $b+1=0$에서

$a=-1$, $b=-1$

$\therefore a+b=-1+(-1)=-2$

1822 답 $-1<a\le 0$

| 유형16

연립부등식 $\begin{cases} x^2-2x-3\le 0 \\ x^2-(a+4)x+4a\le 0 \end{cases}$ 을 만족시키는 정수 x가 4개일
때, 상수 a의 값의 범위를 구하시오.
단서1

단서1 정수인 해의 조건

STEP1 각각의 부등식 풀기

$x^2-2x-3\le 0$에서 $(x+1)(x-3)\le 0$

$\therefore -1\le x\le 3$ ⋯⋯⋯⋯⋯⋯⋯⋯⋯⋯⋯⋯ ㉠

$x^2-(a+4)x+4a\le 0$에서

$(x-a)(x-4)\le 0$ ⋯⋯⋯⋯⋯⋯⋯⋯⋯⋯⋯ ㉡

STEP2 상수 a의 값의 범위 구하기

연립부등식을 만족시키는 정수 x가
4개이므로 그림과 같아야 한다.

따라서 상수 a의 값의 범위는

$-1<a\le 0$

1823 답 $1<a\le 2$

$x^2-x-6<0$에서 $(x+2)(x-3)<0$

$\therefore -2<x<3$ ⋯⋯⋯⋯⋯⋯⋯⋯⋯⋯⋯⋯ ㉠

$x^2+(2-a)x-2a\ge 0$에서

$(x+2)(x-a)\ge 0$ ⋯⋯⋯⋯⋯⋯⋯⋯⋯⋯⋯ ㉡

이때 연립부등식을 만족시키는 정수
x가 2뿐이려면 그림과 같아야 한다.

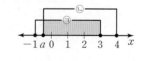

따라서 상수 a의 값의 범위는

$1<a\le 2$

1824 답 ⑤

$x^2-7x+12>0$에서 $(x-3)(x-4)>0$

$\therefore x<3$ 또는 $x>4$ ·················· ㉠

$x^2-(a+2)x+2a<0$에서 $(x-a)(x-2)<0$

(i) $a<2$이면 $a<x<2$

(ii) $a>2$이면 $2<x<a$ ·················· ㉡

이때 연립부등식을 만족시키는 정수 x가 한 개뿐이므로 그림과 같아야 한다.

$\therefore 0\leq a<1$ 또는 $5<a\leq 6$

따라서 상수 a의 최댓값은 6이다.

1825 답 15

$x^2-5x>0$에서 $x(x-5)>0$

$\therefore x<0$ 또는 $x>5$ ·················· ㉠

$x^2-(a-3)x-3a<0$에서 $(x+3)(x-a)<0$ ·········· ㉡

이때 ㉠과 ㉡을 동시에 만족시키는 양의 정수 x가 2개만 존재하려면 그림과 같아야 한다.

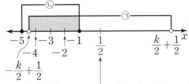

$\therefore 7<a\leq 8$

따라서 $p=7$, $q=8$이므로 $p+q=7+8=15$

1826 답 21

k가 자연수이므로 $|2x-1|<k$에서 $-k<2x-1<k$

$\therefore -\dfrac{k}{2}+\dfrac{1}{2}<x<\dfrac{k}{2}+\dfrac{1}{2}$ ·········· ㉠

$x^2+6x+5\leq 0$에서 $(x+5)(x+1)\leq 0$

$\therefore -5\leq x\leq -1$ ·················· ㉡

이때 연립부등식을 만족시키는 정수 x가 4개이려면 그림과 같아야 한다.

$\dfrac{k}{2}+\dfrac{1}{2}$은 $\dfrac{1}{2}$보다 $\dfrac{k}{2}$만큼 크고, $-\dfrac{k}{2}+\dfrac{1}{2}$은 $\dfrac{1}{2}$보다 $\dfrac{k}{2}$만큼 작으므로 $\dfrac{1}{2}$을 기준으로 $\dfrac{k}{2}+\dfrac{1}{2}$, $-\dfrac{k}{2}+\dfrac{1}{2}$까지 거리가 같다.

즉, $-5\leq -\dfrac{k}{2}+\dfrac{1}{2}<-4$이므로

$-\dfrac{11}{2}\leq -\dfrac{k}{2}<-\dfrac{9}{2}$ $\quad\therefore 9<k\leq 11$

따라서 자연수 k는 10, 11이므로 그 합은

$10+11=21$

1827 답 5

$|x-a|\leq 1$에서 $-1\leq x-a\leq 1$

$\therefore a-1\leq x\leq a+1$ ·················· ㉠

$x^2-5x-14\leq 0$에서 $(x+2)(x-7)\leq 0$

$\therefore -2\leq x\leq 7$ ·················· ㉡

이때 연립부등식을 만족시키는 정수 x의 값의 합이 15이려면 그림과 같아야 한다.

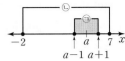

$(a-1)+a+(a+1)=15$

$\therefore a=5$

1828 답 30

$x^2-10x+21\leq 0$에서 $(x-3)(x-7)\leq 0$

$\therefore 3\leq x\leq 7$ ·················· ㉠

$x^2-2(n-1)x+n^2-2n\geq 0$에서

$x^2-2(n-1)x+n(n-2)\geq 0$

$(x-n)\{x-(n-2)\}\geq 0$

$\therefore x\leq n-2$ 또는 $x\geq n$ ·········· ㉡

연립부등식을 만족시키는 정수 x의 개수가 4가 되려면 그림과 같아야 한다.

(i) $n=4$일 때

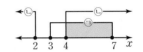

이므로 구하는 정수 x는 4, 5, 6, 7의 4개이다.

(ii) $n=5$일 때

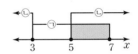

이므로 구하는 정수 x는 3, 5, 6, 7의 4개이다.

(iii) $n=6$일 때

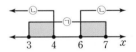

이므로 구하는 정수 x는 3, 4, 6, 7의 4개이다.

(iv) $n=7$일 때

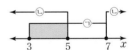

이므로 구하는 정수 x는 3, 4, 5, 7의 4개이다.

(v) $n=8$일 때

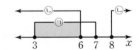

이므로 구하는 정수 x는 3, 4, 5, 6의 4개이다.

(i)~(v)에서 구하는 자연수 n은 4, 5, 6, 7, 8이므로 그 합은

$4+5+6+7+8=30$

> **실수 Check**
>
> $n\leq 3$이면 연립이차부등식을 만족시키는 정수 x는 3, 4, 5, 6, 7의 5개이고, $n\geq 9$이면 연립이차부등식을 만족시키는 정수 x는 3, 4, 5, 6, 7의 5개이므로 조건을 만족시키지 않는다.

1829 답 4
| 유형 17

세 변의 길이가 $x-2$, $x-1$, x인 삼각형이 둔각삼각형이 되도록 하 단서1 는 자연수 x의 최댓값을 구하시오.

단서1 삼각형의 세 변의 길이와 모양

STEP 1 삼각형의 세 변의 길이 조건에 맞게 x에 대한 부등식 세우고 풀기

$x-2$, $x-1$, x가 변의 길이이므로 $x>2$ ·········· ㉠

세 변 중 가장 긴 변의 길이는 x이므로

$x<(x-2)+(x-1)$ $\quad \therefore x>3$ ·········· ㉡

STEP 2 둔각삼각형이 되기 위한 조건에 맞게 x에 대한 부등식 세우고 풀기

이 삼각형이 둔각삼각형이 되려면

$x^2>(x-2)^2+(x-1)^2$

$x^2-6x+5<0$, $(x-1)(x-5)<0$

$\therefore 1<x<5$ ·········· ㉢

STEP 3 자연수 x의 최댓값 구하기

㉠, ㉡, ㉢의 공통부분을 구하면

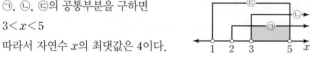

$3<x<5$

따라서 자연수 x의 최댓값은 4이다.

개념 Check

삼각형의 세 변의 길이와 모양
삼각형의 세 변의 길이가 a, b, c $(a \le b \le c)$일 때
(1) $c^2<a^2+b^2$ → 예각삼각형
(2) $c^2=a^2+b^2$ → 직각삼각형
(3) $c^2>a^2+b^2$ → 둔각삼각형

1830 답 5

작은 변의 길이를 x라 하면 긴 변의 길이는 $15-x$이다.

$x<15-x$에서 $x<\dfrac{15}{2}$ ·········· ㉠

이 직사각형의 넓이가 36 이상이므로

$x(15-x) \ge 36$, $x^2-15x+36 \le 0$, $(x-3)(x-12) \le 0$

$\therefore 3 \le x \le 12$ ·········· ㉡

㉠, ㉡의 공통부분을 구하면

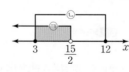

$3 \le x < \dfrac{15}{2}$

따라서 정수 x는 3, 4, 5, 6, 7의
5개이다.

1831 답 $\dfrac{7}{2} \le x \le \dfrac{9}{2}$

주어진 그림에서 길의 넓이는

$(2x+9)(2x+4)-9 \times 4 = 4x^2+26x (\text{m}^2)$

길의 넓이가 140 m² 이상 198 m² 이하이어야 하므로

$140 \le 4x^2+26x \le 198$

(i) $140 \le 4x^2+26x$에서 $2x^2+13x-70 \ge 0$

$\quad (2x-7)(x+10) \ge 0$

$\quad \therefore x \le -10$ 또는 $x \ge \dfrac{7}{2}$

이때 $x>0$이므로 $x \ge \dfrac{7}{2}$ ·········· ㉠

(ii) $4x^2+26x \le 198$에서 $2x^2+13x-99 \le 0$

$\quad (2x-9)(x+11) \le 0$ $\quad \therefore -11 \le x \le \dfrac{9}{2}$

이때 $x>0$이므로 $0<x \le \dfrac{9}{2}$ ·········· ㉡

(i), (ii)에서 구하는 x의 값의 범위는

$\dfrac{7}{2} \le x \le \dfrac{9}{2}$

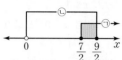

1832 답 13

$x-3$, x, $x+3$은 변의 길이이므로 $x>3$ ·········· ㉠

세 변 중 가장 긴 변의 길이는 $x+3$이므로

$x+3<(x-3)+x$ $\quad \therefore x>6$ ·········· ㉡

이 삼각형이 예각삼각형이 되려면

$(x+3)^2<x^2+(x-3)^2$, $x^2-12x>0$

$x(x-12)>0$ $\quad \therefore x<0$ 또는 $x>12$ ·········· ㉢

㉠, ㉡, ㉢의 공통부분을 구하면

$x>12$

따라서 자연수 x의 최솟값은 13이다.

1833 답 $4<\overline{BR}<8$

$\overline{BR}=a$라 하면

$0<a<12$, $\overline{RC}=12-a$

두 삼각형 AQP, PRC는 직각이등변삼
각형이므로

$\longrightarrow \triangle ABC \varpropto \triangle AQP \varpropto \triangle PRC$ (AA 닮음)

$\overline{AQ}=\overline{QP}=\overline{BR}=a$,

$\overline{PR}=\overline{RC}=12-a$

$\triangle AQP=\dfrac{1}{2}a^2$, $\triangle PRC=\dfrac{1}{2}(12-a)^2$,

$\square PQBR=a(12-a)$

주어진 조건에 의하여

$a(12-a)>\dfrac{1}{2}a^2$에서 $2a(12-a)>a^2$, $3a^2-24a<0$

$a^2-8a<0$, $a(a-8)<0$

$\therefore 0<a<8$ ·········· ㉠

$a(12-a)>\dfrac{1}{2}(12-a)^2$에서 $2a(12-a)>(12-a)^2$

$3a^2-48a+144<0$, $a^2-16a+48<0$, $(a-4)(a-12)<0$

$\therefore 4<a<12$ ·········· ㉡

㉠, ㉡의 공통부분을 구하면

$4<a<8$

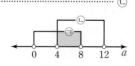

$\therefore 4<\overline{BR}<8$

1834 답 50 km 초과 200 km 미만

운송 거리 $50x$ km는 거리이므로 $x>0$

(i) (철도의 운송 비용)<(자동차의 운송 비용)이 성립할 때의 x의
값의 범위를 구하면

$x+13<x^2+3x+10$에서 $x^2+2x-3>0$

$(x+3)(x-1)>0$ $\quad \therefore x<-3$ 또는 $x>1$

그런데 $x>0$이므로 $x>1$ ·········· ㉠

(ii) (철도의 운송 비용)<(선박의 운송 비용)이 성립할 때의 x의 값의 범위를 구하면

$x+13<\dfrac{1}{2}x+15$에서 $2x+26<x+30$

$\therefore x<4$

그런데 $x>0$이므로 $0<x<4$ ⸻⸻⸻⸻⸻⸻⸻⸻ ㉡

(i), (ii)에서 $1<x<4$

이때 운송 거리는 $50x\,$km이므로

$50<50x<200$

따라서 철도로 운송하는 것이 다른 교통 수단으로 운송하는 것보다 비용이 적게 드는 구간은 50 km 초과 200 km 미만이다.

1835 답 ②

점 A에서 선분 CD에 내린 수선의 발을 E라 하자.

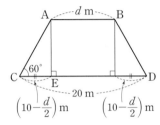

사각형 ACDB는 등변사다리꼴이고 중앙 스크린의 가로인 선분 AB의 길이가 d m $(d>0)$이므로

$\overline{CE}=10-\dfrac{d}{2}\,(m)$

$\overline{AC}=2\left(10-\dfrac{d}{2}\right)=20-d\,(m)$

⤷ $\cos 60°=\dfrac{\overline{CE}}{\overline{AC}}=\dfrac{1}{2}$이므로 $\overline{AC}=2\overline{CE}$

$\overline{AE}=\sqrt{3}\left(10-\dfrac{d}{2}\right)=10\sqrt{3}-\dfrac{\sqrt{3}}{2}d\,(m)$

⤷ $\tan 60°=\dfrac{\overline{AE}}{\overline{CE}}=\sqrt{3}$이므로 $\overline{AE}=\sqrt{3}\times\overline{CE}$

이때 $\overline{AB}\le 4\overline{AC}$이므로

$d\le 4\times(20-d)$

$\therefore d\le 16$

그런데 $d>0$이므로 $0<d\le 16$ ⸻⸻⸻⸻⸻⸻⸻ ㉠

또, 사다리꼴 ACDB의 넓이가 $75\sqrt{3}\,m^2$ 이하이므로

$\dfrac{1}{2}\times(d+20)\times\left(10\sqrt{3}-\dfrac{\sqrt{3}}{2}d\right)\le 75\sqrt{3}$

$-\dfrac{\sqrt{3}}{4}(d+20)(d-20)\le 75\sqrt{3}$

$d^2-100\ge 0,\ (d+10)(d-10)\ge 0$

$\therefore d\le -10$ 또는 $d\ge 10$

그런데 $d>0$이므로 $d\ge 10$ ⸻⸻⸻⸻⸻⸻⸻⸻ ㉡

㉠, ㉡의 공통부분을 구하면

$10\le d\le 16$

따라서 d의 최댓값과 최솟값의 합은

$16+10=26$

실수 Check

사각형 ACDB를 그리고, 그 위에 주어진 조건을 모두 표시하여 문제 상황을 파악한 후 해결한다.

1836 답 15

점 A가 y축 위의 점이므로

$A(0, k^2+4)$

$-x^2+2kx+k^2+4=k^2+4$에서

$x^2-2kx=0,\ x(x-2k)=0$

$\therefore x=0$ 또는 $x=2k$

즉, 점 B와 점 C의 좌표는 각각

$B(2k, k^2+4),\ C(2k, 0)$

이때 $k>0$이므로

$g(k)=2\times 2k+2(k^2+4)=2k^2+4k+8$

$14\le g(k)\le 78$이므로 $14\le 2k^2+4k+8\le 78$

$\therefore 7\le k^2+2k+4\le 39$

(i) $7\le k^2+2k+4$에서

$k^2+2k-3\ge 0,\ (k+3)(k-1)\ge 0$

$\therefore k\le -3$ 또는 $k\ge 1$

그런데 $k>0$이므로 $k\ge 1$ ⸻⸻⸻⸻⸻⸻⸻ ㉠

(ii) $k^2+2k+4\le 39$에서

$k^2+2k-35\le 0,\ (k+7)(k-5)\le 0$

$\therefore -7\le k\le 5$

그런데 $k>0$이므로 $0<k\le 5$ ⸻⸻⸻⸻⸻⸻⸻ ㉡

(i), (ii)에서 $1\le k\le 5$

따라서 자연수 k는 1, 2, 3, 4, 5이므로 그 합은

$1+2+3+4+5=15$

실수 Check

k의 값의 범위에서 $k>0$이므로 $1\le k\le 5$임에 주의한다.

1837 답 ④ | 유형 18

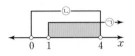

다음 중 두 이차방정식 $x^2-4x+2k=0$, $x^2-6kx+18k=0$이 **모두** 실근을 갖도록 하는 정수 k의 값이 **아닌** 것은?
단서1

① -2 　　　　② -1 　　　　③ 0

④ 1 　　　　⑤ 2

단서1 판별식 $D\ge 0$

STEP 1 이차방정식의 판별식을 이용하여 k에 대한 부등식을 각각 세우고 풀기

주어진 두 이차방정식이 실근을 갖도록 하려면

이차방정식 $x^2-4x+2k=0$의 판별식을 D_1이라 할 때,

$\dfrac{D_1}{4}=(-2)^2-1\times 2k\ge 0$

$4-2k\ge 0$ $\therefore k\le 2$ ⸻⸻⸻⸻⸻⸻⸻ ㉠

또, 이차방정식 $x^2-6kx+18k=0$의 판별식을 D_2라 할 때,

$\dfrac{D_2}{4}=(-3k)^2-1\times 18k\ge 0$

$9k^2-18k\ge 0,\ k^2-2k\ge 0$

$k(k-2)\ge 0$ $\therefore k\le 0$ 또는 $k\ge 2$ ⸻⸻⸻ ㉡

STEP 2 연립부등식의 해를 구하여 정수 k의 값이 아닌 것 찾기

㉠, ㉡에서 k의 값의 범위는 $k\le 0$ 또는 $k=2$

따라서 모두 실근을 갖도록 하는 정수 k의 값이 아닌 것은 ④이다.

1838 답 $-6 < a < 1$

주어진 이차방정식이 허근을 갖도록 하려면

이차방정식 $x^2 - 2(a+1)x - 3a + 7 = 0$의 판별식을 D라 할 때,

$D < 0$이어야 한다.

$\dfrac{D}{4} = \{-(a+1)\}^2 - 1 \times (-3a+7) < 0$

$a^2 + 5a - 6 < 0$, $(a+6)(a-1) < 0$

$\therefore -6 < a < 1$

1839 답 5

이차방정식이므로 $k+3 \neq 0$ $\therefore k \neq -3$ ········ ㉠

주어진 이차방정식이 실근을 갖도록 하려면

이차방정식 $(k+3)x^2 - 4x + k = 0$의 판별식을 D라 할 때, $D \geq 0$

이어야 한다.

$\dfrac{D}{4} = (-2)^2 - (k+3)k \geq 0$

$k^2 + 3k - 4 \leq 0$, $(k+4)(k-1) \leq 0$

$\therefore -4 \leq k \leq 1$ ········ ㉡

㉠, ㉡에서 k의 값의 범위는

$-4 \leq k \leq 1$, $k \neq -3$

따라서 정수 k는 -4, -2, -1, 0, 1의 5개이다.

1840 답 5

주어진 두 이차방정식이 허근을 갖도록 하려면

이차방정식 $x^2 + 2(k-3)x + k^2 = 0$의 판별식을 D_1이라 할 때,

$\dfrac{D_1}{4} = (k-3)^2 - 1 \times k^2 < 0$, $-6k + 9 < 0$

$\therefore k > \dfrac{3}{2}$ ········ ㉠

또, 이차방정식 $x^2 - kx + k = 0$의 판별식을 D_2라 할 때,

$D_2 = (-k)^2 - 4 \times 1 \times k < 0$

$k^2 - 4k < 0$, $k(k-4) < 0$

$\therefore 0 < k < 4$ ········ ㉡

㉠, ㉡에서 k의 값의 범위는 $\dfrac{3}{2} < k < 4$

따라서 정수 k는 2, 3이고 그 합은

$2 + 3 = 5$

1841 답 ①

이차방정식 $x^2 - 3kx + 9 = 0$이 실근을 갖도록 하려면 판별식을 D_1

이라 할 때

$D_1 = (-3k)^2 - 4 \times 1 \times 9 \geq 0$

$9k^2 - 36 \geq 0$, $k^2 - 4 \geq 0$, $(k+2)(k-2) \geq 0$

$\therefore k \leq -2$ 또는 $k \geq 2$ ········ ㉠

이차방정식 $x^2 - 2kx + 3k + 4 = 0$이 허근을 갖도록 하려면 판별식

을 D_2라 할 때,

$\dfrac{D_2}{4} = (-k)^2 - 1 \times (3k+4) < 0$

$k^2 - 3k - 4 < 0$, $(k+1)(k-4) < 0$

$\therefore -1 < k < 4$ ········ ㉡

㉠, ㉡에서 실수 k의 값의 범위는 $2 \leq k < 4$

1842 답 $a \leq \dfrac{1}{3}$ 또는 $a \geq 2$

적어도 하나가 실근을 갖는 경우는 전체에서 둘 다 허근을 갖는 경

우를 제외하면 된다.

이차방정식 $x^2 + 2ax + a + 2 = 0$의 판별식을 D_1이라 하면

$\dfrac{D_1}{4} = a^2 - 1 \times (a+2) < 0$

$a^2 - a - 2 < 0$, $(a+1)(a-2) < 0$

$\therefore -1 < a < 2$ ········ ㉠

이차방정식 $x^2 + (a-1)x + a^2 = 0$의 판별식을 D_2라 하면

$D_2 = (a-1)^2 - 4 \times 1 \times a^2 < 0$

$3a^2 + 2a - 1 > 0$, $(a+1)(3a-1) > 0$

$\therefore a < -1$ 또는 $a > \dfrac{1}{3}$ ········ ㉡

㉠, ㉡에서 둘 다 허근을 갖는 실수 a의 값의 범위는 $\dfrac{1}{3} < a < 2$

따라서 적어도 하나가 실근을 갖는 실수 a의 값의 범위는

$a \leq \dfrac{1}{3}$ 또는 $a \geq 2$

1843 답 ④

주어진 이차방정식이 허근을 갖도록 하려면

이차방정식 $x^2 + ax + 16 = 0$의 판별식을 D라 할 때,

$D < 0$이어야 한다.

$D = a^2 - 4 \times 1 \times 16 < 0$

$a^2 - 64 < 0$, $(a+8)(a-8) < 0$

$\therefore -8 < a < 8$

따라서 자연수 a의 최댓값은 7이다.

1844 답 $1 \leq k < 2$ | 유형 19

> x에 대한 이차방정식 $x^2 + 2(3-k)x + k^2 - 7k + 10 = 0$의 두 근이 모
> 두 음수일 때, 실수 k의 값의 범위를 구하시오. 단서 1
>
> 단서 1 실근의 부호

STEP 1 실근의 부호 조건을 이용하여 k에 대한 부등식을 각각 세우고 풀기

이차방정식 $x^2 + 2(3-k)x + k^2 - 7k + 10 = 0$의 두 실근을 각각

α, β라 하고 판별식을 D라 하면 두 근이 모두 음수이므로

(i) $\dfrac{D}{4} = (3-k)^2 - 1 \times (k^2 - 7k + 10) \geq 0$

$k - 1 \geq 0$ $\therefore k \geq 1$

(ii) $\alpha + \beta = -2(3-k) < 0$ $\therefore k < 3$

(iii) $\alpha\beta = k^2 - 7k + 10 > 0$, $(k-2)(k-5) > 0$

$\therefore k < 2$ 또는 $k > 5$

STEP 2 조건을 모두 만족시키는 실수 k의 값의 범위 구하기

(i), (ii), (iii)의 공통부분을 구하면 $1 \leq k < 2$

개념 Check

이차방정식의 근과 계수의 관계

이차방정식 $ax^2 + bx + c = 0$의 두 근이 α, β이면

$\alpha + \beta = -\dfrac{b}{a}$, $\alpha\beta = \dfrac{c}{a}$

1845 답 ①

이차방정식 $x^2+(k+1)x+1=0$의 두 실근을 각각 α, β라 하고 판별식을 D라 하면 두 근이 모두 양수이므로

(ⅰ) $D=(k+1)^2-4\times1\times1\geq0$

$k^2+2k-3\geq0$, $(k+3)(k-1)\geq0$

$\therefore k\leq-3$ 또는 $k\geq1$

(ⅱ) $\alpha+\beta=-(k+1)>0$ $\therefore k<-1$

(ⅲ) $\alpha\beta=1$이므로 양수이다.

└─ k의 값에 관계없이 항상 $\alpha\beta>0$이다.

(ⅰ), (ⅱ), (ⅲ)의 공통부분을 구하면 $k\leq-3$

따라서 실수 k의 값이 될 수 있는 것은 ①이다.

1846 답 ①

이차방정식 $x^2-ax+a^2-4=0$이 한 개의 양수인 근과 한 개의 음수인 근을 가지므로 두 근은 서로 다른 부호이다.

두 실근을 α, β라 하면

$\alpha\beta=a^2-4<0$, $(a+2)(a-2)<0$

$\therefore -2<a<2$

따라서 정수 a의 최댓값은 1이다.

1847 답 ⑤

이차방정식 $x^2+(a^2-5a-24)x-a+5=0$의 두 실근을 각각 α, β라 하면

(ⅰ) 두 근의 부호가 서로 다르므로

$\alpha\beta=-a+5<0$ $\therefore a>5$

(ⅱ) 음의 근의 절댓값이 양의 근보다 크므로

$\alpha+\beta=-(a^2-5a-24)<0$ └─ 두 근의 합이 음수이다.

$a^2-5a-24>0$, $(a+3)(a-8)>0$

$\therefore a<-3$ 또는 $a>8$

(ⅰ), (ⅱ)의 공통부분을 구하면 $a>8$

1848 답 2

이차방정식 $3x^2+(m^2+m-6)x-m+1=0$의 두 실근을 각각 α, β라 하면

(ⅰ) 두 근의 부호가 서로 다르므로

$\alpha\beta=\dfrac{-m+1}{3}<0$, $-m+1<0$ $\therefore m>1$

(ⅱ) 두 근의 절댓값이 같으므로

$\alpha+\beta=-\dfrac{m^2+m-6}{3}=0$

$m^2+m-6=0$, $(m+3)(m-2)=0$

$\therefore m=-3$ 또는 $m=2$

(ⅰ), (ⅱ)에서 $m=2$

1849 답 -10

이차방정식 $x^2+2kx+2k(k+2)=0$의 두 실근을 각각 α, β라 하고 판별식을 D라 하면

(ⅰ) 두 근이 모두 양수일 때,

$\dfrac{D}{4}=k^2-1\times2k(k+2)\geq0$에서 $k^2+4k\leq0$

$k(k+4)\leq0$ $\therefore -4\leq k\leq0$

$\alpha+\beta=-2k>0$ $\therefore k<0$

$\alpha\beta=2k(k+2)>0$ $\therefore k<-2$ 또는 $k>0$

$\therefore -4\leq k<-2$

(ⅱ) 한 근이 양수, 한 근이 음수일 때,

$\alpha\beta=2k(k+2)<0$

$\therefore -2<k<0$

(ⅲ) 한 근이 양수, 한 근이 0일 때,

$\alpha+\beta=-2k>0$ $\therefore k<0$

$\alpha\beta=2k(k+2)=0$ $\therefore k=-2$ 또는 $k=0$

$\therefore k=-2$

(ⅰ), (ⅱ), (ⅲ)에서 $-4\leq k<0$

따라서 정수 k는 -4, -3, -2, -1이고 그 합은

$-4+(-3)+(-2)+(-1)=-10$

1850 답 ②

주어진 이차방정식의 판별식을 D라 하면

$\dfrac{D}{4}=\{-(k+2)\}^2-1\times(k+2)\geq0$

$k^2+3k+2\geq0$, $(k+2)(k+1)\geq0$

$\therefore k\leq-2$ 또는 $k\geq-1$ ············ ㉠

ㄱ. $\alpha>0$, $\beta>0$이면 $\alpha+\beta>0$, $\alpha\beta>0$이므로

$\alpha+\beta=2(k+2)>0$에서 $k>-2$ ············ ㉡

$\alpha\beta=k+2>0$에서 $k>-2$ ············ ㉢

㉠, ㉡, ㉢의 공통부분을 구하면

$k\geq-1$ (거짓)

ㄴ. $\alpha>0$, $\beta<0$이면 $\alpha\beta<0$이므로

$\alpha\beta=k+2<0$에서 $k<-2$ ············ ㉣

㉠, ㉣의 공통부분을 구하면

$k<-2$ (참)

ㄷ. $-\alpha<\beta$, $\alpha<0$이면 $\beta>0$이므로

$\alpha+\beta>0$, $\alpha\beta<0$

$\alpha+\beta=2(k+2)>0$에서 $k>-2$ ············ ㉤

$\alpha\beta=k+2<0$에서 $k<-2$ ············ ㉥

㉠, ㉤, ㉥을 동시에 만족시키는 k의 값은 존재하지 않는다.

(거짓)

따라서 옳은 것은 ㄴ이다.

ㄴ. 두 근 중 한 근 $\alpha > 0$이고, 다른 한 근 $\beta < 0$일 때, $\alpha\beta < 0$이지만 $\alpha+\beta$의 부호는 알 수 없다.

ㄷ. $-\alpha < \beta$, $\alpha < 0$일 때, $-\alpha > 0$이므로 $0 < -\alpha < \beta$, 즉 $\beta > 0$이다.

1851 답 $-\dfrac{5}{2} < k \le -2$ 　|　**유형 20**

이차방정식 $x^2+4kx+16=0$의 두 근이 모두 2보다 클 때, 실수 k의 값의 범위를 구하시오. **단서1**

단서1 판별식 $D \ge 0$, $f(2) > 0$, $-2k > 2$

STEP 1 그래프를 이용하여 상황 판단하기

$f(x)=x^2+4kx+16$이라 하자.
이차방정식 $f(x)=0$의 두 근이 모두 2보다 크려면 이차함수 $y=f(x)$의 그래프는 그림과 같다.

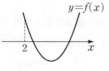

STEP 2 이차방정식의 판별식 $D \ge 0$, $f(2) > 0$, (꼭짓점의 x좌표)>2임을 이용하여 k의 값의 범위 구하기

(i) 이차방정식 $f(x)=0$의 판별식을 D라 하면

$$\frac{D}{4}=(2k)^2-1\times16\ge0$$

$$4k^2-16\ge0,\ (k+2)(k-2)\ge0$$

$$\therefore k\le-2 \text{ 또는 } k\ge2$$

(ii) $f(2)>0$이므로

$$4+8k+16>0 \qquad \therefore k>-\frac{5}{2}$$

(iii) $y=f(x)$의 그래프의 축의 방정식이 $x=-2k$이므로

$$-2k>2 \qquad \therefore k<-1 \qquad \longrightarrow x=-\frac{4k}{2}=-2k$$

(i), (ii), (iii)에서 $-\dfrac{5}{2}<k\le-2$

1852 답 $\dfrac{9}{8}$

$f(x)=2x^2+3x+m$이라 하자.
이차방정식 $f(x)=0$의 두 근이 모두 1보다 작으려면 이차함수 $y=f(x)$의 그래프는 그림과 같다.

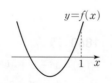

(i) 이차방정식 $f(x)=0$의 판별식을 D라 하면

$$D=3^2-4\times2\times m\ge0$$

$$9-8m\ge0 \qquad \therefore m\le\frac{9}{8}$$

(ii) $f(1)>0$이므로

$$2+3+m>0 \qquad \therefore m>-5$$

(iii) $y=f(x)$의 그래프의 축의 방정식이 $x=-\dfrac{3}{4}$이므로

$$-\frac{3}{4}<1$$

(i), (ii), (iii)에서 $-5<m\le\dfrac{9}{8}$

따라서 실수 m의 최댓값은 $\dfrac{9}{8}$이다.

1853 답 ⑤

$f(x)=3x^2-6ax+a^2+2$라 하자.
이차방정식 $f(x)=0$의 두 근 사이에 1이 있으려면 이차함수 $y=f(x)$의 그래프는 그림과 같다.

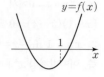

$f(1)<0$이어야 하므로

$$3-6a+a^2+2<0,\ a^2-6a+5<0$$

$$(a-1)(a-5)<0 \qquad \therefore 1<a<5$$

따라서 자연수 a는 2, 3, 4이므로 그 합은

$$2+3+4=9$$

참고 $f(1)<0$이면 $y=f(x)$의 그래프는 x축과 서로 다른 두 점에서 만나므로 항상 $D>0$이다.

1854 답 $\dfrac{4}{3}<k\le\dfrac{3}{2}$

$f(x)=2x^2-6x+3k$라 하자.
이차방정식 $f(x)=0$의 두 근이 모두 -1과 2 사이에 있으려면 이차함수 $y=f(x)$의 그래프는 그림과 같다.

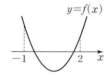

(i) 이차방정식 $f(x)=0$의 판별식을 D라 하면

$$\frac{D}{4}=(-3)^2-2\times3k\ge0\text{에서 } 9-6k\ge0$$

$$\therefore k\le\frac{3}{2}$$

(ii) $f(-1)=8+3k>0$에서 $k>-\dfrac{8}{3}$

$f(2)=-4+3k>0$에서 $k>\dfrac{4}{3}$

$$\therefore k>\frac{4}{3}$$

(iii) 이차함수 $y=f(x)$의 그래프의 축의 방정식이 $x=\dfrac{3}{2}$이므로

$$-1<\frac{3}{2}<2$$

(i), (ii), (iii)에서 $\dfrac{4}{3}<k\le\dfrac{3}{2}$

1855 답 $a>7$

$f(x)=x^2+2(1-a)x+a+4$라 하면 이차함수 $y=f(x)$의 그래프는 그림과 같다.

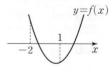

(i) $f(-2)>0$이므로

$$4-4(1-a)+a+4>0$$

$$5a+4>0$$

$$\therefore a>-\frac{4}{5}$$

(ii) $f(1)<0$이므로

$$1+2(1-a)+a+4<0$$

$$-a+7<0$$

$$\therefore a>7$$

(i), (ii)에서 $a>7$

1856 답 44

$x^2-3x-4=0$에서

$(x+1)(x-4)=0$

$\therefore\ x=-1$ 또는 $x=4$

즉, 이차방정식 $x^2+6x-k=0$의 한 근이 -1과 4 사이에 있다.

$f(x)=x^2+6x-k$라 하면 이차함수

$y=f(x)$의 그래프의 축의 방정식이

$x=-3$이므로 그래프는 그림과 같다.

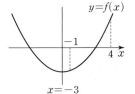

(i) $f(-1)<0$이므로

$\quad 1-6-k<0$에서 $k>-5$

(ii) $f(4)>0$이므로

$\quad 16+24-k>0$에서 $k<40$

(i), (ii)에서 $-5<k<40$

따라서 정수 k는 $-4,\ -3,\ -2,\ \cdots,\ 39$의 44개이다.

1857 답 ③

$f(x)=x^2+4mx+m^2+3$이라 하자.

이차방정식 $f(x)=0$의 판별식을 D라 하면

(i) $\dfrac{D}{4}=(2m)^2-1\times(m^2+3)\geq0$에서

$\quad m^2-1\geq0,\ (m+1)(m-1)\geq0$

$\quad\therefore\ m\leq-1$ 또는 $m\geq1$

(ii) $f(-2)=4-8m+m^2+3\leq0$에서

$\quad m^2-8m+7\leq0,\ (m-1)(m-7)\leq0$

$\quad\therefore\ 1\leq m\leq7$

(iii) $f(0)=m^2+3>0$이므로 m은 모든 실수

(i), (ii), (iii)에서 $1\leq m\leq7$

따라서 정수 m은 1, 2, 3, 4, 5, 6, 7의 7개이다.

1858 답 $3<k<5$　　　　　　　　　| 유형 21

삼차방정식 $x^3-(2k-1)x^2-(2k-9)x+9=0$이 <u>1보다 작은 한 근</u>
　　　　　　　　　　　　　　　　　　　　　단서1

과 <u>1보다 큰 서로 다른 두 실근</u>을 갖도록 하는 실수 k의 값의 범위를
　　단서2

구하시오.
　단서3

단서1 좌변을 $(x-a)(x^2+bx+c)$ 꼴로 인수분해

단서2 $x=a$가 1보다 작은 한 근인지 확인

단서3 $f(x)=x^2+bx+c$에 대하여 $D>0,\ f(1)>0,\ -\dfrac{b}{2}>1$

STEP1 인수정리를 이용하여 삼차방정식의 좌변을 인수분해하기

$P(x)=x^3-(2k-1)x^2-(2k-9)x+9$로 놓으면

$P(-1)=-1-2k+1+2k-9+9=0$

조립제법을 이용하여 $P(x)$를 인수분해하면

$$
\begin{array}{r|rrrr}
-1 & 1 & -2k+1 & -2k+9 & 9 \\
   &   & -1 & 2k & -9 \\
\hline
   & 1 & -2k & 9 & 0 \\
\end{array}
$$

$P(x)=(x+1)(x^2-2kx+9)$

STEP2 1보다 큰 서로 다른 두 실근을 가질 조건 구하기

방정식 $P(x)=0$의 한 근이 $x=-1$이므로

이차방정식 $x^2-2kx+9=0$은 1보다 큰 서로 다른 두 실근을 가져야 한다.

(i) 이차방정식의 판별식을 D라 하면

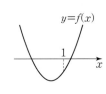

$\quad \dfrac{D}{4}=(-k)^2-9>0$

$\quad (k+3)(k-3)>0$

$\quad\therefore\ k<-3$ 또는 $k>3$

(ii) $f(x)=x^2-2kx+9$라 하면

$\quad f(1)=1-2k+9>0$

$\quad 2k<10$　　$\therefore\ k<5$

(iii) 이차함수 $y=f(x)$의 그래프의 축의 방정식이 $x=k$이므로

$\quad k>1$

STEP3 k의 값의 범위 구하기

(i), (ii), (iii)에서 공통부분은 $3<k<5$

1859 답 ②

$P(x)=x^3+5x^2-(2k+7)x+2k+1$로 놓으면

$P(1)=1+5-2k-7+2k+1=0$

조립제법을 이용하여 $P(x)$를 인수분해하면

$$
\begin{array}{r|rrrr}
1 & 1 & 5 & -2k-7 & 2k+1 \\
  &   & 1 & 6 & -2k-1 \\
\hline
  & 1 & 6 & -2k-1 & 0 \\
\end{array}
$$

$P(x)=(x-1)(x^2+6x-2k-1)$

$P(x)=0$의 한 근이 $x=1$이므로 이차방정식

$x^2+6x-2k-1=0$의 <u>한 근이 1보다 작고,</u>

<u>다른 한 근이 1보다 커야 한다.</u>
$\underset{\longrightarrow\ \text{두 근 사이에 있다.}}{}$

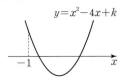

$f(x)=x^2+6x-2k-1$이라 하면

$f(1)=1+6-2k-1<0$

$\therefore\ k>3$

따라서 정수 k의 최솟값은 4이다.

1860 답 ①

$P(x)=x^3-x^2+(k-12)x+3k$로 놓으면

$P(-3)=-27-9-3k+36+3k=0$

조립제법을 이용하여 $P(x)$를 인수분해하면

$$
\begin{array}{r|rrrr}
-3 & 1 & -1 & k-12 & 3k \\
   &   & -3 & 12 & -3k \\
\hline
   & 1 & -4 & k & 0 \\
\end{array}
$$

$P(x)=(x+3)(x^2-4x+k)$

$P(x)=0$의 한 근이 $x=-3$이므로 이차방정식 $x^2-4x+k=0$은
-1보다 큰 서로 다른 두 실근을 가져야 한다.

(i) 이차방정식의 판별식을 D라 하면

$\quad \dfrac{D}{4}=(-2)^2-k>0$

$\quad\therefore\ k<4$

(ii) $f(x)=x^2-4x+k$라 하면

$$f(-1)=1+4+k>0 \qquad \therefore k>-5$$

(i), (ii)에서 공통부분은 $-5<k<4$

따라서 정수 k는 -4, -3, -2, -1, 0, 1, 2, 3이고 그 합은

$$(-4)+(-3)+(-2)+(-1)+0+1+2+3=-4$$

참고 $f(x)=(x-2)^2+k-4$이므로 그래프의 축의 방정식은 $x=2$이고 -1보다 크다.

1861 답 ④

$P(x)=3x^3+(k+8)x^2+(2k+5)x+k$로 놓으면

$P(-1)=-3+k+8-2k-5+k=0$

조립제법을 이용하여 $P(x)$를 인수분해하면

$$\begin{array}{r|rrrr}
-1 & 3 & k+8 & 2k+5 & k \\
 & & -3 & -k-5 & -k \\
\hline
 & 3 & k+5 & k & 0
\end{array}$$

$P(x)=(x+1)\{3x^2+(k+5)x+k\}$

방정식 $P(x)=0$의 한 근이 $x=-1$이므로

이차방정식 $3x^2+(k+5)x+k=0$의 두 근이 음수가 되어야 한다.

(i) 이차방정식의 판별식을 D라 하면

$$D=(k+5)^2-12k\geq0$$

$$k^2-2k+25\geq0$$

$$(k-1)^2+24\geq0$$

즉, 실수 k의 값에 관계없이 항상 성립한다.

(ii) (두 근의 합)$=-\dfrac{k+5}{3}<0 \qquad \therefore k>-5$

(iii) (두 근의 곱)$=\dfrac{k}{3}>0 \qquad \therefore k>0$

(i), (ii), (iii)에서 공통부분은 $k>0$

따라서 정수 k의 최솟값은 1이다.

1862 답 $k>2$

$P(x)=x^3+2(k-1)x^2-(3k-2)x-2k-4$로 놓으면

$P(2)=8+8k-8-6k+4-2k-4=0$

조립제법을 이용하여 $P(x)$를 인수분해하면

$$\begin{array}{r|rrrr}
2 & 1 & 2k-2 & -3k+2 & -2k-4 \\
 & & 2 & 4k & 2k+4 \\
\hline
 & 1 & 2k & k+2 & 0
\end{array}$$

$P(x)=(x-2)(x^2+2kx+k+2)$

방정식 $P(x)=0$의 한 근이 $x=2$이므로 이차방정식

$x^2+2kx+k+2=0$의 서로 다른 두 근이 음수가 되어야 한다.

(i) 이차방정식의 판별식을 D라 하면

$$\dfrac{D}{4}=k^2-k-2>0$$

$$(k+1)(k-2)>0 \qquad \therefore k<-1 \text{ 또는 } k>2$$

(ii) (두 근의 합)$=-2k<0 \qquad \therefore k>0$

(iii) (두 근의 곱)$=k+2>0 \qquad \therefore k>-2$

(i), (ii), (iii)에서 공통부분은 $k>2$

1863 답 ③ | 유형22

> 사차방정식 $x^4-2kx^2+k+2=0$이 <u>서로 다른 네 실근을 가질 때</u>, 상
> <u>단서1</u>   <u>단서2</u>
> 수 k의 값의 범위는?
>
> ① $k>-2$ ② $k>0$ ③ $k>2$
> ④ $-1<k<2$ ⑤ $0<k<2$
>
> **단서1** $x^2=X$로 치환하여 $aX^2+bX+c=0$ 꼴로 변형
> **단서2** $aX^2+bX+c=0$을 만족시키는 $X=x^2$의 값이 서로 다른 두 양수

STEP 1 $x^2=X$로 치환하여 $aX^2+bX+c=0$ 꼴로 나타내기

$x^4-2kx^2+k+2=0$에서 $x^2=X$로 놓으면

$X^2-2kX+k+2=0$ ·············· ㉠

STEP 2 서로 다른 네 실근을 갖기 위한 조건 알기

이때 사차방정식이 서로 다른 네 실근을 가지려면

㉠은 서로 다른 두 개의 양수인 근을 가져야 한다.

STEP 3 조건을 만족시키는 k의 값의 범위 구하기

(i) ㉠의 판별식을 D라 하면

$$\dfrac{D}{4}=(-k)^2-k-2>0$$

$$(k+1)(k-2)>0 \qquad \therefore k<-1 \text{ 또는 } k>2$$

(ii) (두 근의 합)$=2k>0 \qquad \therefore k>0$

(iii) (두 근의 곱)$=k+2>0 \qquad \therefore k>-2$

(i), (ii), (iii)에서 공통부분은 $k>2$

1864 답 $-\dfrac{1}{2}<k<3$

$x^4+(2+k)x^2+2k^2-5k-3=0$에서 $x^2=X$로 놓으면

$X^2+(2+k)X+2k^2-5k-3=0$ ·············· ㉠

이때 사차방정식이 서로 다른 두 실근과 서로 다른 두 허근을 가지려면 ㉠은 서로 다른 부호의 두 실근을 가져야 한다. 즉, 두 근의 곱이 음수이어야 하므로 이차방정식의 근과 계수의 관계에 의하여

(두 근의 곱)$=2k^2-5k-3<0$

$$(2k+1)(k-3)<0 \qquad \therefore -\dfrac{1}{2}<k<3$$

참고 이차방정식 $ax^2+bx+c=0$ (a, b, c는 실수)에서 서로 다른 부호의 두 실근을 갖는 경우 두 근의 곱이 음수이므로 $\dfrac{c}{a}<0$, 즉 $ac<0$이다. 이때 판별식 $D=b^2-4ac$는 항상 양수이므로 서로 다른 두 근을 가져야 하는 경우를 따로 구할 필요가 없다.

1865 답 ②

$x^4+4kx^2+4k+15=0$에서 $x^2=X$로 놓으면

$X^2+4kX+4k+15=0$ ·············· ㉠

이때 사차방정식이 실근만을 가져야 하므로

㉠은 0을 근으로 가지거나 음이 아닌 두 근을 가져야 한다.

(i) ㉠의 판별식을 D라 하면

$$\dfrac{D}{4}=(2k)^2-(4k+15)\geq0$$

$$4k^2-4k-15\geq0, \ (2k+3)(2k-5)\geq0$$

$$\therefore k\leq-\dfrac{3}{2} \text{ 또는 } k\geq\dfrac{5}{2}$$

08

(ii) (두 근의 합)$=-4k\geq0$

$\quad\therefore k\leq0$

(iii) (두 근의 곱)$=4k+15\geq0$

$\quad\therefore k\geq-\dfrac{15}{4}$

(i), (ii), (iii)에서 $-\dfrac{15}{4}\leq k\leq-\dfrac{3}{2}$이므로

정수 k는 -3, -2의 2개이다.

1866 답 ⑤

ㄱ. $x^4+2x^2-8=0$에서 $(x^2-2)(x^2+4)=0$이므로

$\quad x^2=2$ 또는 $x^2=-4$

즉, $x=\pm\sqrt{2}$ 또는 $x=\pm2i$이므로 모든 근의 합은

$\quad\sqrt{2}+(-\sqrt{2})+2i+(-2i)=0$ (참)

ㄴ. $P(x)=x^4-x^3-3x^2+4x-4$로 놓으면

$\quad P(-2)=0$, $P(2)=0$

조립제법을 이용하여 $P(x)$를 인수분해하면

```
-2 |  1   -1   -3    4   -4
   |      -2    6   -6    4
 2 |  1   -3    3   -2 |  0
   |       2   -2    2
      1   -1    1 |  0
```

$\quad P(x)=(x+2)(x-2)(x^2-x+1)$

방정식 $P(x)=0$의 한 허근이 α이므로

허근 α는 방정식 $x^2-x+1=0$의 근이다.

$\quad\therefore \alpha^2-\alpha=-1$ (참)

ㄷ. $P(x)=x^4+kx^3-(k+10)x^2-9kx+9(k+1)$로 놓으면

$\quad P(-3)=0$, $P(3)=0$

조립제법을 이용하여 $P(x)$를 인수분해하면

```
-3 |  1     k    -k-10    -9k    9k+9
   |       -3   -3k+9    12k+3  -9k-9
 3 |  1   k-3   -4k-1    3k+3 |     0
   |        3     3k     -3k-3
      1     k    -k-1 |     0
```

$\quad P(x)=(x+3)(x-3)(x^2+kx-k-1)$

이때 이차방정식 $x^2+kx-k-1=0$의 판별식을 D라 하면

$\quad D=k^2+4k+4\geq0$

$\quad(k+2)^2\geq0$

즉, 실수 k의 값에 관계없이 이차방정식 $x^2+kx-k-1=0$은 실근을 가진다.

그러므로 방정식 $P(x)=0$은 실수 k의 값에 관계없이 항상 실근만을 가진다. (참)

따라서 옳은 것은 ㄱ, ㄴ, ㄷ이다.

1867 답 ⑤

$x^4+(3-2a)x^2+a^2-3a-10=0$에서 $x^2=X$로 놓으면

$X^2+(3-2a)X+a^2-3a-10=0$ ⋯⋯⋯⋯⋯ ㉠

이때 사차방정식이 실근과 허근을 모두 가지려면 ㉠이 서로 다른 부호의 두 실근을 갖거나 0과 음수인 근을 가져야 한다.

(i) 서로 다른 부호의 두 실근을 갖는 경우

두 근의 곱이 음수이어야 하므로 이차방정식의 근과 계수의 관계에 의하여

$\quad$(두 근의 곱)$=a^2-3a-10<0$

$\quad(a+2)(a-5)<0$

$\quad\therefore -2<a<5$

(ii) 0과 음수인 근을 갖는 경우

$\quad$(두 근의 합)$=-3+2a<0$ $\quad\therefore a<\dfrac{3}{2}$

$\quad$(두 근의 곱)$=a^2-3a-10=0$

$\quad(a+2)(a-5)=0$ $\quad\therefore a=-2$ 또는 $a=5$

이때 $a<\dfrac{3}{2}$이므로 $a=-2$

(i), (ii)에서 $-2\leq a<5$ ⋯⋯⋯⋯⋯ ㉡

ㄱ. $x^4+(3-2a)x^2+a^2-3a-10=0$에서

$\quad a=1$이면 $x^4+x^2-12=0$, $(x^2-3)(x^2+4)=0$

$\quad(x+\sqrt{3})(x-\sqrt{3})(x+2i)(x-2i)=0$

$\quad\therefore x=-\sqrt{3}$ 또는 $x=\sqrt{3}$ 또는 $x=-2i$ 또는 $x=2i$

이때 실근은 $x=-\sqrt{3}$ 또는 $x=\sqrt{3}$이므로 모든 실근의 곱은

$\quad(-\sqrt{3})\times\sqrt{3}=-3$ (참)

ㄴ. $x^4+(3-2a)x^2+a^2-3a-10=0$에서

$\quad x^4+(3-2a)x^2+(a-5)(a+2)=0$

$\quad\{x^2-(a-5)\}\{x^2-(a+2)\}=0$

$\quad\therefore \underset{\text{허근}}{x^2=a-5}$ 또는 $\underset{\text{실근}}{x^2=a+2}$ ⋯⋯⋯⋯⋯ ㉢
$\qquad\qquad\qquad\qquad\qquad\to a$가 실수이므로 $a-5<a+2$. 즉,
$\qquad\qquad\qquad\qquad\qquad\quad x^2=a-5<0 \to$ 허근
$\qquad\qquad\qquad\qquad\qquad\quad x^2=a+2>0 \to$ 실근

즉, $x^2-(a+2)=0$이 실근을 가지고 모든 실근의 곱이 -4이므로 근과 계수의 관계에 의하여

$\quad -a-2=-4$ $\quad\therefore a=2$

또, $x^2-(a-5)=0$이 허근을 가지고 $a=2$이므로

$\quad x^2+3=0$

그러므로 근과 계수의 관계에 의하여 모든 허근의 곱은 3이다. (참)

ㄷ. $\underset{\to \text{실근 중에서 정수인 근을 찾는다.}}{x^2=a+2}$가 정수인 근을 가지려면

㉡에서 $0\leq a+2<7$이므로

$\quad a+2$의 값이 0, 1, 4일 때이다.

즉, a의 값은 -2, -1, 2이므로 그 합은

$\quad -2+(-1)+2=-1$ (참)

따라서 옳은 것은 ㄱ, ㄴ, ㄷ이다.

1868 탑 (1) <   (2) $-\dfrac{7}{10}$ (3) $\dfrac{1}{10}$ (4) $\dfrac{1}{10}$ (5) $\dfrac{7}{10}$

        (6) 2   (7) 5

STEP 1 주어진 해를 이용하여 x^2의 계수가 1인 이차부등식을 세우고, a의 부호 구하기 [2점]

해가 $\dfrac{1}{5} < x < \dfrac{1}{2}$이고 x^2의 계수가 1인 이차부등식은

$\left(x - \dfrac{1}{5}\right)\left(x - \dfrac{1}{2}\right) < 0$에서

$x^2 - \dfrac{7}{10}x + \dfrac{1}{10} < 0$ $\cdots\cdots$ ㉠

이차부등식 ㉠과 이차부등식 $ax^2 + bx + c > 0$의 부등호의 방향이 서로 다르므로 $a \boxed{<} 0$

STEP 2 a, b, c 사이의 관계식 찾기 [3점]

㉠의 양변에 a를 곱하면 $a < 0$이므로

$ax^2 - \dfrac{7}{10}ax + \dfrac{1}{10}a > 0$ $\cdots\cdots$ ㉡

㉡이 이차부등식 $ax^2 + bx + c > 0$과 같으므로

$b = \boxed{-\dfrac{7}{10}}a,\ c = \boxed{\dfrac{1}{10}}a$ $\cdots\cdots$ ㉢

STEP 3 부등식 $cx^2 + bx + a > 0$의 해 구하기 [3점]

㉢을 부등식 $cx^2 + bx + a > 0$에 대입하면

$\boxed{\dfrac{1}{10}}ax^2 - \boxed{\dfrac{7}{10}}ax + a > 0$에서

양변에 $\dfrac{10}{a}$을 곱하면 $\dfrac{10}{a} < 0$이므로

$x^2 - 7x + 10 < 0,\ (x-2)(x-5) < 0$

$\therefore\ \boxed{2} < x < \boxed{5}$

실제 답안 예시

$\alpha x^2 + bx + c > 0$의 해가 $\dfrac{1}{5} < x < \dfrac{1}{2}$이므로 $\alpha < 0$이고

$\alpha\left(x - \dfrac{1}{5}\right)\left(x - \dfrac{1}{2}\right) = \alpha\left(x^2 - \dfrac{7}{10}x + \dfrac{1}{10}\right)$

$\qquad\qquad\qquad\qquad\quad = \alpha x^2 - \dfrac{7}{10}\alpha x + \dfrac{1}{10}\alpha$

$\therefore\ b = -\dfrac{7}{10}\alpha,\ c = \dfrac{1}{10}\alpha$

$cx^2 + bx + \alpha = \dfrac{1}{10}\alpha x^2 - \dfrac{7}{10}\alpha x + \alpha > 0$에서

$\dfrac{1}{10}\alpha(x^2 - 7x + 10) > 0,\ x^2 - 7x + 10 < 0$

$(x-2)(x-5) < 0 \qquad \therefore\ 2 < x < 5$

1869 탑 $x < -1$ 또는 $x > \dfrac{1}{3}$

STEP 1 주어진 해를 이용하여 x^2의 계수가 1인 이차부등식을 세우고, a의 부호 구하기 [2점]

해가 $x < -1$ 또는 $x > 3$이고 x^2의 계수가 1인 이차부등식은

$(x+1)(x-3) > 0$에서

$x^2 - 2x - 3 > 0$ $\cdots\cdots$ ㉠

이차부등식 ㉠과 이차부등식 $ax^2 + bx + c < 0$의 부등호의 방향이 서로 다르므로 $a < 0$

STEP 2 a, b, c 사이의 관계식 찾기 [3점]

㉠의 양변에 a를 곱하면 $a < 0$이므로

$ax^2 - 2ax - 3a < 0$ $\cdots\cdots$ ㉡

㉡이 이차부등식 $ax^2 + bx + c < 0$과 같으므로

$b = -2a,\ c = -3a$ $\cdots\cdots$ ㉢

STEP 3 부등식 $cx^2 + bx + a > 0$의 해 구하기 [3점]

㉢을 부등식 $cx^2 + bx + a > 0$에 대입하면

$-3ax^2 - 2ax + a > 0$에서

양변을 $-a$로 나누면 $-a > 0$이므로

$3x^2 + 2x - 1 > 0,\ (x+1)(3x-1) > 0$

$\therefore\ x < -1$ 또는 $x > \dfrac{1}{3}$

1870 탑 -1

STEP 1 문제 상황에 맞게 이차부등식 세우기 [2점]

이차함수 $y = 2x^2 + ax + b$의 그래프가 x축보다 위쪽에 있는 부분의 x의 값의 범위는 이차부등식 $2x^2 + ax + b > 0$의 해이다.

STEP 2 해가 $x < -\dfrac{1}{2}$ 또는 $x > 2$이고 x^2의 계수가 2인 이차부등식 구하기 [2점]

해가 $x < -\dfrac{1}{2}$ 또는 $x > 2$이고 x^2의 계수가 2인 이차부등식은

$2\left(x + \dfrac{1}{2}\right)(x-2) > 0$

$\therefore\ 2x^2 - 3x - 2 > 0$ $\cdots\cdots$ ㉠

STEP 3 $a - b$의 값 구하기 [2점]

㉠과 이차부등식 $2x^2 + ax + b > 0$이 같으므로

$a = -3,\ b = -2$

$\therefore\ a - b = -3 - (-2) = -1$

1871 탑 (1) <   (2) <   (3) -4 (4) 0   (5) 4

STEP 1 경우 나누어 보기 [1점]

부등식 $kx^2 + kx - 1 < 0$에서

이 부등식이 이차부등식이라는 조건이 없으므로

$k = 0$일 때와 $k \neq 0$일 때로 나누어 생각한다.

STEP 2 최고차항의 계수가 0일 때 성립하는지 확인하기 [2점]

$k = 0$일 때, $0 \times x^2 + 0 \times x - 1 < 0$이므로

주어진 부등식은 모든 실수 x에 대하여 성립한다. $\cdots\cdots$ ㉠

STEP 3 최고차항의 계수가 0이 아닐 때 성립하는지 확인하기 [4점]

$k \neq 0$일 때,

(ⅰ) 주어진 부등식이 모든 실수 x에 대하여 성립하려면

     이차함수 $y = kx^2 + kx - 1$의 그래프가

     위로 볼록이어야 하므로 $k \boxed{<} 0$

(ⅱ) 이차방정식 $kx^2 + kx - 1 = 0$의 판별식을 D라 하면

     $D \boxed{<} 0$이어야 한다.

$D=k^2-4\times k\times(-1)<0$에서

$k^2+4k<0,\ k(k+4)<0$

$\therefore\ -4<k<0$

(i), (ii)에서 $-4<k<0$ ································· ㉡

STEP 4 정수 k의 개수 구하기 [2점]

㉠, ㉡에서 주어진 부등식이 모든 실수 x에 대하여 성립하도록 하는

k의 값의 범위는 $\boxed{-4}<k\le\boxed{0}$이므로

정수 k는 $-3,\ -2,\ -1,\ 0$의 $\boxed{4}$개이다.

실제 답안 예시

$kx^2+kx-1<0$

(i) $k=0$인 경우 ➡ $-1<0$ $\therefore$ 항상 성립

(ii) $k\ne0$인 경우

    $k<0$, 판별식 $D<0$

    $D=k^2+4k<0,\ k(k+4)<0$ $\therefore\ -4<k<0$

(i), (ii)에서 $-4<k\le0$

정수 k는 $-3,\ -2,\ -1,\ 0$ ➡ 4개

1872 [답] 9

STEP 1 경우 나누어 보기 [1점]

부등식 $(k+1)x^2+2(k+1)x+6>0$에서

이 부등식이 이차부등식이라는 조건이 없으므로

$k+1=0$일 때와 $k+1\ne0$일 때로 나누어 생각한다.

STEP 2 최고차항의 계수가 0일 때 성립하는지 확인하기 [2점]

$k+1=0$, 즉 $k=-1$일 때,

$0\times x^2+2\times0\times x+6>0$이므로

주어진 부등식은 x의 값에 관계없이 항상 성립한다. ··············· ㉠

STEP 3 최고차항의 계수가 0이 아닐 때 성립하는지 확인하기 [4점]

$k+1\ne0$, 즉 $k\ne-1$일 때,

(i) 주어진 부등식이 x의 값에 관계없이 항상 성립하려면

    이차함수 $y=(k+1)x^2+2(k+1)x+6$의 그래프가

    아래로 볼록이어야 하므로 $k+1>0$

    $\therefore\ k>-1$

(ii) 이차방정식 $(k+1)x^2+2(k+1)x+6=0$의 판별식을

    D라 하면 $D<0$이어야 한다.

    $\dfrac{D}{4}=(k+1)^2-(k+1)\times6<0$에서

    $k^2-4k-5<0,\ (k+1)(k-5)<0$

    $\therefore\ -1<k<5$ ······· ⓐ

(i), (ii)에서 $-1<k<5$ ················· ㉡

STEP 4 모든 정수 k의 값의 합 구하기 [2점]

㉠, ㉡에서 x의 값에 관계없이 주어진 부등식이 항상 성립하도록

하는 k의 값의 범위는

$-1\le k<5$

따라서 정수 k는 $-1,\ 0,\ 1,\ 2,\ 3,\ 4$이므로 그 합은

$-1+0+1+2+3+4=9$

부분점수표	
ⓐ 최고차항의 계수의 부호에 대한 고려 없이 판별식 $D<0$ 조건만 확인한 경우	3점

1873 [답] 1

STEP 1 모든 실수 x에 대하여 성립하는 부등식 구하기 [1점]

주어진 부등식이 해를 갖지 않으려면

모든 실수 x에 대하여 $x^2-4px+p^2+2p+1\ge0$이

성립해야 한다.

STEP 2 이차방정식의 판별식 D 구하기 [2점]

이차방정식 $x^2-4px+p^2+2p+1=0$의 판별식을 D라 하면

$\dfrac{D}{4}=(-2p)^2-1\times(p^2+2p+1)$

    $=3p^2-2p-1$

STEP 3 정수 p의 최댓값 구하기 [3점]

$D\le0$이어야 하므로 $3p^2-2p-1\le0$

$(3p+1)(p-1)\le0$

$\therefore\ -\dfrac{1}{3}\le p\le1$

따라서 정수 p의 최댓값은 1이다.

1874 [답] 6

STEP 1 문제 상황에 맞게 이차부등식 세우기 [2점]

모든 실수 x에 대하여 $\sqrt{x^2-(k-1)x+k+2}$가 실수가 되려면

모든 실수 x에 대하여 $x^2-(k-1)x+k+2\ge0$이 성립해야 한다.

STEP 2 모든 실수 x에 대하여 이차부등식이 성립할 조건 구하기 [4점]

이차방정식 $x^2-(k-1)x+k+2=0$의 판별식을 D라 하면

$D=\{-(k-1)\}^2-4\times1\times(k+2)\le0$

$k^2-6k-7\le0,\ (k+1)(k-7)\le0$

$\therefore\ -1\le k\le7$

STEP 3 실수 k의 최댓값과 최솟값의 합 구하기 [1점]

실수 k의 최댓값은 7, 최솟값은 -1이므로 그 합은

$7+(-1)=6$

1875 [답] (1) $k-3$ (2) $k+3$ (3) $\le$ (4) $\le$

STEP 1 부등식 $x^2-7x+6<0$ 풀기 [1점]

$x^2-7x+6<0$에서 $(x-1)(x-6)<0$

$\therefore\ 1<x<6$ ······················· ㉠

STEP 2 부등식 $x^2-2kx+k^2-9\ge0$ 풀기 [2점]

$x^2-2kx+k^2-9\ge0$에서 $x^2-2kx+(k+3)(k-3)\ge0$

$\{x-(k-3)\}\{x-(k+3)\}\ge0$

$\therefore\ x\le\boxed{k-3}$ 또는 $x\ge\boxed{k+3}$ ··············· ㉡

STEP 3 상수 k의 값의 범위 구하기 [5점]

㉠, ㉡을 동시에 만족시키는 정수 x가 3개이려면 그림과 같아야

한다.

(i) 연립부등식의 해가 $k+3\le x<6$일 때,

    주어진 연립부등식을 만족시키는 정수 x가 3개이려면

    $2<k+3\boxed{\le}3$ $\therefore\ -1<k\boxed{\le}0$

(ii) 연립부등식의 해가 $1<x\le k-3$일 때,

주어진 연립부등식을 만족시키는 정수 x가 3개이려면

$4\boxed{\le}k-3<5$ $\therefore 7\boxed{\le}k<8$

(i), (ii)에서 상수 k의 값의 범위는

$-1<k\boxed{\le}0$ 또는 $7\boxed{\le}k<8$

실제 답안 예시

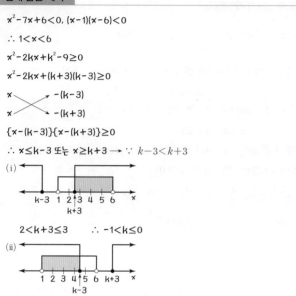

$x^2-7x+6<0$, $(x-1)(x-6)<0$

$\therefore 1<x<6$

$x^2-2kx+k^2-9\ge0$

$x^2-2kx+(k+3)(k-3)\ge0$

$\{x-(k-3)\}\{x-(k+3)\}\ge0$

$\therefore x\le k-3$ 또는 $x\ge k+3 \rightarrow \because k-3<k+3$

(i)

$2<k+3\le3$ $\therefore -1<k\le0$

(ii)

$4\le k-3<5$ $\therefore 7\le k<8$

(i), (ii)에서 $-1<k\le0$ 또는 $7\le k<8$

1876 답 $0\le a<1$ 또는 $3<a\le4$

STEP 1 부등식 $x^2-3x-4\le0$ 풀기 [1점]

$x^2-3x-4\le0$에서 $(x+1)(x-4)\le0$

$\therefore -1\le x\le4$ ·········· ㉠

STEP 2 부등식 $x^2-(2+a)x+2a\ge0$ 풀기 [2점]

$x^2-(2+a)x+2a\ge0$에서 $(x-2)(x-a)\ge0$ ·········· ㉡

STEP 3 상수 a의 값의 범위 구하기 [5점]

㉠, ㉡을 동시에 만족시키는 정수 x가 5개이려면 그림과 같아야 한다.

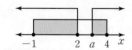

(i) $a>2$일 때,

연립부등식의 해가 $-1\le x\le2$ 또는 $a\le x\le4$이고,

→ 정수 x는 -1, 0, 1, 2의 4개

이를 만족시키는 정수 x가 5개이려면

$3<a\le4$ ······· ⓐ

(ii) $a<2$일 때,

연립부등식의 해가 $-1\le x\le a$ 또는 $2\le x\le4$이고,

→ 정수 x는 2, 3, 4의 3개

이를 만족시키는 정수 x가 5개이려면

$0\le a<1$ ······· ⓐ

(i), (ii)에서 상수 a의 값의 범위는

$0\le a<1$ 또는 $3<a\le4$

1877 답 2

STEP 1 부등식 $|x-2|<k$ 풀기 [2점]

$|x-2|<k$에서 $k>0$이므로 $-k<x-2<k$

$\therefore 2-k<x<2+k$ ·········· ㉠

STEP 2 부등식 $x^2-2x-3\le0$ 풀기 [1점]

$x^2-2x-3\le0$에서 $(x+1)(x-3)\le0$

$\therefore -1\le x\le3$ ·········· ㉡

STEP 3 양수 k의 최댓값 구하기 [4점]

㉠, ㉡을 동시에 만족시키는 정수 x

가 3개이려면 그림과 같아야 한다.

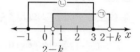

(i) $0\le2-k<1$에서 $1<k\le2$

(ii) $3<2+k$에서 $k>1$

(i), (ii)에서 $1<k\le2$

따라서 양수 k의 최댓값은 2이다.

1878 답 1

STEP 1 부등식 $x^2-4x-5>0$ 풀기 [1점]

$x^2-4x-5>0$에서 $(x+1)(x-5)>0$

$\therefore x<-1$ 또는 $x>5$ ·········· ㉠

STEP 2 부등식 $x^2\le kx+6k^2$ 풀기 [2점]

$x^2\le kx+6k^2$에서 $x^2-kx-6k^2\le0$

$(x+2k)(x-3k)\le0$

$\therefore -2k\le x\le3k$ $(\because k>0)$ ·········· ㉡

STEP 3 양수 k의 최솟값 구하기 [5점]

㉠, ㉡을 동시에 만족시키는 정수 x가 1개이려면 그림과 같아야 한다.

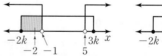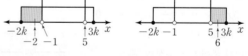

(i) 연립부등식의 해가 $x=-2$뿐일 때,

$-3<-2k\le-2$에서 $1\le k<\dfrac{3}{2}$ ·········· ㉢

$-2\le3k<6$에서 $-\dfrac{2}{3}\le k<2$ ·········· ㉣

㉢, ㉣의 공통부분은 $1\le k<\dfrac{3}{2}$

(ii) 연립부등식의 해가 $x=6$뿐일 때,

$6\le3k<7$에서 $2\le k<\dfrac{7}{3}$ ·········· ㉤

$-2<-2k\le6$에서 $-3\le k<1$ ·········· ㉥

㉤, ㉥의 공통부분이 없으므로 성립하지 않는다.

(i), (ii)에서 $1\le k<\dfrac{3}{2}$

따라서 양수 k의 최솟값은 1이다.

실력 check 실전 마무리하기 **1**회   390쪽~394쪽

1 1879   답 ②
유형 1

출제의도 | 그래프를 이용하여 부등식의 해를 구할 수 있는지 확인한다.

> $f(x) \leq 0$의 해는 $y=f(x)$의 그래프가 x축과 만나거나 x축보다 아래쪽에 있는 부분의 x의 값의 범위야.

부등식 $f(x) \leq 0$의 해는 $y=f(x)$의 그래프가 x축과 만나거나 x축보다 아래쪽에 있는 부분의 x의 값의 범위이므로

$-2 \leq x \leq 3$

따라서 구하는 정수 x는 $-2, -1, 0, 1, 2, 3$의 6개이다.

2 1880   답 ①
유형 2

출제의도 | 이차부등식의 해를 구할 수 있는지 확인한다.

> $x^2+4x-12$를 인수분해하자.

$x^2+4x-12<0$에서 $(x+6)(x-2)<0$

$\therefore -6<x<2$

따라서 $\alpha=-6$, $\beta=2$이므로 $\alpha+\beta=-6+2=-4$

다른 풀이

α, β는 이차방정식 $x^2+4x-12=0$의 해이므로

근과 계수의 관계에 의하여 $\alpha+\beta=-4$

3 1881   답 ⑤
유형 3

출제의도 | 절댓값 기호를 포함한 이차부등식의 해를 구할 수 있는지 확인한다.

> 양수 a에 대하여 $|x|<a$이면 $-a<x<a$임을 떠올려 보자.

$|x^2-5x|<6$에서 $-6<x^2-5x<6$

(i) $-6<x^2-5x$에서

     $x^2-5x+6>0$, $(x-2)(x-3)>0$

     $\therefore x<2$ 또는 $x>3$ ············· ㉠

(ii) $x^2-5x<6$에서

     $x^2-5x-6<0$, $(x+1)(x-6)<0$

     $\therefore -1<x<6$ ············· ㉡

(i), (ii)에서 주어진 부등식의 해는

$-1<x<2$ 또는 $3<x<6$

이므로 정수 x는 $0, 1, 4, 5$이고

그 합은

$0+1+4+5=10$

4 1882   답 ①
유형 4

출제의도 | 해가 주어진 경우 이차부등식을 세울 수 있는지 확인한다.

> 부등호의 방향에 주의해서 x^2의 계수가 1인 이차부등식을 만들어 보자.

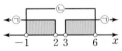

해가 $-1<x<2$이고 x^2의 계수가 1인 이차부등식은

$(x+1)(x-2)<0$

$\therefore x^2-x-2<0$

이 부등식이 $x^2+ax+b<0$과 같으므로

$a=-1$, $b=-2$

$\therefore a+b=-1+(-2)=-3$

5 1883   답 ②
유형 4 + 유형 5

출제의도 | 부등식 $f(x)>0$의 해를 이용하여 부등식 $f(ax+b)<0$의 해를 구할 수 있는지 확인한다.

> $f(x)$를 구해서 x 대신 $3x-1$을 대입해 보자.

이차부등식 $f(x)>0$의 해가 $x<-2$ 또는 $x>3$이므로

$f(x)=a(x+2)(x-3)\ (a>0)$이라 하면

$f(3x-1)=a(3x-1+2)(3x-1-3)$ → 이차부등식과 주어진 해의 부등호의 방향이 같으므로 x^2의 계수는 양수이다.

         $=a(3x+1)(3x-4)$

부등식 $f(3x-1)<0$의 해는 $a(3x+1)(3x-4)<0$에서

$(3x+1)(3x-4)<0\ (\because a>0)$

$\therefore -\dfrac{1}{3}<x<\dfrac{4}{3}$

따라서 정수 x는 $0, 1$의 2개이다.

6 1884   답 ①
유형 11

출제의도 | 만나는 두 그래프의 위치 관계를 알고, 이차부등식을 세워 문제를 해결할 수 있는지 확인한다.

> $y=f(x)$의 그래프가 $y=g(x)$의 그래프보다 아래쪽에 있는 부분의 x의 값의 범위는 부등식 $f(x)<g(x)$의 해와 같아.

$x^2-2x-8<-2x^2+x-2$에서 $3x^2-3x-6<0$

$x^2-x-2<0$, $(x+1)(x-2)<0$

$\therefore -1<x<2$

따라서 $a=-1$, $b=2$이므로 $a+b=-1+2=1$

7 1885   답 ⑤
유형 14

출제의도 | 연립이차부등식의 해를 구할 수 있는지 확인한다.

> 각 부등식의 해를 구한 후, 공통부분을 찾아보자.

$4x-1>2x+5$에서 $2x>6$

$\therefore x>3$ ············· ㉠

$x^2-5x-6\leq0$에서 $(x+1)(x-6)\leq0$

$\therefore -1\leq x\leq6$ ············· ㉡

따라서 연립부등식의 해는

$3<x\leq6$

이므로 정수 x는 $4, 5, 6$이고 그 합은

$4+5+6=15$

8 1886   답 ③
유형 15

출제의도 | 연립부등식의 해의 조건을 이용하여 미정계수의 값을 구할 수 있는지 확인한다.

> 주어진 연립부등식의 해를 수직선 위에 나타내어 보자.

$x^2-5x+6>0$에서 $(x-2)(x-3)>0$

$\therefore x<2$ 또는 $x>3$ .... ㉠

$x^2-(a+5)x+5a\leq0$에서

$(x-5)(x-a)\leq0$ .... ㉡

즉, 연립부등식의 해가 $3<x\leq5$가

되려면 ㉡의 해는 그림과 같아야 한다.

$\therefore 2\leq a\leq3$ ⟶ $a<5$이어야 하므로

㉡의 해는 $a\leq x\leq5$

따라서 $\alpha=2$, $\beta=3$이므로 $\alpha+\beta=2+3=5$

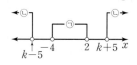

9 1887 답 ①　유형 15

출제의도 │ 연립부등식의 해의 조건을 이용하여 미정계수의 값을 구할 수 있는지 확인한다.

> 연립부등식이 해를 갖지 않으려면 각 부등식의 해의 공통부분이 없어야 함을 기억해!

$x^2+2x-8<0$에서 $(x+4)(x-2)<0$

$\therefore -4<x<2$ .... ㉠

$x^2-2kx+k^2-25>0$에서 $\{x-(k-5)\}\{x-(k+5)\}>0$

$\therefore x<k-5$ 또는 $x>k+5$ .... ㉡

주어진 연립부등식의 해가 존재하지

않으려면 ㉠, ㉡의 공통부분이 없어야

하므로 그림과 같아야 한다.

즉, $k-5\leq-4$이어야 하므로 $k\leq1$

$k+5\geq2$이어야 하므로 $k\geq-3$

$\therefore -3\leq k\leq1$

따라서 정수 k의 최댓값은 1이다.

10 1888 답 ②　유형 18

출제의도 │ 이차부등식을 이용하여 이차방정식의 근을 판별할 수 있는지 확인한다.

> 실근을 가지면 판별식 $D\geq0$이고, 허근을 가지면 판별식 $D<0$이야.

이차방정식 $x^2-kx+k=0$의 판별식을 D_1이라 하면

$D_1=(-k)^2-4\times1\times k\geq0$

$k^2-4k\geq0$, $k(k-4)\geq0$

$\therefore k\leq0$ 또는 $k\geq4$ .... ㉠

이차방정식 $x^2+2kx+2k+8=0$의 판별식을 D_2라 하면

$\dfrac{D_2}{4}=k^2-1\times(2k+8)<0$

$k^2-2k-8<0$, $(k+2)(k-4)<0$

$\therefore -2<k<4$ .... ㉡

㉠, ㉡의 공통부분은 $-2<k\leq0$

따라서 정수 k는 -1, 0의 2개이다.

11 1889 답 ④　유형 6

출제의도 │ 이차부등식의 해가 한 개일 조건을 알고 있는지 확인한다.

> 이차부등식 $ax^2+bx+c\leq0$의 해가 한 개일 조건은 $a>0$, $D=0$이어야 해.

주어진 이차부등식의 해가 오직 한 개이므로 $k+2>0$

$\therefore k>-2$

이차방정식 $(k+2)x^2+2kx+1=0$의 판별식을 D라 하면

$\dfrac{D}{4}=k^2-(k+2)\times1=0$

$k^2-k-2=0$, $(k+1)(k-2)=0$

$\therefore k=-1$ 또는 $k=2$

이때 $k>-2$이므로 $k=-1$ 또는 $k=2$

따라서 실수 k의 값의 합은

$-1+2=1$

12 1890 답 ④　유형 7

출제의도 │ 이차부등식이 해를 가질 조건을 알고 있는지 확인한다.

> 이차방정식 $3x^2+4(k+1)x+k+1=0$의 판별식 $D\geq0$이어야 해.

이차방정식 $3x^2+4(k+1)x+k+1=0$의 판별식을 D라 하면

$\dfrac{D}{4}=\{2(k+1)\}^2-3\times(k+1)\geq0$

$4k^2+5k+1\geq0$, $(k+1)(4k+1)\geq0$

$\therefore k\leq-1$ 또는 $k\geq-\dfrac{1}{4}$

따라서 $\alpha=-1$, $\beta=-\dfrac{1}{4}$이므로

$4\alpha\beta=4\times(-1)\times\left(-\dfrac{1}{4}\right)=1$

13 1891 답 ③　유형 8

출제의도 │ 이차부등식이 항상 성립할 조건을 알고 있는지 확인한다.

> 이차부등식 $ax^2+bx+c>0$이 항상 성립하려면 $a>0$, $D<0$이어야 해.

$ax^2+4x>3-a$에서 $ax^2+4x+a-3>0$

이 이차부등식이 모든 실수 x에 대하여 성립하려면 $a>0$

이차방정식 $ax^2+4x+a-3=0$의 판별식을 D라 하면

$\dfrac{D}{4}=2^2-a\times(a-3)<0$

$a^2-3a-4>0$, $(a+1)(a-4)>0$

$\therefore a<-1$ 또는 $a>4$

이때 $a>0$이므로 $a>4$

따라서 정수 a의 최솟값은 5이다.

14 1892 답 ①　유형 9

출제의도 │ 이차부등식이 해를 갖지 않을 조건을 알고 있는지 확인한다.

> 이차부등식 $ax^2+bx+c>0$이 해를 갖지 않는다는 말은 이차부등식 $ax^2+bx+c\leq0$이 항상 성립한다는 말과 같아.

$ax^2+2x-1>ax+1$에서 $ax^2+(2-a)x-2>0$

이차부등식 $ax^2+(2-a)x-2>0$이 해를 갖지 않으려면

모든 실수 x에 대하여 $ax^2+(2-a)x-2\leq0$이 성립해야 하므로

$a<0$

이차방정식 $ax^2+(2-a)x-2=0$의 판별식을 D라 하면
$$D=(2-a)^2-4\times a\times(-2)\leq0$$
$$a^2+4a+4\leq0,\ (a+2)^2\leq0\qquad\therefore a=-2$$

15 1893 답 ②

유형 12

출제의도 | 만나지 않는 두 그래프의 위치 관계를 알고, 이차방정식의 판별식을 이용하여 문제를 해결할 수 있는지 확인한다.

> 이차방정식 $x^2-2(k+1)x+k+3=0$의 판별식 $D<0$이어야 해.

모든 실수 x에 대하여 $x^2-2kx+3>2x-k$, 즉
$x^2-2(k+1)x+k+3>0$이 성립해야 하므로
이차방정식 $x^2-2(k+1)x+k+3=0$의 판별식을 D라 하면
$$\frac{D}{4}=\{-(k+1)\}^2-1\times(k+3)<0$$
$$k^2+k-2<0,\ (k+2)(k-1)<0$$
$$\therefore -2<k<1$$
따라서 정수 k의 최댓값은 0, 최솟값은 -1이므로 그 합은
$$0+(-1)=-1$$

16 1894 답 ③

유형 4 + 유형 5

출제의도 | 이차함수 $y=f(x)$의 그래프를 이용하여 부등식 $f(ax+b)>0$의 해를 구할 수 있는지 확인한다.

> $f(x)$를 구해서 x 대신 $k-x$를 대입해 보자.

주어진 이차함수 $y=f(x)$의 그래프가 x축과 두 점 $(-3,\,0)$, $(2,\,0)$에서 만나고 위로 볼록하므로
$f(x)=a(x+3)(x-2)(a<0)$라 하면
$$f(k-x)=a(k-x+3)(k-x-2)$$
$$=a\{x-(k+3)\}\{x-(k-2)\}$$
$f(k-x)>0$의 해는 $a\{x-(k+3)\}\{x-(k-2)\}>0$에서
$$\{x-(k+3)\}\{x-(k-2)\}<0\ (\because a<0)$$
$$\therefore k-2<x<k+3$$
k가 정수이므로 정수 x의 값은 $k-1,\ k,\ k+1,\ k+2$
이때 정수 x의 최솟값이 2이므로
$$k-1=2\qquad\therefore k=3$$

17 1895 답 ⑤

유형 10

출제의도 | 제한된 범위에서 이차부등식이 항상 성립할 조건을 알고 있는지 확인한다.

> 주어진 범위에서 이차부등식이 항상 성립하는 그래프를 그려 보자.

$f(x)=x^2+2x+k$라 하면
$$f(x)=(x+1)^2-1+k$$
$1\leq x\leq3$에서 $f(x)\geq0$이려면
그림과 같이 $f(1)\geq0$이어야 한다.
$f(1)=1+2+k\geq0$이므로
$$k\geq-3$$
따라서 정수 k의 최솟값은 -3이다.

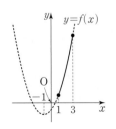

18 1896 답 ①

유형 14

출제의도 | 연립이차부등식의 해를 구할 수 있는지 확인한다.

> 두 부등식의 해의 공통부분을 찾아보자.

$x^2+3x-4<0$에서 $(x+4)(x-1)<0$
$$\therefore -4<x<1\ \cdots\cdots\cdots\cdots\ \text{㉠}$$
$x^2+|x|-6\leq0$에서
(i) $x<0$일 때,
      ↳ 절댓값 기호 안의 식의 값이 0이 되는 x의 값
$$x^2-x-6\leq0$에서 (x+2)(x-3)\leq0$$
$$\therefore -2\leq x\leq3$$
이때 $x<0$이므로 $-2\leq x<0$
(ii) $x\geq0$일 때,
$$x^2+x-6\leq0$에서 (x+3)(x-2)\leq0$$
$$\therefore -3\leq x\leq2$$
이때 $x\geq0$이므로 $0\leq x\leq2$
(i), (ii)에서 $x^2+|x|-6\leq0$의 해는 $-2\leq x\leq2\ \cdots\cdots\ \text{㉡}$
㉠, ㉡의 공통부분은 $-2\leq x<1$
따라서 $M=0,\ m=-2$이므로
$$M+m=0+(-2)=-2$$

19 1897 답 ⑤

유형 16

출제의도 | 정수인 해의 개수가 주어진 연립부등식의 미정계수의 값을 구할 수 있는지 확인한다.

> 정수의 범위를 설정할 때 경곗값의 포함 여부에 주의하여 미지수의 값의 범위를 찾아보자.

$x^2-5x\leq0$에서 $x(x-5)\leq0$
$$\therefore 0\leq x\leq5\ \cdots\cdots\cdots\cdots\ \text{㉠}$$
$x^2-(a+8)x+8a\leq0$에서
$$(x-a)(x-8)\leq0\ \cdots\cdots\cdots\cdots\ \text{㉡}$$
주어진 연립부등식을 만족시키는 정수
x가 3개이려면 그림과 같아야 한다.
따라서 상수 a의 값의 범위는
$$2<a\leq3$$

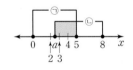

20 1898 답 ⑤

유형 20

출제의도 | 이차방정식의 근의 위치 조건을 이용하여 미정계수의 값을 구할 수 있는지 확인한다.

> x^2의 계수가 음수이므로 $f(x)=-x^2+kx+1$이라 할 때, $f(-1)<0$, $f(0)>0$, $f(2)<0$임을 알 수 있어.

$-1<\alpha<0<\beta<2$이므로
$f(x)=-x^2+kx+1$이라 하면 이차함
수 $y=f(x)$의 그래프는 그림과 같아야
한다.
즉, $f(-1)<0$, $f(0)>0$, $f(2)<0$
(i) $f(-1)=-1-k+1<0$에서 $k>0$
(ii) $f(0)=1>0$

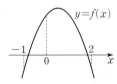

(iii) $f(2)=-4+2k+1<0$에서 $k<\dfrac{3}{2}$

(i), (iii), (iii)에서 $0<k<\dfrac{3}{2}$

따라서 정수 k의 값은 1이다.

21 1899 답 ③ 유형 20

출제의도 | 이차방정식의 근의 위치 조건을 이용하여 미정계수의 값을 구할 수 있는지 확인한다.

이차방정식의 근의 위치를 판별하려면 판별식, 경계에서의 함숫값, 그래프의 축의 위치를 확인하면 돼.

$f(x)=x^2-2(k-3)x+4$라 하자.

이차방정식 $f(x)=0$의 두 근이 모두 1보다 크려면 이차함수 $y=f(x)$의 그래프는 그림과 같아야 한다.

(i) 이차방정식 $f(x)=0$의 판별식을 D라 하면

$\dfrac{D}{4}=\{-(k-3)\}^2-4\geq0$

$k^2-6k+5\geq0,\ (k-1)(k-5)\geq0$

$\therefore k\leq1$ 또는 $k\geq5$

(ii) $f(1)>0$이므로

$f(1)=1^2-2(k-3)\times1+4>0$

$2k<11 \qquad \therefore k<\dfrac{11}{2}$

(iii) 이차함수 $y=f(x)$의 그래프의 대칭축은 직선 $x=1$보다 오른쪽에 있어야 하므로

$k-3>1 \qquad \therefore k>4$

(i), (ii), (iii)에서 $5\leq k<\dfrac{11}{2}$

따라서 $\alpha=5$, $\beta=\dfrac{11}{2}$이므로

$2\alpha\beta=2\times5\times\dfrac{11}{2}=55$

22 1900 답 8 유형 13

출제의도 | 이차부등식을 세워 실생활 문제를 해결할 수 있는지 확인한다.

STEP 1 문제의 조건에 맞게 x에 대한 이차부등식 세우기 [3점]

가로 줄 수를 x라 하면 세로 줄 수는 $13-x$

40명 이상이 앉으려면 $x(13-x)\geq40$

STEP 2 이차부등식을 풀어 가로의 최대 줄 수 구하기 [3점]

$x(13-x)\geq40$에서 $x^2-13x+40\leq0$

$(x-5)(x-8)\leq0$

$\therefore 5\leq x\leq8$

따라서 가로의 최대 줄 수는 8이다.

23 1901 답 9 유형 19

출제의도 | 이차방정식의 실근의 부호 조건을 이용하여 미정계수의 값을 구할 수 있는지 확인한다.

STEP 1 이차방정식의 판별식을 이용하여 k의 값의 범위 구하기 [2점]

이차방정식 $x^2-2(k-2)x+k+10=0$의 판별식을 D라 하면

실근을 가지므로 $\dfrac{D}{4}=\{-(k-2)\}^2-1\times(k+10)\geq0$

$k^2-5k-6\geq0,\ (k+1)(k-6)\geq0$

$\therefore k\leq-1$ 또는 $k\geq6$ …………………… ㉠

STEP 2 근과 계수의 관계를 이용하여 k의 값의 범위 구하기 [3점]

주어진 이차방정식의 두 실근을 각각 α, β라 하면

$\alpha+\beta<0$, $\alpha\beta>0$이므로

$\alpha+\beta=2(k-2)<0$에서 $k<2$ …………… ㉡

$\alpha\beta=k+10>0$에서 $k>-10$ …………… ㉢

STEP 3 정수 k의 개수 구하기 [1점]

㉠, ㉡, ㉢에서 $-10<k\leq-1$이므로 정수 k는 -9, -8, -7, $\cdots$, -1의 9개이다.

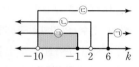

24 1902 답 $x\leq-\dfrac{1}{2}$ 또는 $x\geq\dfrac{1}{3}$ 유형 4

출제의도 | 해가 주어진 경우 이차부등식을 세워 미정계수의 값을 구할 수 있는지 확인한다.

STEP 1 주어진 해를 이용하여 x^2의 계수가 1인 이차부등식을 세우고, a의 부호 구하기 [2점]

해가 $x<-2$ 또는 $x>3$이고 x^2의 계수가 1인 이차부등식은

$(x+2)(x-3)>0$

$\therefore x^2-x-6>0$ …………………… ㉠

부등식 ㉠과 이차부등식 $ax^2+bx+c>0$의 부등호의 방향이 일치하므로 $a>0$

STEP 2 a, b, c 사이의 관계식 찾기 [3점]

㉠의 양변에 a를 곱하면 $a>0$이므로

$ax^2-ax-6a>0$ …………………… ㉡

㉡이 이차부등식 $ax^2+bx+c>0$과 같으므로

$b=-a$, $c=-6a$ …………………… ㉢

STEP 3 부등식 $cx^2+bx+a\leq0$의 해 구하기 [3점]

㉢을 부등식 $cx^2+bx+a\leq0$에 대입하면

$-6ax^2-ax+a\leq0$

이때 양변을 $-a$로 나누면 $-a<0$이므로

$6x^2+x-1\geq0,\ (2x+1)(3x-1)\geq0$

$\therefore x\leq-\dfrac{1}{2}$ 또는 $x\geq\dfrac{1}{3}$

25 1903 답 9 유형 8

출제의도 | 부등식이 항상 성립할 조건을 알고 있는지 확인한다.

STEP 1 경우 나누어 보기 [1점]

부등식 $(k-2)x^2+2(k-2)x+2\geq0$에서

이 부등식이 이차부등식이라는 조건이 없으므로

$k-2=0$일 때와 $k-2\neq0$일 때로 나누어 생각한다.

STEP 2 최고차항의 계수가 0일 때 성립하는지 확인하기 [2점]

$k-2=0$, 즉 $k=2$일 때,

$0\times x^2+2\times0\times x+2\geq0$이므로

주어진 부등식은 모든 실수 x에 대하여 항상 성립한다. …………… ㉠

$k-2\neq0$, 즉 $k\neq2$일 때,

(i) 주어진 부등식이 x의 값에 관계없이 항상 성립하려면

이차함수 $y=(k-2)x^2+2(k-2)x+2$의 그래프가

아래로 볼록이어야 하므로 $k-2>0$

$\therefore k>2$

(ii) 이차방정식 $(k-2)x^2+2(k-2)x+2=0$의 판별식을 D라 하면 $D\leq0$이어야 한다.

$\dfrac{D}{4}=(k-2)^2-2(k-2)\leq0$

$k^2-6k+8\leq0$, $(k-2)(k-4)\leq0$

$\therefore 2\leq k\leq4$

(i), (ii)에서 $2<k\leq4$ ·· ㉡

㉠, ㉡에서 주어진 부등식이 x의 값에 관계없이 항상 성립하도록 하는 k의 값의 범위는 $2\leq k\leq4$

따라서 정수 k는 2, 3, 4이므로 그 합은

$2+3+4=9$

실력 check 실전 마무리하기 2회   395쪽~399쪽

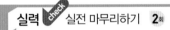

1 1904 답 ④   유형 1

출제의도 | 그래프를 이용하여 부등식의 해를 구할 수 있는지 확인한다.

> $f(x)-g(x)<0$의 해는 $y=f(x)$의 그래프가 $y=g(x)$의 그래프보다 아래쪽에 있는 부분의 x의 값의 범위야.

부등식 $f(x)-g(x)<0$, 즉 $f(x)<g(x)$의 해는 함수 $y=f(x)$의 그래프가 함수 $y=g(x)$의 그래프보다 아래쪽에 있는 부분의 x의 값의 범위이므로

$-1<x<6$

따라서 부등식 $f(x)-g(x)<0$을 만족시키는 정수 x는 0, 1, 2, 3, 4, 5의 6개이다.

2 1905 답 ④   유형 2

출제의도 | 이차부등식의 해를 구할 수 있는지 확인한다.

> $3x^2-2x-1$을 인수분해하자.

$3x^2-2x-1\geq0$에서 $(3x+1)(x-1)\geq0$

$\therefore x\leq-\dfrac{1}{3}$ 또는 $x\geq1$

따라서 $\alpha=-\dfrac{1}{3}$, $\beta=1$이므로 $\beta-\alpha=1-\left(-\dfrac{1}{3}\right)=\dfrac{4}{3}$

3 1906 답 ③   유형 3

출제의도 | 절댓값 기호를 포함한 이차부등식의 해를 구할 수 있는지 확인한다.

> x의 값의 범위를 어떻게 나누면 좋을지 생각해 보자.

$x^2+2|x|-3<0$에서

(i) $x<0$일 때,

$x^2-2x-3<0$이므로 $(x+1)(x-3)<0$

$\therefore -1<x<3$

이때 $x<0$이므로 $-1<x<0$

(ii) $x\geq0$일 때,

$x^2+2x-3<0$이므로 $(x+3)(x-1)<0$

$\therefore -3<x<1$

이때 $x\geq0$이므로 $0\leq x<1$

(i), (ii)에서 주어진 부등식의 해는 $-1<x<1$

따라서 $\alpha=-1$, $\beta=1$이므로 $\alpha+\beta=-1+1=0$

4 1907 답 ④   유형 4

출제의도 | 해가 주어진 경우 이차부등식을 세울 수 있는지 확인한다.

> 부등호의 방향에 주의해서 x^2의 계수가 1인 이차부등식을 만들어 보자.

해가 $-4<x<b$이고 x^2의 계수가 1인 이차부등식은

$(x+4)(x-b)<0$ $\therefore x^2+(4-b)x-4b<0$ ············· ㉠

이차부등식 ㉠이 이차부등식 $x^2+7x+a<0$과 같으므로

$4-b=7$, $a=-4b$

따라서 $b=-3$, $a=12$이므로 $a+b=12+(-3)=9$

5 1908 답 ⑤   유형 4

출제의도 | 해가 주어진 경우 이차부등식을 세울 수 있는지 확인한다.

> 부등호의 방향에 주의해서 x^2의 계수가 1인 이차부등식을 만들어 보자.

해가 $-3\leq x\leq1$이고 x^2의 계수가 1인 이차부등식은

$(x+3)(x-1)\leq0$ $\therefore x^2+2x-3\leq0$ ············· ㉠

이차부등식 ㉠과 이차부등식 $ax^2-4x+b\geq0$의 부등호의 방향이 서로 다르므로 $a<0$

㉠의 양변에 a를 곱하면

$ax^2+2ax-3a\geq0$ ············· ㉡

㉡이 이차부등식 $ax^2-4x+b\geq0$과 같으므로 $2a=-4$, $-3a=b$

따라서 $a=-2$, $b=6$이므로 $a+b=-2+6=4$

6 1909 답 ③   유형 4 + 유형 5

출제의도 | 부등식 $f(x)>0$의 해를 이용하여 부등식 $f(ax+b)\leq0$의 해를 구할 수 있는지 확인한다.

> $f(x)$를 구해서 x 대신 $2x+1$을 대입해 보자.

이차부등식 $f(x)>0$의 해가 $-1<x<2$이므로

$f(x)=a(x+1)(x-2)$ $(a<0)$라 하면

$f(2x+1)=a(2x+1+1)(2x+1-2)$

$\qquad\qquad =2a(x+1)(2x-1)$

부등식 $f(2x+1)\leq0$의 해는 $2a(x+1)(2x-1)\leq0$에서

$(x+1)(2x-1)\geq0$ ($\because a<0$)

$\therefore x\leq-1$ 또는 $x\geq\dfrac{1}{2}$

따라서 부등식 $f(2x+1)\leq0$의 해가 아닌 것은 ③이다.

7 1910 답 ③   유형7

출제의도 | 이차부등식이 해를 가질 조건을 알고 있는지 확인한다.

> 이차방정식 $-x^2+2ax-4a-5=0$의 판별식 $D \geq 0$이어야 해.

이차방정식 $-x^2+2ax-4a-5=0$의 판별식을 D라 하면
$D \geq 0$이어야 하므로
$$\frac{D}{4}=a^2-(4a+5) \geq 0$$
$a^2-4a-5 \geq 0$, $(a+1)(a-5) \geq 0$
$\therefore a \leq -1$ 또는 $a \geq 5$
따라서 자연수 a의 최솟값은 5이다.

8 1911 답 ②   유형14

출제의도 | 연립이차부등식의 해를 구할 수 있는지 확인한다.

> 각 부등식의 해를 구한 후, 공통부분을 찾아보자.

$2x^2-5x-3 \geq 0$에서 $(2x+1)(x-3) \geq 0$
$\therefore x \leq -\dfrac{1}{2}$ 또는 $x \geq 3$ ┄┄┄┄┄ ㉠
$x^2-x < x+15$에서 $x^2-2x-15 < 0$, $(x+3)(x-5) < 0$
$\therefore -3 < x < 5$ ┄┄┄┄┄┄┄┄┄┄┄ ㉡
따라서 연립부등식의 해는

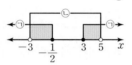

$-3 < x \leq -\dfrac{1}{2}$ 또는 $3 \leq x < 5$
이므로 정수 x는 -2, -1, 3, 4의
4개이다.

9 1912 답 ①   유형15

출제의도 | 연립부등식의 해의 조건을 이용하여 미정계수의 값을 구할 수 있는지 확인한다.

> 연립부등식이 해를 갖지 않으려면 각 부등식의 해의 공통부분이 없어야 함을 기억하자.

$x^2+x-6 < 0$에서 $(x+3)(x-2) < 0$
$\therefore -3 < x < 2$ ┄┄┄┄┄┄┄┄┄┄┄ ㉠
$x^2-2kx+k^2-16 > 0$에서 $x^2-2kx+(k+4)(k-4) > 0$
$\{x-(k-4)\}\{x-(k+4)\} > 0$
$\therefore x < k-4$ 또는 $x > k+4$ ┄┄┄┄ ㉡
이때 연립부등식이 해를 갖지 않으려면
그림과 같아야 한다.
$k-4 \leq -3$에서 $k \leq 1$
$k+4 \geq 2$에서 $k \geq -2$
$\therefore -2 \leq k \leq 1$
따라서 정수 k는 -2, -1, 0, 1이므로 그 합은
$-2+(-1)+0+1=-2$

10 1913 답 ②   유형6

출제의도 | 이차부등식의 해가 한 개일 조건을 알고 있는지 확인한다.

> 이차부등식 $ax^2+bx+c \geq 0$의 해가 한 개일 조건은 $a < 0$, $D=0$이야.

이차부등식 $-x^2+2kx+k-6 \geq 0$의 해가 오직 한 개이므로
이차방정식 $-x^2+2kx+k-6=0$의 판별식을 D라 하면
$D=0$이어야 한다.
$$\frac{D}{4}=k^2+k-6=0$$
$(k+3)(k-2)=0$
$\therefore k=-3$ 또는 $k=2$
따라서 모든 상수 k의 값의 합은
$-3+2=-1$

11 1914 답 ⑤   유형8

출제의도 | 이차부등식이 항상 성립할 조건을 알고 있는지 확인한다.

> 이차부등식 $ax^2+bx+c \geq 0$이 항상 성립하려면 $a > 0$, $D \leq 0$이어야 해.

이차부등식 $-x^2+kx-4 \leq 0$, 즉 $x^2-kx+4 \geq 0$이 모든 실수 x에 대하여 성립하려면 이차방정식 $x^2-kx+4=0$의 판별식을 D라 할 때, $D \leq 0$이어야 한다.
$D=(-k)^2-4 \times 1 \times 4 \leq 0$
$k^2-16 \leq 0$, $(k+4)(k-4) \leq 0$
$\therefore -4 \leq k \leq 4$
따라서 정수 k는 -4, -3, -2, -1, 0, 1, 2, 3, 4의 9개이다.

12 1915 답 ④   유형9

출제의도 | 이차부등식이 해를 갖지 않을 조건을 알고 있는지 확인한다.

> 이차부등식 $ax^2+bx+c < 0$이 해를 갖지 않는다는 말은 이차부등식 $ax^2+bx+c \geq 0$이 항상 성립한다는 말과 같아.

주어진 이차부등식이 해를 갖지 않으려면 모든 실수 x에 대하여
이차부등식 $x^2-ax+a+3 \geq 0$이 성립해야 한다.
이차방정식 $x^2-ax+a+3=0$의 판별식을 D라 하면
$D \leq 0$이어야 하므로
$D=(-a)^2-4 \times 1 \times (a+3) \leq 0$
$a^2-4a-12 \leq 0$, $(a+2)(a-6) \leq 0$
$\therefore -2 \leq a \leq 6$
따라서 실수 a의 최댓값은 6이다.

13 1916 답 ①   유형11

출제의도 | 만나는 두 그래프의 위치 관계를 알고, 이차부등식을 세워 문제를 해결할 수 있는지 확인한다.

> $y=f(x)$의 그래프가 $y=g(x)$의 그래프보다 위쪽에 있는 부분의 x의 값의 범위는 부등식 $f(x) > g(x)$의 해와 같아.

이차함수 $y=-3x^2+6x-4$의 그래프가 이차함수
$y=x^2-3x-2$의 그래프보다 위쪽에 있는 x의 값의 범위는
이차부등식
$-3x^2+6x-4 > x^2-3x-2$, 즉 $4x^2-9x+2 < 0$
의 해이다.

$4x^2-9x+2<0$에서 $(4x-1)(x-2)<0$

$\therefore \dfrac{1}{4}<x<2$

따라서 $\alpha=\dfrac{1}{4}$, $\beta=2$이므로

$2\alpha\beta=2\times\dfrac{1}{4}\times2=1$

14 1917 답 ⑤   유형 4 + 유형 15

출제의도 | 연립부등식의 해의 조건을 이용하여 미정계수의 값을 구할 수 있는지 확인한다.

 주어진 연립부등식의 해를 수직선 위에 나타내어 보자.

$x^2-8x+7\leq0$에서 $(x-1)(x-7)\leq0$

$\therefore 1\leq x\leq7$

주어진 연립부등식의 해가 $1\leq x<3$
또는 $5<x\leq7$이려면 그림과 같아야
한다.

즉, 부등식 $x^2+ax+b>0$의 해는 $x<3$ 또는 $x>5$이어야 한다.

해가 $x<3$ 또는 $x>5$이고 x^2의 계수가 1인 이차부등식은
$(x-3)(x-5)>0$이므로

$x^2-8x+15>0$ ·········· ㉠

㉠이 부등식 $x^2+ax+b>0$과 같으므로

$a=-8$, $b=15$

$\therefore a+b=-8+15=7$

15 1918 답 ⑤   유형 4 + 유형 5

출제의도 | 이차함수 $y=f(x)$의 그래프를 이용하여 부등식 $f(ax+b)<0$의 해를 구할 수 있는지 확인한다.

$f(x)$를 구해서 x 대신 $-x+2$를 대입해 보자.

주어진 이차함수 $y=f(x)$의 그래프가 x축과 두 점 $(-2, 0)$, $(4, 0)$에서 만나고 아래로 볼록하므로

$f(x)=a(x+2)(x-4)(a>0)$라 하면

$f(-x+2)=a(-x+2+2)(-x+2-4)$
$\qquad\qquad =a(-x+4)(-x-2)$
$\qquad\qquad =a(x-4)(x+2)$

부등식 $f(-x+2)<0$의 해는 $a(x-4)(x+2)<0$에서

$(x-4)(x+2)<0$ $(\because a>0)$

$\therefore -2<x<4$

따라서 $M=3$, $m=-1$이므로

$M+m=3+(-1)=2$

16 1919 답 ②   유형 8

출제의도 | 이차부등식이 항상 성립할 조건을 알고 있는지 확인한다.

$\sqrt{A}$가 순허수가 되려면 $A<0$이어야 해.

모든 실수 x에 대하여 $\sqrt{kx^2-2kx-2}$가 순허수가 되려면
모든 실수 x에 대하여 $kx^2-2kx-2<0$이 성립해야 한다.

(i) $k=0$일 때,

$0\times x^2-2\times0\times x-2<0$이므로

주어진 부등식은 모든 실수 x에 대하여 성립한다.

(ii) $k\neq0$일 때,

모든 실수 x에 대하여 이차부등식 $kx^2-2kx-2<0$이 성립하려면 $k<0$

또, 이차방정식 $kx^2-2kx-2=0$의 판별식을 D라 하면

$\dfrac{D}{4}=(-k)^2-k\times(-2)<0$

$k^2+2k<0$, $k(k+2)<0$

$\therefore -2<k<0$

이때 $k<0$이므로 $-2<k<0$

(i), (ii)에서 실수 k의 값의 범위는 $-2<k\leq0$

17 1920 답 ③   유형 10

출제의도 | 제한된 범위에서 이차부등식이 항상 성립할 조건을 알고 있는지 확인한다.

주어진 범위에서 이차부등식이 항상 성립하는 그래프를 그려 보자.

$f(x)=x^2-4x+a$라 할 때,

$-1<x<3$에서 $f(x)<0$이 항상 성립하
└→ $x=-1$, $x=3$를 포함하지 않으므로
$\quad f(-1)=f(3)=0$이어도 된다.

려면 이차함수 $y=f(x)$의 그래프가 그림
과 같아야 하므로

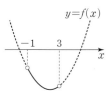

$f(-1)\leq0$, $f(3)\leq0$

(i) $f(-1)\leq0$에서

$f(-1)=1+4+a\leq0$ $\quad\therefore a\leq-5$

(ii) $f(3)\leq0$에서

$f(3)=9-12+a\leq0$ $\quad\therefore a\leq3$

(i), (ii)에서 $a\leq-5$

따라서 정수 a의 최댓값은 -5이다.

18 1921 답 ②   유형 19

출제의도 | 이차방정식의 실근의 부호 조건을 이용하여 미정계수의 값을 구할 수 있는지 확인한다.

 두 근이 모두 양수이면 두 근의 합과 곱도 모두 양수야.

이차방정식 $x^2+2kx+k+2=0$의 판별식을 D라 하고 두 실근을 각각 α, β라 하면 두 근이 모두 양수이므로

(i) $\dfrac{D}{4}=k^2-1\times(k+2)\geq0$

$k^2-k-2\geq0$, $(k+1)(k-2)\geq0$

$\therefore k\leq-1$ 또는 $k\geq2$

(ii) $\alpha+\beta=-2k>0$이므로 $k<0$

(iii) $\alpha\beta=k+2>0$이므로 $k>-2$

(i), (ii), (iii)에서 $-2<k\leq-1$

따라서 $a=-2$, $b=-1$이므로

$ab=(-2)\times(-1)=2$

19 1922　답 ①　　　　　　　　　　　　　　유형 20

x^2의 계수가 양수이므로 $f(1)<0$이어야 해.

$f(x)=x^2-4x+k^2-2k$라 하자.
이차방정식 $x^2-4x+k^2-2k=0$의 두 근
사이에 1이 있으려면 이차함수 $y=f(x)$의
그래프는 그림과 같아야 한다.

즉, $f(1)<0$이므로
$f(1)=1-4+k^2-2k<0$
$k^2-2k-3<0,\ (k+1)(k-3)<0$
∴ $-1<k<3$
따라서 정수 k는 0, 1, 2이므로 그 합은
$0+1+2=3$

---

20 1923　답 ①　　　　　　　　　　　　　　유형 20

이차방정식의 근의 위치를 판별하려면 판별식, 경계에서의 함숫값, 그래프
의 축의 위치를 확인하면 돼.

$f(x)=x^2-6x-k$라 하자.
이차방정식 $f(x)=0$의 두 근이 모두 5보다
작으려면 이차함수 $y=f(x)$의 그래프는 그
림과 같아야 한다.

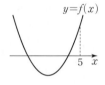

(i) 이차방정식 $x^2-6x-k=0$의 판별식을
　 D라 하면
　 $\dfrac{D}{4}=(-3)^2-1\times(-k)\geq0$
　 ∴ $k\geq-9$
(ii) $f(5)>0$이므로 $f(5)=25-30-k>0$에서
　 $k<-5$
(iii) 이차함수 $y=f(x)$의 그래프의 축의 방정식이 $x=3$이므로
　 <u>k의 값에 관계없이</u> 대칭축은 직선 $x=5$의 왼쪽에 있다.
　 └→ 항상 성립한다.
(i), (ii), (iii)에서 $-9\leq k<-5$
따라서 실수 k의 최솟값은 -9이다.

---

21 1924　답 ①　　　　　　　　　　　　　　유형 19

음의 근의 절댓값이 양의 근보다 크면 두 근의 합이 음수임을 이용해 봐.

이차방정식 $x^2-(k^2-8k+12)x+3-k=0$의 두 실근을 각각
α, β라 하면
(i) 두 근의 부호가 서로 다르므로 $\alpha\beta<0$
　 근과 계수의 관계에 의하여 $\alpha\beta=3-k<0$
　 ∴ $k>3$

(ii) 음의 근의 절댓값이 양의 근보다 크므로 $\alpha+\beta<0$
　 근과 계수의 관계에 의하여 $\alpha+\beta=k^2-8k+12<0$
　 $(k-2)(k-6)<0$　∴ $2<k<6$
(i), (ii)에서 $3<k<6$
따라서 실수 k의 값이 될 수 있는 것은 ①이다.

---

22 1925　답 $3<x<12$　　　　　　　　　　유형 17

STEP1　**직육면체의 모서리의 길이 조건에 맞게 x에 대한 부등식 세우고 풀기**
　　　　　　　　　　　　　　　　　　　　　　　　　　　　　　 [2점]

새로 만든 직육면체의 밑면의 가로의 길이, 세로의 길이, 높이는
각각 $x+4$, x, $x-3$
이때 길이는 양수이므로 $x-3>0$
∴ $x>3$　　　　　　　　　　　　　　　　　　　　　　　　　⋯⋯ ㉠

STEP2　**직육면체의 부피 조건에 맞게 x에 대한 부등식 세우고 풀기** [3점]

이 직육면체의 부피는 $x(x+4)(x-3)=x^3+x^2-12x$이고
처음 정육면체의 부피는 x^3이므로
$x^3+x^2-12x<x^3$
$x^2-12x<0,\ x(x-12)<0$
∴ $0<x<12$　　　　　　　　　　　　　　　　　　　　　　⋯⋯ ㉡

STEP3　**x의 값의 범위 구하기** [1점]

㉠, ㉡의 공통부분은 $3<x<12$

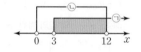

---

23 1926　답 1　　　　　　　　　　　　　　유형 18

STEP1　**$x^2-(a-2)x-a+2=0$이 허근을 갖기 위한 a의 값의 범위 구하기**
　　　　　　　　　　　　　　　　　　　　　　　　　　　　　　 [2점]

이차방정식 $x^2-(a-2)x-a+2=0$의 판별식을 D_1이라 하면
$D_1=\{-(a-2)\}^2-4\times1\times(-a+2)<0$
$a^2-4<0,\ (a+2)(a-2)<0$
∴ $-2<a<2$　　　　　　　　　　　　　　　　　　　　　　 ⋯⋯ ㉠

STEP2　**$x^2+(a+2)x+2a+1=0$이 허근을 갖기 위한 a의 값의 범위 구하기**
　　　　　　　　　　　　　　　　　　　　　　　　　　　　　　 [2점]

이차방정식 $x^2+(a+2)x+2a+1=0$의 판별식을 D_2라 하면
$D_2=(a+2)^2-4\times1\times(2a+1)<0$
$a^2-4a<0,\ a(a-4)<0$
∴ $0<a<4$　　　　　　　　　　　　　　　　　　　　　　　 ⋯⋯ ㉡

STEP3　**정수 a의 값 구하기** [2점]

㉠, ㉡에서 $0<a<2$
따라서 정수 a의 값은 1이다.

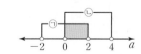

---

24 1927　답 9　　　　　　　　　　　　　　유형 12

이차함수 $y=x^2-2x+10$의 그래프가 직선 $y=2kx-15$보다 위쪽에 있으려면 모든 실수 x에 대하여

$x^2-2x+10>2kx-15$, 즉 $x^2-2(k+1)x+25>0$

이 성립해야 한다.

STEP 2 이차방정식의 판별식을 이용하여 k의 값의 범위 구하기 [4점]

이차방정식 $x^2-2(k+1)x+25=0$의 판별식을 D라 하면

$\dfrac{D}{4}=\{-(k+1)\}^2-1\times25<0$

$k^2+2k-24<0$, $(k+6)(k-4)<0$

$\therefore -6<k<4$

STEP 3 정수 k의 개수 구하기 [1점]

정수 k는 -5, -4, -3, $\cdots$, 3의 9개이다.

25 1928 🔑 $1\leq a<2$ 또는 $a>4$ 유형 16

출제의도 │ 정수인 해의 개수가 주어진 연립부등식의 미정계수의 값을 구할 수 있는지 확인한다.

STEP 1 부등식 $x^2-4x-5<0$ 풀기 [1점]

$x^2-4x-5<0$에서 $(x+1)(x-5)<0$

$\therefore -1<x<5$ ················· ㉠

STEP 2 부등식 $x^2-(a+3)x+3a<0$ 풀기 [2점]

$x^2-(a+3)x+3a<0$에서

$(x-a)(x-3)<0$ ················· ㉡

STEP 3 상수 a의 값의 범위 구하기 [5점]

두 부등식을 동시에 만족시키는 정수 x가 1개이려면 그림과 같아야 한다.

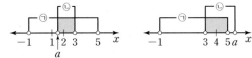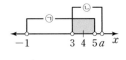

(i) $a<3$일 때,

연립부등식의 해는 $x=2$뿐이고

$1\leq a<2$

(ii) $a>3$일 때,

연립부등식의 해는 $x=4$뿐이고

$a>4$

(i), (ii)에서 $1\leq a<2$ 또는 $a>4$

Ⅳ. 도형의 방정식

09 평면좌표

핵심 개념 404쪽~405쪽

1929 🔑 (1) 5 (2) 6 (3) 3

(1) $\overline{AB}=|6-1|=5$

(2) $\overline{AB}=|5-(-1)|=6$

(3) $\overline{AB}=|0-3|=3$

1930 🔑 $\sqrt{2}$

$\overline{AB}=\sqrt{\{0-(-1)\}^2+(3-2)^2}=\sqrt{2}$

1931 🔑 (1) 4 (2) 7

(1) 점 P는 선분 AB를 $1:\boxed{4}$로 내분하는 점이다.

(2) 점 Q는 선분 AB를 $\boxed{7}:2$로 외분하는 점이다.

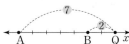

1932 🔑 (1) P(5) (2) Q(-3) (3) M(6)

(1) $P\left(\dfrac{1\times9+2\times3}{1+2}\right)$ $\therefore P(5)$

(2) $Q\left(\dfrac{1\times9-2\times3}{1-2}\right)$ $\therefore Q(-3)$

(3) $M\left(\dfrac{3+9}{2}\right)$ $\therefore M(6)$

1933 🔑 (1) P(0, 5) (2) Q(-3, 8) (3) M(1, 4)

(1) $P\left(\dfrac{1\times3+3\times(-1)}{1+3},\ \dfrac{1\times2+3\times6}{1+3}\right)$

   $\therefore P(0,\ 5)$

(2) $Q\left(\dfrac{1\times3-3\times(-1)}{1-3},\ \dfrac{1\times2-3\times6}{1-3}\right)$

   $\therefore Q(-3,\ 8)$

(3) $M\left(\dfrac{-1+3}{2},\ \dfrac{6+2}{2}\right)$

   $\therefore M(1,\ 4)$

1934 🔑 B(2, 1)

두 점 A(-2, 0), B(a, b)에 대하여 선분 AB를 $2:1$로 외분하는 점의 좌표는

$\left(\dfrac{2\times a-1\times(-2)}{2-1},\ \dfrac{2\times b-1\times0}{2-1}\right)$

$\therefore (2a+2,\ 2b)$

즉, $2a+2=6$, $2b=2$이므로

$a=2$, $b=1$

$\therefore B(2,\ 1)$

1935 답 G(2, 4)

$G\left(\dfrac{3+1+2}{3},\ \dfrac{5+(-1)+8}{3}\right)$

$\therefore$ G(2, 4)

1936 답 $a=-8,\ b=1$

삼각형 ABC의 무게중심의 좌표가 $(-3,\ 2)$이므로

$\dfrac{1+(-2)+a}{3}=-3,\ \dfrac{2+3+b}{3}=2$

따라서 $a-1=-9,\ b+5=6$이므로

$a=-8,\ b=1$

기출 유형 ^{check} 실전 준비하기   406쪽~427쪽

1937 답 5

점 A$(b+1,\ 2a-4)$는 x축 위에 있으므로

$2a-4=0,\ 2a=4$ $\therefore\ a=2$

점 B$(b-3,\ a+3)$은 y축 위에 있으므로

$b-3=0$ $\therefore\ b=3$

$\therefore\ a+b=2+3=5$

1938 답 ②

② 점 $(2,\ 3)$과 점 $(3,\ 2)$는 x좌표끼리, y좌표끼리 다르므로 서로
   다른 점이다.

1939 답 ②

그림과 같이 삼각형 ABC는 직각삼각형
이므로 삼각형 ABC의 넓이는

$\dfrac{1}{2}\times\overline{AB}\times\overline{BC}=\dfrac{1}{2}\times 4\times 6=12$

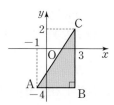

1940 답 ③

그림과 같이 사각형 ABCD는 평행사
변형이므로 $\overline{AD}\,/\!/\,\overline{BC},\ \overline{AD}=\overline{BC}$
사각형 ABCD의 넓이는
$\overline{BC}\times\overline{DH}=7\times 5=35$

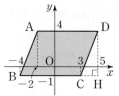

1941 답 ④

점 P$(a+b,\ ab)$가 제2사분면 위의 점이므로

$a+b<0,\ ab>0$

$ab>0$이므로 $a>0,\ b>0$ 또는 $a<0,\ b<0$

그런데 $a+b<0$이므로 $a<0,\ b<0$

따라서 $-b>0,\ a<0$이므로 점 Q$(-b,\ a)$는 제4사분면 위의 점이
다.

1942 답 10 | 유형 1

> 두 점 A$(3,\ a)$, B$(a,\ 3)$에 대하여 $\overline{AB}=7\sqrt{2}$일 때, a의 값을 구하시
> 오. (단, $a>3$)   단서1
>
> 단서1 두 점 A, B 사이의 거리는 $7\sqrt{2}$

STEP1 두 점 A, B 사이의 거리를 이용하여 식 세우기

$\overline{AB}=7\sqrt{2}$이므로

$\sqrt{(a-3)^2+(3-a)^2}=7\sqrt{2}$

STEP2 방정식을 풀어 a의 값 구하기

양변을 제곱하면 $(a-3)^2+(3-a)^2=98$

$2a^2-12a+18=98$

$a^2-6a-40=0,\ (a+4)(a-10)=0$

$\therefore\ a=10\ (\because\ a>3)$

다른 풀이

$\overline{AB}=7\sqrt{2}$이므로 $\sqrt{(a-3)^2+(3-a)^2}=7\sqrt{2}$에서

$\sqrt{2(a-3)^2}=7\sqrt{2},\ \sqrt{2}\,|a-3|=7\sqrt{2}$

즉, $|a-3|=7$에서 $a=-4$ 또는 $a=10$

그런데 $a>3$이므로 $a=10$

1943 답 ②

$\overline{AB}=5$이므로

$\sqrt{(-2-a)^2}=5$

양변을 제곱하면 $(-2-a)^2=25$

$a^2+4a+4=25$

$a^2+4a-21=0,\ (a+7)(a-3)=0$

$\therefore\ a=3\ (\because\ a>0)$

Tip 두 점 A, B가 x축 위에 있으므로 수직선 위의 두 점 사이의 거리를
이용하여 풀 수도 있다.

➔ $|-2-a|=5$

1944 답 ③

$\overline{OA}=\sqrt{(-3)^2+5^2}=\sqrt{34}$

$\overline{OB}=\sqrt{a^2+(a+2)^2}=\sqrt{2a^2+4a+4}$

$\overline{OA}=\overline{OB}$이므로

$\sqrt{34}=\sqrt{2a^2+4a+4}$

양변을 제곱하면 $34=2a^2+4a+4$

$2a^2+4a-30=0$

$a^2+2a-15=0,\ (a+5)(a-3)=0$

$\therefore\ a=3\ (\because\ a>0)$

1945 답 5

$\overline{AB}=2\overline{CD}$에서 $\overline{AB}^2=4\overline{CD}^2$이므로

$(1-a)^2+(-1+a)^2=4\{(-2)^2+(-2)^2\}$

$2a^2-4a+2=32$

$a^2-2a-15=0,\ (a+3)(a-5)=0$

$\therefore\ a=5\ (\because\ a>0)$

Tip $\overline{AB}=2\overline{CD}$의 양변을 제곱할 때, 수 2도 같이 제곱해야 함에 주의한다.

1946 답 ③

$\overline{AC}=2\overline{BC}$에서 $\overline{AC}^2=4\overline{BC}^2$이므로

$(a-2)^2=4(a+4)^2$

$a^2-4a+4=4(a^2+8a+16)$

$3a^2+36a+60=0$

$a^2+12a+20=0$

$(a+2)(a+10)=0$

$\therefore a=-2$ 또는 $a=-10$

따라서 모든 a의 값의 합은

$(-2)+(-10)=-12$

1947 답 ⑤

$\overline{AB}\leq6$에서 $\overline{AB}^2\leq6^2$이므로

$(a-1)^2+(7-a)^2\leq36$

$2a^2-16a+14\leq0$

$a^2-8a+7\leq0$

$(a-1)(a-7)\leq0$

$\therefore 1\leq a\leq7$

따라서 정수 a는 1, 2, 3, 4, 5, 6, 7의 7개이다.

1948 답 ②

$\overline{AB}=\sqrt{(a-2)^2+(4+a)^2}$

$\quad=\sqrt{2a^2+4a+20}$

$\quad=\sqrt{2(a+1)^2+18}$

따라서 $a=-1$일 때 $\overline{AB}$의 길이가 최소이다.

개념 Check

이차함수 $y=a(x-p)^2+q\ (a>0)$는 $x=p$일 때 y의 값이 최소이다.

1949 답 ④

$\overline{AB}=4$에서 $\overline{AB}^2=16$이므로

$(b-a+2)^2+(b-2-a)^2=16$

$b-a=A$라 하면

$(A+2)^2+(A-2)^2=16$

$2A^2+8=16$ $\therefore A^2=4$

$\therefore (b-a)^2=4$

따라서 두 점 (a, b), (b, a) 사이의 거리는

$\sqrt{(b-a)^2+(a-b)^2}=\sqrt{2(b-a)^2}=\sqrt{8}=2\sqrt{2}$

1950 답 ④

정사각형 OABC의 한 변의 길이를 a라

하면 $\overline{OB}=\sqrt{2}a$이다.

$\overline{OA}=a=\sqrt{3^2+(-1)^2}=\sqrt{10}$이므로

$S=a^2=(\sqrt{10})^2=10$

$l^2=(\sqrt{2}a)^2=2a^2=20$

$\therefore S+l^2=10+20=30$

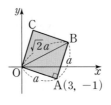

다른 풀이

그림과 같이 A(3, -1), B(4, 2),

C(1, 3)이라 하면

$S=4\times4-\left(\dfrac{1}{2}\times1\times3\right)\times4=10$

$l=\sqrt{4^2+2^2}=2\sqrt{5}$

$\therefore S+l^2=10+20=30$

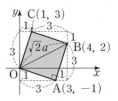

1951 답 $3\sqrt{5}$ km

그림과 같이 좌표평면에서 지점 O를

원점으로 하고 지점 A, 지점 B를 각

각 두 점 A$(-10, 0)$, B$(0, -5)$라

하자.

출발한 지 2시간 후의 은서와 준서의

위치를 각각 C, D라 하면

C$(-10+2\times2, 0)$ $\therefore$ C$(-6, 0)$

D$(0, -5+1\times2)$ $\therefore$ D$(0, -3)$

$\therefore \overline{CD}=\sqrt{6^2+(-3)^2}=3\sqrt{5}$

따라서 2시간 후 두 사람 사이의 거리는 $3\sqrt{5}$ km이다.

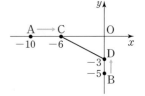

실수 Check

은서는 동쪽으로 시속 2 km로 걸어가므로 t시간 후 은서의 이동 거리는 $2t$, 즉 t시간 후 은서의 위치는 $(-10+2t, 0)$이다.

Plus 문제

1951-1

그림과 같이 수직으로 만나는 두 직선 도

로가 지점 O에서 교차하고 있다. 지점 A

에서 재현이는 서쪽으로 시속 1 km로 걸

어가고, 지점 B에서 해주는 남쪽으로 시속

2 km로 걸어가려고 한다. 두 사람이 동시

에 출발했을 때, 3시간 후 두 사람 사이의 거리를 구하시오.

(단, 직선 도로의 폭은 무시한다.)

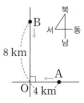

그림과 같이 좌표평면에서 지점 O를 원

점으로 하고 지점 A, 지점 B를 각각 두

점 A$(4, 0)$, B$(0, 8)$이라 하자.

출발한 지 3시간 후의 재현이와 해주의

위치를 각각 C, D라 하면

C$(4-1\times3, 0)$ $\therefore$ C$(1, 0)$

D$(0, 8-2\times3)$ $\therefore$ D$(0, 2)$

$\therefore \overline{CD}=\sqrt{(-1)^2+2^2}=\sqrt{5}$

따라서 3시간 후 두 사람 사이의 거리는 $\sqrt{5}$ km이다.

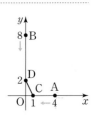

답 $\sqrt{5}$ km

1952 답 ③

$\overline{AB}=\sqrt{13}$이므로

$\sqrt{(-2)^2+a^2}=\sqrt{13}$

양변을 제곱하면 $(-2)^2+a^2=13$

$a^2-9=0$, $(a+3)(a-3)=0$

$\therefore a=3$ $(\because a>0)$

1953 답 29

두 점 $A(-1, 3)$, $B(4, 1)$ 사이의 거리는

$\overline{AB}=\sqrt{(4+1)^2+(1-3)^2}=\sqrt{29}$

따라서 선분 AB를 한 변으로 하는 정사각형의 넓이는

$\overline{AB}^2=(\sqrt{29})^2=29$

1954 답 ④ 　　　　　　　　　　　　　　　| 유형 2

두 점 $A(2, -2)$, $B(6, 2)$에서 같은 거리에 있는 점 $P(a, b)$가 직 **단서1**
선 $x-2y=7$ 위의 점일 때, $a-b$의 값은? **단서2**

① 3 　　　　　② 4 　　　　　③ 5

④ 6 　　　　　⑤ 7

단서1 같은 거리에 있으므로 $\overline{AP}=\overline{BP}$

단서2 점 P의 좌표를 직선의 방정식에 대입

STEP1 점 P의 좌표를 직선의 방정식에 대입하기

점 $P(a, b)$가 직선 $x-2y=7$ 위의 점이므로

$a-2b=7$ ··· ㉠

STEP2 $\overline{AP}=\overline{BP}$임을 이용하여 식 세우기

또, $\overline{AP}=\overline{BP}$에서 $\overline{AP}^2=\overline{BP}^2$이므로

$(a-2)^2+(b+2)^2=(a-6)^2+(b-2)^2$

STEP3 방정식을 풀어 a, b의 값 구하기

$a^2-4a+b^2+4b+8=a^2-12a+b^2-4b+40$

$8a+8b=32$ 　　$\therefore a+b=4$ ················· ㉡

㉠, ㉡을 연립하여 풀면

$a=5$, $b=-1$

STEP4 $a-b$의 값 구하기

$a-b=5-(-1)=6$

1955 답 ③

$\overline{AP}=\overline{BP}$에서 $\overline{AP}^2=\overline{BP}^2$이므로

$(a-1)^2+(a+1+2)^2=(a-5)^2+(a+1-2)^2$

$(a-1)^2+(a+3)^2=(a-5)^2+(a-1)^2$

$2a^2+4a+10=2a^2-12a+26$

$16a=16$ 　　$\therefore a=1$

1956 답 $P(6, 0)$

점 P의 좌표를 $(a, 0)$이라 하면 ┌ x축 위의 점이므로 y좌표는 0이다.

$\overline{AP}=\overline{BP}$에서 $\overline{AP}^2=\overline{BP}^2$이므로

$(a-2)^2+3^2=(a-3)^2+(-4)^2$

$a^2-4a+13=a^2-6a+25$

$2a=12$ 　　$\therefore a=6$

$\therefore P(6, 0)$

1957 답 ④

점 $P(a, b)$가 직선 $y=x+3$ 위의 점이므로

$b=a+3$ ··· ㉠

또, $\overline{AP}=\overline{BP}$에서 $\overline{AP}^2=\overline{BP}^2$이므로

$(a+3)^2+(b-1)^2=(a-2)^2+(b-4)^2$

$a^2+6a+b^2-2b+10=a^2-4a+b^2-8b+20$

$10a+6b=10$ 　　$\therefore 5a+3b=5$ ············· ㉡

㉠, ㉡을 연립하여 풀면

$a=-\dfrac{1}{2}$, $b=\dfrac{5}{2}$

$\therefore a+b=-\dfrac{1}{2}+\dfrac{5}{2}=2$

1958 답 ②

점 P의 좌표를 $(a, 0)$이라 하면

$\overline{AP}=\overline{BP}$에서 $\overline{AP}^2=\overline{BP}^2$이므로

$(a-3)^2+(-1)^2=(a-4)^2+2^2$

$a^2-6a+10=a^2-8a+20$

$2a=10$ 　　$\therefore a=5$

$\therefore P(5, 0)$

또, 점 Q의 좌표를 $(0, b)$라 하면

$\overline{AQ}=\overline{BQ}$에서 $\overline{AQ}^2=\overline{BQ}^2$이므로

$(-3)^2+(b-1)^2=(-4)^2+(b+2)^2$

$b^2-2b+10=b^2+4b+20$

$6b=-10$ 　　$\therefore b=-\dfrac{5}{3}$

$\therefore Q\left(0, -\dfrac{5}{3}\right)$

$\therefore \overline{PQ}=\sqrt{(-5)^2+\left(-\dfrac{5}{3}\right)^2}=\dfrac{5\sqrt{10}}{3}$

1959 답 $P(-6, 7)$

점 P가 직선 $y=-x+1$ 위의 점이므로 $P(a, -a+1)$이라 하면

$\overline{AP}=\overline{BP}$에서 $\overline{AP}^2=\overline{BP}^2$이므로 └→ 점 P의 x좌표를 a라 하면 점 P의 y좌표는 $-a+1$이다.

$(a-1)^2+(-a+1-1)^2=(a-3)^2+(-a+1-5)^2$

$2a^2-2a+1=2a^2+2a+25$

$4a=-24$ 　　$\therefore a=-6$

$\therefore P(-6, 7)$ └→ y좌표는 $-a+1=-(-6)+1=7$

1960 답 ②

$\overline{AP}=\overline{BP}$에서 $\overline{AP}^2=\overline{BP}^2$이므로

$a^2+(b-3)^2=a^2+(b-7)^2$

$a^2+b^2-6b+9=a^2+b^2-14b+49$

$8b=40$ 　　$\therefore b=5$

또, $\overline{OP}=10$에서 $\overline{OP}^2=100$이므로

$a^2+b^2=100$ ·· ㉠

㉠에 $b=5$를 대입하면

$a^2+25=100$ 　　$\therefore a^2=75$

$\therefore a^2-b^2=75-25=50$

1961 답 ②

점 $P(a, b)$가 직선 $2x+y=5$ 위의 점이므로

$2a+b=5$ ⋯⋯⋯⋯⋯⋯⋯⋯⋯⋯⋯⋯⋯⋯⋯⋯⋯ ㉠

또, $\overline{AP}=\overline{BP}$에서 $\overline{AP}^2=\overline{BP}^2$이므로

$(a-1)^2+b^2=a^2+(b-2)^2$

$a^2-2a+1+b^2=a^2+b^2-4b+4$

$\therefore 2a-4b=-3$ ⋯⋯⋯⋯⋯⋯⋯⋯⋯⋯⋯⋯⋯⋯ ㉡

㉠, ㉡을 연립하여 풀면 $a=\dfrac{17}{10}$, $b=\dfrac{8}{5}$

$\therefore 10a-5b=17-8=9$

1962 답 ②

포물선 $y=x^2$ 위의 점의 좌표를 (a, a^2)이라 하면 점 (a, a^2)에서 두 점 A, B에 이르는 거리가 같으므로

$\sqrt{(a+2)^2+(a^2)^2}=\sqrt{(a-2)^2+(a^2-1)^2}$

양변을 제곱하면 $(a+2)^2+(a^2)^2=(a-2)^2+(a^2-1)^2$

$a^4+a^2+4a+4=a^4-a^2-4a+5$

$\therefore 2a^2+8a-1=0$

따라서 조건을 만족시키는 x좌표의 합은 이차방정식의 근과 계수의 관계에 의하여

→ 이차방정식 $2a^2+8a-1=0$의 해이다.

$-\dfrac{8}{2}=-4$

> **실수 Check**
>
> 주어진 포물선 위에 있는 점의 좌표를 포물선의 식을 이용하여 나타내고 이 점과 두 점 A, B 사이에 이르는 거리가 같음을 식으로 나타내어야 한다.

1963 답 ④ | 유형 3

> 세 점 $A(-2, 1)$, $B(-1, 0)$, $C(1, 4)$를 꼭짓점으로 하는 삼각형 ABC의 외심을 $P(a, b)$라 할 때, a^2+b^2의 값은?
> **단서 1**
> ① 1   ② 2   ③ 3
> ④ 4   ⑤ 5
> **단서 1** $\overline{PA}=\overline{PB}=\overline{PC}$

STEP 1 외심의 성질을 이용하여 $\overline{PA}=\overline{PB}=\overline{PC}$임을 알기

삼각형 ABC의 외심 P에서 세 꼭짓점에 이르는 거리는 같으므로

$\overline{PA}=\overline{PB}=\overline{PC}$

STEP 2 $\overline{PA}=\overline{PB}$, $\overline{PA}=\overline{PC}$임을 이용하여 연립방정식 세우기

$\overline{PA}=\overline{PB}$에서 $\overline{PA}^2=\overline{PB}^2$이므로

$(a+2)^2+(b-1)^2=(a+1)^2+b^2$

$a^2+4a+b^2-2b+5=a^2+2a+b^2+1$

$2a-2b=-4$ $\therefore a-b=-2$ ⋯⋯⋯⋯⋯⋯⋯⋯ ㉠

$\overline{PA}=\overline{PC}$에서 $\overline{PA}^2=\overline{PC}^2$이므로

$(a+2)^2+(b-1)^2=(a-1)^2+(b-4)^2$

$a^2+4a+b^2-2b+5=a^2-2a+b^2-8b+17$

$6a+6b=12$ $\therefore a+b=2$ ⋯⋯⋯⋯⋯⋯⋯⋯ ㉡

STEP 3 연립방정식을 풀어 a^2+b^2의 값 구하기

㉠, ㉡을 연립하여 풀면 $a=0$, $b=2$

$\therefore a^2+b^2=0^2+2^2=4$

1964 답 $\left(\dfrac{5}{2}, \dfrac{5}{2}\right)$

$P(a, 0)$, $Q(0, b)$라 하면

$\overline{AP}=\overline{BP}$에서 $\overline{AP}^2=\overline{BP}^2$이므로

$(a-2)^2+1^2=(a-6)^2+(-3)^2$

$a^2-4a+5=a^2-12a+45$, $8a=40$ $\therefore a=5$

$\therefore P(5, 0)$

$\overline{AQ}=\overline{BQ}$에서 $\overline{AQ}^2=\overline{BQ}^2$이므로

$(-2)^2+(b+1)^2=(-6)^2+(b-3)^2$

$b^2+2b+5=b^2-6b+45$, $8b=40$ $\therefore b=5$

$\therefore Q(0, 5)$

삼각형 OPQ의 외심을 $R(x, y)$라 하면

$\overline{RO}=\overline{RP}=\overline{RQ}$

$\overline{RO}=\overline{RP}$에서 $\overline{RO}^2=\overline{RP}^2$이므로

$x^2+y^2=(x-5)^2+y^2$에서 $-10x+25=0$ $\therefore x=\dfrac{5}{2}$

$\overline{RO}=\overline{RQ}$에서 $\overline{RO}^2=\overline{RQ}^2$이므로

$x^2+y^2=x^2+(y-5)^2$에서 $-10y+25=0$ $\therefore y=\dfrac{5}{2}$

따라서 삼각형 OPQ의 외심의 좌표는 $\left(\dfrac{5}{2}, \dfrac{5}{2}\right)$이다.

> **다른 풀이**
>
> 그림과 같이 삼각형 OPQ는 직각삼각형이므로 직각삼각형 OPQ의 외심은 빗변 PQ의 중점이다.
>
> 따라서 삼각형 OPQ의 외심의 좌표는
>
> $\left(\dfrac{5+0}{2}, \dfrac{0+5}{2}\right)$ $\therefore \left(\dfrac{5}{2}, \dfrac{5}{2}\right)$

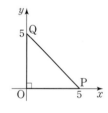

> **개념 Check**
>
> 직각삼각형의 외심은 빗변의 중점이다.

1965 답 ⑤

삼각형 PAB의 외심이 변 AB 위에 있으므로 삼각형 PAB는 선분 AB를 빗변으로 하는 직각삼각형이고 선분 AB의 중점이 삼각형 PAB의 외심이다.

원점 O에 대하여 삼각형 OAB는 직각삼각형이므로 그림과 같이 점 O는 삼각형 PAB의 외접원 위에 있다.

즉, 삼각형 PAB의 외심과 점 P 사이의 거리는 삼각형 PAB의 외심과 원점 사이의 거리와 같으므로 $\sqrt{4^2+3^2}=5$이다.

→ 외접원의 반지름의 길이로 같다.

> **실수 Check**
>
> 삼각형 PAB의 외심과 점 P 사이의 거리를 구할 때 점 P의 좌표를 특정할 수 없으므로 이를 대신할 수 있는 다른 점을 찾아야 한다. 이때 외심의 성질을 이용하도록 한다.

1966 답 ②

| 유형4

세 점 A(2, 0), B(−2, −4), C(−4, −2)를 꼭짓점으로 하는 삼 [단서1]
각형 ABC는 어떤 삼각형인가?

① 정삼각형
② ∠B=90°인 직각삼각형
③ ∠C=90°인 직각삼각형
④ $\overline{AB}=\overline{BC}$인 이등변삼각형
⑤ $\overline{BC}=\overline{CA}$인 이등변삼각형

[단서1] 삼각형 ABC의 세 변의 길이를 구하여 길이 사이의 관계를 파악

STEP1 삼각형 ABC의 세 변의 길이 구하기

$\overline{AB}=\sqrt{(-2-2)^2+(-4)^2}=\sqrt{32}$

$\overline{BC}=\sqrt{(-4+2)^2+(-2+4)^2}=\sqrt{8}$

$\overline{CA}=\sqrt{(2+4)^2+2^2}=\sqrt{40}$

STEP2 각 변의 길이 사이의 관계를 이용하여 삼각형의 모양 판단하기

$\therefore \overline{AB}^2+\overline{BC}^2=\overline{CA}^2$

따라서 삼각형 ABC는 ∠B=90°인 직각삼각형이다.

1967 답 ∠A=90°인 직각이등변삼각형

$\overline{AB}=\sqrt{(-2-1)^2+(-2-2)^2}=\sqrt{25}$

$\overline{BC}=\sqrt{(5+2)^2+(-1+2)^2}=\sqrt{50}$

$\overline{CA}=\sqrt{(1-5)^2+(2+1)^2}=\sqrt{25}$

$\therefore \overline{AB}=\overline{CA}, \overline{AB}^2+\overline{CA}^2=\overline{BC}^2$

따라서 삼각형 ABC는 ∠A=90°인 직각이등변삼각형이다.

1968 답 ①

$\overline{AC}=\overline{BC}$에서 $\overline{AC}^2=\overline{BC}^2$이므로

$(2-3)^2+(a+1-6)^2=2^2+(a+1-5)^2$

$a^2-10a+26=a^2-8a+20$

$-2a=-6 \quad \therefore a=3$

1969 답 1

$\overline{AB}^2=(-1-a)^2+(-4)^2=a^2+2a+17$

$\overline{AC}^2=(3-a)^2+(3-4)^2=a^2-6a+10$

$\overline{BC}^2=(3+1)^2+3^2=25$

이때 삼각형 ABC가 선분 BC를 빗변으로 하는 직각삼각형이므로

$\overline{AB}^2+\overline{AC}^2=\overline{BC}^2$에서

$a^2+2a+17+a^2-6a+10=25$

$a^2-2a+1=0, (a-1)^2=0 \quad \therefore a=1$

1970 답 ④

$\overline{AB}=\sqrt{(5+1)^2+(6-2)^2}=\sqrt{52}$

$\overline{BC}=\sqrt{(4-5)^2+(1-6)^2}=\sqrt{26}$

$\overline{CA}=\sqrt{(-1-4)^2+(2-1)^2}=\sqrt{26}$

$\overline{BC}=\overline{CA}$이고 $\overline{BC}^2+\overline{CA}^2=\overline{AB}^2$이므로 삼각형 ABC는
∠C=90°인 직각이등변삼각형이다.

따라서 삼각형 ABC의 넓이는

$\dfrac{1}{2}\times\overline{BC}\times\overline{CA}=\dfrac{1}{2}\times\sqrt{26}\times\sqrt{26}=13$

1971 답 ②

삼각형 ABC가 정삼각형이므로 $\overline{AB}=\overline{BC}=\overline{CA}$이다.

$\overline{AB}=\overline{BC}$에서 $\overline{AB}^2=\overline{BC}^2$이므로

$(2+2)^2+(-2-2)^2=(a-2)^2+(b+2)^2$

$a^2-4a+b^2+4b-24=0$ ·········· ㉠

또, $\overline{BC}=\overline{CA}$에서 $\overline{BC}^2=\overline{CA}^2$이므로

$(a-2)^2+(b+2)^2=(-2-a)^2+(2-b)^2$

$-8a+8b=0 \quad \therefore a=b$ ·········· ㉡

㉠, ㉡을 연립하여 풀면

$a=-2\sqrt{3}$, $b=-2\sqrt{3}$ 또는 $a=2\sqrt{3}$, $b=2\sqrt{3}$

$\therefore ab=12$

1972 답 $C(2\sqrt{3}, -\sqrt{3})$

삼각형 ABC가 정삼각형이므로 $\overline{AB}=\overline{BC}=\overline{CA}$

$C(x, y)\ (x>0, y<0)$라 하면 → 점 C가 제4사분면 위의

$\overline{AB}=\overline{BC}$에서 $\overline{AB}^2=\overline{BC}^2$이므로 점이므로 $x>0, y<0$이다.

$(-1-1)^2+(-2-2)^2=(x+1)^2+(y+2)^2$

$x^2+2x+y^2+4y=15$ ·········· ㉠

또, $\overline{AB}=\overline{CA}$에서 $\overline{AB}^2=\overline{CA}^2$이므로

$(-1-1)^2+(-2-2)^2=(1-x)^2+(2-y)^2$

$x^2-2x+y^2-4y=15$ ·········· ㉡

㉠−㉡에서 $4x+8y=0 \quad \therefore x=-2y$

이것을 ㉡에 대입하면 $4y^2+4y+y^2-4y=15$, $y^2=3$

$\therefore y=-\sqrt{3} (\because y<0)$

따라서 점 C의 좌표는 $(2\sqrt{3}, -\sqrt{3})$이다.

1973 답 ②

| 유형5

두 점 A(−2, 4), B(4, −4)와 임의의 점 P에 대하여
$\overline{AP}+\overline{PB}$의 최솟값은? [단서1]

① 9 ② 10 ③ 11
④ 12 ⑤ 13

[단서1] 점 P가 $\overline{AB}$ 위에 있을 때 최소

STEP1 조건을 만족시키는 점 P의 위치 알기

$\overline{AP}+\overline{PB}$의 값이 최소인 경우는 점 P가 $\overline{AB}$ 위에 있을 때이다.

STEP2 $\overline{AP}+\overline{PB}$의 최솟값 구하기

$\overline{AP}+\overline{PB}\geq\overline{AB}$

$\qquad =\sqrt{(4+2)^2+(-4-4)^2}=10$

따라서 $\overline{AP}+\overline{PB}$의 최솟값은 10이다.

1974 답 $2\sqrt{2}$

$\overline{AP}+\overline{PB}\geq\overline{AB}$

$\qquad =\sqrt{(a+2-1)^2+\{-1-(2-a)\}^2}$

$\qquad =\sqrt{(a+1)^2+(a-3)^2}$

$\qquad =\sqrt{2a^2-4a+10}$

$\qquad =\sqrt{2(a-1)^2+8}$

따라서 $a=1$일 때 $\overline{AP}+\overline{PB}$의 최솟값은 $\sqrt{8}=2\sqrt{2}$이다.

09

1975 답 ⑤

$O(0, 0)$, $A(a, b)$, $B(3, -4)$라 하면
$$\sqrt{a^2+b^2}+\sqrt{(a-3)^2+(b+4)^2}$$
$$=\overline{OA}+\overline{AB}$$
$$\geq \overline{OB}$$
$$=\sqrt{3^2+(-4)^2}=5$$
따라서 구하는 최솟값은 5이다.

참고 점 A가 임의의 점이므로 $\overline{OA}+\overline{AB}$의 최솟값은 점 A가 $\overline{OB}$ 위에 있을 때임을 이용한다.

1976 답 17

$A(-8, 5)$, $B(7, -3)$, $P(a, b)$라 하면
$$\sqrt{(a+8)^2+(b-5)^2}+\sqrt{(a-7)^2+(b+3)^2}$$
$$=\overline{AP}+\overline{PB}$$
$$\geq \overline{AB}$$
$$=\sqrt{(7+8)^2+(-3-5)^2}=17$$
따라서 구하는 최솟값은 17이다.

1977 답 ⑤

$\overline{AP}+\overline{BP}$의 값이 최소인 경우는 점 P가 선분 AB 위에 있을 때이다.
$$\therefore \overline{AP}+\overline{BP} \geq \overline{AB}$$
$$=\sqrt{(-3-1)^2+(-2-4)^2}$$
$$=2\sqrt{13}$$

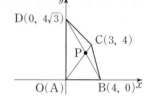

따라서 $\overline{AP}+\overline{BP}$의 최솟값은 $2\sqrt{13}$이다.

1978 답 ④

$\overline{AQ}+\overline{QP}+\overline{PB}$의 값이 최소인 경우는 두 점 P, Q가 선분 AB 위에 있을 때이다.
$$\therefore \overline{AQ}+\overline{QP}+\overline{PB}$$
$$\geq \overline{AB}$$
$$=\sqrt{(10+2)^2+(-1-4)^2}$$
$$=13$$

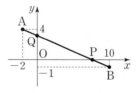

따라서 $\overline{AQ}+\overline{QP}+\overline{PB}$의 최솟값은 13이다.

1979 답 ④

지점 O를 원점으로 하고 태민이의 위치를 y축, 예나의 위치를 x축 위에 오도록 좌표평면을 잡고 출발한 지 t시간 후의 태민이와 예나의 위치를 각각 $A(0, 6-2t)$, $B(4t, 0)$이라 하자.
$$\therefore \overline{AB}=\sqrt{(4t)^2+(-6+2t)^2}$$
$$=\sqrt{20t^2-24t+36}$$
$$=\sqrt{20\left(t-\dfrac{3}{5}\right)^2+\dfrac{144}{5}}$$

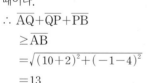

따라서 선분 AB의 길이는 $t=\dfrac{3}{5}$일 때 최소가 되므로 동시에 출발한 두 사람 사이의 거리가 가장 가까워지는 것은 출발한 지 $\dfrac{3}{5}$시간, 즉 36분 후이다.

개념 Check

이차함수 $y=a(x-m)^2+n$ $(a>0)$은 $x=m$일 때 최솟값 n을 가진다.

1980 답 ①

네 점 A, B, C, D를 좌표평면 위에 나타내면 그림과 같고
$$\overline{PA}+\overline{PC} \geq \overline{AC}$$
$$\overline{PB}+\overline{PD} \geq \overline{BD}$$
$$\therefore \overline{PA}+\overline{PB}+\overline{PC}+\overline{PD}$$
$$=(\overline{PA}+\overline{PC})+(\overline{PB}+\overline{PD})$$
$$\geq \overline{AC}+\overline{BD}$$
즉, 점 P가 $\overline{AC}$와 $\overline{BD}$의 교점일 때 $\overline{PA}+\overline{PB}+\overline{PC}+\overline{PD}$의 값이 최소가 된다.
→ 점 P는 $\overline{AC}$, $\overline{BD}$ 위에 있다.
$$\overline{PA}+\overline{PC} \geq \overline{AC}=\sqrt{3^2+4^2}=5$$
$$\overline{PB}+\overline{PD} \geq \overline{BD}=\sqrt{(-4)^2+(4\sqrt{3})^2}=8$$
따라서 구하는 최솟값은
$5+8=13$

실수 Check

두 점과 임의의 점 P에 대하여 점 P로부터 나머지 두 점까지의 거리의 합이 최소인 경우는 점 P가 두 점을 이은 선분 위에 있을 때임을 거듭 이용하여 점 P의 위치를 찾아야 한다.

Plus 문제

1980-1

네 점 $O(0, 0)$, $A(-2\sqrt{3}, 0)$, $B(-4, -3)$, $C(0, -2)$와 임의의 점 P에 대하여 $\overline{PO}+\overline{PA}+\overline{PB}+\overline{PC}$의 최솟값을 구하시오.

네 점 O, A, B, C를 좌표평면 위에 나타내면 그림과 같고
$$\overline{PO}+\overline{PB} \geq \overline{OB}$$
$$\overline{PA}+\overline{PC} \geq \overline{AC}$$
$$\therefore \overline{PO}+\overline{PA}+\overline{PB}+\overline{PC}$$
$$=(\overline{PO}+\overline{PB})+(\overline{PA}+\overline{PC})$$
$$\geq \overline{OB}+\overline{AC}$$
즉, 점 P가 $\overline{OB}$와 $\overline{AC}$의 교점일 때 $\overline{PO}+\overline{PA}+\overline{PB}+\overline{PC}$의 값이 최소가 된다.
$$\overline{PO}+\overline{PB} \geq \overline{OB}=\sqrt{(-4)^2+(-3)^2}=5$$
$$\overline{PA}+\overline{PC} \geq \overline{AC}=\sqrt{(2\sqrt{3})^2+(-2)^2}=4$$
따라서 구하는 최솟값은
$5+4=9$

답 9

1981 답 20

(i) 세 점 A, B, P가 한 직선 위에 있지
않을 때
삼각형의 세 변의 길이 사이의 관계에 의
하여
$\overline{PB} < \overline{PA} + \overline{AB}$이므로
$\overline{PB} - \overline{PA} < \overline{AB}$
$\overline{PA} < \overline{PB} + \overline{AB}$이므로
$-\overline{AB} < \overline{PB} - \overline{PA}$
즉, $-\overline{AB} < \overline{PB} - \overline{PA} < \overline{AB}$에서 $|\overline{PB} - \overline{PA}| < \overline{AB}$

(ii) 세 점 A, B, P가 한 직선 위에 있을 때
$|\overline{PB} - \overline{PA}| = \overline{AB}$

(i), (ii)에서 $|\overline{PB} - \overline{PA}| \le \overline{AB}$
$\therefore |\overline{PB} - \overline{PA}|^2 \le \overline{AB}^2 = (4-2)^2 + (8-4)^2 = 20$
따라서 $|\overline{PB} - \overline{PA}|^2$의 최댓값은 20이다.

> **실수 Check**
>
> 점 P의 위치에 따라, 즉 세 점 A, B, P가 한 직선 위에 있는 경우와 한
> 직선 위에 있지 않은 경우로 나누어 $|\overline{PB} - \overline{PA}|$의 값의 범위를 따져
> 보아야 한다.

1982 답 ①
유형6

> 두 점 A$(-4, -2)$, B$(6, 2)$와 <u>임의의 점 P</u>에 대하여
> **단서1**
> $\overline{AP}^2 + \overline{BP}^2$의 값이 최소가 되도록 하는 점 P의 좌표는?
> **단서2**
> ① $(1, 0)$ ② $(0, 1)$ ③ $(2, 1)$
> ④ $(1, 3)$ ⑤ $(2, 3)$
> **단서1** P(a, b)
> **단서2** 두 점 사이의 거리 공식을 이용

STEP1 P(a, b)로 놓고 $\overline{AP}^2 + \overline{BP}^2$을 a, b에 대한 식으로 나타내기
P(a, b)라 하면
$$\overline{AP}^2 + \overline{BP}^2 = (a+4)^2 + (b+2)^2 + (a-6)^2 + (b-2)^2$$
$$= 2a^2 - 4a + 2b^2 + 60$$
$$= 2(a-1)^2 + 2b^2 + 58$$

STEP2 주어진 식의 값이 최소가 되도록 하는 점 P의 좌표 구하기
$a=1$, $b=0$일 때 주어진 식의 값이 최소가 되므로 구하는 점 P의
좌표는 $(1, 0)$이다.

1983 답 6

$$\overline{AP}^2 + \overline{BP}^2 + \overline{CP}^2 = (x-1)^2 + (x-7)^2 + (x-10)^2$$
$$= 3x^2 - 36x + 150$$
$$= 3(x-6)^2 + 42$$
따라서 $x=6$일 때 주어진 식의 값이 최소가 된다.

1984 답 ②

점 P$(a, 0)$이라 하면
$$\overline{AP}^2 + \overline{BP}^2 = (a-4)^2 + (-1)^2 + (a+2)^2 + (-5)^2$$
$$= 2a^2 - 4a + 46$$
$$= 2(a-1)^2 + 44$$

따라서 $a=1$일 때 주어진 식의 최솟값은 $m=44$이고, 이때 점 P
의 좌표는 $(1, 0)$이므로 $n=1$
$\therefore m+n = 44+1 = 45$

1985 답 ④

점 P가 직선 $y=x-3$ 위에 있으므로 P$(a, a-3)$이라 하면
$$\overline{AP}^2 + \overline{BP}^2 = (a+1)^2 + (a-3+1)^2 + (a-1)^2 + (a-3-3)^2$$
$$= 4a^2 - 16a + 42$$
$$= 4(a-2)^2 + 26$$
$a=2$일 때 주어진 식의 값이 최소가 된다.
따라서 점 P의 좌표는 $(2, -1)$이므로 점 P와 원점 사이의 거리는
$\sqrt{2^2 + (-1)^2} = \sqrt{5}$

1986 답 ④

$$\overline{AP}^2 + \overline{BP}^2 + \overline{CP}^2$$
$$= (a+3)^2 + (b-2)^2 + (a-4)^2 + (b+1)^2 + (a-2)^2 + (b-8)^2$$
$$= 3a^2 - 6a + 3b^2 - 18b + 98$$
$$= 3(a-1)^2 + 3(b-3)^2 + 68$$
따라서 $a=1$, $b=3$일 때 주어진 식의 값이 최소가 되므로
$a+b = 1+3 = 4$

1987 답 ⑤

P(a, b)라 하면
$$\overline{OP}^2 + \overline{AP}^2 + \overline{BP}^2$$
$$= a^2 + b^2 + (a-4)^2 + b^2 + a^2 + (b-8)^2$$
$$= 3a^2 - 8a + 3b^2 - 16b + 80$$
$$= 3\left(a - \frac{4}{3}\right)^2 + 3\left(b - \frac{8}{3}\right)^2 + \frac{160}{3}$$
따라서 $a = \frac{4}{3}$, $b = \frac{8}{3}$일 때 주어진 식의 최솟값은 $\frac{160}{3}$이다.

1988 답 (가): $a^2 + b^2 + c^2$ (나): $a^2 + b^2$
유형7

> 다음은 삼각형 ABC에서 변 BC의 중점을 M이라 할 때,
> $$\overline{AB}^2 + \overline{AC}^2 = 2(\overline{AM}^2 + \overline{BM}^2)$$
> 이 성립함을 보이는 과정이다.
>
> 그림과 같이 직선 BC를 x축으로 하고,
> 점 M을 지나고 직선 BC에 수직인 직선을
> y축으로 하는 좌표평면을 생각하면 점 M
> 은 원점이다.
> A(a, b), B$(-c, 0)$, C$(c, 0)$ $(c>0)$이라
> 하면
> $$\overline{AB}^2 + \overline{AC}^2 = (a+c)^2 + b^2 + (a-c)^2 + b^2$$
> **단서1**
> $$= 2(\boxed{\quad (가) \quad})$$
> $$\overline{AM}^2 + \overline{BM}^2 = \boxed{\ (나)\ } + c^2$$
> **단서1**
> $$\therefore \overline{AB}^2 + \overline{AC}^2 = 2(\overline{AM}^2 + \overline{BM}^2)$$
>
> 위의 과정에서 (가), (나)에 알맞은 것을 써넣으시오.
> **단서1** 두 점 사이의 거리 공식을 이용

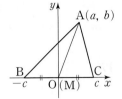

STEP 1 (가)에 알맞은 것 써넣기

그림과 같이 직선 BC를 x축으로 하고,
점 M을 지나고 직선 BC에 수직인 직선
을 y축으로 하는 좌표평면을 생각하면
점 M은 원점이다.

$A(a, b)$, $B(-c, 0)$, $C(c, 0)$ $(c>0)$
이라 하면

$$\overline{AB}^2+\overline{AC}^2=(a+c)^2+b^2+(a-c)^2+b^2$$
$$=a^2+2ac+c^2+b^2+a^2-2ac+c^2+b^2$$
$$=2(\boxed{a^2+b^2+c^2})$$

STEP 2 (나)에 알맞은 것 써넣기

$$\overline{AM}^2+\overline{BM}^2=\boxed{a^2+b^2}+c^2$$
$$\therefore \overline{AB}^2+\overline{AC}^2=2(\overline{AM}^2+\overline{BM}^2)$$

1989 답 $\sqrt{33}$

그림과 같이 직선 BC를 x축으로 하고, 점
M이 원점이 되도록 삼각형 ABC를 좌표
평면 위에 놓으면 $\overline{BC}=4$이므로
$B(-2, 0)$, $C(2, 0)$이다.

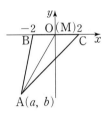

┌→ 두 점 B, C에 대한 조건이 없으므로
  $B(2, 0)$, $C(-2, 0)$으로 놓을 수도 있다.

$A(a, b)$라 하면 $\overline{AB}=5$에서
$(a+2)^2+b^2=25$ ┈┈┈┈┈┈┈┈┈┈┈┈┈┈┈┈ ㉠
$\overline{CA}=7$에서 $(a-2)^2+b^2=49$ ┈┈┈┈┈┈┈ ㉡
㉠-㉡을 하면 $8a=-24$ $\therefore a=-3$
이를 ㉠에 대입하면 $b^2=24$
$\therefore \overline{AM}=\sqrt{a^2+b^2}=\sqrt{(-3)^2+24}=\sqrt{33}$

다른 풀이

삼각형 ABC에서 변 BC의 중점 M에 대하여
$\overline{AB}^2+\overline{AC}^2=2(\overline{AM}^2+\overline{BM}^2)$이 성립한다.
이때 $\overline{AB}=5$, $\overline{AC}=7$, $\overline{BM}=2$이므로
$5^2+7^2=2(\overline{AM}^2+2^2)$에서
        └→ $\overline{BC}=4$이므로 $\overline{BM}=\frac{1}{2}\overline{BC}=2$이다.
$2\overline{AM}^2=66$, $\overline{AM}^2=33$
$\therefore \overline{AM}=\sqrt{33}$ $(\because \overline{AM}>0)$

참고 삼각형 ABC를 좌표평면 위에 놓을 때 점 A의 좌표를 임의로 두고
식을 세운다. 이때 점 A가 제2사분면에 위치해도 됨을 알 수 있다.

1990 답 ④

그림과 같이 직선 BC를 x축으로 하고,
점 D를 지나고 직선 BC에 수직인 직선
을 y축으로 하는 좌표평면을 생각하면 점
D는 원점이다.

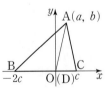

$A(a, b)$, $B(-2c, 0)$,
$C(c, 0)$ $(c>0)$이라 하면
$$\overline{AB}^2+2\overline{AC}^2$$
$$=(\boxed{a+2c})^2+\boxed{b}^2+2\{(a-c)^2+\boxed{b}^2\}$$
$$=3a^2+3b^2+6c^2$$
$$=3(a^2+b^2)+\boxed{6c^2}$$
$$=3\overline{AD}^2+6\overline{CD}^2$$

1991 답 ②

그림과 같이 직선 BC를 x축으로 하
고, 점 D가 원점이 되도록
삼각형 ABC를 좌표평면 위에 놓자.

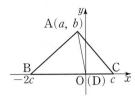

$A(a, b)$, $B(-2c, 0)$,
$C(c, 0)$ $(c>0)$이라 하면
$2\overline{AD}^2+\overline{BD}^2=k(\overline{AB}^2+2\overline{AC}^2)$에서
$2(a^2+b^2)+(-2c)^2=k[(a+2c)^2+b^2+2\{(a-c)^2+b^2\}]$
$2a^2+2b^2+4c^2=k(3a^2+3b^2+6c^2)$
$$\therefore k=\frac{2(a^2+b^2+2c^2)}{3(a^2+b^2+2c^2)}=\frac{2}{3} \ (\because a^2+b^2+2c^2\neq 0)$$

1992 답 (가): y^2 (나): $(x-a)^2+(y-b)^2$

그림과 같이 직선 BC를 x축으로 하
고, 직선 AB를 y축으로 하는 좌표평
면을 생각하면 점 B는 원점이다.

$A(0, b)$, $C(a, 0)$,
$D(a, b)$ $(a>0, b>0)$라 하고
$P(x, y)$라 하면
$$\overline{AP}^2+\overline{CP}^2$$
$$=x^2+(y-b)^2+(x-a)^2+\boxed{y^2}$$
$$\overline{BP}^2+\overline{DP}^2$$
$$=(x^2+y^2)+\boxed{(x-a)^2+(y-b)^2}$$
$$=x^2+(y-b)^2+(x-a)^2+y^2$$
$$\therefore \overline{AP}^2+\overline{CP}^2=\overline{BP}^2+\overline{DP}^2$$

1993 답 38

|유형 **8**

수직선 위의 두 점 A(−4), B(12)에 대하여 <u>선분 AB를 5:3으로</u>
단서1
<u>내분하는 점을 P</u>, <u>선분 AB를 7:11로 외분하는 점을 Q</u>라 할 때, 선
단서2
분 PQ의 길이를 구하시오.

단서1 점 P의 좌표는 $\frac{5\times 12+3\times(-4)}{5+3}$

단서2 점 Q의 좌표는 $\frac{7\times 12-11\times(-4)}{7-11}$

STEP 1 내분점 P의 좌표 구하기

선분 AB를 5:3으로 내분하는 점 P의 좌표는
$$\frac{5\times 12+3\times(-4)}{5+3}=6   \therefore P(6)$$

STEP 2 외분점 Q의 좌표 구하기

선분 AB를 7:11로 외분하는 점 Q의 좌표는
$$\frac{7\times 12-11\times(-4)}{7-11}=-32   \therefore Q(-32)$$

STEP 3 $\overline{PQ}$의 길이 구하기

$\overline{PQ}=|-32-6|=38$

1994 답 ③

선분 AB를 1:3으로 내분하는 점의 좌표가 $P(a)$이므로
$$a=\frac{1\times 8+3\times 2}{1+3}=\frac{7}{2}$$

1995 답 M(11)

선분 AB를 3:2로 내분하는 점 P의 좌표는

$$\frac{3\times 7+2\times 2}{3+2}=5 \qquad \therefore P(5)$$

선분 AB를 3:2로 외분하는 점 Q의 좌표는

$$\frac{3\times 7-2\times 2}{3-2}=17 \qquad \therefore Q(17)$$

따라서 선분 PQ의 중점 M의 좌표는

$$\frac{5+17}{2}=11 \qquad \therefore M(11)$$

1996 답 ④

① 선분 AF를 3:2로 내분하는 점은 D이다. (거짓)

② 선분 AE의 중점은 C이다. (거짓)

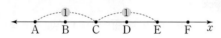

③ 선분 DF를 1:2로 외분하는 점은 B이다. (거짓)

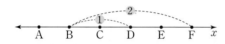

④ 선분 BC를 3:2로 외분하는 점은 E이다. (참)

⑤ 선분 FD를 4:3으로 외분하는 점은 A가 아니다. (거짓)
└→ 선분 FD를 5:3으로 외분하는 점이 A이다.

따라서 옳은 것은 ④이다.

1997 답 ⑤

수직선 위에 네 점 A, B, P, Q를 나타내면 그림과 같다.

ㄱ. 점 P는 선분 AQ의 중점이다. (참)

ㄴ. 점 A는 선분 PQ를 1:2로 외분하는 점이다. (참)

ㄷ. 점 B는 선분 AQ를 2:1로 내분하는 점이다. (참)

따라서 옳은 것은 ㄱ, ㄴ, ㄷ이다.

다른 풀이

수직선 위의 네 점 A, B, P, Q의 좌표를 각각 A(a), B(b), P(p), Q(q)라 하면

$$p=\frac{3b+a}{3+1}=\frac{3b+a}{4}, \ q=\frac{3b-a}{3-1}=\frac{3b-a}{2}$$

ㄱ. 선분 AQ의 중점의 좌표는

$$\frac{a+q}{2}=\frac{a+\dfrac{3b-a}{2}}{2}=\frac{\dfrac{a+3b}{2}}{2}=\frac{3b+a}{4} \ (\text{참})$$

ㄴ. 선분 PQ를 1:2로 외분하는 점의 좌표는

$$\frac{q-2p}{1-2}=2p-q=2\times\frac{3b+a}{4}-\frac{3b-a}{2}$$

$$=\frac{3b+a-3b+a}{2}=a \ (\text{참})$$

ㄷ. 선분 AQ를 2:1로 내분하는 점의 좌표는

$$\frac{2q+a}{2+1}=\frac{2\times\dfrac{3b-a}{2}+a}{3}=\frac{3b-a+a}{3}=b \ (\text{참})$$

따라서 옳은 것은 ㄱ, ㄴ, ㄷ이다.

1998 답 ④

수직선 위에 네 점 A, B, P, Q를 나타내면 그림과 같다.

$\overline{BP}=2a \ (a>0)$라 하면

점 P는 선분 AB를 3:2로 내분하는 점이므로

$\overline{AP}=3a, \ \overline{AB}=5a$

점 Q는 선분 AB를 1:2로 외분하는 점이므로

$\overline{AQ}=\overline{AB}=5a$

$\therefore \overline{PQ}=\overline{AP}+\overline{AQ}=3a+5a=8a$

따라서 $\overline{PQ}=t\overline{AB}$에서 $8a=5at$이므로

$$t=\frac{8a}{5a}=\frac{8}{5}$$

1999 답 $-\dfrac{4}{5}$ | 유형 9

두 점 A(-1, 3), B(3, -3)에 대하여 <u>선분 AB를 2:3으로 내분하</u>
<u>는 점을 P(a, b)</u>, <u>선분 AB를 2:1로 외분하는 점을 Q(c, d)</u>라 할
때, $a+b+c+d$의 값을 구하시오.

단서1 P$\left(\dfrac{2\times 3+3\times(-1)}{2+3}, \ \dfrac{2\times(-3)+3\times 3}{2+3}\right)$

단서2 Q$\left(\dfrac{2\times 3-1\times(-1)}{2-1}, \ \dfrac{2\times(-3)-1\times 3}{2-1}\right)$

STEP 1 내분점 P의 좌표 구하기

$\overline{AB}$를 2:3으로 내분하는 점의 좌표는

$$P\left(\frac{2\times 3+3\times(-1)}{2+3}, \ \frac{2\times(-3)+3\times 3}{2+3}\right) \qquad \therefore P\left(\frac{3}{5}, \frac{3}{5}\right)$$

STEP 2 외분점 Q의 좌표 구하기

$\overline{AB}$를 2:1로 외분하는 점의 좌표는

$$Q\left(\frac{2\times 3-1\times(-1)}{2-1}, \ \frac{2\times(-3)-1\times 3}{2-1}\right) \qquad \therefore Q(7, -9)$$

STEP 3 $a+b+c+d$의 값 구하기

$$a+b+c+d=\frac{3}{5}+\frac{3}{5}+7-9=-\frac{4}{5}$$

2000 답 ③

$\overline{AB}$를 2:3으로 외분하는 점의 좌표가 (-13, 12)이므로

$$\frac{2a-3\times(-1)}{2-3}=-13, \ \frac{2b-3\times 2}{2-3}=12$$

$2a+3=13, \ 2b-6=-12$

따라서 $a=5, \ b=-3$이므로

$a+b=5+(-3)=2$

2001 답 $(-4, -1)$

$\overline{AB}$를 $1:2$로 내분하는 점 P의 좌표는

$P\left(\dfrac{1\times 4+2\times(-2)}{1+2}, \dfrac{1\times 7+2\times 1}{1+2}\right)$ $\therefore P(0, 3)$

$\overline{AB}$를 $1:2$로 외분하는 점 Q의 좌표는

$Q\left(\dfrac{1\times 4-2\times(-2)}{1-2}, \dfrac{1\times 7-2\times 1}{1-2}\right)$ $\therefore Q(-8, -5)$

따라서 $\overline{PQ}$의 중점의 좌표는

$\left(\dfrac{0-8}{2}, \dfrac{3-5}{2}\right)$ $\therefore (-4, -1)$

2002 답 ②

$\overline{AB}$를 $2:1$로 내분하는 점의 좌표는

$\left(\dfrac{2\times 4+1\times(-2)}{2+1}, \dfrac{2\times(-2)+1\times 4}{2+1}\right)$ $\therefore (2, 0)$

따라서 점 $(2, 0)$과 원점 사이의 거리는

$\sqrt{2^2+0^2}=2$

2003 답 $(0, 2)$

$B \triangleright C$는 선분 BC를 $2:1$로 내분하는 점이므로 $B \triangleright C$의 좌표는

$\left(\dfrac{2\times(-1)+1\times(-4)}{2+1}, \dfrac{2\times(-7)+1\times 2}{2+1}\right)$ $\therefore (-2, -4)$

점 $(-2, -4)$를 점 D라 하면 $A \triangleleft D$는 선분 AD를 $1:2$로 내분하는 점이므로 $A \triangleleft D$의 좌표는

$\left(\dfrac{1\times(-2)+2\times 1}{1+2}, \dfrac{1\times(-4)+2\times 5}{1+2}\right)$ $\therefore (0, 2)$

따라서 $A \triangleleft (B \triangleright C)$의 좌표는 $(0, 2)$이다.

2004 답 ②

$\overline{AB}$를 $1:a$로 외분하는 점의 좌표는

$\left(\dfrac{10-6a}{1-a}, \dfrac{4-3a}{1-a}\right)$

이 점이 직선 $2x+y=-3$ 위에 있으므로

$2\times\dfrac{10-6a}{1-a}+\dfrac{4-3a}{1-a}=-3$

$18a=27$ $\therefore a=\dfrac{3}{2}$

2005 답 ③

$\overline{AB}$를 $a:(1-a)$로 내분하는 점의 좌표는

$\left(\dfrac{a\times 2+(1-a)\times(-2)}{a+(1-a)}, \dfrac{a\times(-4)+(1-a)\times 6}{a+(1-a)}\right)$

$\therefore (4a-2, -10a+6)$

이 점이 제1사분면 위의 점이므로

$4a-2>0, -10a+6>0$에서 $a>\dfrac{1}{2}, a<\dfrac{3}{5}$

$\therefore \dfrac{1}{2}<a<\dfrac{3}{5}$

2006 답 17

변 BC 위의 점 P에 대하여 삼각형 ACP의 넓이가 삼각형 ABP의 넓이의 2배이므로 점 P는 선분 BC를 $1:2$로 내분하는 점이다.

└→ $\triangle ABP:\triangle ACP=1:2$이므로 $\overline{BP}:\overline{CP}=1:2$

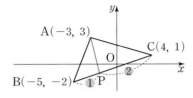

$P\left(\dfrac{1\times 4+2\times(-5)}{1+2}, \dfrac{1\times 1+2\times(-2)}{1+2}\right)$ $\therefore P(-2, -1)$

따라서 두 점 $A(-3, 3)$, $P(-2, -1)$에 대하여

$\overline{AP}^2=(-2+3)^2+(-1-3)^2=17$

개념 Check

높이가 같은 두 삼각형의 넓이의 비는 두 삼각형의 밑변의 길이의 비와 같다.

→ $\overline{BD}:\overline{DC}=m:n$이면

$\triangle ABD:\triangle ADC=m:n$이다.

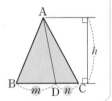

실수 Check

$\triangle ABP:\triangle ACP=1:2$일 때 $\overline{BP}:\overline{CP}=1:\sqrt{2}$로 잘못 생각하지 않도록 주의한다.

2007 답 ③

$\overline{AB}$를 $1:2$로 외분하는 점 P의 좌표는

$P\left(\dfrac{1\times(-1)-2\times 2}{1-2}, \dfrac{1\times 5-2\times 0}{1-2}\right)$ $\therefore P(5, -5)$

$\overline{OP}$를 $3:2$로 내분하는 점의 좌표는

$\left(\dfrac{3\times 5+2\times 0}{3+2}, \dfrac{3\times(-5)+2\times 0}{3+2}\right)$ $\therefore (3, -3)$

2008 답 ④

$\overline{AB}$를 $2:1$로 외분하는 점의 좌표는

$\left(\dfrac{2\times 2-1\times 1}{2-1}, \dfrac{2\times a-1\times 7}{2-1}\right)$ $\therefore (3, 2a-7)$

이 점이 x축 위에 있으므로 $2a-7=0$

└→ y좌표가 0이다.

$\therefore a=\dfrac{7}{2}$

2009 답 ③

$\overline{AB}$를 $1:2$로 내분하는 점의 좌표는

$\left(\dfrac{1\times 6+2\times 0}{1+2}, \dfrac{1\times 0+2\times a}{1+2}\right)$ $\therefore \left(2, \dfrac{2a}{3}\right)$

이 점이 직선 $y=-x$ 위에 있으므로

$\dfrac{2a}{3}=-2$ $\therefore a=-3$

2010 답 160

그림과 같이 $\overline{AB}$의 중점을 M, $\overline{AB}$를 $3:1$로 내분하는 점을 P라 하면 점 P는 $\overline{MB}$의 중점이다.

$\therefore \overline{AB}=2\overline{MB}=4\overline{MP}$

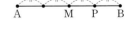

M(1, 2), P(4, 3)이므로

$\overline{\text{MP}}=\sqrt{(4-1)^2+(3-2)^2}=\sqrt{10}$

$\overline{\text{AB}}=4\sqrt{10}$ ∴ $\overline{\text{AB}}^2=160$

2011 답 ④

| 유형 10

두 점 A(4, 2), B(1, 5)에 대하여 선분 AB 위의 점 C(a, b)가
$\underline{\hspace{2cm}}$
 단서1
$\overline{\text{AB}}=3\overline{\text{BC}}$를 만족시킬 때, $a+b$의 값은?
$\underline{\hspace{1.5cm}}$
 단서2

① 3 ② 4 ③ 5

④ 6 ⑤ 7

단서1 점 C는 $\overline{\text{AB}}$를 내분하는 점
단서2 $\overline{\text{AB}}:\overline{\text{BC}}=3:1$

STEP 1 점 C가 $\overline{\text{AB}}$를 2:1로 내분하는 점임을 알기

$\overline{\text{AB}}=3\overline{\text{BC}}$에서 $\overline{\text{AB}}:\overline{\text{BC}}=3:1$

이때 점 C가 선분 AB 위의 점이므로
점 C는 $\overline{\text{AB}}$를 2:1로 내분하는 점이다.

STEP 2 점 C의 좌표 구하기

점 C의 좌표는

$\text{C}\left(\dfrac{2\times1+1\times4}{2+1}, \dfrac{2\times5+1\times2}{2+1}\right)$ ∴ C(2, 4)

STEP 3 $a+b$의 값 구하기

$a=2, b=4$이므로 $a+b=2+4=6$

실수 Check

$\overline{\text{AB}}:\overline{\text{BC}}=3:1$로부터 점 C가 $\overline{\text{AB}}$를 3:1로 내분한다고 하면 안된다.
$\overline{\text{AB}}:\overline{\text{BC}}=3:1$이면 $\overline{\text{AC}}:\overline{\text{BC}}=2:1$이므로
점 C는 $\overline{\text{AB}}$를 2:1로 내분하는 점임을 알아야 한다.

2012 답 ①

$3\overline{\text{AB}}=2\overline{\text{BC}}$에서

$\overline{\text{AB}}:\overline{\text{BC}}=2:3$

점 C는 $\overline{\text{AB}}$의 연장선 위의 점이고
점 C의 x좌표가 음수이므로 점 C
는 $\overline{\text{AB}}$를 5:3으로 외분하는 점이
다.

즉, 점 C의 좌표는

$\text{C}\left(\dfrac{5\times(-6)-3\times2}{5-3}, \dfrac{5\times6-3\times4}{5-3}\right)$ ∴ C(-18, 9)

2013 답 ③

$2\overline{\text{AB}}=3\overline{\text{BC}}$에서 $\overline{\text{AB}}:\overline{\text{BC}}=3:2$

점 C는 $\overline{\text{AB}}$의 연장선 위의 점이므로
점 C는 $\overline{\text{AB}}$를 5:2로 외분하는 점이다.

$\text{C}\left(\dfrac{5\times4-2\times1}{5-2}, \dfrac{5\times6-2\times0}{5-2}\right)$

∴ C(6, 10)

따라서 $a=6, b=10$이므로

$b-a=10-6=4$

다른 풀이

점 B(4, 6)은 $\overline{\text{AC}}$를 3:2로 내분하는 점이므로

$\dfrac{3\times a+2\times1}{3+2}=4, \dfrac{3\times b+2\times0}{3+2}=6$

따라서 $a=6, b=10$이므로

$b-a=10-6=4$

2014 답 3

$3\overline{\text{AC}}=2\overline{\text{BC}}$에서

$\overline{\text{AC}}:\overline{\text{BC}}=2:3$

점 C가 $\overline{\text{AB}}$ 위의 점이므로 점 C
는 $\overline{\text{AB}}$를 2:3으로 내분하는 점
이다.

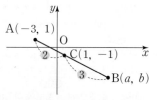

점 B의 좌표를 (a, b)라 하면 점 C의 좌표는 (1, -1)이므로

$\dfrac{2\times a+3\times(-3)}{2+3}=1, \dfrac{2\times b+3\times1}{2+3}=-1$에서

$a=7, b=-4$

따라서 점 B의 x좌표와 y좌표의 합은

$7+(-4)=3$

2015 답 (4, 8), (0, 4)

$\overline{\text{AB}}=2\overline{\text{BC}}$에서 $\overline{\text{AB}}:\overline{\text{BC}}=2:1$

직선 AB 위의 점 C에 대하여

(i) 점 C가 $\overline{\text{AB}}$를 3:1로 외분하는 점일 때
점 C의 좌표는

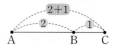

$\left(\dfrac{3\times2-1\times(-2)}{3-1}, \dfrac{3\times6-1\times2}{3-1}\right)$ ∴ (4, 8)

(ii) 점 C가 $\overline{\text{AB}}$를 1:1로 내분하는 점, 즉
$\overline{\text{AB}}$의 중점일 때 점 C의 좌표는

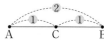

$\left(\dfrac{-2+2}{2}, \dfrac{2+6}{2}\right)$

∴ (0, 4)

따라서 구하는 점 C의 좌표는 (4, 8), (0, 4)이다.

실수 Check

$\overline{\text{AB}}=2\overline{\text{BC}}$를 만족시키는 점 C는 선분 AB의 연장선 위에 있는 $\overline{\text{AB}}$의
외분점일 수도 있고 선분 AB의 내부에 있는 내분점일 수도 있음에 주의
하여 두 경우에서 찾아보도록 한다.

Plus 문제

2015-1

두 점 A(-2, 4), B(1, -2)를 지나는 직선 AB 위에 있고
$\overline{\text{AB}}=3\overline{\text{BC}}$를 만족시키는 점 C의 좌표를 모두 구하시오.

$\overline{\text{AB}}=3\overline{\text{BC}}$에서 $\overline{\text{AB}}:\overline{\text{BC}}=3:1$

(i) 점 C가 $\overline{\text{AB}}$를 4:1로 외분하는 점일 때, 점 C의 좌표는

$\left(\dfrac{4\times1-1\times(-2)}{4-1}, \dfrac{4\times(-2)-1\times4}{4-1}\right)$

∴ (2, -4)

(ii) 점 C가 $\overline{\text{AB}}$를 $2:1$로 내분하는 점일 때, 점 C의 좌표는
$$\left(\frac{2\times1+1\times(-2)}{2+1},\ \frac{2\times(-2)+1\times4}{2+1}\right)$$
$$\therefore\ (0,\ 0)$$
따라서 구하는 점 C의 좌표는 $(2,\ -4),\ (0,\ 0)$이다.
답 $(2,\ -4),\ (0,\ 0)$

2016 답 ④
유형 11

그림과 같이 직선 위의 세 지점 A, B, C에 소매점이 위치하고, $\underline{2\overline{\text{AB}}=\overline{\text{BC}}}$를 만족시킨다. 이 직선 위의 어느 한 지점에 창고를 세우 **단서1**
려고 한다. 세 소매점에서 창고로 제품을 운반하는 비용의 합은 각 소매점에서 창고에 이르는 거리의 제곱의 합에 비례한다고 할 때, 운반 **단서2**
비용을 최소로 하는 창고의 위치는? (단, B 지점은 A 지점과 C 지점 **단서3**
사이에 위치하고, 세 소매점에서 운반할 제품의 양은 동일하다.)

① 선분 AC를 $3:2$로 내분하는 점
② 선분 AB를 $1:3$으로 내분하는 점
③ 선분 AB를 $2:1$로 외분하는 점
④ 선분 AB를 $4:1$로 외분하는 점
⑤ 선분 AC의 중점

단서1 $\overline{\text{AB}}:\overline{\text{BC}}=1:2$
단서2 두 점 사이의 거리 공식을 이용
단서3 B 지점은 $\overline{\text{AC}}$를 내분하는 점

STEP1 수직선 위에 나타내기
세 지점 A, B, C가 모두 한 직선 위에 위치하고 $2\overline{\text{AB}}=\overline{\text{BC}}$에서
$\overline{\text{AB}}:\overline{\text{BC}}=1:2$이므로 점 B는 $\overline{\text{AC}}$를 $1:2$로 내분하는 점이다.
그림과 같이 수직선 위에 지점 A가 원점에 오도록 세 점 A, B, C를
A(0), B(a), C$(3a)$ $(a>0)$, 창고의 위치를 P(x) $(x\geq0)$라 하자.

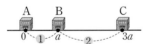

STEP2 두 점 사이의 거리 공식을 이용하여 식 세우기
$$\overline{\text{AP}}^2+\overline{\text{BP}}^2+\overline{\text{CP}}^2=x^2+(x-a)^2+(x-3a)^2$$
$$=3x^2-8ax+10a^2$$
$$=3\left(x-\frac{4a}{3}\right)^2+\frac{14}{3}a^2$$

STEP3 운반 비용을 최소로 하는 창고의 위치 구하기
운반 비용의 합은 $\overline{\text{AP}}^2+\overline{\text{BP}}^2+\overline{\text{CP}}^2$의 값에 비례하므로
$x=\dfrac{4a}{3}$, 즉, $x:a=4:3$일 때 최소이다.
따라서 구하는 점 P의 위치는 $\overline{\text{AB}}$를 $4:1$로 외분하는 점이다.

2017 답 ②
지혜의 속력이 유림이의 속력의 3배이므로 같은 시간 동안 지혜가
움직인 거리는 유림이가 움직인 거리의 3배이다.

따라서 유림이와 지혜는 $\overline{\text{AB}}$를 $1:3$으로 내분하는 점에서 만난다.

2018 답 ⑤

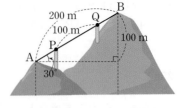

$\sin30°=\dfrac{100}{\overline{\text{AB}}}=\dfrac{1}{2}$에서
$\overline{\text{AB}}=200$ m
$\overline{\text{AP}}=a$ m라 하면
$\overline{\text{AP}}:\overline{\text{PB}}=m:n$
$\qquad\qquad\quad =\overline{\text{BQ}}:\overline{\text{AQ}}$
이므로 $a:(100+\overline{\text{BQ}})=\overline{\text{BQ}}:(a+100)$에서
$\overline{\text{BQ}}\times(\overline{\text{BQ}}+100)=a(a+100)$
$\therefore\ \overline{\text{BQ}}=a$ m
즉, $a+100+a=200$ $\quad\therefore\ a=50$
따라서 $\overline{\text{AP}}=50$ m, $\overline{\text{PB}}=150$ m이므로 점 P는 $\overline{\text{AB}}$를 $1:3$으로
내분하는 점이다.
$$\therefore\ \frac{n}{m}=\frac{3}{1}=3$$

2019 답 $\dfrac{9}{2}$

그림과 같이 공원의 위치가 원점이 되
도록 좌표평면 위에 놓고 희수네 집,
학교, 시청의 좌표를 각각
P$(-4,\ -2)$, Q$(0,\ 1)$, R$(a,\ b)$라
하면 $\overline{\text{PR}}=3\overline{\text{QR}}$에서 $\overline{\text{PR}}:\overline{\text{QR}}=3:1$
이므로 점 Q는 $\overline{\text{PR}}$를 $2:1$로 내분하는 점이다.
점 Q의 좌표가 $(0,\ 1)$이므로
$$\frac{2\times a+1\times(-4)}{2+1}=0\quad\therefore\ a=2$$
$$\frac{2\times b+1\times(-2)}{2+1}=1\quad\therefore\ b=\frac{5}{2}$$
$$\therefore\ a+b=2+\frac{5}{2}=\frac{9}{2}$$

2020 답 ①
유형 12

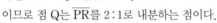
세 점 A$(a-b,\ b)$, B$(0,\ 2-b)$, C$(-2,\ 7+b)$를 꼭짓점으로 하는
삼각형 ABC의 무게중심의 좌표가 $(1,\ -2)$일 때, $a+b$의 값은?
단서1

① -25 ② -20 ③ -15
④ -10 ⑤ -5

단서1 삼각형의 무게중심의 좌표 구하는 공식을 이용

STEP1 무게중심의 좌표를 이용하여 식 세우기
삼각형 ABC의 무게중심의 좌표가 $(1,\ -2)$이므로
$$\frac{a-b-2}{3}=1,\ \frac{b+2-b+7+b}{3}=-2$$

STEP2 $a+b$의 값 구하기
$\dfrac{a-b-2}{3}=1$에서 $a-b-2=3$ $\quad\therefore\ a-b=5$ ············· ㉠
$\dfrac{b+2-b+7+b}{3}=-2$에서
$b+9=-6$ $\quad\therefore\ b=-15$ ············· ㉡
㉡을 ㉠에 대입하면 $a=-10$
$$\therefore\ a+b=-10+(-15)=-25$$

2021 답 ④

삼각형 ABC의 내부의 한 점 P(0, 3)에 대하여 세 삼각형 PAB, PBC, PCA의 넓이가 같으므로 점 P는 삼각형 ABC의 무게중심이다.

즉, $\dfrac{a-2+3}{3}=0$, $\dfrac{1+4+b}{3}=3$에서

$a+1=0$ $\quad \therefore a=-1$

$b+5=9$ $\quad \therefore b=4$

$\therefore ab=(-1)\times 4=-4$

2022 답 ③

세 점 D, E, F의 좌표는 각각

$D\left(\dfrac{2-2}{2}, \dfrac{7+1}{2}\right)$ $\quad \therefore D(0, 4)$

$E\left(\dfrac{-2+6}{2}, \dfrac{1-2}{2}\right)$ $\quad \therefore E\left(2, -\dfrac{1}{2}\right)$

$F\left(\dfrac{6+2}{2}, \dfrac{-2+7}{2}\right)$ $\quad \therefore F\left(4, \dfrac{5}{2}\right)$

따라서 삼각형 DEF의 무게중심의 좌표는

$\left(\dfrac{0+2+4}{3}, \dfrac{4-\frac{1}{2}+\frac{5}{2}}{3}\right)$ $\quad \therefore (2, 2)$

다른 풀이

삼각형 DEF의 무게중심은 삼각형 ABC의 무게중심과 일치하므로 구하는 무게중심의 좌표는

$\left(\dfrac{2-2+6}{3}, \dfrac{7+1-2}{3}\right)$ $\quad \therefore (2, 2)$

개념 Check

삼각형 ABC의 세 변 AB, BC, CA를 각각 $m:n$ $(m>0, n>0)$으로 내분하는 점을 차례로 D, E, F라 할 때, 삼각형 ABC와 삼각형 DEF의 무게중심은 일치한다.

2023 답 C(3, 3)

$A(x_1, y_1)$, $B(x_2, y_2)$라 하면 $\overline{AB}$의 중점의 좌표가 (0, 3)이므로

$\dfrac{x_1+x_2}{2}=0$, $\dfrac{y_1+y_2}{2}=3$

$\therefore x_1+x_2=0$, $y_1+y_2=6$ ················· ㉠

또, 점 C의 좌표를 (a, b)라 하면 삼각형 ABC의 무게중심의 좌표가 (1, 3)이므로

$\dfrac{x_1+x_2+a}{3}=1$, $\dfrac{y_1+y_2+b}{3}=3$ ········· ㉡

㉠을 ㉡에 대입하여 정리하면

$\dfrac{a}{3}=1$, $\dfrac{6+b}{3}=3$ $\quad \therefore a=3, b=3$

$\therefore C(3, 3)$

다른 풀이

$\overline{AB}$의 중점을 M, 삼각형 ABC의 무게중심을 G라 하면 점 C는 $\overline{MG}$를 3:2로 외분하는 점이므로 점 C의 좌표는
└→ 점 G는 $\overline{CM}$을 2:1로 내분하는 점이다.

$C\left(\dfrac{3\times 1-2\times 0}{3-2}, \dfrac{3\times 3-2\times 3}{3-2}\right)$ $\quad \therefore C(3, 3)$

09

Plus 문제

2023-1

점 A(1, 6)을 한 꼭짓점으로 하는 삼각형 ABC의 두 변 AB, AC의 중점을 각각 $M(x_1, y_1)$, $N(x_2, y_2)$라 하자. $x_1+x_2=2$, $y_1+y_2=4$일 때, 삼각형 ABC의 무게중심의 좌표를 구하시오.

$B(a, b)$, $C(c, d)$라 하면

$M\left(\dfrac{1+a}{2}, \dfrac{6+b}{2}\right)$, $N\left(\dfrac{1+c}{2}, \dfrac{6+d}{2}\right)$

이므로

$x_1+x_2=\dfrac{1+a}{2}+\dfrac{1+c}{2}=2$ $\quad \therefore a+c=2$

$y_1+y_2=\dfrac{6+b}{2}+\dfrac{6+d}{2}=4$ $\quad \therefore b+d=-4$

따라서 삼각형 ABC의 무게중심의 좌표는

$\left(\dfrac{1+a+c}{3}, \dfrac{6+b+d}{3}\right)$ $\quad \therefore \left(1, \dfrac{2}{3}\right)$

답 $\left(1, \dfrac{2}{3}\right)$

2024 답 ⑤

$B(x_1, y_1)$, $C(x_2, y_2)$라 하면 $\overline{BC}$의 중점의 좌표가 (7, 4)이므로

$\dfrac{x_1+x_2}{2}=7$, $\dfrac{y_1+y_2}{2}=4$

$\therefore x_1+x_2=14$, $y_1+y_2=8$ ············· ㉠

또, 점 A의 좌표가 (1, 1)이고 삼각형 ABC의 무게중심의 좌표가 (a, b)이므로

$\dfrac{1+x_1+x_2}{3}=a$, $\dfrac{1+y_1+y_2}{3}=b$ ········· ㉡

㉠을 ㉡에 대입하여 정리하면

$\dfrac{15}{3}=a$, $\dfrac{9}{3}=b$ $\quad \therefore a=5, b=3$

$\therefore a+b=5+3=8$

다른 풀이

변 BC의 중점을 M(7, 4)라 하고, 삼각형 ABC의 무게중심을 $G(a, b)$라 하면 점 G는 $\overline{AM}$을 2:1로 내분하는 점이므로 점 G의 좌표는

$G\left(\dfrac{2\times 7+1\times 1}{2+1}, \dfrac{2\times 4+1\times 1}{2+1}\right)$ $\quad \therefore G(5, 3)$

따라서 $a=5, b=3$이므로

$a+b=5+3=8$

2025 답 7

삼각형 ABC의 무게중심의 좌표는

$\left(\dfrac{2+4+8}{3}, \dfrac{6+1+a}{3}\right)$ $\quad \left(\dfrac{14}{3}, \dfrac{a+7}{3}\right)$

이 점이 직선 $y=x$ 위에 있으므로

$\dfrac{a+7}{3}=\dfrac{14}{3}$ $\quad \therefore a=7$

2026 답 (7, 3) | 유형 13

삼각형 ABC의 꼭짓점 A의 좌표가 (5, 7)이고, 변 AB의 중점의 좌표가 (3, 2)이다. 삼각형 ABC의 무게중심의 좌표가 (5, 3)일 때, ^{단서1} 선분 BC를 3 : 1로 내분하는 점의 좌표를 구하시오. ^{단서2}
단서1 B(a, b)라 하면 변 AB의 중점의 좌표는 $\left(\dfrac{5+a}{2}, \dfrac{7+b}{2}\right)$
단서2 C(c, d)라 하면 삼각형 ABC의 무게중심의 좌표는 $\left(\dfrac{5+a+c}{3}, \dfrac{7+b+d}{3}\right)$

STEP1 점 B의 좌표 구하기

B(a, b)라 하면 변 AB의 중점의 좌표가 (3, 2)이므로

$\dfrac{5+a}{2}=3, \dfrac{7+b}{2}=2$ ∴ $a=1, b=-3$

∴ B$(1, -3)$

STEP2 점 C의 좌표 구하기

C(c, d)라 하면 삼각형 ABC의 무게중심의 좌표가 (5, 3)이므로

$\dfrac{5+1+c}{3}=5, \dfrac{7-3+d}{3}=3$ ∴ $c=9, d=5$

∴ C$(9, 5)$

STEP3 $\overline{BC}$를 3 : 1로 내분하는 점의 좌표 구하기

$\overline{BC}$를 3 : 1로 내분하는 점의 좌표는

$\left(\dfrac{3\times 9+1\times 1}{3+1}, \dfrac{3\times 5+1\times(-3)}{3+1}\right)$

∴ (7, 3)

2027 답 ④

삼각형 ABC의 세 변 AB, BC, CA를 2 : 1로 각각 외분하는 세 점 D, E, F의 좌표는

D$\left(\dfrac{2\times(-1)-1\times a}{2-1}, \dfrac{2\times 1-1\times 3}{2-1}\right)$ ∴ D$(-a-2, -1)$

E$\left(\dfrac{2\times 5-1\times(-1)}{2-1}, \dfrac{2\times b-1\times 1}{2-1}\right)$ ∴ E$(11, 2b-1)$

F$\left(\dfrac{2\times a-1\times 5}{2-1}, \dfrac{2\times 3-1\times b}{2-1}\right)$ ∴ F$(2a-5, -b+6)$

삼각형 DEF의 무게중심의 좌표가 (2, 2)이므로

$\dfrac{-a-2+11+2a-5}{3}=2, \dfrac{-1+2b-1-b+6}{3}=2$

$\dfrac{a+4}{3}=2, \dfrac{b+4}{3}=2$ ∴ $a=2, b=2$

∴ $a+b=2+2=4$

다른 풀이

삼각형 DEF의 무게중심은 삼각형 ABC의 무게중심과 일치하므로

$\dfrac{a+(-1)+5}{3}=2, \dfrac{3+1+b}{3}=2$

$\dfrac{a+4}{3}=2, \dfrac{b+4}{3}=2$ ∴ $a=2, b=2$

∴ $a+b=2+2=4$

개념 Check

삼각형 ABC의 세 변 AB, BC, CA를 각각 $m : n$ $(m>0, n>0, m\neq n)$으로 외분하는 점을 연결한 삼각형의 무게중심은 삼각형 ABC의 무게중심과 일치한다.

2028 답 ①

$\overline{AB}$를 1 : 2로 외분하는 점 C의 좌표는

C$\left(\dfrac{1\times 1-2\times 4}{1-2}, \dfrac{1\times 4-2\times 1}{1-2}\right)$ ∴ C$(7, -2)$

$\overline{AB}$를 2 : 1로 외분하는 점 D의 좌표는

D$\left(\dfrac{2\times 1-1\times 4}{2-1}, \dfrac{2\times 4-1\times 1}{2-1}\right)$ ∴ D$(-2, 7)$

삼각형 OCB의 무게중심 G_1의 좌표는

$G_1\left(\dfrac{0+7+1}{3}, \dfrac{0+(-2)+4}{3}\right)$ ∴ $G_1\left(\dfrac{8}{3}, \dfrac{2}{3}\right)$

삼각형 OAD의 무게중심 G_2의 좌표는

$G_2\left(\dfrac{0+4+(-2)}{3}, \dfrac{0+1+7}{3}\right)$ ∴ $G_2\left(\dfrac{2}{3}, \dfrac{8}{3}\right)$

∴ $\overline{G_1G_2}=\sqrt{\left(\dfrac{2}{3}-\dfrac{8}{3}\right)^2+\left(\dfrac{8}{3}-\dfrac{2}{3}\right)^2}=2\sqrt{2}$

2029 답 ③

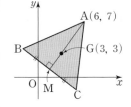

$\overline{AG}$의 연장선이 $\overline{BC}$와 만나는 점을 M이라 하면 $\overline{BM}=\overline{CM}$이고 $\overline{AM}\perp\overline{BC}$이다.

무게중심의 정의에서 ─┘ └─ △ABC가
$\overline{AM}$은 중선이므로 정삼각형이므로
$\overline{BM}=\overline{CM}$ $\overline{AM}\perp\overline{BC}$

$\overline{AG}=\sqrt{(3-6)^2+(3-7)^2}=5$이고

점 G는 중선 AM을 2 : 1로 내분하므로

$\overline{AM}=\dfrac{3}{2}\overline{AG}=\dfrac{3}{2}\times 5=\dfrac{15}{2}$

또, 정삼각형 ABC의 한 변의 길이를 a라 하면 $\overline{AM}=\dfrac{\sqrt{3}}{2}a$이므로 └→ 정삼각형 ABC의 높이

$\dfrac{\sqrt{3}}{2}a=\dfrac{15}{2}$ ∴ $a=5\sqrt{3}$

따라서 정삼각형 ABC의 넓이는

$\dfrac{\sqrt{3}}{4}a^2=\dfrac{\sqrt{3}}{4}\times(5\sqrt{3})^2=\dfrac{75\sqrt{3}}{4}$

다른 풀이

삼각형 ABM에서 $\sin 60°=\dfrac{\overline{AM}}{\overline{AB}}$이므로

$\overline{AB}=\dfrac{\overline{AM}}{\sin 60°}=\dfrac{15}{2}\div\dfrac{\sqrt{3}}{2}=\dfrac{15}{2}\times\dfrac{2}{\sqrt{3}}=5\sqrt{3}$

따라서 정삼각형 ABC의 넓이는

$\dfrac{1}{2}\times\overline{BC}\times\overline{AM}=\dfrac{1}{2}\times 5\sqrt{3}\times\dfrac{15}{2}=\dfrac{75\sqrt{3}}{4}$
└→ 정삼각형이므로 $\overline{BC}=\overline{AB}$

개념 Check

정삼각형의 높이와 넓이

한 변의 길이가 a인 정삼각형의 높이를 h, 넓이를 S라 하면

(1) $h=\dfrac{\sqrt{3}}{2}a$ (2) $S=\dfrac{\sqrt{3}}{4}a^2$

2030 답 ②

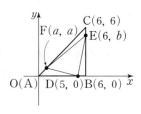

그림과 같이 변 AB를 x축으로 하고, 꼭짓점 A가 원점이 되도록 삼각형 ABC를 좌표평면 위에 놓고 A$(0, 0)$, B$(6, 0)$, C$(6, 6)$이라 하면 $\overline{AB}$를 5 : 1로 내분하는 점 D의 좌표는 D$(5, 0)$이다.

직선 BC, AC의 방정식이 각각 $x=6$, $y=x$이므로
E$(6, b)$, F(a, a)라 하면

삼각형 DEF의 무게중심의 좌표는 $\left(\dfrac{5+6+a}{3}, \dfrac{0+b+a}{3}\right)$이고

삼각형 ABC의 무게중심의 좌표는 $(4, 2)$이므로

$\dfrac{5+6+a}{3}=4$, $\dfrac{0+b+a}{3}=2$ → $\left(\dfrac{0+6+6}{3}, \dfrac{0+0+6}{3}\right)$

$a+11=12$, $a+b=6$ ∴ $a=1$, $b=5$

따라서 E$(6, 5)$, F$(1, 1)$이므로

$\overline{\text{EF}}=\sqrt{(1-6)^2+(1-5)^2}=\sqrt{41}$

2031 답 ③

직선 l을 x축으로 생각하면 세
점 A, B, C에서 직선 l까지의
거리가 각각 10, 18, 14이므로
세 점 A, B, C의 y좌표가 각각
10, 18, 14이다.
A$(x_1, 10)$, B$(x_2, 18)$,
C$(x_3, 14)$라 하면

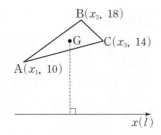

$\text{G}\left(\dfrac{x_1+x_2+x_3}{3}, \dfrac{10+18+14}{3}\right)$

$\therefore \text{G}\left(\dfrac{x_1+x_2+x_3}{3}, 14\right)$

그림과 같이 점 G에서 직선 l까지의 거리는 점 G의 y좌표와 같으므
로 점 G에서 직선 l까지의 거리는 14이다.

실수 Check

삼각형과 만나지 않는 직선 l을 x축이라 생각하고 세 점에서 직선 l까
지의 거리를 각 점의 y좌표로 두어 접근하도록 한다.

Plus 문제

2031-1

삼각형 ABC의 무게중심을 G라 하자. 삼각형 ABC와 만나
지 않는 직선 l에 대하여 세 점 A, B, C에서 직선 l까지의 거
리가 각각 8, 5, 11일 때, 점 G에서 직선 l까지의 거리를 구하
시오.

직선 l을 x축으로 생각하면
세 점 A, B, C에서 직선 l
까지의 거리가 각각 8, 5,
11이므로 세 점 A, B, C
의 y좌표가 각각 8, 5, 11
이다.
A$(x_1, 8)$, B$(x_2, 5)$, C$(x_3, 11)$이라 하면

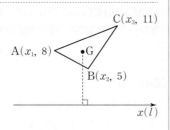

$\text{G}\left(\dfrac{x_1+x_2+x_3}{3}, \dfrac{8+5+11}{3}\right)$

$\therefore \text{G}\left(\dfrac{x_1+x_2+x_3}{3}, 8\right)$

그림과 같이 점 G에서 직선 l까지의 거리는 점 G의 y좌표와
같으므로 점 G에서 직선 l까지의 거리는 8이다.

답 8

2032 답 ⑤

세 점 P, Q, R에서 직선 l에 내린 수
선의 발을 각각 P′, Q′, R′이라 하면
$\triangle$PP′A$\equiv\triangle$QQ′A (ASA 합동),
$\triangle$PP′B$\equiv\triangle$RR′B (ASA 합동)
이므로 두 점 A, B는 각각 $\overline{\text{PQ}}$, $\overline{\text{PR}}$
의 중점이다.

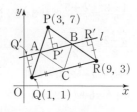

즉, 세 점 A, B, C는 각각 세 선분 PQ, PR, QR의 중점이므로
두 삼각형 PQR와 ABC의 무게중심은 일치한다.

삼각형 PQR의 무게중심의 좌표는

$\left(\dfrac{3+1+9}{3}, \dfrac{7+1+3}{3}\right)$ $\therefore \left(\dfrac{13}{3}, \dfrac{11}{3}\right)$

따라서 삼각형 ABC의 무게중심 G의 좌표는 $\left(\dfrac{13}{3}, \dfrac{11}{3}\right)$이므로

$x=\dfrac{13}{3}$, $y=\dfrac{11}{3}$

$\therefore x+y=\dfrac{13}{3}+\dfrac{11}{3}=8$

다른 풀이

세 점 A, B, C는 각각 세 선분 PQ, PR, QR의 중점이므로 세
점 A, B, C의 좌표는 각각

A$\left(\dfrac{3+1}{2}, \dfrac{7+1}{2}\right)$ $\therefore$ A$(2, 4)$

B$\left(\dfrac{3+9}{2}, \dfrac{7+3}{2}\right)$ $\therefore$ B$(6, 5)$

C$\left(\dfrac{1+9}{2}, \dfrac{1+3}{2}\right)$ $\therefore$ C$(5, 2)$

즉, 삼각형 ABC의 무게중심 G의 좌표는

G$\left(\dfrac{2+6+5}{3}, \dfrac{4+5+2}{3}\right)$ $\therefore$ G$\left(\dfrac{13}{3}, \dfrac{11}{3}\right)$

따라서 $x=\dfrac{13}{3}$, $y=\dfrac{11}{3}$이므로

$x+y=\dfrac{13}{3}+\dfrac{11}{3}=8$

실수 Check

두 점 A, B가 두 선분 PQ, PR의 중점이므로, 삼각형 ABC는 삼각형
PQR의 세 변을 1:1로 내분하는 점을 차례로 연결한 삼각형이 된다는
것을 찾아야 한다.

2033 답 ⑤ | 유형 14

네 점 A$(1, a)$, B$(b, 0)$, C$(2, -2)$, D$(5, 4)$를 꼭짓점으로 하는
사각형 ABCD가 평행사변형일 때, $a+b$의 값은?
    단서1
① -4 ② -2 ③ 0
④ 2   ⑤ 4
단서1 두 대각선이 서로 다른 것을 이등분하므로 두 대각선의 중점이 일치

STEP1 평행사변형의 두 대각선의 중점이 일치함을 이용하여 식 세우기

두 대각선 AC, BD의 중점이 일치하므로

$\dfrac{1+2}{2}=\dfrac{b+5}{2}$, $\dfrac{a-2}{2}=\dfrac{0+4}{2}$

STEP 2 a, b의 값 구하기

$\dfrac{1+2}{2}=\dfrac{b+5}{2}$에서 $3=b+5$ $\therefore b=-2$

$\dfrac{a-2}{2}=\dfrac{0+4}{2}$에서 $a-2=4$ $\therefore a=6$

STEP 3 $a+b$의 값 구하기

$a+b=6+(-2)=4$

2034 답 ④

두 대각선 AC, BD의 중점이 일치하므로

$\dfrac{3-1}{2}=\dfrac{0+a}{2}$, $\dfrac{2+3}{2}=\dfrac{0+b}{2}$

$\therefore a=2$, $b=5$

$\therefore ab=2\times5=10$

2035 답 ④

D(a, b)라 하면 두 대각선 AC, BD의 중점이 일치하므로

$\dfrac{5+4}{2}=\dfrac{-1+a}{2}$, $\dfrac{7+1}{2}=\dfrac{2+b}{2}$

$\therefore a=10$, $b=6$

$\therefore$ D$(10, 6)$

2036 답 C$(17, 2)$, D$(23, 14)$

C(a, b), D(c, d)라 하면 두 대각선 AC, BD의 교점은 $\overline{\text{AC}}$, $\overline{\text{BD}}$ 각각의 중점이다.

$\overline{\text{AC}}$의 중점의 좌표는 $\left(\dfrac{3+a}{2}, \dfrac{6+b}{2}\right)$이므로

$\dfrac{3+a}{2}=10$, $\dfrac{6+b}{2}=4$ $\therefore a=17$, $b=2$

$\therefore$ C$(17, 2)$

또, $\overline{\text{BD}}$의 중점의 좌표는 $\left(\dfrac{-3+c}{2}, \dfrac{-6+d}{2}\right)$이므로

$\dfrac{-3+c}{2}=10$, $\dfrac{-6+d}{2}=4$ $\therefore c=23$, $d=14$

$\therefore$ D$(23, 14)$

2037 답 ③

B(a, b), D(c, d)라 하면 $\overline{\text{AB}}$의 중점의 좌표가 $(3, 2)$이므로

$\dfrac{0+a}{2}=3$, $\dfrac{6+b}{2}=2$ $\therefore a=6$, $b=-2$

$\therefore$ B$(6, -2)$

두 대각선 AC, BD의 중점이 일치하므로

$\dfrac{0+7}{2}=\dfrac{6+c}{2}$, $\dfrac{6+5}{2}=\dfrac{-2+d}{2}$

$\therefore c=1$, $d=13$

$\therefore$ D$(1, 13)$

2038 답 B$(-4, 3)$

B(a, b), D(c, d)라 하면 두 대각선 AC, BD의 중점이 일치하므로

$\dfrac{3+5}{2}=\dfrac{a+c}{2}$, $\dfrac{3-3}{2}=\dfrac{b+d}{2}$

$\therefore a+c=8$, $b+d=0$ ……………………………… ㉠

또, $\overline{\text{BD}}$를 $2:3$으로 내분하는 점의 좌표가 $\left(\dfrac{12}{5}, \dfrac{3}{5}\right)$이므로

$\dfrac{2c+3a}{2+3}=\dfrac{12}{5}$, $\dfrac{2d+3b}{2+3}=\dfrac{3}{5}$

$\therefore 3a+2c=12$, $3b+2d=3$ …………………… ㉡

㉠, ㉡을 연립하여 풀면

$a=-4$, $b=3$, $c=12$, $d=-3$

$\therefore$ B$(-4, 3)$

2039 답 ②

직사각형의 넓이를 이등분하는 직선은 항상 두 대각선의 교점을 지난다.

직사각형 ABCD의 두 대각선의 교점은 $\overline{\text{AC}}$의 중점이므로   ↳$\overline{\text{BD}}$의 중점이기도 하다.

$\left(\dfrac{-3+3}{2}, \dfrac{-3+5}{2}\right)$ $\therefore (0, 1)$

따라서 직사각형 ABCD의 넓이를 이등분하는 직선은 항상 점 $(0, 1)$을 지난다.

2040 답 ⑤

두 대각선 AC, BD의 중점이 일치하므로 중점의 x좌표는

$\dfrac{7+a}{2}=\dfrac{3+b}{2}$

$\therefore b=a+4$ ……………………………………… ㉠

또, 네 변의 길이가 모두 같으므로

$\overline{\text{AB}}=\overline{\text{BC}}$에서 $\overline{\text{AB}}^2=\overline{\text{BC}}^2$

$(3-7)^2+(5-3)^2=(a-3)^2+(1-5)^2$

$a^2-6a+5=0$, $(a-1)(a-5)=0$

$\therefore a=1$ 또는 $a=5$ ………………………………… ㉡

㉡을 ㉠에 대입하면

$a=1$, $b=5$ 또는 $a=5$, $b=9$

이때 $a+b<10$이므로

$a+b=1+5=6$

Tip 마름모 ABCD의 네 변의 길이가 같음을 이용하여 식을 세울 때에는 이웃하는 두 변의 길이가 같음을 이용하여 식을 세우도록 하자.

2041 답 ③

두 대각선 AC, BD의 중점이 일치하므로

$\dfrac{0+2}{2}=\dfrac{-3+b}{2}$, $\dfrac{2-2}{2}=\dfrac{a+c}{2}$

$\therefore b=5$, $a+c=0$ ……………………………… ㉠

또, 네 변의 길이가 모두 같으므로

$\overline{\text{AB}}=\overline{\text{BC}}$에서 $\overline{\text{AB}}^2=\overline{\text{BC}}^2$

$(-3-0)^2+(a-2)^2=\{2-(-3)\}^2+(-2-a)^2$

$a^2-4a+13=a^2+4a+29$

$-8a=16$ $\therefore a=-2$ …………………………… ㉡

㉡을 ㉠에 대입하면 $c=2$

따라서 $a=-2$, $b=5$, $c=2$이므로
$abc=(-2)\times5\times2=-20$

2042 답 ②

두 대각선 AC, BD의 중점이 일치하므로 중점의 x좌표는

$$\frac{a+7}{2}=\frac{b+3}{2}$$

$$\therefore b=a+4 \quad\text{·····················} \㉠$$

또, 네 변의 길이가 모두 같으므로
$\overline{DA}=\overline{CD}$에서 $\overline{DA}^2=\overline{CD}^2$

$(a-3)^2+(2-5)^2=(3-7)^2+(5-2)^2$

$a^2-6a-7=0$, $(a+1)(a-7)=0$

$\therefore a=-1$ 또는 $a=7$

그런데 $a=7$이면 점 A와 점 C가 일치하여 사각형 ABCD가 만들
어지지 않으므로

$$a=-1 \quad\text{·····························} \ ㉡$$

㉡을 ㉠에 대입하면 $b=3$

$\therefore ab=(-1)\times3=-3$

2043 답 ④

두 대각선 AC, BD의 교점은 $\overline{AC}$, $\overline{BD}$ 각각의 중점이다.
$\overline{AC}$의 중점의 좌표는

$\left(\dfrac{1+5}{2},\ \dfrac{a+c}{2}\right)$, 즉 $\left(3,\ \dfrac{a+c}{2}\right)$

이 점이 직선 $y=x$ 위에 있으므로 → 즉, $\overline{AC}$의 중점의 좌표는 $(3,3)$이다.

$3=\dfrac{a+c}{2}$에서 $a+c=6$

$\overline{BD}$의 중점의 좌표는

$\left(\dfrac{b+9}{2},\ \dfrac{-6+d}{2}\right)$

이 점이 $\overline{AC}$의 중점의 좌표 $(3,3)$과 일치하므로

$\dfrac{b+9}{2}=3$에서 $b+9=6$ $\quad\therefore b=-3$

$\dfrac{-6+d}{2}=3$에서 $-6+d=6$ $\quad\therefore d=12$

$\therefore a+b+c+d=(a+c)+b+d$
$\qquad\qquad\qquad =6+(-3)+12=15$

2044 답 19

두 대각선 AC, OB의 중점이 일치하므로

$$\frac{a+5}{2}=\frac{0+b}{2},\ \frac{7+5}{2}=\frac{0+c}{2}$$

$$\therefore a-b=-5,\ c=12 \quad\text{··············} \ ㉠$$

또, 네 변의 길이가 모두 같으므로
$\overline{OA}=\overline{OC}$에서 $\overline{OA}^2=\overline{OC}^2$

$a^2+7^2=5^2+5^2$

$a^2=1$ $\quad\therefore a=1\ (\because a>0) \quad\text{·······} \ ㉡$

㉡을 ㉠에 대입하면 $b=6$

$\therefore a+b+c=1+6+12=19$

2045 답 ⑤

| 유형 15

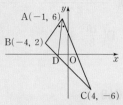

그림과 같이 세 점 A$(-1, 6)$,
B$(-4, 2)$, C$(4, -6)$을 꼭짓점으로
하는 삼각형 ABC에서 $\angle$A의 이등
단서1
분선이 변 BC와 만나는 점 D의 좌표
를 (a, b)라 할 때, $a+b$의 값은?

① $-\dfrac{10}{3}$ ② -3 ③ $-\dfrac{8}{3}$

④ $-\dfrac{7}{3}$ ⑤ -2

단서1 삼각형의 내각의 이등분선의 성질을 이용

STEP1 삼각형의 내각의 이등분선의 성질 알기

$\overline{AD}$는 $\angle$A의 이등분선이므로

$\overline{AB}:\overline{AC}=\overline{BD}:\overline{CD}$

STEP2 $\overline{BD}:\overline{CD}$ 구하기

$\overline{AB}=\sqrt{(-4+1)^2+(2-6)^2}=5$

$\overline{AC}=\sqrt{(4+1)^2+(-6-6)^2}=13$

$\therefore \overline{BD}:\overline{CD}=\overline{AB}:\overline{AC}=5:13$

STEP3 $a+b$의 값 구하기

점 D는 $\overline{BC}$를 $5:13$으로 내분하는 점이므로

$a=\dfrac{5\times4+13\times(-4)}{5+13}=-\dfrac{16}{9}$

$b=\dfrac{5\times(-6)+13\times2}{5+13}=-\dfrac{2}{9}$

$\therefore a+b=-\dfrac{16}{9}+\left(-\dfrac{2}{9}\right)=-2$

2046 답 ④

$\angle$POQ의 이등분선과 $\overline{PQ}$의 교점을 R라
하면 $\overline{OP}:\overline{OQ}=\overline{PR}:\overline{QR}$

$\overline{OP}=\sqrt{2^2+6^2}=\sqrt{40}=2\sqrt{10}$

$\overline{OQ}=\sqrt{3^2+1^2}=\sqrt{10}$

$\therefore \overline{PR}:\overline{QR}=\overline{OP}:\overline{OQ}=2\sqrt{10}:\sqrt{10}$
$\qquad\qquad\qquad =2:1$

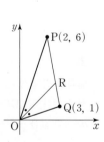

즉, 점 R는 $\overline{PQ}$를 $2:1$로 내분하는 점이므로

점 R의 x좌표는 $\dfrac{2\times3+1\times2}{2+1}=\dfrac{8}{3}$

따라서 $a=3$, $b=8$이므로

$a+b=3+8=11$

2047 답 D$\left(\dfrac{10}{3},\ 0\right)$

그림에서 $\overline{AD}$는 $\angle$A의 이등분선이
므로

$\overline{AB}:\overline{AC}=\overline{BD}:\overline{CD}$

$\overline{AB}=\sqrt{(-2-2)^2+(-4-4)^2}$
$\qquad =\sqrt{80}=4\sqrt{5}$

$\overline{AC}=\sqrt{(6-2)^2+(2-4)^2}$
$\qquad =\sqrt{20}=2\sqrt{5}$

$\therefore \overline{BD}:\overline{CD}=\overline{AB}:\overline{AC}=4\sqrt{5}:2\sqrt{5}=2:1$

따라서 점 D는 $\overline{BC}$를 2:1로 내분하는 점이므로 점 D의 좌표는
$$D\left(\frac{2\times6+1\times(-2)}{2+1},\ \frac{2\times2+1\times(-4)}{2+1}\right)$$
$$\therefore D\left(\frac{10}{3},\ 0\right)$$

2048 달 ②

$\overline{AD}$는 $\angle A$의 이등분선이므로 $\overline{AB}:\overline{AC}=\overline{BD}:\overline{CD}$

$\overline{AB}=\sqrt{(-4-2)^2+(-3-5)^2}=10$

$\overline{AC}=\sqrt{(-2-2)^2+(2-5)^2}=5$

삼각형 ABD와 삼각형 ACD의 넓이의 비는 밑변의 길이의 비
$\overline{BD}:\overline{DC}$와 같고, $\overline{BD}:\overline{DC}=\overline{AB}:\overline{AC}$이므로
↪ 높이가 같은 삼각형의 넓이의 비는 밑변의 길이의 비와 같다.
삼각형 ABD와 삼각형 ACD의 넓이의 비는
$\overline{AB}:\overline{AC}=10:5=2:1$

2049 달 $\frac{3\sqrt{10}}{4}$

$\overline{OC}$는 $\angle AOB$의 이등분선이므로 $\overline{OA}:\overline{OB}=\overline{AC}:\overline{BC}$

$\overline{OA}=\sqrt{1^2+2^2}=\sqrt5$

$\overline{OB}=\sqrt{6^2+(-3)^2}=3\sqrt5$

$\therefore \overline{AC}:\overline{BC}=\overline{OA}:\overline{OB}=\sqrt5:3\sqrt5=1:3$

따라서 점 C는 $\overline{AB}$를 1:3으로 내분하는 점이므로 점 C의 좌표는
$$C\left(\frac{1\times6+3\times1}{1+3},\ \frac{1\times(-3)+3\times2}{1+3}\right)$$
$$\therefore C\left(\frac94,\ \frac34\right)$$
$$\therefore \overline{OC}=\sqrt{\left(\frac94\right)^2+\left(\frac34\right)^2}=\frac{3\sqrt{10}}{4}$$

> **Plus 문제**
>
> **2049-1**
>
> 일직선 위에 세 점 $A(-1,7)$, $B(a,b)$, $C(1,-4)$가 이 순서로 있다. 점 $D(-5,4)$에 대하여 $\angle ADB=\angle BDC$일 때, $a+b$의 값을 구하시오.
>
> ---
>
> 그림에서 $\angle ADB=\angle BDC$이므로
>
> $\overline{AD}:\overline{CD}=\overline{AB}:\overline{CB}$
>
> $\overline{AD}=\sqrt{(-5+1)^2+(4-7)^2}=5$
>
> $\overline{CD}=\sqrt{(-5-1)^2+(4+4)^2}$
> $\qquad=10$
>
> $\therefore \overline{AB}:\overline{BC}=\overline{AD}:\overline{CD}$
> $\qquad\qquad\quad=5:10=1:2$
>
> 따라서 점 B는 $\overline{AC}$를 1:2로 내분하는 점이므로
>
> $a=\frac{1\times1+2\times(-1)}{1+2}=-\frac13$
>
> $b=\frac{1\times(-4)+2\times7}{1+2}=\frac{10}{3}$
>
> $\therefore a+b=-\frac13+\frac{10}{3}=3$
>
> 달 3

2050 달 14

점 I가 삼각형 ABC의 내심이므로 삼각형 ABC에서 직선 AI는 $\angle BAC$의 이등분선이다.

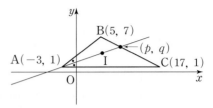

$\overline{AB}=\sqrt{(5+3)^2+(7-1)^2}=10$

$\overline{AC}=\sqrt{(17+3)^2+(1-1)^2}=20$

$\therefore \overline{AB}:\overline{AC}=10:20=1:2$

따라서 점 (p,q)는 $\overline{BC}$를 1:2로 내분하는 점이므로

$p=\frac{1\times17+2\times5}{1+2}=9$

$q=\frac{1\times1+2\times7}{1+2}=5$

$\therefore p+q=9+5=14$

> **개념 Check**
>
> 삼각형의 내심은 삼각형의 세 내각의 이등분선의 교점이다.

2051 달 ③

$\overline{AD}$는 $\angle A$의 외각의 이등분선이므로 $\overline{AB}:\overline{AC}=\overline{BD}:\overline{CD}$

$\overline{AB}$
$=\sqrt{(-4-1)^2+(-7-5)^2}$
$=13$

$\overline{AC}=\sqrt{(5-1)^2+(2-5)^2}=5$

$\therefore \overline{BD}:\overline{CD}=\overline{AB}:\overline{AC}=13:5$

따라서 점 D는 $\overline{BC}$를 13:5로 외분하는 점이므로

$a=\frac{13\times5-5\times(-4)}{13-5}=\frac{85}{8}$

$b=\frac{13\times2-5\times(-7)}{13-5}=\frac{61}{8}$

$\therefore a-b=\frac{85}{8}-\frac{61}{8}=3$

2052 달 32

$\overline{AD}$는 $\angle A$의 이등분선이므로
$\overline{AB}:\overline{AC}=\overline{BD}:\overline{CD}$

$\overline{BD}=\sqrt{8^2+(1-7)^2}=10$

$\overline{CD}$
$=\sqrt{(8-12)^2+(1+2)^2}$
$=5$

$\therefore \overline{AB}:\overline{AC}=\overline{BD}:\overline{CD}=10:5=2:1$

즉, $\overline{AB}=2\overline{AC}$에서 $\overline{AB}^2=4\overline{AC}^2$이므로

$(-a)^2+(7-2)^2=4\{(12-a)^2+(-2-2)^2\}$

$3a^2-96a+615=0$

$\therefore a^2-32a+205=0$

따라서 이차방정식의 근과 계수의 관계에 의하여 모든 a의 값의 합은 32이다.

실수 Check

각의 이등분선의 성질을 이용하여 선분 사이의 길이의 비를 구하고, 주어진 점의 좌표를 이용하여 a에 대한 방정식을 세우도록 한다.
이때 모든 a의 값의 합은 a에 대한 이차방정식을 풀어 구할 수도 있으나 식이 복잡한 경우 이차방정식의 근과 계수의 관계를 이용하면 쉽게 구할 수 있다.

2053 답 ③

$\overline{AC}$의 중점을 D라 하면 $\overline{BD}$는 $\angle B$의 이등분선이므로
$\overline{BA}:\overline{BC}=\overline{AD}:\overline{CD}=1:1$
따라서 삼각형 ABC는 $\overline{BA}=\overline{BC}$인 이등변삼각형이다.

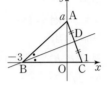

$\overline{BA}=\sqrt{3^2+a^2}=\sqrt{9+a^2}$
$\overline{BC}=\sqrt{(1+3)^2}=4$
에서 $\sqrt{9+a^2}=4$
$\therefore a=\sqrt{7}\ (\because a>0)$

개념 Check

삼각형 ABC에서 한 내각의 이등분선이 대변의 중점을 지나면 삼각형 ABC는 그 내각을 꼭지각으로 하는 이등변삼각형이다.

2054 답 ④ | 유형 16

두 점 A(3, 6), B(2, 1)로부터 같은 거리에 있는 점을 나타내는 도형의 방정식은? 【단서1】

① $5x-y=20$ ② $5x+y=20$
③ $x-5y=20$ ④ $x+5y=20$
⑤ $x+y=20$

【단서1】 두 점 사이의 거리 공식을 이용

STEP1 조건을 만족시키는 점의 좌표를 $P(x, y)$로 놓기
두 점 A, B로부터 같은 거리에 있는 점을 $P(x, y)$라 하면

STEP2 두 점 사이의 거리 공식을 이용하여 식 세우기
$\overline{AP}=\overline{BP}$에서 $\overline{AP}^2=\overline{BP}^2$이므로
$(x-3)^2+(y-6)^2=(x-2)^2+(y-1)^2$

STEP3 식을 정리하여 x, y에 대한 도형의 방정식 구하기
$x^2-6x+y^2-12y+45=x^2-4x+y^2-2y+5$
$\therefore x+5y=20$

2055 답 ⑤

$P(x, y)$라 하면 $\overline{PA}^2-\overline{PB}^2=-5$이므로
$(x-2)^2+(y+1)^2-\{(x-5)^2+(y-3)^2\}=-5$
$6x+8y=24$ $\therefore y=-\dfrac{3}{4}x+3$
따라서 $m=-\dfrac{3}{4}$, $n=3$이므로
$m+n=-\dfrac{3}{4}+3=\dfrac{9}{4}$

2056 답 5

$P(p, q)$라 하면 점 P는 직선 $x+y-3=0$ 위의 점이므로
$p+q-3=0$ ·········· ㉠
$M(x, y)$라 하면 점 M은 $\overline{AP}$의 중점이므로
$x=\dfrac{-1+p}{2}$, $y=\dfrac{2+q}{2}$
$\therefore p=2x+1$, $q=2y-2$ ·········· ㉡
㉡을 ㉠에 대입하면
$(2x+1)+(2y-2)-3=0$
$\therefore x+y-2=0$
따라서 $a=1$, $b=-2$이므로
$a^2+b^2=1^2+(-2)^2=5$

2057 답 ⑤

$B(a, b)$라 하면 점 B는 직선 $3x-y+6=0$ 위의 점이므로
$3a-b+6=0$ ·········· ㉠
$\overline{AB}$를 $2:1$로 내분하는 점의 좌표를 (x, y)라 하면
$x=\dfrac{2\times a+1\times(-2)}{2+1}$, $y=\dfrac{2\times b+1\times 3}{2+1}$
$\therefore a=\dfrac{3}{2}x+1$, $b=\dfrac{3}{2}y-\dfrac{3}{2}$ ·········· ㉡
㉡을 ㉠에 대입하면
$3\left(\dfrac{3}{2}x+1\right)-\left(\dfrac{3}{2}y-\dfrac{3}{2}\right)+6=0$
$\therefore 3x-y+7=0$

2058 답 ①

$P(a, b)$라 하면 점 P는 직선 $y=-4x+3$ 위의 점이므로
$b=-4a+3$ ·········· ㉠
$\overline{OP}$를 $3:2$로 외분하는 점의 좌표를 (x, y)라 하면
$x=\dfrac{3\times a-2\times 0}{3-2}$, $y=\dfrac{3\times b-2\times 0}{3-2}$
$\therefore a=\dfrac{1}{3}x$, $b=\dfrac{1}{3}y$ ·········· ㉡
㉡을 ㉠에 대입하면 $\dfrac{1}{3}y=-\dfrac{4}{3}x+3$
$\therefore y=-4x+9$
따라서 $m=-4$, $n=9$이므로
$mn=(-4)\times 9=-36$

2059 답 ②

점 $P(a, b)$가 직선 $2x+y=1$ 위의 점이므로
$2a+b=1$ ·········· ㉠
$Q(a-b, a+b)$에서
$a-b=x$, $a+b=y$라 하고 두 식을 연립하여 풀면
$a=\dfrac{x+y}{2}$, $b=\dfrac{y-x}{2}$ ·········· ㉡
㉡을 ㉠에 대입하면
$2\times\dfrac{x+y}{2}+\dfrac{y-x}{2}=1$
$\therefore x+3y=2$

2060 답 (1) a (2) 4 (3) 8 (4) 17 (5) -2 (6) -1 (7) -1

STEP1 점 P의 좌표를 (a, b)로 놓고, a와 b 사이의 관계식 구하기 [1점]

점 P의 좌표를 (a, b)라 하면 점 P는 직선 $y=x$ 위의 점이므로

$b=\boxed{a}$ ⋯⋯⋯⋯⋯⋯⋯ ㉠

STEP2 $\overline{AP}=\overline{BP}$임을 이용하여 a와 b 사이의 관계식 구하기 [3점]

$\overline{AP}=\overline{BP}$에서 $\overline{AP}^2=\overline{BP}^2$이므로

$(a-2)^2+(b-3)^2=(a+1)^2+(b-\boxed{4})^2$

$a^2-4a+b^2-6b+13=a^2+2a+b^2-\boxed{8}b+\boxed{17}$

$\therefore 3a-b=\boxed{-2}$ ⋯⋯⋯⋯ ㉡

STEP3 점 P의 좌표 구하기 [2점]

㉠, ㉡을 연립하여 풀면

$a=\boxed{-1}$, $b=\boxed{-1}$

$\therefore \mathrm{P}(\boxed{-1}, \boxed{-1})$

다른 풀이

STEP1 점 P의 좌표를 (t, t)로 놓고, 관계식 구하기 [4점]

점 P는 직선 $y=x$ 위의 점이므로 $\mathrm{P}(t, t)$라 하자.
두 점 A$(2, 3)$, B$(-1, 4)$에 대하여 $\overline{PA}=\overline{PB}$이므로

$\sqrt{(t-2)^2+(t-3)^2}=\sqrt{(t+1)^2+(t-4)^2}$

STEP2 점 P의 좌표 구하기 [2점]

위 식의 양변을 제곱하여 정리하면

$2t^2-10t+13=2t^2-6t+17$

$4t=-4$ $\therefore t=-1$

따라서 점 P의 좌표는 $(-1, -1)$이다.

오답 분석

점 P의 좌표를 (a, b)라 하면
$\overline{PA}=\overline{PB}$이므로
$\sqrt{(a-2)^2+(b-3)^2}=\sqrt{(a+1)^2+(b-4)^2}$ ⎫ 3점
$a^2-4a+4+b^2-6b+9=a^2+2a+1+b^2-8b+16$
$6a-2b+4=0$
$\therefore b=3a+2$
따라서 점 P의 좌표는 $(a, 3a+2)$이다. → a의 값을 구하지 않았음

▶ 6점 중 3점 얻음.
점 P는 직선 $y=x$ 위의 점이므로 $a=b$이다.
이를 이용하면 $a=-1$, $b=-1$이다.

2061 답 P$(-2, 2)$

STEP1 점 P의 좌표를 (a, b)로 놓고, a와 b 사이의 관계식 구하기 [1점]

점 P의 좌표를 (a, b)라 하면 점 P는 직선 $y=-x$ 위의 점이므로

$b=-a$ ⋯⋯⋯⋯⋯⋯⋯ ㉠

STEP2 $\overline{AP}=\overline{BP}$임을 이용하여 a와 b 사이의 관계식 구하기 [3점]

$\overline{AP}=\overline{BP}$에서 $\overline{AP}^2=\overline{BP}^2$이므로

$(a-3)^2+(b+3)^2=(a-5)^2+(b-3)^2$ ⋯⋯ ⓐ

$a^2-6a+9+b^2+6b+9=a^2-10a+25+b^2-6b+9$

$\therefore a+3b=4$ ⋯⋯⋯⋯⋯ ㉡

STEP3 점 P의 좌표 구하기 [2점]

㉠, ㉡을 연립하여 풀면

$a=-2$, $b=2$

$\therefore \mathrm{P}(-2, 2)$

부분점수표	
ⓐ $\overline{AP}=\overline{BP}$임을 이용하여 식으로 나타낸 경우	2점

2062 답 0

STEP1 직선 $y=2x+2$ 위의 점 P의 좌표를 이용하여 a와 b 사이의 관계식 구하기 [1점]

점 P(a, b)는 직선 $y=2x+2$ 위의 점이므로

$b=2a+2$ ⋯⋯⋯⋯⋯⋯ ㉠

STEP2 $\overline{AP}=\overline{BP}$임을 이용하여 a와 b 사이의 관계식 구하기 [3점]

$\overline{AP}=\overline{BP}$에서 $\overline{AP}^2=\overline{BP}^2$이므로

$(a+3)^2+(b-1)^2=(a-1)^2+(b-5)^2$ ⋯⋯ ⓐ

$a^2+6a+9+b^2-2b+1=a^2-2a+1+b^2-10b+25$

$\therefore a+b=2$ ⋯⋯⋯⋯⋯ ㉡

STEP3 a, b의 값을 구하여 ab의 값 구하기 [2점]

㉠, ㉡을 연립하여 풀면

$a=0$, $b=2$

$\therefore ab=0\times2=0$

부분점수표	
ⓐ $\overline{AP}=\overline{BP}$임을 이용하여 식으로 나타낸 경우	2점

2063 답 $2\sqrt{2}$

STEP1 $\overline{AP}=\overline{BP}$임을 이용하여 점 P의 좌표 구하기 [2점]

점 P의 좌표를 $(a, 0)$이라 하면
$\overline{AP}=\overline{BP}$에서 $\overline{AP}^2=\overline{BP}^2$이므로

$(a-4)^2+1^2=(a-1)^2+(-2)^2$ ⋯⋯ ⓐ

$a^2-8a+16+1=a^2-2a+1+4$

$6a=12$ $\therefore a=2$

$\therefore \mathrm{P}(2, 0)$

STEP2 $\overline{AQ}=\overline{BQ}$임을 이용하여 점 Q의 좌표 구하기 [2점]

점 Q의 좌표를 $(0, b)$라 하면
$\overline{AQ}=\overline{BQ}$에서 $\overline{AQ}^2=\overline{BQ}^2$이므로

$(-4)^2+(b+1)^2=(-1)^2+(b-2)^2$ ⋯⋯ ⓑ

$16+b^2+2b+1=1+b^2-4b+4$

$6b=-12$ $\therefore b=-2$

$\therefore \mathrm{Q}(0, -2)$

STEP3 선분 PQ의 길이 구하기 [2점]

$\overline{PQ}=\sqrt{(-2)^2+(-2)^2}=2\sqrt{2}$

부분점수표	
ⓐ $\overline{AP}=\overline{BP}$임을 이용하여 식으로 나타낸 경우	1점
ⓑ $\overline{AQ}=\overline{BQ}$임을 이용하여 식으로 나타낸 경우	1점

2064 답 (1) 1 (2) 2 (3) 4 (4) -1 (5) 2 (6) 10 (7) -5
(8) 4

STEP1 내분점 P의 좌표 구하기 [2점]

$\overline{\mathrm{AB}}$를 $1:2$로 내분하는 점 P의 좌표는

$$\mathrm{P}\left(\frac{1\times\boxed{1}+2\times(-2)}{1+\boxed{2}},\ \frac{1\times(-2)+2\times\boxed{4}}{1+2}\right)$$

$$\therefore \mathrm{P}(\boxed{-1},\ 2)$$

STEP2 외분점 Q의 좌표 구하기 [2점]

$\overline{\mathrm{AB}}$를 $1:2$로 외분하는 점 Q의 좌표는

$$\mathrm{Q}\left(\frac{1\times 1-2\times(-2)}{1-2},\ \frac{1\times(-2)-\boxed{2}\times 4}{1-2}\right)$$

$$\therefore \mathrm{Q}(-5,\ \boxed{10})$$

STEP3 두 점 P, Q 사이의 거리 구하기 [2점]

$$\overline{\mathrm{PQ}}=\sqrt{(\boxed{-5}+1)^2+(10-2)^2}$$
$$=\sqrt{80}=\boxed{4}\sqrt{5}$$

실제 답안 예시

선분 AB를 $1:2$로 내분, 외분하는 점이 각각 P, Q이므로 그림처럼 나타낼 수 있다.

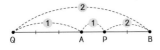

따라서 $\overline{\mathrm{PQ}}=\dfrac{4}{3}\overline{\mathrm{AB}}$이므로

$$\overline{\mathrm{PQ}}=\frac{4}{3}\sqrt{(-2-1)^2+(4+2)^2}=\frac{4}{3}\sqrt{45}=4\sqrt{5}$$

2065 답 $3\sqrt{10}$

STEP1 내분점 P의 좌표 구하기 [2점]

$\overline{\mathrm{AB}}$를 $1:3$으로 내분하는 점 P의 좌표는

$$\mathrm{P}\left(\frac{1\times(-4)+3\times 8}{1+3},\ \frac{1\times 1+3\times 5}{1+3}\right)$$

$$\therefore \mathrm{P}(5,\ 4)$$

STEP2 외분점 Q의 좌표 구하기 [2점]

$\overline{\mathrm{AB}}$를 $1:3$으로 외분하는 점 Q의 좌표는

$$\mathrm{Q}\left(\frac{1\times(-4)-3\times 8}{1-3},\ \frac{1\times 1-3\times 5}{1-3}\right)$$

$$\therefore \mathrm{Q}(14,\ 7)$$

STEP3 두 점 P, Q 사이의 거리 구하기 [2점]

$$\overline{\mathrm{PQ}}=\sqrt{(14-5)^2+(7-4)^2}$$
$$=\sqrt{90}=3\sqrt{10}$$

2066 답 $\left(-\dfrac{14}{5},\ -\dfrac{8}{5}\right)$

STEP1 내분점 P의 좌표 구하기 [3점]

$\overline{\mathrm{AB}}$를 $3:2$로 내분하는 점 P의 좌표는

$$\mathrm{P}\left(\frac{3\times 3+2\times(-1)}{3+2},\ \frac{3\times(-2)+2\times 5}{3+2}\right)$$

$$\therefore \mathrm{P}\left(\frac{7}{5},\ \frac{4}{5}\right)$$

STEP2 외분점의 좌표 구하기 [3점]

$\overline{\mathrm{OP}}$를 $2:3$으로 외분하는 점의 좌표는

$$\left(\frac{2\times\frac{7}{5}-3\times 0}{2-3},\ \frac{2\times\frac{4}{5}-3\times 0}{2-3}\right)$$

$$\therefore \left(-\frac{14}{5},\ -\frac{8}{5}\right)$$

2067 답 $\dfrac{m_1}{n_1}=\dfrac{1}{2}$, $\dfrac{m_2}{n_2}=\dfrac{1}{4}$

STEP1 $\dfrac{m_1}{n_1}$의 값 구하기 [4점]

$\overline{\mathrm{AB}}$를 $m_1:n_1$로 내분하는 점의 좌표는

$$\left(\frac{m_1\times 6+n_1\times(-3)}{m_1+n_1},\ \frac{m_1\times 4+n_1\times 1}{m_1+n_1}\right)$$

$$=\left(\frac{6m_1-3n_1}{m_1+n_1},\ \frac{4m_1+n_1}{m_1+n_1}\right) \quad\cdots\cdots\ ⓐ$$

이 점이 y축 위에 있으므로

$$\frac{6m_1-3n_1}{m_1+n_1}=0,\ 6m_1-3n_1=0 \quad\cdots\cdots\ ⓑ$$

$$6m_1=3n_1 \qquad \therefore \frac{m_1}{n_1}=\frac{1}{2}$$

STEP2 $\dfrac{m_2}{n_2}$의 값 구하기 [4점]

$\overline{\mathrm{AB}}$를 $m_2:n_2$로 외분하는 점의 좌표는

$$\left(\frac{m_2\times 6-n_2\times(-3)}{m_2-n_2},\ \frac{m_2\times 4-n_2\times 1}{m_2-n_2}\right)$$

$$=\left(\frac{6m_2+3n_2}{m_2-n_2},\ \frac{4m_2-n_2}{m_2-n_2}\right) \quad\cdots\cdots\ ⓒ$$

이 점이 x축 위에 있으므로

$$\frac{4m_2-n_2}{m_2-n_2}=0,\ 4m_2-n_2=0 \quad\cdots\cdots\ ⓓ$$

$$4m_2=n_2 \qquad \therefore \frac{m_2}{n_2}=\frac{1}{4}$$

부분점수표	
ⓐ $\overline{\mathrm{AB}}$를 $m_1:n_1$로 내분하는 점의 좌표를 구한 경우	2점
ⓑ $\dfrac{6m_1-3n_1}{m_1+n_1}=0$ 또는 $6m_1-3n_1=0$을 나타낸 경우	1점
ⓒ $\overline{\mathrm{AB}}$를 $m_2:n_2$로 외분하는 점의 좌표를 구한 경우	2점
ⓓ $\dfrac{4m_2-n_2}{m_2-n_2}=0$ 또는 $4m_2-n_2=0$을 나타낸 경우	1점

참고 그림과 같이 선분 AB는 y축에 의하여 $1:2$로 내분되고, x축에 의하여 $1:4$로 외분된다.

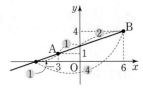

2068 답 (1) $\overline{\mathrm{BD}}$ (2) $2\sqrt{10}$ (3) $\sqrt{10}$ (4) 1 (5) 1 (6) -3
(7) 1 (8) -1 (9) 11 (10) 4

STEP1 삼각형의 내각의 이등분선의 성질을 이용하여 $\overline{\mathrm{BD}}:\overline{\mathrm{CD}}$ 구하기 [5점]

$\overline{\mathrm{AD}}$는 $\angle\mathrm{A}$의 이등분선이므로

$$\overline{\mathrm{AB}}:\overline{\mathrm{AC}}=\boxed{\overline{\mathrm{BD}}}:\boxed{\overline{\mathrm{CD}}}$$

$$\overline{\mathrm{AB}}=\sqrt{(-3+1)^2+(-1-5)^2}=\boxed{2\sqrt{10}}$$

$$\overline{\mathrm{AC}}=\sqrt{(2+1)^2+(6-5)^2}=\boxed{\sqrt{10}}$$

$$\therefore \overline{\mathrm{BD}}:\overline{\mathrm{CD}}=\overline{\mathrm{AB}}:\overline{\mathrm{AC}}=2:\boxed{1}$$

STEP 2 a, b의 값을 구하여 $a+b$의 값 구하기 [3점]

점 D는 $\overline{BC}$를 $2:\boxed{1}$로 내분하는 점이므로

$$a=\frac{2\times2+1\times\boxed{(-3)}}{2+1}=\boxed{\frac{1}{3}}$$

$$b=\frac{2\times6+1\times\boxed{(-1)}}{2+1}=\boxed{\frac{11}{3}}$$

$$\therefore a+b=\frac{1}{3}+\frac{11}{3}=\boxed{4}$$

오답 분석

$\overline{AD}$는 ∠A의 이등분선이므로

점 D는 $\overline{BC}$의 중점이다. → 점 D는 $\overline{BC}$의 중점이 아님

$$D\left(\frac{2+(-3)}{2}, \frac{6+(-1)}{2}\right)$$

따라서 $D\left(-\frac{1}{2}, \frac{5}{2}\right)$이다.

$$\therefore a+b=-\frac{1}{2}+\frac{5}{2}=2$$

▶ 8점 중 0점 얻음.
점 D는 $\overline{BC}$의 중점이 아니라 $\overline{BC}$를 $\overline{AB}:\overline{AC}$로 내분한 점이라는 각의 이등분선의 성질을 숙지하도록 한다.

2069 답 $\dfrac{7}{5}$

STEP 1 삼각형의 내각의 이등분선의 성질을 이용하여 $\overline{BD}:\overline{CD}$ 구하기 [5점]

$\overline{AD}$는 ∠A의 이등분선이므로

$$\overline{AB}:\overline{AC}=\overline{BD}:\overline{CD}$$

$$\overline{AB}=\sqrt{(-2-2)^2+(1-3)^2}=2\sqrt{5}$$

$$\overline{AC}=\sqrt{(5-2)^2+(-3-3)^2}=3\sqrt{5}$$

$$\therefore \overline{BD}:\overline{CD}=\overline{AB}:\overline{AC}=2\sqrt{5}:3\sqrt{5}=2:3$$

STEP 2 a, b의 값을 구하여 $a-b$의 값 구하기 [3점]

점 D는 $\overline{BC}$를 $2:3$으로 내분하는 점이므로

$$a=\frac{2\times5+3\times(-2)}{2+3}=\frac{4}{5} \quad\cdots\cdots \text{ⓐ}$$

$$b=\frac{2\times(-3)+3\times1}{2+3}=-\frac{3}{5} \quad\cdots\cdots \text{ⓐ}$$

$$\therefore a-b=\frac{4}{5}-\left(-\frac{3}{5}\right)=\frac{7}{5}$$

부분점수표	
ⓐ a 또는 b의 값을 하나만 구한 경우	1점

2070 답 $1:2$

STEP 1 삼각형의 내각의 이등분선의 성질을 이용하여 $\overline{BD}:\overline{CD}$ 구하기 [5점]

$\overline{AD}$는 ∠A의 이등분선이므로

$$\overline{AB}:\overline{AC}=\overline{BD}:\overline{CD}$$

$$\overline{AB}=\sqrt{(-1+2)^2+(4-1)^2}=\sqrt{10}$$

$$\overline{AC}=\sqrt{(4+2)^2+(-1-1)^2}=2\sqrt{10}$$

$$\therefore \overline{BD}:\overline{CD}=\overline{AB}:\overline{AC}=\sqrt{10}:2\sqrt{10}=1:2$$

STEP 2 삼각형 ABD의 넓이와 삼각형 ACD의 넓이의 비 구하기 [1점]

삼각형 ABD와 삼각형 ACD의 넓이의 비는 밑변의 길이의 비 $\overline{BD}:\overline{CD}$와 같으므로

$$\triangle ABD:\triangle ACD=\overline{BD}:\overline{CD}=1:2$$

2071 답 3

STEP 1 삼각형의 내각의 이등분선의 성질을 이용하여 $\overline{OC}:\overline{BC}$ 구하기 [5점]

$\overline{AC}$는 ∠A의 이등분선이므로

$$\overline{AO}:\overline{AB}=\overline{OC}:\overline{BC}$$

$$\overline{AO}=\sqrt{1^2+2^2}=\sqrt{5}$$

$$\overline{AB}=\sqrt{(5-1)^2+(4-2)^2}=2\sqrt{5}$$

$$\therefore \overline{OC}:\overline{BC}=\overline{AO}:\overline{AB}=\sqrt{5}:2\sqrt{5}=1:2$$

STEP 2 a, b의 값을 구하여 $a+b$의 값 구하기 [3점]

점 C는 $\overline{OB}$를 $1:2$로 내분하는 점이므로

$$a=\frac{1\times5+2\times0}{1+2}=\frac{5}{3} \quad\cdots\cdots \text{ⓐ}$$

$$b=\frac{1\times4+2\times0}{1+2}=\frac{4}{3} \quad\cdots\cdots \text{ⓐ}$$

$$\therefore a+b=\frac{5}{3}+\frac{4}{3}=3$$

부분점수표	
ⓐ a 또는 b의 값을 하나만 구한 경우	1점

실력 check **실전 마무리하기** **1**회   432쪽~436쪽

1 2072 답 ⑤   유형 1

출제의도 │ 두 점 사이의 거리를 이용하여 두 선분 사이의 관계를 식으로 나타낼 수 있는지 확인한다.

$\overline{AB}=2\overline{CD}$에서 양변을 제곱한 식 $\overline{AB}^2=4\overline{CD}^2$을 이용해 보자.

$\overline{AB}=2\overline{CD}$에서 $\overline{AB}^2=4\overline{CD}^2$이므로

$$(a-1)^2+(-1+a)^2=4\{2^2+(-2)^2\}$$

$$2a^2-4a+2=32, \ a^2-2a-15=0$$

$$(a+3)(a-5)=0 \quad \therefore a=5 \ (\because a>0)$$

---

2 2073 답 ②   유형 1

출제의도 │ 두 점 사이의 거리를 식으로 나타낼 수 있는지 확인한다.

이차식을 완전제곱식 꼴로 바꾸어 보자.

$$\overline{AB}=\sqrt{(1-a)^2+(a+3)^2}$$

$$=\sqrt{2a^2+4a+10}$$

$$=\sqrt{2(a+1)^2+8}$$

따라서 $a=-1$일 때, 선분 AB의 길이가 최소가 된다.

---

3 2074 답 ④   유형 2

출제의도 │ 두 점에서 같은 거리에 있는 직선 위의 점을 구할 수 있는지 확인한다.

미지수를 사용해서 직선 $y=x$ 위의 점의 좌표를 나타내어 보자.

직선 $y=x$ 위의 점을 $P(a, a)$라 하면
$\overline{AP}=\overline{BP}$에서 $\overline{AP}^2=\overline{BP}^2$이므로
$(a-2)^2+(a+3)^2=(a-5)^2+a^2$
$a^2-4a+4+a^2+6a+9=a^2-10a+25+a^2$
$12a=12$ $\quad\therefore a=1$
따라서 구하는 점의 좌표는 $(1, 1)$이다.

4 2075 답 ⑤
유형 1 + 유형 2
출제의도 | 두 점에서 같은 거리에 있는 점을 구할 수 있는지 확인한다.

> x축 위에 있는 점의 좌표는 $(a, 0)$, y축 위에 있는 점의 좌표는 $(0, b)$로 놓을 수 있어.

점 P의 좌표를 $(a, 0)$이라 하면
$\overline{AP}=\overline{BP}$에서 $\overline{AP}^2=\overline{BP}^2$이므로
$(a+1)^2+1^2=(a-1)^2+(-3)^2$
$a^2+2a+2=a^2-2a+10$
$4a=8$ $\quad\therefore a=2$
$\therefore P(2, 0)$
점 Q의 좌표를 $(0, b)$라 하면
$\overline{AQ}=\overline{BQ}$에서 $\overline{AQ}^2=\overline{BQ}^2$이므로
$1^2+(b+1)^2=(-1)^2+(b-3)^2$
$b^2+2b+2=b^2-6b+10$
$8b=8$ $\quad\therefore b=1$
$\therefore Q(0, 1)$
$\therefore \overline{PQ}=\sqrt{(-2)^2+1^2}=\sqrt{5}$

5 2076 답 ④
유형 4
출제의도 | 세 변의 길이를 구하여 삼각형의 모양을 판단할 수 있는지 확인한다.

> 두 꼭짓점 사이의 거리를 구하면 삼각형에서 각 변의 길이를 구할 수 있어.

$\overline{AB}=\sqrt{(-3-1)^2+(1+1)^2}=\sqrt{20}$
$\overline{BC}=\sqrt{(3+3)^2+(3-1)^2}=\sqrt{40}$
$\overline{CA}=\sqrt{(3-1)^2+(3+1)^2}=\sqrt{20}$
$\therefore \overline{AB}=\overline{CA}, \overline{BC}^2=\overline{AB}^2+\overline{CA}^2$
따라서 삼각형 ABC는 $\angle A=90°$인 직각이등변삼각형이다.

6 2077 답 ②
유형 5
출제의도 | 두 점 A, B와 임의의 점 P에 대하여 $\overline{AP}+\overline{BP}\geq\overline{AB}$임을 아는지 확인한다.

> 점 P가 선분 AB 위의 점일 때, $\overline{AP}+\overline{BP}$의 값이 최소야.

$\overline{AP}+\overline{BP}\geq\overline{AB}$
$\quad=\sqrt{(a-1+3)^2+(1-a)^2}$
$\quad=\sqrt{2a^2+2a+5}$
$\quad=\sqrt{2\left(a+\dfrac{1}{2}\right)^2+\dfrac{9}{2}}$
따라서 $a=-\dfrac{1}{2}$일 때, $\overline{AP}+\overline{BP}$의 값이 최소이다.

7 2078 답 ③
유형 6
출제의도 | $\overline{AP}^2+\overline{BP}^2$의 최솟값을 구할 수 있는지 확인한다.

> x축 위의 점 P의 좌표를 $(a, 0)$이라 하고 식을 세워 보자.

점 P의 좌표를 $(a, 0)$이라 하면
$\overline{AP}^2+\overline{BP}^2=(a-1)^2+(-5)^2+(a-9)^2+(-3)^2$
$\qquad\qquad\qquad=2a^2-20a+116$
$\qquad\qquad\qquad=2(a-5)^2+66$
따라서 $a=5$일 때, 주어진 식의 최솟값은 66이다.

8 2079 답 ②
유형 12
출제의도 | 삼각형의 무게중심의 좌표를 이용하여 미지수의 값을 구할 수 있는지 확인한다.

> 삼각형의 무게중심을 a, b로 나타내어 보자.

삼각형 ABC의 무게중심의 좌표가 $(0, 3)$이므로
$\dfrac{a+3-2}{3}=0, \dfrac{1+b+4}{3}=3$
$\therefore a=-1, b=4$
$\therefore a-b=-1-4=-5$

9 2080 답 ③
유형 3
출제의도 | 삼각형의 외심을 이해하고, 식의 값을 구할 수 있는지 확인한다.

> 삼각형 ABC의 외심이 변 BC 위에 있으면 삼각형 ABC는 $\angle A=90°$인 직각삼각형이고 외심은 변 BC의 중점이야.

삼각형 ABC의 외심이 변 BC 위에 있으므로 삼각형 ABC는
$\angle A=90°$인 직각삼각형이다.
즉, $\overline{AB}^2+\overline{AC}^2=\overline{BC}^2$
또, 외접원의 반지름의 길이는 외심인 점 $(-2, 1)$과 점
$A(1, 3)$ 사이의 거리이므로
$\sqrt{(1+2)^2+(3-1)^2}=\sqrt{13}$
이때 $\overline{BC}$는 외접원의 지름이므로
$\overline{BC}=2\sqrt{13}$
$\therefore \overline{AB}^2+\overline{AC}^2=\overline{BC}^2=52$

10 2081 답 ③
유형 5
출제의도 | 두 점 사이의 거리를 활용할 수 있는지 확인한다.

> 두 점 사이의 거리를 구하는 식을 이용하기 위해 세 점의 좌표를 정해 보자.

$A(1, -3), B(-4, 2), P(x, y)$라 하면
$\sqrt{(x-1)^2+(y+3)^2}+\sqrt{(x+4)^2+(y-2)^2}$
$=\overline{AP}+\overline{BP}$
$\geq\overline{AB}$
$=\sqrt{(-4-1)^2+(2+3)^2}$
$=5\sqrt{2}$
따라서 주어진 식의 최솟값은 $5\sqrt{2}$이다.

11 2082 답 ④
유형 8

출제의도 | 수직선 위의 선분의 내분점과 외분점을 구할 수 있는지 확인한다.

점 A의 좌표를 0이라 하고 각 점 사이의 거리를 1이라 하면
두 점 $B(1)$, $F(5)$를 잇는 선분 BF에 대하여 선분 BF를 $1:3$으로
내분하는 점 P의 좌표는

$$\frac{1\times5+3\times1}{1+3}=\frac{8}{4}=2 \qquad \therefore P(2)$$

두 점 $B(1)$, $D(3)$을 잇는 선분 BD에 대하여 선분 BD를 $5:3$으
로 외분하는 점 Q의 좌표는

$$\frac{5\times3-3\times1}{5-3}=\frac{12}{2}=6 \qquad \therefore Q(6)$$

이때 선분 PQ의 중점을 M이라 하면 중점 M의 좌표는

$$\frac{2+6}{2}=4 \qquad \therefore M(4)$$

따라서 점 A로부터 4만큼 떨어져 있는 점은 E이므로 구하는 점은
E이다.

다른 풀이

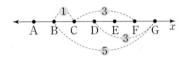

선분 BF를 $1:3$으로 내분하는 점이 P이므로

$$\overline{BP}=\frac{1}{4}\overline{BF}=\overline{BC}$$

또, 선분 BD를 $5:3$으로 외분하는 점이 Q이므로

$$\overline{BQ}=\frac{5}{2}\overline{BD}=\overline{BG}$$

따라서 선분 PQ의 중점은 선분 CG의 중점과 같으므로 점 E이다.

12 2083 답 ⑤
유형 9

출제의도 | 외분점의 좌표를 구할 수 있는지 확인한다.

선분 AB를 $5:2$로 외분하는 점의 좌표가 $(n, -5)$이므로

$$n=\frac{5\times11-2\times2}{5-2}, \quad -5=\frac{5\times m-2\times15}{5-2}$$

따라서 $m=3$, $n=17$이므로 $m+n=3+17=20$

13 2084 답 ②
유형 9

출제의도 | 좌표평면 위의 선분의 내분점과 외분점 그리고 이 두 점의 중점을
구할 수 있는지 확인한다.

선분 AB를 $2:1$로 내분하는 점 P의 좌표는

$$P\left(\frac{2\times4+1\times(-2)}{2+1}, \frac{2\times(-2)+1\times4}{2+1}\right) \qquad \therefore P(2, 0)$$

선분 AB를 $1:2$로 외분하는 점 Q의 좌표는

$$Q\left(\frac{1\times4-2\times(-2)}{1-2}, \frac{1\times(-2)-2\times4}{1-2}\right) \qquad \therefore Q(-8, 10)$$

따라서 선분 PQ의 중점의 좌표는

$$\left(\frac{2-8}{2}, \frac{0+10}{2}\right) \qquad \therefore (-3, 5)$$

14 2085 답 ②
유형 10

출제의도 | 등식을 만족시키는 선분의 연장선 위의 점의 좌표를 구할 수 있는
지 확인한다.

$2\overline{AC}=3\overline{BC}$에서 $\overline{AC}:\overline{BC}=3:2$
점 C는 $\overline{AB}$의 연장선 위의 점이므로 점 C는 $\overline{AB}$를 $3:2$로 외분하
는 점이다.

$$C\left(\frac{3\times2-2\times(-1)}{3-2}, \frac{3\times(-3)-2\times4}{3-2}\right)$$

$$\therefore C(8, -17)$$

따라서 $a=8$, $b=-17$이므로 $a+b=8+(-17)=-9$

15 2086 답 ②
유형 13

출제의도 | 삼각형의 무게중심을 활용할 수 있는지 확인한다.

삼각형 OAP의 무게중심 G의 좌표는

$$G\left(\frac{0+3+0}{3}, \frac{0+0+a}{3}\right)$$

$$\therefore G\left(1, \frac{a}{3}\right)$$

이때 삼각형 OAB의 넓이가 삼각형
OAG의 넓이의 6배이므로 삼각형
OAB의 높이가 삼각형 OAG의 높이
의 6배이다.

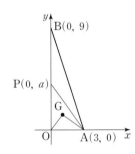

즉, $\frac{a}{3}\times6=9$, $2a=9$

$$\therefore a=\frac{9}{2}$$

따라서 무게중심 G의 좌표는 $\left(1, \frac{3}{2}\right)$이다.

↳ $G\left(1, \frac{a}{3}\right)$이므로 $a=\frac{9}{2}$를 대입한다.

16 2087 답 ③
유형 16

출제의도 | 조건을 만족시키는 점이 나타내는 도형의 방정식을 구할 수 있는
지 확인한다.

$P(a, b)$라 하면 점 P는 직선 $y=2x-4$ 위의 점이므로

$$b=2a-4 \quad \cdots\cdots\cdots\cdots\cdots\cdots\cdots ㉠$$

$M(x, y)$라 하면 점 M은 $\overline{AP}$의 중점이므로

$$x=\frac{2+a}{2}, y=\frac{4+b}{2}$$

$$\therefore a=2x-2, b=2y-4 \quad \cdots\cdots\cdots\cdots ㉡$$

ⓒ을 ㉠에 대입하면 $2y-4=2(2x-2)-4$
$$\therefore y=2x-2$$

17 2088　답 ②

유형 5

출제의도 | 두 점에서 같은 거리에 있는 점을 구할 수 있는지 확인한다.

> 세 지점을 좌표평면 위에 나타내어 보자.

$A(-2, 0)$, $B(-6, 0)$, $C(0, 2)$가 되도록 좌표평면을 생각하고 물류 창고의 위치의 좌표를 $P(a, b)$라 하자.
$\overline{AP}=\overline{BP}$에서 $\overline{AP}^2=\overline{BP}^2$이므로
$(a+2)^2+b^2=(a+6)^2+b^2$, $4a+4=12a+36$
$$\therefore a=-4 \quad\text{·······················}㉠$$
$\overline{AP}=\overline{CP}$에서 $\overline{AP}^2=\overline{CP}^2$이므로
$(a+2)^2+b^2=a^2+(b-2)^2$, $4a=-4b$
$$\therefore b=-a \quad\text{·······················}ⓒ$$
㉠을 ⓒ에 대입하면 $b=4$
$$\therefore P(-4, 4)$$
$$\therefore \overline{AP}=\sqrt{(-4+2)^2+(4-0)^2}=2\sqrt{5}\,(km)$$

18 2089　답 ③

유형 6

출제의도 | $\overline{AP}^2+\overline{BP}^2$의 최솟값을 구할 수 있는지 확인한다.

> 두 점 사이의 거리를 이용하면 $\overline{AP}^2+\overline{BP}^2$을 점 P의 y좌표에 대한 식으로 나타낼 수 있어.

y축 위의 점 P의 좌표를 $(0, k)$라 하면
$$\overline{AP}^2+\overline{BP}^2=1^2+(k-5)^2+(-3)^2+(k-1)^2$$
$$=1+k^2-10k+25+9+k^2-2k+1$$
$$=2k^2-12k+36$$
$$=2(k-3)^2+18$$
즉, $k=3$일 때, 주어진 식의 최솟값은 18이다.
따라서 $a=18$, $b=3$이므로 $a+b=18+3=21$

19 2090　답 ③

유형 6

출제의도 | 좌표를 이용하여 $\overline{PA}^2+\overline{PB}^2+\overline{PC}^2$의 최솟값을 구할 수 있는지 확인한다.

> 점 P의 좌표를 (x, y)로 놓고, $\overline{PA}^2+\overline{PB}^2+\overline{PC}^2$을 x, y에 대한 식으로 나타내어 보자.

점 P의 좌표를 (x, y)라 하자.
$$\overline{PA}^2+\overline{PB}^2+\overline{PC}^2$$
$$=(x+1)^2+(y-2)^2+(x-5)^2+(y-3)^2+(x-2)^2+(y-4)^2$$
$$=3x^2-12x+3y^2-18y+59$$
$$=3(x-2)^2+3(y-3)^2+20$$
이므로 이 값이 최소가 되도록 하는 점 P의 좌표는 $(2, 3)$이다.
따라서 점 $P(2, 3)$과 원점 사이의 거리는
$$\sqrt{2^2+3^2}=\sqrt{13}$$

20 2091　답 ④

유형 9

출제의도 | 삼각형의 넓이를 이용하여 밑변의 길이의 비를 구하고, 이를 내분점으로 연결할 수 있는지 확인한다.

> 두 점 A, B와 삼각형 OAC를 좌표평면 위에 나타내어 보자.

$a<0$이므로 점 C는 $\overline{AB}$를 외분하는 점이다.

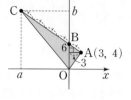

$\triangle OAB=\dfrac{1}{2}\times 6\times 3=9$이므로
$\triangle OBC=\triangle OAC-\triangle OAB$
$$=45-9=36$$
즉, $\triangle OAB : \triangle OBC=9 : 36=1 : 4$
이므로
$$\overline{AB} : \overline{BC}=1 : 4$$
따라서 점 C는 $\overline{AB}$를 $5 : 4$로 외분하는 점이므로
$$a=\frac{5\times 0-4\times 3}{5-4}=-12,\ b=\frac{5\times 6-4\times 4}{5-4}=14$$
$$\therefore -2a+b=-2\times(-12)+14=38$$

21 2092　답 ⑤

유형 13

출제의도 | 내분점의 좌표가 주어질 때, 삼각형의 무게중심을 구할 수 있는지 확인한다.

> 삼각형 ABC의 세 꼭짓점의 좌표를 미지수를 사용하여 나타내어 보자.

$A(x_1, y_1)$, $B(x_2, y_2)$, $C(x_3, y_3)$이라 하면
$\overline{AB}$를 $1 : 2$로 내분한 점이 $P(1, -2)$이므로
$$\frac{x_2+2x_1}{1+2}=1,\ \frac{y_2+2y_1}{1+2}=-2$$
$$\therefore 2x_1+x_2=3,\ 2y_1+y_2=-6 \quad\text{············}㉠$$
$\overline{BC}$를 $1 : 2$로 내분한 점이 $Q(4, 6)$이므로
$$\frac{x_3+2x_2}{1+2}=4,\ \frac{y_3+2y_2}{1+2}=6$$
$$\therefore 2x_2+x_3=12,\ 2y_2+y_3=18 \quad\text{············}ⓒ$$
$\overline{CA}$를 $1 : 2$로 내분한 점이 $R(-2, 8)$이므로
$$\frac{x_1+2x_3}{1+2}=-2,\ \frac{y_1+2y_3}{1+2}=8$$
$$\therefore 2x_3+x_1=-6,\ 2y_3+y_1=24 \quad\text{············}ⓒ$$
㉠+ⓒ+ⓒ을 하면
$x_1+x_2+x_3=3$, $y_1+y_2+y_3=12$이므로
삼각형 ABC의 무게중심의 좌표는
$$\left(\frac{x_1+x_2+x_3}{3}, \frac{y_1+y_2+y_3}{3}\right),\ 즉\ \left(\frac{3}{3}, \frac{12}{3}\right)$$
$$\therefore (1, 4)$$

다른 풀이

삼각형 ABC의 무게중심은 삼각형 PQR의 무게중심과 일치하므로 구하는 무게중심의 좌표는
$$\left(\frac{1+4-2}{3}, \frac{-2+6+8}{3}\right)\qquad\therefore (1, 4)$$

22 2093　답 풀이 참조

유형 6 + 유형 12

출제의도 | 주어진 조건을 만족시키는 점 P가 삼각형의 무게중심임을 증명할 수 있는지 확인한다.

STEP1 두 점 사이의 거리를 이용하여 $\overline{PA}^2+\overline{PB}^2+\overline{PC}^2$을 간단히 하기 [4점]

$P(x, y)$라 하면

$\overline{PA}^2+\overline{PB}^2+\overline{PC}^2$

$=(x-x_1)^2+(y-y_1)^2+(x-x_2)^2+(y-y_2)^2$
$\qquad\qquad\qquad\qquad +(x-x_3)^2+(y-y_3)^2$

$=3x^2-2(x_1+x_2+x_3)x+x_1^2+x_2^2+x_3^2$
$\qquad +3y^2-2(y_1+y_2+y_3)y+y_1^2+y_2^2+y_3^2$

$=3\left(x-\dfrac{x_1+x_2+x_3}{3}\right)^2+3\left(y-\dfrac{y_1+y_2+y_3}{3}\right)^2+x_1^2+x_2^2+x_3^2$
$\qquad +y_1^2+y_2^2+y_3^2-\dfrac{(x_1+x_2+x_3)^2}{3}-\dfrac{(y_1+y_2+y_3)^2}{3}$

STEP2 $\overline{PA}^2+\overline{PB}^2+\overline{PC}^2$의 값이 최소일 때의 점 P의 좌표가 삼각형의 무게중심의 좌표와 같은지 확인하기 [2점]

$x=\dfrac{x_1+x_2+x_3}{3}$, $y=\dfrac{y_1+y_2+y_3}{3}$일 때 $\overline{PA}^2+\overline{PB}^2+\overline{PC}^2$의 값이 최소이므로 점 P는 삼각형 ABC의 무게중심이다.

---

23 2094 답 13　　　　유형 15

출제의도 | 삼각형의 각의 이등분선이 변과 만나는 점의 좌표를 구할 수 있는지 확인한다.

STEP1 $\overline{OP}$, $\overline{OQ}$의 길이의 비 이용하기 [2점]

$\angle POQ$의 이등분선과 $\overline{PQ}$의 교점을 M이라 하면

$\overline{OP}:\overline{OQ}=\overline{PM}:\overline{MQ}$

$\overline{OP}=\sqrt{4^2+3^2}=5$, $\overline{OQ}=\sqrt{5^2+12^2}=13$

$\overline{PM}:\overline{MQ}=\overline{OP}:\overline{OQ}=5:13$

STEP2 a, b의 값 구하기 [3점]

점 M은 $\overline{PQ}$를 $5:13$으로 내분하는 점이므로 점 M의 y좌표는

$\dfrac{5\times12+13\times3}{5+13}=\dfrac{99}{18}=\dfrac{11}{2}$　　　$\therefore a=2, b=11$

STEP3 $a+b$의 값 구하기 [1점]

$a+b=2+11=13$

---

24 2095 답 2　　　　유형 10

출제의도 | 내분점과 외분점을 찾고 이를 이용하여 삼각형의 넓이의 비를 구할 수 있는지 확인한다.

STEP1 $\overline{QA}:\overline{PB}$, $\overline{DP}:\overline{CP}$ 구하기 [4점]

$\overline{AP}:\overline{PB}=3:2$,

$\overline{QP}:\overline{QB}=3:4=6:8$이므로

$\overline{QA}:\overline{PB}=3:2$

$\overline{DC}:\overline{DP}=2:3$이므로

$\overline{DP}:\overline{CP}=3:1$

STEP2 S_1, S_2를 삼각형 ACQ의 밑변의 길이와 높이를 사용한 문자로 나타내기 [3점]

삼각형 ACQ의 밑변의 길이를 a, 높이를 b라 하면

삼각형 BDP의 밑변의 길이는 $\dfrac{2}{3}a$, 높이는 $3b$이므로

삼각형 ACQ의 넓이는 $S_1=\dfrac{1}{2}ab$

삼각형 BDP의 넓이는 $S_2=\dfrac{1}{2}\times\dfrac{2}{3}a\times3b=ab$

STEP3 $\dfrac{S_2}{S_1}$의 값 구하기 [1점]

$\dfrac{S_2}{S_1}=ab\times\dfrac{2}{ab}=2$

---

25 2096 답 0, 8　　　　유형 14

출제의도 | 평행사변형에서 두 대각선의 중점이 일치하는 것을 이용하여 문제를 해결할 수 있는지 확인한다.

STEP1 두 대각선 AC, BD의 중점이 일치함을 식으로 나타내기 [2점]

점 D의 좌표를 (a, b)라 하면 두 대각선 AC, BD의 중점이 일치하므로

$\dfrac{3+k}{2}=\dfrac{4+a}{2}$, $\dfrac{2+2}{2}=\dfrac{4+b}{2}$

$\therefore k=a+1, b=0$

STEP2 점 D의 좌표 구하기 [4점]

사각형 ABCD의 둘레의 길이가 $6\sqrt5$이므로

$\overline{AB}+\overline{AD}=3\sqrt5$

$\sqrt{(4-3)^2+(4-2)^2}+\sqrt{(a-3)^2+(b-2)^2}=3\sqrt5$

$\sqrt{a^2-6a+13}=2\sqrt5\ (\because b=0)$

양변을 제곱하여 정리하면

$a^2-6a-7=0$, $(a+1)(a-7)=0$

$\therefore a=-1$ 또는 $a=7$

$\therefore D(-1, 0)$ 또는 $D(7, 0)$

STEP3 k의 값 모두 구하기 [2점]

$a=-1$일 때, $k=-1+1=0$

$a=7$일 때, $k=7+1=8$

$\therefore k=0$ 또는 $k=8$

실력 check **실전 마무리하기** 2회　　　437쪽~441쪽

1 2097 답 ②　　　　유형 1

출제의도 | 두 점 사이의 거리가 주어질 때 점의 좌표를 구할 수 있는지 확인한다.

> $\overline{AB}=5$를 이용해 보자.

$\overline{AB}=5$에서 $\overline{AB}^2=25$이므로

$(1+3)^2+(-2-a)^2=25$

$16+a^2+4a+4-25=0$

$a^2+4a-5=0$, $(a+5)(a-1)=0$

$\therefore a=-5$ 또는 $a=1$

따라서 모든 a의 값의 곱은 -5이다.

2 2098 답 ①　　　　유형 1

출제의도 | 두 점 사이의 거리가 최소일 때를 구할 수 있는지 확인한다.

> 두 점 사이의 거리를 구하는 식에 대입해 보자.

$$\overline{AB}=\sqrt{(k-1+2)^2+(3-k)^2}$$
$$=\sqrt{2k^2-4k+10}$$
$$=\sqrt{2(k-1)^2+8}$$

따라서 $k=1$일 때 $\overline{AB}$의 거리는 최소이다.

3 2099　답 ②　　　　　　　　　　　　유형 2

출제의도 ｜ 두 점에서 같은 거리에 있는 x축 위의 점을 구할 수 있는지 확인한다.

 x축 위의 점의 좌표는 $(a,\,0)$이라고 놓을 수 있어.

x축 위의 점을 P$(a,\,0)$이라 하면 $\overline{AP}=\overline{BP}$에서 $\overline{AP}^2=\overline{BP}^2$이므로
$$a^2+4^2=(a-4)^2+(-8)^2$$
$$a^2+16=a^2-8a+80$$
$$8a=64 \qquad \therefore a=8$$

4 2100　답 ⑤　　　　　　　　　　　　유형 2

출제의도 ｜ 두 점에서 같은 거리에 있는 직선 위의 점을 구할 수 있는지 확인한다.

 점 P가 직선 위의 점임을 이용해 보자.

점 P$(a,\,b)$가 직선 $y=x+1$ 위의 점이므로
$$b=a+1 \quad\cdots\cdots\cdots\cdots\cdots\cdots\cdots\cdots ㉠$$
세 점 P$(a,\,a+1)$, A$(1,\,-2)$, B$(5,\,2)$에 대하여
$\overline{AP}=\overline{BP}$에서 $\overline{AP}^2=\overline{BP}^2$이므로
$$(a-1)^2+(a+1+2)^2=(a-5)^2+(a+1-2)^2$$
$$a^2+6a+9=a^2-10a+25,\ 16a=16$$
$$\therefore a=1 \quad\cdots\cdots\cdots\cdots\cdots\cdots\cdots\cdots ㉡$$
㉡을 ㉠에 대입하면 $b=2$
$$\therefore ab=1\times2=2$$

5 2101　답 ④　　　　　　　　　　　　유형 4

출제의도 ｜ 세 변의 길이를 구하여 삼각형의 모양을 판단할 수 있는지 확인한다.

 두 점 사이의 거리를 이용하여 삼각형의 각 변의 길이를 구해 보자.

$$\overline{AB}=\sqrt{3^2+(5-2)^2}=\sqrt{18}$$
$$\overline{BC}=\sqrt{2^2+(-5)^2}=\sqrt{29}$$
$$\overline{AC}=\sqrt{(2+3)^2+(-2)^2}=\sqrt{29}$$
따라서 삼각형 ABC는 $\overline{AC}=\overline{BC}$인 이등변삼각형이다.

6 2102　답 ③　　　　　　　　　　　　유형 6

출제의도 ｜ $\overline{AP}^2+\overline{BP}^2$의 값이 최소가 되는 점 P의 좌표를 구할 수 있는지 확인한다.

 x축 위의 점 P의 좌표를 $(a,\,0)$이라 하고 식을 세워 보자.

x축 위의 점 P의 좌표를 $(a,\,0)$이라 하면
$$\overline{AP}^2+\overline{BP}^2=a^2+(-3)^2+(a-4)^2+(-1)^2$$
$$=2a^2-8a+26=2(a-2)^2+18$$
따라서 $a=2$일 때 주어진 식의 값이 최소이므로 점 P의 좌표는 $(2,\,0)$이다.

7 2103　답 ④　　　　　　　　　　　　유형 9

출제의도 ｜ 외분점의 좌표를 구할 수 있는지 확인한다.

 외분점을 구하는 식에 대입해 보자.

선분 AB를 $1:3$으로 외분하는 점의 좌표는
$$\left(\frac{1\times(-2)-3\times2}{1-3},\ \frac{1\times5-3\times3}{1-3}\right) \qquad \therefore (4,\,2)$$
따라서 $x=4$, $y=2$이므로
$$xy=4\times2=8$$

8 2104　답 ④　　　　　　　　　　　　유형 12

출제의도 ｜ 주어진 꼭짓점과 무게중심의 좌표를 이용하여 나머지 꼭짓점의 좌표에 대한 식을 세운 후 중점을 구할 수 있는지 확인한다.

 삼각형의 무게중심을 구하는 식에 대입해 보자.

삼각형 OAB의 무게중심의 좌표가 $(2,\,-4)$이므로
$$\frac{0+x_1+x_2}{3}=2,\ \frac{0+y_1+y_2}{3}=-4$$
$$\therefore x_1+x_2=6,\ y_1+y_2=-12$$
따라서 $\overline{AB}$의 중점의 좌표는
$$\left(\frac{x_1+x_2}{2},\ \frac{y_1+y_2}{2}\right),\ 즉\ (3,\,-6)이다.$$

9 2105　답 ②　　　　　　　　　　　　유형 4

출제의도 ｜ 주어진 삼각형이 직각삼각형일 때, 세 변의 길이 사이의 관계를 이용하여 꼭짓점의 좌표를 구할 수 있는지 확인한다.

 직각삼각형이니까 피타고라스 정리를 이용해 보자.

삼각형 ABC가 $\angle A=90°$인 직각삼각형이므로
$\overline{AB}^2+\overline{AC}^2=\overline{BC}^2$에서
$$(-1-a)^2+(2-1)^2+(3-a)^2+(4-1)^2=(3+1)^2+(4-2)^2$$
$$a^2+2a+1+1+a^2-6a+9+9=20,\ 2a^2-4a=0$$
$$2a(a-2)=0 \qquad \therefore a=2\ (\because a>0)$$

10 2106　답 ⑤　　　　　　　　　　　　유형 5

출제의도 ｜ 네 점이 주어질 때, $\overline{PO}+\overline{PA}+\overline{PB}+\overline{PC}$의 최솟값을 구할 수 있는지 확인한다.

 네 점을 좌표평면 위에 나타내고 대각선을 그어 보자.

$\overline{PO}+\overline{PA}+\overline{PB}+\overline{PC}$의 값이 최소일 때는 그림과 같이 두 선분 OB, AC의 교점이 P일 때이다.

$$\overline{PO}+\overline{PA}+\overline{PB}+\overline{PC}$$
$$\geq\overline{OB}+\overline{AC}$$
$$=\sqrt{6^2+(-2)^2}$$
$$\quad+\sqrt{(1-3)^2+(-2-4)^2}$$
$$=2\sqrt{10}+2\sqrt{10}$$
$$=4\sqrt{10}$$
따라서 $\overline{PO}+\overline{PA}+\overline{PB}+\overline{PC}$의 최솟값은 $4\sqrt{10}$이다.

11 2107　답 ②

출제의도 | 수직선 위의 선분의 내분점과 외분점 사이의 거리를 알 때, 점의 좌표를 구할 수 있는지 확인한다.

> 내분점과 외분점의 좌표를 구해 보자.

$\overline{AB}$를 $2:1$로 내분하는 점 P의 좌표는

$$\frac{2 \times a + 1 \times (-4)}{2+1} = \frac{2a-4}{3} \qquad \therefore \mathrm{P}\left(\frac{2a-4}{3}\right)$$

$\overline{AB}$를 $2:1$로 외분하는 점 Q의 좌표는

$$\frac{2 \times a - 1 \times (-4)}{2-1} = 2a+4 \qquad \therefore \mathrm{Q}(2a+4)$$

두 점 P, Q 사이의 거리가 8이므로

$$\left| 2a+4 - \frac{2a-4}{3} \right| = 8, \quad \left| \frac{4a+16}{3} \right| = 8$$

$$\frac{4a+16}{3} = -8 \text{ 또는 } \frac{4a+16}{3} = 8$$

$$\therefore a = 2 \ (\because a > 0)$$

12 2108　답 ③

출제의도 | 직선 위에 있는 내분점을 구할 수 있는지 확인한다.

> 내분하는 점의 좌표를 식으로 나타내고, 직선의 방정식에 대입해 보자.

$\overline{AB}$를 $2:1$로 내분하는 점의 좌표는

$$\left(\frac{2 \times k + 1 \times 3}{2+1}, \ \frac{2 \times 2 + 1 \times (-1)}{2+1} \right) \qquad \therefore \left(\frac{2k+3}{3}, \ 1 \right)$$

이 점이 직선 $y = x - 1$ 위의 점이므로

$$1 = \frac{2k+3}{3} - 1 \qquad \therefore k = \frac{3}{2}$$

13 2109　답 ⑤

출제의도 | 등식을 만족시키는 선분의 연장선 위의 점의 좌표를 구할 수 있는지 확인한다.

> 주어진 등식에서 두 선분 AC와 BC의 길이의 비를 구해 보자.

$2\overline{AC} = 3\overline{BC}$에서 $\overline{AC} : \overline{BC} = 3 : 2$이므로

점 C는 $\overline{AB}$를 $3:2$로 외분하는 점이다.

$$a = \frac{3 \times (-3) - 2 \times 3}{3-2} = -15$$

→ 점 C는 선분 AB의 연장선 위에 있으므로 외분점이다.

$$b = \frac{3 \times (-2) - 2 \times 1}{3-2} = -8$$

$$\therefore b - a = -8 - (-15) = 7$$

14 2110　답 ③

출제의도 | 평행사변형의 성질을 이용하여 네 꼭짓점의 좌표를 구할 수 있는지 확인한다.

> 평행사변형에서 두 대각선의 중점은 같아.

두 대각선 AC, BD의 중점이 일치하므로

$$\frac{a+2}{2} = \frac{7-2}{2}, \quad \frac{4-1}{2} = \frac{b+2}{2}$$

$$\therefore a = 3, \ b = 1 \qquad \therefore a + b = 3 + 1 = 4$$

15 2111　답 ②

출제의도 | 삼각형의 각의 이등분선이 변과 만나는 점의 좌표를 구할 수 있는지 확인한다.

> 각의 이등분선의 성질을 이용하면 $\overline{AB}:\overline{AC} = \overline{BD}:\overline{CD}$야.

$\overline{AD}$는 $\angle A$의 이등분선이므로

$$\overline{AB} : \overline{AC} = \overline{BD} : \overline{CD}$$

$$\overline{AB} = \sqrt{(1-2)^2 + (1-4)^2} = \sqrt{10}$$

$$\overline{AC} = \sqrt{(8-2)^2 + (2-4)^2} = 2\sqrt{10}$$

$$\therefore \overline{BD} : \overline{CD} = \overline{AB} : \overline{AC} = \sqrt{10} : 2\sqrt{10} = 1 : 2$$

즉, 점 D는 $\overline{BC}$를 $1:2$로 내분하는 점이므로

$$a = \frac{1 \times 8 + 2 \times 1}{1+2} = \frac{10}{3}$$

$$b = \frac{1 \times 2 + 2 \times 1}{1+2} = \frac{4}{3}$$

$$\therefore a - b = \frac{10}{3} - \frac{4}{3} = 2$$

16 2112　답 ②

출제의도 | 조건을 만족시키는 점이 나타내는 도형의 방정식을 구할 수 있는지 확인한다.

> 점 P의 좌표를 (x, y)라 하고, 주어진 조건을 이용하여 식으로 나타내어 보자.

$\mathrm{P}(x, y)$라 하면

$\overline{PA}^2 - \overline{PB}^2 = 4$이므로

$$(x-2)^2 + (y-1)^2 - \{(x-3)^2 + (y-2)^2\} = 4$$

$$2x + 2y = 12, \ x + y = 6 \qquad \therefore y = -x + 6$$

따라서 $a = -1$, $b = 6$이므로

$$ab = (-1) \times 6 = -6$$

17 2113　답 ②

출제의도 | $\overline{PA}^2 + \overline{PB}^2 + \overline{PC}^2$의 값이 최소가 되는 점 P의 좌표를 구할 수 있는지 확인한다.

> 점 P의 좌표를 (a, b)라 하고 a, b에 대한 식으로 나타내어 보자.

$\mathrm{P}(a, b)$라 하면

$$\begin{aligned}
&\overline{PA}^2 + \overline{PB}^2 + \overline{PC}^2 \\
&= (a+1)^2 + (b-2)^2 + (a-4)^2 + (b-6)^2 + a^2 + (b-1)^2 \\
&= 3a^2 - 6a + 3b^2 - 18b + 58 \\
&= 3(a-1)^2 + 3(b-3)^2 + 28
\end{aligned}$$

따라서 $a = 1$, $b = 3$일 때, 주어진 식의 값이 최소이므로 구하는 점 P의 좌표는 $(1, 3)$이다.

18 2114　답 ①

출제의도 | 좌표를 이용하여 도형의 성질이 성립함을 보일 수 있는지 확인한다.

> 주어진 식을 전개한 후 정리해 보자.

점 P의 좌표를 (x, y)라 하면
$$\overline{OP}^2 + \overline{AP}^2 + \overline{BP}^2$$
$$= x^2 + y^2 + (x-a)^2 + y^2 + x^2 + (y-b)^2$$
$$= x^2 + y^2 + x^2 - 2ax + a^2 + y^2 + x^2 + y^2 - 2by + b^2$$
$$= 3x^2 - 2ax + 3y^2 - 2by + a^2 + b^2$$
$$= 3\left(x^2 - \frac{2a}{3}x\right) + 3\left(y^2 - \frac{2b}{3}y\right) + a^2 + b^2$$
$$= 3\left(x - \frac{a}{3}\right)^2 + 3\left(y - \frac{b}{3}\right)^2 + \frac{2}{3}(a^2 + b^2)$$

따라서 $f(a) = \dfrac{a}{3}$, $g(b) = \dfrac{b}{3}$, $p = \dfrac{2}{3}$이므로
$$f(p) + g(p) = f\left(\frac{2}{3}\right) + g\left(\frac{2}{3}\right) = \frac{2}{9} + \frac{2}{9} = \frac{4}{9}$$

19 2115 답 ⑤   유형 10

출제의도 | 내분점과 외분점을 찾고 이를 이용하여 삼각형의 넓이의 비를 구할 수 있는지 확인한다.

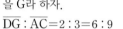
삼각형에서 평행선과 선분의 길이의 비를 이용해 보자.

그림과 같이 점 D를 지나고 $\overline{AC}$와 평행한 직선이 $\overline{BE}$와 만나는 점을 G라 하자.

$\overline{DG} : \overline{AC} = 2 : 3 = 6 : 9$
$\overline{DG} : \overline{FC} = 3 : 2 = 6 : 4$
$\therefore \overline{FC} : \overline{AC} = 4 : 9$

$\triangle CEF : \triangle FBC = 2 : 3$이므로 $\triangle FBC = \dfrac{3}{2}\triangle CEF$

또, $\triangle FBC : \triangle ABC = 4 : 9$이므로
$$\triangle ABC = \frac{9}{4}\triangle FBC = \frac{9}{4} \times \frac{3}{2}\triangle CEF = \frac{27}{8}\triangle CEF$$

따라서 $m = 27$, $n = 8$이므로
$$m + n = 27 + 8 = 35$$

20 2116 답 ③   유형 12

출제의도 | 한 꼭짓점과 두 변의 중점에 대한 조건이 주어질 때, 삼각형의 무게중심을 구할 수 있는지 확인한다.

삼각형의 두 꼭짓점의 좌표를 (a_1, b_1), (a_2, b_2)라 하고, 주어진 조건을 이용하여 식을 세워 보자.

꼭짓점 B, C의 좌표를 각각 $B(a_1, b_1)$, $C(a_2, b_2)$라 하자.
두 점 M, N은 두 변 AB, AC의 중점이므로
$$\frac{6 + a_1}{2} = x_1, \quad \frac{1 + b_1}{2} = y_1, \quad \frac{6 + a_2}{2} = x_2, \quad \frac{1 + b_2}{2} = y_2$$
$$\therefore a_1 + 6 = 2x_1, \ a_2 + 6 = 2x_2,$$
$$b_1 + 1 = 2y_1, \ b_2 + 1 = 2y_2$$

그런데 $x_1 + x_2 = 4$, $y_1 + y_2 = 2$이므로
$$(a_1 + 6) + (a_2 + 6) = 2(x_1 + x_2) = 8$$
$$(b_1 + 1) + (b_2 + 1) = 2(y_1 + y_2) = 4$$
$$\therefore a_1 + a_2 = -4, \ b_1 + b_2 = 2$$

따라서 삼각형 ABC의 무게중심의 좌표는
$$\left(\frac{6 + a_1 + a_2}{3}, \frac{1 + b_1 + b_2}{3}\right) \quad \therefore \left(\frac{2}{3}, 1\right)$$

21 2117 답 ④   유형 13

출제의도 | 세 변의 내분점을 꼭짓점으로 하는 삼각형의 무게중심을 구할 수 있는지 확인한다.

세 점 D, E, F의 좌표를 구해 보자.

$\overline{AB}$를 $3:1$로 내분한 점 D의 좌표는
$$\left(\frac{3 \times 2 + 1 \times 7}{3 + 1}, \frac{3 \times (-2) + 1 \times 2}{3 + 1}\right) \quad \therefore \left(\frac{13}{4}, -1\right)$$

$\overline{BC}$를 $3:1$로 내분한 점 E의 좌표는
$$\left(\frac{3 \times (-3) + 1 \times 2}{3 + 1}, \frac{3 \times 2 + 1 \times (-2)}{3 + 1}\right) \quad \therefore \left(-\frac{7}{4}, 1\right)$$

$\overline{CA}$를 $3:1$로 내분한 점 F의 좌표는
$$\left(\frac{3 \times 7 + 1 \times (-3)}{3 + 1}, \frac{3 \times 2 + 1 \times 2}{3 + 1}\right) \quad \therefore \left(\frac{9}{2}, 2\right)$$

따라서 삼각형 DEF의 무게중심의 좌표 (a, b)는
$$a = \frac{1}{3} \times \left(\frac{13}{4} - \frac{7}{4} + \frac{9}{2}\right) = 2$$
$$b = \frac{-1 + 1 + 2}{3} = \frac{2}{3}$$
$$\therefore a + b = 2 + \frac{2}{3} = \frac{8}{3}$$

다른 풀이

삼각형 DEF의 무게중심은 삼각형 ABC의 무게중심과 일치하므로
$$\left(\frac{7 + 2 - 3}{3}, \frac{2 - 2 + 2}{3}\right) \quad \therefore \left(2, \frac{2}{3}\right)$$

22 2118 답 풀이 참조   유형 7

출제의도 | 좌표를 이용하여 도형의 성질이 성립함을 보일 수 있는지 확인한다.

STEP1 도형을 좌표평면 위에 놓기 [2점]

그림과 같이 직선 BC를 x축으로 하고, 점 D를 지나고 직선 BC에 수직인 직선을 y축으로 하는 좌표평면을 잡으면 점 D는 원점이다.

이때 삼각형 ABC의 세 꼭짓점의 좌표를 각각 $A(a, b)$, $B(-c, 0)$, $C(2c, 0)$ $(c > 0)$이라 하자.

STEP2 주어진 등식이 성립함을 보이기 [4점]
$$2\overline{AB}^2 + \overline{AC}^2 = 2\{(a + c)^2 + b^2\} + (a - 2c)^2 + b^2$$
$$= 3a^2 + 3b^2 + 6c^2$$
$$= 3(a^2 + b^2 + 2c^2)$$
$$\overline{AD}^2 + 2\overline{BD}^2 = (a^2 + b^2) + 2c^2$$
$$= a^2 + b^2 + 2c^2$$
$$\therefore 2\overline{AB}^2 + \overline{AC}^2 = 3(\overline{AD}^2 + 2\overline{BD}^2)$$

23 2119 답 C(19, 7)   유형 10

출제의도 | 등식을 만족시키는 선분의 연장선 위의 점의 좌표를 구할 수 있는지 확인한다.

STEP1 선분 AB와 선분 BC의 길이의 비 구하기 [2점]

$2\overline{AB} = \overline{BC}$에서
$$\overline{AB} : \overline{BC} = 1 : 2$$

STEP2 점 C의 좌표 구하기 [4점]

점 C는 선분 AB의 연장선 위의 점이므로 점 C는 선분 AB를 3 : 2로 외분하는 점이다.

점 C의 좌표를 (a, b)라 하면

$a=\dfrac{3\times5-2\times(-2)}{3-2}=19$

$b=\dfrac{3\times3-2\times1}{3-2}=7$

$\therefore$ C$(19, 7)$

24 2120 답 -2 유형3

출제의도 | 삼각형의 외심의 성질을 이용하여 같은 거리에 있는 점을 구할 수 있는지 확인한다.

STEP1 b의 값과 점 P의 좌표 구하기 [4점]

삼각형 ABC의 외심의 좌표가 P$(b, 2)$이고 점 P에서 세 꼭짓점에 이르는 거리가 같으므로

$\overline{PA}=\overline{PB}=\overline{PC}$

$\overline{PA}=\overline{PC}$에서 $\overline{PA}^2=\overline{PC}^2$이므로

$(b-5)^2+(2+1)^2=(b+3)^2+(2-5)^2$

$b^2-10b+34=b^2+6b+18$

$16b=16$ $\therefore b=1$

$\therefore$ P$(1, 2)$

STEP2 a의 값 구하기 [3점]

$\overline{PA}=\overline{PB}$에서 $\overline{PA}^2=\overline{PB}^2$이므로

$(1-5)^2+(2+1)^2=(1-1)^2+(2-a)^2$

$a^2-4a-21=0,\ (a-7)(a+3)=0$

$\therefore a=-3\ (\because a<0)$

STEP3 $a+b$의 값 구하기 [1점]

$a+b=-3+1=-2$

25 2121 답 33   유형9 + 유형13

출제의도 | 삼각형의 무게중심의 성질과 내분점의 좌표를 이용하여 꼭짓점의 좌표를 구할 수 있는지 확인한다.

STEP1 $\overline{BC}$의 중점 구하기 [2점]

선분 BC의 중점을 D라 하면 점 D는 두 점 $\left(0, \dfrac{5}{4}\right)$, $\left(2, -\dfrac{1}{4}\right)$의 중점이므로

$D\left(\dfrac{0+2}{2}, \dfrac{\dfrac{5}{4}-\dfrac{1}{4}}{2}\right)$ $\therefore$ D$\left(1, \dfrac{1}{2}\right)$

STEP2 삼각형의 무게중심의 성질을 이용하여 a, b의 값 구하기 [5점]

$\overline{AD}:\overline{GD}=3:1=9:3,\ \overline{GD}:\overline{HD}=3:1$이므로

$\overline{AD}:\overline{HD}=9:1$이다.

즉, 점 A(a, b)는 $\overline{DH}$를 9 : 8로 외분하는 점이므로

$a=\dfrac{9\times2-8\times1}{9-8}=10,\ b=\dfrac{9\times3-8\times\dfrac{1}{2}}{9-8}=23$

STEP3 $a+b$의 값 구하기 [1점]

$a+b=10+23=33$

10 직선의 방정식

핵심 개념   446쪽~447쪽

2122 답 $y=-2x+3$

점 $(-1, 5)$를 지나고 기울기가 -2인 직선의 방정식은

$y-5=-2\{x-(-1)\}$ $\therefore y=-2x+3$

2123 답 $y=\sqrt{3}x-2$

x축의 양의 방향과 이루는 각의 크기가 60°인 직선의 기울기는

$\tan60°=\sqrt{3}$

점 $(\sqrt{3}, 1)$을 지나고 기울기가 $\sqrt{3}$인 직선의 방정식은

$y-1=\sqrt{3}(x-\sqrt{3})$ $\therefore y=\sqrt{3}x-2$

2124 답 $y=-3x+11$

두 점 $(2, 5)$, $(4, -1)$을 지나는 직선의 기울기는

$\dfrac{-1-5}{4-2}=-3$

점 $(2, 5)$를 지나고 기울기가 -3인 직선의 방정식은

$y-5=-3(x-2)$ $\therefore y=-3x+11$

2125 답 $y=\dfrac{4}{3}x-4$

x절편이 3이고, y절편이 -4인 직선의 방정식은

$\dfrac{x}{3}+\dfrac{y}{-4}=1$ $\therefore y=\dfrac{4}{3}x-4$

다른 풀이

x절편이 3이고, y절편이 -4인 직선은 점 $(3, 0)$과 점 $(0, -4)$를 지나는 직선이므로 기울기는

$\dfrac{-4-0}{0-3}=\dfrac{4}{3}$

점 $(0, -4)$를 지나고 기울기가 $\dfrac{4}{3}$인 직선의 방정식은

$y-(-4)=\dfrac{4}{3}(x-0)$ $\therefore y=\dfrac{4}{3}x-4$

2126 답 (1) 2 (2) 0 또는 $-\dfrac{1}{2}$

(1) 두 직선이 서로 평행하면 기울기가 같으므로

  $2a-1=a+1$ $\therefore a=2$

  y절편은 다르므로 $a-2\neq2$ $\therefore a\neq4$

  $\therefore a=2$

(2) 두 직선이 서로 수직이면 기울기의 곱이 -1이므로

  $(2a-1)(a+1)=-1$

  $2a^2+a=0,\ a(2a+1)=0$

  $\therefore a=0$ 또는 $a=-\dfrac{1}{2}$

2127 답 $3x+5y+4=0$

두 직선 $x-y=0$, $x+3y+2=0$의 교점을 지나는 직선의 방정식은

$(x-y)+k(x+3y+2)=0\ (k$는 실수) ·········· ㉠

⊙이 점 $(-3, 1)$을 지나므로
$(-3-1)+k(-3+3+2)=0$
$-4+2k=0$ ∴ $k=2$
$k=2$를 ⊙에 대입하면 구하는 직선의 방정식은
$(x-y)+2(x+3y+2)=0$ ∴ $3x+5y+4=0$

2128 답 $\sqrt{13}$

두 직선 $2x-3y+8=0$, $2x-3y-5=0$ 사이의 거리는
직선 $2x-3y+8=0$ 위의 한 점 $(-4, 0)$과
직선 $2x-3y-5=0$ 사이의 거리와 같으므로
$\dfrac{|2\times(-4)-3\times0-5|}{\sqrt{2^2+(-3)^2}}=\dfrac{13}{\sqrt{13}}=\sqrt{13}$

2129 답 6

두 직선 $3x+4y+k=0$, $3x+4y-9=0$ 사이의 거리는
직선 $3x+4y-9=0$ 위의 한 점 $(3, 0)$과
직선 $3x+4y+k=0$ 사이의 거리와 같으므로
$\dfrac{|3\times3+4\times0+k|}{\sqrt{3^2+4^2}}=\dfrac{|9+k|}{5}=3$
$|k+9|=15$, $k+9=\pm15$
∴ $k=-24$ 또는 $k=6$
이때 k는 양수이므로 6이다.

기출 유형 check 실전 준비하기
448쪽~479쪽

2130 답 -8

일차함수 $y=ax+3$의 그래프의 기울기는
$\dfrac{-2}{4}=-\dfrac{1}{2}$이므로 $a=-\dfrac{1}{2}$
일차함수 $y=-\dfrac{1}{2}x+3$의 그래프가 점 $(b, 1)$을 지나므로
$1=-\dfrac{1}{2}b+3$ ∴ $b=4$
∴ $\dfrac{b}{a}=\dfrac{4}{-\dfrac{1}{2}}=-8$

2131 답 ④

두 일차함수 $y=\dfrac{a}{3}x-1$, $y=3x-8$의 그래프가 서로 평행하므로
두 일차함수의 그래프의 기울기가 같다.
$\dfrac{a}{3}=3$ ∴ $a=9$
따라서 일차함수 $y=ax-7$의 그래프의 기울기는 9이다.

2132 답 ③

두 일차함수 $y=ax+3$, $y=-\dfrac{1}{2}x+\dfrac{b}{4}$의 그래프가 일치하므로
두 일차함수의 그래프의 기울기와 y절편이 각각 같다.

$a=-\dfrac{1}{2}$, $3=\dfrac{b}{4}$ ∴ $a=-\dfrac{1}{2}$, $b=12$
∴ $ab=\left(-\dfrac{1}{2}\right)\times12=-6$

2133 답 ④

일차함수의 그래프가 두 점 $(-6, 0)$, $(0, 8)$을 지나므로 기울기는
$\dfrac{8-0}{0-(-6)}=\dfrac{4}{3}$
이 그래프의 y절편이 8이므로
$y=\dfrac{4}{3}x+8$
이때 이 그래프가 점 $(-a, 2a)$를 지나므로
$2a=\dfrac{4}{3}\times(-a)+8$ ∴ $a=\dfrac{12}{5}$

2134 답 $\dfrac{7}{2}$

a는 두 점 $(-1, 2)$, $(3, 5)$를 지나는 직선 $y=ax+b$의 기울기이므로
$a=\dfrac{5-2}{3-(-1)}=\dfrac{3}{4}$ ∴ $y=\dfrac{3}{4}x+b$
직선 $y=\dfrac{3}{4}x+b$가 점 $(-1, 2)$를 지나므로
$2=-\dfrac{3}{4}+b$ ∴ $b=\dfrac{11}{4}$
∴ $a+b=\dfrac{3}{4}+\dfrac{11}{4}=\dfrac{7}{2}$

다른 풀이

일차함수 $y=ax+b$의 그래프가 두 점 $(-1, 2)$, $(3, 5)$를 지나므로
$2=-a+b$, $5=3a+b$
두 식을 연립하여 풀면 $a=\dfrac{3}{4}$, $b=\dfrac{11}{4}$
∴ $a+b=\dfrac{3}{4}+\dfrac{11}{4}=\dfrac{7}{2}$

2135 답 ②

$x-ay=9$에서 $y=\dfrac{1}{a}x-\dfrac{9}{a}$
$x+2y=4$에서 $y=-\dfrac{1}{2}x+2$
두 일차방정식의 그래프의 교점이 존재하지 않을 때, 두 일차방정식의 그래프는 평행하므로 기울기가 같다.
$\dfrac{1}{a}=-\dfrac{1}{2}$ ∴ $a=-2$

2136 답 4

두 일차방정식 $2x-y=2$, $x+3y=8$의 그래프의 교점의 좌표는
연립방정식 $\begin{cases}2x-y=2 \\ x+3y=8\end{cases}$의 해와 같다.
연립방정식을 풀면 $x=2$, $y=2$
따라서 두 일차방정식의 그래프의 교점의 좌표는 $(2, 2)$이므로
$a=2$, $b=2$
∴ $a+b=2+2=4$

2137 답 ⑤

$2x-3y=2$에서 $y=\dfrac{2}{3}x-\dfrac{2}{3}$

$ax+by=4$에서 $y=-\dfrac{a}{b}x+\dfrac{4}{b}$

연립방정식의 해가 무수히 많을 때, 두 일차방정식의 그래프가 일치하므로 기울기와 y절편이 각각 같다.

$\dfrac{2}{3}=-\dfrac{a}{b}$, $-\dfrac{2}{3}=\dfrac{4}{b}$ $\therefore a=4$, $b=-6$

$\therefore a+b=4+(-6)=-2$

2138 답 ①

$ax-2y+4=0$에서 $y=\dfrac{a}{2}x+2$

$2x+y+7=0$에서 $y=-2x-7$

두 직선의 교점이 오직 한 개이려면 <u>두 직선의 기울기가 달라야</u> 하므로
└→ 기울기가 다른 두 직선은 한 점에서 만난다.

$\dfrac{a}{2}\neq-2$ $\therefore a\neq-4$

2139 답 ②

두 일차방정식 $ax+y=1$, $2x+by=8$의 <u>그래프의 교점의 좌표가</u> $(1,3)$이므로
└→ 두 일차방정식에 $x=1$, $y=3$을 대입한다.

$a+3=1$, $2+3b=8$

$\therefore a=-2$, $b=2$

$\therefore \dfrac{a}{b}=\dfrac{-2}{2}=-1$

2140 답 ②
|유형 1

> 두 점 $(-3,-2)$, $(-5,2)$를 이은 선분의 중점을 지나고, 기울기가 단서1   단서2
> -2인 직선의 방정식은?
>
> ① $y=-2x-6$ ② $y=-2x-8$
> ③ $y=-2x-10$ ④ $y=2x-8$
> ⑤ $y=2x-10$
>
> 단서1 중점의 좌표는 $\left(\dfrac{-3-5}{2}, \dfrac{-2+2}{2}\right)$
> 단서2 $y=-2x+b$ 꼴

STEP 1 두 점을 이은 선분의 중점의 좌표 구하기

두 점 $(-3,-2)$, $(-5,2)$를 이은 선분의 중점의 좌표는

$\left(\dfrac{-3-5}{2}, \dfrac{-2+2}{2}\right)$ $\therefore (-4,0)$

STEP 2 한 점과 기울기가 주어진 직선의 방정식 구하기

점 $(-4,0)$을 지나고 기울기가 -2인 직선의 방정식은

$y-0=-2\{x-(-4)\}$ $\therefore y=-2x-8$

2141 답 ⑤

점 $(2,-1)$을 지나고 기울기가 -3인 직선의 방정식은

$y-(-1)=-3(x-2)$ $\therefore y=-3x+5$ ················ ㉠

㉠에 $y=0$을 대입하면 $x=\dfrac{5}{3}$

㉠에 $x=0$에 대입하면 $y=5$

따라서 구하는 직선의 x절편은 $\dfrac{5}{3}$이고, y절편은 5이므로

$a=\dfrac{5}{3}$, $b=5$

$\therefore 3a+b=3\times\dfrac{5}{3}+5=10$

2142 답 ③

직선 $x-2y-4=0$, 즉 $y=\dfrac{1}{2}x-2$의 기울기는 $\dfrac{1}{2}$이므로

직선 $x-2y-4=0$과 평행한 직선의 기울기는 $\dfrac{1}{2}$이다.

기울기가 $\dfrac{1}{2}$이고 점 $(-1,2)$를 지나는 직선의 방정식은

$y-2=\dfrac{1}{2}\{x-(-1)\}$ $\therefore x-2y+5=0$

2143 답 ③

기울기가 2이고 점 $(-3,-1)$을 지나는 직선의 방정식은

$y-(-1)=2\{x-(-3)\}$ $\therefore 2x-y+5=0$

따라서 $a=2$, $b=5$이므로

$a+b=2+5=7$

2144 답 ②

두 점 $(3,2)$, $(7,-4)$를 이은 선분의 중점의 좌표는

$\left(\dfrac{3+7}{2}, \dfrac{2-4}{2}\right)$ $\therefore (5,-1)$

점 $(5,-1)$을 지나고 기울기가 $-\dfrac{1}{2}$인 직선의 방정식은

$y-(-1)=-\dfrac{1}{2}(x-5)$ $\therefore -x-2y+3=0$

따라서 $a=-1$, $b=-2$이므로

$a+b=-1+(-2)=-3$

2145 답 ⑤

두 점 $(a-1,-4)$, $(4,a+1)$을 지나는 직선의 기울기가 4이므로

$\dfrac{a+1-(-4)}{4-(a-1)}=4$ $\therefore a=3$
                              └→ 점 $(a-1,-4)$에 대입하면 $(2,-4)$

기울기가 4이고 점 $(2,-4)$를 지나는 직선의 방정식은

$y-(-4)=4(x-2)$ $\therefore y=4x-12$

$y=4x-12$에 $y=0$을 대입하면

$0=4x-12$ $\therefore x=3$

따라서 구하는 직선의 x절편은 3이다.

2146 답 $\dfrac{3}{2}$

직선 $2x-3y+11=0$, 즉 $y=\dfrac{2}{3}x+\dfrac{11}{3}$의 기울기는 $\dfrac{2}{3}$이므로

기울기가 $\dfrac{2}{3}$이고 점 $(-1,2)$를 지나는 직선의 방정식은

$y-2=\dfrac{2}{3}\{x-(-1)\}$ $\therefore 2x-3y+8=0$

$\therefore a=2$, $b=-3$

따라서 구하는 직선 $y=ax+b$, 즉 $y=2x-3$의 x절편은 $\dfrac{3}{2}$이다.

2147 답 5

직선 $y=mx-n-1$이 x축의 양의 방향과 이루는 각의 크기가 $45°$이므로 기울기 m은

$m=\tan 45°=1$

이 직선의 y절편이 -5이므로

$-n-1=-5$　$\therefore n=4$

$\therefore m+n=1+4=5$

2148 답 ②

x축의 양의 방향과 이루는 각의 크기가 $60°$인 직선의 기울기는

$\tan 60°=\sqrt{3}$

기울기가 $\sqrt{3}$이고 점 $(2\sqrt{3}, 4)$를 지나는 직선의 방정식은

$y-4=\sqrt{3}(x-2\sqrt{3})$　$\therefore \sqrt{3}x-y-2=0$

따라서 $a=\sqrt{3}$, $b=-1$이므로

$a^2+b^2=(\sqrt{3})^2+(-1)^2=4$

2149 답 ⑤ | 유형 2

> 두 점 $(2, 1)$, $(0, -3)$을 지나는 직선 위에 두 점 $(a, -11)$, [단서1]
> $(6, b)$가 있을 때, $a+b$의 값은? [단서2]
>
> ① -5　　② -3　　③ -1
> ④ 1　　⑤ 5

[단서1] 두 점을 지나는 직선의 방정식
[단서2] 점의 좌표를 직선의 방정식에 대입

STEP 1 두 점을 지나는 직선의 방정식 구하기

두 점 $(2, 1)$, $(0, -3)$을 지나는 직선의 방정식은

$y-1=\dfrac{-3-1}{0-2}(x-2)$　$\therefore y=2x-3$

STEP 2 a, b의 값 구하기

두 점 $(a, -11)$, $(6, b)$가 직선 $y=2x-3$ 위의 점이므로

$-11=2a-3$, $b=12-3$

$\therefore a=-4$, $b=9$

STEP 3 $a+b$의 값 구하기

$a+b=-4+9=5$

2150 답 $y=-x-1$

두 점 $(-3, 2)$, $(2, -3)$을 지나는 직선의 방정식은

$y-2=\dfrac{-3-2}{2-(-3)}\{x-(-3)\}$　$\therefore y=-x-1$

2151 답 -2

두 점 $(1, 4)$, $(2, 7)$을 지나는 직선의 방정식은

$y-4=\dfrac{7-4}{2-1}(x-1)$　$\therefore y=3x+1$

이 직선이 점 $(k, -5)$를 지나므로

$-5=3k+1$　$\therefore k=-2$

2152 답 ②

두 점 $(1, 3)$, $(-3, a)$를 지나는 직선의 방정식은

$y-3=\dfrac{a-3}{-3-1}(x-1)$　$\therefore y=-\dfrac{a-3}{4}x+\dfrac{a+9}{4}$

이 직선의 y절편이 2이므로

$\dfrac{a+9}{4}=2$, $a+9=8$　$\therefore a=-1$

다른 풀이

y절편이 2인 직선의 방정식을 $y=kx+2$ (k는 상수)라 하면

이 직선이 점 $(1, 3)$을 지나므로

$3=k+2$　$\therefore k=1$

즉, 직선 $y=x+2$가 점 $(-3, a)$를 지나므로

$a=-3+2=-1$

2153 답 $y=4$

세 점 $A(4, 6)$, $B(5, 2)$, $C(0, 4)$를 꼭짓점으로 하는 삼각형 ABC의 무게중심 G의 좌표는

$G\left(\dfrac{4+5+0}{3}, \dfrac{6+2+4}{3}\right)$　$\therefore G(3, 4)$

따라서 그림과 같이 두 점 $C(0, 4)$, $G(3, 4)$를 지나는 직선은 x축에 평행한 직선이므로

$y=4$

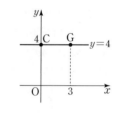

2154 답 ④

두 점 $A(-3, 0)$, $B(0, 6)$에 대하여 선분 AB를 $2:1$로 내분하는 점 D의 좌표는

$D\left(\dfrac{2\times0+1\times(-3)}{2+1}, \dfrac{2\times6+1\times0}{2+1}\right)$　$\therefore D(-1, 4)$

두 점 $C(3, 2)$, $D(-1, 4)$를 지나는 직선의 방정식은

$y-2=\dfrac{4-2}{-1-3}(x-3)$　$\therefore y=-\dfrac{1}{2}x+\dfrac{7}{2}$

따라서 $a=-\dfrac{1}{2}$, $b=\dfrac{7}{2}$이므로

$a+b=-\dfrac{1}{2}+\dfrac{7}{2}=3$

2155 답 ③

두 점 $(15, 48)$, $(27, 50)$을 지나는 직선의 방정식은

$y-48=\dfrac{50-48}{27-15}(x-15)$　$\therefore y=\dfrac{1}{6}x+\dfrac{91}{2}$

$y=55$일 때, $55=\dfrac{1}{6}x+\dfrac{91}{2}$　$\therefore x=57$

따라서 기체의 부피가 55 L일 때의 온도는 57 ℃이다.

2156 답 ⑤

두 점 A$(-4, 13)$, B$(26, -2)$를 지나는 직선의 방정식은

$$y-13=\frac{-2-13}{26-(-4)}\{x-(-4)\} \qquad \therefore y=-\frac{1}{2}x+11$$

선분 AB 위의 점의 좌표를 $\left(a, -\frac{1}{2}a+11\right)$ $(-4 \le a \le 26)$이라

하면 선분 AB 위의 점 중에서 x좌표와 y좌표가 모두 정수인 점은
↳ 두 점 A, B도 포함한다.
$(-4, 13)$, $(-2, 12)$, $(0, 11)$, $\cdots$, $(24, -1)$, $(26, -2)$이므로
구하는 점은 16개이다.

2157 답 ⑤

사각형 OABC의 두 대각선의 교점은 직선 AC와 직선 OB의 교점이다.

두 점 A$(6, 0)$, C$(1, 7)$을 지나는 직선 AC의 방정식은

$$y-0=\frac{7-0}{1-6}(x-6) \qquad \therefore y=-\frac{7}{5}x+\frac{42}{5} \quad \cdots\cdots\cdots \text{㉠}$$

두 점 O$(0, 0)$, B$(6, 6)$을 지나는 직선 OB의 방정식은

$$y=x \quad \cdots\cdots\cdots\cdots\cdots\cdots\cdots\cdots\cdots\cdots\cdots\cdots \text{㉡}$$

㉠, ㉡을 연립하여 풀면 $x=\frac{7}{2}$, $y=\frac{7}{2}$

따라서 사각형 OABC의 두 대각선의 교점의 좌표는 $\left(\frac{7}{2}, \frac{7}{2}\right)$이다.

2158 답 ⑤

$$f(x)=x^2+4ax+a=(x+2a)^2+a-4a^2$$

이므로 이 이차함수의 그래프의 꼭짓점 A의 좌표는

A$(-2a, a-4a^2)$

$f(0)=a$이므로 y축과 만나는 점 B의 좌표는 B$(0, a)$

두 점 A$(-2a, a-4a^2)$, B$(0, a)$를 지나는 직선의 방정식은

$$y-a=\frac{a-(a-4a^2)}{0-(-2a)}(x-0) \qquad \therefore y=2ax+a$$

$y=0$일 때, $0=2ax+a \qquad \therefore x=-\frac{1}{2}$

따라서 구하는 직선의 x절편은 $-\frac{1}{2}$이다.

> **실수 Check**
>
> 두 점 A, B를 지나는 직선의 방정식을 구하려면 먼저 두 점 A, B의 좌표를 구해야 한다.

2159 답 -12 | 유형3

> x절편이 3이고, y절편이 -6인 직선이 점 $(-3, a)$를 지날 때, a의
> ┗단서1┛ ┗단서2┛
> 값을 구하시오.
>
> **단서1** x절편, y절편이 주어진 직선의 방정식
> **단서2** 점의 좌표를 직선의 방정식에 대입

STEP1 x절편, y절편을 이용하여 직선의 방정식 구하기

x절편이 3이고, y절편이 -6인 직선의 방정식은

$$\frac{x}{3}+\frac{y}{-6}=1$$

STEP2 점의 좌표를 직선의 방정식에 대입하여 a의 값 구하기

이 직선이 점 $(-3, a)$를 지나므로

$$\frac{-3}{3}+\frac{a}{-6}=1 \qquad \therefore a=-12$$

2160 답 ③

x절편이 a이고, y절편이 b인 직선은 두 점 ($\boxed{a}$, 0), (0, $\boxed{b}$)를 지나므로 구하는 직선의 방정식은

$$y-\boxed{b}=\frac{\boxed{b}-0}{0-\boxed{a}}(x-0) \qquad \therefore \frac{x}{\boxed{a}}+\frac{y}{\boxed{b}}=1$$

따라서 ㈎ : a, ㈏ : b, ㈐ : a, ㈑ : b이다.

2161 답 ①

직선 $\frac{x}{2}+\frac{y}{4}=1$의 x절편이 2이므로 P$(2, 0)$

직선 $\frac{x}{3}-\frac{y}{4}=2$, 즉 $\frac{x}{6}-\frac{y}{8}=1$의 y절편이 -8이므로
Q$(0, -8)$ ↳ $\frac{x}{6}+\frac{y}{-8}=1$

따라서 직선 PQ는 x절편이 2이고, y절편이 -8인 직선이므로

$$\frac{x}{2}-\frac{y}{8}=1$$

2162 답 6

직선의 x절편과 y절편의 절댓값이 같고 부호가 반대이므로
x절편을 a $(a \ne 0)$라 하면 y절편은 $-a$이다.

x절편이 a이고, y절편이 $-a$인 직선의 방정식은

$$\frac{x}{a}+\frac{y}{-a}=1 \qquad \therefore y=x-a$$

이 직선이 점 $(3, -3)$을 지나므로

$$-3=3-a \qquad \therefore a=6$$

따라서 직선 $y=x-6$의 x절편은 6이다.

2163 답 $\frac{x}{3}+y=1$

직선의 x절편이 y절편의 3배이므로 y절편을 a $(a \ne 0)$라 하면
x절편은 $3a$이다. x절편이 $3a$이고, y절편이 a인 직선의 방정식은

$$\frac{x}{3a}+\frac{y}{a}=1$$

이 직선이 점 $(6, -1)$을 지나므로

$$\frac{6}{3a}+\frac{-1}{a}=1, \frac{1}{a}=1 \qquad \therefore a=1$$

따라서 구하는 직선의 방정식은

$$\frac{x}{3}+\frac{y}{1}=1 \qquad \therefore \frac{x}{3}+y=1$$

2164 답 ④

직선 $\frac{x}{8}+\frac{y}{a}=1$의 x절편은 8이고, y절편은 a $(a>0)$이다.

그림과 같이 직선 $\frac{x}{8}+\frac{y}{a}=1$과 x축, y축
으로 둘러싸인 부분의 넓이가 20이므로

$$\frac{1}{2}\times 8 \times a=20 \qquad \therefore a=5$$

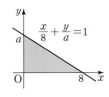

2165 답 7

직선 $\dfrac{x}{4}+\dfrac{y}{2}=1$의 x절편이 4, y절편이

2이므로 A$(4,\ 0)$, B$(0,\ 2)$

점 C에서 y축에 내린 수선의 발을 E, 점 D

에서 x축에 내린 수선의 발을 F라 하면

$\triangle$ABO$\equiv\triangle$DAF$\equiv\triangle$BCE (RHA 합동)

$\longrightarrow \overline{\text{BO}}=\overline{\text{AF}}=\overline{\text{CE}}=2,\ \overline{\text{AO}}=\overline{\text{DF}}=\overline{\text{BE}}=4$

이므로 C$(2,\ 6)$, D$(6,\ 4)$

즉, 직선 CD의 방정식은

$y-6=\dfrac{4-6}{6-2}(x-2)$ $\quad \therefore y=-\dfrac{1}{2}x+7$

따라서 직선 CD의 y절편은 7이다.

> **개념 Check**
>
> **RHA 합동**
>
> 빗변의 길이와 한 예각의 크기가 각각 같은
> 두 직각삼각형은 서로 합동이다.

2166 답 ④

$x+ay=2a$에서 $\dfrac{x}{2a}+\dfrac{y}{2}=1$

이 직선의 x절편은 $2a\ (a>0)$이고, y절편은 2이다.

그림과 같이 A$(2a,\ 0)$, B$(0,\ 2)$라 하면

$\overline{\text{AB}}=8$이므로 $\sqrt{(2a)^2+2^2}=8$

$2\sqrt{a^2+1}=8$, $\sqrt{a^2+1}=4$

양변을 제곱하면 $a^2+1=16$

$\therefore a=\sqrt{15}\ (\because a>0)$

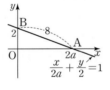

> **다른 풀이**

$x+ay=2a$에서 $\dfrac{x}{2a}+\dfrac{y}{2}=1$

이 직선의 x절편은 $2a\ (a>0)$이고, y절편은 2이다.

이때 이 직선이 x축, y축에 의하여 잘린 선분의 길이가 8이므로

피타고라스 정리에 의하여

$(2a)^2+2^2=8^2$, $4a^2=60$ $\quad \therefore a=\sqrt{15}\ (\because a>0)$

2167 답 $y=3x+2$ | 유형 4

> 세 점 $(-2,\ -4)$, $(a-2,\ 2)$, $(a-1,\ 2a+1)$이 한 직선 위에 있을 **단서1**
> 때, 이 직선의 방정식을 구하시오. (단, $a>0$)
> **단서1** 세 점 A, B, C가 한 직선 위에 있을 조건
> (직선 AB의 기울기)=(직선 AC의 기울기)=(직선 BC의 기울기)

STEP1 세 점이 한 직선 위에 있을 조건을 이용하여 식 세우기

세 점 $(-2,\ -4)$, $(a-2,\ 2)$, $(a-1,\ 2a+1)$이 한 직선 위에

있으므로 두 점 $(-2,\ -4)$, $(a-2,\ 2)$를 지나는 직선과 두 점

$(a-2,\ 2)$, $(a-1,\ 2a+1)$을 지나는 직선의 기울기는 서로 같다.

$\dfrac{2-(-4)}{a-2-(-2)}=\dfrac{2a+1-2}{a-1-(a-2)}$

STEP2 a의 값 구하기

$\dfrac{6}{a}=2a-1$, $2a^2-a-6=0$

$(a-2)(2a+3)=0$ $\quad \therefore a=2\ (\because a>0)$

STEP3 직선의 방정식 구하기

두 점 $(-2,\ -4)$, $(0,\ 2)$를 지나는 직선의 방정식은

$y-2=\dfrac{2-(-4)}{0-(-2)}(x-0)$ $\quad \therefore y=3x+2$

> **다른 풀이**

두 점 $(-2,\ -4)$, $(a-2,\ 2)$를 지나는 직선의 방정식은

$y-(-4)=\dfrac{2-(-4)}{a-2-(-2)}\{x-(-2)\}$

$\therefore y+4=\dfrac{6}{a}(x+2)$ ·· ㉠

이 직선 위에 점 $(a-1,\ 2a+1)$이 있으므로

$2a+1+4=\dfrac{6}{a}(a-1+2)$

$2a^2+5a=6a+6$, $2a^2-a-6=0$

$(a-2)(2a+3)=0$ $\quad \therefore a=2\ (\because a>0)$

㉠에 $a=2$를 대입하면 구하는 직선의 방정식은

$y+4=\dfrac{6}{2}(x+2)$ $\quad \therefore y=3x+2$

2168 답 ①

세 점 A$(-1,\ 7)$, B$(2,\ 1)$, C$(a,\ 2a)$가 한 직선 위에 있으려면

직선 AB와 직선 BC의 기울기가 같아야 한다.

$\dfrac{1-7}{2-(-1)}=\dfrac{2a-1}{a-2}$, $-2=\dfrac{2a-1}{a-2}$

$-2(a-2)=2a-1$ $\quad \therefore a=\dfrac{5}{4}$

2169 답 ⑤

세 점 A$(-1,\ 5)$, B$(a,\ -11)$, C$(1,\ -a)$가 한 직선 위에 있으

므로 직선 AB와 직선 AC의 기울기가 같다.

$\dfrac{-11-5}{a-(-1)}=\dfrac{-a-5}{1-(-1)}$

$(a+1)(a+5)=32$, $a^2+6a-27=0$

$(a+9)(a-3)=0$ $\quad \therefore a=3\ (\because a>0)$

따라서 두 점 A$(-1,\ 5)$, B$(3,\ -11)$을 지나는 직선의 방정식은

$y-5=\dfrac{-11-5}{3-(-1)}\{x-(-1)\}$ $\quad \therefore y=-4x+1$

이 직선이 점 $(-2,\ k)$를 지나므로

$k=8+1=9$

2170 답 ①

네 점 A$(1,\ 3)$, B$(a,\ -1)$, C$(a+3,\ 5)$, D$(b,\ a+8)$이 한 직선

위에 있으므로 직선 AB, 직선 BC, 직선 AD의 기울기는 모두 같다.

$\dfrac{-1-3}{a-1}=\dfrac{5-(-1)}{(a+3)-a}=\dfrac{(a+8)-3}{b-1}$

즉, $\dfrac{-4}{a-1}=2=\dfrac{a+5}{b-1}$

$$\frac{-4}{a-1}=2\text{에서 } -4=2(a-1) \qquad \therefore a=-1$$

$$2=\frac{a+5}{b-1}\text{에서 } 2=\frac{-1+5}{b-1}$$

$$2(b-1)=4 \qquad \therefore b=3$$

$$\therefore a+b=-1+3=2$$

2171 답 ⑤

세 점 $A(-2k+1, 5)$, $B(1, 2k)$, $C(3k-1, k+1)$이 삼각형을 이루지 않으므로 세 점은 한 직선 위에 있다.

즉, 직선 AB와 직선 BC의 기울기가 같으므로

$$\frac{2k-5}{1-(-2k+1)}=\frac{k+1-2k}{3k-1-1},\ \frac{2k-5}{2k}=\frac{-k+1}{3k-2}$$

$$6k^2-19k+10=-2k^2+2k,\ 8k^2-21k+10=0$$

$$(8k-5)(k-2)=0 \qquad \therefore k=\frac{5}{8} \text{ 또는 } k=2$$

따라서 정수 k의 값은 2이다.

2172 답 ①

세 점 $A(-1, a)$, $B(1, 1)$, $C(a, -7)$이 한 직선 위에 있으므로 직선 AB와 직선 BC의 기울기가 같다.

$$\frac{1-a}{1-(-1)}=\frac{-7-1}{a-1},\ (1-a)(a-1)=-16$$

$$a^2-2a-15=0,\ (a-5)(a+3)=0$$

$$\therefore a=5\ (\because a>0)$$

2173 답 ② | 유형 5

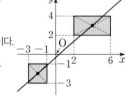

그림과 같이 좌표평면 위에 있는 **두 직사각형의 넓이를 동시에 이등분하는** `단서1` 직선의 x절편은?

① $\frac{1}{5}$ ② $\frac{2}{5}$

③ $\frac{3}{5}$ ④ $\frac{4}{5}$

⑤ 1

`단서1` 두 직사각형의 대각선의 교점을 지나는 직선

STEP1 직사각형의 넓이를 이등분하는 직선의 성질 알기

직사각형의 넓이를 이등분하는 직선은 직사각형의 <u>대각선의 교점</u>을 지난다.
↓
두 직사각형의 대각선의 교점은 대각선의 중점이다.

STEP2 두 직사각형의 대각선의 교점의 좌표 구하기

두 직사각형의 대각선의 교점의 좌표는 각각

$$\left(\frac{-3-1}{2},\ \frac{-1-3}{2}\right) \qquad \therefore (-2, -2)$$

→ 두 점 $(-3, -1)$, $(-1, -3)$을 이은 대각선의 중점의 좌표

$$\left(\frac{2+6}{2},\ \frac{4+2}{2}\right) \qquad \therefore (4, 3)$$

→ 두 점 $(2, 4)$, $(6, 2)$를 이은 대각선의 중점의 좌표

STEP3 직선의 방정식 구하기

두 점 $(-2, -2)$, $(4, 3)$을 지나는 직선의 방정식은

$$y-3=\frac{3-(-2)}{4-(-2)}(x-4) \qquad \therefore y=\frac{5}{6}x-\frac{1}{3}$$

STEP4 직선의 x절편 구하기

$y=\frac{5}{6}x-\frac{1}{3}$에 $y=0$을 대입하면

$$0=\frac{5}{6}x-\frac{1}{3} \qquad \therefore x=\frac{2}{5}$$

따라서 직선의 x절편은 $\frac{2}{5}$이다.

2174 답 ③

점 A를 지나는 직선 l이 삼각형 ABC의 넓이를 이등분하므로 그림과 같이 직선 l이 선분 BC의 중점을 지난다.

선분 BC의 중점의 좌표를 M이라 하면

$$M\left(\frac{-6+4}{2},\ \frac{0-2}{2}\right)$$

$$\therefore M(-1, -1)$$

따라서 두 점 $A(1, 3)$, $M(-1, -1)$을 지나는 직선 l의 방정식은

$$y-3=\frac{-1-3}{-1-1}(x-1) \qquad \therefore 2x-y+1=0$$

2175 답 ②

점 A를 지나고 삼각형 ABC의 넓이를 이등분하는 직선은 선분 BC의 중점을 지난다.

두 점 $B(-2, 1)$, $C(4, -1)$을 이은 선분 BC의 중점을 점 M이라 하면

$$M\left(\frac{-2+4}{2},\ \frac{1-1}{2}\right) \qquad \therefore M(1, 0)$$

따라서 두 점 $A(3, 6)$, $M(1, 0)$을 지나는 직선의 방정식은

$$y-0=\frac{0-6}{1-3}(x-1) \qquad \therefore y=3x-3$$

이 직선이 점 $(2, a)$를 지나므로

$$a=6-3=3$$

2176 답 ⑤

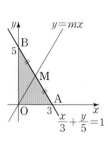

그림과 같이 직선 $\frac{x}{3}+\frac{y}{5}=1$이 x축과 만나는 점을 A, y축과 만나는 점을 B라 하면 $A(3, 0)$, $B(0, 5)$

직선 $y=mx$는 원점 $O(0, 0)$을 지나고 삼각형 AOB의 넓이를 이등분하므로 선분 AB의 중점을 지난다.

선분 AB의 중점을 점 M이라 하면

$$M\left(\frac{3+0}{2},\ \frac{0+5}{2}\right) \qquad \therefore M\left(\frac{3}{2},\ \frac{5}{2}\right)$$

직선 $y=mx$가 점 $M\left(\frac{3}{2},\ \frac{5}{2}\right)$를 지나므로

$$\frac{5}{2}=\frac{3}{2}m \qquad \therefore m=\frac{5}{3}$$

2177 답 -9

그림과 같은 직사각형 ABCD의 넓이를 이
등분하는 직선은 대각선의 교점을 지난다.

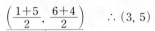

직사각형 ABCD의 대각선의 교점의 좌표는

$\left(\dfrac{1+5}{2}, \dfrac{6+4}{2}\right)$ $\therefore (3, 5)$

└→ 대각선 AC의 중점의 좌표

따라서 두 점 $(3, 5)$, $(4, -2)$를 지나는

직선의 방정식은

$y-5=\dfrac{-2-5}{4-3}(x-3)$ $\therefore y=-7x+26$

이 직선이 점 $(5, a)$를 지나므로

$a=-35+26=-9$

2178 답 ③

그림과 같이 정사각형 ABCD와 직
사각형 EFGH의 넓이를 동시에 이
등분하는 직선은 정사각형의 대각선
의 교점과 직사각형의 대각선의 교
점을 지난다.

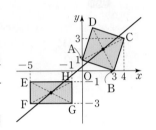

정사각형 ABCD의 대각선의 교점
의 좌표는

$\left(\dfrac{0+4}{2}, \dfrac{1+3}{2}\right)$ $\therefore (2, 2)$

└→ 대각선 AC의 중점의 좌표

직사각형 EFGH의 대각선의 교점의 좌표는

$\left(\dfrac{-5-1}{2}, \dfrac{-1-3}{2}\right)$ $\therefore (-3, -2)$

└→ 대각선 EG의 중점의 좌표

따라서 두 점 $(2, 2)$, $(-3, -2)$를 지나는 직선의 기울기는

$\dfrac{-2-2}{-3-2}=\dfrac{4}{5}$

개념 Check

사각형의 대각선의 성질

평행사변형, 마름모, 직사각형, 정사각형의 두 대각선은 서로 다른 것을 이등분한다.

평행사변형　　마름모　　직사각형　　정사각형

2179 답 ③

두 직선 $y=ax$, $y=bx+c$에 의하여 원의 넓이가 사등분되므로 두
직선은 원의 중심에서 수직으로 만난다.

원의 중심의 좌표는 $(4, -2)$이고, 두 직선이 모두 점 $(4, -2)$를
지나므로

$-2=4a$ ……………………………………………………… ㉠

$-2=4b+c$ ……………………………………………………… ㉡

또, 두 직선은 서로 수직이므로 $ab=-1$ ……………… ㉢

㉠, ㉡, ㉢에서 $a=-\dfrac{1}{2}$, $b=2$, $c=-10$

$\therefore abc=\left(-\dfrac{1}{2}\right)\times 2 \times(-10)=10$

2180 답 ③

그림과 같이 직선 l과 선분 BC의 교점을
D라 하면

$S=3S_1$, 즉 $\triangle ABC : \triangle ADC=3:1$이므로

$\overline{BC}:\overline{DC}=\triangle ABC:\triangle ADC=3:1$

즉, 점 D는 선분 BC를 $2:1$로 내분하는
점이므로

$D\left(\dfrac{2\times 5+1\times(-4)}{2+1}, \dfrac{2\times(-4)+1\times(-1)}{2+1}\right)$

$\therefore D(2, -3)$

두 점 A, D를 지나는 직선 l의 방정식은

$y-3=\dfrac{-3-3}{2-1}(x-1)$ $\therefore y=-6x+9$

$y=-6x+9$에 $y=0$을 대입하면

$0=-6x+9$ $\therefore x=\dfrac{3}{2}$

따라서 직선 l의 x절편은 $\dfrac{3}{2}$이다.

2181 답 $\sqrt{14}$

그림과 같이 직선 $y=-x+k$가 x축과
만나는 점을 P라 하면

$P(k, 0)$

직선 OB의 방정식은 $y=\dfrac{4}{3}x$

직선 OB와 직선 $y=-x+k$의 교점을
Q라 하자.

두 직선의 방정식을 연립하여 풀면

$\dfrac{4}{3}x=-x+k$ $\therefore x=\dfrac{3}{7}k, y=\dfrac{4}{7}k$

$\therefore Q\left(\dfrac{3}{7}k, \dfrac{4}{7}k\right)$

삼각형 OAB의 넓이는 $\dfrac{1}{2}\times 4\times 4=8$이므로

삼각형 OPQ의 넓이는 4이다.

$\dfrac{1}{2}\times k\times\dfrac{4}{7}k=4$에서 $k^2=14$

└→ $\overline{OP}=k$

$\therefore k=\sqrt{14}$ ($\because k>0$)

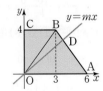

$k=4$, 즉 직선 $y=-x+k$가 점 A를
지날 때 삼각형 OPQ의 넓이는

$\dfrac{1}{2}\times 4\times\dfrac{16}{7}=\dfrac{32}{7}>4$이므로 $k<4$

따라서 점 P는 선분 OA 위에 있다.

2182 답 ④

그림과 같이 원점을 지나고 사다리꼴
OABC의 넓이를 이등분하는 직선을
$y=mx$ (m은 상수)라 하자.

사다리꼴 OABC의 넓이는

$\dfrac{1}{2}\times(3+6)\times 4=18$

└→ 사다리꼴 OABC의 넓이를 이등분하면 9이다.

삼각형 OBC의 넓이는

$\dfrac{1}{2}\times 4\times 3=6$

즉, 직선 $y=mx$는 변 AB와 만나야 하므로 만나는 점을 $D(a, b)$
라 하자.

삼각형 OAD의 넓이는 9이므로

$\dfrac{1}{2} \times 6 \times b = 9$　　$\therefore b = 3$

또, 직선 AB의 방정식은

$y - 0 = \dfrac{4-0}{3-6}(x-6)$　　$\therefore y = -\dfrac{4}{3}x + 8$

이때 점 D$(a, 3)$은 직선 AB 위에 있으므로

$3 = -\dfrac{4}{3}a + 8$　　$\therefore a = \dfrac{15}{4}$

따라서 점 D$\left(\dfrac{15}{4}, 3\right)$이 직선 $y = mx$ 위에 있으므로

$3 = \dfrac{15}{4}m$　　$\therefore m = \dfrac{4}{5}$

실수 Check

사다리꼴 OABC의 넓이를 이등분하는 직선이 사다리꼴 OABC와 어디에서 만나는지 알아보기 위해서 삼각형 OBC와 같이 사다리꼴 OABC를 적당히 나누어 넓이를 구해 보면 직선이 변 AB와 만나는 것을 알 수 있다.

Plus 문제

2182-1

그림과 같이 꼭짓점의 좌표가 O$(0, 0)$, A$(5, 0)$, B$(4, 10)$, C$(1, 10)$인 사다리꼴 OABC가 있다. 직선 $y = mx$가 사다리꼴 OABC의 넓이를 이등분할 때, 상수 m에 대하여 $21m$의 값을 구하시오.

사다리꼴 OABC의 넓이는

$\dfrac{1}{2} \times (3+5) \times 10 = 40$

삼각형 OBC의 넓이는

$\dfrac{1}{2} \times 3 \times 10 = 15$

즉, 직선 $y = mx$는 변 AB와 만나야 하므로 만나는 점을 D(a, b)라 하자.

삼각형 OAD의 넓이는 20이므로

$\dfrac{1}{2} \times 5 \times b = 20$　　$\therefore b = 8$

또, 직선 AB의 방정식은

$y - 0 = \dfrac{10-0}{4-5}(x-5)$　　$\therefore y = -10x + 50$

이때 점 D$(a, 8)$은 직선 AB 위에 있으므로

$8 = -10a + 50$　　$\therefore a = \dfrac{21}{5}$

따라서 점 D$\left(\dfrac{21}{5}, 8\right)$이 직선 $y = mx$ 위에 있으므로

$8 = \dfrac{21}{5}m$　　$\therefore m = \dfrac{40}{21}$

$\therefore 21m = 21 \times \dfrac{40}{21} = 40$

답 40

2183 답 ①

삼각형 BOC와 삼각형 OAC의 넓이의 비가 2 : 1이므로

$\overline{\text{BO}} : \overline{\text{OA}} = 2 : 1$

즉, 점 O는 선분 BA를 2 : 1로 내분하는 점이므로

$\text{O}\left(\dfrac{2 \times 3 + 1 \times a}{2+1}, \dfrac{2 \times 1 + 1 \times b}{2+1}\right)$　　$\therefore \text{O}\left(\dfrac{6+a}{3}, \dfrac{2+b}{3}\right)$

점 O는 원점이므로

$\dfrac{6+a}{3} = 0, \dfrac{2+b}{3} = 0$　　$\therefore a = -6, b = -2$

$\therefore a + b = -6 + (-2) = -8$

2184 답 ①　　| 유형 6

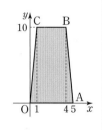

$ab < 0$, $bc < 0$일 때, 다음 중 직선 $ax + by + c = 0$의 개형으로 알맞은 것은?

단서1 $\dfrac{a}{b} < 0$, $\dfrac{c}{b} < 0$

단서2 $y = -\dfrac{a}{b}x - \dfrac{c}{b}$

STEP 1 직선의 방정식 $ax + by + c = 0$을 $y = mx + n$ 꼴로 변형하기

$ab < 0$, $bc < 0$에서 $b \neq 0$이므로

$ax + by + c = 0$에서 $y = -\dfrac{a}{b}x - \dfrac{c}{b}$

STEP 2 직선의 기울기와 y절편의 부호 알기　　기울기는 $-\dfrac{a}{b}$, y절편은 $-\dfrac{c}{b}$이다.

$ab < 0$이므로 $-\dfrac{a}{b} > 0$

$bc < 0$이므로 $-\dfrac{c}{b} > 0$

STEP 3 직선의 개형 찾기

직선 $ax + by + c = 0$의 기울기와 y절편이 모두 양수이므로 직선의 개형으로 알맞은 것은 ①이다.

2185 답 ③

$bc < 0$에서 $b \neq 0$이므로

$ax + by + c = 0$에서 $y = -\dfrac{a}{b}x - \dfrac{c}{b}$

$ac < 0$, $bc < 0$이므로 $ab > 0$

$\therefore -\dfrac{a}{b} < 0, -\dfrac{c}{b} > 0$

직선 $y=-\dfrac{a}{b}x-\dfrac{c}{b}$의 기울기는 음수, y절편은 양수이므로 직선 $ax+by+c=0$의 개형은 그림과 같다.
따라서 이 직선이 지나지 않는 사분면은 제3사분면이다.

2186 답 ③

$ax+by-2=0\ (b\neq0)$에서 $y=-\dfrac{a}{b}x+\dfrac{2}{b}$

주어진 그래프에서 이 직선의 기울기와 y절편이 모두 음수이므로
$$-\dfrac{a}{b}<0,\ \dfrac{2}{b}<0 \qquad \therefore a<0,\ b<0$$
이때 $bx-y-a=0$에서 $y=bx-a$
$b<0,\ -a>0$이므로 직선 $y=bx-a$의 기울기는 음수, y절편은 양수이다.
따라서 이 직선 $bx-y-a=0$의 개형으로 알맞은 것은 ③이다.

2187 답 ②

$ax+by+c=0\ (b\neq0)$에서 $y=-\dfrac{a}{b}x-\dfrac{c}{b}$

주어진 그래프에서 이 직선의 기울기가 음수이고, y절편이 양수이므로
$$-\dfrac{a}{b}<0,\ -\dfrac{c}{b}>0 \qquad \therefore ab>0,\ bc<0$$
$$\therefore ac<0$$
이때, $a\neq0$이므로 $cx+ay+b=0$에서 $y=-\dfrac{c}{a}x-\dfrac{b}{a}$
$\qquad\qquad\qquad\qquad$ └→ 기울기는 $-\dfrac{c}{a}$, y절편은 $-\dfrac{b}{a}$이다.
$-\dfrac{c}{a}>0,\ -\dfrac{b}{a}<0$이므로 직선 $y=-\dfrac{c}{a}x-\dfrac{b}{a}$의 기울기는 양수, y절편은 음수이다.
따라서 직선 $cx+ay+b=0$의 개형은 그림과 같으므로 이 직선이 지나지 않는 사분면은 제2사분면이다.

2188 답 ①

| 유형 7

직선 $(k-2)x+(2k-3)y+4k-3=0$은 실수 k의 값에 관계없이 〔단서1〕
항상 점 P를 지날 때, 점 P를 지나고 기울기가 1인 직선의 방정식은? 〔단서2〕
① $y=x-11$ ② $y=x-8$ ③ $y=x-6$
④ $y=x+10$ ⑤ $y=x+12$
〔단서1〕 k에 대한 항등식
〔단서2〕 한 점과 기울기가 주어진 직선의 방정식

STEP1 주어진 직선의 방정식을 k에 대하여 정리하기
직선의 방정식 $(k-2)x+(2k-3)y+4k-3=0$을 k에 대하여 정리하면
$$k(x+2y+4)-(2x+3y+3)=0$$

STEP2 항등식의 성질을 이용하여 직선이 항상 지나는 점의 좌표 구하기
이 등식이 실수 k의 값에 관계없이 항상 성립하므로
$$x+2y+4=0,\ 2x+3y+3=0$$

두 식을 연립하여 풀면 $x=6,\ y=-5$
즉, 주어진 직선은 실수 k의 값에 관계없이 항상 점 $P(6,\ -5)$를 지난다.

STEP3 직선의 방정식 구하기
점 $P(6,\ -5)$를 지나고 기울기가 1인 직선의 방정식은
$$y-(-5)=x-6 \qquad \therefore y=x-11$$

2189 답 5

직선의 방정식 $mx+y-3m-4=0$을 m에 대하여 정리하면
$$m(x-3)+(y-4)=0$$
이 등식이 실수 m의 값에 관계없이 항상 성립하므로
$$x-3=0,\ y-4=0 \qquad \therefore x=3,\ y=4$$
따라서 $P(3,\ 4)$이므로
$$\overline{OP}=\sqrt{3^2+4^2}=5$$

2190 답 ⑤

직선의 방정식 $(k-2)x+(k+1)y-6=0$을 k에 대하여 정리하면
$$k(x+y)+(-2x+y-6)=0$$
이 등식이 실수 k에 대한 항등식이므로
$$x+y=0,\ -2x+y-6=0$$
두 식을 연립하여 풀면 $x=-2,\ y=2$
따라서 주어진 직선은 임의의 실수 k에 대하여 항상 점 $(-2,\ 2)$를 지나므로
$$a=-2,\ b=2 \qquad \therefore b-a=2-(-2)=4$$

개념 Check

항등식
다음은 모두 k에 대한 항등식을 나타낸다.
① k의 값에 관계없이 항상 성립하는 등식
② 모든 k에 대하여 성립하는 등식
③ 임의의 k에 대하여 성립하는 등식
④ 어떤 k의 값에 대하여도 항상 성립하는 등식
따라서 이 조건을 만족시키는 직선의 방정식
$ax+by+c+k(a'x+b'y+c')=0$은 실수 k에 대한 항등식이고, 항상 두 직선 $ax+by+c=0,\ a'x+b'y+c'=0$의 교점을 지난다.

2191 답 -8

직선 $x-3y+2=0$이 점 $(a,\ b)$를 지나므로
$$a-3b+2=0 \qquad \therefore a=3b-2 \quad\cdots\cdots\cdots\cdots ㉠$$
㉠을 $ax-by=4$에 대입하면
$$(3b-2)x-by=4$$
이 식을 b에 대하여 정리하면
$$b(3x-y)-(2x+4)=0$$
이 등식이 실수 b의 값에 관계없이 항상 성립하므로
$$3x-y=0,\ 2x+4=0$$
두 식을 연립하여 풀면 $x=-2,\ y=-6$
따라서 직선 $ax-by=4$는 항상 점 $(-2,\ -6)$을 지나므로
$$p=-2,\ q=-6$$
$$\therefore p+q=-2+(-6)=-8$$

2192 답 ④

ㄱ. $k=0$일 때, 직선 $(2+k)x+(k-2)y=4k$는 $x-y=0$이므로
   직선 $y=x$와 일치한다. (참)

ㄴ. $k=2$일 때, 직선 $(2+k)x+(k-2)y=4k$는 $4x=8$, 즉 $x=2$
   이므로 x축과 수직이다. (거짓)

ㄷ. $(2+k)x+(k-2)y=4k$를 k에 대하여 정리하면
   $k(x+y-4)+(2x-2y)=0$
   $x+y-4=0$, $2x-2y=0$을 연립하여 풀면
   $x=2$, $y=2$
   즉, 주어진 직선은 실수 k의 값에 관계없이 항상 점 $(2, 2)$를
   지난다. (참)

따라서 옳은 것은 ㄱ, ㄷ이다.

2193 답 ①

$mx-y-3m+1=0$을 m에 대하여 정리하면
$m(x-3)-(y-1)=0$
이 직선은 실수 m의 값에 관계없이 항상 점 $(3, 1)$을 지난다.
  └ $\because x-3=0,\ y-1=0$
이 점을 P$(3, 1)$이라 하면 그림과 같
이 삼각형 ABC와 만나도록 직선
$mx-y-3m+1=0$을 움직여 보면
  └ $y=mx-3m+1$
(i) 직선 BP의 기울기는   이므로 기울기는
$\dfrac{1-(-2)}{3-1}=\dfrac{3}{2}$ m이다.

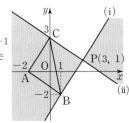

(ii) 직선 CP의 기울기는
$\dfrac{1-3}{3-0}=-\dfrac{2}{3}$

(i), (ii)에서 실수 m의 값의 범위는
$-\dfrac{2}{3}\le m\le\dfrac{3}{2}$

따라서 $a=-\dfrac{2}{3}$, $b=\dfrac{3}{2}$이므로
$ab=\left(-\dfrac{2}{3}\right)\times\dfrac{3}{2}=-1$

참고 직선 $mx-y-3m+1=0$이 삼각형 ABC와 만날 때의 직선의
기울기는 직선 BP의 기울기보다 작거나 같고, 직선 CP의 기울기보다
크거나 같을 때이다.

2194 답 2

$mx-y+2m-4=0$을 m에 대하여 정리하면
$m(x+2)-(y+4)=0$
이 직선은 실수 m의 값에 관계없이 항상 점 $(-2, -4)$를 지난다.
  └ $\because x+2=0,\ y+4=0$
그림과 같이 직선 $mx-y+2m-4=0$의
  └ $y=mx+2m-4$
기울기는 m이고 점 $(1, 2)$를 지날 때 기울
기가 최대이다.

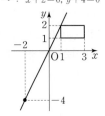

따라서 실수 m의 최댓값은
$\dfrac{2-(-4)}{1-(-2)}=2$

2195 답 $-1<a<-\dfrac{3}{4}$

$ax-y+2a+3=0$을 a에 대하여 정리하면
$a(x+2)-(y-3)=0$
이 직선은 실수 a의 값에 관계없이 항상 점 $(-2, 3)$을 지난다.
  └ $\because x+2=0,\ y-3=0$
그림과 같이 두 직선이 제1사분면에서 만나도록 직선
$ax-y+2a+3=0$을 움직여 보면
  └ $y=ax+2a+3$이므로 기울기는 a이다.

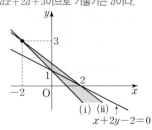

(i) 점 $(0, 1)$을 지날 때 기울기는
$\dfrac{1-3}{0-(-2)}=-1$

(ii) 점 $(2, 0)$을 지날 때 기울기는
$\dfrac{0-3}{2-(-2)}=-\dfrac{3}{4}$

(i), (ii)에서 실수 a의 값의 범위는
$-1<a<-\dfrac{3}{4}$

2196 답 ②

$y=ax+3-2a$를 a에 대하여 정리하면
$a(x-2)+(3-y)=0$
이 직선은 실수 a의 값에 관계없이 항상 점 $(2, 3)$을 지난다.
  └ $\because x-2=0,\ 3-y=0$
그림과 같이 함수 $y=|x|$의 그래프와 서로
다른 두 점에서 만나도록 직선
$y=ax+3-2a$를 움직여 보면
  └ 기울기는 a이다.
(i) 직선 $y=x$와 평행할 때
   기울기는 1이다.
(ii) 직선 $y=-x$와 평행할 때
   기울기는 -1이다.
(i), (ii)에서 실수 a의 값의 범위는
$-1<a<1$

개념 Check

절댓값을 포함한 함수 $y=|x|$의 그래프

함수 $y=|x|$의 그래프는
$\begin{cases} x\ge0\text{일 때, } y=x \\ x<0\text{일 때, } y=-x \end{cases}$

실수 Check

직선 $y=ax+3-2a$가 직선 $y=x$와 평행하거나 직선 $y=-x$와 평행
할 때, 함수 $y=|x|$의 그래프와 한 점에서 만나므로 기울기 a의 값의
범위에 1, -1은 포함되지 않는다.

2196-1

직선 $2ax+y+4a-6=0$과 함수 $y=|x|$의 그래프가 서로 다른 두 점에서 만날 때, 실수 a의 값의 범위를 구하시오.

$2ax+y+4a-6=0$을 a에 대하여 정리하면

$a(2x+4)+(y-6)=0$

이 직선은 실수 a의 값에 관계없이 항상 점 $(-2, 6)$을 지난다.

$\therefore 2x+4=0,\ y-6=0$ ←

그림과 같이 함수 $y=|x|$의 그래프와 서로 다른 두 점에서 만나도록 직선 $2ax+y+4a-6=0$을 움직여 보면

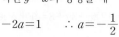

└→ $y=-2ax-4a+6$이므로 기울기는 $-2a$이다.

(i) 직선 $y=x$와 평행할 때

$-2a=1$ $\therefore a=-\dfrac{1}{2}$

(ii) 직선 $y=-x$와 평행할 때

$-2a=-1$ $\therefore a=\dfrac{1}{2}$

(i), (ii)에서 실수 a의 값의 범위는

$-\dfrac{1}{2}<a<\dfrac{1}{2}$

답 $-\dfrac{1}{2}<a<\dfrac{1}{2}$

2197 답 ④

| 유형 8

두 직선 $2x+3y-2=0$, $x-2y-1=0$의 교점과 점 $(2, -1)$을 지나는 직선의 방정식은? **단서1**

① $y=-x-3$ ② $y=-x-2$ ③ $y=-x-1$
④ $y=-x+1$ ⑤ $y=-x+2$

단서1 두 점을 지나는 직선의 방정식

STEP1 두 직선의 교점을 지나는 직선의 방정식으로 나타내기

두 직선 $2x+3y-2=0$, $x-2y-1=0$의 교점을 지나는 직선의 방정식은

$(2x+3y-2)+k(x-2y-1)=0\ (k는\ 실수)$ ·········· ㉠

STEP2 k의 값 구하기

㉠이 점 $(2, -1)$을 지나므로

$(4-3-2)+k(2+2-1)=0$ $\therefore k=\dfrac{1}{3}$

STEP3 직선의 방정식 구하기

$k=\dfrac{1}{3}$을 ㉠에 대입하면 구하는 직선의 방정식은

$(2x+3y-2)+\dfrac{1}{3}(x-2y-1)=0$ $\therefore y=-x+1$

다른 풀이

두 직선의 방정식 $2x+3y-2=0$, $x-2y-1=0$을 연립하여 풀면

$x=1$, $y=0$이므로 두 직선의 교점의 좌표는 $(1, 0)$이다.

따라서 두 점 $(1, 0)$, $(2, -1)$을 지나는 직선의 방정식은

$y-0=\dfrac{-1-0}{2-1}(x-1)$ $\therefore y=-x+1$

2198 답 ⑤

두 직선 $x-2y+3=0$, $2x+3y-8=0$의 교점을 지나는 직선의 방정식은

$(x-2y+3)+k(2x+3y-8)=0\ (k는\ 실수)$

$\therefore (1+2k)x+(-2+3k)y+3-8k=0$ ·········· ㉠

㉠의 기울기가 -3이므로

$-\dfrac{1+2k}{-2+3k}=-3$ $\therefore k=1$

$k=1$을 ㉠에 대입하면

$3x+y-5=0$

$3x+y-5=0$에 $y=0$을 대입하면

$3x-5=0$ $\therefore x=\dfrac{5}{3}$

따라서 직선 $3x+y-5=0$의 x절편은 $\dfrac{5}{3}$이다.

다른 풀이

두 직선의 방정식 $x-2y+3=0$, $2x+3y-8=0$을 연립하여 풀면

$x=1$, $y=2$이므로 두 직선의 교점의 좌표는 $(1, 2)$이다.

기울기가 -3이고 점 $(1, 2)$를 지나는 직선의 방정식은

$y-2=-3(x-1)$ $\therefore y=-3x+5$

$y=-3x+5$에 $y=0$을 대입하면

$-3x+5=0$ $\therefore x=\dfrac{5}{3}$

따라서 직선 $y=-3x+5$의 x절편은 $\dfrac{5}{3}$이다.

2199 답 ②

두 직선 $2x-y-1=0$, $x+3y+3=0$의 교점을 지나는 직선의 방정식은

$(2x-y-1)+k(x+3y+3)=0\ (k는\ 실수)$ ·········· ㉠

㉠이 점 $(2, 0)$을 지나므로

$(4-0-1)+k(2+0+3)=0$

$5k+3=0$ $\therefore k=-\dfrac{3}{5}$

$k=-\dfrac{3}{5}$을 ㉠에 대입하면 직선 l의 방정식은

$7x-14y-14=0$

$\therefore y=\dfrac{1}{2}x-1$

└→ x절편은 2, y절편은 -1이다.

따라서 직선 l과 x축, y축으로 둘러싸인 부분의 넓이는

$\dfrac{1}{2}\times 2\times 1=1$

다른 풀이

두 직선의 방정식 $2x-y-1=0$, $x+3y+3=0$을 연립하여 풀면

$x=0$, $y=-1$이므로 두 직선의 교점의 좌표는 $(0, -1)$이다.

두 점 $(0, -1)$, $(2, 0)$은 각각 직선 l의 y절편, x절편이므로

직선 l, x축, y축으로 둘러싸인 부분의 넓이는

$\dfrac{1}{2}\times 2\times 1=1$

2200 [답] $4\sqrt{2}$

두 직선 $x-2y+2=0$, $2x+y-6=0$의 교점을 지나는 직선의 방정식은

$(x-2y+2)+k(2x+y-6)=0$ (k는 실수)

$\therefore (1+2k)x+(-2+k)y+2-6k=0$ ┄┄┄┄┄┄┄ ㉠

㉠의 기울기가 -1이므로

$-\dfrac{1+2k}{-2+k}=-1$ $\therefore k=-3$

$k=-3$을 ㉠에 대입하면

$-5x-5y+20=0$ $\therefore y=-x+4$

$y=-x+4$에 $y=0$을 대입하면

$0=-x+4$ $\therefore x=4$ $\therefore \mathrm{P}(4,\ 0)$

$y=-x+4$에 $x=0$을 대입하면

$y=4$ $\therefore \mathrm{Q}(0,\ 4)$

$\therefore \overline{\mathrm{PQ}}=\sqrt{(0-4)^2+(4-0)^2}=4\sqrt{2}$

2201 [답] ③

ㄱ. 직선 $(x+2y-1)+k(3x-2y+5)=0$은 두 직선 $x+2y=1$, $3x-2y=-5$의 교점을 지나는 직선이다. (참)
　　→ $x+2y-1=0,\ 3x-2y+5=0$

ㄴ. $k=-1$이면 $(x+2y-1)-(3x-2y+5)=0$

　　$-2x+4y-6=0$ $\therefore y=\dfrac{1}{2}x+\dfrac{3}{2}$

　　즉, $k=-1$일 때 직선의 기울기는 $\dfrac{1}{2}$이다. (거짓)

ㄷ. 직선의 방정식 $(x+2y-1)+k(3x-2y+5)=0$을 x, y에 대하여 정리하면

　　$(3k+1)x+(-2k+2)y+5k-1=0$
　　　　　　　　　→ y축에 평행하려면 $-2k+2=0$

　　$-2k+2=0$, 즉 $k=1$이면 $4x+4=0$ $\therefore x=-1$

　　즉, 주어진 직선이 y축에 평행하도록 하는 k의 값이 존재한다.
　　　　　　　　　　　　　　　　　　　　　　　　　　　(참)

따라서 옳은 것은 ㄱ, ㄷ이다.

2202 [답] ② ｜유형9

> 두 직선 $x+ay+3=0$, $(a-4)x+5y+3=0$이 서로 평행할 때, 상 **단서1** 수 a의 값은?
>
> ① -3　　　② -1　　　③ 2
> ④ 3　　　⑤ 4
>
> **단서1** $\dfrac{1}{a-4}=\dfrac{a}{5}\neq\dfrac{3}{3}$

STEP1 두 직선이 평행할 조건 이용하기

두 직선 $x+ay+3=0$, $(a-4)x+5y+3=0$이 서로 평행하므로

$\dfrac{1}{a-4}=\dfrac{a}{5}\neq\dfrac{3}{3}$

STEP2 a의 값 구하기

$\dfrac{1}{a-4}=\dfrac{a}{5}$에서 $5=a(a-4)$, $a^2-4a-5=0$

$(a-5)(a+1)=0$ $\therefore a=-1$ 또는 $a=5$

이때 $\dfrac{a}{5}\neq\dfrac{3}{3}$이므로 $a\neq5$ → $a=5$이면 두 직선은 일치한다.

$\therefore a=-1$

2203 [답] ③

직선 $4x+6y=7$, 즉 $y=-\dfrac{2}{3}x+\dfrac{7}{6}$의 기울기는 $-\dfrac{2}{3}$이다.

따라서 주어진 직선과 평행한 직선은 기울기가 $-\dfrac{2}{3}$인 직선이므로 ㄴ이다.

또, 주어진 직선과 수직인 직선의 기울기를 m이라 하면

$-\dfrac{2}{3}\times m=-1$ $\therefore m=\dfrac{3}{2}$

따라서 주어진 직선과 수직인 직선은 기울기가 $\dfrac{3}{2}$인 직선이므로 ㄷ이다.

2204 [답] 5

두 직선 $ax+(a-2)y-11=0$, $(a-2)x-3y+8=0$이 서로 수직이므로

$a\times(a-2)+(a-2)\times(-3)=0$

$a^2-5a+6=0$, $(a-2)(a-3)=0$

$\therefore a=2$ 또는 $a=3$

따라서 모든 상수 a의 값의 합은

$2+3=5$

참고 $a=2$이면 두 직선의 방정식은

$x=\dfrac{11}{2}$, $y=\dfrac{8}{3}$

그림과 같이 두 직선은 각각 y축, x축에 평행하므로 서로 수직이다.

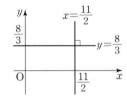

2205 [답] ①

두 직선 $ax-y+b=0$, $x+by+a=0$이 일치하므로

$\dfrac{a}{1}=\dfrac{-1}{b}=\dfrac{b}{a}$

$\dfrac{a}{1}=\dfrac{-1}{b}$에서 $ab=-1$ ┄┄┄┄┄┄┄┄┄┄┄ ㉠

$\dfrac{-1}{b}=\dfrac{b}{a}$에서 $a=-b^2$ ┄┄┄┄┄┄┄┄┄┄┄ ㉡

㉡을 ㉠에 대입하면

$-b^3=-1$, $b^3-1=0$

$(b-1)(b^2+b+1)=0$

이때 b는 실수이므로 $b=1$

$\therefore a=-1$

직선 $ax+by-b=0$, 즉 $x-y+1=0$에 $y=0$을 대입하면

$x=-1$

따라서 직선 $x-y+1=0$의 x절편은 -1이다.

2206 [답] ④

ㄱ. $k=-3$일 때

　　두 직선의 방정식은 $y=-2x-3$, $y=-2x-6$이므로

　　두 직선은 서로 평행하다. (참)

ㄴ. $k=2$일 때

　　두 직선의 방정식은 $y=3x+2$, $y=3x+4$이므로

　　두 직선은 일치하지 않는다. (거짓)

ㄷ. $k=-\dfrac{6}{7}$일 때

두 직선의 방정식은 $y=\dfrac{1}{7}x-\dfrac{6}{7}$, $y=-7x-\dfrac{12}{7}$이므로

두 직선의 기울기는 각각 $\dfrac{1}{7}$, -7이다.

$\dfrac{1}{7}\times(-7)=-1$이므로 두 직선은 서로 수직이다. (참)

따라서 옳은 것은 ㄱ, ㄷ이다.

2207 답 ③

ㄱ. $k=1$일 때

직선 l의 방정식은 $3x+1=0$, 즉 $x=-\dfrac{1}{3}$이므로 직선 l은 y축

과 평행하다. (참)

ㄴ. $k=4$일 때

직선 l의 방정식은 $9x-3y-2=0$

직선 l과 직선 $x+3y+4=0$에 대하여

$9\times1+(-3)\times3=0$이므로 두 직선은 서로 수직이다. (참)

ㄷ. $k=-1$일 때

직선 l의 방정식은 $x-2y-3=0$

직선 l은 직선 $x-2y=0$과 평행하므로 두 직선은 만나지 않는다. (거짓)

따라서 옳은 것은 ㄱ, ㄴ이다.

2208 답 ①

직선 $ax-y-1=0$이 점 $(1, 2)$를 지나므로

$a-2-1=0$ $\therefore a=3$

직선 $x-by+c=0$이 점 $(1, 2)$를 지나므로

$1-2b+c=0$ ··························· ㉠

두 직선 $3x-y-1=0$, $x-by+c=0$이 서로 수직이므로

$3\times1+(-1)\times(-b)=0$ $\therefore b=-3$

$b=-3$을 ㉠에 대입하면

$1+6+c=0$ $\therefore c=-7$

$\therefore a+b+c=3+(-3)+(-7)=-7$

2209 답 ③

두 직선 $4x+2y-11=0$, $x+3y-7=0$의 교점을 지나는 직선의 방정식은

$(4x+2y-11)+k(x+3y-7)=0$ (k는 실수)

$\therefore (4+k)x+(2+3k)y-11-7k=0$ ··········· ㉠

㉠이 직선 $7x+y+9=0$과 만나지 않으므로
└────→ 직선 $7x+y+9=0$과 평행하다.

$\dfrac{4+k}{7}=\dfrac{2+3k}{1}\neq\dfrac{-11-7k}{9}$ $\therefore k=-\dfrac{1}{2}$

$k=-\dfrac{1}{2}$을 ㉠에 대입하면

$7x+y-15=0$

따라서 $a=7$, $b=-15$이므로

$a-b=7-(-15)=22$

2210 답 ④

두 직선 $ax+3y-2=0$, $bx-ay+4=0$이

(i) 일치할 때

$\dfrac{a}{b}=\dfrac{3}{-a}=\dfrac{-2}{4}$

$\dfrac{a}{b}=\dfrac{3}{-a}$에서 $a^2+3b=0$ ··············· ㉠

$\dfrac{3}{-a}=\dfrac{-2}{4}$에서 $2a=12$ $\therefore a=6$

$a=6$을 ㉠에 대입하면 $b=-12$

(ii) 수직일 때

$ab-3a=0$, $a(b-3)=0$ $\therefore b=3\ (\because a\neq0)$

(i), (ii)에서 $\alpha=6$, $\beta=3$이므로

$\alpha\beta=6\times3=18$

2211 답 2

두 직선 $3x-ay+1=0$, $(a+2)x-y+a=0$이

(i) 평행할 때

$\dfrac{3}{a+2}=\dfrac{-a}{-1}\neq\dfrac{1}{a}$
          └──→ $a^2\neq1$이므로 $a\neq1$, $a\neq-1$

$a^2+2a-3=0$, $(a+3)(a-1)=0$

$\therefore a=-3\ (\because a^2\neq1)$

(ii) 일치할 때

$\dfrac{3}{a+2}=\dfrac{-a}{-1}=\dfrac{1}{a}$ $\therefore a=1$

(iii) 수직일 때

$3(a+2)+a=0$, $4a+6=0$ $\therefore a=-\dfrac{3}{2}$

(i), (ii), (iii)에서 $\alpha=-3$, $\beta=1$, $\gamma=-\dfrac{3}{2}$이므로

$\dfrac{\alpha\beta}{\gamma}=\dfrac{(-3)\times1}{-\dfrac{3}{2}}=2$

2212 답 ⑤

두 직선 $4x-(a+6)y+a=0$, $ax-2ay+1=0$이 두 개 이상의 교점을 가지므로 두 직선은 일치한다.

즉, $\dfrac{4}{a}=\dfrac{-(a+6)}{-2a}=\dfrac{a}{1}$

$\dfrac{4}{a}=\dfrac{-(a+6)}{-2a}$에서 $8a=a^2+6a$

$a^2-2a=0$, $a(a-2)=0$

$\therefore a=0$ 또는 $a=2$ ··············· ㉠

$\dfrac{4}{a}=\dfrac{a}{1}$에서 $a^2=4$

$a^2-4=0$, $(a+2)(a-2)=0$

$\therefore a=-2$ 또는 $a=2$ ··············· ㉡

㉠, ㉡에서 $a=2$

2213 답 3

직선 $y=-\dfrac{1}{3}x+2$에 수직인 직선의 기울기를 m이라 하면

$\left(-\dfrac{1}{3}\right)\times m=-1$이므로 $m=3$

2214 답 ③

두 직선 $y=7x-1$과 $y=(3k-2)x+2$가 서로 평행하므로
$7=3k-2$ $\therefore k=3$

2215 답 ②

두 직선 $x+y+2=0$, $(a+2)x-3y+1=0$이 서로 수직이므로
$(a+2)-3=0$ $\therefore a=1$

다른 풀이

직선 $x+y+2=0$의 기울기는 -1이고

직선 $(a+2)x-3y+1=0$의 기울기는 $\dfrac{a+2}{3}$이다.

이 두 직선이 서로 수직이므로

$(-1)\times\dfrac{a+2}{3}=-1$ $\therefore a=1$

2216 답 $\dfrac{3}{2}$, $\dfrac{2}{3}$

| 유형 10

> 세 직선 $3x-2y+1=0$, $2x-3y+1=0$, $ax-y+5=0$의 교점이 2
> **단서1**
> 개가 되도록 하는 상수 a의 값을 모두 구하시오.
> **단서1** 평행한 두 직선과 각각 한 점에서 만나는 한 직선

STEP 1 교점이 2개인 경우 알기

세 직선 $3x-2y+1=0$, $2x-3y+1=0$, $ax-y+5=0$의 교점이
2개이려면, 두 직선 $3x-2y+1=0$, $2x-3y+1=0$은 한 점에서
만나므로 직선 $ax-y+5=0$은 두 직선 중 하나와 평행하다.
→ 평행하거나 일치하지 않으므로 한 점에서 만난다.

STEP 2 a의 값 구하기

(i) 직선 $ax-y+5=0$이 직선 $3x-2y+1=0$과 평행한 경우

$\dfrac{a}{3}=\dfrac{-1}{-2}\neq\dfrac{5}{1}$ $\therefore a=\dfrac{3}{2}$

(ii) 직선 $ax-y+5=0$이 직선 $2x-3y+1=0$과 평행한 경우

$\dfrac{a}{2}=\dfrac{-1}{-3}\neq\dfrac{5}{1}$ $\therefore a=\dfrac{2}{3}$

(i), (ii)에서 상수 a의 값은 $\dfrac{3}{2}$ 또는 $\dfrac{2}{3}$이다.

2217 답 ④

세 직선 $3x+y=5$, $x-3y=5$, $kx+y=-5$가 한 점에서 만나므
로 직선 $kx+y=-5$는 두 직선 $3x+y=5$, $x-3y=5$의 교점을
지난다.

두 직선의 방정식 $3x+y=5$, $x-3y=5$를 연립하여 풀면
$x=2$, $y=-1$

따라서 직선 $kx+y=-5$는 점 $(2, -1)$을 지나므로
$2k-1=-5$ $\therefore k=-2$

2218 답 5

서로 다른 세 직선 $ax+y+1=0$,
$6x+by+3=0$, $3x+y-5=0$에 의하여 좌표평
면이 네 부분으로 나누어지므로 그림과 같이 세
직선은 평행하다.

(i) 직선 $ax+y+1=0$과 직선 $3x+y-5=0$이 평행하므로

$\dfrac{a}{3}=\dfrac{1}{1}\neq\dfrac{1}{-5}$ $\therefore a=3$

(ii) 직선 $6x+by+3=0$과 직선 $3x+y-5=0$이 평행하므로

$\dfrac{6}{3}=\dfrac{b}{1}\neq\dfrac{3}{-5}$ $\therefore b=2$

(i), (ii)에서 $a=3$, $b=2$이므로
$a+b=3+2=5$

2219 답 ②

세 직선 $y=-x+1$, $y=3x-7$, $y=ax+3$이 좌표평면을 여섯 개
부분으로 나누므로 세 직선은 한 점에서 만나거나 세 직선 중 두
직선만 평행하다.

(i) 세 직선 $y=-x+1$, $y=3x-7$, $y=ax+3$이 한 점에서 만날
때, 직선 $y=ax+3$은 두 직선 $y=-x+1$, $y=3x-7$의 교점
을 지난다.

$y=-x+1$, $y=3x-7$을 연립하여 풀면

$x=2$, $y=-1$

직선 $y=ax+3$이 점 $(2, -1)$을 지나므로

$-1=2a+3$ $\therefore a=-2$

(ii) 세 직선 중 두 직선이 평행할 때

두 직선 $y=-x+1$, $y=3x-7$은 평행하지 않으므로

두 직선 $y=-x+1$, $y=ax+3$이 평행하면

$a=-1$

두 직선 $y=3x-7$, $y=ax+3$이 평행하면

$a=3$

(i), (ii)에서 자연수 a의 값은 3이다.

2220 답 1

세 직선 $ax-y+3=0$, $2x-y=0$, $x+y-1=0$으로 둘러싸인 도
형이 직각삼각형이 되려면 세 직선 중 두 직선이 서로 수직이어야
한다.

두 직선 $2x-y=0$과 $x+y-1=0$은 서로 수직이 아니므로
→ 두 직선의 기울기가 각각 2, -1이므로 $2\times(-1)\neq-1$

(i) 직선 $ax-y+3=0$이 직선 $2x-y=0$과 수직이면

$2a+1=0$ $\therefore a=-\dfrac{1}{2}$

(ii) 직선 $ax-y+3=0$이 직선 $x+y-1=0$과 수직이면

$a-1=0$ $\therefore a=1$

(i), (ii)에서 정수 a의 값은 1이다.

2221 답 ①

세 직선 $y=-2x+1$, $y=ax+3$, $y=2x-1$이 삼각형을 이루지
않으므로 세 직선이 모두 평행하거나 세 직선 중 두 직선이 평행하
→ 두 직선 $y=-2x+1$, $y=2x-1$은 평행하지 않다.
거나 세 직선이 한 점에서 만난다.

(i) 세 직선 중 두 직선이 평행할 때

두 직선 $y=-2x+1$과 $y=ax+3$이 평행하면

$a=-2$

두 직선 $y=ax+3$과 $y=2x-1$이 평행하면

$a=2$

(ii) 세 직선이 한 점에서 만날 때

직선 $y=ax+3$이 두 직선 $y=-2x+1$, $y=2x-1$의 교점을
지난다.

$y=-2x+1$, $y=2x-1$을 연립하여 풀면

$x=\dfrac{1}{2}$, $y=0$

직선 $y=ax+3$이 점 $\left(\dfrac{1}{2},\,0\right)$을 지나므로

$0=\dfrac{1}{2}a+3$ $\therefore a=-6$

(i), (ii)에서 모든 상수 a의 값의 합은

$-2+2+(-6)=-6$

실수 Check

세 직선이 삼각형을 이루지 않는 경우는 다음 세 가지 경우이다. 각 경
우에 대하여 빠짐없이 생각해 보아야 한다.

① 세 직선이 모두 평행한 경우	② 세 직선 중 두 직선이 평행한 경우	③ 세 직선이 한 점에서 만나는 경우
///	(도형)	(도형)

2222 답 ① | 유형 11

두 점 $A(1,\,5)$, $B(4,\,2)$에 대하여 선분 AB를 $2:1$로 내분하는 점을
_{단서1}
지나고 직선 AB에 수직인 직선의 방정식을 $ax-y+b=0$이라 할
_{단서2}
때, 상수 a, b에 대하여 $a+b$의 값은?

① 1   ② 2   ③ 3
④ 4   ⑤ 5

단서1 $\left(\dfrac{2\times4+1\times1}{2+1},\,\dfrac{2\times2+1\times5}{2+1}\right)$
단서2 수직인 두 직선의 기울기의 곱은 -1

STEP1 내분점의 좌표 구하기

두 점 $A(1,\,5)$, $B(4,\,2)$에 대하여

선분 AB를 $2:1$로 내분하는 점의 좌표는

$\left(\dfrac{2\times4+1\times1}{2+1},\,\dfrac{2\times2+1\times5}{2+1}\right)$ $\therefore (3,\,3)$

STEP2 직선 AB에 수직인 직선의 기울기 구하기

직선 AB의 기울기는 $\dfrac{2-5}{4-1}=-1$이므로 직선 AB에 수직인 직선
의 기울기는 1이다.

STEP3 직선의 방정식 구하기

기울기가 1이고 점 $(3,\,3)$을 지나는 직선의 방정식은

$y-3=x-3$ $\therefore x-y=0$

따라서 $a=1$, $b=0$이므로

$a+b=1+0=1$

2223 답 -1

직선 $3x-4y+7=0$, 즉 $y=\dfrac{3}{4}x+\dfrac{7}{4}$의 기울기는 $\dfrac{3}{4}$이므로 이 직

선에 평행한 직선의 기울기는 $\dfrac{3}{4}$이다.

점 $(3,\,1)$을 지나고 기울기가 $\dfrac{3}{4}$인 직선의 방정식은

$y-1=\dfrac{3}{4}(x-3)$ $\therefore 3x-4y-5=0$

직선 $3x-4y-5=0$이 점 $(a,\,-2)$를 지나므로

$3a+8-5=0$, $3a+3=0$

$\therefore a=-1$

다른 풀이

직선 $3x-4y+7=0$, 즉 $y=\dfrac{3}{4}x+\dfrac{7}{4}$의 기울기가 $\dfrac{3}{4}$이므로 이 직

선에 평행한 직선의 기울기는 $\dfrac{3}{4}$이다.

따라서 두 점 $(3,\,1)$, $(a,\,-2)$를 지나는 직선의 기울기는 $\dfrac{3}{4}$이므로

$\dfrac{-2-1}{a-3}=\dfrac{3}{4}$, $-12=3a-9$

$\therefore a=-1$

2224 답 ④

직선 $8x+2y-1=0$, 즉 $y=-4x+\dfrac{1}{2}$의 기울기는 -4이므로 이

직선에 수직인 직선의 기울기를 m이라 하면

$(-4)\times m=-1$ $\therefore m=\dfrac{1}{4}$

기울기가 $\dfrac{1}{4}$이고 점 $(-2,\,3)$을 지나는 직선의 방정식은

$y-3=\dfrac{1}{4}\{x-(-2)\}$ $\therefore x-4y+14=0$

직선 $x-4y+14=0$이 점 $(a,\,6)$을 지나므로

$a-24+14=0$ $\therefore a=10$

다른 풀이

직선 $8x+2y-1=0$, 즉 $y=-4x+\dfrac{1}{2}$의 기울기는 -4이므로 이

직선에 수직인 직선의 기울기를 m이라 하면

$(-4)\times m=-1$ $\therefore m=\dfrac{1}{4}$

따라서 두 점 $(-2,\,3)$, $(a,\,6)$을 지나는 직선의 기울기는 $\dfrac{1}{4}$이므로

$\dfrac{6-3}{a-(-2)}=\dfrac{1}{4}$, $12=a+2$

$\therefore a=10$

2225 답 ①

직선 $(2k+3)x-y+4=0$, 즉 $y=(2k+3)x+4$의 기울기는
$2k+3$이고 y절편은 4이다.

이 직선에 수직인 직선의 기울기를 m이라 하면

$(2k+3)\times m=-1$ $\therefore m=-\dfrac{1}{2k+3}$

기울기가 $-\dfrac{1}{2k+3}$이고 점 $(0,\,4)$를 지나는 직선의 방정식은

$y=-\dfrac{1}{2k+3}x+4$

이 직선이 점 $(2, 0)$을 지나므로

$0 = -\dfrac{1}{2k+3} \times 2 + 4$, $0 = -2 + 4(2k+3)$

$8k + 10 = 0$ $\quad \therefore k = -\dfrac{5}{4}$

다른 풀이

직선 $(2k+3)x - y + 4 = 0$, 즉 $y = (2k+3)x + 4$의 기울기는

$2k+3$이고 y절편은 4이다.

두 점 $(2, 0)$, $(0, 4)$를 지나는 직선의 기울기는

$\dfrac{4-0}{0-2} = -2$ $\longrightarrow$ 직선 $y=(2k+3)x+4$와 수직이다.

따라서 $(2k+3) \times (-2) = -1$이므로

$-4k - 6 = -1$ $\quad \therefore k = -\dfrac{5}{4}$

2226 답 ①

직선 l_1은 두 점 $(6, 0)$, $(0, 9)$를 지나므로 직선 l_1의 기울기는

$\dfrac{9-0}{0-6} = -\dfrac{3}{2}$

직선 l_2의 기울기를 m이라 하면 두 직선 l_1, l_2가 서로 수직이므로

$\left(-\dfrac{3}{2}\right) \times m = -1$ $\quad \therefore m = \dfrac{2}{3}$

직선 l_2는 기울기가 $\dfrac{2}{3}$이고 점 $(6, 0)$을 지나므로

$y = \dfrac{2}{3}(x-6)$ $\quad \therefore y = \dfrac{2}{3}x - 4$

따라서 직선 l_2의 y절편은 -4이다.

2227 답 ③

직선 $x + 2y - 2 = 0$, 즉 $y = -\dfrac{1}{2}x + 1$의 기울기가 $-\dfrac{1}{2}$이므로 이

직선에 수직인 직선 AH의 기울기를 m이라 하면

$\left(-\dfrac{1}{2}\right) \times m = -1$ $\quad \therefore m = 2$

직선 AH는 기울기가 2이고 점 $A(2, 4)$를 지나는 직선이므로

$y - 4 = 2(x-2)$ $\quad \therefore 2x - y = 0$

$x + 2y - 2 = 0$, $2x - y = 0$을 연립하여 풀면

$x = \dfrac{2}{5}$, $y = \dfrac{4}{5}$ $\quad \therefore H\left(\dfrac{2}{5}, \dfrac{4}{5}\right)$

따라서 선분 OH의 길이는

$\overline{OH} = \sqrt{\left(\dfrac{2}{5}\right)^2 + \left(\dfrac{4}{5}\right)^2} = \dfrac{2\sqrt{5}}{5}$

개념 Check

수선의 발

그림과 같이 직선 l 위에 있지 않은 점 P에서 직선 l에 수선을 그어서 생기는 교점을 H라 할 때, 점 H를 점 P에서 직선 l에 내린 수선의 발이라 한다.

2228 답 ④

그림과 같이 직선 $x + 3y = 12$ 위의 점 중에서 원점에 가장 가까운 점을 $P(a, b)$라 하자.

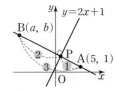

직선 OP는 기울기가 $\dfrac{b}{a}$이고 원점을 지나므로 $y = \dfrac{b}{a}x$

직선 $y = \dfrac{b}{a}x$는 직선 $x + 3y = 12$와 서로 수직이므로

$\longrightarrow$ 기울기는 $-\dfrac{1}{3}$이다.

$\dfrac{b}{a} \times \left(-\dfrac{1}{3}\right) = -1$ $\quad \therefore \dfrac{b}{a} = 3$

즉, 직선 OP의 방정식은 $y = 3x$

$y = 3x$, $x + 3y = 12$를 연립하여 풀면

$x = \dfrac{6}{5}$, $y = \dfrac{18}{5}$ $\quad \therefore P\left(\dfrac{6}{5}, \dfrac{18}{5}\right)$

따라서 $a = \dfrac{6}{5}$, $b = \dfrac{18}{5}$이므로

$a + b = \dfrac{6}{5} + \dfrac{18}{5} = \dfrac{24}{5}$

참고 원점에서 가장 가까운 점은 원점에서 직선 $x + 3y = 12$에 수선을 그어서 생기는 교점이다.

2229 답 8

직선 AP의 기울기는

$\dfrac{3-1}{4-0} = \dfrac{1}{2}$

직선 BP의 기울기는

$\dfrac{3-1}{4-n} = \dfrac{2}{4-n}$

직선 AP와 직선 BP가 서로 수직이므로

$\dfrac{1}{2} \times \dfrac{2}{4-n} = -1$, $4 - n = -1$

$\therefore n = 5$

세 점 $A(0, 1)$, $B(5, 1)$, $P(4, 3)$을 꼭짓점으로 하는 삼각형 ABP의 무게중심의 좌표는

$\left(\dfrac{0+5+4}{3}, \dfrac{1+1+3}{3}\right)$ $\quad \therefore \left(3, \dfrac{5}{3}\right)$

따라서 $a = 3$, $b = \dfrac{5}{3}$이므로

$a + 3b = 3 + 3 \times \dfrac{5}{3} = 8$

2230 답 ②

그림과 같이 직선 $y = 2x + 1$의 기울기는 2이므로 이 직선에 수직인 직선의 기울기를 m이라 하면

$2 \times m = -1$ $\quad \therefore m = -\dfrac{1}{2}$

직선 AP는 기울기가 $-\dfrac{1}{2}$이고 점 $(5, 1)$을 지나는 직선이므로

$y - 1 = -\dfrac{1}{2}(x-5)$ $\quad \therefore x + 2y - 7 = 0$

$x+2y-7=0$, $y=2x+1$을 연립하여 풀면

$x=1$, $y=3$ ∴ P$(1, 3)$

$\overline{\mathrm{AP}}:\overline{\mathrm{BP}}=1:2$이고 점 P가 선분 AB 위에 있으므로 점 B는 선분 AP를 $3:2$로 외분하는 점이다.

점 B의 좌표는

$\mathrm{B}\left(\dfrac{3\times1-2\times5}{3-2}, \dfrac{3\times3-2\times1}{3-2}\right)$ ∴ B$(-7, 7)$

따라서 $a=-7$, $b=7$이므로

$a+b=-7+7=0$

2231 답 ②

(i) 선분 BC의 기울기는

$\dfrac{0-2}{3-(-1)}=-\dfrac{1}{2}$

이 직선에 수직인 직선의 기울기를 m_1이라 하면

$\left(-\dfrac{1}{2}\right)\times m_1=-1$ ∴ $m_1=2$

기울기가 2이고 점 A$(1, 4)$를 지나는 선분 BC에 수직인 직선의 방정식은

$y-4=2(x-1)$ ∴ $y=2x+2$

(ii) 선분 AB의 기울기는

$\dfrac{2-4}{-1-1}=1$

이 직선에 수직인 직선의 기울기를 m_2라 하면

$1\times m_2=-1$ ∴ $m_2=-1$

기울기가 -1이고 점 C$(3, 0)$을 지나는 선분 AB에 수직인 직선의 방정식은

$y-0=-(x-3)$ ∴ $y=-x+3$

(i), (ii)에서 $y=2x+2$, $y=-x+3$을 연립하여 풀면

$x=\dfrac{1}{3}$, $y=\dfrac{8}{3}$

따라서 구하는 교점의 좌표는 $\left(\dfrac{1}{3}, \dfrac{8}{3}\right)$이다.

참고 삼각형의 세 꼭짓점에서 각 대변에 내린 수선은 한 점에서 반드시 만난다.

2232 답 ②

두 직선 $ax+(3a-4)y+4=0$, $(a-3)x+y+a-4=0$이 수직으로 만나므로

$a(a-3)+(3a-4)=0$, $a^2-4=0$

$(a+2)(a-2)=0$ ∴ $a=2$ $(∵ a>0)$

즉, 두 직선의 방정식은 $2x+2y+4=0$, $-x+y-2=0$

∴ $x+y+2=0$, $x-y+2=0$

$x+y+2=0$, $x-y+2=0$을 연립하여 풀면

$x=-2$, $y=0$ ∴ P$(-2, 0)$

두 점 P$(-2, 0)$, $(0, -4)$를 지나는 직선의 방정식은

$\dfrac{x}{-2}+\dfrac{y}{-4}=1$ ⟶ x절편은 -2, y절편은 -4이다.

∴ $2x+y+4=0$

따라서 $b=2$, $c=1$이므로

$b+c=2+1=3$

2233 답 ①

직선 $y=-2x+6$의 기울기가 -2이므로 이 직선에 평행한 직선 l의 기울기는 -2이다.

직선 l은 기울기가 -2이고 점 $(1, 2)$를 지나므로

$y-2=-2(x-1)$ ∴ $y=-2x+4$

또, 직선 $y=-2x+6$의 기울기가 -2이므로 이 직선에 수직인 직선 m의 기울기를 a라 하면

$-2\times a=-1$ ∴ $a=\dfrac{1}{2}$

직선 m은 기울기가 $\dfrac{1}{2}$이고 점 $(1, 2)$를 지나므로

$y-2=\dfrac{1}{2}(x-1)$ ∴ $y=\dfrac{1}{2}x+\dfrac{3}{2}$

그림과 같이 두 직선 l, m과 x축으로 둘러싸인 삼각형은 직각삼각형이다.

직각삼각형의 외심은 빗변의 중점이므로

두 점 $(-3, 0)$, $(2, 0)$의 중점 ⟵

$\left(\dfrac{-3+2}{2}, 0\right)$ ∴ $\left(-\dfrac{1}{2}, 0\right)$

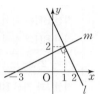

실수 Check

삼각형의 외심 O에서 세 꼭짓점에 이르는 거리는 모두 같으므로 직각삼각형의 외심의 좌표를 구할 때 빗변의 중점과 같음을 이용한다.

2234 답 ④

점 A$(a, 4)$는 직선 $l:y=\dfrac{1}{m}x+2$ 위의 점이므로

$4=\dfrac{1}{m}a+2$ ∴ $a=\boxed{2m}$

점 B는 점 A$(2m, 4)$에서 x축에 내린 수선의 발이므로 B$(2m, 0)$

직선 BH는 직선 l에 수직이므로 기울기는 $-m$이다.

직선 BH는 기울기가 $-m$이고 점 B$(2m, 0)$을 지나므로

$y=-m(x-\boxed{2m})$

직선 l과 직선 BH가 만나는 점 H의 좌표는

$y=\dfrac{1}{m}x+2$, $y=-m(x-2m)$을 연립하여 풀면

$x=\dfrac{2m^3-2m}{m^2+1}$, $y=\dfrac{4m^2}{m^2+1}$

∴ H$\left(\dfrac{2m^3-2m}{\boxed{m^2+1}}, \dfrac{4m^2}{\boxed{m^2+1}}\right)$

선분 OH의 길이는

$\sqrt{\left(\dfrac{2m^3-2m}{\boxed{m^2+1}}\right)^2+\left(\dfrac{4m^2}{\boxed{m^2+1}}\right)^2}=\dfrac{|2m|}{m^2+1}\sqrt{m^4+\boxed{2}\times m^2+1}$

$=|\boxed{2m}|$

선분 OB의 길이도 $2m$이므로 선분 OH의 길이와 선분 OB의 길이가 서로 같다.

따라서 삼각형 OBH는 m의 값에 관계없이 이등변삼각형이다.

$f(m)=2m$, $g(m)=m^2+1$, $k=2$

∴ $f(2)\times g(2)=(2\times2)\times(2^2+1)=4\times5=20$

점 B에서 직선 l에 내린 수선의 발 H의 좌표는 점 B를 지나고 직선 l에 수직인 직선과 직선 l의 교점의 좌표로 구할 수 있다.

2234-1

직선 $l : y = \dfrac{1}{2}x + 2$ 위의 점 A(4, 4)에서 x축에 내린 수선의 발을 B라 하고, 점 B에서 직선 l에 내린 수선의 발을 H라 하자. 다음은 삼각형 OBH가 이등변삼각형임을 보이는 과정이다. (단, O는 원점이다.)

> 직선 BH는 직선 l에 수직이므로
> 직선 BH의 방정식은
> $$y = -2\left(x - \boxed{(가)}\right)$$
> 직선 l과 직선 BH가 만나는 점 H의 좌표는
> $$H\left(\boxed{(나)}, \boxed{(다)}\right)$$
> 선분 OH의 길이는 $\boxed{(라)}$ 이므로 선분 OB의 길이와 서로 같다.
> 따라서 삼각형 OBH는 이등변삼각형이다.

위의 (가), (나), (다), (라)에 알맞은 수를 각각 a, b, c, d라 할 때, $\dfrac{abd}{c}$의 값을 구하시오.

점 A(4, 4)에서 x축에 내린 수선의 발 B의 좌표는 B(4, 0)

직선 BH는 직선 l에 수직이므로 기울기는 -2이다.

직선 BH는 기울기가 -2이고 점 B(4, 0)을 지나므로

$$y = -2\left(x - \boxed{4}\right) \quad \therefore y = -2x + 8$$

직선 l과 직선 BH가 만나는 점 H의 좌표는

$y = \dfrac{1}{2}x + 2$, $y = -2x + 8$을 연립하여 풀면

$$x = \dfrac{12}{5}, \ y = \dfrac{16}{5}$$

$$\therefore H\left(\boxed{\dfrac{12}{5}}, \boxed{\dfrac{16}{5}}\right)$$

선분 OH의 길이는

$$\sqrt{\left(\dfrac{12}{5}\right)^2 + \left(\dfrac{16}{5}\right)^2} = \dfrac{1}{5}\sqrt{144 + 256} = \dfrac{1}{5} \times 20 = \boxed{4}$$

이므로 선분 OB의 길이와 서로 같다.
따라서 삼각형 OBH는 이등변삼각형이다.

(가) : 4, (나) : $\dfrac{12}{5}$, (다) : $\dfrac{16}{5}$, (라) : 4이므로

$$a = 4, \ b = \dfrac{12}{5}, \ c = \dfrac{16}{5}, \ d = 4$$

$$\therefore \dfrac{abd}{c} = \dfrac{4 \times \dfrac{12}{5} \times 4}{\dfrac{16}{5}} = 12$$

답 12

2235 답 ⑤　　　　　　| 유형 12

> 두 점 A(5, -3), B(1, 9)에 대하여 <u>선분 AB의 수직이등분선의 방정식</u>은?　단서1
>
> ① $3x - y + 6 = 0$　　② $3x + y - 6 = 0$
> ③ $x - 3y - 6 = 0$　　④ $x + 3y + 6 = 0$
> ⑤ $x - 3y + 6 = 0$
>
> 단서1 선분 AB의 중점을 지나고 선분 AB에 수직

STEP 1 수직이등분선의 기울기 구하기

두 점 A(5, -3), B(1, 9)를 지나는 직선의 기울기는 $\dfrac{9 - (-3)}{1 - 5} = -3$이므로 선분 AB의 수직이등분선의 기울기는 $\dfrac{1}{3}$이다.

$(-3) \times \dfrac{1}{3} = -1$

STEP 2 선분 AB의 중점의 좌표 구하기

선분 AB의 중점의 좌표는

$$\left(\dfrac{5+1}{2}, \dfrac{-3+9}{2}\right) \quad \therefore (3, 3)$$

STEP 3 선분 AB의 수직이등분선의 방정식 구하기

선분 AB의 수직이등분선은 기울기가 $\dfrac{1}{3}$이고 점 (3, 3)을 지나는 직선이므로

$$y - 3 = \dfrac{1}{3}(x - 3) \quad \therefore x - 3y + 6 = 0$$

다른 풀이

선분 AB의 수직이등분선 위의 점을 P(x, y)라 하면 $\overline{PA} = \overline{PB}$이므로

$$\sqrt{(x-5)^2 + \{y - (-3)\}^2} = \sqrt{(x-1)^2 + (y-9)^2}$$ 에서

$$x^2 - 10x + 25 + y^2 + 6y + 9 = x^2 - 2x + 1 + y^2 - 18y + 81$$

$$\therefore x - 3y + 6 = 0$$

2236 답 ④

두 점 A(-1, -2), B(3, 2)를 지나는 직선의 기울기는

$\dfrac{2 - (-2)}{3 - (-1)} = 1$이므로 선분 AB의 수직이등분선의 기울기는 -1이다.

$1 \times (-1) = -1$

선분 AB의 중점의 좌표는

$$\left(\dfrac{-1+3}{2}, \dfrac{-2+2}{2}\right) \quad \therefore (1, 0)$$

즉, 선분 AB의 수직이등분선은 기울기가 -1이고 점 (1, 0)을 지나는 직선이므로

$$y - 0 = -(x - 1) \quad \therefore y = -x + 1$$

이 직선이 점 P(a, $2a - 5$)를 지나므로

$$2a - 5 = -a + 1, \ 3a = 6 \quad \therefore a = 2$$

다른 풀이

선분 AB의 수직이등분선 위의 점 P(a, $2a-5$)에 대하여 $\overline{PA} = \overline{PB}$이므로

$$\sqrt{(a+1)^2 + (2a-5+2)^2} = \sqrt{(a-3)^2 + (2a-5-2)^2}$$

$$a^2 + 2a + 1 + 4a^2 - 12a + 9 = a^2 - 6a + 9 + 4a^2 - 28a + 49$$

$$24a = 48 \quad \therefore a = 2$$

2237 답 -5

직선 $2x-3y+6=0$의 x절편은 -3, y절편은 2이므로
$A(-3, 0)$, $B(0, 2)$
두 점 $A(-3, 0)$, $B(0, 2)$를 지나는 직선의 기울기는
$\dfrac{2-0}{0-(-3)}=\dfrac{2}{3}$이므로 선분 AB의 수직이등분선의 기울기는
$-\dfrac{3}{2}$이다.
$\qquad \longrightarrow \dfrac{2}{3}\times\left(-\dfrac{3}{2}\right)=-1$
선분 AB의 중점의 좌표는
$\left(\dfrac{-3+0}{2}, \dfrac{0+2}{2}\right) \qquad \therefore \left(-\dfrac{3}{2}, 1\right)$

즉, 선분 AB를 수직이등분하는 직선은 기울기가 $-\dfrac{3}{2}$이고 점 $\left(-\dfrac{3}{2}, 1\right)$을 지나므로
$y-1=-\dfrac{3}{2}\left\{x-\left(-\dfrac{3}{2}\right)\right\} \qquad \therefore y=-\dfrac{3}{2}x-\dfrac{5}{4}$
이 직선이 점 $\left(\dfrac{5}{2}, a\right)$를 지나므로
$a=-\dfrac{3}{2}\times\dfrac{5}{2}-\dfrac{5}{4}=-5$

2238 답 ④

선분 AB의 수직이등분선의 기울기가 $-\dfrac{1}{2}$이므로
두 점 $A(2, -1)$, $B(4, a)$를 지나는 직선의 기울기는 2이다.
$\dfrac{a-(-1)}{4-2}=2 \qquad \therefore a=3$
$\therefore B(4, 3)$
선분 AB의 중점의 좌표는
$\left(\dfrac{2+4}{2}, \dfrac{-1+3}{2}\right) \qquad \therefore (3, 1)$
직선 $y=-\dfrac{1}{2}x+b$는 선분 AB의 중점 $(3, 1)$을 지나므로
$1=-\dfrac{3}{2}+b \qquad \therefore b=\dfrac{5}{2}$
$\therefore 2ab=2\times3\times\dfrac{5}{2}=15$

2239 답 8

두 점 $A(1, 6)$, $C(n, 0)$에 대하여 대각선 AC의 길이가 10이므로
$\sqrt{(n-1)^2+(0-6)^2}=10$
$n^2-2n+1+36=100$, $n^2-2n-63=0$
$(n+7)(n-9)=0 \qquad \therefore n=9 \ (\because n>0)$
$\therefore C(9, 0)$
마름모 ABCD에 대하여 직선 l은 대각선 AC의 수직이등분선이다.
두 점 $A(1, 6)$, $C(9, 0)$을 지나는 직선의 기울기는 $\dfrac{0-6}{9-1}=-\dfrac{3}{4}$
이므로 대각선 AC의 수직이등분선의 기울기는 $\dfrac{4}{3}$이다.
대각선 AC의 중점의 좌표는
$\left(\dfrac{1+9}{2}, \dfrac{6+0}{2}\right) \qquad \therefore (5, 3)$

직선 l은 기울기가 $\dfrac{4}{3}$이고 점 $(5, 3)$을 지나는 직선이므로
$y-3=\dfrac{4}{3}(x-5)$
$\therefore 4x-3y-11=0$
따라서 $a=-3$, $b=-11$이므로
$a-b=-3-(-11)=8$

Plus 문제

2239-1

그림과 같은 정사각형 ABCD에 대하여 $A(2, 4)$, $C(n, 0)$이고, 대각선 AC의 길이가 5일 때, 두 점 B, D를 지나는 직선 l의 방정식을 구하시오.
(단, $n>0$)

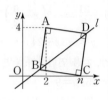

두 점 $A(2, 4)$, $C(n, 0)$에 대하여 대각선 AC의 길이가 5이므로
$\sqrt{(n-2)^2+(0-4)^2}=5$
$n^2-4n+4+16=25$, $n^2-4n-5=0$
$(n+1)(n-5)=0 \qquad \therefore n=5 \ (\because n>0)$
$\therefore C(5, 0)$
정사각형 ABCD에 대하여 직선 l은 대각선 AC의 수직이등분선이다.
두 점 $A(2, 4)$, $C(5, 0)$을 지나는 직선의 기울기는
$\dfrac{0-4}{5-2}=-\dfrac{4}{3}$이므로 대각선 AC의 수직이등분선의 기울기는
$\dfrac{3}{4}$이다.
대각선 AC의 중점의 좌표는
$\left(\dfrac{2+5}{2}, \dfrac{4+0}{2}\right) \qquad \therefore \left(\dfrac{7}{2}, 2\right)$
직선 l은 기울기가 $\dfrac{3}{4}$이고 점 $\left(\dfrac{7}{2}, 2\right)$를 지나는 직선이므로
$y-2=\dfrac{3}{4}\left(x-\dfrac{7}{2}\right)$
$\therefore 6x-8y-5=0$

답 $6x-8y-5=0$

2240 답 $(5, 9)$

직선 AC의 기울기는 $\dfrac{9-4}{0-5}=-1$이므로
변 AC의 수직이등분선의 기울기는 1이다.
변 AC의 중점의 좌표는
$\left(\dfrac{5+0}{2}, \dfrac{4+9}{2}\right) \qquad \therefore \left(\dfrac{5}{2}, \dfrac{13}{2}\right)$

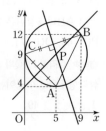

변 AC의 수직이등분선은 기울기가 1이고 점 $\left(\dfrac{5}{2},\ \dfrac{13}{2}\right)$을 지나는

직선이므로

$$y-\dfrac{13}{2}=x-\dfrac{5}{2}$$

$$\therefore y=x+4 \quad\cdots\cdots\cdots\cdots\cdots\cdots\cdots\cdots\cdots\cdots\cdots\cdots\cdots\cdots ㉠$$

직선 BC의 기울기는 $\dfrac{9-12}{0-9}=\dfrac{1}{3}$이므로 변 BC의 수직이등분선

의 기울기는 -3이다.

변 BC의 중점의 좌표는

$$\left(\dfrac{9+0}{2},\ \dfrac{12+9}{2}\right) \quad\therefore \left(\dfrac{9}{2},\ \dfrac{21}{2}\right)$$

변 BC의 수직이등분선은 기울기가 -3이고 점 $\left(\dfrac{9}{2},\ \dfrac{21}{2}\right)$을 지나

는 직선이므로

$$y-\dfrac{21}{2}=-3\left(x-\dfrac{9}{2}\right)$$

$$\therefore y=-3x+24 \quad\cdots\cdots\cdots\cdots\cdots\cdots\cdots\cdots\cdots\cdots\cdots\cdots ㉡$$

㉠, ㉡을 연립하여 풀면

$$x=5,\ y=9$$

따라서 구하는 점의 좌표는 $(5,\ 9)$이다.

Tip 삼각형의 세 변의 수직이등분선의 교점은 한 점에서 만나고, 그 점은 삼각형의 외심임을 이용하여 풀 수도 있다.

→ 삼각형 ABC의 외심 $P(a,\ b)$에 대하여 $\overline{PA}=\overline{PB}=\overline{PC}$이다.

2241 답 ④ | 유형 13

그림과 같이 두 점 $A(4,\ 3)$, $B(8,\ -1)$을 지나는 직선이 x축과 만나는 점을 P, y축과 만나는 점을 Q라 할 때, 삼각형 POQ의 넓이는? (단, O는 원점이다.)

단서 1
단서 2

① 7
② $\dfrac{49}{4}$
③ 24
④ $\dfrac{49}{2}$
⑤ 49

단서1 $P((x$절편$),\ 0)$, $Q(0,\ (y$절편$))$
단서2 $\dfrac{1}{2}\times(x$절편$)\times(y$절편$)$

STEP1 직선 AB의 방정식 구하기

직선 AB의 방정식은

$$y-3=\dfrac{-1-3}{8-4}(x-4)$$

$$\therefore y=-x+7$$

STEP2 두 점 P, Q의 좌표 구하기

직선 AB의 x절편은 7, y절편은 7이므로

$P(7,\ 0)$, $Q(0,\ 7)$

STEP3 삼각형 POQ의 넓이 구하기

삼각형 POQ의 넓이는

$$\dfrac{1}{2}\times7\times7=\dfrac{49}{2}$$

2242 답 1

$3x-y-1=0$, $x+4y+4=0$을 연립하여 풀면

$x=0,\ y=-1$

이므로 두 직선의 교점의 좌표는 $(0,\ -1)$이다.

두 점 $(0,\ -1)$, $(2,\ 0)$을 지나는 직선 l의 방정식은

$$\dfrac{x}{2}+\dfrac{y}{-1}=1 \quad\therefore x-2y-2=0$$

따라서 직선 l과 x축, y축으로 둘러싸인 부분의 넓이는

$$\dfrac{1}{2}\times2\times1=1$$

다른 풀이

두 직선 $3x-y-1=0$, $x+4y+4=0$의 교점을 지나는 직선의 방정식은

$$3x-y-1+k(x+4y+4)=0\ (k\text{는 실수}) \quad\cdots\cdots\cdots ㉠$$

㉠이 점 $(2,\ 0)$을 지나므로

$$(6-0-1)+k(2+0+4)=0 \quad\therefore k=-\dfrac{5}{6}$$

$k=-\dfrac{5}{6}$를 ㉠에 대입하면

$$3x-y-1-\dfrac{5}{6}(x+4y+4)=0 \quad\therefore x-2y-2=0$$

따라서 직선 $x-2y-2=0$과 x축, y축으로 둘러싸인 부분의 넓이는

$$\dfrac{1}{2}\times2\times1=1$$

2243 답 ③

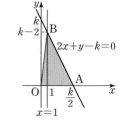

직선 $2x+y-k=0$의 x절편은 $\dfrac{k}{2}$이므로

$$A\left(\dfrac{k}{2},\ 0\right)$$

$x=1$을 $2x+y-k=0$에 대입하면

$y=k-2 \quad\therefore B(1,\ k-2)$

삼각형 OAB의 넓이가 12이므로

$$\dfrac{1}{2}\times\dfrac{k}{2}\times(k-2)=12,\ k^2-2k-48=0$$

$$(k-8)(k+6)=0 \quad\therefore k=8\ (\because k>0)$$

2244 답 ②

두 점 $A(-2,\ 9)$, $B(10,\ -7)$을 지나는 직선의 기울기는

$$\dfrac{-7-9}{10-(-2)}=-\dfrac{4}{3}$$

이므로 선분 AB의 수직이등분선의 기울기는 $\dfrac{3}{4}$이다.

두 점 $A(-2,\ 9)$, $B(10,\ -7)$의 중점의 좌표는

$$\left(\dfrac{-2+10}{2},\ \dfrac{9-7}{2}\right) \quad\therefore (4,\ 1)$$

기울기가 $\dfrac{3}{4}$이고 점 $(4,\ 1)$을 지나는 직선의 방정식은

$$y-1=\dfrac{3}{4}(x-4) \quad\therefore 3x-4y-8=0$$

직선 $3x-4y-8=0$의 x절편은 $\dfrac{8}{3}$, y절편

은 -2이므로

$P\left(\dfrac{8}{3},\,0\right)$, $Q(0,\,-2)$

따라서 삼각형 OPQ의 넓이는

$\dfrac{1}{2}\times\dfrac{8}{3}\times2=\dfrac{8}{3}$

2245 답 ②

직선 $\dfrac{x}{a}+\dfrac{y}{b}=1$의 x절편과 y절편은 각각

a, b이고, 제3사분면을 지나지 않으므로

$a>0$, $b>0$

$\overline{OA}+\overline{OB}=2\sqrt{6}$에서 $a+b=2\sqrt{6}$

$\therefore b=2\sqrt{6}-a$

$a>0$, $b>0$이므로 $0<a<2\sqrt{6}$

삼각형 OAB의 넓이는

$\dfrac{1}{2}ab=\dfrac{1}{2}a(2\sqrt{6}-a)=-\dfrac{1}{2}a^2+\sqrt{6}a$

$\qquad\qquad=-\dfrac{1}{2}(a-\sqrt{6})^2+3$

따라서 삼각형 OAB의 넓이의 최댓값은 $a=\sqrt{6}$일 때 3이다.

2246 답 $\dfrac{15}{2}$

삼각형 OAB의 넓이와 삼각형 OAC의 넓이가 같을 때는 두 직선 OA와 BC가 평행할 때이다.

$C(0,\,k)$라 하자.

직선 OA의 기울기가 $\dfrac{1}{2}$이므로 직선

BC의 기울기도 $\dfrac{1}{2}$이다. $\longrightarrow \dfrac{4-0}{8-0}=\dfrac{1}{2}$

$\dfrac{11-k}{7-0}=\dfrac{1}{2}$ $\therefore k=\dfrac{15}{2}$

따라서 점 $C\left(0,\,\dfrac{15}{2}\right)$이므로 선분 OC의 길이는 $\dfrac{15}{2}$이다.

2247 답 ④

(가)에서 점 P는 반직선 OB 위의 점
→ 점 P는 제2사분면 위의 점
이고, (나)에서 삼각형 OAP의 넓이는 삼각형 OAB의 넓이의 3배이므로

$\overline{OP}:\overline{OB}=3:1$

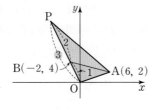

즉, 점 P는 선분 OB를 $3:2$로 외분하는 점이다.

$P\left(\dfrac{3\times(-2)-2\times0}{3-2},\,\dfrac{3\times4-2\times0}{3-2}\right)$ $\therefore P(-6,\,12)$

두 점 $P(-6,\,12)$, $A(6,\,2)$를 지나는 직선 PA의 방정식은

$y-2=\dfrac{2-12}{6-(-6)}(x-6)$ $\therefore y=-\dfrac{5}{6}x+7$

따라서 직선 PA의 y절편은 7이다.

2248 답 ⑤

점 C는 일차함수 $y=\dfrac{1}{2}x+\dfrac{1}{2}$의 그래프가 x축과 만나는 점이므로
→ $y=0$을 대입한다.

$C(-1,\,0)$

직선 AB의 방정식은

$y-0=\dfrac{0-6}{8-2}(x-8)$ $\therefore y=-x+8$

점 D는 직선 $y=\dfrac{1}{2}x+\dfrac{1}{2}$과 직선 $y=-x+8$의 교점이므로

$y=\dfrac{1}{2}x+\dfrac{1}{2}$, $y=-x+8$을 연립하여 풀면 $x=5$, $y=3$

$\therefore D(5,\,3)$

삼각형 CBD에서 선분 BC의 길이는

$\overline{BC}=8-(-1)=9$

점 $D(5,\,3)$에서 변 BC에 내린 수선의 발을 H라 하면

$\overline{DH}=3$

따라서 삼각형 CBD의 넓이는

$\dfrac{1}{2}\times\overline{BC}\times\overline{DH}=\dfrac{1}{2}\times9\times3=\dfrac{27}{2}$

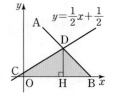

2249 답 ③ | 유형 14

점 $(-1,\,5)$와 직선 $3x-4y+k=0$ 사이의 거리가 1일 때, 모든 상수 k의 값의 합은?
단서1

① 42 ② 44 ③ 46

④ 48 ⑤ 50

단서1 $\dfrac{|3\times(-1)-4\times5+k|}{\sqrt{3^2+(-4)^2}}$

STEP1 점과 직선 사이의 거리를 구하는 공식을 이용하여 식 세우기

점 $(-1,\,5)$와 직선 $3x-4y+k=0$ 사이의 거리가 1이므로

$\dfrac{|3\times(-1)-4\times5+k|}{\sqrt{3^2+(-4)^2}}=1$

STEP2 k의 값 구하기

$\dfrac{|k-23|}{5}=1$, $|k-23|=5$

$k-23=\pm5$

$\therefore k=18$ 또는 $k=28$

STEP3 모든 상수 k의 값의 합 구하기

모든 상수 k의 값의 합은

$18+28=46$

2250 답 $\sqrt{17}$

두 점 $(2,\,-4)$, $(-1,\,8)$을 지나는 직선의 방정식은

$y-(-4)=\dfrac{8-(-4)}{-1-2}(x-2)$

$\therefore 4x+y-4=0$

따라서 직선 $4x+y-4=0$과 점 $(5,\,1)$ 사이의 거리는

$\dfrac{|4\times5+1\times1-4|}{\sqrt{4^2+1^2}}=\dfrac{17}{\sqrt{17}}=\sqrt{17}$

2251 답 ④

직선 $y=\dfrac{4}{3}x+5$와 평행한 직선의 방정식을 $y=\dfrac{4}{3}x+k$, 즉

$4x-3y+3k=0$이라 하자.

이 직선과 점 $(2, 2)$ 사이의 거리가 2이므로

$\dfrac{|4\times 2-3\times 2+3k|}{\sqrt{4^2+(-3)^2}}=2,\ \dfrac{|3k+2|}{5}=2$

$|3k+2|=10,\ 3k+2=\pm 10$

$\therefore k=-4$ 또는 $k=\dfrac{8}{3}$

따라서 구하는 직선의 방정식은

$y=\dfrac{4}{3}x-4$ 또는 $y=\dfrac{4}{3}x+\dfrac{8}{3}$

이 직선 중에서 제4사분면을 지나지 않는 직선은 $y=\dfrac{4}{3}x+\dfrac{8}{3}$이므로

이 직선의 y절편은 $\dfrac{8}{3}$이다.

2252 답 8

직선 $5x+12y+3=0$, 즉 $y=-\dfrac{5}{12}x-\dfrac{1}{4}$에 수직인 직선의 기울기는 $\dfrac{12}{5}$이다.

$\rightarrow \left(-\dfrac{5}{12}\right)\times\dfrac{12}{5}=-1$

기울기가 $\dfrac{12}{5}$이고 원점으로부터의 거리가 1인 직선의 방정식을

$y=\dfrac{12}{5}x+k$, 즉 $12x-5y+5k=0$이라 하자.

원점과 직선 $12x-5y+5k=0$ 사이의 거리가 1이므로

$\dfrac{|12\times 0-5\times 0+5k|}{\sqrt{12^2+(-5)^2}}=1,\ \dfrac{|5k|}{13}=1$

$|5k|=13,\ 5k=\pm 13$

$\therefore k=-\dfrac{13}{5}$ 또는 $k=\dfrac{13}{5}$

따라서 구하는 직선의 방정식은

$12x-5y-13=0$ 또는 $12x-5y+13=0$

이때 a, b는 자연수이므로 $a=5$, $b=13$

$\therefore b-a=13-5=8$

2253 답 $\dfrac{26}{5}$

직선 $x+5y-3=0$, 즉 $y=-\dfrac{1}{5}x+\dfrac{3}{5}$에 수직인 직선의 기울기는 5이다.

기울기가 5인 직선의 방정식을 $y=5x+a$, 즉 $5x-y+a=0$이라 하자.

원점과 이 직선 사이의 거리가 $\sqrt{26}$이므로

$\dfrac{|5\times 0-1\times 0+a|}{\sqrt{5^2+(-1)^2}}=\sqrt{26},\ \dfrac{|a|}{\sqrt{26}}=\sqrt{26},\ |a|=26$

$\therefore a=-26$ 또는 $a=26$

따라서 구하는 직선의 방정식은

$y=5x-26$ 또는 $y=5x+26$

이 직선 중에서 제2사분면을 지나지 않는 직선은 $y=5x-26$이므로 이 직선의 x절편은 $\dfrac{26}{5}$이다.

2254 답 ①

세 점 $A(1, 6)$, $B(1, 0)$, $C(4, 3)$을 꼭짓점으로 하는 삼각형 ABC의 무게중심의 좌표는

$\left(\dfrac{1+1+4}{3},\ \dfrac{6+0+3}{3}\right)\qquad \therefore (2, 3)$

두 점 $A(1, 6)$, $C(4, 3)$을 지나는 직선의 기울기는 $\dfrac{3-6}{4-1}=-1$

이므로 이 직선에 평행한 직선의 기울기는 -1이다.

즉, 직선 l은 점 $(2, 3)$을 지나고 기울기가 -1인 직선이므로

$y-3=-(x-2)\qquad \therefore x+y-5=0$

따라서 점 $(5, 4)$와 직선 $x+y-5=0$ 사이의 거리는

$\dfrac{|1\times 5+1\times 4-5|}{\sqrt{1^2+1^2}}=\dfrac{4}{\sqrt 2}=2\sqrt 2$

2255 답 ③

두 점 $(-2, -1)$, $(2, 3)$을 지나는 직선 l의 방정식은

$y-(-1)=\dfrac{3-(-1)}{2-(-2)}\{x-(-2)\}\qquad \therefore x-y+1=0$

직선 $x-y+1=0$ 위를 움직이는 점 P에 대하여 선분 AP의 길이의 최솟값은 점 $A(3, -8)$과 직선 $x-y+1=0$ 사이의 거리와 같으므로

$\dfrac{|1\times 3-1\times(-8)+1|}{\sqrt{1^2+(-1)^2}}=\dfrac{12}{\sqrt 2}=6\sqrt 2$

2256 답 9

점 $(a, 4)$와 두 직선 $2x-y+2=0$, $x+2y-1=0$ 사이의 거리가 같으므로

$\dfrac{|2\times a-1\times 4+2|}{\sqrt{2^2+(-1)^2}}=\dfrac{|1\times a+2\times 4-1|}{\sqrt{1^2+2^2}},\ |2a-2|=|a+7|$

양변을 제곱하면

$(2a-2)^2=(a+7)^2,\ 3a^2-22a-45=0$

$(3a+5)(a-9)=0\qquad \therefore a=-\dfrac{5}{3}$ 또는 $a=9$

이때 a는 정수이므로 $a=9$

2257 답 ①

$x-2y+6=0$, $2x-3y+8=0$을 연립하여 풀면 $x=2$, $y=4$

이므로 두 직선의 교점의 좌표는 $(2, 4)$이다.

점 $(2, 4)$를 지나고 기울기가 m인 직선의 방정식은

$y=m(x-2)+4\qquad \therefore mx-y-2m+4=0$

점 $(1, 2)$와 이 직선 사이의 거리가 1이므로

$\dfrac{|m\times 1-1\times 2-2m+4|}{\sqrt{m^2+(-1)^2}}=1,\ |-m+2|=\sqrt{m^2+1}$

양변을 제곱하면

$m^2-4m+4=m^2+1\qquad \therefore m=\dfrac{3}{4}$

$m=\dfrac{3}{4}$을 $mx-y-2m+4=0$에 대입하면

$\dfrac{3}{4}x-y-\dfrac{3}{2}+4=0\qquad \therefore 3x-4y+10=0$

따라서 $a=3$, $b=-4$이므로

$ab=3\times(-4)=-12$

2258 답 ⑤

점 $(0, 1)$을 지나고 기울기가 m인 직선의 방정식은

$y-1=m(x-0)$ ∴ $mx-y+1=0$

점 $(3, 2)$와 직선 $mx-y+1=0$ 사이의 거리가 $\sqrt{5}$이므로

$$\frac{|m\times3-1\times2+1|}{\sqrt{m^2+(-1)^2}}=\sqrt{5}$$

$|3m-1|=\sqrt{5}\sqrt{m^2+1}$

양변을 제곱하면

$9m^2-6m+1=5(m^2+1)$ ∴ $2m^2-3m-2=0$

이차방정식 $2m^2-3m-2=0$의 두 근이 m_1, m_2이므로 근과 계수의 관계에 의하여

$$m_1+m_2=\frac{3}{2}$$

2259 답 ③

점 $A(8, 6)$에 대하여 직선 OA의 방정식은

$y=\dfrac{3}{4}x$ ∴ $3x-4y=0$

점 B의 좌표를 $(a, 0)$ $(0<a<8)$이라 하면

선분 BI의 길이는 점 $B(a, 0)$과 직선 OA 사이의 거리이므로

$$\overline{BI}=\frac{|3\times a-4\times0|}{\sqrt{3^2+(-4)^2}}=\frac{3a}{5}\ (\because a>0)$$

이때 $\overline{BH}=8-a$이고, $\overline{BH}=\overline{BI}$이므로

$\dfrac{3a}{5}=8-a$ ∴ $a=5$

∴ $B(5, 0)$

즉, 직선 AB의 방정식은

$y-0=\dfrac{0-6}{5-8}(x-5)$ ∴ $y=2x-10$

따라서 $m=2$, $n=-10$이므로

$m+n=2+(-10)=-8$

실수 Check

선분의 길이를 점과 직선 사이의 거리 공식을 이용하여 구할 때, 그 선분은 점에서 직선 위에 내린 수선의 발과 그 점을 이은 선분인지 확인해야 한다. 예를 들면 선분 BI의 길이는 점 I와 직선 AB 사이의 거리가 아니라 점 B와 직선 OA 사이의 거리와 같다.

다른 풀이

점 $A(8, 6)$이므로 $\overline{AH}=6$, $\overline{OH}=8$

삼각형 AOH는 직각삼각형이므로

$\overline{OA}^2=\overline{AH}^2+\overline{OH}^2=6^2+8^2=100$ ∴ $\overline{OA}=10$

$\overline{BH}=\overline{BI}=a$라 하면 $\overline{OB}=8-a$

$\triangle BOI \sim \triangle AOH$ (AA 닮음)이므로

$\overline{OB}:\overline{BI}=\overline{OA}:\overline{AH}$

$(8-a):a=10:6$, $10a=48-6a$ ∴ $a=3$

∴ $B(5, 0)$

즉, 직선 AB의 방정식은

$y-0=\dfrac{0-6}{5-8}(x-5)$ ∴ $y=2x-10$

따라서 $m=2$, $n=-10$이므로

$m+n=2+(-10)=-8$

2260 답 ④

두 직선 $2x-y+2=0$, $mx-(m-2)y=-14$가 서로 평행할 때, <u>단서1</u>

<u>두 직선 사이의 거리는?</u> (단, m은 실수이다.)
<u>단서2</u>

① $\sqrt{2}$ ② $\sqrt{3}$ ③ 2

④ $\sqrt{5}$ ⑤ 3

단서1 $\dfrac{2}{m}=\dfrac{-1}{-(m-2)}\neq\dfrac{2}{14}$

단서2 한 직선 위의 한 점과 다른 직선 사이의 거리

STEP 1 m의 값 구하기

두 직선 $2x-y+2=0$, $mx-(m-2)y+14=0$이 서로 평행하므로
→ $mx-(m-2)y=-14$

$$\frac{2}{m}=\frac{-1}{-(m-2)}\neq\frac{2}{14}$$

$-m=-2(m-2)$ ∴ $m=4$

STEP 2 두 직선 사이의 거리 구하기

$m=4$를 $mx-(m-2)y=-14$에 대입하면

$4x-2y=-14$ ∴ $2x-y+7=0$

두 직선 $2x-y+2=0$, $2x-y+7=0$ 사이의 거리는 직선 $2x-y+2=0$ 위의 점 $(0, 2)$와 직선 $2x-y+7=0$ 사이의 거리와 같으므로

$$\frac{|2\times0-1\times2+7|}{\sqrt{2^2+(-1)^2}}=\frac{|5|}{\sqrt{5}}=\sqrt{5}$$

다른 풀이

$mx-(m-2)y=-14$를 m에 대하여 정리하면

$m(x-y)+2y+14=0$
→ $x=y$, $2y+14=0$ ∴ $x=-7$, $y=-7$

이므로 이 직선은 실수 m의 값에 관계없이 항상 점 $(-7, -7)$을 지난다.

따라서 두 직선 사이의 거리는 점 $(-7, -7)$과 직선 $2x-y+2=0$ 사이의 거리와 같으므로

$$\frac{|2\times(-7)-1\times(-7)+2|}{\sqrt{2^2+(-1)^2}}=\frac{|-5|}{\sqrt{5}}=\sqrt{5}$$

2261 답 1

두 직선 $4x-3y=0$, $4x-3y+5=0$ 사이의 거리는

직선 $4x-3y=0$ 위의 점 $(0, 0)$과 직선 $4x-3y+5=0$ 사이의 거리와 같으므로

$$\frac{|4\times0-3\times0+5|}{\sqrt{4^2+(-3)^2}}=\frac{|5|}{5}=1$$

2262 답 ⑤

두 직선 $3x-y-3=0$, $3x-y+a=0$ 사이의 거리는

직선 $3x-y-3=0$ 위의 점 $(0, -3)$과 직선 $3x-y+a=0$ 사이의 거리와 같고 그 거리가 $\sqrt{10}$이므로

$$\frac{|3\times0-1\times(-3)+a|}{\sqrt{3^2+(-1)^2}}=\sqrt{10}$$

$\dfrac{|a+3|}{\sqrt{10}}=\sqrt{10}$, $|a+3|=10$, $a+3=\pm10$

∴ $a=-13$ 또는 $a=7$

따라서 양수 a의 값은 7이다.

10

2263 답 $3\sqrt{5}$

두 직선 l, l'이 평행하므로 선분 AB의 길이의 최솟값은 두 직선 l, l' 사이의 거리와 같다.

두 직선 l, l' 사이의 거리는 직선 $l : 2x-y+7=0$ 위의 한 점 $(0, 7)$과 직선 $l' : 2x-y-8=0$ 사이의 거리와 같으므로

$$\frac{|2\times0-1\times7-8|}{\sqrt{2^2+(-1)^2}}=\frac{|-15|}{\sqrt{5}}=3\sqrt{5}$$

따라서 선분 AB의 길이의 최솟값은 $3\sqrt{5}$이다.

2264 답 ①

두 직선 $ax-2y+1=0$, $3x+(a+5)y-1=0$이 평행하므로

$$\frac{a}{3}=\frac{-2}{a+5}\neq\frac{1}{-1}$$

$a(a+5)=-6$, $a^2+5a+6=0$

$(a+2)(a+3)=0$ $\quad\therefore a=-3$ 또는 $a=-2$

이때 $a=-3$이면 두 직선이 일치하므로 $a=-2$

$a=-2$를 두 직선에 각각 대입하면

$-2x-2y+1=0$, $3x+3y-1=0$

두 직선 $-2x-2y+1=0$, $3x+3y-1=0$ 사이의 거리는 직선 $-2x-2y+1=0$ 위의 점 $\left(0, \frac{1}{2}\right)$과 직선 $3x+3y-1=0$ 사이의 거리와 같으므로

$$\frac{\left|3\times0+3\times\frac{1}{2}-1\right|}{\sqrt{3^2+3^2}}=\frac{\left|\frac{1}{2}\right|}{3\sqrt{2}}=\frac{\sqrt{2}}{12}$$

2265 답 $\sqrt{6}$

두 직선 $ax+by=5$, $ax+by=-1$ 사이의 거리는 직선 $ax+by=5$ 위의 한 점 (x_1, y_1)과 직선 $ax+by=-1$, 즉 $ax+by+1=0$ 사이의 거리와 같으므로

$$\frac{|ax_1+by_1+1|}{\sqrt{a^2+b^2}} \quad \cdots\cdots\cdots\cdots\cdots ㉠$$

점 (x_1, y_1)은 직선 $ax+by=5$ 위에 있으므로 $ax_1+by_1=5$

또, $a^2+b^2=6$이므로 ㉠에서

$$\frac{|5+1|}{\sqrt{6}}=\sqrt{6}$$

2266 답 $-\frac{3}{4}$, $\frac{7}{4}$

직선 $3x-4y+2=0$에 평행한 직선의 방정식을 $3x-4y+k=0$ $(k\neq2)$이라 하자.

직선 $3x-4y+2=0$ 위의 점 $(2, 2)$와 직선 $3x-4y+k=0$ 사이의 거리가 1이므로

$$\frac{|3\times2-4\times2+k|}{\sqrt{3^2+(-4)^2}}=1, \quad \frac{|k-2|}{5}=1$$

$|k-2|=5$, $k-2=\pm5$

$\therefore k=-3$ 또는 $k=7$

따라서 두 직선 $3x-4y-3=0$, $3x-4y+7=0$의 y절편은 각각 $-\frac{3}{4}$, $\frac{7}{4}$이다.

2267 답 ⑤

> 점 A$(6, 4)$와 직선 $mx+y+2m=0$ 사이의 거리가 최대일 때, 실수 m의 값은?   단서1
>
> ① -2 ② -1 ③ $-\frac{1}{2}$
>
> ④ 1 ⑤ 2
>
> 단서1 m에 대하여 정리하면 $m(x+2)+y=0$

STEP1 직선 $mx+y+2m=0$이 항상 지나는 점 구하기

직선의 방정식 $mx+y+2m=0$을 m에 대하여 정리하면

$m(x+2)+y=0$

이므로 이 직선은 실수 m의 값에 관계없이 항상 점 $(-2, 0)$을 지난다.

STEP2 실수 m의 값 구하기

점 P$(-2, 0)$이라 하자.

점 A와 직선 $mx+y+2m=0$ 사이의 거리가 최대일 때는 직선 $mx+y+2m=0$이 직선 PA와 수직일 때이다.

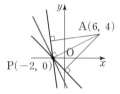

직선 PA의 기울기는 $\frac{0-4}{-2-6}=\frac{1}{2}$이므로

직선 $mx+y+2m=0$, 즉 $y=-mx-2m$이 직선 PA와 수직일 때의 기울기는 -2이다.

$-m=-2$ $\quad\therefore m=2$

2268 답 ③

점 $(2, 2)$와 직선 $2y-9+k(x-y)=0$, 즉 $kx+(2-k)y-9=0$ 사이의 거리 $f(k)$는

$$f(k)=\frac{|2k+(2-k)\times2-9|}{\sqrt{k^2+(2-k)^2}}$$
$$=\frac{|-5|}{\sqrt{2k^2-4k+4}}$$
$$=\frac{5}{\sqrt{2(k-1)^2+2}}$$

$f(k)$의 값이 최대일 때는 $\sqrt{2(k-1)^2+2}$의 값이 최소일 때, 즉 $k=1$일 때이다.

따라서 $f(k)$의 최댓값은

$$f(1)=\frac{5}{\sqrt{2}}=\frac{5\sqrt{2}}{2}$$

2269 답 $\sqrt{2}$

원점과 직선 $(k+1)x+(k-1)y-2=0$ 사이의 거리는

$$\frac{|-2|}{\sqrt{(k+1)^2+(k-1)^2}}=\frac{2}{\sqrt{2(k^2+1)}} \quad \cdots\cdots\cdots ㉠$$

㉠의 값이 최대일 때는 $\sqrt{2(k^2+1)}$의 값이 최소일 때, 즉 $k=0$일 때이므로 ㉠의 최댓값은

$$\frac{2}{\sqrt{2}}=\sqrt{2}$$

따라서 $a=0$, $b=\sqrt{2}$이므로

$a+b=0+\sqrt{2}=\sqrt{2}$

다른 풀이

직선의 방정식 $(k+1)x+(k-1)y-2=0$을 k에 대하여 정리하면

$k(x+y)+(x-y-2)=0$

이므로 이 직선은 실수 k의 값에 관계없이 점 (1, -1)을 지난다.

↳ 두 직선 $x+y=0$, $x-y-2=0$의 교점

P(1, -1)이라 하고 점 P를 지나는 직선을 l이라 하자.

원점과 직선 l 사이의 거리가 최대일 때는

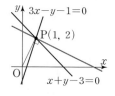

직선 l이 직선 OP와 수직일 때이므로 이때의 최댓값은

$\overline{\mathrm{OP}}=\sqrt{1^2+(-1)^2}=\sqrt{2}$

직선 OP의 기울기가 -1이므로 직선 l의 기울기는 1이다.

$(k+1)x+(k-1)y-2=0$에서

$y=-\dfrac{k+1}{k-1}x+\dfrac{2}{k-1}$이므로

↳ 기울기

$-\dfrac{k+1}{k-1}=1$ $\therefore k=0$

따라서 $a=0$, $b=\sqrt{2}$이므로

$a+b=0+\sqrt{2}=\sqrt{2}$

2270 답 $\sqrt{5}$

두 직선 $x+y-3=0$, $3x-y-1=0$의

↳ 두 식을 연립하여 풀면 $x=1$, $y=2$

교점을 P라 하면

P(1, 2)

점 P를 지나는 직선 중에서 원점과의 거리가 최대인 직선 l은 직선 OP와 수직인 직선이다.

이때 원점과 직선 l 사이의 거리는 선분 OP의 길이와 같으므로

$\overline{\mathrm{OP}}=\sqrt{1^2+2^2}=\sqrt{5}$

2271 답 26

기울기 6인 포물선 $y=-2x^2+3$의 접선을 $y=6x+n$이라 할 때, 접점을 P라 하자.

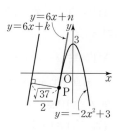

포물선 $y=-2x^2+3$ 위의 점과 직선 $y=6x+k$ 사이의 거리가 최소일 때, 그 거리는 점 P와 직선 $y=6x+k$ 사이의 거리이다.

이차방정식 $-2x^2+3=6x+n$, 즉 $2x^2+6x-3+n=0$의 판별식을 D라 하면

$\dfrac{D}{4}=3^2-2(-3+n)=15-2n$

이 이차방정식이 중근을 가지므로

$\dfrac{D}{4}=15-2n=0$

$\therefore n=\dfrac{15}{2}$

두 직선 $y=6x+\dfrac{15}{2}$, $y=6x+k$ 사이의 거리는 $\dfrac{\sqrt{37}}{2}$이고 직선 $y=6x+\dfrac{15}{2}$ 위의 점 $\left(0, \dfrac{15}{2}\right)$와 직선 $y=6x+k$, 즉 $6x-y+k=0$ 사이의 거리와 같으므로

$\dfrac{\left|6\times0-1\times\dfrac{15}{2}+k\right|}{\sqrt{6^2+(-1)^2}}=\dfrac{\sqrt{37}}{2}$

$\dfrac{\left|-\dfrac{15}{2}+k\right|}{\sqrt{37}}=\dfrac{\sqrt{37}}{2}$, $\left|-\dfrac{15}{2}+k\right|=\dfrac{37}{2}$

$-\dfrac{15}{2}+k=\pm\dfrac{37}{2}$

$\therefore k=-11$ 또는 $k=26$

$\therefore k=26 \left(\because k>\dfrac{15}{2}\right)$

↳ $\therefore k>n$

2272 답 ①

이차방정식 $x^2-2ax-20=2x-12a$, 즉

$x^2-2(a+1)x+12a-20=0$의 판별식을 D_1이라 하면

$\dfrac{D_1}{4}=\{-(a+1)\}^2-(12a-20)=(a-3)(a-7)$

$3<a<7$일 때, $\dfrac{D_1}{4}<0$이므로 이때 이차함수 $y=x^2-2ax-20$의 그래프와 직선 $y=2x-12a$는 만나지 않는다.

그림과 같이 점 P와 직선 $y=2x-12a$ 사이의 거리가 최소일 때는 기울기가 2인 직선과 이차함수 $y=x^2-2ax-20$의 그래프의 접점이 P일 때이다.

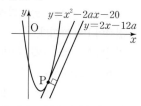

이차함수 $y=x^2-2ax-20$의 그래프에 접하고 기울기가 2인 직선을 $y=2x+b$라 하자.

이차방정식 $x^2-2ax-20=2x+b$, 즉

$x^2-2(a+1)x-20-b=0$의 판별식을 D_2라 하면

$\dfrac{D_2}{4}=\{-(a+1)\}^2-(-20-b)=a^2+2a+21+b$

이 이차방정식이 중근을 가지므로

$\dfrac{D_2}{4}=a^2+2a+21+b=0$

$\therefore b=-a^2-2a-21$ ┈┈┈┈┈ ㉠

㉠을 $y=2x+b$에 대입하면

$y=2x-a^2-2a-21$

$f(a)$는 두 직선 $y=2x-12a$와 $y=2x-a^2-2a-21$ 사이의 거리이고, 직선 $y=2x-12a$ 위의 점 $(0, -12a)$와 직선 $y=2x-a^2-2a-21$, 즉 $2x-y-a^2-2a-21=0$ 사이의 거리와 같다.

$\therefore f(a)=\dfrac{|2\times0-1\times(-12a)-a^2-2a-21|}{\sqrt{2^2+(-1)^2}}$

$=\dfrac{|a^2-10a+21|}{\sqrt{5}}$

$=\dfrac{|(a-5)^2-4|}{\sqrt{5}}$

따라서 $3<a<7$인 실수 a에 대하여 $f(a)$의 최댓값은

$f(5)=\dfrac{4}{\sqrt{5}}=\dfrac{4\sqrt{5}}{5}$

실수 Check

절댓값 기호를 포함한 함수 $f(a)$의 최댓값은 그래프를 그려 보고 구한다.

Plus 문제

2272-1

좌표평면에서 $a<8$인 실수 a에 대하여 이차함수 $y=x^2-2x-a$의 그래프 위의 점 P와 직선 $y=2x-12$ 사이의 거리의 최솟값을 $f(a)$라 하자. $f(a)=\sqrt{5}$일 때, a의 값을 구하시오.

이차방정식 $x^2-2x-a=2x-12$, 즉 $x^2-4x-a+12=0$의 판별식을 D_1이라 하면

$$\frac{D_1}{4}=(-2)^2-(-a+12)=a-8$$

$a<8$일 때, $\frac{D_1}{4}<0$이므로 이때 이차함수 $y=x^2-2x-a$의 그래프와 직선 $y=2x-12$는 만나지 않는다.

그림과 같이 점 P와 직선 $y=2x-12$의 거리가 최소일 때는 기울기가 2인 직선과 이차함수 $y=x^2-2x-a$의 그래프의 접점이 P일 때이다.

이차함수 $y=x^2-2x-a$의 그래프에 접하고 기울기가 2인 직선을 $y=2x+b$라 하자.

이차방정식 $x^2-2x-a=2x+b$, 즉 $x^2-4x-a-b=0$의 판별식을 D_2라 하면

$$\frac{D_2}{4}=(-2)^2-(-a-b)=4+a+b$$

이 이차방정식이 중근을 가지므로

$$\frac{D_2}{4}=4+a+b=0$$

$$\therefore b=-a-4 \cdots\cdots\cdots \bigcirc$$

$\bigcirc$을 $y=2x+b$에 대입하면

$$y=2x-a-4$$

$f(a)$는 두 직선 $y=2x-12$, $y=2x-a-4$ 사이의 거리이고, 직선 $y=2x-12$ 위의 점 $(6, 0)$과 직선 $y=2x-a-4$, 즉 $2x-y-a-4=0$ 사이의 거리와 같다.

$$\therefore f(a)=\frac{|2\times6-1\times0-a-4|}{\sqrt{2^2+(-1)^2}}$$

$$=\frac{|8-a|}{\sqrt{5}}$$

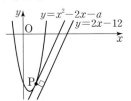

$f(a)=\sqrt{5}$일 때

$$\frac{|8-a|}{\sqrt{5}}=\sqrt{5}$$

$$|8-a|=5$$

$$8-a=\pm5$$

$$\therefore a=3 \text{ 또는 } a=13$$

$$\therefore a=3 \ (\because a<8)$$

目 3

2273 目 ⑤

그림과 같이 원점 O와 점 $A(3, 0)$에서 직선 $3x+4y-15=0$에 내린 수선의 발을 각각 P, Q라 할 때, 선분 PQ의 길이는? 단서1

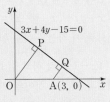

① $\frac{3}{2}$ ② $\frac{7}{5}$

③ $\frac{8}{5}$ ④ 2

⑤ $\frac{12}{5}$

단서1 점 A에서 직선 OP에 내린 수선의 발을 H라 하면 $\overline{AH}=\overline{PQ}$

STEP 1 직선 OP의 방정식 구하기

직선 OP는 직선 $3x+4y-15=0$과 서로 수직이므로 기울기는 $\frac{4}{3}$

$\rightarrow y=-\frac{3}{4}x+\frac{15}{4}$

이고 원점을 지나는 직선이다.

즉, 직선 OP의 방정식은

$$y=\frac{4}{3}x \quad \therefore 4x-3y=0 \cdots\cdots\cdots \bigcirc$$

STEP 2 선분 PQ의 길이 구하기

점 A에서 직선 OP에 내린 수선의 발을 H라 하면 사각형 AQPH는 직사각형이므로 $\overline{AH}=\overline{PQ}$

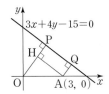

$\overline{AH}$는 점 $A(3, 0)$에서 직선 OP까지의 거리이므로

$$\overline{AH}=\frac{|4\times3-3\times0|}{\sqrt{4^2+(-3)^2}}=\frac{12}{5}$$

$$\therefore \overline{PQ}=\overline{AH}=\frac{12}{5}$$

2274 目 ⑤

정삼각형 ABC의 한 변의 길이를 a라 하자.

점 $A(-1, 4)$에서 직선 $x-y-1=0$에 내린 수선의 발을 H라 하면 선분 AH의 길이는 정삼각형 ABC의 높이이므로

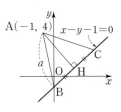

$$\overline{AH}=\frac{\sqrt{3}}{2}a \cdots\cdots\cdots \bigcirc$$

또, 선분 AH의 길이는 점 $A(-1, 4)$와 직선 $x-y-1=0$ 사이의 거리이므로

$$\overline{AH}=\frac{|1\times(-1)-1\times4-1|}{\sqrt{1^2+(-1)^2}}=\frac{6}{\sqrt{2}}=3\sqrt{2} \cdots\cdots\cdots \bigcirc$$

$\bigcirc$, $\bigcirc$에서 $\frac{\sqrt{3}}{2}a=3\sqrt{2}$ $\therefore a=2\sqrt{6}$

따라서 정삼각형 ABC의 한 변의 길이는 $2\sqrt{6}$이다.

2275 目 ①

직선 AD는 x절편이 -1, y절편이 4이므로 직선 AD의 방정식은

$$\frac{x}{-1}+\frac{y}{4}=1 \quad \therefore 4x-y+4=0$$

선분 AD와 선분 BC 사이의 거리 d는 점 B(1, 0)과 직선
$4x-y+4=0$ 사이의 거리와 같으므로
→ 선분 BC 위의 점
→ 직선 AD
$$d=\frac{|4\times1-1\times0+4|}{\sqrt{4^2+(-1)^2}}=\frac{8}{\sqrt{17}}$$
$$\therefore \sqrt{17}d=8$$

2276 답 ③

정사각형 ABCD의 한 변의 길이는 직선 $ax-y+2=0$ 위의 한
점과 직선 $ax-y-2=0$ 사이의 거리와 같다.
직선 $ax-y+2=0$ 위의 점 (0, 2)와 직선 $ax-y-2=0$ 사이의
거리는
$$\frac{|a\times0-1\times2-2|}{\sqrt{a^2+(-1)^2}}=\frac{4}{\sqrt{a^2+1}}$$
따라서 정사각형 ABCD의 한 변의 길이가 $\dfrac{4}{\sqrt{a^2+1}}$이고,
정사각형 ABCD의 넓이가 $\dfrac{8}{25}$이므로
$$\left(\frac{4}{\sqrt{a^2+1}}\right)^2=\frac{8}{25}, \quad \frac{16}{a^2+1}=\frac{8}{25}$$
$$a^2=49 \quad \therefore a=7 \ (\because a>0)$$

2277 답 $y=-x+4$

선분 AB의 길이는 직선 $y=x+4$ 위의 점 (0, 4)와 직선 $y=x-1$,
즉 $x-y-1=0$ 사이의 거리와 같으므로
$$\overline{AB}=\frac{|1\times0-1\times4-1|}{\sqrt{1^2+(-1)^2}}=\frac{5\sqrt{2}}{2}$$
원점 O에서 선분 AB에 내린 수선의 발을
H라 하면 삼각형 OBA의 넓이가 5이므로
$$\frac{1}{2}\times\frac{5\sqrt{2}}{2}\times\overline{OH}=5$$
$$\therefore \overline{OH}=2\sqrt{2}$$

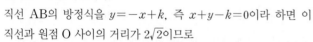

직선 AB는 직선 $y=x+4$와 수직이므로 기
울기가 -1인 직선이다.
직선 AB의 방정식을 $y=-x+k$, 즉 $x+y-k=0$이라 하면 이
직선과 원점 O 사이의 거리가 $2\sqrt{2}$이므로
$$\frac{|1\times0+1\times0-k|}{\sqrt{1^2+1^2}}=2\sqrt{2}, \quad |-k|=4$$
$$\therefore k=-4 \ \text{또는} \ k=4$$
즉, 직선 AB의 방정식은 $y=-x-4$ 또는 $y=-x+4$
이때 두 점 A, B는 제1사분면 위의 점이므로 $k=4$
따라서 직선 AB의 방정식은 $y=-x+4$

2278 답 ③

삼각형의 내심으로부터 세 변까지의 거리는
모두 같으므로 삼각형 OAB의 내심을 점
I(a, a)라 하면 삼각형 OAB의 내접원의
반지름의 길이는 a이다.
직선 AB의 방정식은
$$\frac{x}{3}+\frac{y}{4}=1 \quad \therefore 4x+3y-12=0$$

삼각형 OAB에서 내심 I와 변 AB까지의 거리는 내접원의 반지름
의 길이와 같으므로
$$\frac{|4a+3a-12|}{\sqrt{4^2+3^2}}=a, \quad |7a-12|=5a$$
$$7a-12=\pm5a \quad \therefore a=1 \ \text{또는} \ a=6$$
이때 삼각형 OAB는 세 변의 길이가 3, 4, 5인 삼각형이므로 $a=1$
따라서 삼각형 OAB의 내접원의 반지름의 길이는 1이다.

> **개념 Check**
>
> 삼각형의 내심은 삼각형의 세 각의 이등분
> 선의 교점과 같고, 삼각형의 내심에서 세 변
> 까지의 거리는 내접원의 반지름으로 그 길
> 이가 모두 같다.
>
>

> **실수 Check**
>
> 삼각형의 내심에서 세 변까지의 거리가 모두 같으므로 내심 I와 변 AB
> 사이의 거리가 내접원의 반지름의 길이와 같음을 이용하여 식을 세울
> 수 있다.

2279 답 ②

레이더의 위치를 원점, 동서를 x축, 남북을 y축으로 하고
본부의 위치를 점 $(-30, 20)$, A 지점의 위치를 점 $(-30, -40)$,
B 지점의 위치를 점 $(50, 0)$이라 하자.
물체가 지나간 경로는 직선 AB이고 직선 AB의 방정식은
$$y-0=\frac{0-(-40)}{50-(-30)}(x-50) \quad \therefore x-2y-50=0$$
이 물체가 본부와 가장 가까워졌을 때의 거리는 점 $(-30, 20)$과
직선 AB 사이의 거리이므로
$$a=\frac{|1\times(-30)-2\times20-50|}{\sqrt{1^2+(-2)^2}}=\frac{120}{\sqrt{5}}=24\sqrt{5}$$

2280 답 ④

직선 AB의 방정식은
$$\frac{x}{6}+\frac{y}{-3}=1 \quad \therefore x-2y-6=0$$
직선 BC의 방정식은
$$y-(-3)=\frac{-8-(-3)}{10-0}(x-0) \quad \therefore x+2y+6=0$$
직선 CA의 방정식은
$$y-0=\frac{0-(-8)}{6-10}(x-6) \quad \therefore 2x+y-12=0$$
삼각형 ABC에 내접하는 원의 중심의 좌표를 P(a, b) $(0<a<10)$
라 하면
내심 P(a, b)에서 변 AB까지의 거리와 변 BC까지의 거리가 같
으므로
→ 삼각형의 내심으로부터 세 변까지의 거리는 모두 같다.
$$\frac{|1\times a-2\times b-6|}{\sqrt{1^2+(-2)^2}}=\frac{|1\times a+2\times b+6|}{\sqrt{1^2+2^2}}$$
$$|a-2b-6|=|a+2b+6|, \quad a-2b-6=\pm(a+2b+6)$$
$$\therefore b=-3 \ \text{또는} \ a=0$$
이때 $a>0$이므로 $b=-3$

내심 P(a, -3)에서 변 AB까지의 거리와 변 CA까지의 거리가 같으므로

$$\frac{|1 \times a - 2 \times (-3) - 6|}{\sqrt{1^2 + (-2)^2}} = \frac{|2 \times a + 1 \times (-3) - 12|}{\sqrt{2^2 + 1^2}}$$

$|a| = |2a - 15|$, $a = \pm(2a - 15)$

$\therefore a = 5$ 또는 $a = 15$

이때 $a < 10$이므로 $a = 5$

$\therefore$ P(5, -3)

따라서 선분 OP의 길이는

$\overline{OP} = \sqrt{5^2 + (-3)^2} = \sqrt{34}$

2281 답 $\frac{35}{2}$

| 유형 18

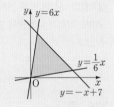

그림과 같이 세 직선 $y = 6x$, $y = \frac{1}{6}x$,

단서1

$y = -x + 7$로 둘러싸인 삼각형의 넓이를 구하시오.

단서1 삼각형의 세 꼭짓점은 세 직선의 교점

STEP1 삼각형의 밑변의 길이 구하기

두 직선 $y = 6x$, $y = \frac{1}{6}x$의 교점은 원점 O(0, 0)이다.

직선 $y = -x + 7$과 두 직선 $y = 6x$, $y = \frac{1}{6}x$의 교점을 각각 A, B라 하면 A(1, 6), B(6, 1)이므로

$\overline{AB} = \sqrt{(6-1)^2 + (1-6)^2} = 5\sqrt{2}$

STEP2 삼각형의 높이 구하기

원점 O와 직선 $y = -x + 7$, 즉 $x + y - 7 = 0$ 사이의 거리는

$$\frac{|1 \times 0 + 1 \times 0 - 7|}{\sqrt{1^2 + 1^2}} = \frac{7\sqrt{2}}{2}$$

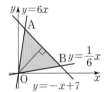

STEP3 삼각형의 넓이 구하기

구하는 삼각형의 넓이는

$\frac{1}{2} \times 5\sqrt{2} \times \frac{7\sqrt{2}}{2} = \frac{35}{2}$

2282 답 ④

직선 OA의 기울기가 $\frac{1}{4}$이므로 직선 OA는 직선 $x - 4y + 16 = 0$과 평행하다.

$\overline{OA} = \sqrt{4^2 + 1^2} = \sqrt{17}$

원점과 직선 $x - 4y + 16 = 0$ 사이의 거리는

$\frac{|16|}{\sqrt{1^2 + (-4)^2}} = \frac{16}{\sqrt{17}}$ → 삼각형 OAP에서 변 OA를 밑변으로 하면 높이는 원점과 직선 $x - 4y + 16 = 0$ 사이의 거리와 같다.

따라서 삼각형 OAP의 넓이는

$\frac{1}{2} \times \sqrt{17} \times \frac{16}{\sqrt{17}} = 8$

2283 답 ⑤

삼각형 ABC에서 변 AB의 길이는

$\overline{AB} = \sqrt{\{3 - (-3)\}^2 + (-4 - 4)^2} = 10$

직선 AB의 방정식은

$y - 4 = \frac{-4 - 4}{3 - (-3)}\{x - (-3)\}$ $\therefore 4x + 3y = 0$

점 C(2, 5)와 직선 AB 사이의 거리는

$\frac{|4 \times 2 + 3 \times 5|}{\sqrt{4^2 + 3^2}} = \frac{23}{5}$

따라서 삼각형 ABC의 넓이는

$\frac{1}{2} \times 10 \times \frac{23}{5} = 23$

2284 답 ④

양수 a, b에 대하여 직선 $\frac{x}{a} + \frac{y}{b} = 1$과 x축, y축으로 둘러싸인 부분은 삼각형이고 그 넓이가 10이므로

$\frac{1}{2}ab = 10$ $\therefore ab = 20$

원점과 직선 $\frac{x}{a} + \frac{y}{b} = 1$, 즉

$bx + ay - ab = 0$ 사이의 거리가 $\frac{5}{2}$이므로

$\frac{|b \times 0 + a \times 0 - ab|}{\sqrt{a^2 + b^2}} = \frac{5}{2}$, $\frac{|ab|}{\sqrt{a^2 + b^2}} = \frac{5}{2}$

$ab = 20$이므로 $\frac{20}{\sqrt{a^2 + b^2}} = \frac{5}{2}$에서 $\sqrt{a^2 + b^2} = 8$

$\therefore a^2 + b^2 = 64$

따라서 $(a + b)^2 = a^2 + b^2 + 2ab = 64 + 2 \times 20 = 104$이므로

$a + b = \sqrt{104} = 2\sqrt{26}$ ($\because a > 0$, $b > 0$)

2285 답 2

$\overline{AB} = \sqrt{(-2 - 2)^2 + (-1 - 3)^2} = 4\sqrt{2}$

직선 AB의 방정식은

$y - 3 = \frac{-1 - 3}{-2 - 2}(x - 2)$ $\therefore x - y + 1 = 0$

점 C(a, -3)과 직선 AB 사이의 거리는

$\frac{|1 \times a - 1 \times (-3) + 1|}{\sqrt{1^2 + (-1)^2}} = \frac{|a + 4|}{\sqrt{2}}$

삼각형 ABC의 넓이가 12이므로

$\frac{1}{2} \times 4\sqrt{2} \times \frac{|a + 4|}{\sqrt{2}} = 12$

$|a + 4| = 6$, $a + 4 = \pm 6$ $\therefore a = 2$ 또는 $a = -10$

따라서 자연수 a의 값은 2이다.

2286 답 ③

$\overline{OA} = \sqrt{4^2 + 2^2} = 2\sqrt{5}$

직선 OA의 방정식은

$y = \frac{1}{2}x$ $\therefore x - 2y = 0$

점 B(1, k)와 직선 $x - 2y = 0$ 사이의 거리는

$\frac{|1 \times 1 - 2 \times k|}{\sqrt{1^2 + (-2)^2}} = \frac{|1 - 2k|}{\sqrt{5}}$

삼각형 OAB의 넓이가 5이므로

$\dfrac{1}{2} \times 2\sqrt{5} \times \dfrac{|1-2k|}{\sqrt{5}} = 5$, $|1-2k| = 5$

$1-2k = \pm 5$ $\therefore k = -2$ 또는 $k=3$

이때 k는 양수이므로 $k=3$

$\therefore \overline{OB} = \sqrt{1^2 + 3^2} = \sqrt{10}$

2287 답 ④

그림과 같이 세 직선으로 둘러싸인 도형은 삼각형이다.

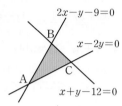

직선 $2x-y-9=0$과 두 직선
$x-2y=0$, $x+y-12=0$의 교점을 각각 A, B라 하면 A(6, 3), B(7, 5)이므로

$\overline{AB} = \sqrt{(7-6)^2 + (5-3)^2} = \sqrt{5}$

두 직선 $x-2y=0$, $x+y-12=0$의 교점을 C라 하면
C(8, 4)

점 C(8, 4)와 직선 $2x-y-9=0$ 사이의 거리는

$\dfrac{|2 \times 8 - 1 \times 4 - 9|}{\sqrt{2^2 + (-1)^2}} = \dfrac{|3|}{\sqrt{5}} = \dfrac{3\sqrt{5}}{5}$

따라서 구하는 도형의 넓이는

$\dfrac{1}{2} \times \sqrt{5} \times \dfrac{3\sqrt{5}}{5} = \dfrac{3}{2}$

2288 답 ③ | 유형 19

두 직선 $3x-4y+a=0$, $4x+3y+9=0$이 이루는 각을 이등분하는 **단서1** 직선이 점 (1, 1)을 지날 때, 모든 상수 a의 값의 합은?

① -15 ② -2 ③ 2

④ 15 ⑤ 19

단서1 두 직선이 이루는 각의 이등분선 위의 임의의 점 P에 대하여
(점 P와 직선 $3x-4y+a=0$ 사이의 거리)
=(점 P와 직선 $4x+3y+9=0$ 사이의 거리)

STEP1 이등분선 위의 점과 두 직선 사이의 거리가 같음을 이용하여 식 세우기

두 직선 $3x-4y+a=0$, $4x+3y+9=0$이 이루는 각의 이등분선 위의 점을 P(x, y)라 하면 점 P에서 두 직선에 이르는 거리가 같으므로

$\dfrac{|3x-4y+a|}{\sqrt{3^2 + (-4)^2}} = \dfrac{|4x+3y+9|}{\sqrt{4^2 + 3^2}}$

STEP2 a의 값 구하기

$|3x-4y+a| = |4x+3y+9|$, $3x-4y+a = \pm(4x+3y+9)$

(i) $3x-4y+a = 4x+3y+9$일 때
$x+7y+9-a=0$
이 직선이 점 (1, 1)을 지나므로
$1+7+9-a=0$ $\therefore a=17$

(ii) $3x-4y+a = -(4x+3y+9)$일 때
$7x-y+a+9=0$
이 직선이 점 (1, 1)을 지나므로
$7-1+a+9=0$ $\therefore a=-15$

STEP3 모든 a의 값의 합 구하기

모든 상수 a의 값의 합은 $17+(-15)=2$

2289 답 ④

두 직선 $2x+3y+2=0$, $3x-2y+2=0$이 이루는 각의 이등분선 위의 점을 P(x, y)라 하면 점 P에서 두 직선에 이르는 거리가 같으므로

$\dfrac{|2x+3y+2|}{\sqrt{2^2+3^2}} = \dfrac{|3x-2y+2|}{\sqrt{3^2+(-2)^2}}$

$|2x+3y+2| = |3x-2y+2|$

$2x+3y+2 = \pm(3x-2y+2)$

(i) $2x+3y+2 = 3x-2y+2$일 때
$x-5y=0$

(ii) $2x+3y+2 = -(3x-2y+2)$일 때
$5x+y+4=0$

(i), (ii)에서 기울기가 음수인 직선의 방정식은
$5x+y+4=0$

2290 답 ②

두 직선 $x+3y=0$, $x-3y+4=0$이 이루는 각의 이등분선 위의 점을 P(x, y)라 하면 점 P에서 두 직선에 이르는 거리가 같으므로

$\dfrac{|x+3y|}{\sqrt{1^2+3^2}} = \dfrac{|x-3y+4|}{\sqrt{1^2+(-3)^2}}$

$|x+3y| = |x-3y+4|$

$x+3y = \pm(x-3y+4)$

(i) $x+3y = x-3y+4$일 때
$y = \dfrac{2}{3}$

(ii) $x+3y = -(x-3y+4)$일 때
$x = -2$

(i), (ii)에서 $a=-2$, $b=\dfrac{2}{3}$이므로

$ab = (-2) \times \dfrac{2}{3} = -\dfrac{4}{3}$

2291 답 ③

y축과 직선 $y=\dfrac{3}{4}x$, 즉 두 직선 $x=0$과 $3x-4y=0$이 이루는 각의 이등분선 위의 점을 P(x, y)라 하면 점 P에서 두 직선에 이르는 거리가 같으므로

$|x| = \dfrac{|3x-4y|}{\sqrt{3^2+(-4)^2}}$
$\dfrac{|x|}{\sqrt{1^2+0^2}}$

$5|x| = |3x-4y|$

$5x = \pm(3x-4y)$

(i) $5x = 3x-4y$일 때
$y = -\dfrac{1}{2}x$

(ii) $5x = -(3x-4y)$일 때
$y = 2x$

(i), (ii)에서 y축과 직선 $y=\dfrac{3}{4}x$가 이루는 예각을 이등분하는 직선은 기울기가 양수이므로 구하는 직선의 방정식은
$y = 2x$

2292 답 3

두 직선 $ax-y=0$, $x+ay-10=0$이 이루는 각의 이등분선 위의 점을 $P(x, y)$라 하면 점 P에서 두 직선에 이르는 거리가 같으므로

$$\frac{|ax-y|}{\sqrt{a^2+(-1)^2}}=\frac{|x+ay-10|}{\sqrt{1^2+a^2}}$$

$|ax-y|=|x+ay-10|$

$ax-y=\pm(x+ay-10)$

(i) $ax-y=x+ay-10$일 때

$(a-1)x-(a+1)y+10=0$

이 직선이 직선 $x-2y+5=0$과 일치하면

$$\frac{a-1}{1}=\frac{-(a+1)}{-2}=\frac{10}{5}$$

$\therefore a=3$

(ii) $ax-y=-x-ay+10$일 때

$(a+1)x-(1-a)y-10=0$

이 직선이 직선 $x-2y+5=0$과 일치하면

$$\frac{a+1}{1}=\frac{-(1-a)}{-2}=\frac{-10}{5}$$

이를 만족시키는 a의 값은 존재하지 않는다.

(i), (ii)에서 $a=3$

2293 답 ③ | 유형 20

> 두 직선 $l : x-2y+4=0$, $m : 2x+4y-1=0$에 대하여 직선 l과 점 P 사이의 거리와 직선 m과 점 P 사이의 거리의 비가 1 : 2이다. 점 P 가 나타내는 도형이 x축과 만나는 두 점의 x좌표의 합은?
>
> ① -15　　　② -13　　　③ -11
> ④ -9　　　⑤ -7
>
> **단서1** (직선 l과 점 P 사이의 거리)×2=(직선 m과 점 P 사이의 거리)

STEP1 점과 직선 사이의 거리를 이용하여 식 세우기

점 P의 좌표를 $P(x, y)$라 하면 직선 l과 점 P 사이의 거리와 직선 m과 점 P 사이의 거리의 비가 1 : 2이므로

$$\frac{|x-2y+4|}{\sqrt{1^2+(-2)^2}} : \frac{|2x+4y-1|}{\sqrt{2^2+4^2}}=1 : 2$$

STEP2 점 P가 나타내는 도형의 방정식 구하기

$$\frac{|x-2y+4|}{\sqrt{5}}\times 2=\frac{|2x+4y-1|}{2\sqrt{5}}$$

$4|x-2y+4|=|2x+4y-1|$

$4(x-2y+4)=\pm(2x+4y-1)$

(i) $4(x-2y+4)=2x+4y-1$일 때

$2x-12y+17=0$

(ii) $4(x-2y+4)=-(2x+4y-1)$일 때

$6x-4y+15=0$

(i), (ii)에서 점 P가 나타내는 도형의 방정식은

$2x-12y+17=0$ 또는 $6x-4y+15=0$

STEP3 점 P가 나타내는 도형이 x축과 만나는 두 점의 x좌표의 합 구하기

두 직선이 x축과 만나는 점의 x좌표는 각각

$2x+17=0$에서 $x=-\dfrac{17}{2}$

$6x+15=0$에서 $x=-\dfrac{5}{2}$

따라서 두 점의 x좌표의 합은

$$-\frac{17}{2}+\left(-\frac{5}{2}\right)=-11$$

2294 답 ③

점 P의 좌표를 $P(x, y)$라 하면 점 P는 두 직선 $3x+3y-1=0$, $4x-4y+1=0$으로부터 같은 거리에 있으므로

$$\frac{|3x+3y-1|}{\sqrt{3^2+3^2}}=\frac{|4x-4y+1|}{\sqrt{4^2+(-4)^2}}$$

$4|3x+3y-1|=3|4x-4y+1|$

$4(3x+3y-1)=\pm 3(4x-4y+1)$

(i) $4(3x+3y-1)=3(4x-4y+1)$일 때

$$y=\frac{7}{24}$$

(ii) $4(3x+3y-1)=-3(4x-4y+1)$일 때

$$x=\frac{1}{24}$$

(i), (ii)에서 점 P가 나타내는 도형의 방정식은

$$x=\frac{1}{24}$$ 또는 $$y=\frac{7}{24}$$

따라서 점 P가 나타내는 도형의 방정식은 ㄱ, ㄹ이다.

2295 답 ③

점 P의 좌표를 $P(x, y)$라 하면

선분 PQ와 선분 PR의 길이가 같으므로

$$\frac{|2x+y-2|}{\sqrt{2^2+1^2}}=\frac{|x-2y-2|}{\sqrt{1^2+(-2)^2}}$$

$|2x+y-2|=|x-2y-2|$

$2x+y-2=\pm(x-2y-2)$

(i) $2x+y-2=x-2y-2$일 때

$x+3y=0$

(ii) $2x+y-2=-(x-2y-2)$일 때

$3x-y-4=0$

(i), (ii)에서 점 P가 나타내는 도형의 방정식은

$x+3y=0$ 또는 $3x-y-4=0$

2296 답 ③

점 P의 좌표를 $P(x, y)$라 하면 $3\overline{PR}=2\overline{PS}$이므로

$$3\times\frac{|4x+3y+1|}{\sqrt{4^2+3^2}}=2\times\frac{|3x-4y+1|}{\sqrt{3^2+(-4)^2}}$$

$3|4x+3y+1|=2|3x-4y+1|$

$3(4x+3y+1)=\pm 2(3x-4y+1)$

(i) $3(4x+3y+1)=2(3x-4y+1)$일 때

$6x+17y+1=0$

(ii) $3(4x+3y+1)=-2(3x-4y+1)$일 때

$18x+y+5=0$

(i), (ii)에서 점 P가 나타내는 도형의 방정식은

$6x+17y+1=0$ 또는 $18x+y+5=0$

따라서 점 P가 나타내는 도형의 방정식은 ㄴ, ㄷ이다.

2297 답 (1) $y-4$ (2) 4 (3) 1 (4) -2 (5) $-2x$

STEP1 **직선 l이 실수 m의 값에 관계없이 항상 지나는 점의 좌표 구하기 [2점]**

직선 l의 방정식 $x+my-4m+2=0$을 m에 대하여 정리하면

$m(\boxed{y-4})+(x+2)=0$

이므로 직선 l이 실수 m의 값에 관계없이 항상 지나는 점의 좌표는 $(-2, \boxed{4})$이다.

STEP2 **직선 l이 삼각형 ABC와 만나는 점의 좌표 구하기 [3점]**

직선 l이 삼각형 ABC의 한 꼭짓점 A를 지나고, 삼각형 ABC의 넓이를 이등분하므로 직선 l은 변 BC의 중점을 지난다. ……ⓐ

변 BC의 중점의 좌표는

$\left(\dfrac{-4+6}{2}, \dfrac{0-4}{2}\right)$ $\therefore (\boxed{1}, \boxed{-2})$

STEP3 **직선 l의 방정식 구하기 [2점]**

직선 l은 두 점 $(-2, \boxed{4})$, $(\boxed{1}, \boxed{-2})$를 지나는 직선이므로

$y-4=\dfrac{-2-4}{1-(-2)}\{x-(-2)\}$

$\therefore y=\boxed{-2x}$

부분점수표	
ⓐ 직선 l이 점 A와 선분 BC의 중점을 지나는 것을 서술한 경우	1점

실제 답안 예시

m(y-4)+(x+2)=0은 항상 점 (-2, 4)를 지난다.
또, 삼각형 ABC의 넓이를 이등분하려면 변 BC
의 중점 (1, -2)를 지나야 한다.
따라서 직선 l의 방정식은

y-4=\dfrac{-2-4}{1-(-2)}\{x-(-2)\}

∴ y=-2x

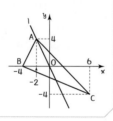

2298 답 $\dfrac{2}{3}$

STEP1 **직선 l이 실수 m의 값에 관계없이 항상 지나는 점의 좌표 구하기 [2점]**

직선 l의 방정식 $mx-y+m+2=0$을 m에 대하여 정리하면

$m(x+1)-(y-2)=0$

이므로 직선 l이 실수 m의 값에 관계없이 항상 지나는 점의 좌표는 $(-1, 2)$이다.

STEP2 **직선 l이 삼각형 ABC와 만나는 점의 좌표 구하기 [3점]**

직선 l이 삼각형 ABC의 한 꼭짓점 A를 지나고, 삼각형 ABC의 넓이를 이등분하므로 직선 l은 변 BC의 중점을 지난다. ……ⓐ

변 BC의 중점의 좌표는

$\left(\dfrac{4+0}{2}, \dfrac{1+7}{2}\right)$ $\therefore (2, 4)$

STEP3 **실수 m의 값 구하기 [2점]**

직선 l이 점 $(2, 4)$를 지나므로

$2m-4+m+2=0, 3m-2=0$

$\therefore m=\dfrac{2}{3}$

부분점수표	
ⓐ 직선 l이 점 A와 선분 BC의 중점을 지나는 것을 서술한 경우	1점

2299 답 $y=x+\dfrac{1}{2}$

STEP1 **두 직사각형의 넓이를 동시에 이등분하는 직선이 지나는 점의 좌표 구하기 [3점]**

두 직사각형의 넓이를 동시에 이등분하는 직선은 두 직사각형의 대각선의 중점을 지난다. ……ⓐ

두 직사각형의 대각선의 중점의 좌표는 각각

$\left(\dfrac{1+3}{2}, \dfrac{1+4}{2}\right)$ $\therefore \left(2, \dfrac{5}{2}\right)$

$\left(\dfrac{-1-3}{2}, \dfrac{-1-2}{2}\right)$ $\therefore \left(-2, -\dfrac{3}{2}\right)$

STEP2 **직선의 방정식 구하기 [3점]**

두 점 $\left(2, \dfrac{5}{2}\right)$, $\left(-2, -\dfrac{3}{2}\right)$을 지나는 직선의 방정식은

$y-\dfrac{5}{2}=\dfrac{-\dfrac{3}{2}-\dfrac{5}{2}}{-2-2}(x-2)$

$\therefore y=x+\dfrac{1}{2}$

부분점수표	
ⓐ 두 직사각형의 넓이를 동시에 이등분하는 직선이 두 직사각형의 대각선의 중점을 지나는 것을 서술한 경우	1점

2300 답 (1) $\dfrac{1}{3}$ (2) -3 (3) 2 (4) 1 (5) $-\dfrac{1}{2}$ (6) $\dfrac{1}{2}$

STEP1 **두 직선이 평행할 때, a의 값 구하기 [3점]**

서로 다른 세 직선이 삼각형을 이루지 않으려면 두 직선이 평행하거나 세 직선이 한 점에서 만나야 한다. ……ⓐ

두 직선 $x+3y=5$, $3x-y=5$는 평행하지 않으므로

두 직선 $x+3y=5$, $ax+y=0$이 평행할 때

$\to x+3y-5=0$

$\dfrac{a}{1}=\dfrac{1}{3}\neq\dfrac{0}{-5}$ $\therefore a=\boxed{\dfrac{1}{3}}$

두 직선 $3x-y=5$, $ax+y=0$이 평행할 때

$\to 3x-y-5=0$

$\dfrac{a}{3}=\dfrac{1}{-1}\neq\dfrac{0}{-5}$ $\therefore a=\boxed{-3}$

STEP2 **세 직선이 한 점에서 만날 때, a의 값 구하기 [3점]**

세 직선이 한 점에서 만날 때, 직선 $ax+y=0$은 두 직선 $x+3y=5$, $3x-y=5$의 교점을 지난다.

$x+3y=5$, $3x-y=5$를 연립하여 풀면

$x=\boxed{2}$, $y=\boxed{1}$

직선 $ax+y=0$이 점 $(\boxed{2}, \boxed{1})$을 지나므로

$2a+1=0$ $\therefore a=\boxed{-\dfrac{1}{2}}$

STEP3 **모든 상수 a의 값의 곱 구하기 [1점]**

모든 상수 a의 값의 곱은

$\dfrac{1}{3}\times(-3)\times\left(-\dfrac{1}{2}\right)=\boxed{\dfrac{1}{2}}$

부분점수표	
ⓐ 세 직선이 삼각형을 이루지 않는 경우를 서술한 경우	1점

$y=-ax$, $y=-\dfrac{1}{3}x+\dfrac{5}{3}$, $y=3x-5$

평행할 때

$\rightarrow a=\dfrac{1}{3}$, $a=-3$

한 점에서 만날 때

$\rightarrow -\dfrac{1}{3}x+\dfrac{5}{3}=3x-5$에서 $x=2$, $y=1$

$\qquad 1=-2a \qquad \therefore a=-\dfrac{1}{2}$

모든 a의 곱은 값은 $\dfrac{1}{3}\times(-3)\times\left(-\dfrac{1}{2}\right)=\dfrac{1}{2}$

2301 답 3

STEP1 두 직선이 평행할 때, m의 값 구하기 [3점]

서로 다른 세 직선이 삼각형을 이루지 않으려면 두 직선이 평행하거나 세 직선이 한 점에서 만나야 한다. ······ ⓐ

두 직선 $x+2y=0$, $x-y+1=0$은 평행하지 않으므로

두 직선 $x+2y=0$, $mx-y+2=0$이 평행할 때

$\dfrac{1}{m}=\dfrac{2}{-1}\neq\dfrac{0}{2} \qquad \therefore m=-\dfrac{1}{2}$

두 직선 $x-y+1=0$, $mx-y+2=0$이 평행할 때

$\dfrac{1}{m}=\dfrac{-1}{-1}\neq\dfrac{1}{2} \qquad \therefore m=1$

STEP2 세 직선이 한 점에서 만날 때, m의 값 구하기 [3점]

세 직선이 한 점에서 만날 때, 직선 $mx-y+2=0$은 두 직선 $x+2y=0$, $x-y+1=0$의 교점을 지난다.

$x+2y=0$, $x-y+1=0$을 연립하여 풀면

$x=-\dfrac{2}{3}$, $y=\dfrac{1}{3}$

직선 $mx-y+2=0$이 점 $\left(-\dfrac{2}{3}, \dfrac{1}{3}\right)$을 지나므로

$-\dfrac{2}{3}m-\dfrac{1}{3}+2=0 \qquad \therefore m=\dfrac{5}{2}$

STEP3 모든 상수 m의 값의 합 구하기 [1점]

모든 상수 m의 값의 합은

$-\dfrac{1}{2}+1+\dfrac{5}{2}=3$

부분점수표	
ⓐ 세 직선이 삼각형을 이루지 않는 경우를 서술한 경우	1점

2302 답 5

STEP1 a, b 사이의 관계식 구하기 [4점]

직선 $x+ay+2=0$이 직선 $2x-by-3=0$과 서로 수직이므로

$1\times 2+a\times(-b)=0$

$2-ab=0 \qquad \therefore ab=2$ ······ ⓐ

직선 $x+ay+2=0$이 직선 $x-(b-3)y+4=0$과 평행하므로

$\dfrac{1}{1}=\dfrac{a}{-(b-3)}\neq\dfrac{2}{4}$

$a=-b+3 \qquad \therefore a+b=3$ ······ ⓑ

STEP2 a^2+b^2의 값 구하기 [2점]

$a^2+b^2=(a+b)^2-2ab=3^2-2\times 2=5$

부분점수표	
ⓐ 수직 조건을 이용하여 a, b 사이의 관계식을 구한 경우	2점
ⓑ 평행 조건을 이용하여 a, b 사이의 관계식을 구한 경우	2점

2303 답 -6

STEP1 세 직선이 한 점에서 만날 때, a의 값 구하기 [3점]

세 직선이 좌표평면을 여섯 개 부분으로 나눌 때, 세 직선은 한 점에서 만나거나 세 직선 중 두 직선은 평행하고 다른 한 직선은 평행하지 않다. ······ ⓐ

세 직선이 한 점에서 만날 때, 직선 $y=ax+7$은 두 직선 $y=x+2$, $y=-3x+6$의 교점을 지난다.

$y=x+2$, $y=-3x+6$을 연립하여 풀면

$x=1$, $y=3$

직선 $y=ax+7$이 점 $(1, 3)$을 지나므로

$3=a+7 \qquad \therefore a=-4$

STEP2 두 직선은 평행하고 다른 한 직선은 평행하지 않을 때, a의 값 구하기 [3점]

두 직선 $y=x+2$, $y=-3x+6$은 평행하지 않으므로

두 직선 $y=x+2$, $y=ax+7$이 평행할 때 $a=1$

두 직선 $y=-3x+6$, $y=ax+7$이 평행할 때 $a=-3$

STEP3 모든 상수 a의 값 구하기 [1점]

모든 상수 a의 값의 합은

$-4+1+(-3)=-6$

부분점수표	
ⓐ 세 직선이 좌표평면을 여섯 개 부분으로 나누는 경우를 서술한 경우	1점

2304 답 (1) -6 (2) 8 (3) 8 (4) 3 (5) 13 (6) 3 (7) $\dfrac{11}{10}$

STEP1 a의 값 구하기 [4점]

두 직선 $-4x+(a-5)y+12=0$, $ax-6y-2a+3=0$이 평행하므로

$\dfrac{-4}{a}=\dfrac{a-5}{\boxed{-6}}\neq\dfrac{12}{-2a+3}$

$\dfrac{-4}{a}=\dfrac{a-5}{\boxed{-6}}$에서 $a(a-5)=24$

$a^2-5a-24=0$, $(a+3)(a-\boxed{8})=0$

$\therefore a=-3$ 또는 $a=\boxed{8}$ ······ ㉠

$\dfrac{-4}{a}\neq\dfrac{12}{-2a+3}$에서 $12a\neq 8a-12 \qquad \therefore a\neq -3$ ······ ㉡

㉠, ㉡에서 $a=\boxed{8}$

STEP2 두 직선 사이의 거리 구하기 [2점]

$a=\boxed{8}$을 대입하면 두 직선의 방정식은

$-4x+\boxed{3}y+12=0$, $8x-6y-\boxed{13}=0$

두 직선 사이의 거리는 직선 $-4x+\boxed{3}y+12=0$ 위의

점 $(\boxed{3}, 0)$과 직선 $8x-6y-\boxed{13}=0$ 사이의 거리와 같으므로

$\dfrac{|8\times 3-6\times 0-13|}{\sqrt{8^2+(-6)^2}}=\boxed{\dfrac{11}{10}}$

두 직선이 평행하므로

$\dfrac{a}{-4} = \dfrac{-6}{a-5} \neq \dfrac{-2a+3}{12}$

$a(a-5)=24$, $a^2-5a-24=0$, $(a+3)(a-8)=0$

$\therefore a=-3$ 또는 $a=8$

$a=-3$이면 $\dfrac{-3}{-4} = \dfrac{9}{12}$이므로 모순

$\therefore a=8$

두 직선은 $-4x+3y+12=0$, $8x-6y-13=0$

따라서 점 $(0, -4)$와 직선 $8x-6y-13=0$ 사이의 거리는

$\dfrac{|8\times 0-6\times(-4)-13|}{\sqrt{8^2+(-6)^2}} = \dfrac{11}{10}$

2305 답 $5\sqrt{2}$

STEP 1 m의 값 구하기 [4점]

두 직선 $x+my+m-3=0$, $mx+(2-m)y+8=0$이 평행하므로

$\dfrac{1}{m} = \dfrac{m}{2-m} \neq \dfrac{m-3}{8}$

$m^2=2-m$, $m^2+m-2=0$, $(m+2)(m-1)=0$

$\therefore m=-2$ 또는 $m=1$

이때 m은 양수이므로 $m=1$

STEP 2 두 직선 사이의 거리 구하기 [2점]

$m=1$을 대입하면 두 직선의 방정식은

$x+y-2=0$, $x+y+8=0$

두 직선 사이의 거리는 직선 $x+y-2=0$ 위의 점 $(1, 1)$과 직선 $x+y+8=0$ 사이의 거리와 같으므로

$\dfrac{|1\times 1+1\times 1+8|}{\sqrt{1^2+1^2}} = 5\sqrt{2}$

2306 답 $\dfrac{20}{3}$

STEP 1 a의 값 구하기 [2점]

직선 $l : y=ax+b$가 직선 $4x+3y-3=0$, 즉 $y=-\dfrac{4}{3}x+1$과 수직이므로

$a\times\left(-\dfrac{4}{3}\right)=-1$ $\therefore a=\dfrac{3}{4}$

STEP 2 b의 값 구하기 [2점]

원점과 직선 $l : y=\dfrac{3}{4}x+b$, 즉 $3x-4y+4b=0$ 사이의 거리가 4이므로

$\dfrac{|3\times 0-4\times 0+4b|}{\sqrt{3^2+(-4)^2}}=4$, $\dfrac{|4b|}{5}=4$

$|b|=5$ $\therefore b=-5$ 또는 $b=5$

이때 $ab<0$이고 $a>0$이므로 $b<0$

$\therefore b=-5$

STEP 3 직선 l의 x절편 구하기 [2점]

직선 l의 방정식은 $y=\dfrac{3}{4}x-5$ ······ ⓐ

$y=0$을 대입하면 $0=\dfrac{3}{4}x-5$ $\therefore x=\dfrac{20}{3}$

따라서 직선 l의 x절편은 $\dfrac{20}{3}$이다.

부분점수표	
ⓐ 직선 l의 방정식을 구한 경우	1점

2307 답 $\dfrac{\sqrt{3}}{5}$

STEP 1 변 AB의 길이의 최솟값 구하기 [3점]

삼각형 ABC가 정삼각형이므로 삼각형 ABC의 넓이가 최소일 때는 삼각형 ABC의 한 변 AB의 길이가 최소일 때이다. ······ ⓐ

변 AB의 길이의 최솟값은 평행한 두 직선 $y=2x+1$, $y=2x-1$ 사이의 거리와 같다.

평행한 두 직선 $y=2x+1$, $y=2x-1$ 사이의 거리는 직선 $y=2x+1$ 위의 점 $(0, 1)$과 직선 $y=2x-1$, 즉 $2x-y-1=0$ 사이의 거리와 같으므로

$\dfrac{|2\times 0-1\times 1-1|}{\sqrt{2^2+(-1)^2}} = \dfrac{2}{\sqrt{5}}$

STEP 2 삼각형 ABC의 넓이의 최솟값 구하기 [3점]

정삼각형 ABC의 넓이는 한 변의 길이가 $\dfrac{2}{\sqrt{5}}$일 때 최소이므로

$\dfrac{\sqrt{3}}{4}\times\left(\dfrac{2}{\sqrt{5}}\right)^2 = \dfrac{\sqrt{3}}{5}$

부분점수표	
ⓐ 삼각형 ABC의 넓이가 최소일 때는 한 변의 길이가 최소일 때임을 서술한 경우	1점

실력 check 실전 마무리하기 1회 484쪽~488쪽

1 2308 답 ⑤ 유형 1

출제의도 | 한 점과 기울기가 주어진 직선의 방정식을 구할 수 있는지 확인한다.

> x축의 양의 방향과 이루는 각의 크기가 30°인 직선의 기울기는 $\tan 30°$야.

점 $(\sqrt{3}, -2)$를 지나고 기울기가 $\tan 30° = \dfrac{\sqrt{3}}{3}$인 직선의 방정식은

$y-(-2)=\dfrac{\sqrt{3}}{3}(x-\sqrt{3})$ $\therefore y=\dfrac{\sqrt{3}}{3}x-3$

따라서 직선 $y=\dfrac{\sqrt{3}}{3}x-3$의 x절편은 $3\sqrt{3}$이다.

2 2309 답 ④ 유형 2

출제의도 | 두 점이 주어진 직선의 방정식을 구할 수 있는지 확인한다.

> 직선 위의 두 점의 좌표를 알면 직선의 기울기를 구할 수 있어.

두 점 $(-1, 1)$, $(2, a)$를 지나는 직선의 방정식은

$y-1=\dfrac{a-1}{2-(-1)}\{x-(-1)\}$ $\therefore y=\dfrac{a-1}{3}x+\dfrac{a+2}{3}$

이 직선이 y축과 만나는 점의 좌표가 $(0, 4)$이므로

$\dfrac{a+2}{3}=4$ $\therefore a=10$

다른 풀이

주어진 직선은 세 점 $(-1, 1)$, $(2, a)$, $(0, 4)$를 지난다.
두 점 $(-1, 1)$, $(2, a)$를 지나는 직선의 기울기와 두 점
$(-1, 1)$, $(0, 4)$를 지나는 직선의 기울기가 같으므로

$$\frac{a-1}{2-(-1)}=\frac{4-1}{0-(-1)}, \ \frac{a-1}{3}=3 \quad \therefore a=10$$

3 2310 **답** ② 유형 2

출제의도 ㅣ 두 점이 주어진 직선의 방정식을 구할 수 있는지 확인한다.

> 두 직선의 교점을 먼저 구해 보자.

$x+2y-4=0$, $2x-y-3=0$을 연립하여 풀면 $x=2$, $y=1$
즉, 두 직선의 교점은 $(2, 1)$이다.
따라서 두 점 $(2, 1)$, $(3, -1)$을 지나는 직선의 방정식은

$$y-1=\frac{-1-1}{3-2}(x-2) \quad \therefore 2x+y-5=0$$

4 2311 **답** ④ 유형 3

출제의도 ㅣ x절편과 y절편이 주어진 직선의 방정식을 구할 수 있는지 확인한다.

> 직선 $x-2y-1=0$의 x절편과 직선 $2x-y+5=0$의 y절편을 구해 보자.

직선 $x-2y-1=0$의 x절편은 1이고, 직선 $2x-y+5=0$의 y절편은 5이다.
따라서 직선 $x-2y-1=0$과 x축에서 만나고, 직선 $2x-y+5=0$과 y축에서 만나는 직선은 x절편이 1이고, y절편이 5인 직선이므로

$$\frac{x}{1}+\frac{y}{5}=1 \quad \therefore 5x+y-5=0$$

5 2312 **답** ③ 유형 5

출제의도 ㅣ 마름모의 넓이를 이등분하는 직선의 방정식을 구할 수 있는지 확인한다.

> 마름모의 넓이를 이등분하는 직선은 마름모의 두 대각선의 교점을 지나는 직선이야.

마름모 ABCD의 넓이를 이등분하는 직선 l은 두 대각선 AC, BD의 교점을 지난다.
마름모 ABCD의 두 대각선의 교점의 좌표는

$$\left(\frac{1-3}{2}, \frac{4+2}{2}\right) \quad \therefore (-1, 3)$$
→ 대각선 AC의 중점의 좌표

따라서 직선 l은 점 $(-1, 3)$과 원점을 지나는 직선이므로 직선 l의 방정식은

$$y=-3x \quad \therefore 3x+y=0$$

6 2313 **답** ⑤ 유형 7

출제의도 ㅣ 직선이 항상 지나는 점을 구할 수 있는지 확인한다.

> 직선의 방정식 $mx+12m+y-5=0$을 m에 대하여 정리해 보자.

$mx+12m+y-5=0$을 m에 대하여 정리하면
$m(x+12)+(y-5)=0$

이 직선은 실수 m의 값에 관계없이 항상 점 $\mathrm{P}(-12, 5)$를 지난다.
→ $\therefore x+12=0$, $y-5=0$
따라서 선분 OP의 길이는

$$\overline{\mathrm{OP}}=\sqrt{(-12)^2+5^2}=13$$

7 2314 **답** ② 유형 9

출제의도 ㅣ 두 직선의 평행 조건을 이용하여 직선의 방정식을 구할 수 있는지 확인한다.

> 직선 $ax+y+b=0$이 직선 $8x+2y+3=0$과 평행하므로 두 직선의 기울기가 같아.

직선 $ax+y+b=0$이 직선 $8x+2y+3=0$과 평행하므로
$$\frac{a}{8}=\frac{1}{2}\neq\frac{b}{3} \quad \therefore a=4$$
직선 $4x+y+b=0$이 점 $(-4, 7)$을 지나므로
$$-16+7+b=0 \quad \therefore b=9$$
$$\therefore b-a=9-4=5$$

8 2315 **답** ① 유형 9

출제의도 ㅣ 두 직선의 수직 조건을 이용할 수 있는지 확인한다.

> 두 직선 $ax+by+c=0$, $a'x+b'y+c'=0$이 수직으로 만나면 $aa'+bb'=0$이야.

두 직선 $2x+(a+1)y+5a+1=0$과 $(a-2)x+3y-4a-7=0$이 수직으로 만나므로
$$2(a-2)+3(a+1)=0$$
$$5a-1=0 \quad \therefore a=\frac{1}{5}$$

9 2316 **답** ② 유형 4

출제의도 ㅣ 세 점이 한 직선 위에 있을 조건을 이해하는지 확인한다.

> 세 점이 삼각형을 이루지 않으려면 세 점은 한 직선 위에 있어야 해.

삼각형을 이루지 않는 세 점은 한 직선 위에 있으므로 직선 AB의 기울기와 직선 BC의 기울기가 같다.
$$\frac{-k-(-5)}{6-k}=\frac{-1-(-k)}{9-6}$$
$$3(-k+5)=(6-k)(-1+k)$$
$$k^2-10k+21=0, \ (k-3)(k-7)=0$$
$$\therefore k=3 \text{ 또는 } k=7$$
따라서 구하는 모든 k의 값의 합은
$$3+7=10$$

10 2317 **답** ③ 유형 5 + 유형 13

출제의도 ㅣ 직선으로 둘러싸인 삼각형의 넓이를 구하고 삼각형의 넓이를 이등분하는 직선의 방정식을 구할 수 있는지 확인한다.

> 직선 $y=mx$는 원점을 지나고 삼각형의 넓이를 이등분하므로 변 AB의 중점을 지나는 직선이야.

직선 $2x+3y-6=0$에서

$$\frac{x}{3}+\frac{y}{2}=1$$

이 직선의 x절편이 3이고 y절편이 2이므로
$A(3,\,0)$, $B(0,\,2)$

삼각형 AOB의 넓이 S는

$$S=\frac{1}{2}\times 3\times 2=3$$

직선 $y=mx$가 삼각형 AOB의 넓이를 이등분하므로 직선
$y=mx$는 선분 AB의 중점을 지난다.

선분 AB의 중점의 좌표는

$$\left(\frac{3+0}{2},\,\frac{0+2}{2}\right)\qquad \therefore \left(\frac{3}{2},\,1\right)$$

즉, 직선 $y=mx$가 점 $\left(\frac{3}{2},\,1\right)$을 지나므로

$$1=\frac{3}{2}m\qquad \therefore m=\frac{2}{3}$$

$$\therefore Sm=3\times\frac{2}{3}=2$$

---

11 2318   답 ⑤
유형 7

출제의도 | 직선이 항상 지나는 점을 구할 수 있는지 확인한다.

> 직선의 방정식을 k에 대하여 정리해 보자.

$(k+1)x-(4k+5)y+2=0$을 k에 대하여 정리하면
$k(x-4y)+(x-5y+2)=0$
이 등식이 실수 k의 값에 관계없이 항상 성립하므로
$x-4y=0$, $x-5y+2=0$
두 식을 연립하여 풀면 $x=8$, $y=2$
$\therefore P(8,\,2)$
따라서 점 $P(8,\,2)$를 지나고 x축에 평행한 직선의 방정식은
$y=2$

---

12 2319   답 ③
유형 8

출제의도 | 두 직선의 교점을 지나는 직선의 방정식을 구할 수 있는지 확인한다.

> 실수 k를 사용해서 두 직선의 교점을 지나는 직선의 방정식을 나타낼 수 있어.

두 직선 $ax+(a-1)y+6=0$, $(a+5)x+3ay-2=0$의 교점을
지나는 직선의 방정식은
$ax+(a-1)y+6+k\{(a+5)x+3ay-2\}=0$ (k는 실수) ······ ㉠
㉠이 원점을 지나므로
$6-2k=0\qquad \therefore k=3$
$k=3$을 ㉠에 대입하면
$(4a+15)x+(10a-1)y=0$
이 직선의 기울기가 -6이므로

$$-\frac{4a+15}{10a-1}=-6$$

$4a+15=60a-6\qquad \therefore a=\frac{3}{8}$

---

13 2320   답 ②
유형 9 + 유형 11

출제의도 | 두 직선의 수직 조건을 이해하는지 확인한다.

> 수직인 두 직선의 기울기의 곱은 -1이야.

두 점 $(a,\,3)$, $(8,\,9)$를 지나는 직선의 기울기는

$$\frac{9-3}{8-a}=\frac{6}{8-a}$$

이 직선에 수직인 직선 $x+2y+b=0$의 기울기가 $-\frac{1}{2}$이므로

$$\frac{6}{8-a}\times\left(-\frac{1}{2}\right)=-1\qquad \therefore a=5$$

직선 $x+2y+b=0$의 x절편이 5이므로
$b=-5$
따라서 직선 $y=\frac{b}{a}x$의 기울기는

$$\frac{b}{a}=\frac{-5}{5}=-1$$

---

14 2321   답 ⑤
유형 10

출제의도 | 두 직선의 수직 조건을 이용할 수 있는지 확인한다.

> 세 직선으로 둘러싸인 도형이 직각삼각형이므로 세 직선 중 두 직선은 수직으로 만나.

세 직선으로 둘러싸인 도형이 직각삼각형일 때는 세 직선 중 두 직
선이 서로 수직일 때이다.
두 직선 $x-2y-8=0$과 $4x+3y-5=0$이 서로 수직이 아니므로
직선 $ax+y-4=0$이 직선 $x-2y-8=0$ 또는 직선
$4x+3y-5=0$과 수직이다.
(i) 직선 $ax+y-4=0$이 직선 $x-2y-8=0$과 수직일 때
$\quad a-2=0\qquad \therefore a=2$
(ii) 직선 $ax+y-4=0$이 직선 $4x+3y-5=0$과 수직일 때
$\quad 4a+3=0\qquad \therefore a=-\frac{3}{4}$

(i), (ii)에서 양수 a의 값은 2이다.

---

15 2322   답 ①
유형 12

출제의도 | 선분의 수직이등분선의 방정식을 구할 수 있는지 확인한다.

> 선분 AB의 수직이등분선은 선분 AB의 중점을 지나고 직선 AB와 수직인 직선이야.

선분 AB의 중점의 좌표는

$$\left(\frac{-4+4}{2},\,\frac{3+5}{2}\right)\qquad \therefore (0,\,4)$$

직선 AB의 기울기는 $\dfrac{5-3}{4-(-4)}=\dfrac{1}{4}$

따라서 선분 AB의 수직이등분선은 점 $(0,\,4)$를 지나고 기울기가
-4인 직선이므로

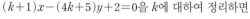
$\frac{1}{4}\times(-4)=-1$

$y-4=-4(x-0)\qquad \therefore y=-4x+4$
이 직선이 점 $(2,\,a)$를 지나므로
$a=-4\times 2+4=-4$

16 2323 답 ③
유형 15

출제의도 | 평행한 두 직선 사이의 거리를 구할 수 있는지 확인한다.

> 평행한 두 직선 사이의 거리는 한 직선 위의 점과 다른 직선 사이의 거리와 같아.

두 직선 $y=-\dfrac{1}{3}x-3$, $y=-\dfrac{1}{3}x+k$ 사이의 거리는

직선 $y=-\dfrac{1}{3}x-3$, 즉 $x+3y+9=0$ 위의 점 $(0,\,-3)$에서

직선 $y=-\dfrac{1}{3}x+k$, 즉 $x+3y-3k=0$까지의 거리와 같으므로

$$\dfrac{|1\times 0+3\times(-3)-3k|}{\sqrt{1^2+3^2}}=3\sqrt{10}$$

$|9+3k|=30$, $9+3k=\pm30$

(i) $9+3k=30$일 때, $k=7$

(ii) $9+3k=-30$일 때, $k=-13$

(i), (ii)에서 모든 상수 k의 값의 합은

$7+(-13)=-6$

17 2324 답 ②
유형 5 + 유형 7

출제의도 | 삼각형의 넓이를 이등분하는 직선의 방정식을 구할 수 있는지 확인한다.

> 주어진 직선이 항상 지나는 점의 좌표를 구해 보자.

$(k-2)x+(k+3)y-4k+8=0$을 k에 대하여 정리하면

$k(x+y-4)+(-2x+3y+8)=0$ ······· ㉠

㉠은 실수 k의 값에 관계없이 항상 성립하므로

$x+y-4=0$, $-2x+3y+8=0$

두 식을 연립하여 풀면 $x=4$, $y=0$

즉, 직선 ㉠은 점 C$(4,\,0)$을 지난다.

이때 직선 ㉠은 삼각형 ABC의 넓이를 이등분하므로 변 AB의 중점을 지난다.

변 AB의 중점의 좌표는

$\left(\dfrac{10+2}{2},\,\dfrac{3+1}{2}\right)$ $\therefore (6,\,2)$

따라서 직선 ㉠은 점 $(6,\,2)$를 지나므로

$4k+2=0$ $\therefore k=-\dfrac{1}{2}$

18 2325 답 ②
유형 14

출제의도 | 점과 직선 사이의 거리를 이용할 수 있는지 확인한다.

> 직선 $3x-4y+2=0$에 수직인 직선의 방정식을 나타내 보자.

직선 $3x-4y+2=0$, 즉 $y=\dfrac{3}{4}x+\dfrac{1}{2}$의 기울기는 $\dfrac{3}{4}$이므로 이 직선에 수직인 직선 l의 기울기는 $-\dfrac{4}{3}$이다.

직선 l의 방정식을 $y=-\dfrac{4}{3}x+k$ (k는 실수), 즉 $4x+3y-3k=0$

이라 하자.

원점과 직선 $l:4x+3y-3k=0$ 사이의 거리가 $\dfrac{9}{5}$이므로

$$\dfrac{|-3k|}{\sqrt{4^2+3^2}}=\dfrac{9}{5},\ |3k|=9$$

$\therefore k=-3$ 또는 $k=3$

즉, 직선의 방정식은 $4x+3y+9=0$ 또는 $4x+3y-9=0$

이때 직선 l은 제3사분면을 지나지 않으므로 직선 l의 방정식은

$4x+3y-9=0$

따라서 직선 l과 점 $(-1,\,1)$ 사이의 거리는

$$\dfrac{|4\times(-1)+3\times 1-9|}{\sqrt{4^2+3^2}}=2$$

19 2326 답 ④
유형 18

출제의도 | 점과 직선 사이의 거리를 이용하여 삼각형의 넓이를 구할 수 있는지 확인한다.

> 삼각형의 밑변의 길이와 높이를 구하면 삼각형의 넓이를 구할 수 있어.

두 점 A$(-1,\,2)$, B$(2,\,1)$에서 변 AB의 길이는

$$\overline{AB}=\sqrt{\{2-(-1)\}^2+(1-2)^2}=\sqrt{10}$$

직선 AB의 방정식은

$y-2=\dfrac{1-2}{2-(-1)}\{x-(-1)\}$ $\therefore x+3y-5=0$

점 C$(6,\,5)$와 직선 AB 사이의 거리는

$$\dfrac{|1\times 6+3\times 5-5|}{\sqrt{1^2+3^2}}=\dfrac{16}{\sqrt{10}}$$

따라서 삼각형 ABC의 넓이는

$$\dfrac{1}{2}\times\sqrt{10}\times\dfrac{16}{\sqrt{10}}=8$$

20 2327 답 ③
유형 18

출제의도 | 점과 직선 사이의 거리를 이용하여 넓이가 같은 삼각형을 구할 수 있는지 확인한다.

> 삼각형 ABD와 삼각형 ABC의 넓이가 같으니까 점 D는 점 C를 지나고 변 AB에 평행한 직선 위에 있어.

두 직선의 방정식 $y=-x+8$, $y=2x-4$를 연립하여 풀면

$x=4$, $y=4$ $\therefore$ C$(4,\,4)$

직선 $y=-x+8$의 y절편은 8이므로 A$(0,\,8)$, 직선 $y=2x-4$의 x절편은 2이므로 B$(2,\,0)$

삼각형 ABD와 삼각형 ABC의 넓이가 같으므로 그림과 같이 점 D는 직선 AB와 기울기가 같고 점 C를 지나는 직선 위의 점이다.

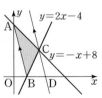

직선 AB의 기울기는

$$\dfrac{0-8}{2-0}=-4$$

기울기가 -4이고 점 C$(4,\,4)$를 지나는 직선의 방정식은

$y-4=-4(x-4)$ $\therefore y=-4x+20$

이 직선과 x축의 교점이 점 D이므로 D$(5,\,0)$

따라서 선분 BD의 길이는

$$\overline{BD}=5-2=3$$

21 2328 답 ④ 유형 19

출제의도 | 두 직선이 이루는 각의 이등분선의 방정식을 구할 수 있는지 확인한다.

> 두 직선이 이루는 각의 이등분선 위의 한 점에서부터 두 직선까지의 거리는 같아.

직선 $x+4y-6=0$이 직선 $ax+3y-b=0$과 x축의 교점 $\left(\dfrac{b}{a},\ 0\right)$

을 지나므로

$\dfrac{b}{a}+0-6=0$ $\therefore b=6a$

직선 $x+4y-6=0$ 위의 한 점 $(-2,2)$에서 직선 $ax+3y-b=0$과 x축에 이르는 거리가 같으므로

$\dfrac{|a\times(-2)+3\times2-b|}{\sqrt{a^2+3^2}}=2$

$|-2a+6-b|=2\sqrt{a^2+9}$, $|-2a+6-6a|=2\sqrt{a^2+9}$

$|3-4a|=\sqrt{a^2+9}$

양변을 제곱하여 정리하면

$15a^2-24a=0$, $a(5a-8)=0$

$\therefore a=0$ 또는 $a=\dfrac{8}{5}$

이때 a는 양수이므로 $a=\dfrac{8}{5}$

$b=6a$에 $a=\dfrac{8}{5}$을 대입하면 $b=\dfrac{48}{5}$

$\therefore b-a=\dfrac{48}{5}-\dfrac{8}{5}=8$

22 2329 답 -48 유형 10

출제의도 | 세 직선의 위치 관계를 이해하는지 확인한다.

STEP 1 a, b의 값 구하기 [4점]

서로 다른 세 직선이 좌표평면을 네 부분으로 나눌 때, 세 직선은 모두 평행하다.

두 직선 $ax+y-7=0$, $x+4y-3=0$이 평행하므로

$\dfrac{1}{a}=\dfrac{4}{1}\neq\dfrac{-3}{-7}$ $\therefore a=\dfrac{1}{4}$

두 직선 $3x+by+1=0$, $x+4y-3=0$이 평행하므로

$\dfrac{1}{3}=\dfrac{4}{b}\neq\dfrac{-3}{1}$ $\therefore b=12$

STEP 2 직선 $y=ax+b$의 x절편 구하기 [2점]

직선 $y=ax+b$, 즉 $y=\dfrac{1}{4}x+12$의 x절편은 -48이다.

23 2330 답 6 유형 14

출제의도 | 점과 직선 사이의 거리를 이용할 수 있는지 확인한다.

STEP 1 점과 직선 사이의 거리를 구하는 공식을 이용하여 식 세우기 [2점]

두 직선 $x+2y-5=0$, $2x-y-2=0$ 사이의 거리가 같은 y축 위의 점의 좌표를 $(0,k)$라 하면

$\dfrac{|1\times0+2\times k-5|}{\sqrt{1^2+2^2}}=\dfrac{|2\times0-1\times k-2|}{\sqrt{2^2+(-1)^2}}$

STEP 2 k의 값 구하기 [2점]

$|2k-5|=|k+2|$ $\therefore 2k-5=\pm(k+2)$

(ⅰ) $2k-5=k+2$일 때, $k=7$

(ⅱ) $2k-5=-k-2$일 때, $k=1$

STEP 3 선분 AB의 길이 구하기 [2점]

(ⅰ), (ⅱ)에서 $a=7$, $b=1$ 또는 $a=1$, $b=7$

따라서 선분 AB의 길이는

$7-1=6$

24 2331 답 $\dfrac{\sqrt{5}}{3}$ 유형 16

출제의도 | 점과 직선 사이의 거리의 최댓값을 구할 수 있는지 확인한다.

STEP 1 주어진 직선과 원점 사이의 거리를 식 $f(k)$로 나타내기 [2점]

직선 $(2k+1)x+(1-k)y+1=0$과 원점 사이의 거리가 $f(k)$이므로

$f(k)=\dfrac{|1|}{\sqrt{(2k+1)^2+(1-k)^2}}=\dfrac{1}{\sqrt{5k^2+2k+2}}$

STEP 2 근호 안의 이차식을 완전제곱식 꼴로 변형하기 [2점]

$f(k)$의 값이 최대일 때는 $\sqrt{5k^2+2k+2}$가 최소일 때이다.

$\sqrt{5k^2+2k+2}=\sqrt{5\left(k+\dfrac{1}{5}\right)^2+\dfrac{9}{5}}$

STEP 3 $f(k)$의 값이 최대일 때 k의 값 구하기 [1점]

$f(k)$는 $k=-\dfrac{1}{5}$일 때 최댓값을 가진다.

STEP 4 $f(k)$의 최댓값 구하기 [2점]

$f\left(-\dfrac{1}{5}\right)=\dfrac{1}{\sqrt{\dfrac{9}{5}}}=\dfrac{\sqrt{5}}{3}$

25 2332 답 72 유형 17

출제의도 | 평행한 두 직선 사이의 거리를 이용하여 정사각형의 넓이를 구할 수 있는지 확인한다.

STEP 1 a, b의 값 구하기 [4점]

사각형 ABCD가 정사각형이므로 두 직선 $x-y+10=0$, $ax+by-6=0$은 평행하다.

$\dfrac{1}{a}=\dfrac{-1}{b}\neq\dfrac{10}{-6}$ $\therefore a=-b$ ·········· ㉠

직선 $ax+by-6=0$이 점 $(3,1)$을 지나므로

$3a+b-6=0$ ·········· ㉡

㉠, ㉡을 연립하여 풀면 $a=3$, $b=-3$

STEP 2 직선의 방정식 구하기 [1점]

$a=3$, $b=-3$이므로 직선의 방정식 $ax+by-6=0$은

$3x-3y-6=0$ $\therefore x-y-2=0$

STEP 3 정사각형 ABCD의 한 변의 길이 구하기 [2점]

정사각형 ABCD의 한 변의 길이는 직선 $x-y+10=0$ 위의 점 $(0,10)$과 직선 $x-y-2=0$ 사이의 거리와 같으므로

$\dfrac{|1\times0-1\times10-2|}{\sqrt{1^2+(-1)^2}}=6\sqrt{2}$

STEP 4 정사각형 ABCD의 넓이 구하기 [2점]

정사각형 ABCD의 넓이는

$(6\sqrt{2})^2=72$

1 2333　답 ⑤　　유형 1

출제의도 | 한 점과 기울기가 주어진 직선의 방정식을 구할 수 있는지 확인한다.

> 선분 AB의 중점의 좌표를 먼저 구해 보자.

선분 AB의 중점의 좌표는

$\left(\dfrac{-1+3}{2}, \dfrac{2-4}{2}\right)$　　$\therefore (1, -1)$

점 $(1, -1)$을 지나고 기울기가 3인 직선의 방정식은

$y-(-1)=3(x-1)$　　$\therefore y=3x-4$

이 직선이 점 (a, a)를 지나므로

$a=3a-4$　　$\therefore a=2$

2 2334　답 ①　　유형 1

출제의도 | 한 점과 기울기가 주어진 직선의 방정식을 구할 수 있는지 확인한다.

> x축의 양의 방향과 이루는 각의 크기가 $60°$인 직선의 기울기는 $\tan 60°$야.

점 $(2, -1)$을 지나고 기울기가 $\tan 60°=\sqrt{3}$인 직선의 방정식은

$y-(-1)=\sqrt{3}(x-2)$　　$\therefore \sqrt{3}x-y-1-2\sqrt{3}=0$

따라서 $a=-1$, $b=-1-2\sqrt{3}$이므로

$a+b=-1+(-1-2\sqrt{3})=-2-2\sqrt{3}$

3 2335　답 ②　　유형 2

출제의도 | 두 점이 주어진 직선의 방정식을 구할 수 있는지 확인한다.

> 직선의 x절편과 y절편을 구하면 두 점 P, Q의 좌표를 알 수 있어.

두 점 $(-1, 4)$, $(2, -2)$를 지나는 직선의 방정식은

$y-4=\dfrac{-2-4}{2-(-1)}\{x-(-1)\}$　　$\therefore y=-2x+2$

직선 $y=-2x+2$의 x절편은 1, y절편은

2이므로

$P(1, 0)$, $Q(0, 2)$

따라서 선분 PQ의 길이는

$\overline{PQ}=\sqrt{(-1)^2+2^2}=\sqrt{5}$

4 2336　답 ①　　유형 3

출제의도 | x절편과 y절편이 주어진 직선의 방정식을 구할 수 있는지 확인한다.

> y절편이 x절편의 4배이니까 x절편을 k라 하면 y절편은 $4k$라 할 수 있어.

직선의 x절편을 k라 하면 y절편은 $4k$이므로 직선의 방정식은

$\dfrac{x}{k}+\dfrac{y}{4k}=1$　　$\therefore y=-4x+4k$

이 직선이 점 $(2, 4)$를 지나므로

$4=-4\times2+4k$　　$\therefore k=3$

즉, 직선 $y=-4x+12$가 점 $(5, a)$를 지나므로

$a=-4\times5+12=-8$

5 2337　답 ②　　유형 4

출제의도 | 세 점이 한 직선 위에 있을 조건을 이용할 수 있는지 확인한다.

> 세 점 A, B, C가 한 직선 위에 있으면 직선 AB, 직선 BC, 직선 CA 의 기울기가 모두 같아.

세 점 A, B, C가 한 직선 위에 있으려면 직선 AB와 직선 AC의 기울기가 같아야 하므로

$\dfrac{a-(-2)}{3-1}=\dfrac{0-(-2)}{a-1}$, $(a+2)(a-1)=4$

$a^2+a-6=0$, $(a+3)(a-2)=0$

$\therefore a=-3$ 또는 $a=2$

따라서 양수 a의 값은 2이다.

6 2338　답 ⑤　　유형 9 + 유형 11

출제의도 | 두 직선의 수직 조건을 이용할 수 있는지 확인한다.

> 두 직선 $y=mx+n$, $y=m'x+n'$이 수직으로 만나면 $mm'=-1$이야.

두 직선 $y=ax+b$, $y=\dfrac{1}{2}x+\dfrac{3}{2}$이 서로 수직이므로

$\dfrac{1}{2}a=-1$　　$\therefore a=-2$

직선 $y=-2x+b$가 점 $(1, 2)$를 지나므로

$2=-2+b$　　$\therefore b=4$

$\therefore a+b=-2+4=2$

7 2339　답 ③　　유형 12

출제의도 | 선분의 수직이등분선의 방정식을 구할 수 있는지 확인한다.

> 선분 AB의 수직이등분선은 선분 AB의 중점을 지나고 직선 AB에 수직인 직선이야.

선분 AB의 기울기는 $\dfrac{-2-4}{7-(-5)}=-\dfrac{1}{2}$이므로 선분 AB의 수직

이등분선의 기울기는 2이다.

선분 AB의 중점의 좌표는

$\left(\dfrac{-5+7}{2}, \dfrac{4-2}{2}\right)$　　$\therefore (1, 1)$

선분 AB의 수직이등분선은 기울기가 2이고 점 $(1, 1)$을 지나는 직선이므로

$y-1=2(x-1)$　　$\therefore 2x-y-1=0$

따라서 $a=2$, $b=-1$이므로

$a-b=2-(-1)=3$

8 2340　답 ②　　유형 14

출제의도 | 점과 직선 사이의 거리를 구할 수 있는지 확인한다.

> 한 점에 대하여 같은 거리에 있고 기울기가 같은 직선은 두 개 있어.

점 $(3, 1)$과 직선 $x+2y+a=0$ 사이의 거리가 $2\sqrt{5}$이므로

$\dfrac{|1\times3+2\times1+a|}{\sqrt{1^2+2^2}}=2\sqrt{5}$

$|5+a|=10$, $5+a=\pm 10$

$\therefore a=5$ 또는 $a=-15$

따라서 모든 상수 a의 값의 곱은

$5\times(-15)=-75$

9 2341 답 ⑤
유형 15

출제의도 | 평행한 두 직선 사이의 거리를 구할 수 있는지 확인한다.

> 평행한 두 직선 사이의 거리는 한 직선 위의 점과 다른 직선 사이의 거리와 같아.

두 직선 $x-y+3=0$, $x-y-1=0$이 평행하므로 두 직선 사이의 거리는 직선 $x-y+3=0$ 위의 점 $(0,\ 3)$과 직선 $x-y-1=0$ 사이의 거리와 같다.

$\therefore \dfrac{|1\times 0-1\times 3-1|}{\sqrt{1^2+(-1)^2}}=\dfrac{4}{\sqrt{2}}=2\sqrt{2}$

10 2342 답 ④
유형 5

출제의도 | 두 직사각형의 넓이를 동시에 이등분하는 직선의 방정식을 구할 수 있는지 확인한다.

> 직사각형의 넓이를 이등분하는 직선은 직사각형의 두 대각선의 교점을 지나는 직선이야.

두 직사각형의 넓이를 동시에 이등분하는 직선은 두 직사각형의 대각선의 교점을 지난다.

직사각형 ABCD의 대각선의 교점의 좌표는

$\left(\dfrac{1+3}{2},\ \dfrac{1+5}{2}\right)$ $\therefore (2,\ 3)$

↳ 대각선 BD의 중점

직사각형 EFGH의 대각선의 교점의 좌표는

$\left(\dfrac{-4+(-2)}{2},\ \dfrac{1+3}{2}\right)$ $\therefore (-3,\ 2)$

↳ 대각선 FH의 중점

즉, 두 점 $(2,\ 3)$, $(-3,\ 2)$를 지나는 직선의 방정식

$y-2=\dfrac{2-3}{-3-2}\{x-(-3)\}$

$\therefore y=\dfrac{1}{5}x+\dfrac{13}{5}$

따라서 구하는 y절편은 $\dfrac{13}{5}$이다.

11 2343 답 ②
유형 6

출제의도 | 직선의 방정식을 보고 직선의 개형을 알 수 있는지 확인한다.

> 직선 $ax+by+3=0$의 기울기는 $-\dfrac{a}{b}$, y절편은 $-\dfrac{3}{b}$이야. 이 직선의 그래프를 보면 기울기는 양수, y절편은 음수인 것을 알 수 있어.

$ax+by+3=0$에서 $y=-\dfrac{a}{b}x-\dfrac{3}{b}$

주어진 그래프에서 이 직선의 기울기가 양수이고, y절편이 음수이므로

$-\dfrac{a}{b}>0$, $-\dfrac{3}{b}<0$ $\therefore a<0,\ b>0$

$x-ay-b=0$에서 $y=\dfrac{1}{a}x-\dfrac{b}{a}$

직선 $y=\dfrac{1}{a}x-\dfrac{b}{a}$의 기울기 $\dfrac{1}{a}$은 음수이고,

y절편 $-\dfrac{b}{a}$는 양수이다.

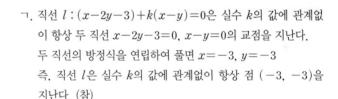

따라서 그림과 같이 직선 $x-ay-b=0$의 개형으로 알맞은 것은 ②이다.

12 2344 답 ②
유형 1 + 유형 7

출제의도 | 직선이 항상 지나는 점을 구할 수 있는지 확인한다.

> 직선의 방정식을 k에 대하여 정리해 보자.

$(2k-1)x-(k+3)y+6k+4=0$을 k에 대하여 정리하면

$(2x-y+6)k+(-x-3y+4)=0$

이 식이 실수 k의 값에 관계없이 항상 성립하므로

$2x-y+6=0$, $-x-3y+4=0$

두 식을 연립하여 풀면 $x=-2$, $y=2$

$\therefore \mathrm{P}(-2,\ 2)$

즉, 기울기가 1이고 점 $\mathrm{P}(-2,\ 2)$를 지나는 직선의 방정식은

$y-2=x-(-2)$ $\therefore y=x+4$

따라서 구하는 x절편은 -4이다.

13 2345 답 ③
유형 8 + 유형 9

출제의도 | 항등식의 성질을 이용하여 직선이 항상 지나는 점을 구하고, 두 직선의 평행 조건과 수직 조건을 이용할 수 있는지 확인한다.

> 직선 l의 방정식을 $ax+by+c=0$ 꼴로 정리해 보자.

ㄱ. 직선 $l:(x-2y-3)+k(x-y)=0$은 실수 k의 값에 관계없이 항상 두 직선 $x-2y-3=0$, $x-y=0$의 교점을 지난다.

두 직선의 방정식을 연립하여 풀면 $x=-3$, $y=-3$

즉, 직선 l은 실수 k의 값에 관계없이 항상 점 $(-3,\ -3)$을 지난다. (참)

ㄴ. 직선 l의 방정식 $(x-2y-3)+k(x-y)=0$을 $x,\ y$에 대하여 정리하면

$(k+1)x-(k+2)y-3=0$

이므로 직선 l의 기울기는 $\dfrac{k+1}{k+2}$이고, 직선 m의 기울기는 $-\dfrac{1}{k}$이다.

두 직선이 서로 수직이려면 $\dfrac{k+1}{k+2}\times\left(-\dfrac{1}{k}\right)=-1$

$\therefore k^2+k-1=0$

이 이차방정식의 판별식을 D라 하면

$D=1^2-4\times 1\times(-1)=5>0$

즉, 두 직선 l과 m이 수직으로 만나도록 하는 실수 k의 값은 2개이다. (거짓)

ㄷ. 두 직선 l과 m이 평행하면 $\dfrac{k+1}{k+2}=-\dfrac{1}{k}$

$\therefore k^2+2k+2=0$

이 이차방정식의 판별식을 D라 하면

$\dfrac{D}{4}=1^2-1\times 2=-1<0$

즉, 두 직선 l과 m이 평행하도록 하는 실수 k의 값은 존재하지 않는다. (참)

따라서 옳은 것은 ㄱ, ㄷ이다.

14 2346　답 ②
유형 9 + 유형 11

출제의도 | 두 직선의 수직 조건을 이용할 수 있는지 확인한다.

> 직선 AH는 직선 $3x-4y-5=0$에 수직이고, 점 H는 직선 AH와 직선 $3x-4y-5=0$의 교점이야.

직선 $3x-4y-5=0$, 즉 $y=\dfrac{3}{4}x-\dfrac{5}{4}$의 기울기는 $\dfrac{3}{4}$이다.

이 직선과 직선 AH는 수직이므로 직선 AH의 기울기는 $-\dfrac{4}{3}$이다.

직선 AH는 기울기가 $-\dfrac{4}{3}$이고 점 $A(-1, 3)$을 지나므로

$$y-3=-\dfrac{4}{3}\{x-(-1)\} \quad \therefore 4x+3y-5=0$$

점 H는 두 직선 $3x-4y-5=0$, $4x+3y-5=0$의 교점이므로

두 직선의 방정식을 연립하여 풀면 $x=\dfrac{7}{5}$, $y=-\dfrac{1}{5}$

$$\therefore H\left(\dfrac{7}{5}, -\dfrac{1}{5}\right)$$

따라서 선분 OH의 길이는

$$\overline{OH}=\sqrt{\left(\dfrac{7}{5}\right)^2+\left(-\dfrac{1}{5}\right)^2}=\sqrt{2}$$

15 2347　답 ①
유형 16

출제의도 | 점과 직선 사이의 거리의 최댓값을 구할 수 있는지 확인한다.

> $\dfrac{1}{g(k)}$의 값이 최대일 때는 $g(k)$의 값이 최소일 때야.

점 $(2, -1)$과 직선 $kx+3y-2k+1=0$ 사이의 거리 $f(k)$는

$$f(k)=\dfrac{|k\times2+3\times(-1)-2k+1|}{\sqrt{k^2+3^2}}$$

$$=\dfrac{2}{\sqrt{k^2+9}}$$

$f(k)$의 값이 최대일 때는 $\sqrt{k^2+9}$의 값이 최소일 때이다.

$\sqrt{k^2+9}$의 값은 $k=0$일 때 최소이므로 $f(k)$의 최댓값은

$$f(0)=\dfrac{2}{\sqrt{9}}=\dfrac{2}{3}$$

16 2348　답 ③
유형 18

출제의도 | 점과 직선 사이의 거리를 이용하여 삼각형의 넓이를 구할 수 있는지 확인한다.

> 삼각형의 밑변의 길이와 높이를 구하면 삼각형의 넓이를 구할 수 있어.

삼각형 ABC에서 변 AB의 길이는

$$\overline{AB}=\sqrt{(4-1)^2+(5-1)^2}=5$$

직선 AB의 방정식은

$$y-1=\dfrac{5-1}{4-1}(x-1) \quad \therefore 4x-3y-1=0$$

점 $C(2, k)$와 직선 AB 사이의 거리는

$$\dfrac{|4\times2-3\times k-1|}{\sqrt{4^2+(-3)^2}}=\dfrac{|7-3k|}{5}$$

삼각형 ABC의 넓이가 5이므로

$$\dfrac{1}{2}\times5\times\dfrac{|7-3k|}{5}=5, |7-3k|=10$$

$$7-3k=\pm10 \quad \therefore k=-1 \text{ 또는 } k=\dfrac{17}{3}$$

따라서 정수 k의 값은 -1이다.

17 2349　답 ④
유형 18

출제의도 | 두 삼각형의 밑변의 길이가 같을 때 넓이가 같은 조건을 이용하여 직선의 방정식을 구할 수 있는지 확인한다.

> 삼각형 ABC와 삼각형 ADC의 밑변을 변 AC라 하면 두 삼각형의 넓이가 같으므로 두 삼각형의 높이가 같아.

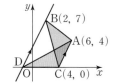

그림과 같이 x축 위의 점 D에 대하여 삼각형 ABC의 넓이와 삼각형 ADC의 넓이가 같으므로 직선 AC와 직선 BD가 평행하다.

직선 AC의 기울기는

$$\dfrac{4-0}{6-4}=2$$

즉, 직선 BD는 기울기가 2이고 점 $B(2, 7)$을 지나므로 직선 BD의 방정식은

$$y-7=2(x-2) \quad \therefore y=2x+3$$

이 직선이 x축과 만나는 점이 D이므로 점 D의 x좌표는 직선 BD의 x절편이다.

$$0=2x+3 \quad \therefore x=-\dfrac{3}{2}$$

따라서 점 D의 x좌표는 $-\dfrac{3}{2}$이다.

18 2350　답 ③
유형 17

출제의도 | 점과 직선 사이의 거리를 이용할 수 있는지 확인한다.

> 삼각형의 내심과 세 변 사이의 거리는 모두 같아.
> └→ 내접원의 중심

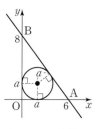

그림과 같이 삼각형 AOB의 내심과 각 변 사이의 거리는 모두 같으므로 삼각형 AOB
└→ 내심과 직선 AB, x축, y축 사이의 거리이다.
의 내심의 좌표를 (a, a)라 하면 이 원의 반지름의 길이는 a이다.

직선 AB의 방정식은

$$\dfrac{x}{6}+\dfrac{y}{8}=1 \quad \therefore 4x+3y-24=0$$

점 (a, a)와 직선 AB 사이의 거리는 삼각형 AOB의 내접원의 반지름의 길이와 같으므로

$$\dfrac{|4a+3a-24|}{\sqrt{4^2+3^2}}=a$$

$$|7a-24|=5a, 7a-24=\pm5a$$

$$\therefore a=2 \text{ 또는 } a=12$$

이때 $a<6$이므로 $a=2$

따라서 삼각형 AOB의 내심의 x좌표는 2이다.

19 2351 답 ⑤
유형 18

출제의도 | 점과 직선 사이의 거리를 이용하여 삼각형의 넓이를 구할 수 있는지 확인한다.

> 우선 두 점 A, B의 좌표를 구해 보자.

직선 $x+2y+4=0$의 x절편은 -4, y절편은 -2이므로
$A(-4, 0)$, $B(0, -2)$
변 AB의 길이는

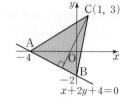

$$\overline{AB}=\sqrt{\{0-(-4)\}^2+(-2-0)^2}$$
$$=2\sqrt{5}$$

점 $C(1, 3)$과 직선 $x+2y+4=0$ 사이의 거리는

$$\frac{|1\times1+2\times3+4|}{\sqrt{1^2+2^2}}=\frac{11}{\sqrt{5}}=\frac{11\sqrt{5}}{5}$$

따라서 구하는 삼각형 ABC의 넓이는

$$\frac{1}{2}\times2\sqrt{5}\times\frac{11\sqrt{5}}{5}=11$$

20 2352 답 ④
유형 18

출제의도 | 점과 직선 사이의 거리를 이용하여 삼각형의 넓이를 구할 수 있는지 확인한다.

> 세 직선으로 둘러싸인 삼각형의 꼭짓점의 좌표를 각각 구해 보자.

직선 $5x+3y-19=0$과 두 직선
$2x+7y+4=0$, $3x-4y+6=0$
의 교점을 각각 A, B라 하면

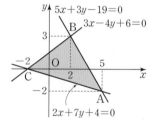

$A(5, -2)$, $B(2, 3)$이므로
변 AB의 길이는
$$\overline{AB}=\sqrt{(2-5)^2+\{3-(-2)\}^2}$$
$$=\sqrt{34}$$

두 직선 $2x+7y+4=0$, $3x-4y+6=0$의 교점을 C라 하면
$C(-2, 0)$
점 $C(-2, 0)$과 직선 $5x+3y-19=0$ 사이의 거리는

$$\frac{|5\times(-2)+3\times0-19|}{\sqrt{5^2+3^2}}=\frac{29}{\sqrt{34}}$$

따라서 세 직선 $3x-4y+6=0$, $2x+7y+4=0$, $5x+3y-19=0$으로 둘러싸인 삼각형 ABC의 넓이는

$$\frac{1}{2}\times\sqrt{34}\times\frac{29}{\sqrt{34}}=\frac{29}{2}$$

21 2353 답 ①
유형 19

출제의도 | 두 직선이 이루는 각의 이등분선의 방정식을 구할 수 있는지 확인한다.

> 두 직선이 이루는 각의 이등분선 위의 한 점에서 두 직선까지의 거리는 같아.

두 직선 $x+y+1=0$, $7x-y-2=0$이 이루는 각의 이등분선 위의 점을 $P(x, y)$라 하면 점 P에서 두 직선에 이르는 거리가 같으므로

$$\frac{|x+y+1|}{\sqrt{1^2+1^2}}=\frac{|7x-y-2|}{\sqrt{7^2+(-1)^2}}$$

$$\frac{|x+y+1|}{\sqrt{2}}=\frac{|7x-y-2|}{5\sqrt{2}}, \ 5(x+y+1)=\pm(7x-y-2)$$

$\therefore 2x-6y-7=0$ 또는 $12x+4y+3=0$
따라서 두 직선 $x+y+1=0$, $7x-y-2=0$이 이루는 각을 이등분하는 직선의 방정식 중에서 기울기가 양수인 것은
$2x-6y-7=0$

22 2354 답 -4
유형 9

출제의도 | 두 직선이 평행할 조건과 일치할 조건을 이용할 수 있는지 확인한다.

STEP 1 두 직선이 평행할 조건 구하기 [1점]

두 직선 $kx-3y+6=0$, $x-(k-2)y+2=0$이 서로 평행하려면

$$\frac{k}{1}=\frac{-3}{-(k-2)}\neq\frac{6}{2} \quad\cdots\cdots\cdots\cdots\cdots ㉠$$

STEP 2 두 직선이 일치할 조건 구하기 [1점]

두 직선이 일치하려면

$$\frac{k}{1}=\frac{-3}{-(k-2)}=\frac{6}{2} \quad\cdots\cdots\cdots\cdots\cdots ㉡$$

STEP 3 a, b의 값 구하기 [3점]

$\dfrac{k}{1}=\dfrac{-3}{-(k-2)}$에서 $k(k-2)=3$, $k^2-2k-3=0$

$(k+1)(k-3)=0$ $\quad\therefore k=-1$ 또는 $k=3$

(i) $k=-1$일 때
㉠을 만족시키므로 두 직선은 평행하다. $\quad\therefore a=-1$

(ii) $k=3$일 때
㉡을 만족시키므로 두 직선은 일치한다. $\quad\therefore b=3$

STEP 4 $a-b$의 값 구하기 [1점]

$a-b=-1-3=-4$

23 2355 답 4
유형 9 + 유형 10

출제의도 | 세 직선의 위치 관계를 이해하는지 확인한다.

STEP 1 두 직선이 평행할 때, k의 값 구하기 [3점]

세 직선이 삼각형을 이루지 않으려면 두 직선이 평행하거나 세 직선이 한 점에서 만나야 한다.
두 직선 $3x+2y+3=0$, $kx+4y+2=0$이 평행할 때

$$\frac{3}{k}=\frac{2}{4}\neq\frac{3}{2} \quad\therefore k=6$$

두 직선 $x-y+1=0$, $kx+4y+2=0$이 평행할 때

$$\frac{1}{k}=\frac{-1}{4}\neq\frac{1}{2} \quad\therefore k=-4$$

STEP 2 세 직선이 한 점에서 만날 때, k의 값 구하기 [3점]

세 직선이 한 점에서 만날 때 직선 $kx+4y+2=0$은 두 직선 $3x+2y+3=0$, $x-y+1=0$의 교점을 지난다.
$3x+2y+3=0$, $x-y+1=0$을 연립하여 풀면 $x=-1$, $y=0$
즉, 두 직선 $3x+2y+3=0$, $x-y+1=0$의 교점의 좌표는
$(-1, 0)$
직선 $kx+4y+2=0$이 점 $(-1, 0)$을 지나므로
$k\times(-1)+4\times0+2=0 \quad\therefore k=2$

STEP 3 모든 상수 k의 값의 합 구하기 [1점]

모든 상수 k의 값의 합은
$6+(-4)+2=4$

10

24 2356 $y=-2x+1$

유형 4 + 유형 12

출제의도 | 세 점이 한 직선 위에 있을 조건을 이해하고, 선분의 수직이등분선의 방정식을 구할 수 있는지 확인한다.

STEP 1 a의 값 구하기 [2점]

세 점 A(1, 4), B(a, 2), C(9, 8)이 한 직선 위에 있으므로 직선 AB의 기울기와 직선 AC의 기울기가 같다.

$$\frac{2-4}{a-1}=\frac{8-4}{9-1} \qquad \therefore a=-3$$

STEP 2 선분 AB의 수직이등분선의 기울기 구하기 [2점]

선분 AB의 기울기는 $\dfrac{2-4}{-3-1}=\dfrac{1}{2}$

선분 AB의 수직이등분선의 기울기를 m이라 하면

$$\frac{1}{2}m=-1 \qquad \therefore m=-2$$

STEP 3 선분 AB의 중점의 좌표 구하기 [1점]

선분 AB의 중점의 좌표는

$$\left(\frac{1+(-3)}{2}, \frac{4+2}{2}\right) \qquad \therefore (-1, 3)$$

STEP 4 선분 AB의 수직이등분선의 방정식 구하기 [2점]

선분 AB의 수직이등분선은 기울기가 -2이고 점 $(-1, 3)$을 지나는 직선이므로

$$y-3=-2\{x-(-1)\} \qquad \therefore y=-2x+1$$

25 2357 $\dfrac{24}{5}$

유형 18

출제의도 | 점과 직선 사이의 거리를 이용하여 넓이가 같은 삼각형을 구할 수 있는지 확인한다.

STEP 1 점 D의 좌표를 문자로 나타내기 [1점]

㉮에서 점 D는 직선 $y=-x$ 위의 점이므로 D(a, $-a$)라 하자.

STEP 2 점과 직선 사이의 거리를 이용하여 식 세우기 [4점]

㉯에서 삼각형 ABC와 삼각형 ADC의 넓이가 같으므로 점 B와 직선 AC 사이의 거리와 점 D와 직선 AC 사이의 거리가 같다.

그림과 같이 조건을 만족시키는 점 D는 2개이다.

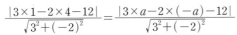

직선 AC의 방정식은

$$y-0=\frac{0-3}{4-6}(x-4)$$

$$\therefore 3x-2y-12=0$$

두 점 B, D와 직선 AC 사이의 거리가 같으므로

$$\frac{|3\times1-2\times4-12|}{\sqrt{3^2+(-2)^2}}=\frac{|3\times a-2\times(-a)-12|}{\sqrt{3^2+(-2)^2}}$$

STEP 3 점 D의 좌표 구하기 [3점]

$|5a-12|=17$, $5a-12=\pm17$

(i) $5a-12=17$일 때, $a=\dfrac{29}{5}$

(ii) $5a-12=-17$일 때, $a=-1$

따라서 모든 a의 값의 합은

$$\frac{29}{5}+(-1)=\frac{24}{5}$$

---

11 원의 방정식

핵심 개념 498쪽~499쪽

2358 중심의 좌표 : $(-1, -4)$, 반지름의 길이 : $\sqrt{2}$

$x^2+y^2+2x+8y+15=0$에서

$(x^2+2x+1)+(y^2+8y+16)=-15+1+16$

$(x+1)^2+(y+4)^2=2$

따라서 원의 중심의 좌표는 $(-1, -4)$, 반지름의 길이는 $\sqrt{2}$이다.

2359 $k<25$

$x^2+y^2+10y+k=0$에서

$x^2+(y^2+10y+25)=-k+25$

$x^2+(y+5)^2=-k+25$

이 방정식이 원을 나타내려면 $-k+25>0$

$\therefore k<25$

2360 만나지 않는다.

원의 중심 $(-2, 0)$과 직선 $y=3x+1$, 즉 $3x-y+1=0$ 사이의 거리는

$$\frac{|-6+1|}{\sqrt{3^2+(-1)^2}}=\frac{|-5|}{\sqrt{10}}=\frac{\sqrt{10}}{2}$$

원의 반지름의 길이가 1이므로 $\dfrac{\sqrt{10}}{2}>1$

따라서 원과 직선은 만나지 않는다.

다른 풀이

$y=3x+1$을 $(x+2)^2+y^2=1$에 대입하면

$(x+2)^2+(3x+1)^2=1$

$x^2+4x+4+9x^2+6x+1=1$

$5x^2+5x+2=0$

이 이차방정식의 판별식을 D라 하면

$D=5^2-4\times5\times2=-15<0$

따라서 원과 직선은 만나지 않는다.

2361 (1) $-\sqrt{5}<k<\sqrt{5}$ (2) $\pm\sqrt{5}$ (3) $k<-\sqrt{5}$ 또는 $k>\sqrt{5}$

원의 중심 $(0, 0)$과 직선 $2x-y+k=0$ 사이의 거리는

$$\frac{|k|}{\sqrt{2^2+(-1)^2}}=\frac{|k|}{\sqrt{5}}$$

(1) 서로 다른 두 점에서 만나려면

$$\frac{|k|}{\sqrt{5}}<1, |k|<\sqrt{5} \qquad \therefore -\sqrt{5}<k<\sqrt{5}$$

⎿→ 원의 반지름의 길이

(2) 한 점에서 만나려면

$$\frac{|k|}{\sqrt{5}}=1, |k|=\sqrt{5} \qquad \therefore k=\pm\sqrt{5}$$

(3) 만나지 않으려면

$$\frac{|k|}{\sqrt{5}}>1, |k|>\sqrt{5} \qquad \therefore k<-\sqrt{5} \text{ 또는 } k>\sqrt{5}$$

다른 풀이

$2x-y+k=0$에서 $y=2x+k$

이것을 $x^2+y^2=1$에 대입하면

$x^2+(2x+k)^2=1$ $\therefore 5x^2+4kx+k^2-1=0$

이 이차방정식의 판별식을 D라 하면

$$\frac{D}{4}=(2k)^2-5(k^2-1)=-k^2+5$$

(1) 서로 다른 두 점에서 만나려면

$$\frac{D}{4}=-k^2+5>0,\ k^2<5 \qquad \therefore -\sqrt{5}<k<\sqrt{5}$$

(2) 한 점에서 만나려면

$$\frac{D}{4}=-k^2+5=0,\ k^2=5 \qquad \therefore k=\pm\sqrt{5}$$

(3) 만나지 않으려면

$$\frac{D}{4}=-k^2+5<0,\ k^2>5 \qquad \therefore k<-\sqrt{5}\ \text{또는}\ k>\sqrt{5}$$

2362 답 $y=-2x\pm3\sqrt{5}$

원 $x^2+y^2=9$에 접하고 기울기가 -2인 접선의 방정식은

$$y=(-2)\times x\pm3\sqrt{(-2)^2+1} \qquad \therefore y=-2x\pm3\sqrt{5}$$

다른 풀이 1

기울기가 -2인 직선의 방정식을 $y=-2x+k$, 즉 $2x+y-k=0$
이라 하면 원의 중심 $(0,0)$과의 거리는

$$\frac{|-k|}{\sqrt{2^2+1^2}}=\frac{|k|}{\sqrt{5}} \longrightarrow |-k|=|k|$$

반지름의 길이가 3이므로 원과 직선이 접하려면

$$\frac{|k|}{\sqrt{5}}=3,\ |k|=3\sqrt{5} \qquad \therefore k=\pm3\sqrt{5}$$

따라서 구하는 접선의 방정식은

$$y=-2x\pm3\sqrt{5}$$

다른 풀이 2

기울기가 -2인 직선의 방정식을 $y=-2x+k$라 하고
$x^2+y^2=9$에 대입하면

$$x^2+(-2x+k)^2=9$$
$$x^2+4x^2-4kx+k^2=9$$
$$5x^2-4kx+k^2-9=0$$

이 이차방정식의 판별식을 D라 하면 원과 직선이 접하므로

$$\frac{D}{4}=(-2k)^2-5(k^2-9)=0$$
$$45-k^2=0 \qquad \therefore k=\pm3\sqrt{5}$$

따라서 구하는 접선의 방정식은

$$y=-2x\pm3\sqrt{5}$$

2363 답 $x+y=4$

원 $x^2+y^2=8$ 위의 점 $(2,2)$에서의 접선의 방정식은

$$2x+2y=8 \qquad \therefore x+y=4$$

다른 풀이

원의 중심 $(0,0)$과 점 $(2,2)$를 지나는 직선의 기울기는

$$\frac{2-0}{2-0}=1$$

즉, 점 $(2,2)$에서의 접선의 기울기는 -1이므로 구하는 접선의
방정식은

$$y-2=-(x-2) \qquad \therefore y=-x+4$$

2364 답 $x\pm\sqrt{2}y=3$

접점의 좌표를 (x_1,y_1)이라 하면 접선의 방정식은

$$x_1x+y_1y=3$$

이 접선이 점 $(3,0)$을 지나므로

$$3x_1=3 \qquad \therefore x_1=1 \quad\text{·······················}\ \text{㉠}$$

또, 점 (x_1,y_1)은 원 $x^2+y^2=3$ 위의 점이므로

$$x_1{}^2+y_1{}^2=3 \quad\text{·······························}\ \text{㉡}$$

㉠을 ㉡에 대입하면

$$1^2+y_1{}^2=3 \qquad \therefore y_1=\pm\sqrt{2}$$

따라서 구하는 접선의 방정식은

$$x\pm\sqrt{2}y=3$$

다른 풀이

접선의 기울기를 m이라 하면 점 $(3,0)$을 지나는 접선의 방정식은

$$y=m(x-3) \qquad \therefore mx-y-3m=0$$

원의 중심 $(0,0)$과 접선 사이의 거리는 반지름의 길이 $\sqrt{3}$과 같으
므로

$$\frac{|-3m|}{\sqrt{m^2+(-1)^2}}=\sqrt{3},\ |-3m|=\sqrt{3}\sqrt{m^2+1}$$

양변을 제곱하면 $9m^2=3m^2+3$

$$m^2=\frac{1}{2} \qquad \therefore m=-\frac{\sqrt{2}}{2}\ \text{또는}\ m=\frac{\sqrt{2}}{2}$$

따라서 구하는 접선의 방정식은

$$-\frac{\sqrt{2}}{2}x-y+\frac{3\sqrt{2}}{2}=0\ \text{또는}\ \frac{\sqrt{2}}{2}x-y-\frac{3\sqrt{2}}{2}=0$$
$$\therefore x+\sqrt{2}y=3\ \text{또는}\ x-\sqrt{2}y=3$$

2365 답 $x+3y=-10,\ 3x-y=10$

접점의 좌표를 (x_1,y_1)이라 하면 접선의 방정식은

$$x_1x+y_1y=10$$

이 접선이 점 $(2,-4)$를 지나므로

$$2x_1-4y_1=10 \qquad \therefore x_1=2y_1+5 \quad\text{···········}\ \text{㉠}$$

또, 점 (x_1,y_1)은 원 $x^2+y^2=10$ 위의 점이므로

$$x_1{}^2+y_1{}^2=10 \quad\text{··························}\ \text{㉡}$$

㉠을 ㉡에 대입하면

$$(2y_1+5)^2+y_1{}^2=10,\ 5y_1{}^2+20y_1+15=0$$
$$y_1{}^2+4y_1+3=0,\ (y_1+3)(y_1+1)=0$$
$$\therefore y_1=-3\ \text{또는}\ y_1=-1$$

이것을 ㉠에 대입하면

$$x_1=-1,\ y_1=-3\ \text{또는}\ x_1=3,\ y_1=-1$$

따라서 구하는 접선의 방정식은

$$-x-3y=10\ \text{또는}\ 3x-y=10$$
$$\therefore x+3y=-10\ \text{또는}\ 3x-y=10$$

다른 풀이

접선의 기울기를 m이라 하면 점 $(2,-4)$를 지나는 접선의 방정
식은

$$y-(-4)=m(x-2) \qquad \therefore mx-y-2m-4=0$$

원의 중심 $(0,0)$과 접선 사이의 거리는 반지름의 길이 $\sqrt{10}$과 같
으므로

$\dfrac{|-2m-4|}{\sqrt{m^2+(-1)^2}}=\sqrt{10}$, $|-2m-4|=\sqrt{10}\sqrt{m^2+1}$

양변을 제곱하면 $4m^2+16m+16=10m^2+10$

$3m^2-8m-3=0$, $(3m+1)(m-3)=0$

$\therefore m=-\dfrac{1}{3}$ 또는 $m=3$

따라서 구하는 접선의 방정식은

$-\dfrac{1}{3}x-y-\dfrac{10}{3}=0$ 또는 $3x-y-10=0$

$\therefore x+3y=-10$ 또는 $3x-y=10$

기출 유형 check 실전 준비하기

500쪽~531쪽

2366 답 8 cm

$\angle OAP=90^\circ$이므로 직각삼각형 APO에서

→ 원의 접선은 그 접점을 지나는 반지름에 수직이다.

$\overline{PA}=\sqrt{10^2-6^2}=\sqrt{64}=8(\mathrm{cm})$

$\therefore \overline{PB}=\overline{PA}=8$ cm

2367 답 ④

$\angle OAP=\angle OBP=90^\circ$이므로 $\angle AOB=120^\circ$

$\overline{OP}$를 그으면 $\triangle OAP$는 $\angle OAP=90^\circ$,

$\angle AOP=\dfrac{1}{2}\angle AOB=60^\circ$인 삼각형이므로

$\tan 60^\circ=\dfrac{\overline{AP}}{\overline{OA}}=\sqrt{3}$ $\therefore \overline{OA}=\dfrac{2\sqrt{3}}{\sqrt{3}}=2(\mathrm{cm})$

따라서 색칠한 부분의 넓이는

$\pi\times 2^2\times\dfrac{120}{360}=\dfrac{4}{3}\pi(\mathrm{cm}^2)$

2368 답 ④

$\overline{CA}=\overline{CE}$이므로 $\overline{CE}=3$ cm, $\overline{DE}=7-3=4(\mathrm{cm})$

$\therefore \overline{DB}=\overline{DE}=4$ cm

$\overline{PB}=\overline{PA}=12+3=15(\mathrm{cm})$

$\therefore \overline{PD}=\overline{PB}-\overline{DB}=15-4=11(\mathrm{cm})$

2369 답 14 cm

$\overline{AB}+\overline{CD}=\overline{BC}+\overline{AD}$이므로

→ 원에 외접하는 사각형의 두 쌍의 대변의 길이의 합은 서로 같다.

$8+15=9+\overline{AD}$ $\therefore \overline{AD}=14$ cm

2370 답 $\dfrac{26}{3}$ cm

원 O의 네 접점을 각각 F, G, H, I라 하면

$\overline{AF}=\overline{AG}=\overline{BG}=\overline{BH}=4$ cm이므로

$\overline{DF}=10-4=6(\mathrm{cm})$

이때 $\overline{DI}=\overline{DF}$이므로 $\overline{DI}=6$ cm

$\overline{EH}=\overline{EI}=x$ cm라 하면

$\overline{DE}=(6+x)$ cm, $\overline{CE}=10-(x+4)=6-x(\mathrm{cm})$이므로

직각삼각형 DEC에서 $(6+x)^2=(6-x)^2+8^2$, $x=\dfrac{8}{3}$

$\therefore \overline{DE}=\overline{DI}+\overline{EI}=6+\dfrac{8}{3}=\dfrac{26}{3}(\mathrm{cm})$

2371 답 ③

$\overline{OC}$를 그으면 $\angle AOC=2\angle AEC=2\times 70^\circ=140^\circ$이므로

$\angle BOC=140^\circ-60^\circ=80^\circ$

$\therefore \angle x=\dfrac{1}{2}\angle BOC=\dfrac{1}{2}\times 80^\circ=40^\circ$

2372 답 30°

$\overline{AB}$가 원 O의 지름이므로 $\angle ACB=90^\circ$

→ 반원에 대한 원주각의 크기는 90°이다.

$\angle CAB=\angle CDB=60^\circ$이므로

$\triangle ACB$에서 $\angle x=180^\circ-(60^\circ+90^\circ)=30^\circ$

2373 답 64°

$\overset{\frown}{AB}=\overset{\frown}{CD}$이므로 $\angle DBC=\angle ACB=32^\circ$

$\angle APB$는 $\triangle PBC$의 외각이므로

$\angle x=\angle PCB+\angle PBC=32^\circ+32^\circ=64^\circ$

2374 답 ⑤

$\overset{\frown}{AB}:\overset{\frown}{CD}=\angle AEB:\dfrac{1}{2}\angle x$이므로

→ $\overset{\frown}{CD}$에 대한 원주각의 크기

$3:6=35^\circ:\dfrac{1}{2}\angle x$, $\dfrac{1}{2}\angle x=70^\circ$

$\therefore \angle x=140^\circ$

2375 답 ⑤

한 원에서 호의 길이는 그 호에 대한 원주각의 크기에 정비례하므로

$\angle BAC:\angle ABC:\angle BCA=\overset{\frown}{BC}:\overset{\frown}{CA}:\overset{\frown}{AB}$
$=3:4:2$

$\angle BAC+\angle ABC+\angle BCA=180^\circ$이므로

$\angle BAC=180^\circ\times\dfrac{3}{9}=60^\circ$에서 $a=60$

$\angle ABC=180^\circ\times\dfrac{4}{9}=80^\circ$에서 $b=80$

$\angle BCA=180^\circ\times\dfrac{2}{9}=40^\circ$에서 $c=40$

$\therefore a+b-c=60+80-40=100$

2376 답 -2

| 유형 1

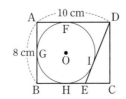

원 $(x-5)^2+(y+2)^2=9$와 중심이 같고 원 $(x-1)^2+(y-3)^2=4$

단서1 ─────────────── 단서2 ─────

와 반지름의 길이가 같은 원이 점 $(3, a)$를 지날 때, a의 값을 구하시오.

단서1 원의 중심의 좌표는 $(5, -2)$

단서2 원의 반지름의 길이는 2

STEP1 원의 중심의 좌표와 반지름의 길이 구하기

원 $(x-5)^2+(y+2)^2=9$의 중심의 좌표는 $(5, -2)$

원 $(x-1)^2+(y-3)^2=4$의 반지름의 길이는 2

STEP2 원의 방정식 구하기

조건을 만족시키는 원의 방정식은

$(x-5)^2+(y+2)^2=4$

STEP3 a의 값 구하기

이 원이 점 $(3, a)$를 지나므로

$(3-5)^2+(a+2)^2=4$

$(a+2)^2=0$에서 $a=-2$

2377 답 ③

중심의 좌표가 (a, b)이고 반지름의 길이가 r인 원의 방정식은

$(x-a)^2+(y-b)^2=r^2$이므로 구하는 원의 방정식은

$(x-2)^2+(y-1)^2=4$

2378 답 ④

원의 중심의 좌표는 $(-2, 1)$이고 반지름의 길이는 1이므로 구하는 원의 방정식은

$(x+2)^2+(y-1)^2=1$

2379 답 ④

원 $(x-3)^2+(y+1)^2=10$의 중심의 좌표는 $(3, -1)$이므로 반지름의 길이를 r라 하면 원의 방정식은

$(x-3)^2+(y+1)^2=r^2$

이 원이 점 $(2, -5)$를 지나므로

$(2-3)^2+(-5+1)^2=r^2$ $\therefore r^2=17$

$\therefore (x-3)^2+(y+1)^2=17$

이 원이 점 $(a, 0)$을 지나므로

$(a-3)^2+(0+1)^2=17$

$(a-3)^2=16$에서 $a=-1$ 또는 $a=7$

따라서 모든 a의 값의 합은

$-1+7=6$

2380 답 ④

원 $(x+3)^2+(y-2)^2=5$의 중심의 좌표는 $(-3, 2)$이므로 반지름의 길이를 r라 하면 원의 방정식은

$(x+3)^2+(y-2)^2=r^2$

이 원이 점 $(-1, 0)$을 지나므로

$(-1+3)^2+(0-2)^2=r^2$, $r^2=8$

$\therefore r=2\sqrt{2}$ $(\because r>0)$

따라서 구하는 원의 둘레의 길이는

$2\pi\times2\sqrt{2}=4\sqrt{2}\pi$

└──→ 반지름의 길이가 r인 원의 둘레의 길이는 $2\pi r$이다.

2381 답 $x^2+(y-5)^2=34$

직선 $5x+3y-15=0$이 x축, y축과 만나는 점의 좌표는 각각

$(3, 0)$ $(0, 5)$이다.

즉, 원의 중심의 좌표가 $(0, 5)$이므로 반지름의 길이를 r라 하면 원의 방정식은

$x^2+(y-5)^2=r^2$

이 원이 점 $(3, 0)$을 지나므로

$3^2+(0-5)^2=r^2$ $\therefore r^2=34$

따라서 구하는 원의 방정식은

$x^2+(y-5)^2=34$

2382 답 $(x+3)^2+(y-2)^2=5$

$\overline{AB}$를 $1:3$으로 내분하는 점의 좌표는

$\left(\dfrac{1\times0+3\times(-4)}{1+3}, \dfrac{1\times8+3\times0}{1+3}\right)$ $\therefore (-3, 2)$

즉, 원의 중심의 좌표가 $(-3, 2)$이므로 반지름의 길이를 r라 하면 원의 방정식은

$(x+3)^2+(y-2)^2=r^2$

이 원이 점 $(-4, 0)$을 지나므로

$(-4+3)^2+(0-2)^2=r^2$ $\therefore r^2=5$

따라서 구하는 원의 방정식은

$(x+3)^2+(y-2)^2=5$

개념 Check

> 두 점 $A(x_1, y_1)$, $B(x_2, y_2)$를 이은 선분 AB를 $m:n$ $(m>0, n>0)$으로 내분하는 점 P의 좌표는
>
> $P\left(\dfrac{mx_2+nx_1}{m+n}, \dfrac{my_2+ny_1}{m+n}\right)$

2383 답 11 | 유형2

> 중심이 직선 $y=2x$ 위에 있고 두 점 $(1, 2)$, $(3, 2)$를 지나는 원의
> 【단서1】   【단서2】
> 중심의 좌표를 (a, b), 반지름의 길이를 r라 할 때, $a+b+r^2$의 값을 구하시오.
> 【단서1】 원의 중심의 좌표는 $(a, 2a)$
> 【단서2】 원의 방정식을 세워 두 점의 좌표 대입

STEP1 원의 중심이 직선 $y=2x$ 위에 있음을 이용하여 a, b 사이의 관계식 구하기

원의 중심 (a, b)가 직선 $y=2x$ 위에 있으므로

$b=2a$

STEP2 원이 지나는 점의 좌표를 이용하여 a, b, r^2의 값 구하기

원의 중심의 좌표가 $(a, 2a)$, 반지름의 길이가 r이므로 원의 방정식은

$(x-a)^2+(y-2a)^2=r^2$

이 원이 점 $(1, 2)$를 지나므로

$(1-a)^2+(2-2a)^2=r^2$

$\therefore 5a^2-10a+5=r^2$ ·········· ㉠

또, 이 원이 점 $(3, 2)$를 지나므로

$(3-a)^2+(2-2a)^2=r^2$

$\therefore 5a^2-14a+13=r^2$ ·········· ㉡

㉠, ㉡을 연립하여 풀면

$a=2, r^2=5$ $\therefore b=4$

STEP3 $a+b+r^2$의 값 구하기

$a+b+r^2=2+4+5=11$

2384 답 $(x+2)^2+y^2=5$

원의 중심의 좌표를 $(a, 0)$, 반지름의 길이를 r라 하면 원의 방정식은
$$(x-a)^2+y^2=r^2$$
이 원이 점 $(-4, 1)$을 지나므로
$$(-4-a)^2+1^2=r^2$$
$$\therefore a^2+8a+17=r^2 \quad\cdots\cdots\cdots\cdots\cdots\cdots ㉠$$
또, 이 원이 점 $(0, 1)$을 지나므로
$$(0-a)^2+1^2=r^2$$
$$\therefore a^2+1=r^2 \quad\cdots\cdots\cdots\cdots\cdots\cdots\cdots\cdots ㉡$$
㉠, ㉡을 연립하여 풀면
$$a=-2, \ r^2=5$$
따라서 구하는 원의 방정식은
$$(x+2)^2+y^2=5$$

2385 답 ⑤

원의 중심의 좌표를 $(a, a-2)$, 반지름의 길이를 r라 하면 원의 방정식은
$$(x-a)^2+(y-a+2)^2=r^2$$
이 원이 점 $(0, 1)$을 지나므로
$$(0-a)^2+(3-a)^2=r^2$$
$$\therefore 2a^2-6a+9=r^2 \quad\cdots\cdots\cdots\cdots ㉠$$
또, 이 원이 점 $(3, 4)$를 지나므로
$$(3-a)^2+(6-a)^2=r^2$$
$$\therefore 2a^2-18a+45=r^2 \quad\cdots\cdots\cdots ㉡$$
㉠, ㉡을 연립하여 풀면
$$a=3, \ r^2=9$$
따라서 구하는 원의 방정식은
$$(x-3)^2+(y-1)^2=9$$

2386 답 ②

원의 중심의 좌표를 $(a, 0)$, 반지름의 길이를 r라 하면 원의 방정식은
$$(x-a)^2+y^2=r^2$$
이 원이 점 $(1, -1)$을 지나므로
$$(1-a)^2+(-1)^2=r^2$$
$$\therefore a^2-2a+2=r^2 \quad\cdots\cdots\cdots\cdots\cdots ㉠$$
또, 이 원이 점 $(3, 1)$을 지나므로
$$(3-a)^2+1^2=r^2$$
$$\therefore a^2-6a+10=r^2 \quad\cdots\cdots\cdots\cdots ㉡$$
㉠, ㉡을 연립하여 풀면
$$a=2, \ r^2=2$$
따라서 구하는 원의 반지름의 길이는 $\sqrt{2}$이다.

다른 풀이

원의 중심을 $A(a, 0)$이라 하고 $B(1, -1)$, $C(3, 1)$이라 하면
$\overline{AB}=\overline{AC}$이므로 $\overline{AB}^2=\overline{AC}^2$에서
$$(a-1)^2+1^2=(a-3)^2+(-1)^2 \quad\therefore a=2$$
따라서 구하는 원의 반지름의 길이는
$$\overline{AB}=\sqrt{(2-1)^2+1^2}=\sqrt{2}$$

2387 답 ③

원의 중심의 좌표를 $(a, -2a+1)$, 반지름의 길이를 r라 하면 원의 방정식은
$$(x-a)^2+(y+2a-1)^2=r^2$$
이 원이 점 $(2, -7)$을 지나므로
$$(2-a)^2+(2a-8)^2=r^2$$
$$\therefore 5a^2-36a+68=r^2 \quad\cdots\cdots\cdots ㉠$$
또, 이 원이 점 $(4, -3)$을 지나므로
$$(4-a)^2+(2a-4)^2=r^2$$
$$\therefore 5a^2-24a+32=r^2 \quad\cdots\cdots\cdots ㉡$$
㉠, ㉡을 연립하여 풀면
$$a=3, \ r^2=5$$
따라서 구하는 원의 넓이는
$$\pi\times 5=5\pi$$
└→ 반지름의 길이가 r인 원의 넓이는 πr^2이다.

2388 답 ④

원의 중심의 좌표를 $(0, b)$, 반지름의 길이를 r라 하면 원의 방정식은
$$x^2+(y-b)^2=r^2$$
이 원이 점 $(0, 1)$을 지나므로
$$(1-b)^2=r^2 \quad\therefore b^2-2b+1=r^2 \quad\cdots\cdots ㉠$$
또, 이 원이 점 $(-2, 3)$을 지나므로
$$(-2)^2+(3-b)^2=r^2 \quad\therefore b^2-6b+13=r^2 \quad\cdots\cdots ㉡$$
㉠, ㉡을 연립하여 풀면
$$b=3, \ r^2=4$$
$$\therefore x^2+(y-3)^2=4$$
ㄱ. 중심의 좌표는 $(0, 3)$이다. (참)
ㄴ. $2^2+(7-3)^2=20\neq 4$이므로 주어진 원은 점 $(2, 7)$을 지나지 않는다. (거짓)
ㄷ. 원의 반지름의 길이가 2이므로 둘레의 길이는 $2\pi\times 2=4\pi$ (참)
따라서 옳은 것은 ㄱ, ㄷ이다.

2389 답 $(x-2)^2+(y-1)^2=25$ | 유형3

두 점 $A(-2, -2)$, $B(6, 4)$를 지름의 양 끝 점으로 하는 원의 방정 [단서1] 식을 구하시오.

[단서1] 원의 중심은 $\overline{AB}$의 중점, 원의 반지름의 길이는 $\dfrac{1}{2}\overline{AB}$

STEP1 원의 중심의 좌표 구하기

두 점 A, B를 지름의 양 끝 점으로 하는 원의 중심은 $\overline{AB}$의 중점이므로 그 좌표는
$$\left(\frac{-2+6}{2}, \frac{-2+4}{2}\right) \quad\therefore (2, 1)$$

STEP2 원의 반지름의 길이 구하기

$\overline{AB}$가 원의 지름이므로 반지름의 길이는
$$\frac{1}{2}\overline{AB}=\frac{1}{2}\sqrt{\{6-(-2)\}^2+\{4-(-2)\}^2}=5$$

STEP3 원의 방정식 구하기

구하는 원의 방정식은
$$(x-2)^2+(y-1)^2=25$$

2390 답 ①

원의 중심은 $\overline{AB}$의 중점이므로 그 좌표는

$\left(\dfrac{-5-1}{2}, \dfrac{2+8}{2}\right)$ $\quad \therefore (-3, 5)$

$\overline{AB}$가 원의 지름이므로 반지름의 길이는

$\dfrac{1}{2}\overline{AB}=\dfrac{1}{2}\sqrt{(-1+5)^2+(8-2)^2}=\sqrt{13}$

따라서 바르게 짝 지은 것은 ①이다.

2391 답 ③

$\overline{AB}$가 원의 지름이므로 반지름의 길이는

$\dfrac{1}{2}\overline{AB}=\dfrac{1}{2}\sqrt{(5+1)^2+(-6-2)^2}=5$

따라서 구하는 원의 둘레의 길이는

$2\pi \times 5=10\pi$

2392 답 3

$\overline{AB}$의 중점의 좌표가 $(-1, 2)$이므로

$\dfrac{a-3}{2}=-1$, $\dfrac{b+1}{2}=2$ $\quad \therefore a=1, b=3$

$\therefore ab=1\times 3=3$

2393 답 ④

원의 중심은 $\overline{AB}$의 중점이므로 그 좌표는

$\left(\dfrac{-1+5}{2}, \dfrac{-5+3}{2}\right)$ $\quad \therefore (2, -1)$

$\therefore a=2, b=-1$

$\overline{AB}$가 원의 지름이므로 반지름의 길이는

$\dfrac{1}{2}\overline{AB}=\dfrac{1}{2}\sqrt{(5+1)^2+(3+5)^2}=5$ $\quad \therefore r=5$

$\therefore a+b+r=2+(-1)+5=6$

2394 답 ④

원의 중심은 $\overline{AB}$의 중점이므로 그 좌표는

$\left(\dfrac{2+4}{2}, \dfrac{5-1}{2}\right)$ $\quad \therefore (3, 2)$

$\overline{AB}$가 원의 지름이므로 반지름의 길이는

$\dfrac{1}{2}\overline{AB}=\dfrac{1}{2}\sqrt{(4-2)^2+(-1-5)^2}=\sqrt{10}$

$\therefore (x-3)^2+(y-2)^2=10$

위 식에 점의 좌표를 각각 대입하면

① $(2-3)^2+(-1-2)^2=10$

② $(4-3)^2+(5-2)^2=10$

③ $(6-3)^2+(3-2)^2=10$

④ $(3-3)^2+(3-2)^2=1\neq 10$

⑤ $(4-3)^2+(-1-2)^2=10$

따라서 원 위의 점이 아닌 것은 ④이다.

2395 답 $(x-3)^2+(y-3)^2=18$

$P(6, 0)$, $Q(0, 6)$이고 원의 중심은 $\overline{PQ}$의 중점이므로 그 좌표는

$\left(\dfrac{6}{2}, \dfrac{6}{2}\right)$ $\quad \therefore (3, 3)$

$\overline{PQ}$가 원의 지름이므로 반지름의 길이는

$\dfrac{1}{2}\overline{PQ}=\dfrac{1}{2}\sqrt{(-6)^2+6^2}=3\sqrt{2}$

따라서 구하는 원의 방정식은

$(x-3)^2+(y-3)^2=18$

2396 답 ① | 유형 4

> 원 $x^2+y^2+8x-6y=0$의 중심의 좌표가 (a, b)이고 반지름의 길이
> **단서1**
> 가 r일 때, $a+b+r$의 값은?
>
> ① 4 ② 5 ③ 6
>
> ④ 7 ⑤ 8
>
> **단서1** 원의 방정식을 $(x-a)^2+(y-b)^2=r^2$ 꼴로 변형

STEP 1 주어진 원의 방정식을 $(x-a)^2+(y-b)^2=r^2$ 꼴로 변형하기

$x^2+y^2+8x-6y=0$에서

$(x+4)^2+(y-3)^2=25$

STEP 2 $a+b+r$의 값 구하기

원의 중심의 좌표가 $(-4, 3)$이고 반지름의 길이가 5이므로
$\quad \rightarrow \sqrt{25}=5$

$a=-4, b=3, r=5$

$\therefore a+b+r=-4+3+5=4$

2397 답 ①

$x^2+y^2-2x+4y+1=0$에서

$(x-1)^2+(y+2)^2=4$

따라서 원의 중심의 좌표는 $(1, -2)$이고, 반지름의 길이가 $\sqrt{2}$이

므로 구하는 원의 방정식은

$(x-1)^2+(y+2)^2=2$

2398 답 ②

$x^2+y^2-4x-2y-2k+8=0$에서

$(x-2)^2+(y-1)^2=2k-3$

반지름의 길이가 1이므로 $\sqrt{2k-3}=1$

양변을 제곱하면 $2k-3=1$, $2k=4$

$\therefore k=2$

2399 답 ③

$x^2+y^2-2ax+ay+6a=0$에서

$(x-a)^2+\left(y+\dfrac{1}{2}a\right)^2=\dfrac{5}{4}a^2-6a$

이 원의 중심의 좌표가 $(6, -3)$이므로 $a=6$

$\therefore (x-6)^2+(y+3)^2=9$

따라서 구하는 반지름의 길이는 3이다.

2400 답 ②

$x^2+y^2-2x+8y-1=0$에서

$(x-1)^2+(y+4)^2=18$

따라서 원의 반지름의 길이가 $3\sqrt{2}$이므로 넓이는

$\pi \times (3\sqrt{2})^2=18\pi$

$\therefore k=18$

2401 답 $(x-2)^2+(y+4)^2=41$

$x^2+y^2-4x+8y+14=0$에서

$(x-2)^2+(y+4)^2=6$

즉, 원의 중심의 좌표는 $(2, -4)$이고, 반지름의 길이는 두 점

$(2, -4)$, $(-2, 1)$ 사이의 거리와 같으므로

$\sqrt{(-2-2)^2+(1+4)^2}=\sqrt{41}$

따라서 구하는 원의 방정식은

$(x-2)^2+(y+4)^2=41$

다른 풀이

$x^2+y^2-4x+8y+14=0$에서

$(x-2)^2+(y+4)^2=6$

즉, 원의 중심의 좌표는 $(2, -4)$이고, 반지름의 길이를 r라 하면

원의 방정식은

$(x-2)^2+(y+4)^2=r^2$

이 원이 점 $(-2, 1)$을 지나므로

$(-2-2)^2+(1+4)^2=r^2$ $\therefore r^2=41$

따라서 구하는 원의 방정식은

$(x-2)^2+(y+4)^2=41$

2402 답 ③

$x^2+y^2-2ax+6y+a^2-3=0$에서

$(x-a)^2+(y+3)^2=12$

ㄱ. 원의 반지름의 길이가 $2\sqrt{3}$이므로 원의 넓이는

$\pi\times(2\sqrt{3})^2=12\pi$ (참)

ㄴ. $a=2$이면 $(x-2)^2+(y+3)^2=12$

이 식에 점 $(0, 1)$의 좌표를 대입하면 $4+16\neq12$이므로

$a=2$일 때 주어진 원은 점 $(0, 1)$을 지나지 않는다. (거짓)

ㄷ. 원의 중심이 y축 위에 있으면 중심의 x좌표가 0이므로 $a=0$

이다. (참)

따라서 옳은 것은 ㄱ, ㄷ이다.

2403 답 ④

$x^2+y^2-4x-2ay-19=0$에서

$(x-2)^2+(y-a)^2=a^2+23$

원의 중심의 좌표는 $(2, a)$이고, 직선 $y=2x+3$이 원의 중심을 지나므로

$a=2\times2+3=7$

2404 답 ③ | 유형 5

방정식 $x^2+y^2-3x+2y+k=0$이 원을 나타내도록 하는 정수 k의 최댓값은? **단서1**

① 1   ② 2   ③ 3

④ 4   ⑤ 5

단서1 방정식 $(x-a)^2+(y-b)^2=r^2$이 원을 나타내려면 $r^2>0$

STEP1 주어진 방정식을 $(x-a)^2+(y-b)^2=r^2$ 꼴로 변형하기

$x^2+y^2-3x+2y+k=0$에서

$\left(x-\dfrac{3}{2}\right)^2+(y+1)^2=\dfrac{13}{4}-k$

STEP2 $r^2>0$임을 이용하여 k의 값의 범위 구하기

이 방정식이 원을 나타내려면

$\dfrac{13}{4}-k>0$ $\therefore k<\dfrac{13}{4}$

STEP3 정수 k의 최댓값 구하기

정수 k의 최댓값은 3이다.

2405 답 ④

① $x^2+y^2+2x=0$에서

$(x+1)^2+y^2=1$

② $x^2+y^2+2x-8y-8=0$에서

$(x+1)^2+(y-4)^2=25$

③ $x^2+y^2+2x+2y+1=0$에서

$(x+1)^2+(y+1)^2=1$

④ $x^2+y^2+4x+4y+8=0$에서

$\underline{(x+2)^2+(y+2)^2=0}$ → 점 $(-2, -2)$를 나타낸다.

⑤ $x^2+y^2-2x+4y=0$에서

$(x-1)^2+(y+2)^2=5$

따라서 원의 방정식이 아닌 것은 ④이다.

2406 답 $k<23$

$x^2+y^2+6x-10y+k+11=0$에서

$(x+3)^2+(y-5)^2=23-k$

이 방정식이 원을 나타내려면

$23-k>0$ $\therefore k<23$

2407 답 ⑤

$x^2+y^2+6x-4y-k=0$에서

$(x+3)^2+(y-2)^2=k+13$

이 방정식이 원을 나타내려면

$k+13>0$ $\therefore k>-13$

따라서 실수 k의 값이 될 수 없는 것은 ⑤이다.

2408 답 ③

$x^2+y^2-2x-6y+k^2+2k+7=0$에서

$(x-1)^2+(y-3)^2=-k^2-2k+3$

이 방정식이 원을 나타내려면

$-k^2-2k+3>0$, $k^2+2k-3<0$

$(k+3)(k-1)<0$ $\therefore -3<k<1$

따라서 정수 k는 $-2, -1, 0$의 3개이다.

2409 답 ④

$x^2+y^2+2kx-3k^2+4k-4=0$에서

$(x+k)^2+y^2=4k^2-4k+4$

이 방정식이 반지름의 길이가 2 이하인 원을 나타내려면

$0<\sqrt{4k^2-4k+4}\le2$

$\therefore 0<4k^2-4k+4\le4$

(i) $0<4k^2-4k+4$에서

$\underbrace{k^2-k+1>0}_{\rightarrow (k-\frac{1}{2})^2+\frac{3}{4}>0}$이므로 k는 모든 실수이다.

(ii) $4k^2-4k+4\le4$에서

$k^2-k\le0$, $k(k-1)\le0$ ∴ $0\le k\le1$

(i), (ii)에서 $0\le k\le1$

2410 답 ②

$x^2+y^2+2(k-1)x-3k^2+k+1=0$에서

$\{x+(k-1)\}^2+y^2=4k^2-3k$

이 방정식이 반지름의 길이가 1 이하인 원을 나타내려면

$0<\sqrt{4k^2-3k}\le1$ ∴ $0<4k^2-3k\le1$

(i) $4k^2-3k>0$에서

$k(4k-3)>0$ ∴ $k<0$ 또는 $k>\dfrac{3}{4}$

(ii) $4k^2-3k\le1$에서

$4k^2-3k-1\le0$, $(4k+1)(k-1)\le0$

∴ $-\dfrac{1}{4}\le k\le1$

(i), (ii)에서 $-\dfrac{1}{4}\le k<0$ 또는 $\dfrac{3}{4}<k\le1$

따라서 실수 k의 값이 될 수 있는 것은 ②이다.

2411 답 ③

$x^2+y^2-2x+k^2-8k+8=0$에서

$(x-1)^2+y^2=-k^2+8k-7$

이 방정식이 원을 나타내려면

$-k^2+8k-7>0$, $k^2-8k+7<0$

$(k-1)(k-7)<0$ ∴ $1<k<7$

원의 넓이가 최대이려면 반지름의 길이가 최대이어야 하므로

$\sqrt{-k^2+8k-7}=\sqrt{-(k-4)^2+9}$

따라서 $1<k<7$에서 $k=4$일 때 반지름의 길이는 최대이고

그때의 반지름의 길이는 3이다.

$\underset{\rightarrow \sqrt{9}=3}{}$

2412 답 ①

$x^2+y^2-4y-k^2+4k-1=0$에서

$x^2+(y-2)^2=k^2-4k+5$

이 방정식이 원을 나타내려면 $k^2-4k+5>0$

이때 $\underbrace{k^2-4k+5>0}_{\rightarrow (k-2)^2+1>0}$이므로 k는 모든 실수이다.

원의 둘레의 길이가 최소이려면 반지름의 길이가 최소이어야 하므로

$\sqrt{k^2-4k+5}=\sqrt{(k-2)^2+1}$

따라서 $k=2$일 때 반지름의 길이는 최소이고 그때의 반지름의 길이는 1이다.

2413 답 $x^2+y^2+2x-6y=0$

| 유형 6

원점과 두 점 $(-4, 2)$, $(2, 4)$를 지나는 원의 방정식을 구하시오.

단서 1

단서 1 각 점의 좌표를 $x^2+y^2+Ax+By+C=0$에 대입

STEP 1 원의 방정식을 $x^2+y^2+Ax+By+C=0$으로 놓고 각 점의 좌표를 대입하여 A, B, C의 값 구하기

원의 방정식을 $x^2+y^2+Ax+By+C=0$으로 놓으면

이 원이 원점 $(0, 0)$을 지나므로 $C=0$

$\underset{\rightarrow x^2+y^2+Ax+By+C=0\text{에 }x=0, y=0\text{을 대입하여 정리하면 }C=0\text{이다.}}{}$

∴ $x^2+y^2+Ax+By=0$ ·········· ㉠

원 ㉠이 점 $(-4, 2)$를 지나므로

$2A-B=10$ ·········· ㉡

원 ㉠이 점 $(2, 4)$를 지나므로

$A+2B=-10$ ·········· ㉢

㉡, ㉢을 연립하여 풀면 $A=2$, $B=-6$

STEP 2 원의 방정식 구하기

구하는 원의 방정식은

$x^2+y^2+2x-6y=0$

다른 풀이

원의 중심을 $P(a, b)$라 하고 $O(0, 0)$, $A(-4, 2)$, $B(2, 4)$라 하면

$\overline{PO}=\overline{PA}=\overline{PB}$

$\overline{PO}=\overline{PA}$에서 $\overline{PO}^2=\overline{PA}^2$이므로

$(a-0)^2+(b-0)^2=(a+4)^2+(b-2)^2$

$2a-b=-5$ ·········· ㉠

$\overline{PO}=\overline{PB}$에서 $\overline{PO}^2=\overline{PB}^2$이므로

$(a-0)^2+(b-0)^2=(a-2)^2+(b-4)^2$

$a+2b=5$ ·········· ㉡

㉠, ㉡을 연립하여 풀면 $a=-1$, $b=3$

따라서 원의 반지름의 길이는

$\overline{PO}=\sqrt{(0+1)^2+(0-3)^2}=\sqrt{10}$

이므로 구하는 원의 방정식은

$(x+1)^2+(y-3)^2=10$ ∴ $x^2+y^2+2x-6y=0$

2414 답 ③

원의 방정식을 $x^2+y^2+Ax+By+C=0$으로 놓으면

이 원이 원점 $(0, 0)$을 지나므로 $C=0$

∴ $x^2+y^2+Ax+By=0$ ·········· ㉠

원 ㉠이 점 $(0, 2)$를 지나므로

$B=-2$ ·········· ㉡

원 ㉠이 점 $(2, 2)$를 지나므로

$A+B=-4$ ·········· ㉢

㉡을 ㉢에 대입하면 $A=-2$

즉, $x^2+y^2-2x-2y=0$에서

$(x-1)^2+(y-1)^2=2$

따라서 반지름의 길이는 $\sqrt{2}$이므로 구하는 원의 둘레의 길이는 $2\sqrt{2}\pi$이다.

2415 답 1

원의 방정식을 $x^2+y^2+Ax+By+C=0$으로 놓으면

이 원이 원점 $(0, 0)$을 지나므로 $C=0$

∴ $x^2+y^2+Ax+By=0$ ·········· ㉠

원 ㉠이 점 $(-3, 1)$을 지나므로

$-3A+B=-10$ ·········· ㉡

원 ㉠이 점 $(-1, 2)$를 지나므로
$$-A+2B=-5 \quad \text{……㉢}$$
㉡, ㉢을 연립하여 풀면 $A=3$, $B=-1$
$$\therefore x^2+y^2+3x-y=0$$
이때 점 $(0, k)$가 이 원 위에 있으므로
$k^2-k=0$에서 $k(k-1)=0$ $\quad \therefore k=1 \ (\because k>0)$

2416 답 ②

원의 방정식을 $x^2+y^2+Ax+By+C=0$으로 놓으면
이 원이 원점 $(0, 0)$을 지나므로 $C=0$
$$\therefore x^2+y^2+Ax+By=0 \quad \text{……㉠}$$
원 ㉠이 점 $(4, 0)$을 지나므로 $A=-4$
원 ㉠이 점 $(0, 2)$를 지나므로 $B=-2$
즉, $x^2+y^2-4x-2y=0$에서
$$(x-2)^2+(y-1)^2=5$$
따라서 원의 중심의 좌표는 $(2, 1)$이고, 이때 점 $(2, 1)$이 직선 $y=kx-3$ 위에 있으므로
$1=2k-3$ $\quad \therefore k=2$

2417 답 ③

원의 방정식을 $x^2+y^2+Ax+By+C=0$으로 놓으면
이 원이 원점 $(0, 0)$을 지나므로 $C=0$
$$\therefore x^2+y^2+Ax+By=0 \quad \text{……㉠}$$
원 ㉠이 점 $P(4, 3)$을 지나므로
$$4A+3B=-25 \quad \text{……㉡}$$
원 ㉠이 점 $Q(-2, 6)$을 지나므로
$$-A+3B=-20 \quad \text{……㉢}$$
㉡, ㉢을 연립하여 풀면 $A=-1$, $B=-7$
따라서 구하는 원의 방정식은
$$x^2+y^2-x-7y=0$$

2418 답 10

원의 방정식을 $x^2+y^2+Ax+By+C=0$으로 놓으면
이 원이 원점 $(0, 0)$을 지나므로 $C=0$
$$\therefore x^2+y^2+Ax+By=0 \quad \text{……㉠}$$
원 ㉠이 점 $(6, 0)$을 지나므로
$$A=-6 \quad \text{……㉡}$$
원 ㉠이 점 $(-4, 4)$를 지나므로
$$-A+B=-8 \quad \text{……㉢}$$
㉡을 ㉢에 대입하면 $B=-14$
즉, $x^2+y^2-6x-14y=0$에서
$$(x-3)^2+(y-7)^2=58$$
따라서 원의 중심의 좌표는 $(3, 7)$이므로
$p=3$, $q=7$
$\therefore p+q=3+7=10$

2419 답 ③

세 점 $A(-3, -2)$, $B(-2, 1)$, $C(0, 1)$을 지나는 원의 중심의 좌 **단서1** 표를 (a, b), 반지름의 길이를 r라 할 때, $a+b+r^2$의 값은?

① 1 　　　　② 2 　　　　③ 3
④ 4 　　　　⑤ 5

단서1 원의 중심과 원 위의 점 사이의 거리는 반지름의 길이

STEP1 원의 중심을 $P(a, b)$로 놓고 a, b 사이의 관계식 구하기

원의 중심을 $P(a, b)$라 하면 $\overline{PA}=\overline{PB}=\overline{PC}$
$\overline{PA}=\overline{PB}$에서 $\overline{PA}^2=\overline{PB}^2$이므로
$$(a+3)^2+(b+2)^2=(a+2)^2+(b-1)^2$$
$$\therefore a+3b=-4 \quad \text{……㉠}$$
$\overline{PA}=\overline{PC}$에서 $\overline{PA}^2=\overline{PC}^2$이므로
$$(a+3)^2+(b+2)^2=(a-0)^2+(b-1)^2$$
$$\therefore a+b=-2 \quad \text{……㉡}$$

STEP2 원의 중심과 반지름의 길이 구하기

㉠, ㉡을 연립하여 풀면 $a=-1$, $b=-1$
따라서 원의 중심은 $P(-1, -1)$이고, 반지름의 길이는
$$\overline{PA}=\sqrt{(-1+3)^2+(-1+2)^2}=\sqrt{5}$$
이므로 $r^2=5$

STEP3 $a+b+r^2$의 값 구하기

$$a+b+r^2=-1+(-1)+5=3$$

2420 답 ⑤

원의 중심을 $P(p, q)$라 하면 $\overline{PA}=\overline{PB}=\overline{PC}$
$\overline{PA}=\overline{PB}$에서 $\overline{PA}^2=\overline{PB}^2$이므로
$$(p-1)^2+(q-3)^2=(p-2)^2+(q-2)^2$$
$$\therefore p-q=-1 \quad \text{……㉠}$$
$\overline{PA}=\overline{PC}$에서 $\overline{PA}^2=\overline{PC}^2$이므로
$$(p-1)^2+(q-3)^2=(p-3)^2+(q-2)^2$$
$$\therefore 4p-2q=3 \quad \text{……㉡}$$
㉠, ㉡을 연립하여 풀면 $p=\dfrac{5}{2}$, $q=\dfrac{7}{2}$
$$\therefore p+q=\dfrac{5}{2}+\dfrac{7}{2}=6$$

2421 답 13π

원의 중심을 $P(a, b)$라 하면 $\overline{PA}=\overline{PB}=\overline{PC}$
$\overline{PA}=\overline{PB}$에서 $\overline{PA}^2=\overline{PB}^2$이므로
$$(a-3)^2+(b-4)^2=(a-2)^2+(b+1)^2$$
$$\therefore a+5b=10 \quad \text{……㉠}$$
$\overline{PA}=\overline{PC}$에서 $\overline{PA}^2=\overline{PC}^2$이므로
$$(a-3)^2+(b-4)^2=(a+3)^2+(b-0)^2$$
$$\therefore -3a-2b=-4 \quad \text{……㉡}$$
㉠, ㉡을 연립하여 풀면 $a=0$, $b=2$
따라서 원의 중심은 $P(0, 2)$이고, 반지름의 길이는
$$\overline{PA}=\sqrt{(0-3)^2+(2-4)^2}=\sqrt{13}$$
이므로 구하는 원의 넓이는 $\pi \times (\sqrt{13})^2=13\pi$

2422 답 ②

원의 중심을 $P(a, b)$라 하면 $\overline{PA}=\overline{PB}=\overline{PC}$

$\overline{PA}=\overline{PB}$에서 $\overline{PA}^2=\overline{PB}^2$이므로

$(a-2)^2+(b-1)^2=(a-0)^2+(b-1)^2$

$\therefore a=1$ ·········· ㉠

$\overline{PA}=\overline{PC}$에서 $\overline{PA}^2=\overline{PC}^2$이므로

$(a-2)^2+(b-1)^2=(a-4)^2+(b-5)^2$

$\therefore a+2b=9$ ·········· ㉡

㉠을 ㉡에 대입하면 $b=4$

따라서 원의 중심은 $P(1, 4)$이고, 반지름의 길이는

$\overline{PB}=\sqrt{(1-0)^2+(4-1)^2}=\sqrt{10}$

이므로 구하는 원의 둘레의 길이는

$2\pi\times\sqrt{10}=2\sqrt{10}\,\pi$

2423 답 ①

원의 중심을 $P(a, b)$라 하면 $\overline{PA}=\overline{PB}=\overline{PC}$

$\overline{PA}=\overline{PB}$에서 $\overline{PA}^2=\overline{PB}^2$이므로

$(a+4)^2+(b-0)^2=(a+2)^2+(b+4)^2$

$\therefore a-2b=1$ ·········· ㉠

$\overline{PA}=\overline{PC}$에서 $\overline{PA}^2=\overline{PC}^2$이므로

$(a+4)^2+(b-0)^2=(a-5)^2+(b-3)^2$

$\therefore 3a+b=3$ ·········· ㉡

㉠, ㉡을 연립하여 풀면 $a=1$, $b=0$

즉, 원의 중심은 $P(1, 0)$이고, 반지름의 길이는

$\overline{PA}=\sqrt{(1+4)^2+(0-0)^2}=5$

이므로 원의 방정식은 $(x-1)^2+y^2=25$

위 식에 점의 좌표를 각각 대입하면

① $(-1-1)^2+(-5)^2=29\neq25$

② $(1-1)^2+(-5)^2=25$

③ $(4-1)^2+4^2=25$

④ $(-3-1)^2+3^2=25$

⑤ $(1-1)^2+5^2=25$

따라서 원 위의 점이 아닌 것은 ①이다.

2424 답 ②

원의 중심을 $P(a, b)$라 하면 $\overline{PA}=\overline{PB}=\overline{PC}$

$\overline{PA}=\overline{PB}$에서 $\overline{PA}^2=\overline{PB}^2$이므로

$(a-0)^2+(b-3)^2=(a-2)^2+(b+1)^2$

$\therefore a-2b=-1$ ·········· ㉠

$\overline{PA}=\overline{PC}$에서 $\overline{PA}^2=\overline{PC}^2$이므로

$(a-0)^2+(b-3)^2=(a+3)^2+(b-4)^2$

$\therefore 3a-b=-8$ ·········· ㉡

㉠, ㉡을 연립하여 풀면 $a=-3$, $b=-1$

즉, 원의 중심은 $P(-3, -1)$이고, 반지름의 길이는

$\overline{PA}=\sqrt{(-3-0)^2+(-1-3)^2}=5$

이므로 원의 방정식은 $(x+3)^2+(y+1)^2=25$

이 원이 점 $(1, k)$를 지나므로

$(1+3)^2+(k+1)^2=25$

$(k+1)^2=9$ $\therefore k=-4$ 또는 $k=2$

따라서 모든 k의 값의 곱은

$(-4)\times2=-8$

2425 답 ④

외심을 $P(a, b)$라 하면 $\overline{PA}=\overline{PB}=\overline{PC}$

$\overline{PA}=\overline{PB}$에서 $\overline{PA}^2=\overline{PB}^2$이므로 $\rightarrow$ 외심에서 삼각형의 세 꼭짓점에 이르는 거리는 같다.

$(a-1)^2+(b-0)^2=(a-1)^2+(b-6)^2$

$\therefore b=3$ ·········· ㉠

$\overline{PA}=\overline{PC}$에서 $\overline{PA}^2=\overline{PC}^2$이므로

$(a-1)^2+(b-0)^2=(a-3)^2+(b-2)^2$

$\therefore a+b=3$ ·········· ㉡

㉠을 ㉡에 대입하면 $a=0$

따라서 삼각형 ABC의 외심의 좌표는 $(0, 3)$이다.

2426 답 ④

삼각형의 세 변의 수직이등분선의 교점은 삼각형의 외심과 같다.

외심을 $P(p, q)$라 하면 $\overline{PA}=\overline{PB}=\overline{PC}$

$\overline{PA}=\overline{PB}$에서 $\overline{PA}^2=\overline{PB}^2$이므로

$(p-2)^2+(q-0)^2=(p-4)^2+(q-8)^2$

$\therefore p+4q=19$ ·········· ㉠

$\overline{PA}=\overline{PC}$에서 $\overline{PA}^2=\overline{PC}^2$이므로

$(p-2)^2+(q-0)^2=(p+4)^2+(q-6)^2$

$\therefore -p+q=4$ ·········· ㉡

㉠, ㉡을 연립하여 풀면 $p=\dfrac{3}{5}$, $q=\dfrac{23}{5}$

$\therefore 4p+q=4\times\dfrac{3}{5}+\dfrac{23}{5}=7$

2427 답 $(x+1)^2+(y-3)^2=25$

두 직선 $y=3$, $x+2y=0$의 교점을 A, 두 직선 $x+2y=0$, $2x-y-5=0$의 교점을 B, 두 직선 $y=3$, $2x-y-5=0$의 교점을 C라 하면

$A(-6, 3)$, $B(2, -1)$, $C(4, 3)$

외접원의 중심을 $P(a, b)$라 하면 $\overline{PA}=\overline{PB}=\overline{PC}$

$\overline{PA}=\overline{PB}$에서 $\overline{PA}^2=\overline{PB}^2$이므로

$(a+6)^2+(b-3)^2=(a-2)^2+(b+1)^2$

$\therefore 2a-b=-5$ ·········· ㉠

$\overline{PA}=\overline{PC}$에서 $\overline{PA}^2=\overline{PC}^2$이므로

$(a+6)^2+(b-3)^2=(a-4)^2+(b-3)^2$

$\therefore a=-1$

$a=-1$을 ㉠에 대입하여 풀면 $b=3$

따라서 외접원의 중심은 $P(-1, 3)$이고, 반지름의 길이는

$\overline{PA}=\sqrt{(-1+6)^2+(3-3)^2}=5$

이므로 구하는 외접원의 방정식은

$(x+1)^2+(y-3)^2=25$

다른 풀이

그림과 같이 세 직선의 교점을 $A(-6, 3)$, $B(2, -1)$, $C(4, 3)$이라 하자.

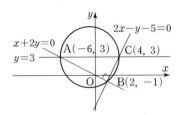

이때 두 직선 $x+2y=0$, $2x-y-5=0$은 서로 수직이므로 삼각형 ABC는 $\angle B=90°$인 직각삼각형이다.

따라서 삼각형 ABC의 외접원의 중심은 $\overline{AC}$의 중점
└→ 직각삼각형의 외심은 빗변의 중점이다.

$\left(\dfrac{-6+4}{2}, \dfrac{3+3}{2}\right)$, 즉 $(-1, 3)$이고 반지름의 길이는

$\dfrac{1}{2}\overline{AC}=\dfrac{1}{2}\sqrt{(4+6)^2+(3-3)^2}=5$

이므로 구하는 외접원의 방정식은

$(x+1)^2+(y-3)^2=25$

실수 Check

세 직선으로 만들어지는 삼각형의 외접원의 방정식은 외접원이 직선의 교점을 지남을 이용하여 구한다.

Plus 문제

2427-1

세 직선 $x-2y+5=0$, $7x+y+20=0$, $3x-y=0$으로 만들어지는 삼각형의 외접원의 반지름의 길이를 구하시오.

두 직선 $x-2y+5=0$, $7x+y+20=0$의 교점을 A,
두 직선 $7x+y+20=0$, $3x-y=0$의 교점을 B,
두 직선 $x-2y+5=0$, $3x-y=0$의 교점을 C라 하면
$A(-3, 1)$, $B(-2, -6)$, $C(1, 3)$
외접원의 중심을 $P(a, b)$라 하면 $\overline{PA}=\overline{PB}=\overline{PC}$
$\overline{PA}=\overline{PB}$에서 $\overline{PA}^2=\overline{PB}^2$이므로
$(a+3)^2+(b-1)^2=(a+2)^2+(b+6)^2$
$\therefore a-7b=15$ ㆍㆍㆍㆍㆍㆍㆍㆍ ㉠
$\overline{PA}=\overline{PC}$에서 $\overline{PA}^2=\overline{PC}^2$이므로
$(a+3)^2+(b-1)^2=(a-1)^2+(b-3)^2$
$\therefore 2a+b=0$ ㆍㆍㆍㆍㆍㆍㆍㆍ ㉡
㉠, ㉡을 연립하여 풀면 $a=1$, $b=-2$
따라서 외접원의 중심은 $P(1, -2)$이므로 구하는 반지름의 길이는
$\overline{PA}=\sqrt{(1+3)^2+(-2-1)^2}=5$

답 5

2428 답 ④ | **유형8**

원 $x^2+y^2+4x-6ky+k^2-12=0$이 x축에 접할 때, 양수 k의 값은?
단서1

① 1 ② 2 ③ 3
④ 4 ⑤ 5
단서1 (반지름의 길이)$=|$(원의 중심의 y좌표)$|$

STEP1 주어진 원의 방정식을 $(x-a)^2+(y-b)^2=r^2$ 꼴로 변형하기
$x^2+y^2+4x-6ky+k^2-12=0$에서
$(x+2)^2+(y-3k)^2=8k^2+16$
└→ 원의 반지름의 길이는 $\sqrt{8k^2+16}$

STEP2 x축에 접하는 원은 (반지름의 길이)$=|$(원의 중심의 y좌표)$|$임을 이용하여 양수 k의 값 구하기
이 원이 x축에 접하므로
$\sqrt{8k^2+16}=|3k|$
양변을 제곱하면
$8k^2+16=9k^2$, $k^2=16$
$\therefore k=4$ $(\because k>0)$

2429 답 ②

y축에 접하는 원의 반지름의 길이는 원의 중심의 x좌표의 절댓값과 같다.
따라서 구하는 원의 반지름의 길이는 $|-1|=1$이다.

2430 답 ④

$x^2+y^2-4x-8y-5=0$에서
$(x-2)^2+(y-4)^2=25$
따라서 원의 중심의 좌표는 $(2, 4)$이므로 x축에 접하는 원의 반지름의 길이는 4이다.

2431 답 ③

$x^2+y^2-6x+2y+k=0$에서
$(x-3)^2+(y+1)^2=-k+10$
이 원이 y축에 접하므로 $\sqrt{-k+10}=|3|$
양변을 제곱하면
$-k+10=9$ $\therefore k=1$

2432 답 ①

중심의 좌표가 $(a, 5)$이고 x축에 접하는 원의 방정식은
$(x-a)^2+(y-5)^2=5^2$
이 원이 점 $(-3, 2)$를 지나므로
$(-3-a)^2+(2-5)^2=5^2$
$a^2+6a-7=0$, $(a+7)(a-1)=0$
$\therefore a=1$ $(\because a>0)$

2433 답 ⑤

원의 반지름의 길이를 r라 하면 원의 넓이가 9π이므로
$\pi r^2=9\pi$ $\therefore r=3$ $(\because r>0)$
또, 이 원이 점 $(0, -1)$에서 y축에 접하고, 원의 중심이 제3사분면 위에 있으므로 원의 중심의 좌표는 $(-3, -1)$이다.
따라서 구하는 원의 방정식은
└→ $|-3|=$(반지름의 길이)
$(x+3)^2+(y+1)^2=9$

2434 답 ①

$x^2+y^2+4x+2ky+9=0$에서

$(x+2)^2+(y+k)^2=k^2-5$

원의 중심 $(-2, -k)$가 제2사분면 위에 있으므로

$-k>0$ ∴ $k<0$

또, 원이 y축에 접하므로 $\sqrt{k^2-5}=|-2|$

양변을 제곱하면

$k^2-5=4$, $k^2=9$ ∴ $k=-3$ $(∵ k<0)$

2435 답 ③

원의 중심이 직선 $y=x+4$ 위에 있으므로 원의 중심의 좌표를 $(a, a+4)$라 하면 x축에 접하는 원의 방정식은

$(x-a)^2+(y-a-4)^2=(a+4)^2$

이 원이 점 $(-2, 4)$를 지나므로

$(-2-a)^2+(-a)^2=\underline{(a+4)^2}$ → (반지름의 길이)$=|a+4|$

$a^2-4a-12=0$, $(a+2)(a-6)=0$

∴ $a=-2$ 또는 $a=6$

따라서 두 원의 반지름의 길이의 합은

$|-2+4|+|6+4|=2+10=12$

2436 답 1

$x^2+y^2+2ax-4y+b=0$에서

$(x+a)^2+(y-2)^2=a^2-b+4$

이 원이 y축에 접하므로

$\sqrt{a^2-b+4}=|-a|$

양변을 제곱하면

$a^2-b+4=a^2$ ∴ $b=4$

즉, 원 $(x+a)^2+(y-2)^2=a^2$이 점 $(3, 5)$를 지나므로

$(3+a)^2+(5-2)^2=a^2$

$6a+18=0$ ∴ $a=-3$

∴ $a+b=-3+4=1$

2437 답 $x^2+(y-\sqrt{3})^2=3$

$\overline{AB}=6$, $\overline{BC}=\sqrt{(-3)^2+(3\sqrt{3})^2}=6$, $\overline{CA}=\sqrt{3^2+(3\sqrt{3})^2}=6$

이므로 삼각형 ABC는 정삼각형이다.

정삼각형의 내심은 무게중심과 일치하므로 삼각형 ABC의 내심의 좌표는

$\left(\dfrac{-3+3}{3}, \dfrac{3\sqrt{3}}{3}\right)$ ∴ $(0, \sqrt{3})$

따라서 원의 중심의 좌표는 $(0, \sqrt{3})$이고, 그림과 같이 원이 x축에 접하므로 구하는 원의 방정식은

$x^2+(y-\sqrt{3})^2=(\sqrt{3})^2$

∴ $x^2+(y-\sqrt{3})^2=3$

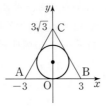

개념 Check

(1) 모든 삼각형의 내심은 삼각형의 내부에 있다.

(2) 정삼각형의 외심, 내심, 무게중심은 모두 일치한다.

(3) 이등변삼각형의 외심, 내심, 무게중심은 모두 꼭지각의 이등분선 위에 있다.

2438 답 $8\sqrt{2}$ | 유형 9

그림과 같이 점 $(2, -4)$를 지나고 _{단서1} x축과 y축에 동시에 접하는 두 원의 중심 사이의 _{단서2} 거리를 구하시오.

단서1 제4사분면에 위치한 두 원
단서2 반지름의 길이 r에 대하여 원의 중심의 좌표는 $(r, -r)$

STEP 1 x축과 y축에 동시에 접하는 원의 방정식 세우기

x축과 y축에 동시에 접하고, 원의 중심이 제4사분면 위에 있으므로 반지름의 길이를 r라 하면 원의 방정식은

$(x-r)^2+(y+r)^2=r^2$

STEP 2 원 위의 점을 대입하여 두 원의 중심의 좌표 구하기

이 원이 점 $(2, -4)$를 지나므로

$(2-r)^2+(-4+r)^2=r^2$, $r^2-12r+20=0$

$(r-2)(r-10)=0$ ∴ $r=2$ 또는 $r=10$

즉, 두 원의 중심의 좌표는

$(2, -2)$, $(10, -10)$

STEP 3 두 원의 중심 사이의 거리 구하기

두 원의 중심 사이의 거리는

$\sqrt{(10-2)^2+(-10+2)^2}=8\sqrt{2}$

2439 답 $(x+2)^2+(y-2)^2=4$

원의 반지름의 길이를 r라 하면 원이 제2사분면에서 x축과 y축에 동시에 접하므로 원의 중심의 좌표는 $(-r, r)$이다.

이때 원의 중심 $(-r, r)$가 직선 $y=2x+6$ 위에 있으므로

$r=2\times(-r)+6$ ∴ $r=2$

따라서 구하는 원의 방정식은

$(x+2)^2+(y-2)^2=4$ → 원의 중심이 $(-2, 2)$이고 반지름의 길이가 2인 원

2440 답 ③

점 $(2, 1)$을 지나고 x축과 y축에 동시에 접하려면 원의 중심이 제1사분면 위에 있어야 하므로 반지름의 길이를 r라 하면 원의 방정식은

$(x-r)^2+(y-r)^2=r^2$

이 원이 점 $(2, 1)$을 지나므로

$(2-r)^2+(1-r)^2=r^2$, $r^2-6r+5=0$

$(r-1)(r-5)=0$ ∴ $r=1$ 또는 $r=5$

따라서 두 원 중 큰 원의 반지름의 길이는 5이다.

2441 답 ②

$x^2+y^2+4x+2ay+5-b=0$에서

$(x+2)^2+(y+a)^2=a^2+b-1$

이 원이 x축과 y축에 동시에 접하므로 원의 중심의 x좌표와 y좌표의 절댓값과 반지름의 길이가 모두 같다.

즉, $|-2|=|-a|=\sqrt{a^2+b-1}$이므로

$2=|-a|$에서 $a=2\ (\because a>0)$

$2=\sqrt{a^2+b-1}$에서 양변을 제곱하면

$4=a^2+b-1$

$a=2$를 위의 식에 대입하여 풀면 $b=1$

$\therefore a+b=2+1=3$

2442 답 ①

x축과 y축에 동시에 접하는 원의 중심은 직선 $y=x$ 또는 직선 $y=-x$ 위에 있다.

즉, 원의 중심은 직선 $3x+y-8=0$과 직선 $y=x$ 또는 직선 $y=-x$의 교점이다.

(i) $3x+y-8=0$에 $y=x$를 대입하면 $4x-8=0$ $\therefore x=2$

(ii) $3x+y-8=0$에 $y=-x$를 대입하면 $2x-8=0$ $\therefore x=4$

(i), (ii)에서 두 원의 중심의 좌표는 각각 $(2,2)$, $(4,-4)$이고 반지름의 길이는 각각 2, 4이므로 두 원의 둘레의 길이의 합은

$2\pi\times2+2\pi\times4=12\pi$

다른 풀이

원의 중심이 직선 $3x+y-8=0$, 즉 $y=-3x+8$ 위에 있으므로 원의 중심의 좌표를 $(a,-3a+8)$이라 하자.

이 원이 x축과 y축에 동시에 접하므로 원의 중심의 x좌표와 y좌표의 절댓값과 반지름의 길이가 모두 같다.

즉, $|a|=|-3a+8|=$(반지름의 길이)이므로

$|a|=|-3a+8|$에서

양변을 제곱하면 $a^2=9a^2-48a+64$

$a^2-6a+8=0$, $(a-2)(a-4)=0$

$\therefore a=2$ 또는 $a=4$

따라서 두 원의 반지름의 길이는 각각 2, 4이므로 두 원의 둘레의 길이의 합은

$2\pi\times2+2\pi\times4=12\pi$

2443 답 $\sqrt5$

직선 $\dfrac{x}{6}+\dfrac{y}{8}=1$이 x축과 만나는 점을 A, y축과 만나는 점을 B라 하면 A$(6,0)$, B$(0,8)$이므로

$\overline{AB}=\sqrt{(-6)^2+8^2}=10$

원점 O에 대하여 삼각형 OAB의 넓이는 $\dfrac{1}{2}\times6\times8=24$이므로

삼각형 OAB의 내접원의 반지름의 길이를 r라 하면

$\dfrac{1}{2}\times r\times(6+8+10)=24$ $\therefore r=2$

이때 내접원은 제1사분면에 위치하고 x축과 y축에 동시에 접하므로 C$_1(2,2)$

또, 삼각형 OAB는 직각삼각형이고 외접원의 중심은 $\overline{AB}$의 중점이므로 C$_2(3,4)$

$\therefore \overline{C_1C_2}=\sqrt{(3-2)^2+(4-2)^2}=\sqrt5$

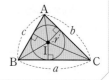
Plus 문제

2443-1

직선 $\dfrac{x}{5}+\dfrac{y}{12}=1$과 x축, y축으로 둘러싸인 삼각형의 내접원의 중심을 C$_1$, 외접원의 중심을 C$_2$라 할 때, 선분 C$_1$C$_2$의 길이를 구하시오.

직선 $\dfrac{x}{5}+\dfrac{y}{12}=1$이 x축과 만나는 점을 A, y축과 만나는 점을 B라 하면 A$(5,0)$, B$(0,12)$이므로

$\overline{AB}=\sqrt{(-5)^2+12^2}=13$

원점 O에 대하여 삼각형 OAB의 넓이는 $\dfrac{1}{2}\times5\times12=30$이므로 삼각형 OAB의 내접원의 반지름의 길이를 r라 하면

$\dfrac{1}{2}\times r\times(5+12+13)=30$ $\therefore r=2$

이때 내접원은 제1사분면에 위치하고 x축과 y축에 동시에 접하므로 C$_1(2,2)$

또, 삼각형 OAB는 직각삼각형이고 외접원의 중심은 $\overline{AB}$의 중점이므로 C$_2\left(\dfrac{5}{2},6\right)$

$\therefore \overline{C_1C_2}=\sqrt{\left(\dfrac{5}{2}-2\right)^2+(6-2)^2}=\dfrac{\sqrt{65}}{2}$

답 $\dfrac{\sqrt{65}}{2}$

2444 답 ⑤

x축과 y축에 동시에 접하는 원의 중심은 직선 $y=x$ 또는 직선 $y=-x$ 위에 있다.

즉, 원의 중심은 곡선 $y=x^2-12$와 직선 $y=x$ 또는 직선 $y=-x$의 교점이다.

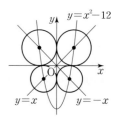

(i) $x^2-12=x$에서 $x^2-x-12=0$

$(x+3)(x-4)=0$

$\therefore x=-3$ 또는 $x=4$

→ 직선 $y=x$ 위의 점이므로 교점의 좌표는 $(-3,-3)$, $(4,4)$이다.

(ii) $x^2-12=-x$에서 $x^2+x-12=0$

$(x+4)(x-3)=0$

$\therefore x=-4$ 또는 $x=3$

→ 직선 $y=-x$ 위의 점이므로 교점의 좌표는 $(-4,4)$, $(3,-3)$이다.

(i), (ii)에서 네 원의 중심의 좌표는 각각

$(-4,4)$, $(-3,-3)$, $(3,-3)$, $(4,4)$

이고 반지름의 길이는 각각 4, 3, 3, 4이다.

따라서 네 원의 넓이의 합은

$\pi \times 4^2 + \pi \times 3^2 + \pi \times 3^2 + \pi \times 4^2 = 50\pi$

실수 Check

그림을 그려 x축, y축에 동시에 접하고 원의 중심이 곡선 위에 있는 경우가 네 가지임을 확인한다.

2445 답 ③

| 유형 10

점 $A(-4, -4)$와 원 $x^2+y^2+4x-4y-1=0$ 위의 점 P에 대하여 [단서1] 선분 AP의 길이의 최댓값을 M, 최솟값을 m이라 할 때, $M+m$의 값은?

① $\sqrt{10}$ ② $2\sqrt{10}$ ③ $4\sqrt{10}$
④ $6\sqrt{10}$ ⑤ $8\sqrt{10}$

[단서1] 점 P와 원의 중심 사이의 거리는 항상 일정

STEP 1 원의 중심과 반지름의 길이 구하기

$x^2+y^2+4x-4y-1=0$에서

$(x+2)^2+(y-2)^2=9$

이므로 원의 중심의 좌표는 $(-2, 2)$, 반지름의 길이는 3이다.

STEP 2 점 A와 원의 중심 사이의 거리 구하기

점 $A(-4, -4)$와 원의 중심 $(-2, 2)$ 사이의 거리는

$\sqrt{(-2+4)^2+(2+4)^2}=2\sqrt{10}$

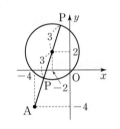

STEP 3 $M+m$의 값 구하기

원의 반지름의 길이가 3이므로

$M=2\sqrt{10}+3$, $m=2\sqrt{10}-3$

$\therefore M+m=(2\sqrt{10}+3)+(2\sqrt{10}-3)=4\sqrt{10}$

2446 답 $\sqrt{10}$

점 $A(6, 2)$와 원의 중심 $(0, 0)$ 사이의 거리는

$\sqrt{6^2+2^2}=2\sqrt{10}$

이때 원의 반지름의 길이는 r이므로 점 A와 원 위의 점 P 사이의 거리의 최댓값은 $2\sqrt{10}+r$이다.

즉, $2\sqrt{10}+r=3\sqrt{10}$이므로

$r=\sqrt{10}$

2447 답 ③

점 A와 원의 중심 $(0, 0)$ 사이의 거리는

$\sqrt{(-a)^2+6^2}=\sqrt{a^2+36}$

원 $x^2+y^2=9$의 반지름의 길이는 3이고 점 A와 점 P 사이의 최단 거리는 7이므로

$\sqrt{a^2+36}-3=7$, $\sqrt{a^2+36}=10$

양변을 제곱하면

$a^2+36=100$, $a^2=64$

$\therefore a=8 \ (\because a>0)$

2448 답 ③

구하는 원의 반지름의 길이의 최댓값은 $\overline{OP}$의 길이의 최댓값과 같다.

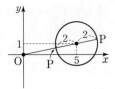

원 $(x-5)^2+(y-1)^2=4$의 중심의 좌표는 $(5, 1)$, 반지름의 길이는 2이고 원점 O와 원의 중심 $(5, 1)$ 사이의 거리는

$\sqrt{5^2+1^2}=\sqrt{26}$이다.

이때 $\sqrt{26}>2$이므로 원점 O는 원 $(x-5)^2+(y-1)^2=4$ 밖의 점이다.

따라서 구하는 원의 반지름의 길이의 최댓값은 $2+\sqrt{26}$이다.

2449 답 ②

$x^2+y^2-6x-8y+21=0$에서

$(x-3)^2+(y-4)^2=4$

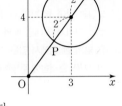

이 원의 중심의 좌표는 $(3, 4)$, 반지름의 길이는 2이고 원점 O와 원의 중심 $(3, 4)$ 사이의 거리는 $\sqrt{3^2+4^2}=5$이다.

이때 $5>2$이므로 원점 O는 원 밖의 점이다.

따라서 원의 반지름의 길이가 2이므로

$M=5+2=7$, $m=5-2=3$

$\therefore Mm=7\times3=21$

2450 답 ④

원 $x^2+y^2=8$의 중심의 좌표는 $(0, 0)$, 반지름의 길이는 $2\sqrt{2}$이고 점 $A(a, 4)$와 원의 중심 $(0, 0)$ 사이의 거리는 $\sqrt{a^2+4^2}$이다.

이때 점 A는 원 밖의 점이므로 선분 AP의 최댓값은

→ a의 값에 관계없이 점 A의 y좌표가 4이므로 $4>2\sqrt{2}$에서 점 A는 원 밖의 점이다.

$\sqrt{a^2+4^2}+2\sqrt{2}$, 최솟값은 $\sqrt{a^2+4^2}-2\sqrt{2}$이다.

즉, $\sqrt{a^2+4^2}=5$이므로 양변을 제곱하면

$a^2+16=25$, $a^2=9$

$\therefore a=-3$ 또는 $a=3$

따라서 가능한 모든 실수 a의 값의 곱은

$(-3)\times3=-9$

실수 Check

점 A가 원 밖의 한 점인지 확인한 후 선분 AP의 최댓값과 최솟값을 구한다.

2451 답 $7\sqrt{2}$

$\sqrt{(a-5)^2+(b-2)^2}$의 최댓값은 원 $(x+2)^2+(y-3)^2=8$ 위의 점 $P(a, b)$와 점 $(5, 2)$ 사이의 거리의 최댓값과 같다.

점 $(5, 2)$와 원의 중심 $(-2, 3)$ 사이의 거리는

$\sqrt{(-2-5)^2+(3-2)^2}=5\sqrt{2}$

이때 원의 반지름의 길이가 $2\sqrt{2}$이므로 $5\sqrt{2}>2\sqrt{2}$에서 점 $(5, 2)$는 원 밖의 점이다.

따라서 구하는 최댓값은

$5\sqrt{2}+2\sqrt{2}=7\sqrt{2}$

2452 답 ④

원 $(x-1)^2+(y+2)^2=4$의 중심의 좌표는 $(1, -2)$, 반지름의 길이는 2이다.

점 $A(5, -5)$와 원의 중심 $(1, -2)$ 사이의 거리는

$\sqrt{(5-1)^2+(-5+2)^2}=5$

이므로 점 A와 원 위의 점 P 사이의 거리의 최솟값은 $5-2=3$, 최댓값은 $5+2=7$이다.

$\overline{AP}$의 길이가 3과 7인 경우는 점 P가 각각 1개씩이고,

$\overline{AP}$의 길이가 4, 5, 6인 경우는 점 P가 각각 2개씩 있으므로 구하는 점 P의 개수는 8이다.

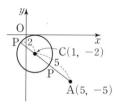

실수 Check

그림과 같이 원 밖의 한 점에서 원 위의 점에 이르는 거리가 최대일 때와 최소일 때를 제외하면 원 밖의 한 점에서 같은 거리에 있는 원 위의 점이 2개씩 존재함에 주의한다.

2453 답 ①

점 $A(4, 3)$과 원의 중심 $(0, 0)$ 사이의 거리는

$\sqrt{4^2+3^2}=5$

이때 원의 반지름의 길이는 4이므로 점 A와 원 위의 점 P 사이의 거리의 최솟값은

$5-4=1$

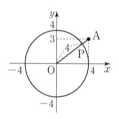

2454 답 ③

| 유형 11

> 두 점 $A(2, -1)$, $B(8, 2)$에 대하여 $\overline{PA}:\overline{PB}=2:1$을 만족시키는 〔단서1〕
>
> 점 P가 나타내는 도형의 넓이는? 〔단서2〕
>
> ① 10π ② 15π ③ 20π
>
> ④ 25π ⑤ 30π
>
> 〔단서1〕 $\overline{PA}:\overline{PB}=2:1$이므로 $\overline{PA}=2\overline{PB}$
>
> 〔단서2〕 점 P의 좌표를 (x, y)로 놓기

STEP 1 $P(x, y)$로 놓고 점 P가 나타내는 도형의 방정식 구하기

$\overline{PA}:\overline{PB}=2:1$이므로

$\overline{PA}=2\overline{PB}$ $\therefore \overline{PA}^2=4\overline{PB}^2$

점 P의 좌표를 (x, y)라 하면

$(x-2)^2+(y+1)^2=4\{(x-8)^2+(y-2)^2\}$

$x^2+y^2-20x-6y+89=0$

$\therefore (x-10)^2+(y-3)^2=20$

STEP 2 점 P가 나타내는 도형의 넓이 구하기

점 P가 나타내는 도형은 중심의 좌표가 $(10, 3)$이고 반지름의 길이가 $2\sqrt5$인 원이므로 도형의 넓이는

$\pi\times(2\sqrt5)^2=20\pi$

다른 풀이

점 P가 나타내는 도형은 선분 AB를 $2:1$로 내분하는 점과 $2:1$로 외분하는 점을 지름의 양 끝 점으로 하는 원이다.
  └→ 아폴로니오스의 원

선분 AB를 $2:1$로 내분하는 점을 P_1이라 하면 점 P_1의 좌표는

$\left(\dfrac{2\times8+1\times2}{2+1}, \dfrac{2\times2+1\times(-1)}{2+1}\right)$ $\therefore P_1(6, 1)$

선분 AB를 $2:1$로 외분하는 점을 P_2라 하면 점 P_2의 좌표는

$\left(\dfrac{2\times8-1\times2}{2-1}, \dfrac{2\times2-1\times(-1)}{2-1}\right)$ $\therefore P_2(14, 5)$

즉, 구하는 원의 중심은 선분 P_1P_2의 중점이므로 그 좌표는 $(10, 3)$이고 선분 P_1P_2가 원의 지름이므로 반지름의 길이는

$\dfrac{1}{2}\overline{P_1P_2}=\dfrac{1}{2}\sqrt{(14-6)^2+(5-1)^2}=2\sqrt5$

따라서 점 P가 나타내는 도형의 넓이는

$\pi\times(2\sqrt5)^2=20\pi$

2455 답 $2\sqrt6\pi$

점 P의 좌표를 (x, y)라 하면

$\overline{AP}^2=\overline{BP}^2+\overline{CP}^2$에서

$(x-1)^2+y^2=(x-1)^2+(y-3)^2+(x-2)^2+(y-1)^2$

$x^2+y^2-4x-8y+14=0$ $\therefore (x-2)^2+(y-4)^2=6$

따라서 점 P가 나타내는 도형은 중심의 좌표가 $(2, 4)$이고 반지름의 길이가 $\sqrt6$인 원이므로 도형의 둘레의 길이는

$2\pi\times\sqrt6=2\sqrt6\pi$

2456 답 ②

$\overline{AP}=2\overline{BP}$에서 $\overline{AP}^2=4\overline{BP}^2$

점 P의 좌표를 (x, y)라 하면

$(x+1)^2+(y-1)^2=4\{(x-2)^2+(y-1)^2\}$

$x^2+y^2-6x-2y+6=0$ $\therefore (x-3)^2+(y-1)^2=4$

따라서 점 P가 나타내는 도형은 중심의 좌표가 $(3, 1)$이고 반지름의 길이가 2인 원이다.

2457 답 ③

$\overline{PA}:\overline{PB}=1:3$이므로

$\overline{PB}=3\overline{PA}$ $\therefore \overline{PB}^2=9\overline{PA}^2$

점 P의 좌표를 (x, y)라 하면

$(x-5)^2+y^2=9\{(x+3)^2+y^2\}$

$x^2+y^2+8x+7=0$ $\therefore (x+4)^2+y^2=9$

따라서 점 P가 나타내는 도형은 중심의 좌표가 $(-4, 0)$이고 반지름의 길이가 3인 원이므로 도형의 둘레의 길이는

$2\pi\times3=6\pi$

2458 답 ③

두 점 $A(-3, 2)$, $B\left(\dfrac{3}{2}, -1\right)$을 $2:1$로 내분하는 점을 $P(x_1, y_1)$, 외분하는 점을 $Q(x_2, y_2)$라 하면

$x_1=\dfrac{2\times\dfrac{3}{2}+1\times(-3)}{2+1}=0$, $y_1=\dfrac{2\times(-1)+1\times2}{2+1}=0$

$$x_2 = \frac{2 \times \frac{3}{2} - 1 \times (-3)}{2-1} = 6, \quad y_2 = \frac{2 \times (-1) - 1 \times 2}{2-1} = -4$$

∴ P(0, 0), Q(6, −4)

이때 점 P와 점 Q가 지름의 양 끝 점이므로 원의 중심은 선분 PQ 의 중점인 (3, −2), 반지름의 길이는

$$\frac{1}{2}\overline{PQ} = \frac{1}{2}\sqrt{6^2 + (-4)^2} = \sqrt{13}$$

따라서 구하는 원의 방정식은

$$(x-3)^2 + (y+2)^2 = 13 \qquad ∴ x^2 + y^2 - 6x + 4y = 0$$

2459 目 50

$\overline{AP}^2 + \overline{BP}^2 = 22$이므로

$$(a+4)^2 + b^2 + (a-2)^2 + b^2 = 22$$

$$a^2 + b^2 + 2a - 1 = 0 \qquad ∴ (a+1)^2 + b^2 = 2$$

즉, 점 P는 원 $(x+1)^2 + y^2 = 2$ 위의 점이므로 $(a-3)^2 + (b+4)^2$ 의 최댓값은 원 $(x+1)^2 + y^2 = 2$ 위의 점과 점 (3, −4) 사이의 거리의 최댓값의 제곱과 같다.

이때 점 (3, −4)와 원의 중심 (−1, 0) 사이의 거리는

$$\sqrt{(3+1)^2 + (-4)^2} = 4\sqrt{2}$$

이고 원의 반지름의 길이가 $\sqrt{2}$이므로 구하는 최댓값은

$$(4\sqrt{2} + \sqrt{2})^2 = 50$$

2460 目 ⑤

$x^2 + y^2 + 4x + 2y + 1 = 0$에서

$$(x+2)^2 + (y+1)^2 = 4$$

점 P의 좌표를 (a, b)라 하면 점 P가 원 위의 점이므로

$$(a+2)^2 + (b+1)^2 = 4 \qquad \cdots\cdots ㉠$$

선분 AP의 중점을 Q(x, y)라 하면

$$x = \frac{a+2}{2}, \quad y = \frac{b-3}{2}$$

$$∴ a = 2x - 2, \quad b = 2y + 3 \qquad \cdots\cdots ㉡$$

㉡을 ㉠에 대입하면

$$(2x)^2 + (2y+4)^2 = 4 \qquad ∴ x^2 + (y+2)^2 = 1$$

2461 目 ③

$\overline{AP} : \overline{BP} = 1 : 3$이므로

$$3\overline{AP} = \overline{BP} \qquad ∴ 9\overline{AP}^2 = \overline{BP}^2$$

점 P의 좌표를 (x, y)라 하면

$$9\{(x+2)^2 + y^2\} = (x-2)^2 + y^2$$

$$x^2 + y^2 + 5x + 4 = 0 \qquad ∴ \left(x + \frac{5}{2}\right)^2 + y^2 = \frac{9}{4}$$

즉, 점 P가 나타내는 도형은 중심의 좌표가 $\left(-\frac{5}{2}, 0\right)$이고 반지름의 길이가 $\frac{3}{2}$인 원이다.

그림과 같이 점 P에서 x축에 내린 수선의 발을 H라 하면

$$\triangle PAB = \frac{1}{2} \times \overline{AB} \times \overline{PH}$$

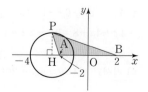

이때 $\overline{AB} = 4$이고 $\overline{PH}$의 길이의 최댓값은 반지름의 길이인 $\frac{3}{2}$이므 로 삼각형 PAB의 넓이의 최댓값은

$$\frac{1}{2} \times 4 \times \frac{3}{2} = 3$$

실수 Check

삼각형 PAB의 넓이가 최대이려면 밑변의 길이가 $\overline{AB}$로 정해져 있으 므로 높이가 최대이어야 한다. 즉, $\overline{PH}$가 반지름일 때 높이가 최대가 된다.

Plus 문제

2461-1

두 점 A(0, −3), B(0, 3)으로부터의 거리의 비가 1 : 2인 점 P에 대하여 삼각형 PAB의 넓이의 최댓값을 구하시오.

$\overline{AP} : \overline{BP} = 1 : 2$이므로

$$2\overline{AP} = \overline{BP} \qquad ∴ 4\overline{AP}^2 = \overline{BP}^2$$

점 P의 좌표를 (x, y)라 하면

$$4\{x^2 + (y+3)^2\} = x^2 + (y-3)^2$$

$$x^2 + y^2 + 10y + 9 = 0$$

$$∴ x^2 + (y+5)^2 = 16$$

즉, 점 P가 나타내는 도형은 중심의 좌표가 (0, −5)이고 반 지름의 길이가 4인 원이다.

그림과 같이 점 P에서 y축에 내린 수선의 발을 H라 하면

$$\triangle PAB = \frac{1}{2} \times \overline{AB} \times \overline{PH}$$

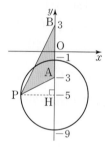

이때 $\overline{AB} = 6$이고 $\overline{PH}$의 길이의 최댓 값은 반지름의 길이인 4이므로 삼각형 PAB의 넓이의 최댓값은

$$\frac{1}{2} \times 6 \times 4 = 12$$

目 12

2462 目 ③

$\overline{AP} : \overline{BP} = 2 : 1$이므로

$$\overline{AP} = 2\overline{BP} \qquad ∴ \overline{AP}^2 = 4\overline{BP}^2$$

점 P의 좌표를 (x, y)라 하면

$$(x-1)^2 + y^2 = 4\{(x-7)^2 + y^2\}$$

$$x^2 + y^2 - 18x + 65 = 0 \qquad ∴ (x-9)^2 + y^2 = 16$$

즉, 점 P가 나타내는 도형은 중심의 좌표가 (9, 0)이고 반지름의 길이가 4인 원이다.

이때 ∠PAB의 크기가 최대가 되려면 그림과 같이 직선 AP가 원에 접해야 하므로 원의 중심을 C라 하면 삼각형 PAC는 ∠P = 90°인 직각삼각형이다.

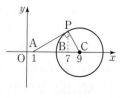

$$∴ \overline{AP} = \sqrt{\overline{AC}^2 - \overline{PC}^2} = \sqrt{8^2 - 4^2} = 4\sqrt{3}$$

실수 Check

직선 AP가 원에 접할 때, ∠PAB의 크기가 최대가 된다.

2463 답 ②

그림과 같이 좌표평면 위에 두 대형 마트가 수직으로 만나는 지점을 원점으로 놓고 두 대형 마트의 위치를 A$(-6, 0)$, B$(0, 3)$이라 하자.

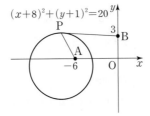

배송 비용이 A 대형 마트가 B 대형 마트보다 2배 비싸므로 배송 비용이 동일한 지점을 P(x, y)라 하면 $\overline{AP} : \overline{BP} = 1 : 2$이다.

즉, $2\overline{AP} = \overline{BP}$ ∴ $4\overline{AP}^2 = \overline{BP}^2$

$4\{(x+6)^2 + y^2\} = x^2 + (y-3)^2$

$x^2 + y^2 + 16x + 2y + 45 = 0$ ∴ $(x+8)^2 + (y+1)^2 = 20$

따라서 점 P가 그리는 도형은 중심의 좌표가 $(-8, -1)$이고 반지름의 길이가 $2\sqrt{5}$인 원이므로 구하는 도형의 둘레의 길이는

$2\pi \times 2\sqrt{5} = 4\sqrt{5}\pi \text{(km)}$

다른 풀이

그림과 같이 좌표평면 위에 두 대형 마트가 수직으로 만나는 지점을 원점으로 놓고 두 대형 마트의 위치를 A$(-6, 0)$, B$(0, 3)$이라 하자.

선분 AB를 $1 : 2$로 내분하는 점을 C, 선분 AB를 $1 : 2$로 외분하는 점을 D라 하면

C$(-4, 1)$, D$(-12, -3)$

즉, 점 P가 나타내는 도형은 중심
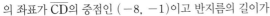
→ 아폴로니오스의 원이다.

의 좌표가 $\overline{CD}$의 중점인 $(-8, -1)$이고 반지름의 길이가

$\frac{1}{2}\overline{CD} = 2\sqrt{5}$인 원이다.

따라서 점 P가 그리는 도형의 방정식은

$(x+8)^2 + (y+1)^2 = 20$

이므로 구하는 도형의 둘레의 길이는

$2\pi \times 2\sqrt{5} = 4\sqrt{5}\pi \text{(km)}$

실수 Check

문제 상황을 좌표평면 위에 나타내어 해결 방법을 모색한다.

2464 답 ⑤

(i) 점 P가 나타내는 도형의 방정식을 구해 보자.

$\overline{AP} : \overline{BP} = 3 : 2$이므로 $2\overline{AP} = 3\overline{BP}$ ∴ $4\overline{AP}^2 = 9\overline{BP}^2$

점 P의 좌표를 (x, y)라 하면

$4\{(x+1)^2 + y^2\} = 9\{(x-4)^2 + y^2\}$

$x^2 + y^2 - 16x + 28 = 0$ ∴ $(x-8)^2 + y^2 = 36$

즉, 점 P가 나타내는 도형은 중심의 좌표가 $(8, 0)$이고 반지름의 길이가 6인 원이다.

(ii) 점 Q가 나타내는 도형의 방정식을 구해 보자.

$\overline{AQ} : \overline{BQ} = 2 : 3$이므로 $3\overline{AQ} = 2\overline{BQ}$ ∴ $9\overline{AQ}^2 = 4\overline{BQ}^2$

점 Q의 좌표를 (x, y)라 하면

$9\{(x+1)^2 + y^2\} = 4\{(x-4)^2 + y^2\}$

$x^2 + y^2 + 10x - 11 = 0$ ∴ $(x+5)^2 + y^2 = 36$

즉, 점 Q가 나타내는 도형은 중심의 좌표가 $(-5, 0)$이고 반지름의 길이가 6인 원이다.

이때 $\overline{CD}$의 길이가 최대가 되려면 그림과 같이 두 점 C, D와 두 원의 중심이 일직선에 위치하고 두 원의 중심이 모두 선분 CD 위에 있어야 한다.

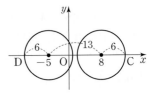

따라서 $\overline{CD}$의 길이의 최댓값은 두 원의 중심 사이의 거리와 두 원의 반지름의 길이의 합과 같으므로 구하는 값은

$13 + 6 + 6 = 25$

실수 Check

선분 CD의 길이가 최대가 되려면 두 점 C, D와 두 원의 중심이 일직선에 위치해야 한다. 두 원의 중심 사이의 거리와 두 원의 반지름의 길이를 이용하여 선분 CD의 길이가 최대인 경우를 따져 본다.

2465 답 ③   유형 12

두 원 $(x+a)^2 + y^2 = 4$, $x^2 + (y-1)^2 = 9$의 교점을 지나는 직선이 직 **단서1** 선 $y = x+2$와 수직일 때, 상수 a의 값은? **단서2**

① -4 ② -2 ③ 1

④ 2 ⑤ 4

단서1 두 원의 교점을 지나는 직선의 방정식 구하기
단서2 서로 수직인 두 직선의 기울기의 곱은 -1

STEP1 두 원의 교점을 지나는 직선의 방정식 구하기

$(x+a)^2 + y^2 = 4$에서 $x^2 + y^2 + 2ax + a^2 - 4 = 0$

$x^2 + (y-1)^2 = 9$에서 $x^2 + y^2 - 2y - 8 = 0$

두 원의 교점을 지나는 직선의 방정식은

$x^2 + y^2 + 2ax + a^2 - 4 - (x^2 + y^2 - 2y - 8) = 0$

$2ax + 2y + a^2 + 4 = 0$

∴ $y = -ax - \dfrac{a^2 + 4}{2}$

STEP2 a의 값 구하기

이 직선이 직선 $y = x+2$와 수직이므로

$-a \times 1 = -1$ ∴ $a = 1$

2466 답 ⑤

$x^2 + y^2 = 4$에서 $x^2 + y^2 - 4 = 0$

$(x-1)^2 + y^2 = 5$에서 $x^2 + y^2 - 2x - 4 = 0$

따라서 두 원의 교점을 지나는 직선의 방정식은

$x^2 + y^2 - 4 - (x^2 + y^2 - 2x - 4) = 0$

∴ $x = 0$

2467 답 1

두 원의 교점을 지나는 직선의 방정식은

$x^2 + y^2 - 2x + 6y + 1 - (x^2 + y^2 + 2x + 2y - 7) = 0$

$-4x + 4y + 8 = 0$, $-x + y + 2 = 0$

∴ $y = x - 2$

이 직선과 직선 $y = mx + 3$이 평행하므로 $m = 1$
→ 두 직선이 평행하면 기울기가 같다.

2468 답 −3

두 원의 교점을 지나는 직선의 방정식은
$$x^2+y^2+ax+y-1-(x^2+y^2-x+ay+1)=0$$
$$\therefore (a+1)x+(1-a)y-2=0$$
이 직선이 점 $(3, 2)$를 지나므로
$$3(a+1)+2(1-a)-2=0$$
$$a+3=0 \qquad \therefore a=-3$$

2469 답 ①

두 원의 교점을 지나는 직선의 방정식은
$$x^2+y^2+3x+y-1-(x^2+y^2-x+3y+1)=0$$
$$4x-2y-2=0 \qquad \therefore y=2x-1$$
이 직선의 x절편은 $\dfrac{1}{2}$, y절편은 -1이므로
$$A\left(\dfrac{1}{2}, 0\right), B(0, -1)$$
따라서 삼각형 OAB의 넓이는
$$\dfrac{1}{2}\times\dfrac{1}{2}\times 1=\dfrac{1}{4}$$

2470 답 ②

두 원 C_1, C_2의 교점을 지나는 직선의 방정식은
$$x^2+y^2+2ax-6y+7-(x^2+y^2+6x+4y+9)=0$$
$$(a-3)x-5y-1=0 \quad\cdots\cdots\quad \text{㉠}$$
또, $x^2+y^2+6x+4y+9=0$에서 $(x+3)^2+(y+2)^2=4$
이때 직선 ㉠이 원 C_2의 넓이를 이등분하려면
원 C_2의 중심 $(-3, -2)$를 지나야 하므로
$$(a-3)\times(-3)-5\times(-2)-1=0$$
$$-3a+18=0 \qquad \therefore a=6$$

실수 Check

한 직선이 원의 둘레 또는 넓이를 이등분하기 위해서는 원의 중심을 지나야 한다.

Plus 문제

2470-1

원 $x^2+y^2+4ax-4y-3a=0$이 원 $x^2+y^2+2x-6y-6=0$ 의 둘레를 이등분할 때, 상수 a의 값을 구하시오.

두 원의 교점을 지나는 직선의 방정식은
$$x^2+y^2+4ax-4y-3a-(x^2+y^2+2x-6y-6)=0$$
$$(4a-2)x+2y-3a+6=0 \quad\cdots\cdots\quad \text{㉠}$$
$x^2+y^2+2x-6y-6=0$에서
$$(x+1)^2+(y-3)^2=16 \quad\cdots\cdots\quad \text{㉡}$$
원 $x^2+y^2+4ax-4y-3a=0$이
원 $x^2+y^2+2x-6y-6=0$의 둘레를 이등분하려면
직선 ㉠이 원 ㉡의 중심 $(-1, 3)$을 지나야 하므로
$$(4a-2)\times(-1)+2\times 3-3a+6=0$$
$$-7a+14=0 \qquad \therefore a=2$$

답 2

2471 답 ④ | 유형 13

> 두 원 $(x-2)^2+(y-5)^2=9$, $(x+1)^2+(y-2)^2=3$의 공통인 현의 길이는? 단서1
>
> ① 1 ② $\sqrt{2}$ ③ $\sqrt{3}$
> ④ 2 ⑤ $\sqrt{5}$
>
> 단서1 두 원의 공통인 현과 두 원의 중심을 이은 선분은 서로 수직

STEP1 두 원의 공통인 현의 방정식 구하기

그림과 같이 두 원
$(x-2)^2+(y-5)^2=9$,
$(x+1)^2+(y-2)^2=3$의 중심을 각
각 C, C′이라 하고, 두 원의 교점을
A, B, $\overline{CC'}$과 $\overline{AB}$의 교점을 D라
하자.

$(x-2)^2+(y-5)^2=9$에서
$$x^2+y^2-4x-10y+20=0$$
$(x+1)^2+(y-2)^2=3$에서 $x^2+y^2+2x-4y+2=0$
즉, 직선 AB의 방정식은
$$x^2+y^2-4x-10y+20-(x^2+y^2+2x-4y+2)=0$$
$$\therefore x+y-3=0$$

STEP2 원의 중심과 공통인 현 사이의 거리 구하기

점 $C(2, 5)$와 직선 $x+y-3=0$ 사이의 거리는
$$\overline{CD}=\dfrac{|2+5-3|}{\sqrt{1^2+1^2}}=\dfrac{4}{\sqrt{2}}=2\sqrt{2}$$

STEP3 피타고라스 정리를 이용하여 공통인 현의 길이 구하기

직각삼각형 ACD에서
$$\overline{AD}=\sqrt{\overline{AC}^2-\overline{CD}^2}=\sqrt{3^2-(2\sqrt{2})^2}=1$$
$\qquad\qquad (x-2)^2+(y-5)^2=9$이므로 $\overline{AC}=3$
따라서 공통인 현의 길이는
$$\overline{AB}=2\overline{AD}=2$$

2472 답 ②

선분 AB의 중점은 두 원의 공통인 현 AB와 두 원의 중심을 지나는 직선의 교점이다.
$(x-3)^2+(y+3)^2=14$에서 $x^2+y^2-6x+6y+4=0$
즉, 직선 AB의 방정식은
$$x^2+y^2-8-(x^2+y^2-6x+6y+4)=0$$
$$x-y-2=0 \quad\cdots\cdots\quad \text{㉠}$$
두 원의 중심 $(0, 0)$, $(3, -3)$을 지나는 직선의 방정식은
$$y=-x \quad\cdots\cdots\quad \text{㉡}$$
㉠, ㉡을 연립하여 풀면 $x=1$, $y=-1$
따라서 구하는 중점의 좌표는 $(1, -1)$이므로
$$a=1, b=-1$$
$$\therefore a-b=1-(-1)=2$$

2473 답 $\sqrt{3}$

$x^2+(y+1)^2=3$에서 $x^2+y^2+2y-2=0$
즉, 직선 AB의 방정식은
$$x^2+y^2-4-(x^2+y^2+2y-2)=0 \qquad \therefore y=-1$$

그림과 같이 두 원의 공통인 현 AB와 두 원의 중심을 지나는 직선의 교점을 C라 하자.

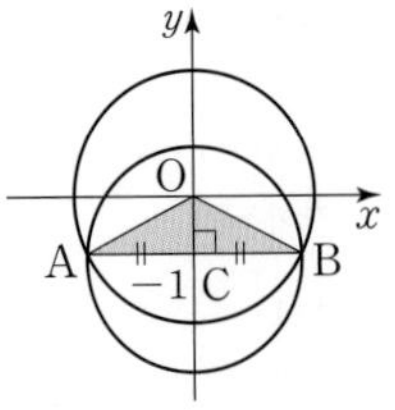

$x^2+y^2=4$이므로 $\overline{OA}=2$

점 C는 직선 $y=-1$ 위에 있으므로

$\overline{OC}=1$

직각삼각형 OAC에서

$\overline{AC}=\sqrt{\overline{OA}^2-\overline{OC}^2}=\sqrt{2^2-1^2}=\sqrt{3}$

$\therefore \overline{AB}=2\overline{AC}=2\sqrt{3}$

따라서 삼각형 OAB의 넓이는

$\dfrac{1}{2}\times\overline{AB}\times\overline{OC}=\dfrac{1}{2}\times2\sqrt{3}\times1=\sqrt{3}$

2474 답 ④

$x^2+(y-2)^2=16$에서 $x^2+y^2-4y-12=0$

$(x-3)^2+(y+1)^2=4$에서 $x^2+y^2-6x+2y+6=0$

즉, 직선 AB의 방정식은

$x^2+y^2-4y-12-(x^2+y^2-6x+2y+6)=0$

$\therefore x-y-3=0$

그림과 같이 $\overline{AB}$와 $\overline{CC'}$의 교점을 D라 하자.

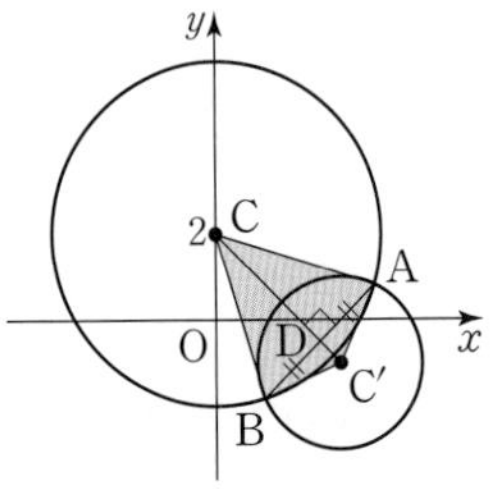

점 C(0, 2)와 직선 $x-y-3=0$ 사이의 거리는

$\overline{CD}=\dfrac{|-2-3|}{\sqrt{1^2+(-1)^2}}=\dfrac{5}{\sqrt{2}}=\dfrac{5\sqrt{2}}{2}$

직각삼각형 ACD에서

$\overline{AD}=\sqrt{\overline{AC}^2-\overline{CD}^2}=\sqrt{4^2-\left(\dfrac{5\sqrt{2}}{2}\right)^2}=\sqrt{\dfrac{7}{2}}=\dfrac{\sqrt{14}}{2}$

→ $x^2+(y-2)^2=16$이므로 $\overline{AC}=4$

$\therefore \overline{AB}=2\overline{AD}=\sqrt{14}$

$\overline{CC'}=\sqrt{(3-0)^2+(-1-2)^2}=3\sqrt{2}$

따라서 사각형 CAC'B의 넓이는

$\dfrac{1}{2}\times\overline{CC'}\times\overline{AB}=\dfrac{1}{2}\times3\sqrt{2}\times\sqrt{14}=3\sqrt{7}$

2475 답 $\dfrac{16}{5}\pi$

그림과 같이 두 원 $x^2+y^2=5$, $(x+2)^2+(y-1)^2=4$의 교점을 A, B, 원점 O에서 직선 AB에 내린 수선의 발을 C라 하자.

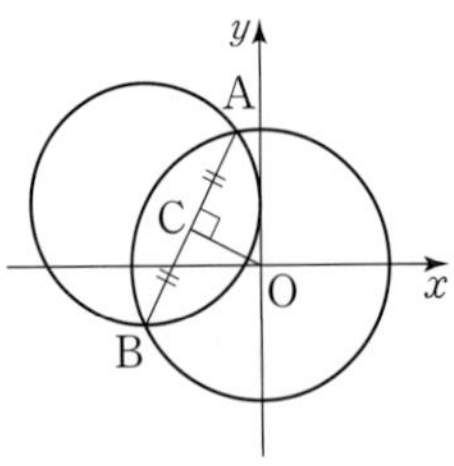

$(x+2)^2+(y-1)^2=4$에서

$x^2+y^2+4x-2y+1=0$

직선 AB의 방정식은

$x^2+y^2-5-(x^2+y^2+4x-2y+1)=0$

$\therefore 2x-y+3=0$

원 $x^2+y^2=5$의 중심 (0, 0)과 직선 $2x-y+3=0$ 사이의 거리는

$\overline{OC}=\dfrac{|3|}{\sqrt{2^2+(-1)^2}}=\dfrac{3\sqrt{5}}{5}$

이때 원 $x^2+y^2=5$의 반지름의 길이가 $\sqrt{5}$이므로

$\overline{OA}=\sqrt{5}$

직각삼각형 OAC에서

$\overline{AC}=\sqrt{\overline{OA}^2-\overline{OC}^2}=\sqrt{(\sqrt{5})^2-\left(\dfrac{3\sqrt{5}}{5}\right)^2}=\dfrac{4\sqrt{5}}{5}$

$\therefore \overline{AB}=2\overline{AC}=\dfrac{8\sqrt{5}}{5}$

따라서 두 원의 교점을 지나는 원의 넓이가 최소가 되려면 공통인 현이 그 원의 지름이어야 하므로 구하는 넓이는

$\pi\times\left(\dfrac{4\sqrt{5}}{5}\right)^2=\dfrac{16}{5}\pi$ → 지름이 $\dfrac{8\sqrt{5}}{5}$이므로 반지름의 길이는 $\dfrac{4\sqrt{5}}{5}$이다.

2476 답 ④

그림과 같이 두 원 $x^2+y^2-k=0$, $x^2+y^2-4x-4y=0$의 중심을 각각 O, O'이라 하고, 두 원의 교점을 A, B, 직선 OO'과 선분 AB의 교점을 C라 하자.

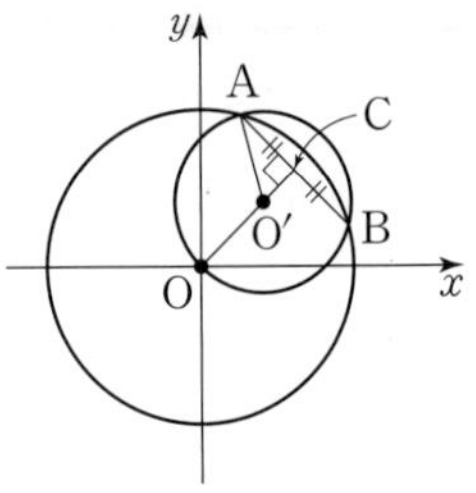

$x^2+y^2-4x-4y=0$에서

$(x-2)^2+(y-2)^2=8$

이므로 점 O'의 좌표는 (2, 2)이고

$\overline{O'A}=2\sqrt{2}$

$\overline{AB}=2\sqrt{6}$이므로 $\overline{AC}=\dfrac{1}{2}\overline{AB}=\sqrt{6}$

직각삼각형 O'AC에서

$\overline{O'C}=\sqrt{\overline{O'A}^2-\overline{AC}^2}=\sqrt{(2\sqrt{2})^2-(\sqrt{6})^2}=\sqrt{2}$ ········· ㉠

한편, 두 원의 공통인 현의 방정식은

$x^2+y^2-k-(x^2+y^2-4x-4y)=0$

$\therefore 4x+4y-k=0$

점 O'(2, 2)와 직선 $4x+4y-k=0$ 사이의 거리는

$\overline{O'C}=\dfrac{|8+8-k|}{\sqrt{4^2+4^2}}=\dfrac{|16-k|}{4\sqrt{2}}$ ········· ㉡

㉠, ㉡에서 $\dfrac{|16-k|}{4\sqrt{2}}=\sqrt{2}$, $|16-k|=8$

$16-k=\pm8$ $\therefore k=8$ 또는 $k=24$

따라서 모든 상수 k의 값의 합은

$8+24=32$

실수 Check

절댓값 안의 값이 양수인 경우와 음수인 경우 모두 빠짐없이 구하도록 주의한다.

2477 답 ① | 유형 14

두 원 $x^2+y^2-3=0$, $x^2+y^2+2x+4y-6=0$의 교점과 점 (2, 0)을 [단서1] [단서2]
지나는 원의 넓이는?

① 5π　　　② 6π　　　③ 7π
④ 8π　　　⑤ 9π

[단서1] 두 원의 교점을 지나는 원의 방정식 구하기
[단서2] 주어진 점의 좌표를 대입

STEP1 두 원의 교점과 점 (2, 0)을 지나는 원의 방정식 구하기

두 원의 교점을 지나는 원의 방정식은

$x^2+y^2-3+k(x^2+y^2+2x+4y-6)=0$ (단, $k\neq-1$) ··········· ㉠

이 원이 점 $(2, 0)$을 지나므로
$4+0-3+k(4+0+4+0-6)=0$
$1+2k=0$ ∴ $k=-\dfrac{1}{2}$

$k=-\dfrac{1}{2}$을 ㉠에 대입하면
$x^2+y^2-3-\dfrac{1}{2}(x^2+y^2+2x+4y-6)=0$
$x^2+y^2-2x-4y=0$
∴ $(x-1)^2+(y-2)^2=5$

STEP 2 원의 넓이 구하기
원의 반지름의 길이는 $\sqrt{5}$이므로 구하는 원의 넓이는
$\pi\times(\sqrt{5})^2=5\pi$

2478 답 $\left(-3, \dfrac{9}{2}\right)$

두 원의 교점을 지나는 원의 방정식은
$x^2+y^2+2x-6y+6+k(x^2+y^2-6x-16)=0$ (단, $k\neq-1$)
.... ㉠

이 원이 점 $(-3, 1)$을 지나므로
$9+1-6-6+6+k(9+1+18-16)=0$
$4+12k=0$ ∴ $k=-\dfrac{1}{3}$

$k=-\dfrac{1}{3}$을 ㉠에 대입하면
$x^2+y^2+2x-6y+6-\dfrac{1}{3}(x^2+y^2-6x-16)=0$
$x^2+y^2+6x-9y+17=0$
∴ $(x+3)^2+\left(y-\dfrac{9}{2}\right)^2=\dfrac{49}{4}$

따라서 구하는 원의 중심의 좌표는 $\left(-3, \dfrac{9}{2}\right)$이다.

2479 답 -4

$(x-2)^2+(y-2)^2=4$에서 $x^2+y^2-4x-4y+4=0$
두 원의 교점을 지나는 원의 방정식은
$x^2+y^2-4+k(x^2+y^2-4x-4y+4)=0$ (단, $k\neq-1$) .... ㉠
이 원이 점 $(2, 2)$를 지나므로
$4+4-4+k(4+4-8-8+4)=0$
$-4k+4=0$ ∴ $k=1$
$k=1$을 ㉠에 대입하면
$x^2+y^2-4+(x^2+y^2-4x-4y+4)=0$
∴ $x^2+y^2-2x-2y=0$
따라서 $A=-2$, $B=-2$, $C=0$이므로
$A+B+C=-2+(-2)+0=-4$

2480 답 ④

두 원의 교점을 지나는 원의 방정식은
$x^2+y^2-8x+6ay+2+k(x^2+y^2-2x-1)=0$ (단, $k\neq-1$)
.... ㉠

이 원이 원점을 지나므로
$2-k=0$ ∴ $k=2$

$k=2$를 ㉠에 대입하면
$x^2+y^2-8x+6ay+2+2(x^2+y^2-2x-1)=0$
$x^2+y^2-4x+2ay=0$
∴ $(x-2)^2+(y+a)^2=a^2+4$ ⟶ 반지름의 길이의 제곱이므로 원의 넓이는 $(a^2+4)\pi$이다.
이 원의 넓이가 9π이므로
$a^2+4=9$, $a^2=5$ ∴ $a=\sqrt{5}$ (∵ $a>0$)

2481 답 5

두 원의 교점을 지나는 원의 방정식은
$x^2+y^2-3x+ay+2a+k(x^2+y^2-2x)=0$ (단, $k\neq-1$) .... ㉠
이 원이 점 $(0, 2)$를 지나므로
$0+4-0+2a+2a+k(0+4-0)=0$
$4+4a+4k=0$ ∴ $a+k=-1$ .... ㉡
또, 이 원이 점 $(2, 1)$을 지나므로
$4+1-6+a+2a+k(4+1-4)=0$
$-1+3a+k=0$ ∴ $3a+k=1$ .... ㉢
㉡, ㉢을 연립하여 풀면 $a=1$, $k=-2$
$a=1$, $k=-2$를 ㉠에 대입하면
$x^2+y^2-3x+y+2-2(x^2+y^2-2x)=0$
$x^2+y^2-x-y-2=0$
∴ $\left(x-\dfrac{1}{2}\right)^2+\left(y-\dfrac{1}{2}\right)^2=\dfrac{5}{2}$

따라서 $b=\dfrac{5}{2}$이므로 $2ab=2\times1\times\dfrac{5}{2}=5$

2482 답 ②

두 원의 교점을 지나는 원의 방정식은
$x^2+y^2+4x+2y-7+k(x^2+y^2-5)=0$ (단, $k\neq-1$)
$(k+1)x^2+(k+1)y^2+4x+2y-5k-7=0$
$x^2+y^2+\dfrac{4}{k+1}x+\dfrac{2}{k+1}y+\dfrac{-5k-7}{k+1}=0$
$\left(x+\dfrac{2}{k+1}\right)^2+\left(y+\dfrac{1}{k+1}\right)^2=\dfrac{5k+7}{k+1}+\dfrac{5}{(k+1)^2}$ .... ㉠

이 원의 중심의 좌표가 $(2, 1)$이므로
$-\dfrac{2}{k+1}=2$, $-\dfrac{1}{k+1}=1$
$k+1=-1$ ∴ $k=-2$
$k=-2$를 ㉠에 대입하면
$(x-2)^2+(y-1)^2=8$
따라서 구하는 원의 반지름의 길이는 $2\sqrt{2}$이다.

2483 답 5π

두 원의 교점을 지나는 원의 방정식은
$x^2+y^2-5x+4y-4+k(x^2+y^2+5x-6y-8)=0$ (단, $k\neq-1$)
$(k+1)x^2+(k+1)y^2+(5k-5)x+(-6k+4)y-8k-4=0$
$x^2+y^2+\dfrac{5k-5}{k+1}x+\dfrac{-6k+4}{k+1}y+\dfrac{-8k-4}{k+1}=0$ .... ㉠
이 원의 중심이 y축 위에 있으므로 원의 중심의 x좌표는 0이다.
즉, x의 계수가 0이므로
$\dfrac{5k-5}{k+1}=0$ ∴ $k=1$

$k=1$을 ㉠에 대입하면

$x^2+y^2-y-6=0$ $\therefore x^2+\left(y-\dfrac{1}{2}\right)^2=\dfrac{25}{4}$

따라서 원의 반지름의 길이가 $\dfrac{5}{2}$이므로 구하는 원의 둘레의 길이는

$2\pi\times\dfrac{5}{2}=5\pi$

실수 Check

원의 중심이 y축 위에 있을 때, 원의 중심의 y좌표가 아닌 x좌표가 0임에 주의한다.

2484 답 ②　　　　　　　　　　　| 유형 15

> 원 $x^2+y^2=8$과 직선 $y=x+k$가 <u>서로 다른 두 점에서 만나도록 하는</u> 정수 k의 개수는? **단서1**
>
> ① 6　　　　　　② 7　　　　　　③ 8
> ④ 9　　　　　　⑤ 10
>
> **단서1** (원의 중심과 직선 사이의 거리)<(원의 반지름의 길이)

STEP 1 원의 중심과 직선 사이의 거리 구하기

원의 중심 $(0, 0)$과 직선 $y=x+k$, 즉 $x-y+k=0$ 사이의 거리는

$\dfrac{|k|}{\sqrt{1^2+(-1)^2}}=\dfrac{|k|}{\sqrt{2}}$

STEP 2 (원의 중심과 직선 사이의 거리)<(원의 반지름의 길이)임을 이용하여 k의 값의 범위 구하기

원의 반지름의 길이가 $2\sqrt{2}$이므로 원과 직선이 서로 다른 두 점에서 만나려면

$\dfrac{|k|}{\sqrt{2}}<2\sqrt{2}$, $|k|<4$

$\therefore -4<k<4$

STEP 3 정수 k의 개수 구하기

정수 k는 $-3, -2, -1, 0, 1, 2, 3$의 7개이다.

다른 풀이

$y=x+k$를 $x^2+y^2=8$에 대입하면

$x^2+(x+k)^2=8$

$2x^2+2kx+k^2-8=0$

이 이차방정식의 판별식을 D라 하면 원과 직선이 서로 다른 두 점에서 만나야 하므로

$\dfrac{D}{4}=k^2-2(k^2-8)>0$

$-k^2+16>0$, $k^2-16<0$, $(k+4)(k-4)<0$

$\therefore -4<k<4$

따라서 정수 k는 $-3, -2, -1, 0, 1, 2, 3$의 7개이다.

2485 답 3

원의 중심 $(-2, 1)$과 직선 $4x+3y-5=0$ 사이의 거리는

$\dfrac{|-8+3-5|}{\sqrt{4^2+3^2}}=\dfrac{|-10|}{5}=2$

원의 반지름의 길이가 r이므로

원과 직선이 서로 다른 두 점에서 만나려면 $r>2$

따라서 자연수 r의 최솟값은 3이다.

2486 답 ②

원의 중심 $(1, 0)$과 직선 $y=2x+k$, 즉 $2x-y+k=0$ 사이의 거리는

$\dfrac{|2+k|}{\sqrt{2^2+(-1)^2}}=\dfrac{|2+k|}{\sqrt{5}}$

이 원의 반지름의 길이가 $\sqrt{5}$이므로 원과 직선이 서로 다른 두 점에서 만나려면

$\dfrac{|2+k|}{\sqrt{5}}<\sqrt{5}$, $|2+k|<5$

$-5<2+k<5$ $\therefore -7<k<3$

따라서 $\alpha=-7$, $\beta=3$이므로

$\beta-\alpha=3-(-7)=10$

다른 풀이

$y=2x+k$를 $(x-1)^2+y^2=5$에 대입하면

$(x-1)^2+(2x+k)^2=5$

$5x^2+2(2k-1)x+k^2-4=0$

이 이차방정식의 판별식을 D라 하면 원과 직선이 서로 다른 두 점에서 만나야 하므로

$\dfrac{D}{4}=(2k-1)^2-5(k^2-4)>0$

$-k^2-4k+21>0$, $k^2+4k-21<0$

$(k+7)(k-3)<0$ $\therefore -7<k<3$

따라서 $\alpha=-7$, $\beta=3$이므로

$\beta-\alpha=3-(-7)=10$

2487 답 14

원의 중심 $(a, 1)$과 직선 $3x-4y-a-3=0$ 사이의 거리는

$\dfrac{|3a-4-a-3|}{\sqrt{3^2+(-4)^2}}=\dfrac{|2a-7|}{5}$

이 원의 반지름의 길이가 3이므로 원과 직선이 서로 다른 두 점에서 만나려면

$\dfrac{|2a-7|}{5}<3$, $|2a-7|<15$

$-15<2a-7<15$, $-8<2a<22$ $\therefore -4<a<11$

따라서 정수 a는 $-3, -2, -1, \cdots, 8, 9, 10$의 14개이다.

2488 답 $m<-\sqrt{3}$ 또는 $m>\sqrt{3}$

원의 중심 $(0, 1)$과 직선 $y=mx+3$, 즉 $mx-y+3=0$ 사이의 거리는

$\dfrac{|-1+3|}{\sqrt{m^2+(-1)^2}}=\dfrac{2}{\sqrt{m^2+1}}$

이 원의 반지름의 길이가 1이므로 원과 직선이 서로 다른 두 점에서 만나려면

$\dfrac{2}{\sqrt{m^2+1}}<1$, $\sqrt{m^2+1}>2$
　　　↘ $\sqrt{m^2+1}>0$이므로 양변에 $\sqrt{m^2+1}$을 곱하면 $2<\sqrt{m^2+1}$

$m^2+1>4$, $m^2>3$

$\therefore m<-\sqrt{3}$ 또는 $m>\sqrt{3}$

다른 풀이

$y=mx+3$을 $x^2+(y-1)^2=1$에 대입하면

$x^2+(mx+2)^2=1$

$(m^2+1)x^2+4mx+3=0$

이 이차방정식의 판별식을 D라 하면 원과 직선이 서로 다른 두 점에서 만나야 하므로

$\dfrac{D}{4}=(2m)^2-3(m^2+1)>0$

$m^2-3>0$ $\therefore m<-\sqrt{3}$ 또는 $m>\sqrt{3}$

2489 답 ④

원의 방정식을 $x^2+y^2+Ax+By+C=0$으로 놓으면 원점 $(0, 0)$을 지나므로 $C=0$

$\therefore x^2+y^2+Ax+By=0$ ················· ㉠

원 ㉠이 점 $(2, 0)$을 지나므로

$4+2A=0$ $\therefore A=-2$ ················· ㉡

원 ㉠이 점 $(3, 1)$을 지나므로

$9+1+3A+B=0$

$3A+B=-10$ ················· ㉢

㉡을 ㉢에 대입하여 정리하면 $B=-4$

따라서 구하는 원의 방정식은 $x^2+y^2-2x-4y=0$

즉, $(x-1)^2+(y-2)^2=5$

원의 중심 $(1, 2)$와 직선 $2x-y+k=0$ 사이의 거리는

$\dfrac{|2-2+k|}{\sqrt{2^2+(-1)^2}}=\dfrac{|k|}{\sqrt{5}}$

원의 반지름의 길이가 $\sqrt{5}$이므로 원과 직선이 서로 다른 두 점에서 만나려면

$\dfrac{|k|}{\sqrt{5}}<\sqrt{5}$, $|k|<5$

$\therefore -5<k<5$

따라서 자연수 k의 최댓값은 4이다.

실수 Check

세 점을 지나는 원의 방정식을 구할 때, $(0, 0)$을 먼저 대입하여 정리하면 계산 실수를 줄일 수 있다.

2490 답 ⑤

| 유형 16

> 원 $x^2+(y-1)^2=5$와 직선 $2x-y+k=0$이 한 점에서 만날 때, 양수 k의 값은? 단서1
>
> ① 2   ② 3   ③ 4
> ④ 5   ⑤ 6
>
> 단서1 (원의 중심과 직선 사이의 거리)=(원의 반지름의 길이)

STEP 1 원의 중심과 직선 사이의 거리 구하기

원의 중심 $(0, 1)$과 직선 $2x-y+k=0$ 사이의 거리는

$\dfrac{|-1+k|}{\sqrt{2^2+(-1)^2}}=\dfrac{|-1+k|}{\sqrt{5}}$

STEP 2 (원의 중심과 직선 사이의 거리)=(원의 반지름의 길이)임을 이용하여 양수 k의 값 구하기

원의 반지름의 길이가 $\sqrt{5}$이므로 원과 직선이 한 점에서 만나려면

$\dfrac{|-1+k|}{\sqrt{5}}=\sqrt{5}$, $|-1+k|=5$

$-1+k=\pm5$ $\therefore k=6\,(\because k>0)$

다른 풀이

$2x-y+k=0$, 즉 $y=2x+k$를 $x^2+(y-1)^2=5$에 대입하면

$x^2+(2x+k-1)^2=5$

$\therefore 5x^2+4(k-1)x+(k-1)^2-5=0$

이 이차방정식의 판별식을 D라 하면 원과 직선이 한 점에서 만나야 하므로

$\dfrac{D}{4}=\{2(k-1)\}^2-5(k-1)^2+25=0$

$-(k-1)^2+25=0$, $(k-1)^2=25$

$k-1=\pm5$ $\therefore k=6\,(\because k>0)$

2491 답 ③

원의 중심 $(0, 0)$과 직선 $y=x+3\sqrt{2}$, 즉 $x-y+3\sqrt{2}=0$ 사이의 거리는

$\dfrac{|3\sqrt{2}|}{\sqrt{1^2+(-1)^2}}=\dfrac{3\sqrt{2}}{\sqrt{2}}=3$

원의 반지름의 길이가 r이므로 원과 직선이 한 점에서 만나려면

$r=3$

2492 답 -18

원의 반지름의 길이를 r라 하면

$\pi r^2=9\pi$ $\therefore r=3\,(\because r>0)$

원의 중심 $(2, 2)$와 직선 $x-y+k=0$ 사이의 거리는

$\dfrac{|2-2+k|}{\sqrt{1^2+(-1)^2}}=\dfrac{|k|}{\sqrt{2}}$

원의 반지름의 길이가 3이므로 원과 직선이 접하려면

$\dfrac{|k|}{\sqrt{2}}=3$, $|k|=3\sqrt{2}$ $\therefore k=\pm3\sqrt{2}$

따라서 모든 상수 k의 값의 곱은

$3\sqrt{2}\times(-3\sqrt{2})=-18$

2493 답 7

원의 중심 $(0, 0)$과 직선 $y=ax+2\sqrt{b}$, 즉 $ax-y+2\sqrt{b}=0$ 사이의 거리는

$\dfrac{|2\sqrt{b}|}{\sqrt{a^2+(-1)^2}}=\dfrac{|2\sqrt{b}|}{\sqrt{a^2+1}}$

원의 반지름의 길이가 2이므로 원과 직선이 접하려면

$\dfrac{|2\sqrt{b}|}{\sqrt{a^2+1}}=2$, $2\sqrt{b}=2\sqrt{a^2+1}$

$\therefore b=a^2+1$

이때 a, b가 10보다 작은 자연수이므로 조건을 만족시키는 a, b는

$a=1$, $b=2$ 또는 $a=2$, $b=5$이다.

따라서 모든 b의 값의 합은

$2+5=7$

2494 답 ②

x축에 접하는 원은 중심의 y좌표의 절댓값과 반지름의 길이가 같으므로 구하는 원의 반지름의 길이는 $|3|=3$

원의 중심 $(1, 3)$과 직선 $2x-y+k=0$ 사이의 거리는

$\dfrac{|2-3+k|}{\sqrt{2^2+(-1)^2}}=\dfrac{|-1+k|}{\sqrt{5}}$

원과 직선이 접하려면

$$\frac{|-1+k|}{\sqrt{5}}=3, \ |-1+k|=3\sqrt{5}$$

$$-1+k=\pm3\sqrt{5} \qquad \therefore k=1\pm3\sqrt{5}$$

따라서 모든 상수 k의 값의 합은

$$(1+3\sqrt{5})+(1-3\sqrt{5})=2$$

2495 답 ②

x축, y축에 동시에 접하고 원의 중심이 제4사분면 위에 있으므로 원의 반지름의 길이를 r라 하면 원의 방정식은

$$(x-r)^2+(y+r)^2=r^2$$

원의 중심 $(r, -r)$와 직선 $3x-4y-6=0$ 사이의 거리는

$$\frac{|3r+4r-6|}{\sqrt{3^2+(-4)^2}}=\frac{|7r-6|}{5}$$

원과 직선이 접하려면

$$\frac{|7r-6|}{5}=r, \ |7r-6|=5r$$

$$7r-6=\pm5r$$

$$\therefore r=3 \ \text{또는} \ r=\frac{1}{2}$$

따라서 두 원 중 큰 원의 둘레의 길이는

$$2\pi\times3=6\pi$$

2496 답 1

원과 직선의 교점의 개수는 0 또는 1 또는 2이므로 $a+b=3$을 만족시키는 경우는 $a=1$, $b=2$ 또는 $a=2$, $b=1$이다.

(i) $a=1$, $b=2$인 경우

원 $(x+1)^2+y^2=1$과 직선 $x-y+k=0$이 한 점에서 만나야 한다. → 중심의 좌표는 $(-1, 0)$, 반지름의 길이는 1

점 $(-1, 0)$과 직선 $x-y+k=0$ 사이의 거리는

$$\frac{|-1+k|}{\sqrt{1^2+(-1)^2}}=\frac{|-1+k|}{\sqrt{2}}$$

원과 직선이 한 점에서 만나려면

$$\frac{|-1+k|}{\sqrt{2}}=1, \ |-1+k|=\sqrt{2}$$

$$-1+k=\pm\sqrt{2} \qquad \therefore k=1\pm\sqrt{2} \quad\cdots\cdots\ \bigcirc$$

또, 원 $(x-1)^2+(y-1)^2=1$과 직선 $x-y+k=0$이 서로 다른 두 점에서 만나야 한다. → 중심의 좌표는 $(1, 1)$, 반지름의 길이는 1

점 $(1, 1)$과 직선 $x-y+k=0$ 사이의 거리는

$$\frac{|1-1+k|}{\sqrt{1^2+(-1)^2}}=\frac{|k|}{\sqrt{2}}$$

원과 직선이 서로 다른 두 점에서 만나려면

$$\frac{|k|}{\sqrt{2}}<1, \ |k|<\sqrt{2} \qquad \therefore -\sqrt{2}<k<\sqrt{2} \quad\cdots\cdots\ \bigcirc$$

$\bigcirc$, $\bigcirc$에서 $k=1-\sqrt{2}$

(ii) $a=2$, $b=1$인 경우

원 $(x+1)^2+y^2=1$과 직선 $x-y+k=0$이 서로 다른 두 점에서 만나야 한다. → 중심의 좌표는 $(-1, 0)$, 반지름의 길이는 1

점 $(-1, 0)$과 직선 $x-y+k=0$ 사이의 거리는

$$\frac{|-1+k|}{\sqrt{1^2+(-1)^2}}=\frac{|-1+k|}{\sqrt{2}}$$

원과 직선이 서로 다른 두 점에서 만나려면

$$\frac{|-1+k|}{\sqrt{2}}<1, \ |-1+k|<\sqrt{2}, \ -\sqrt{2}<-1+k<\sqrt{2}$$

$$\therefore 1-\sqrt{2}<k<1+\sqrt{2} \quad\cdots\cdots\ \bigcirc$$

또, 원 $(x-1)^2+(y-1)^2=1$과 직선 $x-y+k=0$이 한 점에서 만나야 한다. → 중심의 좌표는 $(1, 1)$, 반지름의 길이는 1

점 $(1, 1)$과 직선 $x-y+k=0$ 사이의 거리는

$$\frac{|1-1+k|}{\sqrt{1^2+(-1)^2}}=\frac{|k|}{\sqrt{2}}$$

원과 직선이 한 점에서 만나려면

$$\frac{|k|}{\sqrt{2}}=1, \ |k|=\sqrt{2}$$

$$\therefore k=\pm\sqrt{2} \quad\cdots\cdots\ \bigcirc$$

$\bigcirc$, $\bigcirc$에서 $k=\sqrt{2}$

(i), (ii)에서 모든 상수 k의 값의 합은

$$(1-\sqrt{2})+\sqrt{2}=1$$

실수 Check

$a+b=3$이려면 $a=1$, $b=2$인 경우와 $a=2$, $b=1$인 경우를 모두 고려해야 함에 주의한다.

Plus 문제

2496-1

직선 $x+y-k=0$과 두 원 $(x+1)^2+y^2=1$, $(x-3)^2+(y+2)^2=4$의 교점의 개수를 각각 a, b라 할 때, $a+b=3$을 만족시키는 모든 상수 k의 값의 합을 구하시오.

원과 직선의 교점의 개수는 0 또는 1 또는 2이므로 $a+b=3$을 만족시키는 경우는 $a=1$, $b=2$ 또는 $a=2$, $b=1$이다.

(i) $a=1$, $b=2$인 경우

원 $(x+1)^2+y^2=1$과 직선 $x+y-k=0$이 한 점에서 만나야 한다.

점 $(-1, 0)$과 직선 $x+y-k=0$ 사이의 거리는

$$\frac{|-1-k|}{\sqrt{1^2+1^2}}=\frac{|-1-k|}{\sqrt{2}}$$

원과 직선이 한 점에서 만나려면

$$\frac{|-1-k|}{\sqrt{2}}=1, \ |-1-k|=\sqrt{2}$$

$$-1-k=\pm\sqrt{2} \qquad \therefore k=-1\pm\sqrt{2} \quad\cdots\cdots\ \bigcirc$$

또, 원 $(x-3)^2+(y+2)^2=4$와 직선 $x+y-k=0$이 서로 다른 두 점에서 만나야 한다.

점 $(3, -2)$와 직선 $x+y-k=0$ 사이의 거리는

$$\frac{|3-2-k|}{\sqrt{1^2+1^2}}=\frac{|1-k|}{\sqrt{2}}$$

원과 직선이 서로 다른 두 점에서 만나려면

$$\frac{|1-k|}{\sqrt{2}}<2, \ |1-k|<2\sqrt{2}$$

$$\therefore 1-2\sqrt{2}<k<1+2\sqrt{2} \quad\cdots\cdots\ \bigcirc$$

$\bigcirc$, $\bigcirc$에서 $k=-1+\sqrt{2}$

(ii) $a=2$, $b=1$인 경우

원 $(x+1)^2+y^2=1$과 직선 $x+y-k=0$이 서로 다른 두 점에서 만나야 한다.

점 $(-1, 0)$과 직선 $x+y-k=0$ 사이의 거리는

$$\frac{|-1-k|}{\sqrt{1^2+1^2}}=\frac{|-1-k|}{\sqrt{2}}$$

원과 직선이 서로 다른 두 점에서 만나려면

$$\frac{|-1-k|}{\sqrt{2}}<1, \ |-1-k|<\sqrt{2}$$

$$\therefore -1-\sqrt{2}<k<-1+\sqrt{2} \ \cdots\cdots \text{ⓒ}$$

또, 원 $(x-3)^2+(y+2)^2=4$와 직선 $x+y-k=0$이 한 점에서 만나야 한다.

점 $(3, -2)$와 직선 $x+y-k=0$ 사이의 거리는

$$\frac{|3-2-k|}{\sqrt{1^2+1^2}}=\frac{|1-k|}{\sqrt{2}}$$

원과 직선이 한 점에서 만나려면

$$\frac{|1-k|}{\sqrt{2}}=2, \ |1-k|=2\sqrt{2}$$

$$1-k=\pm2\sqrt{2} \quad \therefore k=1\pm2\sqrt{2} \ \cdots\cdots \text{ⓔ}$$

ⓒ, ⓔ에서 $k=1-2\sqrt{2}$

(i), (ii)에서 모든 상수 k의 값의 합은

$$(-1+\sqrt{2})+(1-2\sqrt{2})=-\sqrt{2}$$

답 $-\sqrt{2}$

2497 답 ②

원의 중심 $(1, 0)$과 직선 $x+2y+5=0$ 사이의 거리는

$$\frac{|1+5|}{\sqrt{1^2+2^2}}=\frac{6}{\sqrt{5}}=\frac{6\sqrt{5}}{5}$$

원의 반지름의 길이가 r이므로 원과 직선이 접하려면

$$r=\frac{6\sqrt{5}}{5}$$

2498 답 50

원의 중심이 직선 $y=x$ 위에 있으므로 원의 중심의 좌표를 (a, a)라 하면 이 원이 x축과 y축에 동시에 접하므로 반지름의 길이는 $|a|$이다.

점 (a, a)와 직선 $3x-4y+12=0$ 사이의 거리는

$$\frac{|3a-4a+12|}{\sqrt{3^2+(-4)^2}}=\frac{|-a+12|}{5}$$

원과 직선이 접하려면

$$\frac{|-a+12|}{5}=|a|$$

$$|-a+12|=5|a|$$

양변을 제곱하면

$$(-a+12)^2=(5a)^2, \ a^2+a-6=0$$

$$(a+3)(a-2)=0 \quad \therefore a=-3 \ \text{또는} \ a=2$$

따라서 두 원의 중심 A, B의 좌표는 각각 $(-3, -3)$, $(2, 2)$이므로

$$\overline{\text{AB}}^2=5^2+5^2=50$$

실수 Check

중심의 좌표를 (a, a)라 할 때, x축과 y축에 동시에 접하는 원의 반지름의 길이는 양수이므로 $|a|$로 나타내어야 한다.

2499 답 ① 　　　　　　　　　　　| 유형 17

원 $(x+1)^2+(y-2)^2=5$와 직선 $y=-2x+k$가 만나지 않을 때, 자연수 k의 최솟값은? 　　단서1

① 6　　　　　② 7　　　　　③ 8
④ 9　　　　　⑤ 10

단서1 (원의 중심과 직선 사이의 거리) > (원의 반지름의 길이)

STEP 1 원의 중심과 직선 사이의 거리 구하기

원의 중심 $(-1, 2)$에서 직선 $y=-2x+k$, 즉 $2x+y-k=0$ 사이의 거리는

$$\frac{|-2+2-k|}{\sqrt{2^2+1^2}}=\frac{|-k|}{\sqrt{5}}$$

STEP 2 (원의 중심과 직선 사이의 거리) > (원의 반지름의 길이)임을 이용하여 k의 값의 범위 구하기

원의 반지름의 길이가 $\sqrt{5}$이므로 원과 직선이 만나지 않으려면

$$\frac{|-k|}{\sqrt{5}}>\sqrt{5}, \ |k|>5$$

$$\therefore k<-5 \ \text{또는} \ k>5$$

STEP 3 자연수 k의 최솟값 구하기

자연수 k의 최솟값은 6이다.

다른 풀이

$y=-2x+k$를 $(x+1)^2+(y-2)^2=5$에 대입하면

$$(x+1)^2+(-2x+k-2)^2=5$$

$$5x^2+2(-2k+5)x+k^2-4k=0$$

이 이차방정식의 판별식을 D라 하면 원과 직선이 만나지 않으므로

$$\frac{D}{4}=(-2k+5)^2-5(k^2-4k)<0$$

$$-k^2+25<0, \ k^2-25>0$$

$$\therefore k<-5 \ \text{또는} \ k>5$$

따라서 자연수 k의 최솟값은 6이다.

2500 답 ④

원의 중심 $(0, 0)$과 직선 사이의 거리를 구해 보면

① $x-y=0 \ \Rightarrow \ \dfrac{|0|}{\sqrt{1^2+(-1)^2}}=0<1$ ⟶ 원의 반지름의 길이

② $2x-y+1=0 \ \Rightarrow \ \dfrac{|1|}{\sqrt{2^2+(-1)^2}}=\dfrac{1}{\sqrt{5}}<1$

③ $3x-y-2=0 \ \Rightarrow \ \dfrac{|-2|}{\sqrt{3^2+(-1)^2}}=\dfrac{2}{\sqrt{10}}<1$

④ $4x-y+5=0 \ \Rightarrow \ \dfrac{|5|}{\sqrt{4^2+(-1)^2}}=\dfrac{5}{\sqrt{17}}>1$

⑤ $5x-y-4=0 \ \Rightarrow \ \dfrac{|-4|}{\sqrt{5^2+(-1)^2}}=\dfrac{4}{\sqrt{26}}<1$

따라서 주어진 원과 만나지 않는 직선은 ④이다.

2501 답 ⑤

$x^2+y^2+4x-5=0$에서 $(x+2)^2+y^2=9$

원의 중심 $(-2, 0)$과 직선 $x-y+k=0$ 사이의 거리는

$$\frac{|-2+k|}{\sqrt{1^2+(-1)^2}}=\frac{|-2+k|}{\sqrt{2}}$$

원의 반지름의 길이가 3이므로 원과 직선이 만나지 않으려면

$\dfrac{|-2+k|}{\sqrt{2}}>3$, $|-2+k|>3\sqrt{2}$

$-2+k<-3\sqrt{2}$ 또는 $-2+k>3\sqrt{2}$

$\therefore k<2-3\sqrt{2}$ 또는 $k>2+3\sqrt{2}$

따라서 상수 k의 값이 될 수 있는 것은 ⑤이다.

2502 답 74

원의 중심 $(0, a)$와 직선 $y=x+1$, 즉 $x-y+1=0$ 사이의 거리는

$\dfrac{|-a+1|}{\sqrt{1^2+(-1)^2}}=\dfrac{|-a+1|}{\sqrt{2}}$

원의 반지름의 길이가 $3\sqrt{2}$이므로 원과 직선이 만나지 않으려면

$\dfrac{|-a+1|}{\sqrt{2}}>3\sqrt{2}$, $|-a+1|>6$

$-a+1<-6$ 또는 $-a+1>6$

$\therefore a<-5$ 또는 $a>7$

따라서 $\alpha=-5$, $\beta=7$이므로

$\alpha^2+\beta^2=(-5)^2+7^2=74$

2503 답 ③

원의 중심 $(0, 0)$과 직선 $y=mx+2$, 즉 $mx-y+2=0$ 사이의 거리는

$\dfrac{|2|}{\sqrt{m^2+(-1)^2}}=\dfrac{2}{\sqrt{m^2+1}}$

원의 반지름의 길이가 1이므로 원과 직선이 만나지 않으려면

$\dfrac{2}{\sqrt{m^2+1}}>1$, $2>\sqrt{m^2+1}$

양변을 제곱하면

$4>m^2+1$, $m^2<3$ $\therefore -\sqrt{3}<m<\sqrt{3}$

따라서 정수 m은 -1, 0, 1의 3개이다.

2504 답 3

원이 중심 $(0, -1)$과 직선 $4x-3y+17=0$ 사이의 거리는

$\dfrac{|3+17|}{\sqrt{4^2+(-3)^2}}=\dfrac{|20|}{5}=4$

원의 반지름의 길이가 r이므로 원과 직선이 만나지 않으려면

$4>r$

따라서 원의 넓이가 최대가 되도록 하는 자연수 r의 값은 3이다.
↳ r의 값이 최대

2505 답 6

두 점 $(-2, -5)$, $(6, 3)$을 지름의 양 끝 점으로 하는 원의 중심의 좌표는

$\left(\dfrac{-2+6}{2}, \dfrac{-5+3}{2}\right)$ $\therefore (2, -1)$

반지름의 길이는

$\dfrac{1}{2}\sqrt{(6+2)^2+(3+5)^2}=4\sqrt{2}$

원의 중심 $(2, -1)$과 직선 $y=x+k$, 즉 $x-y+k=0$ 사이의 거리는

$\dfrac{|2+1+k|}{\sqrt{1^2+(-1)^2}}=\dfrac{|k+3|}{\sqrt{2}}$

이므로 원과 직선이 만나지 않으려면

$\dfrac{|k+3|}{\sqrt{2}}>4\sqrt{2}$, $|k+3|>8$

$k+3<-8$ 또는 $k+3>8$

$\therefore k<-11$ 또는 $k>5$

따라서 자연수 k의 최솟값은 6이다.

2506 답 ④ | 유형 18

> 원 $x^2+y^2+4x-8y+11=0$과 직선 $x+2y-1=0$이 두 점 A, B에서 만날 때, 선분 AB의 길이는? **[단서1]**
>
> ① 1   ② 2   ③ 3
>
> ④ 4   ⑤ 5
>
> **단서1** $\overline{AB}$는 주어진 원의 현

STEP1 원의 중심과 직선 사이의 거리 구하기

$x^2+y^2+4x-8y+11=0$에서

$(x+2)^2+(y-4)^2=9$

원의 중심을 C$(-2, 4)$라 하고, 점 C에서 직선 $x+2y-1=0$에 내린 수선의 발을 H라 하면

$\overline{CH}=\dfrac{|-2+8-1|}{\sqrt{1^2+2^2}}=\dfrac{5}{\sqrt{5}}=\sqrt{5}$

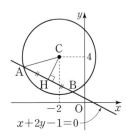

STEP2 피타고라스 정리를 이용하여 $\overline{AB}$의 길이 구하기

반지름의 길이가 3이므로 $\overline{AC}=3$

직각삼각형 ACH에서

$\overline{AH}=\sqrt{\overline{AC}^2-\overline{CH}^2}=\sqrt{3^2-(\sqrt{5})^2}=2$

$\therefore \overline{AB}=2\overline{AH}=4$

개념 Check

원의 중심에서 현에 내린 수선은 그 현을 이등분한다.

2507 답 6

원 $x^2+y^2-6x+10y+16=0$이 y축과 만나므로 $x=0$을 대입하면

$y^2+10y+16=0$, $(y+8)(y+2)=0$

$\therefore y=-8$ 또는 $y=-2$

따라서 주어진 원과 y축의 교점은 $(0, -8)$, $(0, -2)$이므로 구하는 선분의 길이는

$|-2-(-8)|=6$

2508 답 ④

원의 중심을 C$(-1, 3)$이라 하고, 점 C에서 직선 $4x+3y+5=0$에 내린 수선의 발을 H라 하면

$\overline{CH}=\dfrac{|-4+9+5|}{\sqrt{4^2+3^2}}=\dfrac{10}{5}=2$

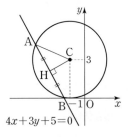

반지름의 길이가 3이므로 $\overline{AC}=3$

직각삼각형 ACH에서

$\overline{AH}=\sqrt{\overline{AC}^2-\overline{CH}^2}=\sqrt{3^2-2^2}=\sqrt{5}$

$\therefore \overline{AB}=2\overline{AH}=2\sqrt{5}$

2509 답 ①

$x^2+y^2-4x-2y-6=0$에서 $(x-2)^2+(y-1)^2=11$

원의 중심을 C(2, 1)이라 하고, 원과
직선이 만나는 두 점을 A, B, 점 C에
서 직선 $x-y+k=0$에 내린 수선의
발을 H라 하면

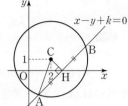

$\overline{AB}=6$에서 $\overline{AH}=\dfrac{1}{2}\overline{AB}=3$

반지름의 길이가 $\sqrt{11}$이므로 $\overline{AC}=\sqrt{11}$

직각삼각형 ACH에서

$\overline{CH}=\sqrt{\overline{AC}^2-\overline{AH}^2}=\sqrt{(\sqrt{11})^2-3^2}=\sqrt{2}$ ┄┄┄ ㉠

또, 원의 중심 (2, 1)과 직선 $x-y+k=0$ 사이의 거리는

$\overline{CH}=\dfrac{|2-1+k|}{\sqrt{1^2+(-1)^2}}=\dfrac{|k+1|}{\sqrt{2}}$ ┄┄┄ ㉡

㉠, ㉡에서 $\dfrac{|k+1|}{\sqrt{2}}=\sqrt{2}$

$|k+1|=2,\ k+1=\pm 2$

$\therefore k=-3$ 또는 $k=1$

따라서 모든 상수 k의 값의 합은

$-3+1=-2$

2510 답 ①

$x^2+y^2-6y+k=0$에서

$x^2+(y-3)^2=9-k$

원의 중심 C(0, 3)에서 직선
$y=x-1$, 즉 $x-y-1=0$에 내린
수선의 발을 H라 하면

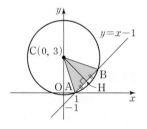

$\overline{CH}=\dfrac{|-3-1|}{\sqrt{1^2+(-1)^2}}=2\sqrt{2}$

삼각형 ABC의 넓이가 4이므로

$\dfrac{1}{2}\times\overline{AB}\times 2\sqrt{2}=4$ $\therefore \overline{AB}=2\sqrt{2}$

$\therefore \overline{AH}=\dfrac{1}{2}\overline{AB}=\sqrt{2},\ \overline{CA}=\sqrt{9-k}$

직각삼각형 ACH에서

$\overline{CA}^2=\overline{AH}^2+\overline{CH}^2$이므로

$(\sqrt{9-k})^2=(\sqrt{2})^2+(2\sqrt{2})^2$

$9-k=10$ $\therefore k=-1$

2511 답 ④

주어진 원과 직선의 교점을 A, B
라 하고, 원의 중심 O에서 직선
$3x-4y+5=0$에 내린 수선의 발
을 H라 하면

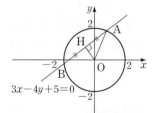

$\overline{OH}=\dfrac{|5|}{\sqrt{3^2+(-4)^2}}=1$

직각삼각형 OAH에서 $\overline{OA}=2$이므로

$\overline{AH}=\sqrt{\overline{OA}^2-\overline{OH}^2}=\sqrt{2^2-1^2}=\sqrt{3}$

따라서 두 점 A, B를 지나는 원 중에서 넓이가 최소인 것은 $\overline{AB}$
를 지름으로 하는 원이므로 구하는 원의 넓이는

$\pi\times(\sqrt{3})^2=3\pi$

└─→ 반지름이 $\overline{AH}$인 원

2512 답 ②

원 $x^2+y^2=16$의 반지름의 길이가 4이므로 삼각형 OAB는 한 변
의 길이가 4인 정삼각형이다.

즉, 삼각형 OAB의 높이는 $2\sqrt{3}$이고 원의 중심 (0, 0)과 직선
$x-y+k=0$ 사이의 거리는 삼각형 OAB의 높이와 같으므로

$\dfrac{|k|}{\sqrt{1^2+(-1)^2}}=\dfrac{|k|}{\sqrt{2}}=2\sqrt{3}$

$|k|=2\sqrt{6}$ $\therefore k=\pm 2\sqrt{6}$

따라서 양수 k의 값은 $2\sqrt{6}$이다.

> **개념 Check**
>
> 한 변의 길이가 a인 정삼각형의 높이는 $\dfrac{\sqrt{3}}{2}a$이다.

2513 답 ①

$x^2+y^2-2x-4y+k=0$에서

$(x-1)^2+(y-2)^2=5-k$

원의 중심을 C, 반지름의 길이를 r라 하면

$C(1, 2),\ r=\sqrt{5-k}$

점 C에서 선분 AB에 내린 수선의 발
을 H라 하면

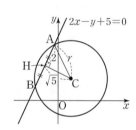

$\overline{AB}=4$이므로

$\overline{AH}=\overline{BH}=2$,

$\overline{CH}=\dfrac{|2-2+5|}{\sqrt{2^2+(-1)^2}}=\dfrac{5}{\sqrt{5}}=\sqrt{5}$

직각삼각형 CAH에서

$r=\sqrt{(\sqrt{5})^2+2^2}=3$

이때 $r=\sqrt{5-k}$이므로 $9=5-k$

$\therefore k=-4$

2514 답 ⑤

조건 ㈎에서 원 $C:x^2+y^2-4x-2ay+a^2-9=0$이 원점을 지나
므로 $x=0,\ y=0$을 대입하면

$a^2-9=0,\ a^2=9$

$\therefore a=-3$ 또는 $a=3$

(i) $a=-3$일 때, 원 C의 방정식은

　$x^2+y^2-4x+6y=0$

　$\therefore (x-2)^2+(y+3)^2=13$

(ii) $a=3$일 때, 원 C의 방정식은

　$x^2+y^2-4x-6y=0$

　$\therefore (x-2)^2+(y-3)^2=13$

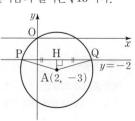

이때 $a=3$이면 원 C는 직선 $y=-2$와
만나지 않으므로 조건 ㈏에 의하여 $a=-3$이다.

즉, 원 C의 중심은 A(2, -3)이고, 반지름의 길이는 $\sqrt{13}$이다.

원의 중심 A(2, -3)에서 직선
$y=-2$에 내린 수선의 발을 H라
하고, 원 C와 직선 $y=-2$가 만나
는 두 점을 각각 P, Q라 하면

$\overline{AP}=\sqrt{13},\ \overline{AH}=1$

직각삼각형 APH에서
$$\overline{PH}=\sqrt{(\sqrt{13})^2-1^2}=2\sqrt{3}$$
$$\therefore \overline{PQ}=2\overline{PH}=4\sqrt{3}$$
따라서 구하는 두 점 사이의 거리는 $4\sqrt{3}$이다.

다른 풀이

$(x-2)^2+(y+3)^2=13$에 $y=-2$를 대입하면
$(x-2)^2+(-2+3)^2=13$, $(x-2)^2=12$
$$\therefore x=2\pm2\sqrt{3}$$
따라서 원 C와 직선 $y=-2$가 만나는 두 점의 좌표는 각각
$(2-2\sqrt{3},\ -2)$, $(2+2\sqrt{3},\ -2)$이므로 두 점 사이의 거리는
$(2+2\sqrt{3})-(2-2\sqrt{3})=4\sqrt{3}$

실수 Check

a의 값에 따른 원 C를 좌표평면 위에 그리고 직선 $y=-2$와 서로 다른 두 점에서 만나는지 확인한다.

2515 답 ①

양수 s, t에 대하여 원의 중심의 좌표를 $C(s,\ t)$라 하면 점 P의 좌표는 $(s,\ 0)$이다.

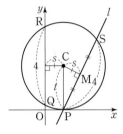

점 P를 지나고 기울기가 2인 직선을 l이라 하면 직선 l의 방정식은
$y-0=2(x-s)$, 즉 $2x-y-2s=0$
$\overline{QR}=\overline{PS}=4$에서 점 C에서 y축과 직선 l 사이의 거리가 같으므로
$$s=\frac{|2s-t-2s|}{\sqrt{2^2+(-1)^2}}=\frac{|t|}{\sqrt{5}},\ t=\sqrt{5}s\ (\because t>0) \cdots\cdots ㉠$$
선분 PS의 중점을 M이라 하면
$\overline{PM}=2$, $\overline{CM}=s$, $\overline{CP}=t$이고
삼각형 CPM이 직각삼각형이므로
$$t^2=s^2+4 \cdots\cdots ㉡$$
㉠, ㉡을 연립하여 풀면 $s=1$, $t=\sqrt{5}$
따라서 원점 O와 원의 중심 $C(1,\ \sqrt{5})$ 사이의 거리는
$\sqrt{1^2+(\sqrt{5})^2}=\sqrt{6}$

개념 Check

한 원에서
(1) $\overline{OM}=\overline{ON}$이면 $\overline{AB}=\overline{CD}$
(2) $\overline{AB}=\overline{CD}$이면 $\overline{OM}=\overline{ON}$

실수 Check

원의 중심의 좌표를 $(s,\ t)$라 할 때, 중심이 제1사분면 위에 있으므로 $s>0$, $t>0$임을 이용하여 문제를 해결한다.

2516 답 10

｜유형 19

원 $(x-1)^2+(y+2)^2=8$ 위의 점 P와 직선 $x-y+3=0$ 사이의 거리의 최댓값을 M, 최솟값을 m이라 할 때, Mm의 값을 구하시오.
단서1 원의 중심과 직선 $x-y+3=0$ 사이의 거리 먼저 구하기

STEP 1 원의 중심과 직선 사이의 거리 구하기

원의 중심 $(1,\ -2)$와 직선 $x-y+3=0$ 사이의 거리는
$$\frac{|1+2+3|}{\sqrt{1^2+(-1)^2}}=\frac{6}{\sqrt{2}}=3\sqrt{2}$$

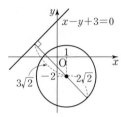

STEP 2 Mm의 값 구하기

원의 반지름의 길이가 $2\sqrt{2}$이므로
$M=3\sqrt{2}+2\sqrt{2}=5\sqrt{2}$, $m=3\sqrt{2}-2\sqrt{2}=\sqrt{2}$
$$\therefore Mm=5\sqrt{2}\times\sqrt{2}=10$$

2517 답 35

원의 중심 $(0,\ 0)$과 직선 $4x-3y+k=0$ 사이의 거리는
$$\frac{|k|}{\sqrt{4^2+(-3)^2}}=\frac{|k|}{5}$$
원의 반지름의 길이가 3이므로 원 위의 점과 직선 사이의 거리의 최댓값은
$$\frac{|k|}{5}+3=10,\ |k|=35 \qquad \therefore k=35\ (\because k>0)$$

2518 답 ④

$x^2+y^2-10x=0$에서 $(x-5)^2+y^2=25$
원의 중심 $(5,\ 0)$과 직선 $4x-3y+15=0$ 사이의 거리는
$$\frac{|20+15|}{\sqrt{4^2+(-3)^2}}=\frac{35}{5}=7$$
원의 반지름의 길이가 5이므로 원 위의 점과 직선 사이의 거리를 d라 하면
d의 최솟값은 $7-5=2$, d의 최댓값은 $7+5=12$
$$\therefore 2\le d\le 12$$
(i) $d=2$인 경우
　d의 값이 최소일 때 해당하는 점이 1개 있다.
(ii) $2<d<12$인 경우
　d의 값이 최소, 최대일 때를 제외하면 같은 거리에 해당하는 점이 2개씩 있다.
(iii) $d=12$인 경우
　d의 값이 최대일 때 해당하는 점이 1개 있다.
(i)~(iii)에서 구하는 점의 개수는
$1+9\times2+1=20$
${\rightarrow}\ 2<d<12$일 때 자연수 d의 개수

실수 Check

그림과 같이 원 위의 점과 직선 사이의 거리가 최대일 때와 최소일 때를 제외하면 직선에서 같은 거리에 있는 원 위의 점이 2개씩 존재함에 주의한다.

2519 답 ③

원의 중심 O(0, 0)에서 직선 $x+y-2=0$에 내린 수선의 발을 H라 하면

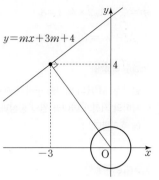

$$\overline{OH}=\frac{|-2|}{\sqrt{1^2+1^2}}=\frac{2}{\sqrt{2}}=\sqrt{2}$$

원의 반지름의 길이가 $2\sqrt{2}$이므로

$$\overline{OA}=2\sqrt{2}$$

직각삼각형 OAH에서

$$\overline{AH}=\sqrt{(2\sqrt{2})^2-(\sqrt{2})^2}=\sqrt{6}$$

$$\therefore \overline{AB}=2\overline{AH}=2\sqrt{6}$$

삼각형 PAB의 넓이가 최대가 되려면 $\overline{PH}$의 길이가 최대이어야 하므로 $\overline{PH}$의 최댓값은

$$\sqrt{2}+2\sqrt{2}=3\sqrt{2}$$

따라서 삼각형 PAB의 넓이의 최댓값은

$$\frac{1}{2}\times\overline{AB}\times3\sqrt{2}=\frac{1}{2}\times2\sqrt{6}\times3\sqrt{2}=6\sqrt{3}$$

2520 답 ③

두 점 A(2, 4), B(8, 1)을 지나는 직선의 방정식은

$$y-4=\frac{1-4}{8-2}(x-2)$$

$$\therefore x+2y-10=0$$

원의 중심 O(0, 0)에서 직선 $x+2y-10=0$에 내린 수선의 발을 H라 하면

$$\overline{OH}=\frac{|-10|}{\sqrt{1^2+2^2}}=\frac{10}{\sqrt{5}}=2\sqrt{5}$$

이때 $\overline{AB}=\sqrt{(8-2)^2+(1-4)^2}=\sqrt{45}=3\sqrt{5}$이므로

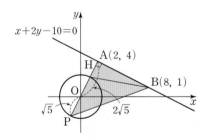

(i) 삼각형 PAB의 넓이가 최대가 되려면 $\overline{PH}$의 길이가 최대이어야 한다.

원의 반지름의 길이가 $\sqrt{5}$이므로 $\overline{PH}$의 최댓값은

$$2\sqrt{5}+\sqrt{5}=3\sqrt{5}$$

삼각형 PAB의 넓이의 최댓값 M은

$$M=\frac{1}{2}\times3\sqrt{5}\times3\sqrt{5}=\frac{45}{2}$$

(ii) 삼각형 PAB의 넓이가 최소가 되려면 $\overline{PH}$의 길이가 최소이어야 한다.

원의 반지름의 길이가 $\sqrt{5}$이므로 $\overline{PH}$의 최솟값은

$$2\sqrt{5}-\sqrt{5}=\sqrt{5}$$

삼각형 PAB의 넓이의 최솟값 m은

$$m=\frac{1}{2}\times3\sqrt{5}\times\sqrt{5}=\frac{15}{2}$$

(i), (ii)에서 $M-m=\frac{45}{2}-\frac{15}{2}=15$

2521 답 ①

$y=mx+3m+4$에서

$$y-4=m(x+3)$$

이 직선은 m의 값에 관계없이 항상 점 $(-3, 4)$를 지난다.

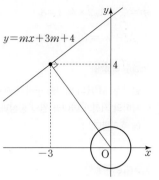

원과 직선 사이의 거리가 최대가 되려면 원의 중심 $(0, 0)$과 점 $(-3, 4)$를 잇는 선분이 직선 $y=mx+3m+4$와 수직이어야 한다.

원의 중심 $(0, 0)$과 점 $(-3, 4)$ 사이의 거리는

$$\sqrt{(-3)^2+4^2}=5$$

이때 원의 반지름의 길이가 1이므로 점 P와 직선 $y=mx+3m+4$ 사이의 거리의 최댓값은

$$5+1=6$$

2522 답 ③

점 H의 좌표를 (a, b)라 하면

직선 $y=-x+2$와 직선 AH는 수직이므로

$$(-1)\times\frac{b-1}{a-5}=-1에서$$

$$b=a-4 \quad\cdots\cdots\cdots\cdots\cdots\cdots\cdots\cdots\cdots\cdots ㉠$$

점 H(a, b)는 직선 $y=-x+2$ 위의 점이므로

$$b=-a+2 \quad\cdots\cdots\cdots\cdots\cdots\cdots\cdots\cdots\cdots\cdots ㉡$$

㉠, ㉡을 연립하여 풀면 $a=3$, $b=-1$

즉, 점 H의 좌표는 $(3, -1)$이므로 직선 AH의 방정식은

$$y+1=\frac{-1-1}{3-5}(x-3) \quad\therefore x-y-4=0$$

$$\overline{AH}=\sqrt{(5-3)^2+(1+1)^2}=2\sqrt{2}$$

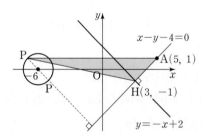

삼각형 APH의 넓이가 최소가 되려면 점 P와 직선 $x-y-4=0$

└→ 삼각형 APH의 높이

사이의 거리가 최소이어야 하고, 넓이가 최대가 되려면 점 P와 직선 $x-y-4=0$ 사이의 거리가 최대이어야 한다.

원의 중심 $(-6, 0)$과 직선 AH 사이의 거리는

$$\frac{|-6-4|}{\sqrt{1^2+(-1)^2}}=5\sqrt{2}$$

원의 반지름의 길이가 $\sqrt{2}$이므로

점 P와 직선 사이의 거리의 최댓값은 $5\sqrt{2}+\sqrt{2}=6\sqrt{2}$이므로

삼각형 APH의 넓이의 최댓값 M은

$$M=\frac{1}{2}\times2\sqrt{2}\times6\sqrt{2}=12$$

점 P와 직선 사이의 거리의 최솟값은 $5\sqrt{2}-\sqrt{2}=4\sqrt{2}$이므로

11

삼각형 APH의 넓이의 최솟값 m은

$$m=\frac{1}{2}\times 2\sqrt{2}\times 4\sqrt{2}=8$$

$$\therefore M+m=12+8=20$$

실수 Check

삼각형 APH의 넓이를 구하기 위해서는 원의 중심과 직선 $y=-x+2$ 사이의 거리가 아니라 원의 중심과 직선 AH 사이의 거리를 구해야 함에 주의한다.

Plus 문제

2522-1

점 $A(-3,\ 2)$에서 직선 $y=x+1$에 내린 수선의 발을 H라 하자. 원 $x^2+(y-5)^2=8$ 위의 점 P에 대하여 삼각형 APH의 넓이의 최댓값을 M, 최솟값을 m이라 할 때, Mm의 값을 구하시오.

점 H의 좌표를 $(a,\ b)$라 하면

직선 $y=x+1$과 직선 AH는 수직이므로

$$1\times\frac{b-2}{a+3}=-1$$에서

$$b=-a-1 \qquad\qquad\cdots\cdots\ \bigcirc$$

점 H$(a,\ b)$는 직선 $y=x+1$ 위의 점이므로

$$b=a+1 \qquad\qquad\cdots\cdots\ \bigcirc$$

$\bigcirc$, $\bigcirc$을 연립하여 풀면 $a=-1,\ b=0$

즉, 점 H의 좌표는 $(-1,\ 0)$이므로 직선 AH의 방정식은

$$y=\frac{0-2}{-1+3}(x+1) \qquad \therefore x+y+1=0$$

$$\overline{\text{AH}}=\sqrt{(-3+1)^2+(2-0)^2}=2\sqrt{2}$$

삼각형 APH의 넓이가 최소가 되려면 점 P와 직선 $x+y+1=0$ 사이의 거리가 최소이어야 하고, 넓이가 최대가 되려면 점 P와 직선 $x+y+1=0$ 사이의 거리가 최대이어야 한다.

원의 중심 $(0,\ 5)$와 직선 AH 사이의 거리는

$$\frac{|5+1|}{\sqrt{1^2+1^2}}=3\sqrt{2}$$

원의 반지름의 길이가 $2\sqrt{2}$이므로

점 P와 직선 사이의 거리의 최댓값은 $3\sqrt{2}+2\sqrt{2}=5\sqrt{2}$이므로

$$M=\frac{1}{2}\times 2\sqrt{2}\times 5\sqrt{2}=10$$

점 P와 직선 사이의 거리의 최솟값은 $3\sqrt{2}-2\sqrt{2}=\sqrt{2}$이므로

$$m=\frac{1}{2}\times 2\sqrt{2}\times\sqrt{2}=2$$

$$\therefore Mm=10\times 2=20$$

달 20

2523 **달** 23

두 원 C_1, C_2의 중심을 각각 O_1, O_2, 반지름의 길이를 각각 r_1, r_2라 하자.

점 $O_1(-6,\ 0)$에서 직선 l에 내린 수선의 발을 R, 점 $O_2(5,\ -3)$에서 직선 l에 내린 수선의 발을 S라 하면

직선 O_1R와 직선 l이 서로 수직이므로 직선 O_1R의 방정식은

    ⌐→ (두 직선의 기울기의 곱)$=-1$

$$y=-x-6$$

직선 l과 직선 O_1R가 만나는 점 R의 좌표는

$$R(-2,\ -4)$$

또, 직선 O_2S와 직선 l이 서로 수직이므로 직선 O_2S의 방정식은

$$y=-x+2$$

직선 l과 직선 O_2S가 만나는 점 S의 좌표는 S$(2,\ 0)$

이때 $\overline{\text{RS}}=\sqrt{(2+2)^2+(0+4)^2}=4\sqrt{2}$이므로 선분 H_1H_2의 길이의 최댓값 M은

$$M=\overline{\text{RS}}+r_1+r_2=4\sqrt{2}+2+1=4\sqrt{2}+3$$

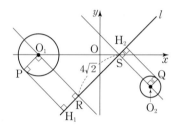

선분 H_1H_2의 길이의 최솟값 m은

$$m=\overline{\text{RS}}-r_1-r_2=4\sqrt{2}-2-1=4\sqrt{2}-3$$

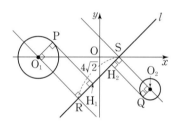

$$\therefore Mm=(4\sqrt{2}+3)(4\sqrt{2}-3)=23$$

실수 Check

두 원의 중심에서 직선 l에 내린 수선의 발을 각각 R, S라 할 때, 선분 RS의 길이를 기준으로 M, m을 생각해 본다.

2524 **달** ③ | 유형 20

직선 $2x+y=3$에 평행하고 원 $x^2+y^2=16$에 접하는 직선의 방정식
   단서1   **단서2**
은?

① $y=-2x\pm 2\sqrt{5}$ ② $y=-2x\pm 3\sqrt{5}$

③ $y=-2x\pm 4\sqrt{5}$ ④ $y=2x\pm 3\sqrt{5}$

⑤ $y=2x\pm 4\sqrt{5}$

단서1 직선의 기울기는 -2

단서2 원의 반지름의 길이는 4

STEP 1 접하는 직선의 기울기 구하기

직선 $2x+y=3$, 즉 $y=-2x+3$에 평행한 직선의 기울기는 -2이다.

STEP 2 접하는 직선의 방정식 구하기

원 $x^2+y^2=16$의 반지름의 길이는 4이므로 구하는 직선의 방정식은

$$y=-2x\pm 4\sqrt{(-2)^2+1} \qquad \therefore y=-2x\pm 4\sqrt{5}$$

        ⌐→ $y=mx\pm r\sqrt{m^2+1}$

기울기가 -2인 직선의 방정식을 $y=-2x+k$, 즉 $2x+y-k=0$
이라 하면 원의 중심 $(0, 0)$과의 거리는

$$\frac{|-k|}{\sqrt{2^2+1^2}}=\frac{|k|}{\sqrt{5}}$$

원의 반지름의 길이가 4이므로 원과 직선이 접하려면

$$\frac{|k|}{\sqrt{5}}=4, \ |k|=4\sqrt{5} \qquad \therefore \ k=\pm4\sqrt{5}$$

따라서 구하는 직선의 방정식은 $y=-2x\pm4\sqrt{5}$

기울기가 -2인 직선의 방정식을 $y=-2x+k$라 하고
$x^2+y^2=16$에 대입하면

$$x^2+(-2x+k)^2=16 \qquad \therefore \ 5x^2-4kx+k^2-16=0$$

이 이차방정식의 판별식을 D라 하면 원과 직선이 접하므로

$$\frac{D}{4}=(-2k)^2-5(k^2-16)=0$$

$$k^2=80 \qquad \therefore \ k=\pm4\sqrt{5}$$

따라서 구하는 직선의 방정식은 $y=-2x\pm4\sqrt{5}$

2525 답 $y=\frac{1}{3}x\pm\sqrt{10}$

직선 $y=-3x+1$에 수직인 직선의 기울기는 $\frac{1}{3}$이고
원 $x^2+y^2=9$의 반지름의 길이가 3이므로 구하는 직선의 방정식은

$$y=\frac{1}{3}x\pm3\sqrt{\left(\frac{1}{3}\right)^2+1} \qquad \therefore \ y=\frac{1}{3}x\pm\sqrt{10}$$

직선 $y=-3x+1$에 수직인 직선의 기울기는 $\frac{1}{3}$이므로

기울기가 $\frac{1}{3}$인 직선의 방정식을 $y=\frac{1}{3}x+k$, 즉
$x-3y+3k=0$이라 하면 원의 중심 $(0, 0)$과의 거리는

$$\frac{|3k|}{\sqrt{1^2+(-3)^2}}=\frac{|3k|}{\sqrt{10}}$$

반지름의 길이가 3이므로 원과 직선이 접하려면

$$\frac{|3k|}{\sqrt{10}}=3, \ |3k|=3\sqrt{10} \qquad \therefore \ k=\pm\sqrt{10}$$

따라서 구하는 직선의 방정식은 $y=\frac{1}{3}x\pm\sqrt{10}$

2526 답 ④

직선 $x+\sqrt{3}y=3$, 즉 $y=-\frac{1}{\sqrt{3}}x+\sqrt{3}$의 기울기는 $-\frac{1}{\sqrt{3}}$이므로
이 직선에 수직인 직선의 기울기는 $\sqrt{3}$이고 원 $x^2+y^2=1$의 반지름
의 길이가 1이므로 구하는 직선의 방정식은

$$y=\sqrt{3}x\pm1\sqrt{(\sqrt{3})^2+1} \qquad \therefore \ y=\sqrt{3}x\pm2$$

따라서 이 두 직선의 y절편은 각각 2, -2이므로

$$\overline{AB}=2-(-2)=4$$

직선 $x+\sqrt{3}y=3$, 즉 $y=-\frac{1}{\sqrt{3}}x+\sqrt{3}$에 수직인 직선의 기울기는
$\sqrt{3}$이므로 기울기가 $\sqrt{3}$인 직선의 방정식을 $y=\sqrt{3}x+k$, 즉

$\sqrt{3}x-y+k=0$이라 하면 원의 중심 $(0, 0)$과의 거리는

$$\frac{|k|}{\sqrt{(\sqrt{3})^2+(-1)^2}}=\frac{|k|}{2}$$

반지름의 길이가 1이므로 원과 직선이 접하려면

$$\frac{|k|}{2}=1 \qquad \therefore \ k=\pm2$$

즉, 구하는 직선의 방정식은 $y=\sqrt{3}x\pm2$

따라서 이 두 직선의 y절편은 각각 2, -2이므로

$$\overline{AB}=2-(-2)=4$$

2527 답 ⑤

기울기가 2인 직선의 방정식을 $y=2x+k$, 즉 $2x-y+k=0$이라
하면 원의 중심 $(-1, 4)$와의 거리는

$$\frac{|-2-4+k|}{\sqrt{2^2+(-1)^2}}=\frac{|k-6|}{\sqrt{5}}$$

원의 반지름의 길이가 $\sqrt{5}$이므로 원과 직선이 접하려면

$$\frac{|k-6|}{\sqrt{5}}=\sqrt{5}, \ |k-6|=5$$

$$\therefore \ k=1 \text{ 또는 } k=11$$

따라서 두 직선 $y=2x+1$, $y=2x+11$의 y절편은 각각 1, 11이므
로 구하는 y절편의 곱은 $1\times11=11$이다.

2528 답 ③

$x^2+y^2+4x-1=0$에서 $(x+2)^2+y^2=5$

기울기가 -2인 직선의 방정식을 $y=-2x+b$, 즉
$2x+y-b=0$이라 하면 원의 중심 $(-2, 0)$과의 거리는

$$\frac{|-4-b|}{\sqrt{2^2+1^2}}=\frac{|-4-b|}{\sqrt{5}}$$

원의 반지름의 길이가 $\sqrt{5}$이므로 원과 직선이 접하려면

$$\frac{|-4-b|}{\sqrt{5}}=\sqrt{5}, \ |4+b|=5 \quad \longleftarrow |-4-b|=|4+b|$$

$$\therefore \ b=-9 \text{ 또는 } b=1$$

따라서 두 직선 $y=-2x-9$, $y=-2x+1$의 x절편은 각각

$-\frac{9}{2}$, $\frac{1}{2}$이므로 구하는 x절편의 차는

$$\frac{1}{2}-\left(-\frac{9}{2}\right)=5$$

2529 답 $y=x-1$, $y=x+7$

$x^2+y^2+8x+2y+9=0$에서 $(x+4)^2+(y+1)^2=8$

x축의 양의 방향과 이루는 각의 크기가 $45°$인 직선의 기울기는
$\tan 45°=1$

기울기가 1인 직선의 방정식을 $y=x+k$, 즉 $x-y+k=0$이라 하
면 원의 중심 $(-4, -1)$과의 거리는

$$\frac{|-4+1+k|}{\sqrt{1^2+(-1)^2}}=\frac{|-3+k|}{\sqrt{2}}$$

반지름의 길이가 $2\sqrt{2}$이므로 원과 직선이 접하려면

$$\frac{|-3+k|}{\sqrt{2}}=2\sqrt{2}, \ |-3+k|=4$$

$$-3+k=\pm4 \qquad \therefore \ k=-1 \text{ 또는 } k=7$$

따라서 구하는 직선의 방정식은

$y=x-1$, $y=x+7$

개념 Check

x축의 양의 방향과 이루는 각의 크기가
$\theta\,(0°\le\theta<90°)$인 직선의 기울기는
$$\tan\theta$$

2530 답 $\dfrac{15}{2}(1+\sqrt{10})$

삼각형 ABP의 넓이가 최대일 때는 그림과
같이 점 P에서의 접선이 직선 AB와 평행하
고 x절편이 음수일 때이다.
직선 AB의 기울기는
$$\frac{4-(-5)}{3-0}=3$$
즉, 기울기가 3이고 원 $x^2+y^2=25$의 반지름의 길이가 5이므로 접
선의 방정식은
$$y=3x\pm5\sqrt{3^2+1}\qquad\therefore\ y=3x\pm5\sqrt{10}$$
이때 x절편이 음수인 접선의 방정식은 $y=3x+5\sqrt{10}$
점 B$(0,\ -5)$와 직선 $y=3x+5\sqrt{10}$, 즉 $3x-y+5\sqrt{10}=0$ 사이
의 거리는
$$\frac{|5+5\sqrt{10}|}{\sqrt{3^2+(-1)^2}}=\frac{5+5\sqrt{10}}{\sqrt{10}}$$
$\overline{\text{AB}}=\sqrt{(0-3)^2+(-5-4)^2}=\sqrt{90}=3\sqrt{10}$이므로 삼각형 ABP의
넓이의 최댓값은
$$\frac{1}{2}\times3\sqrt{10}\times\frac{5+5\sqrt{10}}{\sqrt{10}}=\frac{15}{2}(1+\sqrt{10})$$

실수 Check

그림을 그려 점 P에서의 접선이 직선 AB와 평행하고 x절편이 음수일
때, 삼각형 ABP의 넓이가 최대임을 이해한다.

2531 답 ② | 유형 21

> 원 $(x-3)^2+(y-1)^2=10$ 위의 점 $(4,\ 4)$를 지나는 접선의 방정식
>
> **단서1**
>
> 은 $x+ay+b=0$이다. 이때 상수 $a,\ b$에 대하여 $a+b$의 값은?
>
> ① -10 ② -13 ③ -15
> ④ -18 ⑤ -20
>
> **단서1** 접선은 원의 중심과 접점을 지나는 직선과 서로 수직

STEP 1 원의 중심과 접점을 지나는 직선의 기울기 구하기

원의 중심 $(3,\ 1)$과 접점 $(4,\ 4)$를 지나는
직선의 기울기는
$$\frac{4-1}{4-3}=3$$

STEP 2 수직인 두 직선의 관계를 이용하여 접선의 기울기 구하기

원의 중심과 접점을 지나는 직선은 접선과 수직이므로 접선의 기
울기는 $-\dfrac{1}{3}$이다.

STEP 3 $a+b$의 값 구하기

기울기가 $-\dfrac{1}{3}$이고 점 $(4,\ 4)$를 지나는 접선의 방정식은
$$y-4=-\frac{1}{3}(x-4)\qquad\therefore\ x+3y-16=0$$
따라서 $a=3,\ b=-16$이므로
$$a+b=3+(-16)=-13$$

다른 풀이

점 $(4,\ 4)$가 원 $(x-3)^2+(y-1)^2=10$ 위의 점이므로
접선의 방정식은
$$\underline{(4-3)(x-3)+(4-1)(y-1)=10}$$
$$\therefore\ x+3y-16=0\quad\longrightarrow (x_1-a)(x-a)+(y_1-b)(y-b)=r^2$$
따라서 $a=3,\ b=-16$이므로
$$a+b=3+(-16)=-13$$

2532 답 $\dfrac{5}{2}$

원 $x^2+y^2=5$ 위의 점 $(2,\ 1)$에서의 접선의 방정식은
$$\underline{2x+y=5}\qquad\therefore\ y=-2x+5$$
$$\quad\longrightarrow x_1x+y_1y=r^2$$
따라서 구하는 x절편은 $\dfrac{5}{2}$이다.

2533 답 ②

원 $x^2+y^2=20$ 위의 점 $(-2,\ 4)$에서의 접선의 방정식은
$$-2x+4y=20\qquad\therefore\ y=\frac{1}{2}x+5\ \cdots\cdots\cdots\cdots ㉠$$
$kx-2y+5=0$에서 $y=\dfrac{k}{2}x+\dfrac{5}{2}\ \cdots\cdots\cdots\cdots ㉡$
직선 ㉠은 직선 ㉡과 수직이므로
$$\frac{1}{2}\times\frac{k}{2}=-1\qquad\therefore\ k=-4$$

2534 답 ②

$x^2+y^2-2x-2y-3=0$에서 $(x-1)^2+(y-1)^2=5$
원의 중심 $(1,\ 1)$과 접점 $(2,\ -1)$을 지나는 직선의 기울기는
$$\frac{-1-1}{2-1}=-2$$
원의 중심과 접점을 지나는 직선은 접선과 수직이므로 접선의 기
울기는 $\dfrac{1}{2}$이다.
즉, 기울기가 $\dfrac{1}{2}$이고 점 $(2,\ -1)$을 지나는 접선의 방정식은
$$y+1=\frac{1}{2}(x-2)\qquad\therefore\ y=\frac{1}{2}x-2$$
따라서 구하는 y절편은 -2이다.

다른 풀이

$x^2+y^2-2x-2y-3=0$에서 $(x-1)^2+(y-1)^2=5$
원 $(x-1)^2+(y-1)^2=5$ 위의 점 $(2,\ -1)$에서의 접선의 방정식은
$$(2-1)(x-1)+(-1-1)(y-1)=5$$
$$\therefore\ x-2y-4=0$$
따라서 구하는 y절편은 -2이다.

2535 답 ①

원의 중심 $(2, -3)$과 점 $(3, -1)$을 지나는 직선의 기울기는

$$\frac{-1-(-3)}{3-2}=2$$

즉, 점 $(3, -1)$에서의 접선의 기울기는 $-\frac{1}{2}$이므로 접선의 방정식은

$$y+1=-\frac{1}{2}(x-3) \qquad \therefore x+2y-1=0$$

이 직선이 점 $(5, a)$를 지나므로

$$5+2a-1=0 \qquad \therefore a=-2$$

다른 풀이

원 $(x-2)^2+(y+3)^2=5$ 위의 점 $(3, -1)$에서의 접선의 방정식은

$$(3-2)(x-2)+(-1+3)(y+3)=5$$

$$\therefore x+2y-1=0$$

이 직선이 점 $(5, a)$를 지나므로

$$5+2a-1=0 \qquad \therefore a=-2$$

2536 답 ④

$x^2+y^2-6x+1=0$에서 $(x-3)^2+y^2=8$

원의 중심 $(3, 0)$과 점 $(5, 2)$를 지나는 직선의 기울기는

$$\frac{2-0}{5-3}=1$$

즉, 점 $(5, 2)$에서의 접선의 기울기는 -1이므로 접선의 방정식은

$$y-2=-(x-5)$$

$$\therefore y=-x+7$$

따라서 구하는 넓이는

$$\frac{1}{2}\times 7\times 7=\frac{49}{2}$$

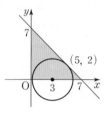

다른 풀이

$x^2+y^2-6x+1=0$에서 $(x-3)^2+y^2=8$

원 $(x-3)^2+y^2=8$ 위의 점 $(5, 2)$에서의 접선의 방정식은

$$(5-3)(x-3)+2y=8$$

$$\therefore y=-x+7$$

따라서 구하는 넓이는

$$\frac{1}{2}\times 7\times 7=\frac{49}{2}$$

2537 답 ②

원 위의 점 $\mathrm{P}(a, b)$에서의 접선의 방정식은

$$ax+by=2$$

이 직선의 x절편은 $\dfrac{2}{a}$, y절편은 $\dfrac{2}{b}$이므로 접선과 x축, y축으로 둘러싸인 삼각형의 넓이는

$$\frac{1}{2}\times\frac{2}{a}\times\frac{2}{b}=2\ (\because a>0, b>0) \qquad \therefore ab=1$$

점 $\mathrm{P}(a, b)$는 원 위의 점이므로 $a^2+b^2=2$

$$\therefore (a+b)^2=a^2+b^2+2ab=2+2\times 1=4$$

이때 $a>0$, $b>0$에서 $a+b>0$이므로

$$a+b=2$$

2538 답 ①

원 위의 점 $\mathrm{P}(a, b)$에서의 접선의 방정식은

$$ax+by=2$$

$$\therefore \mathrm{Q}\left(\frac{2}{a}, 0\right), \mathrm{R}\left(0, \frac{2}{b}\right)$$

$\overline{\mathrm{QR}}=2\sqrt{2}$, 즉 $\overline{\mathrm{QR}}^2=8$이므로

$$\left(\frac{2}{a}\right)^2+\left(\frac{2}{b}\right)^2=8에서 \frac{1}{a^2}+\frac{1}{b^2}=2$$

$$\therefore a^2+b^2=2a^2b^2 \quad\cdots\cdots\cdots\cdots\cdots\cdots\cdots\cdots ㉠$$

점 $\mathrm{P}(a, b)$가 원 $x^2+y^2=2$ 위의 점이므로 $a^2+b^2=2$ ┄┄┄┄┄ ㉡

㉠, ㉡에서 $2a^2b^2=2$ $\qquad \therefore a^2b^2=1$

이때 $a>0$, $b>0$에서 $ab>0$이므로

$$ab=1$$

실수 Check

a, b의 값을 각각 구하는 것보다 곱셈 공식을 변형하여 ab의 값을 바로 구하면 실수를 줄일 수 있다.

2539 답 ⑤

제1사분면 위에 있는 점 P의 좌표를 $(x_1, y_1)\ (x_1>0, y_1>0)$이라 하면 원 위의 점 $\mathrm{P}(x_1, y_1)$에서의 접선의 방정식은

$$x_1 x+y_1 y=1$$

이 직선이 점 $(0, 3)$을 지나므로 $3y_1=1$ $\qquad \therefore y_1=\frac{1}{3}$

즉, 점 $\mathrm{P}\left(x_1, \dfrac{1}{3}\right)$이 원 $x^2+y^2=1$ 위의 점이므로

$$x_1^2+\left(\frac{1}{3}\right)^2=1, x_1^2=\frac{8}{9} \qquad \therefore x_1=\frac{2\sqrt{2}}{3}\ (\because x_1>0)$$

따라서 점 P의 x좌표는 $\dfrac{2\sqrt{2}}{3}$이다.

다른 풀이

점 $(0, 3)$을 A라 하고 점 P에서 y축에 내린 수선의 발을 H라 하자.

직선 AP가 점 P에서 원 $x^2+y^2=1$에 접하므로 원점 O에 대하여 $\angle\mathrm{OPA}=90°$

직각삼각형 OPA에서 $\overline{\mathrm{OA}}=3$, $\overline{\mathrm{OP}}=1$이므로

$$\overline{\mathrm{AP}}=\sqrt{3^2-1^2}=2\sqrt{2}$$

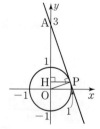

이때 삼각형 OPA의 넓이는

$$\frac{1}{2}\times\overline{\mathrm{OA}}\times\overline{\mathrm{PH}}=\frac{1}{2}\times\overline{\mathrm{OP}}\times\overline{\mathrm{AP}}$$

$$\frac{1}{2}\times 3\times\overline{\mathrm{PH}}=\frac{1}{2}\times 1\times 2\sqrt{2} \qquad \therefore \overline{\mathrm{PH}}=\frac{2\sqrt{2}}{3}$$

따라서 점 P의 x좌표는 선분 PH의 길이와 같으므로 $\dfrac{2\sqrt{2}}{3}$이다.

2540 답 ④

점 P의 좌표를 (x_1, y_1)이라 하면 원 C 위의 점 P에서의 접선의 방정식은

$$x_1 x+y_1 y=4 \qquad \therefore \mathrm{B}\left(\frac{4}{x_1}, 0\right)$$

점 H의 x좌표는 x_1이고 A$(-2, 0)$, $2\overline{AH}=\overline{HB}$이므로

$\quad\rightarrow$ 세 점 모두 x축 위의 점

$2(x_1+2)=\dfrac{4}{x_1}-x_1$

$3x_1^2+4x_1-4=0$, $(x_1+2)(3x_1-2)=0$

이때 $x_1>0$이므로 $x_1=\dfrac{2}{3}$ $\quad\therefore$ B$(6, 0)$

점 P는 원 C 위의 점이므로

$x_1^2+y_1^2=4$에서 $\left(\dfrac{2}{3}\right)^2+y_1^2=4$, $y_1^2=\dfrac{32}{9}$

$\therefore y_1=\dfrac{4\sqrt{2}}{3}$ $(\because y_1>0)$

$\therefore$ P$\left(\dfrac{2}{3}, \dfrac{4\sqrt{2}}{3}\right)$

따라서 삼각형 PAB의 넓이는

$\dfrac{1}{2}\times(6+2)\times\dfrac{4\sqrt{2}}{3}=\dfrac{16\sqrt{2}}{3}$

실수 Check

점 P의 좌표를 (x_1, y_1)이라 할 때, 점 B와 점 H의 좌표 또한 동일한 문자 x_1, y_1을 사용하여 나타내어야 한다.

2541 답 ③ |유형 **22**|

점 $(3, 4)$에서 원 $(x-1)^2+(y-1)^2=1$에 그은 두 접선의 기울기의
단서1
합은?

① 2 　　　② 3 　　　③ 4
④ 5 　　　⑤ 6
단서1 점 $(3, 4)$를 지나는 직선의 방정식은 $y-4=m(x-3)$

STEP1 접선의 방정식 구하기

접선의 기울기를 m이라 하면 기울기가 m이고 점 $(3, 4)$를 지나는 직선의 방정식은

$y-4=m(x-3)$ $\quad\therefore mx-y-3m+4=0$

STEP2 원의 중심과 접선의 거리가 반지름의 길이와 같음을 이용하여 방정식 세우기

원의 중심 $(1, 1)$과 접선 $mx-y-3m+4=0$ 사이의 거리가 반지름의 길이 1과 같아야 하므로

$\dfrac{|m-1-3m+4|}{\sqrt{m^2+(-1)^2}}=1$

$|-2m+3|=\sqrt{m^2+1}$

양변을 제곱하면 $4m^2-12m+9=m^2+1$

$\therefore 3m^2-12m+8=0$

STEP3 두 접선의 기울기의 합 구하기

이차방정식의 근과 계수의 관계에 의하여 두 접선의 기울기의 합은 4이다.

$\quad\rightarrow -\dfrac{-12}{3}=4$

2542 답 ⑤

접점의 좌표를 (x_1, y_1)이라 하면 접선의 방정식은

$x_1x+y_1y=5$

이 접선이 점 $(1, 3)$을 지나므로 $x_1+3y_1=5$

$\therefore x_1=-3y_1+5$ $\cdots\cdots$ ㉠

또, 점 (x_1, y_1)은 원 $x^2+y^2=5$ 위의 점이므로

$x_1^2+y_1^2=5$ $\cdots\cdots$ ㉡

㉠을 ㉡에 대입하면

$(-3y_1+5)^2+y_1^2=5$

$y_1^2-3y_1+2=0$

$(y_1-1)(y_1-2)=0$

$\therefore y_1=1$ 또는 $y_1=2$

㉠에서 $x_1=2$, $y_1=1$ 또는 $x_1=-1$, $y_1=2$이므로 접선의 방정식은

$x-2y+5=0$, $2x+y-5=0$

따라서 $a=1$, $b=-2$, $c=2$, $d=1$이므로

$a+b+c+d=1+(-2)+2+1=2$

다른 풀이

접선의 기울기를 m이라 하면 기울기가 m이고, 점 $(1, 3)$을 지나는 직선의 방정식은

$y-3=m(x-1)$ $\quad\therefore mx-y-m+3=0$

원의 중심 $(0, 0)$과 이 직선 사이의 거리가 반지름의 길이 $\sqrt{5}$와 같아야 하므로

$\dfrac{|-m+3|}{\sqrt{m^2+(-1)^2}}=\sqrt{5}$

$|-m+3|=\sqrt{5}\sqrt{m^2+1}$

양변을 제곱하면

$m^2-6m+9=5m^2+5$

$2m^2+3m-2=0$

$(m+2)(2m-1)=0$

$\therefore m=-2$ 또는 $m=\dfrac{1}{2}$

따라서 접선의 방정식은 $x-2y+5=0$, $2x+y-5=0$이므로

$a=1$, $b=-2$, $c=2$, $d=1$

$\therefore a+b+c+d=1+(-2)+2+1=2$

2543 답 $x-y+1=0$, $7x-y-11=0$

접선의 기울기를 m이라 하면 기울기가 m이고 점 $(2, 3)$을 지나는 직선의 방정식은

$y-3=m(x-2)$ $\quad\therefore mx-y-2m+3=0$ $\cdots\cdots$ ㉠

$x^2+y^2+2y-1=0$에서 $x^2+(y+1)^2=2$

원의 중심 $(0, -1)$과 직선 ㉠ 사이의 거리가 반지름의 길이 $\sqrt{2}$와 같아야 하므로

$\dfrac{|1-2m+3|}{\sqrt{m^2+(-1)^2}}=\sqrt{2}$

$|-2m+4|=\sqrt{2}\sqrt{m^2+1}$

양변을 제곱하면 $4m^2-16m+16=2m^2+2$

$m^2-8m+7=0$, $(m-1)(m-7)=0$

$\therefore m=1$ 또는 $m=7$

따라서 구하는 접선의 방정식은

$x-y+1=0$, $7x-y-11=0$

2544 답 ③

접점의 좌표를 (x_1, y_1)이라 하면 접선의 방정식은

$x_1x+y_1y=8$

이 직선이 점 $(4, 0)$을 지나므로 $4x_1=8$

$\therefore x_1=2$

또, 점 (x_1, y_1)은 원 $x^2+y^2=8$ 위의 점이므로

$x_1^2+y_1^2=8$ ······· ㉠

$x_1=2$를 ㉠에 대입하면

$4+y_1^2=8, y_1^2=4$

$\therefore y_1=\pm2$

따라서 접선의 방정식은 $x+y=4$,

$x-y=4$이므로 구하는 넓이는

$\dfrac{1}{2}\times8\times4=16$

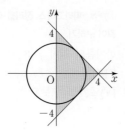

2545 답 ①

원의 중심을 $C(2, 1)$이라 하고 두 접선
과 원과의 교점을 각각 P, Q라 하면 사
각형 $APCQ$는 정사각형이다.

따라서 직각삼각형 CAP에서

$\overline{CA}^2=\overline{CP}^2+\overline{PA}^2$이고

$\overline{CA}=\sqrt{(4-2)^2+(-5-1)^2}=2\sqrt{10}$

이므로 $40=r^2+r^2, r^2=20$

└─→ $\overline{PA}=\overline{PC}=r$

$\therefore r=2\sqrt{5} \ (\because r>0)$

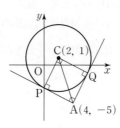

2546 답 $x-y+1=0$

직선 l이 원 O'의 넓이를 이등분하므로

직선 l은 원 O'의 중심 $(-1, 0)$을 지난다.

직선 l의 기울기를 $m \ (m>0)$이라 하면 직선 l의 방정식은

$y=m(x+1)$ $\therefore mx-y+m=0$

원 O와 직선 l이 접하려면 원의 중심 $(1, 0)$과 직선 l 사이의 거리
가 반지름의 길이 $\sqrt{2}$와 같아야 하므로

$\dfrac{|m+m|}{\sqrt{m^2+(-1)^2}}=\sqrt{2}$

$|2m|=\sqrt{2m^2+2}$

양변을 제곱하면

$4m^2=2m^2+2, m^2=1$

$\therefore m=1 \ (\because m>0)$

따라서 직선 l의 방정식은

$x-y+1=0$

2547 답 ②

반지름의 길이가 $\sqrt{5}$이므로

점 $(0, a)$에서 원에 그은 두 접선이 서로
수직이면 원의 중심 $(3, 1)$과 점 $(0, a)$
사이의 거리는 $\sqrt{10}$이다.

└─→ 한 변의 길이가 $\sqrt{5}$인
　　　정사각형의 대각선의 길이

$\sqrt{(0-3)^2+(a-1)^2}=\sqrt{10}$에서

$(a-1)^2=1, a-1=\pm1$

$\therefore a=2 \ (\because a>0)$

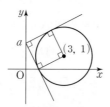

접선의 기울기를 m이라 하면 기울기가 m이고 점 $(0, a)$를 지나
는 직선의 방정식은

$y-a=mx$ $\therefore mx-y+a=0$

원의 중심 $(3, 1)$과 이 직선 사이의 거리가 반지름의 길이 $\sqrt{5}$와
같아야 하므로

$\dfrac{|3m-1+a|}{\sqrt{m^2+(-1)^2}}=\sqrt{5}, |3m-1+a|=\sqrt{5m^2+5}$

양변을 제곱하면

$9m^2-6(1-a)m+(1-a)^2=5m^2+5$

$\therefore 4m^2-6(1-a)m+(a^2-2a-4)=0$

이때 두 접선이 서로 수직이므로 이차방정식의 근과 계수의 관계에
의하여   └─→ 두 기울기의 곱이 -1이다.

$\dfrac{a^2-2a-4}{4}=-1, a^2-2a=0$

$a(a-2)=0$ $\therefore a=2 \ (\because a>0)$

원 밖의 한 점에서 반지름의 길이가 r인 원에 그은 두 접선이 서로 수직이
면 원 밖의 한 점과 원의 중심 사이의 거리가 $\sqrt{2}r$임을 이용한다.

2547-1

점 $(a, 0)$에서 원 $(x-2)^2+(y-6)^2=20$에 그은 두 접선이
서로 수직일 때, 양수 a의 값을 구하시오.

반지름의 길이가 $2\sqrt{5}$이므로

점 $(a, 0)$에서 원에 그은 두 접선이 서
로 수직이면 원의 중심 $(2, 6)$과
점 $(a, 0)$ 사이의 거리는 $2\sqrt{10}$이다.

$\sqrt{(2-a)^2+(6-0)^2}=2\sqrt{10}$에서

$(a-2)^2=4, a-2=\pm2$

$\therefore a=4 \ (\because a>0)$

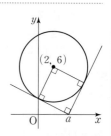

접선의 기울기를 m이라 하면 기울기가 m이고 점 $(a, 0)$을
지나는 직선의 방정식은

$y=m(x-a)$ $\therefore mx-y-ma=0$

원의 중심 $(2, 6)$과 이 직선 사이의 거리가 반지름의 길이
$2\sqrt{5}$와 같아야 하므로

$\dfrac{|2m-6-ma|}{\sqrt{m^2+(-1)^2}}=2\sqrt{5}, |(2-a)m-6|=\sqrt{20(m^2+1)}$

양변을 제곱하면

$(2-a)^2m^2-12(2-a)m+36=20m^2+20$

$\therefore (a^2-4a-16)m^2+12(a-2)m+16=0$

이때 두 접선이 서로 수직이므로 이차방정식의 근과 계수의
관계에 의하여

$\dfrac{16}{a^2-4a-16}=-1, a^2-4a=0$

$a(a-4)=0$ $\therefore a=4 \ (\because a>0)$

답 4

2548 답 18

접점의 좌표를 (x_1, y_1)이라 하면 접선의 방정식은

$x_1x + y_1y = 1$

이 직선이 점 $(0, 3)$을 지나므로 $3y_1 = 1$

$\therefore y_1 = \dfrac{1}{3}$

또, 점 (x_1, y_1)이 원 $x^2 + y^2 = 1$ 위의 점이므로

$x_1^2 + y_1^2 = 1$ ··· ㉠

$y_1 = \dfrac{1}{3}$을 ㉠에 대입하면

$x_1^2 + \dfrac{1}{9} = 1, \; x_1^2 = \dfrac{8}{9}$

$\therefore x_1 = \pm\dfrac{2\sqrt{2}}{3}$

즉, 접선의 방정식은 $2\sqrt{2}x - y = -3, \; 2\sqrt{2}x + y = 3$이므로 두 접선이 각각 x축과 만나는 점의 좌표는

$\left(-\dfrac{3}{2\sqrt{2}}, \, 0\right), \left(\dfrac{3}{2\sqrt{2}}, \, 0\right)$

따라서 $k = \pm\dfrac{3}{2\sqrt{2}}$이므로

$16k^2 = 16 \times \dfrac{9}{8} = 18$

2549 답 ③

접점의 좌표를 (x_1, y_1)이라 하면 접선의 방정식은

$x_1x + y_1y = 2$

이 직선이 점 $(2, -4)$를 지나므로

$2x_1 - 4y_1 = 2$

$\therefore x_1 = 2y_1 + 1$ ······································· ㉠

또, 점 (x_1, y_1)이 원 $x^2 + y^2 = 2$ 위의 점이므로

$x_1^2 + y_1^2 = 2$ ··· ㉡

㉠을 ㉡에 대입하면

$(2y_1 + 1)^2 + y_1^2 = 2$

$5y_1^2 + 4y_1 - 1 = 0, \; (y_1 + 1)(5y_1 - 1) = 0$

$\therefore y_1 = -1 \text{ 또는 } y_1 = \dfrac{1}{5}$

㉠에서 $x_1 = -1, \; y_1 = -1$ 또는 $x_1 = \dfrac{7}{5}, \; y_1 = \dfrac{1}{5}$

즉, 접선의 방정식은 $x + y = -2, \; 7x + y = 10$이므로 두 접선이 각각 y축과 만나는 점의 좌표는 $(0, -2), \; (0, 10)$이다.

따라서 $a = -2, \; b = 10$ 또는 $a = 10, \; b = -2$이므로

$a + b = 8$

2550 답 ③
| 유형 23

> 점 P(5, 4)에서 원 $(x-2)^2 + y^2 = 9$에 그은 접선의 접점을 Q라 할 〔단서1〕
> 때, 선분 PQ의 길이는?
>
> ① 2　　　　　② 3　　　　　③ 4
> ④ 5　　　　　⑤ 6
>
> 〔단서1〕 원 밖의 점에서 원에 그은 접선과 접점을 지나는 반지름은 서로 수직

STEP1 점 P와 원의 중심 사이의 거리 구하기

원의 중심을 C$(2, 0)$이라 하면

$\overline{PC} = \sqrt{(5-2)^2 + (4-0)^2} = 5$

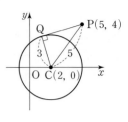

STEP2 피타고라스 정리를 이용하여 $\overline{PQ}$의 길이 구하기

반지름의 길이가 3이므로 직각삼각형 CPQ에서

$\overline{PQ} = \sqrt{5^2 - 3^2} = 4$

2551 답 $4\sqrt{3}$

$\overline{OP} = 4, \; \overline{OA} = 2$이므로

직각삼각형 OAP에서

$\overline{AP} = \sqrt{4^2 - 2^2} = 2\sqrt{3}$

따라서 사각형 PAOB의 넓이는

$2\triangle OAP = 2 \times \left(\dfrac{1}{2} \times 2\sqrt{3} \times 2\right)$

$= 4\sqrt{3}$

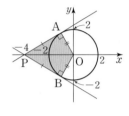

> **개념 Check**
>
> 원 밖의 한 점에서 원에 그을 수 있는 접선은 2개이므로 두 접점을 Q_1, Q_2라 하면 $\overline{PQ_1} = \overline{PQ_2}$이다.

2552 답 ③

$x^2 + y^2 + 4x - 2y = 0$에서

$(x+2)^2 + (y-1)^2 = 5$

원의 중심을 C$(-2, 1)$이라 하면

$\overline{PC} = \sqrt{(-2-2)^2 + (1-4)^2} = 5$

반지름의 길이가 $\sqrt{5}$이므로

직각삼각형 CPQ에서

$\overline{PQ} = \sqrt{5^2 - (\sqrt{5})^2} = 2\sqrt{5}$

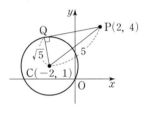

2553 답 ⑤

원 $x^2 + y^2 = 8$의 중심은 O$(0, 0)$이고 반지름의 길이는 $2\sqrt{2}$이므로

$\overline{OA} = 2\sqrt{2}$

$\overline{OP} = \sqrt{6^2 + 2^2} = 2\sqrt{10}$

직각삼각형 OAP에서

$\overline{AP} = \sqrt{(2\sqrt{10})^2 - (2\sqrt{2})^2} = 4\sqrt{2}$

선분 OP와 선분 AB의 교점을 Q라 하면
$\longrightarrow \overline{OP} \perp \overline{AB}$

삼각형 OPA의 넓이에서

$\dfrac{1}{2} \times \overline{AP} \times \overline{OA} = \dfrac{1}{2} \times \overline{OP} \times \overline{AQ}$

$\dfrac{1}{2} \times 4\sqrt{2} \times 2\sqrt{2} = \dfrac{1}{2} \times 2\sqrt{10} \times \overline{AQ}$

$\therefore \overline{AQ} = \dfrac{4\sqrt{10}}{5}$

$\therefore \overline{AB} = 2\overline{AQ} = \dfrac{8\sqrt{10}}{5}$

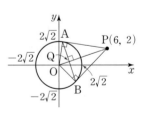

2554 답 ②

원 $(x-1)^2+(y+1)^2=10$의 중심을
C$(1, -1)$이라 하면 반지름의 길이가
$\sqrt{10}$이므로 $\overline{CQ}=\sqrt{10}$

직각삼각형 CPQ에서
$\overline{PQ}^2+\overline{CQ}^2=\overline{CP}^2$,
$4^2+(\sqrt{10})^2=(1-a)^2+(-1-0)^2$
$a^2-2a-24=0$, $(a+4)(a-6)=0$ ∴ $a=-4$ 또는 $a=6$

따라서 모든 상수 a의 값의 합은
$-4+6=2$ ————→ 근과 계수의 관계에 의하여
$-(-2)=2$로 구해도 된다.

참고 그림과 같이 접선의 길이가 4가 되도록 하는 x축 위의 점이 2개임을 이해한다.

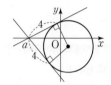 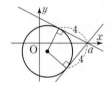

2555 답 ②

원 $x^2+y^2=4$의 중심은 O$(0, 0)$이고
반지름의 길이가 2이므로
$\overline{OA}=2$
$\overline{OP}=3$이므로 직각삼각형 OAP에서
$\overline{AP}=\sqrt{3^2-2^2}=\sqrt{5}$

선분 AB와 x축의 교점을 Q라 하면
삼각형 OAP의 넓이에서
$\frac{1}{2}\times\overline{AP}\times\overline{OA}=\frac{1}{2}\times\overline{OP}\times\overline{AQ}$, $\frac{1}{2}\times\sqrt{5}\times2=\frac{1}{2}\times3\times\overline{AQ}$
∴ $\overline{AQ}=\frac{2\sqrt{5}}{3}$

즉, $\overline{AB}=2\overline{AQ}=\frac{4\sqrt{5}}{3}$이고 직각삼각형 PAQ에서
$\overline{PQ}=\sqrt{(\sqrt{5})^2-\left(\frac{2\sqrt{5}}{3}\right)^2}=\frac{5}{3}$

따라서 삼각형 PAB의 넓이는
$\frac{1}{2}\times\overline{AB}\times\overline{PQ}=\frac{1}{2}\times\frac{4\sqrt{5}}{3}\times\frac{5}{3}=\frac{10\sqrt{5}}{9}$

실수 Check

삼각형 AOP에서 △AQP$=\frac{1}{2}$△AOP라고 계산하지 않도록 주의한다.

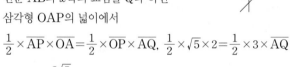 서술형 유형 익히기   532쪽~535쪽

2556 답 (1) $\frac{2}{3}$ (2) $\frac{2}{3}$ (3) -2 (4) 2 (5) $\frac{8}{3}$

STEP1 원이 x축과 y축에 동시에 접하는 조건 찾기 [1점]

x축과 y축에 동시에 접하는 원의 중심은
직선 $y=x$ 또는 직선 $y=-x$ 위에 있다.

STEP2 중심이 직선 $y=x$ 위에 있는 원의 반지름의 길이 구하기 [2점]

$2x+y-2=0$에 $y=x$를 대입하면
$2x+x-2=0$ ∴ $x=\frac{2}{3}$

즉, 원의 중심의 좌표는 $\left(\frac{2}{3}, \boxed{\frac{2}{3}}\right)$이고
반지름의 길이는 $\boxed{\frac{2}{3}}$이다.

STEP3 중심이 직선 $y=-x$ 위에 있는 원의 반지름의 길이 구하기 [2점]

$2x+y-2=0$에 $y=-x$를 대입하면
$2x-x-2=0$ ∴ $x=2$

즉, 원의 중심의 좌표는 $(2, \boxed{-2})$이고
반지름의 길이는 $\boxed{2}$이다.

STEP4 두 원의 반지름의 길이의 합 구하기 [1점]

조건을 만족시키는 두 원의 반지름의 길이의 합은
$\frac{2}{3}+2=\boxed{\frac{8}{3}}$이다.

실제 답안 예시

반지름의 길이가 r이고 x축과 y축에 동시에 접하는 원의 중심은
(r, r), $(-r, r)$, $(r, -r)$, $(-r, -r)$

원의 중심이 직선 $2x+y-2=0$ 위에 있으므로
(i) 원의 중심의 좌표가 (r, r)일 때
  $2r+r-2=0$ ∴ $r=\frac{2}{3}$
(ii) 원의 중심의 좌표가 $(-r, r)$일 때
  $-2r+r-2=0$ ∴ $r=-2$
  $r>0$이므로 만족하지 않는다.
(iii) 원의 중심의 좌표가 $(r, -r)$일 때
  $2r-r-2=0$ ∴ $r=2$
(iv) 원의 중심의 좌표가 $(-r, -r)$일 때
  $-2r-r-2=0$ ∴ $r=-\frac{2}{3}$
  $r>0$이므로 만족하지 않는다.

(i)~(iv)에서 조건을 만족시키는 두 원의 반지름의 길이의 합은
$\frac{2}{3}+2=\frac{8}{3}$이다.

2557 답 5π

STEP1 원이 x축과 y축에 동시에 접하는 조건 찾기 [1점]

x축과 y축에 동시에 접하는 원의 중심은
직선 $y=x$ 또는 직선 $y=-x$ 위에 있다.

STEP2 중심이 직선 $y=x$ 위에 있는 원의 반지름의 길이 구하기 [2점]

$x+3y+4=0$에 $y=x$를 대입하면
$x+3x+4=0$ ∴ $x=-1$

즉, 원의 중심의 좌표는 $(-1, -1)$이고
반지름의 길이는 1이다.

STEP3 중심이 직선 $y=-x$ 위에 있는 원의 반지름의 길이 구하기 [2점]

$x+3y+4=0$에 $y=-x$를 대입하면
$x-3x+4=0$ ∴ $x=2$

즉, 원의 중심의 좌표는 $(2, -2)$이고
반지름의 길이는 2이다.

11

STEP4 두 원의 넓이의 합 구하기 [1점]

조건을 만족시키는 두 원의 넓이의 합은

$\pi \times 1^2 + \pi \times 2^2 = 5\pi$

2558 目 24π

STEP1 원이 x축과 y축에 동시에 접하는 조건 찾기 [2점]

x축과 y축에 동시에 접하는 원의 중심은
직선 $y=x$ 또는 직선 $y=-x$ 위에 있다.

STEP2 중심이 직선 $y=x$ 위에 있는 원의 반지름의 길이 구하기 [3점]

$y=x^2-3x-1$에 $y=x$를 대입하면

$x=x^2-3x-1$, $x^2-4x-1=0$

$\therefore x=2\pm\sqrt{5}$

(ⅰ) $x=2-\sqrt{5}$일 때

원의 중심의 좌표는 $(2-\sqrt{5},\ 2-\sqrt{5})$이고
반지름의 길이는 $\sqrt{5}-2$이다. ······ ⓐ

(ⅱ) $x=2+\sqrt{5}$일 때

원의 중심의 좌표는 $(2+\sqrt{5},\ 2+\sqrt{5})$이고
반지름의 길이는 $2+\sqrt{5}$이다. ······ ⓐ

STEP3 중심이 직선 $y=-x$ 위에 있는 원의 반지름의 길이 구하기 [3점]

$y=x^2-3x-1$에 $y=-x$를 대입하면

$-x=x^2-3x-1$, $x^2-2x-1=0$

$\therefore x=1\pm\sqrt{2}$

(ⅲ) $x=1-\sqrt{2}$일 때

원의 중심의 좌표는 $(1-\sqrt{2},\ \sqrt{2}-1)$이고
반지름의 길이는 $\sqrt{2}-1$이다. ······ ⓑ

(ⅳ) $x=1+\sqrt{2}$일 때

원의 중심의 좌표는 $(1+\sqrt{2},\ -1-\sqrt{2})$이고
반지름의 길이는 $1+\sqrt{2}$이다. ······ ⓑ

STEP4 모든 원의 넓이의 합 구하기 [1점]

조건을 만족시키는 모든 원의 넓이의 합은

$\pi \times (\sqrt{5}-2)^2 + \pi \times (2+\sqrt{5})^2 + \pi \times (\sqrt{2}-1)^2 + \pi \times (1+\sqrt{2})^2$
$= 24\pi$

부분점수표	
ⓐ 직선 $y=x$ 위에 원의 중심이 있는 두 가지 경우 중에서 1가지 경우만 구한 경우	1점
ⓑ 직선 $y=-x$ 위에 원의 중심이 있는 두 가지 경우 중에서 1가지 경우만 구한 경우	1점

참고 그림과 같이 곡선 $y=x^2-3x-1$과 두 직선 $y=x$, $y=-x$의 교점이 4개이므로 x축과 y축에 동시에 접하는 원도 4개이다.

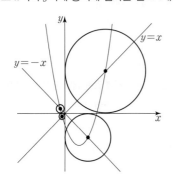

2559 目 64π

STEP1 원이 x축과 y축에 동시에 접하는 조건 찾기 [2점]

x축과 y축에 동시에 접하는 원의 중심은
직선 $y=x$ 또는 직선 $y=-x$ 위에 있다.

STEP2 중심이 직선 $y=x$ 위에 있는 원의 반지름의 길이 구하기 [3점]

$(x-2)^2+(y-2)^2=32$에 $y=x$를 대입하면

$(x-2)^2+(x-2)^2=32$, $(x-2)^2=16$

$x-2=\pm4$ $\therefore x=-2$ 또는 $x=6$

(ⅰ) $x=-2$일 때

원의 중심의 좌표는 $(-2,\ -2)$이고
반지름의 길이는 2이다. ······ ⓐ

(ⅱ) $x=6$일 때

원의 중심의 좌표는 $(6,\ 6)$이고
반지름의 길이는 6이다. ······ ⓐ

STEP3 중심이 직선 $y=-x$ 위에 있는 원의 반지름의 길이 구하기 [3점]

$(x-2)^2+(y-2)^2=32$에 $y=-x$를 대입하면

$(x-2)^2+(-x-2)^2=32$, $2x^2+8=32$

$x^2=12$ $\therefore x=-2\sqrt{3}$ 또는 $x=2\sqrt{3}$

(ⅲ) $x=-2\sqrt{3}$일 때,

원의 중심의 좌표는 $(-2\sqrt{3},\ 2\sqrt{3})$이고
반지름의 길이는 $2\sqrt{3}$이다. ······ ⓑ

(ⅳ) $x=2\sqrt{3}$일 때,

원의 중심의 좌표는 $(2\sqrt{3},\ -2\sqrt{3})$이고
반지름의 길이는 $2\sqrt{3}$이다. ······ ⓑ

STEP4 모든 원의 넓이의 합 구하기 [1점]

조건을 만족시키는 모든 원의 넓이의 합은

$\pi \times 2^2 + \pi \times 6^2 + \pi \times (2\sqrt{3})^2 + \pi \times (2\sqrt{3})^2 = 64\pi$

부분점수표	
ⓐ 직선 $y=x$ 위에 원의 중심이 있는 두 가지 경우 중에서 1가지 경우만 구한 경우	1점
ⓑ 직선 $y=-x$ 위에 원의 중심이 있는 두 가지 경우 중에서 1가지 경우만 구한 경우	1점

참고 그림과 같이 원 $(x-2)^2+(y-2)^2=32$와 두 직선 $y=x$, $y=-x$의 교점이 4개이므로 x축과 y축에 동시에 접하는 원도 4개이다.

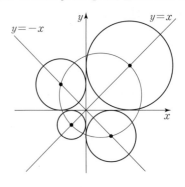

2560 目 (1) 7 (2) 9 (3) -7 (4) 3 (5) -9

STEP1 $\overline{PA} : \overline{PB} = 3 : 1$임을 이용하여 관계식 구하기 [2점]

$\overline{PA} : \overline{PB} = 3 : 1$이므로 $\overline{PA} = 3\overline{PB}$

$\therefore \overline{PA}^2 = 9\overline{PB}^2$

STEP2 $\mathrm{P}(x,y)$로 놓고 점 P가 나타내는 도형의 방정식 구하기 [2점]

점 P의 좌표를 (x,y)라 하면

$(x-2)^2+(y+2)^2=9\{(x+6)^2+(y+2)^2\}$

$x^2+y^2+14x+4y+44=0$

$\therefore (x+\boxed{7})^2+(y+2)^2=\boxed{9}$

STEP3 $a+b$의 값 구하기 [2점]

점 P가 나타내는 도형은 중심의 좌표가 $(\boxed{-7},-2)$이고

반지름의 길이가 $\boxed{3}$인 원이다.

따라서 $a=\boxed{-7}$, $b=-2$이므로

$a+b=-7+(-2)=\boxed{-9}$

오답 분석

점 P의 좌표를 (x,y)라 하면

$\overline{\mathrm{PA}}=3\overline{\mathrm{PB}}$이므로 ⟶2점

$\sqrt{(x-2)^2+(y+2)^2}=3\sqrt{(x+6)^2+(y+2)^2}$ ⟶1점

$(x-2)^2+(y+2)^2=3\{(x+6)^2+(y+2)^2\}$

$x^2+y^2+20x+4y+56=0$ ⟶ 양변을 잘못 제곱함

$(x+10)^2+(y+2)^2=48$

따라서 원의 중심의 좌표는 $(-10,-2)$이므로

$a+b=-12$

▶ 6점 중 3점 얻음.

$\sqrt{}$를 포함한 등식의 양변을 제곱할 때 $(x-2)^2+(y+2)^2=9\{(x+6)^2+(y+2)^2\}$과 같이 $\sqrt{}$ 앞의 수 3도 제곱해야 한다.

2561 답 32π

STEP1 $\overline{\mathrm{PA}}:\overline{\mathrm{PB}}=2:1$임을 이용하여 관계식 구하기 [2점]

$\overline{\mathrm{PA}}:\overline{\mathrm{PB}}=2:1$이므로 $\overline{\mathrm{PA}}=2\overline{\mathrm{PB}}$

$\therefore \overline{\mathrm{PA}}^2=4\overline{\mathrm{PB}}^2$

STEP2 $\mathrm{P}(x,y)$로 놓고 점 P가 나타내는 도형의 방정식 구하기 [2점]

점 P의 좌표를 (x,y)라 하면

$(x+2)^2+(y-5)^2=4\{(x-4)^2+(y+1)^2\}$

$x^2+y^2-12x+6y+13=0$

$\therefore (x-6)^2+(y+3)^2=32$

STEP3 점 P가 나타내는 도형의 넓이 구하기 [2점]

점 P가 나타내는 도형은 중심의 좌표가 $(6,-3)$이고

반지름의 길이가 $4\sqrt{2}$인 원이다.

따라서 점 P가 나타내는 도형의 넓이는

$\pi \times (4\sqrt{2})^2=32\pi$

2562 답 $(x-1)^2+(y-3)^2=1$

STEP1 점 A가 움직이는 원의 방정식 구하기 [2점]

반지름의 길이가 3이고 중심의 좌표가 $(2,5)$인 원의 방정식은

$(x-2)^2+(y-5)^2=9$ ...... ⓐ

점 $\mathrm{A}(a,b)$가 이 원 위의 점이므로

$(a-2)^2+(b-5)^2=9$ ...... ㉠

STEP2 $\mathrm{G}(x,y)$로 놓고 관계식 구하기 [2점]

점 G의 좌표를 (x,y)라 하면

$x=\dfrac{a+3-2}{3}$, $y=\dfrac{b+1+3}{3}$

$\therefore a=3x-1$, $b=3y-4$ ...... ㉡

STEP3 점 G가 나타내는 도형의 방정식 구하기 [2점]

㉡을 ㉠에 대입하면

$(3x-1-2)^2+(3y-4-5)^2=9$

$(3x-3)^2+(3y-9)^2=9$

$\{3(x-1)\}^2+\{3(y-3)\}^2=9$

$\therefore (x-1)^2+(y-3)^2=1$

부분점수표	
ⓐ 반지름의 길이가 3이고 중심의 좌표가 $(2,5)$인 원의 방정식을 구한 경우	1점

2563 답 5π

STEP1 $\mathrm{A}(a,b)$, $\mathrm{P}(c,d)$, $\mathrm{Q}(x,y)$로 놓고 관계식 구하기 [3점]

점 A의 좌표를 (a,b), 점 P의 좌표를 (c,d)라 하면 선분 AP를 $5:1$로 외분하는 점 $\mathrm{Q}(x,y)$는

$x=\dfrac{5\times c-1\times a}{5-1}$, $y=\dfrac{5\times d-1\times b}{5-1}$

$\therefore c=\dfrac{4x+a}{5}$, $d=\dfrac{4y+b}{5}$ ...... ㉠

STEP2 점 Q가 나타내는 도형의 방정식 구하기 [2점]

점 $\mathrm{P}(c,d)$가 원 $x^2+y^2=4$ 위의 점이므로

$c^2+d^2=4$ ...... ㉡

㉠을 ㉡에 대입하면

$\left(\dfrac{4x+a}{5}\right)^2+\left(\dfrac{4y+b}{5}\right)^2=4$

$\therefore \left(x+\dfrac{a}{4}\right)^2+\left(y+\dfrac{b}{4}\right)^2=\dfrac{25}{4}$

STEP3 점 Q가 나타내는 도형의 둘레의 길이 구하기 [2점]

점 Q가 나타내는 도형은 중심의 좌표가 $\left(-\dfrac{a}{4},-\dfrac{b}{4}\right)$이고

반지름의 길이가 $\dfrac{5}{2}$인 원이다.

따라서 구하는 도형의 둘레의 길이는

$2\pi \times \dfrac{5}{2}=5\pi$

2564 답 (1) 3 (2) 3 (3) -3 (4) 3 (5) 3 (6) 4 (7) $\dfrac{80}{3}$

STEP1 접선의 방정식 세우기 [1점]

접점의 좌표를 (x_1,y_1)이라 하면 접선의 방정식은

$x_1 x+y_1 y=10$

STEP2 접점의 좌표를 구하여 접선의 방정식 구하기 [4점]

이 직선이 점 $(2,-4)$를 지나므로

$2x_1-4y_1=10$

$\therefore x_1=2y_1+5$ ...... ㉠ ⓐ

또, 점 (x_1,y_1)은 원 $x^2+y^2=10$ 위의 점이므로

$x_1^2+y_1^2=10$ ...... ㉡ ⓑ

①을 ⓒ에 대입하면
$$(2y_1+5)^2+y_1{}^2=10$$
$$y_1{}^2+4y_1+\boxed{3}=0$$
$$(y_1+\boxed{3})(y_1+1)=0$$
$$\therefore y_1=\boxed{-3} \text{ 또는 } y_1=-1$$
$y_1=\boxed{-3}$을 ①에 대입하면 $x_1=-1$
$y_1=-1$을 ①에 대입하면 $x_1=\boxed{3}$
즉, 접선의 방정식은
$$-x-3y=10, \quad \boxed{3}x-y=10 \qquad \cdots\cdots \text{ⓒ}$$

STEP 3 두 접선과 x축으로 둘러싸인 부분의 넓이 구하기 [2점]

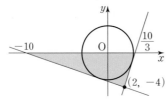

두 접선이 x축과 만나는 점의 좌표는 각각 $(-10, 0)$, $\left(\dfrac{10}{3}, 0\right)$이

므로 구하는 넓이는
$$\frac{1}{2}\times\left(\frac{10}{3}+10\right)\times\boxed{4}=\boxed{\frac{80}{3}}$$

부분점수표	
ⓐ 접선이 점 $(2, -4)$를 지남을 이용하여 x_1, y_1 사이의 관계식을 바르게 구한 경우	1점
ⓑ 점 (x_1, y_1)이 원 위에 있음을 이용하여 x_1, y_1 사이의 관계식을 바르게 구한 경우	1점
ⓒ 접선의 방정식을 하나만 바르게 구한 경우	1점

실제 답안 예시

$(2, -4)$를 지나고 기울기가 m인 직선의 방정식은
$$y+4=m(x-2)$$
$$mx-y-2m-4=0 \qquad \cdots\cdots ①$$
직선 ①이 원 $x^2+y^2=10$에 접하므로 직선 ①과 원의 중심 $(0, 0)$ 사이의 거리는 반지름의 길이 $\sqrt{10}$과 같다.
$$\frac{|-2m-4|}{\sqrt{m^2+1}}=\sqrt{10}$$
$$|-2m-4|=\sqrt{10m^2+10}$$
$$4m^2+16m+16=10m^2+10$$
$$6m^2-16m-6=0, \quad 3m^2-8m-3=0$$
$$(3m+1)(m-3)=0$$
$$\therefore m=-\frac{1}{3} \text{ 또는 } m=3$$
즉, 접선의 방정식은 $y=-\dfrac{1}{3}x-\dfrac{10}{3}$, $y=3x-10$이다.

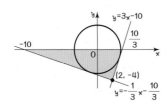

따라서 두 접선이 x축과 만나는 점의 좌표는 각각 $(-10, 0)$, $\left(\dfrac{10}{3}, 0\right)$이므로
구하는 넓이는 $\dfrac{1}{2}\times\left(\dfrac{10}{3}+10\right)\times 4=\dfrac{80}{3}$

2565 답 $\dfrac{16\sqrt{3}}{3}$

STEP 1 접선의 방정식 세우기 [1점]
접점의 좌표를 (x_1, y_1)이라 하면 접선의 방정식은
$$x_1x+y_1y=4$$

STEP 2 접점의 좌표를 구하여 접선의 방정식 구하기 [4점]
이 직선이 점 $(4, 0)$을 지나므로
$$4x_1=4 \qquad \therefore x_1=1 \qquad\qquad\qquad\qquad \text{ⓐ}$$
또, 점 (x_1, y_1)은 원 $x^2+y^2=4$ 위의 점이므로
$$x_1{}^2+y_1{}^2=4 \qquad\qquad \cdots\cdots① \qquad \text{ⓑ}$$
$x_1=1$을 ①에 대입하면
$$1+y_1{}^2=4, \quad y_1{}^2=3$$
$$\therefore y_1=\pm\sqrt{3}$$
즉, 접선의 방정식은
$$x+\sqrt{3}y=4, \quad x-\sqrt{3}y=4 \qquad\qquad \text{ⓒ}$$

STEP 3 두 접선과 y축으로 둘러싸인 부분의 넓이 구하기 [2점]
두 접선이 y축과 만나는 점의 좌표는 각각

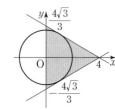

$\left(0, \dfrac{4\sqrt{3}}{3}\right)$, $\left(0, -\dfrac{4\sqrt{3}}{3}\right)$이므로 구하는 넓이는
$$\frac{1}{2}\times\frac{8\sqrt{3}}{3}\times 4=\frac{16\sqrt{3}}{3}$$

부분점수표	
ⓐ 접선이 점 $(4, 0)$을 지남을 이용하여 x_1의 값을 바르게 구한 경우	1점
ⓑ 점 (x_1, y_1)이 원 위에 있음을 이용하여 x_1, y_1 사이의 관계식을 바르게 구한 경우	1점
ⓒ 접선의 방정식을 하나만 바르게 구한 경우	1점

2566 답 $y=-3x+9$

STEP 1 접선의 방정식 세우기 [1점]
접점의 좌표를 (x_1, y_1)이라 하면 접선의 방정식은
$$x_1x+y_1y=9$$

STEP 2 두 점 A, B의 좌표 구하기 [4점]
이 직선이 점 $(3, 1)$을 지나므로
$$3x_1+y_1=9 \qquad \therefore y_1=-3x_1+9 \qquad \cdots\cdots① \quad \text{ⓐ}$$
또, 점 (x_1, y_1)은 원 $x^2+y^2=9$ 위의 점이므로
$$x_1{}^2+y_1{}^2=9 \qquad\qquad \cdots\cdots ⓛ \qquad \text{ⓑ}$$
①을 ⓛ에 대입하면
$$x_1{}^2+(-3x_1+9)^2=9, \quad 5x_1{}^2-27x_1+36=0$$
$$(5x_1-12)(x_1-3)=0 \qquad \therefore x_1=\frac{12}{5} \text{ 또는 } x_1=3$$
이것을 ①에 대입하면
$$x_1=\frac{12}{5}, \ y_1=\frac{9}{5} \text{ 또는 } x_1=3, \ y_1=0$$
즉, 두 접점의 좌표는 $\left(\dfrac{12}{5}, \dfrac{9}{5}\right)$, $(3, 0)$이다. $\qquad$ ⓒ

STEP 3 직선 AB의 방정식 구하기 [2점]
직선 AB의 방정식은
$$y-0=\frac{0-\dfrac{9}{5}}{3-\dfrac{12}{5}}(x-3) \qquad \therefore y=-3x+9$$

부분점수표	
ⓐ 접선이 점 $(3, 1)$을 지남을 이용하여 x_1, y_1 사이의 관계식을 바르게 구한 경우	1점
ⓑ 점 (x_1, y_1)이 원 위에 있음을 이용하여 x_1, y_1 사이의 관계식을 바르게 구한 경우	1점
ⓒ 접점의 좌표를 하나만 바르게 구한 경우	1점

2567 답 -4

STEP 1 수직인 조건을 이용하여 $\overline{AB}$의 길이 구하기 [3점]

그림과 같이 원의 중심을 $C(-1, 1)$이라 하고 두 점 A, B에서 그은 접선의 교점을 P라 하자.

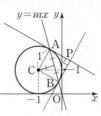

원의 반지름의 길이가 1이고, 두 접선이 서로 수직이므로 사각형 PACB는 한 변 의 길이가 1인 정사각형이다.

$\therefore \overline{AB} = \sqrt{2}$

STEP 2 점 C에서 직선 $y=mx$까지의 거리를 이용하여 모든 실수 m의 값의 합 구하기 [6점]

$\overline{AB}$의 중점을 M이라 하면 $\overline{CP} = \sqrt{2}$이므로

$$\overline{CM} = \frac{1}{2}\overline{CP} = \frac{\sqrt{2}}{2} \quad \cdots\cdots \text{ⓐ}$$

점 $C(-1, 1)$과 직선 $y=mx$, 즉 $mx-y=0$ 사이의 거리가 선분 CM의 길이와 같으므로

$$\frac{|-m-1|}{\sqrt{m^2+(-1)^2}} = \frac{\sqrt{2}}{2}, \ 2|-m-1| = \sqrt{2}\sqrt{m^2+1} \quad \cdots\cdots \text{ⓑ}$$

양변을 제곱하여 정리하면

$m^2 + 4m + 1 = 0$

따라서 이차방정식의 근과 계수의 관계에 의하여 모든 실수 m의 값의 합은 -4이다.

부분점수표	
ⓐ $\overline{CM}$의 길이를 바르게 구한 경우	1점
ⓑ 점 C와 직선 $y=mx$ 사이의 거리가 $\overline{CM}$의 길이와 같음을 이용하여 m에 대한 방정식을 바르게 세운 경우	2점

실력 check 실전 마무리하기 1회   536쪽~540쪽

1 2568 답 ⑤   유형 1

출제의도 | 중심의 좌표를 알 때, 원의 방정식을 구할 수 있는지 확인한다.

$(x-a)^2 + (y-b)^2 = r^2 \ (r > 0)$ 꼴의 원의 방정식에서 중심의 좌표는 (a, b)이고 반지름의 길이는 r야.

구하는 원의 반지름의 길이를 r라 하면 중심의 좌표가 $(-2, 1)$이 므로 원의 방정식은

$(x+2)^2 + (y-1)^2 = r^2$

이 원이 점 $(1, -3)$을 지나므로

$(1+2)^2 + (-3-1)^2 = r^2 \qquad \therefore r^2 = 25$

따라서 구하는 원의 방정식은

$(x+2)^2 + (y-1)^2 = 25$

2 2569 답 ①   유형 4

출제의도 | 원의 방정식의 일반형을 표준형으로 나타낼 수 있는지 확인한다.

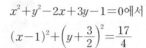

반지름의 길이가 r인 원의 둘레의 길이는 $2\pi r$야.

$x^2 + y^2 - 2x + 3y - 1 = 0$에서

$(x-1)^2 + \left(y + \frac{3}{2}\right)^2 = \frac{17}{4}$

원의 반지름의 길이가 $\frac{\sqrt{17}}{2}$이므로 원의 둘레의 길이는

$2\pi \times \frac{\sqrt{17}}{2} = \sqrt{17}\pi$

따라서 $k = \sqrt{17}$이므로 $k^2 = 17$

3 2570 답 ④   유형 5

출제의도 | 원의 방정식이 되기 위한 조건을 알고 있는지 확인한다.

원의 방정식을 $(x-a)^2 + (y-b)^2 = r^2$ 꼴로 나타내었을 때, 반지름의 길이가 0보다 커야 함을 이용해 보자.

① $x^2 + y^2 - x - y - 1 = 0$에서

$\left(x - \frac{1}{2}\right)^2 + \left(y - \frac{1}{2}\right)^2 = \frac{3}{2}$

② $x^2 + y^2 + x + y - 1 = 0$에서

$\left(x + \frac{1}{2}\right)^2 + \left(y + \frac{1}{2}\right)^2 = \frac{3}{2}$

③ $x^2 + y^2 + 2x + y + 1 = 0$에서

$(x+1)^2 + \left(y + \frac{1}{2}\right)^2 = \frac{1}{4}$

④ $x^2 + y^2 + 4x - 2y + 5 = 0$에서

$(x+2)^2 + (y-1)^2 = 0$

⑤ $x^2 + y^2 + 4x + 4y + 4 = 0$에서

$(x+2)^2 + (y+2)^2 = 4$

따라서 원의 방정식이 아닌 것은 ④이다.

4 2571 답 ②   유형 5

출제의도 | 원의 방정식이 되기 위한 조건을 알고 있는지 확인한다.

원의 방정식을 $(x-a)^2 + (y-b)^2 = r^2$ 꼴로 나타내었을 때, 반지름의 길이가 0보다 커야 함을 이용해 보자.

$x^2 + y^2 + 4x + 2ky + k + 10 = 0$에서

$(x+2)^2 + (y+k)^2 = k^2 - k - 6$

이 방정식이 원을 나타내려면

$k^2 - k - 6 > 0, \ (k+2)(k-3) > 0$

$\therefore k < -2$ 또는 $k > 3$

5 2572 답 ③   유형 8

출제의도 | y축에 접하는 원의 방정식을 구할 수 있는지 확인한다.

(반지름의 길이) $=$ |(원의 중심의 x좌표)|임을 이용해 보자.

중심의 좌표가 $(a, -2)$이고 y축에 접하는 원의 방정식은

$(x-a)^2 + (y+2)^2 = a^2$

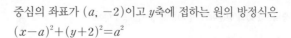

이 원이 점 $(3, -5)$를 지나므로
$$(3-a)^2+(-5+2)^2=a^2$$
$$-6a+18=0 \qquad \therefore a=3$$

6 2573 답 ④
유형 9
출제의도 | x축과 y축에 동시에 접하는 원의 방정식을 구할 수 있는지 확인한다.

> (반지름의 길이)$=|$(원의 중심의 x좌표)$|=|$(원의 중심의 y좌표)$|$임을 이용해 보자.

점 $(2, -1)$을 지나고 x축과 y축에 동시에 접하는 원의 중심은 제4사분면 위에 있으므로 반지름의 길이를 r라 하면 원의 방정식은
$$(x-r)^2+(y+r)^2=r^2$$
이 원이 점 $(2, -1)$을 지나므로
$$(2-r)^2+(-1+r)^2=r^2, \ r^2-6r+5=0$$
$$(r-1)(r-5)=0 \qquad \therefore r=1 \ \text{또는} \ r=5$$
따라서 두 원의 중심의 좌표가 각각 $(1, -1)$, $(5, -5)$이므로 두 원의 중심 사이의 거리는
$$\sqrt{(5-1)^2+(-5+1)^2}=4\sqrt{2}$$

7 2574 답 ③
유형 12
출제의도 | 두 원의 교점을 지나는 직선의 방정식을 구할 수 있는지 확인한다.

> 두 원 A, B의 교점을 지나는 직선의 방정식은
> (원 A의 방정식)$-$(원 B의 방정식)$=0$이야.

$x^2+y^2=1$에서 $x^2+y^2-1=0$
두 원의 교점을 지나는 직선의 방정식은
$$x^2+y^2-1-(x^2+y^2-2x+4y+3)=0$$
$$x-2y-2=0 \qquad \therefore y=\frac{1}{2}x-1$$
따라서 구하는 직선의 기울기는 $\frac{1}{2}$이다.

8 2575 답 ③
유형 15
출제의도 | 원과 직선이 서로 다른 두 점에서 만날 조건을 알고 있는지 확인한다.

> 원의 중심과 직선 사이의 거리와 반지름의 길이를 비교해 보자.

원의 중심 $(3, 2)$와 직선 $3x+4y+5=0$ 사이의 거리는
$$\frac{|9+8+5|}{\sqrt{3^2+4^2}}=\frac{22}{5}$$
원의 반지름의 길이가 r이므로 원과 직선이 서로 다른 두 점에서 만나려면 $r>\frac{22}{5}$
따라서 자연수 r의 최솟값은 5이다.

9 2576 답 ④
유형 3
출제의도 | 지름의 양 끝 점을 알 때, 원의 방정식을 구할 수 있는지 확인한다.

> 원의 중심은 $\overline{PQ}$의 중점이고, 반지름의 길이는 $\frac{1}{2}\overline{PQ}$야.

$P(-6, 0)$, $Q(0, -2)$이고 원의 중심은 $\overline{PQ}$의 중점이므로 그 좌표는
$$\left(\frac{-6+0}{2}, \frac{0-2}{2}\right) \qquad \therefore (-3, -1)$$
또, $\overline{PQ}$가 원의 지름이므로 원의 반지름의 길이는
$$\frac{1}{2}\overline{PQ}=\frac{1}{2}\sqrt{(0+6)^2+(-2-0)^2}=\sqrt{10}$$
따라서 구하는 원의 방정식은
$$(x+3)^2+(y+1)^2=10$$

10 2577 답 ②
유형 7
출제의도 | 세 점을 지나는 원의 방정식을 구할 수 있는지 확인한다.

> 원의 중심에서 세 점까지의 거리가 모두 같음을 이용해 보자.

원의 중심을 $P(a, b)$라 하면 $\overline{PA}=\overline{PB}=\overline{PC}$
$\overline{PA}=\overline{PB}$에서 $\overline{PA}^2=\overline{PB}^2$이므로
$$(a+5)^2+(b-0)^2=(a-1)^2+(b-2)^2$$
$$\therefore 3a+b=-5 \quad\cdots\cdots\cdots\ \unicode{x24ea}$$
$\overline{PA}=\overline{PC}$에서 $\overline{PA}^2=\overline{PC}^2$이므로
$$(a+5)^2+(b-0)^2=(a-3)^2+(b-4)^2$$
$$\therefore 2a+b=0 \quad\cdots\cdots\cdots\ \unicode{x24eb}$$
$\unicode{x24ea}$, $\unicode{x24eb}$을 연립하여 풀면 $a=-5$, $b=10$
따라서 구하는 원의 중심의 좌표는 $(-5, 10)$이다.

11 2578 답 ②
유형 11
출제의도 | 조건을 만족시키는 점이 나타내는 도형이 원임을 알고, 원의 방정식을 구할 수 있는지 확인한다.

> 점 P의 좌표를 (x, y)라 하고 x, y 사이의 관계식을 구해 보자.

$\overline{PA}:\overline{PB}=2:1$이므로 $\overline{PA}=2\overline{PB}$ $\therefore \overline{PA}^2=4\overline{PB}^2$
점 P의 좌표를 (x, y)라 하면
$$(x+2)^2+(y-1)^2=4\{(x-4)^2+(y-1)^2\}$$
$$x^2+y^2-12x-2y+21=0 \quad \therefore (x-6)^2+(y-1)^2=16$$
따라서 점 P가 나타내는 도형은 중심의 좌표가 $(6, 1)$이고 반지름의 길이가 4인 원이므로 구하는 도형의 넓이는
$$\pi \times 4^2=16\pi$$

12 2579 답 ①
유형 18
출제의도 | 현의 길이를 구할 수 있는지 확인한다.

> 그림을 그려서 피타고라스 정리를 이용해 보자.

$x^2+y^2-4x+2y+k=0$에서
$$(x-2)^2+(y+1)^2=5-k$$
원과 y축이 만나는 두 점을 A, B, 원의 중심을 $C(2, -1)$이라 하고, 점 C에서 y축에 내린 수선의 발을 H라 하면

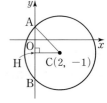

$$\overline{CH}=2, \ \overline{CA}=\sqrt{5-k}$$
$\overline{AB}=4$에서 $\overline{AH}=\frac{1}{2}\overline{AB}=2$

직각삼각형 ACH에서
$$\overline{CA}^2 = \overline{CH}^2 + \overline{AH}^2$$
$$5 - k = 4 + 4 \quad \therefore k = -3$$

13 2580 🔺 ③ 유형 20

출제의도 | 기울기를 알 때, 접선의 방정식을 구할 수 있는지 확인한다.

> 원 $x^2 + y^2 = r^2$ $(r > 0)$에 접하고 기울기가 m인 직선의 방정식은 $y = mx \pm r\sqrt{m^2 + 1}$이야.

직선 $y = x - 3$에 수직인 직선의 기울기는 -1이고 원 $x^2 + y^2 = 2$
의 반지름의 길이가 $\sqrt{2}$이므로 구하는 접선의 방정식은
$$y = -x \pm \sqrt{2}\sqrt{(-1)^2 + 1} = -x \pm 2$$
따라서 $p = -1$, $q = \pm 2$이므로
$$p^2 + q^2 = 1 + 4 = 5$$

다른 풀이

직선 $y = x - 3$에 수직인 직선의 기울기는 -1이므로 기울기가
-1인 직선의 방정식을 $y = -x + k$, 즉 $x + y - k = 0$이라 하면 원
의 중심 $(0, 0)$과의 거리는
$$\frac{|-k|}{\sqrt{1^2 + 1^2}} = \frac{|k|}{\sqrt{2}}$$
원의 반지름의 길이가 $\sqrt{2}$이므로 원과 직선이 접하려면
$$\frac{|k|}{\sqrt{2}} = \sqrt{2}, \ |k| = 2 \quad \therefore k = \pm 2$$
즉, 구하는 접선의 방정식은 $y = -x \pm 2$
따라서 $p = -1$, $q = \pm 2$이므로
$$p^2 + q^2 = 1 + 4 = 5$$

14 2581 🔺 ① 유형 16 + 유형 21

출제의도 | 원 위의 점에서의 접선의 방정식을 구할 수 있는지 확인한다.

> 중심이 원점이고 반지름의 길이가 r인 원 위의 점 (x_1, y_1)에서의 접선의 방정식은 $x_1 x + y_1 y = r^2$이야.

원 $x^2 + y^2 = 10$ 위의 점 $(1, -3)$에서의 접선의 방정식은
$$x - 3y = 10 \quad \therefore x - 3y - 10 = 0 \quad \cdots\cdots \text{㉠}$$
$$x^2 + 8x + y^2 - 4y + k = 0$$에서
$$(x + 4)^2 + (y - 2)^2 = 20 - k \quad \cdots\cdots \text{㉡}$$
직선 ㉠과 원 ㉡의 중심 $(-4, 2)$ 사이의 거리는
$$\frac{|-4 - 6 - 10|}{\sqrt{1^2 + (-3)^2}} = \frac{|-20|}{\sqrt{10}} = 2\sqrt{10}$$
따라서 직선 ㉠과 원 ㉡이 접하려면
$$\sqrt{20 - k} = 2\sqrt{10}, \ 20 - k = 40$$
$$\therefore k = -20$$

15 2582 🔺 ① 유형 22

출제의도 | 원 밖의 한 점에서 원에 그은 접선의 방정식을 구할 수 있는지 확인한다.

> 접점의 좌표를 (x_1, y_1)로 놓고 생각해 보자.

접점의 좌표를 (x_1, y_1)이라 하면 접선의 방정식은
$$x_1 x + y_1 y = 4$$
이 직선이 점 $(2, 1)$을 지나므로
$$2x_1 + y_1 = 4$$
$$\therefore y_1 = -2x_1 + 4 \quad \cdots\cdots \text{㉠}$$
또, 점 (x_1, y_1)은 원 $x^2 + y^2 = 4$ 위의 점이므로
$$x_1^2 + y_1^2 = 4 \quad \cdots\cdots \text{㉡}$$
㉠을 ㉡에 대입하면
$$x_1^2 + (-2x_1 + 4)^2 = 4$$
$$5x_1^2 - 16x_1 + 12 = 0$$
$$(5x_1 - 6)(x_1 - 2) = 0$$
$$\therefore x_1 = \frac{6}{5} \text{ 또는 } x_1 = 2$$
즉, 두 접점의 좌표는 $\left(\frac{6}{5}, \frac{8}{5}\right)$, $(2, 0)$이므로 구하는 직선의 기울기는
$$\frac{0 - \frac{8}{5}}{2 - \frac{6}{5}} = -2$$

다른 풀이

그림과 같이 직선 AB는 원의 중심 $(0, 0)$과 점 $(2, 1)$을 지나는 직선에 수직이다.
원의 중심 $(0, 0)$과 점 $(2, 1)$을 지나는 직선의 기울기는 $\frac{1}{2}$이므로 직선 AB의 기울기는 -2이다.

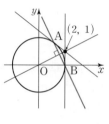

16 2583 🔺 ① 유형 14

출제의도 | 두 원의 교점을 지나는 원의 방정식을 구할 수 있는지 확인한다.

> 두 원의 교점을 지나는 원의 방정식을 세운 후, 주어진 점의 좌표를 대입하여 미정계수를 구해 보자.

두 원의 교점을 지나는 원의 방정식은
$$x^2 + y^2 - 2ax - 3ay + 8 + k(x^2 + y^2 - 2x) = 0 \text{ (단, } k \neq -1) \quad \cdots \text{㉠}$$
이 원이 점 $(0, 1)$을 지나므로
$$9 - 3a + k = 0 \quad \cdots\cdots \text{㉡}$$
또, 이 원이 점 $(1, 1)$을 지나므로
$$10 - 5a = 0 \quad \therefore a = 2$$
$a = 2$를 ㉡에 대입하면 $k = -3$
$a = 2$, $k = -3$을 ㉠에 대입하면
$$x^2 + y^2 - 4x - 6y + 8 - 3(x^2 + y^2 - 2x) = 0$$
$$x^2 + y^2 - x + 3y - 4 = 0$$
$$\therefore \left(x - \frac{1}{2}\right)^2 + \left(y + \frac{3}{2}\right)^2 = \frac{13}{2}$$
따라서 이 원의 중심의 좌표는 $\left(\frac{1}{2}, -\frac{3}{2}\right)$이므로
$$b = \frac{1}{2}, c = -\frac{3}{2}$$
$$\therefore a + b + c = 2 + \frac{1}{2} - \frac{3}{2} = 1$$

11

17 2584 답 ⑤
유형 18

출제의도 | 현의 길이를 구할 수 있는지 확인한다.

> 원의 넓이가 최소이려면 지름의 길이가 최소여야 해.

주어진 원과 직선의 교점을 A, B
라 하고, 원의 중심 O(0, 0)에서
직선 $3x+4y-5=0$에 내린 수선
의 발을 H라 하면

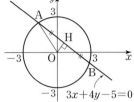

$$\overline{OH}=\frac{|-5|}{\sqrt{3^2+4^2}}=1$$

직각삼각형 OAH에서 $\overline{OA}=3$이므로

$$\overline{AH}=\sqrt{\overline{OA}^2-\overline{OH}^2}=\sqrt{3^2-1^2}=2\sqrt{2}$$

따라서 두 점 A, B를 지나는 원 중에서 넓이가 최소인 것은
$\overline{AB}$를 지름으로 하는 원이므로 구하는 원의 넓이는
$\pi \times (2\sqrt{2})^2=8\pi$ ← $\overline{AH}$가 반지름인 원

18 2585 답 ⑤
유형 19

출제의도 | 원 위의 점과 직선 사이의 거리의 최댓값을 구할 수 있는지 확인한다.

> 원의 중심과 직선 사이의 거리를 기준으로 생각해 보자.

$x^2+y^2+4x-6y-3=0$에서
$(x+2)^2+(y-3)^2=16$

원의 중심 $(-2, 3)$과 직선 $4x-3y-8=0$ 사이의 거리는

$$\frac{|-8-9-8|}{\sqrt{4^2+(-3)^2}}=5$$

정삼각형 PAB의 높이가 최대일 때 넓이가 최대이다.
정삼각형 PAB의 높이는 원 위의 점 P에서 직선 $4x-3y-8=0$
에 이르는 거리이고, 원의 반지름의 길이가 4이므로 높이의 최댓값은
$5+4=9$

정삼각형 PAB의 한 변의 길이를
a라 하면

$$\frac{\sqrt{3}}{2}a=9 \qquad \therefore a=6\sqrt{3}$$

따라서 정삼각형 PAB의 넓이의
최댓값은

$$\frac{\sqrt{3}}{4} \times (6\sqrt{3})^2=27\sqrt{3}$$
└→ 한 변의 길이가 a인 정삼각형의 넓이는 $\frac{\sqrt{3}}{4}a^2$이다.

19 2586 답 ①
유형 22

출제의도 | 원 밖의 한 점에서 원에 그은 두 접선이 이루는 각을 이등분하는
직선의 기울기를 구할 수 있는지 확인한다.

> 원 밖의 한 점에서 원에 그은 두 접선이 이루는 각을 이등분하는 직선 중
> 한 직선은 원의 중심을 지나.

그림과 같이 점 $(1, -3)$에서 원 $(x-3)^2+(y-1)^2=5$에 그은
두 접선이 이루는 각을 이등분하는 두 직선 중 한 직선은 원의 중
심을 지난다.

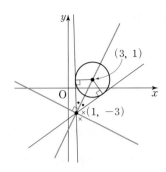

즉, 조건을 만족시키는 두 직선은
점 $(1, -3)$과 원의 중심 $(3, 1)$을 지나는 직선과
이 직선에 수직이면서 점 $(1, -3)$을 지나는 직선이다.
점 $(1, -3)$과 원의 중심 $(3, 1)$을 지나는 직선의 기울기는

$$\frac{1-(-3)}{3-1}=2$$이고 이 직선에 수직인 직선의 기울기는 $-\frac{1}{2}$이다.

따라서 두 직선의 기울기의 합은

$$2+\left(-\frac{1}{2}\right)=\frac{3}{2}$$

20 2587 답 ④
유형 23

출제의도 | 원 밖의 한 점에서 접점까지의 거리를 구할 수 있는지 확인한다.

> 직각삼각형의 넓이를 구하는 여러 가지 방법을 이용해 보자.

원 $x^2+y^2=8$의 중심은 O(0, 0)이고
반지름의 길이는 $2\sqrt{2}$이므로
$\overline{OA}=2\sqrt{2}$, $\overline{OP}=6$
직각삼각형 OAP에서

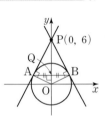

$$\overline{AP}=\sqrt{6^2-(2\sqrt{2})^2}=2\sqrt{7}$$

$\overline{OP}$와 $\overline{AB}$의 교점을 Q라 하면 삼각형
OPA의 넓이에서

$$\frac{1}{2} \times \overline{AP} \times \overline{OA}=\frac{1}{2} \times \overline{OP} \times \overline{AQ}$$

$$\frac{1}{2} \times 2\sqrt{7} \times 2\sqrt{2}=\frac{1}{2} \times 6 \times \overline{AQ} \qquad \therefore \overline{AQ}=\frac{2\sqrt{14}}{3}$$

$$\therefore \overline{AB}=2\overline{AQ}=\frac{4\sqrt{14}}{3}$$

21 2588 답 ③
유형 8 + 유형 13

출제의도 | 공통인 현의 길이를 구할 수 있는지 확인한다.

> x축에 접하는 원의 중심의 y좌표는 r 또는 $-r$임을 이용하여 원의 중심
> 의 좌표부터 구해 보자.

$x^2+y^2-2x+6y-15=0$에서
$(x-1)^2+(y+3)^2=25$

이 원의 중심을 A라 하면 $A(1, -3)$이고 반지름의 길이는 5이다.

이때 선분 PQ를 접는 선으로 하
여 접힌 부분은 점 $(3, 0)$에서 x
축에 접하고 원래의 원과 합동인
└→ 반지름의 길이가 5이다.
원의 일부이므로 그 원의 중심 B
의 좌표는 $(3, -5)$이다.

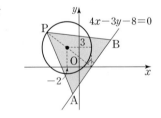

선분 AB의 중점을 M이라 하면
$\overline{AB}=\sqrt{(3-1)^2+(-5+3)^2}=2\sqrt{2}$이므로 $\overline{AM}=\sqrt{2}$
직각삼각형 AMP에서
$\overline{AP}=5$이므로
$\overline{PM}=\sqrt{\overline{AP}^2-\overline{AM}^2}=\sqrt{5^2-(\sqrt{2})^2}=\sqrt{23}$
$\therefore \overline{PQ}=2\overline{PM}=2\sqrt{23}$

22 2589 답 3 유형 11

출제의도 | 조건을 만족시키는 점이 나타내는 도형이 원임을 알고, 원의 방정식을 구할 수 있는지 확인한다.

STEP1 거리의 비가 $3:1$임을 이용하여 관계식 구하기 [2점]
$\overline{PA}:\overline{PB}=3:1$이므로
$\overline{PA}=3\overline{PB}$　　$\therefore \overline{PA}^2=9\overline{PB}^2$

STEP2 $P(x,y)$로 놓고 점 P가 나타내는 도형 구하기 [2점]
점 P의 좌표를 (x,y)라 하면
$(x+3)^2+y^2=9\{(x-1)^2+y^2\}$
$x^2+y^2-3x=0$　　$\therefore \left(x-\dfrac{3}{2}\right)^2+y^2=\dfrac{9}{4}$

즉, 점 P가 나타내는 도형은 중심의 좌표가 $\left(\dfrac{3}{2},0\right)$이고 반지름의 길이가 $\dfrac{3}{2}$인 원이다.

STEP3 삼각형 PAB의 넓이의 최댓값 구하기 [2점]
그림과 같이 점 P에서 x축에 내린
수선의 발을 H라 하면
$\triangle PAB=\dfrac{1}{2}\times\overline{AB}\times\overline{PH}$
$\overline{AB}=4$이고 $\overline{PH}$의 길이의 최댓값은
반지름의 길이인 $\dfrac{3}{2}$과 같으므로 삼각형 PAB의 넓이의 최댓값은
$\dfrac{1}{2}\times4\times\dfrac{3}{2}=3$

23 2590 답 6 유형 14

출제의도 | 두 원의 교점을 지나는 원의 방정식을 구할 수 있는지 확인한다.

STEP1 두 원의 교점을 지나는 원의 방정식 세우기 [1점]
두 원의 교점을 지나는 원의 방정식은
$x^2+y^2-4x-6y+7+k(x^2+y^2-ax)=0$ (단, $k\neq-1$) ……… ㉠

STEP2 두 원의 교점과 점 $(0,1)$을 지나는 원의 방정식 구하기 [3점]
이 원이 점 $(0,1)$을 지나므로
$2+k=0$　　$\therefore k=-2$
$k=-2$를 ㉠에 대입하면
$x^2+y^2-4x-6y+7-2(x^2+y^2-ax)=0$
$x^2+y^2+(4-2a)x+6y-7=0$
$\therefore \{x+(2-a)\}^2+(y+3)^2=a^2-4a+20$

STEP3 양수 a의 값 구하기 [2점]
이 원의 넓이가 32π이므로
$a^2-4a+20=32,\ a^2-4a-12=0$
$(a+2)(a-6)=0$　　$\therefore a=6\ (\because a>0)$

24 2591 답 $-\dfrac{4}{3}$ 유형 18 + 유형 20

출제의도 | 원과 직선의 위치 관계를 활용하여 접선의 방정식을 구할 수 있는지 확인한다.

STEP1 기울기를 m이라 하고 직선 l의 방정식 세우기 [2점]
원 $x^2+y^2=25$에 접하고 기울기가 m인 직선 l의 방정식은
$y=mx\pm5\sqrt{m^2+1}$
이때 접선 l의 y절편은 양수이므로 직선 l의 방정식은
$y=mx+5\sqrt{m^2+1}$

STEP2 원 $x^2+(y-5)^2=9$의 중심과 직선 l 사이의 거리 구하기 [2점]
원 $x^2+(y-5)^2=9$의 중심을
C$(0,5)$라 하고
선분 AB의 중점을 M이라 하면
$\overline{AM}=\dfrac{1}{2}\overline{AB}=\sqrt{5}$이고 $\overline{CA}=3$
이므로 직각삼각형 CAM에서
$\overline{CM}=\sqrt{3^2-(\sqrt{5})^2}=2$

STEP3 직선 l의 기울기 구하기 [3점]
점 C$(0,5)$와 직선 $y=mx+5\sqrt{m^2+1}$, 즉
$mx-y+5\sqrt{m^2+1}=0$ 사이의 거리가 2이어야 하므로
$\dfrac{|-5+5\sqrt{m^2+1}|}{\sqrt{m^2+(-1)^2}}=2,\ |-5+5\sqrt{m^2+1}|=2\sqrt{m^2+1}$
이때 $-5+5\sqrt{m^2+1}>0$이므로
→ $m\neq0$일 때 항상 $5\sqrt{m^2+1}>5$이다.
$-5+5\sqrt{m^2+1}=2\sqrt{m^2+1},\ 3\sqrt{m^2+1}=5$
양변을 제곱하면
$9m^2=16,\ m^2=\dfrac{16}{9}$

따라서 $m<0$이므로 $m=-\dfrac{4}{3}$
→ 점 P는 제1사분면 위에 있으므로
접선 l의 기울기는 음수이다.

25 2592 답 3 유형 15 + 유형 17

출제의도 | 원과 직선의 위치 관계를 활용하여 다양한 문제를 해결할 수 있는지 확인한다.

STEP1 ㈎를 만족시키는 k의 값의 범위 구하기 [3점]
원 $(x+1)^2+y^2=1$의 중심의 좌표는 $(-1,0)$이고, 반지름의 길이는 1이므로 원의 중심 $(-1,0)$과 직선 $y=-x+k$, 즉
$x+y-k=0$ 사이의 거리는
$\dfrac{|-1-k|}{\sqrt{1^2+1^2}}=\dfrac{|1+k|}{\sqrt{2}}$
㈎에 의하여
$\dfrac{|1+k|}{\sqrt{2}}>1,\ |1+k|>\sqrt{2}$
$1+k<-\sqrt{2}$ 또는 $1+k>\sqrt{2}$
$\therefore k<-\sqrt{2}-1$ 또는 $k>\sqrt{2}-1$ ……………… ㉠

STEP2 ㈏를 만족시키는 k의 값의 범위 구하기 [3점]
원 $(x-3)^2+(y+2)^2=4$의 중심의 좌표는 $(3,-2)$이고, 반지름의 길이는 2이므로 원의 중심 $(3,-2)$와 직선 $y=-x+k$, 즉
$x+y-k=0$ 사이의 거리는
$\dfrac{|3-2-k|}{\sqrt{1^2+1^2}}=\dfrac{|1-k|}{\sqrt{2}}$

(나)에 의하여

$$\frac{|1-k|}{\sqrt{2}}<2, \ |1-k|<2\sqrt{2}$$

$$-2\sqrt{2}<1-k<2\sqrt{2}$$

$$\therefore -2\sqrt{2}+1<k<2\sqrt{2}+1 \quad \cdots\cdots\cdots\cdots\cdots \text{ⓛ}$$

STEP 3 정수 k의 개수 구하기 [2점]

㉠, ㉡을 동시에 만족시키는
k의 값의 범위는
$$\sqrt{2}-1<k<2\sqrt{2}+1$$
따라서 정수 k는 1, 2, 3의
3개이다.

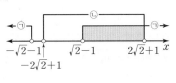

실력 check 실전 마무리하기 2회   541쪽~545쪽

1 2593 답 ④   유형 2

출제의도 | 중심이 직선 위에 있는 원의 방정식을 구할 수 있는지 확인한다.

> 중심이 y축 위에 있는 원의 방정식은 $x^2+(y-b)^2=r^2$이야.

중심이 y축 위의 점이므로 중심의 좌표를 $(0, b)$, 반지름의 길이를
r라 하면 원의 방정식은
$$x^2+(y-b)^2=r^2$$
이 원이 점 $(4, 0)$을 지나므로
$$4^2+(-b)^2=r^2 \quad \therefore 16+b^2=r^2 \quad \cdots\cdots \text{㉠}$$
또, 이 원이 점 $(3, 7)$을 지나므로
$$3^2+(7-b)^2=r^2 \quad \therefore b^2-14b+58=r^2 \quad \cdots\cdots \text{㉡}$$
㉠, ㉡을 연립하여 풀면 $b=3$, $r^2=25$
따라서 구하는 원의 방정식은 $x^2+(y-3)^2=25$

2 2594 답 ③   유형 3

출제의도 | 지름의 양 끝 점을 알 때, 원의 넓이를 구할 수 있는지 확인한다.

> 원의 중심은 $\overline{AB}$의 중점이고, 반지름의 길이는 $\frac{1}{2}\overline{AB}$야.

$\overline{AB}$가 원의 지름이므로 반지름의 길이는
$$\frac{1}{2}\overline{AB}=\frac{1}{2}\sqrt{(6+2)^2+(1-3)^2}=\sqrt{17}$$
따라서 구하는 원의 넓이는 $\pi\times(\sqrt{17})^2=17\pi$

3 2595 답 ①   유형 5

출제의도 | 원의 방정식이 되기 위한 조건을 알고 있는지 확인한다.

> 원의 방정식을 $(x-a)^2+(y-b)^2=r^2$ 꼴로 나타내었을 때, 반지름의 길이가 0보다 커야 함을 이용해 보자.

$x^2+y^2-2kx+4ky+10k-10=0$에서
$$(x-k)^2+(y+2k)^2=5k^2-10k+10$$
이 방정식이 원을 나타내려면
$$5k^2-10k+10>0, \ k^2-2k+2>0$$
이때 $k^2-2k+2>0$을 만족시키는 k는 모든 실수이다.

원의 넓이가 최소이려면 반지름의 길이가 최소이어야 하므로
$$\sqrt{5k^2-10k+10}=\sqrt{5(k-1)^2+5}$$
따라서 $k=1$일 때 원의 넓이가 최소이다.

4 2596 답 ③   유형 6

출제의도 | 원점과 두 점을 지나는 원의 방정식을 구할 수 있는지 확인한다.

> 원의 방정식을 $x^2+y^2+Ax+By+C=0$으로 놓고 각 점의 좌표를 대입해 보자.

원의 방정식을 $x^2+y^2+Ax+By+C=0$으로 놓으면
이 원이 원점 $(0, 0)$을 지나므로 $C=0$
$$\therefore x^2+y^2+Ax+By=0 \quad \cdots\cdots \text{㉠}$$
원 ㉠이 점 $(2, 0)$을 지나므로
$$4+2A=0 \quad \therefore A=-2$$
또, 원 ㉠이 점 $(3, 1)$을 지나므로
$$10+3A+B=0 \quad \therefore 3A+B=-10 \quad \cdots\cdots \text{㉡}$$
$A=-2$를 ㉡에 대입하면 $B=-4$
즉, $x^2+y^2-2x-4y=0$에서
$$(x-1)^2+(y-2)^2=5$$
따라서 구하는 원의 반지름의 길이는 $\sqrt{5}$이다.

5 2597 답 ③   유형 8

출제의도 | x축에 접하는 원의 방정식을 구할 수 있는지 확인한다.

> (반지름의 길이)$=|$(원의 중심의 y좌표)$|$임을 이용해 보자.

원의 중심의 좌표를 (a, b)라 하면 x축에 접하는 원의 방정식은
$$(x-a)^2+(y-b)^2=b^2 \quad \cdots\cdots \text{㉠}$$
원 ㉠이 점 $(2, 0)$을 지나므로
$$(2-a)^2+(-b)^2=b^2 \quad \therefore a=2$$
또, 원 ㉠이 점 $(0, -2)$를 지나므로
$$(-a)^2+(-2-b)^2=b^2$$
$$\therefore a^2+4b+4=0 \quad \cdots\cdots \text{㉡}$$
$a=2$를 ㉡에 대입하면 $b=-2$
따라서 원의 반지름의 길이는 $|-2|=2$이므로 구하는 원의 넓이는
$$\pi\times2^2=4\pi$$

6 2598 답 ④   유형 9

출제의도 | x축, y축에 동시에 접하는 원의 방정식을 구할 수 있는지 확인한다.

> (반지름의 길이)$=|$(원의 중심의 x좌표)$|=|$(원의 중심의 y좌표)$|$임을 이용해 보자.

점 $(3, 2)$를 지나고 x축과 y축에 동시에 접하는 원의 중심은
제1사분면 위에 있으므로 반지름의 길이를 r라 하면 원의 방정식은
$$(x-r)^2+(y-r)^2=r^2$$
이 원이 점 $(3, 2)$를 지나므로 $(3-r)^2+(2-r)^2=r^2$
$$\therefore r^2-10r+13=0$$
따라서 이차방정식의 근과 계수의 관계에 의하여 두 원의 반지름
의 길이의 합은 $-(-10)=10$이다.

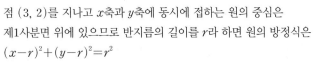

7 2599 답 ⑤

유형 10

출제의도 | 원 밖의 한 점에서 원에 이르는 거리의 최댓값과 최솟값을 구할 수 있는지 확인한다.

> 원 밖의 한 점과 원의 중심 사이의 거리를 기준으로 생각해 보자.

$x^2+y^2+4x-10y+20=0$에서
$(x+2)^2+(y-5)^2=9$
이므로 원의 중심의 좌표는 $(-2, 5)$, 반지름의 길이는 3이다.
점 $A(3, 0)$과 원의 중심 $(-2, 5)$ 사이의 거리는
$\sqrt{(-2-3)^2+5^2}=5\sqrt{2}$
이때 원의 반지름의 길이가 3이므로
$M=5\sqrt{2}+3$, $m=5\sqrt{2}-3$
$\therefore M+m=(5\sqrt{2}+3)+(5\sqrt{2}-3)=10\sqrt{2}$

8 2600 답 ①

유형 16 + 유형 21

출제의도 | 원과 직선의 위치 관계를 활용하여 접선의 방정식을 구할 수 있는지 확인한다.

> 두 직선 $ax+by+c=0$, $a'x+b'y+c'=0$이 일치하면
> $\dfrac{a'}{a}=\dfrac{b'}{b}=\dfrac{c'}{c}$이야.

원의 중심 $(0, 0)$과 직선 $3x+4y=15$, 즉 $3x+4y-15=0$ 사이의 거리는
$\dfrac{|-15|}{\sqrt{3^2+4^2}}=\dfrac{15}{5}=3$
즉, 반지름의 길이가 3이므로 원의 방정식은 $x^2+y^2=9$
원 위의 점 (a, b)에서의 접선의 방정식은 $ax+by=9$
이 방정식이 $3x+4y=15$와 일치하므로
$\dfrac{a}{3}=\dfrac{b}{4}=\dfrac{9}{15}$　　$\therefore a=\dfrac{9}{5}$, $b=\dfrac{12}{5}$
$\therefore a+b=\dfrac{9}{5}+\dfrac{12}{5}=\dfrac{21}{5}$

9 2601 답 ⑤

유형 20

출제의도 | 기울기를 알 때, 접선의 방정식을 구할 수 있는지 확인한다.

> 원 $x^2+y^2=r^2$ $(r>0)$에 접하고 기울기가 m인 직선의 방정식은
> $y=mx\pm r\sqrt{m^2+1}$이야.

직선 $x+2y+1=0$, 즉 $y=-\dfrac{1}{2}x-\dfrac{1}{2}$에 수직인 직선의 기울기는
2이고 원 $x^2+y^2=5$의 반지름의 길이가 $\sqrt{5}$이므로
구하는 직선의 방정식은
$y=2x\pm\sqrt{5}\sqrt{2^2+1}$　　$\therefore y=2x\pm5$
따라서 두 직선의 y절편은 각각 -5, 5이므로 그 차는
$5-(-5)=10$

10 2602 답 ①

유형 7

출제의도 | 세 점을 지나는 원의 방정식을 구할 수 있는지 확인한다.

> 외심에서 세 직선의 교점까지의 거리가 모두 같음을 이용해 보자.

세 직선의 교점을 $A(5, 3)$, $B(-2, -4)$, $C(-4, 0)$이라 하고
외접원의 중심을 $P(a, b)$라 하면 $\overline{PA}=\overline{PB}=\overline{PC}$
$\overline{PA}=\overline{PB}$에서 $\overline{PA}^2=\overline{PB}^2$이므로
$(a-5)^2+(b-3)^2=(a+2)^2+(b+4)^2$
$\therefore a+b-1=0$ ··· ㉠
$\overline{PA}=\overline{PC}$에서 $\overline{PA}^2=\overline{PC}^2$이므로
$(a-5)^2+(b-3)^2=(a+4)^2+b^2$
$\therefore 3a+b-3=0$ ··· ㉡
㉠, ㉡을 연립하여 풀면 $a=1$, $b=0$
따라서 외접원의 중심은 $P(1, 0)$이고, 반지름의 길이는
$\overline{PC}=1-(-4)=5$

11 2603 답 ③

유형 11

출제의도 | 조건을 만족시키는 점이 나타내는 도형이 원임을 알고, 원의 방정식을 구할 수 있는지 확인한다.

> 삼각형 PAB의 넓이가 최대이려면 밑변의 길이가 $\overline{AB}$로 정해져 있으므로 높이가 최대이어야 해.

$\overline{AP}:\overline{BP}=2:1$이므로
$\overline{AP}=2\overline{BP}$　　$\therefore \overline{AP}^2=4\overline{BP}^2$
점 P의 좌표를 (x, y)라 하면
$(x+4)^2+y^2=4\{(x-2)^2+y^2\}$
$x^2+y^2-8x=0$　　$\therefore (x-4)^2+y^2=16$
즉, 점 P가 나타내는 도형은 중심의 좌표가 $(4, 0)$이고 반지름의 길이가 4인 원이다.
그림과 같이 점 P에서 x축에 내린 수선의 발을 H라 하면
$\triangle PAB=\dfrac{1}{2}\times\overline{AB}\times\overline{PH}$
이때 $\overline{AB}=6$이고 $\overline{PH}$의 길이의 최댓값은 반지름의 길이인 4이므로
삼각형 PAB의 넓이의 최댓값은
$\dfrac{1}{2}\times6\times4=12$

12 2604 답 ②

유형 14

출제의도 | 두 원의 교점을 지나는 원의 방정식을 구할 수 있는지 확인한다.

> 두 원의 교점을 지나는 원의 방정식을 세운 후, 주어진 점의 좌표를 대입하여 미정계수를 구해 보자.

두 원의 교점을 지나는 원의 방정식은
$x^2+y^2+5x+y-6+k(x^2+y^2-x-y)=0$ (단, $k\neq-1$) ········ ㉠
이 원이 점 $(1, 2)$를 지나므로
$1+4+5+2-6+k(1+4-1-2)=0$
$6+2k=0$　　$\therefore k=-3$
$k=-3$을 ㉠에 대입하면
$x^2+y^2+5x+y-6-3(x^2+y^2-x-y)=0$
$x^2+y^2-4x-2y+3=0$　　$\therefore (x-2)^2+(y-1)^2=2$
따라서 이 원의 반지름의 길이는 $\sqrt{2}$이므로 지름의 길이는 $2\sqrt{2}$이다.

13 2605 답 ④
유형 15 + 유형 16

출제의도 | 원과 직선의 위치 관계를 활용하여 다양한 문제를 해결할 수 있는지 확인한다.

> 원과 직선이 만나는 경우는 두 점에서 만나는 경우와 한 점에서 만나는 경우 모두를 고려해야 해.

원의 중심 $(2, -3)$과 직선 $3x+y+k=0$ 사이의 거리는
$$\frac{|6-3+k|}{\sqrt{3^2+1^2}}=\frac{|3+k|}{\sqrt{10}}$$
원의 반지름의 길이가 $\sqrt{10}$이므로 원과 직선이 만나려면
$$\frac{|3+k|}{\sqrt{10}}\leq\sqrt{10}, \ |3+k|\leq10$$
↳ 한 점 또는 두 점에서 만나는 경우를 모두 포함한다.
$$-10\leq3+k\leq10 \quad \therefore -13\leq k\leq 7$$
따라서 정수 k는 $-13, -12, -11, \cdots, 7$의 21개이다.

14 2606 답 ④
유형 16 + 유형 21

출제의도 | 원과 직선의 위치 관계를 활용하여 문제를 해결할 수 있는지 확인한다.

> 원의 방정식을 $(x-A)^2+(y-B)^2=r^2$ 꼴로 나타내어 보자.

$x^2+y^2+ax-8y-b=0$에서
$$\left(x+\frac{a}{2}\right)^2+(y-4)^2=b+\frac{a^2}{4}+16 \quad \cdots\cdots \ ㉠$$
중심의 좌표가 $\left(-\dfrac{a}{2}, 4\right)$이므로
$$-\frac{a}{2}=2, \ 4=c에서 \ a=-4, \ c=4$$
원 $x^2+y^2=2$ 위의 점 $(-1, -1)$에서의 접선의 방정식은
$$-x-y=2, \ 즉 \ x+y+2=0$$
원 ㉠의 중심의 좌표가 $(2, 4)$이고 반지름의 길이가 $\sqrt{b+20}$이므로 원 ㉠과 직선 $x+y+2=0$이 한 점에서 만나려면
$$\frac{|2+4+2|}{\sqrt{1^2+1^2}}=\sqrt{b+20}, \ 4\sqrt{2}=\sqrt{b+20}$$
$$b+20=32 \quad \therefore b=12$$
$$\therefore a+b+c=-4+12+4=12$$

15 2607 답 ③
유형 18

출제의도 | 현의 길이를 구할 수 있는지 확인한다.

> 그림을 그려서 피타고라스 정리를 이용해 보자.

그림과 같이 원의 중심을 $\mathrm{C}(-1, 3)$이라 하고, 점 C에서 직선 $y=mx+2$에 내린 수선의 발을 H라 하면
$\overline{\mathrm{AB}}=2\sqrt{2}$이므로 $\overline{\mathrm{AH}}=\overline{\mathrm{BH}}=\sqrt{2}$
이때 원의 반지름의 길이가 2이므로
$\overline{\mathrm{CA}}=2$

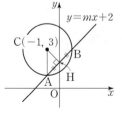

직각삼각형 CAH에서 $\overline{\mathrm{CH}}=\sqrt{\overline{\mathrm{CA}}^2-\overline{\mathrm{AH}}^2}=\sqrt{2^2-(\sqrt{2})^2}=\sqrt{2}$
선분 CH의 길이는 점 C와 직선 $y=mx+2$, 즉 $mx-y+2=0$ 사이의 거리와 같으므로
$$\frac{|-m-3+2|}{\sqrt{m^2+(-1)^2}}=\sqrt{2}, \ |m+1|=\sqrt{2}\sqrt{m^2+1}$$

양변을 제곱하면
$$(m+1)^2=2(m^2+1), \ m^2-2m+1=0$$
$$(m-1)^2=0 \quad \therefore m=1$$

16 2608 답 ①
유형 22

출제의도 | 원 밖의 한 점에서 원에 그은 접선의 방정식을 구할 수 있는지 확인한다.

> 기울기에 대한 이차방정식에서 기울기의 곱을 구할 땐 이차방정식의 근과 계수의 관계를 이용해 보자.

접선의 기울기를 m이라 하면 기울기가 m이고 점 $(2, 3)$을 지나는 직선의 방정식은
$$y-3=m(x-2) \quad \therefore mx-y-2m+3=0$$
원의 중심 $(1, -2)$와 이 직선 사이의 거리가 반지름의 길이 2와 같아야 하므로
$$\frac{|m+2-2m+3|}{\sqrt{m^2+(-1)^2}}=2에서 \ |-m+5|=2\sqrt{m^2+1}$$
양변을 제곱하면 $(-m+5)^2=4(m^2+1)$
$$\therefore 3m^2+10m-21=0$$
따라서 이차방정식의 근과 계수의 관계에 의하여 두 접선의 기울기의 곱은 -7이다.
↳ $\dfrac{-21}{3}=-7$

17 2609 답 ③
유형 8 + 유형 12

출제의도 | 두 원의 교점을 지나는 직선의 방정식을 구할 수 있는지 확인한다.

> 선분 PQ를 접는 선으로 하여 접힌 부분은 원래의 원과 합동인 원의 일부라는 사실을 이용해 보자.

선분 PQ를 접는 선으로 하여 접힌 부분은 점 $(2, 0)$에서 x축에 접하고 원래의 원과 합동인 원의 일부이다.
즉, 점 $(2, 0)$에서 x축에 접하고 반지름의 길이가 3인 원의 중심의 좌표는 $(2, 3)$이므로 구하는 원의 방정식은
$$(x-2)^2+(y-3)^2=9$$
$$\therefore x^2+y^2-4x-6y+4=0$$

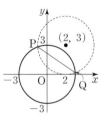

이때 직선 PQ는 두 원 $x^2+y^2=9$, $x^2+y^2-4x-6y+4=0$의 교점을 지나는 직선이므로 직선 PQ의 방정식은
$$x^2+y^2-9-(x^2+y^2-4x-6y+4)=0$$
$$\therefore 4x+6y-13=0$$
따라서 원의 중심 $\mathrm{O}(0, 0)$과 직선 PQ 사이의 거리는
$$\frac{|-13|}{\sqrt{4^2+6^2}}=\frac{13}{2\sqrt{13}}=\frac{\sqrt{13}}{2}$$

18 2610 답 ③
유형 12 + 유형 13

출제의도 | 공통인 현의 길이를 구할 수 있는지 확인한다.

> 두 원의 교점을 지나는 직선의 방정식을 구해서 이용해 보자.

두 원 $x^2+y^2+2x+2y-k=0$,
$x^2+y^2-4x+6y-5=0$의 중심을
각각 C, C'이라 하고,
두 원의 교점을 A, B,
$\overline{CC'}$과 $\overline{AB}$의 교점을 D라 하자.

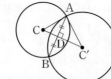

$x^2+y^2-4x+6y-5=0$에서
$(x-2)^2+(y+3)^2=18$이므로 $\overline{C'A}=3\sqrt{2}$
$\overline{AB}=2\sqrt{2}$이므로 $\overline{AD}=\sqrt{2}$
직각삼각형 C'AD에서
$\overline{C'D}=\sqrt{\overline{C'A}^2-\overline{AD}^2}=\sqrt{(3\sqrt{2})^2-(\sqrt{2})^2}=4$ ·················· ㉠
한편, 두 원의 공통인 현의 방정식은
$x^2+y^2+2x+2y-k-(x^2+y^2-4x+6y-5)=0$
$\therefore 6x-4y-k+5=0$
즉, 점 C'$(2, -3)$과 공통인 현 사이의 거리는
$\overline{C'D}=\dfrac{|12+12-k+5|}{\sqrt{6^2+(-4)^2}}=\dfrac{|29-k|}{2\sqrt{13}}$ ·················· ㉡
㉠, ㉡에서 $\dfrac{|29-k|}{2\sqrt{13}}=4$, $|29-k|=8\sqrt{13}$
$29-k=\pm8\sqrt{13}$ $\therefore k=29\pm8\sqrt{13}$
따라서 모든 상수 k의 값의 합은
$(29+8\sqrt{13})+(29-8\sqrt{13})=58$

19 2611 답 ② 유형 15 + 유형 16

출제의도 | 원과 직선의 위치 관계를 활용하여 다양한 문제를 해결할 수 있는지 확인한다.

> 원의 중심과 직선 사이의 거리를 기준으로 생각해 보자.

원 $x^2+y^2=R (R=1, 2, 3, \cdots, 25)$는 중심의 좌표가 모두
$(0, 0)$이고 반지름의 길이가 $\sqrt{R}$이다.
원의 중심 $(0, 0)$과 직선 $2x+y-10=0$ 사이의 거리는
$\dfrac{|-10|}{\sqrt{2^2+1^2}}=\dfrac{10}{\sqrt{5}}=2\sqrt{5}$
이므로 직선 $2x+y-10=0$은 원 $x^2+y^2=(2\sqrt{5})^2$, 즉
$x^2+y^2=20$과 접한다.
즉, 직선 $2x+y-10=0$은 5개의 원
$x^2+y^2=R (R=21, 22, \cdots, 25)$와 서로 다른 두 점에서 만나고,
원 $x^2+y^2=20$과 한 점에서 만나며 나머지 19개의 원
$x^2+y^2=R (R=1, 2, 3, \cdots, 19)$와는 만나지 않는다.
따라서 구하는 교점의 개수는
$1\times1+5\times2=11$

20 2612 답 ⑤ 유형 19

출제의도 | 원 위의 점과 직선 사이의 거리의 최댓값을 구할 수 있는지 확인한다.

> 원의 중심과 직선 사이의 거리를 기준으로 생각해 보자.

$\overline{AB}=\sqrt{(4-0)^2+\{3-(-5)\}^2}=4\sqrt{5}$이고

직선 AB의 방정식은
$y+5=\dfrac{3-(-5)}{4-0}x$ $\therefore 2x-y-5=0$
원의 중심 O$(0, 0)$에서 직선
$2x-y-5=0$에 내린 수선의 발을 H라
하면

$\overline{OH}=\dfrac{|-5|}{\sqrt{2^2+(-1)^2}}=\dfrac{5}{\sqrt{5}}=\sqrt{5}$
삼각형 PAB의 넓이가 최대가 되려면
$\overline{PH}$의 길이가 최대이어야 하므로 $\overline{PH}$의 최댓값은 $5+\sqrt{5}$이다.
즉, 삼각형 PAB의 넓이의 최댓값은
$\dfrac{1}{2}\times4\sqrt{5}\times(5+\sqrt{5})=10+10\sqrt{5}$
따라서 $a=10$, $b=10$이므로
$a+b=10+10=20$

21 2613 답 ② 유형 22

출제의도 | 원 밖의 한 점에서 원에 그은 접선의 방정식을 구할 수 있는지 확인한다.

> 점 (x_n, y_n)에서의 접선의 방정식은 $x_n x+y_n y=1$이야.

원 $x^2+y^2=1$ 위의 점 (x_n, y_n)에서의 접선의 방정식은
$x_n x+y_n y=1$
이 접선이 점 $(0, n)$을 지나므로 $y_n n=1$
$\therefore y_n=\dfrac{1}{n}$ ·················· ㉠
점 (x_n, y_n)은 원 $x^2+y^2=1$ 위의 점이므로
$x_n^2+y_n^2=1$ ·················· ㉡
㉠을 ㉡에 대입하면
$x_n^2+\left(\dfrac{1}{n}\right)^2=1$, $x_n^2=1-\dfrac{1}{n^2}$, $x_n^2=\dfrac{n^2-1}{n^2}$
$\therefore x_n^2=\dfrac{n-1}{n}\times\dfrac{n+1}{n}$ ·················· ㉢
㉢에 의하여
$(x_2\times x_3\times\cdots\times x_{10})^2=x_2^2\times x_3^2\times\cdots\times x_{10}^2$
$\qquad=\left(\dfrac{1}{2}\times\dfrac{3}{2}\right)\times\left(\dfrac{2}{3}\times\dfrac{4}{3}\right)\times\cdots\times\left(\dfrac{9}{10}\times\dfrac{11}{10}\right)$
$\qquad=\dfrac{1}{2}\times\dfrac{11}{10}=\dfrac{11}{20}$
따라서 $p=11$, $q=20$이므로 $p+q=11+20=31$

22 2614 답 1 유형 12

출제의도 | 두 원의 교점을 지나는 직선의 방정식을 구할 수 있는지 확인한다.

STEP 1 직선 AB의 방정식 구하기 [3점]
$(x-3)^2+(y-2)^2=4$에서 $x^2+y^2-6x-4y+9=0$
$(x-5)^2+(y-1)^2=1$에서 $x^2+y^2-10x-2y+25=0$
두 원의 교점을 지나는 직선의 방정식은
$x^2+y^2-6x-4y+9-(x^2+y^2-10x-2y+25)=0$
$\therefore 2x-y-8=0$

STEP 2 점 P의 좌표 구하기 [1점]
직선 $2x-y-8=0$의 x절편은 4이므로 P$(4, 0)$

STEP 3 $\overline{PA}\times\overline{PB}$의 값 구하기 [2점]

그림과 같이 원 $(x-5)^2+(y-1)^2=1$

이 x축과 만나는 점 $(5,0)$을 Q라 하면

$\overline{PQ}=1$

직각삼각형 QAP에서 $\overline{QB}\perp\overline{AP}$이므로

$\overline{PA}\times\overline{PB}=\overline{PQ}^2$

$\therefore \overline{PA}\times\overline{PB}=1$

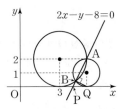

---

23 2615 답 $\dfrac{11}{4}$　　유형 23

출제의도 | 접선의 길이를 활용하여 다양한 문제를 해결할 수 있는지 확인한다.

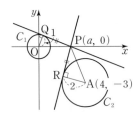

STEP 1 $P(a,0)$으로 놓고 $\overline{PQ}$의 길이를 a에 대한 식으로 나타내기 [2점]

원 C_1의 중심을 $O(0,0)$,

점 P의 좌표를 $(a,0)$이라 하면 $\overline{OP}=a$

이때 원 C_1의 반지름의 길이는 $\overline{OQ}=1$이고 $\overline{OQ}\perp\overline{PQ}$이므로

직각삼각형 OPQ에서

$\overline{PQ}^2=\overline{OP}^2-\overline{OQ}^2=a^2-1$ ·········· ㉠

STEP 2 $\overline{PR}$의 길이를 a에 대한 식으로 나타내기 [2점]

$x^2+y^2-8x+6y+21=0$에서 $(x-4)^2+(y+3)^2=4$

원 C_2의 중심을 $A(4,-3)$이라 하면

$\overline{AP}=\sqrt{(a-4)^2+(0+3)^2}=\sqrt{a^2-8a+25}$

이때 원 C_2의 반지름의 길이는 $\overline{AR}=2$이고 $\overline{AR}\perp\overline{PR}$이므로

직각삼각형 APR에서

$\overline{PR}^2=\overline{AP}^2-\overline{AR}^2=a^2-8a+25-4=a^2-8a+21$ ·········· ㉡

STEP 3 점 P의 x좌표 구하기 [2점]

$\overline{PQ}=\overline{PR}$에서 $\overline{PQ}^2=\overline{PR}^2$이므로 ㉠, ㉡에 의하여

$a^2-1=a^2-8a+21$, $8a=22$ $\therefore a=\dfrac{11}{4}$

따라서 점 P의 x좌표는 $\dfrac{11}{4}$이다.

---

24 2616 답 9π　　유형 8

출제의도 | y축에 접하는 원의 방정식을 구할 수 있는지 확인한다.

STEP 1 점 C가 선분 AB를 내분 또는 외분하는 점임을 알기 [1점]

삼각형 OBC의 넓이가 삼각형 OAC의 넓이의 3배이므로

$\overline{AC}:\overline{BC}=1:3$

즉, 점 C는 $\overline{AB}$를 $1:3$으로 내분하는 점 또는 $1:3$으로 외분하는 점이다.

STEP 2 점 C의 좌표 구하기 [4점]

(i) $\overline{AB}$를 $1:3$으로 내분하는 점의 좌표는

$\left(\dfrac{1\times3+3\times(-1)}{1+3},\ \dfrac{1\times(-4)+3\times4}{1+3}\right)$

$\therefore (0,2)$

(ii) $\overline{AB}$를 $1:3$으로 외분하는 점의 좌표는

$\left(\dfrac{1\times3-3\times(-1)}{1-3},\ \dfrac{1\times(-4)-3\times4}{1-3}\right)$

$\therefore (-3,8)$

STEP 3 점 C_1의 좌표 구하기 [1점]

두 점 중 원점에서 거리가 더 먼 점이 C_1이므로

$C_1(-3,8)$이다.

STEP 4 점 C_1을 중심으로 하고 y축에 접하는 원의 넓이 구하기 [2점]

점 $(-3,8)$을 중심으로 하고 y축에 접하는 원의 반지름의 길이는

$|-3|=3$이므로 구하는 원의 넓이는

$\pi\times3^2=9\pi$

---

25 2617 답 $4\sqrt{5}$　　유형 8 + 유형 18 + 유형 22

출제의도 | 원과 직선의 위치 관계를 활용하여 다양한 문제를 해결할 수 있는지 확인한다.

STEP 1 점 $(-3,1)$에서 원 $x^2+y^2=5$에 그은 접선의 방정식 구하기 [2점]

점 $(-3,1)$에서 원 $x^2+y^2=5$에 그은 접선의 기울기를 m이라 하면 접선의 방정식은

$y-1=m(x+3)$ $\therefore mx-y+3m+1=0$

원의 중심 $(0,0)$과 이 직선 사이의 거리가 반지름의 길이 $\sqrt{5}$와 같아야 하므로

$\dfrac{|3m+1|}{\sqrt{m^2+(-1)^2}}=\sqrt{5}$, $|3m+1|=\sqrt{5}\sqrt{m^2+1}$

양변을 제곱하면

$9m^2+6m+1=5m^2+5$, $2m^2+3m-2=0$

$(2m-1)(m+2)=0$ $\therefore m=\dfrac{1}{2}$ $(\because m>0)$

즉, 접선의 방정식은

$x-2y+5=0$ ·········· ㉠

STEP 2 점 $(0,5)$를 중심으로 하고 x축에 접하는 원의 방정식 구하기 [2점]

중심의 좌표가 $(0,5)$이고 x축에 접하는 원의 반지름의 길이는 5이므로 원의 방정식은

$x^2+(y-5)^2=25$ ·········· ㉡

STEP 3 직선과 원이 만나는 두 점 사이의 거리 구하기 [4점]

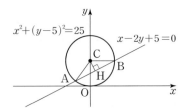

그림과 같이 직선 ㉠과 원 ㉡의 교점을 각각 A, B, 원의 중심을 $C(0,5)$, 점 C에서 직선 ㉠에 내린 수선의 발을 H라 하면

$\overline{CH}$는 점 C와 직선 $x-2y+5=0$ 사이의 거리이므로

$\overline{CH}=\dfrac{|-10+5|}{\sqrt{1^2+(-2)^2}}=\dfrac{5}{\sqrt{5}}=\sqrt{5}$

직각삼각형 CAH에서

$\overline{AH}=\sqrt{\overline{CA}^2-\overline{CH}^2}=\sqrt{5^2-(\sqrt{5})^2}=2\sqrt{5}$

$\therefore \overline{AB}=2\overline{AH}=4\sqrt{5}$

따라서 구하는 두 점 사이의 거리는 $4\sqrt{5}$이다.

12 도형의 이동

2618 답 $(5, 1)$

점 $(3, 2)$를 x축의 방향으로 2만큼, y축의 방향으로 -1만큼 평행이동한 점의 좌표는

$(3+2, 2-1)$　　$\therefore (5, 1)$

2619 답 $(3, -1)$

점 (a, b)를 $(x, y) \longrightarrow (x-3, y+2)$에 의하여 평행이동한 점의 좌표를 $(0, 1)$이라 하면

$(a, b) \longrightarrow (a-3, b+2)$

$a-3=0, b+2=1$이므로 $a=3, b=-1$

따라서 구하는 점의 좌표는 $(3, -1)$이다.

2620 답 $y=x^2$

포물선 $y=x^2+2x+3$을 x축의 방향으로 1만큼, y축의 방향으로 -2만큼 평행이동한 포물선의 방정식은

$y+2=(x-1)^2+2(x-1)+3$

$\therefore y=x^2$

다른 풀이

$y=x^2+2x+3=(x+1)^2+2$

따라서 구하는 포물선의 방정식은

$y+2=(x-1+1)^2+2$

$\therefore y=x^2$

2621 답 $b=2a+4$

직선 $2x-y+1=0$을 x축의 방향으로 a만큼, y축의 방향으로 b만큼 평행이동한 직선의 방정식은

$2(x-a)-(y-b)+1=0$

$\therefore 2x-y-2a+b+1=0$

이 직선이 직선 $2x-y+5=0$과 일치하므로

$-2a+b+1=5$

$\therefore b=2a+4$

2622 답 $A(3, -5), B(-3, -5)$

점 $(3, 5)$를 x축에 대하여 대칭이동한 점 A의 좌표는

$A(3, -5)$

점 $(3, 5)$를 원점에 대하여 대칭이동한 점 B의 좌표는

$B(-3, -5)$

2623 답 $(-3, -8)$

점 $(8, -3)$을 y축에 대하여 대칭이동한 점의 좌표는

$(-8, -3)$

점 $(-8, -3)$을 직선 $y=x$에 대하여 대칭이동한 점의 좌표는

$(-3, -8)$

2624 답 $(x+2)^2+(y-3)^2=1$

원 $(x-2)^2+(y+3)^2=1$을 원점에 대하여 대칭이동한 원의 방정식은

$(-x-2)^2+(-y+3)^2=1$

$\therefore (x+2)^2+(y-3)^2=1$

2625 답 -4

직선 $y=ax+4$를 x축에 대하여 대칭이동한 직선의 방정식은

$-y=ax+4$　　$\therefore y=-ax-4$

이 직선이 점 $(2, 4)$를 지나므로

$4=-2a-4$　　$\therefore a=-4$

2626 답 $(7, -4)$

점 $(-3, 2)$를 점 $(2, -1)$에 대하여 대칭이동한 점의 좌표를 (a, b)라 하면

점 $(2, -1)$은 점 $(-3, 2)$와 점 (a, b)를 이은 선분의 중점이고

점 $(-3, 2)$와 점 (a, b)를 이은 선분의 중점의 좌표는

$\left(\dfrac{-3+a}{2}, \dfrac{2+b}{2} \right)$이므로

$\dfrac{-3+a}{2}=2, \dfrac{2+b}{2}=-1$　　$\therefore a=7, b=-4$

따라서 구하는 점의 좌표는 $(7, -4)$이다.

2627 답 $x^2+(y-10)^2=4$

원을 한 점에 대하여 대칭이동하면 원의 중심도 그 점에 대하여 대칭이동한다.

원 $(x-2)^2+(y+4)^2=4$의 중심 $(2, -4)$를 점 $(1, 3)$에 대하여 대칭이동한 점의 좌표를 (a, b)라 하자.

점 $(1, 3)$은 점 $(2, -4)$와 점 (a, b)를 이은 선분의 중점이고

점 $(2, -4)$와 점 (a, b)를 이은 선분의 중점의 좌표는

$\left(\dfrac{2+a}{2}, \dfrac{-4+b}{2} \right)$이므로

$\dfrac{2+a}{2}=1, \dfrac{-4+b}{2}=3$　　$\therefore a=0, b=10$

즉, 대칭이동한 원의 중심은 $(0, 10)$이다.

원을 한 점에 대하여 대칭이동하면 반지름의 길이는 변하지 않으므로 대칭이동한 원의 반지름의 길이는 2이다.

따라서 구하는 원의 방정식은

$x^2+(y-10)^2=4$

2628 답 $(5, 4)$

점 $(1, 2)$를 직선 $y=-2x+9$에 대하여 대칭이동한 점의 좌표를 (a, b)라 하면

점 $(1, 2)$와 점 (a, b)를 이은 선분의 중점의 좌표는

$\left(\dfrac{1+a}{2}, \dfrac{2+b}{2} \right)$

이 점은 직선 $y=-2x+9$ 위에 있으므로

$\dfrac{2+b}{2}=-2 \times \dfrac{1+a}{2}+9$　　$\therefore b=-2a+14$ ···············⊙

점 $(1, 2)$와 점 (a, b)를 지나는 직선은 직선 $y=-2x+9$와 수직
이므로
$$\frac{b-2}{a-1} \times (-2) = -1 \qquad \therefore a=2b-3 \cdots\cdots\cdots ⓛ$$
ⓛ을 ㉠에 대입하면
$$b=-2(2b-3)+14 \qquad \therefore b=4$$
ⓛ에서 $a=2 \times 4-3=5$
따라서 구하는 점의 좌표는 $(5, 4)$이다.

2629 답 $(x+2)^2+(y+4)^2=16$

원을 한 직선에 대하여 대칭이동하면 원의 중심도 그 직선에 대하
여 대칭이동한다.
원 $(x-1)^2+(y+5)^2=16$의 중심 $(1, -5)$를 직선 $y=3x-3$에
대하여 대칭이동한 점의 좌표를 (a, b)라 하면 점 $(1, -5)$와 점
(a, b)를 이은 선분의 중점의 좌표는
$$\left(\frac{1+a}{2}, \frac{-5+b}{2} \right)$$
이 점은 직선 $y=3x-3$ 위에 있으므로
$$\frac{-5+b}{2}=3 \times \frac{1+a}{2}-3 \qquad \therefore b=3a+2 \cdots\cdots\cdots ㉠$$
점 $(1, -5)$와 점 (a, b)를 지나는 직선은 직선 $y=3x-3$과 수직
이므로
$$\frac{b+5}{a-1} \times 3 = -1 \qquad \therefore a+3b=-14 \cdots\cdots\cdots ⓛ$$
㉠을 ⓛ에 대입하면
$$a+3(3a+2)=-14 \qquad \therefore a=-2$$
㉠에서 $b=3 \times (-2)+2=-4$
따라서 원 $(x-1)^2+(y+5)^2=16$을 직선 $y=3x-3$에 대하여 대칭
이동한 원의 중심이 $(-2, -4)$이므로 구하는 원의 방정식은
$$(x+2)^2+(y+4)^2=16$$

기출 유형 실전 준비하기   553쪽~579쪽

2630 답 1

이차함수 $y=x^2$의 그래프를 x축의 방향으로 3만큼, y축의 방향으
로 -2만큼 평행이동한 이차함수의 그래프의 식은
$$y=(x-3)^2-2$$
이 그래프가 이차함수 $y=(x-p)^2+q$의 그래프와 일치하므로
$$p=3, q=-2$$
$$\therefore p+q=3+(-2)=1$$

2631 답 ②

이차함수 $y=-x^2$의 그래프를 x축의 방향으로 -1만큼, y축의 방
향으로 4만큼 평행이동한 이차함수의 그래프의 식은
$$y=-(x+1)^2+4$$
따라서 꼭짓점의 좌표는 $(-1, 4)$이고 축의 방정식은 $x=-1$이다.

2632 답 ⑤

이차함수 $y=3x^2$의 그래프를 x축의 방향으로 1만큼, y축의 방향
으로 2만큼 평행이동한 이차함수의 그래프의 식은
$$y=3(x-1)^2+2$$
이 그래프가 점 $(2, k)$를 지나므로
$$k=3 \times (2-1)^2+2=5$$

2633 답 10

이차함수 $y=2x^2$의 그래프를 x축의 방향으로 p만큼 평행이동한
이차함수의 그래프의 식은
$$y=2(x-p)^2$$
이 그래프가 점 $(1, 2)$를 지나므로
$$2=2(1-p)^2, 1-p=\pm 1 \qquad \therefore p=0 \text{ 또는 } p=2$$
이때 $p \neq 0$이므로 $p=2$
즉, 이차함수 $y=2(x-2)^2$의 그래프가 점 $(0, q)$를 지나므로
$$q=2 \times (0-2)^2=8$$
$$\therefore p+q=2+8=10$$

2634 답 ④

이차함수 $y=ax^2+1$의 그래프를 x축의 방향으로 $k+1$만큼, y축
의 방향으로 $k-1$만큼 평행이동한 이차함수의 그래프의 식은
$$y=a\{x-(k+1)\}^2+1+(k-1)$$
$$\therefore y=a\{x-(k+1)\}^2+k$$
이 그래프가 $y=-2(x-b)^2+5$의 그래프와 일치하므로
$$a=-2, k=5, b=k+1=6$$
$$\therefore a+b+k=(-2)+6+5=9$$

2635 답 1 | 유형1

점 $(2, 1)$을 점 $(-1, 2)$로 옮기는 평행이동에 의하여 점 (a, b)가
〔단서1〕
점 $(1, -2)$로 옮겨질 때, $a+b$의 값을 구하시오.
〔단서2〕
〔단서1〕 $(2, 1) \longrightarrow (2-3, 1+1)$
〔단서2〕 $(a, b) \longrightarrow (a-3, b+1)$

STEP1 점 $(2, 1)$을 점 $(-1, 2)$로 옮기는 평행이동 구하기
점 $(2, 1)$을 x축의 방향으로 p만큼, y축의 방향으로 q만큼 평행
이동한 점의 좌표가 $(-1, 2)$라 하면
$\longrightarrow (2+p, 1+q)$
$$2+p=-1, 1+q=2 \qquad \therefore p=-3, q=1$$

STEP2 같은 평행이동에 의하여 점 (a, b)가 옮겨지는 점의 좌표를 a, b로
나타내기
점 (a, b)를 x축의 방향으로 -3만큼, y축의 방향으로 1만큼 평행
이동한 점의 좌표는
$$(a-3, b+1)$$

STEP3 $a+b$의 값 구하기
점 $(a-3, b+1)$은 점 $(1, -2)$이므로
$$a-3=1, b+1=-2 \qquad \therefore a=4, b=-3$$
$$\therefore a+b=4+(-3)=1$$

2636 답 ②

점 $(a, -3)$을 x축의 방향으로 -1만큼, y축의 방향으로 2만큼 평행이동한 점의 좌표는

$(a-1, -3+2)$ $\therefore (a-1, -1)$

따라서 점 $(a-1, -1)$은 점 $(3, b)$이므로

$a-1=3, -1=b$ $\therefore a=4, b=-1$

$\therefore ab=4\times(-1)=-4$

2637 답 ⑤

점 P의 좌표를 (a, b)라 하자.

점 $\mathrm{P}(a, b)$를 x축의 방향으로 1만큼, y축의 방향으로 -2만큼 평행이동한 점 P'의 좌표는

$(a+1, b-2)$

$\therefore \overline{\mathrm{PP}'}=\sqrt{\{(a+1)-a\}^2+\{(b-2)-b\}^2}$

$\qquad = \sqrt{1^2+(-2)^2}=\sqrt{5}$

다른 풀이

점 P에서 x축의 방향으로 1만큼, y축의 방향으로 -2만큼 평행이동한 점이 P'이므로 두 점 P, P' 사이의 거리인 선분 PP'의 길이는

$\underbrace{\sqrt{1^2+2^2}}_{\rightarrow |-2|^2=2^2}=\sqrt{5}$

2638 답 ③

점 $(2, 2)$를 x축의 방향으로 -3만큼, y축의 방향으로 4만큼 평행이동한 점의 좌표는

$(2-3, 2+4)$ $\therefore (-1, 6)$

점 $(-1, 6)$이 직선 $y=ax+9$ 위의 점이므로

$6=a\times(-1)+9$ $\therefore a=3$

2639 답 $(5, -6)$

점 $\mathrm{A}(-1, a)$를 x축의 방향으로 p만큼, y축의 방향으로 q만큼 평행이동한 점을 $\mathrm{A}'(2, -5)$라 하면

$-1+p=2, a+q=-5$ $\therefore p=3$

점 $\mathrm{B}(b, 4)$를 x축의 방향으로 p만큼, y축의 방향으로 q만큼 평행이동한 점을 $\mathrm{B}'(4, -3)$이라 하면

$b+p=4, 4+q=-3$ $\therefore q=-7$

$a+q=-5, b+p=4$에서 $p=3, q=-7$이므로

$a-7=-5, b+3=4$ $\therefore a=2, b=1$

따라서 점 (a, b), 즉 $(2, 1)$이 평행이동 $(x, y) \longrightarrow (x+3, y-7)$ 에 의하여 옮겨지는 점의 좌표는

$(2+3, 1-7)$ $\therefore (5, -6)$

2640 답 ②

점 $\mathrm{A}(4, 3)$을 x축의 방향으로 a만큼, y축의 방향으로 -9만큼 평행이동한 점을 A'이라 하면

$\mathrm{A}'(4+a, 3-9)$ $\therefore \mathrm{A}'(4+a, -6)$

$\overline{\mathrm{OA}'}=2\overline{\mathrm{OA}}$에서 $\overline{\mathrm{OA}'}^2=4\overline{\mathrm{OA}}^2$이므로

$(4+a)^2+(-6)^2=4\times(4^2+3^2)$

$a^2+8a-48=0, (a+12)(a-4)=0$

$\therefore a=4 \ (\because a>0)$

실수 Check

$\overline{\mathrm{OA}'}=2\overline{\mathrm{OA}}$의 양변을 제곱할 때, 반드시 곱해져 있는 수 2도 제곱해야 함에 주의한다.

2641 답 ④

세 점 $\mathrm{A}(3, 1)$, $\mathrm{B}(2, 5)$, $\mathrm{C}(4, -3)$을 꼭짓점으로 하는 삼각형 ABC의 무게중심의 좌표는

$\left(\dfrac{3+2+4}{3}, \dfrac{1+5+(-3)}{3}\right)$ $\therefore (3, 1)$

삼각형 ABC의 무게중심 $(3, 1)$을 x축의 방향으로 a만큼, y축의 방향으로 b만큼 평행이동한 점은 삼각형 $\mathrm{A}'\mathrm{B}'\mathrm{C}'$의 무게중심과 같고 삼각형 $\mathrm{A}'\mathrm{B}'\mathrm{C}'$의 무게중심의 좌표가 $(1, 0)$이므로

$3+a=1, 1+b=0$ $\therefore a=-2, b=-1$

$\therefore ab=(-2)\times(-1)=2$

다른 풀이

세 점 $\mathrm{A}(3, 1)$, $\mathrm{B}(2, 5)$, $\mathrm{C}(4, -3)$을 x축의 방향으로 a만큼, y축의 방향으로 b만큼 평행이동한 점이 각각 A', B', C'이므로

$\mathrm{A}'(3+a, 1+b)$, $\mathrm{B}'(2+a, 5+b)$, $\mathrm{C}'(4+a, -3+b)$

삼각형 $\mathrm{A}'\mathrm{B}'\mathrm{C}'$의 무게중심의 좌표는

$\left(\dfrac{(3+a)+(2+a)+(4+a)}{3}, \dfrac{(1+b)+(5+b)+(-3+b)}{3}\right)$

$\therefore (3+a, 1+b)$

따라서 점 $(3+a, 1+b)$는 점 $(1, 0)$이므로

$3+a=1, 1+b=0$ $\therefore a=-2, b=-1$

$\therefore ab=(-2)\times(-1)=2$

개념 Check

세 점 $\mathrm{A}(a_1, a_2)$, $\mathrm{B}(b_1, b_2)$, $\mathrm{C}(c_1, c_2)$를 꼭짓점으로 하는 삼각형 ABC의 무게중심 G의 좌표는

$\mathrm{G}\left(\dfrac{a_1+b_1+c_1}{3}, \dfrac{a_2+b_2+c_2}{3}\right)$

2642 답 7

점 $(-4, 3)$을 x축의 방향으로 a만큼, y축의 방향으로 b만큼 평행이동한 점의 좌표는

$(-4+a, 3+b)$

점 $(-4+a, 3+b)$가 점 $(1, 5)$이므로

$-4+a=1, 3+b=5$ $\therefore a=5, b=2$

$\therefore a+b=5+2=7$

2643 답 ⑤

점 $\mathrm{P}(a, a^2)$을 x축의 방향으로 $-\dfrac{1}{2}$만큼, y축의 방향으로 2만큼 평행이동한 점의 좌표는

$\left(a-\dfrac{1}{2}, a^2+2\right)$

점 $\left(a-\dfrac{1}{2}, a^2+2\right)$가 직선 $y=4x$ 위에 있으므로

$a^2+2=4\left(a-\dfrac{1}{2}\right), a^2+2=4a-2$

$a^2-4a+4=0, (a-2)^2=0$

$\therefore a=2$

2644 답 ⑤ | 유형 2

STEP1 평행이동한 직선의 방정식 구하기

직선 $2x+y-6=0$을 x축의 방향으로 2만큼, y축의 방향으로 n만
큼 평행이동한 직선의 방정식은
→ 직선의 방정식에 x 대신 $x-2$, y 대신 $y-n$을 대입한다.
$2(x-2)+(y-n)-6=0$ ∴ $2x+y-n-10=0$

STEP2 n의 값 구하기

직선 $2x+y-n-10=0$이 직선 $2x+y-1=0$과 일치하므로
$-n-10=-1$ ∴ $n=-9$

2645 답 -3

직선 $y=2x+1$을 x축의 방향으로 3만큼, y축의 방향으로 2만큼
평행이동한 직선의 방정식은
$y-2=2(x-3)+1$ ∴ $y=2x-3$
따라서 직선 $y=2x-3$의 y절편은 -3이다.
→ $x=0$일 때의 y의 값

2646 답 ②

직선 $2x-3y-4=0$을 x축의 방향으로 -5만큼, y축의 방향으로
k만큼 평행이동한 직선의 방정식은
$2(x+5)-3(y-k)-4=0$ ∴ $2x-3y+3k+6=0$
이 직선이 원점을 지나므로
$3k+6=0$ ∴ $k=-2$

2647 답 ①

직선 $y=ax+2$를 x축의 방향으로 -2만큼, y축의 방향으로 b만큼
평행이동한 직선의 방정식은
$y-b=a(x+2)+2$ ∴ $y=ax+2a+b+2$
이 직선이 직선 $y=ax+2$와 일치하므로
$2a+b+2=2$ ∴ $b=-2a$
∴ $\dfrac{b}{a}=\dfrac{-2a}{a}=-2$

2648 답 ③

직선 $x+ay+b=0$을 x축의 방향으로 1만큼, y축의 방향으로 -2
만큼 평행이동한 직선의 방정식은
$(x-1)+a(y+2)+b=0$ ∴ $x+ay+2a+b-1=0$
이 직선이 직선 $x+3y-5=0$이므로
$a=3$, $2a+b-1=-5$ ∴ $a=3$, $b=-10$
∴ $a+b=3+(-10)=-7$

다른 풀이

직선 $x+3y-5=0$을 x축의 방향으로 -1만큼, y축의 방향으로
2만큼 평행이동한 직선의 방정식은
$(x+1)+3(y-2)-5=0$ ∴ $x+3y-10=0$

이 직선이 직선 $x+ay+b=0$이므로
$a=3$, $b=-10$
∴ $a+b=3+(-10)=-7$

2649 답 ③

점 $(1, 2)$가 평행이동 $(x, y) \longrightarrow (x+a, y+b)$에 의하여 옮겨진
점이 $(2, 5)$이므로
$1+a=2$, $2+b=5$ ∴ $a=1$, $b=3$
따라서 직선 $3x-2y+1=0$을 x축의 방향으로 1만큼, y축의 방향
으로 3만큼 평행이동한 직선의 방정식은
$3(x-1)-2(y-3)+1=0$ ∴ $3x-2y+4=0$
이 직선이 점 $(2, c)$를 지나므로
$3\times2-2c+4=0$ ∴ $c=5$
∴ $a+b+c=1+3+5=9$

2650 답 9

직선 $y=ax+b$를 x축의 방향으로 3만큼, y축의 방향으로 -3만큼
평행이동한 직선의 방정식은
$y+3=a(x-3)+b$ ∴ $y=ax-3a+b-3$
이 직선이 직선 $y=-\dfrac{1}{3}x+2$와 수직으로 만나므로
$a\times\left(-\dfrac{1}{3}\right)=-1$ ∴ $a=3$
또, 직선 $y=-\dfrac{1}{3}x+2$는 x축 위의 점 $(6, 0)$을 지나므로
직선 $y=ax-3a+b-3$도 점 $(6, 0)$을 지난다.
즉, $0=6a-3a+b-3$에서 $3a+b-3=0$
이때 $a=3$이므로
$9+b-3=0$ ∴ $b=-6$
∴ $a-b=3-(-6)=9$

Tip 두 직선 l, m이 x축 위의 한 점에서 수직으로 만나면 두 직선 l, m의
x절편은 같고, 두 직선 l, m의 기울기의 곱은 -1이다.

2651 답 14

직선 $y=2x+k$를 x축의 방향으로 2만큼, y축의 방향으로 -3만큼
평행이동한 직선의 방정식은
$y+3=2(x-2)+k$ ∴ $2x-y+k-7=0$
이 직선이 원 $x^2+y^2=5$와 한 점에서 만나므로 원의 중심 $(0, 0)$
과 직선 $2x-y+k-7=0$ 사이의 거리는 $\sqrt{5}$이다.
즉, $\dfrac{|k-7|}{\sqrt{2^2+(-1)^2}}=\sqrt{5}$에서
→ 원 $x^2+y^2=5$의 반지름의 길이와 같다.
$|k-7|=5$, $k-7=\pm5$
∴ $k=12$ 또는 $k=2$
따라서 모든 상수 k의 값의 합은
$12+2=14$

개념 Check

직선 $ax+by+c=0$ 밖의 한 점 $A(x_1, y_1)$에 대하여
점 A와 직선 $ax+by+c=0$ 사이의 거리는
$\dfrac{|ax_1+by_1+c|}{\sqrt{a^2+b^2}}$

2652 답 ④

직선 $3x+4y+17=0$을 x축의 방향으로 n만큼 평행이동한 직선의 방정식은

$3(x-n)+4y+17=0$ $\therefore 3x+4y-3n+17=0$

이 직선이 원 $x^2+y^2=1$에 접하므로 <u>원의 중심 $(0, 0)$과 직선 $3x+4y-3n+17=0$ 사이의 거리는 1이다.</u>

즉, $\dfrac{|-3n+17|}{\sqrt{3^2+4^2}}=1$에서 → 원 $x^2+y^2=1$의 반지름의 길이와 같다.

$|-3n+17|=5$, $-3n+17=\pm5$

$\therefore n=4$ 또는 $n=\dfrac{22}{3}$

이때 n은 자연수이므로 $n=4$

2653 답 ① | 유형 3

원 $(x-a)^2+(y-b)^2=c$를 x축의 방향으로 -3만큼, y축의 방향으로 1만큼 평행이동하였더니 원 $x^2+y^2=4$와 일치하였다. 이때 상수 ^{단서1} a, b, c에 대하여 $a+b+c$의 값은? ^{단서2}

① 6   ② 7   ③ 8
④ 9   ⑤ 10

단서1 원의 방정식에 x 대신 $x+3$, y 대신 $y-1$을 대입

단서2 두 원이 일치하면 두 원의 중심과 반지름의 길이가 각각 같음을 이용

STEP 1 평행이동한 원의 방정식 구하기

원 $(x-a)^2+(y-b)^2=c$를 x축의 방향으로 -3만큼, y축의 방향으로 1만큼 평행이동한 원의 방정식은

$(x+3-a)^2+(y-1-b)^2=c$

STEP 2 a, b, c의 값 구하기

원 $(x+3-a)^2+(y-1-b)^2=c$가 원 $x^2+y^2=4$와 일치하므로

$3-a=0$, $-1-b=0$, $c=4$ $\therefore a=3$, $b=-1$, $c=4$

STEP 3 $a+b+c$의 값 구하기

$a+b+c=3+(-1)+4=6$

다른 풀이 1

원 $(x-a)^2+(y-b)^2=c$의 중심의 좌표는 (a, b)이므로

점 (a, b)를 x축의 방향으로 -3만큼, y축의 방향으로 1만큼 평행이동한 점의 좌표는

$(a-3, b+1)$

이 점이 원 $x^2+y^2=4$의 중심 $(0, 0)$과 일치하므로

$a-3=0$, $b+1=0$ $\therefore a=3$, $b=-1$

원을 평행이동하면 반지름의 길이는 변하지 않으므로

$c=4$

$\therefore a+b+c=3+(-1)+4=6$

다른 풀이 2

원 $x^2+y^2=4$를 x축의 방향으로 3만큼, y축의 방향으로 -1만큼 평행이동한 원의 방정식은

$(x-3)^2+(y+1)^2=4$

이 원이 원 $(x-a)^2+(y-b)^2=c$와 일치하므로

$a=3$, $b=-1$, $c=4$

$\therefore a+b+c=3+(-1)+4=6$

2654 답 ③

포물선 $y=x^2+2x-6$을 x축의 방향으로 -3만큼, y축의 방향으로 2만큼 평행이동한 포물선의 방정식은

$y-2=(x+3)^2+2(x+3)-6$

$\therefore y=(x+4)^2-5$

따라서 이 포물선의 꼭짓점의 좌표는 $(-4, -5)$이다.

다른 풀이

포물선 $y=x^2+2x-6$, 즉 $y=(x+1)^2-7$의 꼭짓점의 좌표는

$(-1, -7)$

점 $(-1, -7)$을 x축의 방향으로 -3만큼, y축의 방향으로 2만큼 평행이동한 점의 좌표는

$(-1-3, -7+2)$ $\therefore (-4, -5)$

2655 답 ⑤

원 $x^2+y^2-4x+2y+3=0$, 즉 $(x-2)^2+(y+1)^2=2$의 중심의 좌표는 $(2, -1)$, 반지름의 길이는 $\sqrt{2}$이다.

원을 평행이동하면 원의 중심의 좌표는 이동하지만 반지름의 길이는 변하지 않으므로 각각의 원의 반지름의 길이를 구하면

ㄱ. $x^2+y^2+4y+3=0$, 즉 $x^2+(y+2)^2=1$에서 반지름의 길이는 1이다.

ㄴ. $(x-2)^2+(y-1)^2=4$에서 반지름의 길이는 2이다.

ㄷ. $(x-5)^2+(y+3)^2=2$에서 반지름의 길이는 $\sqrt{2}$이다.

ㄹ. $x^2+y^2-2x+6y+8=0$, 즉 $(x-1)^2+(y+3)^2=2$에서 반지름의 길이는 $\sqrt{2}$이다.

따라서 평행이동하여 주어진 원과 겹쳐지는 것은 ㄷ, ㄹ이다. → 반지름의 길이가 같다.

참고 ㄷ을 x축의 방향으로 -3만큼, y축의 방향으로 2만큼 평행이동하면 주어진 원과 겹쳐진다.

ㄹ을 x축의 방향으로 1만큼, y축의 방향으로 2만큼 평행이동하면 주어진 원과 겹쳐진다.

2656 답 ②

포물선 $y=x^2+4x-2$, 즉 $y=(x+2)^2-6$을 x축의 방향으로 a만큼, y축의 방향으로 b만큼 평행이동한 포물선의 방정식은

$y-b=(x-a+2)^2-6$ $\therefore y=(x-a+2)^2+b-6$

이 포물선이 포물선 $y=x^2$과 일치하므로

$-a+2=0$, $b-6=0$ $\therefore a=2$, $b=6$

$\therefore a+b=2+6=8$

2657 답 ③

원 $(x-1)^2+(y+1)^2=4$가 평행이동 $(x, y) \longrightarrow (x+a, y-b)$에 의하여 옮겨진 원의 방정식은

$(x-a-1)^2+(y+b+1)^2=4$

이 원은 원 $x^2+y^2-4x+6y+9=0$, 즉 $(x-2)^2+(y+3)^2=4$와 일치하므로

$-a-1=-2$, $b+1=3$ $\therefore a=1$, $b=2$

따라서 원점 $(0, 0)$이 평행이동 $(x, y) \longrightarrow (x+1, y-2)$에 의하여 옮겨지는 점의 좌표는 $(1, -2)$이다.

다른 풀이

원 $(x-1)^2+(y+1)^2=4$의 중심의 좌표 $(1, -1)$이 주어진 평행이동에 의하여 원 $x^2+y^2-4x+6y+9=0$, 즉 $(x-2)^2+(y+3)^2=4$의 중심의 좌표 $(2, -3)$으로 이동하였으므로 주어진 평행이동은 $(x, y) \longrightarrow (x+1, y-2)$

따라서 원점 $(0, 0)$이 이 평행이동에 의하여 옮겨지는 점의 좌표는 $(1, -2)$이다.

실수 Check

평행이동 $(x, y) \longrightarrow (x+a, y-b)$는 x축의 방향으로 a만큼, y축의 방향으로 $-b$만큼 평행이동함을 의미하므로 도형의 방정식에 대입할 때에는 x 대신 $x-a$, y 대신 $y+b$를 대입해야 한다. 이때 x 대신 $x+a$, y 대신 $y-b$를 대입하지 않도록 주의한다.

2658 답 ①

포물선 $y=x^2-4x+1$, 즉 $y=(x-2)^2-3$을 x축의 방향으로 a만큼, y축의 방향으로 $a-3$만큼 평행이동한 포물선의 방정식은
$$y-(a-3)=(x-a-2)^2-3 \quad \therefore y=\underline{(x-a-2)^2}+a-6$$
$$\longrightarrow \{x-(a+2)\}^2+a-6$$
이 포물선의 꼭짓점 $(a+2, a-6)$이 $\underline{y축 위에 있으므로}$
$$a+2=0 \quad \therefore a=-2 \qquad \longrightarrow (x좌표)=0$$
따라서 꼭짓점의 좌표는 $(0, -8)$이다.

2659 답 ⑤

원 $C_1 : (x+1)^2+(y+2)^2=9$를 x축의 방향으로 -2만큼, y축의 방향으로 k만큼 평행이동한 원 C_2의 방정식은
$$(x+3)^2+(y-k+2)^2=9$$
두 원 C_1, C_2의 중심의 좌표는 각각 $(-1, -2)$, $(-3, k-2)$이고 두 원의 중심 사이의 거리가 3이므로
$$\sqrt{\{-3-(-1)\}^2+\{k-2-(-2)\}^2}=3$$
$$\sqrt{k^2+4}=3, \ k^2+4=9$$
$$\therefore k^2=5$$

2660 답 ⑤

포물선 $y=-x^2-6x+m$, 즉 $y=-(x+3)^2+m+9$의 꼭짓점의 좌표는 $(-3, m+9)$이고 포물선 $y=-x^2$의 꼭짓점의 좌표는 $(0, 0)$이므로 주어진 평행이동은
$$(x, y) \longrightarrow (x+3, y-m-9)$$
이 평행이동에 의하여 포물선 $y=x^2+mx$가 옮겨지는 포물선의 방정식은
$$y+m+9=(x-3)^2+m(x-3)$$
$$\therefore y=x^2+(m-6)x-4m$$
이 포물선이 포물선 $y=x^2-8x+k$이므로
$$m-6=-8, \ -4m=k에서 \ m=-2$$
$$\therefore k=-4\times(-2)=8$$

2661 답 ⑤

원 $x^2+(y+4)^2=10$을 x축의 방향으로 -4만큼, y축의 방향으로 2만큼 평행이동한 원의 방정식은
$$(x+4)^2+(y+2)^2=10 \quad \therefore x^2+y^2+8x+4y+10=0$$
이 원은 원 $x^2+y^2+ax+by+c=0$과 일치하므로
$$a=8, \ b=4, \ c=10$$
$$\therefore a+b+c=8+4+10=22$$

2662 답 9

원 $(x+1)^2+(y+2)^2=9$를 x축의 방향으로 m만큼, y축의 방향으로 n만큼 평행이동한 원 C의 방정식은
$$(x-m+1)^2+(y-n+2)^2=9$$
원 C의 중심은 $(m-1, n-2)$이고 반지름의 길이는 3이다.
원 C의 중심이 제1사분면 위에 있고, x축과 y축에 동시에 접하므로 원의 중심의 x좌표와 y좌표가 원의 반지름의 길이와 같다.
$$m-1=3, \ n-2=3 \quad \therefore m=4, \ n=5$$
$$\therefore m+n=4+5=9$$

2663 답 6

원 $(x-a)^2+(y-a)^2=b^2$을 y축의 방향으로 -2만큼 평행이동한 도형의 방정식은
$$(x-a)^2+(y+2-a)^2=b^2$$
이 원이 직선 $y=x$에 접하므로
원의 중심 $(a, a-2)$와 직선 $x-y=0$ 사이의 거리는 원의 반지름의 길이 b와 같으므로
$$\frac{|1\times a+(-1)\times(a-2)|}{\sqrt{1^2+(-1)^2}}=\frac{2}{\sqrt{2}}=\sqrt{2} \quad \therefore b=\sqrt{2}$$
또, 이 원이 x축에 접하므로 원의 중심 $(a, a-2)$와 x축 사이의 거리는 원의 반지름의 길이 $\sqrt{2}$와 같다. $\longrightarrow |a-2|$
$$a-2=\sqrt{2} \ (\because a>2) \quad \therefore a=\sqrt{2}+2$$
$$\therefore a^2-4b=(\sqrt{2}+2)^2-4\sqrt{2}=6$$

2664 답 ⑤　　　　　　　　　　　　　|유형4

점 $A(4, 2)$를 x축에 대하여 대칭이동한 점을 P, 점 P를 원점에 대하 <u>단서1</u> 여 대칭이동한 점을 Q라 할 때, 선분 PQ의 길이는? <u>단서2</u>

① $3\sqrt{2}$　　　　② $2\sqrt{5}$　　　　③ $2\sqrt{10}$
④ 8　　　　⑤ $4\sqrt{5}$

단서1 $(x, y) \longrightarrow (x, -y)$
단서2 $(x, y) \longrightarrow (-x, -y)$

STEP 1 점 P의 좌표 구하기

점 $A(4, 2)$를 x축에 대하여 대칭이동한 점이 P이므로
$$P(4, -2)$$

STEP 2 점 Q의 좌표 구하기

점 $P(4, -2)$를 원점에 대하여 대칭이동한 점이 Q이므로
$$Q(-4, 2)$$

STEP 3 선분 PQ의 길이 구하기

선분 PQ의 길이는
$$\overline{PQ}=\sqrt{(-4-4)^2+\{2-(-2)\}^2}=\sqrt{80}=4\sqrt{5}$$

2665 답 ①

점 $A(2, a)$를 x축에 대하여 대칭이동한 점이 A'이므로
$A'(2, -a)$
점 $B(4, b)$를 직선 $y=x$에 대하여 대칭이동한 점이 B'이므로
$B'(b, 4)$
두 점 A', B'이 일치하므로
$2=b$, $-a=4$ $\therefore a=-4$, $b=2$
$\therefore a+b=-4+2=-2$

2666 답 $\dfrac{3}{4}$

점 $(-1, 7)$을 y축에 대하여 대칭이동한 점이 P이므로
$P(1, 7)$
점 $(-1, 7)$을 직선 $y=-x$에 대하여 대칭이동한 점이 Q이므로
$Q(-7, 1)$
따라서 두 점 $P(1, 7)$, $Q(-7, 1)$을 지나는 직선의 기울기는
$$\dfrac{1-7}{-7-1}=\dfrac{-6}{-8}=\dfrac{3}{4}$$

2667 답 $\left(-\dfrac{1}{3}, 1\right)$

점 $P(1, 3)$을 y축에 대하여 대칭이동한 점이 Q이므로
$Q(-1, 3)$
점 $P(1, 3)$을 원점에 대하여 대칭이동한 점이 R이므로
$R(-1, -3)$
따라서 세 점 $P(1, 3)$, $Q(-1, 3)$, $R(-1, -3)$에 대하여
삼각형 PQR의 무게중심의 좌표는
$$\left(\dfrac{1+(-1)+(-1)}{3}, \dfrac{3+3+(-3)}{3}\right)$$
$$\therefore \left(-\dfrac{1}{3}, 1\right)$$

2668 답 ①

점 $A(4, -2)$를 x축에 대하여 대칭이동한 점이 P이므로
$P(4, 2)$
점 $A(4, -2)$를 y축에 대하여 대칭이동한 점이 Q이므로
$Q(-4, -2)$
따라서 선분 PQ를 $1 : 2$로 내분하는 점의 좌표는
$$\left(\dfrac{1\times(-4)+2\times4}{1+2}, \dfrac{1\times(-2)+2\times2}{1+2}\right)$$
$$\therefore \left(\dfrac{4}{3}, \dfrac{2}{3}\right)$$

개념 Check

> 두 점 $A(x_1, y_1)$, $B(x_2, y_2)$에 대하여 선분 AB를 $m : n$으로 내분하는
> 점의 좌표는
> $$\left(\dfrac{mx_2+nx_1}{m+n}, \dfrac{my_2+ny_1}{m+n}\right)$$

2669 답 ③

점 $P(a, b)$가 직선 $y=2x$ 위의 점이므로
$b=2a$ $\therefore P(a, 2a)$

점 $P(a, 2a)$를 x축에 대하여 대칭이동한 점이 Q이므로
$Q(a, -2a)$
점 $P(a, 2a)$를 y축에 대하여 대칭이동한 점이 R이므로
$R(-a, 2a)$
이때 $a>0$이고, 삼각형 PQR는
그림과 같이 직각삼각형이므로
(삼각형 PQR의 넓이)

$$=\dfrac{1}{2}\times\overline{PQ}\times\overline{PR}$$
$$=\dfrac{1}{2}\times4a\times2a=4a^2$$
이때 삼각형 PQR의 넓이가 36이므로
$4a^2=36$, $a^2=9$
$\therefore a=3$ $(\because a>0)$

2670 답 제4사분면

점 (a, b)를 x축에 대하여 대칭이동한 점의 좌표는
$(a, -b)$
이 점이 제2사분면 위의 점이므로
$a<0$, $-b>0$ $\therefore a<0$, $b<0$
점 $(a+b, -ab)$를 원점에 대하여 대칭이동한 점의 좌표는
$(-a-b, ab)$
점 $(-a-b, ab)$를 x축에 대하여 대칭이동한 점의 좌표는
$(-a-b, -ab)$
이때 $a<0$, $b<0$이므로 $\underbrace{-a-b>0}_{-(a+b)>0}$, $-ab<0$
따라서 점 $(-a-b, -ab)$는 제4사분면 위의 점이다.

2671 답 ⑤

직선 $y=x$에 대한 대칭이동 f, 원점에 대한 대칭이동 g에 대하여
점 $(1, 2)$를 $f \to g \to f \to g \to f \to \cdots$와 같은 순서로 대칭이동하
면 다음과 같다.

$(1, 2) \xrightarrow{f} (2, 1) \xrightarrow{g} (-2, -1) \xrightarrow{f} (-1, -2) \xrightarrow{g} (1, 2)$
$\xrightarrow{f} \cdots$

이때 점 $(1, 2)$를 $f \to g \to f \to g$로 네 번 이동하면 원래의 점
$(1, 2)$가 된다.
따라서 $2025=4\times506+1$이므로 점 $(1, 2)$를 2025번 이동한 점
의 좌표는 $(2, 1)$이다.

실수 Check

> 주어진 순서대로 점 $(1, 2)$를 이동하여 규칙을 찾는다.

Plus 문제

2671 -1

x축에 대한 대칭이동을 f, y축에 대한 대칭이동을 g, 직선
$y=x$에 대한 대칭이동을 h라 할 때,
$f \to g \to h \to f \to g \to h \to \cdots$와 같은 순서로 점 $(1, 2)$를
1004번 이동한 점의 좌표를 구하시오.

점 $(1, 2)$를 $f \to g \to h \to f \to g \to h \to \cdots$와 같은 순서로 이동하면 다음과 같다.

$$(1, 2) \xrightarrow{f} f(1, -2) \xrightarrow{g} g(-1, -2) \xrightarrow{h} h(-2, -1)$$
$$\xrightarrow{f} f(-2, 1) \xrightarrow{g} g(2, 1) \xrightarrow{h} h(1, 2) \xrightarrow{f} \cdots$$

이때 점 $(1, 2)$를 $f \to g \to h \to f \to g \to h$로 여섯 번 이동하면 원래의 점 $(1, 2)$가 된다.

따라서 $1004 = 6 \times 167 + 2$이므로 점 $(1, 2)$를 1004번 이동한 점의 좌표는 $(-1, -2)$이다.

답 $(-1, -2)$

2672 답 ①

점 $(3, 2)$를 직선 $y=x$에 대하여 대칭이동한 점이 A이므로
A$(2, 3)$
점 A$(2, 3)$을 원점에 대하여 대칭이동한 점이 B이므로
B$(-2, -3)$
따라서 선분 AB의 길이는
$$\overline{AB} = \sqrt{(-2-2)^2 + (-3-3)^2} = \sqrt{52} = 2\sqrt{13}$$

2673 답 ⑤

직선 $3x + 4y - 12 = 0$이 x축과 만나는 점 A의 좌표는 A$(4, 0)$, y축과 만나는 점 B의 좌표는 B$(0, 3)$
두 점 A$(4, 0)$, B$(0, 3)$에 대하여
선분 AB를 $2:1$로 내분하는 점이 P이므로
$$P\left(\frac{2 \times 0 + 1 \times 4}{2+1}, \frac{2 \times 3 + 1 \times 0}{2+1}\right) \quad \therefore P\left(\frac{4}{3}, 2\right)$$
점 $P\left(\frac{4}{3}, 2\right)$를 x축에 대하여 대칭이동한 점이 Q이므로
$$Q\left(\frac{4}{3}, -2\right)$$
점 $P\left(\frac{4}{3}, 2\right)$를 y축에 대하여 대칭이동한 점이 R이므로
$$R\left(-\frac{4}{3}, 2\right)$$
따라서 삼각형 PQR의 무게중심의 좌표는
$$\left(\frac{\frac{4}{3} + \frac{4}{3} + \left(-\frac{4}{3}\right)}{3}, \frac{2 + (-2) + 2}{3}\right) \quad \therefore \left(\frac{4}{9}, \frac{2}{3}\right)$$
$$\therefore a = \frac{4}{9}, b = \frac{2}{3}$$
$$\therefore a + b = \frac{4}{9} + \frac{2}{3} = \frac{10}{9}$$

2674 답 ④

직선 OA의 기울기는 $\frac{3-0}{1-0} = 3$

직선 OB의 기울기는 $\frac{5-0}{a-0} = \frac{5}{a}$ $(a \ne 0)$

직선 OA와 직선 OB는 서로 수직이므로
→ 두 직선의 기울기의 곱이 -1이다.
$$3 \times \frac{5}{a} = -1 \quad \therefore a = -15$$
$$\therefore B(-15, 5)$$

점 C는 점 B$(-15, 5)$를 직선 $y=x$에 대하여 대칭이동한 점이므로
C$(5, -15)$
직선 AC의 방정식은
$$y - 3 = \frac{-15-3}{5-1}(x-1) \quad \therefore y = -\frac{9}{2}x + \frac{15}{2}$$
따라서 직선 AC의 y절편은 $\frac{15}{2}$이다.

개념 Check

두 점 (a, b), (c, d)를 지나는 직선의 방정식은
$$y - b = \frac{d-b}{c-a}(x-a)$$

2675 답 $-\frac{3}{2}$
유형 5

직선 $y = 2x - 3$을 직선 $y=x$에 대하여 대칭이동한 직선을 l_1, [단서1] 직선 l_1을 원점에 대하여 대칭이동한 직선을 l_2라 할 때, 직선 l_2의 y절편을 [단서2] 구하시오. [단서3]

단서1 직선의 방정식에 x 대신 y, y 대신 x를 대입
단서2 직선의 방정식에 x 대신 $-x$, y 대신 $-y$를 대입
단서3 직선의 방정식에서 $x=0$일 때의 y의 값

STEP 1 직선 l_1의 방정식 구하기

직선 $y = 2x - 3$을 직선 $y=x$에 대하여 대칭이동한 직선 l_1의 방정식은
$$x = 2y - 3 \quad \therefore y = \frac{1}{2}x + \frac{3}{2}$$

STEP 2 직선 l_2의 방정식 구하기

직선 l_1을 원점에 대하여 대칭이동한 직선 l_2의 방정식은
$$-y = -\frac{1}{2}x + \frac{3}{2} \quad \therefore y = \frac{1}{2}x - \frac{3}{2}$$

STEP 3 직선 l_2의 y절편 구하기

직선 $l_2 : y = \frac{1}{2}x - \frac{3}{2}$의 y절편은 $-\frac{3}{2}$이다.

2676 답 ②

직선 $2x - 2y + 3 = 0$을 y축에 대하여 대칭이동한 직선의 방정식은
$$-2x - 2y + 3 = 0 \quad \therefore y = -x + \frac{3}{2}$$
따라서 이 직선의 기울기는 -1이다.

2677 답 ②

직선 $y = ax + 2$를 x축에 대하여 대칭이동한 직선의 방정식은
$$-y = ax + 2 \quad \therefore y = -ax - 2$$
이 직선이 점 $(3, 7)$과 점 $(4, b)$를 지나므로
$$7 = -3a - 2, b = -4a - 2$$
$$\therefore a = -3, b = (-4) \times (-3) - 2 = 10$$
$$\therefore a + b = -3 + 10 = 7$$

2678 답 ①

점 $(3, -2)$를 직선 $y=-x$에 대하여 대칭이동한 점의 좌표가
$(2, -3)$이므로 ── x좌표, y좌표가 서로 바뀌고 부호도 반대로 바뀐다.
직선 $4x+5y+3=0$을 직선 $y=-x$에 대하여 대칭이동한 직선의
방정식은
$$-5x-4y+3=0 \quad \therefore 5x+4y-3=0$$
이 직선이 점 $(3, a)$를 지나므로
$$5\times3+4a-3=0, \; 4a=-12$$
$$\therefore a=-3$$

2679 답 30

직선 $3x+ay+1=0$을 원점에 대하여 대칭이동한 직선의 방정식은
$$-3x-ay+1=0 \quad \therefore y=-\frac{3}{a}x+\frac{1}{a}$$
이 직선에 수직인 직선의 기울기는 $\dfrac{a}{3}$이다.

기울기가 $\dfrac{a}{3}$이고 점 $(0, 5)$를 지나는 직선의 방정식은
$$y-5=\frac{a}{3}(x-0) \quad \therefore ax-3y+15=0$$
이 직선이 직선 $2x-y+b=0$, 즉 $6x-3y+3b=0$이므로
$a=6$, $15=3b$에서 $b=5$
$$\therefore ab=6\times5=30$$

Tip 두 직선 $ax-3y+15=0$, $2x-y+b=0$이 일치할 때, 계수를 알고 있는 y의 계수를 똑같이 맞추어 $ax-3y+15=0$, $6x-3y+3b=0$에서 x의 계수, 상수항을 비교할 수 있다.

2680 답 ①

직선 $y=-x+2$를 y축에 대하여 대칭이동한 직선의 방정식은
$$y=x+2$$
이 직선과 수직인 직선의 기울기는 -1이므로
구하는 직선의 방정식을
$y=-x+a$, 즉 $x+y-a=0$이라 하면
이 직선과 원점 사이의 거리는 $2\sqrt{2}$이므로
$$\frac{|-a|}{\sqrt{1^2+1^2}}=2\sqrt{2}, \; |a|=4$$
$$\therefore a=-4 \text{ 또는 } a=4$$
따라서 구하는 직선의 방정식은
$$x+y-4=0 \text{ 또는 } x+y+4=0$$

2681 답 3

직선 $(a-4)x+by-7=0$을 직선 $y=x$에 대하여 대칭이동한 직선
의 방정식은
$$bx+(a-4)y-7=0$$
이 직선이 $(a+4)x-(b+2)y-7=0$과 일치하므로
$$b=a+4, \; a-4=-b-2$$
위의 두 식을 연립하여 풀면
$$a=-1, \; b=3$$
따라서 직선 $y=ax+b$, 즉 $y=-x+3$의 x절편은 3이다.

2682 답 ③

원 $x^2+y^2+8x-4y+4=0$, 즉 $(x+4)^2+(y-2)^2=16$의 중심의
좌표는 $(-4, 2)$
직선 $y=ax+1$을 x축에 대하여 대칭이동한 직선의 방정식은
$$-y=ax+1 \quad \therefore y=-ax-1$$
직선이 원의 넓이를 이등분하므로 이 직선은 원의 중심을 지난다.
따라서 점 $(-4, 2)$가 직선 $y=-ax-1$ 위의 점이므로
$$2=4a-1 \quad \therefore a=\frac{3}{4}$$

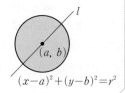
2683 답 ①

직선 $(3k+2)x+(2k+1)y-6=0$을 직선 $y=x$에 대하여 대칭
이동한 직선의 방정식은
$$(3k+2)y+(2k+1)x-6=0$$
$$\therefore (2k+1)x+(3k+2)y-6=0$$
이 식을 k에 대하여 정리하면
$$(2x+3y)k+(x+2y-6)=0$$
이 직선이 실수 k의 값에 관계없이 항상 점 (a, b)를 지나므로
$$2a+3b=0, \; a+2b-6=0$$
위의 두 식을 연립하여 풀면 $a=-18$, $b=12$
$$\therefore a+b=-18+12=-6$$

2684 답 ③

직선 $2x+3y+6=0$을 직선 $y=x$에 대하여 대칭이동한 직선의 방
정식은
$$3x+2y+6=0 \quad \therefore y=-\frac{3}{2}x-3$$
따라서 이 직선의 y절편은 -3이다.

2685 답 ①

직선 $y=ax-6$을 x축에 대하여 대칭이동한 직선의 방정식은
$$-y=ax-6 \quad \therefore y=-ax+6$$
이 직선이 점 $(2, 4)$를 지나므로
$$4=-2a+6 \quad \therefore a=1$$

2686 답 ①
| 유형 6

포물선 $y=-x^2+4ax-3$을 y축에 대하여 대칭이동한 포물선의 꼭
단서1
짓점이 직선 $y=2x+5$ 위에 있을 때, 양수 a의 값은?
단서2

① 1　　　　② 2　　　　③ 3
④ 4　　　　⑤ 5

단서1 포물선의 방정식에 x 대신 $-x$를 대입
단서2 포물선의 꼭짓점의 좌표를 $y=2x+5$에 대입

포물선 $y=-x^2+4ax-3$을 y축에 대하여 대칭이동한 포물선의 방정식은

$y=-(-x)^2+4a\times(-x)-3$

$\therefore y=-x^2-4ax-3$

STEP 2 꼭짓점의 좌표 구하기

$y=-x^2-4ax-3$

$\quad=-(x+2a)^2+4a^2-3$

이므로 꼭짓점의 좌표는 $(-2a,\ 4a^2-3)$이다.

STEP 3 a의 값 구하기

꼭짓점 $(-2a,\ 4a^2-3)$이 직선 $y=2x+5$ 위에 있으므로

$4a^2-3=2\times(-2a)+5$

$4a^2+4a-8=0,\ a^2+a-2=0$

$(a-1)(a+2)=0 \qquad \therefore a=1\ (\because a>0)$

2687 답 ②

포물선 $y=x^2-2x+2$를 x축에 대하여 대칭이동한 포물선의 방정식은

$-y=x^2-2x+2 \qquad \therefore y=-x^2+2x-2$

이 포물선이 점 $(1,\ k)$를 지나므로

$k=-1^2+2\times1-2=-1$

다른 풀이

포물선을 대칭이동하면 포물선의 꼭짓점은 대칭이동한 포물선의 꼭짓점으로 옮겨지고 포물선의 폭은 변하지 않는다.

포물선 $y=x^2-2x+2$, 즉 $y=(x-1)^2+1$의 꼭짓점의 좌표는 $(1,\ 1)$이므로

이 포물선을 x축에 대하여 대칭이동한 포물선의 꼭짓점의 좌표는 $(1,\ -1)$

따라서 포물선 $y=x^2-2x+2$를 x축에 대하여 대칭이동한 포물선의 방정식은

$y=-(x-1)^2-1$

이 포물선이 점 $(1,\ k)$를 지나므로

$k=-1$

실수 Check

아래로 볼록한 포물선을 x축에 대하여 대칭이동하면 위로 볼록한 포물선이 되므로 대칭이동한 포물선의 방정식에서 x^2의 계수의 부호가 반대가 된다.

2688 답 4

포물선 $y=x^2+4x-3$을 x축에 대하여 대칭이동한 포물선의 방정식은

$-y=x^2+4x-3 \qquad \therefore y=-x^2-4x+3$

포물선 $y=-x^2-4x+3$, 즉 $y=-(x+2)^2+7$의 꼭짓점이 → $(-2, 7)$

포물선 $y=x^2+ax+11$의 축 $x=-\dfrac{a}{2}$ 위에 있으므로

$-2=-\dfrac{a}{2} \qquad \therefore a=4$

→ 두 포물선의 축의 방정식이 같다.

2689 답 ①

원의 중심의 좌표가 $(1,\ -2)$이고 반지름의 길이가 k인 원의 방정식은

$(x-1)^2+(y+2)^2=k^2$

이 원을 y축에 대하여 대칭이동한 원의 방정식은

$(-x-1)^2+(y+2)^2=k^2$

$\therefore (x+1)^2+(y+2)^2=k^2$

이 원이 점 $(-3,\ -5)$를 지나므로

$(-3+1)^2+(-5+2)^2=k^2,\ k^2=13$

$\therefore k=\sqrt{13}\ (\because k>0)$

2690 답 ①

포물선 $y=x^2+2ax+b$를 원점에 대하여 대칭이동한 포물선의 방정식은

$-y=(-x)^2+2a\times(-x)+b \qquad \therefore y=-x^2+2ax-b$

이 포물선을 x축에 대하여 대칭이동한 포물선의 방정식은

$-y=-x^2+2ax-b \qquad \therefore y=x^2-2ax+b$

포물선 $y=x^2-2ax+b$, 즉 $y=(x-a)^2-a^2+b$의 꼭짓점 $(a,\ -a^2+b)$가 점 $(1,\ -3)$이므로

$a=1,\ -a^2+b=-3$에서 $b=a^2-3=1-3=-2$

$\therefore a-b=1-(-2)=3$

다른 풀이

포물선을 대칭이동하면 포물선의 꼭짓점은 대칭이동한 포물선의 꼭짓점으로 옮겨지고 포물선의 폭은 변하지 않는다.

포물선 $y=x^2+2ax+b$, 즉 $y=(x+a)^2-a^2+b$의 꼭짓점 $(-a,\ -a^2+b)$를 원점에 대하여 대칭이동한 점의 좌표는 $(a,\ a^2-b)$

이 점을 x축에 대하여 대칭이동한 점의 좌표는 $(a,\ -a^2+b)$

점 $(a,\ -a^2+b)$가 점 $(1,\ -3)$이므로

$a=1,\ -a^2+b=-3$에서 $b=a^2-3=1-3=-2$

$\therefore a-b=1-(-2)=3$

2691 답 ②

원 $C_1:(x-4)^2+(y+5)^2=2$에 대하여

원 C_1을 y축에 대하여 대칭이동한 원 C_2의 방정식은

$(-x-4)^2+(y+5)^2=2$

$\therefore (x+4)^2+(y+5)^2=2$

원 C_1을 직선 $y=-x$에 대하여 대칭이동한 원 C_3의 방정식은

$(-y-4)^2+(-x+5)^2=2$

$\therefore (x-5)^2+(y+4)^2=2$

따라서 두 원 $C_2,\ C_3$의 중심의 좌표는 각각 $(-4,\ -5),\ (5,\ -4)$

이므로 두 원 $C_2,\ C_3$의 중심 사이의 거리는

$\sqrt{\{5-(-4)\}^2+\{-4-(-5)\}^2}=\sqrt{82}$

다른 풀이

원을 대칭이동하면 원의 중심은 대칭이동한 원의 중심으로 옮겨지고 원의 반지름의 길이는 변하지 않는다.

원 $C_1 : (x-4)^2+(y+5)^2=2$의 중심의 좌표는 $(4, -5)$

원 C_2의 중심은 점 $(4, -5)$를 y축에 대하여 대칭이동한 점이므로 $(-4, -5)$이다.

원 C_3의 중심은 점 $(4, -5)$를 직선 $y=-x$에 대하여 대칭이동한 점이므로 점 $(5, -4)$

따라서 두 원 C_2, C_3의 중심 사이의 거리는

$\sqrt{\{5-(-4)\}^2+\{-4-(-5)\}^2}=\sqrt{82}$

2692 답 ③

원 $(x+3)^2+(y-2)^2=9$를 직선 $y=x$에 대하여 대칭이동한 원의 방정식은

$(x-2)^2+(y+3)^2=9$

이 원의 넓이가 직선 $y=-4x+k$에 의하여 이등분되므로

직선 $y=-4x+k$는 원의 중심 $(2, -3)$을 지난다.

즉, $-3=-4\times2+k$에서

$k=5$

2693 답 ④

원 $x^2+y^2+ax+by=0$을 직선 $y=-x$에 대하여 대칭이동한 원의 방정식은

$(-y)^2+(-x)^2-ay-bx=0$

$\therefore x^2+y^2-bx-ay=0$

원 $x^2+y^2-bx-ay=0$, 즉 $\left(x-\dfrac{b}{2}\right)^2+\left(y-\dfrac{a}{2}\right)^2=\dfrac{a^2+b^2}{4}$의

중심 $\left(\dfrac{b}{2}, \dfrac{a}{2}\right)$가 점 $(-2, 2)$와 일치하므로

$\dfrac{b}{2}=-2$, $\dfrac{a}{2}=2$ $\therefore a=4$, $b=-4$

또, 반지름의 길이가 r이므로

$r^2=\dfrac{a^2+b^2}{4}=\dfrac{4^2+(-4)^2}{4}=\dfrac{32}{4}=8$

$\therefore a-b+r^2=4-(-4)+8=16$

다른 풀이

원 $x^2+y^2+ax+by=0$, 즉 $\left(x+\dfrac{a}{2}\right)^2+\left(y+\dfrac{b}{2}\right)^2=\dfrac{a^2+b^2}{4}$의 중심 $\left(-\dfrac{a}{2}, -\dfrac{b}{2}\right)$를 직선 $y=-x$에 대하여 대칭이동한 점의 좌표는

$\left(\dfrac{b}{2}, \dfrac{a}{2}\right)$

이 점이 점 $(-2, 2)$와 일치하므로

$\dfrac{b}{2}=-2$, $\dfrac{a}{2}=2$ $\therefore a=4$, $b=-4$

또, 원을 대칭이동하면 반지름의 길이는 변하지 않으므로

$r^2=\dfrac{a^2+b^2}{4}=\dfrac{4^2+(-4)^2}{4}=\dfrac{32}{4}=8$

$\therefore a-b+r^2=4-(-4)+8=16$

2694 답 56

원 $x^2+y^2+10x-12y+45=0$, 즉 $(x+5)^2+(y-6)^2=16$의 중심의 좌표는

$(-5, 6)$

원 C_1의 중심은 점 $(-5, 6)$을 원점에 대하여 대칭이동한 점이므로 $(5, -6)$

원 C_2의 중심은 점 $(5, -6)$을 x축에 대하여 대칭이동한 점이므로

$(5, 6)$

따라서 $a=5$, $b=6$이므로

$10a+b=50+6=56$

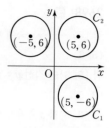

2695 답 $P(-4, -4)$ | 유형 7

점 P를 x축의 방향으로 1만큼, y축의 방향으로 2만큼 평행이동한 후 **단서1**

y축에 대하여 대칭이동하였더니 점 $(3, -2)$가 되었다. 이때 점 P의 **단서2**

좌표를 구하시오.

단서1 $(x, y) \longrightarrow (x+1, y+2)$

단서2 $(x, y) \longrightarrow (-x, y)$

STEP1 평행이동한 점의 좌표를 문자로 나타내기

점 P의 좌표를 (a, b)라 하면 점 P를 x축의 방향으로 1만큼, y축의 방향으로 2만큼 평행이동한 점의 좌표는

$(a+1, b+2)$

STEP2 대칭이동한 점의 좌표를 문자로 나타내기

점 $(a+1, b+2)$를 y축에 대하여 대칭이동한 점의 좌표는

$(-a-1, b+2)$

STEP3 점 P의 좌표 구하기

점 $(-a-1, b+2)$가 점 $(3, -2)$이므로

$-a-1=3$, $b+2=-2$ $\therefore a=-4$, $b=-4$

$\therefore P(-4, -4)$

2696 답 ⑤

점 $(-4, 5)$를 x축의 방향으로 3만큼 평행이동한 점의 좌표는

$(-4+3, 5)$ $\therefore (-1, 5)$

점 $(-1, 5)$를 y축에 대하여 대칭이동한 점의 좌표는 $(1, 5)$

따라서 $a=1$, $b=5$이므로

$a+b=1+5=6$

실수 Check

대칭이동을 먼저 한 후 평행이동을 하면 다음과 같이 결과가 달라지므로 주어진 순서에 맞게 이동해야 함에 주의한다.

$(-4, 5) \xrightarrow[\text{대칭이동}]{y\text{축에 대하여}} (4, 5) \xrightarrow[\text{평행이동}]{x\text{축의 방향으로 3만큼}} (7, 5)$

2697 답 ③

점 $(-2, -1)$을 원점에 대하여 대칭이동한 점의 좌표는

$(2, 1)$

점 $(2, 1)$을 x축의 방향으로 -1만큼, y축의 방향으로 2만큼 평행이동한 점 P의 좌표는

$P(2-1, 1+2)$ $\therefore P(1, 3)$

따라서 선분 OP의 길이는

$\sqrt{1^2+3^2}=\sqrt{10}$

2698 답 ⑤

점 $(5, -3)$을 x축에 대하여 대칭이동한 점의 좌표는

$(5, 3)$

점 $(5, 3)$을 직선 $y=x$에 대하여 대칭이동한 점의 좌표는

$(3, 5)$

점 $(3, 5)$를 x축의 방향으로 -3만큼 평행이동한 점의 좌표는

$(3-3, 5)$ $\therefore (0, 5)$

따라서 점 $(0, 5)$가 직선 $y=-2x+a$ 위의 점이므로

$5=0+a$ $\therefore a=5$

2699 답 P$(1, 3)$

점 P의 좌표를 (a, b)라 하자.

점 P(a, b)를 y축에 대하여 대칭이동한 점의 좌표는

$(-a, b)$

점 $(-a, b)$를 x축의 방향으로 4만큼, y축의 방향으로 -2만큼
평행이동한 점의 좌표는

$(-a+4, b-2)$

점 $(-a+4, b-2)$를 직선 $y=x$에 대하여 대칭이동한 점의 좌표는

$(b-2, -a+4)$

점 $(b-2, -a+4)$가 점 P(a, b)이므로

$b-2=a$, $-a+4=b$

위의 두 식을 연립하여 풀면 $a=1$, $b=3$

$\therefore$ P$(1, 3)$

2700 답 ②

점 P$(-8, 4)$를 x축의 방향으로 15만큼, y축의 방향으로 -8만
큼 평행이동한 점이 Q이므로

Q$(-8+15, 4-8)$ $\therefore$ Q$(7, -4)$

점 Q$(7, -4)$를 직선 $y=-x$에 대하여 대칭이동한 점이 R이므로

R$(4, -7)$

삼각형 PQR의 무게중심이 G(a, b)이므로

G$\left(\dfrac{-8+7+4}{3}, \dfrac{4+(-4)+(-7)}{3}\right)$ $\therefore$ G$\left(1, -\dfrac{7}{3}\right)$

따라서 $a=1$, $b=-\dfrac{7}{3}$이므로

$3ab=3\times 1\times\left(-\dfrac{7}{3}\right)=-7$

2701 답 -6

점 A$(3, 1)$을 x축의 방향으로 m만큼 평행이동한 점이 B이므로

B$(3+m, 1)$

점 B$(3+m, 1)$을 직선 $y=x$에 대하여 대칭이동한 점이 C이므로

C$(1, 3+m)$

세 점 A$(3, 1)$, B$(3+m, 1)$, C$(1, 3+m)$을 지나는 원의 중심이
O$(0, 0)$이므로

$\overline{OA}=\overline{OB}=\overline{OC}$

$\overline{OA}^2=\overline{OB}^2$에서 $3^2+1^2=(3+m)^2+1^2$

$3^2=(3+m)^2$, $3+m=\pm 3$

$\therefore m=0$ 또는 $m=-6$

이때 m은 음수이므로 $m=-6$

2702 답 ②

삼각형 O'P'Q'이 정삼각형이므로 삼각형 OPQ도 정삼각형이다.

$\overline{OP}=6$이므로

$\overline{OQ}=\overline{PQ}=\overline{OP}=6$

$\overline{OQ}^2=p^2+q^2=36$, $\overline{PQ}^2=p^2+(q-6)^2=36$

위의 두 식을 연립하여 풀면

$p=3\sqrt{3}$, $q=3$ $(\because p>0)$

점 Q(p, q), 즉 점 Q$(3\sqrt{3}, 3)$을 평행이동

$(x, y) \longrightarrow (x+m, y+n)$에 의하여 옮긴 점의 좌표는

$(3\sqrt{3}+m, 3+n)$

점 $(3\sqrt{3}+m, 3+n)$을 y축에 대하여 대칭이동한 점이 Q'이므로

Q'$(-3\sqrt{3}-m, 3+n)$

점 Q'$(-3\sqrt{3}-m, 3+n)$의 좌표가 $(-2-3\sqrt{3}, 0)$이므로

$-3\sqrt{3}-m=-2-3\sqrt{3}$, $3+n=0$

$\therefore m=2$, $n=-3$

$\therefore m+n=2+(-3)=-1$

2703 답 ②

점 A$(-3, 1)$을 y축에 대하여 대칭이동한 점이 P이므로

P$(3, 1)$

점 B$(1, k)$를 y축의 방향으로 -5만큼 평행이동한 점이 Q이므로

Q$(1, k-5)$

두 점 B$(1, k)$, P$(3, 1)$에 대하여 직선 BP의 기울기는

$\dfrac{1-k}{3-1}=-\dfrac{k-1}{2}$

두 점 P$(3, 1)$, Q$(1, k-5)$에 대하여 직선 PQ의 기울기는

$\dfrac{(k-5)-1}{1-3}=-\dfrac{k-6}{2}$

직선 BP와 직선 PQ가 서로 수직이려면

$\left(-\dfrac{k-1}{2}\right)\times\left(-\dfrac{k-6}{2}\right)=-1$

$(k-1)(k-6)=-4$, $k^2-7k+10=0$

$(k-2)(k-5)=0$ $\therefore k=2$ 또는 $k=5$

따라서 모든 실수 k의 값의 곱은

$2\times 5=10$

참고 $k^2-7k+10=0$에서 모든 실수 k의 값의 곱은 이차방정식의 근과
계수의 관계에 의하여 10임을 구할 수 있다.

2704 답 ③ | 유형 **8**

직선 $ax-2y+3=0$을 x축의 방향으로 3만큼, y축의 방향으로 -1
[단서1]
만큼 평행이동한 직선을 직선 $y=x$에 대하여 대칭이동하였더니 직선
[단서2]
$2x-ay+8=0$과 일치하였다. 이때 상수 a의 값은?

① 1   ② 2   ③ 3

④ 4   ⑤ 5

[단서1] 직선의 방정식에 x 대신 $x-3$, y 대신 $y+1$을 대입

[단서2] 직선의 방정식에 x 대신 y, y 대신 x를 대입

STEP 1 평행이동한 직선의 방정식 구하기

직선 $ax-2y+3=0$을 x축의 방향으로 3만큼, y축의 방향으로 -1만큼 평행이동한 직선의 방정식은

$a(x-3)-2(y+1)+3=0$　　$\therefore ax-2y-3a+1=0$

STEP 2 대칭이동한 직선의 방정식 구하기

직선 $ax-2y-3a+1=0$을 직선 $y=x$에 대하여 대칭이동한 직선의 방정식은

$-2x+ay-3a+1=0$　　$\therefore 2x-ay+3a-1=0$

STEP 3 a의 값 구하기

직선 $2x-ay+3a-1=0$이 직선 $2x-ay+8=0$과 일치하므로

$3a-1=8$　　$\therefore a=3$

2705 답 ⑤

직선 $y=2x$를 x축의 방향으로 2만큼 평행이동한 직선의 방정식은

$y=2(x-2)$　　$\therefore y=2x-4$

직선 $y=2x-4$를 x축에 대하여 대칭이동한 직선의 방정식은

$-y=2x-4$　　$\therefore y=-2x+4$

따라서 이 직선의 y절편은 4이다.

2706 답 ④

직선 $y=2x+3$을 x축의 방향으로 3만큼 평행이동한 직선의 방정식은

$y=2(x-3)+3$　　$\therefore y=2x-3$

직선 $y=2x-3$을 직선 $y=-x$에 대하여 대칭이동한 직선의 방정식은
　　└─→ x 대신 $-y$, y 대신 $-x$를 대입한다.

$-x=-2y-3$　　$\therefore y=\dfrac{1}{2}x-\dfrac{3}{2}$

따라서 $a=\dfrac{1}{2}$, $b=-\dfrac{3}{2}$이므로

$4(a^2+b^2)=4\times\left\{\left(\dfrac{1}{2}\right)^2+\left(-\dfrac{3}{2}\right)^2\right\}=4\times\dfrac{10}{4}=10$

2707 답 ③

직선 $x-y+1=0$을 y축에 대하여 대칭이동한 직선의 방정식은

$-x-y+1=0$　　$\therefore x+y-1=0$

직선 $x+y-1=0$을 y축의 방향으로 -2만큼 평행이동한 직선의 방정식은

$x+(y+2)-1=0$　　$\therefore x+y+1=0$

직선 $x+y+1=0$이 점 $(-1, k)$를 지나므로

$-1+k+1=0$　　$\therefore k=0$

2708 답 -4

직선 $l:y=-3x+k$를 x축의 방향으로 2만큼, y축의 방향으로 2만큼 평행이동한 직선의 방정식은

$y-2=-3(x-2)+k$　　$\therefore y=-3x+k+8$

직선 $y=-3x+k+8$을 원점에 대하여 대칭이동한 직선의 방정식은

$-y=3x+k+8$　　$\therefore y=-3x-k-8$

이 직선이 직선 $l:y=-3x+k$와 일치하므로

$-k-8=k$, $2k=-8$　　$\therefore k=-4$

2709 답 ②

직선 $y=x+4$를 x축의 방향으로 3만큼, y축으로 -3만큼 평행이동한 직선의 방정식은

$y+3=(x-3)+4$　　$\therefore y=x-2$

직선 $y=x-2$를 원점에 대하여 대칭이동한 직선 l의 방정식은

$-y=-x-2$　　$\therefore y=x+2$

직선 $y=x+2$의 x절편은 -2이고 y절편은 2이므로 직선 l과 x축 및 y축으로 둘러싸인 부분의 넓이는

$\dfrac{1}{2}\times 2\times 2=2$

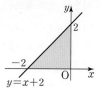

2710 답 ⑤

직선 $x+2y+4=0$을 y축의 방향으로 a만큼 평행이동한 직선의 방정식은

$x+2(y-a)+4=0$　　$\therefore x+2y-2a+4=0$

이 직선을 직선 $y=x$에 대하여 대칭이동한 직선 l의 방정식은

$2x+y-2a+4=0$

직선 l이 원 $x^2+y^2=20$과 한 점에서 만나므로
　　└─→ 직선 l은 원에 접한다.

원의 중심 $(0, 0)$과 직선 l 사이의 거리는 원의 반지름의 길이와 같다.

즉, $\dfrac{|-2a+4|}{\sqrt{2^2+1^2}}=2\sqrt{5}$에서 $|-2a+4|=10$

$-2a+4=\pm 10$　　$\therefore a=-3$ 또는 $a=7$

따라서 양수 a의 값은 7이다.

2711 답 ②

두 원의 넓이를 모두 이등분하는 직선은

두 원의 중심 $(2, a)$, $(b, -1)$을 모두 지나는 직선이다.

두 점 $(2, a)$, $(b, -1)$을 지나는 직선의 방정식은

$y-a=\dfrac{-1-a}{b-2}(x-2)$　　$\therefore y=-\dfrac{a+1}{b-2}x+\dfrac{2(a+1)}{b-2}+a$

이 직선을 x축에 대하여 대칭이동한 직선의 방정식은

$-y=-\dfrac{a+1}{b-2}x+\dfrac{2(a+1)}{b-2}+a$

$\therefore y=\dfrac{a+1}{b-2}x-\dfrac{2(a+1)}{b-2}-a$

이 직선을 x축의 방향으로 -1만큼, y축의 방향으로 2만큼 평행이동한 직선의 방정식은

$y-2=\dfrac{a+1}{b-2}(x+1)-\dfrac{2(a+1)}{b-2}-a$

$\therefore y=\dfrac{a+1}{b-2}x-\dfrac{a+1}{b-2}-a+2$

이 직선이 직선 $y=-2x$와 일치하므로

$\dfrac{a+1}{b-2}=-2$, $-\dfrac{a+1}{b-2}-a+2=0$

위의 두 식을 연립하여 풀면

$a=4$, $b=-\dfrac{1}{2}$

$\therefore ab=4\times\left(-\dfrac{1}{2}\right)=-2$

다른 풀이

두 원의 넓이를 모두 이등분하는 직선은

두 원의 중심 $(2, a)$, $(b, -1)$을 모두 지나는 직선이다.

두 원의 중심을 각각 x축에 대하여 대칭이동한 점의 좌표는

$(2, -a)$, $(b, 1)$

이 두 점을 x축의 방향으로 -1만큼, y축의 방향으로 2만큼 평행이동한 점의 좌표는

$(1, -a+2)$, $(b-1, 3)$

두 점 $(1, -a+2)$, $(b-1, 3)$은 모두 직선 $y=-2x$ 위에 있으므로

$-a+2=-2$ ∴ $a=4$

$3=-2(b-1)$ ∴ $b=-\dfrac{1}{2}$

∴ $ab=4\times\left(-\dfrac{1}{2}\right)=-2$

실수 Check

원의 넓이를 이등분하는 직선은 원의 중심을 지나는 직선임을 기억한다. 이 문제에서는 두 원의 중심을 지나는 직선의 방정식이 복잡하므로 두 점의 대칭이동과 평행이동을 이용하여 문제를 해결할 수도 있다.

Plus 문제

2711-1

두 원 $x^2+y^2=2$와 $(x-a)^2+(y+2)^2=10$의 넓이를 모두 이등분하는 직선을 y축에 대하여 대칭이동한 후 x축의 방향으로 1만큼, y축의 방향으로 -3만큼 평행이동하였더니 직선 $2x+by-11=0$과 일치하였다. 상수 a, b에 대하여 $a-b$의 값을 구하시오. (단, $a\neq0$)

두 원의 넓이를 모두 이등분하는 직선은 두 원의 중심 $(0, 0)$과 $(a, -2)$를 모두 지나는 직선이다.

두 점 $(0, 0)$, $(a, -2)$를 지나는 직선의 방정식은

$y=\dfrac{-2}{a}x$ ∴ $2x+ay=0$

이 직선을 y축에 대하여 대칭이동한 직선의 방정식은

$-2x+ay=0$

이 직선을 x축의 방향으로 1만큼, y축의 방향으로 -3만큼 평행이동한 직선의 방정식은

$-2(x-1)+a(y+3)=0$ ∴ $2x-ay-3a-2=0$

이 직선이 직선 $2x+by-11=0$과 일치하므로

$-a=b$, $-3a-2=-11$

∴ $a=3$, $b=-3$

∴ $a-b=3-(-3)=6$

답 6

2712 답 ①

직선 $y=-\dfrac{1}{2}x-3$, 즉 $x+2y+6=0$을 x축의 방향으로 a만큼 평행이동한 직선의 방정식은

$(x-a)+2y+6=0$ ∴ $x+2y+6-a=0$

이 직선을 직선 $y=x$에 대하여 대칭이동한 직선 l의 방정식은

$2x+y+6-a=0$

직선 l이 원 $(x+1)^2+(y-3)^2=5$와 접하므로

원의 중심 $(-1, 3)$과 직선 l 사이의 거리는 원의 반지름의 길이와 같다.

즉, $\dfrac{|2\times(-1)+1\times3+6-a|}{\sqrt{2^2+1^2}}=\sqrt{5}$에서

$|7-a|=5$, $7-a=\pm5$

∴ $a=2$ 또는 $a=12$

따라서 모든 상수 a의 값의 합은

$2+12=14$

2713 답 -16 | 유형 9

원 $C : (x-3)^2+(y+1)^2=16$을 직선 $y=x$에 대하여 대칭이동한 후 【단서1】

x축의 방향으로 a만큼, y축의 방향으로 b만큼 평행이동하였더니 처 【단서2】

음 원 C와 일치하였다. 이때 ab의 값을 구하시오.

단서1 원의 방정식에 x 대신 y, y 대신 x를 대입

단서2 원의 방정식에 x 대신 $x-a$, y 대신 $y-b$를 대입

STEP1 대칭이동한 원의 방정식 구하기

원 $(x-3)^2+(y+1)^2=16$을 직선 $y=x$에 대하여 대칭이동한 원의 방정식은

$(y-3)^2+(x+1)^2=16$

∴ $(x+1)^2+(y-3)^2=16$

STEP2 평행이동한 원의 방정식 구하기

원 $(x+1)^2+(y-3)^2=16$을 x축의 방향으로 a만큼, y축의 방향으로 b만큼 평행이동한 원의 방정식은

$(x-a+1)^2+(y-b-3)^2=16$

STEP3 ab의 값 구하기

원 $(x-a+1)^2+(y-b-3)^2=16$과 처음 원 C가 일치하므로

$-a+1=-3$, $-b-3=1$ ∴ $a=4$, $b=-4$

∴ $ab=4\times(-4)=-16$

2714 답 ③

포물선 $y=x^2-1$을 x축의 방향으로 -2만큼 평행이동한 포물선의 방정식은

$y=(x+2)^2-1$

이 포물선을 x축에 대하여 대칭이동한 포물선의 방정식은

$-y=(x+2)^2-1$ ∴ $y=-(x+2)^2+1$

따라서 포물선 $y=-(x+2)^2+1$의 꼭짓점의 좌표는 $(-2, 1)$이다.

다른 풀이

포물선 $y=x^2-1$의 꼭짓점 $(0, -1)$을 x축의 방향으로 -2만큼 평행이동한 점의 좌표는

$(-2, -1)$

점 $(-2, -1)$을 x축에 대하여 대칭이동한 점의 좌표는

$(-2, 1)$

따라서 구하는 꼭짓점의 좌표는 $(-2, 1)$이다.

2715 답 ④

포물선 $y=-x^2+k$를 x축의 방향으로 2만큼, y축의 방향으로 3만큼 평행이동한 포물선의 방정식은

$y-3=-(x-2)^2+k$

$\therefore y=-(x-2)^2+k+3$

이 포물선을 y축에 대하여 대칭이동한 포물선의 방정식은

$y=-(-x-2)^2+k+3$ $\therefore y=-x^2-4x+k-1$

이 포물선이 $y=-x^2-4x+5$이므로

$k-1=5$ $\therefore k=6$

2716 답 ②

포물선 $y=2x^2+4x+a$를 원점에 대하여 대칭이동한 포물선의 방정식은

$-y=2(-x)^2+4\times(-x)+a$

$\therefore y=-2x^2+4x-a$

이 포물선을 y축의 방향으로 6만큼 평행이동한 포물선의 방정식은

$y-6=-2x^2+4x-a$ $\therefore y=-2x^2+4x-a+6$

이 포물선의 y절편이 4이므로

    ↳ $x=0$일 때의 y의 값이 4이다.

$-a+6=4$ $\therefore a=2$

2717 답 -4

포물선 $y=2x^2-4x-3$을 x축에 대하여 대칭이동한 포물선의 방정식은

$-y=2x^2-4x-3$

$\therefore y=-2x^2+4x+3$

이 포물선을 x축의 방향으로 m만큼, y축의 방향으로 n만큼 평행이동한 포물선의 방정식은

$y-n=-2(x-m)^2+4(x-m)+3$

$\therefore y=-2x^2+(4m+4)x-2m^2-4m+n+3$

이 포물선이 포물선 $y=-2x^2-4x+1$과 일치하므로

$4m+4=-4,\ -2m^2-4m+n+3=1$

$\therefore m=-2,\ n=-2$

$\therefore m+n=-2+(-2)=-4$

2718 답 3

원 $x^2+y^2=9$를 x축의 방향으로 m만큼, y축의 방향으로 n만큼 평행이동한 원의 방정식은

$(x-m)^2+(y-n)^2=9$

이 원을 직선 $y=x$에 대하여 대칭이동한 원의 방정식은

$(y-m)^2+(x-n)^2=9$

$\therefore (x-n)^2+(y-m)^2=9$

이 원이 원 $x^2+y^2-2x-4y-4=0$, 즉 $(x-1)^2+(y-2)^2=9$와 일치하므로

$n=1,\ m=2$

$\therefore m+n=2+1=3$

2719 답 ②

원 $(x+2)^2+(y+3)^2=16$을 x축의 방향으로 -1만큼 평행이동한 원의 방정식은

$(x+1+2)^2+(y+3)^2=16$

$\therefore (x+3)^2+(y+3)^2=16$

이 원을 직선 $y=-x$에 대하여 대칭이동한 원의 방정식은

$(-y+3)^2+(-x+3)^2=16$

$\therefore (x-3)^2+(y-3)^2=16$

이 원이 x축과 만나는 점의 x좌표는

    ↳ $y=0$을 대입하였을 때 x에 대한 방정식의 해이다.

$(x-3)^2+(0-3)^2=16$

$(x-3)^2=7,\ x-3=\pm\sqrt{7}$

$\therefore x=3+\sqrt{7}$ 또는 $x=3-\sqrt{7}$

따라서 두 점 P, Q의 좌표는 $(3-\sqrt{7},\ 0),\ (3+\sqrt{7},\ 0)$이므로

$\overline{PQ}=|(3+\sqrt{7})-(3-\sqrt{7})|=2\sqrt{7}$

    ↳ x축 위의 점이므로 두 점 사이의 거리는 x좌표의 차와 같다.

2720 답 ④

원 $(x-1)^2+(y-a)^2=4$를 x축의 방향으로 2만큼, y축의 방향으로 -2만큼 평행이동한 원의 방정식은

$(x-2-1)^2+(y+2-a)^2=4$

$\therefore (x-3)^2+(y+2-a)^2=4$

이 원을 직선 $y=x$에 대하여 대칭이동한 원의 방정식은

$(y-3)^2+(x+2-a)^2=4$

$\therefore \underline{(x+2-a)^2+(y-3)^2=4}$

    ↳ $\{x-(a-2)\}^2+(y-3)^2=4$

이 원이 y축에 접하므로 원의 중심의 x좌표의 절댓값은 반지름의 길이와 같다.

$|a-2|=2,\ a-2=\pm2$ $\therefore a=0$ 또는 $a=4$

따라서 양수 a의 값은 4이다.

2721 답 ④

원 $(x-a)^2+(y+3)^2=r^2$을 x축에 대하여 대칭이동한 원의 방정식은

$(x-a)^2+(-y+3)^2=r^2$

$\therefore (x-a)^2+(y-3)^2=r^2$

이 원을 y축의 방향으로 -1만큼 평행이동한 원의 방정식은

$(x-a)^2+(y+1-3)^2=r^2$

$\therefore (x-a)^2+(y-2)^2=r^2$

이 원이 x축과 y축에 모두 접하므로 원의 중심의 x좌표와 y좌표의 절댓값은 반지름의 길이와 같다.

즉, $|a|=|2|=|r|$에서

$a=2,\ r=2\ (\because a>0,\ r>0)$

$\therefore a+r=2+2=4$

2722 답 ①

원 $x^2+y^2-4x=0$을 y축에 대하여 대칭이동한 원의 방정식은

$(-x)^2+y^2-4\times(-x)=0,\ x^2+y^2+4x=0$

$\therefore (x+2)^2+y^2=4$

이 원을 y축의 방향으로 2만큼 평행이동한 원의 방정식은

$(x+2)^2+(y-2)^2=4$

이 원이 직선 $y=mx-2$에 접하므로 원의 중심 $(-2, 2)$와 직선 $mx-y-2=0$ 사이의 거리는 원의 반지름의 길이 2와 같다.

즉, $\dfrac{|-2m-2-2|}{\sqrt{m^2+(-1)^2}}=2$에서

$|-2m-4|=2\sqrt{m^2+1}$

양변을 제곱하면

$4m^2+16m+16=4m^2+4$, $16m=-12$

$\therefore m=-\dfrac{3}{4}$

2723 답 ⑤

원 $x^2+y^2=4$의 중심 $(0, 0)$을 x축의 방향으로 a만큼, y축의 방향으로 $2\sqrt{3}$만큼 평행이동한 점의 좌표는

$(a, 2\sqrt{3})$

점 $(a, 2\sqrt{3})$을 직선 $y=x$에 대하여 대칭이동한 점의 좌표는

$(2\sqrt{3}, a)$

즉, 중심의 좌표가 $(2\sqrt{3}, a)$이고, 반지름의 길이가 2인 원의 방정식은 $(x-2\sqrt{3})^2+(y-a)^2=4$

이 원이 직선 $y=\sqrt{3}x$에 접하므로 원의 중심 $(2\sqrt{3}, a)$와 직선 $\sqrt{3}x-y=0$ 사이의 거리가 반지름의 길이 2와 같다.

즉, $\dfrac{|\sqrt{3}\times2\sqrt{3}-a|}{\sqrt{(\sqrt{3})^2+(-1)^2}}=2$에서

$|6-a|=4$, $6-a=\pm4$

$\therefore a=2$ 또는 $a=10$

따라서 모든 상수 a의 값의 곱은

$2\times10=20$

2724 답 ④

원 $x^2+(y-2)^2=9$를 y축의 방향으로 -2만큼 평행이동한 원의 방정식은

$x^2+(y+2-2)^2=9$ $\therefore x^2+y^2=9$

이 원을 y축에 대하여 대칭이동한 원의 방정식은

$(-x)^2+y^2=9$ $\therefore x^2+y^2=9$

즉, 점 Q는 원 $x^2+y^2=9$ 위의 점이다.

그림과 같이 점 Q를 접점으로 하는 원 $x^2+y^2=9$의 접선 중 직선 AB에 평행하고 접선의 y절편이 양수일 때, 삼각형 ABQ의 넓이가 최대이다.

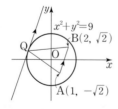

직선 AB의 기울기는

$\dfrac{\sqrt{2}-(-\sqrt{2})}{2-1}=2\sqrt{2}$

이므로 기울기가 $2\sqrt{2}$인 원 $x^2+y^2=9$의 접선의 방정식은

$y=2\sqrt{2}x\pm3\sqrt{8+1}$ $\therefore y=2\sqrt{2}x\pm9$

이때 접선의 y절편이 양수이므로

$y=2\sqrt{2}x+9$ ⋯⋯⋯⋯⋯⋯ ㉠

직선 $y=2\sqrt{2}x+9$와 원 $x^2+y^2=9$의 접점이 Q이므로

$x^2+(2\sqrt{2}x+9)^2=9$에서 $x^2+4\sqrt{2}x+8=0$ └→ 두 식을 연립한 방정식의 해가 점 Q의 좌표이다.

$(x+2\sqrt{2})^2=0$ $\therefore x=-2\sqrt{2}$

$x=-2\sqrt{2}$를 ㉠에 대입하면 $y=1$

즉, 삼각형 ABQ의 넓이가 최대인 점 Q의 좌표는

Q$(-2\sqrt{2}, 1)$

따라서 점 Q의 y좌표는 1이다.

Plus 문제

2724-1

원 $(x-3)^2+(y-2)^2=4$ 위의 한 점 P를 y축에 대하여 대칭이동한 후 x축의 방향으로 3만큼, y축의 방향으로 -2만큼 평행이동한 점을 Q라 하자. 두 점 A$(0, 2\sqrt{3})$, B$(2, 0)$에 대하여 삼각형 ABQ의 넓이가 최대일 때, 점 Q의 y좌표를 구하시오.

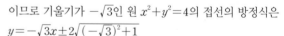

원 $(x-3)^2+(y-2)^2=4$를 y축에 대하여 대칭이동한 원의 방정식은

$(-x-3)^2+(y-2)^2=4$ $\therefore (x+3)^2+(y-2)^2=4$

x축의 방향으로 3만큼, y축의 방향으로 -2만큼 평행이동한 원의 방정식은

$(x-3+3)^2+(y+2-2)^2=4$ $\therefore x^2+y^2=4$

즉, 점 Q는 원 $x^2+y^2=4$ 위의 점이다.

그림과 같이 점 Q를 접점으로 하는 원 $x^2+y^2=4$의 접선 중 직선 AB에 평행하고 접선의 y절편이 음수일 때, 삼각형 ABQ의 넓이가 최대이다.

직선 AB의 기울기는

$\dfrac{0-2\sqrt{3}}{2-0}=-\sqrt{3}$

이므로 기울기가 $-\sqrt{3}$인 원 $x^2+y^2=4$의 접선의 방정식은

$y=-\sqrt{3}x\pm2\sqrt{(-\sqrt{3})^2+1}$

$\therefore y=-\sqrt{3}x\pm4$

이때 접선의 y절편이 음수이므로

$y=-\sqrt{3}x-4$ ⋯⋯⋯⋯⋯⋯ ㉠

직선 $y=-\sqrt{3}x-4$와 원 $x^2+y^2=4$의 접점이 Q이므로

$x^2+(-\sqrt{3}x-4)^2=4$에서 $x^2+2\sqrt{3}x+3=0$

$(x+\sqrt{3})^2=0$ $\therefore x=-\sqrt{3}$

$x=-\sqrt{3}$을 ㉠에 대입하면 $y=-1$

즉, 삼각형 ABQ의 넓이가 최대인 점 Q의 좌표는

Q$(-\sqrt{3}, -1)$

따라서 점 Q의 y좌표는 -1이다.

답 -1

2725 답 ⑤ | 유형 10

방정식 $f(x, y)=0$이 나타내는 도형이 그림과 같을 때, 다음 중 방정식 $f(-x+1, y+1)=0$이 나타내는 도형은?
<단서1>

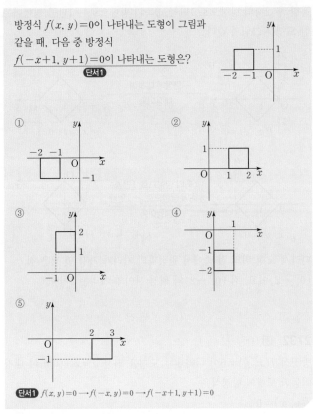

①
②
③
④
⑤

<단서1> $f(x, y)=0 \longrightarrow f(-x, y)=0 \longrightarrow f(-x+1, y+1)=0$

STEP 1 평행이동 또는 대칭이동을 이용하여 방정식 $f(x, y)=0$이 방정식 $f(-x+1, y+1)=0$으로 옮겨지는 이동 구하기

방정식 $f(x, y)=0$이 나타내는 도형을 y축에 대하여 대칭이동한 도형의 방정식은

$f(-x, y)=0$

이 도형을 x축의 방향으로 1만큼, y축의 방향으로 -1만큼 평행이동한 도형의 방정식은

$f(-(x-1), y+1)=0$

$\therefore f(-x+1, y+1)=0$

STEP 2 방정식 $f(-x+1, y+1)=0$이 나타내는 도형 구하기

주어진 도형을 y축에 대하여 대칭이동한 후 x축의 방향으로 1만큼, y축의 방향으로 -1만큼 평행이동한 도형은 다음과 같다.

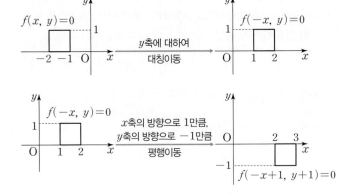

실수 Check

$f(-x, y)=0 \longrightarrow f(-x+1, y+1)$의 '$-x+1$'에서 '$+1$'을 보고 x축의 방향으로 -1만큼 평행이동한 것이 아니라 '$-(x-1)$'에서 x축의 방향으로 1만큼 평행이동한 것임에 주의한다.

2726 답 ④

방정식 $g(x, y)=0$이 나타내는 도형은 방정식 $f(x, y)=0$이 나타내는 도형을 x축의 방향으로 3만큼, y축의 방향으로 -1만큼 평행이동한 것이므로

$f(x-3, y+1)=0$

2727 답 ④

방정식 $f(x, y)=0$이 나타내는 도형을 직선 $y=x$에 대하여 대칭이동한 도형의 방정식은

$f(y, x)=0$

이 도형을 y축의 방향으로 1만큼 평행이동한 도형의 방정식은

$f(y-1, x)=0$

따라서 주어진 도형을 직선 $y=x$에 대하여 대칭이동한 후 y축의 방향으로 1만큼 평행이동한 도형은 다음과 같다.

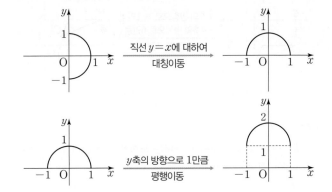

2728 답 ②

방정식 $f(x, y)=0$이 나타내는 사각형 ABCD를 원점에 대하여 대칭이동한 사각형의 방정식은

$f(-x, -y)=0$

이 사각형을 y축의 방향으로 1만큼 평행이동한 사각형의 방정식은

$f(-x, -y+1)=0 \longrightarrow f(-x, -(y-1))=0$

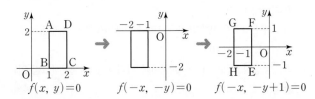

따라서 사각형 EFGH를 나타내는 방정식으로 알맞은 것은 ②이다.

참고 ① $f(x, -y+1)=0$ ③ $f(-x, y+2)=0$

④ $f(-x, y-1)=0$ ⑤ $f(-y+2, x)=0$

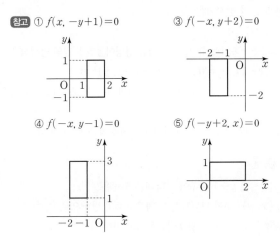

2729 답 ⑤

그림과 같이 방정식 $f(x, y)=0$이 나타내는 삼각형 ABC를 원점에 대하여 대칭이동한 삼각형의 방정식은

$f(-x, -y)=0$

이 삼각형을 그림과 같이 x축의 방향으로 -1만큼, y축의 방향으로 6만큼 평행이동한 삼각형의 방정식은

$f(-(x+1), -(y-6))=0$

$\therefore f(-x-1, -y+6)=0$

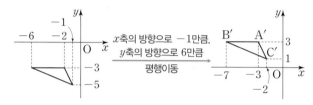

따라서 삼각형 A′B′C′을 나타내는 방정식으로 알맞은 것은 ⑤이다.

2730 답 ④

ㄱ. 방정식 $f(x, y)=0$이 나타내는 도형을 x축에 대하여 대칭이동한 도형의 방정식은

$f(x, -y)=0$

이 도형을 x축의 방향으로 1만큼 평행이동한 도형의 방정식은

$f(x-1, -y)=0$

즉, 방정식 $f(x-1, -y)=0$이 나타내는 도형은 그림과 같다.

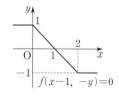

ㄴ. 방정식 $f(x, y)=0$이 나타내는 도형을 x축에 대하여 대칭이동한 도형의 방정식은

$f(x, -y)=0$

이 도형을 x축의 방향으로 -1만큼 평행이동한 도형의 방정식은

$f(x+1, -y)=0$

즉, 방정식 $f(x+1, -y)=0$이 나타내는 도형은 [그림 2]와 같다.

ㄷ. 방정식 $f(x, y)=0$이 나타내는 도형을 y축에 대하여 대칭이동한 도형의 방정식은

$f(-x, y)=0$

이 도형을 x축의 방향으로 -1만큼 평행이동한 도형의 방정식은

$f(-(x+1), y)=0$ $\therefore f(-x-1, y)=0$

즉, 방정식 $f(-x-1, y)=0$이 나타내는 도형은 [그림 2]와 같다.

따라서 [그림 2]와 같은 도형을 나타내는 방정식은 ㄴ, ㄷ이다.

2731 답 ④

방정식 $g(x-1, y+1)=0$이 나타내는 도형은

방정식 $g(x, y)=0$이 나타내는 도형을 x축의 방향으로 1만큼, y축의 방향으로 -1만큼 평행이동한 도형이다.

즉, 방정식 $f(x, y)=0$이 나타내는 도형을 원점에 대하여 대칭이동한 후 x축의 방향으로 1만큼, y축의 방향으로 -1만큼 평행이동한 도형은 그림과 같다.

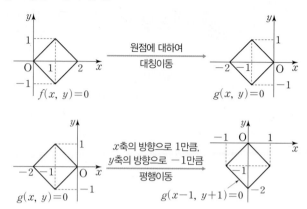

따라서 도형 위의 점 중에서 원점과의 거리가 가장 먼 점은 점 $(0, -2)$이고, 점 $(0, -2)$와 원점 사이의 거리는 2이다.

2732 답 ①

방정식 $f(x, y)=0$이 나타내는 도형을 직선 $y=x$에 대하여 대칭이동한 도형의 방정식은

$f(y, x)=0$

방정식 $f(y, x)=0$이 나타내는 도형을 x축에 대하여 대칭이동한 도형의 방정식은

$f(-y, x)=0$

방정식 $f(-y, x)=0$이 나타내는 도형을 x축의 방향으로 -3만큼, y축의 방향으로 2만큼 평행이동한 도형의 방정식은

$f(-(y-2), x+3)=0$

$\therefore f(-y+2, x+3)=0$

세 점 A$(-1, 1)$, B$(2, 0)$, C$(-3, 4)$를 꼭짓점으로 하는 삼각형 ABC의 무게중심을 G라 하면

$G\left(\dfrac{-1+2-3}{3}, \dfrac{1+0+4}{3}\right)$

$\therefore G\left(-\dfrac{2}{3}, \dfrac{5}{3}\right)$

이 무게중심 G를 직선 $y=x$에 대하여 대칭이동한 후 x축에 대하여 대칭이동하고 x축의 방향으로 -3만큼, y축의 방향으로 2만큼 평행이동한 점을 G′이라 하면

$G\left(-\dfrac{2}{3}, \dfrac{5}{3}\right) \longrightarrow \left(\dfrac{5}{3}, -\dfrac{2}{3}\right) \longrightarrow \left(\dfrac{5}{3}, \dfrac{2}{3}\right) \longrightarrow \left(\dfrac{5}{3}-3, \dfrac{2}{3}+2\right)$

$\therefore G'\left(-\dfrac{4}{3}, \dfrac{8}{3}\right)$

따라서 $a=-\dfrac{4}{3}$, $b=\dfrac{8}{3}$이므로

$a-b=-\dfrac{4}{3}-\dfrac{8}{3}=-4$

2733 답 ⑤

방정식 $f(x+1, -y)=0$이 나타내는 도형을 (가)에 따라 y축의 방향으로 -4만큼 평행이동한 도형의 방정식은

$f(x+1, -(y+4))=0$ $\therefore f(x+1, -y-4)=0$

이 도형을 ㈐에 따라 원점에 대하여 대칭이동한 도형의 방정식은

$f(-x+1, y-4)=0$

$\therefore a_1=-x+1, b_1=y-4$

방정식 $f(x+1, -y)=0$이 나타내는 도형을 ㈐에 따라 원점에 대하여 대칭이동한 도형의 방정식은

$f(-x+1, y)=0$

이 도형을 ㈎에 따라 y축의 방향으로 -4만큼 평행이동한 도형의 방정식은

$f(-x+1, y+4)=0$

$\therefore a_2=-x+1, b_2=y+4$

방정식 $f(x+1, -y)=0$이 나타내는 도형을 ㈏에 따라 직선 $y=x$에 대하여 대칭이동한 도형의 방정식은

$f(y+1, -x)=0$

이 도형을 ㈎에 따라 y축의 방향으로 -4만큼 평행이동한 도형의 방정식은

$f(y+5, -x)=0$

$\therefore a_3=y+5, b_3=-x$

$\therefore a_1+a_2+b_3=(-x+1)+(-x+1)+(-x)$

$\qquad\qquad\qquad =-3x+2$

실수 Check

방정식 $f(x+1, -y-4)=0$이 나타내는 도형을 원점에 대하여 대칭이동한 도형의 방정식을 구할 때, $x+1$, $-y-4$의 부호를 모두 바꿔 $f(-x-1, y+4)=0$으로 구하지 않도록 주의한다. 항상 x 또는 y의 부호만 바꾸어야 함을 기억한다.

2734 답 ⑤

방정식 $f(x, y)=0$이 나타내는 도형은 중심이 $(-3, 0)$이고 반지름의 길이가 1인 원이므로

$(x+3)^2+y^2=1$ $\qquad \therefore (x+3)^2+y^2-1=0$

방정식 $g(x, y)=0$이 나타내는 도형은 중심이 $(1, 3)$이고 반지름의 길이가 1인 원이므로

$(x-1)^2+(y-3)^2=1$ $\qquad \therefore (x-1)^2+(y-3)^2-1=0$

ㄱ. $f(x-2, y-1)=0$에서

$(x-2+3)^2+(y-1)^2-1=0$

$\therefore (x+1)^2+(y-1)^2-1=0$

$g(x+2, y+2)=0$에서

$(x+2-1)^2+(y+2-3)^2-1=0$

$\therefore (x+1)^2+(y-1)^2-1=0$

ㄴ. $f(-y, x)=0$에서

$(-y+3)^2+x^2-1=0$

$\therefore x^2+(y-3)^2-1=0$

$g(x+1, y)=0$에서

$(x+1-1)^2+(y-3)^2-1=0$

$\therefore x^2+(y-3)^2-1=0$

ㄷ. $g(y+1, x+6)=0$에서

$(y+1-1)^2+(x+6-3)^2-1=0$

$\therefore (x+3)^2+y^2-1=0$

따라서 같은 도형을 나타내는 방정식끼리 짝지어진 것은 ㄱ, ㄴ, ㄷ이다.

실수 Check

먼저 원의 중심과 반지름의 조건을 이용하여 방정식을 세운다.
원의 방정식을 $f(x, y)=0$ 꼴로 나타낼 때
$(x+3)^2+y^2=0$, $(x-1)^2+(y-3)^2=0$이 아니라
$(x+3)^2+y^2-1=0$, $(x-1)^2+(y-3)^2-1=0$으로 나타내는 것에 주의한다.

2735 답 ②

방정식 $f(x, y)=0$이 나타내는 도형을 x축에 대하여 대칭이동한 도형의 방정식은

$f(x, -y)=0$

이 도형을 x축의 방향으로 -1만큼, y축의 방향으로 2만큼 평행이동한 도형의 방정식은

$f(x+1, -(y-2))=0$ $\quad \therefore f(x+1, -y+2)=0$

방정식 $f(x+1, 2-y)=0$이 나타내는 도형은 방정식 $f(x, y)=0$이 나타내는 도형을 x축에 대하여 대칭이동한 후 x축의 방향으로 -1만큼, y축의 방향으로 2만큼 평행이동한 도형이므로 그림과 같다.

다른 풀이

방정식 $f(x+1, 2-y)=0$이 나타내는 도형은
방정식 $f(x, y)=0$이 나타내는 도형을
x축의 방향으로 -1만큼, y축의 방향으로 -2만큼 평행이동한 후 x축에 대하여 대칭이동한 도형이다.

2736 답 8 | 유형 11

직선 $y=-2x-2$를 점 $(1, 2)$에 대하여 대칭이동한 직선의 방정식
단서1
을 $y=ax+b$라 할 때, 상수 a, b에 대하여 $a+b$의 값을 구하시오.
단서2
단서1 직선 $y=-2x-2$ 위의 임의의 점 (x, y)를 점 $(1, 2)$에 대하여 대칭이동한 점을 (x', y')이라 하면 점 $(1, 2)$는 두 점 (x, y), (x', y')을 이은 선분의 중점
단서2 직선을 한 점에 대하여 대칭이동해도 기울기는 변하지 않음

STEP 1 직선 위의 한 점을 점 $(1, 2)$에 대하여 대칭이동한 점의 좌표 구하기

직선 $y=-2x-2$ 위의 한 점 $(-1, 0)$을 점 $(1, 2)$에 대하여 대칭이동한 점의 좌표를 (p, q)라 하면

$\dfrac{-1+p}{2}=1, \dfrac{0+q}{2}=2$ $\quad \therefore p=3, q=4$

$\therefore (3, 4)$

STEP 2 a, b의 값 구하기

직선을 점에 대하여 대칭이동하면 기울기가 변하지 않으므로 대칭이동한 직선의 기울기는 -2이다.

$\therefore a=-2$

직선 $y=-2x+b$는 점 $(3, 4)$를 지나므로

$4=-6+b$ $\quad \therefore b=10$

STEP3 $a+b$의 값 구하기

$a+b=-2+10=8$

다른 풀이

직선 $y=-2x-2$를 점 $(1, 2)$에 대하여 대칭이동한 직선의 방정식은

$2\times2-y=-2(2\times1-x)-2$ ∴ $y=-2x+10$

따라서 $a=-2$, $b=10$이므로

$a+b=-2+10=8$

참고 도형 $f(x, y)=0$을 점 (a, b)에 대하여 대칭이동한 도형의 방정식은 $f(2a-x, 2b-y)=0$으로 구할 수 있다.

2737 답 ③

점 P의 좌표를 (a, b)라 하면 점 P는 두 점 $(7, 4)$, $(-5, 10)$을 이은 선분의 중점이므로

$a=\dfrac{7+(-5)}{2}=1$, $b=\dfrac{4+10}{2}=7$

∴ $P(1, 7)$

2738 답 ⑤

두 점 $A(a, b)$, $C(4, -7)$에 대하여 선분 AC의 중점이 점 $B(2, 3)$이므로

$\dfrac{a+4}{2}=2$, $\dfrac{b-7}{2}=3$ ∴ $a=0$, $b=13$

∴ $b-a=13-0=13$

다른 풀이

점 $A(a, b)$를 점 $B(2, 3)$에 대하여 대칭이동한 점의 좌표는

$(2\times2-a, 2\times3-b)$ ∴ $(4-a, 6-b)$

이 점이 점 $C(4, -7)$이므로

$4-a=4$, $6-b=-7$ ∴ $a=0$, $b=13$

∴ $b-a=13-0=13$

2739 답 ⑤

원 $x^2+y^2-6x+5=0$, 즉 원 $(x-3)^2+y^2=4$의 중심 $(3, 0)$을 점 $(0, 3)$에 대하여 대칭이동한 점의 좌표를 (a, b)라 하면

$\dfrac{3+a}{2}=0$, $\dfrac{0+b}{2}=3$ ∴ $a=-3$, $b=6$

이므로 대칭이동한 원의 중심의 좌표는

$(-3, 6)$

원을 대칭이동하면 반지름의 길이가 변하지 않으므로 대칭이동한 원의 반지름의 길이는 2이다.

따라서 구하는 원의 방정식은

$(x+3)^2+(y-6)^2=4$

다른 풀이

원 $x^2+y^2-6x+5=0$, 즉 $(x-3)^2+y^2=4$를 점 $(0, 3)$에 대하여 대칭이동한 원의 방정식은

$(-x-3)^2+(6-y)^2=4$

∴ $(x+3)^2+(y-6)^2=4$

2740 답 $y=-x^2-1$

포물선 $y=(x-2)^2-1$의 꼭짓점 $(2, -1)$을 점 $(1, -1)$에 대하여 대칭이동한 점의 좌표를 (p, q)라 하면

$\dfrac{2+p}{2}=1$, $\dfrac{-1+q}{2}=-1$ ∴ $p=0$, $q=-1$

포물선 $y=(x-2)^2-1$을 점 $(1, -1)$에 대하여 대칭이동한 포물선의 폭은 포물선 $y=(x-2)^2-1$의 폭과 같으므로 대칭이동한 포물선의 방정식에서 x^2의 계수는 -1이고 꼭짓점의 좌표는 $(0, -1)$이다.

따라서 대칭이동한 포물선의 방정식은

$y=-x^2-1$

다른 풀이

포물선 $y=(x-2)^2-1$을 점 $(1, -1)$에 대하여 대칭이동한 포물선의 방정식은

$2\times(-1)-y=(2\times1-x-2)^2-1$

∴ $y=-x^2-1$

실수 Check

아래로 볼록한 포물선을 한 점에 대하여 대칭이동한 포물선은 위로 볼록한 포물선이므로 대칭이동한 포물선의 방정식에서 x^2의 계수의 부호가 반대가 되는 것에 주의한다.

2741 답 10

포물선 $y=x^2-4x+5$와 포물선 $y=-x^2+8x-3$이 점 P에 대하여 대칭이므로 두 포물선의 꼭짓점도 점 P에 대하여 대칭이다.

포물선 $y=x^2-4x+5$, 즉 $y=(x-2)^2+1$의 꼭짓점의 좌표는

$(2, 1)$

포물선 $y=-x^2+8x-3$, 즉 $y=-(x-4)^2+13$의 꼭짓점의 좌표는

$(4, 13)$

점 P는 점 $(2, 1)$과 점 $(4, 13)$을 이은 선분의 중점이므로

$P\left(\dfrac{2+4}{2}, \dfrac{1+13}{2}\right)$ ∴ $P(3, 7)$

따라서 $a=3$, $b=7$이므로

$a+b=3+7=10$

2742 답 $y=2x-13$

점 (a, b)를 점 $(3, -2)$에 대하여 대칭이동한 점이 점 (a', b')이므로 점 $(3, -2)$는 점 (a, b)와 점 (a', b')을 이은 선분의 중점이다.

$\dfrac{a+a'}{2}=3$, $\dfrac{b+b'}{2}=-2$

∴ $a=6-a'$, $b=-4-b'$ ············ ㉠

점 (a, b)가 직선 $y=2x-3$ 위를 움직이므로

$b=2a-3$ ············ ㉡

㉠을 ㉡에 대입하면

$-4-b'=2(6-a')-3$

∴ $b'=2a'-13$

따라서 점 (a', b')이 나타내는 도형의 방정식은

$y=2x-13$

다른 풀이

점 (a', b')이 나타내는 도형은 직선 $y=2x-3$을 점 $(3, -2)$에 대하여 대칭이동한 직선이다.

따라서 직선 $y=2x-3$을 점 $(3, -2)$에 대하여 대칭이동한 직선의 방정식은

$2\times(-2)-y=2(2\times3-x)-3$　　$\therefore y=2x-13$

2743 답 ①

직선 $4x+3y-3=0$, 즉 직선 $y=-\dfrac{4}{3}x+1$ 위의 한 점 $(3, -3)$ 을 점 $(1, 0)$에 대하여 대칭이동한 점의 좌표를 (a, b)라 하면

$\dfrac{3+a}{2}=1$, $\dfrac{-3+b}{2}=0$　　$\therefore a=-1, b=3$

직선을 대칭이동하면 기울기가 변하지 않으므로 대칭이동한 직선의 기울기는 $-\dfrac{4}{3}$이고 점 $(-1, 3)$을 지난다.

$y-3=-\dfrac{4}{3}(x+1)$　　$\therefore 4x+3y-5=0$

직선 $4x+3y-5=0$이 원 $x^2+y^2=r^2$에 접하므로 원의 중심 $(0, 0)$ 과 직선 $4x+3y-5=0$ 사이의 거리가 반지름의 길이 r와 같다.

$\therefore r=\dfrac{|-5|}{\sqrt{4^2+3^2}}=1$

다른 풀이

직선 $4x+3y-3=0$을 점 $(1, 0)$에 대하여 대칭이동한 직선의 방정식은

$4(2\times1-x)+3\times(-y)-3=0$　　$\therefore 4x+3y-5=0$

직선 $4x+3y-5=0$이 원 $x^2+y^2=r^2$에 접하므로 원의 중심 $(0, 0)$과 직선 $4x+3y-5=0$ 사이의 거리가 반지름의 길이 r와 같다.

$\therefore r=\dfrac{|-5|}{\sqrt{4^2+3^2}}=1$

2744 답 ④

직선 $y=3x+11$ 위의 한 점 $(0, 11)$을 점 $(-2, 3)$에 대하여 대칭이동한 점의 좌표를 (a, b)라 하면

$\dfrac{0+a}{2}=-2$, $\dfrac{11+b}{2}=3$　　$\therefore a=-4, b=-5$

직선을 점에 대하여 대칭이동하면 기울기가 변하지 않으므로 대칭이동한 직선의 기울기는 3이고 점 $(-4, -5)$를 지난다.

$y+5=3(x+4)$　　$\therefore y=3x+7$

직선 $y=3x+1$을 y축의 방향으로 m만큼 평행이동한 직선의 방정식은

$y=3x+1+m$

두 직선 $y=3x+7$, $y=3x+1+m$이 일치하므로

$7=1+m$　　$\therefore m=6$

다른 풀이

직선 $y=3x+11$을 점 $(-2, 3)$에 대칭이동한 직선의 방정식은

$2\times3-y=3\{2\times(-2)-x\}+11$　　$\therefore y=3x+7$

직선 $y=3x+1$을 y축의 방향으로 m만큼 평행이동한 직선의 방정식은

$y=3x+1+m$

두 직선 $y=3x+7$, $y=3x+1+m$이 일치하므로

$7=1+m$　　$\therefore m=6$

2745 답 ⑤　　| 유형 12

> 점 $(-4, -3)$을 직선 $2x+y+2=0$에 대하여 대칭이동한 점의 좌표 **단서1** 를 (a, b)라 할 때, $a+b$의 값은?
>
> ① $-\dfrac{19}{5}$　　　② $-\dfrac{9}{5}$　　　③ $-\dfrac{1}{5}$
>
> ④ $\dfrac{9}{5}$　　　⑤ $\dfrac{19}{5}$

단서1 두 점 $(-4, -3)$, (a, b)를 이은 선분의 중점은 직선 $2x+y+2=0$ 위의 점.
두 점 $(-4, -3)$, (a, b)를 지나는 직선은 직선 $2x+y+2=0$과 수직

STEP1 중점 조건을 이용하여 a, b 사이의 관계식 세우기

두 점 $(-4, -3)$, (a, b)를 이은 선분의 중점의 좌표는

$\left(\dfrac{-4+a}{2}, \dfrac{-3+b}{2}\right)$

이 점이 직선 $2x+y+2=0$ 위의 점이므로

$2\times\dfrac{-4+a}{2}+\dfrac{-3+b}{2}+2=0$

$\therefore 2a+b=7$ ⋯⋯⋯⋯⋯⋯⋯⋯⋯⋯⋯⋯⋯⋯⋯⋯ ㉠

STEP2 수직 조건을 이용하여 a, b 사이의 관계식 세우기

두 점 $(-4, -3)$, (a, b)를 지나는 직선이 직선 $2x+y+2=0$, 즉 $y=-2x-2$와 수직이므로

$\dfrac{b-(-3)}{a-(-4)}\times(-2)=-1$

$\therefore a-2b=2$ ⋯⋯⋯⋯⋯⋯⋯⋯⋯⋯⋯⋯⋯⋯⋯⋯ ㉡

STEP3 $a+b$의 값 구하기

㉠, ㉡을 연립하여 풀면 $a=\dfrac{16}{5}$, $b=\dfrac{3}{5}$

$\therefore a+b=\dfrac{16}{5}+\dfrac{3}{5}=\dfrac{19}{5}$

2746 답 $y=\dfrac{3}{4}x+2$ (또는 $3x-4y+8=0$)

두 점 $(3, -2)$, $(-3, 6)$을 이은 선분의 중점의 좌표는

$\left(\dfrac{3+(-3)}{2}, \dfrac{-2+6}{2}\right)$　　$\therefore (0, 2)$

두 점 $(3, -2)$, $(-3, 6)$을 지나는 직선의 기울기는

$\dfrac{6-(-2)}{-3-3}=-\dfrac{4}{3}$

따라서 직선 l은 점 $(0, 2)$를 지나고 기울기가 $\dfrac{3}{4}$인 직선이므로

$y-2=\dfrac{3}{4}(x-0)$　　$\therefore y=\dfrac{3}{4}x+2$
→ 기울기가 $-\dfrac{4}{3}$인 직선과 수직인 직선의 기울기이다.

2747 답 ②

원 $(x-3)^2+(y-1)^2=1$을 직선 $y=2x$에 대하여 대칭이동한 원의 중심을 $G'(a, b)$라 하면 점 $G'(a, b)$는 원 $(x-3)^2+(y-1)^2=1$의 중심 $G(3, 1)$을 직선 $y=2x$에 대하여 대칭이동한 점이다.

$\overline{GG'}$의 중점의 좌표는

$$\left(\frac{3+a}{2}, \frac{1+b}{2}\right)$$

이 점이 직선 $y=2x$ 위에 있으므로

$$\frac{1+b}{2}=2\times\frac{3+a}{2} \qquad \therefore 2a-b=-5 \quad\text{……} \bigcirc$$

직선 GG'이 직선 $y=2x$와 수직이므로

$$\frac{b-1}{a-3}\times 2=-1 \qquad \therefore a+2b=5 \quad\text{……} \bigcirc$$

$\bigcirc$, $\bigcirc$을 연립하여 풀면 $a=-1$, $b=3$

따라서 대칭이동한 원의 중심의 좌표는 $(-1, 3)$이다.

2748 답 $(x+3)^2+(y+1)^2=4$

원 $C_1 : (x+4)^2+y^2=4$의 중심은 $(-4, 0)$이고 반지름의 길이는 2이다.

원 C_2의 중심은 점 $(-4, 0)$을 직선 $y=x+3$에 대하여 대칭이동한 점이고 반지름의 길이는 2로 같다.

원 C_2의 중심의 좌표를 (a, b)라 하면

두 점 $(-4, 0)$, (a, b)를 이은 선분의 중점의 좌표는

$$\left(\frac{-4+a}{2}, \frac{b}{2}\right)$$

이 점이 직선 $y=x+3$ 위에 있으므로

$$\frac{b}{2}=\frac{-4+a}{2}+3 \qquad \therefore a-b=-2 \quad\text{……} \bigcirc$$

두 점 $(-4, 0)$, (a, b)를 이은 직선이 직선 $y=x+3$과 수직이므로

$$\frac{b-0}{a-(-4)}\times 1=-1 \qquad \therefore a+b=-4 \quad\text{……} \bigcirc$$

$\bigcirc$, $\bigcirc$을 연립하여 풀면 $a=-3$, $b=-1$

따라서 원 C_2의 중심의 좌표는 $(-3, -1)$이고 반지름의 길이는 2이므로 원 C_2의 방정식은

$$(x+3)^2+(y+1)^2=4$$

2749 답 ③

두 원 $(x+1)^2+(y-2)^2=4$, $(x+3)^2+(y-4)^2=4$가 직선 $ax+by+5=0$에 대하여 대칭이므로 두 원의 중심 $(-1, 2)$, $(-3, 4)$는 직선 $ax+by+5=0$에 대하여 대칭이다.

두 원의 중심 $(-1, 2)$, $(-3, 4)$를 이은 선분의 중점의 좌표는

$$\left(\frac{-1+(-3)}{2}, \frac{2+4}{2}\right) \qquad \therefore (-2, 3)$$

이 점이 직선 $ax+by+5=0$ 위에 있으므로

$$a\times(-2)+b\times 3+5=0$$

$$\therefore 2a-3b=5 \quad\text{……} \bigcirc$$

두 원의 중심 $(-1, 2)$, $(-3, 4)$를 지나는 직선이

직선 $ax+by+5=0$, 즉 $y=-\dfrac{a}{b}x-\dfrac{5}{b}$와 수직이므로

$$\frac{4-2}{-3-(-1)}\times\left(-\frac{a}{b}\right)=-1 \qquad \therefore a+b=0 \quad\text{……} \bigcirc$$

$\bigcirc$, $\bigcirc$을 연립하여 풀면 $a=1$, $b=-1$

$$\therefore ab=1\times(-1)=-1$$

2750 답 ②

점 Q의 좌표를 (a, b)라 하면 선분 PQ의 중점의 좌표는

$$\left(\frac{2+a}{2}, \frac{6+b}{2}\right)$$

이 점이 직선 $x-3y+6=0$ 위에 있으므로

$$\frac{2+a}{2}-3\times\frac{6+b}{2}+6=0$$

$$\therefore a-3b=4 \quad\text{……} \bigcirc$$

직선 PQ가 직선 $x-3y+6=0$, 즉 $y=\dfrac{1}{3}x+2$와 수직이므로

$$\frac{b-6}{a-2}\times\frac{1}{3}=-1$$

$$\therefore 3a+b=12 \quad\text{……} \bigcirc$$

$\bigcirc$, $\bigcirc$을 연립하여 풀면 $a=4$, $b=0$

$$\therefore Q(4, 0)$$

세 점 $O(0, 0)$, $P(2, 6)$, $Q(4, 0)$에 대하여 삼각형 OPQ의 넓이는

$$\frac{1}{2}\times 4\times 6=12$$

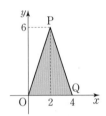

2751 답 ⑤ ┃유형 13

그림과 같이 두 점 $A(2, 4)$, $B(5, 2)$와 y축 위를 움직이는 점 P, x축 위를 움직이는 점 Q에 대하여 $\overline{AP}+\overline{PQ}+\overline{QB}$의 최솟값은?

단서1

① 9   ② $\sqrt{82}$

③ $\sqrt{83}$ ④ $2\sqrt{21}$

⑤ $\sqrt{85}$

단서1 점 A를 y축에 대하여 대칭이동한 점을 A', 점 B를 x축에 대하여 대칭이동한 점을 B'이라 하면
$\overline{AP}+\overline{PQ}+\overline{QB}=\overline{A'P}+\overline{PQ}+\overline{QB'}\geq\overline{A'B'}$

STEP1 점 A를 y축에 대하여 대칭이동한 점의 좌표 구하기

점 $A(2, 4)$를 y축에 대하여 대칭이동한 점을 A'이라 하면 A'$(-2, 4)$

STEP2 점 B를 x축에 대하여 대칭이동한 점의 좌표 구하기

점 $B(5, 2)$를 x축에 대하여 대칭이동한 점을 B'이라 하면 B'$(5, -2)$

STEP3 $\overline{AP}+\overline{PQ}+\overline{QB}$의 최솟값 구하기

$$\overline{AP}+\overline{PQ}+\overline{QB}$$
$$=\overline{A'P}+\overline{PQ}+\overline{QB'}$$
$$\geq\overline{A'B'}$$

이므로 $\overline{AP}+\overline{PQ}+\overline{QB}$의 최솟값은 $\overline{A'B'}$의 길이와 같다.

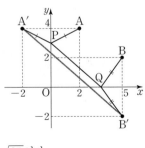

$$\overline{A'B'}=\sqrt{(5+2)^2+(-2-4)^2}$$
$$=\sqrt{85}$$

따라서 $\overline{AP}+\overline{PQ}+\overline{QB}$의 최솟값은 $\sqrt{85}$이다.

2752 답 ②

점 $A(2, 2)$를 y축에 대하여 대칭이동한
점을 A'이라 하면
$A'(-2, 2)$
$\overline{AP}+\overline{PB}=\overline{A'P}+\overline{PB}$
$\qquad\qquad\quad \geq \overline{A'B}$
이므로 $\overline{AP}+\overline{PB}$의 최솟값은
$\overline{A'B}$의 길이와 같다.
$\therefore \overline{A'B}=\sqrt{\{4-(-2)\}^2+(10-2)^2}$
$\qquad\quad =10$
따라서 $\overline{AP}+\overline{PB}$의 최솟값은 10이다.

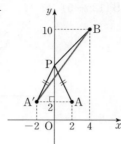

2753 답 ④

점 $A(1, 5)$를 직선 $y=x$에 대하여
대칭이동한 점을 A'이라 하면
$A'(5, 1)$
$\overline{AC}+\overline{BC}=\overline{A'C}+\overline{BC}$
$\qquad\qquad\quad \geq \overline{A'B}$
이므로 $\overline{AC}+\overline{BC}$의 최솟값은
$\overline{A'B}$의 길이와 같고, 이때 점 C는 직선 $A'B$와 직선 $y=x$의 교점
이다.
직선 $A'B$의 방정식은
$y-1=\dfrac{10-1}{8-5}(x-5)$ $\qquad \therefore y=3x-14$
따라서 점 C의 x좌표는
$3x-14=x$에서 $x=7$

2754 답 $2\sqrt{17}$

점 $A(5, 3)$을 x축에 대하여
대칭이동한 점을 A'이라 하면
$A'(5, -3)$
점 A를 직선 $y=x$에 대하여 대칭이
동한 점을 A''이라 하면
$A''(3, 5)$
$\overline{AP}+\overline{PQ}+\overline{QA}$
$=\overline{A'P}+\overline{PQ}+\overline{QA''}$
$\geq \overline{A'A''}$
이므로 삼각형 APQ의 둘레의 길이의 최솟값은 $\overline{A'A''}$의 길이와
같다.
따라서 삼각형 APQ의 둘레의 길이의 최솟값은
$\overline{A'A''}=\sqrt{(5-3)^2+(-3-5)^2}=2\sqrt{17}$

2755 답 ④

점 $P(3, 8)$을 y축에 대하여 대칭
이동한 점을 P'이라 하면
$P'(-3, 8)$
점 $Q(1, 4)$를 직선 $y=x$에 대하
여 대칭이동한 점을 Q'이라 하면
$Q'(4, 1)$

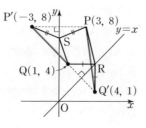

$\overline{PS}+\overline{SQ}+\overline{QR}+\overline{RP}=\overline{P'S}+\overline{SQ}+\overline{Q'R}+\overline{RP}$
$\qquad\qquad\qquad\qquad\qquad \geq \overline{P'Q}+\overline{Q'P}$
$\overline{P'Q}=\sqrt{\{1-(-3)\}^2+(4-8)^2}=4\sqrt{2}$
$\overline{Q'P}=\sqrt{(3-4)^2+(8-1)^2}=5\sqrt{2}$
따라서 사각형 PSQR의 둘레의 길이의 최솟값은
$\overline{P'Q}+\overline{Q'P}=4\sqrt{2}+5\sqrt{2}=9\sqrt{2}$

> **실수 Check**
>
> 사각형 PSQR의 둘레의 길이의 최솟값을 구하기 위해 대칭이동을 하여
> 네 변을 이루는 점들이 모두 한 직선 위에 있을 필요는 없다.
> 두 변씩 이루는 점들이 한 직선 위에 있도록 적절히 대칭이동해서 최솟
> 값을 구할 수 있다.

2756 답 ⑤

점 A를 x축에 대하여 대칭이동한 점을
A'이라 하면 $A'(0, -1)$
$\overline{AP}+\overline{BP}=\overline{A'P}+\overline{BP}$
$\qquad\qquad\quad \geq \overline{A'B}$
$\overline{AP}+\overline{BP}$의 최솟값은 $\overline{A'B}$의 최솟값이다.
원 $(x-4)^2+(y-3)^2=4$의 중심 $(4, 3)$을 점 C라 하면
점 B가 $\overline{A'C}$와 원 $(x-4)^2+(y-3)^2=4$의 교점일 때, $\overline{A'B}$가 최
소이다.
또, 이 원의 반지름의 길이는 2이므로 $\overline{AP}+\overline{BP}$의 최솟값, 즉
$\overline{A'B}$의 최솟값은
$\overline{A'C}-2=\sqrt{(4-0)^2+\{3-(-1)\}^2}-2=4\sqrt{2}-2$
따라서 $a=-2$, $b=4$이므로
$b-a=4-(-2)=6$

> **실수 Check**
>
> $\overline{A'B}$의 길이의 최솟값을 구하기 위하여 원 위의 점 B의 위치를 직접 구
> 하는 것은 쉽지 않으므로 $\overline{A'C}$의 길이를 이용할 수 있다.
> ($\overline{A'B}$의 최솟값)$=\overline{A'C}-$(반지름의 길이)
> ($\overline{A'B}$의 최댓값)$=\overline{A'C}+$(반지름의 길이)

2757 답 ⑤

점 $A(0, 1)$을 x축에 대하여 대칭이동한 점
을 A'이라 하면 $A'(0, -1)$
$\overline{AC}+\overline{BC}=\overline{A'C}+\overline{BC}\geq \overline{A'B}$이므로
$\overline{AC}+\overline{BC}$의 최솟값은 점 A'과 직선 l 사이
의 거리와 같다.
점 A'을 지나고 직선 l에 수직인 직선 $A'B$
의 방정식은
$\underset{\text{직선 } l\text{의 기울기가 }-1\text{이므로 수직인}}{\underset{\text{직선의 기울기는 }1\text{이다.}}{}}$
$y=x-1$
이 직선의 방정식과 직선 l의 방정식을 연립하면
$x-1=-x+2$, $2x=3$ $\qquad \therefore x=\dfrac{3}{2}, y=\dfrac{1}{2}$
두 직선의 교점이 $B(a, b)$이므로 $a=\dfrac{3}{2}$, $b=\dfrac{1}{2}$
$\therefore a^2+b^2=\left(\dfrac{3}{2}\right)^2+\left(\dfrac{1}{2}\right)^2=\dfrac{5}{2}$

2758 답 ②

점 $A(0, 1)$을 직선 $y=x$에 대하여 대
칭이동한 점을 A'이라 하면
$A'(1, 0)$
점 $C(0, 4)$를 직선 $y=x$에 대하여 대
칭이동한 점을 C'이라 하면
$C'(4, 0)$

$$\overline{AP}+\overline{PB}+\overline{BQ}+\overline{QC}$$
$$=\overline{A'P}+\overline{PB}+\overline{BQ}+\overline{QC'}$$
$$\geq \overline{A'B}+\overline{BC'}$$

이므로 $\overline{AP}+\overline{PB}+\overline{BQ}+\overline{QC}$의 최솟값은 $\overline{A'B}+\overline{BC'}$의 길이와 같다.
이때 점 P는 직선 $A'B$ 위에 있고, 점 Q는 직선 BC' 위에 있다.
직선 $A'B$의 방정식은

$$y-0=\frac{2-0}{0-1}(x-1) \quad \therefore y=-2x+2$$

점 P는 직선 $A'B$와 직선 $y=x$의 교점이므로

$$-2x+2=x \text{에서 } x=\frac{2}{3} \quad \therefore P\left(\frac{2}{3}, \frac{2}{3}\right)$$

직선 BC'의 방정식은

$$y-0=\frac{0-2}{4-0}(x-4) \quad \therefore y=-\frac{1}{2}x+2$$

점 Q는 직선 BC'과 직선 $y=x$의 교점이므로

$$-\frac{1}{2}x+2=x \text{에서 } x=\frac{4}{3} \quad \therefore Q\left(\frac{4}{3}, \frac{4}{3}\right)$$

$$\therefore \overline{PQ}=\sqrt{\left(\frac{4}{3}-\frac{2}{3}\right)^2+\left(\frac{4}{3}-\frac{2}{3}\right)^2}=\frac{2\sqrt{2}}{3}$$

실수 Check

$\overline{PQ}$의 길이를 구하기 위해서는 두 점 P, Q의 좌표를 알아야 한다.
$\overline{AP}+\overline{BP}$, $\overline{BQ}+\overline{QC}$의 각각의 길이의 최솟값을 이용하여 두 점 P, Q
의 좌표를 구한다.

2759 답 ④

| 유형 14

그림과 같이 직사각형 모양 잔디밭의 A
지점에서부터 세로 변에 있는 한 지점과
[단서1]
가로 변에 있는 한 지점을 지나 B 지점까
지 가는 길을 만들려고 할 때, 길의 길이의
최솟값은? (단, 길의 폭은 무시한다.)

① $\sqrt{385}$ ② $3\sqrt{43}$ ③ $2\sqrt{97}$
④ $\sqrt{394}$ ⑤ 20

[단서1] 만들려는 길의 길이는 $\overline{AP}+\overline{PQ}+\overline{QB}$의 최솟값

STEP1 A 지점에서부터 B 지점까지 가는 길을 좌표평면 위에 놓고 길의 길
이의 **최솟값** 구하기

직사각형 모양 잔디밭의 왼쪽 아래의 꼭짓점을 원점으로 하는 좌
표평면 위에서 두 지점 A, B와 세로 변, 가로 변에 있는 각각의
지점을 점 $A(3, 8)$, 점 $B(12, 5)$, 점 P, 점 Q라 하자.
점 $A(3, 8)$을 y축에 대하여 대칭이동한 점을 A'이라 하면
$A'(-3, 8)$

점 $B(12, 5)$를 x축에 대하여 대칭이동한 점을 B'이라 하면
$B'(12, -5)$

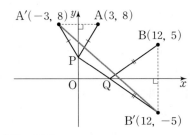

$\overline{AP}=\overline{A'P}$, $\overline{QB}=\overline{QB'}$이므로
$$\overline{AP}+\overline{PQ}+\overline{QB}=\overline{A'P}+\overline{PQ}+\overline{QB'}\geq\overline{A'B'}$$
따라서 구하는 길의 길이의 최솟값은 $\overline{A'B'}$의 길이와 같으므로
$$\overline{A'B'}=\sqrt{\{12-(-3)\}^2+(-5-8)^2}=\sqrt{394}$$

2760 답 ③

수직인 두 도로를 각각 좌표축으로 하는 좌표평면 위에서 시청의
위치를 점 $P(8, 7)$, 두 버스 정거장 A, B의 위치를 점 A, 점 B
라 하자.
점 $P(8, 7)$에서 y축에 내린 수선의 발 H와 두 점 A, P에 대하여
$\overline{AP}=10$, $\overline{HP}=8$
$\overline{AP}^2=\overline{AH}^2+\overline{HP}^2$이므로
$10^2=\overline{AH}^2+8^2$
$\therefore \overline{AH}=6 (\because \overline{AH}>0)$
즉, 점 A의 좌표는 $A(0, 1)$이다.
점 $A(0, 1)$을 x축에 대하여
대칭이동한 점을 A'이라 하면
$A'(0, -1)$
$\overline{AB}=\overline{A'B}$이므로
$$\overline{PA}+\overline{AB}+\overline{BP}=\overline{PA}+\overline{A'B}+\overline{BP}\geq\overline{PA}+\overline{A'P}$$
$\overline{PA}+\overline{AB}+\overline{BP}$가 최소가 될 때는 점 B가 직선 $A'P$ 위에 있을 때
이다.
직선 $A'P$의 방정식은
$$y-7=\frac{7-(-1)}{8-0}(x-8) \quad \therefore y=x-1$$
즉, $B(1, 0)$이므로
$$\overline{AB}=\sqrt{(1-0)^2+(0-1)^2}=\sqrt{2}$$
따라서 두 버스 정거장 A, B 사이의 거리는 $\sqrt{2}$ km이다.

2761 답 ②

거울 (나)와 거울 (다)가 만나는 점을 원점으로 하는 좌표평면 위에서
세 지점 A, B, P를 점 $A(4, 7)$, 점 $B(a, 1)$, 점 P라 하자.
점 $A(4, 7)$을 y축에 대하여 대칭이동한 점을 A'이라 하면
$A'(-4, 7)$
점 $B(a, 1)$을 x축에 대하여 대칭이동한 점을 B'이라 하면
$B'(a, -1)$

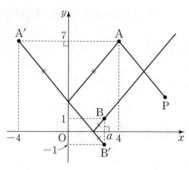

점 A에서 점 B까지 이동한 거리의 최솟값이 $\sqrt{113}$ m이고,
그 거리는 점 A′에서부터 점 B′까지의 거리와 같으므로
$\overline{A'B'}=\sqrt{113}$이다.

즉, $\sqrt{\{a-(-4)\}^2+(-1-7)^2}=\sqrt{113}$에서

$(a+4)^2+64=113$, $(a+4)^2=49$

$a+4=\pm7$ $\therefore a=3 \ (\because a>0)$

따라서 거울 ㈐에서 점 B까지의 거리는 3 m이다.

2762 달 ⑤

직선 l을 x축, 지점 O를 원점으로 하는 좌표평면 위에서 세 정류소 A, B, C의 위치를 점 A$(4, 2)$, 점 B, 점 C라 하면 직선 m의 방정식은 $y=x$이다.

점 A$(4, 2)$를 x축에 대하여 대칭이동한 점을 P라 하면

P$(4, -2)$

점 A$(4, 2)$를 직선 $y=x$에 대하여 대칭이동한 점을 Q라 하면

Q$(2, 4)$

$\overline{AB}=\overline{PB}$, $\overline{CA}=\overline{CQ}$이므로

$\overline{AB}+\overline{BC}+\overline{CA}=\overline{PB}+\overline{BC}+\overline{CQ}$
$\geq \overline{PQ}$

즉, 만들려는 도로의 최소 길이는
$\overline{PQ}$의 길이와 같고 이때 두 점 B, C는 직선 PQ 위에 있다.

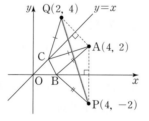

두 점 P$(4, -2)$, Q$(2, 4)$를
지나는 직선의 방정식은

$y-4=\dfrac{4-(-2)}{2-4}(x-2)$ $\therefore y=-3x+10$

직선 $y=-3x+10$과 x축의 교점 B의 x좌표는

$-3x+10=0$에서 $x=\dfrac{10}{3}$ $\therefore$ B$\left(\dfrac{10}{3}, 0\right)$

직선 $y=-3x+10$과 직선 $y=x$의 교점 C의 x좌표는

$-3x+10=x$에서 $x=\dfrac{5}{2}$ $\therefore$ C$\left(\dfrac{5}{2}, \dfrac{5}{2}\right)$

$\therefore \overline{BC}=\sqrt{\left(\dfrac{5}{2}-\dfrac{10}{3}\right)^2+\left(\dfrac{5}{2}-0\right)^2}=\dfrac{5\sqrt{10}}{6}$

따라서 두 정류소 B와 C 사이의 거리는 $\dfrac{5\sqrt{10}}{6}$ km이다.

실수 Check

좌표평면 위에서 점 A를 x축에 대하여 대칭이동한 점 P와 점 A를 직선 $y=x$에 대하여 대칭이동한 점 Q를 찾은 후 두 점 P, Q를 연결하는 선분의 길이가 정류소 A, B, C를 차례로 지나 정류소 A로 돌아오는 최단 거리이다.

2763 달 ⑤ | 유형 15

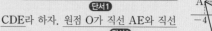

그림과 같이 원점 O와 두 점
A$(-4, 2)$, B$(-2, -6)$을 꼭짓점으로
하는 삼각형 OAB를 평행이동한 삼각형을
[단서1]
CDE라 하자. 원점 O가 직선 AE와 직선
[단서2]
BD의 교점일 때, 선분 OA, 선분 AD, 선
[단서3]
분 DC, 선분 CE, 선분 EB, 선분 BO로 둘러싸인 부분의 넓이는?

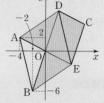

① 40   ② 44   ③ 48

④ 52   ⑤ 56

[단서1] △OAB≡△CDE, $\overline{AB}=\overline{DE}$, $\overline{AB}/\!/\overline{DE}$
[단서2] 사각형 ABED의 두 대각선의 교점이 원점
[단서3] 평행사변형 ABED의 넓이와 같음

STEP 1 두 점 E, D의 좌표 구하기

△OAB≡△CDE이므로 구하는 부분의 넓이는 사각형 ABED의 넓이와 같다.
사각형 ABED는 $\overline{AB}=\overline{DE}$, $\overline{AB}/\!/\overline{DE}$이므로 평행사변형이고, 원점 O가 직선 AE와 직선 BD의 교점 이므로 원점 O는 선분 AE, 선분 BD 의 중점이다.

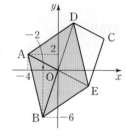

즉, 점 E는 점 A를 원점에 대하여 대칭이동한 점이므로

E$(4, -2)$

또, 점 D는 점 B를 원점에 대하여 대칭이동한 점이므로

D$(2, 6)$

STEP 2 사각형 ABED의 밑변의 길이와 높이 구하기

평행사변형 ABED의 밑변을 선분 AB라 하면 높이는 직선 AB 와 점 D 사이의 거리이다.

$\overline{AB}=\sqrt{\{-2-(-4)\}^2+(-6-2)^2}=2\sqrt{17}$

직선 AB의 방정식은

$y-2=\dfrac{-6-2}{-2-(-4)}(x+4)$ $\therefore 4x+y+14=0$

직선 $4x+y+14=0$과 점 D$(2, 6)$ 사이의 거리는

$\dfrac{|4\times2+1\times6+14|}{\sqrt{4^2+1^2}}=\dfrac{28}{\sqrt{17}}$

STEP 3 구하는 부분의 넓이 구하기

구하는 부분의 넓이는 $2\sqrt{17}\times\dfrac{28}{\sqrt{17}}=56$

2764 달 ④

주어진 규칙에 따라 세 점 A$_n$, B$_n$, C$_n$의 좌표를 구하면

A$_1(1, 0)$, B$_1(1, 1)$, C$_1(-1, -1)$

A$_2(2, 0)$, B$_2(2, 2)$, C$_2(-2, -2)$

A$_3(3, 0)$, B$_3(3, 3)$, C$_3(-3, -3)$

A$_4(4, 0)$, B$_4(4, 4)$, C$_4(-4, -4)$

$\vdots$

A$_n(n, 0)$, B$_n(n, n)$, C$_n(-n, -n)$

이므로 $n=25$일 때,

A$_{25}(25, 0)$, B$_{25}(25, 25)$, C$_{25}(-25, -25)$

삼각형 $A_{25}B_{25}C_{25}$의 밑변의 길이는
$\overline{A_{25}B_{25}} = 25$
삼각형 $A_{25}B_{25}C_{25}$의 높이는 50이므로
구하는 넓이는

$\dfrac{1}{2} \times 25 \times 50 = 625$

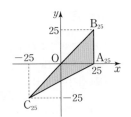

다른 풀이

주어진 규칙에 따라 세 점 A_n, B_n, C_n의 좌표를 구하면
$A_n(n, 0)$, $B_n(n, n)$, $C_n(-n, -n)$
이므로 삼각형 $A_nB_nC_n$의 넓이는

$\dfrac{1}{2} \times n \times 2n = n^2$

따라서 삼각형 $A_{25}B_{25}C_{25}$의 넓이는

$25^2 = 625$

2765 답 ②

$\triangle OAB$와 $\triangle O'A'B'$에 내접하는 원을 각각 C, C'이라 하자.
원 C의 반지름의 길이를 r라 하면 원 C
가 x축과 y축에 동시에 접하므로 원의
중심의 좌표는 (r, r)이다.
직선 AB의 방정식은

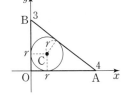

$\dfrac{x}{4} + \dfrac{y}{3} = 1$

$\therefore 3x + 4y - 12 = 0$

원 C가 직선 AB에 접하므로

$\dfrac{|3r + 4r - 12|}{\sqrt{3^2 + 4^2}} = r$

→ 원의 중심 (r, r)과 직선 AB 사이의 거리는 r와 같다.

$|7r - 12| = 5r$, $7r - 12 = \pm 5r$

$\therefore r = 1$ $(\because 0 < r < 3)$

원 C의 방정식은

$(x-1)^2 + (y-1)^2 = 1$

점 $A(4, 0)$을 점 $A'(9, 2)$로 옮기는 평행이동은 x축의 방향으로
5만큼, y축의 방향으로 2만큼 옮기는 이동이다.
이 평행이동에 의하여 옮겨진 원 C'의 방정식은

$(x - 5 - 1)^2 + (y - 2 - 1)^2 = 1$

$\therefore (x - 6)^2 + (y - 3)^2 = 1$

따라서 $a = 6$, $b = 3$, $c = 1$이므로

$a + b + c = 6 + 3 + 1 = 10$

2766 답 ⑤

두 점 $A(4, 0)$, $B(2, 4)$에 대하여 직선 AB의 방정식은

$y - 0 = \dfrac{4 - 0}{2 - 4}(x - 4)$

$\therefore y = -2x + 8$

점 E는 직선 AB와 직선 $y = x$의 교점이므로

$-2x + 8 = x$에서 $x = \dfrac{8}{3}$

$\therefore E\left(\dfrac{8}{3}, \dfrac{8}{3}\right)$

점 D는 점 $B(2, 4)$를 직선 $y = x$에 대하여 대칭이동한 점이므로
$D(4, 2)$
직선 OD의 방정식은

$y - 0 = \dfrac{2 - 0}{4 - 0}(x - 0)$ $\therefore y = \dfrac{1}{2}x$

점 F는 직선 AB와 직선 OD의 교점이므로

$-2x + 8 = \dfrac{1}{2}x$에서 $x = \dfrac{16}{5}$

$\therefore y = \dfrac{1}{2} \times \dfrac{16}{5} = \dfrac{8}{5}$

$\therefore F\left(\dfrac{16}{5}, \dfrac{8}{5}\right)$

점 G는 점 F를 직선 $y = x$에 대하여 대칭이동한 점이므로
사각형 OFEG의 넓이는 삼각형 OFE의 넓이의 2배이다.
삼각형 OFE의 밑변을 선분 OE라 하면

$\overline{OE} = \sqrt{\left(\dfrac{8}{3}\right)^2 + \left(\dfrac{8}{3}\right)^2} = \dfrac{8\sqrt{2}}{3}$

이때 삼각형 OFE의 높이는
직선 $x - y = 0$과 점 $F\left(\dfrac{16}{5}, \dfrac{8}{5}\right)$ 사이의 거리이므로

$\dfrac{\left|\dfrac{16}{5} - \dfrac{8}{5}\right|}{\sqrt{1^2 + (-1)^2}} = \dfrac{4\sqrt{2}}{5}$

따라서 삼각형 OFE의 넓이는

$\dfrac{1}{2} \times \dfrac{8\sqrt{2}}{3} \times \dfrac{4\sqrt{2}}{5} = \dfrac{32}{15}$

이므로 사각형 OFEG의 넓이는

$\dfrac{32}{15} \times 2 = \dfrac{64}{15}$

2767 답 ①

그림과 같이 $0 < t < 1$인 상수 t에 대하여
곡선 $y = x^2$ 위의 임의의 점 $A(t, t^2)$과
점 A를 직선 $y = x$에 대하여 대칭이
동한 점을 B라 하면
$B(t^2, t)$
두 점 A, B에서 y축에 내린 수선의
발을 각각 C, D라 하면
$C(0, t^2)$, $D(0, t)$
점 A에서 y축에 내린 수선의 발이 C이므로
$\overline{AC} = t$
점 B에서 y축에 내린 수선의 발이 D이므로
$\overline{BD} = t^2$

$\overline{DC} = \overline{DO} - \overline{CO} = \boxed{t - t^2}$

사각형 ABDC의 넓이는
→ 사다리꼴

$\dfrac{1}{2} \times (\overline{AC} + \overline{BD}) \times \overline{DC} = \dfrac{1}{2} \times (t + t^2) \times (t - t^2)$

$= \dfrac{1}{2}t^2 \times \left(\boxed{1 - t^2}\right)$

사각형 ABDC의 넓이가 $\dfrac{1}{8}$이므로

$\dfrac{1}{2}t^2 \times \left(\boxed{1 - t^2}\right) = \dfrac{1}{8}$에서 $4t^4 - 4t^2 + 1 = 0$

$t^2=X$라 하면

$4X^2-4X+1=0$, $(2X-1)^2=0$

즉, $X=\dfrac{1}{2}$이므로 $t^2=\dfrac{1}{2}$

이때 $0<t<1$이므로 $t=\boxed{\dfrac{\sqrt{2}}{2}}$

따라서 $f(t)=t-t^2$, $g(t)=1-t^2$, $k=\dfrac{\sqrt{2}}{2}$이므로

$$f(k)g(k)=(k-k^2)(1-k^2)$$
$$=\left\{\dfrac{\sqrt{2}}{2}-\left(\dfrac{\sqrt{2}}{2}\right)^2\right\}\left\{1-\left(\dfrac{\sqrt{2}}{2}\right)^2\right\}$$
$$=\dfrac{\sqrt{2}-1}{4}$$

실수 Check

$0<t<1$일 때, $0<t^2<t$이므로 $\overline{\mathrm{DC}}=t-t^2$

Plus 문제

2767-1

그림과 같이 두 대각선 AC, BD의 교점이 원점이고 네 변이 각각 x축 또는 y축에 평행한 직사각형 ABCD가 다음 조건을 만족시킨다.

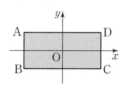

(가) $\overline{\mathrm{AD}}>\overline{\mathrm{AB}}>2$

(나) 직사각형 ABCD를 y축의 방향으로 2만큼 평행이동한 직사각형의 내부와 직사각형 ABCD 내부와의 공통부분의 넓이는 18이다.

(다) 직사각형 ABCD를 직선 $y=x$에 대하여 대칭이동한 직사각형의 내부와 직사각형 ABCD 내부와의 공통부분의 넓이는 16이다.

직사각형 ABCD의 넓이를 구하시오.

(단, 점 A는 제2사분면 위의 점이다.)

네 점 A, B, C, D를 y축의 방향으로 2만큼 평행이동한 네 점을 각각 A_1, B_1, C_1, D_1이라 하자.

(가)에서 $\overline{\mathrm{AD}}>\overline{\mathrm{AB}}>2$이므로 점 B_1은 변 AB 위에, 점 C_1은 변 CD 위에 있고 두 직사각형 ABCD, $A_1B_1C_1D_1$은 그림과 같다.

제1사분면 위의 점 D의 좌표를 $D(a, b)$라 하면 세 점 A, B, C의 좌표는 $A(-a, b)$, $B(-a, -b)$, $C(a, -b)$이고 $\overline{\mathrm{AD}}=2a$

점 B_1은 점 B를 y축의 방향으로 2만큼 평행이동한 점이므로 $B_1(-a, -b+2)$이고 $\overline{\mathrm{AB_1}}=b-(-b+2)=2b-2$

(나)에서 직사각형 $A_1B_1C_1D_1$의 내부와 직사각형 ABCD의 내부와의 공통부분의 넓이가 18이므로

$\overline{\mathrm{AD}}\times\overline{\mathrm{AB_1}}=2a(2b-2)=18$ ·········· ㉠

네 점 A, B, C, D를 직선 $y=x$에 대하여 대칭이동한 네 점을 각각 A_2, B_2, C_2, D_2라 하자.

직사각형 $A_2B_2C_2D_2$는 직사각형 ABCD를 직선 $y=x$에 대하여 대칭이동한 도형이므로 두 직사각형 ABCD, $A_2B_2C_2D_2$는 그림과 같다.

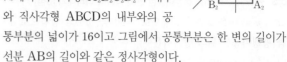

(다)에서 직사각형 $A_2B_2C_2D_2$의 내부와 직사각형 ABCD의 내부와의 공통부분의 넓이가 16이고 그림에서 공통부분은 한 변의 길이가 선분 AB의 길이와 같은 정사각형이다.

즉, $\overline{\mathrm{AB}}=2b$이므로

$(2b)^2=16$, $b^2=4$ ∴ $b=2$ ($\because b>0$)

$b=2$를 ㉠에 대입하면

$2a\times(2\times2-2)=18$ ∴ $a=\dfrac{9}{2}$

따라서 직사각형 ABCD의 넓이는

$\overline{\mathrm{AD}}\times\overline{\mathrm{AB}}=2a\times2b=4ab=4\times\dfrac{9}{2}\times2=36$

目 36

서술형 유형 익히기   580쪽~583쪽

2768 **目** (1) $3-a$ (2) $b-2$ (3) 4 (4) $\sqrt{17}$ (5) 2 (6) 17
(7) 2 (8) -2 (9) 4

STEP1 점 $(a, 2)$를 점 $(3, b)$로 옮기는 평행이동 나타내기 [2점]

점 $(a, 2)$를 x축의 방향으로 $\boxed{3-a}$만큼, y축의 방향으로 $\boxed{b-2}$만큼 평행이동하면 점 $(3, b)$이다.

STEP2 원 $x^2+y^2+2x-8y=0$을 평행이동한 원의 방정식 나타내기 [3점]

원 $x^2+y^2+2x-8y=0$, 즉 $(x+1)^2+(y-4)^2=17$은 중심의 좌표가 $(-1, \boxed{4})$이고 반지름의 길이가 $\boxed{\sqrt{17}}$인 원이다.

점 $(a, 2)$를 점 $(3, b)$로 옮기는 평행이동에 의하여 원 $x^2+y^2+2x-8y=0$은

원 $(x-3+a+1)^2+(y-b+2-4)^2=17$, 즉

$(x+a-\boxed{2})^2+(y-b-2)^2=\boxed{17}$로 옮겨진다.

STEP3 a, b의 값 구하기 [2점]

이 원이 원 $x^2+y^2=17$과 일치하므로

$a-2=0$, $-b-2=0$ ∴ $a=\boxed{2}$, $b=\boxed{-2}$

STEP4 $a-b$의 값 구하기 [1점]

$a-b=2-(-2)=\boxed{4}$

실제 답안 예시

두 원 $x^2+y^2+2x-8y=0$, $x^2+y^2=17$의 중심의 좌표는 각각 $(-1, 4)$, $(0, 0)$이다.

따라서 원 $x^2+y^2+2x-8y=0$을 x축으로 1만큼 y축으로 -4만큼 평행이동하면 원 $x^2+y^2=17$으로 옮겨진다.

$(a, 2)$를 x축으로 1만큼 y축으로 -4만큼 평행이동하면 $(a+1, -2)$이므로

$a+1=3$, $b=-2$

$a=2$, $b=-2$이다.

따라서 $a-b=2-(-2)=4$이다.

2769 답 13

STEP1 점 $(1, 5)$를 점 $(-1, a)$로 옮기는 평행이동 나타내기 [2점]

점 $(1, 5)$를 x축의 방향으로 -2만큼, y축의 방향으로 $a-5$만큼 평행이동하면 점 $(-1, a)$이다.

STEP2 원 $x^2+y^2=16$을 평행이동한 원의 방정식 나타내기 [3점]

원 $x^2+y^2=16$을 x축의 방향으로 -2만큼, y축의 방향으로 $a-5$만큼 평행이동한 원의 방정식은

$(x+2)^2+(y-a+5)^2=16$

STEP3 a, b의 값 구하기 [2점]

원 $(x+2)^2+(y-a+5)^2=16$이 원 $x^2+y^2+bx-8y+4=0$, 즉

$\left(x+\dfrac{b}{2}\right)^2+(y-4)^2=\dfrac{b^2}{4}+12$와 일치하므로

$2=\dfrac{b}{2},\ a-5=4,\ 16=\dfrac{b^2}{4}+12$

$\therefore a=9,\ b=4$

STEP4 $a+b$의 값 구하기 [1점]

$a+b=9+4=13$

2770 답 $(4, 2)$

STEP1 원 $x^2+y^2-4x+4y-5=0$을 평행이동한 원의 방정식 나타내기 [2점]

원 $x^2+y^2-4x+4y-5=0$, 즉 $(x-2)^2+(y+2)^2=13$을 x축의 방향으로 a만큼, y축의 방향으로 b만큼 평행이동한 원의 방정식은

$(x-a-2)^2+(y-b+2)^2=13$

STEP2 a, b의 값 구하기 [4점]

원 $(x-a-2)^2+(y-b+2)^2=13$이 점 $(2, -2)$를 지나므로

$a^2+b^2=13$ ·········· ㉠ ······ ⓐ

원 $(x-a-2)^2+(y-b+2)^2=13$이 직선 $y=2x-13$에 의하여 이등분되므로 직선 $y=2x-13$은 원의 중심 $(a+2, b-2)$를 지난다.

즉, $b-2=2(a+2)-13$

$\therefore b=2a-7$ ·········· ㉡ ······ ⓑ

㉡을 ㉠에 대입하면

$a^2+(2a-7)^2=13$

$5a^2-28a+36=0$

$(5a-18)(a-2)=0$

$\therefore a=\dfrac{18}{5}$ 또는 $a=2$

이때 a는 정수이므로 $a=2$

$a=2$를 ㉡에 대입하면 $b=2\times2-7=-3$

STEP3 점 $(2, 5)$를 x축의 방향으로 a만큼, y축의 방향으로 b만큼 평행이동한 점의 좌표 구하기 [2점]

점 $(2, 5)$를 x축의 방향으로 2만큼, y축의 방향으로 -3만큼 평행이동한 점의 좌표는

$(2+2, 5-3)$ $\therefore (4, 2)$

부분점수표	
ⓐ a와 b 사이의 관계식 $a^2+b^2=13$을 구한 경우	1점
ⓑ a와 b 사이의 관계식 $b=2a-7$을 구한 경우	1점

2771 답 $(4, 3)$

STEP1 원 $(x+3)^2+(y-a)^2=25$를 평행이동한 원의 방정식 나타내기 [2점]

원 $(x+3)^2+(y-a)^2=25$를 x축의 방향으로 b만큼, y축의 방향으로 2만큼 평행이동한 원의 방정식은

$(x-b+3)^2+(y-2-a)^2=25$

STEP2 a, b의 값 구하기 [4점]

원 $(x-b+3)^2+(y-2-a)^2=25$의 중심의 좌표는

$(b-3, 2+a)$ ······ ⓐ

원 $(x-b+3)^2+(y-2-a)^2=25$가 x축과 y축에 동시에 접하므로

→ $|$(원의 중심의 x좌표)$|=|$(원의 중심의 y좌표)$|=$(반지름의 길이)

$|b-3|=5$에서 $b=8$ 또는 $b=-2$

$|2+a|=5$에서 $a=3$ 또는 $a=-7$

이때 $a>0,\ b>0$이므로 $a=3,\ b=8$

STEP3 포물선 $y=-x^2+2x-6$을 x축의 방향으로 a만큼, y축의 방향으로 b만큼 평행이동한 포물선의 꼭짓점의 좌표 구하기 [2점]

포물선 $y=-x^2+2x-6$, 즉 $y=-(x-1)^2-5$를 x축의 방향으로 3만큼, y축의 방향으로 8만큼 평행이동한 포물선의 방정식은

$y-8=-(x-3-1)^2-5$ $\therefore y=-(x-4)^2+3$

따라서 이 포물선의 꼭짓점의 좌표는 $(4, 3)$이다.

부분점수표	
ⓐ 원 $(x-b+3)^2+(y-2-a)^2=25$의 중심의 좌표를 구한 경우	1점

2772 답 (1) 3 (2) 1 (3) $\dfrac{7}{3}$ (4) $-\dfrac{1}{3}$ (5) $\dfrac{5}{3}$ (6) $\dfrac{7}{3}$
(7) $\dfrac{5}{3}$ (8) $\dfrac{1}{3}$

STEP1 점 B, C의 좌표 구하기 [1점]

점 $A(1, 3)$을 x축에 대하여 대칭이동한 점 B의 좌표는

$B(1, -3)$

점 $A(1, 3)$을 직선 $y=x$에 대하여 대칭이동한 점 C의 좌표는

$C(\boxed{3}, \boxed{1})$

STEP2 점 D, E, F의 좌표 구하기 [3점]

$\overline{AB}$를 $2:1$로 내분하는 점 D의 좌표는

$D\left(\dfrac{2\times1+1\times1}{2+1}, \dfrac{2\times(-3)+1\times3}{2+1}\right)$ $\therefore D(1, -1)$

$\overline{BC}$를 $2:1$로 내분하는 점 E의 좌표는

$E\left(\dfrac{2\times3+1\times1}{2+1}, \dfrac{2\times1+1\times(-3)}{2+1}\right)$ $\therefore E\left(\boxed{\dfrac{7}{3}}, \boxed{-\dfrac{1}{3}}\right)$

$\overline{CA}$를 $2:1$로 내분하는 점 F의 좌표는

$F\left(\dfrac{2\times1+1\times3}{2+1}, \dfrac{2\times3+1\times1}{2+1}\right)$ $\therefore F\left(\boxed{\dfrac{5}{3}}, \boxed{\dfrac{7}{3}}\right)$

STEP3 삼각형 DEF의 무게중심의 좌표 구하기 [2점]

삼각형 DEF의 무게중심의 좌표는

$\left(\dfrac{1+\dfrac{7}{3}+\dfrac{5}{3}}{3}, \dfrac{-1-\dfrac{1}{3}+\dfrac{7}{3}}{3}\right)$ $\therefore \left(\boxed{\dfrac{5}{3}}, \boxed{\dfrac{1}{3}}\right)$

다른 풀이

STEP1 점 B, C의 좌표 구하기 [1점]

점 $A(1, 3)$을 x축에 대하여 대칭이동한 점 B의 좌표는

$B(1, -3)$

점 A$(1, 3)$을 직선 $y=x$에 대하여 대칭이동한 점 C의 좌표는
C$(3, 1)$

STEP 2 삼각형 ABC와 삼각형 DEF의 무게중심이 같음을 알기 [2점]

삼각형 ABC의 세 변을 $2:1$로 내분하는 점을 연결한 삼각형 DEF의 무게중심은 삼각형 ABC의 무게중심과 같다.

STEP 3 삼각형 DEF의 무게중심의 좌표 구하기 [3점]

삼각형 DEF의 무게중심의 좌표는

$$\left(\frac{1+1+3}{3}, \frac{3-3+1}{3}\right) \qquad \therefore \left(\frac{5}{3}, \frac{1}{3}\right)$$

실제 답안 예시

점 A$(1,3)$을 x축에 대하여 대칭이동한 점 B의 좌표는 $(1,-3)$
점 A$(1,3)$을 $y=x$에 대하여 대칭이동한 점 C의 좌표는 $(3,1)$
따라서 세 점 A, B, C의 좌표는 각각 A$(1,3)$, B$(1,-3)$, C$(3,1)$
점 D의 좌표는 $\overline{AB}$를 $2:1$로 내분하는 점이므로

$$D\left(\frac{2\times1+1\times1}{2+1}, \frac{2\times(-3)+1\times3}{2+1}\right) \rightarrow D(1,-1)$$

같은 방법으로 점 E, F의 좌표를 구하면

$$E\left(\frac{2\times3+1\times1}{2+1}, \frac{2\times1+1\times(-3)}{2+1}\right)$$

$$\rightarrow E\left(\frac{7}{3}, -\frac{1}{3}\right)$$

$$F\left(\frac{2\times1+1\times3}{2+1}, \frac{2\times3+1\times1}{2+1}\right) \rightarrow F\left(\frac{5}{3}, \frac{7}{3}\right)$$

따라서 삼각형 DEF의 무게중심의 좌표는

$$\left(\frac{1+\frac{7}{3}+\frac{5}{3}}{3}, \frac{-1-\frac{1}{3}+\frac{7}{3}}{3}\right) \rightarrow \left(\frac{5}{3}, \frac{1}{3}\right)$$

(그래프: A$(1,3)$, C$(3,1)$, B$(1,-3)$)

2773 답 $\left(-\dfrac{2}{3}, \dfrac{4}{3}\right)$

STEP 1 점 B, C의 좌표 구하기 [1점]

점 A$(2, 4)$를 y축에 대하여 대칭이동한 점 B의 좌표는
B$(-2, 4)$

점 A$(2, 4)$를 원점에 대하여 대칭이동한 점 C의 좌표는
C$(-2, -4)$

STEP 2 점 D, E, F의 좌표 구하기 [3점]

$\overline{AB}$를 $1:3$으로 외분하는 점 D의 좌표는

$$D\left(\frac{1\times(-2)-3\times2}{1-3}, \frac{1\times4-3\times4}{1-3}\right)$$

$\therefore$ D$(4, 4)$

$\overline{BC}$를 $1:3$으로 외분하는 점 E의 좌표는

$$E\left(\frac{1\times(-2)-3\times(-2)}{1-3}, \frac{1\times(-4)-3\times4}{1-3}\right)$$

$\therefore$ E$(-2, 8)$

$\overline{CA}$를 $1:3$으로 외분하는 점 F의 좌표는

$$F\left(\frac{1\times2-3\times(-2)}{1-3}, \frac{1\times4-3\times(-4)}{1-3}\right)$$

$\therefore$ F$(-4, -8)$

STEP 3 삼각형 DEF의 무게중심의 좌표 구하기 [2점]

삼각형 DEF의 무게중심의 좌표는

$$\left(\frac{4-2-4}{3}, \frac{4+8-8}{3}\right) \qquad \therefore \left(-\frac{2}{3}, \frac{4}{3}\right)$$

2774 답 $\dfrac{5}{2}$

STEP 1 점 B의 좌표를 a, b를 사용하여 나타내기 [1점]

점 A(a, b)를 x축의 방향으로 -2만큼, y축의 방향으로 1만큼 평행이동한 점 B의 좌표는
B$(a-2, b+1)$

STEP 2 점 C의 좌표를 a, b를 사용하여 나타내기 [2점]

점 A(a, b)를 x축에 대하여 대칭이동한 점의 좌표는
$(a, -b)$

이 점을 직선 $y=x$에 대하여 대칭이동한 점 C의 좌표는
C$(-b, a)$

STEP 3 a, b의 값 구하기 [2점]

점 B$(a-2, b+1)$과 점 C$(-b, a)$가 일치하므로
$a-2=-b$, $b+1=a$

두 식을 연립하여 풀면

$$a=\frac{3}{2}, b=\frac{1}{2} \qquad\qquad\qquad \cdots\cdots ⓐ$$

STEP 4 a^2+b^2의 값 구하기 [1점]

$$a^2+b^2=\left(\frac{3}{2}\right)^2+\left(\frac{1}{2}\right)^2=\frac{9}{4}+\frac{1}{4}=\frac{5}{2}$$

부분점수표	
ⓐ a, b 중 하나만 바르게 구한 경우	1점

2775 답 2

STEP 1 세 점 A, B, C의 좌표를 a를 사용하여 나타내기 [3점]

점 $(a, a-1)$을 x축에 대하여 대칭이동한 점 A의 좌표는
A$(a, 1-a)$ $\cdots\cdots$ ⓐ

점 $(a, a-1)$을 y축에 대하여 대칭이동한 점 B의 좌표는
B$(-a, a-1)$ $\cdots\cdots$ ⓑ

점 $(a, a-1)$을 원점에 대하여 대칭이동한 점 C의 좌표는
C$(-a, 1-a)$ $\cdots\cdots$ ⓒ

STEP 2 삼각형 ABC의 넓이를 a에 대한 식으로 나타내기 [4점]

삼각형 ABC는 직각삼각형이므로
(삼각형 ABC의 넓이)

$$=\frac{1}{2}\times\overline{CA}\times\overline{BC}$$

$$=\frac{1}{2}\times2a\times2(a-1)$$

$$=2a^2-2a$$

(그래프: B$(-a, a-1)$, A$(a, a-1)$, C$(-a, 1-a)$, A$(a, 1-a)$)

STEP 3 a의 값 구하기 [3점]

삼각형 ABC의 넓이가 4이므로
$2a^2-2a=4$
$a^2-a-2=0$, $(a-2)(a+1)=0$
$\therefore a=2$ 또는 $a=-1$
이때 $a>1$이므로 $a=2$

부분점수표	
ⓐ 점 A의 좌표를 a를 사용하여 나타낸 경우	1점
ⓑ 점 B의 좌표를 a를 사용하여 나타낸 경우	1점
ⓒ 점 C의 좌표를 a를 사용하여 나타낸 경우	1점

2776
답 (1) -4 (2) 5 (3) 20

STEP1 점 A를 y축에 대하여 대칭이동한 점의 좌표 구하기 [2점]

점 A$(4, 5)$를 y축에 대하여 대칭이동한 점을 A$'$이라 하면
A$'($ -4 , 5 $)$

STEP2 $\overline{AP}+\overline{BP}$의 최솟값 구하기 [4점]

y축 위의 점 P에 대하여
$\overline{AP}=\overline{A'P}$이므로
$\overline{AP}+\overline{BP}=\overline{A'P}+\overline{BP}$
$\geq\overline{A'B}$
즉, $\overline{AP}+\overline{BP}$의 최솟값은
선분 A$'$B의 길이와 같다.
$\overline{A'B}=\sqrt{\{12-(-4)\}^2+(-7-5)^2}$
$=$ 20

따라서 $\overline{AP}+\overline{BP}$의 최솟값은 20 이다.

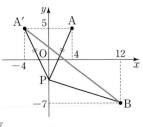

실제 답안 예시

점 A를 y축에 대하여 대칭이동한 점을 A$'$이라 하면
A$'(-4, 5)$
삼각형 PAM과 삼각형 PA$'$M은 합동이므로
$\overline{PA}=\overline{PA'}$이다.
$\overline{AP}+\overline{PB}=\overline{A'P}+\overline{PB}$
$\geq\overline{A'B}$
이므로 $\overline{AP}+\overline{PB}$의 최솟값은
$\overline{A'B}=\sqrt{(12+4)^2+(-7-5)^2}=20$

2777
답 $\sqrt{130}$

STEP1 점 A를 직선 $y=x$에 대하여 대칭이동한 점의 좌표 구하기 [2점]

점 A$(-1, 4)$를 직선 $y=x$에 대하여 대칭이동한 점을 A$'$이라 하면
A$'(4, -1)$

STEP2 $\overline{AP}+\overline{BP}$의 최솟값 구하기 [4점]

직선 $y=x$ 위의 점 P에 대하여
$\overline{AP}=\overline{A'P}$이므로
$\overline{AP}+\overline{BP}=\overline{A'P}+\overline{BP}$
$\geq\overline{A'B}$ ······ ⓐ
즉, $\overline{AP}+\overline{BP}$의 최솟값은 선분
A$'$B의 길이와 같다.
$\overline{A'B}=\sqrt{(7-4)^2+\{10-(-1)\}^2}$
$=\sqrt{130}$

따라서 $\overline{AP}+\overline{BP}$의 최솟값은 $\sqrt{130}$이다.

부분점수표	
ⓐ $\overline{AP}+\overline{BP}=\overline{A'P}+\overline{BP}\geq\overline{A'B}$임을 서술한 경우	2점

2778
답 15

STEP1 점 A를 x축에 대하여 대칭이동한 점의 좌표 구하기 [2점]

점 A$(7, 3)$을 x축에 대하여 대칭이동한 점을 A$'$이라 하면
A$'(7, -3)$

STEP2 점 B를 y축에 대하여 대칭이동한 점의 좌표 구하기 [2점]

점 B$(5, 6)$을 y축에 대하여 대칭이동한 점을 B$'$이라 하면
B$'(-5, 6)$

STEP3 $\overline{AP}+\overline{PQ}+\overline{QB}$의 최솟값 구하기 [4점]

x축 위의 점 P와 y축 위의 점
Q에 대하여
$\overline{AP}=\overline{A'P}$, $\overline{QB}=\overline{QB'}$이므로
$\overline{AP}+\overline{PQ}+\overline{QB}$
$=\overline{A'P}+\overline{PQ}+\overline{QB'}$
$\geq\overline{A'B'}$ ······ ⓐ
즉, $\overline{AP}+\overline{PQ}+\overline{QB}$의 최솟값은 선분 A$'B'$의 길이와 같다.
$\overline{A'B'}=\sqrt{(-5-7)^2+\{6-(-3)\}^2}$
$=15$

따라서 $\overline{AP}+\overline{PQ}+\overline{QB}$의 최솟값은 15이다.

부분점수표	
ⓐ $\overline{AP}+\overline{PQ}+\overline{QB}=\overline{A'P}+\overline{PQ}+\overline{QB'}\geq\overline{A'B'}$임을 서술한 경우	2점

2779
답 Q$\left(\dfrac{15}{2}, \dfrac{15}{2}\right)$

STEP1 점 P를 직선 $y=x$에 대하여 대칭이동한 점의 좌표 구하기 [2점]

점 P$(12, 6)$을 직선 $y=x$에 대하여 대칭이동한 점을 P$'$이라 하면
P$'(6, 12)$

STEP2 점 P를 x축에 대하여 대칭이동한 점의 좌표 구하기 [2점]

점 P$(12, 6)$을 x축에 대하여 대칭이동한 점을 P$''$이라 하면
P$''(12, -6)$

STEP3 삼각형 PQR의 둘레의 길이가 최소일 때, 점 Q의 좌표 구하기 [6점]

직선 $y=x$ 위의 한 점 Q, x축 위의
한 점 R에 대하여
$\overline{PQ}=\overline{P'Q}$, $\overline{RP}=\overline{RP''}$이므로
$\overline{PQ}+\overline{QR}+\overline{RP}$
$=\overline{P'Q}+\overline{QR}+\overline{RP''}$
$\geq\overline{P'P''}$ ······ ⓐ

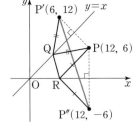

즉, 삼각형 PQR의 둘레의 길이의
최솟값은 선분 P$'$P$''$의 길이와 같다.
이때 점 Q는 직선 P$'$P$''$과 직선 $y=x$의 교점이다.
직선 P$'$P$''$의 방정식은
$y-12=\dfrac{-6-12}{12-6}(x-6)$
$\therefore y=-3x+30$ ······ ⓑ
따라서 점 Q의 x좌표는
$-3x+30=x$에서 $x=\dfrac{15}{2}$
$\therefore$ Q$\left(\dfrac{15}{2}, \dfrac{15}{2}\right)$

부분점수표	
ⓐ $\overline{PQ}+\overline{QR}+\overline{RP}=\overline{P'Q}+\overline{QR}+\overline{RP''}\geq\overline{P'P''}$임을 서술한 경우	2점
ⓑ 직선 P$'$P$''$의 방정식을 구한 경우	2점

1 2780   답 ④   유형 1

출제의도 | 점의 평행이동을 이해하는지 확인한다.

> 점 $(2, 1)$을 x축의 방향으로 얼마만큼, y축의 방향으로 얼마만큼 평행이동한 것인지 구해 보자.

점 $(2, 1)$을 x축의 방향으로 a만큼, y축의 방향으로 b만큼 평행이동한 점을 $(-2, 4)$라 하면

$2+a=-2$, $1+b=4$

$\therefore a=-4$, $b=3$

따라서 점 $(6, 5)$를 x축의 방향으로 -4만큼, y축의 방향으로 3만큼 평행이동한 점의 좌표는

$(6-4, 5+3)$ $\therefore (2, 8)$

2 2781   답 ③   유형 2

출제의도 | 직선의 평행이동을 이해하는지 확인한다.

> 직선을 평행이동해도 직선의 기울기는 변하지 않아.

직선 $x+2y+1=0$을 x축의 방향으로 -3만큼, y축의 방향으로 1만큼 평행이동한 직선의 방정식은

$(x+3)+2(y-1)+1=0$

$\therefore x+2y+2=0$

3 2782   답 ⑤   유형 4

출제의도 | 점의 대칭이동을 이해하고 선분의 길이를 구할 수 있는지 확인한다.

> 점 A를 x축에 대하여 대칭이동한 점 P의 좌표를 먼저 구해 보자.

점 $A(5, -2)$를 x축에 대하여 대칭이동한 점이 P이므로

$P(5, 2)$

점 $P(5, 2)$를 원점에 대하여 대칭이동한 점이 Q이므로

$Q(-5, -2)$

따라서 두 점 $P(5, 2)$, $Q(-5, -2)$에 대하여 선분 PQ의 길이는

$\sqrt{(-5-5)^2+(-2-2)^2}=\sqrt{116}=2\sqrt{29}$

4 2783   답 ③   유형 5

출제의도 | 직선의 대칭이동을 이해하고, 두 직선이 수직인 조건을 이해하는지 확인한다.

> 두 직선이 수직일 때, 두 직선의 기울기의 곱은 -1이야.

직선 $y=-\dfrac{1}{3}x+1$을 y축에 대하여 대칭이동한 직선의 방정식은

$y=\dfrac{1}{3}x+1$ ······························· ㉠

이때 직선 ㉠에 수직인 직선의 기울기는 -3이다.

즉, 기울기가 -3이고 점 $(2, 1)$을 지나는 직선의 방정식은

$y-1=-3(x-2)$ $\therefore y=-3x+7$

따라서 직선 $y=-3x+7$의 y절편은 7이다.

5 2784   답 ②   유형 5 + 유형 6

출제의도 | 도형의 방정식을 보고 직선 $y=x$에 대한 대칭이동을 이해하는지 확인한다.

> 주어진 도형의 방정식에 x 대신 y를, y 대신 x를 대입한 방정식을 구해 보자.

ㄱ. 원 $x^2+y^2=1$을 직선 $y=x$에 대하여 대칭이동한 도형의 방정식은

     $y^2+x^2=1$ $\therefore x^2+y^2=1$

ㄴ. 직선 $y=3x+2$를 직선 $y=x$에 대하여 대칭이동한 도형의 방정식은

     $x=3y+2$ $\therefore y=\dfrac{1}{3}x-\dfrac{2}{3}$

ㄷ. 직선 $y=-x$를 직선 $y=x$에 대하여 대칭이동한 도형의 방정식은

     $x=-y$ $\therefore y=-x$

ㄹ. 원 $(x-2)^2+(y-3)^2=4$를 직선 $y=x$에 대하여 대칭이동한 도형의 방정식은

     $(y-2)^2+(x-3)^2=4$ $\therefore (x-3)^2+(y-2)^2=4$

따라서 주어진 도형을 직선 $y=x$에 대하여 대칭이동한 도형이 처음 도형과 일치하는 것은 ㄱ, ㄷ이다.

6 2785   답 ②   유형 7

출제의도 | 점의 평행이동과 대칭이동을 이해하는지 확인한다.

> 주어진 순서대로 대칭이동을 먼저 한 후 평행이동을 해야 해.

점 $(1, 3)$을 직선 $y=x$에 대하여 대칭이동한 점의 좌표는

$(3, 1)$

점 $(3, 1)$을 x축의 방향으로 -3만큼, y축의 방향으로 1만큼 평행이동한 점의 좌표는

$(3-3, 1+1)$ $\therefore (0, 2)$

따라서 $p=0$, $q=2$이므로

$p+q=0+2=2$

7 2786   답 ⑤   유형 3

출제의도 | 포물선의 평행이동을 이해하는지 확인한다.

> 포물선이 x축과 접할 때, 꼭짓점의 y좌표는 0이야.

포물선 $y=x^2-4x+k$, 즉 $y=(x-2)^2+k-4$를 y축의 방향으로 -6만큼 평행이동한 포물선의 방정식은

$y+6=(x-2)^2+k-4$ $\therefore y=(x-2)^2+k-10$

이 포물선의 꼭짓점의 y좌표는 $k-10$이고 이 포물선이 x축과 접하므로

$k-10=0$ $\therefore k=10$

다른 풀이

포물선 $y=x^2-4x+k$를 y축의 방향으로 -6만큼 평행이동한 포물선의 방정식은

$y=x^2-4x+k-6$

이 포물선이 x축에 접하므로 이차방정식 $x^2-4x+k-6=0$이 중근을 가진다.

이차방정식 $x^2-4x+k-6=0$의 판별식을 D라 하면

$\dfrac{D}{4}=(-2)^2-(k-6)=0$

$4-k+6=0$ $\therefore k=10$

8 2787 답 ③ 유형 3

출제의도 | 원의 평행이동을 이해하고, 직선이 원의 넓이를 이등분하는 조건을 이해하는지 확인한다.

> 원의 중심을 지나는 직선은 원의 넓이를 이등분해.

원 $(x-1)^2+(y+2)^2=9$를 x축의 방향으로 3만큼, y축의 방향으로 a만큼 평행이동한 원의 방정식은

$(x-3-1)^2+(y-a+2)^2=9$

$\therefore (x-4)^2+(y-a+2)^2=9$

원의 넓이를 이등분하는 직선은 원의 중심을 지나므로

원 $(x-4)^2+(y-a+2)^2=9$의 중심 $(4, a-2)$가 직선 $2x+3y-1=0$ 위에 있다.

$8+3(a-2)-1=0$, $3a+1=0$

$\therefore a=-\dfrac{1}{3}$

9 2788 답 ① 유형 4

출제의도 | 점의 대칭이동을 이해하고, 삼각형의 무게중심을 구할 수 있는지 확인한다.

> 점 P를 대칭이동한 두 점 Q, R의 좌표를 각각 구해 보자.

점 $P(-1, 2)$를 x축에 대하여 대칭이동한 점이 Q이므로

$Q(-1, -2)$

점 $P(-1, 2)$를 원점에 대하여 대칭이동한 점이 R이므로

$R(1, -2)$

세 점 $P(-1, 2)$, $Q(-1, -2)$, $R(1, -2)$에 대하여

삼각형 PQR의 무게중심의 좌표는

$\left(\dfrac{-1+(-1)+1}{3}, \dfrac{2+(-2)+(-2)}{3}\right)$

$\therefore \left(-\dfrac{1}{3}, -\dfrac{2}{3}\right)$

10 2789 답 ② 유형 4 + 유형 5

출제의도 | 점의 대칭이동을 이해하고, 직선을 대칭이동할 수 있는지 확인한다.

> 점 $(3, 6)$을 점 $(-6, -3)$으로 옮기는 대칭이동을 생각해 보자.

점 $(3, 6)$을 직선 $y=-x$에 대하여 대칭이동하면

점 $(-6, -3)$이다.

직선 $2x+y-3=0$을 직선 $y=-x$에 대하여 대칭이동한 직선의 방정식은

$2\times(-y)+(-x)-3=0$ $\therefore x+2y+3=0$

따라서 직선 $x+2y+3=0$이 점 $(2, a)$를 지나므로

$2+2a+3=0$ $\therefore a=-\dfrac{5}{2}$

11 2790 답 ④ 유형 7 + 유형 10

출제의도 | 도형의 방정식을 보고 평행이동과 대칭이동을 이해하는지 확인한다.

> 방정식 $f(x, y)=0$이 나타내는 도형을 방정식 $f(y-1, x+3)=0$이 나타내는 도형으로 옮기는 이동을 알아보자.

방정식 $f(x, y)=0$이 나타내는 도형을 직선 $y=x$에 대하여 대칭이동한 도형의 방정식은

$f(y, x)=0$

방정식 $f(y, x)=0$이 나타내는 도형을 x축의 방향으로 -3만큼, y축의 방향으로 1만큼 평행이동한 도형의 방정식은

$f(y-1, x+3)=0$

즉, 점 $A(a, b)$를 직선 $y=x$에 대하여 대칭이동하면 점 (b, a)이고, 이 점을 x축의 방향으로 -3만큼, y축의 방향으로 1만큼 평행이동하면 점 $(b-3, a+1)$이다.

이 점이 점 $B(3, 4)$이므로

$b-3=3$, $a+1=4$

$\therefore a=3$, $b=6$

$\therefore a+b=3+6=9$

12 2791 답 ④ 유형 12

출제의도 | 한 직선에 대한 원의 대칭이동을 이해하는지 확인한다.

> 두 원의 중심을 이은 선분의 중점은 직선 $ax+by+3=0$ 위에 있고, 두 원의 중심을 지나는 직선은 직선 $ax+by+3=0$과 수직이야.

원 $x^2+y^2+4x+4y+7=0$, 즉 $(x+2)^2+(y+2)^2=1$의 중심의 좌표는

$(-2, -2)$

원 $x^2+y^2-2x-4y+4=0$, 즉 $(x-1)^2+(y-2)^2=1$의 중심의 좌표는

$(1, 2)$

두 원의 중심을 이은 선분의 중점의 좌표는

$\left(\dfrac{-2+1}{2}, \dfrac{-2+2}{2}\right)$ $\therefore \left(-\dfrac{1}{2}, 0\right)$

두 원의 중심을 이은 직선의 기울기는

$\dfrac{2-(-2)}{1-(-2)}=\dfrac{4}{3}$

직선 $ax+by+3=0$은 두 원의 중심을 이은 직선에 수직이므로

기울기는 $-\dfrac{3}{4}$이다.

점 $\left(-\dfrac{1}{2}, 0\right)$을 지나고 기울기가 $-\dfrac{3}{4}$인 직선의 방정식은

$y-0=-\dfrac{3}{4}\left(x+\dfrac{1}{2}\right)$

$\therefore 6x+8y+3=0$

따라서 $a=6$, $b=8$이므로

$a+b=6+8=14$

13 2792 답 ⑤ 유형 5

한 직선을 직선 $y=x$에 대하여 대칭이동한 직선의 방정식은 x 대신 y를, y 대신 x를 대입하면 구할 수 있어.

직선 $ax+(b+3)y=2$를 직선 $y=x$에 대하여 대칭이동한 직선의 방정식은

$ay+(b+3)x=2$ ∴ $(b+3)x+ay=2$

이 직선이 직선 $(a-1)x-(b+2)y=2$와 일치하므로

$b+3=a-1$ ········· ㉠

$a=-b-2$ ········· ㉡

㉡을 ㉠에 대입하면

$b+3=(-b-2)-1$, $2b=-6$ ∴ $b=-3$

$b=-3$을 ㉡에 대입하면 $a=1$

따라서 직선 $bx+ay+5=0$, 즉 $-3x+y+5=0$의 기울기는 3이다.

14 2793 답 ④ 유형 6

원과 x축의 교점은 원의 방정식에 $y=0$을 대입하여 구할 수 있어.

원 $x^2+y^2-8x+2y-3=0$을 x축에 대하여 대칭이동한 원의 방정식은

$x^2+(-y)^2-8x+2\times(-y)-3=0$

∴ $x^2+y^2-8x-2y-3=0$

이 원을 직선 $y=x$에 대하여 대칭이동한 원의 방정식

$y^2+x^2-8y-2x-3=0$

∴ $x^2+y^2-2x-8y-3=0$ ········· ㉠

㉠에 $y=0$을 대입하면

$x^2-2x-3=0$, $(x+1)(x-3)=0$

∴ $x=-1$ 또는 $x=3$

따라서 대칭이동한 원이 x축과 만나는 두 점 사이의 거리는

$3-(-1)=4$

15 2794 답 ① 유형 8

직선을 주어진 조건대로 평행이동과 대칭이동의 순서로 이동해 보자.

직선 $x+3y-27=0$을 x축의 방향으로 9만큼 평행이동한 직선의 방정식은

$(x-9)+3y-27=0$ ∴ $x+3y-36=0$

이 직선을 원점에 대하여 대칭이동한 직선 l의 방정식은

$(-x)+3\times(-y)-36=0$ ∴ $x+3y+36=0$

따라서 직선 l과 x축 및 y축으로 둘러싸

인 부분의 넓이는

$\dfrac{1}{2}\times36\times12=216$

16 2795 답 ① 유형 11

포물선을 한 점에 대하여 대칭이동하면 포물선의 꼭짓점도 그 점에 대하여 대칭이동한 점이야.

포물선 $y=x^2-2x+2$, 즉 $y=(x-1)^2+1$의 꼭짓점의 좌표는 $(1, 1)$

포물선 $y=-x^2-6x-7$, 즉 $y=-(x+3)^2+2$의 꼭짓점의 좌표는 $(-3, 2)$

포물선을 한 점에 대하여 대칭이동하면 포물선의 꼭짓점도 그 점에 대하여 대칭이동한다.

즉, 점 $(1, 1)$을 점 (a, b)에 대하여 대칭이동한 점이 점 $(-3, 2)$이므로 두 점 $(1, 1)$, $(-3, 2)$를 이은 선분의 중점이 점 (a, b)이다.

$\left(\dfrac{1+(-3)}{2}, \dfrac{1+2}{2}\right)$ ∴ $\left(-1, \dfrac{3}{2}\right)$

따라서 $a=-1$, $b=\dfrac{3}{2}$이므로

$ab=(-1)\times\dfrac{3}{2}=-\dfrac{3}{2}$

다른 풀이

포물선 $y=x^2-2x+2$, 즉 $y=(x-1)^2+1$의 꼭짓점의 좌표는 $(1, 1)$

포물선 $y=-x^2-6x-7$, 즉 $y=-(x+3)^2+2$의 꼭짓점의 좌표는 $(-3, 2)$

점 $(1, 1)$을 점 (a, b)에 대하여 대칭이동한 점의 좌표는 $(2a-1, 2b-1)$이고, 이 점이 점 $(-3, 2)$이므로

$2a-1=-3$, $2b-1=2$

따라서 $a=-1$, $b=\dfrac{3}{2}$이므로

$ab=(-1)\times\dfrac{3}{2}=-\dfrac{3}{2}$

17 2796 답 ④ 유형 12

두 점 $(-1, -2)$, $(3, 4)$를 이은 선분의 중점은 직선 $y=ax+b$ 위에 있고, 두 점을 지나는 직선은 직선 $y=ax+b$와 수직이야.

두 점 $(-1, -2)$, $(3, 4)$를 이은 선분의 중점의 좌표는

$\left(\dfrac{-1+3}{2}, \dfrac{-2+4}{2}\right)$ ∴ $(1, 1)$

이 점이 직선 $y=ax+b$ 위에 있으므로

$1=a+b$ ········· ㉠

두 점 $(-1, -2)$, $(3, 4)$를 지나는 직선이 직선 $y=ax+b$와 수직이므로

$\dfrac{4-(-2)}{3-(-1)}\times a=-1$ ∴ $a=-\dfrac{2}{3}$

$a=-\dfrac{2}{3}$를 ㉠에 대입하면

$1=-\dfrac{2}{3}+b$ ∴ $b=\dfrac{5}{3}$

∴ $b-a=\dfrac{5}{3}-\left(-\dfrac{2}{3}\right)=\dfrac{7}{3}$

18 2797 답 ②
유형 13

출제의도 | 점의 대칭이동을 이용하여 선분의 길이의 합의 최솟값을 구할 수 있는지 확인한다.

> 삼각형 ABC에서 변 AB의 길이는 변하지 않으므로 $\overline{AC}$, $\overline{BC}$의 길이가 최소가 되도록 두 점 A, B를 적절히 대칭이동해 보자.

점 $A(3, 7)$을 y축에 대하여 대칭이동한 점을 A'이라 하면

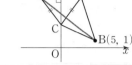

$A'(-3, 7)$

$\overline{CA} = \overline{CA'}$이므로

$\overline{AB} + \overline{BC} + \overline{CA}$

$= \overline{AB} + \overline{BC} + \overline{CA'}$

$\geq \overline{AB} + \overline{BA'}$

즉, 삼각형 ABC의 둘레의 길이가 최소일 때는 점 C가 직선 $A'B$ 위에 있을 때이다.

$\overline{AB} = \sqrt{(5-3)^2 + (1-7)^2} = 2\sqrt{10}$

$\overline{BA'} = \sqrt{(5+3)^2 + (1-7)^2} = 10$

따라서 삼각형 ABC의 둘레의 길이의 최솟값은 $10 + 2\sqrt{10}$이다.

19 2798 답 ④
유형 1 + 유형 3

출제의도 | 점과 포물선의 평행이동을 이해하는지 확인한다.

> 점 $(m, 1)$을 x축으로 얼마만큼, y축으로 얼마만큼 평행이동한 점의 좌표가 $(2m, -4)$일지 구해 보자.

점 $(m, 1)$을 x축의 방향으로 m만큼, y축의 방향으로 -5만큼 평행이동하면 점 $(2m, -4)$이므로

포물선 $y = -x^2 - 1$을 x축의 방향으로 m만큼, y축의 방향으로 -5만큼 평행이동한 포물선의 방정식은

$y + 5 = -(x-m)^2 - 1$

$\therefore y = -x^2 + 2mx - m^2 - 6$

이 포물선이 직선 $y = 4x - 6$과 접하므로

이차방정식 $-x^2 + 2mx - m^2 - 6 = 4x - 6$, 즉

$x^2 + (4 - 2m)x + m^2 = 0$은 중근을 가진다.

이차방정식 $x^2 + (4 - 2m)x + m^2 = 0$의 판별식을 D라 하면 $D = 0$이므로

$\dfrac{D}{4} = (2 - m)^2 - m^2 = 0$

$-4m + 4 = 0$ $\quad \therefore m = 1$

20 2799 답 ⑤
유형 14

출제의도 | 점의 대칭이동을 이용하여 실생활에서 거리의 합이 최소가 되는 점의 좌표를 구할 수 있는지 확인한다.

> 두 점 A, B와 직선 $y = x$ 위의 점 P에 대하여 $\overline{AP} + \overline{BP}$의 최솟값은 점 A를 직선 $y = x$에 대하여 대칭이동한 점을 A'이라 할 때, 선분 $A'B$의 길이와 같아. 이때 점 P는 두 점 A'과 B를 이은 직선과 직선 $y = x$의 교점이야.

점 $A(-1, 4)$를 직선 $y = x$에 대하여 대칭이동한 점을 A'이라 하면 $A'(4, -1)$

도서관을 설치할 지점 P의 좌표는 두 점 $A'(4, -1)$, $B(2, 7)$을 이은 직선과 직선 $y = x$의 교점이다.

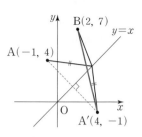

직선 $A'B$의 방정식은

$y - (-1) = \dfrac{7 - (-1)}{2 - 4}(x - 4)$

$\therefore y = -4x + 15$

따라서 직선 $y = -4x + 15$와 직선 $y = x$의 교점은

$x = -4x + 15$에서 $x = 3$

$\therefore (3, 3)$

21 2800 답 16
유형 3

출제의도 | 원의 평행이동을 이해하고 두 원이 접할 때의 조건을 이해하는지 확인한다.

STEP 1 평행이동한 원의 방정식 나타내기 [3점]

원 $(x-1)^2 + (y+1)^2 = 4$를 x축의 방향으로 a만큼, y축의 방향으로 b만큼 평행이동한 원의 방정식은

$(x - a - 1)^2 + (y - b + 1)^2 = 4$

STEP 2 $a^2 + b^2$의 값 구하기 [3점]

원 $(x-1)^2 + (y+1)^2 = 4$와 원 $(x-a-1)^2 + (y-b+1)^2 = 4$가 접하므로 두 원의 중심 $(1, -1)$, $(a+1, b-1)$ 사이의 거리는 두 원의 반지름의 길이의 합과 같다.

$\sqrt{(a+1-1)^2 + \{b-1-(-1)\}^2} = \sqrt{a^2 + b^2} = 4$

$\therefore a^2 + b^2 = 16$

22 2801 답 -10
유형 9

출제의도 | 포물선의 평행이동과 대칭이동을 이해하는지 확인한다.

STEP 1 평행이동한 포물선의 방정식 나타내기 [2점]

포물선 $y = x^2 + 2x + k$를 y축의 방향으로 4만큼 평행이동한 포물선의 방정식은

$y - 4 = x^2 + 2x + k$

$\therefore y = x^2 + 2x + k + 4$

STEP 2 대칭이동한 포물선의 방정식 나타내기 [2점]

포물선 $y = x^2 + 2x + k + 4$를 x축에 대하여 대칭이동한 포물선의 방정식은

$-y = x^2 + 2x + k + 4$

$\therefore y = -x^2 - 2x - k - 4$

STEP 3 k의 값 구하기 [2점]

포물선의 방정식 $y = -x^2 - 2x - k - 4$, 즉 $y = -(x+1)^2 - k - 3$에서 y의 최댓값은 $x = -1$일 때 $-k - 3$이므로

$-k - 3 = 7$ $\quad \therefore k = -10$

23 2802 답 $(7, -6)$
유형 12

출제의도 | 직선에 대한 점의 대칭이동을 이해하는지 확인한다.

STEP 1 직선 l의 방정식 구하기 [4점]

두 점 $(1, 3)$, $(5, -1)$을 이은 선분의 중점은 직선 l 위에 있다.

두 점 $(1, 3)$, $(5, -1)$을 이은 선분의 중점의 좌표는

$$\left(\frac{1+5}{2}, \frac{3+(-1)}{2} \right) \qquad \therefore (3, 1)$$

두 점 $(1, 3)$, $(5, -1)$을 이은 선분은 직선 l과 수직이다.
직선 l의 기울기를 m이라 하면

$$\frac{-1-3}{5-1} \times m = -1 \qquad \therefore m = 1$$

기울기가 1이고 점 $(3, 1)$을 지나는 직선 l의 방정식은

$$y - 1 = x - 3 \qquad \therefore x - y - 2 = 0$$

STEP 2 점 $(-4, 5)$를 직선 l에 대하여 대칭이동한 점의 좌표 구하기 [4점]

점 $(-4, 5)$를 직선 $l : x - y - 2 = 0$에 대하여 대칭이동한 점의 좌표를 (a, b)라 하면

두 점 $(-4, 5)$, (a, b)를 이은 선분의 중점의 좌표는

$$\left(\frac{-4+a}{2}, \frac{5+b}{2} \right)$$

이 점은 직선 $x - y - 2 = 0$ 위에 있으므로

$$\frac{-4+a}{2} - \frac{5+b}{2} - 2 = 0$$

$$\therefore a - b = 13 \quad \text{......} \quad \text{㉠}$$

두 점 $(-4, 5)$, (a, b)를 이은 선분은 직선 $x - y - 2 = 0$과 수직이므로

$$\frac{b-5}{a-(-4)} \times 1 = -1$$

$$\therefore a + b = 1 \quad \text{......} \quad \text{㉡}$$

㉠, ㉡을 연립하여 풀면 $a = 7$, $b = -6$

따라서 점 $(-4, 5)$를 직선 $l : x - y - 2 = 0$에 대하여 대칭이동한 점의 좌표는 $(7, -6)$이다.

24 2803 답 (1) A$'(7, -3)$, B$'(7, -5)$, C$'(1, -5)$
(2) $\sqrt{157}$ 유형 10

출제의도 | 도형의 방정식을 보고 평행이동과 대칭이동을 이해하는지 확인한다.

(1) **STEP 1** 도형의 이동 $f(x, y) = 0 \longrightarrow f(-y-2, x-1) = 0$ 설명하기 [2점]

방정식 $f(x, y) = 0$이 나타내는 도형을 직선 $y = x$에 대하여 대칭이동한 도형의 방정식은

$$f(y, x) = 0$$

이 도형을 x축에 대하여 대칭이동한 도형의 방정식은

$$f(-y, x) = 0$$

이 도형을 x축의 방향으로 1만큼, y축의 방향으로 -2만큼 평행이동한 도형의 방정식은

$$f(-y-2, x-1) = 0$$

STEP 2 세 점 A$'$, B$'$, C$'$의 좌표 구하기 [3점]

세 점 A$(1, 6)$, B$(3, 6)$, C$(3, 0)$을 각각 직선 $y = x$에 대하여 대칭이동한 점의 좌표는

$$(6, 1), (6, 3), (0, 3)$$

이 세 점을 각각 x축에 대하여 대칭이동한 점의 좌표는

$$(6, -1), (6, -3), (0, -3)$$

이 세 점을 각각 x축의 방향으로 1만큼, y축의 방향으로 -2만큼 평행이동한 점 A$'$, B$'$, C$'$의 좌표는

$$\text{A}'(7, -3), \text{B}'(7, -5), \text{C}'(1, -5)$$

(2) **STEP 1** 선분 PQ의 길이의 최댓값 구하기 [3점]

그림과 같이 방정식 $f(x, y) = 0$이 나타내는 도형 위의 임의의 점 P와 방정식 $f(-y-2, x-1) = 0$이 나타내는 도형 위의 임의의 점 Q에 대하여 선분 PQ의 길이가 최대일 때는 점 P가 점 A$(1, 6)$, 점 Q가 점 B$'(7, -5)$일 때이므로 선분 AB$'$의 길이와 같다.

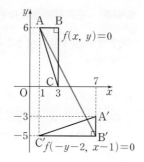

$$\overline{\text{AB}'} = \sqrt{(7-1)^2 + (-5-6)^2}$$
$$= \sqrt{157}$$

따라서 선분 PQ의 길이의 최댓값은 $\sqrt{157}$이다.

실력 check 실전 마무리하기 **2**회   589쪽~593쪽

1 2804 답 ③   유형 1

출제의도 | 점의 평행이동을 이해하는지 확인한다.

> 평행이동 $(x, y) \longrightarrow (x+a, y-2)$는 점 (x, y)를 x축의 방향으로 a만큼, y축의 방향으로 -2만큼 옮기는 평행이동이야.

평행이동 $(x, y) \longrightarrow (x+a, y-2)$에 의하여
점 $(3, -1)$을 x축의 방향으로 a만큼, y축의 방향으로 -2만큼 평행이동한 점의 좌표는

$$(3+a, -1-2) \qquad \therefore (a+3, -3)$$

점 $(a+3, -3)$은 점 $(2, b)$이므로

$$a + 3 = 2, \ -3 = b \qquad \therefore a = -1, \ b = -3$$

$$\therefore ab = (-1) \times (-3) = 3$$

2 2805 답 ④   유형 2

출제의도 | 직선의 평행이동을 이해하는지 확인한다.

> 직선 $x - 2y + 5 = 0$을 x축의 방향으로 2만큼, y축의 방향으로 -1만큼 평행이동한 직선의 방정식은 $x - 2y + 5 = 0$에 x 대신 $x-2$, y 대신 $y+1$을 대입하면 구할 수 있어.

직선 $x - 2y + 5 = 0$을 x축의 방향으로 2만큼, y축의 방향으로 -1만큼 평행이동한 직선의 방정식은

$$(x-2) - 2(y+1) + 5 = 0$$

$$\therefore x - 2y + 1 = 0$$

3 2806　답 ③ 유형 3

출제의도 ｜ 원의 평행이동을 이해하는지 확인한다.

> 원의 방정식을 완전제곱식 꼴로 나타내면 평행이동한 원의 방정식을 구하기에 편리해.

원 $x^2+y^2+2x-4y+1=0$, 즉 $(x+1)^2+(y-2)^2=4$를 x축의 방향으로 a만큼, y축의 방향으로 b만큼 평행이동한 원의 방정식은
$(x-a+1)^2+(y-b-2)^2=4$
이 원이 $(x-2)^2+(y+1)^2=4$이므로
$-a+1=-2$, $-b-2=1$　∴ $a=3$, $b=-3$
∴ $a+b=3+(-3)=0$

4 2807　답 ① 유형 5

출제의도 ｜ 직선의 대칭이동을 이해하는지 확인한다.

> 직선 $2x+y-3=0$을 직선 $y=x$에 대하여 대칭이동한 직선의 방정식은 $2x+y-3=0$에 x 대신 y, y 대신 x를 대입하여 구할 수 있어.

직선 $2x+y-3=0$을 직선 $y=x$에 대하여 대칭이동한 직선의 방정식은
$2y+x-3=0$　∴ $x+2y-3=0$
직선 $x+2y-3=0$이 점 $(5, a)$를 지나므로
$5+2a-3=0$, $2a=-2$
∴ $a=-1$

5 2808　답 ① 유형 6

출제의도 ｜ 원의 대칭이동을 이해하는지 확인한다.

> 원을 대칭이동하면 원의 중심도 대칭이동하고, 원의 반지름의 길이는 변하지 않아.

원을 대칭이동하면 원의 중심도 대칭이동한다.
원 $(x-2)^2+(y+3)^2=4$의 중심 $(2, -3)$을 y축에 대하여 대칭이동한 점의 좌표는
$(-2, -3)$
이 점이 직선 $y=-x+k$ 위에 있으므로
$-3=2+k$　∴ $k=-5$

6 2809　답 ① 유형 6

출제의도 ｜ 원의 대칭이동을 이해하는지 확인한다.

> 먼저 원의 중심과 반지름의 길이를 이용하여 원의 방정식을 세워 보자.

중심이 $(1, -2)$이고 반지름의 길이가 r인 원의 방정식은
$(x-1)^2+(y+2)^2=r^2$
이 원을 직선 $y=x$에 대하여 대칭이동한 원의 방정식은
$(y-1)^2+(x+2)^2=r^2$　∴ $(x+2)^2+(y-1)^2=r^2$
이 원이 점 $(-3, 2)$를 지나므로
$(-3+2)^2+(2-1)^2=r^2$　∴ $r^2=2$

7 2810　답 ② 유형 7

출제의도 ｜ 점의 평행이동과 대칭이동을 이해하는지 확인한다.

> 주어진 순서대로 점을 대칭이동한 후에 평행이동해야 해.

점 $(5, -3)$을 직선 $y=x$에 대하여 대칭이동한 점의 좌표는
$(-3, 5)$
이 점을 x축의 방향으로 1만큼, y축의 방향으로 -2만큼 평행이동한 점의 좌표는
$(-3+1, 5-2)$　∴ $(-2, 3)$

8 2811　답 ④ 유형 1 + 유형 2

출제의도 ｜ 점과 직선의 평행이동을 이해하는지 확인한다.

> 점 $(-2, 2)$를 x축의 방향으로 얼마만큼, y축의 방향으로 얼마만큼 평행이동하면 점 $(4, -5)$가 되는지 구해 보자.

점 $(-2, 2)$를 x축의 방향으로 a만큼, y축의 방향으로 b만큼 평행이동한 점을 $(4, -5)$라 하면
$-2+a=4$, $2+b=-5$　∴ $a=6$, $b=-7$
직선 $y=-4x+7$을 x축의 방향으로 6만큼, y축의 방향으로 -7만큼 평행이동한 직선의 방정식은
$y+7=-4(x-6)+7$　∴ $y=-4x+24$
따라서 직선 $y=-4x+24$의 y절편은 24이다.

9 2812　답 ② 유형 3

출제의도 ｜ 원의 평행이동을 이해하는지 확인한다.

> 원을 평행이동해도 원의 반지름의 길이는 변하지 않아.

원 $x^2+y^2=8$을 y축의 방향으로 3만큼 평행이동한 원의 방정식은
$x^2+(y-3)^2=8$
원 $x^2+(y-3)^2=8$이 직선 $x-y+k=0$과 한 점에서 만나므로
원의 중심 $(0, 3)$과 직선 $x-y+k=0$ 사이의 거리는 원의 반지름의 길이인 $2\sqrt{2}$와 같다.
$\dfrac{|0-3+k|}{\sqrt{1^2+(-1)^2}}=2\sqrt{2}$
$|k-3|=4$, $k-3=\pm4$
∴ $k=7$ 또는 $k=-1$
따라서 양수 k의 값은 7이다.

다른 풀이

원 $x^2+y^2=8$을 y축의 방향으로 3만큼 평행이동한 원의 방정식은
$x^2+(y-3)^2=8$
원 $x^2+(y-3)^2=8$이 직선 $x-y+k=0$과 한 점에서 만나므로
원의 방정식 $x^2+(y-3)^2=8$에 $x-y+k=0$, 즉 $y=x+k$를 대입하면 $x^2+(x+k-3)^2=8$
∴ $2x^2+2(k-3)x+k^2-6k+1=0$ ……… ㉠
이차방정식 ㉠의 판별식을 D라 하면 $D=0$이므로
$\dfrac{D}{4}=(k-3)^2-2(k^2-6k+1)=0$

$-k^2+6k+7=0$, $k^2-6k-7=0$

$(k+1)(k-7)=0$ $\therefore k=7$ 또는 $k=-1$

따라서 양수 k의 값은 7이다.

10 2813 답 ③

유형 4

출제의도 | 점의 대칭이동을 이해하는지 확인한다.

점 A를 대칭이동하여 삼각형 ABC가 어떤 삼각형이 되는지 살펴보자.

점 $A(2, 3)$을 x축에 대하여 대칭이동한 점이 B이므로
$B(2, -3)$

점 $A(2, 3)$을 y축에 대하여 대칭이동한 점이 C이므로
$C(-2, 3)$

그림과 같이 삼각형 ABC는 직각삼각형이
므로 삼각형 ABC의 넓이는

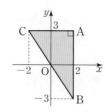

$\dfrac{1}{2}\times4\times6=12$

11 2814 답 ①

유형 5

출제의도 | 직선의 대칭이동을 이해하는지 확인한다.

직선이 원의 넓이를 이등분할 때, 그 직선은 원의 중심을 지나.

직선 $y=ax-2$를 x축에 대하여 대칭이동한 직선의 방정식은
$-y=ax-2$ $\therefore y=-ax+2$

이 직선이 원 $x^2+y^2+8x-2y+1=0$, 즉
$(x+4)^2+(y-1)^2=16$의 넓이를 이등분하므로 직선
$y=-ax+2$는 원의 중심 $(-4, 1)$을 지난다.

$1=4a+2$, $4a=-1$

$\therefore a=-\dfrac{1}{4}$

12 2815 답 ③

유형 11

출제의도 | 두 포물선이 한 점에 대하여 대칭일 때, 그 점의 좌표를 구할 수 있는지 확인한다.

두 포물선이 한 점에 대하여 대칭일 때, 두 포물선의 꼭짓점도 그 점에 대하여 대칭이야.

점 P의 좌표를 (a, b)라 하자.

두 포물선은 점 $P(a, b)$에 대하여 대칭이므로
두 포물선의 꼭짓점도 점 $P(a, b)$에 대하여 대칭이다.

포물선 $y=x^2-2x+4$, 즉 $y=(x-1)^2+3$의 꼭짓점의 좌표는
$(1, 3)$

포물선 $y=-x^2+6x-4$, 즉 $y=-(x-3)^2+5$의 꼭짓점의 좌표는
$(3, 5)$

두 포물선의 꼭짓점 $(1, 3)$, $(3, 5)$를 이은 선분의 중점이 점 P이
므로

$P\left(\dfrac{1+3}{2}, \dfrac{3+5}{2}\right)$ $\therefore P(2, 4)$

13 2816 답 ③

유형 13

출제의도 | 점의 대칭이동을 이용하여 거리의 합의 최솟값을 구할 수 있는지 확인한다.

두 점 A, B와 x축 위의 점 P에 대하여 $\overline{AP}+\overline{BP}$의 최솟값은 점 A 또는 점 B를 x축에 대하여 대칭이동하여 구할 수 있어.

점 $A(2, 5)$를 x축에 대하여 대칭이동
한 점을 A′이라 하면
$A'(2, -5)$

$\overline{AP}+\overline{BP}=\overline{A'P}+\overline{BP}$
$\geq\overline{A'B}$

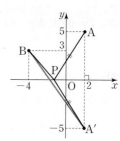

이므로 $\overline{AP}+\overline{BP}$의 최솟값은
$\overline{A'B}$의 길이와 같다.

$\overline{A'B}=\sqrt{\{2-(-4)\}^2+(-5-3)^2}=10$

따라서 $\overline{AP}+\overline{BP}$의 최솟값은 10이다.

다른 풀이

점 $B(-4, 3)$을 x축에 대하여 대칭이동
한 점을 B′이라 하면
$B'(-4, -3)$

$\overline{AP}+\overline{BP}=\overline{AP}+\overline{B'P}$
$\geq\overline{AB'}$

이므로 $\overline{AP}+\overline{BP}$의 최솟값은
$\overline{AB'}$의 길이와 같다.

$\overline{AB'}=\sqrt{(-4-2)^2+(-3-5)^2}=10$

따라서 $\overline{AP}+\overline{BP}$의 최솟값은 10이다.

14 2817 답 ③

유형 3

출제의도 | 포물선의 평행이동을 이해하는지 확인한다.

포물선 $y=x^2-x+2$를 x축의 방향으로 a만큼, y축의 방향으로 b만큼 평행이동한 포물선이 직선 $y=x+4$에 접하면 직선 $y=x+4$를 x축의 방향으로 $-a$만큼, y축의 방향으로 $-b$만큼 평행이동한 직선은 포물선 $y=x^2-x+2$와 접해.

직선 $y=x+4$를 x축의 방향으로 $-a$만큼, y축의 방향으로 $-b$만
큼 평행이동한 직선의 방정식은

$y+b=(x+a)+4$ $\therefore y=x+a-b+4$

이 직선은 포물선 $y=x^2-x+2$에 접하므로
이차방정식 $x+a-b+4=x^2-x+2$, 즉 $x^2-2x-a+b-2=0$
은 중근을 가진다.

이차방정식 $x^2-2x-a+b-2=0$의 판별식을 D라 하면

$\dfrac{D}{4}=(-1)^2-(-a+b-2)=a-b+3$

이때 $D=0$이므로 $a-b+3=0$ $\therefore a-b=-3$

다른 풀이

포물선 $y=x^2-x+2$를 x축의 방향으로 a만큼, y축의 방향으로 b
만큼 평행이동한 포물선의 방정식은

$y-b=(x-a)^2-(x-a)+2$

$\therefore y=x^2-(2a+1)x+a^2+a+b+2$

이 포물선이 직선 $y=x+4$에 접하므로

이차방정식 $x^2-(2a+1)x+a^2+a+b+2=x+4$, 즉

$x^2-2(a+1)x+a^2+a+b-2=0$은 중근을 가진다.

이차방정식 $x^2-2(a+1)x+a^2+a+b-2=0$의 판별식을 D라 하면

$\dfrac{D}{4}=(a+1)^2-(a^2+a+b-2)=a-b+3$

이때 $D=0$이므로 $a-b+3=0$ $\therefore a-b=-3$

15 2818 답 ④

유형 3

출제의도 | 원의 평행이동을 이해하는지 확인한다.

> 원을 평행이동하면 원의 중심도 평행이동해.

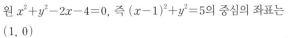

원 $x^2+y^2-2x-4=0$, 즉 $(x-1)^2+y^2=5$의 중심의 좌표는

$(1, 0)$

원 $x^2+y^2-4x+6y+8=0$, 즉 $(x-2)^2+(y+3)^2=5$의 중심의 좌표는

$(2, -3)$

점 $(1, 0)$을 x축의 방향으로 p만큼, y축의 방향으로 q만큼 평행이동한 점을 $(2, -3)$이라 하면

$1+p=2$, $0+q=-3$ $\therefore p=1$, $q=-3$

직선 $y=ax+b$를 x축의 방향으로 1만큼, y축의 방향으로 -3만큼 평행이동한 직선의 방정식은

$y+3=a(x-1)+b$ $\therefore y=ax-a+b-3$

이 직선이 직선 $y=-x+6$이므로

$a=-1$, $-a+b-3=6$

$\therefore a=-1$, $b=8$

$\therefore a+b=-1+8=7$

16 2819 답 ②

유형 9

출제의도 | 원의 평행이동과 대칭이동을 이해하는지 확인한다

> 원이 x축에 접할 때, 원의 중심의 y좌표의 절댓값은 반지름의 길이와 같아.

원 $(x-a)^2+(y-a)^2=b^2$을 x축의 방향으로 2만큼 평행이동한 원의 방정식은

$(x-2-a)^2+(y-a)^2=b^2$

이 원을 원점에 대하여 대칭이동한 원의 방정식은

$(-x-2-a)^2+(-y-a)^2=b^2$

$\therefore (x+2+a)^2+(y+a)^2=b^2$

이 원이 x축에 접하므로

$|-a|=b$ ⋯⋯⋯⋯⋯⋯⋯⋯⋯⋯ ㉠

원 $(x+2+a)^2+(y+a)^2=b^2$이 직선 $y=x$와 접하므로

원의 중심 $(-2-a, -a)$와 직선 $x-y=0$ 사이의 거리는 반지름의 길이와 같다.

$\therefore b=\dfrac{|-2-a-(-a)|}{\sqrt{1^2+(-1)^2}}=\sqrt{2}$

$b=\sqrt{2}$를 ㉠에 대입하면 $a=\sqrt{2}$ $(\because a>0)$

$\therefore a^2+2b^2=(\sqrt{2})^2+2\times(\sqrt{2})^2=2+4=6$

17 2820 답 ①

유형 12

출제의도 | 직선에 대한 점의 대칭이동을 이해하는지 확인한다.

> 점 $(2, 5)$와 점 (a, b)가 직선 $x+y-4=0$에 대하여 대칭이므로 두 점 $(2, 5)$, (a, b)를 이은 선분의 중점은 직선 $x+y-4=0$ 위에 있고, 두 점 $(2, 5)$, (a, b)를 이은 선분은 직선 $x+y-4=0$과 수직이야.

점 $(2, 5)$를 직선 $x+y-4=0$에 대하여 대칭이동한 점의 좌표가 (a, b)이므로 두 점을 이은 선분의 중점의 좌표는

$\left(\dfrac{2+a}{2}, \dfrac{5+b}{2}\right)$

이 점이 직선 $x+y-4=0$ 위에 있으므로

$\dfrac{2+a}{2}+\dfrac{5+b}{2}-4=0$, $a+2+b+5-8=0$

$\therefore a+b=1$ ⋯⋯⋯⋯⋯⋯⋯⋯⋯⋯ ㉠

또, 두 점 $(2, 5)$, (a, b)를 이은 직선과 직선 $x+y-4=0$이 수직
$\quad \downarrow y=-x+4$이므로 기울기는 -1이다.
이므로

$\dfrac{b-5}{a-2}\times(-1)=-1$, $b-5=a-2$

$\therefore b=a+3$ ⋯⋯⋯⋯⋯⋯⋯⋯⋯⋯ ㉡

㉡을 ㉠에 대입하면

$a+(a+3)=1$, $2a=-2$ $\therefore a=-1$

㉡에서 $b=-1+3=2$

$\therefore ab=(-1)\times 2=-2$

18 2821 답 ③

유형 12

출제의도 | 두 원이 한 직선에 대하여 대칭이 되기 위한 조건을 이해하는지 확인한다.

> 두 원이 한 직선에 대하여 대칭일 때, 두 원의 중심도 그 직선에 대하여 대칭이야.

원 $x^2+y^2-2ax-20y+100=0$, 즉

$(x-a)^2+(y-10)^2=a^2$의 중심의 좌표는

$(a, 10)$

원 $x^2+y^2-4bx-8y+4b^2=0$, 즉 $(x-2b)^2+(y-4)^2=16$의 중심의 좌표는

$(2b, 4)$

두 원이 직선 $4x-3y-11=0$에 대하여 대칭이므로 두 원의 중심 $(a, 10)$, $(2b, 4)$도 직선 $4x-3y-11=0$에 대하여 대칭이다.

두 원의 중심 $(a, 10)$, $(2b, 4)$를 이은 선분의 중점의 좌표는

$\left(\dfrac{a+2b}{2}, \dfrac{4+10}{2}\right)$ $\therefore \left(\dfrac{a+2b}{2}, 7\right)$

이 점이 직선 $4x-3y-11=0$ 위에 있으므로

$4\times\dfrac{a+2b}{2}-3\times 7-11=0$

$\therefore a+2b=16$ ⋯⋯⋯⋯⋯⋯⋯⋯⋯⋯ ㉠

두 원의 중심 $(a, 10)$, $(2b, 4)$를 이은 선분은 직선

$4x-3y-11=0$과 수직이므로
$\quad \downarrow y=\dfrac{4}{3}x-\dfrac{11}{3}$이므로 기울기는 $\dfrac{4}{3}$이다.

$\dfrac{4-10}{2b-a}\times\dfrac{4}{3}=-1$

$\therefore a-2b=-8$ ⋯⋯⋯⋯⋯⋯⋯⋯⋯⋯ ㉡

①, ⓒ을 연립하여 풀면 $a=4$, $b=6$
따라서 원 $(x-a)^2+(y-b)^2=1$의 중심의 좌표는 (a, b), 즉
$(4, 6)$이다.

다른 풀이

원 $x^2+y^2-2ax-20y+100=0$, 즉 $(x-a)^2+(y-10)^2=a^2$의
중심은 $(a, 10)$이고, 반지름의 길이는 a이다. ($\because a$는 양수)
원 $x^2+y^2-4bx-8y+4b^2=0$, 즉 $(x-2b)^2+(y-4)^2=16$의 중
심은 $(2b, 4)$이고, 반지름의 길이는 4이다.
두 원이 직선 $4x-3y-11=0$에 대하여 대칭이므로
두 원의 반지름의 길이가 같다.
$\therefore a=4$
두 원의 중심 $(4, 10)$, $(2b, 4)$도 직선 $4x-3y-11=0$에 대하여
대칭이다.
두 원의 중심 $(4, 10)$, $(2b, 4)$를 이은 선분의 중점의 좌표는
$\left(\dfrac{4+2b}{2}, \dfrac{4+10}{2}\right)$ $\therefore (2+b, 7)$
점 $(2+b, 7)$이 직선 $4x-3y-11=0$ 위에 있으므로
$4(2+b)-21-11=0$ $\therefore b=6$
따라서 원 $(x-a)^2+(y-b)^2=1$의 중심의 좌표는 (a, b), 즉
$(4, 6)$이다.

19 2822 답 ② 유형 4

출제의도 | 점의 대칭이동에 대한 규칙을 찾아 문제를 해결할 수 있는지 확인
한다.

> 점 $(2, 3)$을 $f \to g \to h \to \cdots$의 순서로 대칭이동한 점의 좌표를 각각 구해 보자.

점 $(2, 3)$을 f : x축에 대하여 대칭이동한 점의 좌표는 $(2, -3)$
이 점을 g : y축에 대하여 대칭이동한 점의 좌표는 $(-2, -3)$
이 점을 h : 원점에 대하여 대칭이동한 점의 좌표는 $(2, 3)$
즉, 점 $(2, 3)$을 $f \to g \to h$의 순서로 3번 대칭이동하면 처음의
점 $(2, 3)$이 된다.
따라서 $32=3\times10+2$이므로
점 $(2, 3)$을 $f \to g \to h \to f \to g \to h \to \cdots$와 같은 순서로 32번
대칭이동한 점의 좌표는 $(-2, -3)$이다.

20 2823 답 ② 유형 10

출제의도 | 도형의 방정식을 보고 평행이동과 대칭이동을 이해하는지 확인한다.

> 두 방정식 $f(-x, y)=0$, $f(x, -y+1)=0$이 나타내는 도형은 각각 방정식 $f(x, y)=0$이 나타내는 도형을 어떻게 평행이동 또는 대칭이동 한 것인지 알아보자.

방정식 $f(x, y)=0$이 나타내는 도형을 y축에 대하여 대칭이동한
도형의 방정식은
$f(-x, y)=0$
방정식 $f(x, y)=0$이 나타내는 도형을 x축에 대하여 대칭이동한
도형의 방정식은
$f(x, -y)=0$

이 도형을 y축의 방향으로 1만큼 평행이동한 도형의 방정식은
$f(x, -(y-1))=f(x, -y+1)=0$
즉, 두 도형은 다음과 같다.

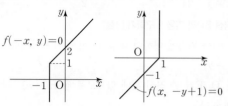

따라서 그림과 같이 두 방정식
$f(-x, y)=0$, $f(x, -y+1)=0$이 나타
내는 도형으로 둘러싸인 부분의 넓이는 가
로, 세로의 길이가 각각 2, 3인 직사각형의
넓이와 같으므로 6이다.

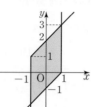

21 2824 답 1 유형 8

출제의도 | 직선의 평행이동과 대칭이동을 이해하는지 확인한다.

STEP 1 두 직선 $2ax-y+8=0$, $ax-2y+8=0$이 각각 이동된 직선의 방
정식 구하기 [4점]

직선 $2ax-y+8=0$을 직선 $y=x$에 대하여 대칭이동한 직선의
방정식은
$2ay-x+8=0$ $\therefore x-2ay-8=0$
이 직선을 x축에 대하여 대칭이동한 직선의 방정식은
$x-2a\times(-y)-8=0$
$\therefore y=-\dfrac{1}{2a}x+\dfrac{4}{a}$
직선 $ax-2y+8=0$을 x축의 방향으로 3만큼, y축의 방향으로
-1만큼 평행이동한 직선의 방정식은
$a(x-3)-2(y+1)+8=0$
$\therefore ax-2y-3a+6=0$
이 직선을 직선 $y=x$에 대하여 대칭이동한 직선의 방정식은
$ay-2x-3a+6=0$
$\therefore y=\dfrac{2}{a}x+\dfrac{3a-6}{a}$

STEP 2 a의 값 구하기 [2점]

직선 $y=-\dfrac{1}{2a}x+\dfrac{4}{a}$와 직선 $y=\dfrac{2}{a}x+\dfrac{3a-6}{a}$이 서로 수직이므로
$\left(-\dfrac{1}{2a}\right)\times\dfrac{2}{a}=-1$, $a^2=1$
$\therefore a=1$ ($\because a>0$)

22 2825 답 $\dfrac{5}{2}$ 유형 4

출제의도 | 점의 대칭이동을 이해하는지 확인한다.

STEP 1 두 점 C, D의 좌표 구하기 [2점]

점 $A(-2, 5)$를 x축에 대하여 대칭이동한 점이 C이므로
$C(-2, -5)$
점 $A(-2, 5)$를 y축에 대하여 대칭이동한 점이 D이므로
$D(2, 5)$

STEP 2 직선 CD의 방정식 구하기 [2점]

직선 CD의 방정식은

$$y-5=\frac{5-(-5)}{2-(-2)}(x-2) \qquad \therefore y=\frac{5}{2}x$$

STEP 3 직선 BD의 기울기 구하기 [3점]

점 $B(a, b)$를 원점에 대하여 대칭이동한 점이 E이므로
$E(-a, -b)$

세 점 C, D, E가 한 직선 위에 있으므로 점 $E(-a, -b)$는 직선 CD 위에 있다.

$$-b=-\frac{5}{2}a \qquad \therefore a=\frac{2}{5}b$$

따라서 직선 BD의 기울기는

$$\frac{b-5}{a-2}=\frac{b-5}{\frac{2}{5}b-2}=\frac{5(b-5)}{2b-10}=\frac{5(b-5)}{2(b-5)}=\frac{5}{2}$$

23 2826 　答 A(1, 4)　유형 15

출제의도 | 점의 대칭이동을 이해하고, 두 점이 한 직선에 대하여 대칭일 때의 특징을 이해하는지 확인한다.

STEP 1 세 점 A, B, C의 좌표 나타내기 [2점]

직선 $y=x+3$ 위의 점 A의 좌표를 $(a, a+3)$이라 하면
점 A가 제1사분면 위에 있으므로 $a>0$
점 $A(a, a+3)$을 원점에 대하여 대칭이동한 점이 B이므로
$B(-a, -a-3)$
점 $B(-a, -a-3)$을 직선 $y=x$에 대하여 대칭이동한 점이 C이므로
$C(-a-3, -a)$

STEP 2 삼각형 ABC의 넓이를 식으로 나타내기 [3점]

그림과 같이 점 C도 직선 $y=x+3$ 위의 점이고 두 점 B, C를 지나는 직선이 직선 $y=x$와 수직이므로 기울기가 같은 직선 $y=x+3$과도 수직이다.
즉, 삼각형 ABC는 ∠C가 직각인 직각삼각형이다.

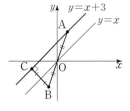

$$\overline{BC}=\sqrt{\{-a-3-(-a)\}^2+\{-a-(-a-3)\}^2}=3\sqrt{2}$$
$$\overline{AC}=\sqrt{(-a-3-a)^2+\{-a-(a+3)\}^2}$$
$$=\sqrt{2(2a+3)^2}=|2a+3|\sqrt{2}$$

$$(\text{삼각형 ABC의 넓이})=\frac{1}{2}\times\overline{BC}\times\overline{AC}$$
$$=\frac{1}{2}\times3\sqrt{2}\times|2a+3|\sqrt{2}$$
$$=3|2a+3|$$

삼각형 ABC의 넓이가 15이므로
$$3|2a+3|=15, |2a+3|=5 \qquad \therefore a=1 \ (\because a>0)$$

STEP 3 점 A의 좌표 구하기 [2점]

점 A의 좌표는 $(1, 1+3)$, 즉 A(1, 4)이다.

24 2827 　答 (1) C(3, 9)　(2) $y=-\frac{1}{2}x+\frac{15}{2}$　유형 14

(3) $P\left(0, \frac{15}{2}\right)$, Q(5, 5)　(4) $\frac{5\sqrt{5}}{2}$ km

출제의도 | 점의 대칭이동을 이용하여 선분의 길이의 합이 최소일 때를 구할 수 있는지 확인한다.

(1) **STEP 1** 점 C의 좌표 구하기 [1점]

좌표평면 위에 점 A의 좌표가 (0, 0), 점 B의 좌표가 (0, 9)이므로 점 C의 좌표는 (3, 9)이다.

(2) **STEP 1** 점 C를 y축에 대하여 대칭이동한 점, 점 C를 직선 $y=x$에 대하여 대칭이동한 점의 좌표 구하기 [2점]

좌표평면에서 등대 C의 빛이 거울 P와 Q에 차례로 반사되어 다시 등대 C에 돌아오는 거리는 $\overline{CP}+\overline{PQ}+\overline{QC}$이다.
두 해안선이 이루는 각의 크기가 45°이므로 좌표평면에서 두 해안선은 각각 y축, 직선 $y=x$로 나타낼 수 있다.
점 C(3, 9)를 y축에 대하여 대칭이동한 점을 C′이라 하면
$C'(-3, 9)$
점 C(3, 9)를 직선 $y=x$에 대하여 대칭이동한 점을 C″라 하면
$C''(9, 3)$

STEP 2 직선 PQ의 방정식 구하기 [2점]

$\overline{CP}=\overline{C'P}, \overline{QC}=\overline{QC''}$이므로

$$\overline{CP}+\overline{PQ}+\overline{QC}$$
$$=\overline{C'P}+\overline{PQ}+\overline{QC''}$$
$$\geq\overline{C'C''}$$

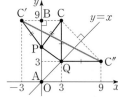

빛은 최단경로로 움직이므로
$\overline{CP}+\overline{PQ}+\overline{QC}$의 값이 최소가 되도록 두 점 P, Q의 위치를 정하면 두 점 P, Q는 직선 C′C″ 위에 있다.
따라서 직선 PQ는 직선 C′C″과 같으므로 직선 PQ의 방정식은

$$y-9=\frac{3-9}{9-(-3)}(x+3) \qquad \therefore y=-\frac{1}{2}x+\frac{15}{2}$$

(3) **STEP 1** 점 P의 좌표 구하기 [1점]

점 P는 직선 $y=-\frac{1}{2}x+\frac{15}{2}$와 y축의 교점이므로

$$P\left(0, \frac{15}{2}\right)$$

STEP 2 점 Q의 좌표 구하기 [1점]

점 Q는 직선 $y=-\frac{1}{2}x+\frac{15}{2}$와 직선 $y=x$의 교점이므로

$$-\frac{1}{2}x+\frac{15}{2}=x, \frac{3}{2}x=\frac{15}{2} \qquad \therefore x=5$$
$$\therefore Q(5, 5)$$

(4) **STEP 1** 지점 P와 지점 Q 사이의 거리 구하기 [2점]

두 점 $P\left(0, \frac{15}{2}\right)$, Q(5, 5)에 대하여

$$\overline{PQ}=\sqrt{(5-0)^2+\left(5-\frac{15}{2}\right)^2}=\frac{5\sqrt{5}}{2}$$

이므로 지점 P와 지점 Q 사이의 거리는 $\frac{5\sqrt{5}}{2}$ km이다.

MEMO

MEMO